できる®

Word & Excel 2024

ワード / エクセル

生成AI Copilot対応

Office 2024 & Microsoft 365版

田中 亘・羽毛田睦土 & できるシリーズ編集部

インプレス

ご購入・ご利用の前に必ずお読みください

本書は、2024年10月現在の情報をもとに「Office 2024」や「Microsoft 365」の操作方法について解説しています。本書の発行後に「Office 2024」の機能や操作方法、画面などが変更された場合、本書の掲載内容通りに操作できなくなる可能性があります。本書発行後の情報については、弊社のWebページ（https://book.impress.co.jp/）などで可能な限りお知らせいたしますが、すべての情報の即時掲載ならびに、確実な解決をお約束することはできかねます。また本書の運用により生じる、直接的、または間接的な損害について、著者ならびに弊社では一切の責任を負いかねます。あらかじめご理解、ご了承ください。

本書で紹介している内容のご質問につきましては、巻末をご参照のうえ、メールまたは封書にてお問い合わせください。ただし、本書の発行後に発生した利用手順やサービスの変更に関しては、お答えしかねる場合があります。また、本書の奥付に記載されている初版発行日から１年が経過した場合、もしくは解説する製品やサービスの提供会社がサポートを終了した場合にも、ご質問にお答えしかねる場合があります。あらかじめご了承ください。

動画について

操作を確認できる動画をYouTube動画で参照できます。画面の動きがそのまま見られるので、より理解が深まります。QRコードが読めるスマートフォンなどからはレッスンタイトル横にあるQRコードを読むことで直接動画を見ることができます。パソコンなどQRコードが読めない場合は、以下の動画一覧ページからご覧ください。

▼動画一覧ページ
https://dekiru.net/we2024

無料電子版について

本書の購入特典として、気軽に持ち歩ける電子書籍版（PDF）を以下の書籍情報ページからダウンロードできます。PDF閲覧ソフトを使えば、キーワードから知りたい情報をすぐに探せます。

https://book.impress.co.jp/books/1124101086

●用語の使い方

本文中では、「Microsoft Word 2024」のことを、「Word 2024」または「Word」、「Microsoft Excel 2024」のことを「Excel 2024」または「Excel」、「Microsoft Windows 11」のことを「Windows 11」または「Windows」と記述しています。また、本文中で使用している用語は、基本的に実際の画面に表示される名称に則っています。

●本書の前提

本書では、「Windows 11（24H2）」に「Office 2024」または「Microsoft 365」がインストールされているパソコンで、インターネットに常時接続されている環境を前提に画面を再現しています。また一部のレッスンでは有料版のCopilotを契約してMicrosoft 365でCopilotが利用できる状況になっている必要があります。

まえがき

できるWordとできるExcelの初版を出版した1994年から30年、WordとExcelは進化を続けて2024年版になりました。文書作成のWordと表計算のExcelは、昔も今も仕事や暮らしに役立つ重要なアプリです。

本書は、そんなWordとExcelを1冊で理解できるように、それぞれのアプリごとに「基本編（チュートリアル）」と「活用編（リファレンス）」を用意しています。これからWordやExcelを使うなら、基本編から読み進んでいくと、基礎的な知識から理解できます。また、すでにWordやExcelの基本的な使い方を理解しているなら、活用編で解説しているテクニックや知識が、きっと役に立つでしょう。そして、Copilot（コパイロット）と呼ばれる生成AIとの連携は、文書作りやデータ集計に大きな変革をもたらします。CopilotをWordで活用すると、アイデア出しや下書きの時間を短縮したり、長い文章を要約して手早く理解するなど、文書作りがもっと便利になります。また、ExcelでのCopilot活用では、表やグラフを瞬時に生成したり、データの集計や列の追加なども、プロンプトに指示を入力するだけで実行できます。活用編では、WordとExcelそれぞれにCopilotを活用する方法を解説しています。
さらに、業務や組織のデジタル変革（DX）に役立つクラウドの活用法や、WordとExcelのデータ連携についても説明しています。クラウドでWordやExcelを活用すると、スマートフォンやタブレットからも、表計算や文書の編集ができるようになります。

本書はWord 2024とExcel 2024を中心に機能や操作方法を解説していますが、Microsoft 365で利用できるWordやExcelでも役立つテクニックやCopilotの使い方を数多く紹介しています。Word 2024とExcel 2024は、Microsoft 365のWordやExceと高い互換性があるので、本書で解説している基本から活用までのテクニックは共通しています。

本書を通してWordとExcelを活用できるようになり、Copilotを使った文書作りや情報の整理が便利だと感じてもらえたら幸いです。
最後に、本書の制作に携わった多くの方々と、ご愛読いただく皆さまに深く感謝します。

2024年11月　著者を代表して　田中 亘

本書の読み方

練習用ファイル

レッスンで使用する練習用ファイルの名前です。ダウンロード方法などは6ページをご参照ください。

YouTube動画で見る

パソコンやスマートフォンなどで視聴できる無料の動画です。詳しくは2ページをご参照ください。

レッスンタイトル

やりたいことや知りたいことが探せるタイトルが付いています。

サブタイトル

機能名やサービス名などで調べやすくなっています。

操作手順

実際のパソコンの画面を撮影して、操作を丁寧に解説しています。

●手順見出し

1 名前を付けて保存する

操作の内容ごとに見出しが付いています。目次で参照して探すことができます。

●操作説明

1 ［スタート］をクリック

実際の操作を1つずつ説明しています。番号順に操作することで、一通りの手順を体験できます。

●解説

ここではファイルを保存せずに終了する　Wordが終了する

操作の前提や意味、操作結果について解説しています。

レッスン 03

Wordを起動／終了するには

Wordの起動・終了　練習用ファイル　なし

YouTube 動画で見る 詳細は2ページへ

Wordを使うためには、最初に「起動」します。また、使い終わったときには「終了」します。起動と終了は、Wordのような Windowsのアプリを使うための基本操作です。デスクトップを机に例えるならば、「起動」は白紙の紙を広げるような作業になります。

1 Wordを起動するには

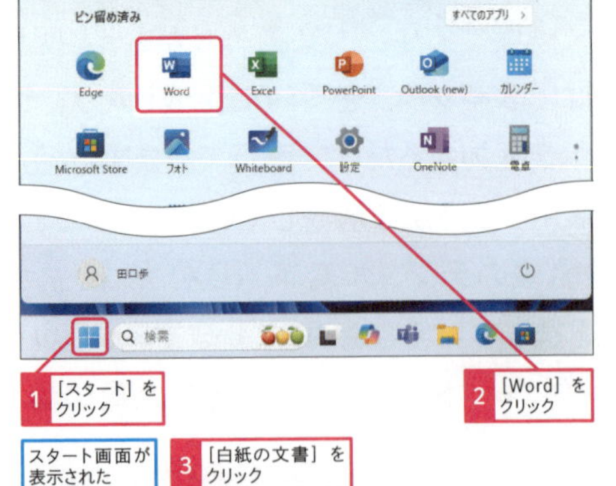

1 ［スタート］をクリック

2 ［Word］をクリック

スタート画面が表示された

3 ［白紙の文書］をクリック

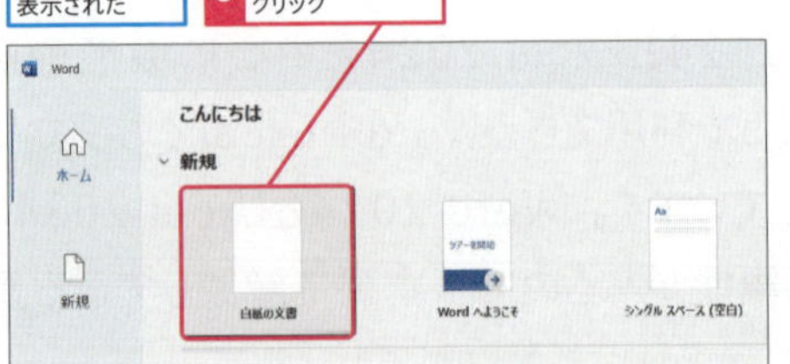

キーワード

アイコン	P.524
タスクバー	P.527

使いこなしのヒント

［スタート］メニューにWordが見つからないときには

Windowsの［スタート］メニューを開いてもWordのアイコンが見つからないときは、［すべてのアプリ］をクリックして、起動できるアプリの一覧を表示します。その一覧の中から、Wordの項目を探してクリックして起動します。

ショートカットキー

［スタート］メニューの表示　⊞／Ctrl+Esc

用語解説

スタート画面

Wordを起動した直後に表示されるスタート画面には、これから作成する文書の種類を選んだり、すでに作成した文書を開いたりなど、最初に行う操作を選ぶ内容が表示されます。Wordを使い込んでいくと、スタート画面の下の方には、過去に編集した文書が表示されるようになります。

Word 基本編 第1章 Word 2024の基礎を知ろう

42 できる

キーワード

レッスンで重要な用語の一覧です。巻末の用語集のページも掲載しています。

● 白紙の文書が表示された

文書の編集が可能になった

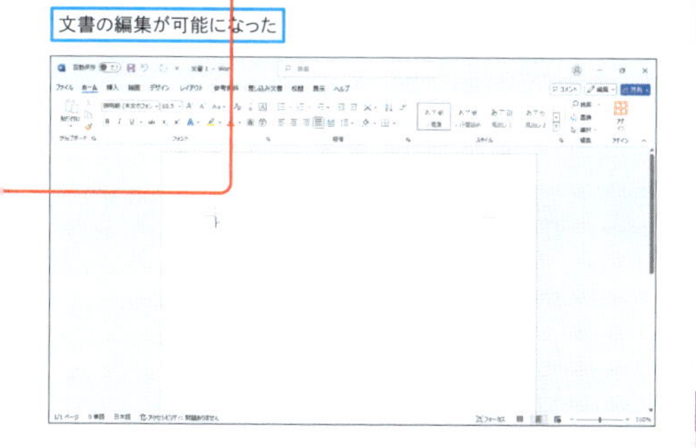

2 Wordを終了するには

ここではファイルを保存せずに終了する

1 ［閉じる］をクリック

Wordが終了する

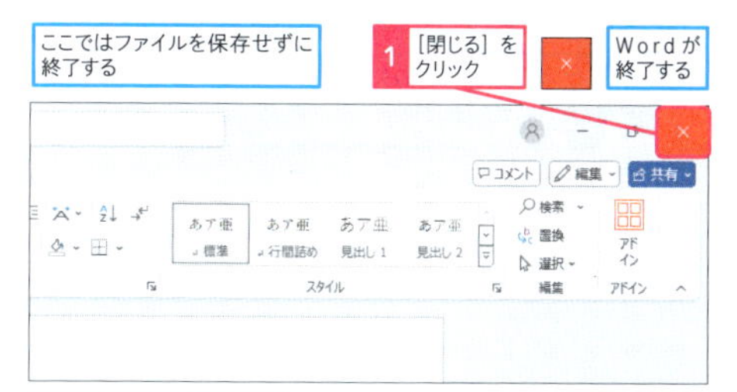

Wordが終了して、デスクトップが表示された

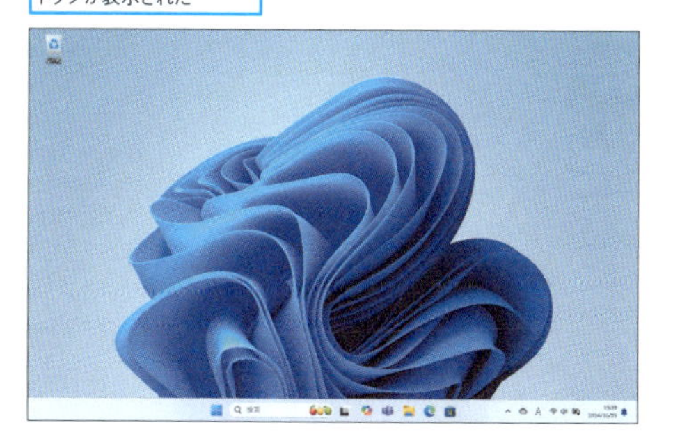

使いこなしのヒント

全画面表示で編集画面を広く使う

Wordのウィンドウの右上にある［全画面表示］をクリックすると、Windowsのデスクトップ全体にWordの編集画面が表示されます。Wordを使い慣れないうちは、できるだけ広い画面で確認した方が、より多くの情報を一望できるので、操作が容易になります。

時短ワザ

Wordを素早く起動するには

タスクバーにWordをピン留めしておくと、素早く起動できます。Wordをよく使うのであれば、登録しておくと便利です。

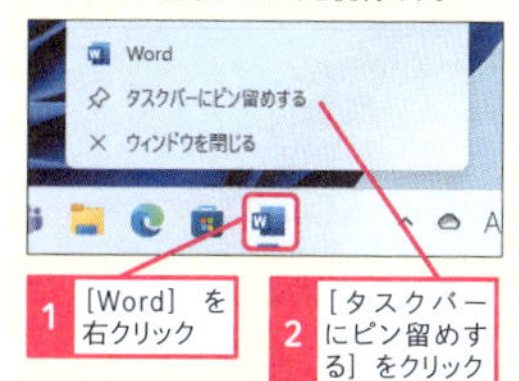

1 ［Word］を右クリック

2 ［タスクバーにピン留めする］をクリック

ショートカットキー

アプリの終了　Alt + F4

まとめ　起動したアプリは使い終わったら終了する

Wordを起動すると、パソコンのメモリが消費されます。複数のアプリを起動すると、それだけ多くのメモリが消費されます。メモリが多く消費されると、パソコンの動作が遅くなることがあります。そのため、使い終わったアプリは終了して、消費したメモリを解放しておきましょう。

03 Wordの起動・終了

できる 43

関連情報

レッスンの操作内容を補足する要素を種類ごとに色分けして掲載しています。

使いこなしのヒント

操作を進める上で役に立つヒントを掲載しています。

ショートカットキー

キーの組み合わせだけで操作する方法を紹介しています。

時短ワザ

手順を短縮できる操作方法を紹介しています。

スキルアップ

一歩進んだテクニックを紹介しています。

用語解説

レッスンで覚えておきたい用語を解説しています。

ここに注意

間違えがちな操作について注意点を紹介しています。

まとめ　起動と終了を覚えよう

レッスンで重要なポイントを簡潔にまとめています。操作を終えてから読むことで理解が深まります。

※ここに掲載している紙面はイメージです。実際のレッスンページとは異なります。

練習用ファイルの使い方

本書では、レッスンの操作をすぐに試せる無料の練習用ファイルとフリー素材を用意しています。ダウンロードした練習用ファイルは必ず展開して使ってください。ここではMicrosoft Edgeを使ったダウンロードの方法を紹介します。

▼練習用ファイルのダウンロードページ
https://book.impress.co.jp/books/1124101086

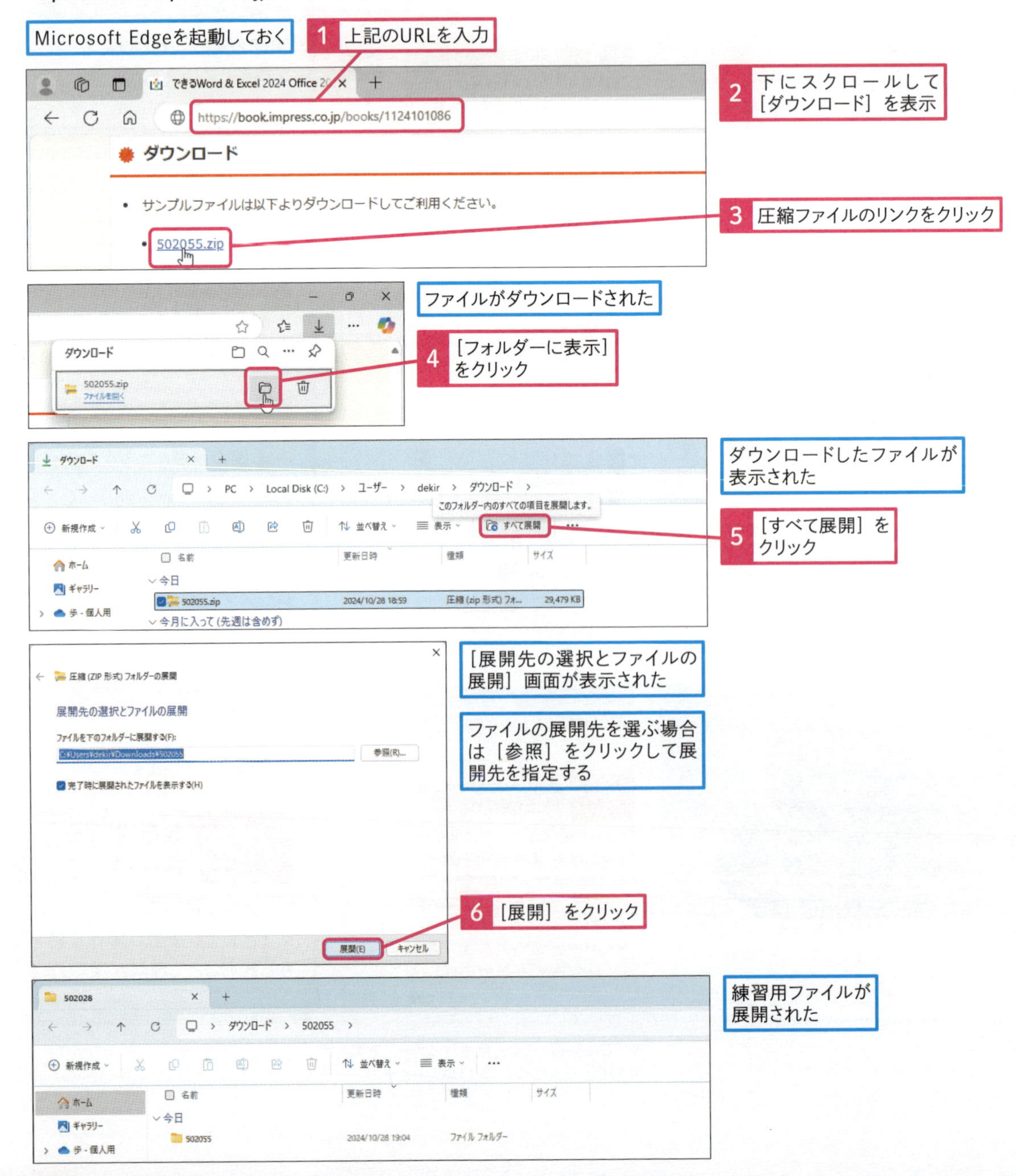

●練習用ファイルを使えるようにする

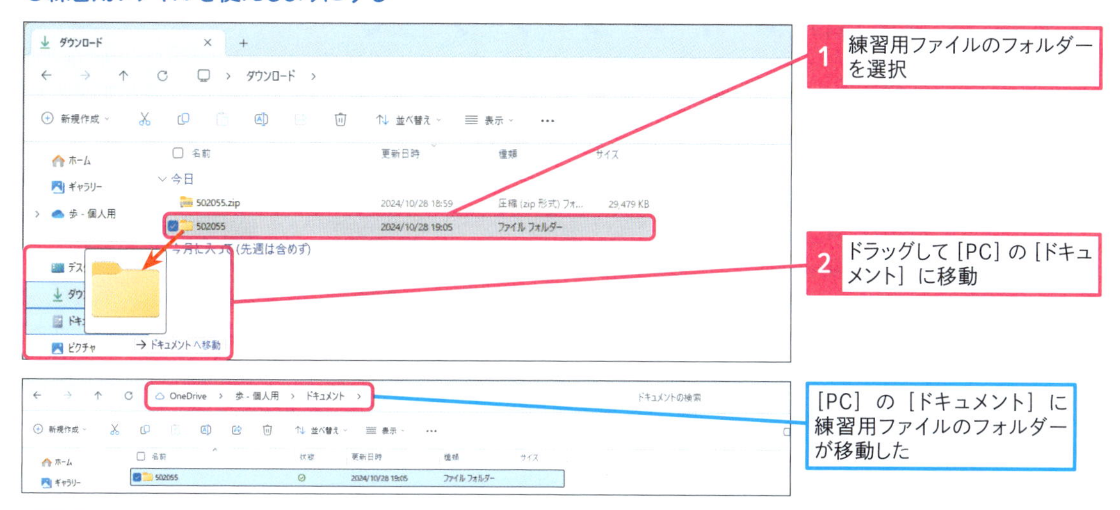

練習用ファイルの内容

練習用ファイルには章ごとにファイルが格納されており、ファイル先頭の「L」に続く数字がレッスン番号、次がレッスンのサブタイトル、最後の数字が手順番号を表します。レッスンによって、練習用ファイルがなかったり、1つだけになっていたりします。 手順実行後のファイルは、収録できるもののみ入っています。

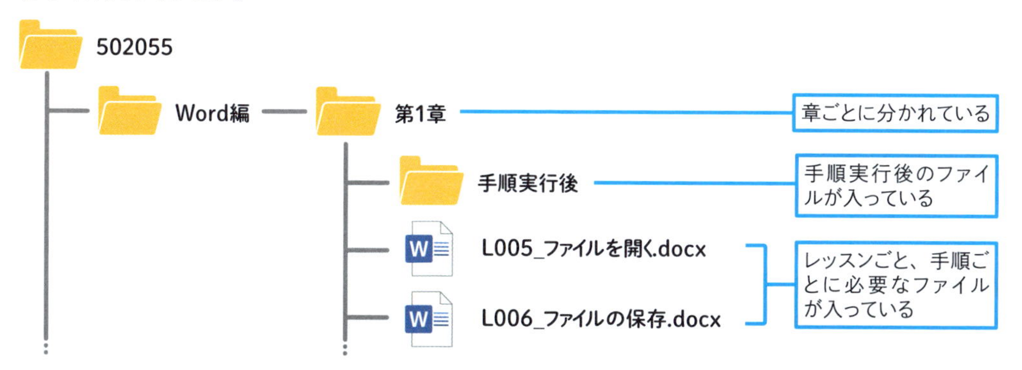

［保護ビュー］が表示された場合は

インターネットを経由してダウンロードしたファイルを開くと、保護ビューで表示されます。ウイルスやスパイウェアなど、セキュリティ上問題があるファイルをすぐに開いてしまわないようにするためです。ファイルの入手時に配布元をよく確認して、安全と判断できた場合は［編集を有効にする］ボタンをクリックしてください。

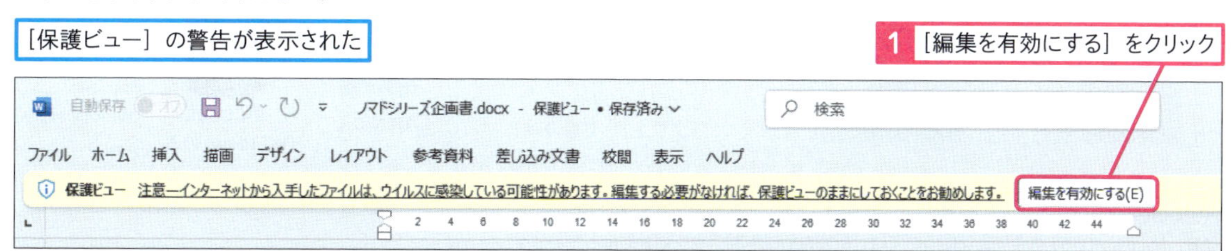

Office製品ラインアップ表

Microsoft Officeの各製品のラインアップは以下のようになっています。本書で扱っているアプリがお手元のパソコンにインストールされているか確認しましょう。

Office Home 2024

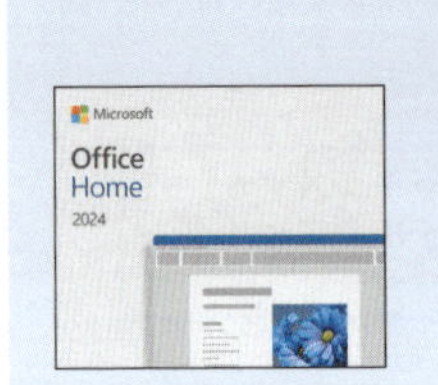

永続版／1ユーザー
2台までインストール可能
Windows 10 または
Windows 11、macOS:最新の3つのバージョンが対象

価格：34,480円

Word

Excel

PowerPoint

Office Home & Business 2024

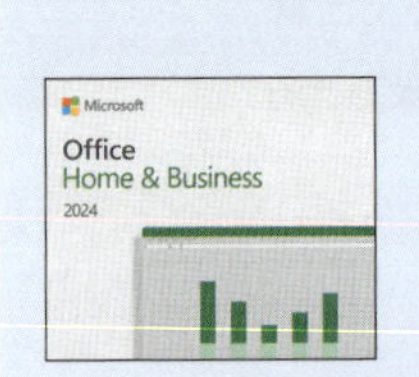
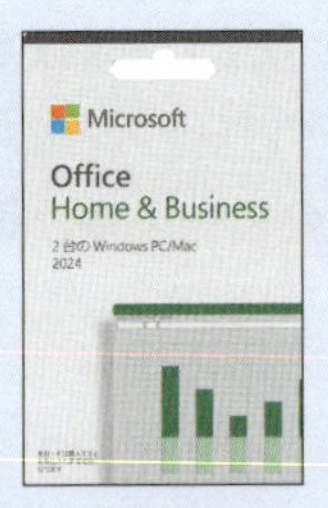

永続版／1ユーザー
2台までインストール可能
Windows 10 または
Windows 11、macOS:最新の3つのバージョンが対象

価格：43,980円

Word

Excel
PowerPoint

Outlook

Microsoft 365 Personal

同一ユーザーが使用するすべてのデバイスで同時に5台まで利用可能
Windows 10 または
Windows 11、macOS:最新の3つのバージョン、タブレット、スマートフォン

価格：14,900円／年
または1,490円／月
＊ダウンロード版のみ

Word

Excel

PowerPoint

Outlook

Access

他にもTeams、Publisher（Windowsのみ）含む

Microsoft 365 Family

同一ユーザーが使用するすべてのデバイスで同時に5台まで利用可能
Windows 10 または
Windows 11、macOS:最新の3つのバージョン、タブレット、スマートフォン

価格：21,000円／年
または2,100円／月
＊ダウンロード版のみ

Word

Excel

PowerPoint
Outlook
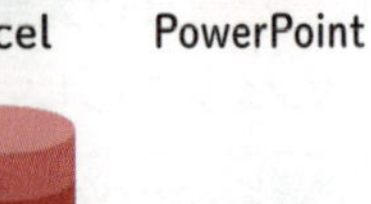
Access

（Windowsのみ）

他にもTeams、Publisher（Windowsのみ）含む

※価格などの情報は2024年10月現在のものです。表記は税込みの金額です。ダウンロード版とPOSA版の価格は同じですが、販売店によって表記が異なる場合があります。
なお、Microsoft 365の各プランについては、POSA版は年間プランのみ対応しています。

主なキーの使い方

＊下はノートパソコンの例です。機種によってキーの配列や種類、印字などが異なる場合があります。

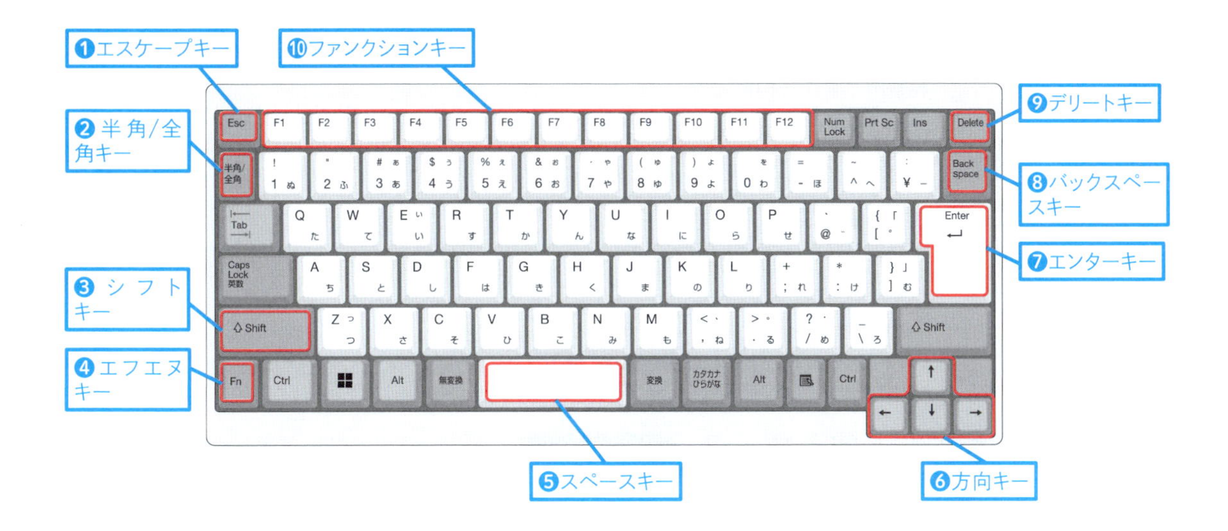

キーの名前	役割
❶エスケープキー Esc	操作を取り消す
❷半角/全角キー 半角/全角	日本語入力モードと半角英数モードを切り替える
❸シフトキー Shift	英字を大文字で入力する際に、英字キーと同時に押して使う
❹エフエヌキー Fn	数字キーまたはファンクションキーと同時に押して使う
❺スペースキー space	空白を入力する。日本語入力時は文字の変換候補を表示する

キーの名前	役割
❻方向キー ←→↑↓	カーソルキーを移動する
❼エンターキー Enter	改行を入力する。文字の変換中は文字を確定する
❽バックスペースキー Back space	カーソルの左側の文字や、選択した図形などを削除する
❾デリートキー Delete	カーソルの右側の文字や、選択した図形などを削除する
❿ファンクションキー F1 から F12	アプリごとに割り当てられた機能を実行する

スキルアップ

ショートカットキーを使うには

複数のキーを組み合わせて押すことで、アプリごとに特定の操作を実行できます。本書では Ctrl + S のように表記しています。

●Ctrl+Sを実行する場合

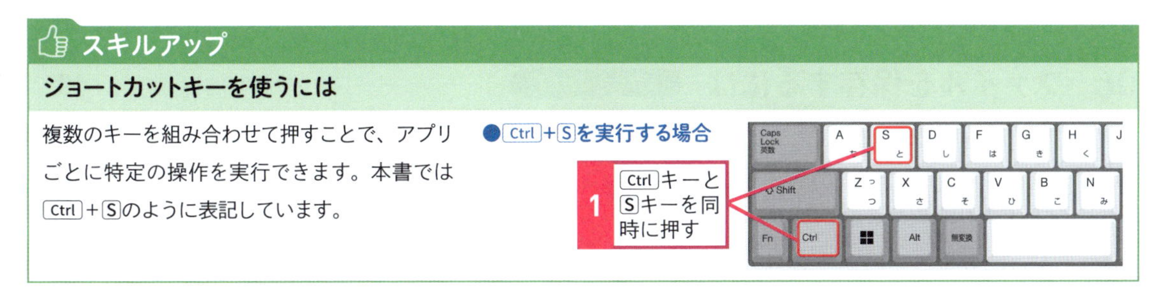

目次

第4章 文章を効率よく編集する 97

第5章 デザインを工夫して印刷する 111

第6章 Copilotを活用して文書を作るには 137

第7章 レイアウトに凝った文章を作るには 151

第1章 Excelの超基礎！ 画面やブックの扱い方を知ろう 245

第2章 セルの操作とデータ入力の基本をマスターしよう 265

第5章 数式や関数を使って正確に計算しよう 343

本書の構成

本書はWord、Excelについて、手順を基礎から1つずつ学べる「基本編」、便利な操作をバリエーション豊かに揃えた「活用編」の2部で構成しています。また「Word&Excel編」では、2つのアプリの連携や、共通して活用できる操作を紹介しています。

Word 編

基本編　第 1 章～第 5 章
活用編　第 6 章～第 10 章

基本編ではWordの基本的な操作から、文字の装飾や印刷方法などWordを使う上で必須の知識を学びます。活用編ではAIの活用をはじめ段落の設定やルーラーの使い方など、仕事に役立つ便利な機能を紹介します。

Excel 編

基本編　第 1 章～第 7 章
活用編　第 8 章～第 11 章

基本編ではExcelの基本的な操作から、数式や関数の入力、グラフの作成などの基礎を身に付けます。活用編ではVLOOKUP関数やSUMIFS関数など、仕事の効率を大幅に上げる関数を中心に紹介します。また、AIの活用方法も解説します。

Word & Excel 編

ExcelのグラフをWordに貼り付け、データを連動して更新する方法や、OneDriveを使ったファイル共有の方法などを紹介します。Word、Excelを連携させることで、活用の幅が大きく広がります。

用語集・索引

Word、Excelのそれぞれについて重要なキーワードを解説した用語集、知りたいことから調べられる索引などを収録。基本編、活用編と連動させることで、理解がさらに深まります。

登場人物紹介

皆さんと一緒に学ぶ生徒と先生を紹介します。各章の冒頭にある「イントロダクション」、最後にある「この章のまとめ」で登場します。それぞれの章で学ぶ内容や、重要なポイントを説明しています。

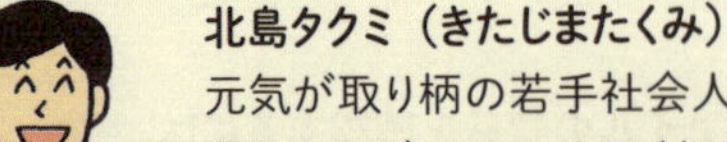
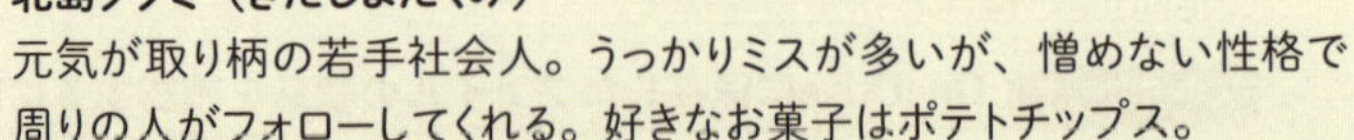

北島タクミ（きたじまたくみ）
元気が取り柄の若手社会人。うっかりミスが多いが、憎めない性格で周りの人がフォローしてくれる。好きなお菓子はポテトチップス。

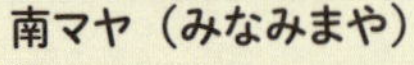

南マヤ（みなみまや）
タクミの同期。しっかり者で周囲の信頼も厚い。 タクミがミスをしたときは、おやつを条件にフォローする。好きなスイーツはマカロン。

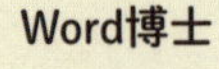

Word博士
Wordのすべてを極め、その素晴らしさを優しく教えている先生。基本から活用まで幅広いWordの疑問に答える。好きなWordの機能はマクロ。

エクセル先生
Excelのすべてをマスターし、その素晴らしさを広めている先生。基本から活用まで幅広いExcelの疑問に答える。好きな関数はVLOOKUP。

Word

基本編

第1章

Word 2024の基礎を知ろう

この章では、Word 2024の起動や終了、作成した文書を開いたり保存したりするなど、基礎的な操作について解説します。はじめてWord 2024を使う人は、この章から読み始めてください。また、すでに古いバージョンのWordを使ってきた経験のある人も、新しい画面構成などの確認に、一読されることをお勧めします。

レッスン

01 Introduction この章で学ぶこと

Word、ちゃんと使えてる？

Wordでは、簡単な文面から複雑なレイアウトまで、読みやすく表現力に富んだ文書を作成できます。見積書や送り状といったビジネス文書から、ニュースレターやカタログなど装飾性の高いデザインも、Wordの機能を学ぶことで、自由自在に編集できるようになります。

Wordなんて楽勝だけど

Word？　いつも使ってるし、特に問題ないと思うけどなー。

ええええー？　この前の書類、ミスだらけで何度も再提出したじゃない！

ははは、それはもったいない！　Wordはただのワープロソフトではなくて、いろいろ機能があるんだよ。

Wordで文書を正確に作成できる

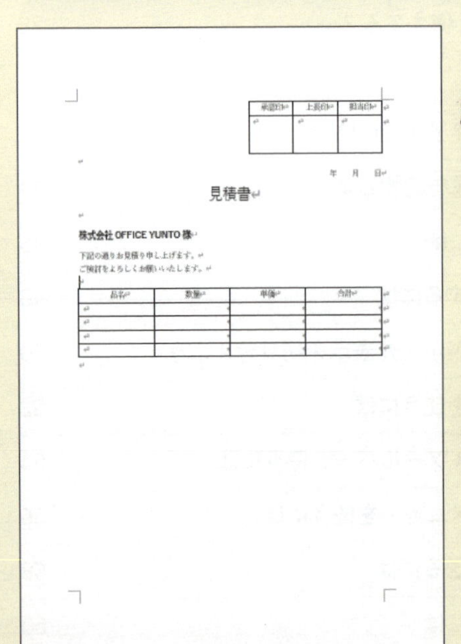

承認印	上長印	担当印

年　月　日

見積書

株式会社 OFFICE YUNTO 様

下記の通りお見積り申し上げます。
ご検討をよろしくお願いいたします。

品名	数量	単価	合計

例えば「見積書」「請求書」といったビジネス文書。会社名や数字を手でひとつひとつ入力しがちだけど、自動化してミスを防ぐことができるんだ。

えっ！　自動でできるんですか!?

それできたらすごく便利です！

もちろん多彩な表現も可能

さらにWordは、いろいろな文書を作成することもできるよ。レポートやフリーペーパー、ニュースレターなんかも簡単に作れて、しかもテンプレートにできるんだ。

仕事以外にもいろいろ使えるんですね！

この章ではWordの画面構成や使い方といった基本的なことを学ぶよ。Office 2024になってかなり変わった部分もあるから、しっかり確認しよう。

スキルアップ

アカウントを確認するには

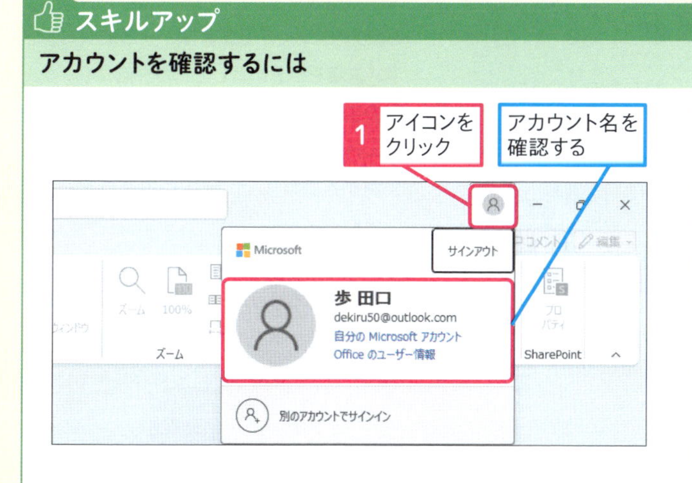

Officeをセットアップするときに、［サインインしてOfficeを設定する］で登録したMicrosoftアカウントが、Wordの利用者として、ウィンドウの右上に表示されます。Microsoft アカウントは、無料で取得できるアカウントで、登録するとWebベースのメール サービスや、Web用Officeに、クラウドストレージのOneDriveなどが使えるようになります。第11章で解説するクラウドの活用でも、Microsoftアカウントが必要になるので、取得することをお勧めします。

レッスン

02 Wordとは

Wordの特徴

練習用ファイル なし

Wordは、世界中で広く使われている文書作成ソフトです。Wordは、白紙の紙に見立てた編集画面に入力した文字や図形や画像を入力して、自由にレイアウトして文書作成できます。編集画面は、実際に印刷される紙面のイメージに近い表示になっているので、パソコンの画面を見ながらマウスやタッチパッドで、読みやすく伝わりやすい文書を編集できます。

文書作成ソフトとは

Wordの文書作成では、文字や図形に画像を入力して、カラフルな装飾や凝ったデザインを設定できるので、雑誌の紙面やカタログのような文書も作成できます。また、長文の入力にも対応しているので、論文やレポートなど文字量の多い文書の作成にも適しています。

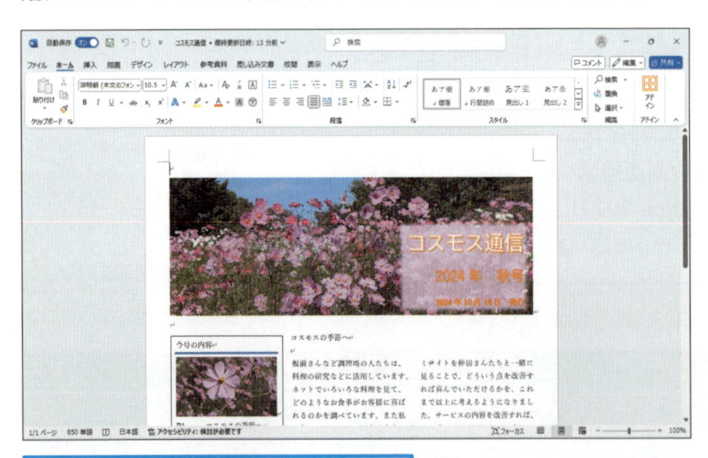

文書作成の定番ソフトとして、ビジネスをはじめ幅広く使われている

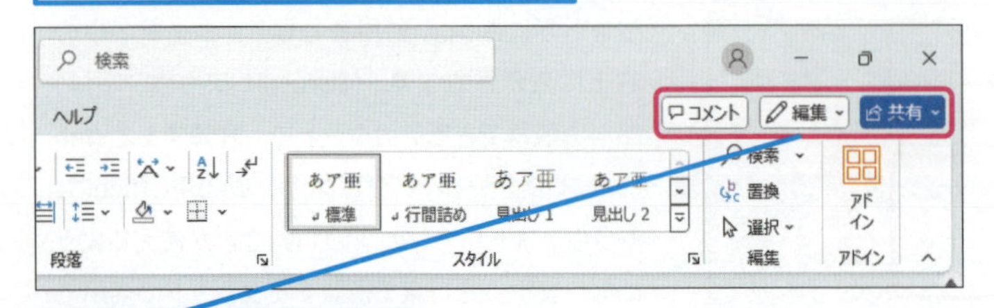

Office 2019以降ファイルの共有機能が強化されている

キーワード

Microsoft 365 P.524
図形 P.526

使いこなしのヒント

文字や図形や画像は流し込むイメージ

Officeを構成する3大ソフトの一つがWordです。Wordは、白紙の画面に文字や図形などを連続して流し込んでいくように入力して、文書を構成していきます。それに対して、Excelはマス目に文字や数字を並べていきます。PowerPointでは、スライドに文字とオブジェクトを置いていくようにして、プレゼンテーションを作ります。それぞれのOfficeソフトには、それぞれの特徴があるので、作りたいドキュメントの目的に合わせて、使い分けるといいでしょう。

使いこなしのヒント

幅広い文書を作成できる

Wordで作成できる文書は、一般的なビジネス文書をはじめとして、カタログやチラシのようなレイアウトに凝った文書から、ニュースレターやプレスリリースのような公開する書類まで、幅広い用途に適しています。
また、Wordで作成した文書は、プリンターで印刷できるだけではなく、PDFなどの電子ドキュメントとしても保存できるので、業務のペーパーレス化にも貢献します。

大量の文書を素早く作れる

差し込み印刷を活用すると、宛名や住所など文書の中に部分的に違う内容を差し込んで、ダイレクトメールやチラシなど大量の文書を素早く印刷できます。差し込み印刷には、Wordで作成した住所録やExcelで整理したデータなどを利用できます。

同じ文面で宛名などを変更した文書を一度に作成できる

自由なレイアウトの印刷物が作れる

Wordの編集画面には、写真や図形を自由にレイアウトできるので、カラフルで装飾性に富んだ印刷物も作成できます。また、文字の装飾も充実しているので、凝ったタイトルや見栄えのする文章も編集できます。

写真やイラストなどを自由に配置した印刷物を作成できる

文書作成を効率化できる

パソコンで文書を作成するメリットは、再利用にあります。手書きの文書では、類似した書類であっても、一から書き起こさなければなりません。しかし、Wordで作成し保存した文書は、何度でも繰り返し再利用できます。その結果、文書作成が効率化されて業務の生産性も向上します。

使いこなしのヒント
作りたい文例を集めよう

Wordで多彩な文書を編集するためには、最初にひな型となる文例を集めておくといいでしょう。ニュースレターやチラシをはじめ、ビジネス文書や手順書などの文書は、印刷物として職場や身の回りにあるでしょう。また、インターネットの検索を活用すれば、数多くの文例を探し出せます。そうした文例を参考に、Wordの編集機能を覚えていくことで、類似したデザインを作り出せるようになり、将来的にはオリジナルのレイアウトも自由自在に作成できます。

使いこなしのヒント
Word 2024のテクニックはMicrosoft 365版や古いWordでも有効

本書で解説している画面や操作方法は、Word 2024を対象にしていますが、基本的な使い方や後半の活用編で紹介しているテクニックなどは、Microsoft 365版のWordでも有効です。また、Word 2019や2016など、以前のバージョンでも多くの機能が使えます。古いWordを使っている人も、本書のレッスンを通して、新しい活用スキルを習得できます。

まとめ 作りたい文書という目的は上達の近道

Wordの使い方を覚えていく上で、「こんな文書を作りたい」という目的は、上達のための最大の近道です。作りたい文書に必要な機能を優先的に習得していくことで、短期間に実践的なWordの使い方を学習できます。また、すでに仕事で使っている文書をWordで作ることで、実践的な文書作りと業務の効率化が実現できます。

レッスン
03 Wordを起動／終了するには

Wordの起動・終了

練習用ファイル なし

Wordを使うためには、最初に「起動」します。また、使い終わったときには「終了」します。起動と終了は、WordのようなWindowsのアプリを使うための基本操作です。デスクトップを机に例えるならば、「起動」は白紙の紙を広げるような作業になります。

1 Wordを起動するには

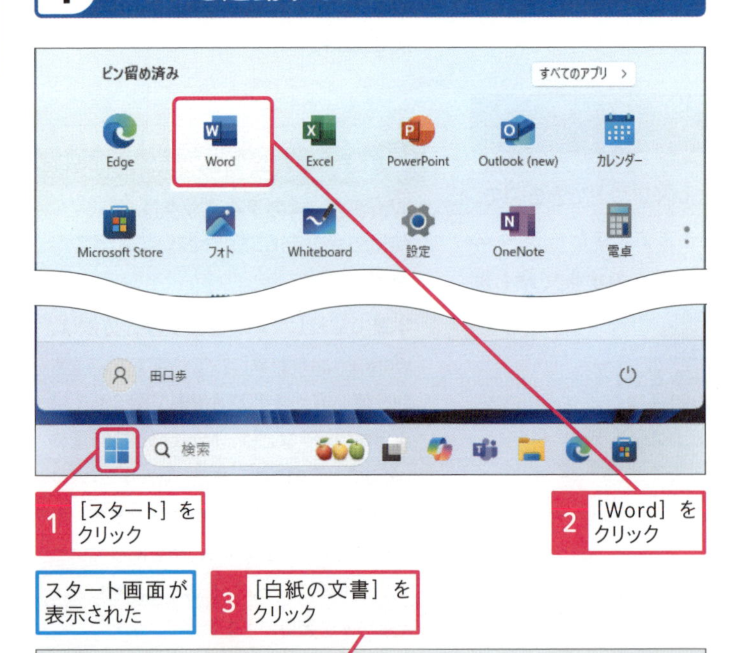

1 ［スタート］をクリック

2 ［Word］をクリック

スタート画面が表示された

3 ［白紙の文書］をクリック

キーワード

アイコン	P.524
タスクバー	P.527

使いこなしのヒント

［スタート］メニューにWordが見つからないときには

Windowsの［スタート］メニューを開いてもWordのアイコンが見つからないときは、［すべてのアプリ］をクリックして、起動できるアプリの一覧を表示します。その一覧の中から、Wordの項目を探してクリックして起動します。

ショートカットキー

［スタート］メニューの表示
⊞／Ctrl+Esc

用語解説

スタート画面

Wordを起動した直後に表示されるスタート画面には、これから作成する文書の種類を選んだり、すでに作成した文書を開いたりなど、最初に行う操作を選ぶ内容が表示されます。Wordを使い込んでいくと、スタート画面の下の方には、過去に編集した文書が表示されるようになります。

● 白紙の文書が表示された

文書の編集が可能になった

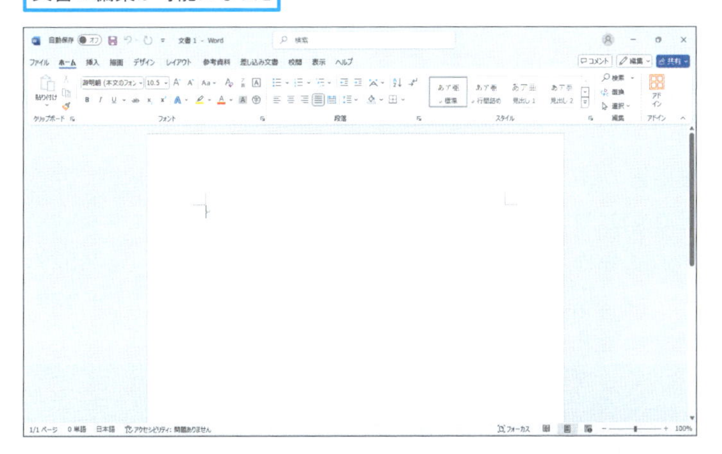

2 Wordを終了するには

ここではファイルを保存せずに終了する

1 ［閉じる］をクリック

Wordが終了する

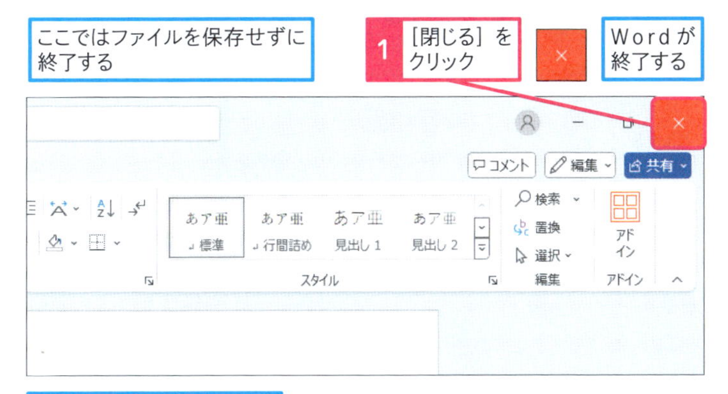

Wordが終了して、デスクトップが表示された

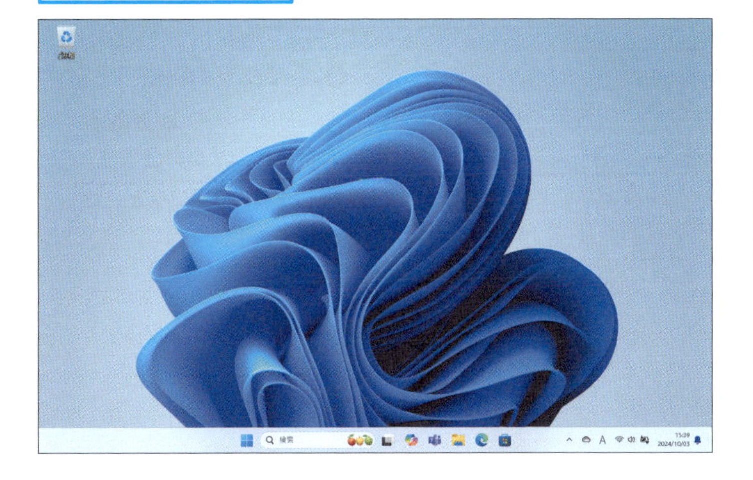

使いこなしのヒント

全画面表示で編集画面を広く使う

Wordのウィンドウの右上にある［全画面表示］をクリックすると、Windowsのデスクトップ全体にWordの編集画面が表示されます。Wordを使い慣れないうちは、できるだけ広い画面で確認した方が、より多くの情報を一望できるので、操作が容易になります。

時短ワザ

Wordを素早く起動するには

タスクバーにWordをピン留めしておくと、素早く起動できます。Wordをよく使うのであれば、登録しておくと便利です。

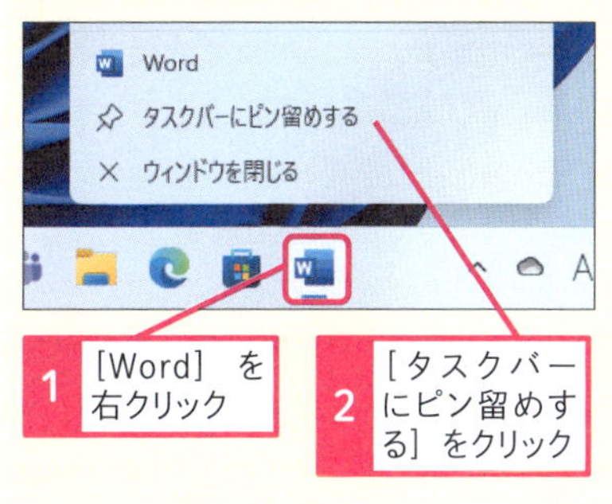

1 ［Word］を右クリック

2 ［タスクバーにピン留めする］をクリック

ショートカットキー

アプリの終了 Alt + F4

まとめ 起動したアプリは使い終わったら終了する

Wordを起動すると、パソコンのメモリが消費されます。複数のアプリを起動すると、それだけ多くのメモリが消費されます。メモリが多く消費されると、パソコンの動作が遅くなることがあります。そのため、使い終わったアプリは終了して、消費したメモリを解放しておきましょう。

レッスン

04 Wordの画面構成を確認しよう

各部の名称、役制

練習用ファイル なし

Wordの画面は、文字や画像を入力する編集画面の他に、機能を選ぶリボンや各種の情報を表示するバーなどで構成されています。それぞれの表示の意味を理解しておくと、Wordの操作で迷ったときに、どこを見て選べばいいのか、容易に判断できるようになります。

キーワード

共有	P.525
リボン	P.529
ルーラー	P.529

Word 2024の画面構成

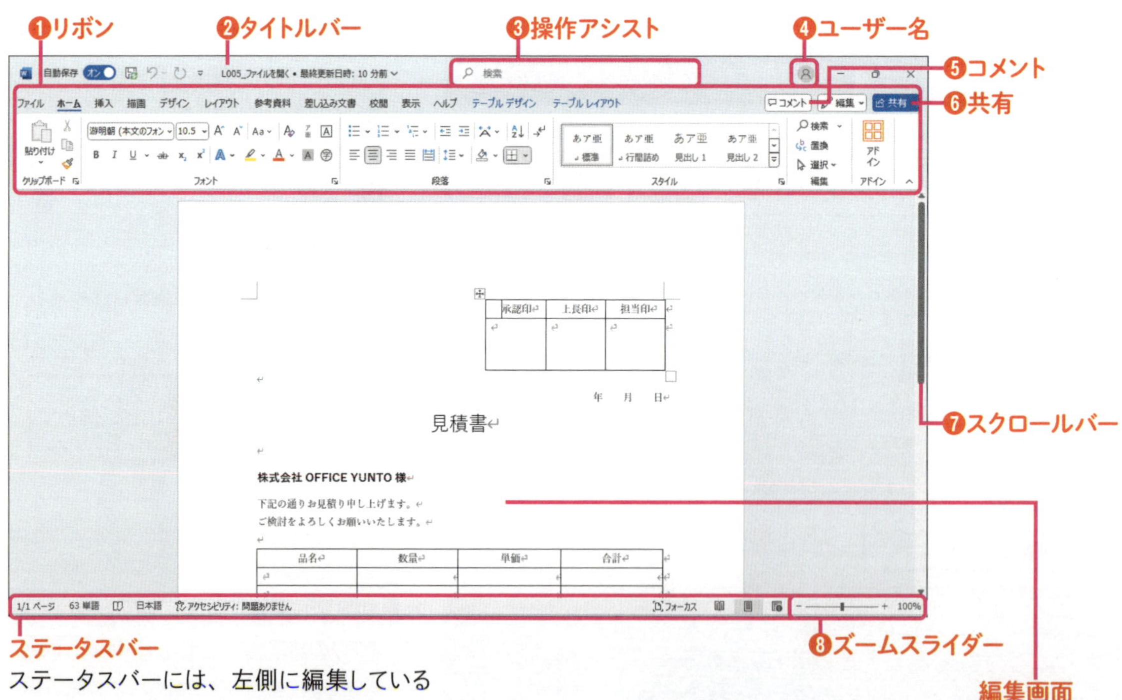

ステータスバー
ステータスバーには、左側に編集しているページ数や入力されている単語数など、文書に関する情報が表示されます。また、右側には拡大や縮小に表示モードを選択するアイコンが並びます。

編集画面
文書作成のための文章を入力する部分です。文字のほかに、画像や図形にグラフなど、さまざまなデータを入力できます。

❶リボン
編集機能を選ぶアイコンが表示されています。ここから機能に合わせたアイコンをクリックして、編集を行います。

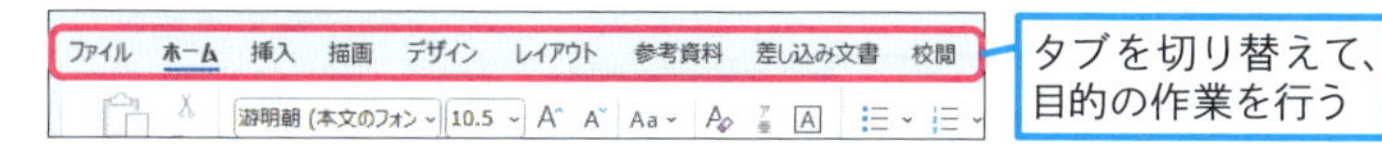

❷タイトルバー
編集している文書名やウィンドウの表示方法や終了などの操作に関するボタンが並びます。

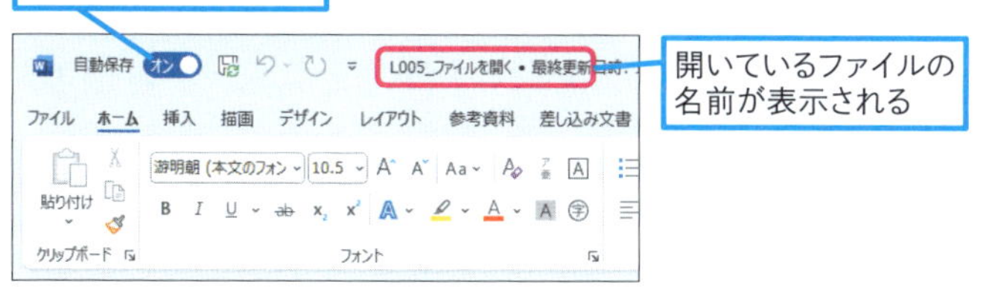

❸操作アシスト
操作方法を検索して実行する機能です。例えば、印刷と入力すると、印刷関連の機能が表示されます。

❹ユーザー名
Wordを使っているユーザー名（Microsoftアカウントなど）が表示されます。

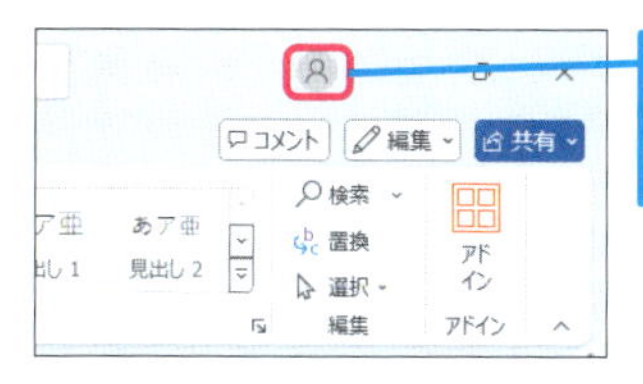

❺コメント
文章に挿入したコメントを確認する［コメント］ウィンドウを開きます。

❻共有
OneDriveを活用してクラウド経由で他の人と文書を共有する機能です。

❼スクロールバー
パソコンの画面に表示し切れない文書の内容を表示するために、編集画面を上下に移動するための操作バーです。

❽ズームスライダー
編集画面の拡大や縮小をマウスで操作するスライダーです。

使いこなしのヒント
リボンは切り替えて使う

Wordで使える編集機能のすべては、リボンに集約されています。リボンは、使える機能によって、［ホーム］や［挿入］などに分かれています。それぞれの項目を選ぶと、リボンの表示内容が変わります。リボンの詳しい使い方は、Word・レッスン07で解説します。

使いこなしのヒント
リボンの表示は画面の解像度によって変わる

リボンに表示されるアイコンの情報は、Wordのウィンドウの広さに左右されます。ウィンドウの幅が狭いと、リボンの内容の一部は隠れてしまいます。リボンの内容をすべて確認したいときには、できるだけ画面の解像度が高いパソコンで、ウィンドウの幅を広く表示するようにしましょう。

ここに注意
お使いのパソコンの画面の解像度が違うときは、リボンの表示やウィンドウの大きさが異なります。

まとめ　リボンと編集画面の使い方からはじめる
Wordの文書作成では、主に編集画面とリボンを利用します。編集画面には、文字や図形などを入力し、リボンから必要な編集機能を選んで操作します。リボンには、［ホーム］や［挿入］に［デザイン］など、編集するための機能に合わせた項目が並んでいます。使い始めは、リボンと編集画面に集中して、慣れてきたら他の箇所に表示される情報なども確かめていくといいでしょう。

05 ファイルを開くには

YouTube動画で見る
詳細は2ページへ

ファイルを開く

練習用ファイル L005_ファイルを開く.docx

Wordで作成した文書は、ファイルというデータの集まりとして、Windowsに保管されます。すでに作成されたWordのファイルは、［開く］を使って内容を確認したり編集したりできます。ただし、作成者が不確かなファイルを［開く］ときには、注意が必要です。

キーワード

ダイアログボックス	P.527
ファイル	P.528

ショートカットキー

ファイルを開く	Ctrl + O

1 Wordからファイルを開く

Wordを起動しておく

1 ［開く］をクリック

2 ［参照］をクリック

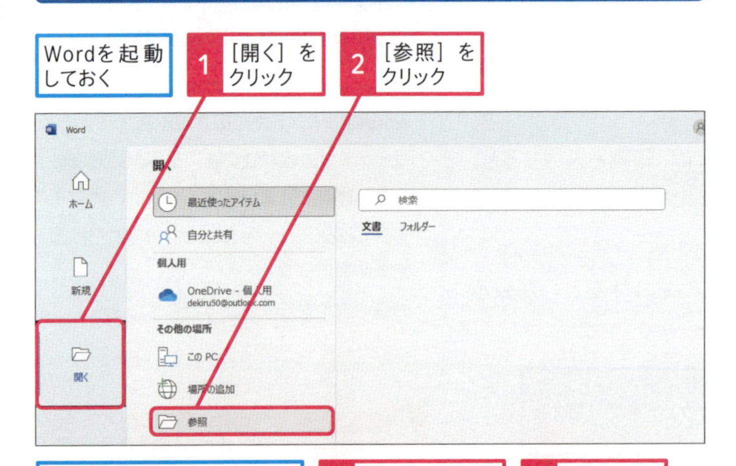

［ファイルを開く］ダイアログボックスが表示された

3 ファイルの保存場所を選択

4 ファイルをクリック

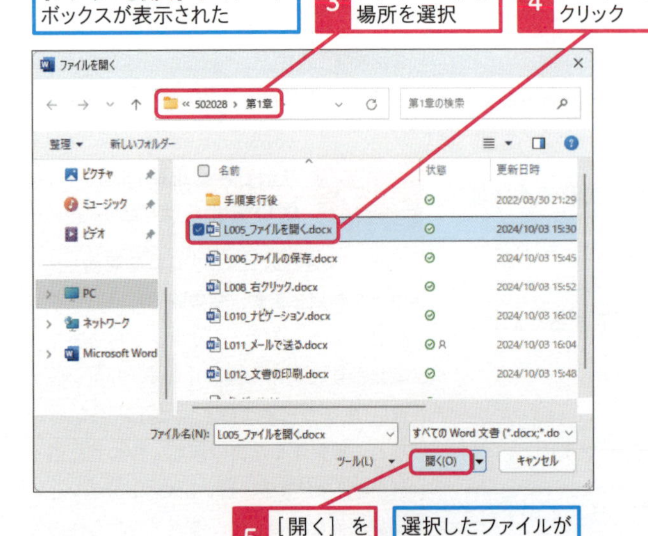

5 ［開く］をクリック

選択したファイルが開く

使いこなしのヒント

作業中にファイルを開くには

すでにWordで文書を編集しているときに、別のファイルを開いて使いたいときには、［ファイル］を使って、スタート画面と同じ操作で開けます。

1 ［ファイル］タブをクリック

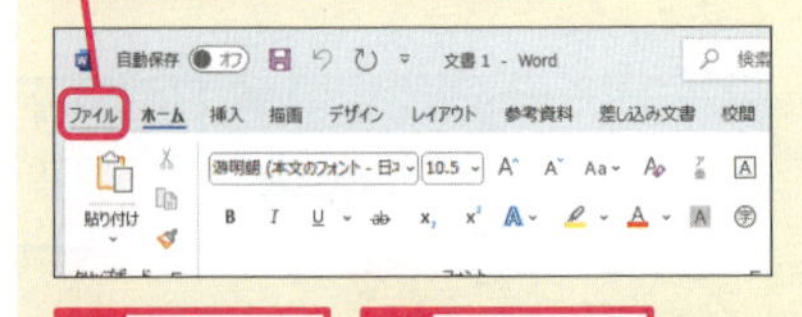

2 ［開く］をクリック

3 ［参照］をクリック

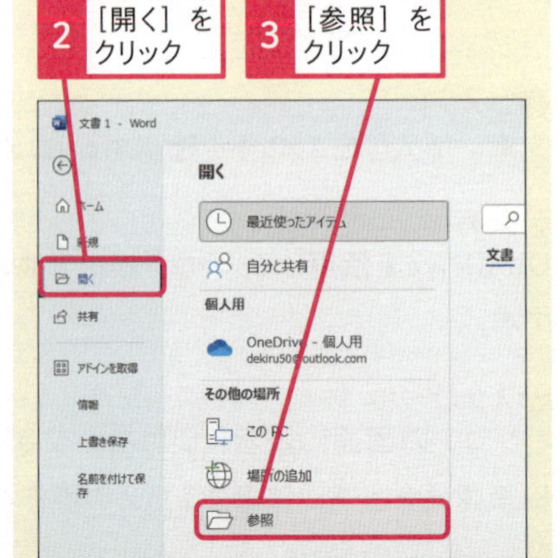

表示された［ファイルを開く］ダイアログボックスで、開くファイルを選択する

2 アイコンからファイルを開く

デスクトップを表示しておく

1 [エクスプローラー]をクリック

2 [ドキュメント] をクリック

3 [502028] をダブルクリック

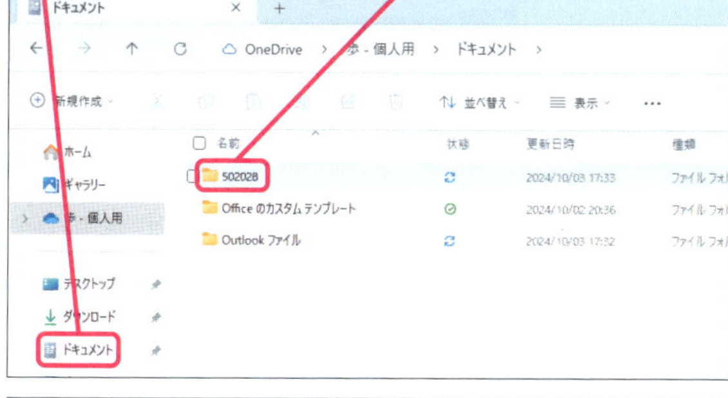

4 [第1章] をダブルクリック

5 ファイルをダブルクリック

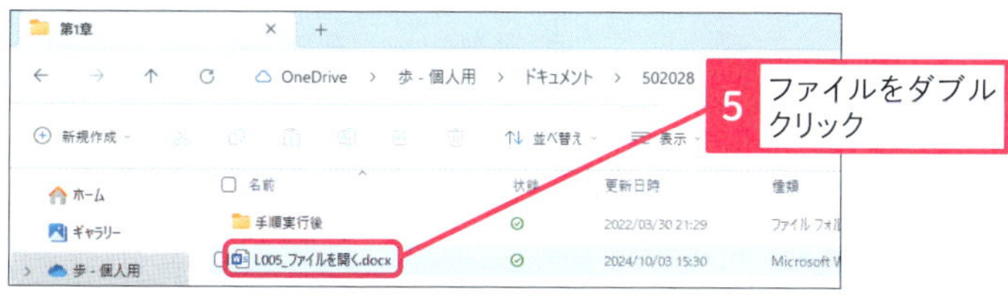

Wordが起動して、選択したファイルが開いた

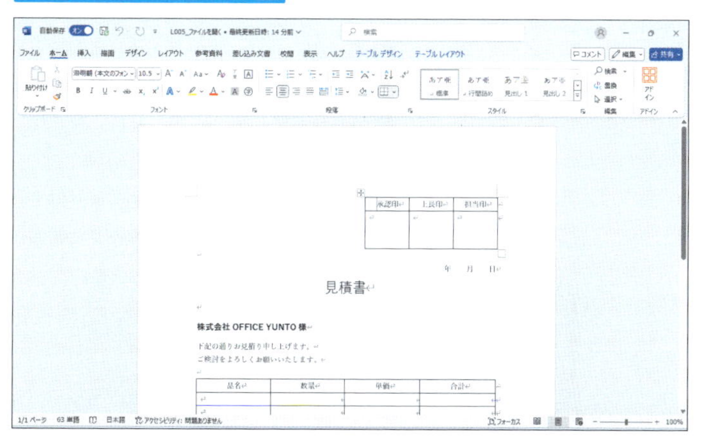

ショートカットキー

エクスプローラーの起動 +E

使いこなしのヒント

[保護ビュー] という表示で開かれたときには

インターネットからダウンロードしたファイルをWordで開くと [保護ビュー] という黄色いバーが表示されます。[保護ビュー] は、ファイルの安全性が確認できないときに、ウイルスやマルウェアへの感染を予防する機能です。[保護ビュー] の状態でも、文書の内容は確認できるので、信頼できる内容の文書であれば [編集を有効にする] をクリックして、編集できる状態に戻します。

まとめ ファイルを [開く] ときは文書の安全性に配慮する

ファイルを [開く] とパソコンに保存されている文書が編集画面に表示されます。このときに、文字や画像などの情報だけではなく、[マクロ] と呼ばれる自動的に実行される命令も同時に処理されます。この [マクロ] の中に、ウイルスやマルウェアが仕込まれている被害が多発しています。信頼できる人から送られたファイル以外を開くときには、注意しましょう。作成者が不明なファイルはできるだけ開かないようにするか、[保護ビュー] で確認しましょう。

レッスン

06 ファイルを保存するには

ファイルの保存　練習用ファイル　L006_ファイルの保存.docx

Wordで作成した文書は、ファイルとしてパソコンに保存します。保存されたファイルは、［開く］で編集画面に表示して、内容を確認したり編集したりできます。また、保存するときのファイル名を変更すると、元のファイルを残したままで、新しいファイルとして保存できます。

1 ファイルを上書き保存する

1 ［ファイル］タブをクリック

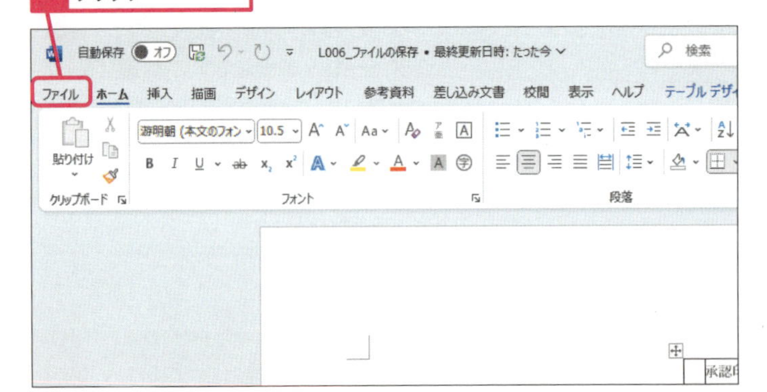

2 ［上書き保存］をクリック

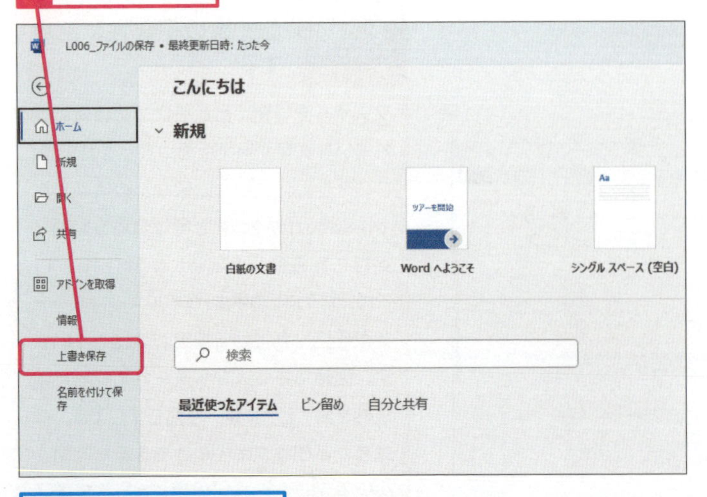

同じ保存場所で、ファイルが上書き保存される

キーワード

上書き保存	P.525
名前を付けて保存	P.528
ファイル	P.528

ショートカットキー

上書き保存　Ctrl+S

使いこなしのヒント

［上書き保存］と［名前を付けて保存］の違いを知ろう

［上書き保存］は、新しいファイルとして作成した文書を保存するときや、編集するために開いたファイルを更新したいときに利用します。上書き保存を実行すると、過去のファイルは更新されてしまいます。もし、元のファイルも残しておきたいときは、［名前を付けて保存］を使って、別のファイル名で保存します。

使いこなしのヒント

編集したファイルの上書き保存は慎重に

［上書き保存］は、古いファイルの内容を更新してしまうので、実行すると過去の文書が失われてしまいます。もし、確実に元のファイルを残しておきたいときには、ファイルを開いた直後に、［名前を付けて保存］を実行して、別の名前のファイルとして保存しておくといいでしょう。

2 ファイルに名前を付けて保存する

手順1を参考に、スタート画面を表示しておく

1 ［名前を付けて保存］をクリック

2 ［参照］をクリック

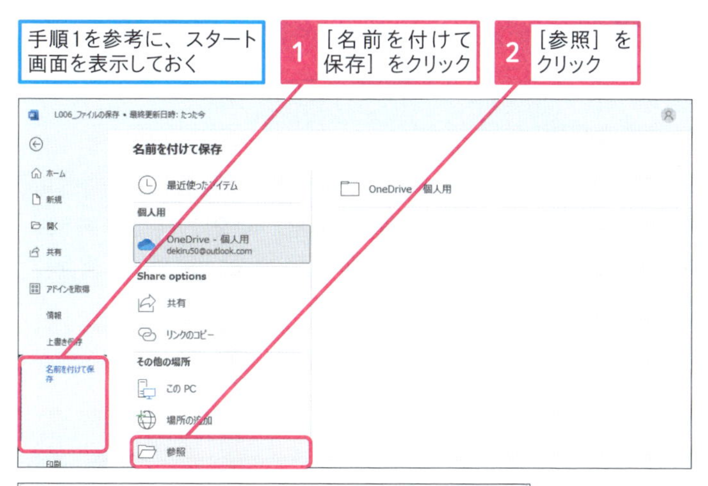

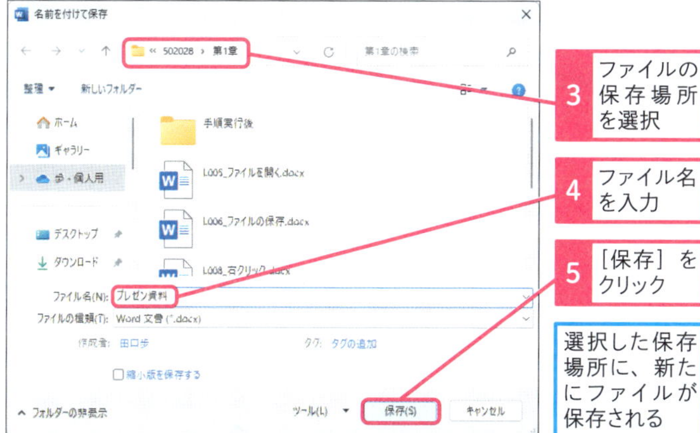

3 ファイルの保存場所を選択

4 ファイル名を入力

5 ［保存］をクリック

選択した保存場所に、新たにファイルが保存される

3 ファイルの自動保存を有効にする

1 ［自動保存］のここをクリック

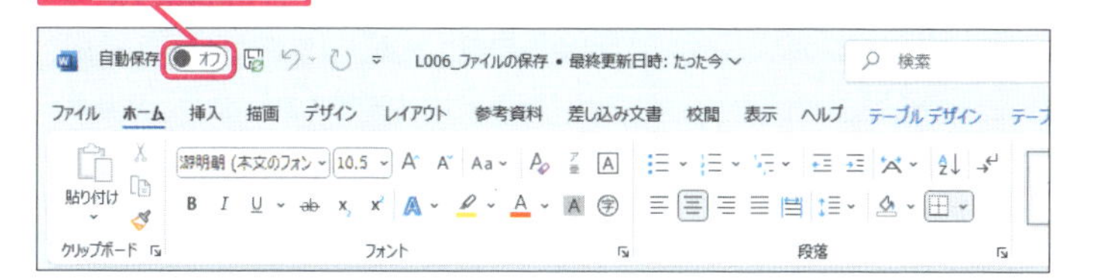

［自動保存］が［オン］と表示され、自動保存が有効になった

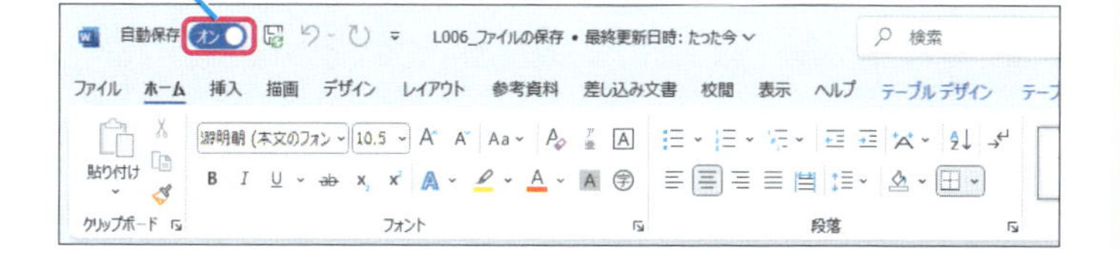

ショートカットキー

名前を付けて保存 F12

使いこなしのヒント

ファイル名に使用できない文字がある

ファイル名には、以下の半角記号は利用できません。

¥ / : * ? " < > |

これらの記号は、Windowsが特殊な目的に利用しているので、ファイル名としては認識されないためです。

使いこなしのヒント

どのタイミングで自動保存されるの?

Wordの自動保存は、標準の設定では5分ごとに実行されます。もし、間隔を調整したいときは、Wordのオプションの［保存］から分単位で変更します。

まとめ 文書はファイルとして保存して残す

Wordで作成した文書は、ファイルとして名前を付けて保存して、パソコンの中に残します。保存しないでWordを終了してしまうと、作成した文書も失われてしまいます。ファイルとして保存されたWordの文書は、Windowsのエクスプローラーでアイコンとして表示されます。このアイコンをマウスでダブルクリックすれば、その文書をWordで編集できます。

レッスン
07 タブやリボンの表示・非表示を切り替えよう

タブやリボンの表示・非表示

練習用ファイル なし

Wordの編集は、リボンにアイコンとして表示されています。それぞれのアイコンは、編集機能を連想させる絵柄になっています。また、リボンは目的ごとに機能がまとめられています。そのリボンを切り替えるために、[ホーム] や [挿入] などのタブが並んでいます。さらに、Wordの各種設定を切り替えるために、[Wordのオプション] が用意されています。

キーワード

[Wordのオプション] P.524
リボン P.529

1 タブを切り替える

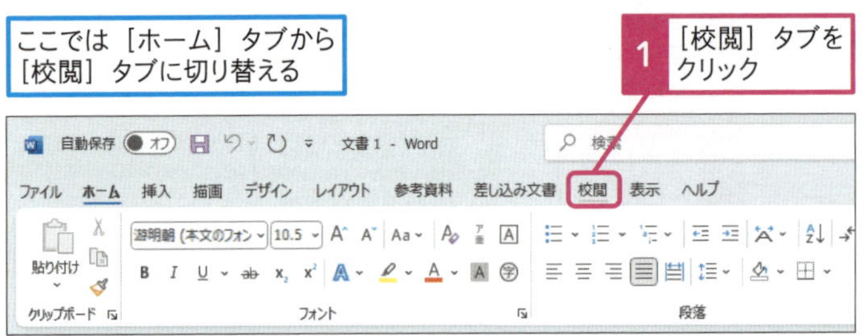

リボンが切り替わった

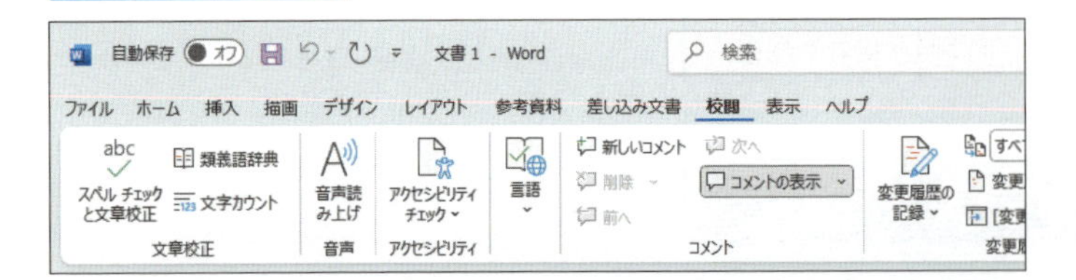

2 リボンを非表示にする

1 タブをダブルクリック

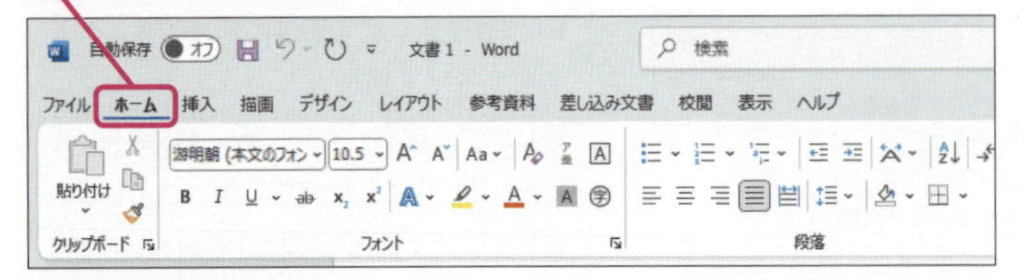

リボンが非表示になった

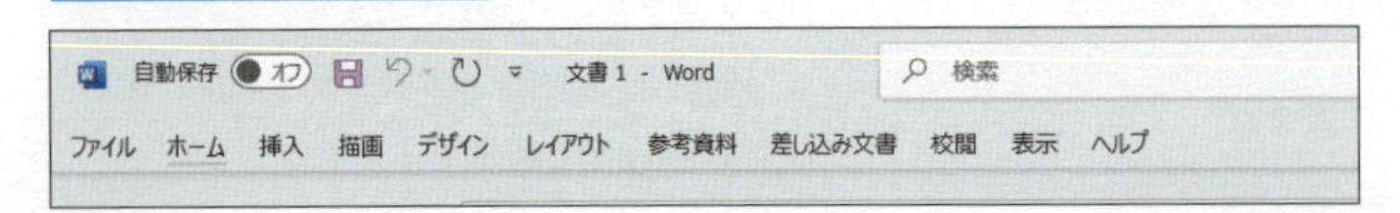

使いこなしのヒント
すべての機能を覚える必要はない

Wordで使える編集機能は、リボンに集約されています。しかし、はじめからリボンの内容を完全に覚える必要はありません。中には、まったく使わない機能もあります。必要な機能を優先して覚えていくだけで、十分にWordを使いこなせるようになります。

使いこなしのヒント
リボンの機能はマウスポインターを合わせて確かめる

Wordの文書作成では、主に編集画面とリボンを利用します。リボンには、[ホーム] や [挿入] に [デザイン] など、編集するための機能に合わせた項目が、タブとして並んでいます。それぞれの項目には、関連する機能がアイコンとして表示されています。アイコンのデザインは、編集機能を連想させる絵柄になっていますが、使い慣れないと分からない機能もあります。そのときには、アイコンにマウスを重ね合わせると、簡単なヒントが表示されます。

3 リボンを表示する

1 タブをダブルクリック

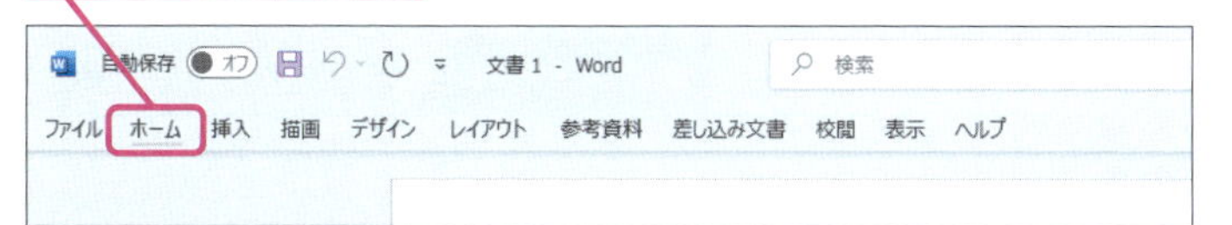

リボンが表示された

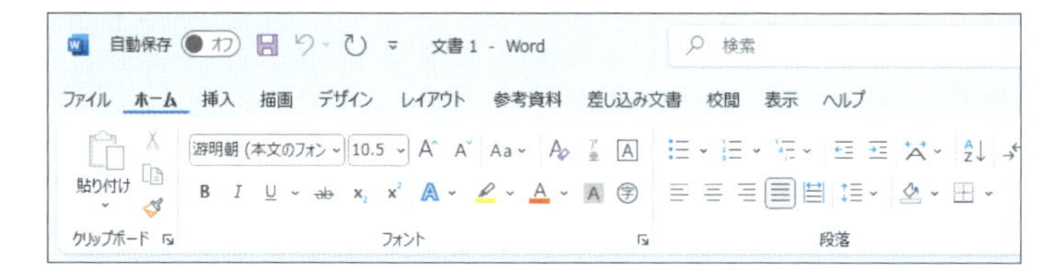

ショートカットキー

リボンの表示/非表示　Ctrl + F1

使いこなしのヒント

［Wordのオプション］って何？

［Wordのオプション］は、Wordに標準で設定されている各種機能のオン/オフを切り替えたり、ユーザー名の登録や自動保存の間隔などを調整したりするために用意されている設定画面です。通常は、標準設定のままで利用しますが、必要に応じて設定を変えることで、より使いやすくなります。

4 ［Wordのオプション］を表示する

［ファイル］タブをクリックしておく

1 ［その他］をクリック

2 ［オプション］をクリック

［Wordのオプション］が表示された

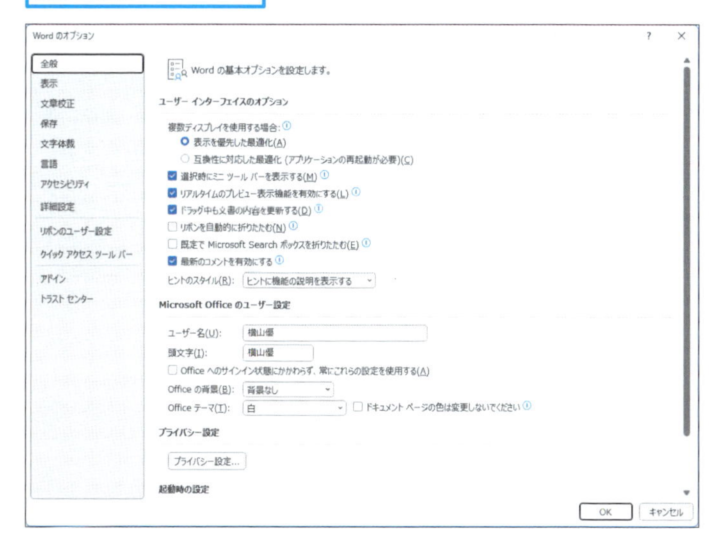

使いこなしのヒント

隠れたタブにも注意する

Wordのリボンは、最初に表示される種類の他にも、編集の目的に応じて表示されるタブがあります。特に、図形を描画したり、凝った装飾を施したりするときは、通常では表示されないタブを活用します。隠れたタブについては、具体的に必要になるときに、レッスンで紹介していきます。

まとめ　タブを先に覚えてリボンは機能から理解する

Wordの編集機能は、リボンに並んでいるアイコンを選んで実行します。その数はとても多いので、すべてを覚えるのは困難です。そこで、最初はどんなアイコンがどこのリボンにあるのか、それらを分類しているタブから覚えていきましょう。一般的な文書作成では、［ホーム］と［挿入］に［描画］など、主に左側に並んでいるタブをよく使います。タブの名称は、編集の目的に合わせて分類されています。そのため、必要な機能を探したいときには、まずはタブの分類から考えて、リボンを切り替えていくといいでしょう。

レッスン

08 ミニツールバーを使うには

ミニツールバー、右クリックメニュー　練習用ファイル　L008_右クリック.docx

マウスでテキストを選択すると現れる小さなリボンのような表示がミニツールバーです。ミニツールバーには、フォントの種類やサイズに装飾、テキストの配置や色にスタイル、検索やコメントの挿入などのツールが用意されています。

1 ミニツールバーを表示する

1 文字を選択

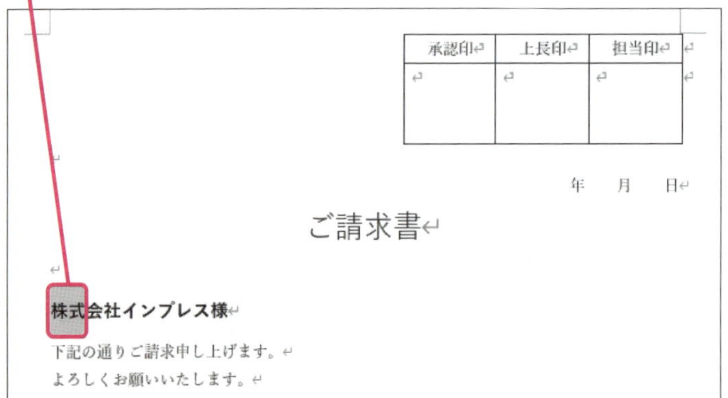

ミニツールバーが表示された

アイコンをクリックすると操作を実行できる

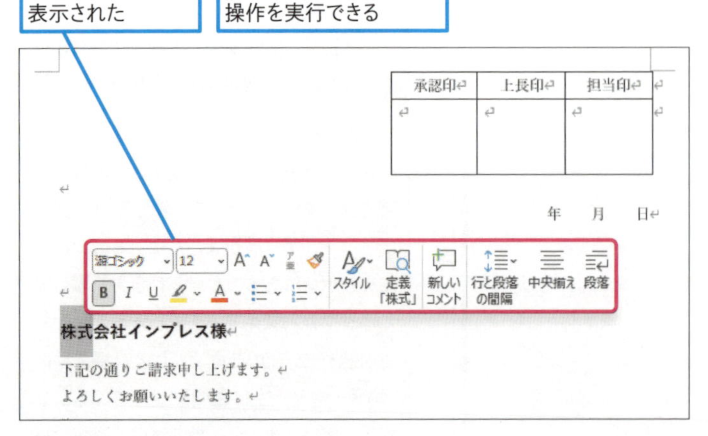

キーワード

使いこなしのヒント

ミニツールバーが消えてしまったら

ミニツールバーは、テキストを選択した直後に表示されますが、他の操作を行うと消えてしまいます。再びミニツールバーを表示したいときには、改めてテキストを選択し直します。

使いこなしのヒント

ミニツールバーでBing検索するには

ミニツールバーにある［定義］では、選択したテキストを対象にBing検索を実行します。単語の意味などを調べたいときに使うと便利です。

2 右クリックメニューを表示する

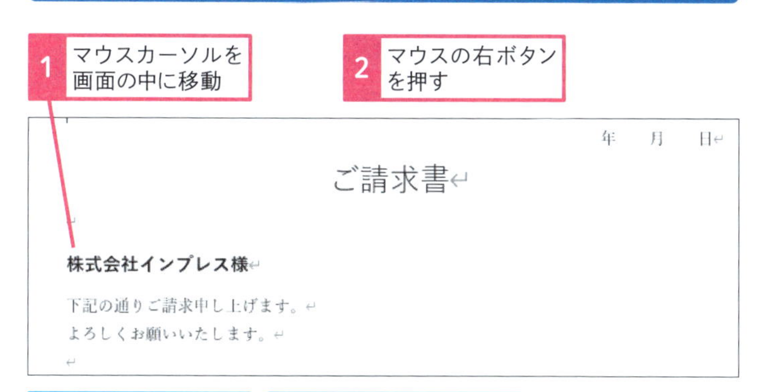

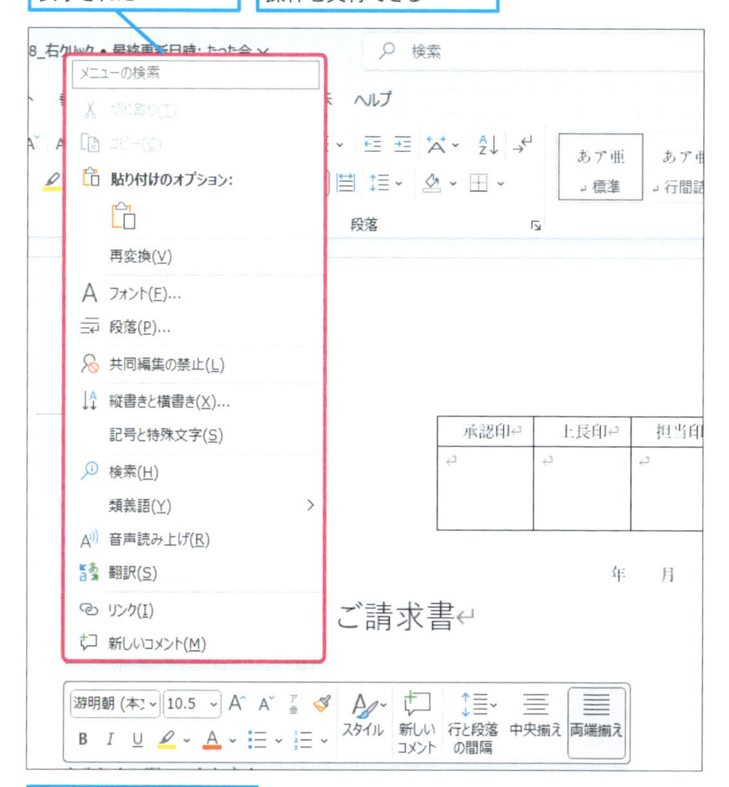

使いこなしのヒント

右クリックメニューで作業効率アップ

右クリックメニューには、リボンの［ホーム］にある編集関係の項目が用意されています。また、右クリックメニューを開くとミニツールバーも確実に表示できるので便利です。右クリックでは、リボンまでマウスポインタを移動しないで編集などの操作を実行できるので、作業効率もアップします。

使いこなしのヒント

右クリックメニューは図形や罫線にも有効

右クリックメニューは、テキストだけではなく図形や罫線などのオブジェクトでも表示されます。対象のオブジェクトに合わせて、右クリックメニューとミニツールバーの内容が変わるので、リボンから関連する機能を探すよりも、的確に必要な操作を実行できます。

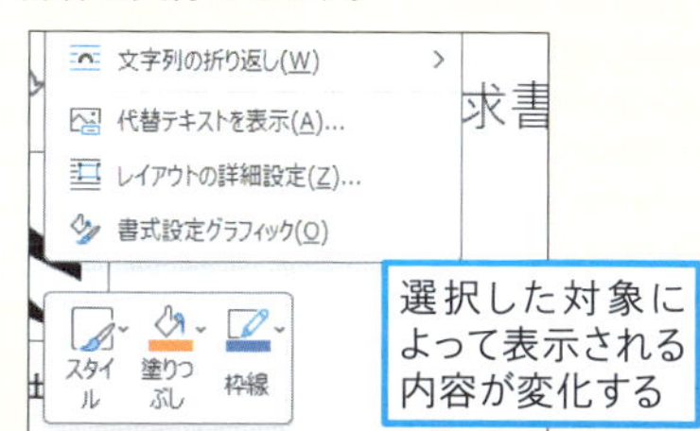

まとめ 右クリックメニューとミニツールバーで時短しよう

右クリックメニューとミニツールバーには、フォントやスタイルに装飾や編集など、リボンでよく使う機能がまとまっています。また、ミニツールバーは右クリックメニューを開くと、意図的に表示できるので、リボンを切り替えてアイコンを選択するよりも、手早い編集操作が可能になります。右クリックメニューとミニツールバーを使いこなすと、Wordの編集作業も効率よく短時間で仕上げられるようになります。

レッスン

09 クイックアクセスツールバーを使うには

クイックアクセスツールバー

練習用ファイル　なし

クイックアクセスツールバーには、標準の設定で保存とやり直しに繰り返しを実行するアイコンが並んでいます。クイックアクセスツールバーは常に表示されているので、リボンを切り替えてアイコンを選ぶよりも、手早く確実にWordでよく使う機能を実行できます。

1 クイックアクセスツールバーを移動する

クイックアクセスツールバーは初期状態ではアプリアイコンの右側に表示されている

1 ［クイックアクセスツールバーのユーザー設定］をクリック

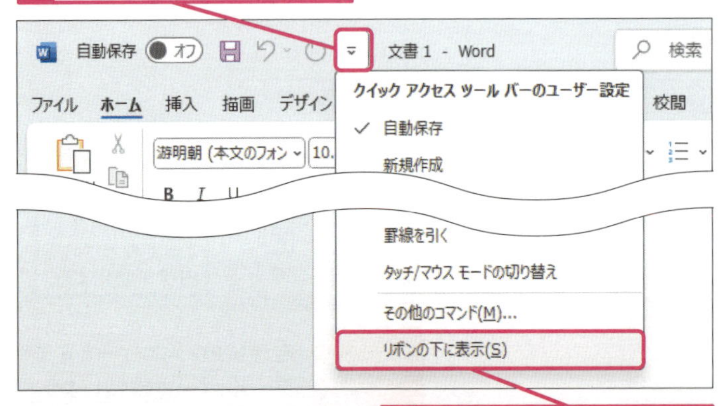

2 ［リボンの下に表示］をクリック

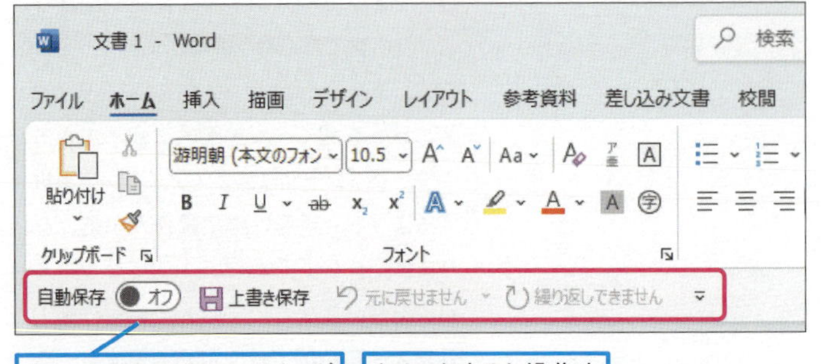

クイックアクセスツールバーがリボンの下に表示された

クリックすると操作を実行できる

キーワード

使いこなしのヒント

クイックアクセスツールバーにアイコンを追加する

クイックアクセスツールバーのユーザー設定を開くと、表示する位置を変更したり新しいアイコンを追加できます。また、［その他のコマンド］を選ぶと、より多くのコマンドを追加できます。

使いこなしのヒント

リボンの代わりに活用する

クイックアクセスツールバーをリボンの下に表示して、リボンの表示をオフにすると、編集画面が広く使えるようになります。また、よく使うコマンドをクイックアクセスツールバーに集約しておくと、リボンを使わずにコマンドを手早く実行できるようになります。

2 新しい操作を追加する

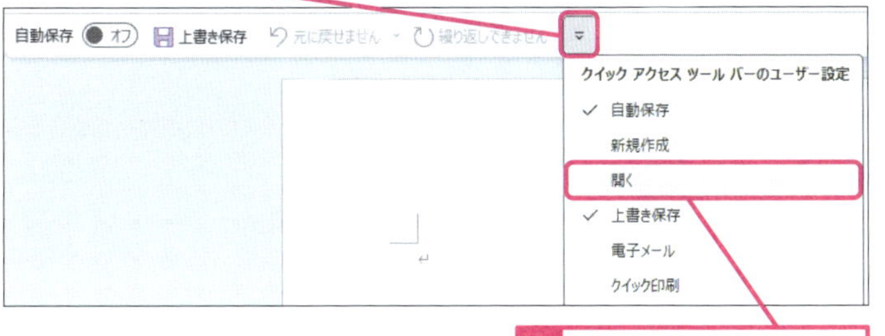

3 クイックアクセスツールバーを非表示にする

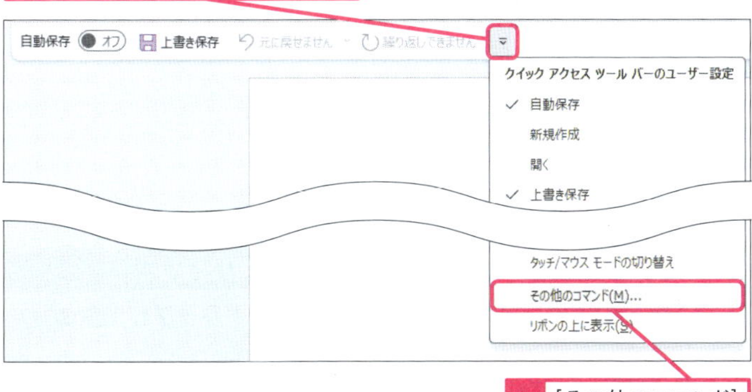

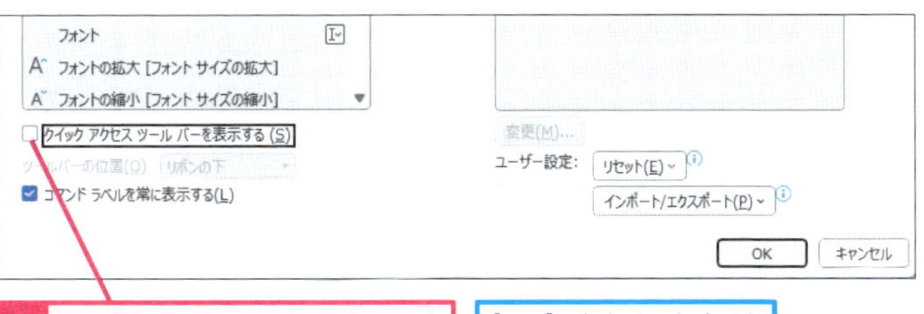

使いこなしのヒント
追加しておくと便利なツール

クイックアクセスツールバーに追加しておくと便利なツールを選ぶ基準は、ミニツールバーと右クリックメニューに表示されているコマンドです。また、図形や表の編集が多いときには、オブジェクトごとに表示されるミニツールバーの内容を参考に、Wordのオプションから追加しておくと便利です。

使いこなしのヒント
非表示にしたクイックアクセスツールバーを表示するには

非表示にしたクイックアクセスツールバーを元のように表示するには、クイックアクセスツールバーのユーザー設定を表示し、［クイックアクセスツールバーを表示する］にチェックマークを付けます。

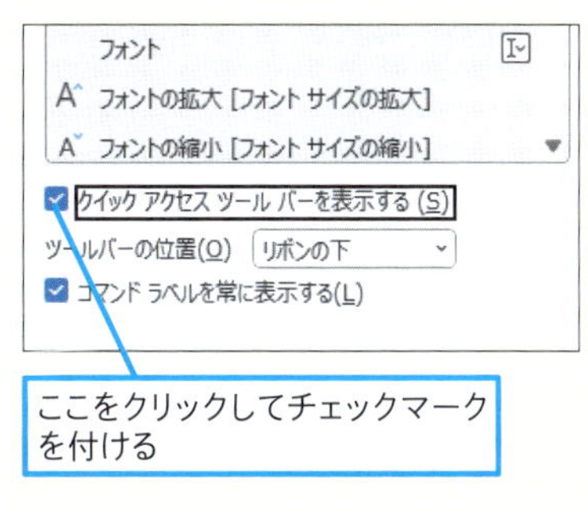

まとめ クイックアクセスツールバーで使い勝手を向上

クイックアクセスツールバーには、リボンなどに用意されている機能を自由に追加できます。Wordの操作に慣れてきて、よく使うコマンドがわかってきたときには、クイックアクセスツールバーをカスタマイズして、リボンを使わずに実行できるようにすると、編集作業の効率がさらに向上します。

レッスン

10 ナビゲーションメニューを使うには

ナビゲーションメニュー　練習用ファイル　L010_ナビゲーション.docx

ナビゲーションメニューは、編集画面の左側に表示されるナビゲーションウィンドウから選択できるコマンドの一覧です。ナビゲーションウィンドウには、文章の見出しやページ一覧に検索結果などが表示されます。また、ナビゲーションウィンドウ内で行った操作を編集画面に反映できます。

1 ナビゲーションメニューを表示する

1 ［表示］タブをクリック

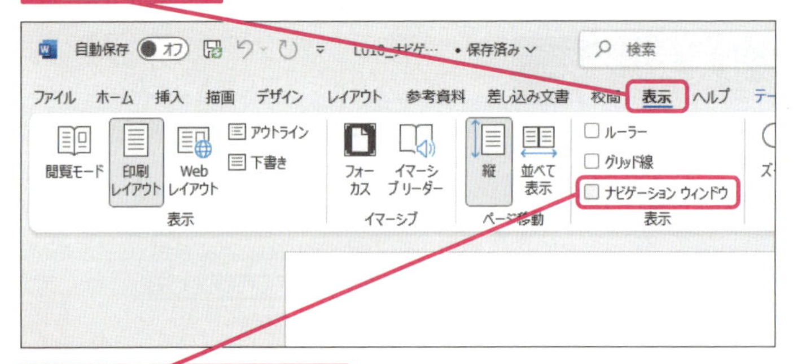

2 ［ナビゲーションウィンドウ］をクリック

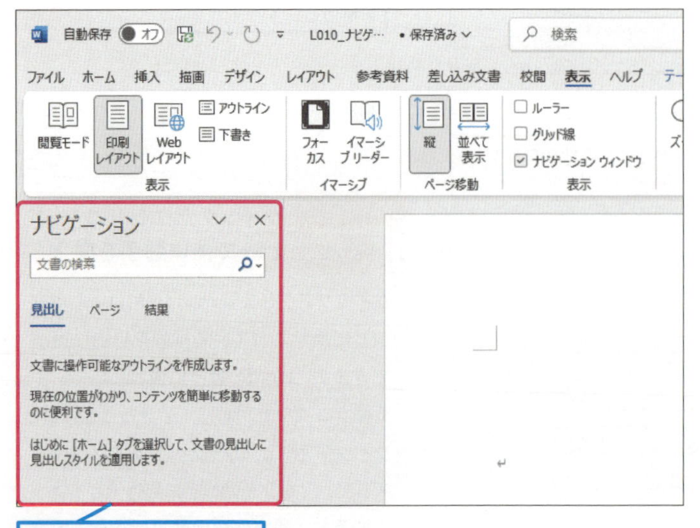

ナビゲーションウィンドウが表示された

キーワード

スタイル	P.526
ナビゲーションメニュー	P.527

使いこなしのヒント

スタイルの見出しを設定するとナビゲーションウィンドウに表示される

ナビゲーションウィンドウの見出しには、編集画面で見出しのスタイルを設定したタイトルなどのテキストが表示されます。また、見出しのレベルを設定しておくと、レベルに合わせた階層が表示されます。

使いこなしのヒント

見出しの項目をドラッグして文章の構成を変更できる

ナビゲーションウィンドウの［見出し］には、［スタイル］の［見出し］として登録されているタイトルや段落の一覧が表示されます。見出しの一覧は、マウスの右クリックでレベルを変更したり、ドラッグ＆ドロップ操作で順序を変更できます。

2 表示内容を確認する

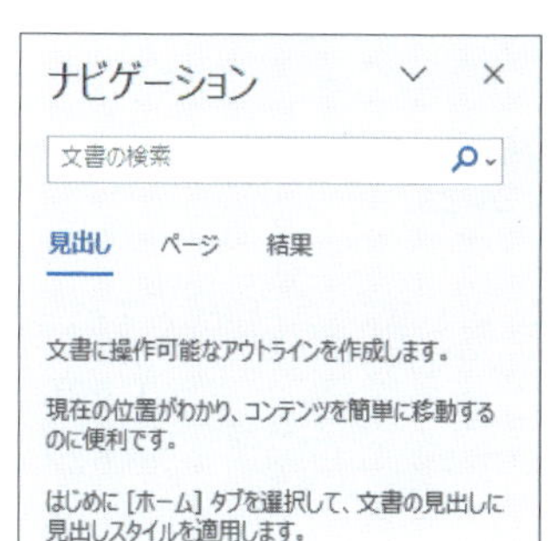

初期状態では［見出し］が選択されている

文書内の見出しを基にアウトラインを表示できる

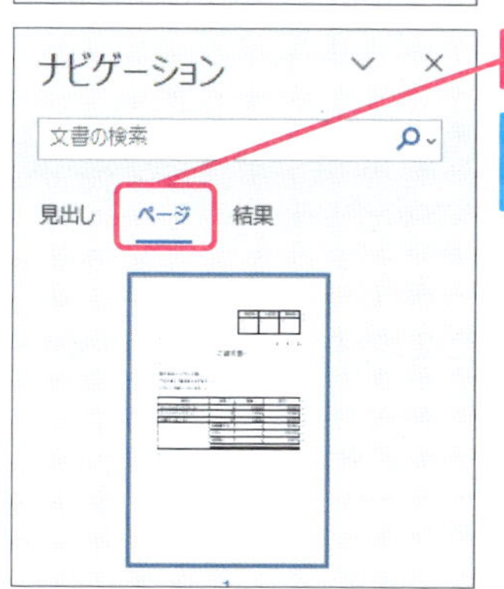

1 ［ページ］をクリック

文書のページ一覧が表示される

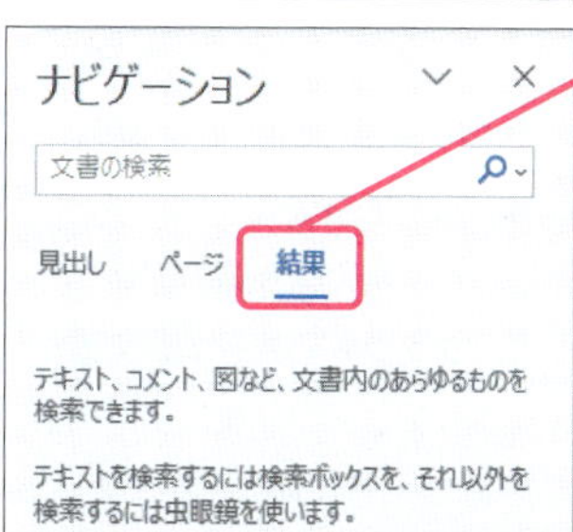

2 ［結果］をクリック

検索結果が表示される

3 ナビゲーションメニューを非表示にする

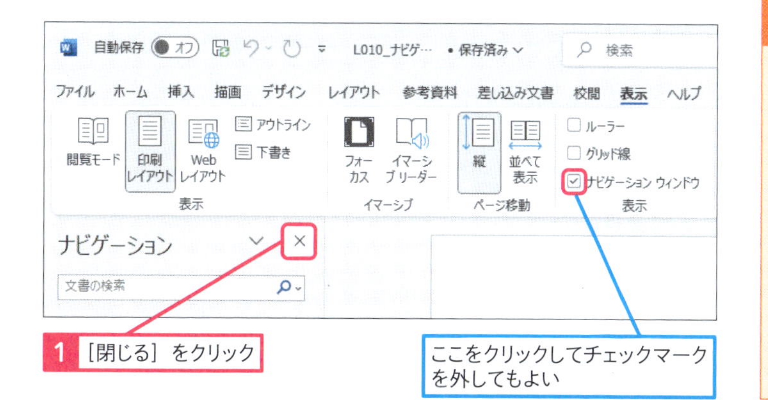

1 ［閉じる］をクリック

ここをクリックしてチェックマークを外してもよい

使いこなしのヒント

右側には作業ウィンドウが表示される

編集画面の右側には、図形の書式設定などの操作を行うと作業ウィンドウが表示されます。作業ウィンドウには、実行した操作に合わせて、各種の設定を調整できる項目が表示されます。

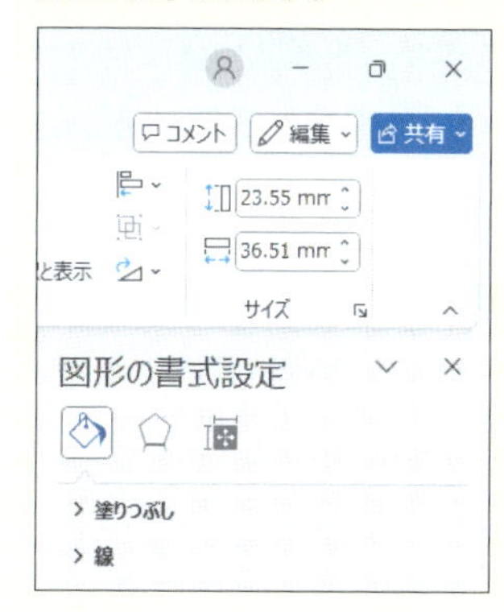

操作によっては画面右側に作業ウィンドウが表示される

使いこなしのヒント

文章以外のオブジェクトを検索するには

ナビゲーションウィンドウの［検索］では をクリックすると、グラフィックスやグラフなども検索できます。

まとめ 文書全体の構成を把握しオブジェクトも検索できる

ナビゲーションウィンドウでは、見出しに設定されているスタイルの一覧を確認したり、ページの縮小イメージを並べて表示したり、テキスト以外のオブジェクトを検索するなど、文書全体の構成を容易に把握できます。長文や複雑な構成の文書を編集するときに、ナビゲーションウィンドウを活用すると短時間で的確に構成を理解して作業できるので便利です。

レッスン

11 文書をメールで送るには

メールで送る

練習用ファイル L011_メールで送る.docx

Wordで作成してファイルとして保存した文書は、メールの添付ファイルとして送付できます。利用するメールのアプリによって操作方法が異なりますが、基本的には添付ファイルとして、各メールソフトの［添付ファイルの追加］機能で追加して送信します。

1 新規メールに添付する

Outlookを起動しておく

新規作成の画面を表示して、メールを作成しておく

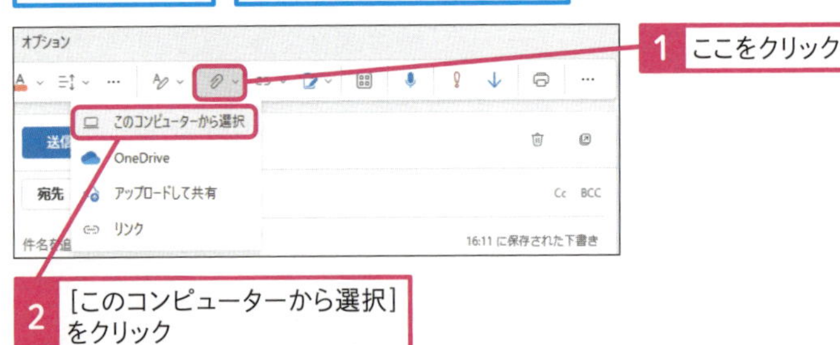

1 ここをクリック

2 ［このコンピューターから選択］をクリック

［開く］ダイアログボックスが表示された

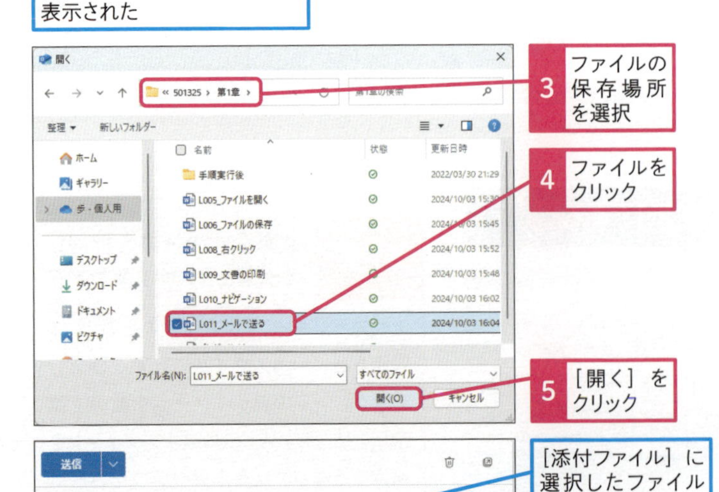

3 ファイルの保存場所を選択

4 ファイルをクリック

5 ［開く］をクリック

［添付ファイル］に選択したファイルが追加された

キーワード

共有	P.525
ダイアログボックス	P.527
ファイル	P.528

使いこなしのヒント

添付と共有の違いは?

メールの［添付ファイルの追加］では、パソコンに保存されているWordの文書を実際のデータとして送信します。受け取った相手は、その添付ファイルを自分のパソコンに保存して、Wordで開きます。それに対して［共有］は、OneDriveのようなクラウドにあるストレージ（保存場所）を介して、一つの文書ファイルを複数の利用者で閲覧したりする機能です。［共有］を利用すると、メールには実際の文書ファイルではなく、クラウドで共有する文書が保存されているリンク先（URL）が送信されます。

2 リンクをコピーして共有する

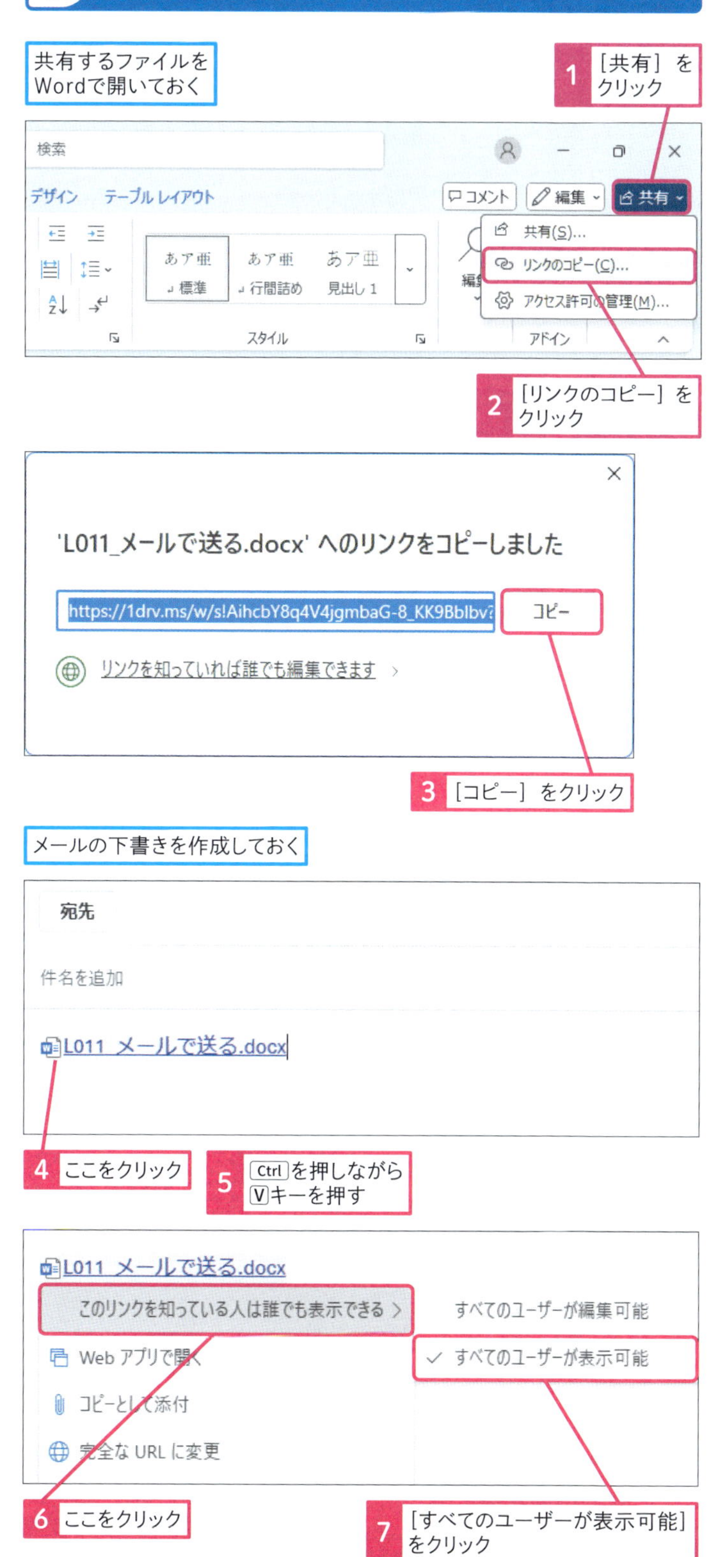

使いこなしのヒント

共有でリンクを送るとファイルは添付されない

リンクの共有では、送信するメールにWordの文書ファイルは添付されません。代わりに、OneDriveで共同編集できるリンクが送られるので、編集か表示かの権限を指定して受け取った相手が文書に変更を加えられるかどうかを制御できます。

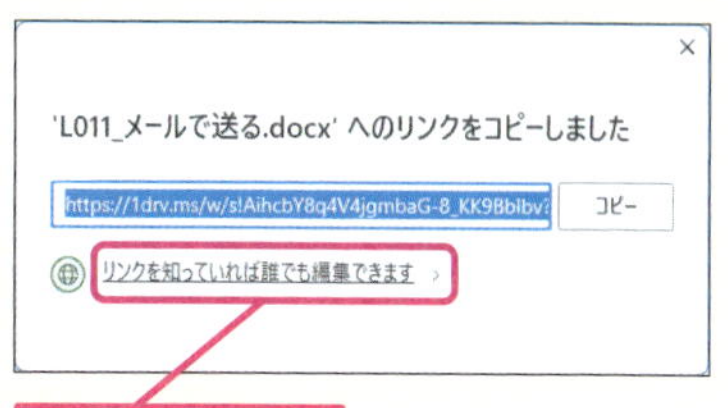

まとめ 添付と共有を使い分ける

添付ファイルをメールで送信すると、相手には同じ文書の複製が送られます。そのため、受け取った相手は文書を自由に編集できます。しかし、複数の人たちが共同で一つの文書を編集したいときは添付ファイルで複製を送ってしまうと、異なる内容の文書が乱造されてしまいます。そこで、[共有]を活用すると、オリジナルの文書ファイルを複数の人たちが共同で編集できるようになります。

レッスン

12 文書を印刷するには

文書の印刷

練習用ファイル L012_文書の印刷.docx

パソコンに接続されているプリンターで、Wordの文書を印刷できます。実際に印刷するときには、Windowsにプリンターが登録されているか確認しておきましょう。プリンターが登録されていると、レッスンのように機種が選べます。

1 ［印刷］画面を表示する

印刷したい文書をWordで開いておく

1 ［ファイル］タブをクリック

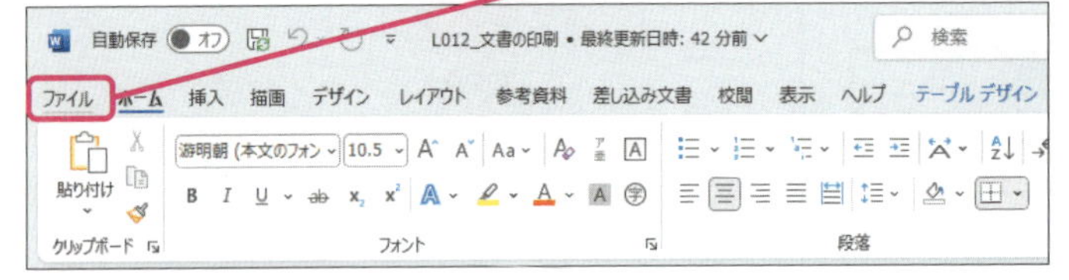

2 ［印刷］をクリック

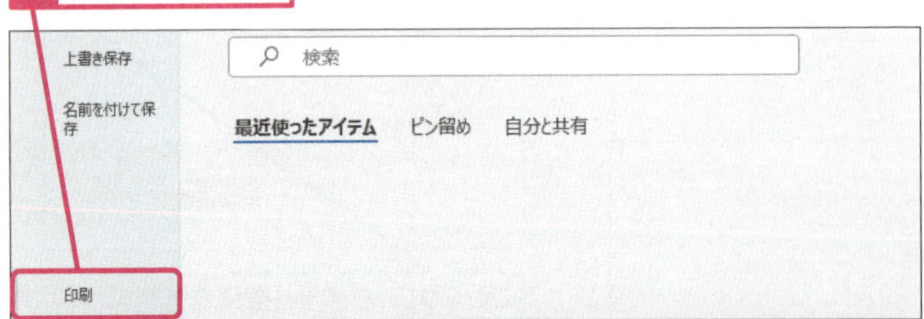

2 プリンターと用紙を設定する

［印刷］画面が表示された

1 ここをクリック

2 プリンター名をクリック

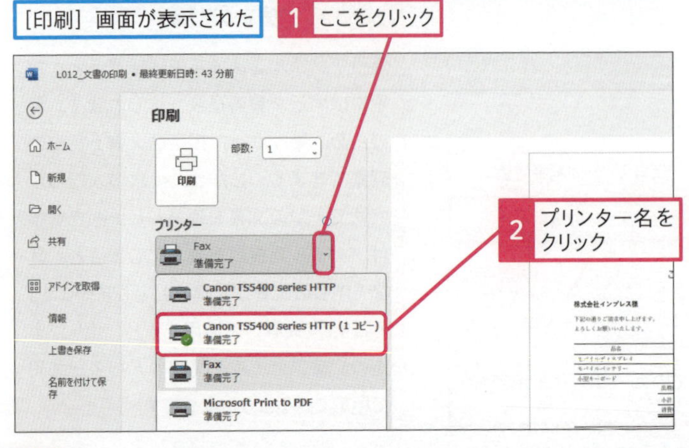

キーワード

PDF	P.524
ファイル	P.528

ショートカットキー

印刷 Ctrl+P

使いこなしのヒント

Windowsにプリンターを登録するには

Wordで文書を印刷するためには、Windowsからプリンターを操作するためのソフトウェア（プリンタードライバー）を事前に登録しておく必要があります。通常、はじめてプリンターをパソコンに接続すると、Windowsがプリンタードライバーのインストールを促してきます。もし、プリンタードライバーがインストールされていないときには、利用しているプリンターの機種に用意されている説明書を参考に登録してください。

● 用紙を設定する

5 ［印刷］をクリック

開いていた文書が印刷される

使いこなしのヒント

PDF形式のファイルを保存するには

PDF（Portable Document Format:ポータブル・ドキュメント・フォーマット）とは、Wordを使わなくても、保存した文書ファイルをWebブラウザーやPDF閲覧ソフトで表示できるファイル形式です。もしも、文書ファイルを渡したい相手が、Wordを使えないときには、このPDF形式で保存したファイルを送付すれば、WebブラウザーやPDFリーダーを使って内容を確認できます。

手順2の画面を表示しておく

1 ここをクリックして［Microsoft Print to PDF］を選択

2 ［印刷］をクリック

保存場所を選択し、ファイル名を入力して［保存］をクリックすると、文書がPDF形式のファイルで出力される

まとめ 印刷やPDFを意識した文書作成

Wordで作成した文書は、プリンターで紙に印刷して配布できます。また、Wordを使えない人にも見てもらえるPDF形式のファイルにして、メールに添付して送信できます。紙に印刷するときには、あらかじめどのサイズの紙に印刷するのかを考えて、編集画面のレイアウトを決めておくといいでしょう。印刷の画面からも、用紙や上下左右の余白を指定できるので、白紙の編集画面から文書を作成するときには、最初に［印刷］の［設定］で、用紙サイズや余白を決めておくと、印刷されたイメージに沿った文書を作成できます。

この章のまとめ

文書作成の基礎はWordの起動とファイルの保存

WordはWindowsに対応したアプリなので、起動してから使います。Wordで作成した文書は、名前を付けてファイルとして保存することで、パソコンの中に保管されて、後から繰り返して利用できます。ファイルとして保存された文書を使うためには、ファイルを開くという操作が必要になります。また、保存されたファイルは、メールに添付して送付したり、クラウドを活用した［共有］による共同編集をしたりできます。その他にも、PDF形式で保存したり、プリンターに印刷して紙で配布するなど、いろいろな方法で作成した文書を他の人に読んでもらえます。Wordを使い終わったときは、他のアプリを使うために、終了しておくといいでしょう。

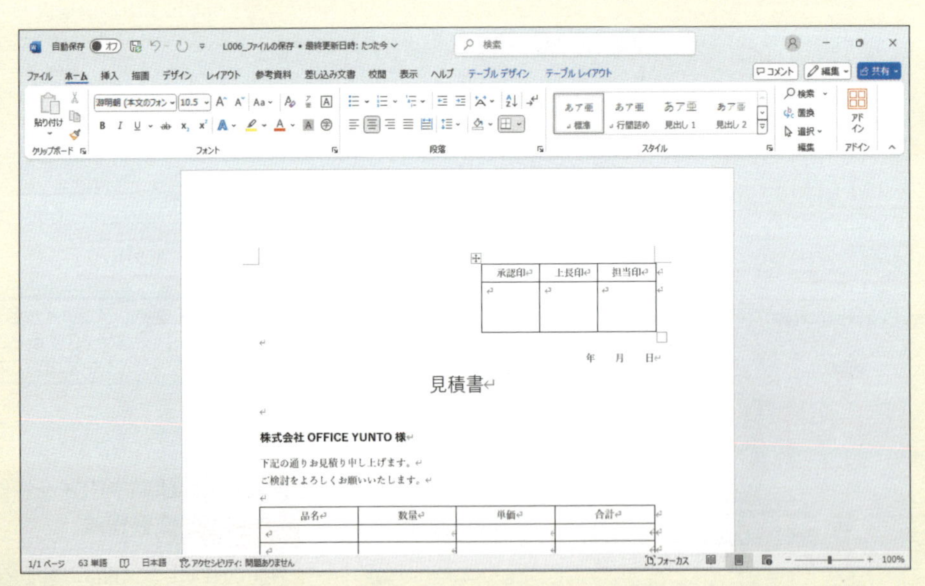

Wordの基本について、意外と知らないこともあってびっくりしました。

WordはOfficeの他のアプリに比べると、操作がしやすいからね。でも、まだまだ紹介していない機能もたくさんあるよ。

ほ、本当ですか？

はっはっは。まあそう焦らず。次の章からは、使いながら機能を覚えていきましょう。

Word

基本編

第2章

日本語の入力方法をマスターする

Wordの文書作成の第一歩は、文字の入力です。日本語入力の基本は、スマートフォンなどと同様で、読み仮名を入力してから漢字に変換します。もし、キーボードを使った文字入力に慣れていないときは、この章で基礎的な使い方を理解してください。

レッスン
13 Introduction この章で学ぶこと
入力の基本を覚えよう

26文字のアルファベットだけで文章を作成できる英語とは異なり、日本語では漢字かな交じり文を入力しなければなりません。そこで、読みを漢字に変換する操作を覚えて、思い通りの文章を入力できるようになりましょう。

Word操作の大半は文字入力

Wordの基本がわかったところで、入力方法を学びましょう。

Wordの役割は文書作成。ちょっとした文章の下書きに使う人も多く、文字入力はWordの操作の大半ともいえます。

文字入力、別に苦手でもないんですけど…

そんな人にこそ、この章はおすすめ！　入力の基本から、効率が上がる方法まで解説します。

日本語入力のポイントは「変換」

基本中の基本、日本語の入力ですが、日本語の文章は漢字に変換する手間がほぼ必須です。この変換方法にいろいろなコツがあるんです。

変換がすぐにできると、作業のスピードが上がりますね！

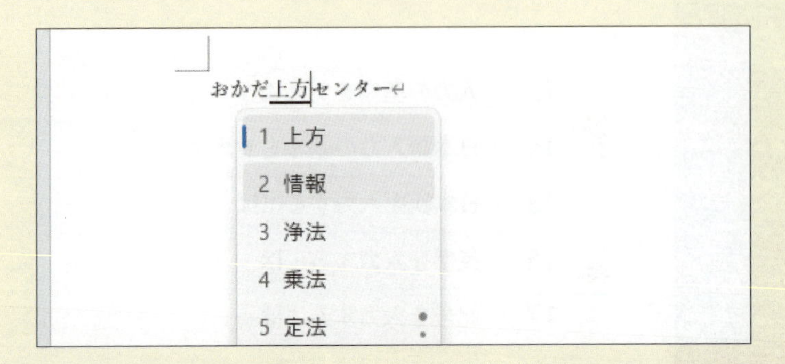

英字もさくさく入力できる

Wordの機能で不人気なのが、「文頭の英字を大文字にする」もの。便利なんですけど、日本語の文書では「おせっかい」になりがちなので、使いこなす方法も紹介します。

こんな機能あったんですね！　気付いてませんでした。

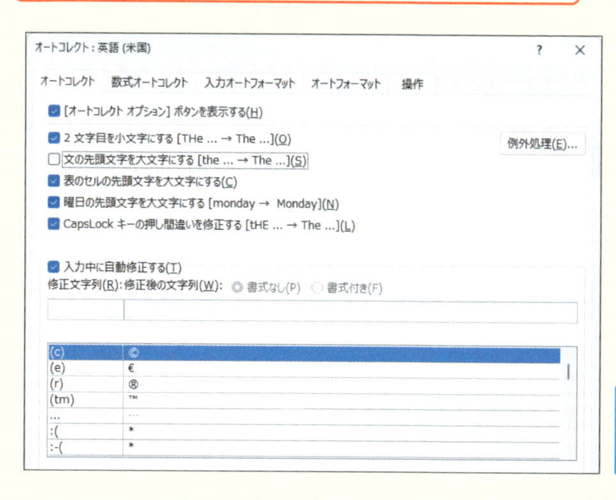

Wordの［オートコレクト］機能のうち不要なものを解除できる

特殊な記号もお任せあれ！

そして、Wordの実力が発揮されるのが「特殊文字」の挿入。「☎」や「(株)」などの記号をはじめ、学術記号や分数なども表記できるのがWordの強みです！

さすが文書作成ソフトですね！　使い方、マスターしたいです。

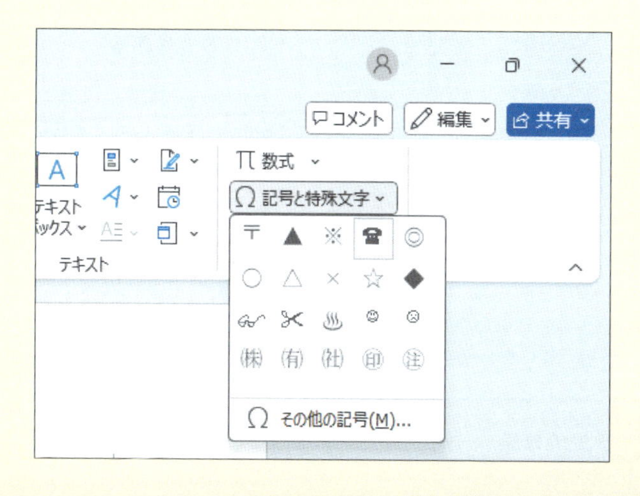

レッスン

14 日本語入力の基本を覚えよう

Microsoft IME

練習用ファイル なし

Wordの日本語入力では、Windows 11に標準で装備されているMicrosoft IME（Input Method Editor:インプット・メソッド・エディタ）という機能を使います。Microsoft IMEは、Word以外のアプリでも日本語入力に利用できます。

1 入力方式を確認する

デスクトップを表示しておく

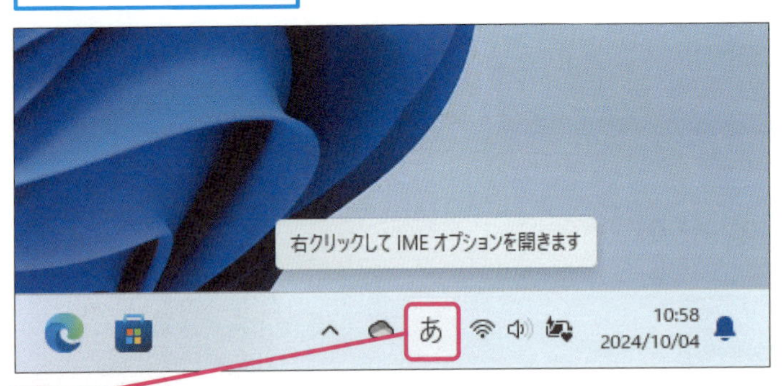

1 ［あ］を右クリック

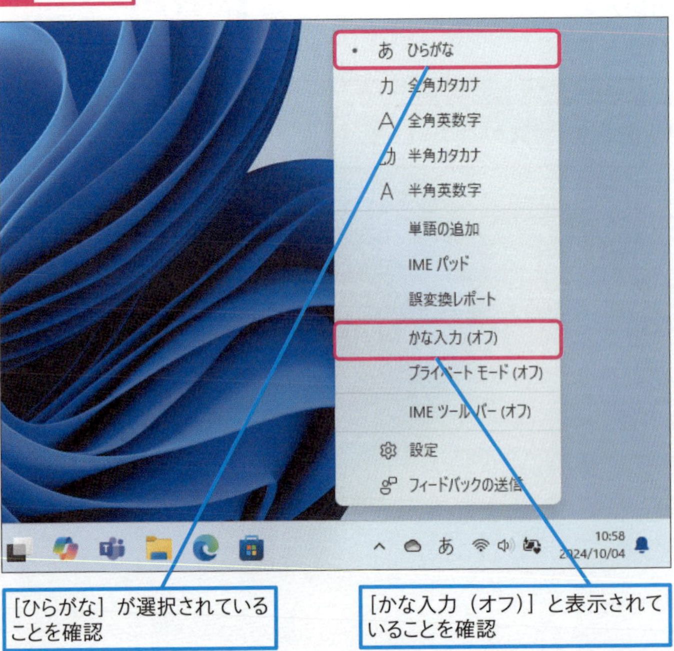

［ひらがな］が選択されていることを確認

［かな入力（オフ）］と表示されていることを確認

キーワード

Microsoft IME	P.524
かな入力	P.525
ローマ字入力	P.529

用語解説

Microsoft IME

Input Method Editor（インプット・メソッド・エディタ）とは、Windowsの文字入力を支援するソフトの一種です。IMEを使うことで、読み仮名を漢字やカタカナなどの日本語に変換して入力できます。

用語解説

入力モード

Microsoft IMEは、ひらがなやカタカナなどの日本語を入力するために、［入力モード］という文字の種類を切り替える機能を備えています。入力モードを切り替えると、ひらがなだけではなく、カタカナや英数文字を入力できます。

使いこなしのヒント

Microsoft IME以外の入力方式もある

Windowsに標準で装備されているMicrosoft IME以外にも、市販の日本語入力支援ソフトがWordでは利用できます。著名なIMEには、ジャストシステムのATOKやGoogle 日本語入力などがあります。Windowsでは、複数のIMEを登録して、切り替えて使えます。また、外国語に対応しているIMEを利用すると、中国語や韓国語、ロシア語やアラビア語なども入力できます。

2 ローマ字入力とかな入力について知ろう

英語も日本語も入力しなければならない日本語キーボードには、1つのキーに複数の役割があります。日本語の入力には、かなとローマ字という2つの方法があるので、違いを理解しておきましょう。

● キーの印字と入力される文字

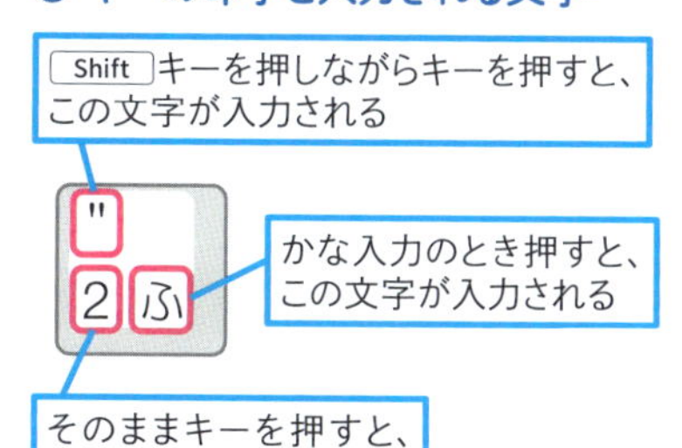

3 日本語と英字を切り替える

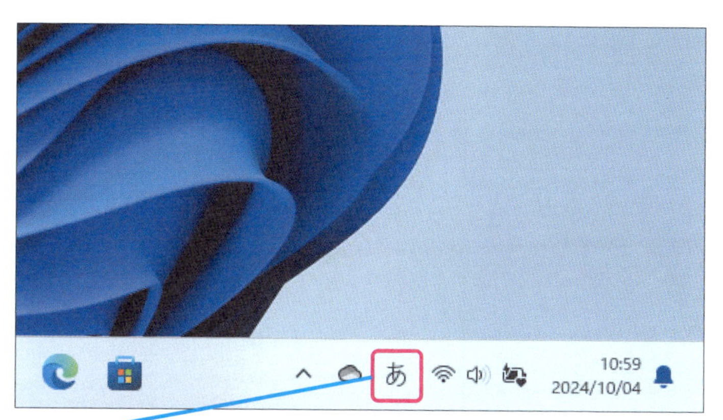

[あ] と表示されている

1 半角/全角キーを押す

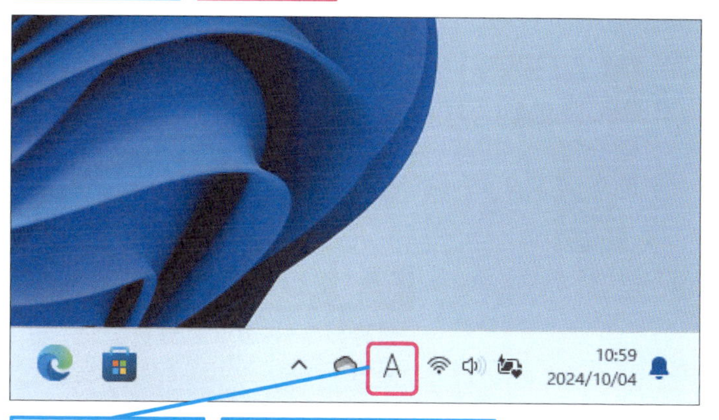

[A] と表示され、英字入力になった

もう一度、半角/全角キーを押すと日本語入力に戻る

使いこなしのヒント

かな入力のオンとオフを切り替えるには

キーボードに刻印されている「かな」の表記をそのまま入力したいときは、[かな入力] をオンにします。

1 [かな入力（オフ）] をクリック

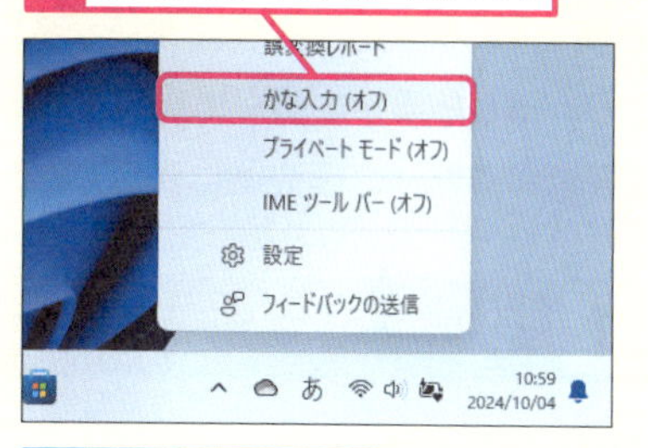

かな入力がオンになる

使いこなしのヒント

素早く日本語と英語を切り替えるには

日本語と英語の切り替えには、半角/全角キーの他に、英数（Caps Lock）キーも利用できます。切り替える頻度が多いときには、英数キーを使うと便利です。

まとめ 入力モードを確認して日本語を入力する

日本語を入力するための基本操作は、Microsoft IMEの入力モードの切り替えです。Microsoft IMEは、レッスンのように自分で切り替えるだけではなく、アプリからも入力モードを変更できます。Wordを起動した直後は、すぐに日本語が入力できるように自動的に [あ] になっています。日本語を入力するときは、キーを打つ前に入力モードを確認しておくといいでしょう。

レッスン

15 日本語を入力するには

日本語入力　練習用ファイル　なし

漢字とかなで構成される日本語入力の基本は、読み仮名の入力と変換です。日本語は同音異義語が多いので、変換された候補の中から、適した漢字を選んで文章を入力していきます。また、よく使う同音異義語は、優先的に表示されるようになります。

1 ひらがなを入力する

[半角/全角]キーを押して日本語入力に切り替えておく

ここでは「おかだ」と入力する

カーソルの位置に文字が入力される

1 [O]キーを押す

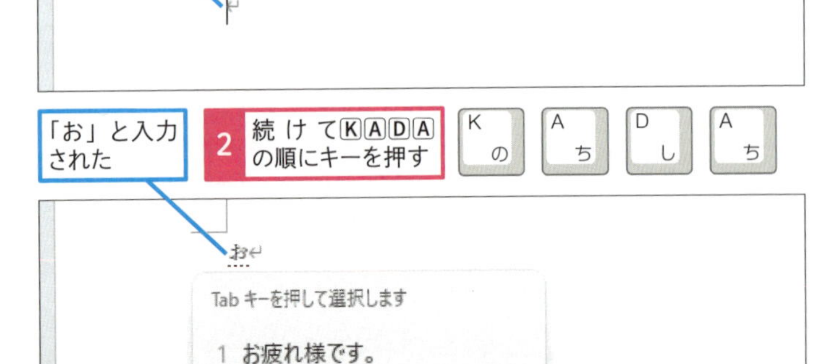

「お」と入力された

2 続けて[K][A][D][A]の順にキーを押す

「かだ」と入力された

3 [Enter]キーを押す

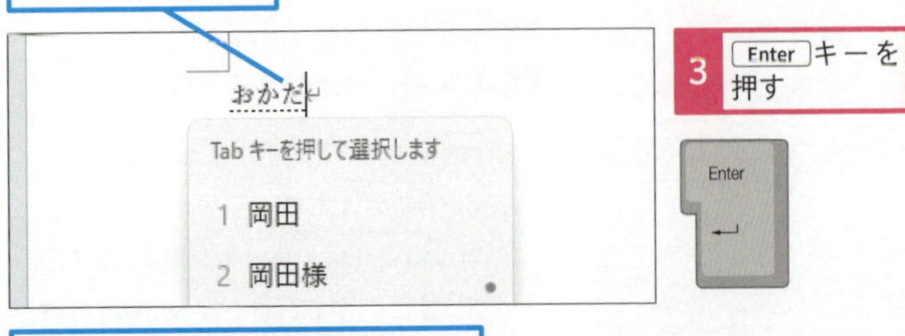

文字の下の点線と変換候補が消えて、入力した文字が確定した

おかだ

キーワード

アイコン	P.524
全角	P.527
ファンクションキー	P.528

使いこなしのヒント
予測変換候補とは

Microsoft IMEは、スマートフォンの日本語入力のように、入力された読み仮名を推測して、変換する前に予測した候補を表示します。予測変換で表示された候補は、[Tab]キーを使って選択できます。

予測変換候補から文字を選んで入力できる

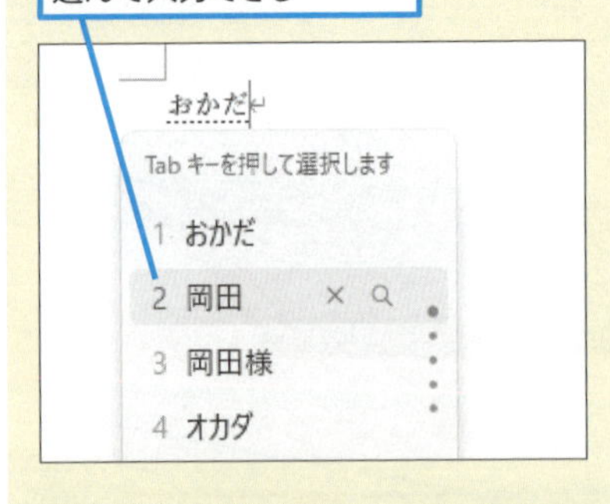

使いこなしのヒント
間違えた文字を入力した場合は

読み仮名を間違えて入力したときは、[Back space]キーを押すと、カーソルの左側の文字を消せます。もし、読み仮名をすべて消したいときは、[Esc]キーを2回押します。

使いこなしのヒント
付録のローマ字変換表を参考にしよう

ローマ字で入力する人は、付録のローマ字変換表を参考にしてください。

2 漢字を入力する

ここでは続けて「情報」と入力する

1 JOUHOUキーを押す

J ま　O ら　U な　H く　O ら　U な

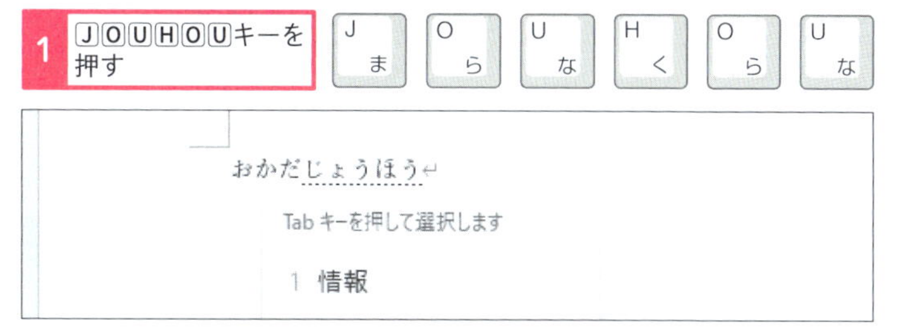

「じょうほう」が「情報」に変換された

2 spaceキーを押す

おかだ情報

3 Enterキーを押す

Enter

文字の下の点線と変換候補が消えて、入力した文字が確定した

おかだ情報

3 変換候補から変換する

ここでは続けて「センター」と入力する

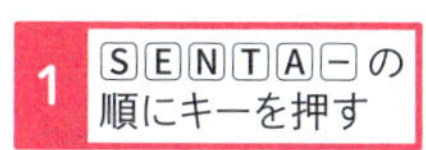

1 SENTA－の順にキーを押す

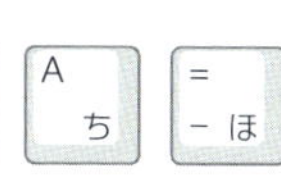

S と　E い い　N み　T か　A ち　= － ほ

おかだ情報せんたー

Tab キーを押して選択します

1 センター

2 センターの

2 ［センター］をクリック

文字の下の点線と変換候補が消えて、入力した文字が確定した

おかだ情報センター

使いこなしのヒント

続けて入力すると変換が確定される

変換して選ばれた候補は、Enterキーで確定しますが、確定の操作を行わずに、続けて読み仮名を入力すると、自動的に変換された候補が確定されます。連続して文章を入力するときには、Enterキーを押す手間を省けます。

使いこなしのヒント

予測入力の調整とクラウド候補の利用

読み仮名を入力すると表示される予測候補は、何文字目で表示するか調整できます。標準の設定では1文字目から表示されますが、オフにしたり最大で5文字目まで調整したりできます。また、クラウド候補をオンにすると、Bingという検索サービスで集計している予測候補も表示されます。標準の変換では、期待する候補が表示されないときに、クラウド候補を活用してみるといいでしょう。

使いこなしのヒント

ローマ字入力とかな入力はどちらがいいの？

ローマ字は母音と子音に対応するアルファベットを覚えるだけなので、少ないキーで日本語を入力できる便利さがあります。一方の［かな入力］では、覚えるキーが多くなります。しかし、頭に浮かんだ文章そのままの「音」に対応した文字を直接打てるので、慣れてくると日本語入力がスムーズになります。

次のページに続く

4 文節ごとに変換する

ここでは「昨日は医者に行った」と入力する

1 「きのうはいしゃにいった」と入力

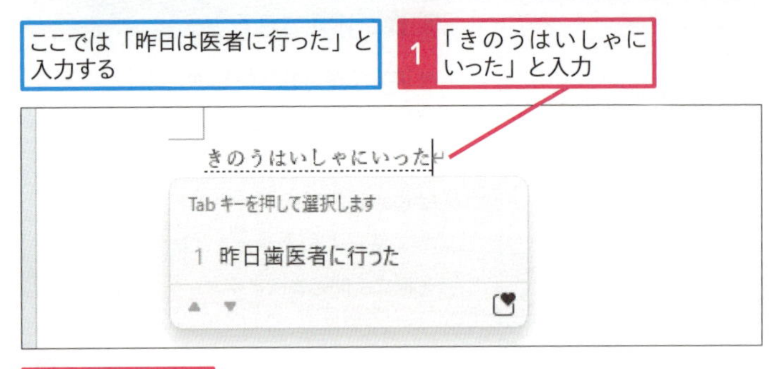

2 space キーを押す

「昨日歯医者に行った」と変換された

3 →キーを押す

昨日歯医者に行った

下線の位置が1つ右の文節に移動した

4 space キーを押す

昨日歯医者に行った

下線のついた文節が「は医者に」に変換された

5 Enter キーを押す

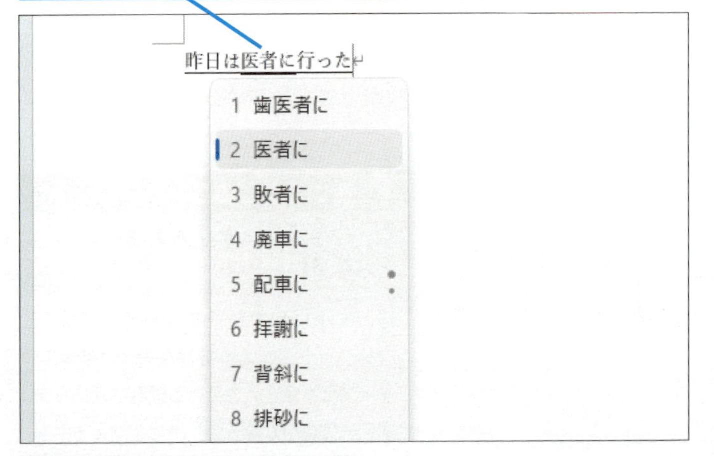

「昨日は医者に行った」と入力された

昨日は医者に行った

使いこなしのヒント
変換を取り消すには

変換を取り消して、読み仮名に戻したいときには、Esc キーを押します。

使いこなしのヒント
ファンクションキーで変換するには

読み仮名は、ファンクションキーを使うとカタカナや英文字に変換できます。

ショートカットキー

全角カタカナに変換	F7
半角カタカナに変換	F8
全角英字に変換	F9
半角英字に変換	F10

使いこなしのヒント
文節の長さを調整するには

複数の文節を入力したときに、Shift ＋←→キーで、読み仮名の長さを調整できます。変換候補が、思い通りに区切られないときには、文節の長さを調整すると、期待する漢字に変換できます。

使いこなしのヒント
ひらがな以外の日本語を入力するには

ひらがな以外の日本語を入力するには、入力モードを切り替えます。

5 確定後の文字を再変換する

ここでは「おかだ上方センター」の「上方」を「情報」に再変換する

1 「上方」の左をクリック

おかだ上方センター

変換したい文節の前にカーソルが移動した

2 変換キーを押す

変換候補が表示された

3 [情報] をクリック

おかだ上方センター
1 上方
2 情報
3 浄法

4 Enterキーを押す

「上方」が「情報」に変換される

おかだ情報センター

6 同音異義語の意味を調べる

ここでは「たいしょう」の同音異義語の意味を調べる

1 「たいしょう」と入力

2 spaceキーを2回押す

大賞

1 対象
2 大賞
3 大将
4 大正
5 対称
6 対照
7 大勝
8 対症

標準統合辞書

対象
目標, 相手, オブジェクト.「学生を対象にした雑誌, 非難の対象.」

対称
つり合う, シンメトリー.「左右対称の図形, 線対称.」; 〔文法〕2人称.

対照
照らし合わせる, コントラスト.「対照が際立つ, 比較対照する.」

標準統合辞書が表示され、同音異義語の意味を調べられる

標準統合辞書が表示されないときは、↑↓キーを押して、アイコンの付いた変換候補を選択する

使いこなしのヒント

読めない文字を入力するには（IMEパッド）

読み仮名が思い浮かばない漢字を入力したいときは、IMEパッドを使うと便利です。IMEパッドは、マウスやペンで描いた文字から、漢字の候補を表示できます。また、手書き認識の他にも、総画数や部首からも漢字を検索できます。

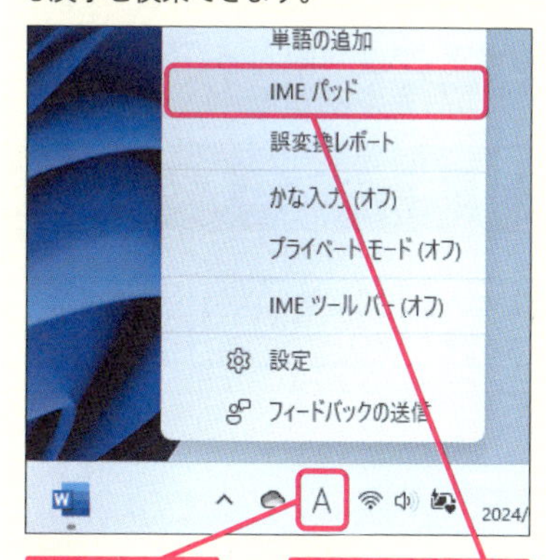

1 [A] を右クリック

2 [IMEパッド] をクリック

3 マウスで文字を入力

候補が表示される

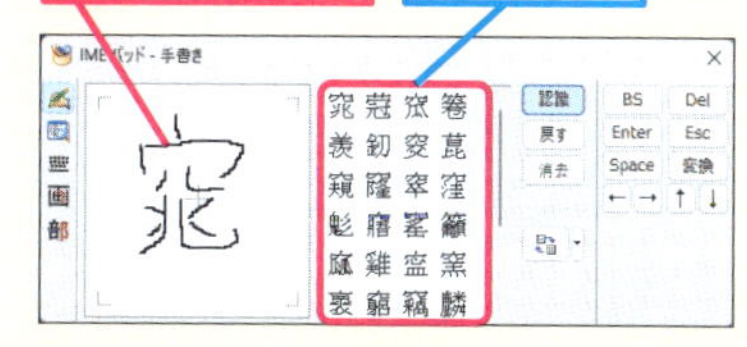

まとめ 日本語入力は使い込むと変換が的確になる

日本語は同音異義語が多いので、Microsoft IMEを使い始めた当初は、期待通りの変換候補が上位に並んでいないこともあります。しかし、Microsoft IMEには選択された同音異義語を優先的に表示する学習機能と、予測候補を表示する機能があるので、使い込んでいくと変換の効率が向上します。最初は少し面倒に感じても、同音異義語の選択は、Microsoft IMEを使いやすくするための大切な操作です。

レッスン

16 英字を入力するには

英字入力

練習用ファイル なし

日本語の文書でも、英数字はよく使います。Microsoft IMEの入力モードを切り替えると、英数字も入力できます。英数字には、半角と全角の2つの種類があります。作成する文書の用途に合わせて、切り替えて入力しましょう。

1 英字を入力する

半角/全角キーを押して英字入力に切り替えておく

ここでは「impress」と入力する

1 Iキーを押す

「i」と入力され、そのまま確定された

2 続けてMPRESSの順にキーを押す

「impress」と入力された

2 大文字を入力する

半角/全角キーを押して英字入力に切り替えておく

ここでは「Impress」と入力する

1 Shiftキーを押しながら、Iキーを押す

「I」と入力され、そのまま確定された

続けてMPRESSキーを押しておく

「Impress」と入力される

キーワード

[Wordのオプション]	P.524
オートコレクト	P.525
全角	P.527

使いこなしのヒント

全角の英字で入力するには

全角の英数字を入力したいときは、入力モードから［全角英数字］を選択します。また、ファンクションキーを使うと、半角で入力した英数字をあとから全角に変換できます。

ショートカットキー

全角英字に変換	F9

用語解説

オートコレクト

半角の英数字は、Wordのオートコレクトという機能により、自動的に先頭の英字が大文字に変換されます。オートコレクトは、一般的な入力ミスを自動的に修正する機能です。設定されている内容の確認とオン/オフは、[オートコレクトのオプション]から指定できます。次ページの「使いこなしのヒント」を参照してください。

使いこなしのヒント

テンキーを活用した数字の入力

テンキーのあるキーボードを使うと、数字を効率よく入力できます。また、テンキーのないキーボードでも、Num Lockキーを使うと文字キーの一部をテンキーのように利用できます。

使いこなしのヒント

行の先頭文字を大文字にしないようにするには

半角の英単語の先頭文字が自動的に大文字になってしまうオートコレクトを使いたくないときは、［オートコレクトのオプション］で、設定をオフにします。

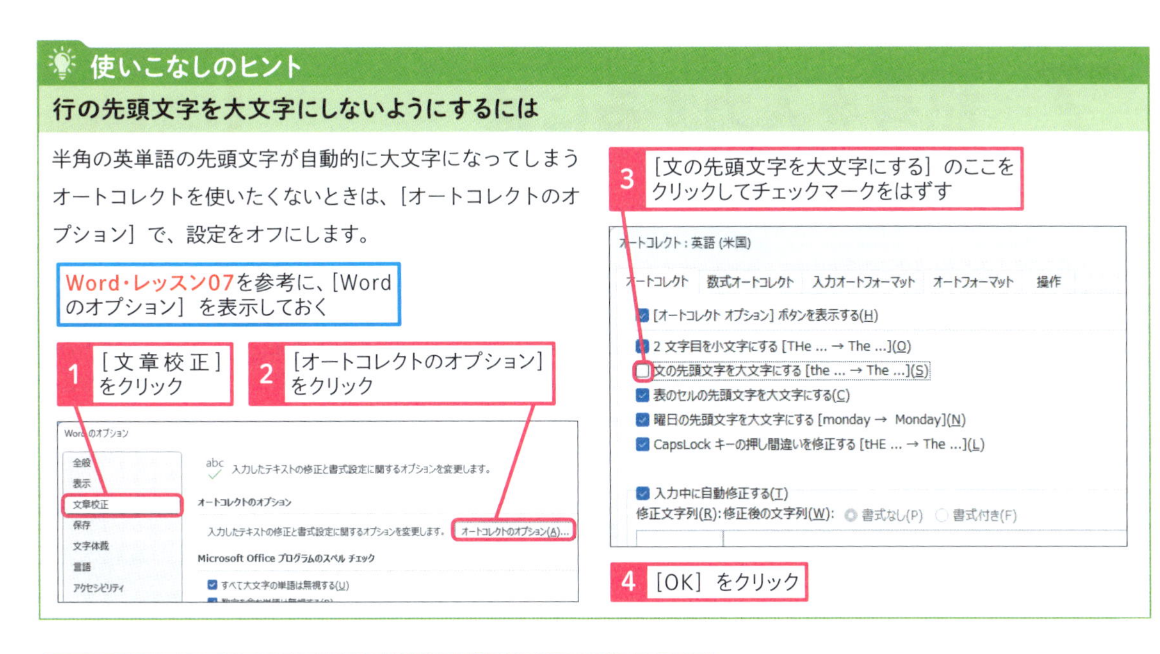

3 行の先頭の文字を小文字にする

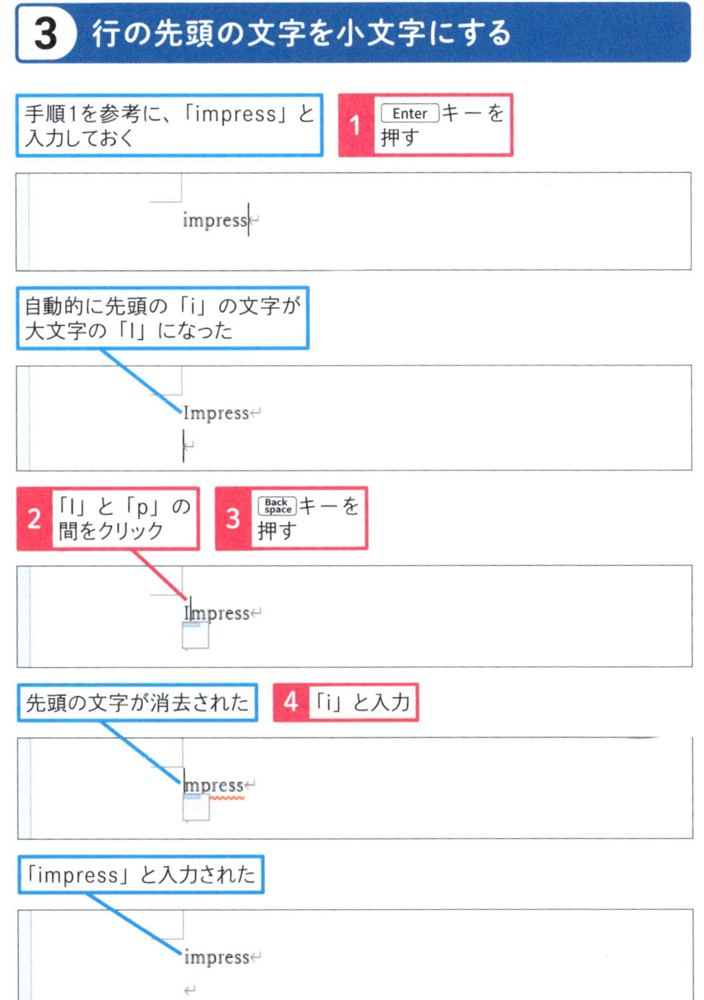

まとめ 英単語の基本は半角英数字を使う

半角英数字は、入力モードで［直接入力］と併記されているように、キーボードから入力する文字の基本です。英単語などの英文を入力するときには、一般的には半角英数字を使います。全角英数文字は、文字の大きさがひらがなやカタカナと同じなので、英単語としてよりも、「A.」や「B-1」のような符号として使われます。

レッスン
17 記号を入力するには

記号の入力

練習用ファイル　なし

日本語や英数字の他にも、文書では（）や○、◆などの記号が使われます。記号の中には、キーボードには表示されていないものもあるので、いろいろな入力方法を覚えておくと便利です。また、特徴的な記号を活用すると、文章のアクセントになります。

1 かっこを入力する

[半角/全角]キーを押して英字入力に切り替えておく

ここでは「()」と入力する

1 [Shift]キーを押しながら、[8]キーを押す

「(」と入力され、そのまま確定された

2 続けて[Shift]キーを押しながら、[9]キーを押す

「()」と入力された

2 読み方で記号を入力する

[半角/全角]キーを押して日本語入力に切り替えておく

ここでは「○」と入力する

1 「まる」と入力

2 [space]キーを2回押す

まる

Tab キーを押して選択します
1 ○○
2 丸の内
3 ①
4 丸山

キーワード

Microsoft IME　P.524
特殊文字　P.527

使いこなしのヒント

記号はMicrosoft IMEの変換でも入力できる

読み仮名に「きごう」と入力して変換すると、キーボードから入力できない記号が、変換候補として表示されます。

使いこなしのヒント

記号から変換できる記号もある

記号への変換は、読み仮名の他にも「」などが利用できます。「」を変換すると、記号として入力できる各種の括弧が表示されます。

使いこなしのヒント

覚えておくと便利な記号の読み仮名

「まる」の他にも、覚えておくと便利な記号の読み仮名があります。

●よく使う記号と読み仮名

記号	読み仮名
々 〃	どう
＝ ≒ ≠	いこーる
◇ ◆	しかく
△ ▲	さんかく
→ ⇒	やじるし

● 変換候補から記号を選択する

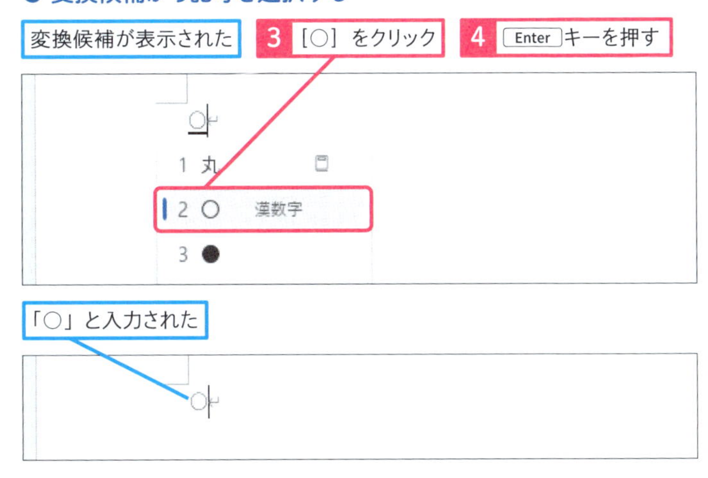

3 特殊な記号を入力する

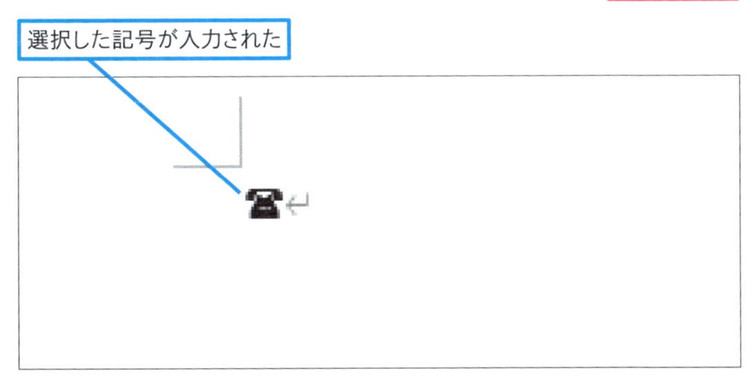

使いこなしのヒント

英単語も読み仮名から変換できる

読み仮名からの変換は、記号だけではなく「はうす」「どっぐ」「ほーむ」「らいと」など、一般的な英単語であれば、日本語を変換して英単語を候補に表示できます。

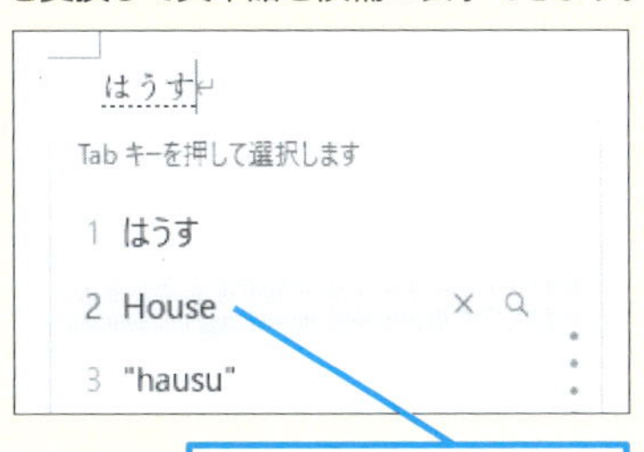

使いこなしのヒント

絵文字も入力できる

⊞キー＋.（ピリオド）とタイプすると、絵文字を入力する画面が表示されます。ここから、絵文字を選んで、編集画面に入力できます。

まとめ　記号を活用すると文書のメリハリがつく

[電話番号] という単語よりも、☎という記号の方が、読む人へ視覚的に意味を伝えられます。記号には文字よりも短く端的に情報を伝えられる便利さがあります。また、箇条書きの項目や、文章の区切りなどに記号を使うと、文書全体のメリハリがついて、より読みやすくなります。いろいろな記号や特殊文字を活用すると、読みやすく伝わりやすい文書を作成できます。

この章のまとめ

Microsoft IMEで日本語入力を便利に楽しくしよう

Wordの文字入力には、Microsoft IMEという日本語入力支援ソフトを使います。Microsoft IMEは、Windows 11に標準で装備されている日本語入力なので、使い方を覚えるとExcelやPowerPointなど、他のアプリでも同じ操作で日本語を入力できるようになります。また、日本語の他にも、英数字や記号も入力できます。さらに、絵文字も入力できるので、カラフルでメリハリのある文書を作成できます。

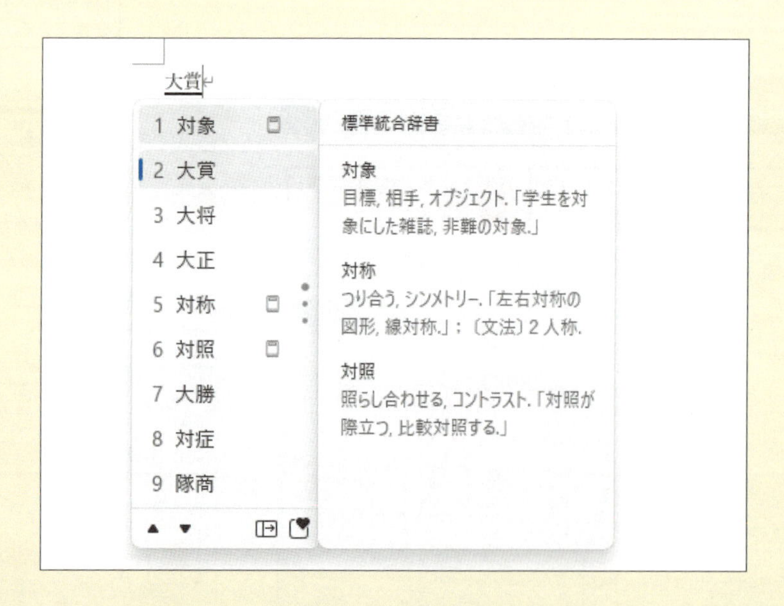

Wordって賢いですねえ。使うのが楽しくなってきました♪

そうだね、とりあえず日本語や英語の入力だったら、これにまさるアプリはないんじゃないかな。

それは頼もしいですね！

ふたりとも、だんだんWordの実力がわかってきたね。次の章では、文字を装飾する方法を紹介します！

Word

基本編

第3章

文書の見栄えを良くする

Wordの装飾機能を活用すると、見栄えのする文書を編集できます。文字の大きさや表示する位置を変えるだけでも、文書の読みやすさは大きく変わります。また、文字だけではなく図形も利用すると、さらに文書で伝える力が向上します。

レッスン
18 Introduction この章で学ぶこと
文字の装飾を覚えよう

読みやすい文書を作るために、文字の装飾はとても重要です。同じ内容の文字でも、サイズや飾りが違うだけで、注目度が変わります。また、文章のレイアウトを調整するときには、タブやスペースなどの編集記号を表示しておくと便利です。

Wordの得意分野です！

この章では文章の装飾を…せ、先生がめっちゃウキウキしてる！

そりゃそうですよー♪　Wordは文字の装飾が大得意。これぞWordの本領発揮ですよー♪

文字の装飾方法、私もきちんとマスターしたいです！

ええ、ぜひぜひ！「自己流」でなんとなくやっている人も多いので、この章でしっかり説明しますよ！

文字を変えると見栄えが変わる

まずは文字そのものの装飾から。文字の大きさや種類、簡単な装飾の変更方法を紹介します。これだけでも文書の見栄えは大きく変わるんですよ。

メリハリがついて、読みやすい文書になりますね！

2022年4月1日↵

野村幸一様↵

おかだ情報センター株式会社↵

info@xxx.example.co.jp↵

↵

箇条書きや段落番号の使い方も覚えよう

そして「箇条書き」「段落番号」など、段落単位で文書の体裁を整える方法も解説します。設定するだけで、Wordがきれいなレイアウトにしてくれるんですよ。

箇条書きの記号とか段落番号って、自動で付けられるんですね……。早く知りたかった！

- 日時　5月23日（土）　10:00～17:00
- 集合場所　カンファレンス大手町
- 教材　当日配布
- 内容　データサイエンティスト講座

多くの人が間違える「字下げ」のコツも身に付く！

さらに、多くの人が使いこなせていない「インデント」のコツも紹介します。これを覚えれば、文書がすっきり整いますよ！

space キーを使いがちだけど、インデントならきれいに収まりますね！

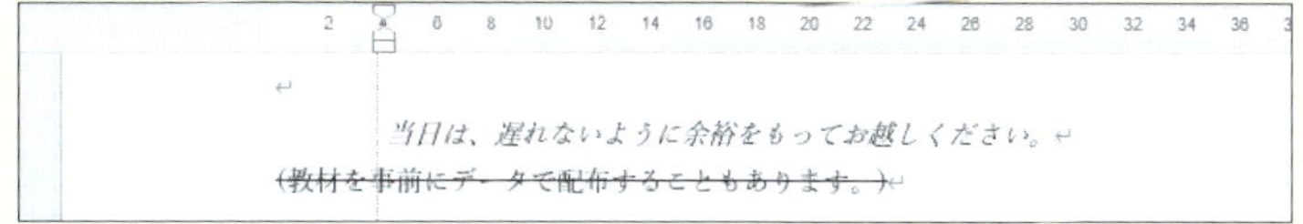

スキルアップ

編集記号を表示するには

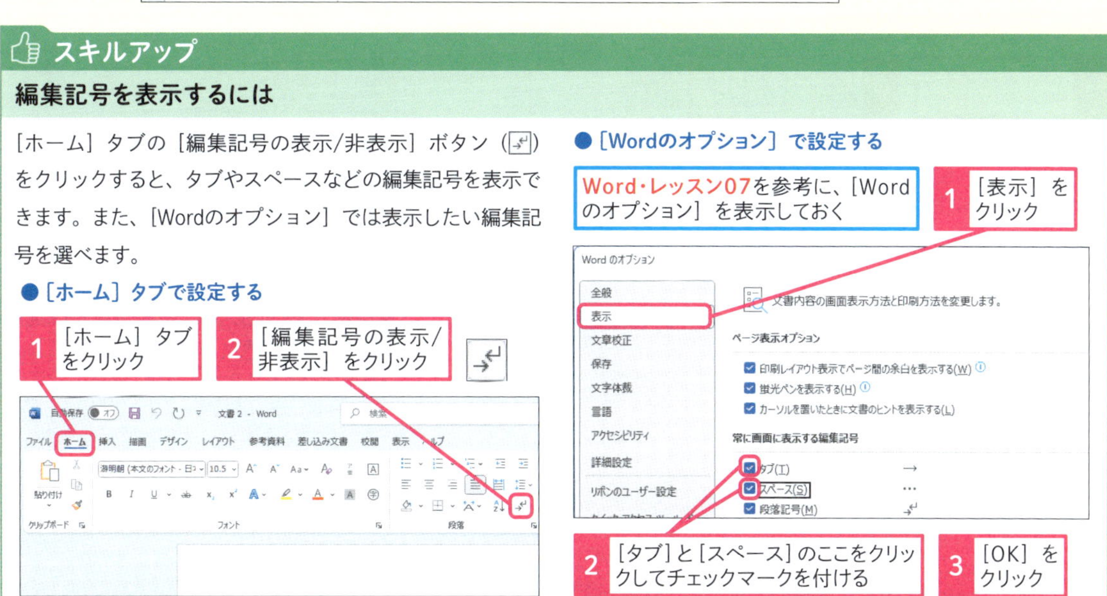

［ホーム］タブの［編集記号の表示/非表示］ボタン（↵）をクリックすると、タブやスペースなどの編集記号を表示できます。また、［Wordのオプション］では表示したい編集記号を選べます。

● ［ホーム］タブで設定する

● ［Wordのオプション］で設定する

レッスン
19 文字の大きさを変えるには

フォントサイズ　　練習用ファイル　L019_フォントサイズ.docx

Wordでは、文字の大きさを変えて、タイトルや名前などを読みやすくできます。大きな文字は、文書の中で優先的に見てもらえるので、強調したい氏名や単語に利用すると、伝えたい情報の優先度を高められます。

1 文字を拡大する

ここでは「野村幸一様」という文字を拡大する

1 ここにマウスポインターを合わせる

2 ここまでドラッグ

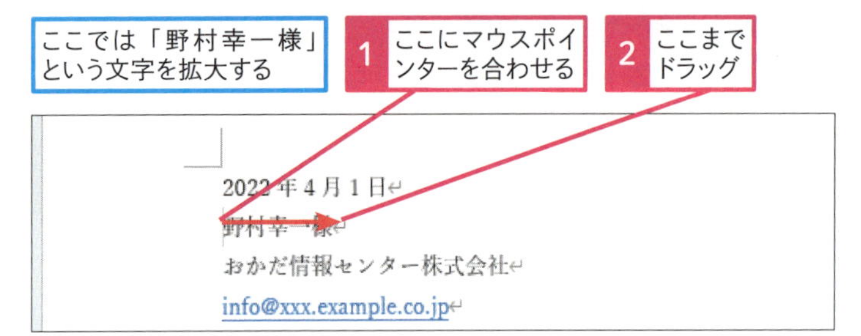

拡大する文字が選択された

3 [ホーム] タブをクリック

4 [フォントサイズの拡大] をクリック

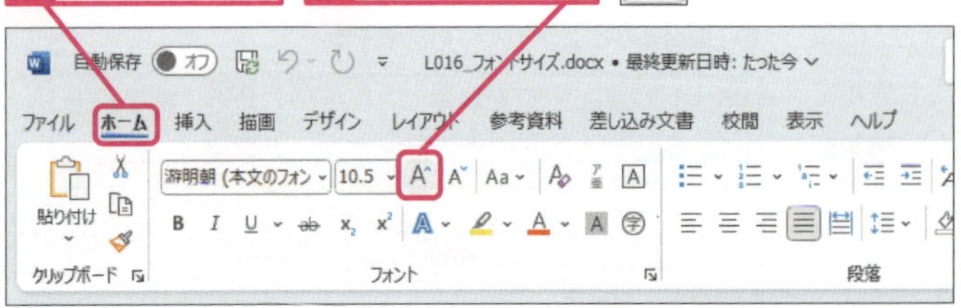

選択した文字が拡大された

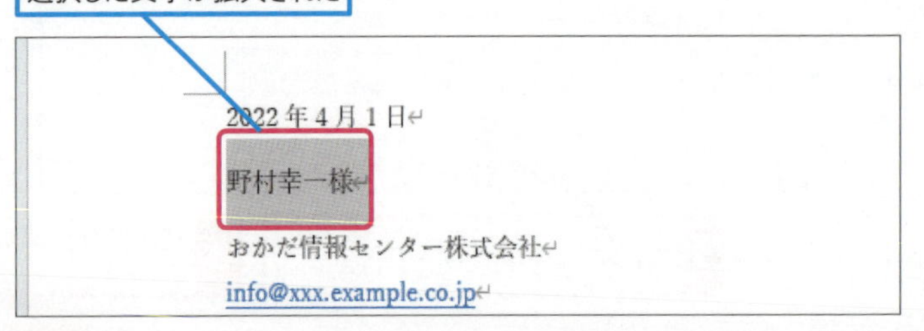

キーワード

フォント	P.528
ミニツールバー	P.529

使いこなしのヒント
文字を縮小するには

Wordの文字は、拡大するだけではなく、小さくすることもできます。文字を縮小すると、限られたスペースにより多くの情報を凝縮できます。

1 文字を選択

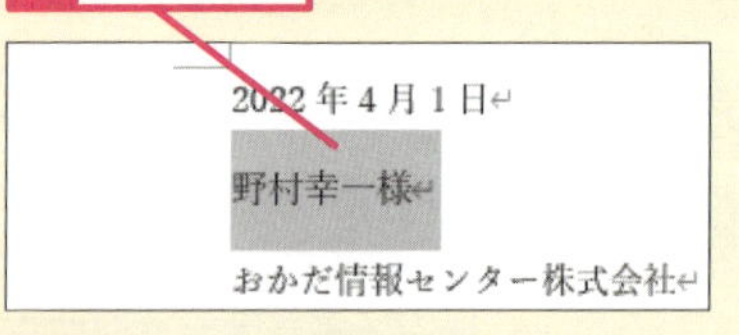

2 [ホーム] タブをクリック

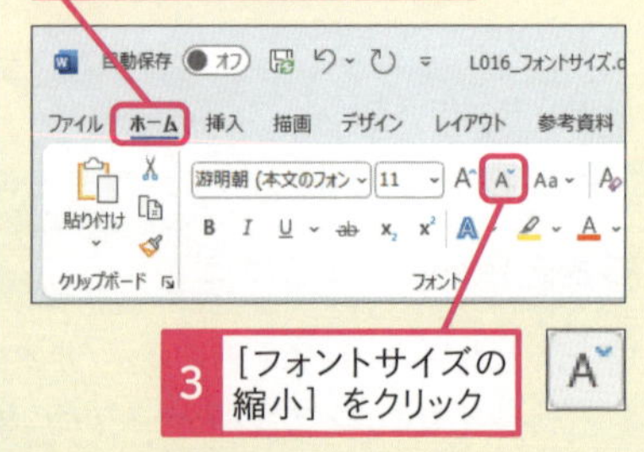

3 [フォントサイズの縮小] をクリック

使いこなしのヒント
文字の大きさに合わせて行も広がる

文字を拡大すると、その大きさに合わせて一行の高さが広くなります。レッスンのように、行全体の文字ではなく、文章の中の一文字だけを拡大しても、その大きさに合わせて行は広がります。

2 文字の大きさを選択する

ここでは「野村幸一様」という文字のフォントサイズを［16］に設定する

手順1を参考に、「野村幸一様」という文字を選択しておく

1 ［ホーム］タブをクリック

2 ［フォントサイズ］のここをクリック

3 ［16］をクリック

文字のフォントサイズが16に設定された

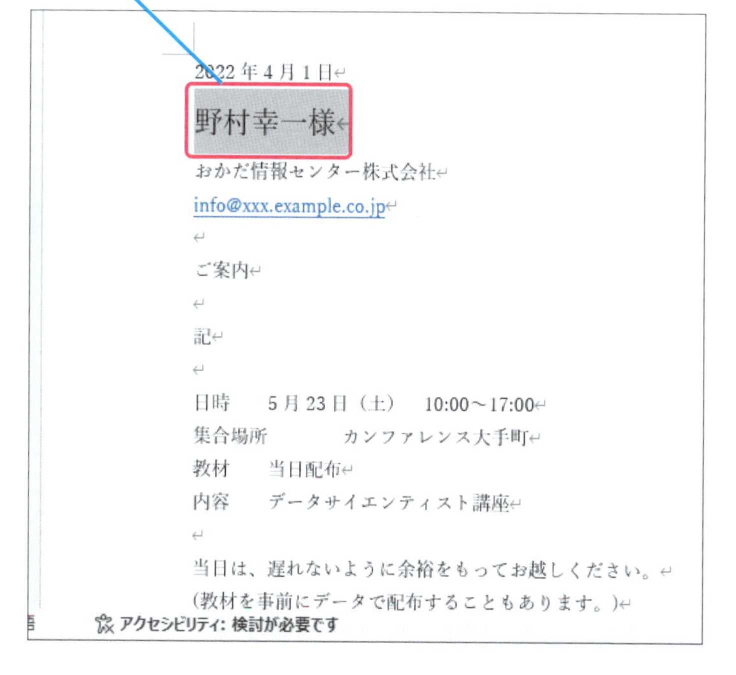

使いこなしのヒント

ミニツールバーを確実に表示するには

ミニツールバーは、文字を選択すると自動的に表示されますが、操作によっては表示されないこともあります。そんなときには、マウスの右クリックを使うと、確実にミニツールバーを表示できます。

使いこなしのヒント

フォントのサイズを確認するには

フォントを選択したり、前後にカーソルを移動したりすると、そのフォントのサイズが、リボンに表示されます。

1 ここをクリック

フォントサイズが表示された

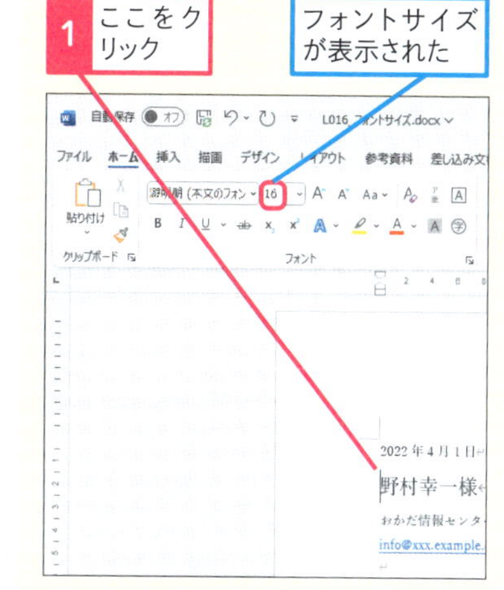

まとめ 標準の文字サイズは10.5ポイント

Wordの編集画面に入力される文字のサイズは、標準の設定で10.5ポイントになっています。文字を拡大すると、その数字が大きくなります。拡大したり縮小したりした文字を元のサイズに戻したいときには、［フォントサイズ］を10.5に設定します。

レッスン

20 文字の配置を変えるには

文字の配置

練習用ファイル　L020_文字の配置.docx

ビジネス文書では、宛名は左から表示しますが、自社名などは右側に寄せて記載します。また、タイトルなどは中央に配置します。こうした文字の配置には、Wordの配置機能を利用します。

1 文字を左右中央に配置する

ここでは「ご案内」という文字を、左右中央に配置する

1 配置を変更する文字の行をクリック

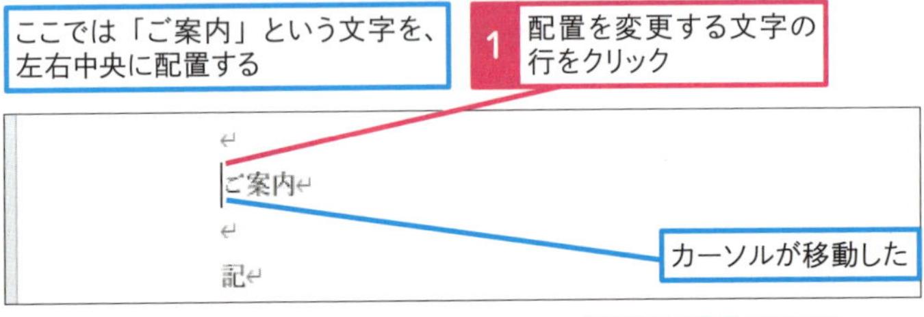

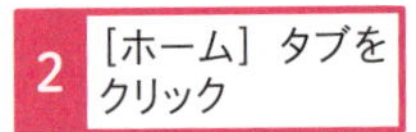

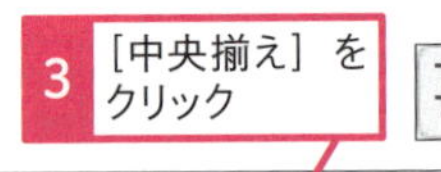

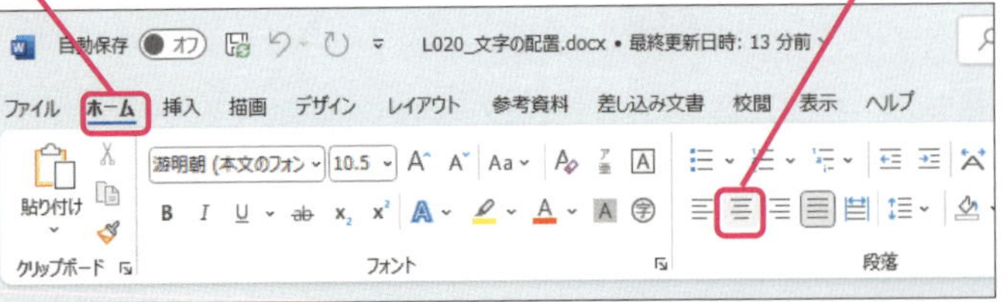

文字が左右中央に配置された

2 文字を行末に配置する

ここでは「おかだ情報センター株式会社」という文字を、行末に配置する

1 配置を変更する文字の行をクリック

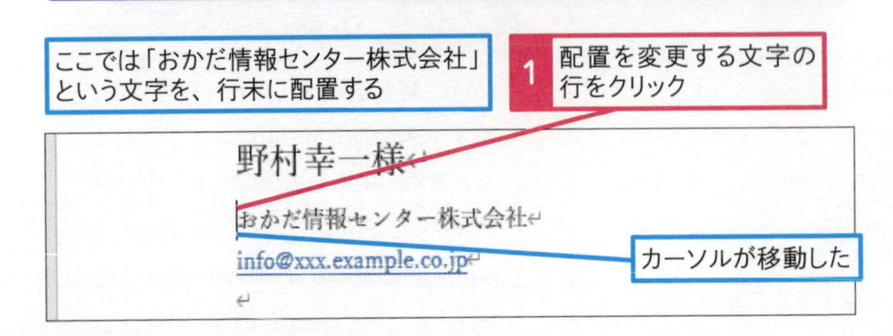

キーワード

使いこなしのヒント

配置の基準はどこにあるのか

文書の左端や右端は、どのように決められているのでしょうか。その基準は、編集画面に表示されている左右の余白記号の位置になります。また、Word・レッスン49で解説するルーラーを利用すると、左右の任意の位置に変更できます。

使いこなしのヒント

均等割り付けとは

配置のアイコンにある[均等割り付け]は、選択した文字を行の幅いっぱいに均等に配置する機能です。標準の設定では、文書の左右余白いっぱいに文字が配置されますが、Word・レッスン49で解説するルーラーを利用すると、任意の幅の間で、文字を均等に配置できます。

使いこなしのヒント

メールアドレスを入力すると自動的に書式が設定される

このレッスンのようにメールアドレスを入力すると、自動的に文字が青くなり下線の付いた「ハイパーリンク」の書式に変換されます。Wordは[オートコレクト]の[入力オートフォーマット]機能により、インターネットのアドレスやメールアドレスを自動的にハイパーリンクの書式に設定します。

●［右揃え］を実行する

2 ［ホーム］タブをクリック

3 ［右揃え］をクリック

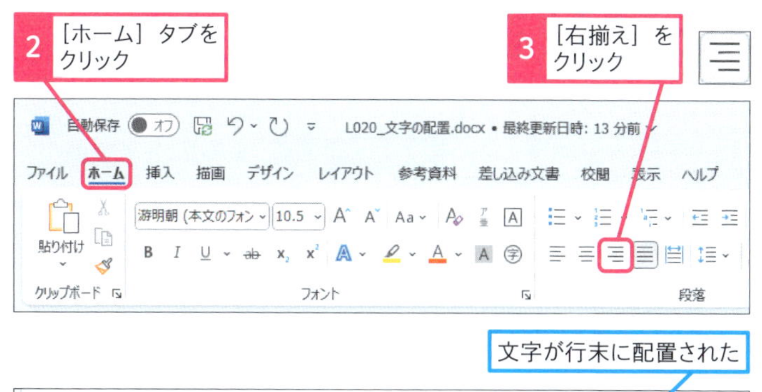

文字が行末に配置された

野村幸一様

おかだ情報センター株式会社

info@xxx.example.co.jp

ご案内

3 文字を行頭に配置する

ここでは「おかだ情報センター株式会社」という文字を、再び行頭に配置する

1 配置を変更する文字の行をクリック

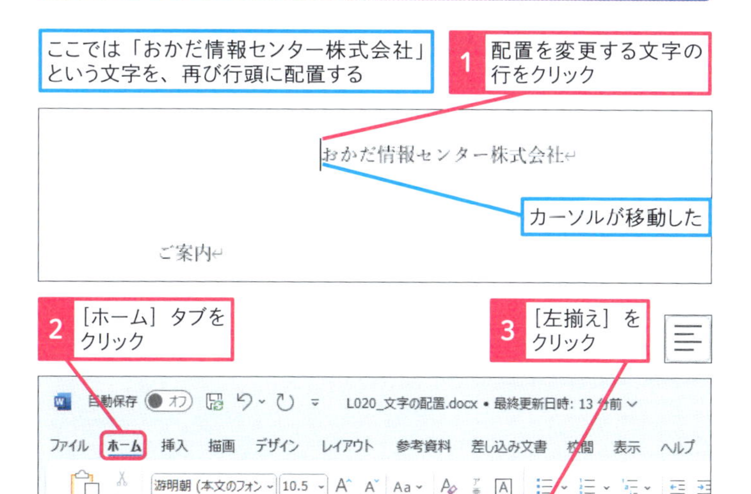

文字が行頭に配置された

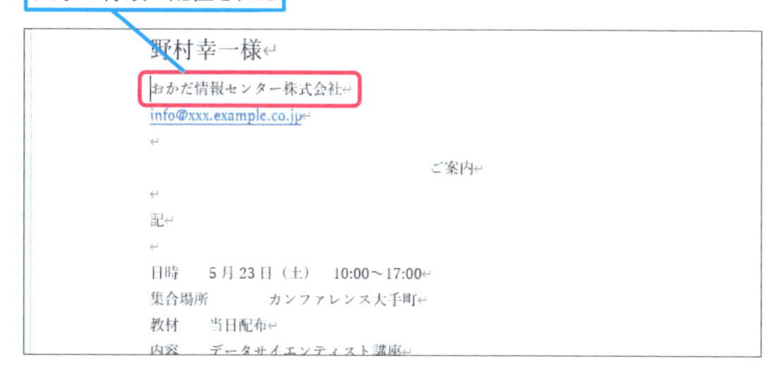

使いこなしのヒント

標準の設定は両端揃え

Wordの文字の配置は、標準の設定では［両端揃え］になっています。両端揃えでは、左右の余白に文字が均等に揃うように配置されます。

使いこなしのヒント

配置は改行しても継続される

配置を設定した行は、Enterキーで改行すると、同じ設定が次の行に継承されます。もし、次の行の配置を戻したいときには、リボンから［両端揃え］を設定します。

［両端揃え］を選ぶと初期状態に戻る

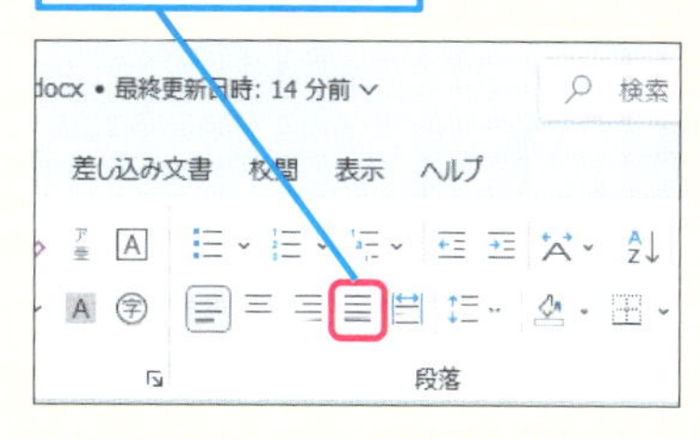

まとめ 配置を工夫して文書を読みやすくする

横書きの文書では、文字の配置を中央や右端にすると、その単語や文章に対する注目度が変わります。一般的に、文書の題名や見出しなど、注目度の高い文字は中央に配置して目立つようにします。また、社名や補足情報のように、優先度の低い内容は、右端に寄せることで、伝えたい文章の読みやすさを向上できます。左右と中央の配置を工夫するだけで、文書はとても読みやすくなります。

レッスン

21 文字に効果を付けるには

文字の効果

練習用ファイル 手順見出しを参照

文字を太くしたり下線を付けたりすると、その単語や文章は、より目立つようになります。文書の中でも、特に強調したい箇所には、太字や下線などの装飾を使って、さらにメリハリをつけてみましょう。

1 文字を太くする

L021_文字の効果_01.docx

ここでは「野村幸一様」という文字を太字にする

Word・レッスン19の手順1を参考に、「野村幸一様」という文字を選択しておく

2022年4月1日
野村幸一様

1 ［ホーム］タブをクリック

2 ［太字］をクリック

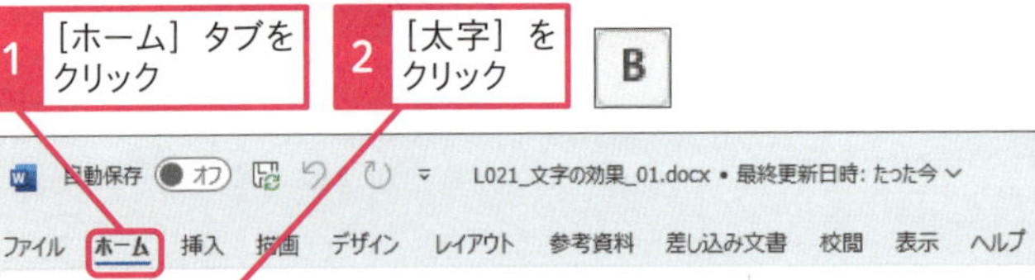

3 ここをクリック

選択した文字が太字になった

2022年4月1日
野村幸一様
おかだ情報センター株式会社
info@xxx.example.co.jp

2 文字に下線を引く

L021_文字の効果_02.docx

ここでは「野村幸一様」という文字に下線を引く

Word・レッスン19の手順1を参考に、「野村幸一様」という文字を選択しておく

2022年4月1日
野村幸一様
おかだ情報センター株式会社
info@xxx.example.co.jp

キーワード

フォント	P.528
ホーム	P.529
リボン	P.529

ショートカットキー

太字にする	Ctrl+B

使いこなしのヒント

下付き・上付きとは

「H_2O」や「$3m^2$」のように、単語の中には、小さな英数字を上下に配する表現があります。このような文字を入力するには、［下付き］（x_2）［上付き］（x^2）の装飾を使います。［下付き］（x_2）は、選択した文字を小さく下に、［上付き］（x^2）は小さく上に配置します。

上付きにする文字を選択しておく

1 ［ホーム］タブをクリック

2 ［上付き］をクリック

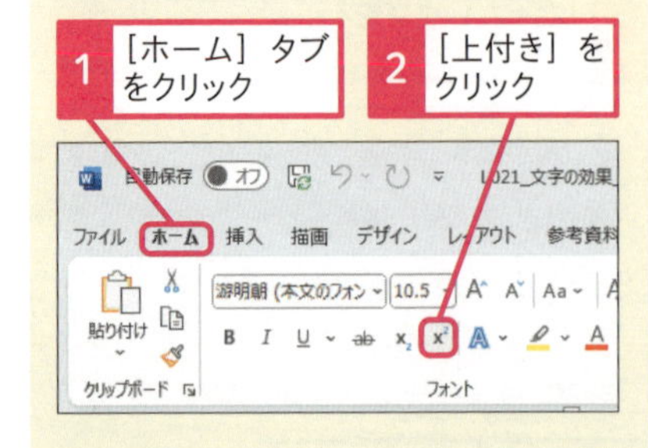

ショートカットキー

下線を引く	Ctrl+U
下付き	Ctrl+=
上付き	Ctrl+Shift++

● [下線] を実行する

1 [ホーム] タブをクリック

2 [下線] をクリック

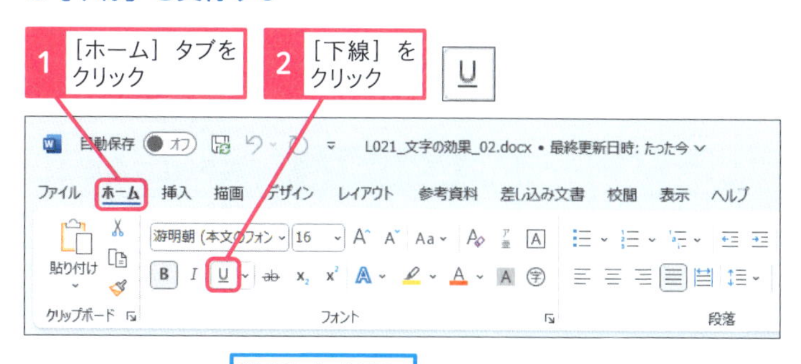

3 ここをクリック

選択した文字に下線が引かれた

2022年4月1日
野村幸一様
おかだ情報センター株式会社
info@xxx.example.co.jp

3 文字を斜体にする

L021_文字の効果_03.docx

ここでは「当日は、遅れないように余裕をもってお越しください。」という文字を斜体にする

Word・レッスン19の手順1を参考に、斜体にする文字を選択しておく

教材　当日配布
内容　データサイエンティスト講座

当日は、遅れないように余裕をもってお越しください。
(教材を事前にデータで配布することもあります。)

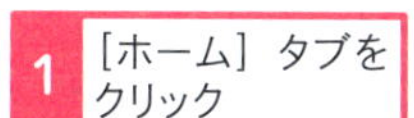

1 [ホーム] タブをクリック

2 [斜体] をクリック

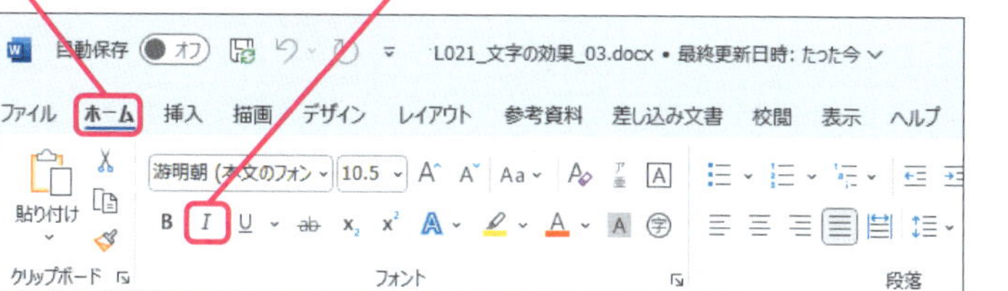

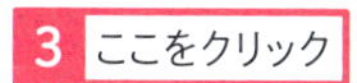

3 ここをクリック

選択した文字が斜体になった

教材　当日配布
内容　データサイエンティスト講座

当日は、遅れないように余裕をもってお越しください。
(教材を事前にデータで配布することもあります。)

使いこなしのヒント
下線の色と種類は選択できる

下線を付けるアイコンの横にある⌄をクリックすると、二重線や波線などの種類を選べます。また、[下線の色] にマウスを合わせると、色も選べます。線種と色を変えると、さらに目立つ装飾になります。

使いこなしのヒント
効果を重ねることもできる

文字の装飾は、複数の効果を重ねて設定できます。レッスンのように、太字と下線を組み合わせて装飾すると、より目立つようになります。

ショートカットキー
斜体にする　Ctrl + I

使いこなしのヒント
取り消し線など他の装飾を使うには

リボンの [フォント] にあるフォントのオプション (Ctrl + D キー) を開くと、[二重取り消し線] などリボンに表示されていない文字飾りも利用できます。複数の文字飾りをまとめて設定したいときにも、フォントのオプションを使うと便利です。

まとめ　強調と注目と補足などに3つの装飾を活用する

太字は、その文字の印象を強調します。下線は、文章の中で使うと注目度を高められます。斜体は、補足したい文章などに利用すると、本文を読む妨げにならずに情報を付記できます。3つの装飾は、昔から使われてきた代表的な表現方法なので、文章の目的に合わせて使い分けると、より端的に情報を伝えられる文書になります。

レッスン

22 文字の種類を変えるには

フォント

練習用ファイル 手順見出しを参照

フォントとは文字の種類です。標準的なWordの設定では、游明朝（ゆうみんちょう）という種類のフォントを使っています。このフォントの種類を変えることで、文書の印象は大きく変わります。Wordでは、Windowsに登録されているフォントを利用できます。

フォントとは

Wordで利用できるフォントの種類は、リボンから［フォント］を開いて確認します。日本語で利用できるフォントは、ゴシックや明朝と書体などの日本語を組み合わせて表示されています。

Wordでは、文字にさまざまなフォントを設定できる

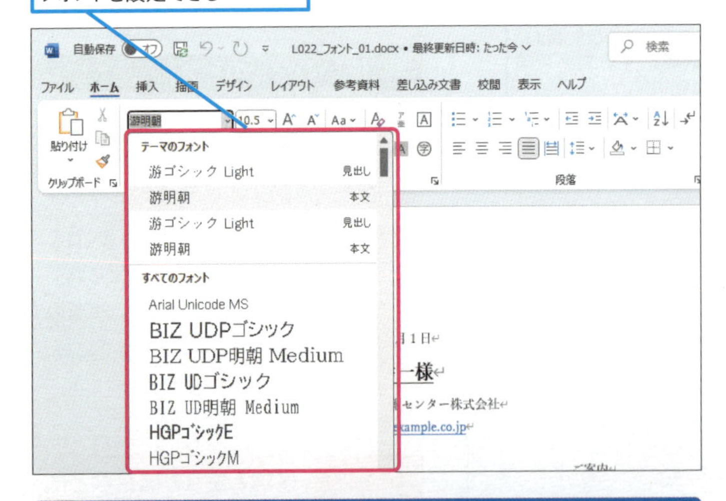

1 フォントの種類を変更する

L022_フォント_01.docx

ここでは「おかだ情報センター株式会社」という文字のフォントを［游ゴシックLight］に変更する

フォントを変更する文字を選択しておく

野村幸一様

おかだ情報センター株式会社

info@xxx.example.co.jp

キーワード

ダイアログボックス	P.527
フォント	P.528
リボン	P.529

ショートカットキー

［フォント］ダイアログボックスの表示
Ctrl + Shift + F

使いこなしのヒント

UIフォントとは

フォント名の中に UI という表記が付いたUIフォントは、Windowsのメニューやアイコン名などの表示に使われています。その特徴は、狭い幅に多くの文字が表示できる凝縮性にあります。通常の文書では、UIフォントはあまり利用しません。

使いこなしのヒント

UDフォントとは

UDフォントのUDは、「ユニバーサルデザイン」の略称で、文字の形の分かりやすさに配慮したデザインのフォントです。濁点や半濁点のついた文字が読みにくいときなどに、UDフォントを使うと読みやすさが改善されます。

● フォントを変更する

1 ［ホーム］タブをクリック

2 ［フォント］のここをクリック

3 ［游ゴシックLight］をクリック

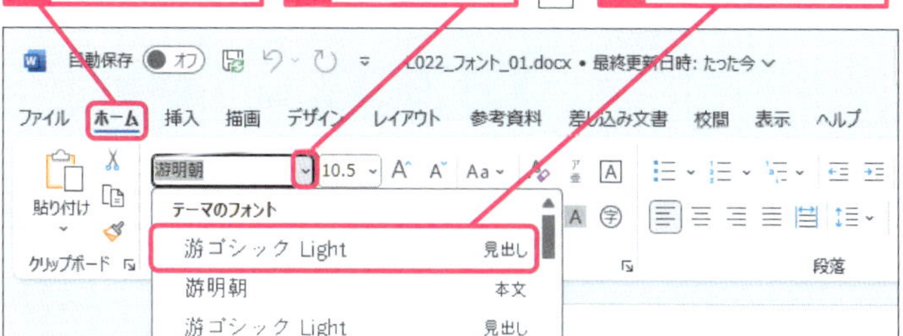

4 余白の白いところをクリック

選択した文字のフォントが、［游ゴシックLight］に変更された

野村幸一様↵

おかだ情報センター株式会社↵

2 字間のバランスを変更する

L022_フォント_02.docx

ここでは「おかだ情報センター株式会社」という文字のフォントを［MS Pゴシック］に変更する

Word・レッスン19の手順1を参考に、フォントを変更する文字を選択しておく

野村幸一様↵

おかだ情報センター株式会社↵

1 ［ホーム］タブをクリック

2 ［フォント］のここをクリック

3 ここをドラッグして下にスクロール

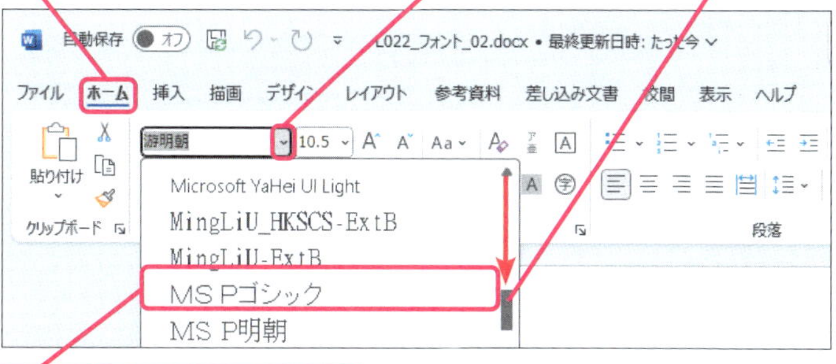

4 ［MS Pゴシック］をクリック

5 余白の白いところをクリック

選択した文字のフォントが、［MS Pゴシック］に変更されて、等幅だった字間が文字ごとの字間に設定された

野村幸一様↵

おかだ情報センター株式会社↵

使いこなしのヒント

プロポーショナルフォントとは

プロポーショナルフォントは、文字ごとに幅が異なるフォントです。フォント名にPが付いているフォントが、プロポーショナルフォントです。プロポーショナルフォントを使うと間延びして見える「り」や「う」などの文字の幅が狭くなるので、一行に入力できる文字数が多くなり、文章全体がぎゅっと締まっている印象になります。

使いこなしのヒント

明朝体とゴシック体とは

明朝体は新聞や書籍などの印刷で利用される標準的な日本語の書体です。毛筆の楷書体を模したデザインになっています。ゴシック体は、見出しなど強調したい文字のためにデザインされた書体です。その特徴は、楷書体のような筆遣いを感じさせないシンプルなデザインにあります。

まとめ フォントの基本は明朝体とゴシック体

Wordの装飾で使えるフォントの基本は、楷書体をベースにした明朝体と、見出しなど強調したい文字に適したゴシック体の2種類です。その他のフォントは、明朝体かゴシック体をベースにデザインされています。一般的に、文章では明朝体を利用し、見出しやタイトルに注釈など、本文と異なる箇所でゴシック体を使って強調します。ただし、デザインによっては、あえて本文にゴシック体を使って、モダンな印象を与える方法もあります。2種類のフォントを使い分けるだけで、文章の読みやすさや見栄えは、とても向上します。

レッスン

23 箇条書きを設定するには

箇条書き

練習用ファイル L023_箇条書き.docx

複数の情報を整理して伝えたいときには、箇条書きを使うと便利です。Wordでは、複数の行にわたって箇条書きをまとめて設定できます。箇条書きでは、記号の他に連続した番号も表示できます。

1 箇条書きを設定する

ここでは日時や集合場所、教材、内容が記された4行を箇条書きに設定する

箇条書きにする行を選択しておく

3 ここをクリック

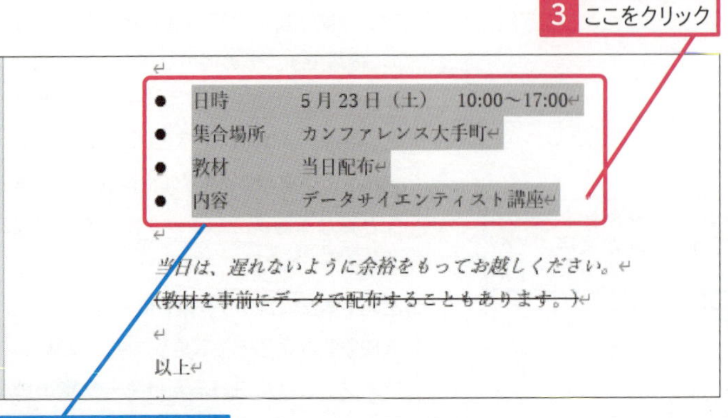

箇条書きが設定された

キーワード

アイコン	P.524
段落番号	P.527
ホーム	P.529

使いこなしのヒント

箇条書きとは

「箇条」とは、いくつかに分けて並べて表記する1つ1つの条項を意味します。複数の条項を並べて書くので、箇条書きと表現されます。連続した文章ではなく、リストや一覧のように並べて要点だけを書く方法です。

使いこなしのヒント

箇条書きの行頭文字を変えるには

箇条書きで表示される行頭文字の「●」を他の記号に変えたいときは、箇条書きアイコンのをクリックして、［行頭文字ライブラリ］から、変更したい記号を選びます。また、［新しい行頭文字の定義］を使うと、任意の記号を登録できます。

2 続けて入力できるようにする

箇条書きを設定したばかりの状態になっている

1 Enter キーを押す

記

- 日時　5月23日（土）　10:00～17:00
- 集合場所　カンファレンス大手町
- 教材　当日配布
- 内容　データサイエンティスト講座

当日は、遅れないように余裕をもってお越しください。

~~(教材を事前にデータで配布することもあります。)~~

箇条書きが設定されたままになっている

2 もう一度 Enter キーを押す

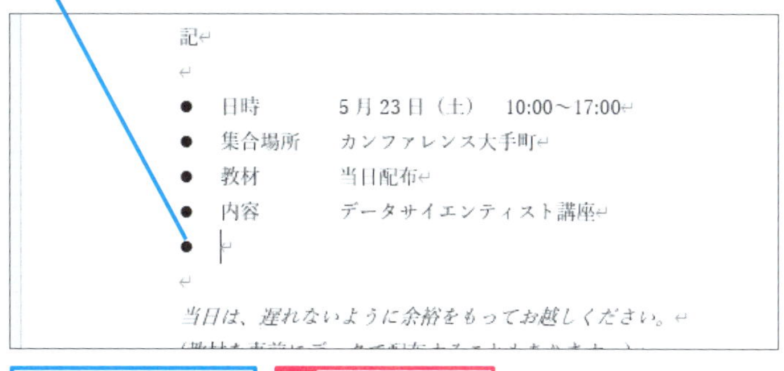

箇条書きが解除された

3 Back space キーを押す

記

- 日時　5月23日（土）　10:00～17:00
- 集合場所　カンファレンス大手町
- 教材　当日配布
- 内容　データサイエンティスト講座

当日は、遅れないように余裕をもってお越しください。

箇条書きが解除され、通常の文字が入力できるようになった

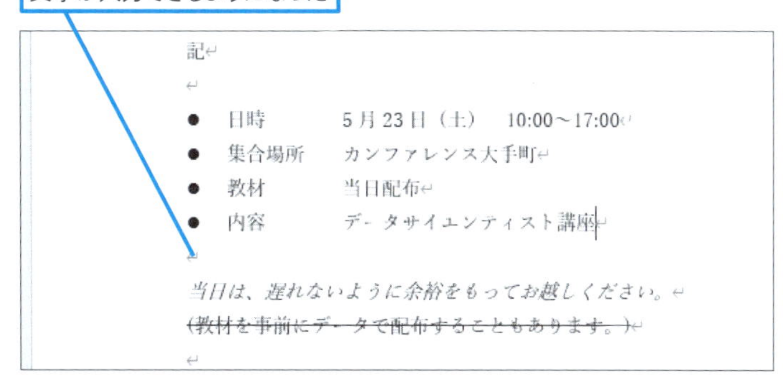

使いこなしのヒント

箇条書きを再度設定するには

Back space キーで箇条書きを解除すると、行頭記号は表示されなくなります。もう一度、箇条書きにしたい場合は、再設定します。

使いこなしのヒント

段落番号とは

段落番号を使うと、箇条書きの行頭に連続した数字を表示できます。段落番号も、箇条書きと同じように、▾をクリックすると、番号ライブラリから、数字以外の連続文字が選べます。

使いこなしのヒント

段落番号は自動的に再計算される

段落番号を設定した行では、改行すると自動的に加算された番号が表示されます。表示された番号を解除したいときには、Back space キーで削除すると、自動的に以下の行の番号も再計算されます。また、行の上下を入れ替えても、順番に合わせて再計算されます。

まとめ　箇条書きは行頭文字で読みやすくする

文章の中に箇条書きを使うと、文例のような日時や場所など、項目として整理されている情報を端的に伝えやすくなります。箇条書きの項目に、行頭文字を追加すると、さらに読みやすくなります。また、段落番号を使うと、連続した数字が自動的に表示されるので、箇条書きの項目が多いときに読みやすさを改善できます。

レッスン
24 段落や行を素早く選択するには

段落や行の選択

練習用ファイル L024_段落行選択.docx

編集作業の効率を向上させるテクニックに、文章の段落や行を素早く選択するマウス操作があります。行や段落をまとめて選択すると、コピーや装飾などの操作も手早く実行できます。また、マウス操作とキーボードを組み合わせると、より複雑な選択も可能になります。

1 行を選択するには

1 行の左側の余白をクリック

ライト兄弟が、はじめての飛行に成功してから約 110 年。その間に、航空機は数々の進化を遂げてきた。その一方で、小型の無人操縦機の分野では、100 年を経ても大きな進化は起きていなかった。

行が選択された

ライト兄弟が、はじめての飛行に成功してから約 110 年。その間に、航空機は数々の進化を遂げてきた。その一方で、小型の無人操縦機の分野では、100 年を経ても大きな進化は起きていなかった。

ライト兄弟が、はじめての飛行に成功してから約 110 年。その間に、航空機は数々の進化を遂げてきた。その一方で、小型の無人操縦機の分野では、100 年を経ても大きな進化は起きていなかった。

2 クリックしたまま下にドラッグ

下の行が選択された

キーワード

段落	P.527
余白	P.529
リボン	P.529

使いこなしのヒント
マウスポインタの形に注目して範囲を選択する

リボンやオブジェクトなどを選択するときのマウスポインタは、[左向き矢印] になっていますが、行を選択するときには、マウスポインタが [右向き矢印] になります。マウスポインタの矢印の向きに注目すると、行を選択できるかどうか判断できます。

スキルアップ
行、文、段落の違い

行は、横または縦一列に並んでいる文字の集まりです。文は、意味のある文字の集まりで、「。」句点で区切られます。段落は、意味のある文で構成された文章のまとまりです。Wordでは、編集画面に入力されている句点や改行を識別して、選択する範囲が文か行か段落かを判断しています。

◆行 ◆文 ◆段落

現在の 4～8 枚のプロペラを搭載したドローンが登場する以前、無線で飛ばす小型の飛行物といえば、飛行機やヘリコプターを模した物が中心だった。そのため、飛行機では滑走路が必要となり、空中で安定した姿勢や方向転換を行うために、高度な操縦技能が必要とされていた。ヘリコプター型の場合も、操縦や運用が厳しいために、農薬散布などの限られた目的に利用されていた。

ところが、パリに本社がある Parrot 社が 2010 年にホビー用の AR Drone というクアッドコプターを発表すると、市場は一変した。

2 文を選択するには

1 文の一部にマウスカーソルを合わせる

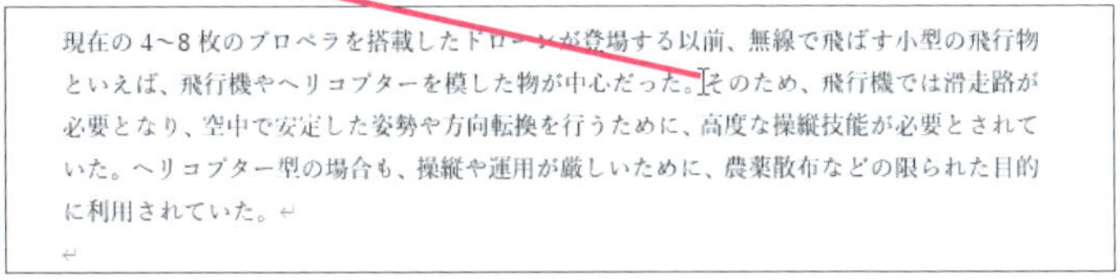

現在の4～8枚のプロペラを搭載したドローンが登場する以前、無線で飛ばす小型の飛行物といえば、飛行機やヘリコプターを模した物が中心だった。そのため、飛行機では滑走路が必要となり、空中で安定した姿勢や方向転換を行うために、高度な操縦技能が必要とされていた。ヘリコプター型の場合も、操縦や運用が厳しいために、農薬散布などの限られた目的に利用されていた。

2 Ctrlキーを押しながらマウスボタンをクリック

文が選択された

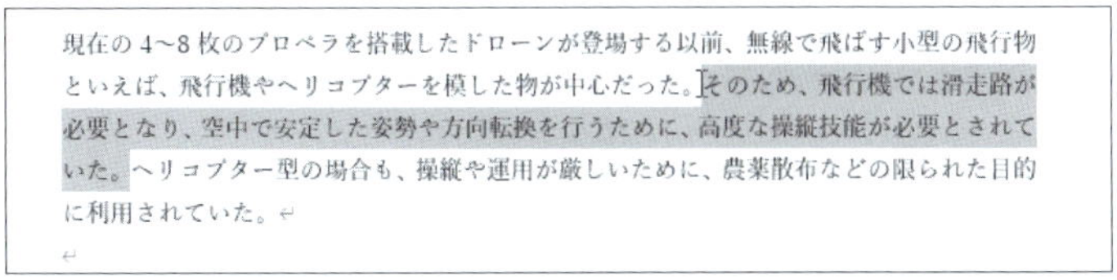

現在の4～8枚のプロペラを搭載したドローンが登場する以前、無線で飛ばす小型の飛行物といえば、飛行機やヘリコプターを模した物が中心だった。そのため、飛行機では滑走路が必要となり、空中で安定した姿勢や方向転換を行うために、高度な操縦技能が必要とされていた。ヘリコプター型の場合も、操縦や運用が厳しいために、農薬散布などの限られた目的に利用されていた。

3 段落を選択するには

1 段落の左側にマウスカーソルを合わせる

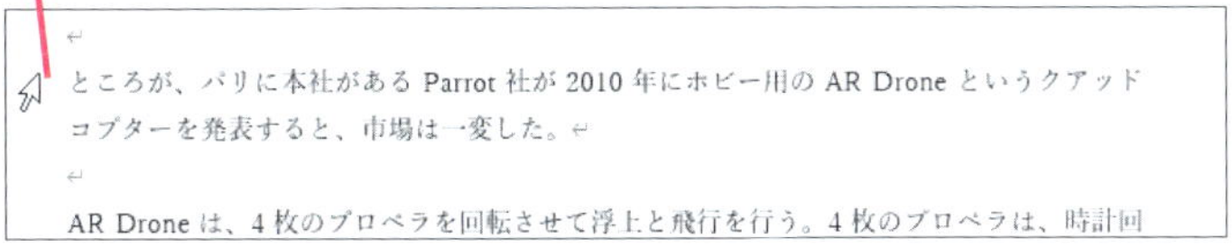

ところが、パリに本社がある Parrot 社が 2010 年にホビー用の AR Drone というクアッドコプターを発表すると、市場は一変した。

AR Drone は、4枚のプロペラを回転させて浮上と飛行を行う。4枚のプロペラは、時計回

2 そのままダブルクリック

段落が選択された

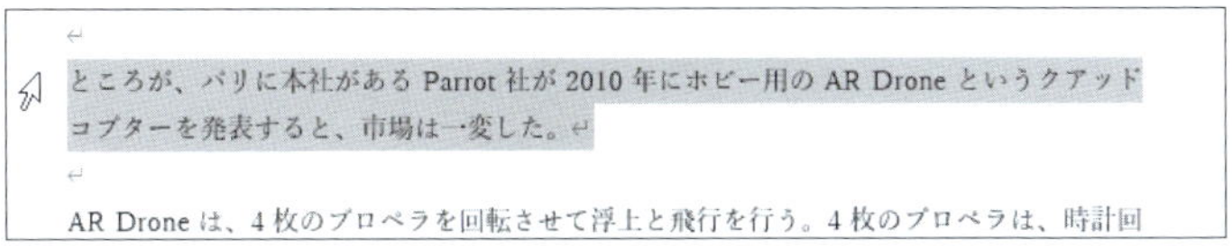

ところが、パリに本社がある Parrot 社が 2010 年にホビー用の AR Drone というクアッドコプターを発表すると、市場は一変した。

AR Drone は、4枚のプロペラを回転させて浮上と飛行を行う。4枚のプロペラは、時計回

4 文章全体を選択するには

1 左側の余白をトリプルクリック

文章全体が選択された

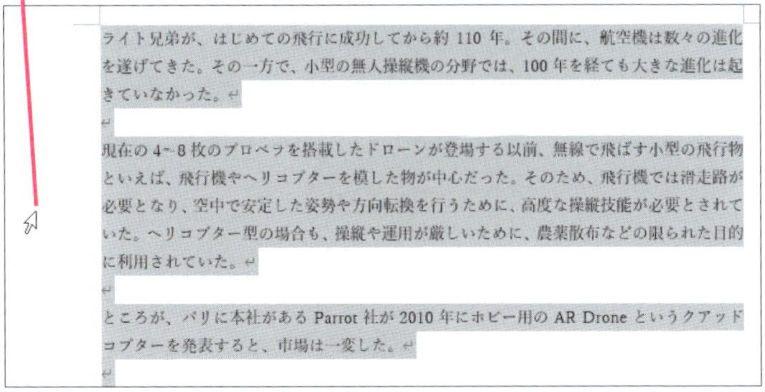

ライト兄弟が、はじめての飛行に成功してから約 110 年。その間に、航空機は数々の進化を遂げてきた。その一方で、小型の無人操縦機の分野では、100 年を経ても大きな進化は起きていなかった。

現在の4～8枚のプロペラを搭載したドローンが登場する以前、無線で飛ばす小型の飛行物といえば、飛行機やヘリコプターを模した物が中心だった。そのため、飛行機では滑走路が必要となり、空中で安定した姿勢や方向転換を行うために、高度な操縦技能が必要とされていた。ヘリコプター型の場合も、操縦や運用が厳しいために、農薬散布などの限られた目的に利用されていた。

ところが、パリに本社がある Parrot 社が 2010 年にホビー用の AR Drone というクアッドコプターを発表すると、市場は一変した。

使いこなしのヒント

Ctrlキーを活用して複数のテキストをまとめて選択する

Ctrlキーを押しながらマウスのドラッグ操作を行うと、離れた箇所にあるテキストをいくつも選択できます。特定の単語などをまとめて選択して装飾したいときなどに活用すると便利です。

使いこなしのヒント

Shiftキーでまとめて選択する

Shiftキーを押しながら←↑↓→キーを押すと、複数の行をまとめて選択できます。カーソルを文頭に配置して、Shiftキーを押したまま↑↓キーを押すと、複数の行をまとめて選択できます。また、Shiftキーを押したまま←→キーを押すと、テキストを範囲選択できます。

使いこなしのヒント

ダブルクリックで単語を選択できる

マウスのダブルクリックで、文章の中の単語を選択できます。選択したい単語にマウスカーソルを合わせて、ダブルクリックすると対象の単語が選択されます。

まとめ 行や段落を素早く選択できると編集の効率がアップする

Wordの編集作業では、入力した文章や単語を選択して装飾などの操作を行います。そのため、マウス操作の多くがテキストの選択になります。その選択にかかる時間を短縮できると、編集の効率がアップします。また、行や文を的確に選択できると、編集ミスも減ります。テキストの選択方法は、マウスポインタの位置とキーの組み合わせを覚えるだけなので、習得は簡単で編集作業の効率化につながります。

レッスン

25 段落を字下げするには

インデント　練習用ファイル　L025_インデント.docx

文章の中には、左右や中央に配置するのではなく、少しだけ右に寄せて表示したい、という内容もあります。そういうときに、インデントという段落単位での字下げを使います。

1 インデントの起点を確認する

ルーラーでインデントの起点を確認する

1 ［表示］タブをクリック

2 ［表示］をクリック

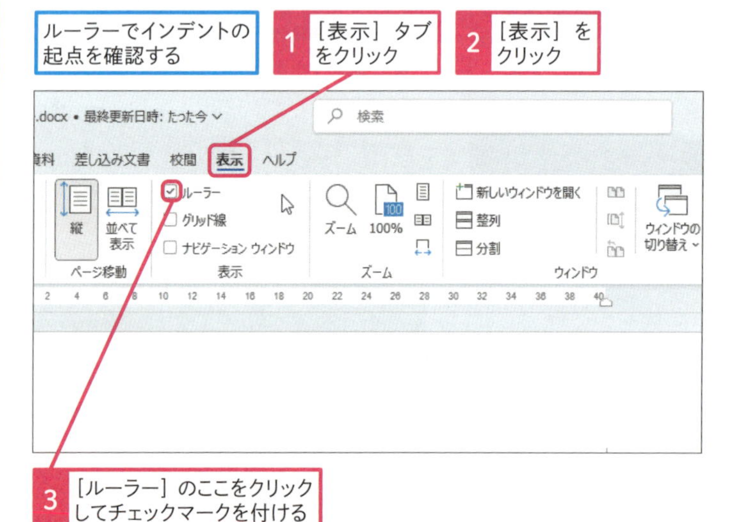

3 ［ルーラー］のここをクリックしてチェックマークを付ける

2 段落を字下げする

ルーラーが表示された

ここでは「当日は、遅れないように余裕をもってお越しください。」という行の段落を字下げする

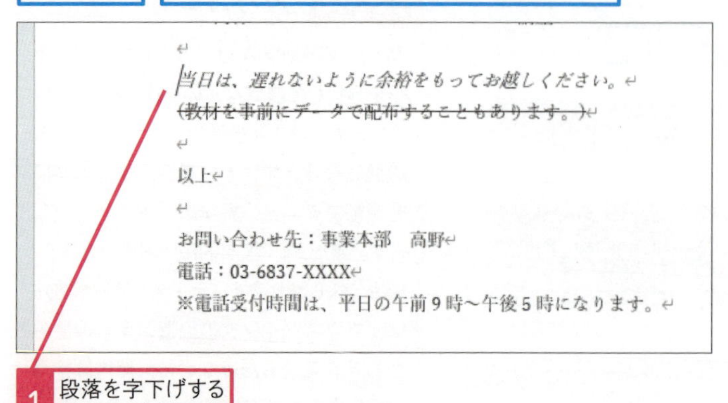

1 段落を字下げする行のここをクリック

キーワード

用語解説

インデント

インデント（indent）の語源は、紙などに窪みやギザギザをつける英単語です。その意味が転じて、文章の行頭に一定のスペースを空ける印刷用語になりました。日本では、「字下げ」と訳されています。

使いこなしのヒント

段落の字下げを改行で解除するには

設定されたインデントは、改行しても継承されます。解除したいときには、Back spaceキーを押します。

使いこなしのヒント

インデントで字下げされる単位

［インデントを増やす］では、標準フォント（10.5ポイント）の1文字分の字下げが行われます。［インデントを増やす］による字下げは、フォントのサイズを大きくしていても、小さくしていても、常に10.5ポイントに固定されています。

● 段落の字下げを続ける

2 ［ホーム］タブをクリック

3 ［インデントを増やす］をクリック

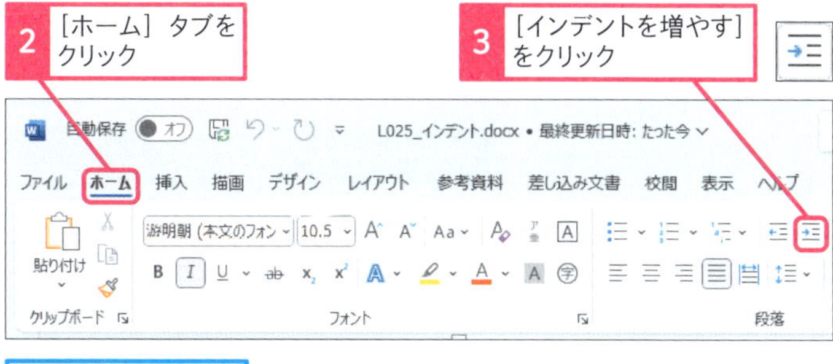

段落が字下げされた

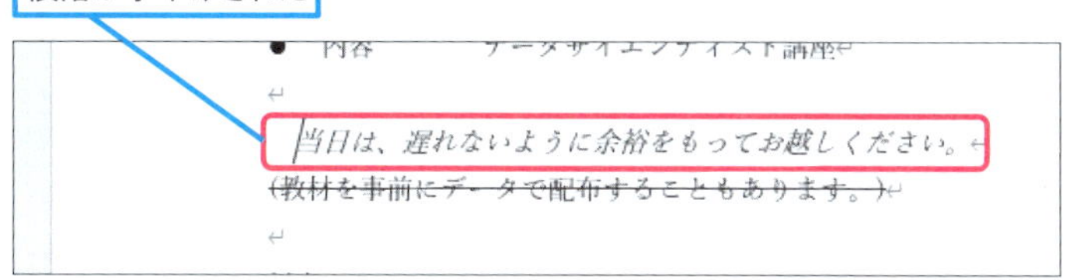

4 ［インデントを増やす］を2回クリック

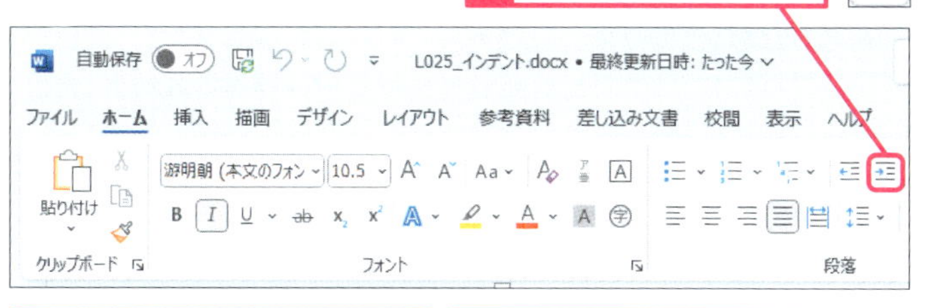

選択した行の段落を字下げできた

ルーラーを非表示にしておく

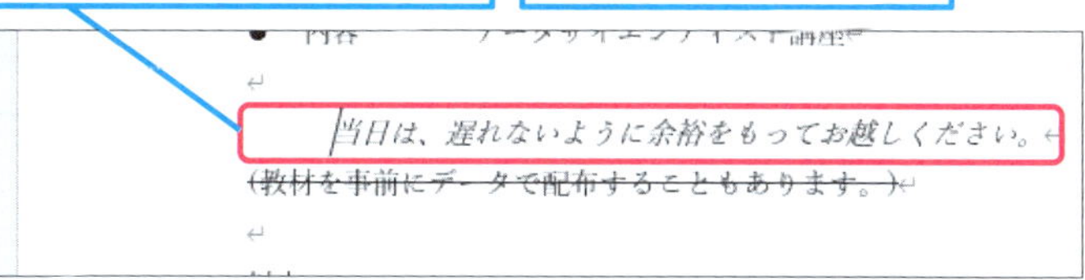

3 段落の字下げを解除する

ここでは手順2で実行した段落の字下げを解除する

段落の字下げを解除する行をクリックしておく

1 ［ホーム］タブをクリック

2 ［インデントを減らす］をクリック

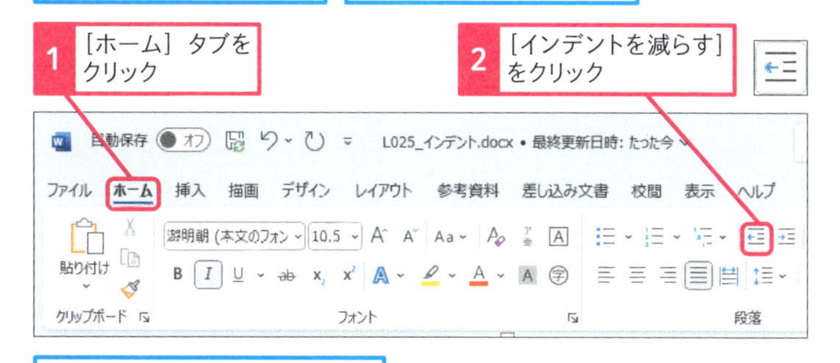

クリックした回数分だけ、段落の字下げが解除される

スキルアップ

「ルーラー」を使って任意の字下げを行う

インデントの起点と設定された字下げの位置は、すべてルーラーに表示されます。ルーラーは、インデントの確認だけではなく、設定にも利用できます。ルーラーにあるをマウスでドラッグすると、任意の位置にインデントを設定できます。詳しくは、Word・レッスン49で紹介します。

手順1を参考に、ルーラーを表示しておく

字下げする文字を選択しておく

1 ［左インデント］と表示される場所にマウスカーソルを合わせる

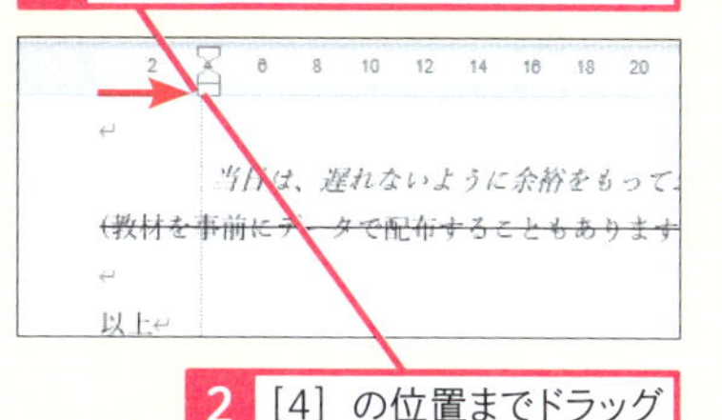

2 ［4］の位置までドラッグ

段落が4文字下げられた

まとめ インデントを使うときにはルーラーを表示

インデントを使うときには、ルーラーを表示しておくと便利です。インデントの位置を確認できるだけではなく、ルーラーのマーカーを見て、その文章にインデントが設定されているかどうかも判断できます。ルーラーを表示しておくと、文字の左側が字下げされているときに、それがインデントによるものか、単に空白を挿入しているだけか、正しく判断できます。

レッスン
26 書式をまとめて設定するには

スタイル　　練習用ファイル　L026_スタイル.docx

スタイルは複数の装飾をまとめて設定できる機能です。あらかじめ用意されているスタイルを選ぶだけで、見出しや表題などに適した装飾の組み合わせが、一度の操作で設定できます。

1 文字の書式を変更する

ここでは「GoPro Karma 体験レポート」という文字の書式を変更する

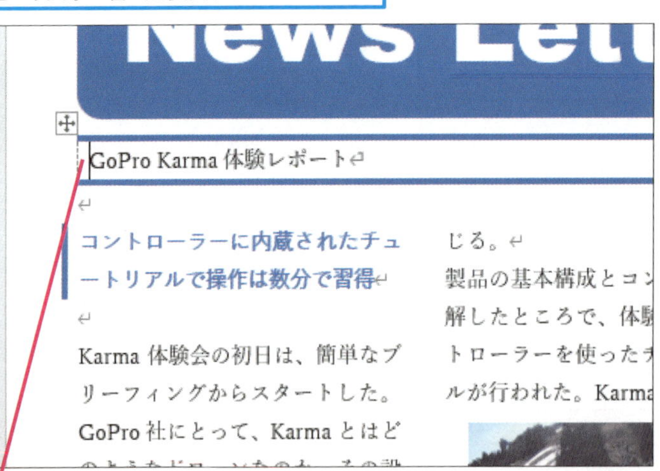

1 ここをクリック

2 ［ホーム］タブをクリック

3 ［見出し1］をクリック

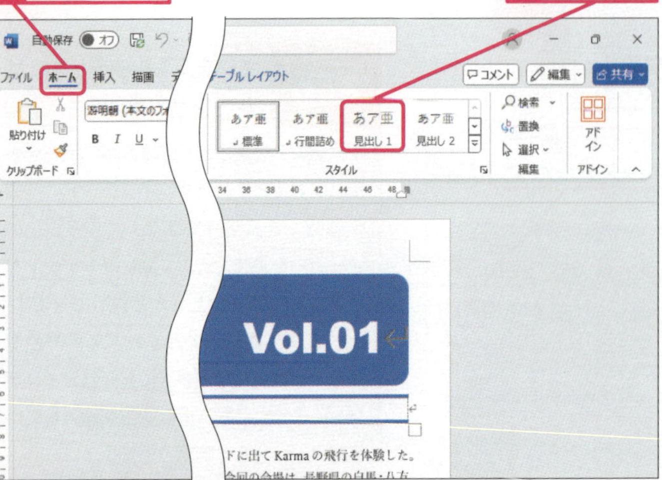

キーワード

ショートカットメニュー	P.526
スタイル	P.526
リボン	P.529

使いこなしのヒント
設定したスタイルを戻すには

見出しや表題などに設定したスタイルを元に戻すには、スタイルから［標準］に設定します。また、レッスンのように装飾されていた文字列に他のスタイルを設定したときには、その直後であれば［元に戻す］ボタンで、元に戻せます。

使いこなしのヒント
登録されているスタイルの内容を確認するには

スタイル名をマウスで右クリックして、ショートカットメニューから［変更］を選ぶと、そのスタイル名に設定されている装飾の内容が確認できます。

1 スタイルを右クリック

2 ［変更］をクリック

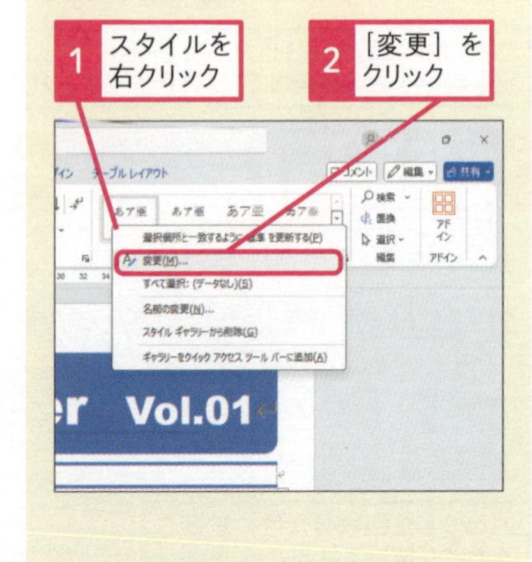

● スタイルが適用された

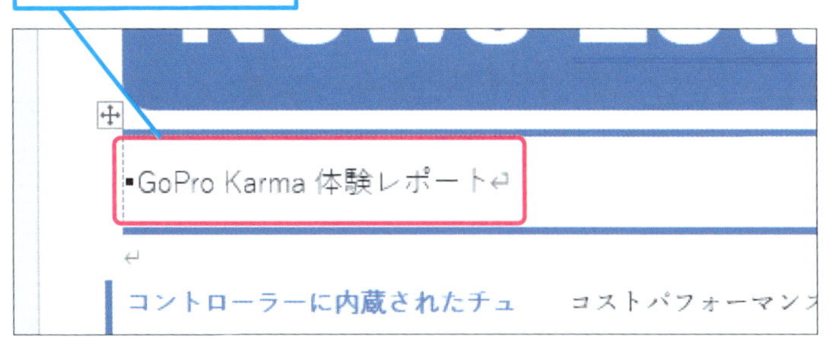

2 文字の書式を元に戻す

「GoPro Karma 体験レポート」という文字の書式を元に戻す

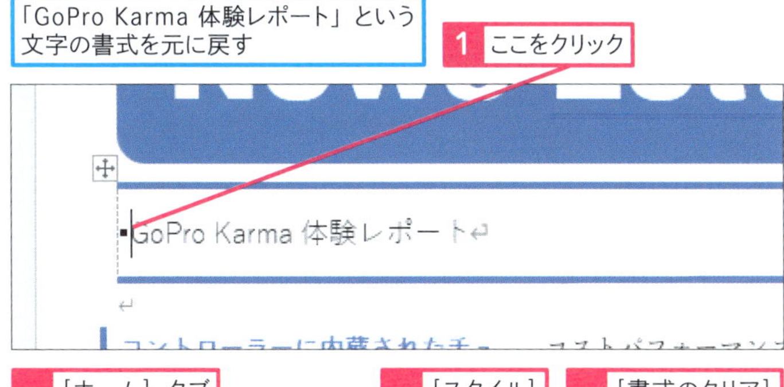

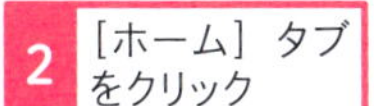

3 ［スタイル］をクリック

4 ［書式のクリア］をクリック

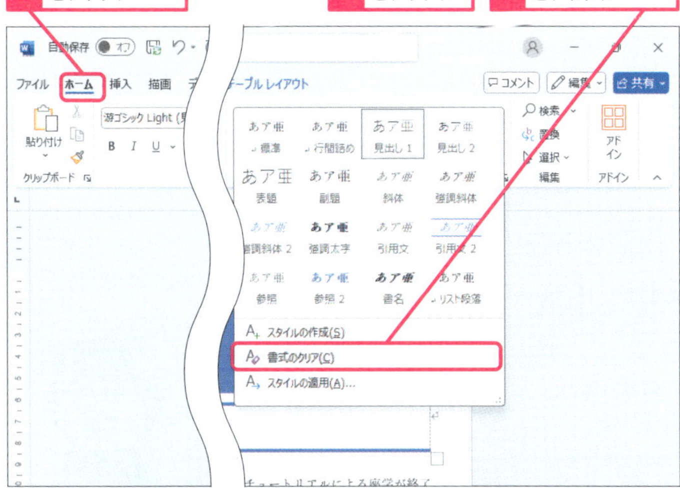

使いこなしのヒント

オリジナルのスタイル名も登録できる

すでに装飾されている文字列を範囲選択して［スタイルの作成］を実行すると、新しいスタイルに名前を付けて登録できます。

使いこなしのヒント

見出しに設定するとアウトライン表示になる

スタイルの見出しを設定すると、その見出し以降の文章が自動的に下位のレベルとなり、アウトライン表示のように、見出しの左側に表示される◢をクリックして、文章を折り畳めるようになります。

使いこなしのヒント

設定されているスタイルを確認するには

スタイルが設定されている文字にカーソルを移動すると、スタイルが設定されていると［標準］以外のスタイル名がハイライトされます。

まとめ　スタイルで書式やレベルもまとめて設定できる

スタイルに用意されているスタイル名には、書式や段落だけではなく、レベルというアウトライン表示が設定されている項目があります。レベルが設定されているスタイル名の代表が［見出し］になります。アウトラインは、リボンからも設定できますが、スタイルを使うと文章を入力した後から、［見出し1］～［見出し3］を使い分けて、レベルを設定できます。

この章のまとめ

文字の装飾を活用して文書の見栄えを良くする

文字の大きさや種類の変更と配置や太字などの効果は、その文書の情報を目にする優先度を高めます。仕事で使う文書の多くは、定型的な文章の中に、宛先や伝えたい優先事項などが含まれています。そうした情報を端的に伝えるために、装飾の活用は効果的です。また、箇条書きによる項目の整理や、字下げを使った文章のメリハリも、文書の読みやすさにつながります。さらに、スタイルを活用すると、複数の装飾の組み合わせを一度に設定できるだけではなく、アウトライン表示もできる見出しを指定できます。

- 日時　5月23日（土）　10:00～17:00
- 集合場所　カンファレンス大手町
- 教材　当日配布
- 内容　データサイエンティスト講座

当日は、遅れないように余裕をもってお越しください。

~~（教材を事前にデータで配布することもあります。）~~

以上

お問い合わせ先：事業本部　高野
電話：03-6837-XXXX

箇条書きやインデントで文書の見栄えを変更できる

Word ってほんと、便利ですね！

でしょう？　この章で紹介した内容だけで、ビジネス文書なら十分作れるんですよ。

こんな便利な機能、早く知りたかった……！

そうだね、少しの工夫で文書の読みやすさは大きく変わるから、機能と一緒にぜひ覚えましょう。

Word

基本編

第4章

文書を効率よく編集する

編集画面に入力されている文章は、後から自由に修正できます。すでに完成した文書であれば、宛名や日付などを修正するだけで、別の文書として再利用できます。また、検索と置換を使うと、一度にまとめて特定の語句を修正できるので便利です。

レッスン 27

Introduction この章で学ぶこと

図形や貼り付けの「困った」に対応しよう

文字だけではなく図形も利用すると、文書で伝える力が向上します。その一方で、図形は文字と異なるデータとして編集画面に挿入されるので、後からレイアウトを調整して、文字も図形も見やすく配置しましょう。また、コピー、貼り付けや検索、置換などの機能を使うと、文章の修正や追加も楽になります。

文書が崩れがちな「図形」と「コピー&ペースト」

Wordがだんだん使えるようになってきたけど、やっぱり図形が苦手なんだよなー。

私は文字のコピー&ペーストが……。文字の書式がどんどん崩れて、気になっちゃうんですよね。

はいはい、大丈夫！　この章ではWordのレイアウトが崩れがちな「図形」と「貼り付け」を解決しますよ！

［書式の設定］も使いこなそう

まずは「貼り付け」から。文字をコピー&ペーストしたときに、文字の書式を保ったり、あとから変更したりする方法を紹介します。

貼り付けるときと、貼り付けた直後に変更できるんですね！コピー&ペーストが怖くなくなりました！

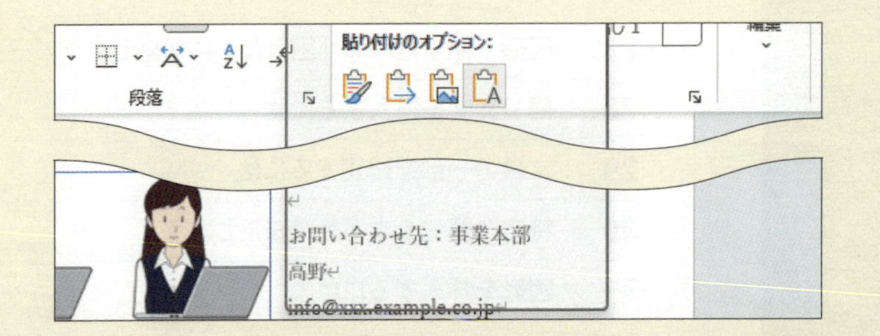

［図形の作成］の基本を覚えよう

そして図形。実はWordで図形や写真を挿入すると、文章が図形を避けるようにレイアウトされます。図形が入っても、文章の内容が減らないようになっているんですね。

せっかくきれいにそろえた文章が、図形にどかされてショックですー！

ライト兄弟が、はじめての飛行に成功してから約 110 年。その間に、航空機は数々の進化を遂げてきた。その一方で、小型の無人操縦機の分野では、100 年を経ても大きな進化は起きていなかった。現在の 4～8 枚のプロペ　　載した　　ーンが登場する以前、無線で飛ばす小型の飛行物といえば、飛行機や　　模した物が中心だった。そのため、飛行機では滑走路が必要となり、空中で　　方向転換を行うために、高度な操縦技能が必要とされていた。ヘリコプター型の　　操縦や運用が厳しいために、農薬散布などの限られた目的に利用されていた。ところが、パリに本社がある Parrot 社が 2010 年にホビー用の AR Drone というクアッドコプターを発表すると、市場は一変した。↵
AR Drone は、4 枚のプロペラを回転させて浮上と飛行を行う。4 枚のプロペラは、時計回

図形と文章は自由自在に配置できる

でも大丈夫。図形と文章の配置は自由自在に調整できます。文字を図形の上にかぶせることだってできるんですよ！

これなら文章の内容にあわせて、好きな形にレイアウトできますね！

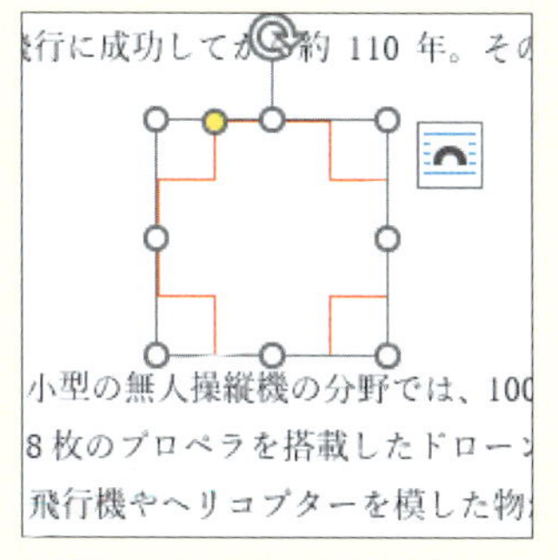

図形を避けて文字を配置

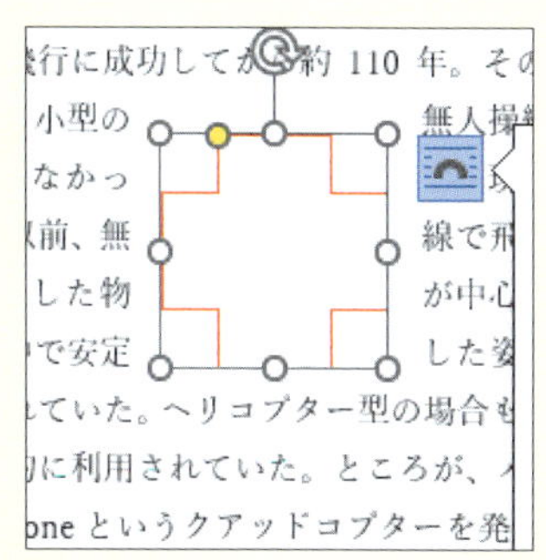

図形の周囲に文字を配置

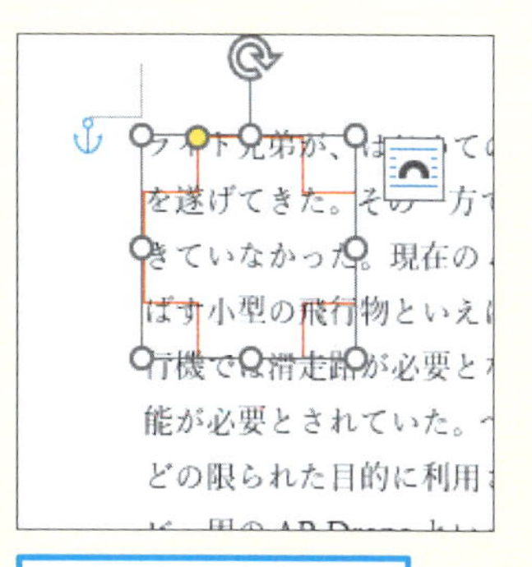

図形に重ねて文字を配置

レッスン
28 同じ文字を挿入するには

さまざまな貼り付け方法

練習用ファイル　L028_貼り付け方法.docx

すでに入力した単語や文章などを流用したいときは、コピーと貼り付けを使います。コピーと貼り付けは、Windowsのアプリに共通した編集機能ですが、Wordでは貼り付けるときに書式を継承したり無視したりして、編集作業を効率化できます。

1 文字列をほかの場所に貼り付ける

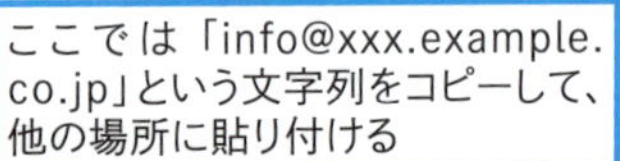

「info@xxx.example.co.jp」を選択しておく

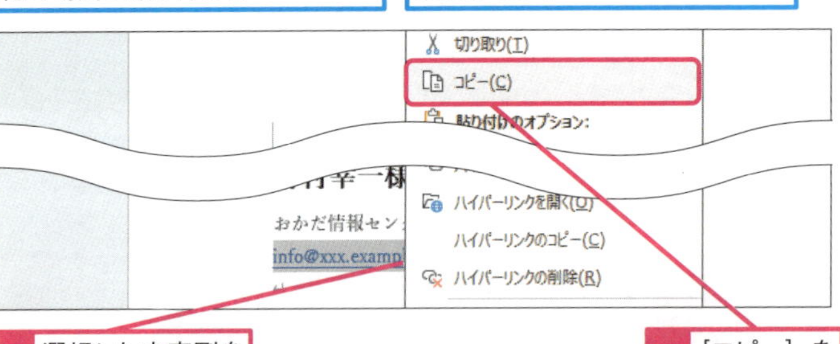

1 選択した文字列を右クリック

2 ［コピー］をクリック

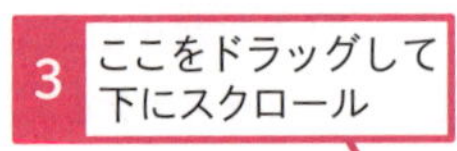

4 「高野」の右をクリック

5 Enter キーを押す

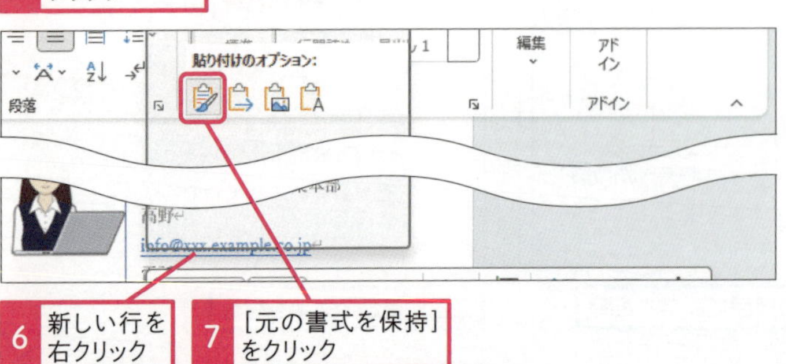

6 新しい行を右クリック

7 ［元の書式を保持］をクリック

キーワード

図形	P.526
貼り付け	P.528
フォント	P.528

使いこなしのヒント

異なるアプリからの書式は正しく反映されない

Wordの文書には、Word以外のWindowsアプリでコピーした文字も貼り付けられます。そのときに、元のアプリの書式が、Wordでは正確に再現できません。フォントや色にサイズなどが元のアプリと異なっていたときは、後から書式を修正します。

ショートカットキー

コピー	Ctrl + C
貼り付け	Ctrl + V

使いこなしのヒント

貼り付けのオプションの「図」とは

コピーされた内容が、文字ではなく図形のようなデータのときには、貼り付けオプションに「図」というアイコンが表示されます。文字を貼り付けたいのに「図」が表示されているときには、文字をコピーし直しましょう。

● コピーした文字が貼り付けられた

「info@xxx.example.co.jp」という文字列をコピーして、他の場所に貼り付けられた

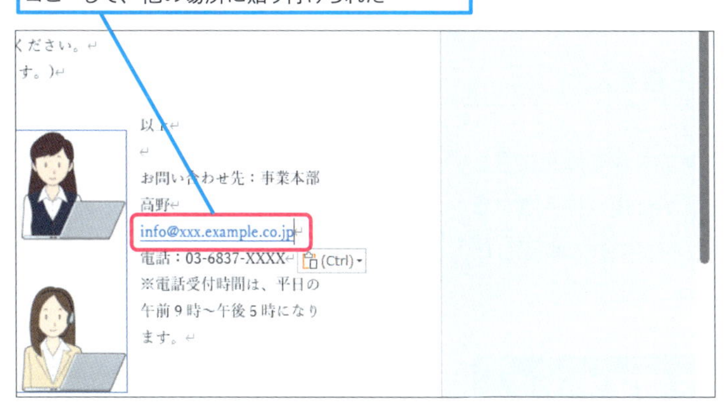

2 書式をクリアして貼り付ける

ここでは「info@xxx.example.co.jp」という文字列の書式をクリアして、他の場所に貼り付ける

手順1を参考に、「info@xxx.example.co.jp」という文字列をコピーしておく

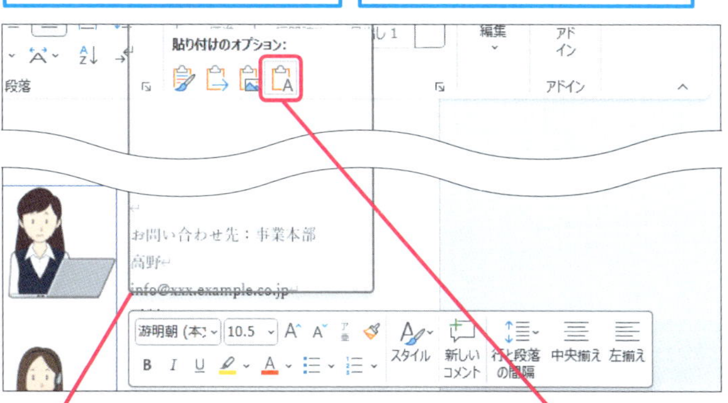

1 貼り付ける場所を右クリック

2 ［テキストのみ保持］をクリック

書式をクリアしてほかの場所に貼り付けられた

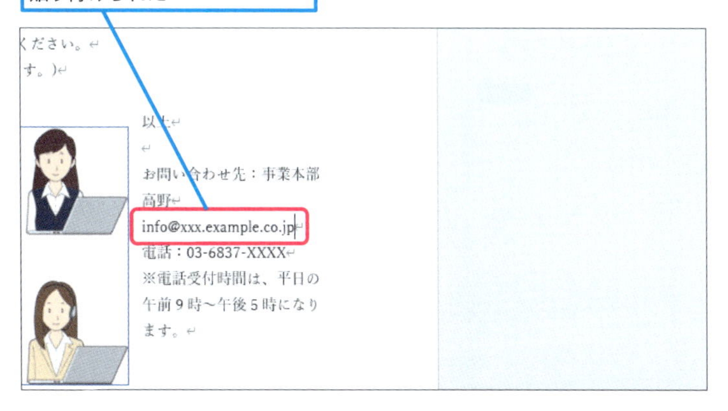

使いこなしのヒント

Ctrl＋Xキーで操作すると元の文字を削除できる

文字をコピーするときに、「コピー」やCtrl＋Cキーではなく、Ctrl＋Xキーや「切り取り」を使うと、コピーしたい文字を削除して、貼り付けるためのクリップボードに保存できます。Ctrl＋XキーとCtrl＋Vキーは、文字の移動に活用できます。

ショートカットキー

切り取り　Ctrl＋X

スキルアップ

マウスで移動もコピーもできる

マウスで選択した文字列は、マウスでドラッグして移動できます。移動するときに、Ctrlキーを押しておくと、コピーもできます。

まとめ　コピーと貼り付けは文字編集の基本

文字のコピーと貼り付けによる同じ内容の複製は、編集作業の基本です。コピーされた文字は、クリップボードと呼ばれる一時記憶領域に複製されます。クリップボードは、Windowsアプリで共通して利用できるので、Word以外のアプリからも文字や画像などをコピーできます。また、コピーと貼り付けを使いこなせるようになると、同じ単語や文章を二度入力する手間が省けるので、編集作業の時間短縮にもつながります。

レッスン

29 文書の一部を修正するには

文字の修正、書式変更、上書き入力

練習用ファイル L029_文字の修正.docx

すでに入力した文字は、その書式を継承したまま内容を修正できます。Wordの編集画面では、常に入力した文字が新規に挿入される「挿入モード」になっているので、修正するときには先に修正したい文字を選択してから、新しい文字を入力します。

1 書式を保ったまま文字の一部を修正する

ここでは「野村幸一」という文字を、「加藤宏昌」に修正する

「野村幸一」という文字を選択しておく

1 「加藤宏昌」と入力

2022年4月1日↵
野村幸一様↵

書式を保ったまま、文書の一部を修正できた

2022年4月1日↵
加藤宏昌様↵

2 書式を変更して書き直す

ここでは「野村幸一様」という文字の書式を[標準]に設定し、「加藤宏昌様」に修正する

「野村幸一様」という文字を選択しておく

1 [ホーム]タブをクリック

2 [標準]をクリック

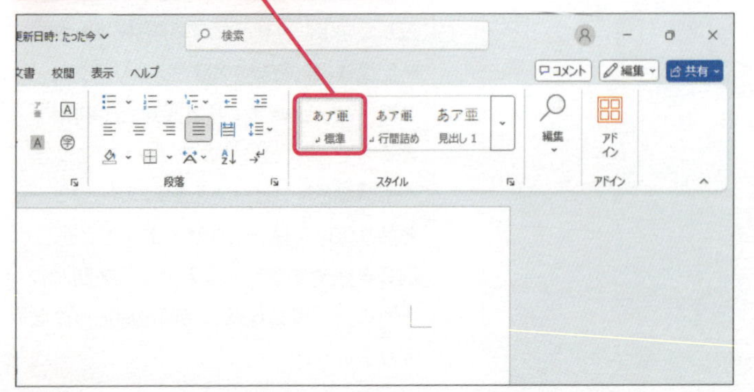

キーワード

ホーム	P.529
リボン	P.529

使いこなしのヒント

フォーカスモードとは

フォーカスモードを有効にすると、Wordのリボンや各種バーが消えて、ウィンドウがパソコンの画面全体に表示されます。文書に集中して作業できるようになります。

[表示]タブをクリックしておく

1 [フォーカス]をクリック

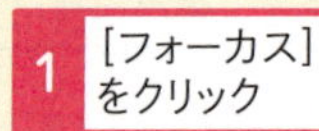

フォーカスモードで表示された

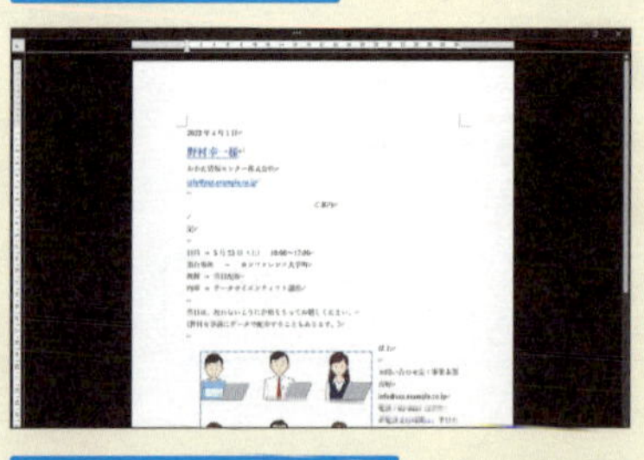

表示を元に戻す場合は Esc キーを押す

● 文字を修正する

書式が変更された

1 「加藤宏昌様」と入力

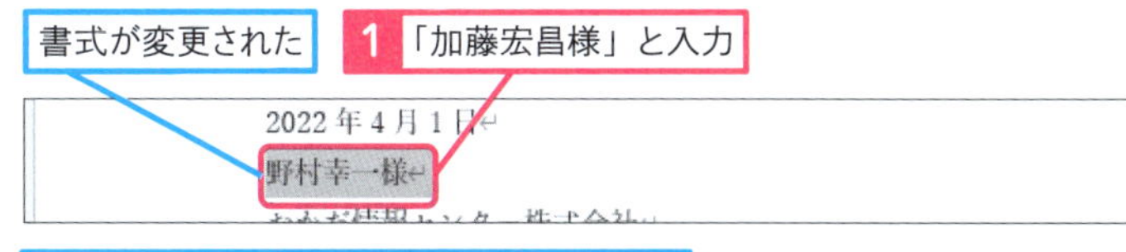

入力後に書式を［標準］にすることもできる

3 上書きモードで文字を修正する

ここでは上書きモードで「野村幸一」という文字を「加藤宏昌」に修正する

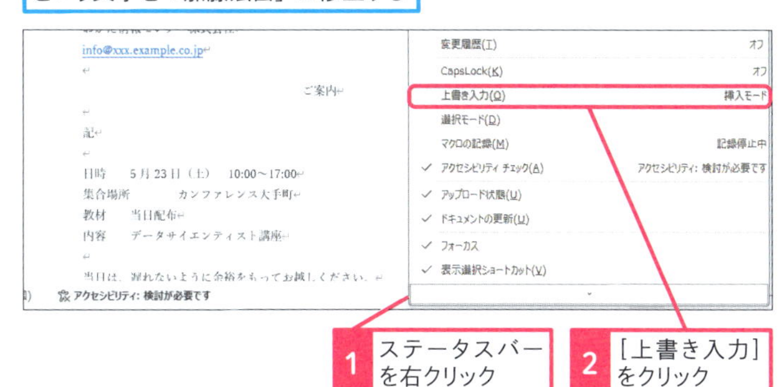

1 ステータスバーを右クリック

2 ［上書き入力］をクリック

［上書き入力］にチェックマークが付いた

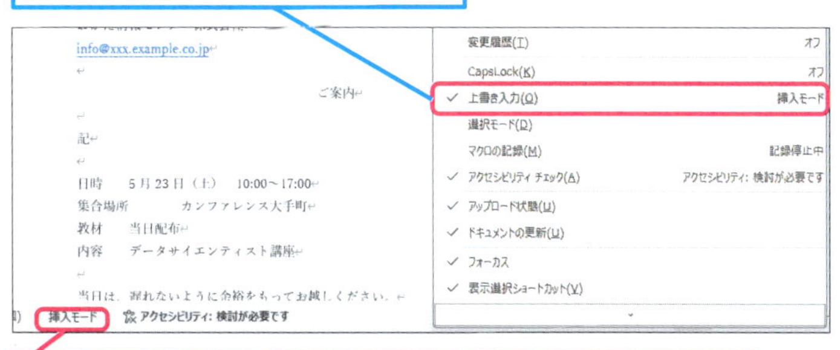

3 ［挿入モード］をクリック

［挿入モード］ではなく［上書きモード］と表示されているときは、次の操作に進む

4 「加藤宏昌」と入力

5 Enter キーを押す

2022 年 4 月 1 日
加藤宏昌様

書式を保ったまま、文書の一部を修正できた

2022 年 4 月 1 日
加藤宏昌様

使いこなしのヒント

Insert キーを押しても上書きモードにできる

「挿入モード」を解除して、入力した文字が既存の文章を置き換える「上書きモード」に切り替えたいときには、キーボードの Insert キーを押します。再び Insert キーを押すと、「挿入モード」に戻ります。

使いこなしのヒント

上書きモードでは修正する文字数に注意しよう

上書きモードでは、入力した文字数分だけ以前の文字が上書きされます。このレッスンのように、同じ文字数であれば問題はないですが、上書きする文字数が修正する文字数よりも多い場合は、注意が必要です。必要な文字を消さないようにするためには、できるだけ挿入モードで入力してから、不要な文字を削除しましょう。

ショートカットキー

上書き／挿入モード切り替え　Insert

まとめ　入力した文字の装飾はカーソルの左側を継承

このレッスンのように修正したい文字を先に選択してから新しい文字を入力すると、自動的に装飾が適用されます。もし、修正したい文字を選択しないで新しい文字を入力すると、Wordではカーソルの左側にある文字の装飾を継承します。そのため、新しく入力する文字に、以前の文字の装飾をそのまま継承したいときは、カーソルをその文字の右側に配置してから、新しい文字を入力します。

レッスン
30 特定の語句をまとめて修正しよう

置換　練習用ファイル　L030_置換.docx

Wordの置換を活用すると、効率よく正確に文書を修正できます。置換では、検索する語句を指定すると、発見された語句を新しい語句に置き換えられます。また、特定の語句を探すときには、置換ではなく検索を使うと便利です。

1 語句を1つずつ置き換える

ここでは「2021年」という文字を「2024年」に、1つずつ置き換える

1 ［ホーム］タブをクリック
2 ［編集］をクリック
3 ［置換］をクリック

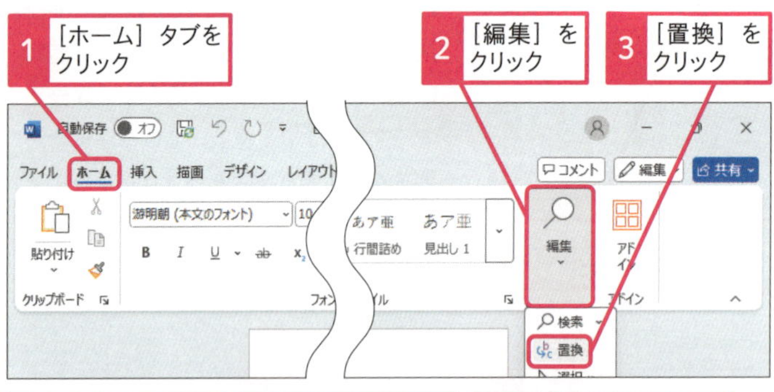

［検索と置換］ダイアログボックスが表示された

4 ［検索する文字列］に元の文字列を入力
5 ［置換後の文字列］に置き換えた後の文字列を入力

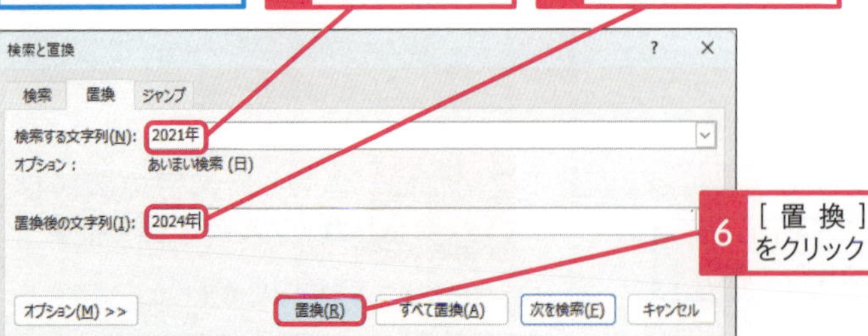

6 ［置換］をクリック

1つ目の語句が検索された

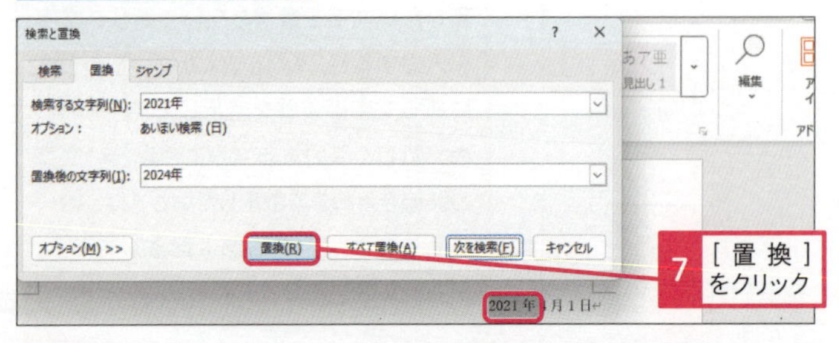

7 ［置換］をクリック

キーワード

検索	P.526
ダイアログボックス	P.527
置換	P.527

使いこなしのヒント
修正する候補を確認するには

一度に多くの文字を置換するときには、検索のナビゲーションで、事前に検索結果を確認しておくといいでしょう。

1 ［ホーム］タブをクリック
2 ［編集］をクリック
3 ［検索］をクリック

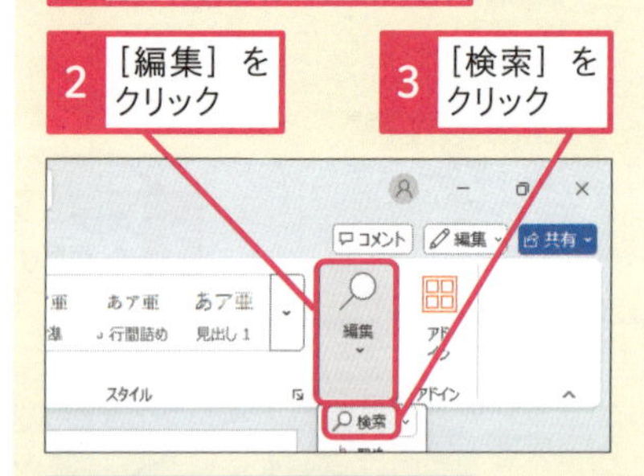

ナビゲーションが表示された

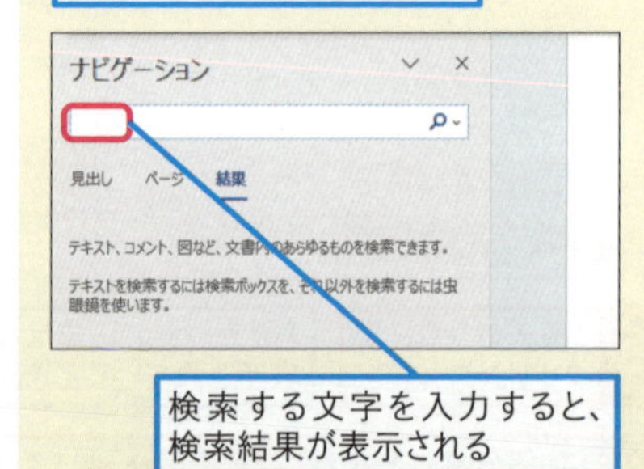

検索する文字を入力すると、検索結果が表示される

使いこなしのヒント
間違えて置換した箇所を元に戻すには

置換する文字列を間違えたときは、検索と置換のウィンドウを閉じてから、クイックツールバーの［元に戻す］をクリックします。

● 文字の置換を続ける

1つ目の語句が置換された

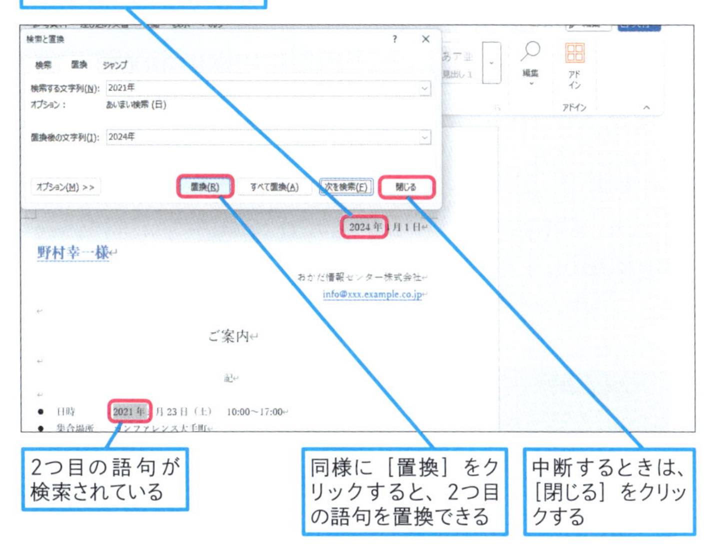

2つ目の語句が検索されている

同様に［置換］をクリックすると、2つ目の語句を置換できる

中断するときは、［閉じる］をクリックする

2 語句をまとめて置き換える

ここでは「2021年」という文字を、まとめて「2024年」に置き換える

手順1を参考に［検索と置換］ダイアログボックスを表示しておく

1 ［検索する文字列］に元の文字列を入力

2 ［置換後の文字列］に置き換えた後の文字列を入力

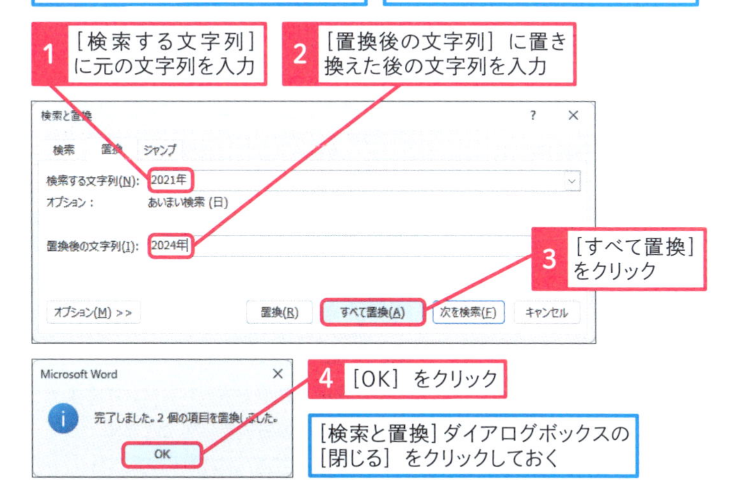

3 ［すべて置換］をクリック

4 ［OK］をクリック

［検索と置換］ダイアログボックスの［閉じる］をクリックしておく

「2021年」という文字が、まとめて「2024年」に置き換えられた

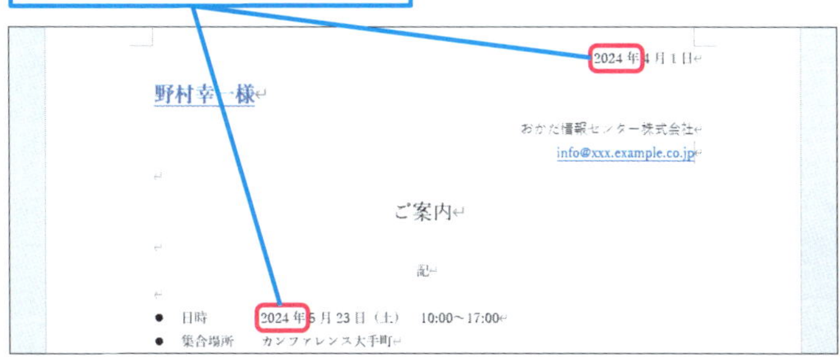

使いこなしのヒント

あいまい検索とは

検索オプションにある［あいまい検索］では、大文字小文字の区別やマイナスと長音など、間違えやすい文字を区別しないで検索します。より厳密に検索したいときには、［あいまい検索］のチェックマークを外すか、［オプション］から、区別したい文字の種類や表記のチェックを外しましょう。

厳密に検索したいときは、［あいまい検索］で区別したい文字を設定する

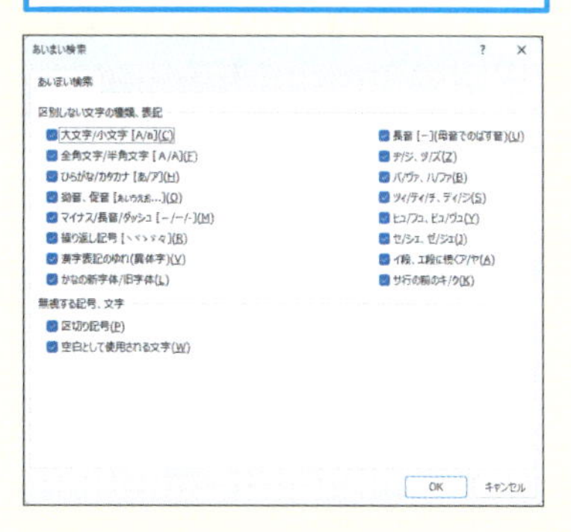

使いこなしのヒント

置換に書式も指定できる

置換のオプションで、［書式］から［蛍光ペン］を指定すると、置き換えた文字に蛍光ペンの装飾を追加できます。

まとめ 検索する語句を工夫して的確に置換する

一度にまとめて語句を修正できる置換は、とても便利な機能です。しかし、検索する語句によっては、期待した通りに置換できないこともあります。例えば、「分」を「秒」に置換しようとすると、「自分」や「分別」など「分」を含む単語も置き換えられてしまいます。そこで、検索する語句はできるだけ他の単語と誤認されないように、より長い単語にするとか、確実に絞り込める語句にして、置換する対象が限定されるように工夫しましょう。

レッスン

31 図形を挿入するには

図形の挿入

練習用ファイル L031_図形の挿入.docx

図形には、文字よりも視覚的に情報を伝える力があります。文章の中に図形を効果的に挿入すると、注目度を高めたり、文章よりも端的に伝えたい内容を表現したりできます。図形と文章のレイアウトを工夫して、表現力に富んだ文書を作りましょう。

1 図形を挿入する

ここでは十字の形をした図形を挿入する

1 ［挿入］タブをクリック

2 ［図形］をクリック

3 ［十字形］をクリック

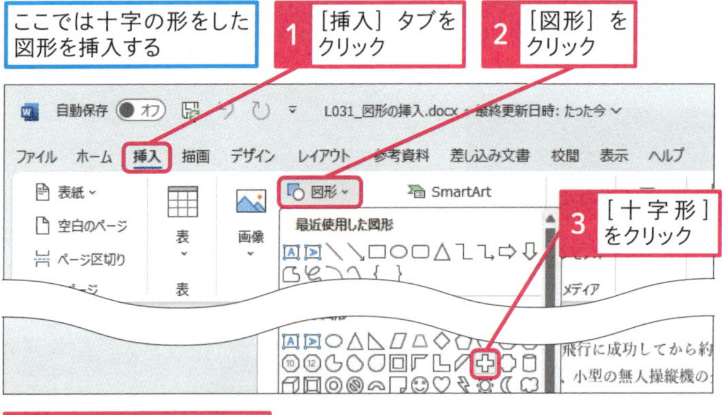

4 挿入する場所をクリック

ライト兄弟が、はじめての飛行に成功してから約 110 年。その間に、航空機は数々の
を遂げてきた。その一方で、小型の無人操縦機の分野では、100 年を経ても大きな進化

図形が挿入された

5 ここまでドラッグ

図形が移動した

キーワード

ショートカットメニュー	P.526
図形	P.526

使いこなしのヒント

図形を選択すると［図形の書式］タブが表示される

挿入した図形を選択すると、［図形の書式］という新しいタブが表示されます。［図形の書式］タブは、図形に関する装飾をまとめたリボンです。

図形を選択すると［図形の書式］タブが表示される

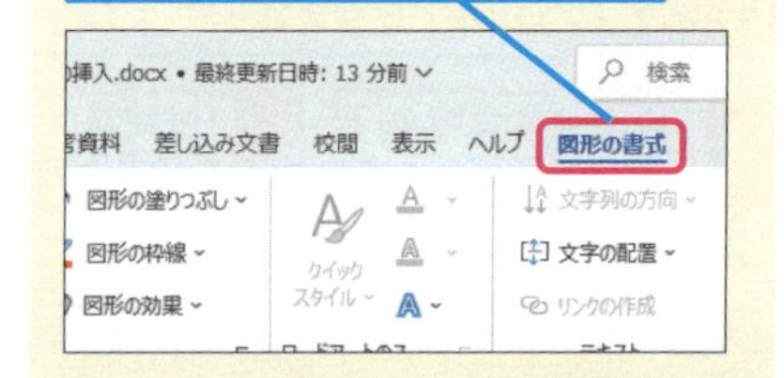

使いこなしのヒント

ショートカットメニューからも編集できる

［図形の書式］タブの他に、図形を右クリックして表示されるショートカットメニューからも、図形の書式を変更できます。

図形を右クリックすると、ショートカットメニューが表示される

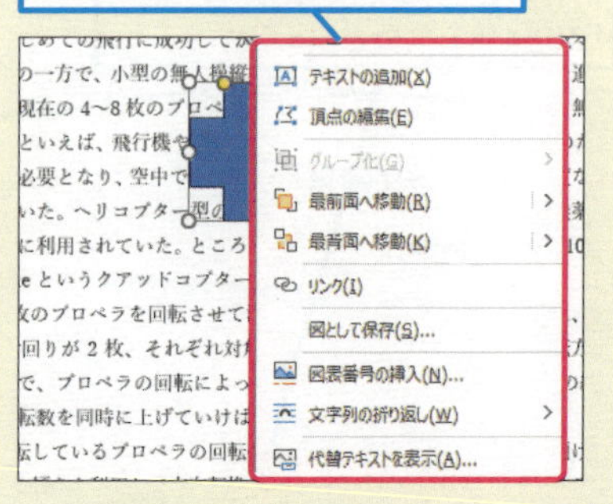

2 図形の色を変更する

ここでは図形の色を白に変更する

図形が選択されていないときは、クリックして選択しておく

1 ［図形の書式］タブをクリック

2 ［図形の塗りつぶし］のここをクリック

3 ［白、背景1］をクリック

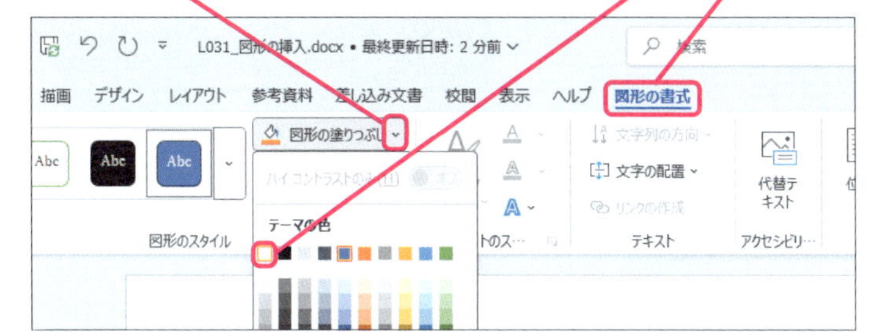

図形の色が白に変更された

ライト兄弟が、はじめての飛行に成功してから約 110 年。その間に、航空機は数々の
を遂げてきた。その一方で、小型の無人操縦機の分野では、100 年を経ても大きな進化
きていなかった。現在の 4～8 枚のプロペ
ばす小型の飛行物といえば、飛行機を
行機では滑走路が必要となり、空中で
能が必要とされていた。ヘリコプター型の

3 図形の枠線を変更する

ここでは図形の枠線を赤に変更する

図形が選択されていないときは、クリックして選択しておく

1 ［図形の書式］タブをクリック

2 ［図形の枠線］のここをクリック

3 ［赤］をクリック

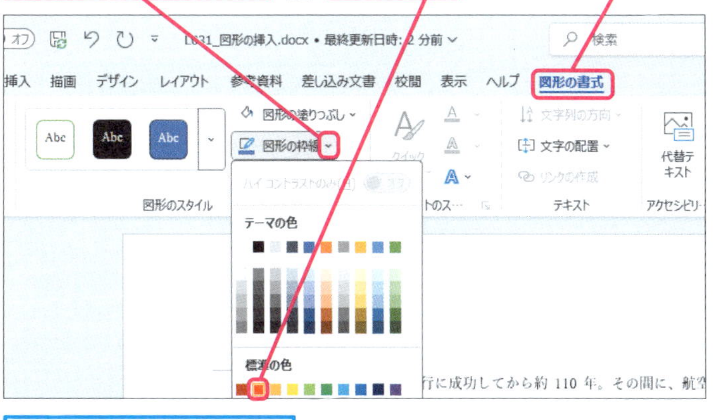

図形の枠線が赤に変更された

ライト兄弟が、はじめての飛行に成功してから約 110 年。その間に、航空機は数々の
を遂げてきた。その一方で、小型の無人操縦機の分野では、100 年を経ても大きな進化
きていなかった。現在の 4～8 枚のプロペ
ばす小型の飛行物といえば、飛行機を
行機では滑走路が必要となり、空中で
能が必要とされていた。ヘリコプター型の

使いこなしのヒント

図形の形を変更するには

図形の周囲に表示されている（ハンドル）をマウスでドラッグすると、図形の形を変更できます。

表示されたハンドルをドラッグすると、図形の形を変更できる

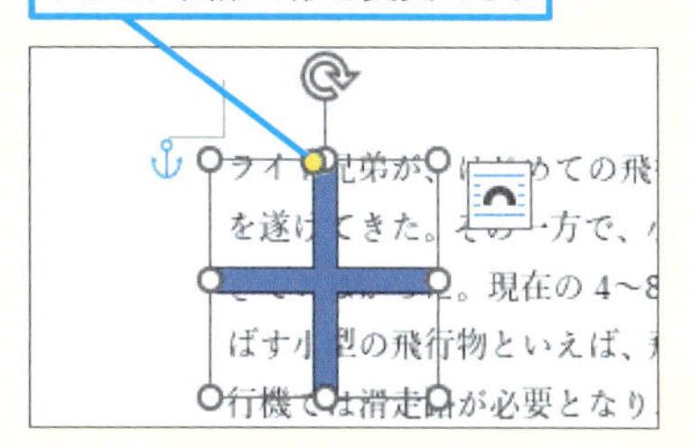

使いこなしのヒント

図形を回転させるには

図形を回転させるには、ハンドルの上部に表示されているをマウスでドラッグします。

使いこなしのヒント

より正確に図形を変形させるには

［図形の書式］にある［サイズ］を使うと、正確なmm数で図形の形を変形できます。

1 ［図形の書式］タブをクリック

2 ［サイズ］をクリック

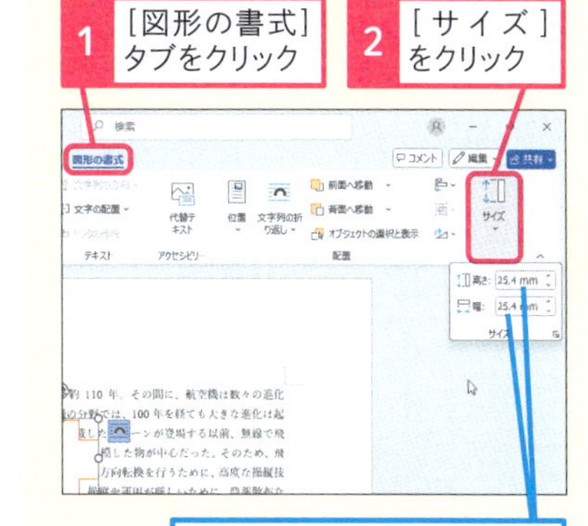

数値で図形の形を変更できる

次のページに続く

4 文字が回り込むように図形を配置する

1 [レイアウトオプション]をクリック

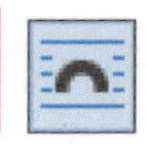

2 [四角形]をクリック

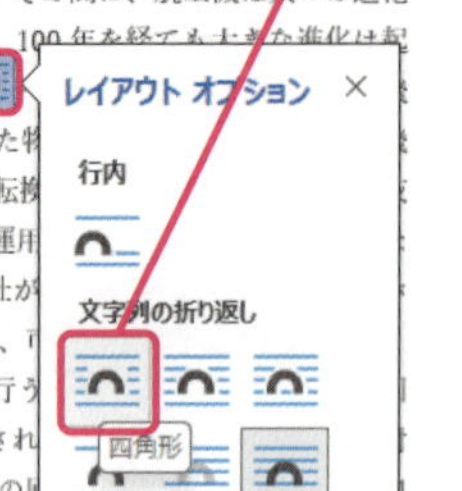

3 [レイアウトオプション]をクリック

文字が回り込むように図形が配置された

5 文字が避けるように図形を配置する

1 [レイアウトオプション]をクリック

2 [上下]をクリック

3 [レイアウトオプション]をクリック

文字が避けるように図形が配置された

使いこなしのヒント

[文字列の折り返し]の[内部]とは

[文字列の折り返し]にある[内部]を選ぶと、図形の形に合わせて文字が避けて表示されます。

[内部]を選択すると、図形の形に合わせて、文字が避けて表示される

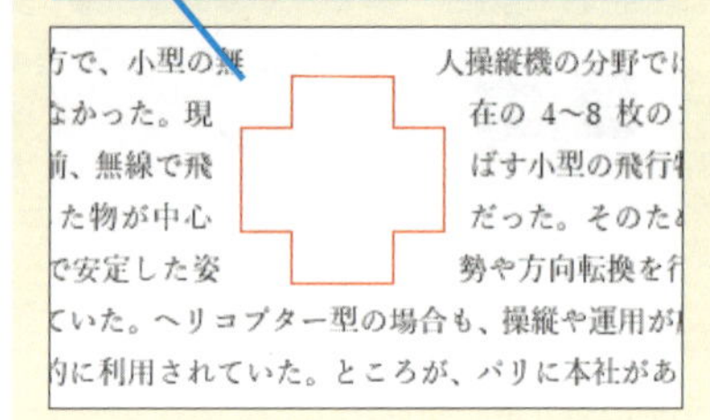

使いこなしのヒント

[文字列の折り返し]の[狭く]とは

[文字列の折り返し]を[狭く]にすると、[四角形]の設定よりも、文字が図形に近い位置に表示されます。

[狭く]を選択すると、画像の形に合わせて文字が回り込む

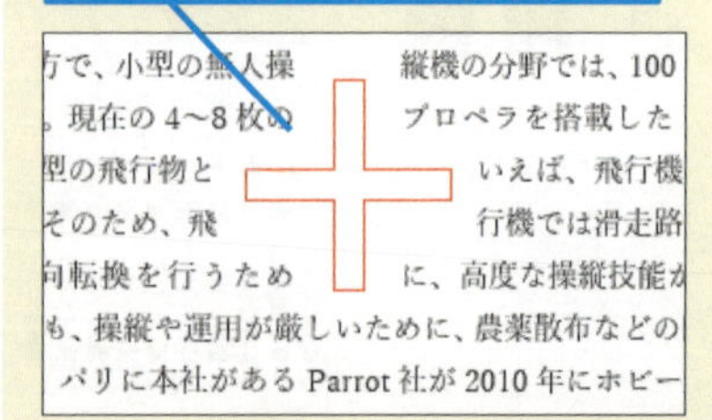

6 行内に図形を配置する

1 ［レイアウトオプション］をクリック

2 ［行内］をクリック

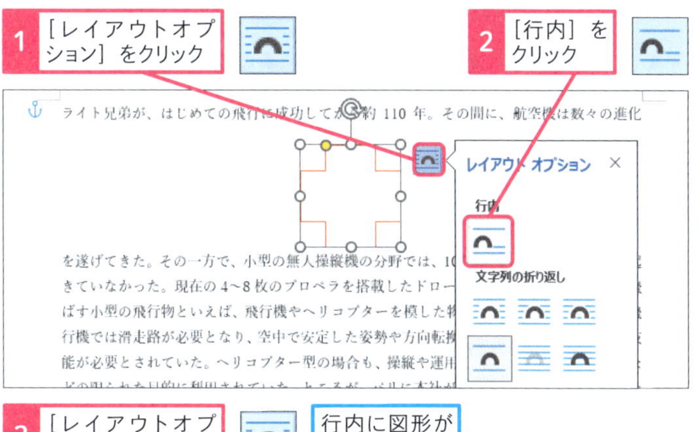

3 ［レイアウトオプション］をクリック

行内に図形が配置された

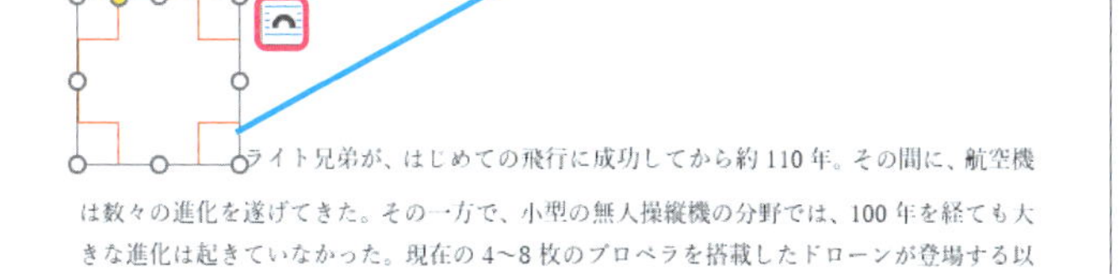

7 文字の後ろに図形を配置する

1 ［レイアウトオプション］をクリック

2 ［背面］をクリック

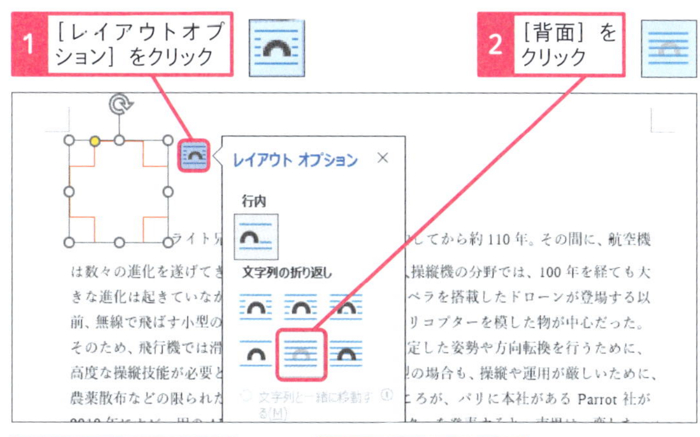

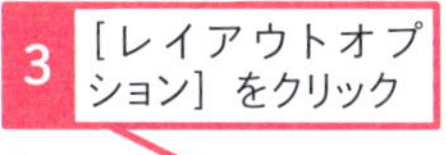

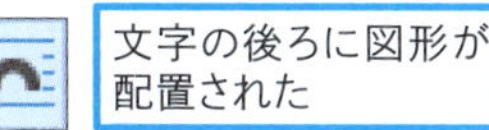

3 ［レイアウトオプション］をクリック

文字の後ろに図形が配置された

使いこなしのヒント

［上下］と［行内］の違い

［文字列の折り返し］にある［上下］では、文字が図形の上下にレイアウトされます。また、［行内］では、図形が大きな文字のように、文章の行に含まれるように表示されます。［上下］と［行内］の違いは、図形のある位置に、文字列が表示されているか否かで判断できます。

図形を配置すると、基準位置を表すマークが表示される

［行内］に設定すると、図形の基準位置を表すマークが消える

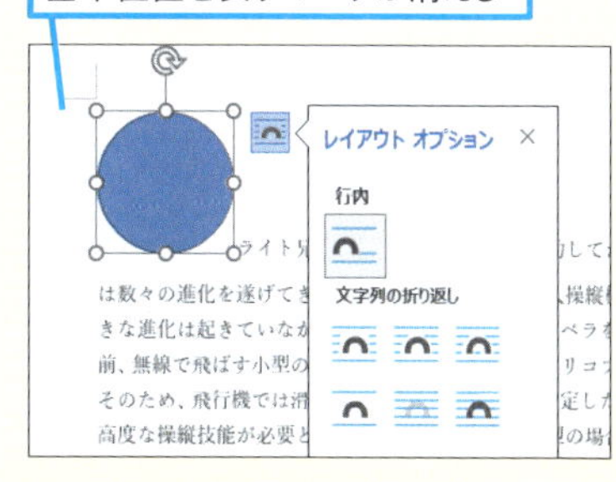

まとめ 図形のレイアウトは文書の読みやすさで決める

挿入した図形は、色やサイズを自由に変えられるだけではなく、［レイアウトオプション］によって文章との表示方法も調整できます。図形と文字を重ね合わせるか、周囲に流し込むように表示するか、文字と重ならないようにするか、といったレイアウトを考えるときには、どのくらい図形に注目してもらいたいのか、文章を中心に読んでもらいたいのか、という文書の目的に合わせて決めるようにしましょう。

この章のまとめ

文章の修正はWordを使う大きな利点

手で書いた文書とWordで作成した文書の大きな違いは、修正の簡単さです。キーボードから入力された文章は、Wordの編集画面で後から自由に修正できます。文字の入力や削除は、キーボードの操作に慣れてくれば、紙にペンで書くよりも早くなります。修正に関連する基本的な操作を覚えておけば、誰かが作成した文章の一部を直すだけで、手早く新しい文書が作れます。さらに、文字だけでは理解しにくい情報も、図形を組み合わせることで視覚的に伝えられるようになります。

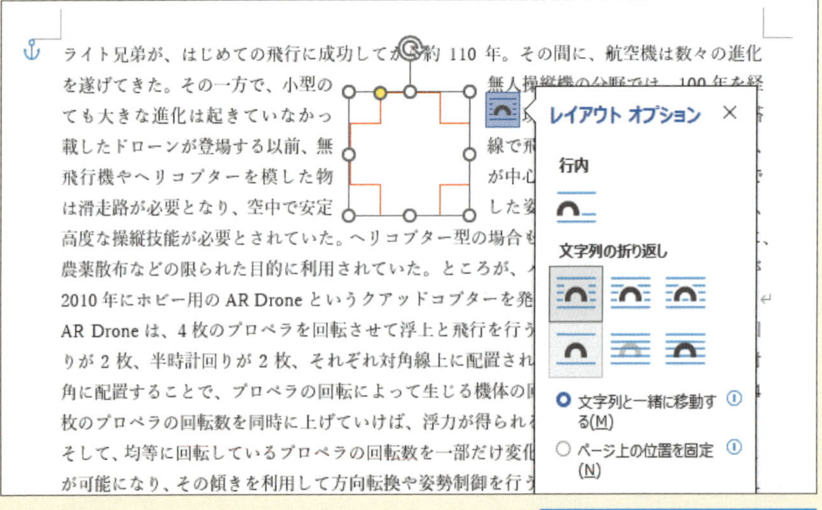

図形を好きな場所に配置して視覚効果を高められる

図形の入れ方が整理できて、すっきりしました〜

それは良かった。図形は文書にアクセントをつけてくれるから、ぜひ活用しましょう。

文字の貼り付けも、わかりやすかったです！

文書作成の効率が上がるね！　次の章ではWordの隠れ機能「表」を紹介するよ。

Word

基本編

第5章

デザインを工夫して印刷する

Wordは、用紙サイズを変えると、はがきサイズの文書も作成できます。また、図形や写真を挿入したり、文字を縦書きやカラフルにして、見栄えのするはがきをデザインしたりできます。さらに、宛名印刷ウィザードを使うと、はがきの宛名も印刷できます。

レッスン
32 Introduction この章で学ぶこと
印刷物を作ってみよう

印刷を目的にした文書作成では、Wordの編集画面を用紙のサイズに合わせます。標準の設定では、ビジネスでよく使われるA4（縦）の用紙サイズになっていますが、はがきや便箋などサイズや向きの違う紙に印刷するには、編集画面を印刷する用紙に合わせましょう。

基本編の総まとめです！

この章では、はがきの印刷物を作るんですよね、先生♪

ええ。これまで基本編で学んだことを活かして、ビジネスにも使える印刷物の作り方を紹介します。

うーん、できるかなー。ちょっと自信ないです。

大丈夫、それぞれの操作は丁寧に説明して、前のレッスンも参照先として紹介します。がんばって作っていきましょう。

はがきサイズの印刷物を作る

この章では新社屋のお知らせをはがきを横にして作ります。これまでに学んだことに加え、文字の装飾、写真の挿入、罫線などを紹介します。

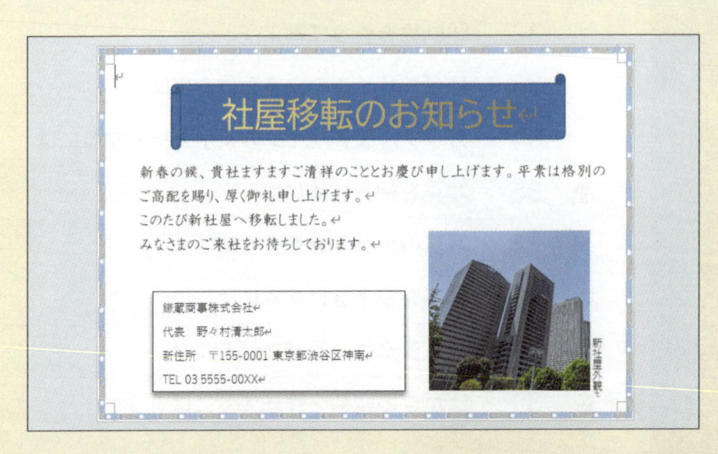

社屋移転のお知らせ

新春の候、貴社ますますご清祥のこととお慶び申し上げます。平素は格別のご高配を賜り、厚く御礼申し上げます。
このたび新社屋へ移転しました。
みなさまのご来社をお待ちしております。

鎌蔵商事株式会社
代表　野々村清太郎
新住所　〒155-0001 東京都渋谷区神南
TEL 03 5555-00XX

新社屋外観

おさらいしながら作っていこう

文字の装飾の方法はいろいろありますが、ここでは［文字の効果と体裁］を使います。また、写真の挿入は図形の挿入と、ほぼ同じやり方で調整できます。

デザインがどんどん整って、操作しているだけでも楽しいですー！

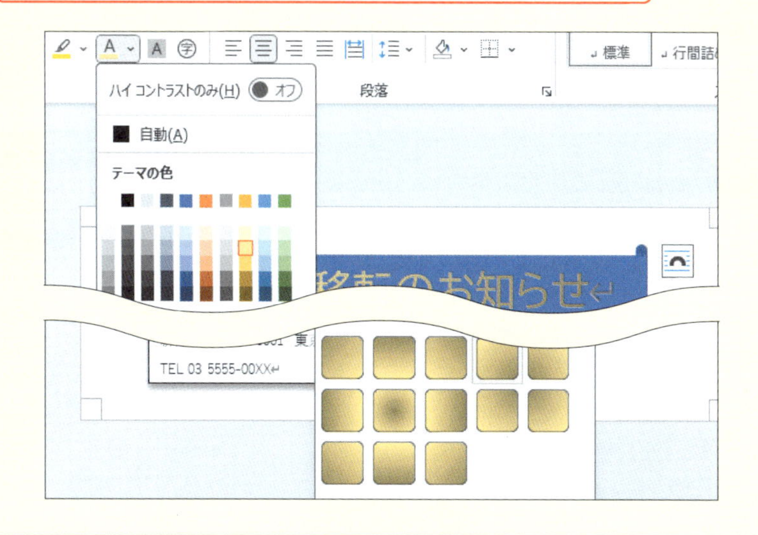

宛名もWord で印刷できる

そして宛名印刷。Officeの他のアプリにはない、Word独自の機能です。はがきだけでなく封筒や年賀状などにも対応するので、ぜひ使い方を覚えましょう。

宛名印刷用のソフトみたいに、順番に設定すれば印刷できるんですね。すごい！

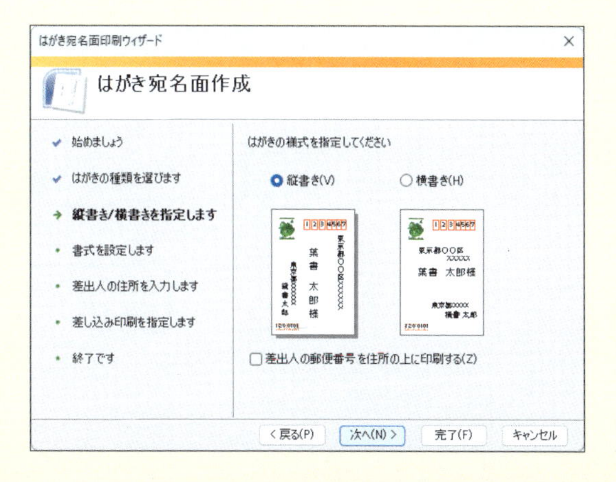

レッスン

33 はがきサイズの文書を作るには

サイズ

練習用ファイル　なし

Wordの編集画面は、印刷したい文書の用途に合わせてサイズを自由に変更できます。あらかじめ用意されているサイズを選んで変更するだけではなく、任意の数値を指定して、はがきなど様々なサイズの用紙に対応できます。

1 文書のサイズを選ぶ

Word・レッスン03を参考に、新規文書を作成しておく

文書のサイズが［A4］に設定されている

1 ［レイアウト］タブをクリック

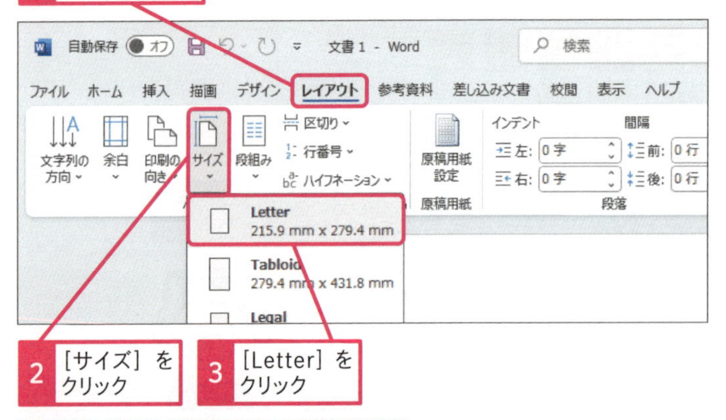

2 ［サイズ］をクリック

3 ［Letter］をクリック

文書のサイズが［Letter］に変更された

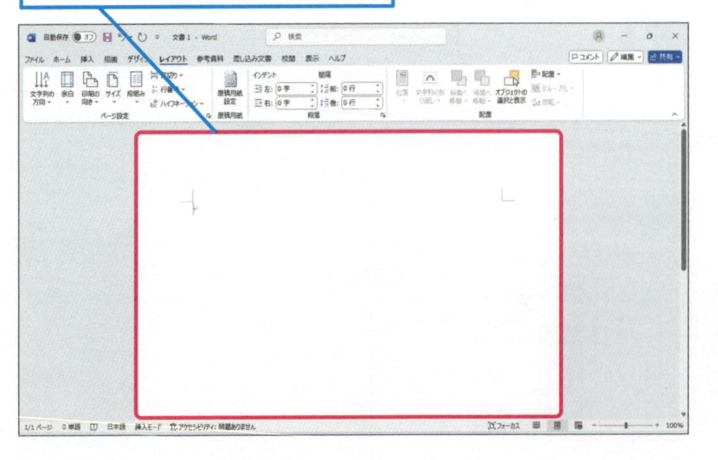

キーワード

はがき宛名面印刷ウィザード　P.528

使いこなしのヒント

定型フォーマットから選ぶには

Wordには、はがきの宛名と文面の両方を作る機能があります。［差し込み文書］タブを使うと、はがきの文面や宛名をウィザード形式で手早く作成できます。

1 ［差し込み文書］タブをクリック

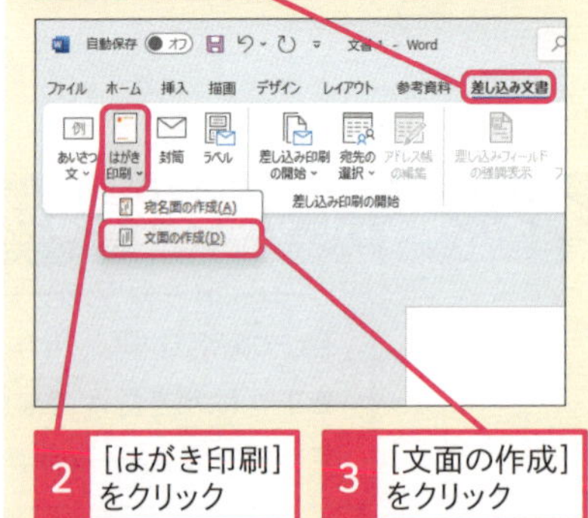

2 ［はがき印刷］をクリック

3 ［文面の作成］をクリック

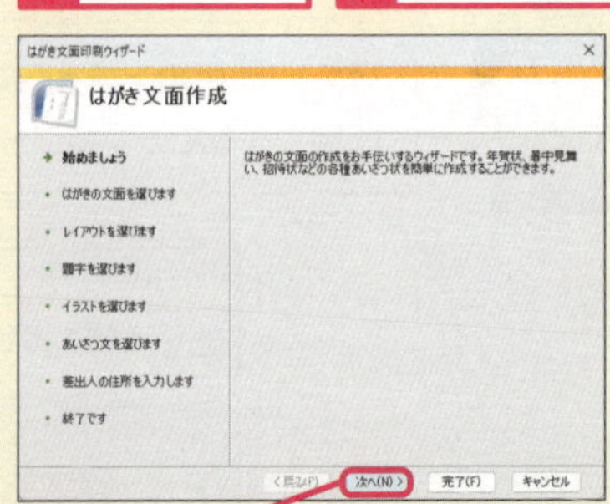

4 ［次へ］をクリック

画面の指示に従って、はがきの文面を作成していく

Word　基本編　第5章　デザインを工夫して印刷する

2 文書のサイズを自由に設定する

ここでは文書のサイズを、官製はがきのサイズである幅148mm、高さ100mmに設定する

1 ［レイアウト］タブをクリック

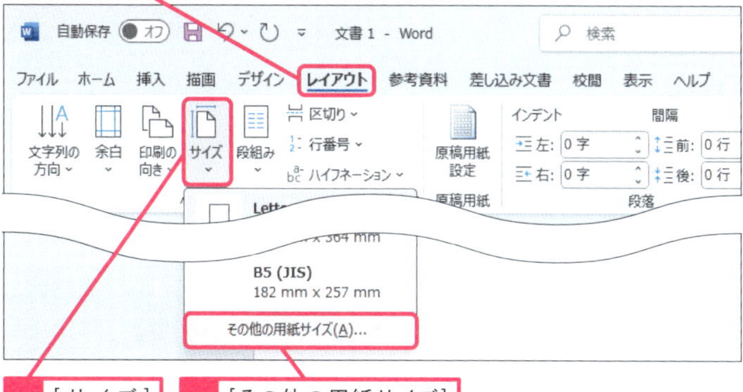

2 ［サイズ］をクリック

3 ［その他の用紙サイズ］をクリック

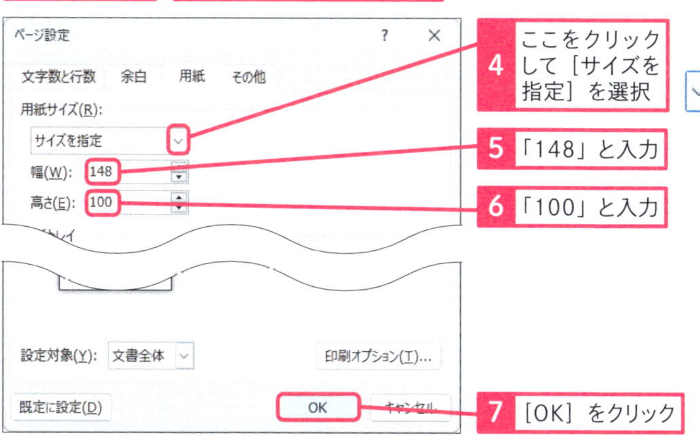

4 ここをクリックして［サイズを指定］を選択

5 「148」と入力

6 「100」と入力

7 ［OK］をクリック

文書のサイズが、幅148mm、高さ100mmに設定された

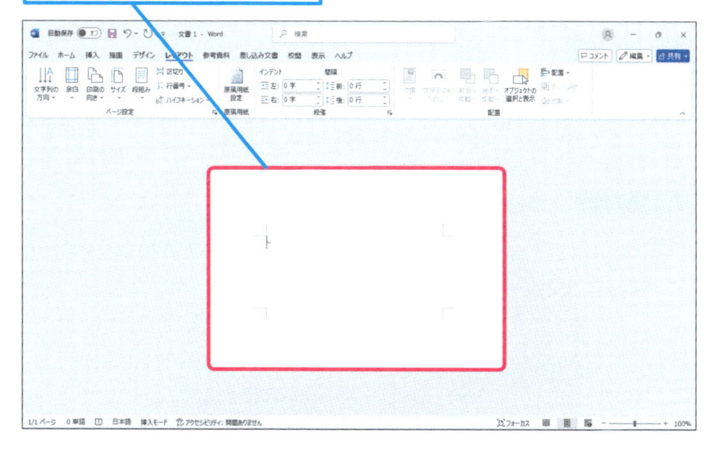

使いこなしのヒント

文書の縦と横を変更するには

用紙の縦と横のレイアウトは、後から［印刷の向き］で変更できます。横書きの文書を縦書きにするときや、はがきを印刷する方向を変えたいときなどに、印刷の向きを変えると便利です。

1 ［レイアウト］タブをクリック

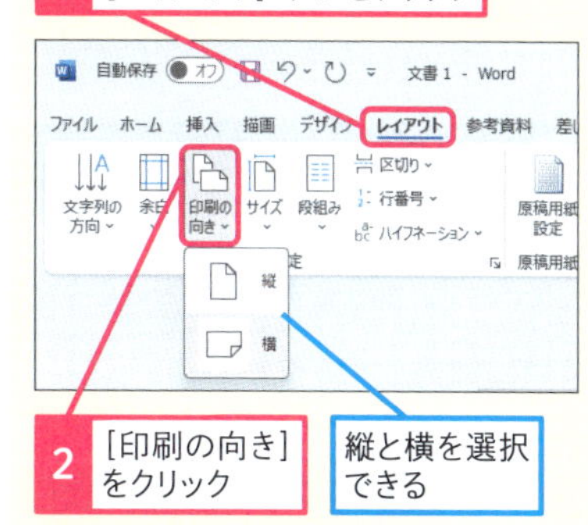

2 ［印刷の向き］をクリック

縦と横を選択できる

使いこなしのヒント

印刷の画面からもサイズや向きを変更できる

［ファイル］の［印刷］からも、用紙のサイズや印刷の向きを変更できます。［印刷］では、実際の用紙の向きと印刷のイメージが表示されるので、サイズと縦横が正しく指定されているか確認できます。

まとめ　はがきは自由な文書作りの基本

ビジネスで使う文書は、A4判の紙を中心に使いますが、Wordで作り出せる文書のサイズは自由です。はがきの作成では、A4判以外の文書の作り方を通して、自由なサイズの紙に、好きな文面を入力する方法を理解できます。また、官製はがきに印刷するためには、Wordの編集画面の用紙サイズを148mm×100mmにするだけではなく、プリンターで使用する用紙の設定も、はがきを選んでおく必要があります。この2つの設定が合致すると正しいはがきの印刷ができます。

レッスン
34 カラフルなデザインの文字を挿入するには

フォントの色、文字の効果と体裁

練習用ファイル L034_文字の装飾.docx

Wordでは、色やスタイルを使ってカラフルなデザインの文字を装飾できます。はがきの目的や書類のタイトル、チラシの見出しなど、特に注目してもらいたい文字をカラフルに装飾して目立たせます。

1 文字の色を変更する

ここではタイトルの文字の色を金色に変更する

1 ここをクリック

2 色を変更する文字をドラッグして選択

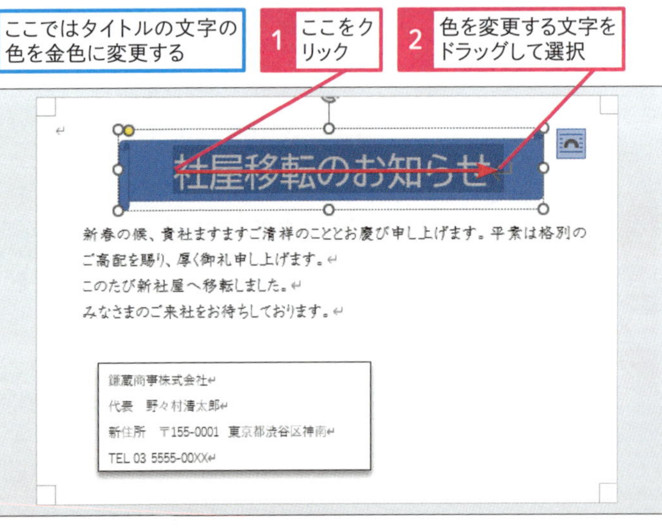

3 選択範囲を右クリック

4 [フォントの色]のここをクリック

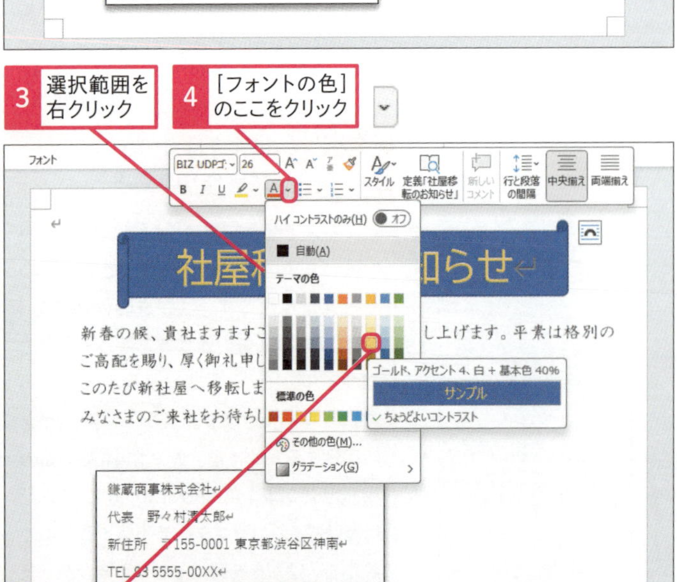

5 [ゴールド、アクセント4、白+基本色40%]をクリック

色の組み合わせのサンプルが表示された

キーワード

図形	P.526
フォント	P.528
ホーム	P.529

使いこなしのヒント

文字をハイライトするには

蛍光ペンの色を指定すると、文字をハイライトできます。

ハイライトする文字を選択しておく

1 [ホーム] タブをクリック

2 [蛍光ペンの色]のここをクリック

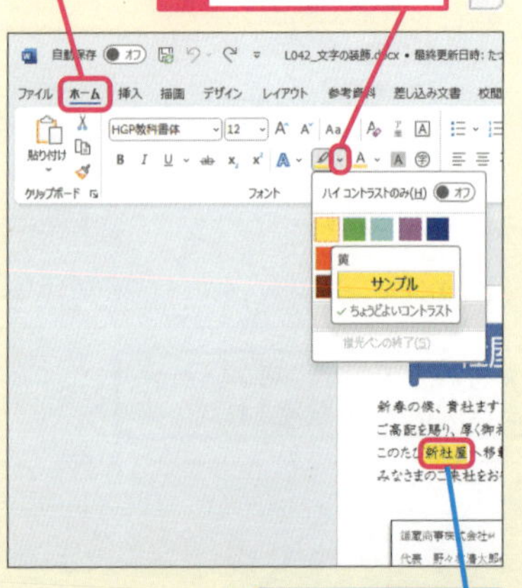

クリックした色のハイライトが付く

2 文字の色を自由に設定する

ここでは自分で色を指定して、文字の色を変更する

手順1を参考に変更する文字を選択しておく

使いこなしのヒント

図形に文字を挿入するには

このレッスンのように図形に文字を挿入するには、図形の上でマウスを右クリックして［テキストの追加］を選びます。

1 図形を右クリック

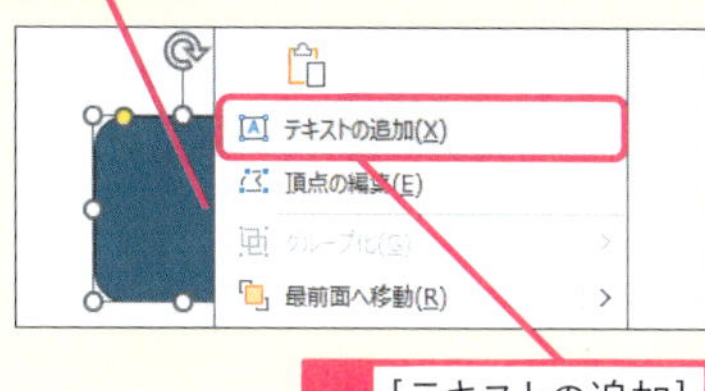

2 ［テキストの追加］をクリック

文字が入力できる状態になった

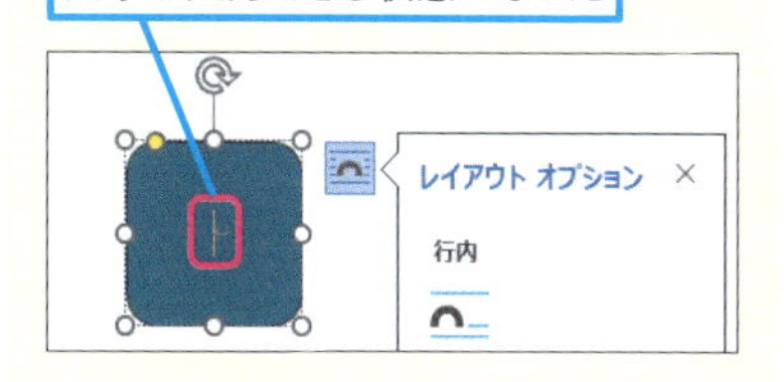

使いこなしのヒント

RGBで色を指定するには

色を構成する3原色の要素になるR（赤）、G（緑）、B（青）は、それぞれが0から255までの階調で色を調整できます。すべて0は黒になり、反対にすべて255で白になります。3原色の配色は、マウスの操作や数値を直接変更して調整できます。

使いこなしのヒント

右クリックメニューを活用しよう

文字の装飾に関する機能の多くは、右クリックメニューに用意されています。操作に慣れてきたら、いちいちリボンまでマウスを動かさずに、右クリックメニューを開いて、手早く装飾しましょう。

次のページに続く

3 文字にグラデーションを付ける

手順1を参考に、文字を金色にして選択しておく

1 ［フォントの色］のここをクリック

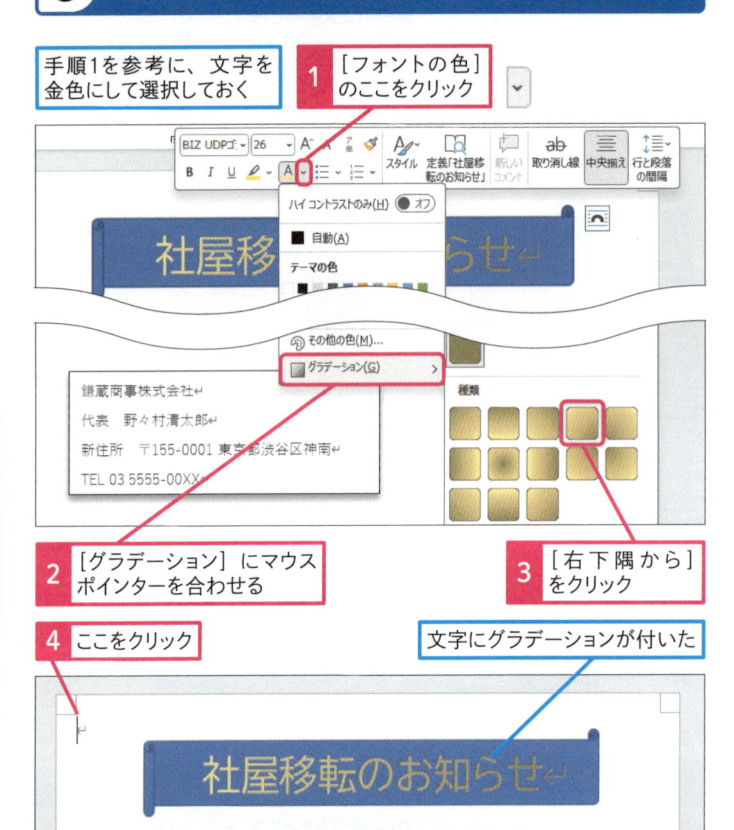

2 ［グラデーション］にマウスポインターを合わせる

3 ［右下隅から］をクリック

4 ここをクリック

文字にグラデーションが付いた

4 文字を装飾する

手順1を参考に、装飾する文字を選択しておく

1 ［ホーム］タブをクリック

2 ［文字の効果と体裁］をクリック

3 ここをクリック

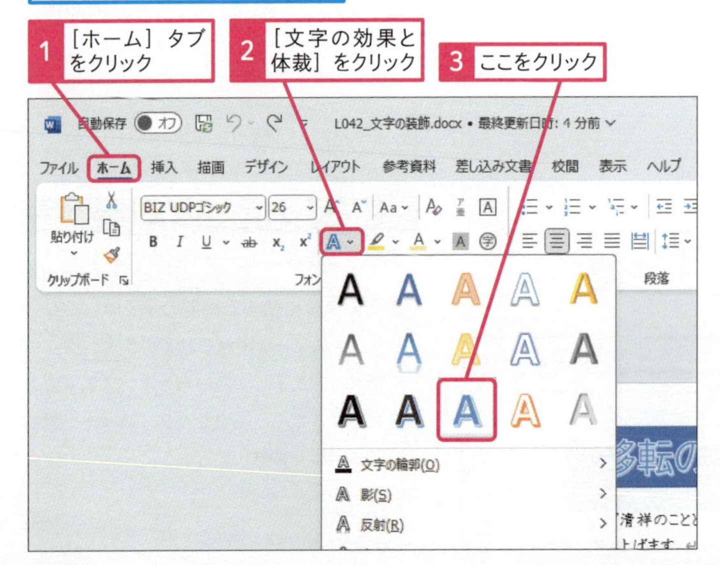

使いこなしのヒント

オリジナルのグラデーションを作る

装飾に使うグラデーションは、あらかじめ用意されている塗りつぶし方だけではなく、［図形の書式設定］の［塗りつぶし］でオリジナルを作成できます。グラデーションの作成では、2つの色を組み合わせたり、濃淡や方向を自由に設定したりできます。

1 図形をクリック

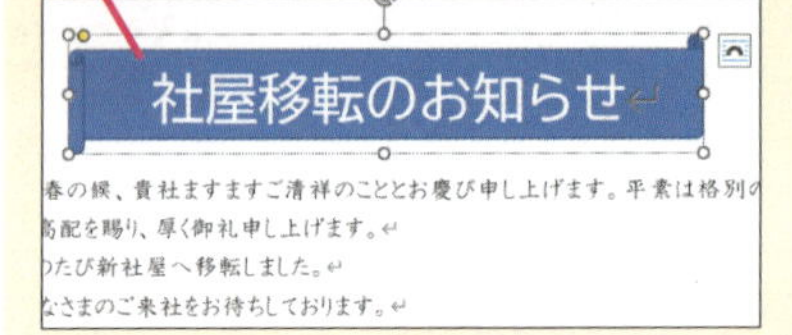

2 ［図形の書式］タブをクリック

3 ［図形のスタイル］の［図形の書式設定］をクリック

4 ［塗りつぶし（グラデーション）］をクリック

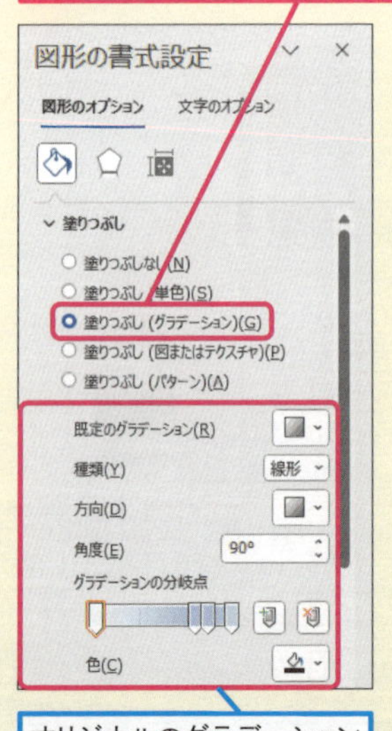

オリジナルのグラデーションを設定できる

Word 基本編 第5章 デザインを工夫して印刷する

● 文字の効果を反映できた

4 ここをクリック

文字の効果が反映された

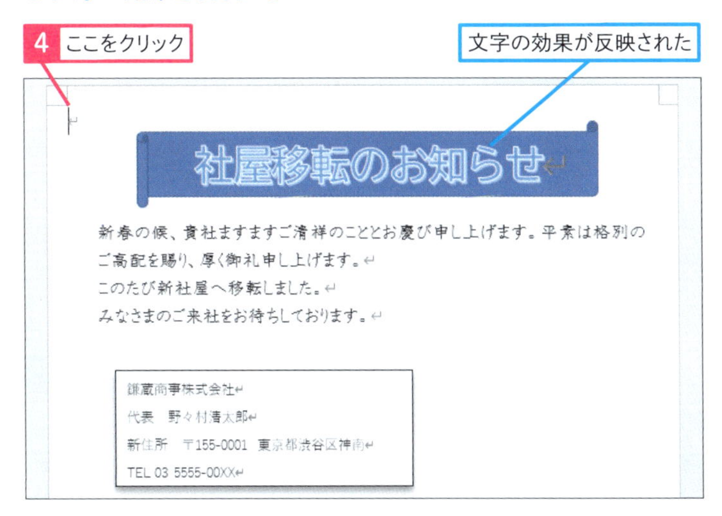

5 文字の効果を調整する

手順1を参考に、文字の効果を反映しておく

手順1を参考に、効果を調整する文字を選択しておく

1 ［ホーム］タブをクリック

2 ［フォントの色］のここをクリック

3 ［薄い青］をクリック

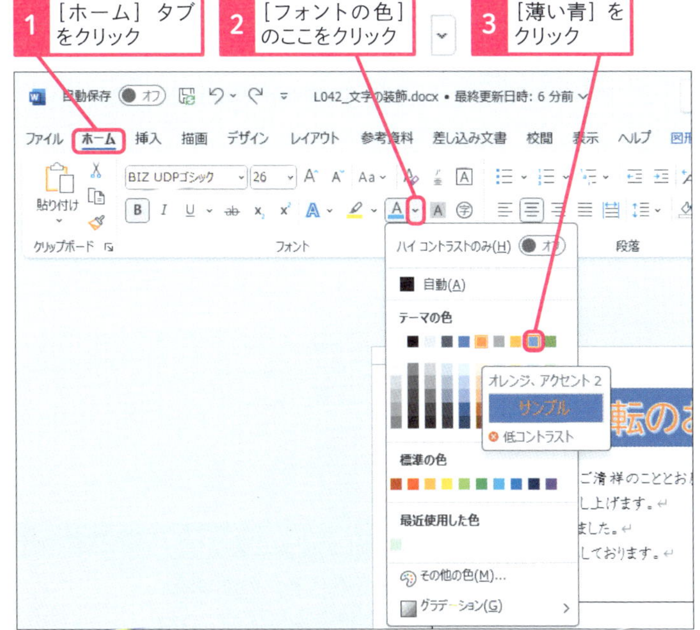

4 ここをクリック

文字の効果が調整された

スキルアップ

文字の効果を個別に設定するには

［文字の効果と体裁］に用意されている文字の装飾は、影と反射と光彩を組み合わせてオリジナルの効果を設定できます。また、影と反射と光彩は、それぞれの［オプション］を指定すると、さらに自由な調整ができます。

文字を選択しておく

1 ［図形の書式］タブをクリック

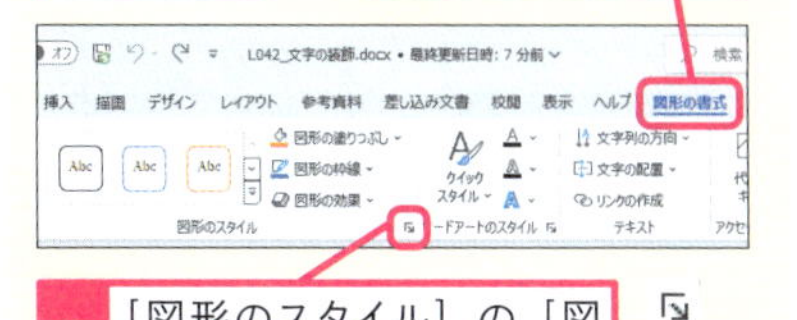

2 ［図形のスタイル］の［図形の書式設定］をクリック

3 ［文字のオプション］をクリック

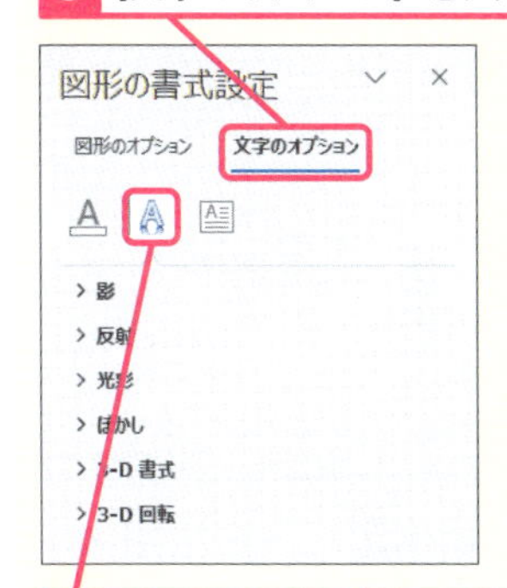

4 ［文字の効果］をクリック

文字の効果を個別に設定できる

まとめ 凝った装飾は文書の中で効果的に活用しよう

Wordの文字は、サイズやフォントの種類を変えられるだけではなく、色や効果を加えると印象的な装飾になります。しかし、装飾を多用し過ぎると本当に読んでもらいたい文章が見落とされてしまう心配もあります。そのため、色や効果による装飾を効果的に活用するために、できるだけ限られた文字に設定するように心がけましょう。

レッスン

35 写真を挿入するには

画像の挿入

練習用ファイル L035_画像の挿入.docx

Wordの編集画面には、デジタルカメラやスマートフォンなどで撮影した画像を挿入できます。文書に挿入したい画像があるときは、あらかじめパソコンに保存しておいて、Wordの［挿入］タブから編集画面に表示します。

1 パソコンに保存した写真を挿入する

ここでは［ピクチャ］フォルダーに保存した写真を挿入する

1 ［挿入］タブをクリック

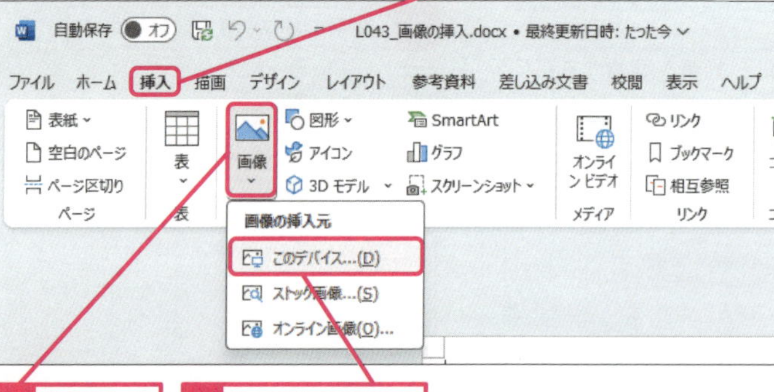

2 ［画像］をクリック

3 ［このデバイス］をクリック

［図の挿入］ダイアログボックスが表示された

4 画像の保存場所を選択

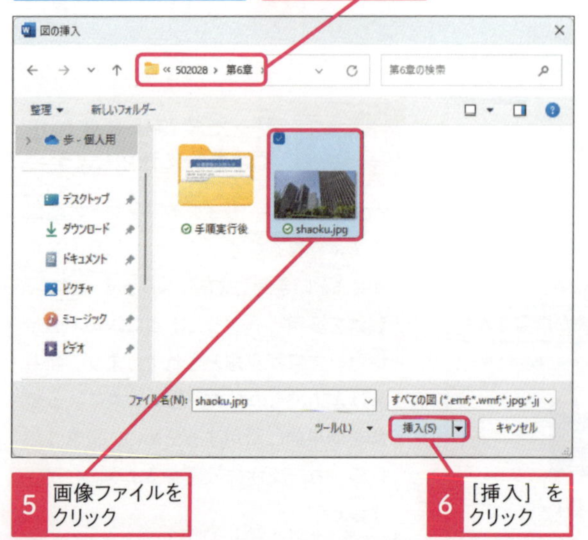

5 画像ファイルをクリック

6 ［挿入］をクリック

キーワード

貼り付け P.528

使いこなしのヒント

挿入できる画像のファイル形式は?

Wordの編集画面に挿入できる画像の種類は、デジタルカメラやスマートフォンで使われているJPEG（ジェイペグ）形式をはじめとして、インターネットの画像データで使われているPNG（Portable Network Graphics）形式やWindowsの各種メタファイルなどになります。もしも、Wordで対応していない形式の画像データを挿入したいときには、あらかじめ画像編集ソフトなどで、JPEGやPNG形式に変換しておきましょう。

手順1の［図の挿入］ダイアログボックスのここをクリックすると、挿入できる画像のファイル形式の一覧が表示される

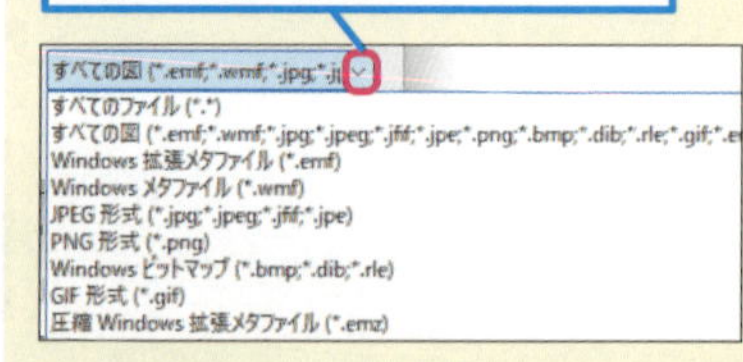

使いこなしのヒント

ホームページの画像をコピーするには

ホームページに掲載されている画像は、マウスを右クリックして［画像をコピー］をクリックし、Wordの編集画面に［貼り付け］をすると挿入できます。ただし、ホームページの画像には著作権があるので、商用利用するときには注意してください。

● 選択した画像が挿入された

次のWord・レッスン36で大きさや位置などを変更する

2 無料で使える写真を挿入する

ここでは［ストック画像］から画像を選択して挿入する

1 ［挿入］タブをクリック

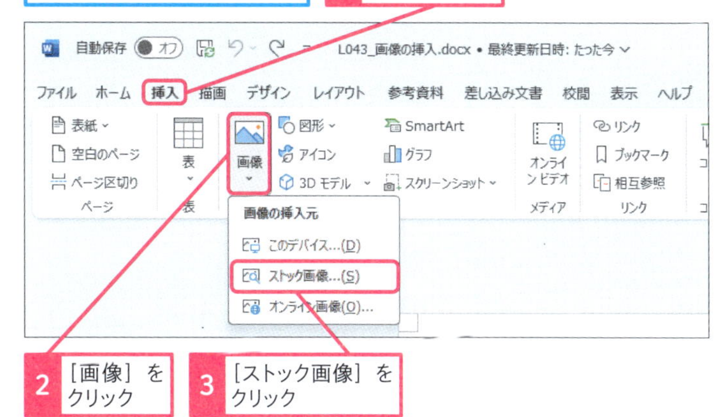

2 ［画像］をクリック

3 ［ストック画像］をクリック

4 「ビジネス」と入力

5 挿入する画像をクリック

6 ［挿入］をクリック

選択した画像が挿入される

使いこなしのヒント

ストック画像の商用利用について

ストック画像で入手した画像は、入手元のサイトのライセンスに準拠します。Wordで利用する限りは、自由に挿入して編集できます。しかし、画像をチラシや企画書などの商業目的で利用する場合には、著作権者からの許可や購入などの手続きが必要になります。また、ストック画像で入手した画像は、Wordでの利用のみが許可されています。画像データをコピーや保存して、Word以外のアプリで使うことは禁じられています。ただし、WordからPDFやODFなどへのエクスポートは許可されています。

使いこなしのヒント

オンライン画像を使用したい場合は

オンライン画像の利用では、パソコンのインターネット接続が必須です。

まとめ 画像を挿入して紙面に彩を添える

新聞や雑誌が写真を多く掲載しているのは、読む人たちに情報を端的に伝えるためです。写真は文章よりも多くの情報を短時間で伝えるインパクトがあります。文書の中にも画像を効果的に挿入すると、読む人の注目度を高めたり、理解を深めたりできます。ただし、多くの画像には著作権や肖像権があるので、配布などを目的とした文書に写真を挿入するときには、自分で撮影したオリジナルの画像データを使うようにしましょう。

レッスン
36 写真の大きさを変えるには

画像のサイズ変更

練習用ファイル L036_画像のサイズ変更.docx

挿入した画像は、図形と同じように移動や拡大・縮小できます。また、画像と文字の重ね合わせや文字の流し込みなども指定できます。さらに、トリミングを使うと、挿入した画像の一部分だけを編集画面に表示できます。

1 画像を縮小する

Word・レッスン35を参考に、画像を挿入しておく

1 画像をクリック

画像のまわりにハンドルが表示された

2 ここにマウスポインターを合わせる

マウスポインターの形が変わった

3 ここまでドラッグ

画像が縮小された

縦横比は自動的に固定される

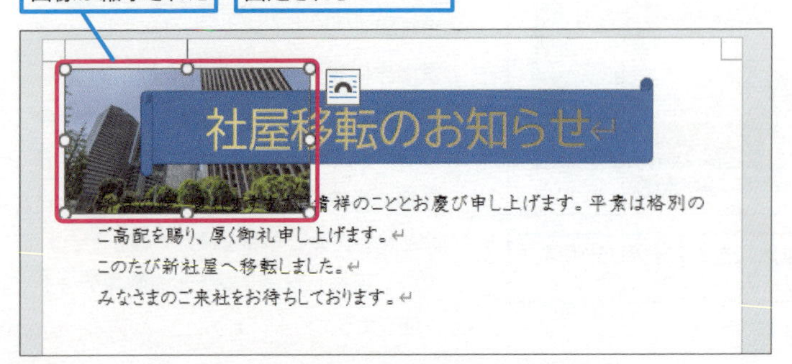

キーワード

図形	P.526
スタイル	P.526

使いこなしのヒント

上下左右のハンドルをドラッグすると縦横比を変えられる

画像の四隅に表示されている○をドラッグすると、縦横比が維持されたままで、拡大・縮小できます。反対に、上下左右の各辺に表示されている○をドラッグすると、画像の縦横比を変えて縮小・拡大できます。

使いこなしのヒント

Ctrl キーで自由に変形できる

画像の四隅に表示されている○をドラッグするときに、Ctrl キーを押したままにしておくと、縦横比も変化させて自由に拡大・縮小できます。

Word 基本編 第5章 デザインを工夫して印刷する

2 画像の大きさを数値で設定する

Word・レッスン35を参考に、画像を挿入しておく

ここでは高さを42.39mmに設定する

1 画像をクリック

[図の形式]タブが表示された

2 [図の形式]タブをクリック

3 [高さ]に「42.39」と入力

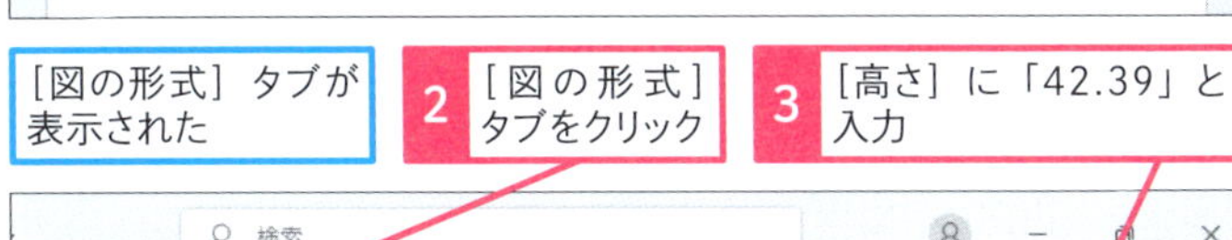

4 余白をクリック

設定した数値の大きさに画像が変更された

縦横比は自動的に固定される

使いこなしのヒント

レイアウトオプションで文字の折り返しもできる

画像に表示されている［レイアウトオプション］をクリックすると、図形と同じように文字の折り返しを指定できます。

使いこなしのヒント

画像のスタイルで画像を加工できる

画像を右クリックして表示される右クリックメニューから［スタイル］をクリックすると、画像に影やフレームを付けたり、傾けて表示させたり、丸くトリミングしたり、ユニークなデザインを指定できます。画像のスタイルは、画像を選択しているときに表示される［図の形式］タブにある［図のスタイル］からも利用できます。

1 画像を右クリック

2 ［スタイル］をクリック

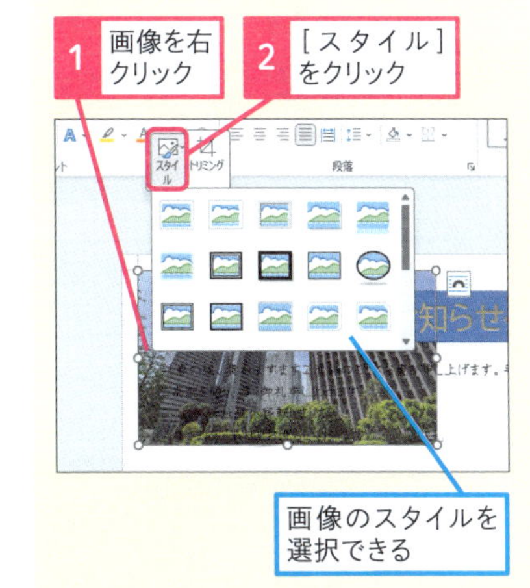

画像のスタイルを選択できる

次のページに続く

3 写真をトリミングする

Word・レッスン35を参考に、画像を挿入しておく

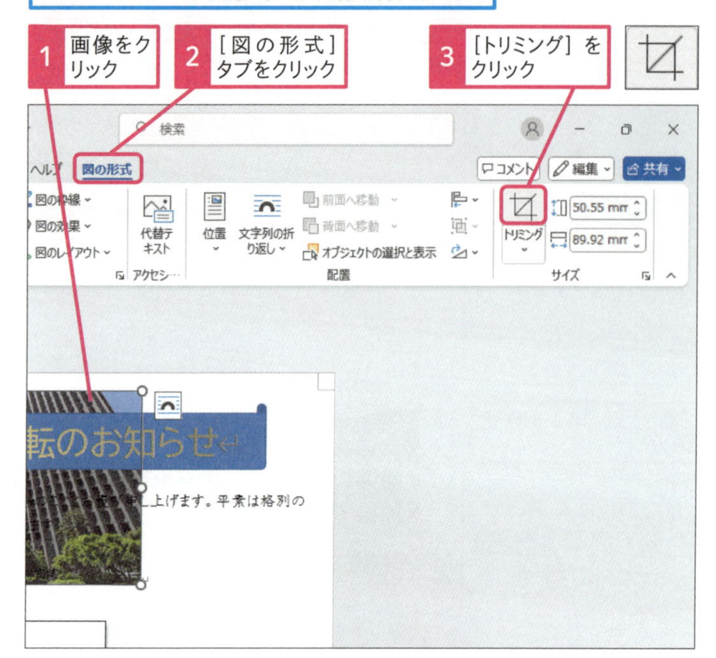

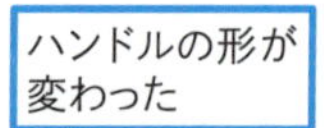

ここでは左下だけを残すように切り取る

4 ここにマウスポインターを合わせる

5 下にドラッグ

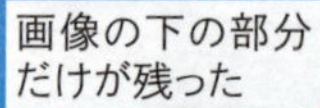

6 ここにマウスポインターを合わせる

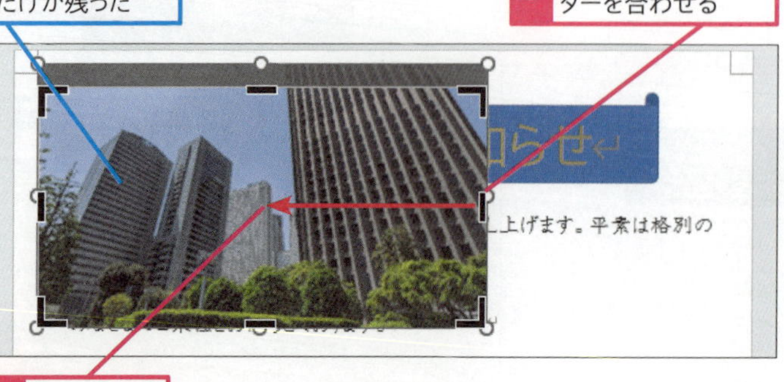

7 左にドラッグ

使いこなしのヒント

トリミング後も元の写真の情報は残される

トリミングされた画像は、編集画面に表示される範囲を変更しただけなので、挿入時の内容は保持されています。もし、トリミングをやり直したいときには、再び［トリミング］を実行すると、元の画像とトリミング用のハンドルが表示されます。

使いこなしのヒント

縦横比を決めてトリミングできる

トリミングするときに、縦横比を維持したいときには、Shiftキーを押しながらマウスでドラッグします。

● 写真のトリミングを確定する

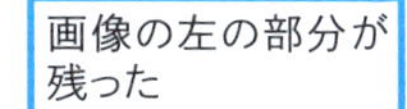

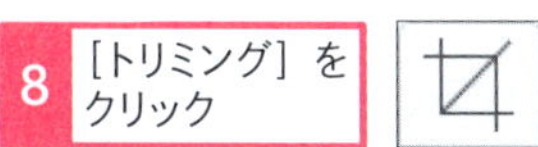

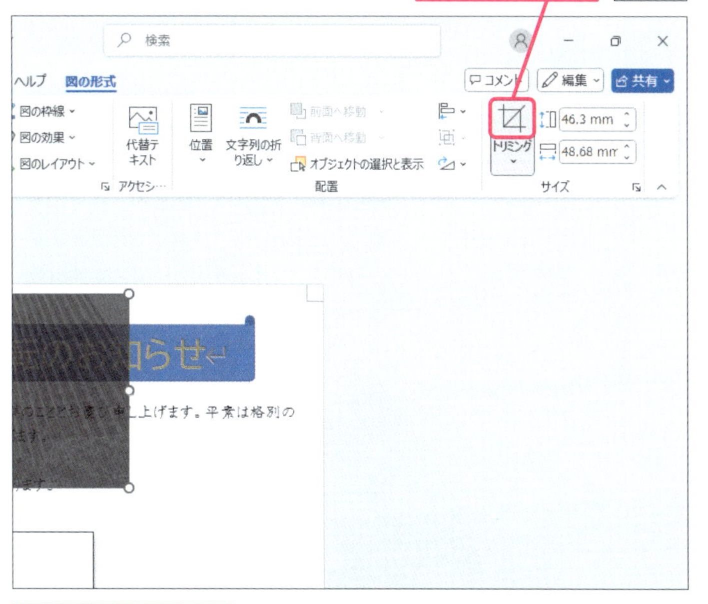

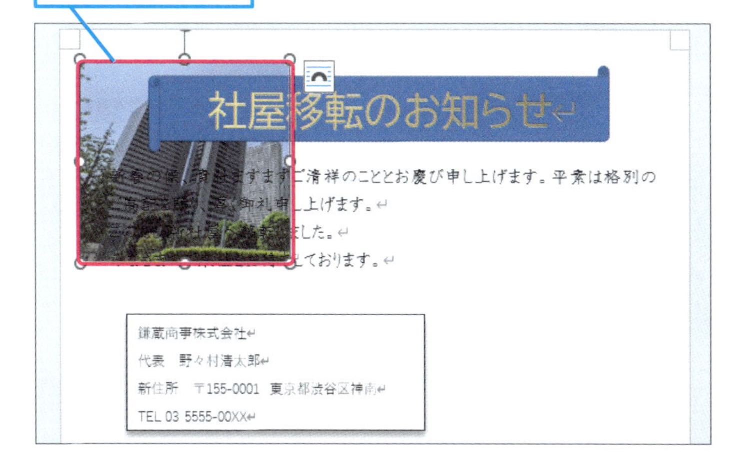

使いこなしのヒント

画像のサイズを元に戻したいときには

拡大・縮小をして、思うようにサイズを調整できなかったときは、[レイアウト] の [サイズ] から、[リセット] をクリックすると、元のサイズに戻せます。

使いこなしのヒント

トリミングしたサイズに画像を合わせるには

トリミングしたフレームの外側に表示されている画像をドラッグすると、表示したい部分を調整できます。また、表示したいサイズに合わせて画像の拡大・縮小もできます。

まとめ　画像のサイズは拡大・縮小とトリミングで調整

編集画面に挿入した画像は、拡大・縮小とトリミングという2つの方法でサイズを調整できます。画像全体を活かしてサイズを調整したいときには、主に拡大・縮小を使います。挿入した画像の中に、見せたくない部分があるときには、トリミングで余計な部分を取り除いてから、拡大・縮小で調整するといいでしょう。必要な部分だけを的確なサイズで表示すると、文章と画像のバランスもよくなります。

レッスン
37 文字を縦書きにするには

縦書きテキストボックス、文字列の方向

練習用ファイル L037_縦書き.docx

はがきのように、文章が短くてレイアウトに工夫が求められるような文書の作成では、テキストボックスを活用して、タイトルや画像とのバランスを調整すると、見栄えのいい紙面になります。このときに、縦書きテキストボックスを使うと、自由な位置に縦書きの文字を配置できます。

1 縦書きの文字を挿入する

ここでは画像の横に縦書き文字を挿入する

1 ［挿入］タブをクリック

2 ［図形］をクリック

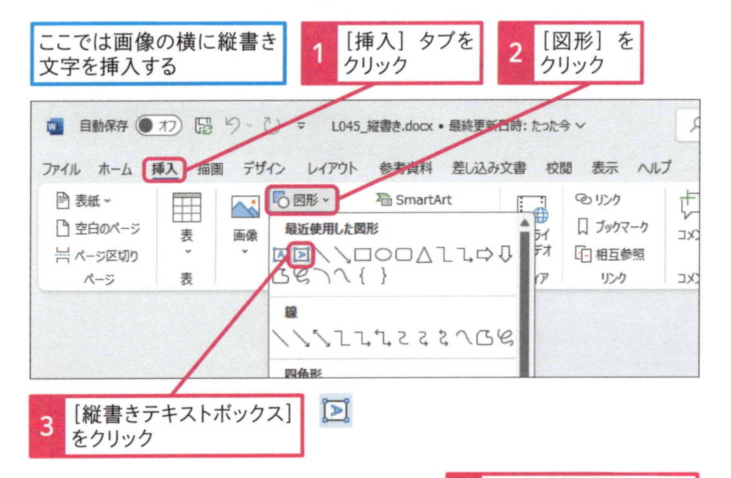

3 ［縦書きテキストボックス］をクリック

4 ここにマウスポインターを合わせる

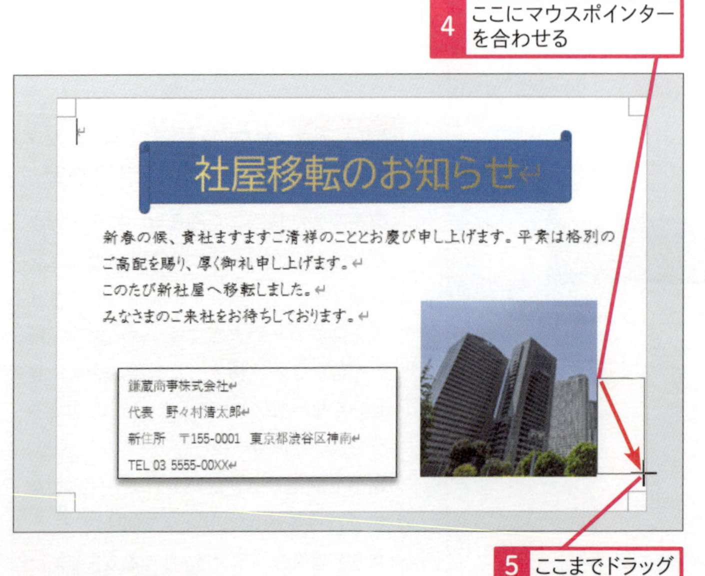

5 ここまでドラッグ

キーワード

図形	P.526
テキストボックス	P.527

使いこなしのヒント
横書きの文字を挿入するには

手順1で［テキストボックス］をクリックすると、横書きの文章を自由な位置に配置できるテキストボックスを挿入できます。

使いこなしのヒント
テキストボックスの枠線を消すには

テキストボックスは、図形の一種なので挿入した直後には、枠線が表示されています。テキストボックスの枠線を消すには、右クリックメニューの［枠線］から［枠線なし］を設定します。

1 テキストボックスの枠線を右クリック

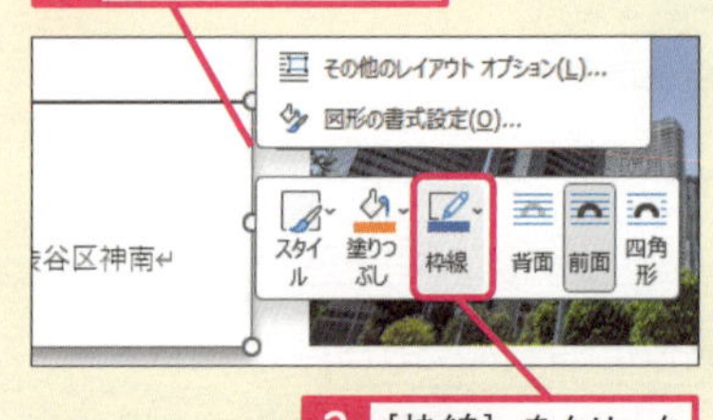

2 ［枠線］をクリック

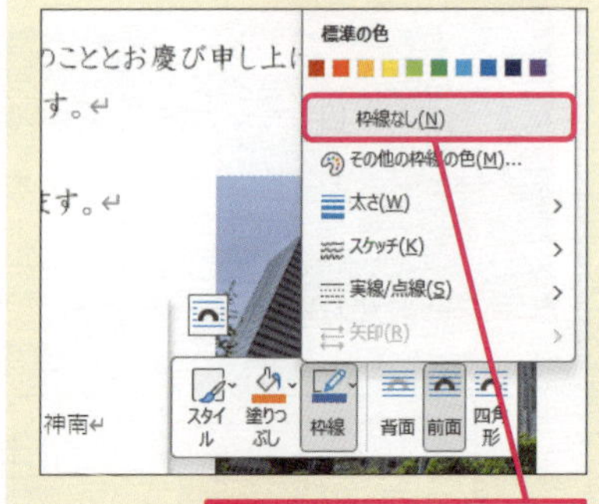

3 ［枠線なし］をクリック

● 文字を入力する

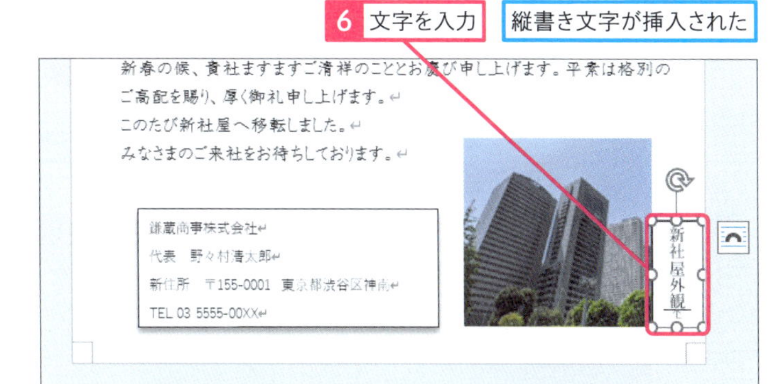

2 すべての文字を縦書きにする

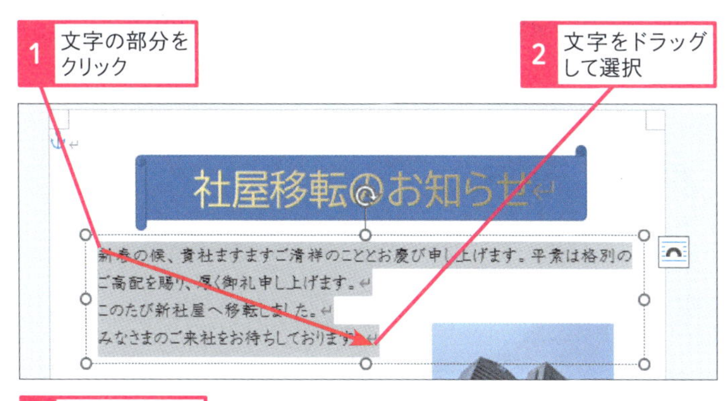

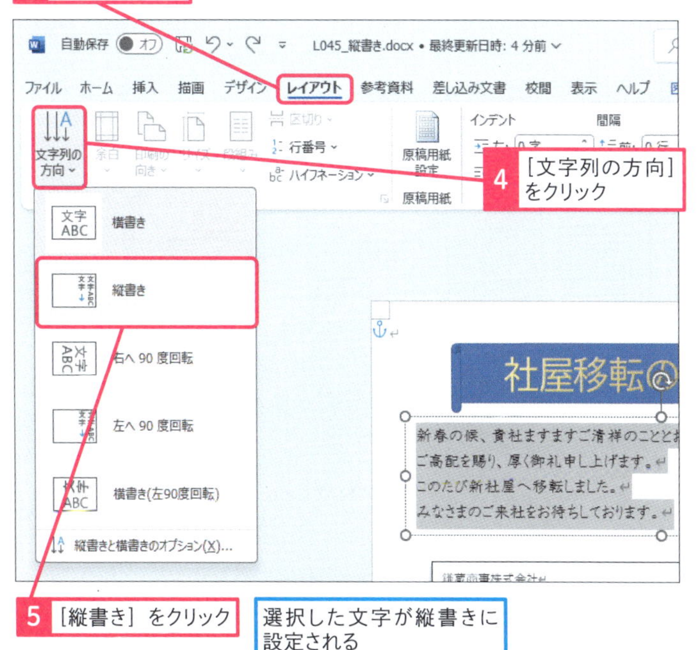

使いこなしのヒント

［文字列の方向］は後から縦書きと横書きを設定できる

テキストボックスは、文字を挿入したい方向に合わせて、縦書きと横書きが用意されていますが、後から文字列の方向を変更できます。

使いこなしのヒント

文書全体の文字列の方向を変えるには

テキストボックスの中の文字ではなく、編集画面の文章に対して、文字列の方向を変更すると、文書全体を横書きから縦書きに変更できます。もし、特定のページだけの文字列の方向を変えたいときには、対象とする文字列の前後にセクション区切りを挿入しておきます。

使いこなしのヒント

縦書きと横書き以外の文字の向き

手順2の［文字列の方向］をクリックしたときに表示される［縦書きと横書きのオプション］を使うと、縦書きや横書きの他に、横向きなどの方向をどの範囲に設定するか、対象を指定できます。

まとめ　縦書きを効果的に使って読みやすくする

ビジネスで使われる文書やインターネットのコンテンツなど、身の回りにある文字列の多くは横書きが中心です。しかし、日本語を構成する漢字やひらがなは、本来は縦方向に書いて読む文字でした。そのため、小説や新聞などでは縦書きが基本で、縦に並んでいた方が、読みやすいと感じる人も多くいます。こうした背景から、縦書きを効果的に使うと、文章を読みやすくしたり、紙面の構成に合わせて文字列をレイアウトしたりできます。

レッスン

38 ページ全体を罫線で囲むには

ページ罫線

練習用ファイル L038_ページ罫線.docx

ページ罫線は、罫線の一種ですが、通常の線とは違い、ページ全体に縁取りのような線を引く機能です。ページ罫線を効果的に使えば、紙面全体が明るい雰囲気や、個性的なデザインになります。案内状にページ罫線を引いて、印象を変えてみましょう。

1 ページ全体を罫線で囲む

ここでは、ページのふちに模様を付ける

1 ［デザイン］タブをクリック

2 ［ページ罫線］をクリック

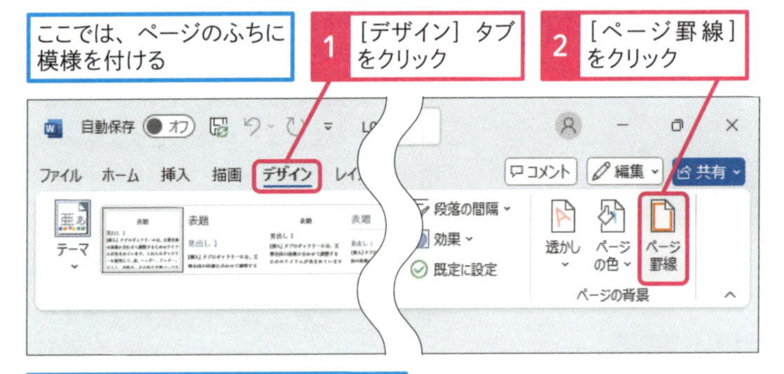

［罫線と網かけ］ダイアログボックスが表示された

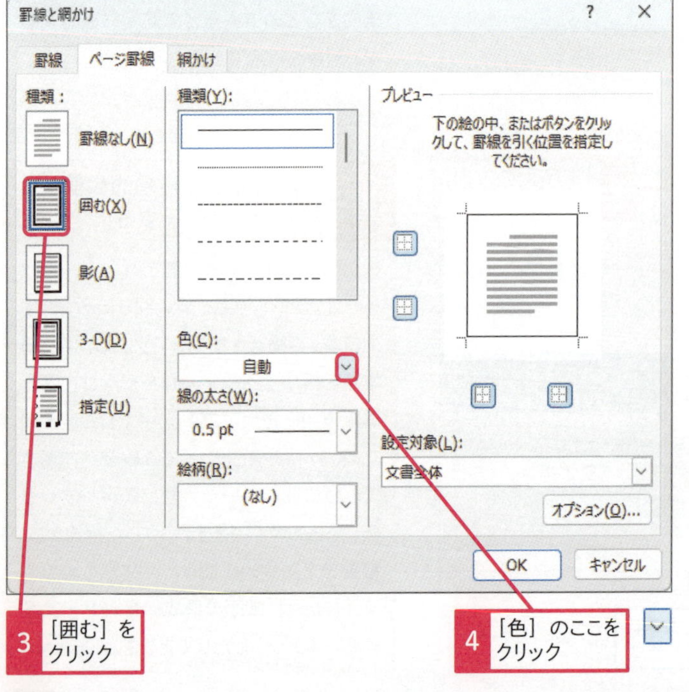

3 ［囲む］をクリック

4 ［色］のここをクリック

キーワード

罫線	P.526
ダイアログボックス	P.527

使いこなしのヒント

罫線を解除するには

ページ罫線を解除したいときは、［罫線と網かけ］で、［罫線なし］をクリックします。

1 ［罫線なし］をクリック

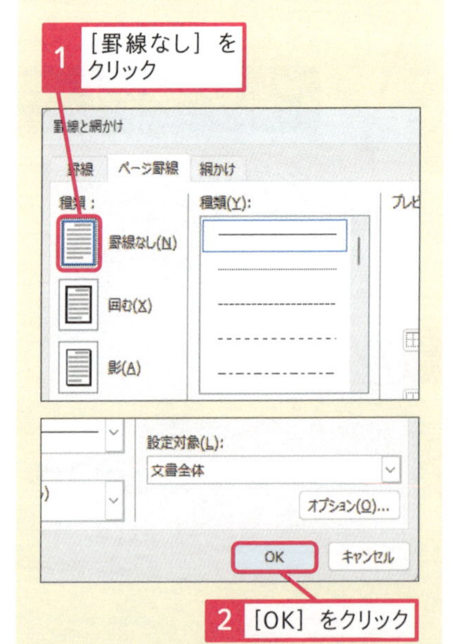

2 ［OK］をクリック

Word 基本編 第5章 デザインを工夫して印刷する

2 罫線の色を選択する

ここでは罫線の色を水色にする

1 [青、アクセント1、白+基本色60%]をクリック

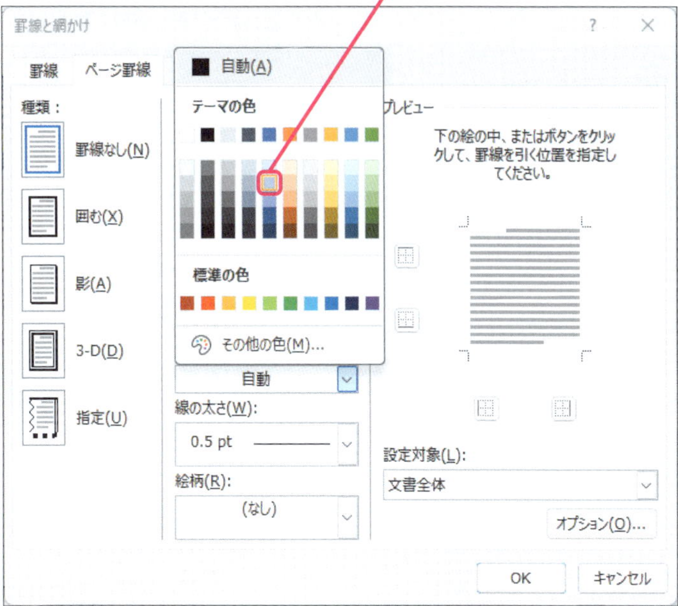

2 [絵柄] のここをクリック

3 ここをドラッグして下にスクロール

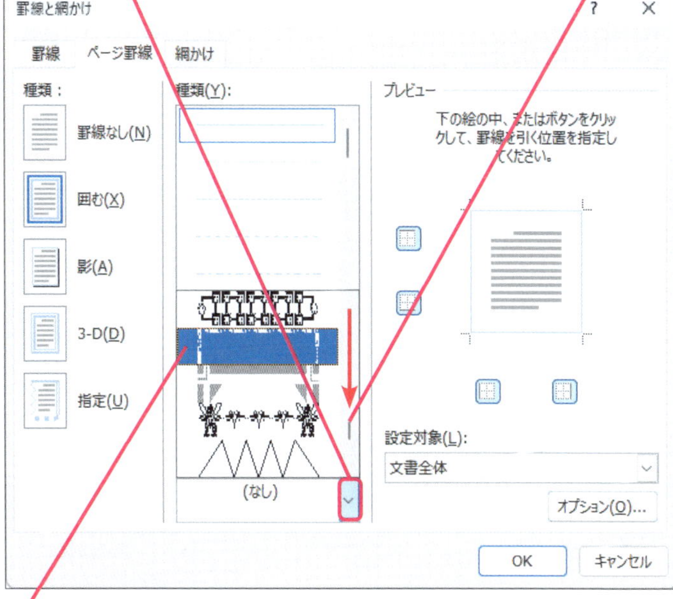

4 ここをクリック

使いこなしのヒント

ページ罫線を部分的に削除するには

[罫線と網かけ] のプレビューで、消したい線をクリックすると、任意のページ罫線を削除できます。

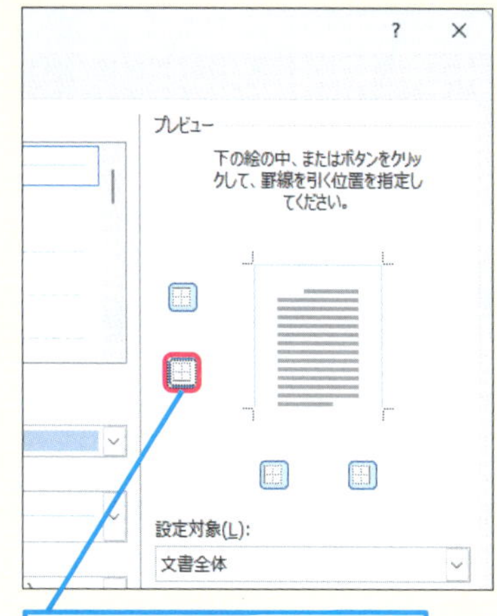

下の線だけ削除することもできる

使いこなしのヒント

ページ罫線の設定対象を変えるには

ページ罫線は文書全体を対象にして引くだけではなく、設定対象を変更すると、文書全体ではなく、セクションで区切られたページのみに限定できます。

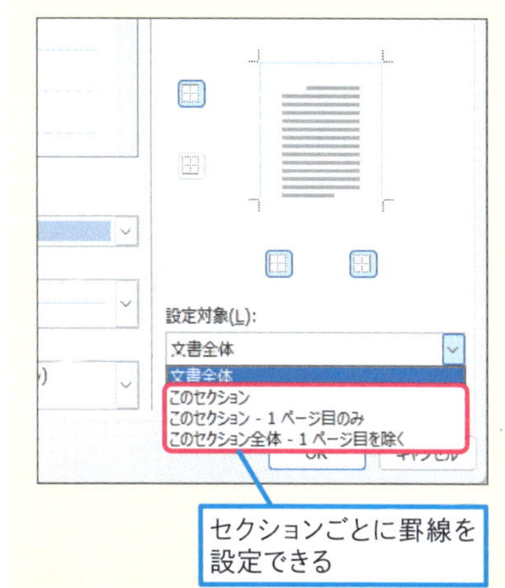

セクションごとに罫線を設定できる

次のページに続く

● 余白を設定する

自動的に［線の太さ］が31ptに設定された

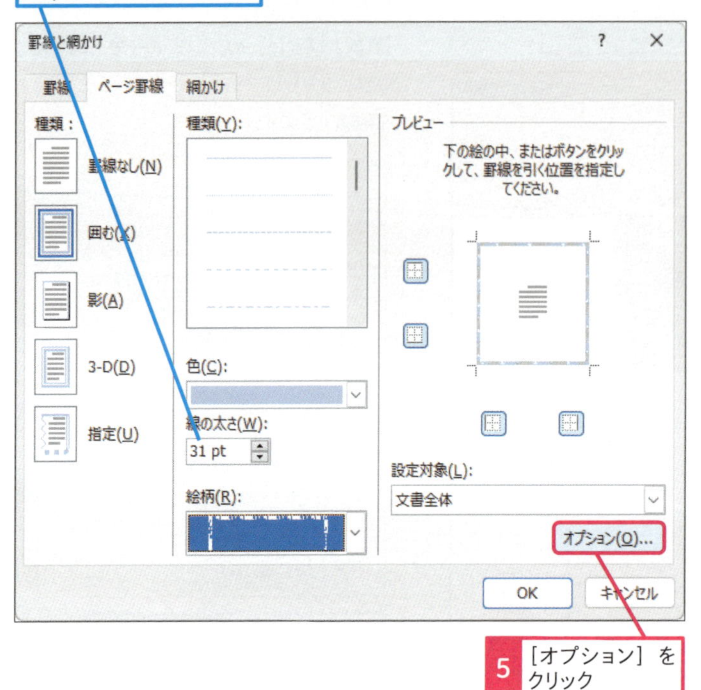

5 ［オプション］をクリック

［罫線とページ罫線のオプション］ダイアログボックスが表示された

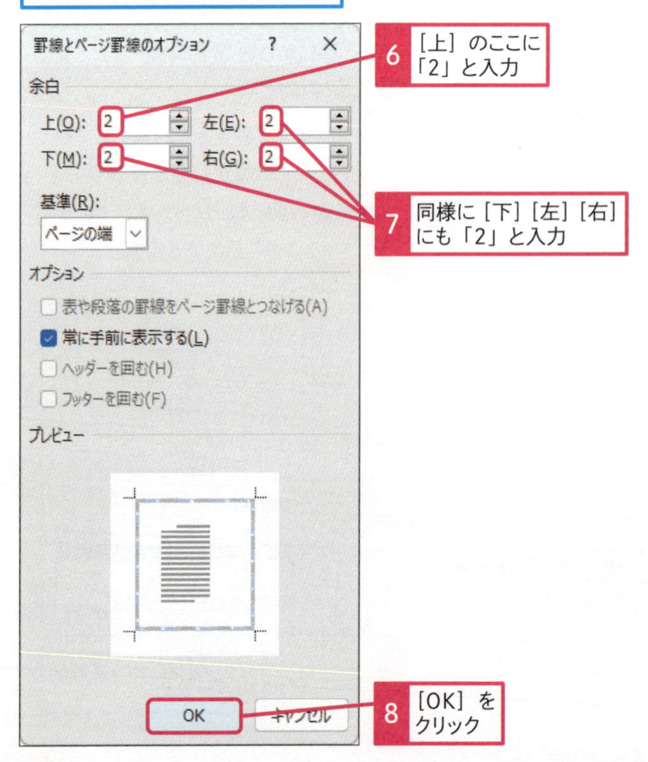

6 ［上］のここに「2」と入力

7 同様に［下］［左］［右］にも「2」と入力

8 ［OK］をクリック

使いこなしのヒント

絵柄を使ってカラフルに紙面を飾る

ページ罫線で使える絵柄には、ハートやツリーのようなカラフルな絵柄も数多く用意されています。

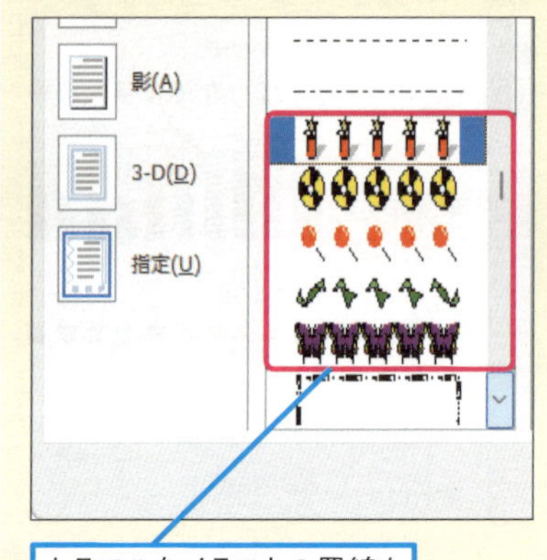

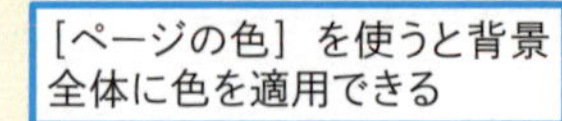

カラフルなイラストの罫線も用意されている

使いこなしのヒント

罫線以外のページの背景

ページ全体に背景として指定できる装飾には、ページ罫線の他にもページ全体の色や、透かし文字などが利用できます。

［ページの色］を使うと背景全体に色を適用できる

● 罫線の設定を完了する

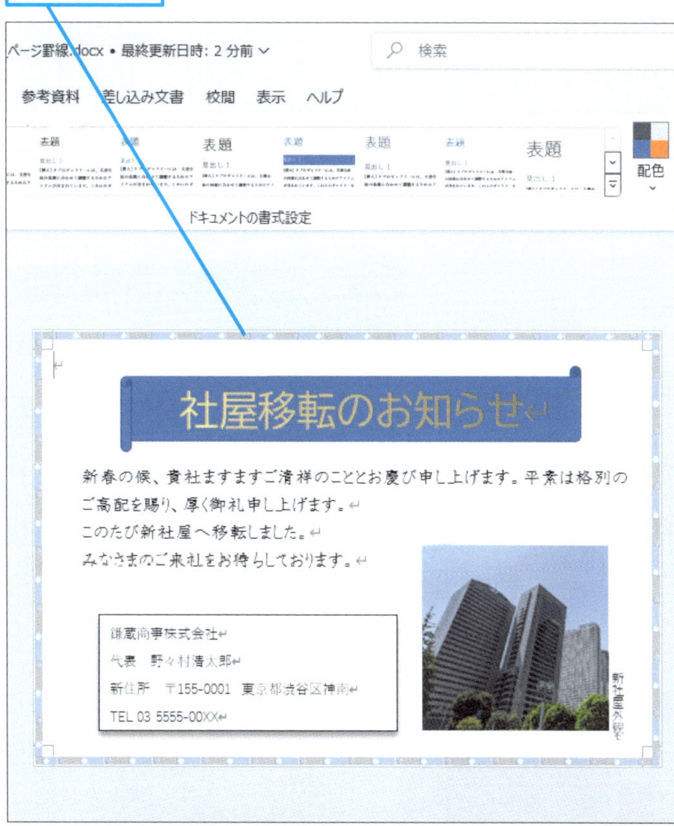

使いこなしのヒント

ヘッダーやフッターをページ罫線で囲むには

［罫線と網かけ］の［オプション］で、基準を［ページの幅］から［本文］に変更すると、編集画面に挿入した表や段落の罫線をページ罫線とつなげたり、ヘッダーやフッターをページ罫線で囲めたりします。

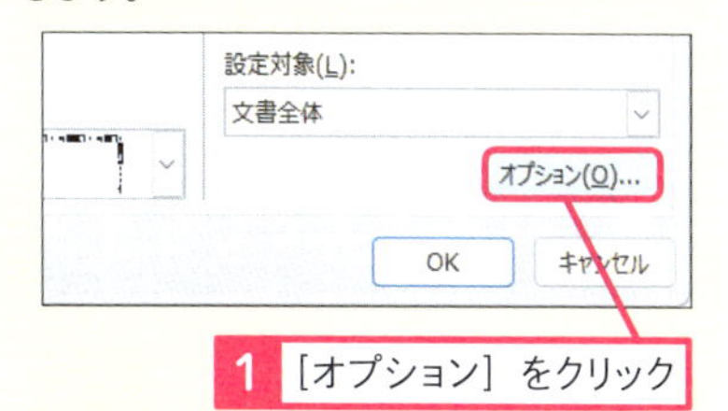

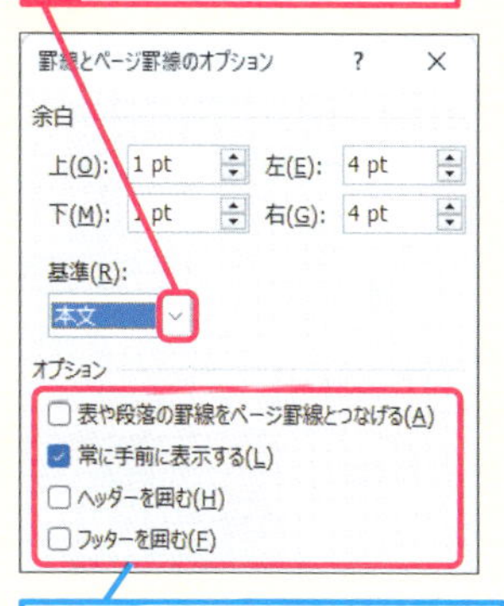

まとめ ページを囲う枠線で紙面に彩を添える

ページ罫線では、表の罫線とは異なる絵柄の線を使えます。ページ罫線で用紙を縁取ると、紙面が引き締まった印象になります。また、ページ罫線の中には、賞状やグリーティングカードなどに使える絵柄もあるので、いろいろな柄でサイズや色の組み合わせを試して、個性的な紙面をデザインしてみましょう。

レッスン
39 はがきの宛名を作成するには

はがき宛名面印刷ウィザード

練習用ファイル なし

はがき宛名面印刷ウィザードを利用すると、画面との対話形式で、はがきの表面に印刷する宛名書きを作成できます。また、アドレス帳を作成して氏名や住所を登録すると、複数の宛先をまとめて印刷できます。

1 はがきの宛名を作成する

Word・レッスン03を参考に、白紙の文書を作成しておく

1 [差し込み文書] タブをクリック

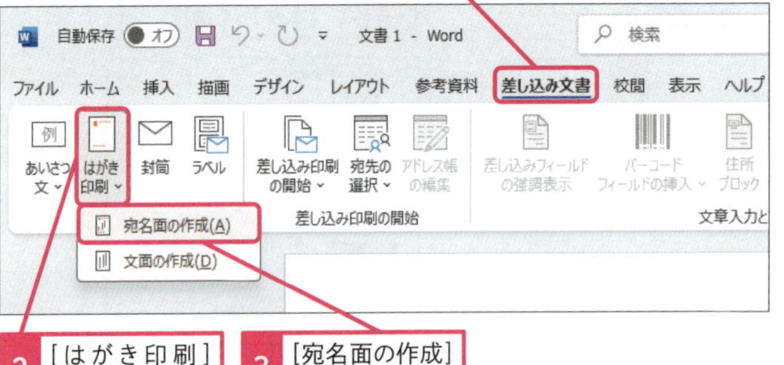

2 [はがき印刷] をクリック

3 [宛名面の作成] をクリック

新しい文書が開いた

[はがき宛名面印刷ウィザード] が表示された

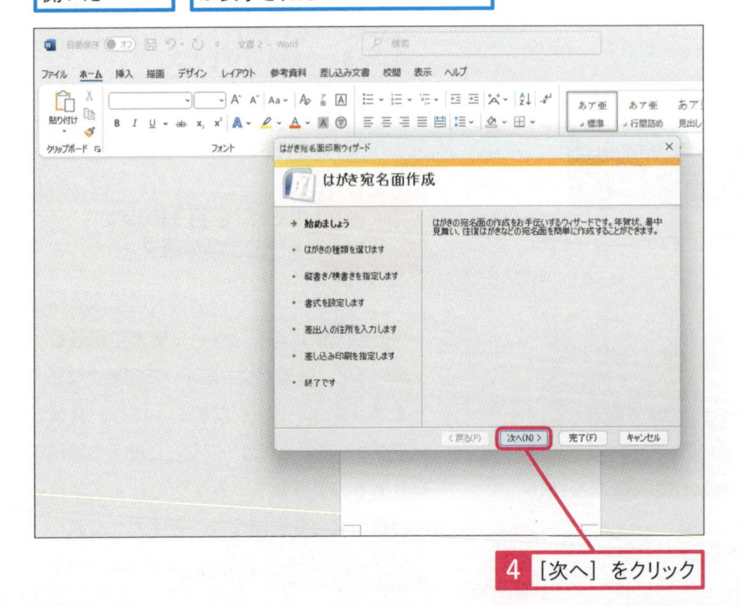

4 [次へ] をクリック

キーワード

使いこなしのヒント

宛名面は別のWord文書として作成される

はがき宛名面印刷ウィザードでは、宛名面用として新規にWordの文書を作成します。宛名印刷を終えても、再び同じ宛名印刷をしたいときには、名前を付けて保存しておきましょう。

用語解説

差し込み印刷

差し込み印刷は、あらかじめ用意されている文面の中に、指定した部分だけを別の文書に用意しておいた項目で入れ替えて印刷する機能です。宛名の印刷や、ダイレクトメールで文面の宛名だけをお得意様の名前にする、といった用途に活用します。

● はがきの種類を選択する

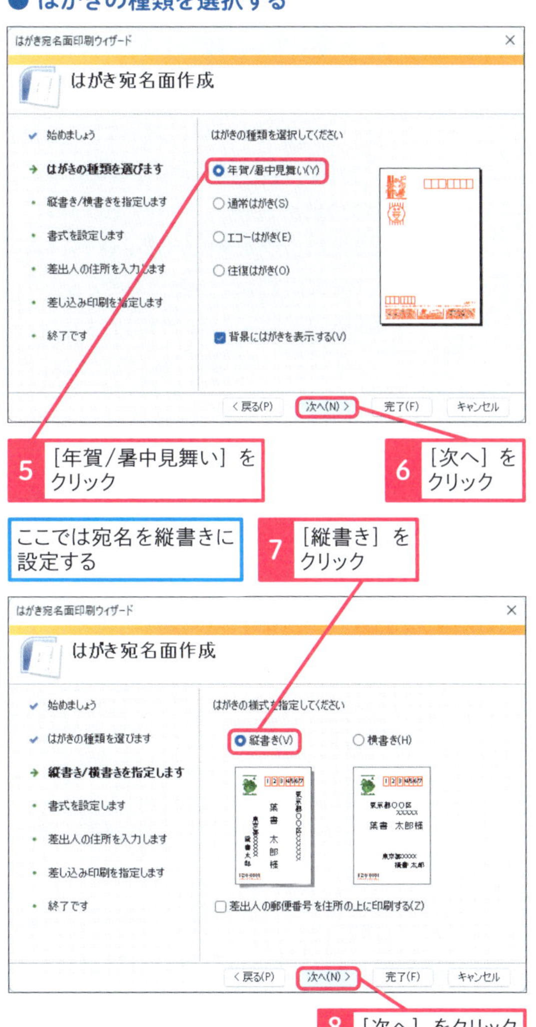

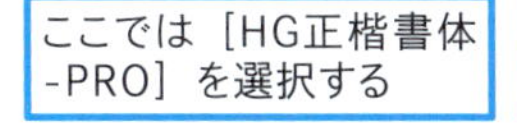

9 ここをクリックして[HG正楷書体-PRO]を選択

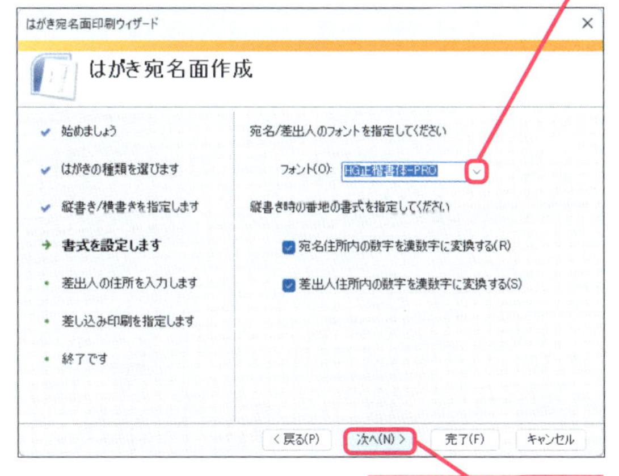

使いこなしのヒント

はがきの種類について

Wordで印刷できるはがきの種類は、年賀状や暑中見舞い、くじ付きの官製はがきの他にも、通常のはがきやエコーはがきに往復はがきなどが用意されています。

使いこなしのヒント

差し込み印刷を確認するには

[差し込み文書]タブで[結果のプレビュー]をオンにすると、アドレス帳に登録した名前を1件ずつプレビューできます。

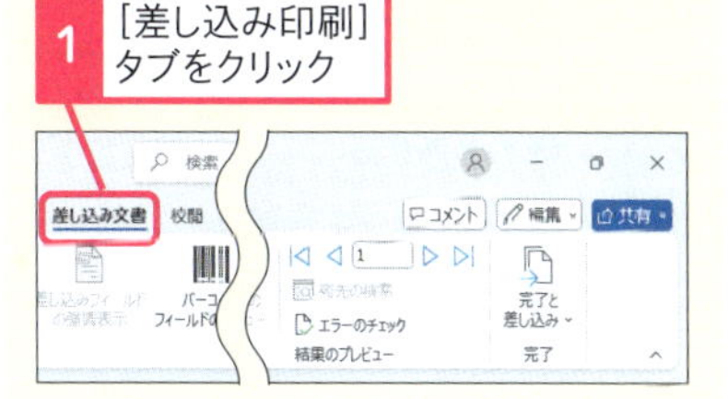

次のページに続く➡

● 差出人の情報を入力する

差出人の名前や住所などを入力する

11 宛名面に印刷する差出人（自分）の情報を入力

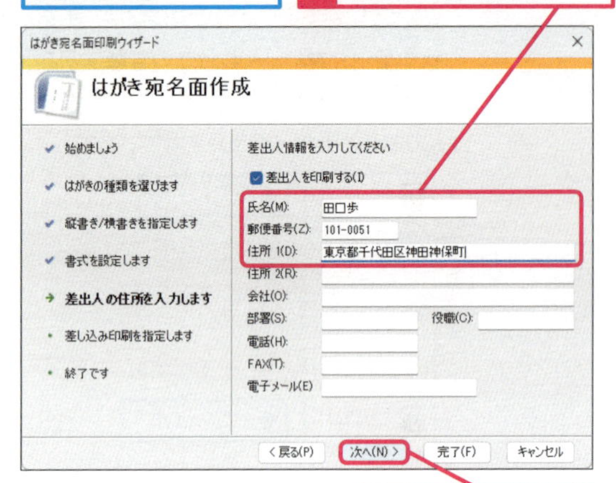

12 ［次へ］をクリック

ここでは差し込み印刷の機能を利用しない

13 ［使用しない］をクリック

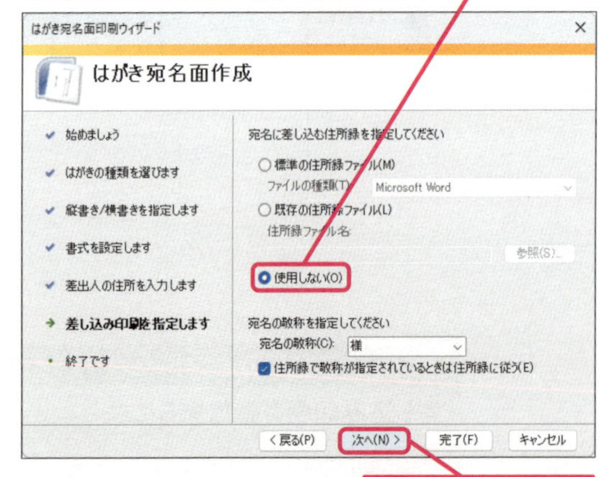

14 ［次へ］をクリック

［はがき宛名面印刷ウィザード］の設定が完了したので閉じる

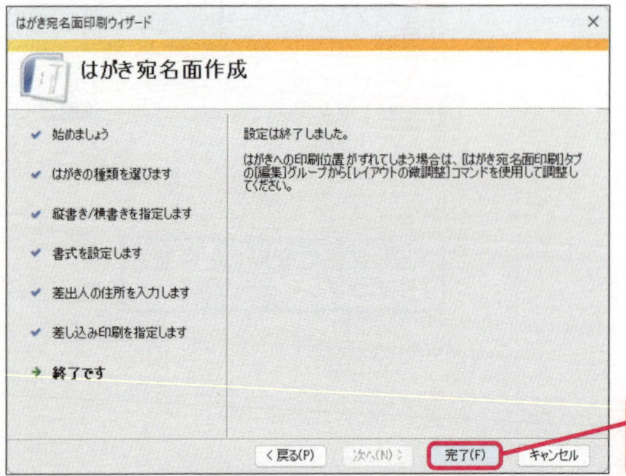

15 ［完了］をクリック

使いこなしのヒント

住所録を作るには

このレッスンでは住所録を指定しないで、1名分の宛名だけを作成しています。しかし、宛名に差し込む住所録を指定すると、複数の宛名を連続して印刷できるようになります。宛先の選択から新しいリストの入力を実行すると、複数の宛名を入力できる新しいアドレス帳が用意されます。

1 ［差し込み文書］タブをクリック

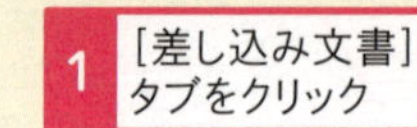
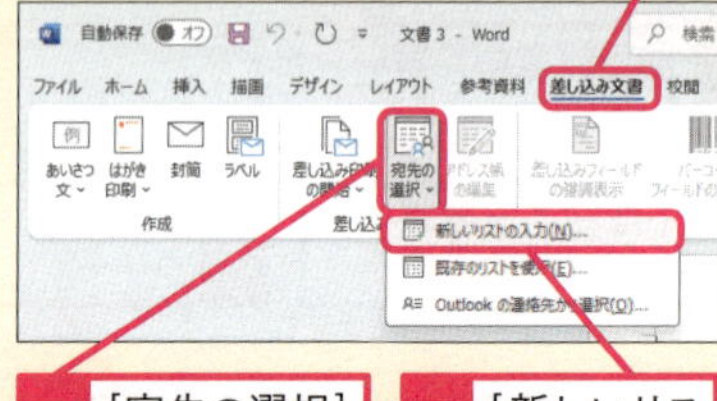

2 ［宛先の選択］をクリック

3 ［新しいリストの入力］をクリック

4 宛先を入力

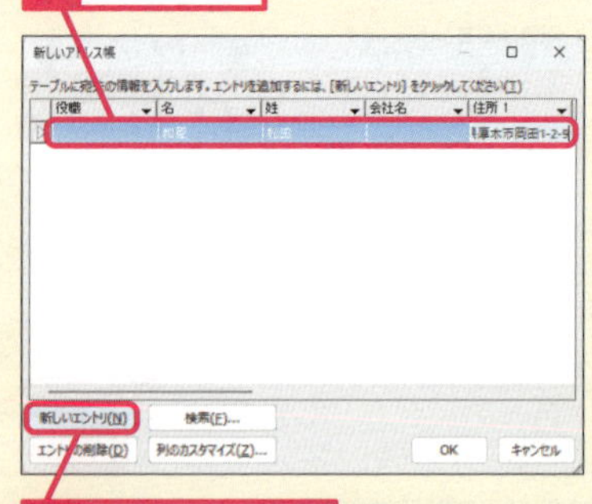

5 ［新しいエントリ］をクリック

同様の手順で宛先を入力しておく

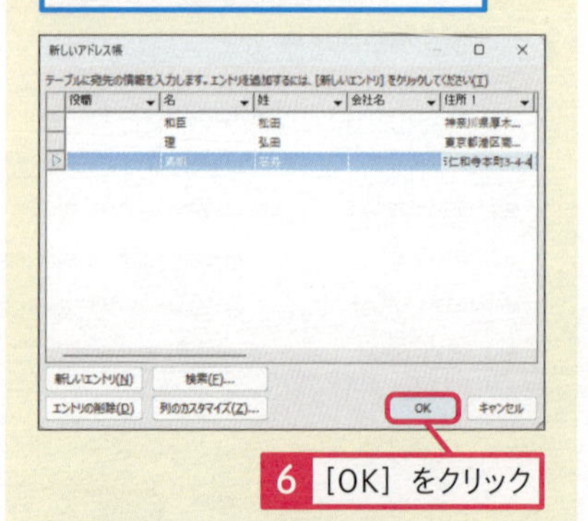

6 ［OK］をクリック

名前を付けて保存しておく

2 宛先を入力する

手順1を完了すると、自動的に新しい文書に宛名面が作成される

ここでは宛先を入力する

1 ［はがき宛名面印刷］タブをクリック

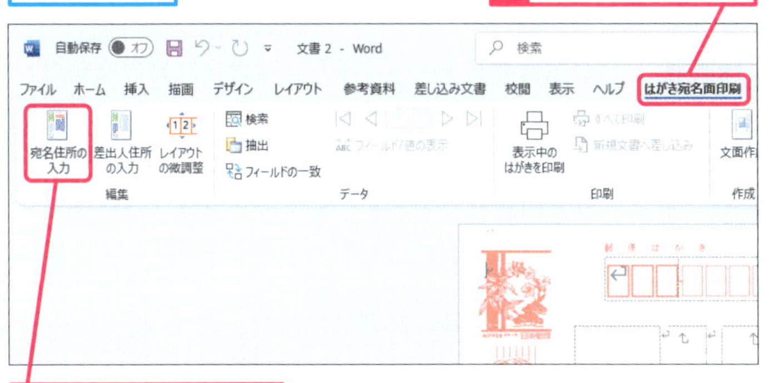

2 ［宛名住所の入力］をクリック

［宛名住所の入力］ダイアログボックスが表示された

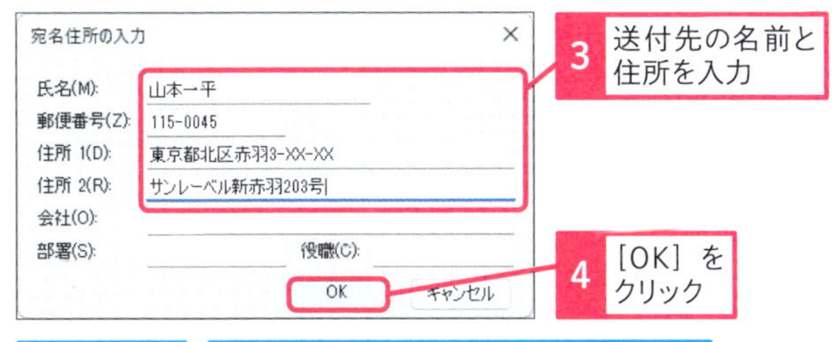

3 送付先の名前と住所を入力

4 ［OK］をクリック

宛先を入力できた

はがきの面と向きに注意しながら、Word・レッスン12を参考に印刷する

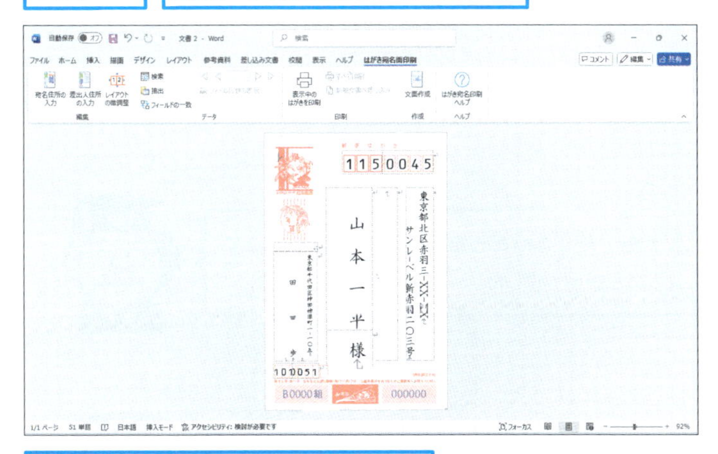

必要に応じて「年賀状（宛名面）」といった名前を付けて、文書を保存しておく

使いこなしのヒント

アドレス帳の文書はどこに保存される?

アドレス帳に入力した氏名や住所は、Windowsの［ドキュメント］フォルダにある［My Data Sources］フォルダの中に、名前を付けて保存されます。標準の設定では、「Address20」という文書名として保存されます。

使いこなしのヒント

ExcelやOutlookの住所録も使える

差し込み印刷で使える住所録のデータソースは、Wordの文書以外にも、ExcelやAccessにMicrosoft Officeアドレス帳などのデータも利用できます。詳しい手順はWord・レッスン66を参照してください。

まとめ 宛名印刷は差し込み印刷の基本

はがき宛名面印刷ウィザードで作成した宛名面では、アドレス帳を作成すると、複数の宛名を印刷できるようになります。差し込み印刷では、はがきの表面に複数のテキストボックスを配置して、アドレス帳に入力されたデータを順番に差し込んで印刷します。その仕組みがわかれば、自分でテキストボックスを調整して、微妙な位置を調整したり、フォントのサイズを変更したりして、納まり切らない住所などを一行に表示することもできます。差し込み印刷の基本がわかると、案内状の氏名を変えて印刷したり、送り先ごとに一部が異なる文面にしたりと、応用の幅も広がります。

この章のまとめ

テキストボックスの活用で写真や文字を自由に配置する

テキストボックスを活用すると、通常の編集画面ではレイアウトが難しい縦書きと横書きの文章を組み合わせた印刷物を手軽に作成できます。年賀状や招待状のような印刷物では、大きな文字で短い文章をレイアウトする文面が多いので、この章で紹介したテキストボックスの使い方は効果的です。また、はがき以外の文書でも、凝ったレイアウトの印刷物を作りたいときには、編集画面に入力した文章とテキストボックスを組み合わせると、部分的な縦書きや横書きを挿入できます。

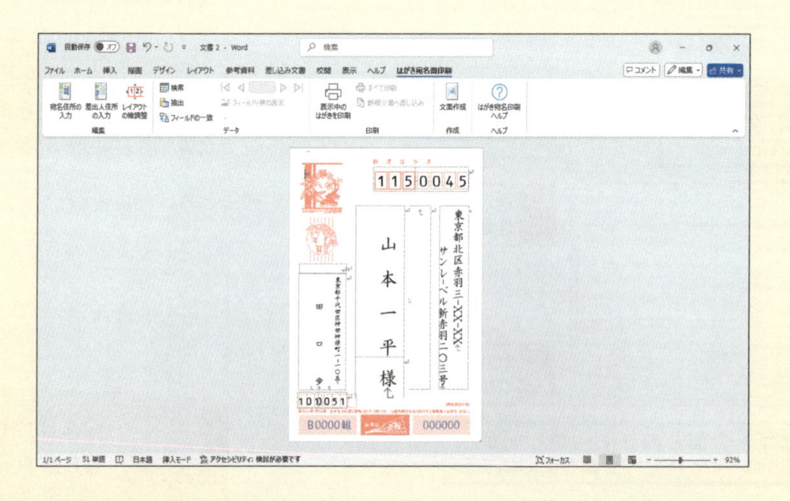

盛りだくさんの内容でした～

基本編の総まとめだったからね。復習もかねていろいろ説明しました。

忘れてるとこもありました……。

不安なところはちょっとおさらいしておきましょう。次からは活用編です！

Word

活用編

第6章

Copilotを活用して文書を作るには

Copilotはマイクロソフトが提供している生成AI（人工知能）です。生成AIは、膨大なデータから学習した情報をもとに、テキストや画像などのコンテンツを新たに生成します。あいさつ文や問い合わせなどの文面作りに困ったときに、Copilotを活用すると文章の下書きやアイディア出しなどの参考になります。

レッスン 40 Introduction この章で学ぶこと

生成AIって何に使えるの？

Copilotは、簡単な指示を与えるだけで本格的な文章を生成したり、長い文章を解析して要約するなど、文書作りや読解にかかる時間を節約する機能を提供します。文章の書き出しやレポートの整理などに困っているときにCopilotを活用すると、新しい文章の発見や見落としていた問題点への注目などの効果も期待できます。

活用編に突入です！

この章から活用編ですね。

はい。張り切っていきましょう！
この章では話題の生成AI「Copilot」を紹介しますよ。

AIかー。ちょっとピンとこないんですよね。

生成AIとWordとの相性はバツグン、使わないのはもったいない！　Copilotの基本から学んでいきましょう♪

Copilotは大きく分けて3種類

マイクロソフトの生成AI「Copilot」はWord 2024で使える無償版が1種類、Microsoft 365のWordで使える有償版が2種類あります。Word 2024で使用できるのは無償版のみですが、十分に高性能ですよ！

●この章で紹介するCopilot

レッスン	Officeの種類	Copilotの種類
Word・レッスン41	Office 2024	Microsoft Copilot（無償版）
Word・レッスン42	Office 2024	Microsoft Copilot（無償版）
Word・レッスン43	Office 2024	Microsoft Copilot（無償版）
Word・レッスン44	Microsoft 365	Copilot in Word（有償版）
Word・レッスン45	Microsoft 365	Copilot in Word（有償版）

AIが得意なことをやってもらおう

生成AIが得意とするのは文書の下書きや要約。Copilotも、シンプルなチャットを送るだけですぐに高度な内容の文書を生成してくれます。

これならそのまま使えそう……！　最近あまり使ってなかったんですが、こんなに進歩してたんですね！

友人に向けた初冬のあいさつ文、考えてみました：

初冬の寒さがいよいよ本格的になってきましたね。風邪などひかれていないでしょうか。

この季節になると、あたたかい飲み物がより一層おいしく感じます。近いうちに、お気に入りのカフェで一緒にホットココアでも楽しみませんか？

それでは、寒さに負けず、お互い元気に過ごしましょう。また連絡しますね。

この感じでどうでしょうか？心温まるメッセージで、友人もきっと喜んでくれるはず。

Microsoft 365のCopilotにできること

そしてこれがMicrosoft 365のCopilot「Copilot in Word」です。Wordの文書に直接、生成結果を反映できるんですよー！

文書作成がぐっと効率化できそう。詳しい使い方を知りたいです！

コロナ禍の中でテレワークが急増したことで、なぜサイバー攻撃による被害が発生しているのだろうか。その理由は、サイバー攻撃からの守り方の変化にある。これまで多くの企業は「境界線型」の防御モデルを基準に、セキュリティ対策を構築してきた。それは、中世の城塞都市のような守り方になる。企業の管理する情報機器とネッ

Copilot を使って書き換える　<　3/3　>

多くの企業はこれまで「境界線型」の防御モデルを採用し、中世の城塞のようにセキュリティ対策を構築してきた。

AI で生成されたコンテンツは誤りを含む可能性があります。

下に挿入

は、不正なアクセスを遮断するための防護壁となるファイヤーウォールや、侵入する

レッスン
41 Copilotを活用して文書を作るには

Copilotの種類

練習用ファイル なし

Copilotには有償版と無償版があります。無償版はタスクバーのCopilotアイコンから利用できます。無償版でも、最大で18,000文字までの文章の要約や、プロンプトから指示して新しい文章を作成できます。また、有償版ではWordの編集画面やリボンからCopilotを実行できます。

1 Copilot in Windowsを使う

1 ［Copilot］をクリック

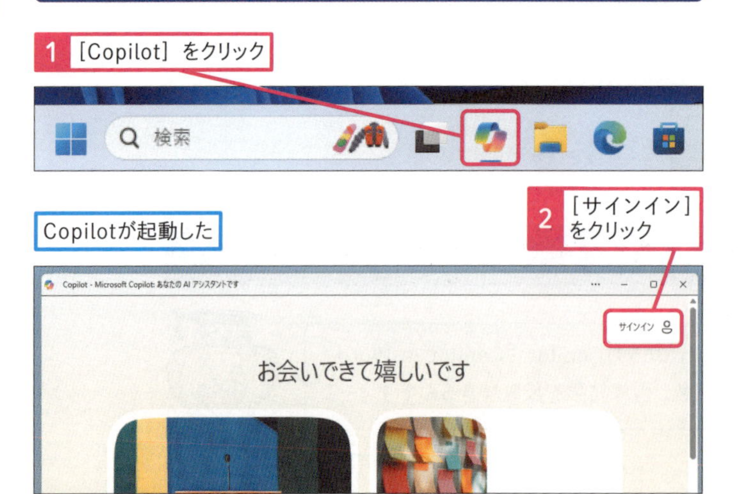

Copilotが起動した

2 ［サインイン］をクリック

画面の表示に従ってMicrosoftのアカウントでログインしておく

使いこなしのヒント

Copilot利用にはMicrosoftアカウントが必要

Copilotを利用するには、無償版でもMicrosoftアカウントが必要になります。Windows 11に登録しているアカウントと同じものでログインしましょう。

使いこなしのヒント

Copilotのスタイルを選ぶ

CopilotはMicrosoft Edgeでは、3つのスタイルを選択できます。標準の設定では、創造性と厳密さをバランスよく配分するスタイルが選択されています。創造的を選ぶと、独創的で空想的な文章が生成されます。厳密にすると簡潔で正確な内容になります。詳しくはWord・レッスン42のヒントで紹介します。

2 Microsoft 365のWordでCopilotを使う

1 [Copilotを使って下書き]をクリック

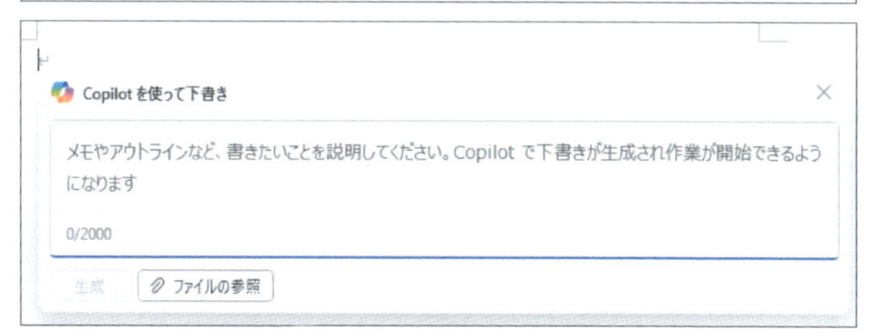

入力用のウィンドウが表示された

3 Microsoft 365の作業ウィンドウに表示する

[ホーム] タブを表示しておく

1 [Copilot] をクリック

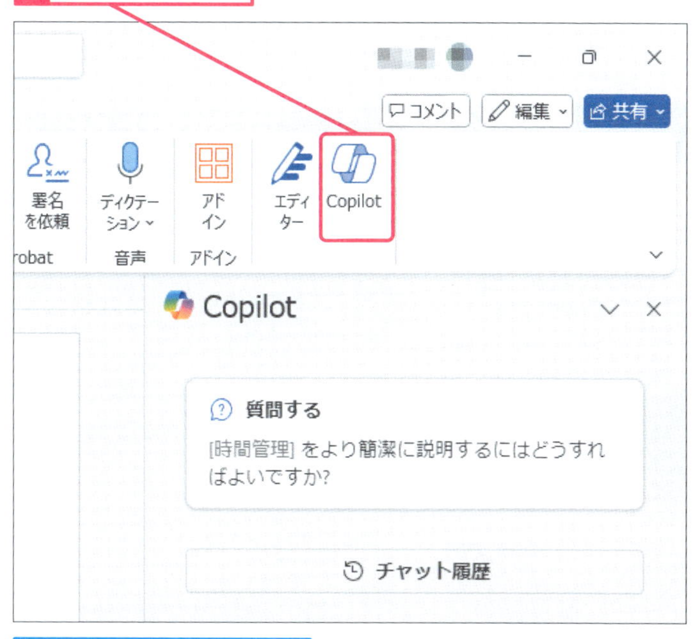

作業ウィンドウに [Copilot] が表示された

使いこなしのヒント

Microsoft Copilot ProとMicrosoft 365 Copilotの違い

有償版のCopilotには、Microsoft Copilot ProとMicrosoft 365 Copilotの2つの料金プランがあります。Microsoft Copilot Proは、Microsoft アカウント向けの有償版で Microsoft 365 の Word、Excel、PowerPoint、OneNote、OutlookでCopilotを使えるようになります。法人でMicrosoft 365を導入しているときには、Microsoft 365 Copilotを契約するとBusiness Chat へのアクセスに加え、上記のアプリ及びTeams、Microsoft Loop、Edge for Businessなど（OneNoteを除く）でCopilotが利用できます。

使いこなしのヒント

WordでCopilotを使うにはMicrosoft 365が必須

Wordの編集画面やリボンからCopilotを使うためには、Word 2024ではなくMicrosoft 365のWordが必須となります。Word 2024でCopilotの生成AIを活用するには、Word・レッスン42で紹介しているようにMicrosoft Copilot（無償版）で文章を生成します。

まとめ 目的に合わせて無償版と有償版を選ぶ

Microsoft Copilot (無償版) は、Microsoft アカウントを登録している人ならば誰でも利用できます。無償版には機能や性能に制限がありますが、簡単な質問への回答や文章の下書きなどの利用であれば、実用的な結果を生成してくれます。しかし、より精度の高い回答を求めたり、入力したデータが外部に漏れないように配慮するならば、有償版のMicrosoft Copilot ProやMicrosoft 365 Copilotの利用が推奨されます。

レッスン
42 文書の下書きをCopilotで書くには

文書の下書き

練習用ファイル　なし

Copilotを使うと簡単な質問文から文章の下書きを生成できます。季節のあいさつなど、新しい文章を書くときに書き出しや季語などに迷ったときに、Copilotで下書きを生成すると便利です。

キーワード

Copilot	P.524
アイコン	P.524

季節にあったあいさつ文を作る

After

時候のあいさつを入れた文書を生成できた

友人に向けた初冬のあいさつ文、考えてみました：

初冬の寒さがいよいよ本格的になってきましたね。風邪などひかれていないでしょうか。

この季節になると、あたたかい飲み物がより一層おいしく感じます。近いうちに、お気に入りのカフェで一緒にホットココアでも楽しみませんか？

それでは、寒さに負けず、お互い元気に過ごしましょう。また連絡しますね。

この感じでどうでしょうか？心温まるメッセージで、友人もきっと喜んでくれるはず。

1 プロンプトを入力する

Word・レッスン41を参考に、Copilot in Windowsにログインしておく

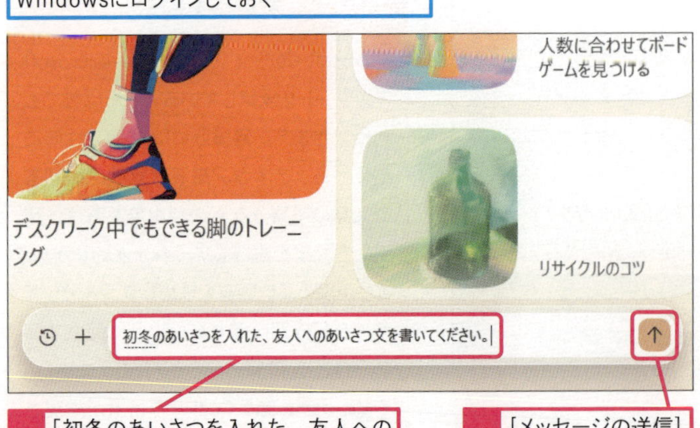

1 「初冬のあいさつを入れた、友人へのあいさつ文を書いてください。」と入力

2 ［メッセージの送信］をクリック

使いこなしのヒント

生成される文章は常に変化する

Cpilotによる文章の生成は、いつも同じ結果にはなりません。生成AIは、常に最新のデータを収集し学習しているので、Cpilotの結果も変化します。

2 結果を確認する

文書が生成された

初冬のあいさつを入れた、友人へのあいさつ文を書いてください。

友人に向けた初冬のあいさつ文、考えてみました：

初冬の寒さがいよいよ本格的になってきましたね。風邪などひかれていないでしょうか。

この季節になると、あたたかい飲み物がより一層おいしく感じます。近いうちに、お気に入りのカフェで一緒にホットココアでも楽しみませんか？

それでは、寒さに負けず、お互い元気に過ごしましょう。また連絡しますね。

この感じでどうでしょうか？心温まるメッセージで、友人もきっと喜んでくれるはず。

Wordに貼り付けて使用する

初冬の寒さがいよいよ本格的になってきましたね。風邪などひかれていないでしょうか。
この季節になると、あたたかい飲み物がより一層おいしく感じます。近いうちに、お気に入りのカフェで一緒にホットココアでも楽しみませんか？
それでは、寒さに負けず、お互い元気に過ごしましょう。また連絡しますね。

(Ctrl)▾

使いこなしのヒント

Microsoft EdgeでCopilotを使うには

Microsoft EdgeのツールバーにあるCopilotアイコンをクリックすると、Copilotペインが開いてチャットを利用できます。Copilotのチャットでは、開いているホームページの内容を要約できます。

Microsoft Edgeを起動しておく

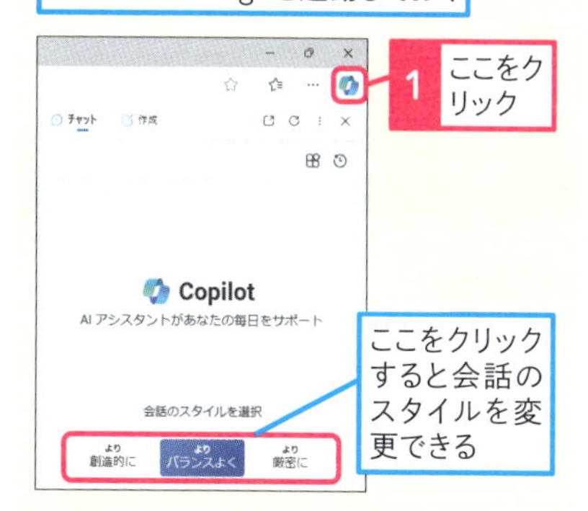

まとめ 下書きやアイデア出しに活用すると便利

Copilotは、簡単な質問や指示に対して文章の下書きを作成してくれます。レッスンのようなあいさつ文の下書きや、新しいアイデアを考えるときに活用すると、検索や文章の編集にかかる時間を節約できます。

スキルアップ

Notebookを活用しよう

Microsoft Edgeのツールバーから起動するCopilotのNotebookを活用すると、最大で18,000文字の文章を要約できます。また、生成AIの結果がメモ帳のように表示されるので、文章の編集も便利になります。

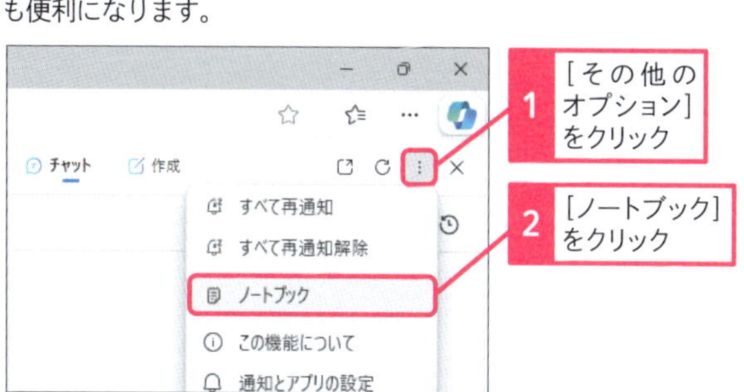

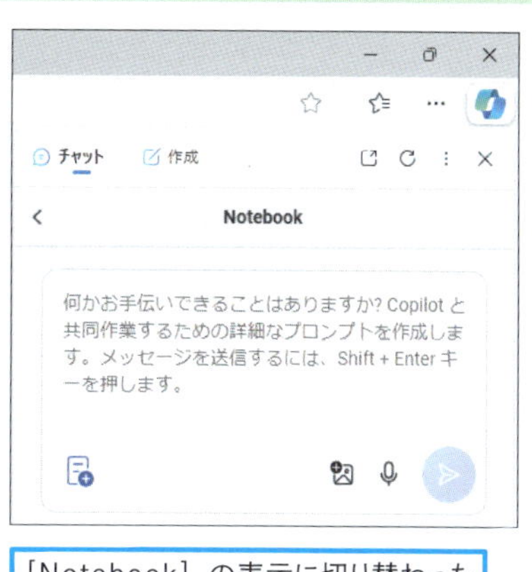

[Notebook]の表示に切り替わった

レッスン

43 長い文章を要約するには

文書の要約

練習用ファイル L43_AI要約.docx

Windows 11で利用できるCopilotの無償版では、最大で18,000文字までの文章を要約できます。長い文章の要点を手早く把握したいときに活用すると便利です。

キーワード

アイコン	P.524
タスクバー	P.527
プロンプト	P.528

文書を自動で要約する

After

Wordの文書を要約できた

小型無人機の進化が停滞していた中、Parrot社のAR Droneが2010年に登場し、クアッドコプターの仕組みとスマートフォンの普及がドローン市場を一変させた。これにより、浮上や飛行、姿勢制御が簡単になった。ドローンの主要構成要素は以下の三つ:

1. **プロペラ**: 標準的な4枚の他に、6枚のヘキサコプターなどもある。
2. **フライトコントローラー**: ドローンの頭脳で、飛行をリアルタイムで制御する。
3. **機体設計**: 用途に応じた設計が重要で、各ベンダーが競争している。

商用ドローンの進化は、フライトコントローラーの性能や機体設計に依存しており、これからも発展が期待される。

1 Wordの文書をコピーする

要約したいWordの文書を開いておく

商用ドローン□はじめの一歩
「ドローンの基本と構成要素について」

●ドローンブームの立役者はクアッドコプターとスマートフォン

ライト兄弟が、はじめての飛行に成功してから約110年。その間に、航空機は数々の進化を遂げてきた。その一方で、小型の無人操縦機の分野では、100年を経ても大きな進化は起きていなかった。現在の4〜8枚のプロペラを搭載したドローンが登場する以前、無線で飛ばす小型の飛行物といえば、飛行機やヘリコプターを模した物が中心だった。そのため、飛行機では滑走路が必要となり、空中で安定した姿勢や方向転換を行うために、高度な操縦技能が必要とされていた。ヘリコプター型の場合も、操縦や運用が厳しいために、農薬散布などの限られた目的に利用されていた。ところが、パリに本社がある Parrot 社が2010年にホビー用のAR-Droneというクアッドコプターを発表すると、市場は一変した。

1 Ctrlを押しながらAキーを押す

2 Ctrlを押しながらCキーを押す

使いこなしのヒント

長い文章の要約にはNotebookを活用する

Copilotのプロンプトには、最大で4,000文字までのテキストを入力できます。Notebookでは、最大18,000文字まで入力できます。長い文章を要約するときは、Notebookを使うと要約結果も編集しやすいので便利です。

2 Copilotで要約する

1 「以下の文書を要約して。」と入力

2 Shift キーを押しながら Enter キーを押す

以下の文章を要約して。
商用ドローン　はじめの一歩
「ドローンの基本と構成要素について」

●ドローンブームの立役者はクアッドコプターとスマートフォン

ライト兄弟が、はじめての飛行に成功してから約110年。その間に、航空機は数々の進化を遂げてきた。その一方で、小型の無人操縦機の分野では、100年を経ても大きな進化は起きていなかった。現在の4～8枚のプロペラを搭載したドローンが登場する以前、無線で飛ばす小型の飛行物といえば、飛行機やヘリコプターを模した物が中心だった。そのため、飛行機では滑走路が必要となり、空中で安定した姿勢や方向転換を行うために、高度な操縦技能が必要とされていた。ヘリコプター型の場合も、操縦や運用が厳しいために、農薬散布などの限られた目的に利用されていた。ところが、パリに本社があるParrot

3 Ctrl キーを押しながら V キーを押す

4 ［送信］をクリック

要約するよ：

小型無人機の進化が停滞していた中、Parrot社のAR Droneが2010年に登場し、クアッドコプターの仕組みとスマートフォンの普及がドローン市場を一変させた。これにより、浮上や飛行、姿勢制御が簡単になった。ドローンの主要構成要素は以下の三つ:

1. **プロペラ**: 標準的な4枚の他に、6枚のヘキサコプターなどもある。
2. **フライトコントローラー**: ドローンの頭脳で、飛行をリアルタイムで制御する。
3. **機体設計**: 用途に応じた設計が重要で、各ベンダーが競争している。

商用ドローンの進化は、フライトコントローラーの性能や機体設計に依存しており、これからも発展が期待される。

要約が表示された

3 内容を修正する

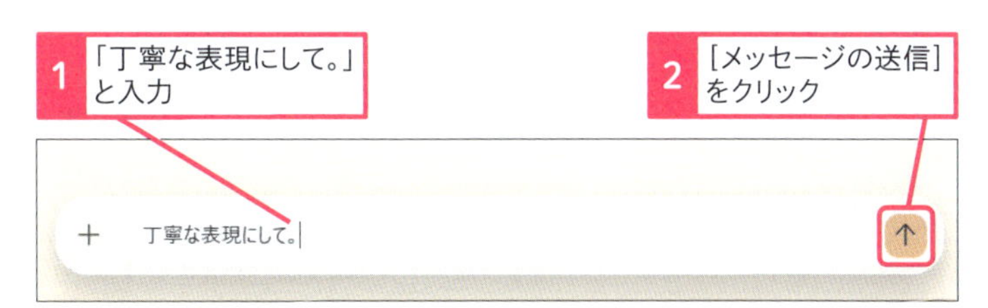

のプロペラを備えたヘキサコプターも存在します。プロペラの数が多いと、飛行中に1枚
のリスクが減少します。

2. **フライトコントローラー**: ドローンの頭脳とも言えるフライトコントローラーは、飛行のための
ルタイムで行い、プロペラの回転を制御します。高性能なフライトコントローラーを搭載
自動飛行や障害物の自動回避が可能で、短時間のトレーニングで操作が可能です
3. **機体設計**: ドローンの用途に応じた機体設計が求められます。空撮用ドローンではカ
計が必要ですし、輸送用のカーゴや検査用のセンサー機器、高速飛行のための翼な

丁寧な表現に修正された

使いこなしのヒント
要約する結果の文字数も指示できる

長い文章を要約するときの質問文に「100文字以内で要約して」のように文字数を指定できます。ただし、Copilotでは内容の要約を優先するので、必ずしも結果が指定した文字数に収まるとは限りません。

使いこなしのヒント
CopilotはWebブラウザーからも利用できる

Copilotは、Webブラウザーからも以下のサイトを開いて利用できます。
https://copilot.microsoft.com/
タスクバーのアイコンから利用しているCopilotへの指示や回答は、Microsoft アカウントで連動しているので、WebブラウザーのCopilotにも反映されます。

使いこなしのヒント
無償版のCopilotでは要約する内容に注意する

無償版のCopilotでは、Notebookやプロンプトに入力されたテキストや音声などのデータは、学習のために利用されます。そのため、個人のプライバシーや企業の機密情報など、外部に漏れると困る情報は入力しないように注意しましょう。

まとめ　Copilotを活用してWordの文書作成を効率化する

長い文章の要約は、Copilotが得意とする活用分野です。長い論文やレポートなども、18,000文字以内ならば無償版のCopilotで要約できます。18,000文字を超えている長文は、分割して要約するか最大80,000語まで対応する有償版を利用します。

レッスン

44 Microsoft 365版で下書きするには

Copilot in Wordで下書き

練習用ファイル　なし

Microsoft 365のWordで、Microsoft Copilot ProやMicrosoft 365 Copilotなどの有償版を契約すると、Wordの編集画面やリボンからCopilot in Wordが使えるようになります。Copilot in Wordでは、編集画面から直接文章の下書きや要約を実行できます。

キーワード

企画書を作ってWordに反映する

After

Word上で文書を生成できた

新規プロジェクト企画書

プロジェクト名: 次世代スマートホームシステム開発

プロジェクト概要

次世代スマートホームシステム開発プロジェクトは、最新のIoT技術を活用し、安全で快適な生活空間を提供することを目的としています。本システムは、家庭内のあらゆるデバイスを一元管理し、エネルギー効率の向上や生活の質の向上を図るものです。

1 プロンプトを入力する

Word・レッスン41の手順2を参考に、[Copilot を使って下書き] ウィンドウを表示しておく

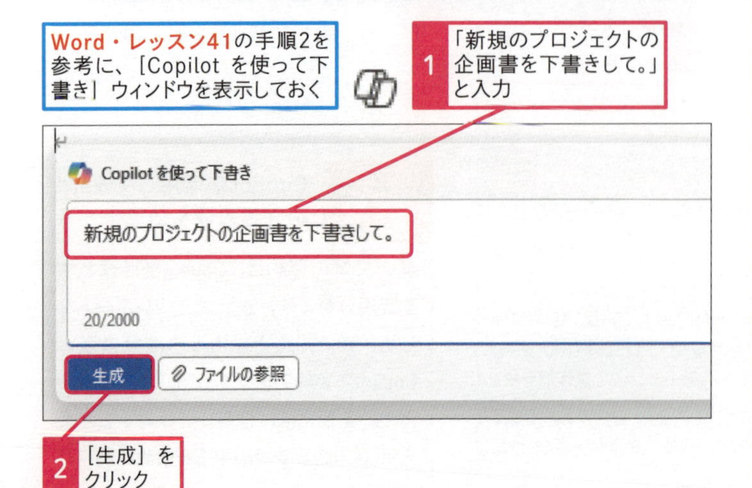

1 「新規のプロジェクトの企画書を下書きして。」と入力

2 [生成] をクリック

使いこなしのヒント

ファイルを参照して下書きするには

[ファイルの参照] を使うと、Wordの文書やPowerPointのスライドから、内容を要約して新しい下書きを生成できます。参照するファイル名は、プロンプトに「/」(スラッシュ) を入力して、直接指定できます。

2 結果を確認する

文書が生成された

新規プロジェクト企画書

プロジェクト名: 次世代スマートホームシステム開発

プロジェクト概要

次世代スマートホームシステム開発プロジェクトは、最新の IoT 技術を活用し、安全で快適な生活空間を提供することを目的としています。本システムは、家庭内のあらゆるデバイスを一元管理し、エネルギー効率の向上や生活の質の向上を図るものです。

目的および目標

目的

- ユーザーの生活を便利にし、安全性を高める。
- エネルギー消費を最適化し、環境負荷を軽減する。
- 市場競争力を高め、企業の成長を促進する。

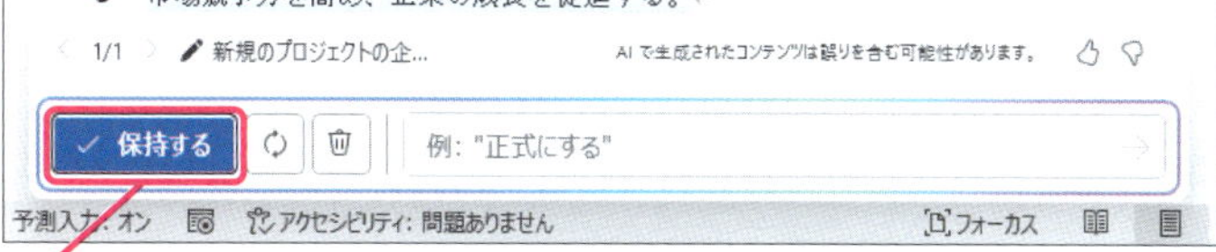

1 ［保持する］をクリック

Wordの文書として確定した

スキルアップ
作業ウィンドウのCopilotを活用しよう

リボンにあるCopilotアイコンを使うと、作業ウィンドウから編集中の文書に対してプロンプトから質問を入力できます。文章の要約やテーマの把握などに使うと便利です。

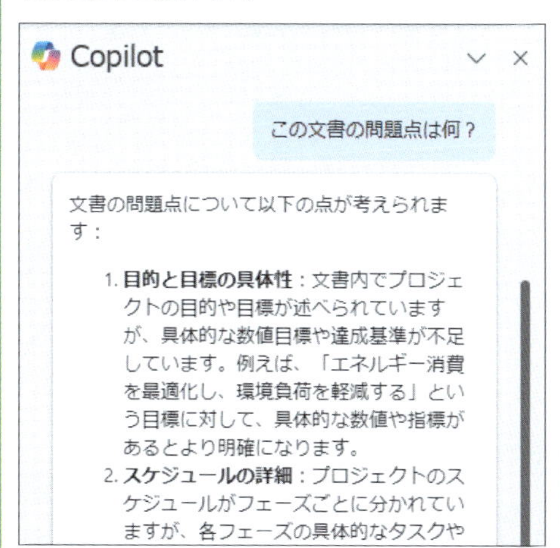

ドキュメントの内容について直接質問を作成できる

使いこなしのヒント
再生成で違う下書きを選ぶには

Copilotで生成された下書きは、［再生成］をクリックすると異なる生成内容を表示します。また［保持する］をクリックするまでは、プロンプトに「もっと親しみやすく」など文体の指示を入力すると、内容を変えて再生成します。

使いこなしのヒント
生成する内容の精度や著作権に注意する

Copilotで生成される文章には、インターネットで公開されている膨大なデータが使われています。一般的なビジネス文書やあいさつ文などは、汎用的な内容が生成されるので、そのまま利用しても著作権などを侵害する可能性は低いでしょう。一方で、時事的な内容や法令に創作的な表現など、生成する内容によっては内容の正確さの確認や、著作権への配慮が必要になります。正確さや著作権に疑問があるときには、生成された文章や単語をミニツールバーの［定義］などで調べて確認するようにしましょう。

まとめ
Copilotが使えるWordは文章の生成や修正が便利になる

WordでCopilotが使えるようになると、編集画面から直接下書きを生成したり、他の文書を参照した生成や要約が可能になります。生成された結果も、編集画面に反映できるので修正も楽になります。頻繁に新しい文章を書く作業や、数多くの文書を要約する必要があるときには、WordでCopilotが使えると便利です。

レッスン

45 文書を自動で書き換えるには

Copilot in Wordで変更

練習用ファイル L45_AI変更.docx

Copilot in Wordは、編集画面に入力されている文章を自動で書き換える［自動書き換え］が使えます。すでに書かれている文章を書き換えたいときや、生成された文章の一部だけを直したいときに使うと、新しい内容が提案されます。

キーワード

Copilot P.524
プロンプト P.528

文書の一部を変更する

After

文書の一部を変更できた

ているのだろうか。その理由は、サイバー攻撃からの守り方の変化にある。これまで多くの企業は「境界線型」の防御モデルを基準に、セキュリティ対策を構築してきた。それは、中世の城塞都市のような守り方になる。企業の管理する情報機器とネッ

Copilot を使って書き換える ＜ 3/3 ＞

多くの企業はこれまで「境界線型」の防御モデルを採用し、中世の城塞のようにセキュリティ対策を構築してきた。

1 書き換えたい部分を選択する

●「SASE(サシー)」が提唱された背景にある旧来の防御方法

コロナ禍の中でテレワークが急増したことで、なぜサイバー攻撃による被害が発生しているのだろうか。その理由は、サイバー攻撃からの守り方の変化にある。これまで多くの企業は「境界線型」の防御モデルを基準に、セキュリティ対策を構築してきた。それは、中世の城塞都市のような守り方になる。企業の管理する情報機器とネットワークを外部の通信と遮断し、社内でパソコンを使う人たちが、安心して作業できる環境を整備してきた。専門用語でLAN(ローカルエリアネットワーク)と呼ばれる技術で、社内や構内という閉じたエリアでのみ利用できるネットワークを使っていた。そして、構内のネットワークが外部のインターネットを利用する出入り口も一箇所に集中させて、そこを強固に守ることでサイバー攻撃を防いできた。その出入り口には、不正なアクセスを遮断するための防護壁となるファイヤーウォールや、侵入する不審なデータを検知するIDSやIPSという侵入検知や防御システムを組み合わせて、

1 書き換えたい部分を選択

使いこなしのヒント

文章から表にも自動で変換できる

Copilot in Wordによる書き換えは文章から文章の他に、文章から表へも変換できます。数字などを含む文章で利用すると、視覚的な表として書き換えられます。

2 自動で書き換える

1 [Copilotを使って書き換え]をクリック

コロナ禍の中でテレワークが急増したことで、なぜサイバー攻
ているのだろうか。その理由は、サイバー攻撃からの守り方の
多くの企業は「境界線型」の防御モデルを基準に、セキュリテ
た。それは、中世の城塞都市のような守り方になる。企業の管
変更する(M)...
自動書き換え
表(T)として視覚化
部の通信と遮断し、社内でパソコンを使う人たち
してきた。専門用語でLAN(ローカルエリアネット
構内という閉じたエリアでのみ利用できるネット
そして、構内のネットワークが外部のインターネットを利用す
集中させて、そこを強固に守ることでサイバー攻撃を防いでき

2 [自動書き換え]をクリック

書き換えの候補が表示された

3 ここをクリックして候補を選択

コロナ禍の中でテレワークが急増したことで、なぜサイバー攻撃による被
ているのだろうか。その理由は、サイバー攻撃からの守り方の変化にある
多くの企業は「境界線型」の防御モデルを基準に、セキュリティ対策を構
た。それは、中世の城塞都市のような守り方になる。企業の管理する情報

Copilot を使って書き換える < 3/3 >
多くの企業はこれまで「境界線型」の防御モデルを採用し、中世の城塞のようにセキュリティ対策を構
AI で生成されたコンテンツは誤りを含む可能性があります。
置き換え　下に挿入

4 [置き換え]をクリック

ているのだろうか。その理由は、サイバー攻撃からの守り方の変化にある。多くの企業はこれまで「境界線型」の防御モデルを採用し、中世の城塞のようにセキュリティ対策を構築してきた。企業の管理する情報機器とネットワークを外部の通信と遮断し、社内でパソコンを使う人たちが、安心して作業できる環境を整備してきた。専門用語でLAN(ローカルエリアネットワーク)と呼ばれる技術で、社内や構内という閉じたエリアでのみ利用できるネットワークを使っていた。そして、構内のネットワーク

選択した部分が書き換えられた

使いこなしのヒント

変更と書き換えはどう違うの?

[変更する]を選ぶと、選択している文章に対してプロンプトから書き換え方法を指示できます。文体を変えたいとか、よりフォーマルな表現にするなど、細かい指示で書き換えたいときに使います。

使いこなしのヒント

文章のトーンも調整できる

Copilot in Wordで書き換えられた変更の候補に対して、文章のトーンも再指定できます。標準で生成される[普通]の他に、[カジュアル][専門家][関係][創造的]という4つのトーンが指定できます。

まとめ　Copilotを賢く使って文章の仕上がりを高める

Copilotによる生成AIの活用では、簡単な指示からの下書きの創作、長い文章の要約、既存の文章の書き換え、といった便利な使い方ができます。Copilotに指示する内容を工夫すれば、企画書や提案書、プロジェクトの計画など、さまざまな用途に合わせた文書の下書きも可能です。また既存の文書もCopilotを活用して、内容の問題を抽出したり、文章のトーンや表現を書き換えて、読み手の注目度や文書全体の仕上がりを高められます。

この章のまとめ

用途に合わせてCopilotを使い分けよう

Copilotは有償版を契約していなくても、Windows 11のアイコンやWebブラウザーから無料で利用できます。簡単な文章の生成や要約であれば、無償版でも役に立ちます。またWordでCopilotを使えるようになると、編集画面から直接使えるようになるので、編集作業の効率があがります。Copilotは、Wordでどのくらい文章を生成したり要約するかという頻度を考えて、用途に合わせて無償版と有償版を使い分けるといいでしょう。

翼など、多様な設計が求められる。さらに、長時間飛行のための新技術や軽量素材の採用など、機体設計は商用ドローンの成否を大きく左右する要素となっている。この分野で、より革新的な機体が登場すれば、ドローンを取り巻く産業は、さらに大きな発展を遂げる。そして、日本では商用目的を中心として、大手メーカーやベンチャー企業が、独自のドローン設計を競っている。

要約するよ：

小型無人機の進化が停滞していた中、Parrot社のAR Droneが2010年に登場し、クアッドコプターの仕組みとスマートフォンの普及がドローン市場を一変させた。これにより、浮上や飛行、姿勢制御が簡単になった。ドローンの主要構成要素は以下の三つ:

1. **プロペラ**: 標準的な4枚の他に、6枚のヘキサコプターなどもある。
2. **フライトコントローラー**: ドローンの頭脳で、飛行をリアルタイムで制御する。
3. **機体設計**: 用途に応じた設計が重要で、各ベンダーが競争している。

商用ドローンの進化は、フライトコントローラーの性能や機体設計に依存しており、これからも発展が期待される。

思っていたよりも簡単に使えてびっくりしました！

でしょう！　生成AIは難しいものではないんです。習うより慣れろ、ですよ。

著作権や内容の正確さについては要注意ですね。

ええ。AIが作ったものをそのままにしないで、必ずチェックしましょう。

Word

活用編

第7章

レイアウトに凝った文章を作るには

Wordをもっと便利に使いこなすために、この章では音声入力や翻訳、行間やインデントにルーラーなど、踏み込んだ機能や活用テクニックを紹介します。効率の良い文章の入力やレイアウトに欠かせないルーラーの活用など、凝ったレイアウトに役立つWordの秘訣を解説します。

レッスン
46 Introduction この章で学ぶこと Wordを使いこなすコツ

キーボードの操作が苦手な人は、音声入力を使うと文章を作成する時間を短縮できるでしょう。また、チームや組織で文書を仕上げていくときには、変更履歴やコメントがとても役に立ちます。これらの操作を覚えると、文書作りや共同編集の効率が向上します。

Wordの便利な機能を使う

この章はWordの……せ、先生！　何してるんですか？

ああ、見られてしまった……！　いや実は、Wordで日記をつけてるんだけど、その、音声で入力をね……。

えっ、音声入力！　めっちゃ便利そうですね！

あ、うん、そうだね。この章ではWordの便利な機能をいろいろ紹介します（日記のことは忘れてー！）。

Windows 11で便利になった音声入力

Wordで音声入力を行う方法はいくつかありますが、ここではWindows 11に標準搭載されている音声入力を紹介します。なんと、ショートカットキーで起動できるんですよ。

文字を自由自在に配置する

この章の一番のポイントはこのルーラー。スペースを使わずに文字や文章、段落の配置を自由に調整できるんです。

こういう仕組みだったんですね。長年のナゾがとけました！

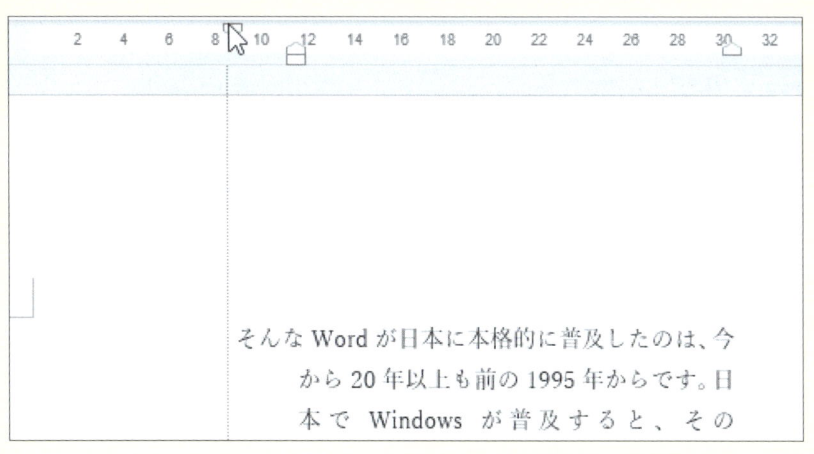

文書の見栄えを整えるコツも満載

この章では他にも、ヘッダーやフッター、段組み、アイコンの追加なども説明します。文書の見栄えががらっと変わりますよ！

すっきりとして読みやすくなりますね。全部マスターしたいです！

はじめに

テレワークへの移行を積極的に推進する大手企業が増えていく傾向にあって、遅れているのが中小企業になる。一部の IT に特化している中小企業を除けば、多くの中小企業はテレワークを実践できる環境が整っていない。東京商工リサーチが国内 2 万 1,741 社に実施したアンケートによれば、自粛要請が出ていた期間に、在宅勤務を実施した企業は 2 万 1,408 社中の 1 万 1,979 社(55.9%)だった。企業規模での実施比率を見てみると、大企業の 83.3%に対して、中小企業は 50.9%と少ない。その理由は、社内インフラの未整備や人員不足だと推察されている。

(https://www.soumu.go.jp/johotsusintokei/whitepaper/ja/r03/html/nd123410.html)

レッスン

47 音声で入力するには

音声入力　練習用ファイル　なし

Windows 11の音声入力を使って、Wordでは文章を「声」で入力できます。キーボードの操作に不慣れでも、声にするだけで編集画面に文字を入力できるので、文書作成の効率が大きく向上します。

🔑 キーワード

Microsoft 365	P.524
リボン	P.529

音声で文字を入力する

Before

キーボードではなく音声で文字を入力したい

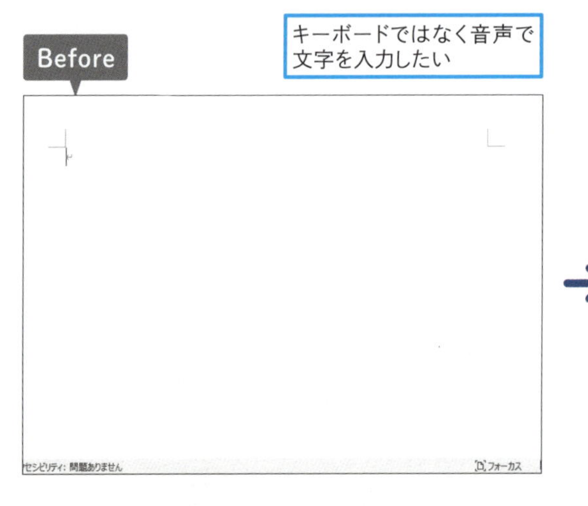

→

After

音声で文字が入力された

スキルアップ

Microsoft 365の場合は「ディクテーション」ツールが使える

このレッスンの画面では、Word 2024を例に解説しています。Microsoft 365のWordを使っているときには、⊞+Hキーではなく、リボンにある［ディクテーション］から、音声入力を開始できます。

◆ディクテーション

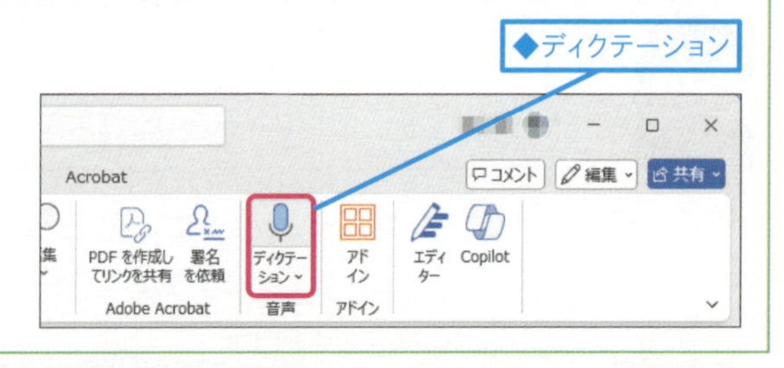

使いこなしのヒント

スマートフォンなどで音声入力するには

Windowsではなく、スマートフォンで音声入力するには、Wordのアプリをスマートフォンにインストールします。スマートフォンから音声入力したドキュメントは、MicrosoftアカウントでOneDriveに保存した文書ファイルとして連携すると、パソコンのWordでも利用できます。

1 音声で入力する

Wordを起動して、新規文書を作成しておく

1 ⊞キーを押しながら、Hキーを押す

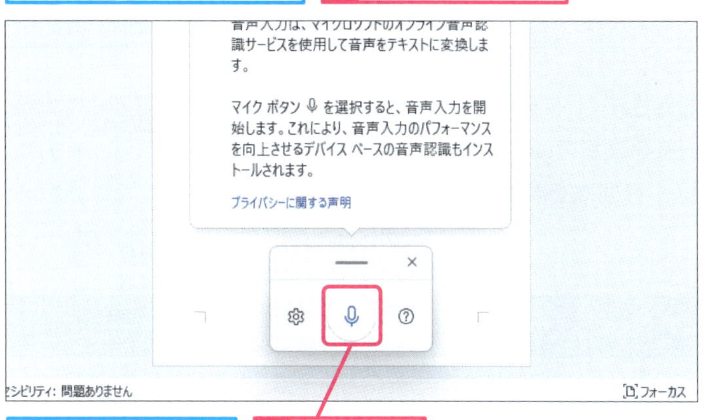

Microsoftの音声認識サービスが起動した

2 ここをクリック

［聞き取り中］と表示された

3 マイクに向かって「テレワークへの移行を」と発声

音声で文字が入力された

音声入力を終了するにはここをクリックする

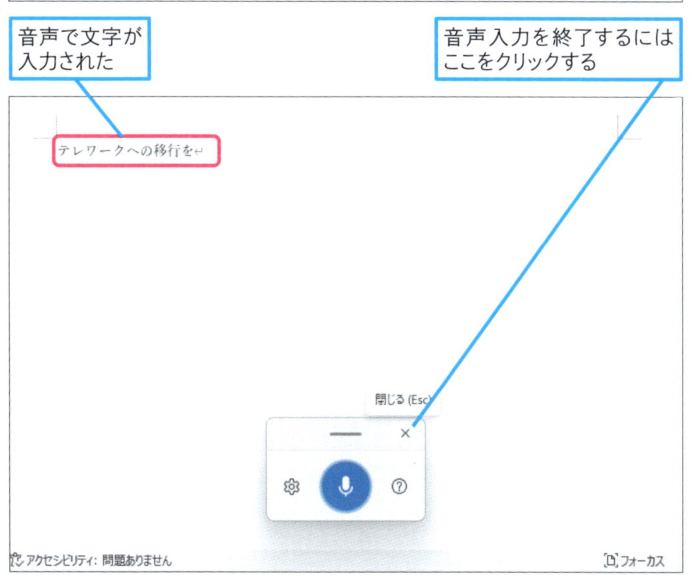

使いこなしのヒント

音声入力をセットアップするには

⊞+Hで音声入力が機能しないときには、Windowsの［設定］から、音声入力をセットアップします。

使いこなしのヒント

長い文章を音声入力するときには

長い文章を音声入力しようとすると、途中で途切れてしまうことがあります。そのときには、音声入力の［設定］で、句読点の自動挿入をオンにしましょう。

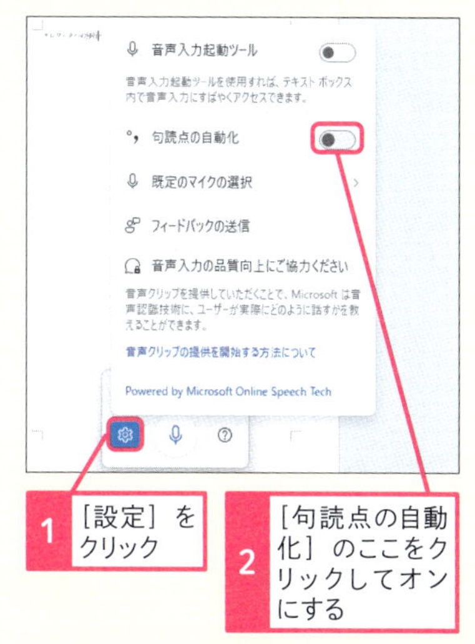

1 ［設定］をクリック

2 ［句読点の自動化］のここをクリックしてオンにする

まとめ 音声入力を活用して入力の作業を効率化する

Wordの音声入力は、自分の話した「声」だけではなく、録音した音声や動画などもパソコンのマイクで聞き取れるならば、文章として入力できます。音声入力を活用すると、会議での会話や講演内容などを文字として残せるようになります。ただし、音声入力では会話している人物を区別できません。また、AI（人工知能）による日本語の解析も100％ではないので、入力された文章は、後から編集する必要があります。

レッスン

48 行間を調整するには

行間の調整

練習用ファイル　L048_行間の調整.docx

標準的なWordの文書では、行間隔が1.0に設定されています。1.0は上下の文章が重ならない間隔になります。長い文章では、行間隔が狭いと読みにくくなります。そのときには、行間隔を調整して上下の行間に隙間が空くようにしましょう。

キーワード

ダイアログボックス	P.527
段落	P.527
ホーム	P.529

文章の行間を広げる

Before

行間が詰まっていて読みづらいので、行間を広げたい

ライト兄弟が、はじめての飛行に成功してから約 110 年。そ
を遂げてきた。その一方で、小型の無人操縦機の分野では、10
きていなかった。現在の 4~8 枚のプロペラを搭載したドロー
ばす小型の飛行物といえば、飛行機やヘリコプターを模した物
行機では滑走路が必要となり、空中で安定した姿勢や方向転換
能が必要とされていた。ヘリコプター型の場合も、操縦や運用
どの限られた目的に利用されていた。ところが、パリに本社が
ビー用の AR Drone というクアッドコプターを発表すると、
AR Drone は、4 枚のプロペラを回転させて浮上と飛行を行う
りが 2 枚、半時計回りが 2 枚、それぞれ対角線上に配置され

After

行間が広がった

ライト兄弟が、はじめての飛行に成功してから約 110 年。そ
を遂げてきた。その一方で、小型の無人操縦機の分野では、10
きていなかった。現在の 4~8 枚のプロペラを搭載したドロー
ばす小型の飛行物といえば、飛行機やヘリコプターを模した物
行機では滑走路が必要となり、空中で安定した姿勢や方向転換
能が必要とされていた。ヘリコプター型の場合も、操縦や運用
どの限られた目的に利用されていた。ところが、パリに本社が
ビー用の AR Drone というクアッドコプターを発表すると、

使いこなしのヒント

行間を数値で設定する

行間隔は、1.0から3.0までの数値を選ぶだけではなく、行間のオプションから任意の数値を設定できます。既定値の行間では、文章の読みにくさが改善されないときには、数値を調整してみましょう。

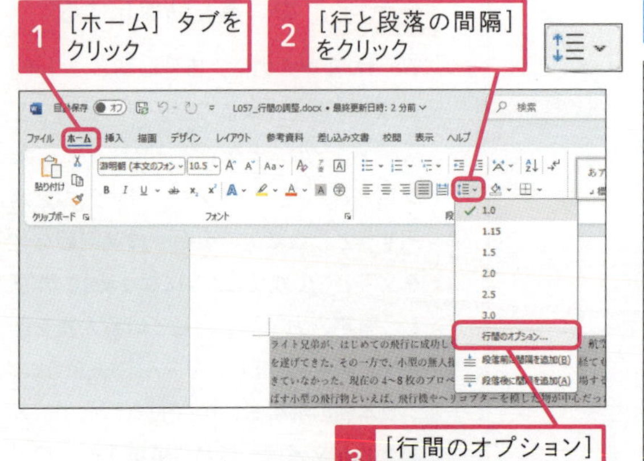

［段落］ダイアログボックスが表示された

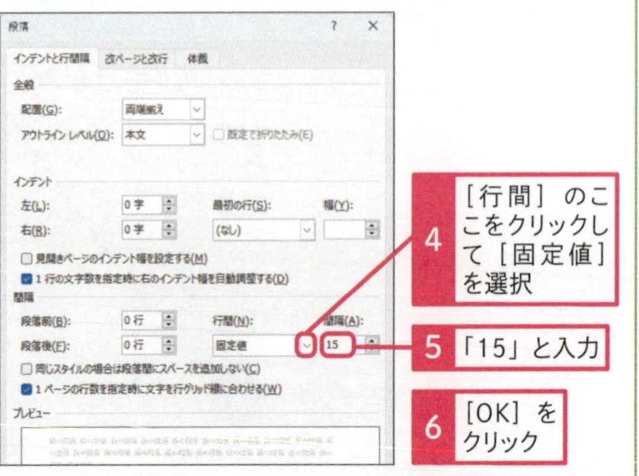

1 行間を広げる

行間が詰まっていて読みづらい

Word・レッスン24を参考に文章全体を選択しておく

ライト兄弟が、はじめての飛行に成功してから約110年。その間に、航空機は数々の進化を遂げてきた。その一方で、小型の無人操縦機の分野では、100年を経ても大きな進化は起きていなかった。現在の4~8枚のプロペラを搭載したドローンが登場する以前、無線で飛ばす小型の飛行物といえば、飛行機やヘリコプターを模した物が中心だった。そのため、飛行機では滑走路が必要となり、空中で安定した姿勢や方向転換を行うために、高度な操縦技能が必要とされていた。ヘリコプター型の場合も、操縦や運用が厳しいために、農薬散布などの限られた目的に利用されていた。ところが、パリに本社がある Parrot 社が2010年にホビー用の AR.Drone というクアッドコプターを発表すると、市場は一変した。↵
AR.Drone は、4枚のプロペラを回転させて浮上と飛行を行う。4枚のプロペラは、時計回りが2枚、半時計回りが2枚、それぞれ対角線上に配置されている。異なる回転方向を対角に配置することで、プロペラの回転によって生じる機体の回転を相殺する。その結果、4枚のプロペラの回転数を同時に上げていけば、浮力が得られる。↵
そして、均等に回転しているプロペラの回転数を一部だけ変化させると、機体を傾けることが可能になり、その傾きを利用して方向転換や姿勢制御を行う。プロペラで浮上するといえば、ヘリコプターが有名だが、その仕組みは大きく違う。クアッドコプターは、固定ピッチと呼ばれる角度の固定されたプロペラを使い、モーターの回転数で浮力を調整する。それに

1 [ホーム]タブをクリック

2 [行と段落の間隔]をクリック

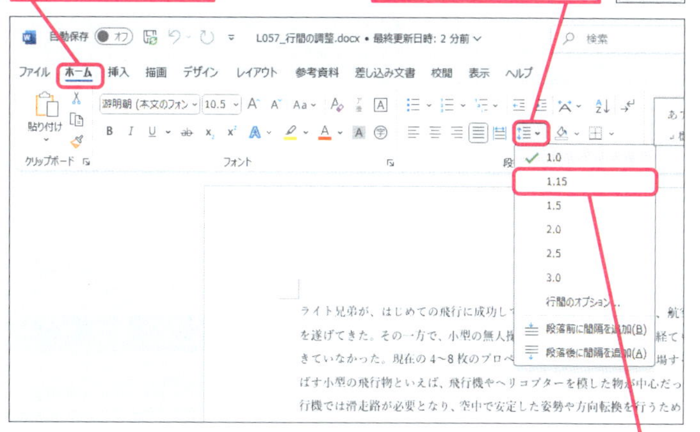

3 [1.15]をクリック

4 ここをクリック

行間が広がって読みやすくなった

ライト兄弟が、はじめての飛行に成功してから約110年。その間に、航空機は数々の進化を遂げてきた。その一方で、小型の無人操縦機の分野では、100年を経ても大きな進化は起きていなかった。現在の4~8枚のプロペラを搭載したドローンが登場する以前、無線で飛ばす小型の飛行物といえば、飛行機やヘリコプターを模した物が中心だった。そのため、飛行機では滑走路が必要となり、空中で安定した姿勢や方向転換を行うために、高度な操縦技能が必要とされていた。ヘリコプター型の場合も、操縦や運用が厳しいために、農薬散布などの限られた目的に利用されていた。ところが、パリに本社がある Parrot 社が2010年にホビー用の AR Drone というクアッドコプターを発表すると、市場は一変した。↵
AR Drone は、4枚のプロペラを回転させて浮上と飛行を行う。4枚のプロペラは、時計回りが2枚、半時計回りが2枚、それぞれ対角線上に配置されている。異なる回転方向を対角に配置することで、プロペラの回転によって生じる機体の回転を相殺する。その結果、4枚のプロペラの回転数を同時に上げていけば、浮力が得られる。↵
そして、均等に回転しているプロペラの回転数を一部だけ変化させると、機体を傾けることが可能になり、その傾きを利用して方向転換や姿勢制御を行う。プロペラで浮上するといえ

使いこなしのヒント

段落の前後にも間隔を空けられる

行と行の間隔は、連続した文章に対して設定できるだけではなく、改行で区切られた段落ごとにも設定できます。また、[段落]ダイアログボックスでは、段落の前後にも0.5単位で行間を設定できます。

使いこなしのヒント

最初から行間を空ける場合は

このレッスンでは文章の行間を調整しています。入力された文章全体の行間を調整するには、文章を Ctrl + A キーなどですべて選択してから、行間を設定します。また、最初から行間を空けた文章を入力したいときには、文書の1行目に行間を設定しておきましょう。

まとめ 文章の読みやすさは行間が大切

横書きの文章では、上下の行の幅が狭いと読んでいる行を取り違えるなど、読みにくくなります。そこで、適度に行と行の間隔を空けると、読みやすさが改善されます。ただし、行間を空けてしまうと、改行した行の間隔も広くなってしまいます。読みやすさを改善しつつ、段落と段落のメリハリもつけたいときには、行だけではなく段落の前後にも間隔を設定しましょう。行と段落の間隔が適度に調整された文章は、さらに読みやすくなります。

レッスン

49 ルーラーの使い方を覚えよう

ルーラーとインデント

練習用ファイル L049_ルーラーとインデント.docx

ルーラーは、編集画面に設定されている文章のレイアウトを確認したり変更したりするために利用する定規のような機能です。文章の左右寄せや字下げなどを思い通りに操作するためには、ルーラーの表示と操作は必須です。

キーワード

インデント	P.525
タブ	P.527
ルーラー	P.529

ルーラーを利用してインデントを設定する

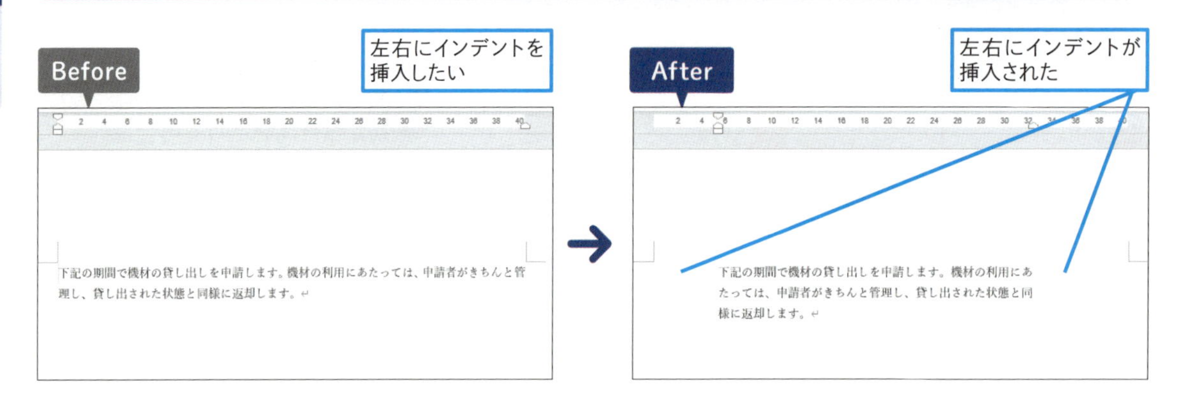

使いこなしのヒント

ルーラーの画面を確認しよう

ルーラーには、レイアウトの目安となる文字数のゲージと、左右インデントを意味する記号が表示されています。それぞれの表示の意味は次のようになります。

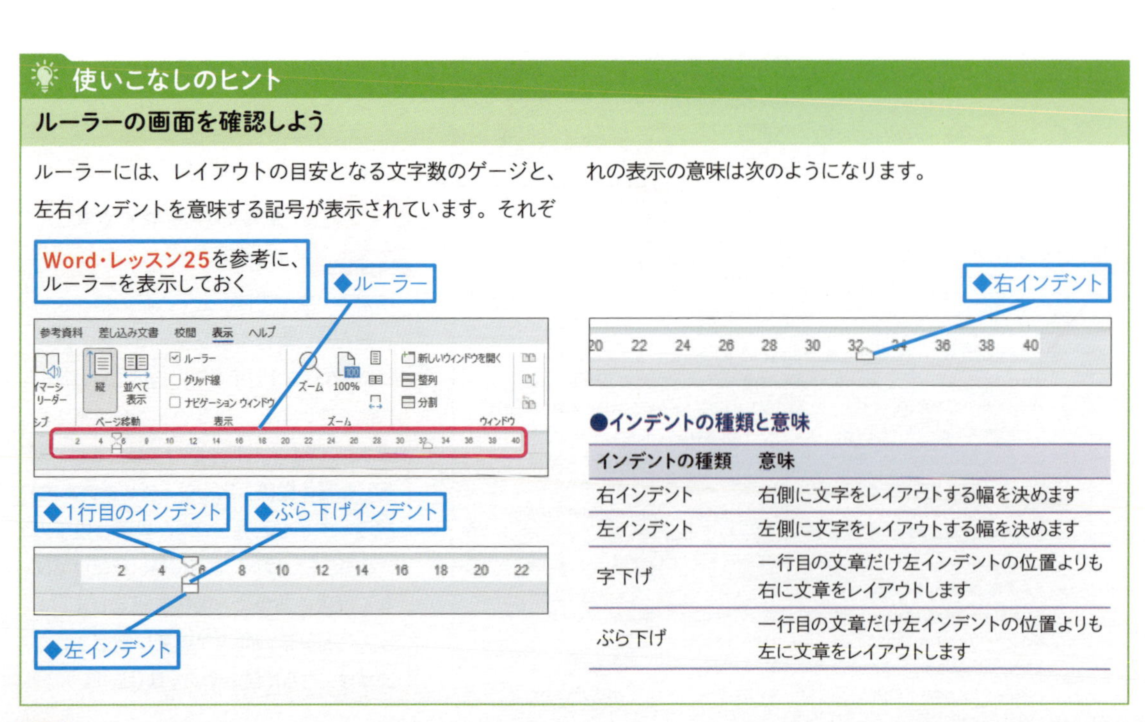

●インデントの種類と意味

インデントの種類	意味
右インデント	右側に文字をレイアウトする幅を決めます
左インデント	左側に文字をレイアウトする幅を決めます
字下げ	一行目の文章だけ左インデントの位置よりも右に文章をレイアウトします
ぶら下げ	一行目の文章だけ左インデントの位置よりも左に文章をレイアウトします

ルーラーを使用するメリット

ルーラーを使うと、字下げや文字寄せに左右余白などの設定をマウスだけで操作できるようになります。また、設定されているレイアウトの条件を視覚的に確認できます。

● ルーラーを使用したレイアウト

左ルーラーと右ルーラーで、文字の左右をレイアウトしている

1 「機材」の前に「また、」と入力する

下記の期間で機材の貸し出しを申請します。機材の利用にあたっては、申請者がきちんと管理し、貸し出された状態と同様に返却します。

左右の幅が一定なので、内容を修正してもレイアウトが崩れない

下記の期間で機材の貸し出しを申請します。また、機材の利用にあたっては、申請者がきちんと管理し、貸し出された状態と同様に返却します。

● スペースと改行を使用したレイアウト

スペースと改行で強引にレイアウトしている

1 「機材」の前に「また、」と入力する

下記の期間で機材の貸し出しを申請します。機材の利用にあたっては、申請者がきちんと管理し、貸し出された状態と同様に返却します。

右にまだ入力できるスペースがあるので、右が揃わずレイアウトが崩れた

下記の期間で機材の貸し出しを申請します。また、機材の利用にあたっては、申請者がきちんと管理し、貸し出された状態と同様に返却します。

使いこなしのヒント

ルーラーにタブを設定するには

ルーラーの任意の位置をマウスでクリックすると、タブを設定できます。標準の設定では、左揃えタブが設定されますが、ルーラーの左端のタブ切り替えをクリックすると、その他のタブやインデントに切り替えられます。

1 [1行目のインデント] のアイコンが表示されるまで、ここを何度かクリック

[1行目のインデント] のアイコンが表示された

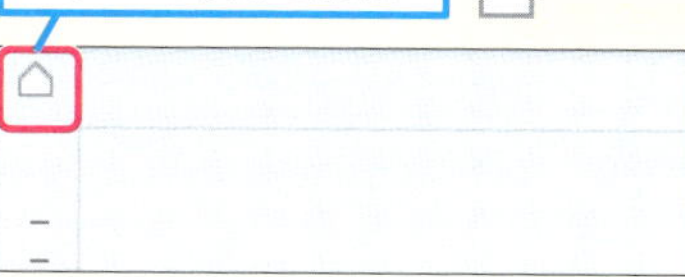

2 ルーラーの [8] をクリック

1行目が指定した位置でインデントされた

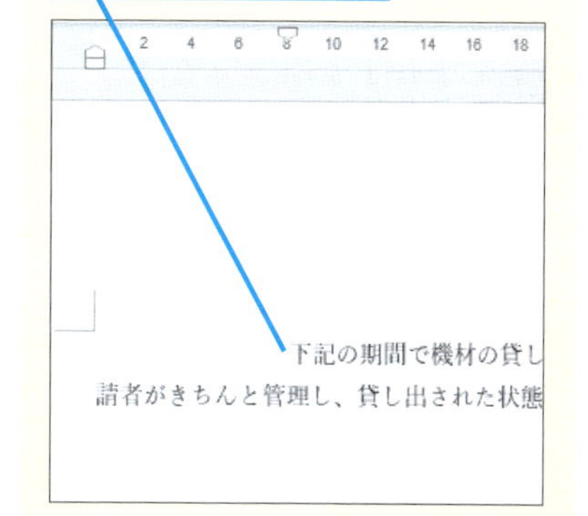

次のページに続く

1 ルーラーでインデントを挿入する

Word・レッスン25を参考に、ルーラーを表示しておく

1 インデントを挿入する文章をドラッグで選択

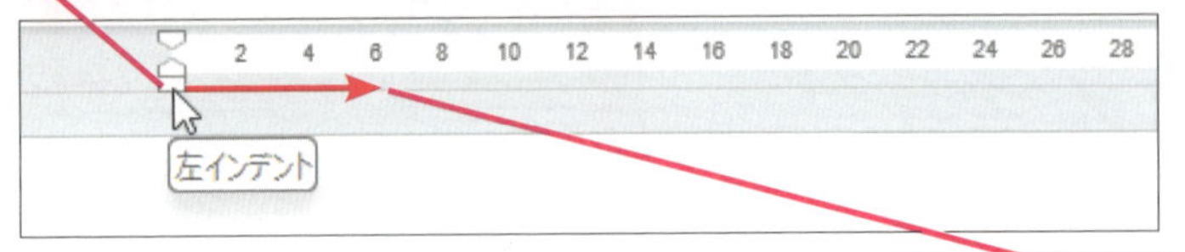

2 ［左インデント］と表示されるところにマウスポインターを合わせる

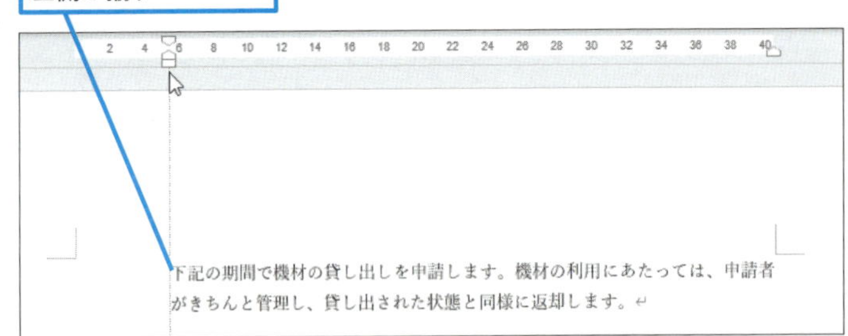

3 右にドラッグ

点線の位置に文章の左側が揃う

下記の期間で機材の貸し出しを申請します。機材の利用にあたっては、申請者がきちんと管理し、貸し出された状態と同様に返却します。

使いこなしのヒント
PowerPointにもルーラーがある

PowerPointでも、ルーラーを表示できます。本レッスンで解説しているように、レイアウトの設定を確認したり、左右の文字寄せを調整したりできます。

使いこなしのヒント
Excelにもルーラーがある

Excelのページレイアウトビューを利用すると、ルーラーを表示できますが、Wordのように使うことはできません。Excelのセルにもインデントは設定できますが、Wordのようにルーラーで設定を確認したり修正したりはできません。

使いこなしのヒント
ルーラーの表示をmm単位に切り替えるには

［Wordのオプション］の［詳細設定］から［単位に文字幅を使用する］のチェックマークを外すと、ルーラーに表示される数字の単位がmmに切り替わります。より正確な数値でインデントや左右寄せを設定したいときには、mm表示にしておくと便利です。

1 ［ファイル］タブをクリック

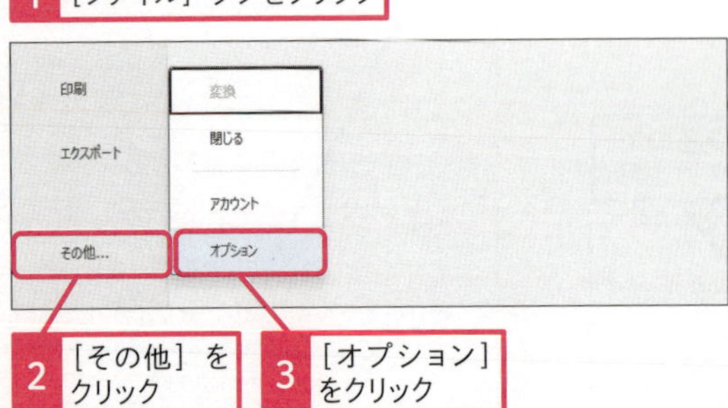

2 ［その他］をクリック

3 ［オプション］をクリック

4 ［詳細設定］をクリック

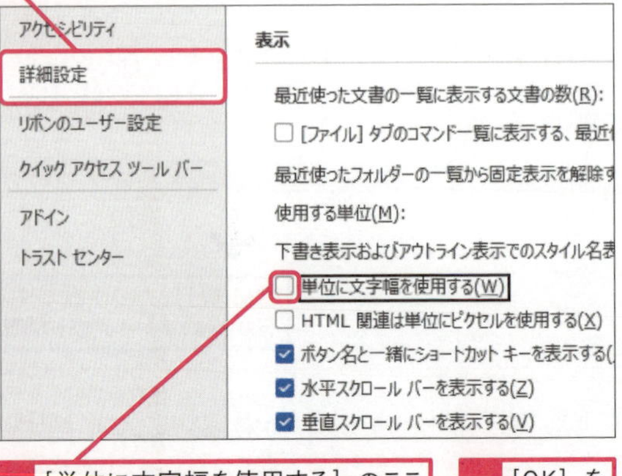

5 ［単位に文字幅を使用する］のここをクリックしてチェックマークを外す

6 ［OK］をクリック

● 右インデントを挿入する

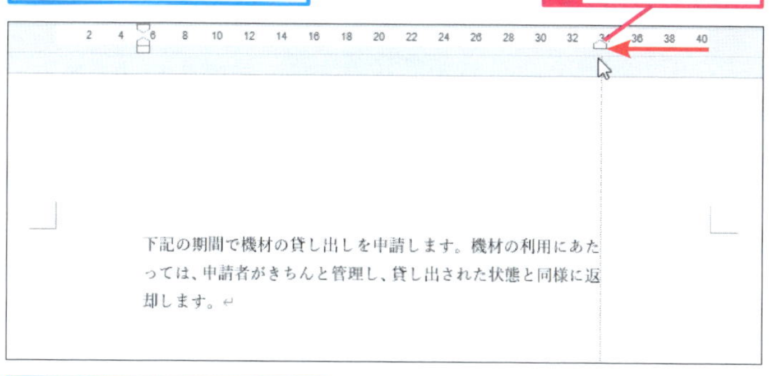

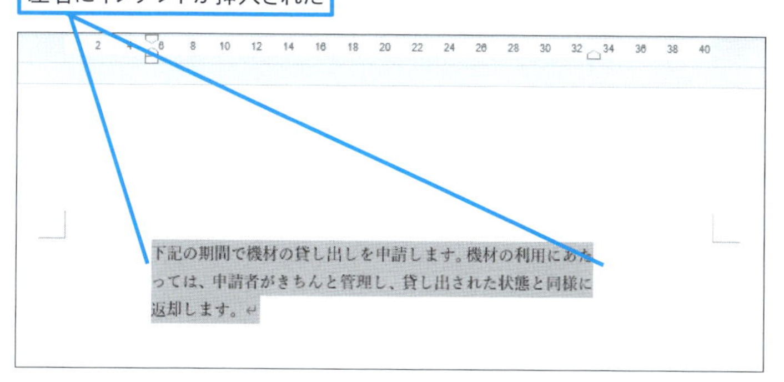

まとめ ルーラーは常に表示しておこう

デザインに優れた文書作りにおいて、ルーラーの表示は必須です。ルーラーが表示されていなければ、文章がどのような設定で字下げや右寄せされているのか、容易に確かめられません。また、文字の左右揃えもルーラーに設定されている左右のインデントが基準になっているので、意図しない左右や中央揃えになったときにも、ルーラーが表示されていると理由をすぐに確認できます。

スキルアップ

［段落］ダイアログボックスでさまざまな設定ができる

［段落］ダイアログボックスを開くと、ルーラーに設定されているインデントや字下げの内容を正確な数値で確認できます。また、このダイアログボックスでは、インデントを20mmなど正確な数値で入力できます。

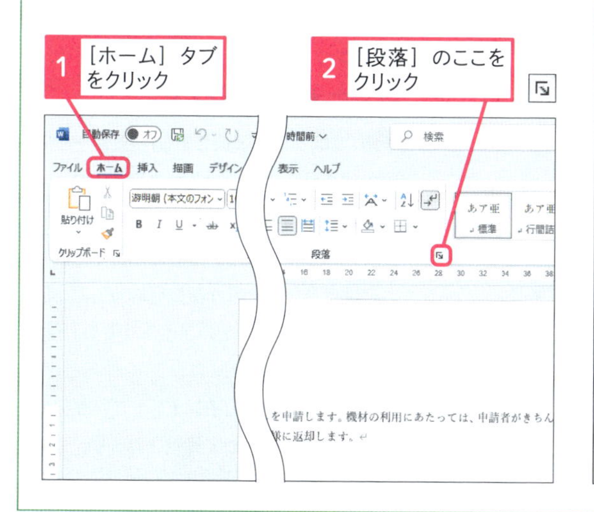

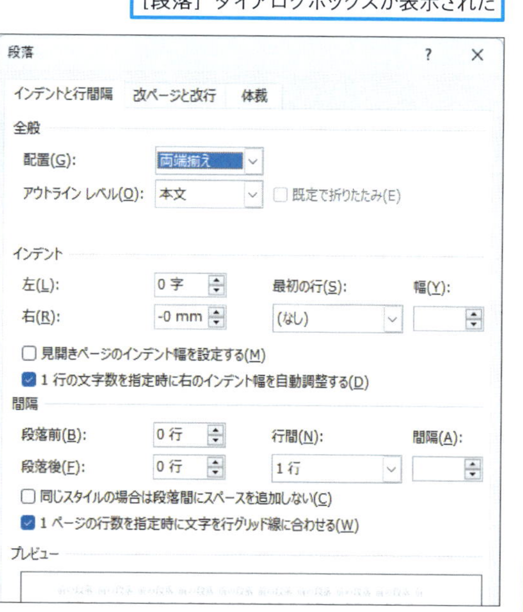

レッスン
50 インデントを使って字下げを変更するには

字下げの変更

練習用ファイル 手順見出しを参照

字下げはリボンにあるインデントの増減ボタンで、1文字ずつ調整できますが、ルーラーを使うとマウスの操作だけで任意の位置に変更できます。また、複数の段落にも、ルーラーならばまとめてインデントを設定できます。

キーワード

インデント	P.525
タブ	P.527
ルーラー	P.529

文頭を1文字下げる

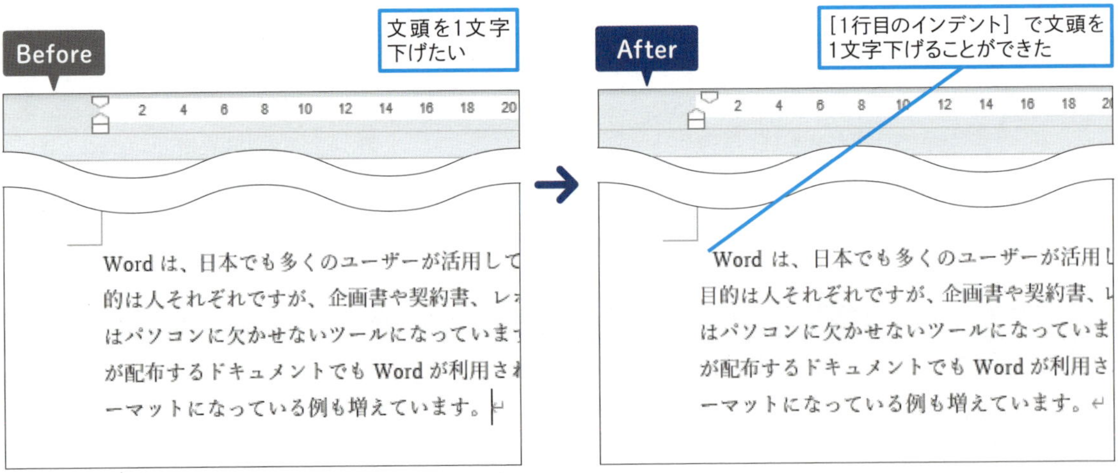

Before

文頭を1文字下げたい

Word は、日本でも多くのユーザーが活用して
的は人それぞれですが、企画書や契約書、レポ
はパソコンに欠かせないツールになっていま
が配布するドキュメントでも Word が利用され
ーマットになっている例も増えています。

After

[1行目のインデント] で文頭を1文字下げることができた

Word は、日本でも多くのユーザーが活用し
目的は人それぞれですが、企画書や契約書、レ
はパソコンに欠かせないツールになっていま
が配布するドキュメントでも Word が利用さ
ーマットになっている例も増えています。

1 文頭を1文字だけ字下げする

L050_字下げの変更_01.docx

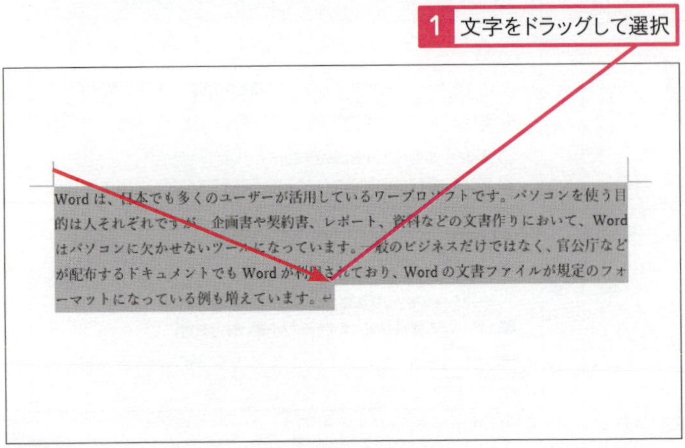

1 文字をドラッグして選択

Word は、日本でも多くのユーザーが活用しているワープロソフトです。パソコンを使う目的は人それぞれですが、企画書や契約書、レポート、資料などの文書作りにおいて、Word はパソコンに欠かせないツールになっています。一般のビジネスだけではなく、官公庁などが配布するドキュメントでも Word が利用されており、Word の文書ファイルが規定のフォーマットになっている例も増えています。

使いこなしのヒント

インデントの設定は段落を単位に機能する

手順1では文字を選択しましたが、ルーラーに設定されるインデントによる文字のレイアウトは、改行記号までの複数行にわたって有効に機能します。そのため、インデントを設定したい文章が複数行あっても、改行されていない段落のまとまりであれば、その文章のどこかにカーソルがあれば、ルーラーに設定したインデントが、複数行の段落全体にわたって設定されます。

● インデントを実行する

2 ［1行目のインデント］と表示されるところにマウスカーソルを合わせる

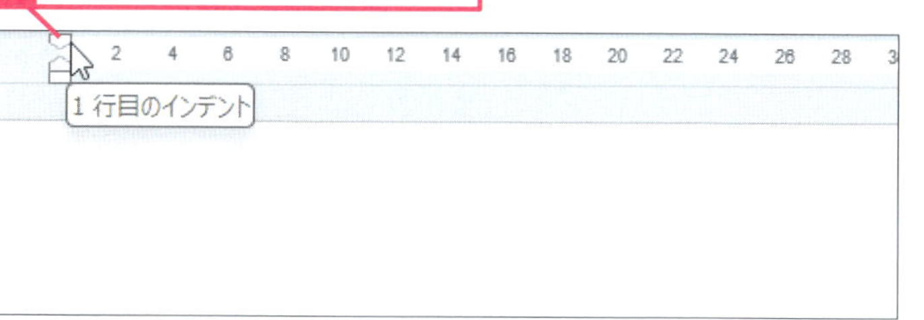

3 右にドラッグ

点線の位置から1行目が始まる

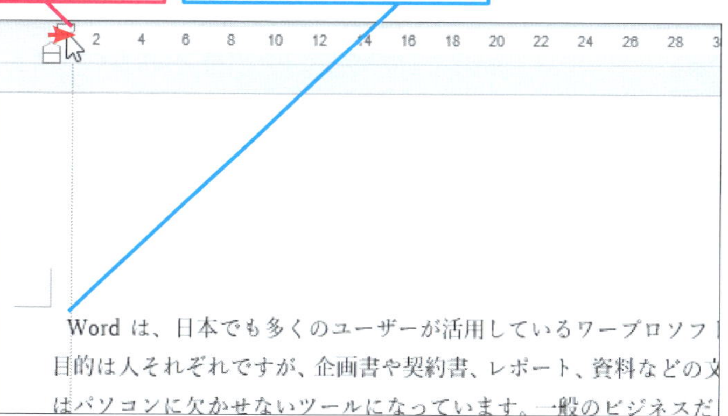

文頭が1文字だけ字下げされる

使いこなしのヒント

インデントの設定は書式としてコピーできる

書式のコピーと貼り付けを使うと、段落に設定されたインデントを他の段落にもコピーできます。

使いこなしのヒント

行頭のスペースには空白を利用しない

インデントによる字下げの方法を知らないと、行頭の1文字を下げるために、スペースバーで空白を挿入してしまいます。空白による字下げは、1文字程度であれば、それほどレイアウトに影響は与えませんが、文章を右に寄せるために空白をいくつも挿入してしまうと、後から文章を修正したときに、空白による再調整が必要になります。文章の字下げは、空白で調整しないで、ルーラーの左インデントを組み合わせて、左側の位置を決めましょう。

1行目と文章全体のインデントを設定する

Before

文頭の「そんな」だけ左にぶら下げたい

そんな Word が日本に本格的に普及したのは、今から 20 年以上も前の 1995 年からです。日本で Windows が普及すると、その Windows で利用できるワープロソフトとして、Word は広く使われてきました。あるいは、Word を使うために Windows を導入した企業も多くありました。そして、本書で解説している Word 2016 は、Windows 10 だけではなく、Windows 8.1/8 や Windows 7 でも利用できるワープロソフトとして、現在でも多くの人に活用されています。

文章全体を左に寄せたい

→

After

［1行目のインデント］で文字をぶら下げることができた

2 4 6 8 10 12 14 16 18 20 22 24 26 28 30

そんな Word が日本に本格的に普及したのは、今から 20 年以上も前の 1995 年からです。日本で Windows が普及すると、その Windows で利用できるワープロソフトとして、Word は広く使われてきました。あるいは、Word を使うために Windows を導入した企業も多くありました。そして、本書で解説している Word 2016 は、Windows 10 だけではなく、Windows 8.1/8 や Windows 7 でも利用できるワープロソフトとして、現在でも多くの人に活用されています。

文章全体のインデントが変更された

次のページに続く →

2 ぶら下げインデントを設定する

L050_字下げの変更_02.docx

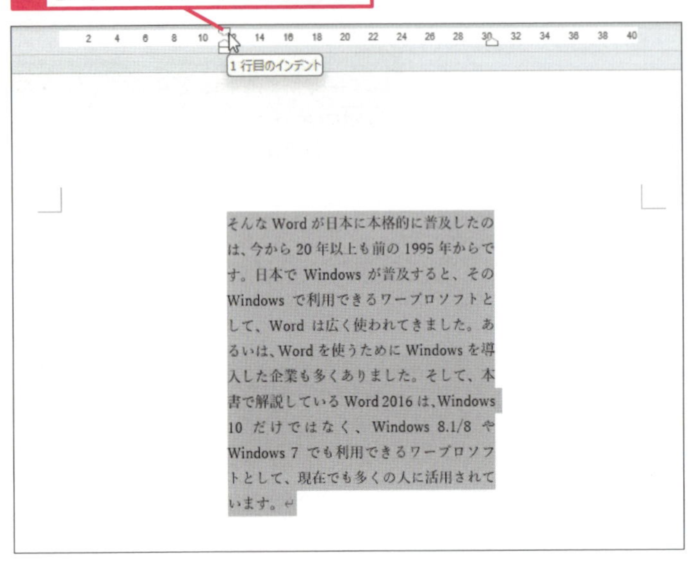

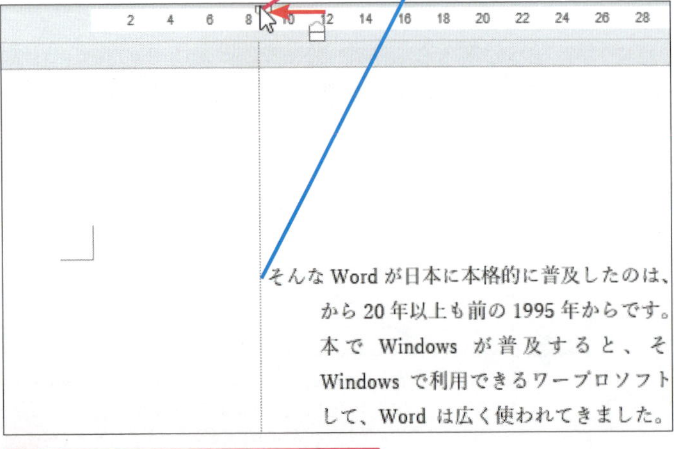

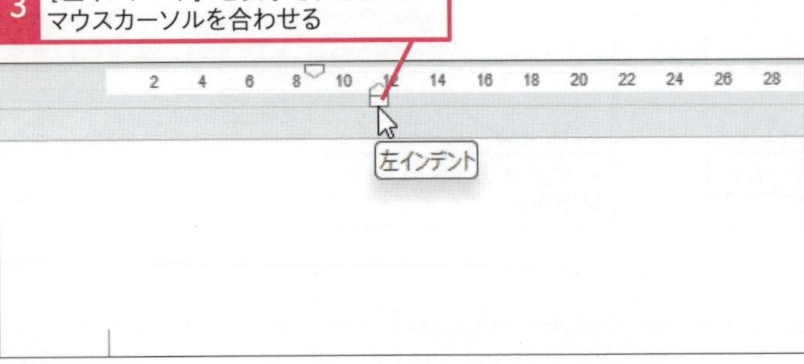

使いこなしのヒント

文章の右寄せは改行で調整しないように注意する

Wordのインデントによる右側の文字寄せに慣れていないと、一行の長さを短くするために文章の途中で改行して調整してしまいます。文章の途中で改行を挿入すると、インデントによる文字寄せが機能しなくなるだけではなく、後から文章を修正したときに、右端がずれてしまいます。文章の右寄せは改行で調整しないで、ルーラーに表示したインデントで幅を狭くするようにしましょう。

使いこなしのヒント

字下げやぶら下げはダイアログボックスで数値として確認できる

［段落］ダイアログボックスを使うと、ルーラーに設定した1行目のインデントやぶら下げインデントの数値を確かめられます。

使いこなしのヒント

字下げとぶら下げは二者択一

左インデントで設定する1行目のインデントは、基準となる左インデントに対して、左右に移動するので、字下げにするか、ぶら下げにするかは、二者択一になっています。

使いこなしのヒント

ぶら下げインデントはどんなときに使うのか

ぶら下げインデントは、一般的な日本語の文書では利用しません。二行目以降を字下げする表記は、主にプログラム開発に使われるソースコードという記述言語のレイアウトで使われます。ソースコードでは、インデントではなく、タブを使って字下げしますが、類似した表記をインデントで表現したレイアウトが、ぶら下げになります。

● インデントを設定する

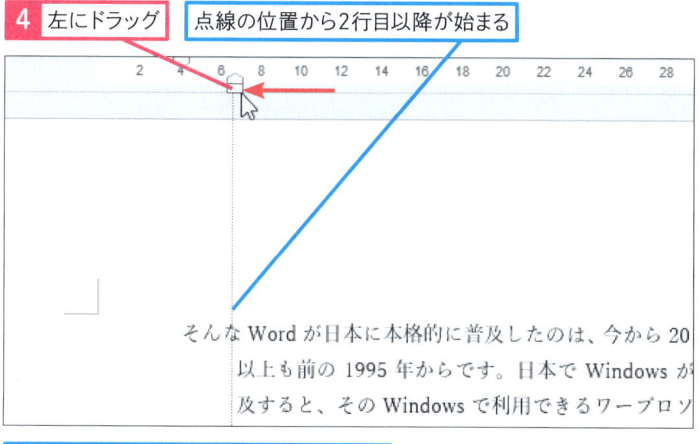

「そんな」のぶら下がりが維持したまま、文章全体の左インデントが変更される

> **使いこなしのヒント**
>
> **ドロップキャップとぶら下げインデントの違いは**
>
> 一行目の文字を強調する方法に、ドロップキャップがあります。Wordのドロップキャップでは、先頭の一文字目を表の中に入れて大きくしています。ぶら下げインデントを使うと、ドロップキャップの［余白に表示］と類似したレイアウトをデザインできます。

タブ位置を設定する

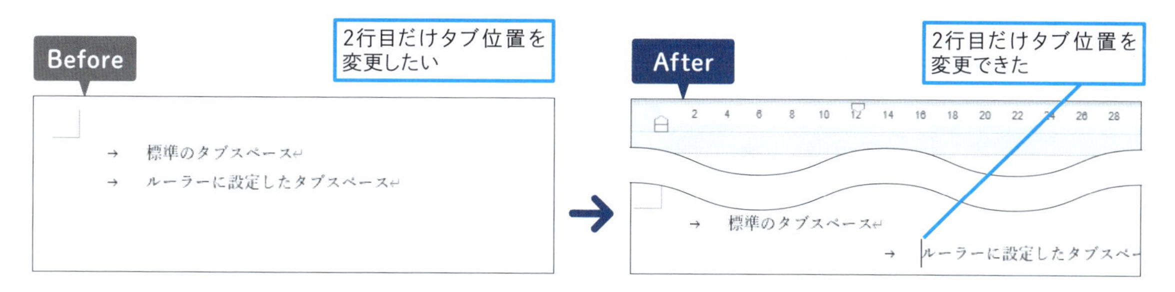

3 ルーラーでタブ位置を設定する

L050_字下げの変更_03.docx

Word・レッスン18を参考にタブ記号を表示しておく

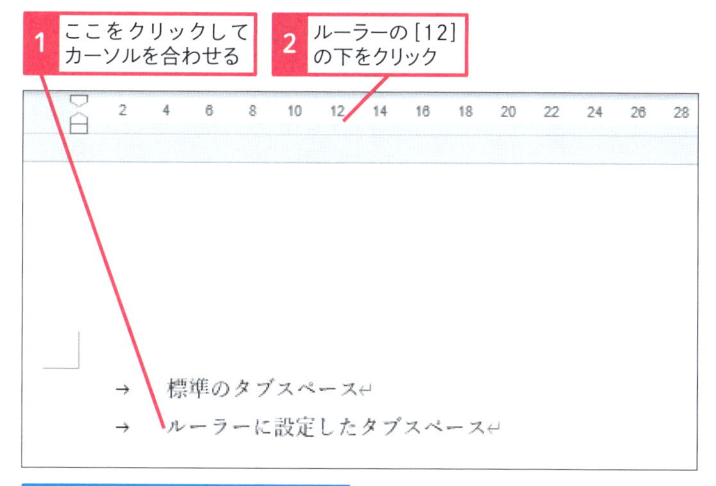

2行目だけ、タブ位置が変更される

> **まとめ　ルーラーを使いこなしてWordマスターになろう**
>
> ルーラーによるインデントやタブの設定は、Wordの文書を思い通りにレイアウトするためのテクニックです。Wordの文章は、インデントで設定された左右の幅にしたがって、文字をレイアウトします。左揃えや中央揃えなどの配置も、インデントで定義されている左右の幅を基準にしています。インデントを利用すると、後から文章を修正しても左右の位置が自動的に調整されるので、編集作業の効率が向上します。

レッスン
51 文書を2段組みにするには

段組み　練習用ファイル　L051_段組み.docx

段組みとは、指定された範囲の幅に「段」という区切りを作り文字を並べていく機能です。段組みを使うと、一行の文字数を短くして読みやすくできます。Wordの段組みの機能を使って、チラシやカタログなどに応用できるレイアウトに凝った文書を作っていきましょう。

キーワード

段組み　P.527
ルーラー　P.529

2段組みにして読みやすくする

● 文書を2段組みにする

Before

長い文章をすっきりと見せたい

商品企画部
担当:野々村浩紀

はじめに

テレワークへの移行を積極的に推進する大手企業が増えていく傾向にあって、遅れているのが中小企業になる。一部の IT に特化している中小企業を除けば、多くの中小企業はテレワークを実践できる環境が整っていない。東京商工リサーチが国内 2 万 1,741 社に実施したアンケートによれば、自粛要請が出ていた期間に、在宅勤務を実施した企業は 2 万 1,408 社中の 1 万 1,979 社(55.9%)だった。企業規模での実施比率を見てみると、大企業の 83.3%に対して、中小企業は 50.9%と少ない。その理由は、社内インフラの未整備や人員不足だと推察されている。
(https://www.soumu.go.jp/johotsusintokei/whitepaper/ja/r03/html/nd123410.html)

課題解決に向けた取り組み

→

After

2段組みにして読みやすくなった

商品企画部
担当:野々村浩紀

はじめに

テレワークへの移行を積極的に推進する大手企業が増えていく傾向にあって、遅れているのが中小企業になる。一部の IT に特化している中小企業を除けば、多くの中小企業はテレワークを実践できる環境が整っていない。東京商工リサーチが国内 2 万 1,741 社に実施したアンケートによれば、自粛要請が出ていた期間に、在宅勤務を実施した企業は 2 万 1,408 社中の 1 万 1,979 社(55.9%)だった。企業規模での実施比率を見てみると、大企業の 83.3%に対して、中小企業は 50.9%と少ない。その理由は、社内インフラの未整備や人員不足だと推察されている。
(https://www.soumu.go.jp/johotsusintokei/whitepaper/ja/r03/html/nd123410.html)

課題解決に向けた取り組み

1 2段組みにする

ここでは文書の本文を2段組みにする

1 本文をドラッグして選択

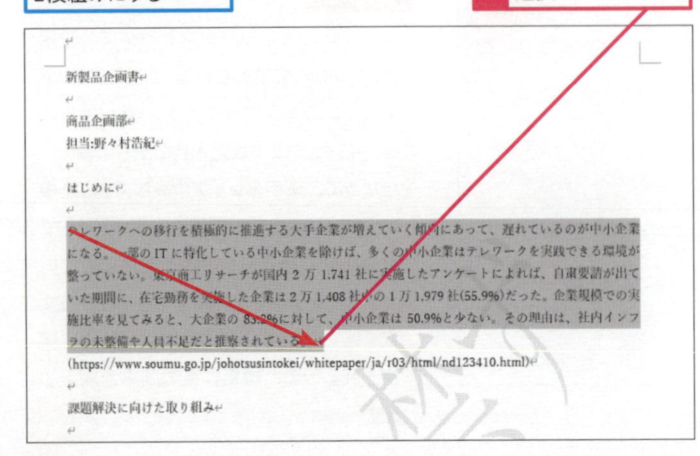

新製品企画書

商品企画部
担当:野々村浩紀

はじめに

テレワークへの移行を積極的に推進する大手企業が増えていく傾向にあって、遅れているのが中小企業になる。一部の IT に特化している中小企業を除けば、多くの中小企業はテレワークを実践できる環境が整っていない。東京商工リサーチが国内 2 万 1,741 社に実施したアンケートによれば、自粛要請が出ていた期間に、在宅勤務を実施した企業は 2 万 1,408 社中の 1 万 1,979 社(55.9%)だった。企業規模での実施比率を見てみると、大企業の 83.3%に対して、中小企業は 50.9%と少ない。その理由は、社内インフラの未整備や人員不足だと推察されている。
(https://www.soumu.go.jp/johotsusintokei/whitepaper/ja/r03/html/nd123410.html)

課題解決に向けた取り組み

使いこなしのヒント

文章の途中から段組みを設定するには

文書全体ではなく、部分的に段組みを設定したいときには、段組みにする部分だけを範囲選択して、[レイアウト] の [段組み] で、段数を設定します。このときに、文書全体を選択していると、部分的な段組みにはならないので、注意しましょう。

スキルアップ

1段目を狭くした段組みの活用方法

文字の読みやすさの秘訣は、一行の文字数にあります。一般的に、長い文章を書いたときに、一行の長さが20文字を超えると、目で追いながら読み続けるのは困難になります。そのため、新聞や雑誌などでは、段を使って一行の文字数を短くしています。通常の段組みでは、一行の文字数が均等になるようにレイアウトしますが、より読みやすくする目的で、部分的に幅を狭くして、文字数を短くするレイアウトも、使い方によっては、読みやすさに貢献します。

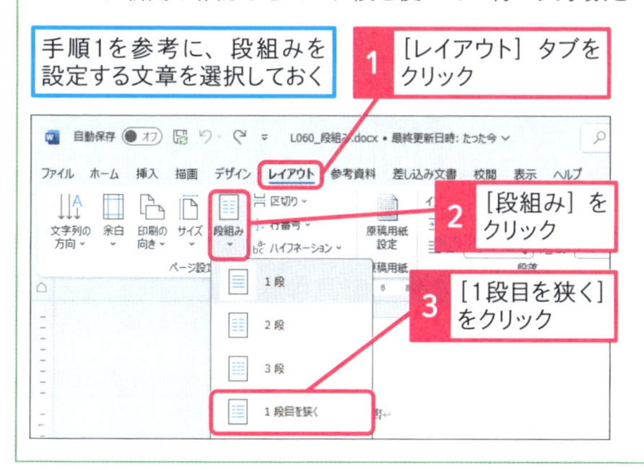

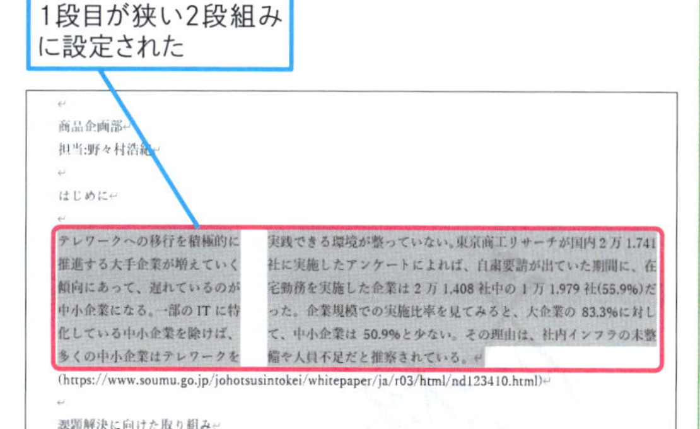

● 段組みを設定する

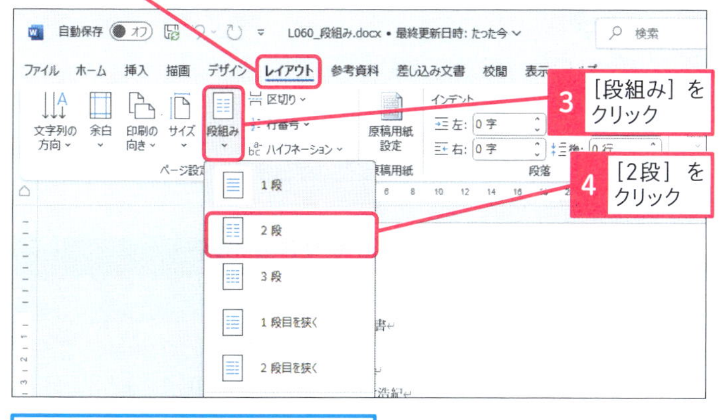

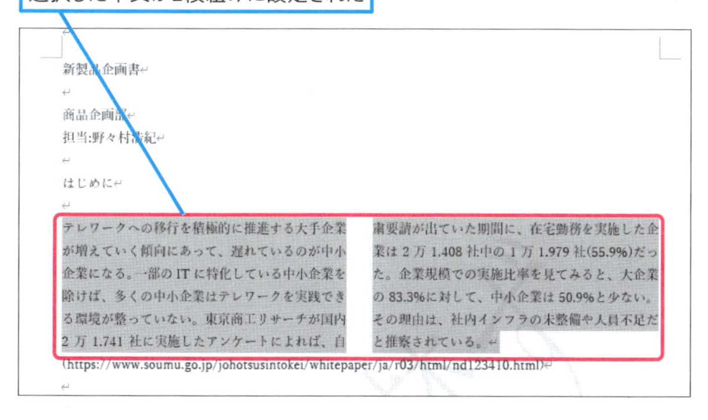

使いこなしのヒント

段組みの詳細設定で段数を任意に指定できる

[段組みの詳細設定] を使うと、3段よりも多くの段数を指定できます。また、各段の幅も任意に調整できます。

使いこなしのヒント

ルーラーで段組みを確認する

段組みを指定すると、ルーラーに段の幅と余白が表示されます。

まとめ 段組みは読みやすい文書の基本

人に見てもらう文書を作るときには、限られた紙面にできるだけ多くの情報を盛り込み、それを的確にレイアウトする工夫が必要です。文字の多い文書では、段組みを使うと文章の一行が短くなり、長い文章を入力しても、読みやすくできます。また、文字と画像をバランスよくレイアウトして、カタログやチラシのような凝った文書も作れます。

レッスン

52 設定済みの書式をコピーして使うには

書式のコピー

練習用ファイル L052_書式のコピー.docx

Wordには、装飾やインデントなどの書式だけをコピーする［書式のコピー/貼り付け］という機能があります。この特殊なコピー機能を使うと、すでに設定した書式を別の文字に適用できます。文書に統一性のある装飾を施したいときに使うと便利です。

キーワード

書式をコピーする

● 設定済みの書式だけをコピーする

Before

「はじめに」に設定された書式だけを、他の文字にも適用したい

→

After

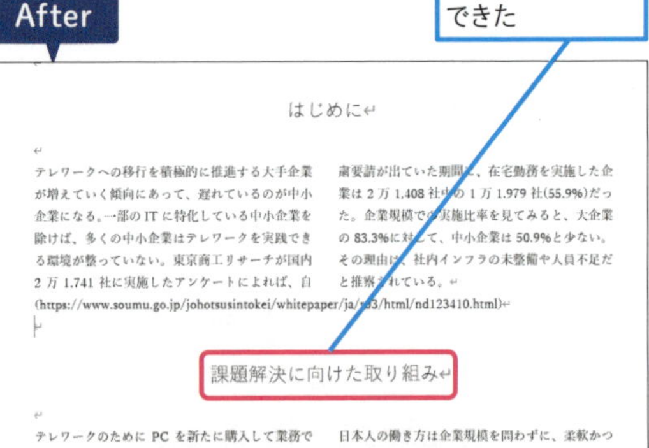

書式だけコピーできた

スキルアップ

書式のコピーを連続して行うには

［書式のコピー/貼り付け］ボタン（ ）をダブルクリックすると、コピーした書式を連続して貼り付けられます。機能を解除するには、［書式のコピー/貼り付け］ボタン（ ）をもう一度クリックするか、Esc キーを押しましょう。

書式をコピーする文字を選択しておく

1 ［ホーム］タブをクリック

2 ［書式のコピー/貼り付け］をダブルクリック

別の文字をドラッグすれば、コピーした書式を連続して貼り付けられる

1 書式を他の文字に適用する

ここでは「はじめに」に設定された書式を、他の文字に適用する

1 ここにマウスポインターを合わせる

はじめに

テレワークへの移行を積極的に推進する大手企業が増えていく傾向にあって、遅れているのが中小企業になる。一部の IT に特化している中小企業を除けば、多くの中小企業はテレワークを実践できる環境が整っていない。東京商工リサーチが国内2 万 1,741 社に実施したアンケートによれば、自粛要請が出ていた期間に、在宅勤務を実施した企業は 2 万 1,408 社中の 1 万 1,979 社(55.9%)だった。企業規模での実施比率を見てみると、大企業の 83.3%に対して、中小企業は 50.9%と少ない。その理由は、社内インフラの未整備や人員不足だと推察されている。
(https://www.soumu.go.jp/johotsusintokei/whitepaper/ja/r03/html/nd123410.html)

2 ここまでドラッグ

3 ［ホーム］タブをクリック

4 ［書式のコピー／貼り付け］をクリック

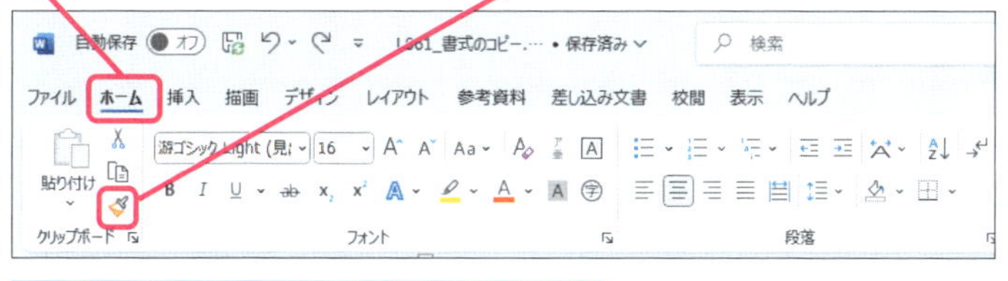

ここでは「問題解決に向けた取り組み」に、コピーした書式を適用する

5 下にスクロール

6 ここにマウスポインターを合わせる

マウスポインターの形が変わった

7 ここまでドラッグ

課題解決に向けた取り組み

テレワークのために PC を新たに購入して業務で利用する、いわゆる BYOD(自分の端末で仕事)というスタイルも増えている。NEC がテレワークの実態について調査したところ、100 人未満の企業

8 余白をクリック

ドラッグした箇所に、コピーした書式が適用された

課題解決に向けた取り組み

テレワークのために PC を新たに購入して業務で利用する、いわゆる BYOD(自分の端末で仕事)というスタイルも増えている。NEC がテレワークの実態について調査したところ、100 人未満の企業では、44%が個人購入で、21%が併用と回答して

日本人の働き方は企業規模を問わずに、柔軟かつ流動的になっていく。それは、場所や時間にとらわれることなく、個人にとっての最良な環境で最大限の効果を発揮する働き方、いわゆるノマドワーカーへと進化する。そうしたノマドワーカーを

使いこなしのヒント

右クリックでも書式をコピーできる

文字を右クリックすると表示されるミニツールバーを使えば、書式のコピーも簡単です。以下の手順も試してみましょう。

1 書式をコピーする文字を選択して右クリック

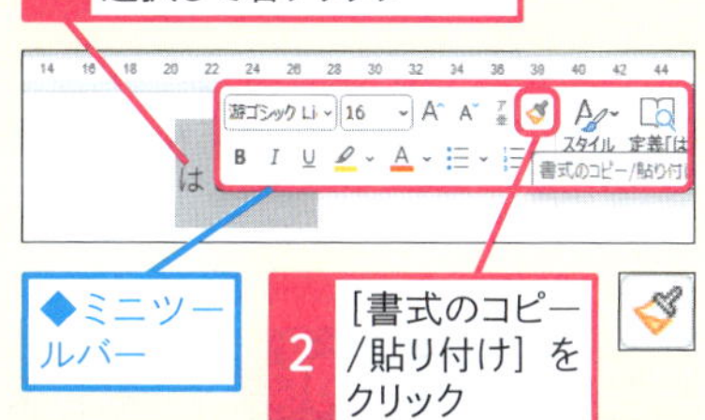

◆ミニツールバー

2 ［書式のコピー／貼り付け］をクリック

書式がコピーされる

別の文字をドラッグして書式を貼り付ける

使いこなしのヒント

よく使う書式はスタイルに登録する

フォントやサイズに色など、よく使う装飾があるときには、［書式のコピー／貼り付け］ではなく、スタイルとして登録しておくと便利です。

まとめ 書式は後からまとめて適用すると効率的

［書式のコピー／貼り付け］を使うと、同じ書式をまとめて適用できるので、編集作業の効率化につながります。Wordの文書作成では、先に文字を入力して、後からまとめて書式などを変更した方が、編集機能を効率よく使えるので、作業時間の短縮や装飾し忘れなどのミス軽減につながります。

レッスン
53 文字と文字の間に「……」を入れるには

タブとリーダー

練習用ファイル L053_タブとリーダー.docx

文字と文字の間に空白を挿入する方法にタブがあります。タブで区切られた空白は、リーダーを設定すると「……」などの記号に置き換えられます。メニューや項目の一覧などに利用すると便利です。

キーワード	
インデント	P.525
タブ	P.527
ルーラー	P.529

文字と文字の間に「……」を入れる

● タブで区切られている文字の間に「……」と入れる

Before

タブで区切られている文字と文字の間に「……」と入れたい

新商品「ザ・ノマド」シリーズ

ノマドバッグ → PC、充電器、小型チェア、ミニテーブルが収納できるバッグ

ノマドケース → 付属のパイプでデスクになるキャリングタイプの中型バッグ

ノマドスイーツ → 太陽光パネルとバッテリーを備えた大型キャリングケース

After

タブで区切られている文字と文字の間に「……」と入れられた

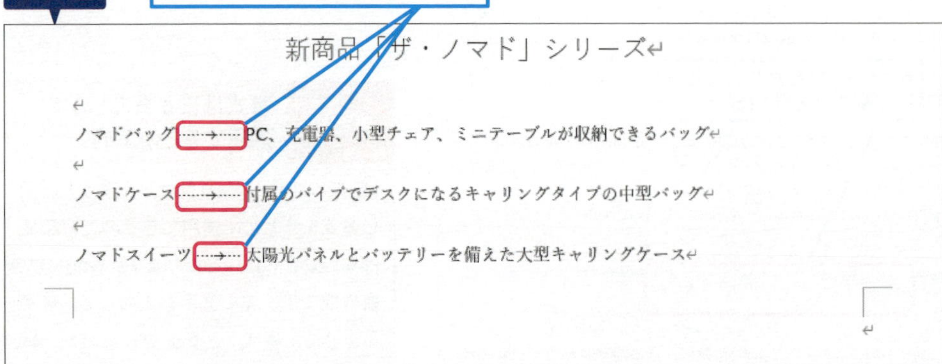

1 ルーラーを表示する

1 ［表示］タブをクリック

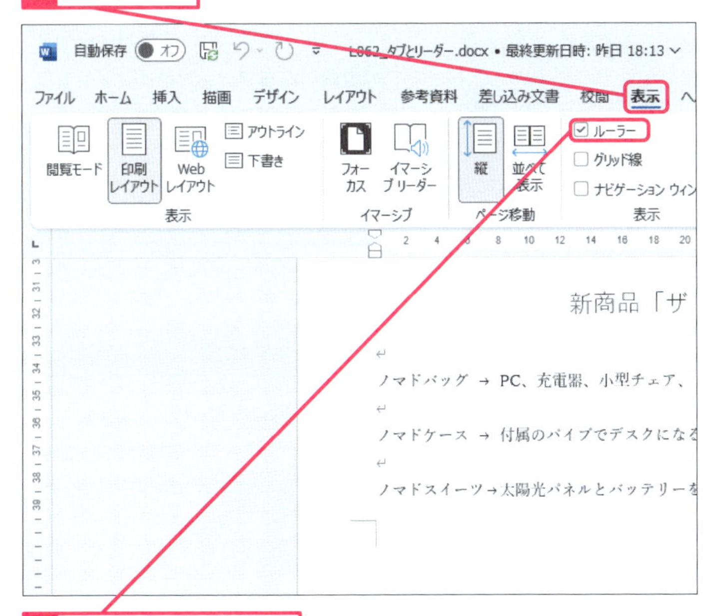

2 ［ルーラー］をクリックしてチェックマークを付ける

ルーラーが表示された

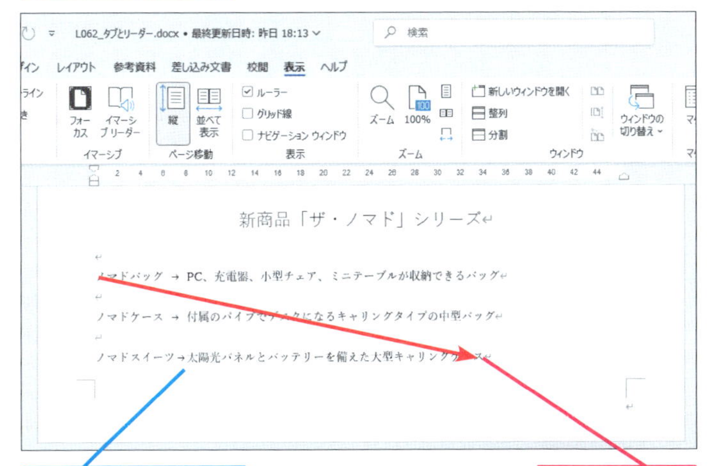

商品名と説明文の間がタブで区切られている

3 ドラッグして選択

用語解説

タブ

キーボードの Tab （tabulatorの略称）キーによって入力されるタブコードは、スペースキーによる空白とは異なり、標準の間隔やルーラーに設定されているタブ位置まで、空白を挿入して文字の先頭を調整します。タブの由来となっているtabulatorとは、表を意味する単語で、一定の間隔を設けて文字や数字を読みやすくするためのレイアウトです。

使いこなしのヒント

タブコードを表示するには

挿入したタブコードや隠れている編集記号をまとめて表示するには、［編集記号の表示/非表示］をクリックします。また、［Wordのオプション］で個々に設定した編集記号は、［編集記号の表示/非表示］がオフになっていても、常に表示されます。

1 ［ホーム］タブをクリック

2 ［編集記号の表示/非表示］をクリック

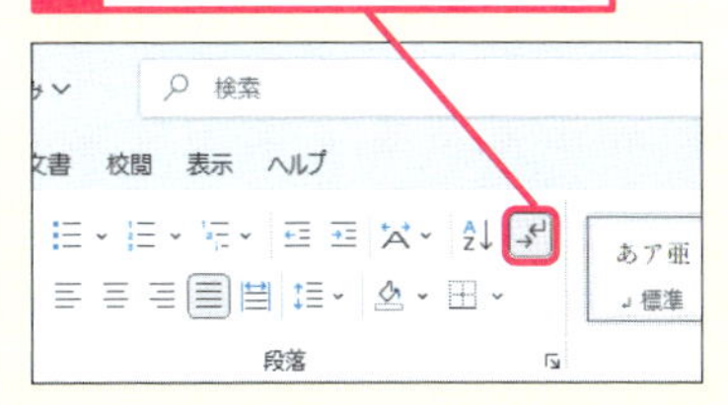

編集記号が表示される

使いこなしのヒント

ルーラーを非表示にするには

表示したルーラーを非表示にしたいときには、［ルーラー］のチェックマークを外します。

次のページに続く

2 タブの後ろの文字の先頭位置を揃える

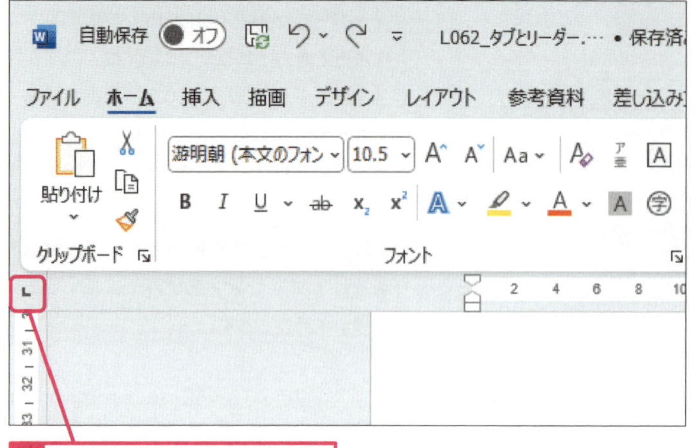

1 ここをクリックして［左揃えタブ］を表示

2 ルーラーの［10］の下をクリック

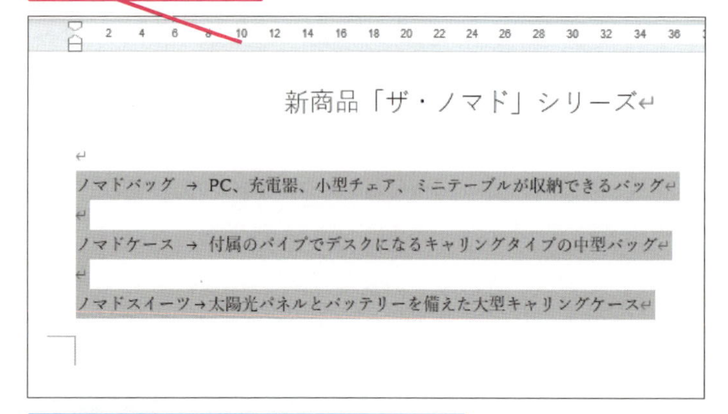

タブの後ろの文字の先頭位置が、ルーラーの［10］の位置に揃った

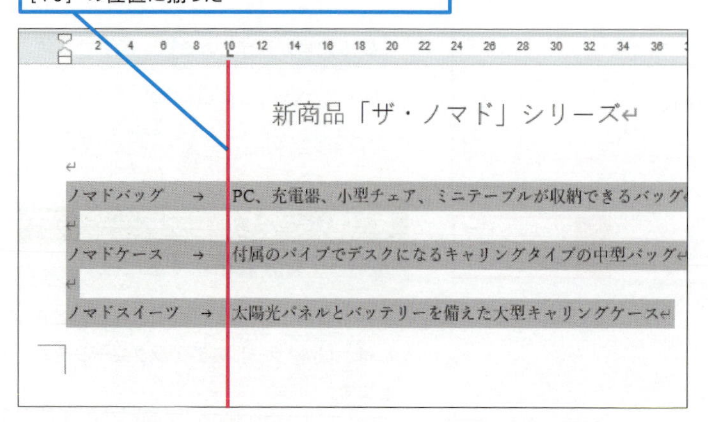

使いこなしのヒント

ルーラーを活用した文書作り

タブや段組みなどを活用した文書のレイアウトでは、ルーラーを表示しておくと便利です。ルーラーには、文書の余白やタブの位置に左右マージンやインデントなど、文字のレイアウトに関連するさまざまな情報が表示されます。

どちらも文頭が空いているが、インデントなのか空白なのかわからない

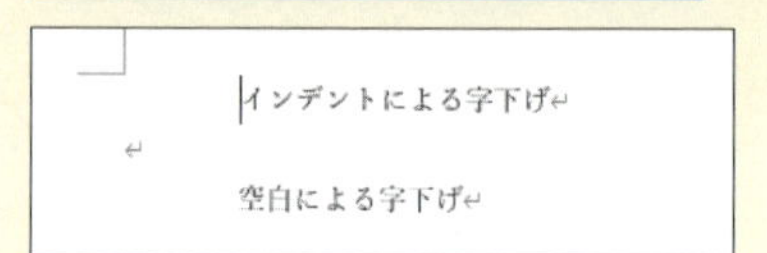

1 1文目のここをクリック

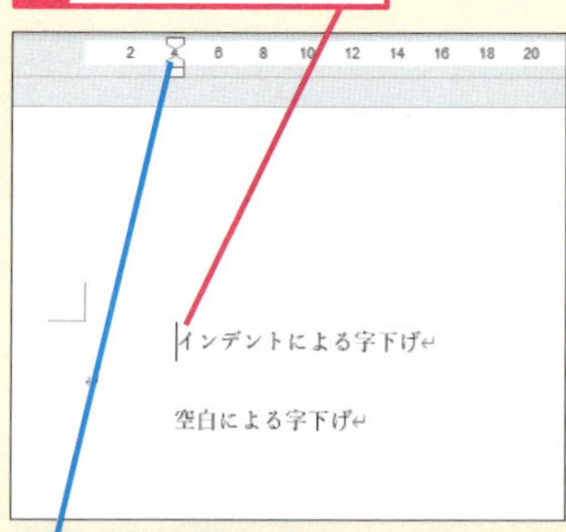

左インデントが設定されていることが分かる

2 2文目のここをクリック

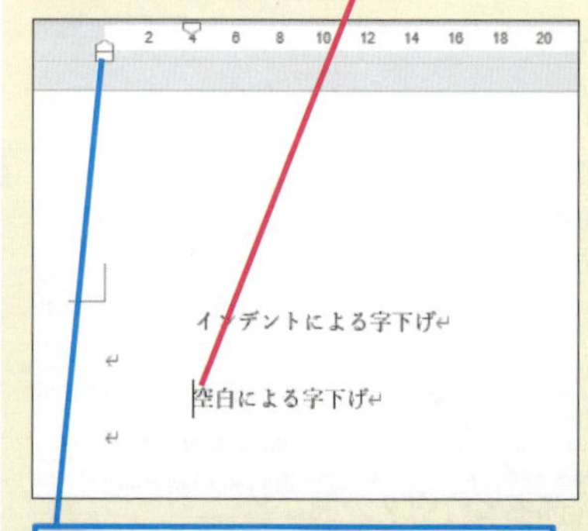

左インデントが設定されておらず、空白が入力されていることが分かる

3 リーダーを挿入する

商品名と説明文の間の空白を「……」に変更する

1 ［ホーム］タブをクリック

手順2と同じ範囲を選択しておく

2 ［段落］のここをクリック

［段落］ダイアログボックスが表示された

3 ［インデントと行間隔］タブをクリック

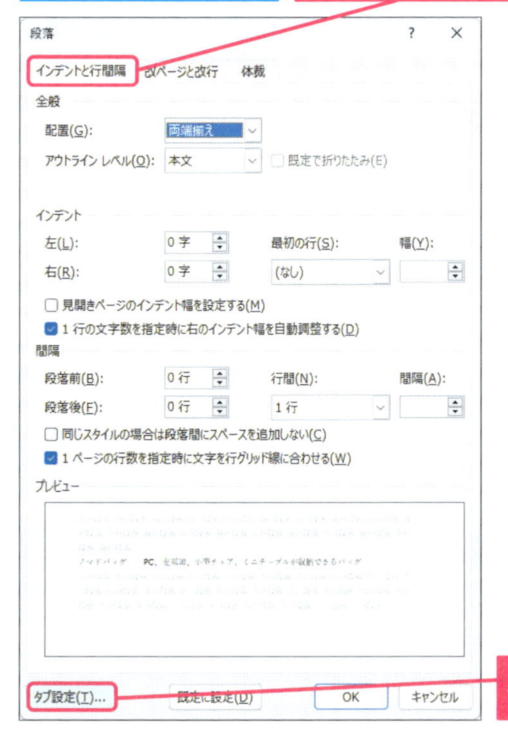

4 ［タブ設定］をクリック

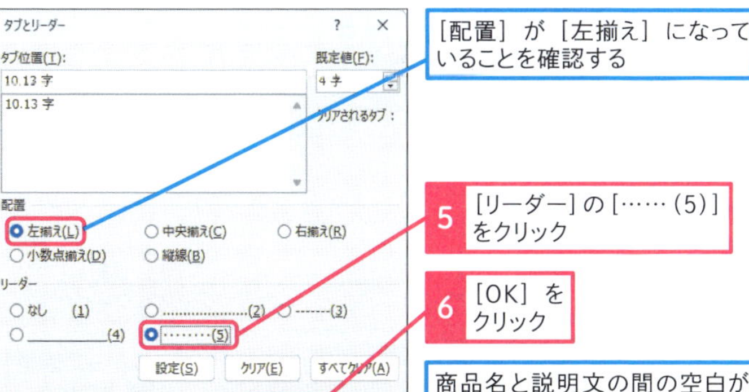

［配置］が［左揃え］になっていることを確認する

5 ［リーダー］の［……(5)］をクリック

6 ［OK］をクリック

商品名と説明文の間の空白が「……」に変更される

用語解説
リーダー

リーダーは、タブコードに対応した区切り記号です。標準のタブでは、［なし］になっています。

使いこなしのヒント
タブの配置の種類は5種類ある

タブの配置は、このレッスンで利用している［左揃え］のほか、全部で5種類あります。目的に合わせて、タブを使い分けましょう。

使いこなしのヒント
読みやすさを優先してリーダー線を選ぼう

リーダー線の種類は、文字や数字の読みやすさを優先して決めます。点線が粗過ぎたり細か過ぎたりして、文字や数字が読みにくくなるようであれば、全体のバランスを見て選びましょう。

まとめ　タブとリーダーで読みやすい表になる

タブコードを入力するTabキーは、パソコンが登場するよりもはるか昔のタイプライターに装備されていた機能です。その目的は、一定の空白を設けて数字や文字の行頭を揃える作表にありました。罫線が登場する以前は、Tabキーによる表レイアウトが使われていました。Wordでは、このレッスンのように項目と内容を揃えたり、メニュー表のような用途にタブとリーダーを使ったりすると、シンプルで読みやすい一覧表をレイアウトできます。

レッスン

54 複数のページに共通した情報を入れるには

ヘッダーの編集

練習用ファイル　L054_ヘッダーの編集.docx

複数のページに会社名やページ数に日付など、共通した内容を表示したいときには、ヘッダーやフッターを使うと便利です。ヘッダーとフッターは、文書の上下余白に、統一性のある情報を表示します。

キーワード	
フッター	P.528
ヘッダー	P.529
余白	P.529

ヘッダーを編集する

● ページの余白に文字を入れる

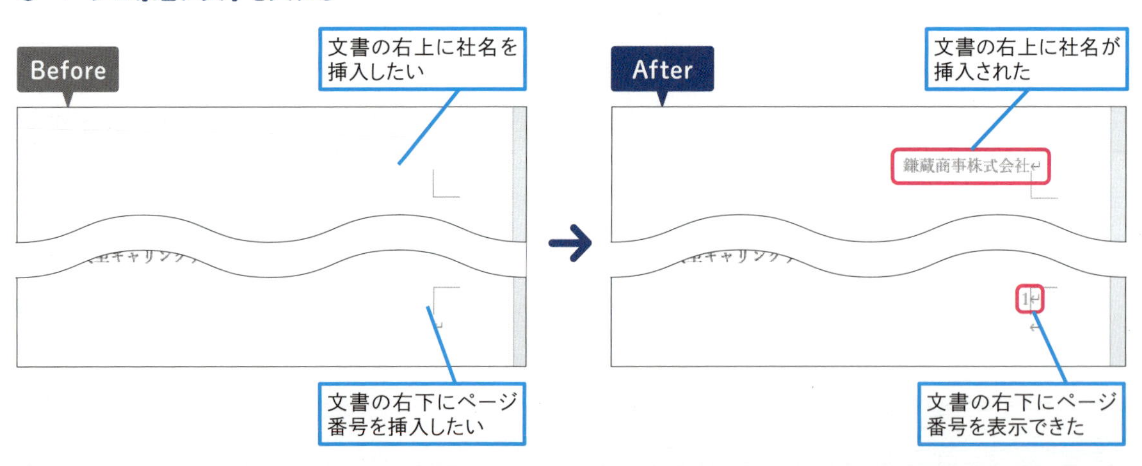

スキルアップ

ヘッダーにロゴを挿入するには

ヘッダーやフッターには、文字だけではなく会社のロゴのような画像データも挿入できます。また、図形も挿入できます。ヘッダーやフッターに直接作画してもいいですし、編集画面で作成した図形をコピーして、ヘッダーやフッターに貼り付けてもいいでしょう。

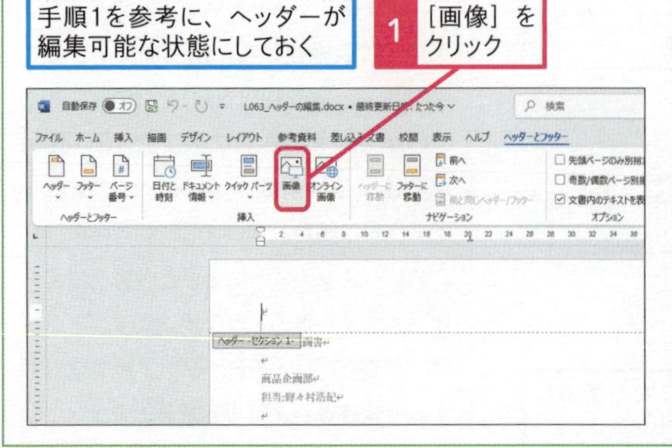

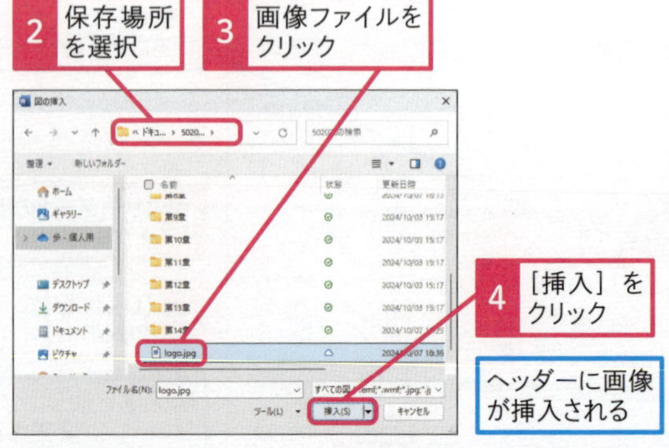

1 余白に文字を挿入する

ここでは文書の右上に会社名を挿入する

1 ［挿入］タブをクリック

2 ［ヘッダー］をクリック

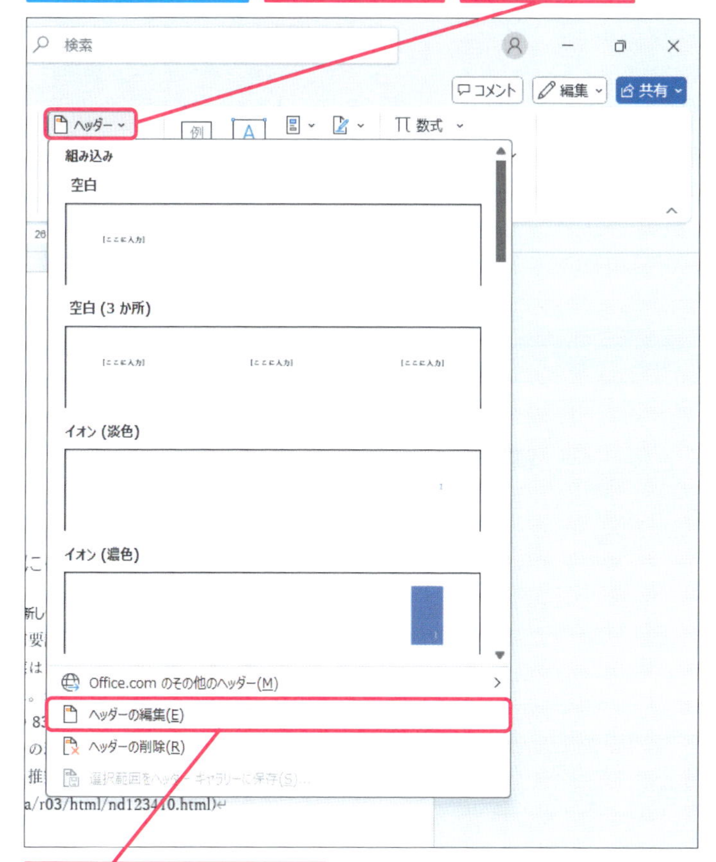

3 ［ヘッダーの編集］をクリック

4 社名を入力

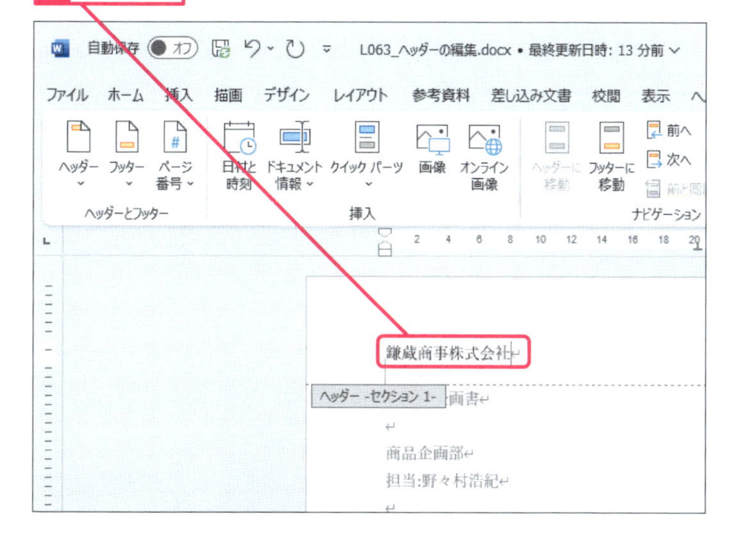

使いこなしのヒント

ダブルクリックで編集を開始できる

ここではリボンの操作でヘッダーの編集を開始しますが、ページの上部余白をマウスでダブルクリックしても、編集を始められます。フッターも同様です。本文の編集領域のどこかをダブルクリックすると、ヘッダーやフッターの編集が終了して、編集領域が通常の表示に戻ります。

使いこなしのヒント

ヘッダー、フッターとは

ヘッダーは文書の上部に設けられた余白の入力領域です。フッターは文書の下部に設けられた余白に対応します。編集画面の上下に、複数のページに共通した情報を表示できます。

次のページに続く

● 文字を右に揃える

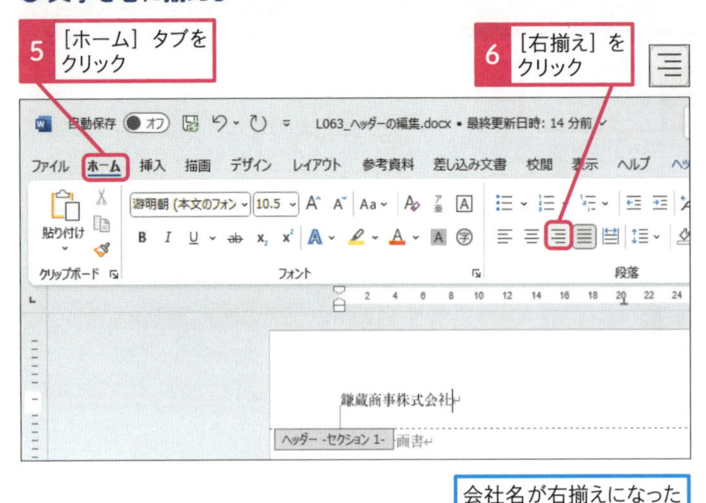

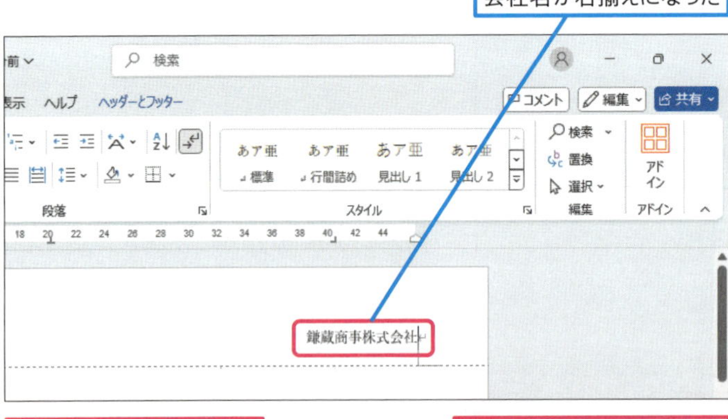

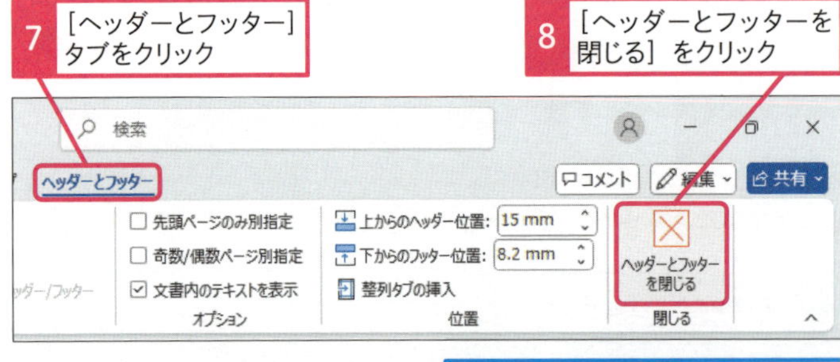

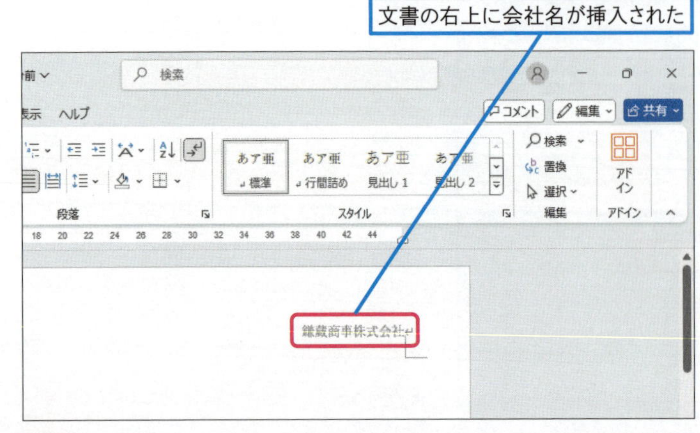

使いこなしのヒント

ヘッダーやフッターは余白の中に収める

ヘッダーやフッターには、何行でも文字や数字を入力できます。しかし、ヘッダーやフッターの行数が多くなると、編集画面は狭くなります。ヘッダーやフッターに入力する情報は、用紙に設定している上下余白の範囲内に収めましょう。

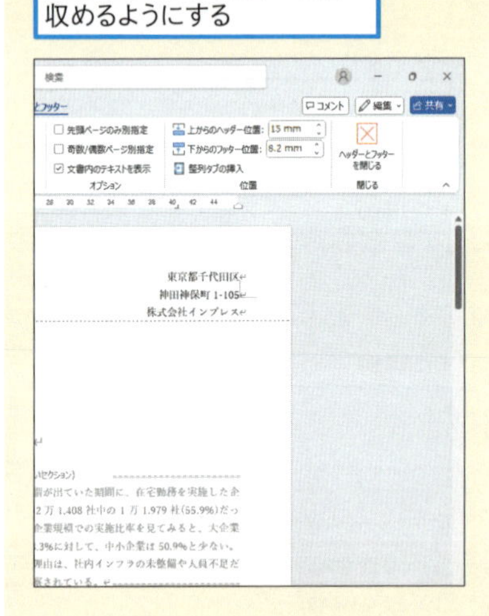

2 余白にページ番号を挿入する

ここでは文書の右下にページ番号を挿入する

1 ［挿入］タブをクリック

2 ［ページ番号］をクリック

3 ［ページの下部］にマウスポインターを合わせる

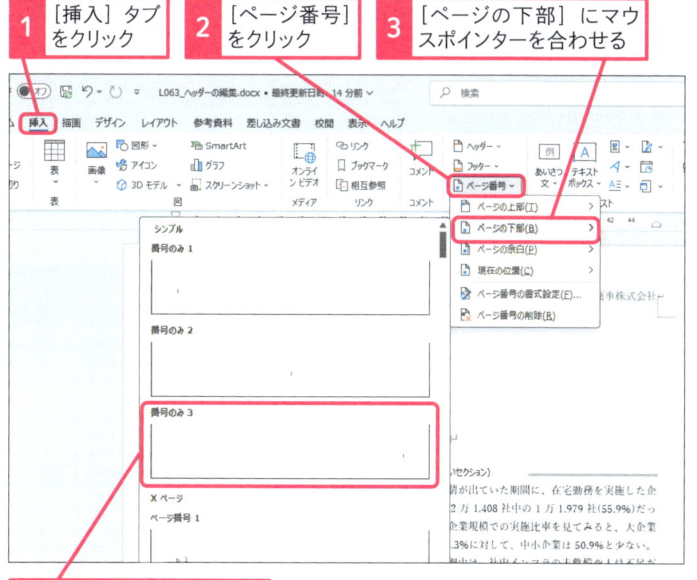

4 ［番号のみ3］をクリック

ページの右下にページ番号が挿入された

5 ［ヘッダーとフッター］タブをクリック

6 ［ヘッダーとフッターを閉じる］をクリック

フッターの編集が完了し、ページ番号が確定された

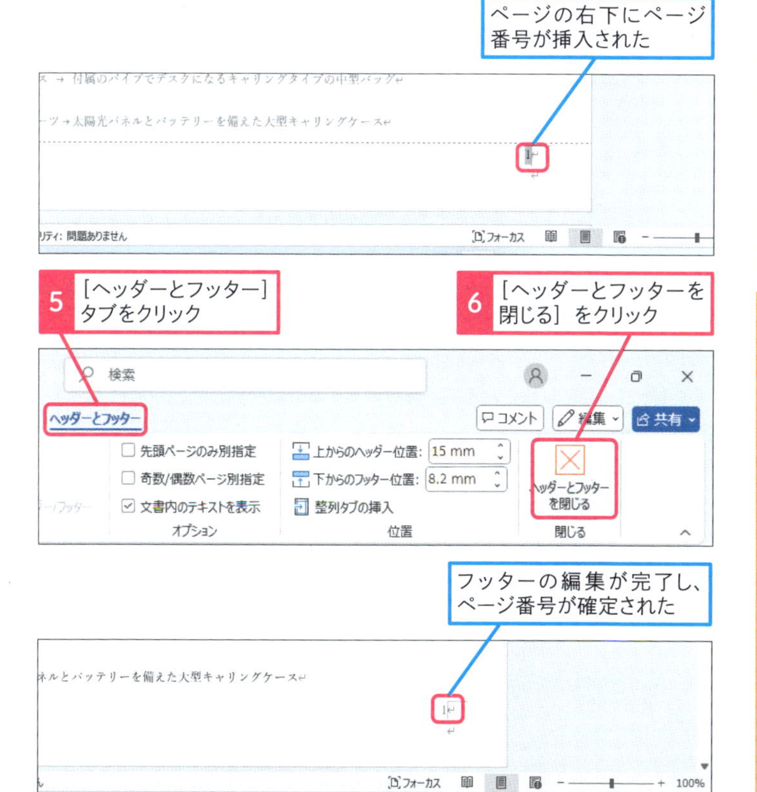

使いこなしのヒント

上下の余白はルーラーで確認できる

ルーラーを表示しておくと、ヘッダーやフッターを挿入する文書の上下余白を確認したり、マウスのドラッグでサイズを調整したりできます。

1 ここにマウスポインターを合わせる

2 ここまでドラッグ

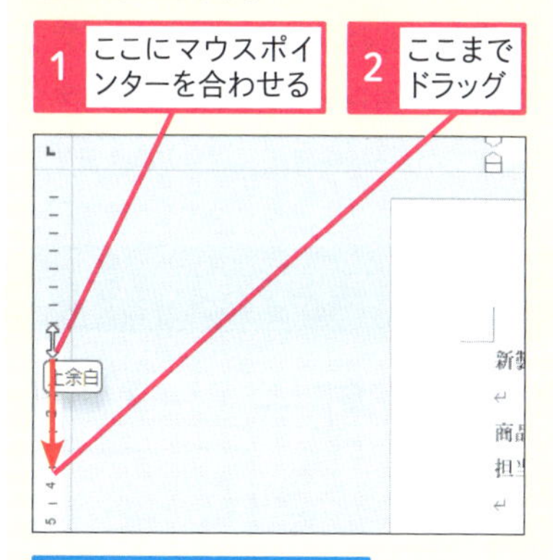

上下の余白を調整できた

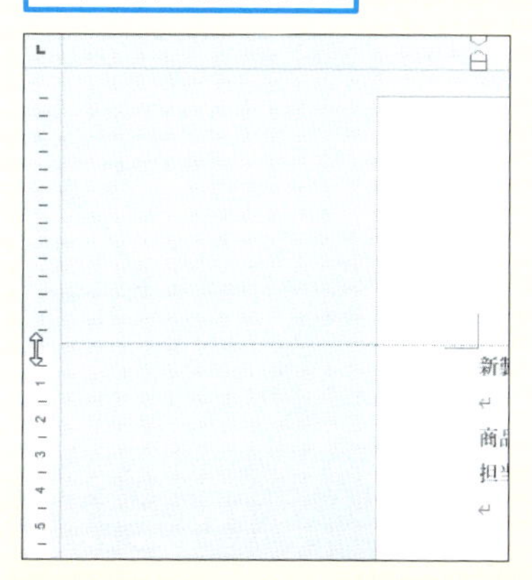

まとめ ヘッダーやフッターで統一性のある文書作り

ヘッダーやフッターを使うと、複数ページにわたる文書に同じ情報を印刷できます。長い文書であればページ番号は必須です。また、ビジネスで使う文書では、ロゴや社名などを入力しておくと、レターヘッドのような統一感のあるレイアウトになります。その他にも、［重要］や［社外秘］に［緊急］などの情報や、作成者の氏名、作成日など、本文には入れられないけれども、見落とされては困る情報にも、ヘッダーやフッターを使うと便利です。

レッスン

55 ページにアイコンを挿入するには

アイコン　練習用ファイル　L055_アイコン.docx

編集画面には、文字や画像の他にアイコンと呼ばれる絵柄も挿入できます。文書のアクセントとしてアイコンを挿入すると、強調したい情報への注目度を高めたり、文字だけでは単調になりがちなレイアウトにメリハリを演出したりできます。

キーワード
Microsoft 365　P.524
アイコン　P.524
図形　P.526

ページにアイコンを挿入する

● ページの余白にビジュアル要素を追加する

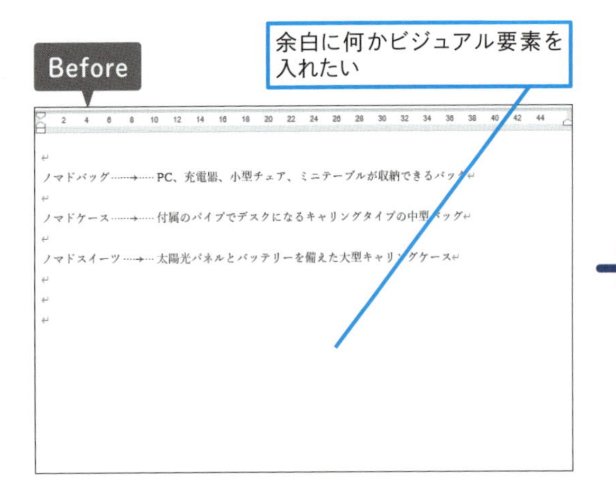

→

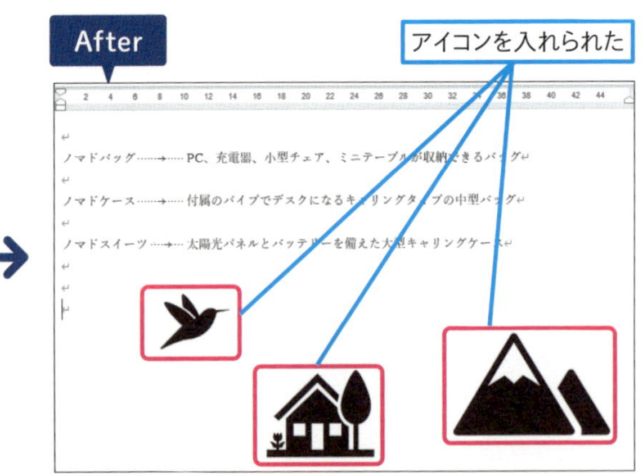

使いこなしのヒント

アイコンを図形として分解する

アイコンは、Wordの作画機能で作られた絵柄です。挿入したアイコンに［グラフィックス形式］タブから［図形に変換］を実行すると、アイコンを構成する絵柄が、個々の図形として分解されます。複数のアイコンの絵柄を組み合わせて、オリジナルのアイコン作りなどに利用すると便利です。

1 アイコンをクリック

2 ［グラフィックス形式］タブをクリック

3 ［図形に変換］をクリック

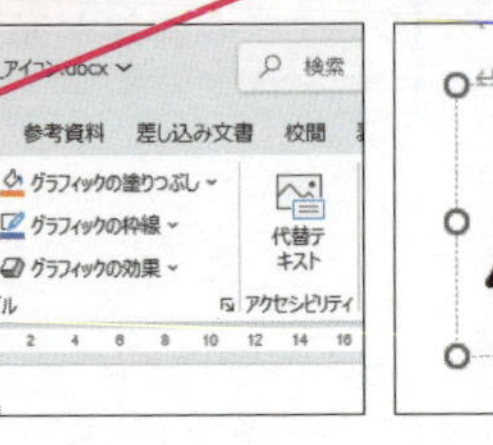

個々の図形として分解された

4 図形のどこかをクリック

分解された一部だけが選択された

1 アイコンを挿入する

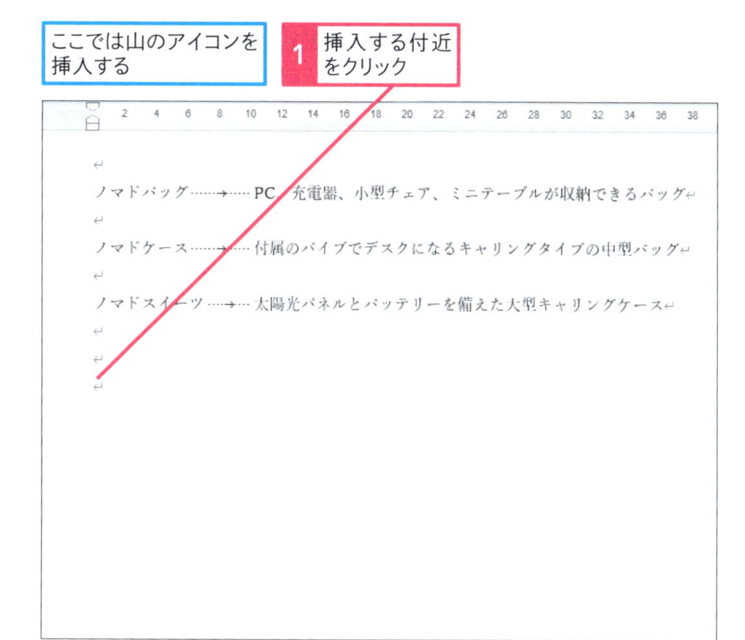

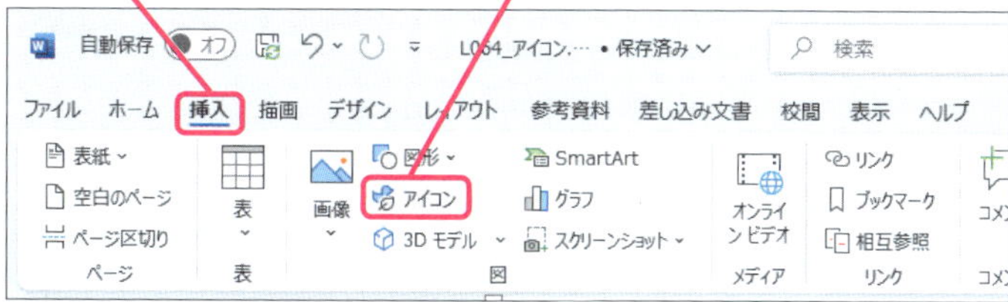

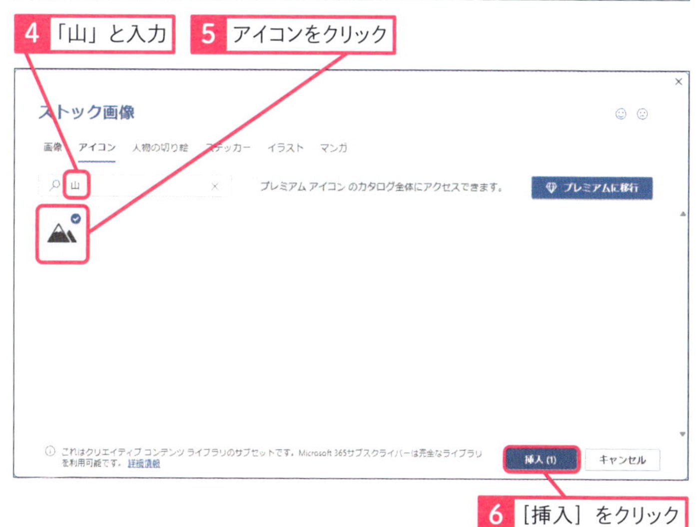

用語解説

アイコン

Wordで挿入できるアイコンは、大きな絵文字のような図柄です。モノトーンのシンプルな絵柄なので、文書のアクセントとして活用できます。

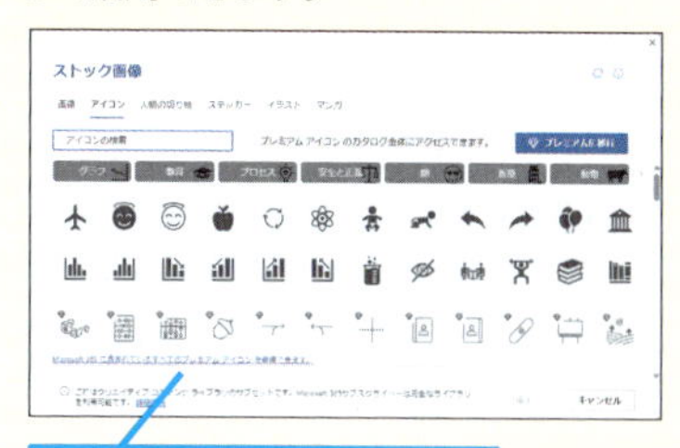

300種類以上のアイコンを使用できる

使いこなしのヒント

アイコンはキーワードで検索できる

アイコンは、一覧表示から選ぶ方法の他に、キーワードを使って検索できます。使いたいアイコンが見つからないときには、検索でいろいろなアイコンを探してみましょう。

使いこなしのヒント

Microsoft 365とOffice 2024では利用できるアイコンの範囲が違う

アイコンの種類は、Word 2024とMicrosoft 365で利用できる範囲が異なります。Microsoft 365では、挿入できる［画像］の中に［ストック画像］という項目があり、この中からもアイコンを検索できます。ストック画像は、定期的に更新されるので、Word 2024よりも使える絵柄などが多くなります。

次のページに続く

2 アイコンを拡大する

アイコンが挿入された

1 [レイアウトオプション] をクリック

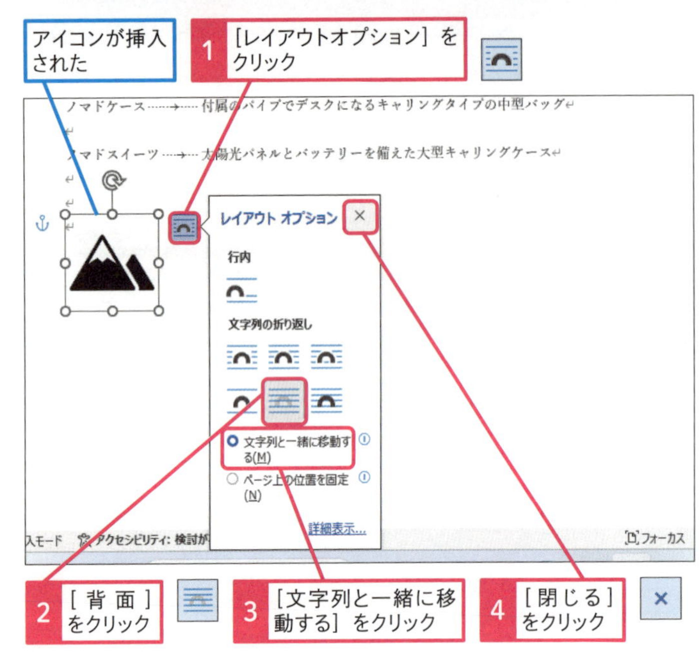

2 [背面] をクリック

3 [文字列と一緒に移動する] をクリック

4 [閉じる] をクリック

5 アイコンのハンドルにマウスポインターを合わせる

マウスポインターの形が変わった

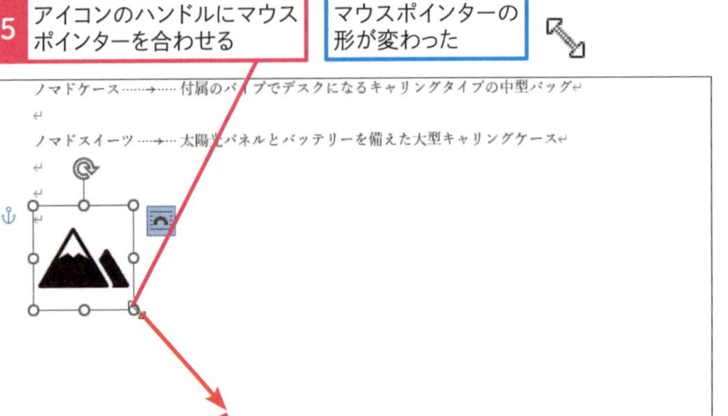

6 ここまでドラッグ

アイコンが拡大された

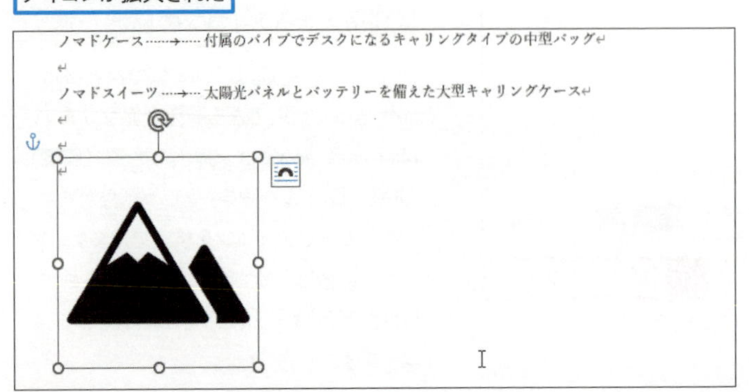

用語解説

レイアウトオプション

アイコンや図形を挿入したときに右上に表示される［レイアウトオプション］は、アイコンを文字に対してどのようにレイアウトするか決める機能です。通常では、文字の一部として扱う［行内］にレイアウトされています。［文字列の折り返し］に用意されているレイアウトオプションを選ぶと、アイコンと文字を任意の位置に配置してレイアウトできるようになります。

使いこなしのヒント

アイコンに色をつけるには

挿入したアイコンには、［グラフィックのスタイル］から、色をつけられます。

使いこなしのヒント

イカリ型のマークに注目しよう

レイアウトオプションでアイコンのレイアウト方法を［行内］以外に変更すると、アイコンを選択したときに⚓のマークが表示されるようになります。この⚓は、文字ではなく図形として編集画面にレイアウトされるようになったアイコンが、どこを起点にしているかを示す印です。起点となる行よりも上から文章などを挿入すると、行の移動に合わせてアイコンも移動します。もし、文字を編集してもアイコンを移動させたくないときには、レイアウトオプションで［ページ上の位置を固定］に変更します。また、⚓を含む行の文字をまとめて削除すると、アイコンも一緒に削除されます。

3 アイコンを移動する

1 アイコンの枠にマウスポインターを合わせる

マウスポインターの形が変わった

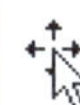

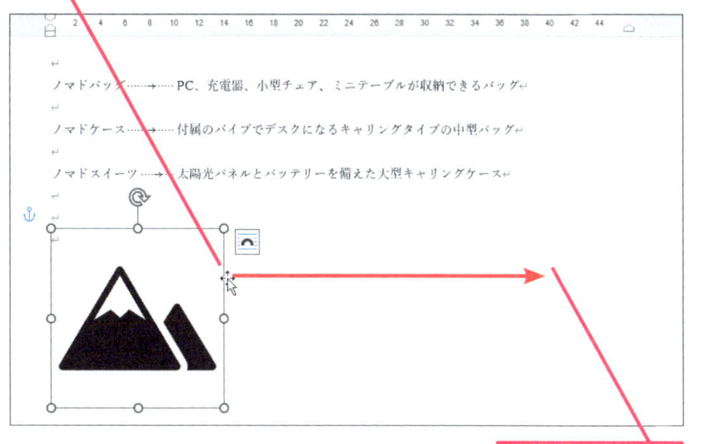

2 ここまでドラッグ

アイコンが移動した

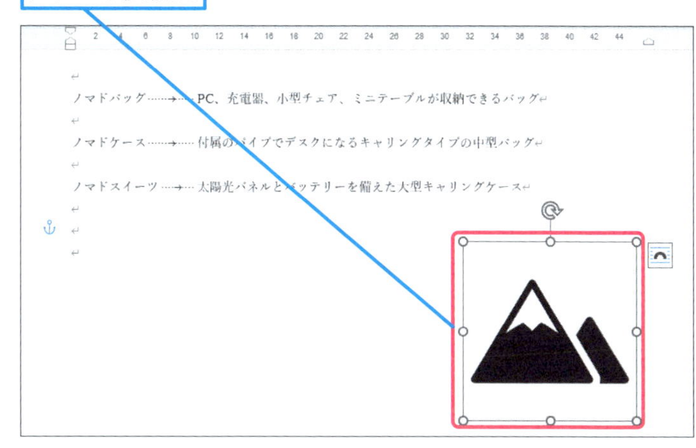

手順1 ～ 3を参考に、他のアイコンを挿入して、大きさや位置を調整する

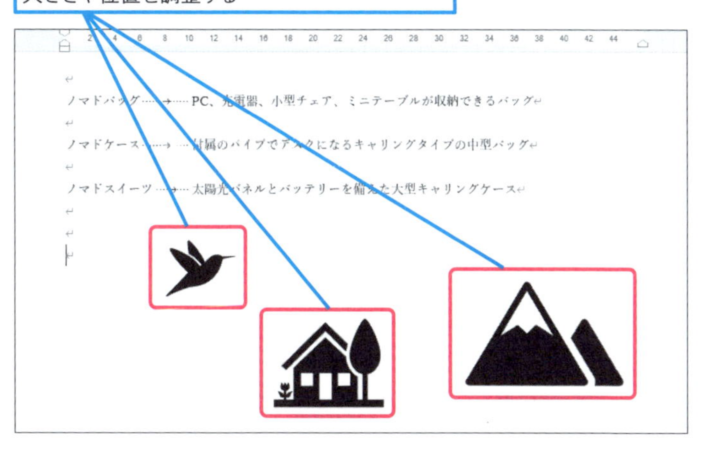

使いこなしのヒント

アイコンを装飾に利用する

アイコンの中にある木や雪の結晶に果物などの絵柄を装飾に利用すると、クリスマスのグリーティングカードやパーティーの招待状のようなデザインも手早くレイアウトできます。

クリスマスカードなども簡単に作成できる

使いこなしのヒント

アイコンの向きや角度を変えるには

［グラフィック形式］の［回転］で、アイコンの上下左右を反転できます。絵柄の向く方向を変えたり、逆さまの図柄で使ったりするときに利用すると便利です。

まとめ アイコンを活用してレイアウトに工夫を凝らそう

Wordのアイコンには、服や靴のような日用品から、パソコンやスマートフォン、会議風景と書類といったビジネス関連、植物や食べ物、動物や教育、さらには芸術や建物など、さまざまな用途に使える絵柄が揃っています。こうした絵柄と簡単な線を組み合わせるだけでも、簡易な地図を描いたり、絵柄を拡大してピクトグラムのような案内状を作ったりできます。また、文字だけでは単調になりがちな紙面にアイコンを加えると、直観的に情報を伝える一助にもなります。

この章のまとめ

Wordを使いこなして文書作成を楽しもう

音声入力や翻訳など、文書作成を補助する機能を使いこなせるようになると、Wordの利用がもっと楽しくなるでしょう。また、行間の調整や文字のインデントなどを活用すると、読みやすい文書をレイアウトできます。文書のレイアウトを行うときに、ルーラーを表示しておくと、字下げの位置を確認できるので便利です。そして、段組みやヘッダー・フッターを使いこなすと、文字の多い文章を読みやすくして、雑誌や新聞のようなレイアウトもできます。さらに、アイコンなどの図形を活用すると、文字よりも視覚的な情報伝達ができます。

ノマドバッグ→PC、充電器、小型チェア、ミニテーブルが収納できるバッグ

ノマドケース→付属のパイプでデスクになるキャリングタイプの中型バッグ

ノマドスイーツ→太陽光パネルとバッテリーを備えた大型キャリングケース

ところで先生、日記には何を書いてたんですか？

う、お、おっほん!! ひ、秘密です！ お見せするようなものではないですよ！

かわいいアイコン入ってましたね♪

まったく、二人とも……。音声入力は誰かに聞かれないようにしないとダメですね。

Word

活用編

第8章

画像や図形で表現力を高めるには

段組みや書式設定を活用して、この章では読みやすさやデザインに凝った文書の作り方を解説します。また、画像の印象的な使い方や図形の書式設定など、さまざまな文書の作り方を覚えて、さらにWordを使いこなしていきましょう。

レッスン

56 Introduction この章で学ぶこと

文書のデザインを考えよう

英語の「デザイン（design）」は、日本語の「図案」や「設計」に「構想」などと訳されます。その意図は、「美しさ」や「使いやすさ」を実現するための創意工夫や成果の反映です。「design」の語源はラテン語の「designare（示す）」で、英語の「designate（指示する）」と同じ語源です。文書作りにおけるデザインにも、綺麗さや見た目の心地よさという表現力と、その文書で伝えたい意図を明確に「示す」伝達力が求められます。デザインに優れた文書を作るために、さらに踏み込んだWordの機能を学んでいきましょう。

Wordだってデザイン重視

この章はデザインですね……ちょっとピンとこないです

いやいや、Wordは文書を完成させるためのソフト。きちんとしたデザインについて、学んでおかないとだめです。

きれいな文書は、読みやすくなりますよね。

そうです。この章ではWordの機能を使いながら、読みやすいデザインについて紹介していきます。

ヘッダーの応用で背景を画像にする

Wordの背景を全部、画像にしたいときに使いたいワザです。写真を配置しただけでは余白が残りますが、この方法を使うと全面を写真にすることができます。

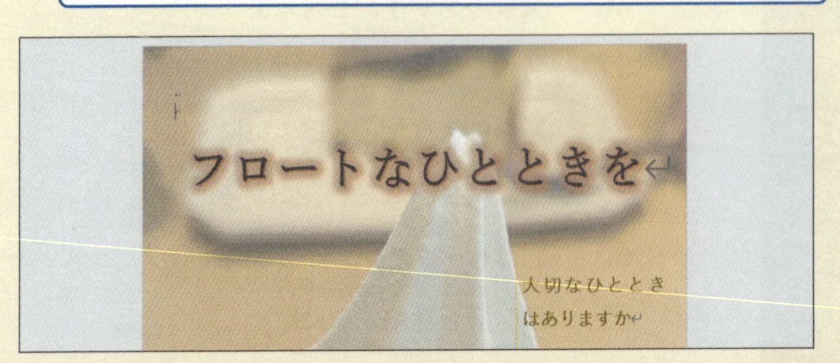

背景にぴったり合う文字を選ぶ

Wordにはさまざまな文字の装飾機能がありますが、正しいものを選ばないと悲惨な結果に。適切な効果を与えるにはどうすればいいか、ワードアートを使いながら解説します。

色の組み合わせとか、なんとなくでやってました。ルールが分かるとうれしいです！

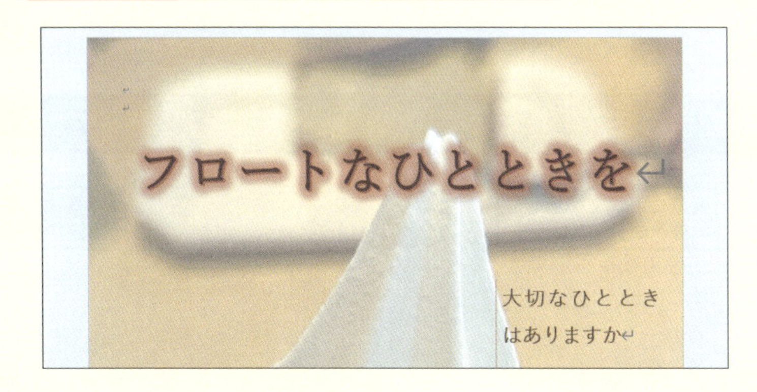

図形をアクセントに使う

そして、上級者向けのテクニックも紹介します。図形を効果的に使うことで、タイトルなどの文字を目立たせることができるんですよ。

これ、かわいいですね！　やり方を詳しく知りたいです！

レッスン

57 背景を画像にするには

ヘッダーの活用

練習用ファイル L057_ヘッダーの活用.docx

ヘッダーには文字や画像が入力できます。この機能を応用すると、文書全体の背景となる画像を挿入できます。ヘッダーに挿入された画像は、本文の編集に影響されずに固定されるので、画像を背景にした自由な文字のレイアウトができます。

キーワード

ダイアログボックス	P.527
フッター	P.528
ヘッダー	P.529

文書の背景に画像を配置する

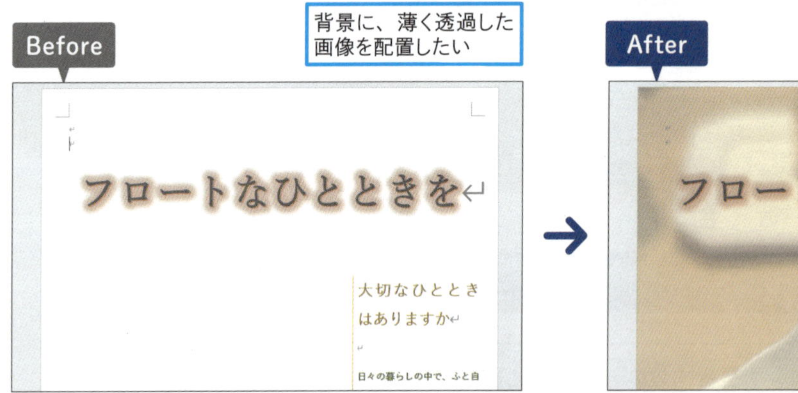

1 画像を配置する

ここではヘッダーに背景となる画像を配置する

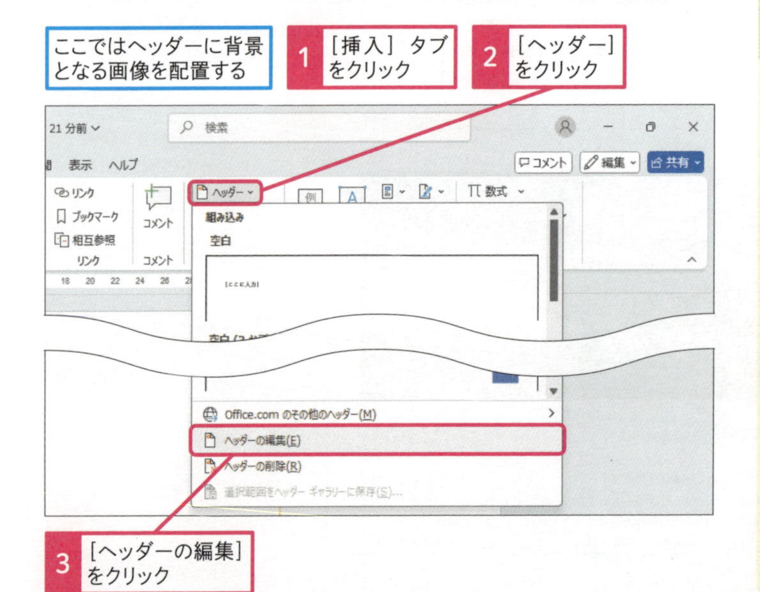

使いこなしのヒント

2ページ目以降に違うヘッダーを使うには

［ヘッダーとフッター］タブにある［先頭ページのみ別指定］にチェックマークを付けると、2ページ目以降からは違う内容のヘッダーやフッターを入力できます。

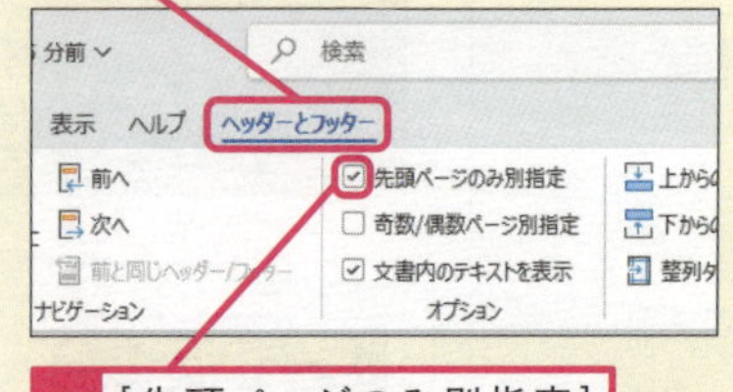

● 画像を選択する

ヘッダーが編集できるようになった

4 ［画像］をクリック

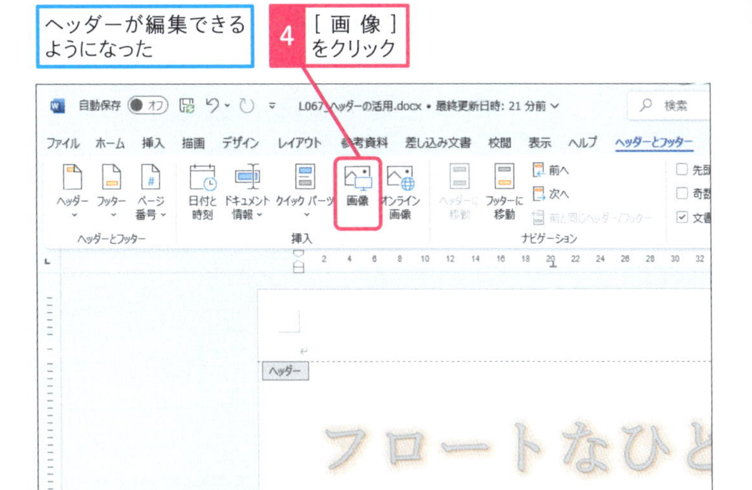

［図の挿入］ダイアログボックスが表示された

5 画像の保存場所を選択

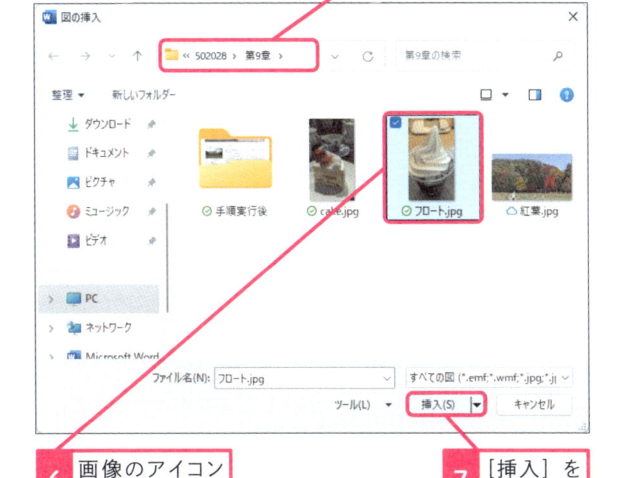

6 画像のアイコンをクリック

7 ［挿入］をクリック

画像が配置された

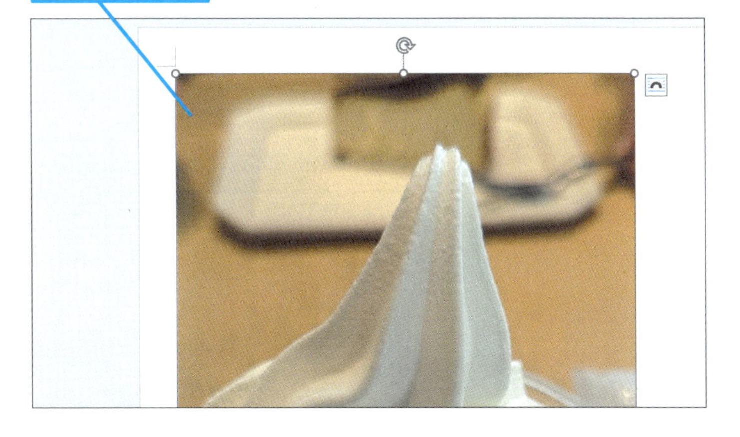

使いこなしのヒント

フッターでも同じ操作ができる

フッターにもレッスンのように画像を挿入できます。ただし、背景のように使うのであれば、画像はヘッダーに挿入するようにしましょう。

1 ［挿入］タブをクリック

2 ［フッター］をクリック

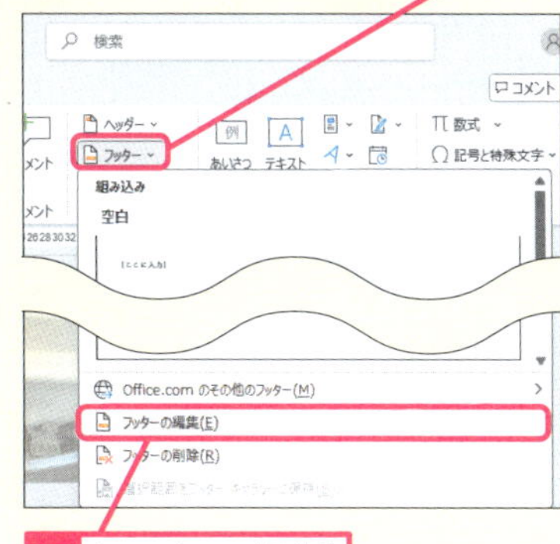

3 ［フッターの編集］をクリック

使いこなしのヒント

拡大や縮小はマウスのドラッグですばやく切り替えられる

編集画面の拡大や縮小は、［拡大］（+）や［縮小］（-）をクリックする以外にも、［ズーム］（▮）をマウスでドラッグすると、手早く変更できます。

［ズーム］を左右にドラッグすると、拡大と縮小をすばやく切り替えられる

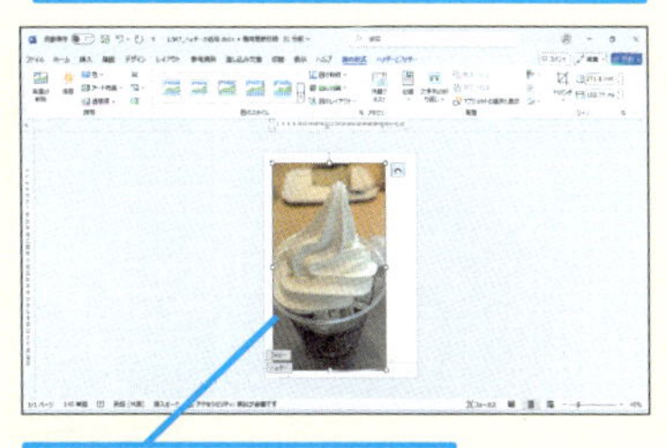

全体を表示しながら作業すると効率が良い

次のページに続く

2 画像の大きさと位置を調整する

余白がないように画像を配置する

1 ［レイアウトオプション］をクリック

2 ［背面］をクリック

3 もう一度［レイアウトオプション］をクリック

文書全体が見えるように縮小する

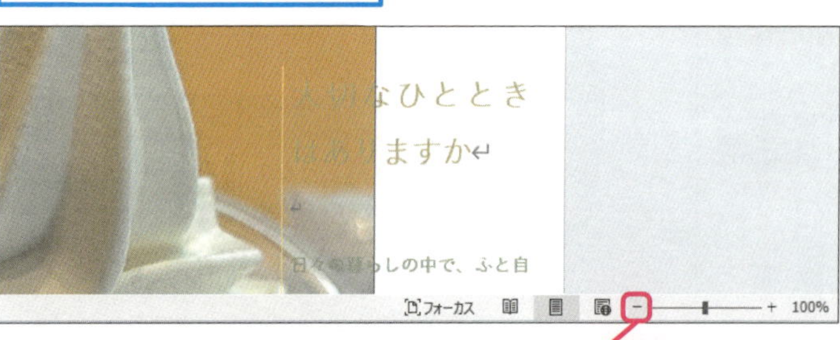

4 ［縮小］を6回クリック

5 画像にマウスポインターを合わせる

マウスポインターの形が変わった

6 右上にドラッグ

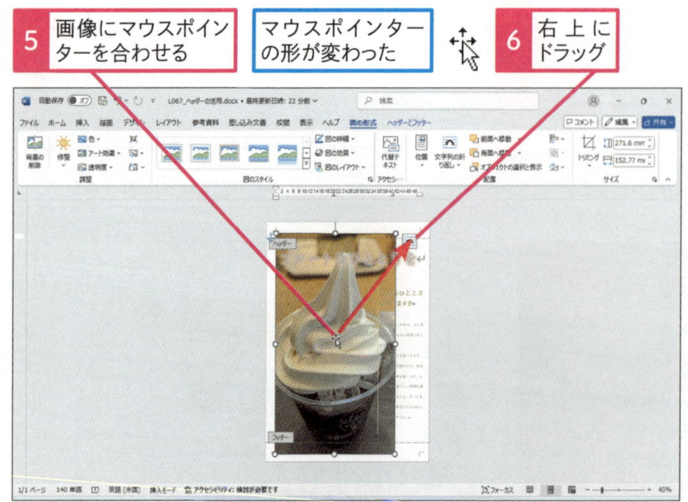

使いこなしのヒント

［ズーム］ダイアログボックスを使う

手早く編集画面のズームを行いたいときには、100%をクリックして、［ズーム］ダイアログボックスを表示します。

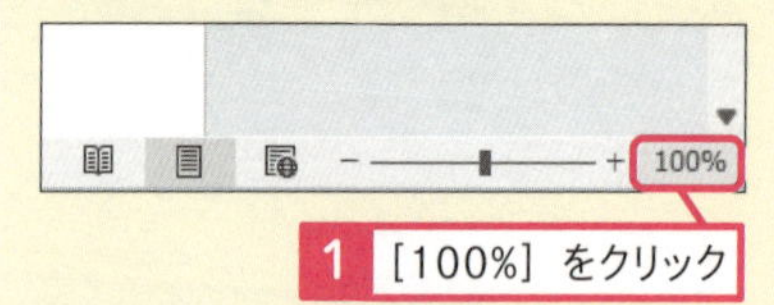

1 ［100%］をクリック

［ズーム］ダイアログボックスが表示された

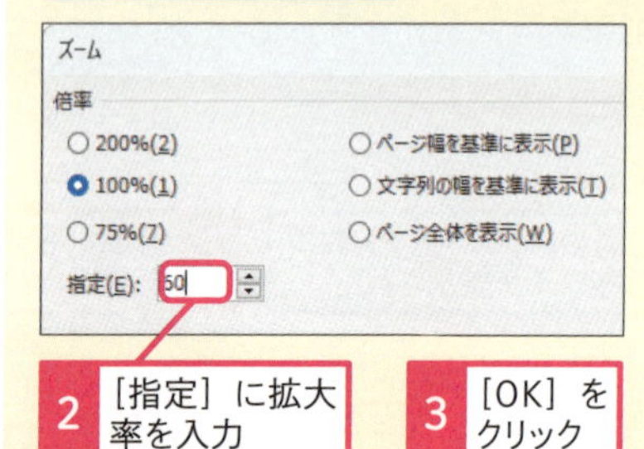

2 ［指定］に拡大率を入力

3 ［OK］をクリック

使いこなしのヒント

背景に適した画像に加工するには

ヘッダーに挿入した画像が本文の文字と重なって読みにくくなってしまうときには、［図の形式］タブで明るさやコントラストを調整します。

1 ［図の形式］タブをクリック

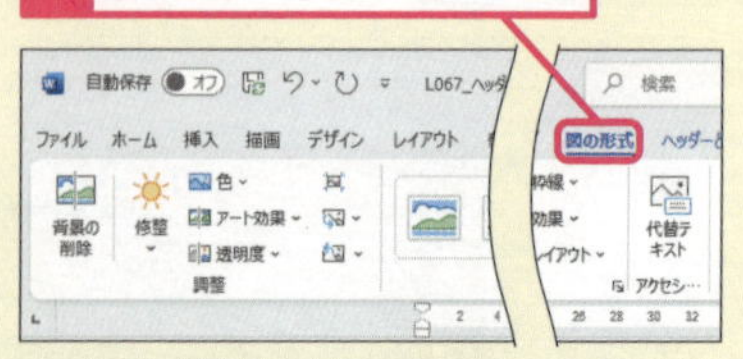

明るさやコントラストを調整できる

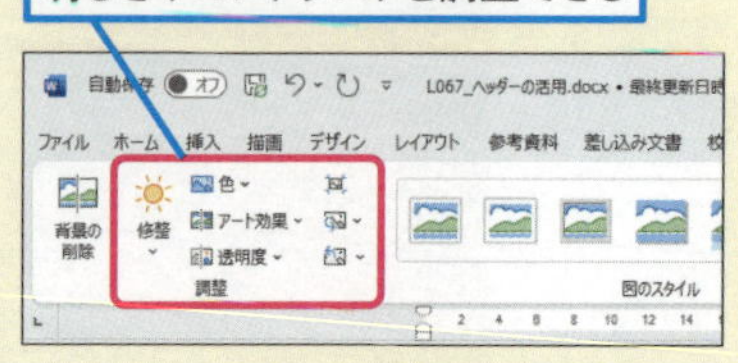

● 画像を拡大する

7 ここにマウスポインターを合わせる

マウスポインターの形が変わった

8 左下にドラッグ

画像の左端が、編集画面の左端に合うように拡大する

操作5～6を参考に、ちょうどいい位置までドラッグして調整する

9 ［ヘッダーとフッター］タブをクリック

10 ［ヘッダーとフッターを閉じる］をクリック

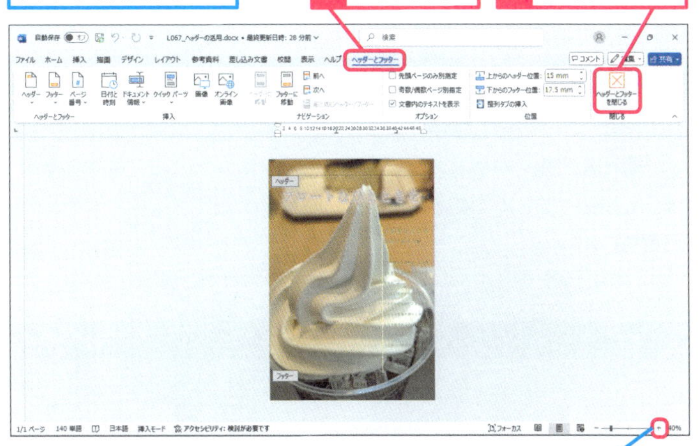

画像の大きさと位置が確定される

［拡大］をクリックして、表示倍率を100%に戻しておく

使いこなしのヒント

画像に効果を付けることもできる

［図の形式］タブで、挿入した画像に色やアート効果などを設定できます。明るさやコントラストだけで背景に適した効果にならないときには、色を変えたり、アート効果でモノクロームや線画にしたりするなど試してみましょう。

手順1の操作1～3を実行しておく

1 ［図の形式］タブをクリック

2 ［アート効果］をクリック

クリックするとさまざまなアート効果を設定できる

まとめ 画像をデザインの一部として使う

ヘッダーを活用した画像の挿入は、写真などをデザインの一部として利用するテクニックです。本文に挿入する画像の多くは、文字だけでは伝えにくい情報を補足する目的で使われます。それに対して、ファッション誌やアート誌などでは、画像そのものを紙面のデザインとして利用しています。また、広告やチラシなどでも、読み手の興味を惹くために画像を印象的に使っています。Wordでも挿入した画像にさまざまな効果を施すことで、よりインパクトのあるデザインにできます。

レッスン

58 画像に合った色を選ぶには

文字色の調整

練習用ファイル L058_文字色の調整.docx

色には暖色系や寒色系など温度を感じさせる違いがあります。フォントに色を使うときには、伝えたい情報の目的に合わせて、色の組み合わせを考えると、より印象的で見る人の感受性に届く印象を与えられます。Wordでは、そうした色の組み合わせを［配色］として用意しています。

キーワード

文書全体の文字の配色を変更する

Before

背景の画像とメリハリがつくように文字の色を変更したい

After

［配色］の機能で文字の色が全体的に変更された

使いこなしのヒント

Wordの［配色］とは

Wordでは、フォントの色や背景にアクセントなど、編集画面に入力する文字の色をあらかじめ決めてあります。その色の組み合わせを［配色］と呼んでいます。標準の［配色］を別のパターンに変えると、文書全体のフォントの色の印象をまとめて変更できます。

使いこなしのヒント

色の組み合わせを意識して配色する

配色を変えるときには、文書全体の印象や組み合わせる画像の色などを考慮しましょう。例えば、食べ物に対して寒色系の色を使うと、食欲を感じさせないデザインになる心配があります。

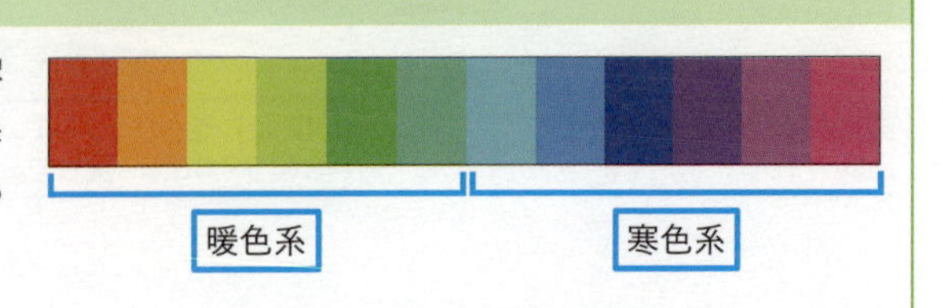

使いこなしのヒント

オリジナルの配色を作れる

［テーマの新しい配色パターンを作成］ダイアログボックスで、オリジナルの配色を作って保存できます。

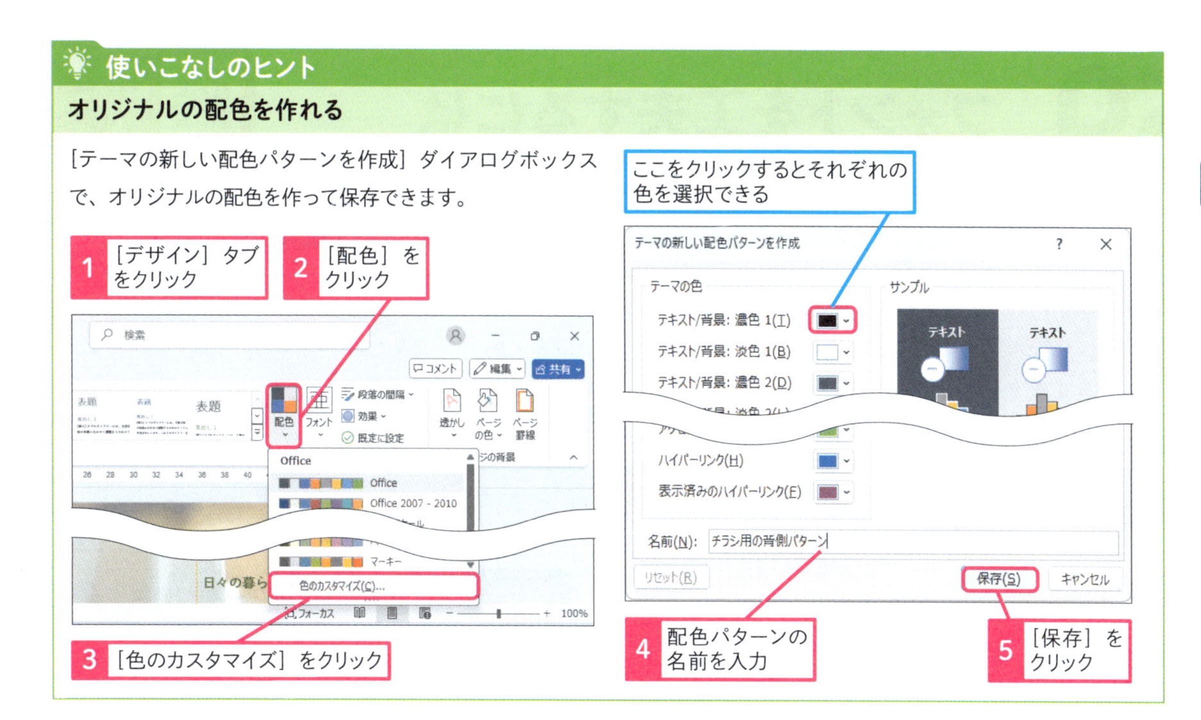

1 テーマを保存する

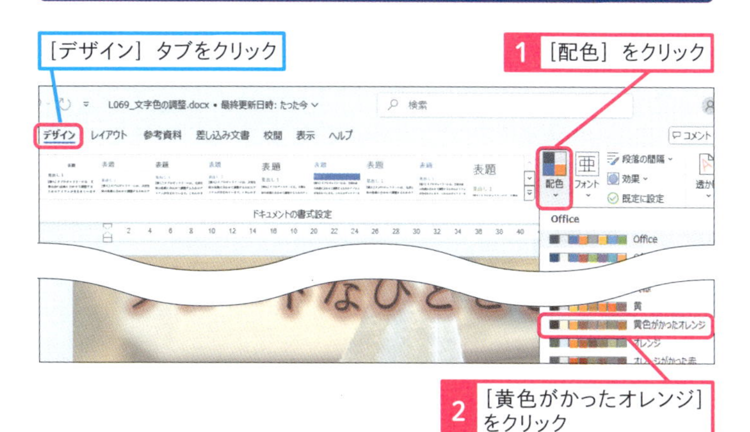

文字の配色を全体的に変更できた

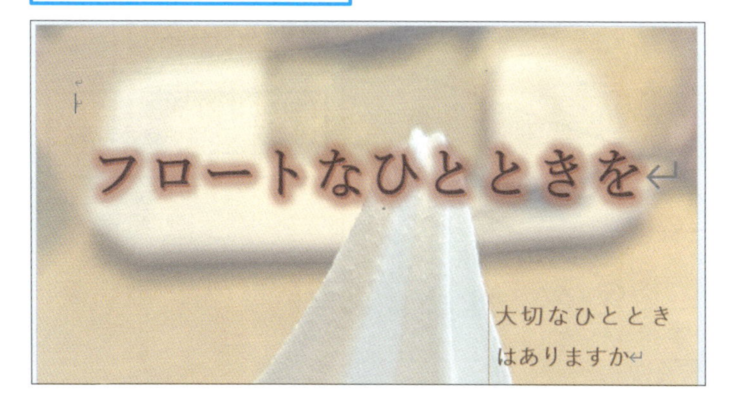

まとめ ［配色］で統一性のある色づかいにする

太陽や炎などを連想させる赤や黄色や橙色は、暖色系に分類されます。水や空や宇宙空間などを感じさせる青系の色は寒色系になります。寒色系は、理知的な印象や涼しさなどを与えます。Wordの配色も、暖色系と寒色系に分かれています。一般的に、暖色系は暖かみを伝えることや、食欲への刺激や注意喚起に効果があると考えられています。作成する文書の目的に合わせて、［配色］を活用して統一性のある色づかいにすると、文書の印象も向上します。

レッスン

59 フォントを工夫するには

フォントの工夫　練習用ファイル　L059_フォントの工夫.docx

チラシのキャッチコピーやレポートのタイトルなど、文書の中には特に注目してもらいたい文字があります。そうした文字には、フォントの装飾を工夫すると、見栄えや注目度を高められます。

キーワード

スタイル	P.526
フォント	P.528
ホーム	P.529

タイトル文字を装飾する

Before

タイトルの文字が目立つように工夫したい

色づく季節の旅へ

空が澄み切り、風が心地よく吹き抜ける季節がやってきた。木々の葉も緑から赤や黄色へ色づき始め、自然が織りなす美しいグラデーションが目に飛び込んでくる。そんな時、足を止めて、色づく季節の旅に出かけたくなってしまう。

After

タイトルの文字が目立つように装飾された

色づく季節の旅へ

空が澄み切り、風が心地よく吹き抜ける季節がやってきた。木々の葉も緑から赤や黄色へ色づき始め、自然が織りなす美しいグラデーションが目に飛び込んでくる。そんな時、

使いこなしのヒント

用意されている装飾で素早くフォントを変更できる

文字の効果と体裁から設定できるフォントの装飾は、ワードアートで使われているデザインと同じです。編集画面に入力した文章も、文字の効果と体裁を使うと、凝った装飾を簡単に設定できます。

文字のテキストボックスを選択しておく

1 ［ホーム］タブをクリック

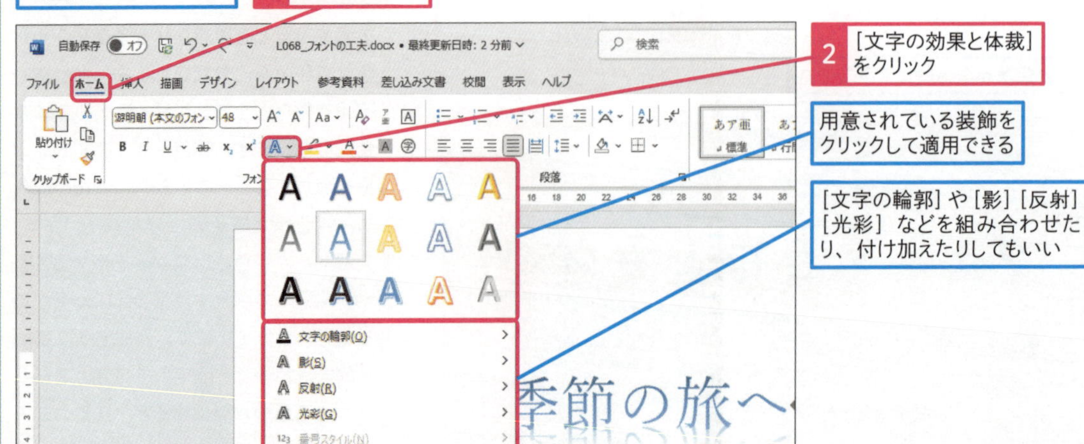

1 文字にさまざまな効果を付ける

タイトル文字にさまざまな効果を付ける

1 効果を付ける文字をドラッグして選択

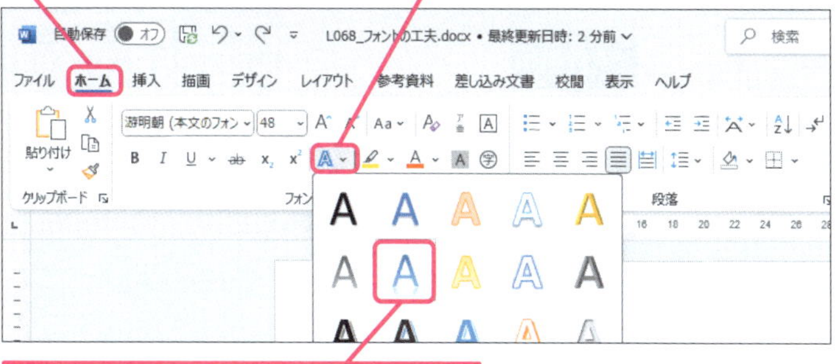

2 ［ホーム］タブをクリック

3 ［文字の効果と体裁］をクリック

4 ［塗りつぶし（グラデーション）:青、アクセントカラー 5;反射］をクリック

5 ［文字の効果と体裁］をクリック

6 ［光彩］にマウスポインターを合わせる

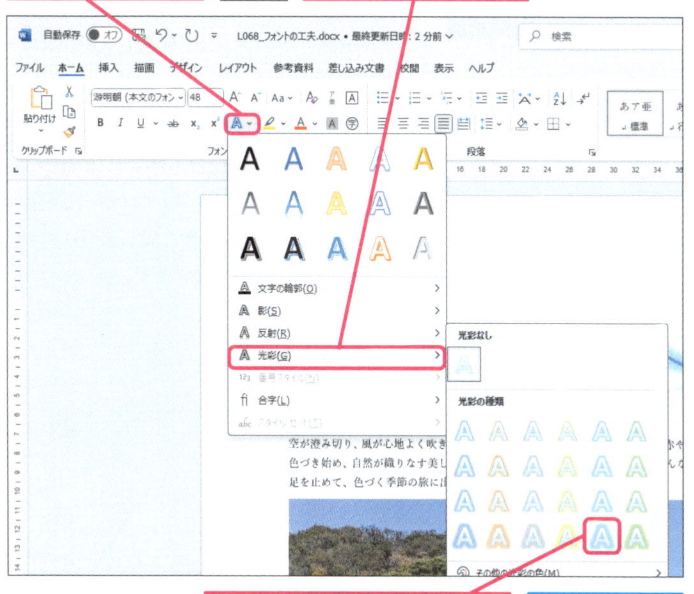

7 ［光彩:18pt;青、アクセントカラー 5］をクリック

タイトル文字が装飾される

使いこなしのヒント

オリジナルの装飾も作れる

［文字の効果と体裁］を使うと、影や反射に光彩などを独自に組み合わせて、オリジナルの装飾を作れます。

使いこなしのヒント

オリジナルの装飾をスタイルに登録する

オリジナルの装飾を作ったときは、スタイル名をつけて登録しておくと便利です。登録されたスタイル名を選ぶだけで、装飾を利用できます。

1 ［ホーム］タブをクリック

2 ［スタイル］をクリック

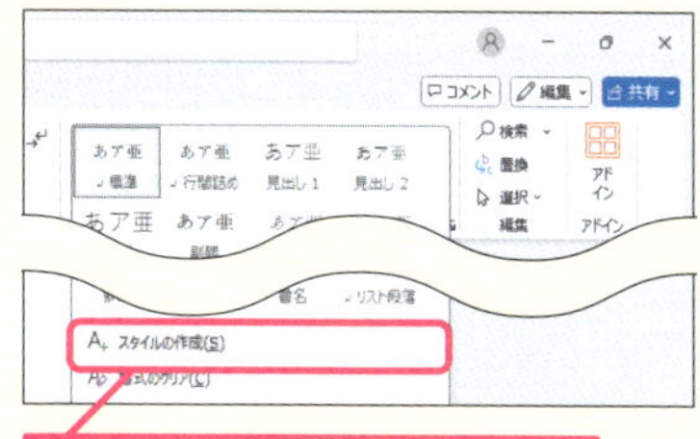

3 ［スタイルの作成］をクリック

4 スタイルの名前を入力

5 ［OK］をクリック

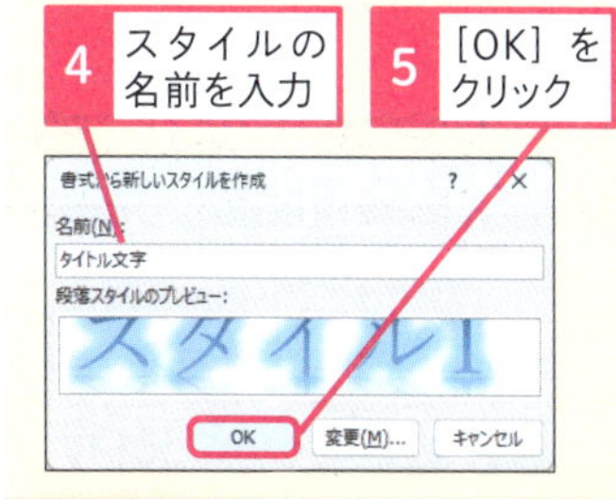

まとめ 印象に残るフォントの装飾で文書を目立たせる

文字の効果と体裁では、影や反射、3Dなど多彩な装飾を用意しています。色やサイズだけでは目立ちにくい文字も、文字の効果と体裁で装飾すると印象が強くなります。カタログやチラシなどの文書でも、いかに伝えたい情報を短く端的な言葉で印象強く見せるかが重要です。こうした文書で、文字の効果と体裁を活用して、フォントに印象の残る装飾を施せば、伝える力を向上させられます。

レッスン

60 図形をアクセントに使うには

アクセント

練習用ファイル L060_アクセント.docx

Wordの図形は、情報を伝えるための形として利用するだけではなく、透明度を変えて色を工夫すると、デザインの一部として活用できます。文書の好きな場所に挿入できるテキストボックスも図形の一部です。その装飾を変えてアクセントにしてみましょう。

キーワード

図形の枠線や背景色を設定する

→

1 背景に色を付ける

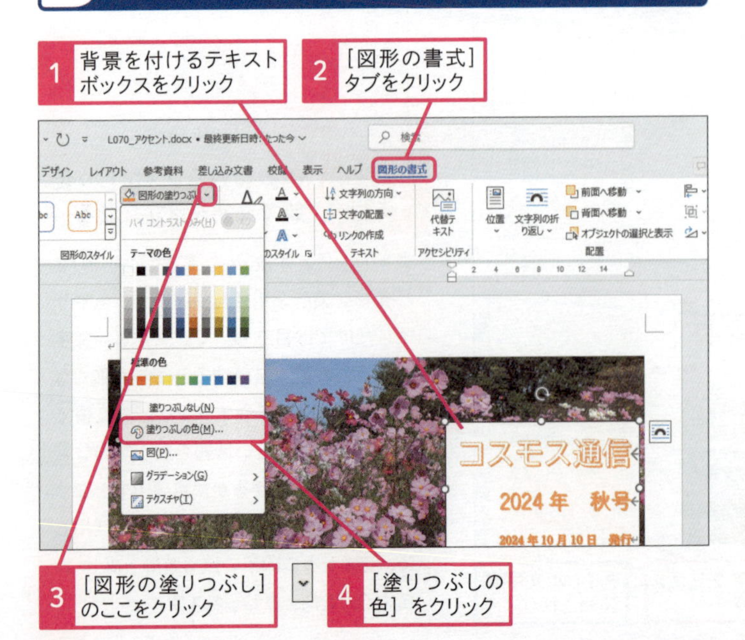

使いこなしのヒント

テキストボックスを挿入した直後は枠が付いている

標準のテキストボックスは、枠線が表示され塗りつぶしは［白、背景1］になっています。しかし、テキストボックスも図形の一部なので、四角形と同じように枠線や塗りつぶしを設定できます。

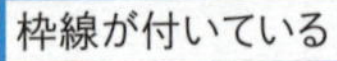

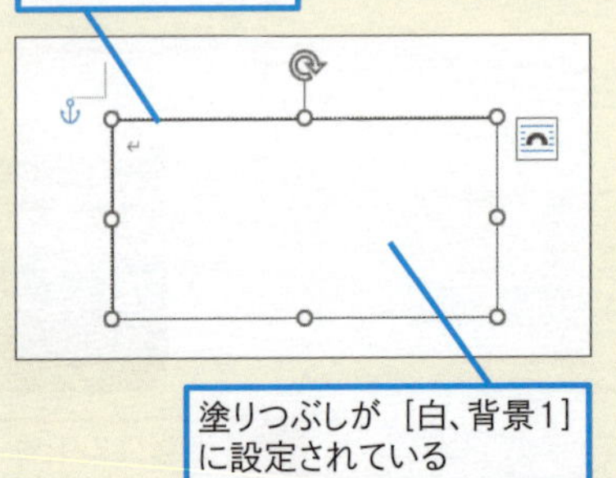

● 背景色を設定する

［色の設定］ダイアログボックスが表示された

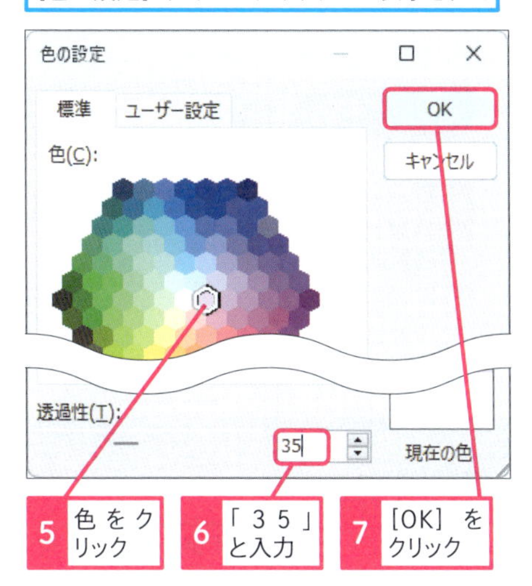

5 色をクリック

6 「35」と入力

7 ［OK］をクリック

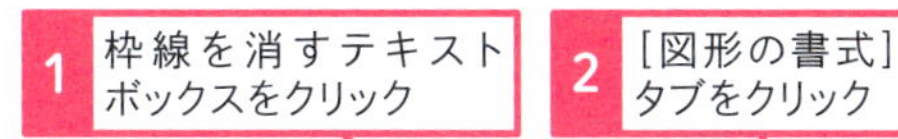

2 枠線を消す

1 枠線を消すテキストボックスをクリック

2 ［図形の書式］タブをクリック

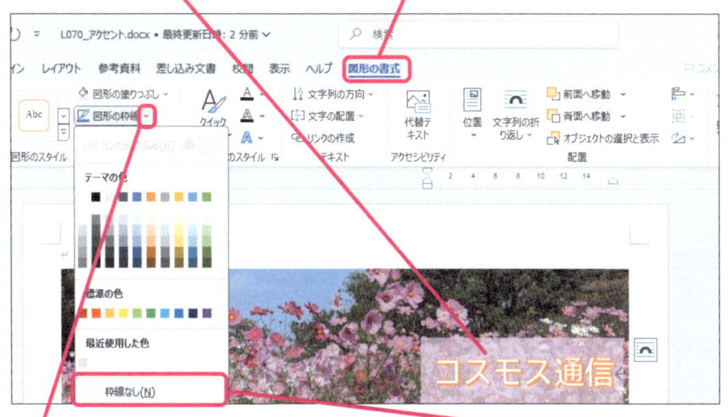

3 ［図形の枠線］のここをクリック ⌄

4 ［枠線なし］をクリック

5 ［図形の効果］をクリック

6 ［ぼかし］をクリック

7 ここをクリック

使いこなしのヒント

透過性を上げると色は薄くなる

色の透過性とは、透明度を意味しています。透過性の数値を上げていくと、透明度が高くなり図形の背景にある文字や画像が見えるようになります。

使いこなしのヒント

グラデーションの活用も効果的

図形をアクセントに使うときに、色や透過性の他にもグラデーションを活用すると、印象的なデザインになります。さらに、［その他のグラデーション］では、2つの色を組み合わせて変化のあるアクセントを表現できます。

1 ［ホーム］タブをクリック

2 ［図形の塗りつぶし］のここをクリック ⌄

3 ［グラデーション］にマウスポインターを合わせる

さまざまなグラデーションを付けられる

まとめ 図形の塗りつぶしを多彩に組み合わせよう

図形を塗りつぶす色には、テーマの色で用意されている配色の他にも、［図形の書式］タブでさまざまな色の組み合わせや透過性の変更、グラデーションなどを利用できます。［図形の塗りつぶし］を活用すると、文書のデザイン性も高められます。いろいろな形の図形に多彩な塗りつぶしを組み合わせて、オリジナルのアクセントをデザインしてみましょう。

レッスン

61 ひな形を利用するには

テンプレート　練習用ファイル　なし

テンプレートという文書のひな形を利用すると、一から装飾を設定しなくても、目的に合わせてきれいにレイアウトされた文書を短時間で作成できます。Wordには数多くのテンプレートが用意されているので、いろいろなひな形で新規文書を作成してみましょう。

キーワード

テンプレート　P.527

テンプレートを利用して文書を作成する

Before

文字を入力すればいいだけの状態で文書作成を開始したい

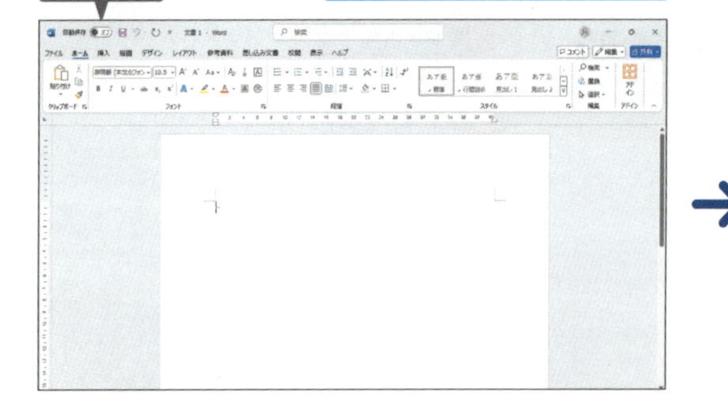

After

ひな形が適用された新規文書が作成された

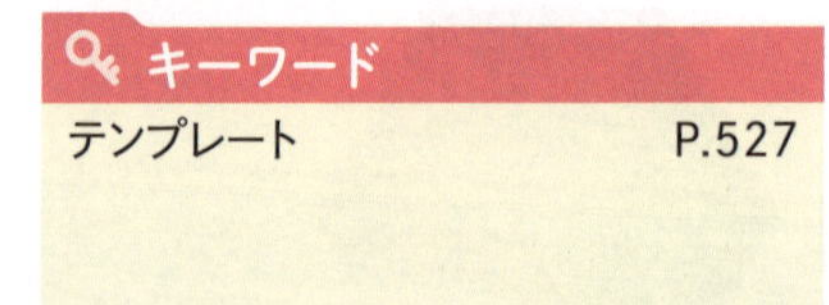

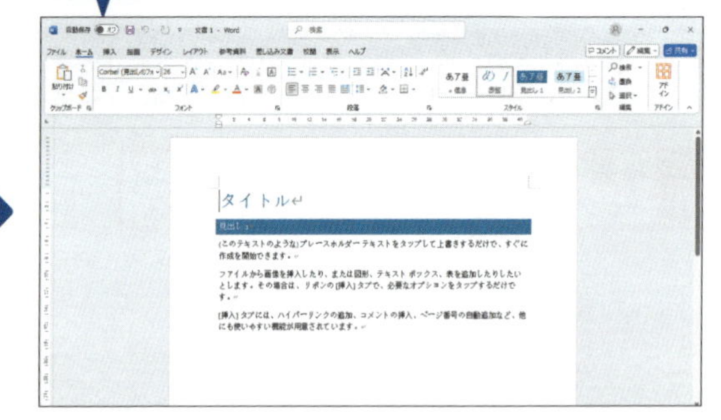

使いこなしのヒント

カテゴリーから選択することもできる

最初に表示されるテンプレートの一覧の他にも、ビジネスやカード、チラシなど、カテゴリーの分類からテンプレートを選択できます。また、オンラインのテンプレートも検索できます。

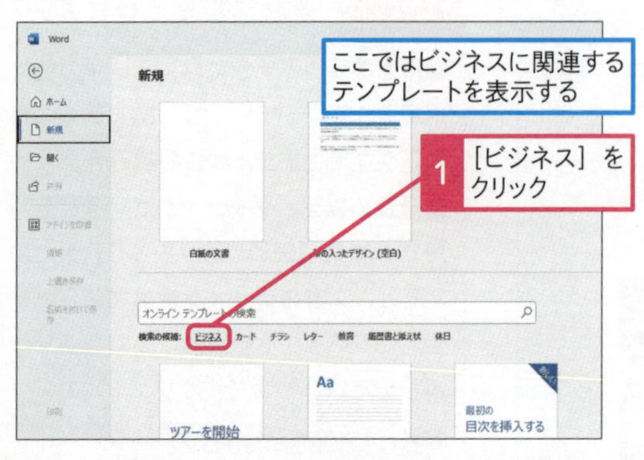

ここではビジネスに関連するテンプレートを表示する

1 ［ビジネス］をクリック

ビジネスに関連するテンプレートが表示された

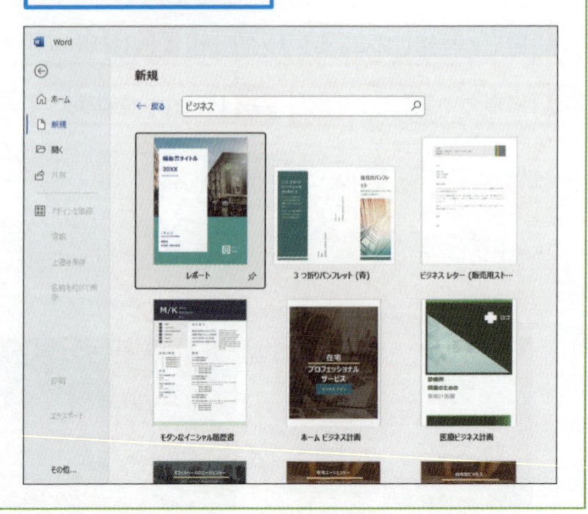

1 ひな形を利用する

Wordを起動しておく

1 ［その他のテンプレート］をクリック

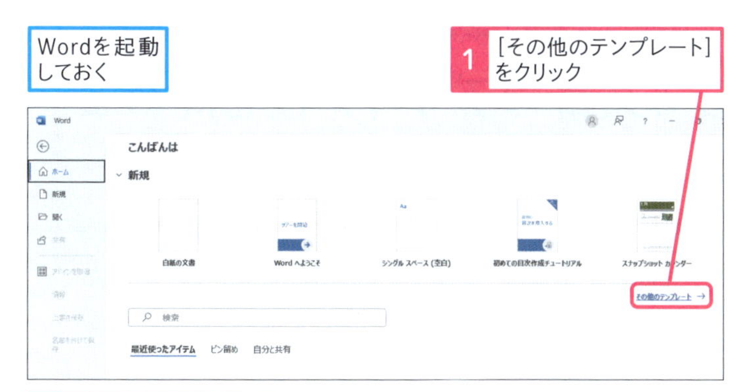

2 「帯の入ったデザイン」と入力

3 ［検索の開始］をクリック

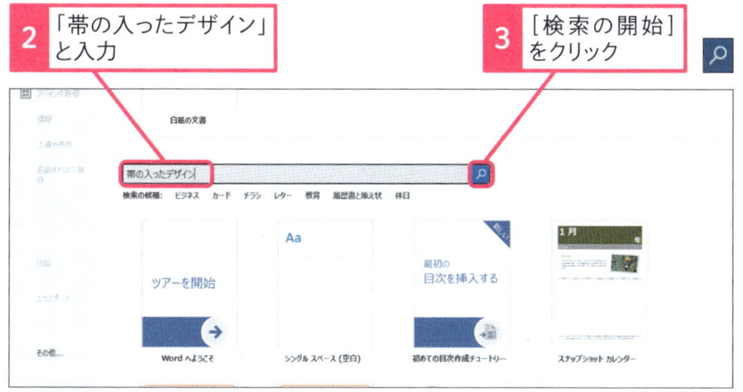

検索結果が表示された

4 ［帯の入ったデザイン（空白）］をクリック

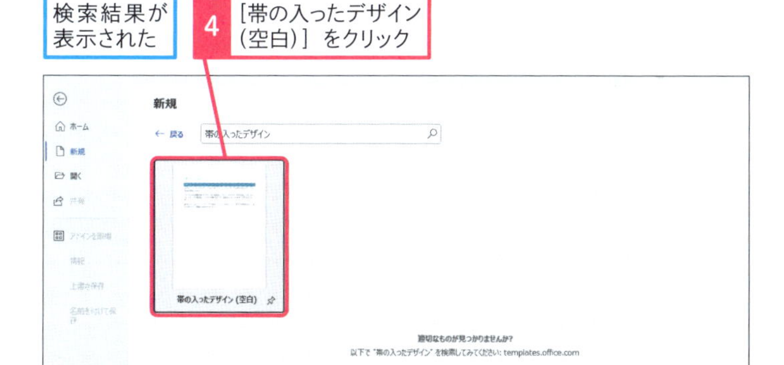

テンプレートの詳細が表示された

5 ［作成］をクリック

テンプレートを適用した新規文書が作成される

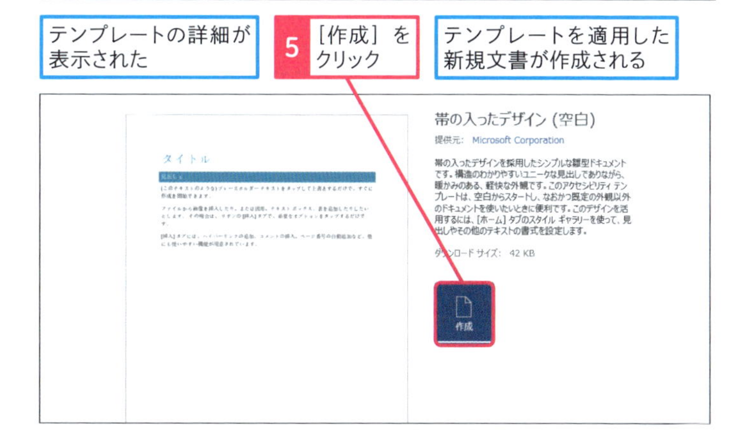

使いこなしのヒント

テンプレートと文書の違いは

Wordのテンプレートと文書には、装飾やレイアウトなどに違いはありません。新規の文書を作成するときに、［白紙の文書］を選ぶと、自動的に［Normal.dotm］という［標準テンプレート］がひな形として使われます。

使いこなしのヒント

オリジナルのテンプレートも作れる

文書を保存するときに、Wordテンプレート（*.dotx）を選択すると、その文書をテンプレートとして保存できます。
もし、同じ装飾を再利用したいのであれば、すでに作成された文書を開いて、新しい名前を付けて保存するだけです。しかし、新しい文書を作る目的を失念して、上書き保存してしまうと、元の文書が失われてしまいます。こうしたミスを未然に防ぐ目的にも、テンプレートを有効に活用できます。

まとめ テンプレートでWordの編集スキルをアップ

ひな形として利用できるテンプレートには、装飾の凝ったデザインやカレンダーに名刺など、印刷に活用できるレイアウトが数多く用意されています。これらのひな形をそのまま利用しても、見栄えのする文書が作成できます。さらに、テンプレートの内容を調べて、どのような装飾や罫線やレイアウトが使われているか研究すると、Wordの編集スキルを向上できます。

この章のまとめ

図形の装飾を活用して文書のデザイン性を高める

印刷物のような文書を作るには、この章で解説したような段組みや文字の装飾、図形や画像の活用が効果的です。Wordには、文字や図形を装飾する機能が豊富に備わっています。リボンで表示されている装飾を選ぶだけではなく、オリジナルの色づかいや効果も作成できます。装飾やレイアウトに関連する機能を使い込んでいけば、よりデザイン性に優れた注目度の高い文書を作れるようになります。

かわいいサンプルが多くて、楽しかったです～♪

それは良かった！　Wordはビジネス文書だけじゃなくて、デザインを生かした印刷物もちゃんと作れるんですよ。

発想と工夫しだいなんですね、先生！

そう、その通り！　Wordの多彩な機能を、どんどん試してください。

Word

活用編

第9章

大量の書類を自動で作るには

Wordでは、Excelなど他のアプリとデータをやり取りしたり、フィールドコードという特殊なコードを活用して、式を計算したりページ番号などを自動的に入力できます。さらに、住所録などのデータを使って宛名や宛先を差し込み印刷として自動で挿入できます。

レッスン
62 Introduction この章で学ぶこと Wordが得意な自動化の方法って?

フィールドコードは、Wordの機能の中でも自動化に関連する特別な処理になります。複数の作業を一度で処理したり、計算や参照を自動化して作業の手間を軽減し、うっかりミスを防ぎます。また、差し込み印刷ではWord以外のアプリで作られた住所や氏名などのデータを挿入して、宛名印刷などの自動化に役立ちます。

宛名とかまとめて作りたい!

ふうふう、やっと20人分できたぞ。残りは30人か……。

さっきの書類、できた？　差し込み印刷ですぐに……
え、何やってるの？

何って、差し込み印刷って手差しで印刷することでしょ?

あちゃー、全然違いますよ！　差し込み印刷は、個別のデータを文書に自動的に組み込める機能なんです。似た機能のフィールドコードと合わせて紹介しますね。

Wordに搭載された自動処理の機能

Wordには個別の情報やデータを文書に組み込むための機能がいくつか搭載されています。第6章で紹介したはがきの宛名作成機能もその1つですが、この章ではビジネス文書やメールの下書きに使える、フィールドコードと差し込み印刷を紹介します。

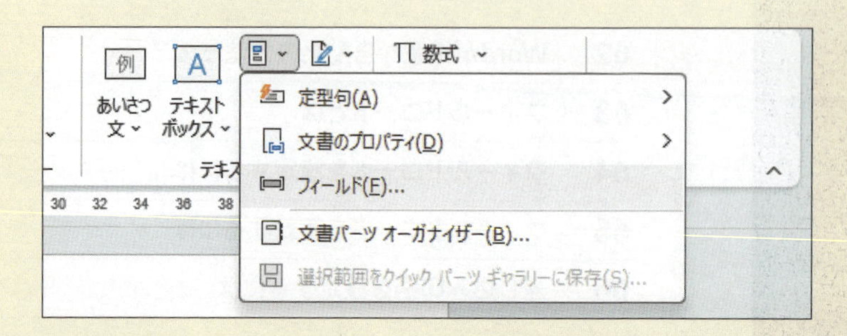

文書内の特定の箇所を一斉に更新できる

まずはフィールドコード。これは文書内に設定した「フィールド」を、基準に合わせて一斉に変更できる機能です。ビジネス文書などで、先方の名前が複数の場所に入っているときに使うと便利なんです。

同じ内容の文書を、先方の名前だけ変えて出したいときに便利ですよね。自作のテンプレートで使ってます♪

このたびは、長野浩二様のご注文をいただきまして、ありがとうございます。
配送にあたり、改めて確認書を送らせていただきます。
内容をご確認いただいて、修正内容などあれば、ご一報いただけると幸いです。

商品名	ご注文数	記名内容
名入り万年筆	1	長野浩二
名入り名刺入れ	1	長野浩二

文書の特定の場所にデータを自動的に組み込める

そしてこれが差し込み印刷。文書の特定の場所に、Excelなどのリストからデータを抽出して自動的に組み込めます。宛名印刷と同じようなことを文書の上でできるんですよ。

すごい、住所と名前だけ変えた文書が人数分、一瞬でできた！　ここ、これが知りたかったんです！

新製品企画書

〒256-6828
神奈川県厚木市岡田 1-2-9
松田 和臣　様

レッスン

63 フィールドコードとは

フィールドコード　練習用ファイル　L063_フィールドコード.docx

文書を作成していると、顧客名や商品名など同じ内容を繰り返し入力することがあります。そうした繰り返しや連続した単語の入力には、フィールドコードとブックマークを組み合わせて活用すると便利です。

1 ［ブックマーク］画面を表示する

1 ［挿入］タブをクリック

2 ［ブックマーク］をクリック

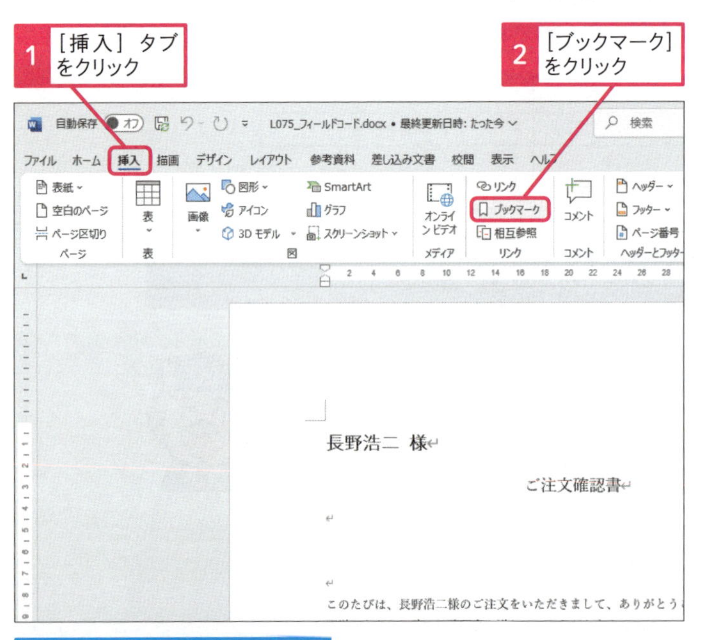

［ブックマーク］画面が表示された

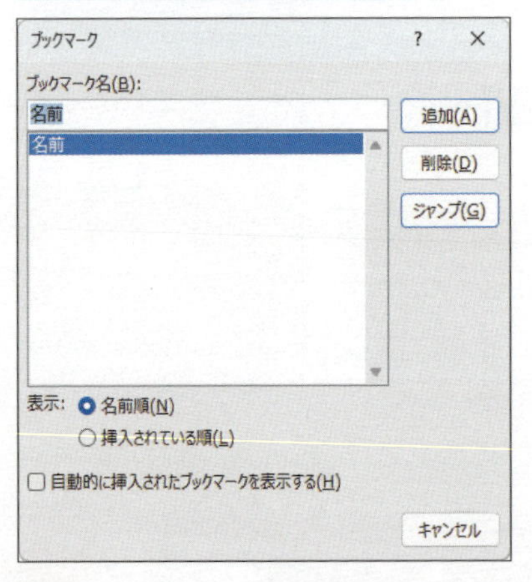

キーワード

置換	P.527
フィールドコード	P.528
ブックマーク	P.528

使いこなしのヒント

ブックマークとは

ブックマークは、編集画面に入力した文字などをフィールドコードで参照するための栞のような目印です。ブックマークを登録すると、このレッスンのようにフィールドコードで参照したり、［検索と置換］ダイアログボックスの［ジャンプ］タブで移動したりできます。

1 ［ホーム］タブをクリック

2 ［置換］をクリック

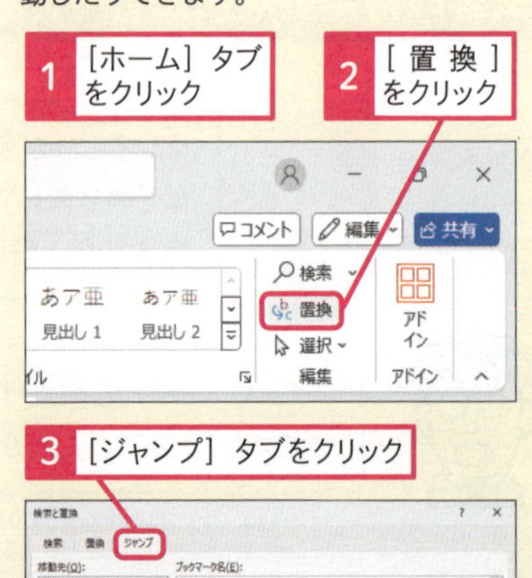

3 ［ジャンプ］タブをクリック

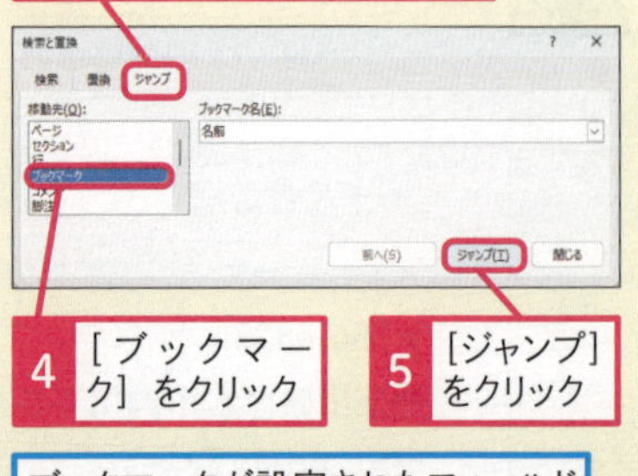

4 ［ブックマーク］をクリック

5 ［ジャンプ］をクリック

ブックマークが設定されたフィールドコードを検索できる

Word　活用編　第9章　大量の書類を自動で作るには

2 ［フィールド］画面を表示する

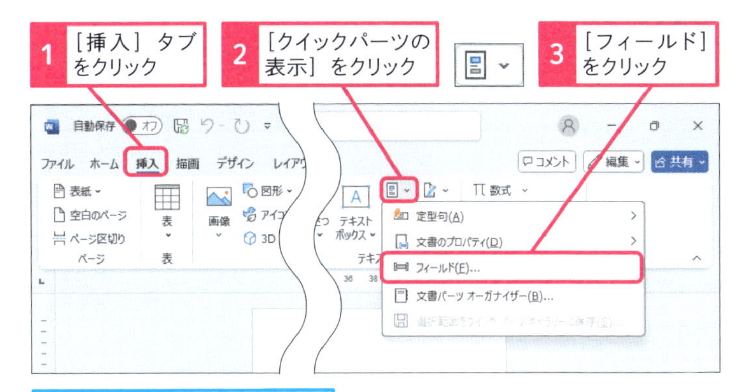

［フィールド］画面が表示された

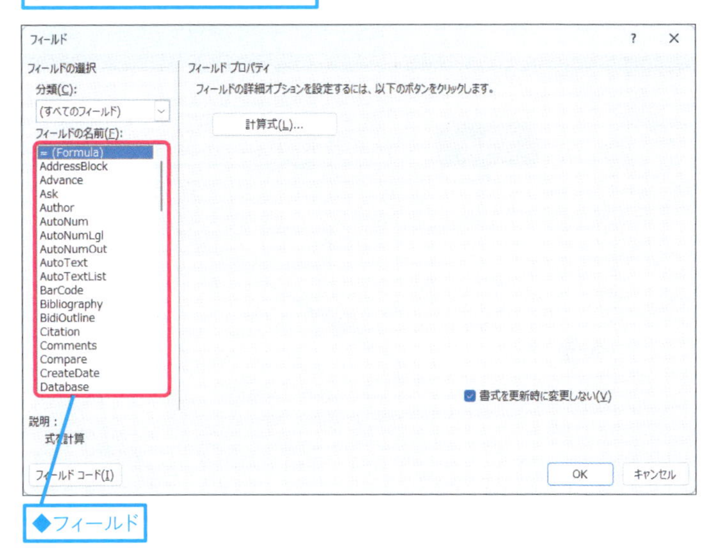

◆フィールド

●おもなフィールドコード

フィールドコード	機能
＝（式）フィールド	数式を使用して数値を計算します。 {=式［ブックマーク］［\#数値形式］}
Pageフィールド	Pageフィールドがあるページの数を挿入します。 {PAGE［*書式スイッチ］}
Refフィールド	ブックマーク付きテキストまたはグラフィックを挿入します。 {［REF］Bookmark［スイッチ］}
Timeフィールド	文書に現在の時刻を挿入します。 {TIME［\@"Date-TimePicture"］}
UserNameフィールド	［Wordのオプション］の［ユーザー名］からユーザー名を挿入します。 {USERNAME［"NewName"］}

使いこなしのヒント

フィールドコードとは

フィールドコードは、数字の計算やページ数の表示、他のデータ参照、差し込み印刷、目次や索引の作成などで利用する特殊な情報処理のための記号です。フィールドコードを活用すると、すでに入力した文字を自動的に他の場所に転記する、といった処理も可能になります。

使いこなしのヒント

Wordで使えるフィールドコードの一覧

フィールドコードについては、マイクロソフトのホームページにも、詳しい使い方が紹介されています。

▼Word のフィールド コード一覧
https://support.microsoft.com/ja-jp/office/word-のフィールド-コード一覧-1ad6d91a-55a7-4a8d-b535-cf7888659a51

まとめ　フィールドコードで文書作成を自動化する

Wordのフィールドコードは、文字の参照や数字の計算を自動化する特殊なコードの集まりです。Wordのフィールドコードは、70以上に及びます。それぞれのフィールドコードの機能は、ダイアログボックスで確認できます。

レッスン
64 フィールドコードを設定するには

フィールドコードの設定

練習用ファイル　L064_フィールドコードの設定.docx

フィールドコードは、編集画面の任意の場所に挿入できます。挿入されたフィールドコードは、ダイアログボックスに表示されている英文字のコードではなく、計算された結果が表示されます。例えば、PAGEというフィールドコードを挿入すると、現在のページ数が表示されます。

キーワード

フィールドコードを設定する

Before

左上に入力された名前が、ほかの場所にも表示されるように設定したい

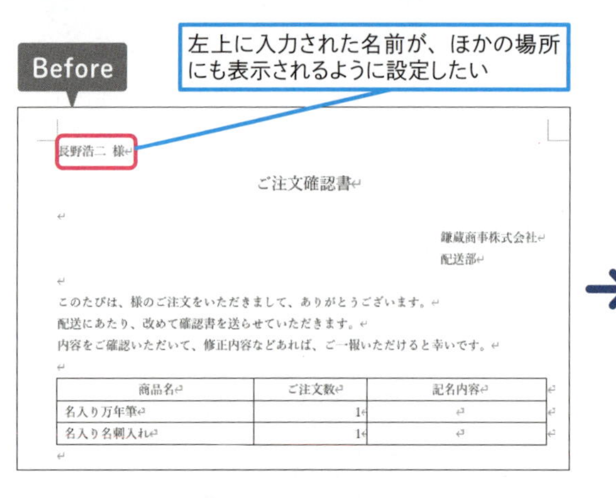

After

左上に入力された名前を、ほかの場所にも表示されるように設定できた

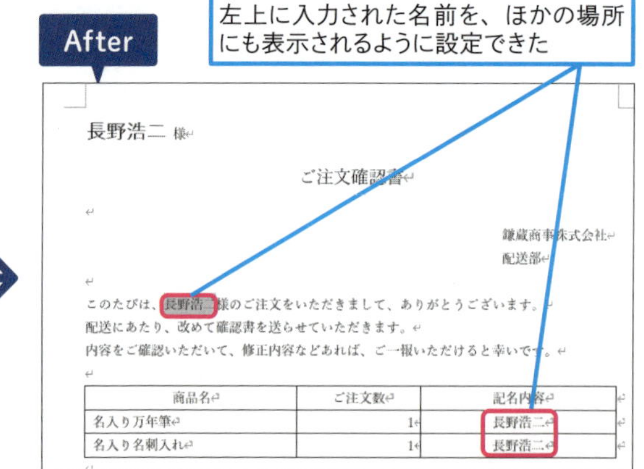

1 ブックマークを設定する

1 ブックマークに設定したい文字をドラッグして選択

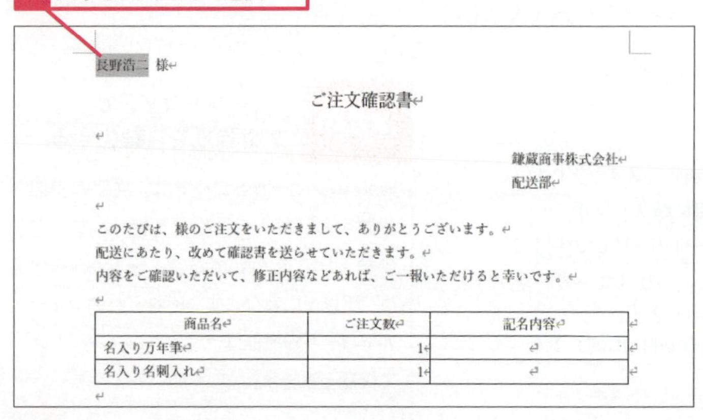

使いこなしのヒント

参照元の文字のフォントに注意する

レッスンで挿入した参照（REF）フィールドコードは、ブックマークが登録されている参照元の文字だけではなく装飾も参照されます。挿入されたフィールドコードの装飾は、後で変更すると、それ以降は参照元の文字だけを表示するようになります。

使いこなしのヒント

リンクを挿入するには

ブックマークがあるリンクグループには、ハイパーリンクなどを挿入する［リンク］があります。

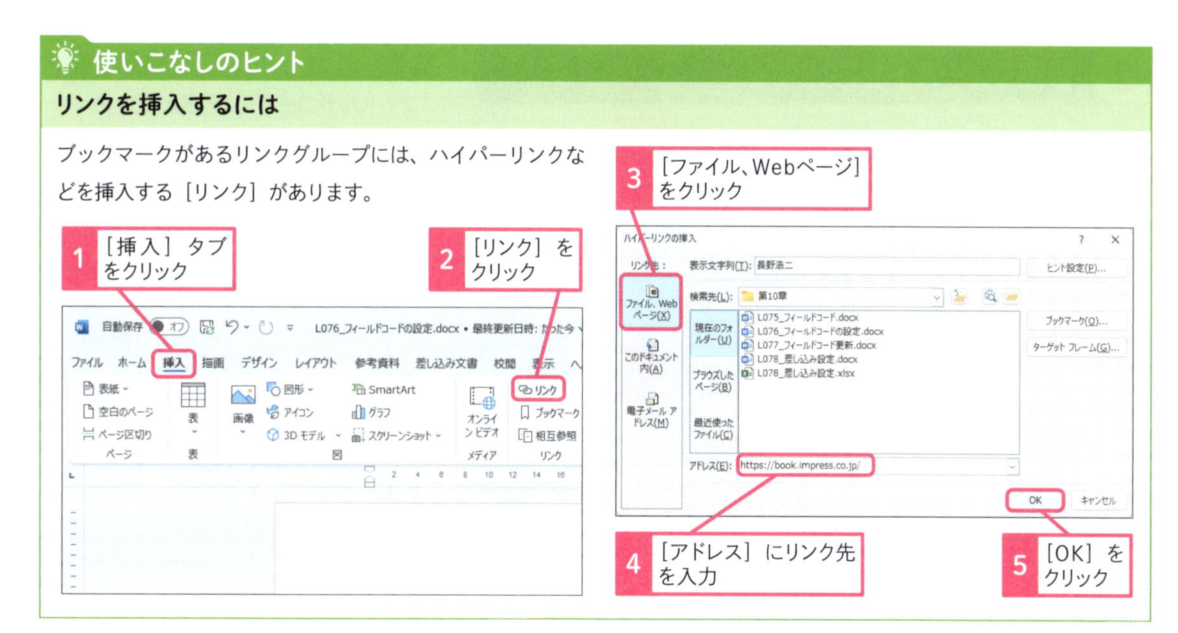

●ブックマークの名前を付ける

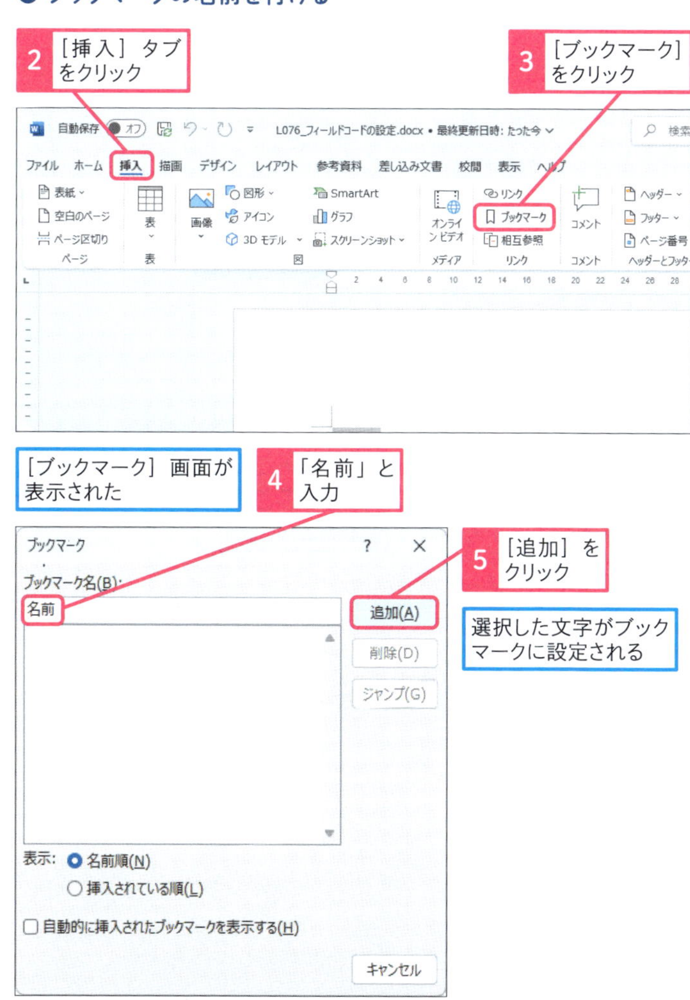

使いこなしのヒント

相互参照とは

相互参照を挿入すると、見出しや図表などの位置を参照するリンクが挿入されます。

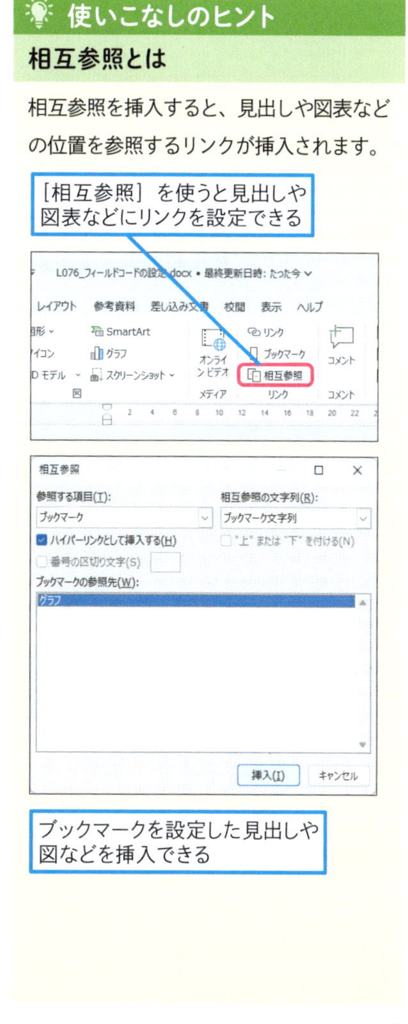

次のページに続く

2 参照フィールドを設定する

1 文字を挿入したい箇所をクリック

このたびは、様のご注文をいただきまして、ありがとうございます。
配送にあたり、改めて確認書を送らせていただきます。
内容をご確認いただいて、修正内容などあれば、ご一報いただけると幸いです。

2 [挿入] タブをクリック

3 [クイックパーツの表示] をクリック

4 [フィールド] をクリック

[フィールド] 画面が表示された

5 [Ref] をクリック

6 [名前] をクリック

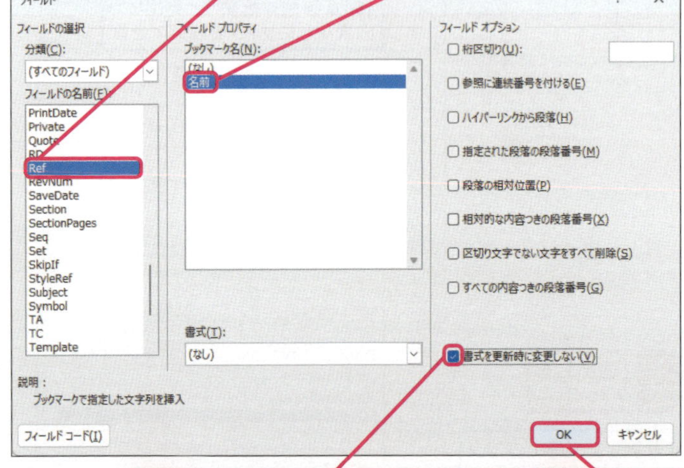

7 [書式を更新時に変更しない] のここをクリックしてチェックマークを付ける

8 [OK] をクリック

ブックマークを参照して表示できた

このたびは、長野浩二様のご注文をいただきまして、ありがとうございます。
配送にあたり、改めて確認書を送らせていただきます。
内容をご確認いただいて、修正内容などあれば、ご一報いただけると幸いです。

使いこなしのヒント

フィールドコードの種類と使い方

フィールドコードは、70種類以上ありますが、その用途は主に8つに分類されます。[リンクと参照] は、このレッスンで解説しているように、ブックマークなどの特定の情報を参照したり、ページ内やサイトへのリンクを挿入したりします。[差し込み印刷] は､宛名印刷などで使われます。[索引と目次] は、見出しに設定された項目から、目次と索引を作成します。また、日付や時刻を自動的に入力するフィールドコードもあります。さらに、ページなどの番号を自動で入力したり、マクロの挿入や印刷などを実行したりする機能もあります。ダイアログボックスで種類ごとに表示すると、それぞれの用途がわかります。

1 [分類] のここをクリック

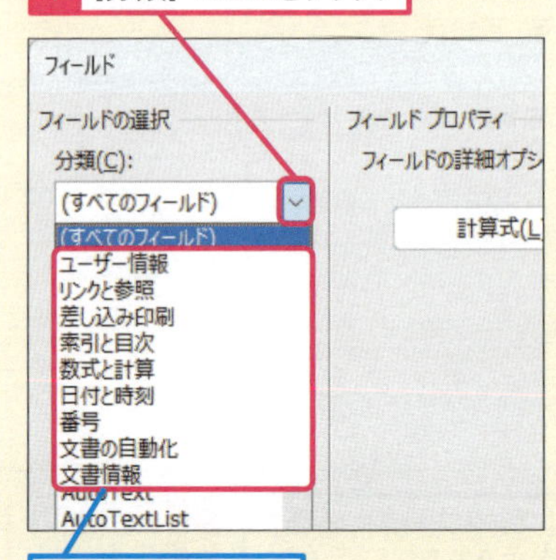

フィールドコードの種類が表示される

3 フィールドコードをコピーする

1 フィールドをドラッグして選択

2 Ctrlキーを押しながら、Cキーを押す

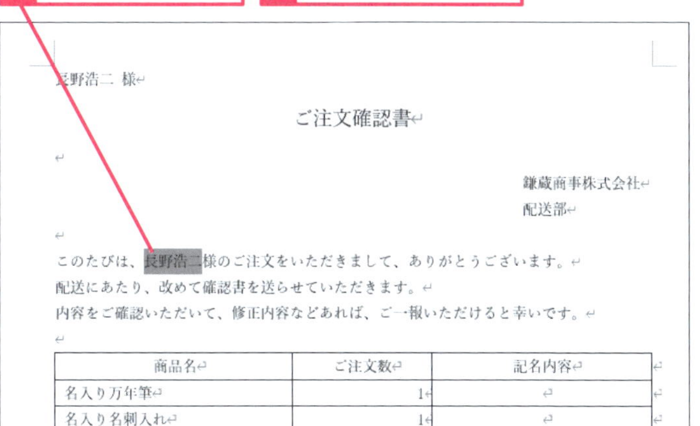

3 ここをクリック

4 Ctrlキーを押しながら、Vキーを押す

同様にここにもフィールドを貼り付けておく

フィールドがコピーされた

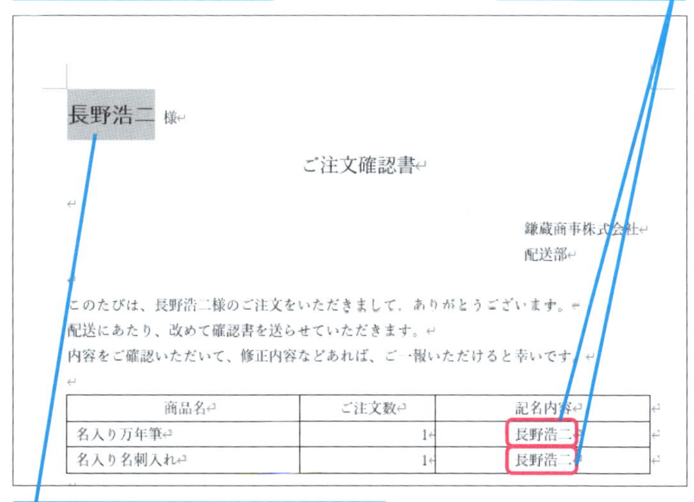

参照元の文字のフォントを［游ゴシック Light］の［太字］にし、フォントサイズを［16］に設定しておく

使いこなしのヒント

挿入されたフィールドコードを修正するには

挿入されたフィールドコードの内容を確認したり修正したりするには、Shift+F9キーを使います。フィールドコードが選択されている状態で、Shift+F9キーを押すと、フィールドコードを表示したり、元に戻したりできます。

1 フィールドコードをクリック

このたびは、長野浩二様のご注文をいただきまして、あ
配送にあたり、改めて確認書を送らせていただきます。
内容をご確認いただいて、修正内容などあれば、ご一報

2 Shift+F9キーを押す

フィールドコードが編集可能な状態になった

このたびは、{ REF 名前 ¥* MERGEFORMAT }様
とうございます。
配送にあたり、改めて確認書を送らせていただきます。
内容をご確認いただいて、修正内容などあれば、ご一報

まとめ フィールドコードで文書作成を自動化しよう

定型文の多くは、宛名や日付に必要最低限の項目を変更するか入力するだけで、必要な文書として利用できます。こうした利用パターンの決まった文書では、フィールドコードを活用すると、入力や更新を自動化できるようになり、文書作成の時間を短縮できます。また、図版や注釈の多い文書でフィールドコードを活用すると、参照先のミスを防ぎ、後から追加や削除しても、フィールドコードを更新すれば、ページ数や図版番号などを自動で再計算できます。

レッスン
65 フィールドコードを更新するには

フィールドコードの更新

練習用ファイル L065_フィールドコード更新.docx

フィールドコードは、参照先の内容や計算対象の数字などが変更されたときには、F9キーで更新して最新の内容にします。また、印刷プレビューを利用すると、一括して更新できます。

キーワード

フィールドコードを更新する

Before

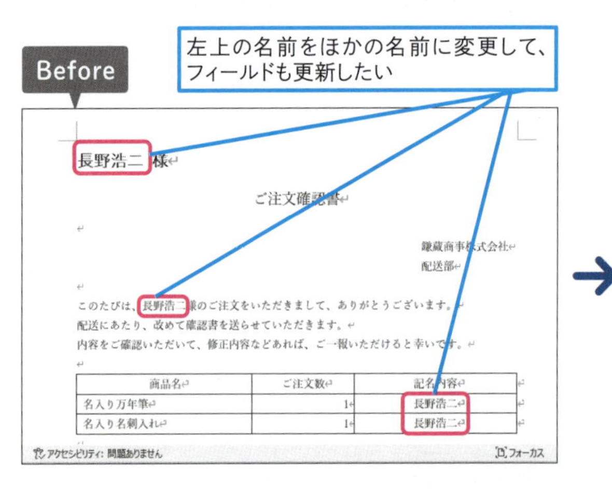

After

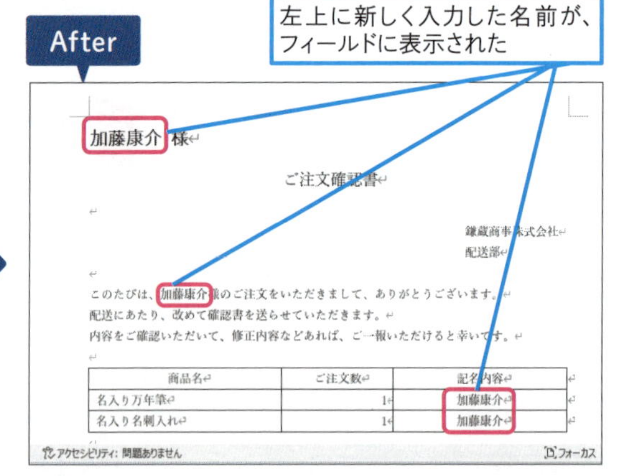

1 参照先を変更する

1 ブックマークを設定した名前のここをクリック

2 「加藤康介」と入力

3 Deleteキーを4回押す

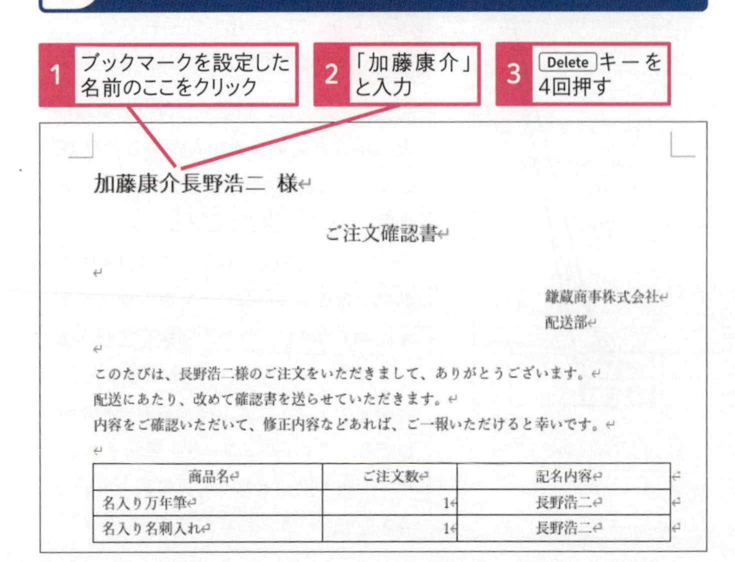

使いこなしのヒント

ブックマークを設定した文字が完全に消去されないようにする

ブックマークを設定した文字列は、範囲選択して書き換えてしまうと、登録されているブックマーク名も失われてしまいます。レッスンのように、フィールドコードの参照元となるブックマークの文字を修正するときには、先に変更する文字を入力してから、古い文字を削除するようにしましょう。

● 一括で更新する

4 ［ファイル］タブをクリック

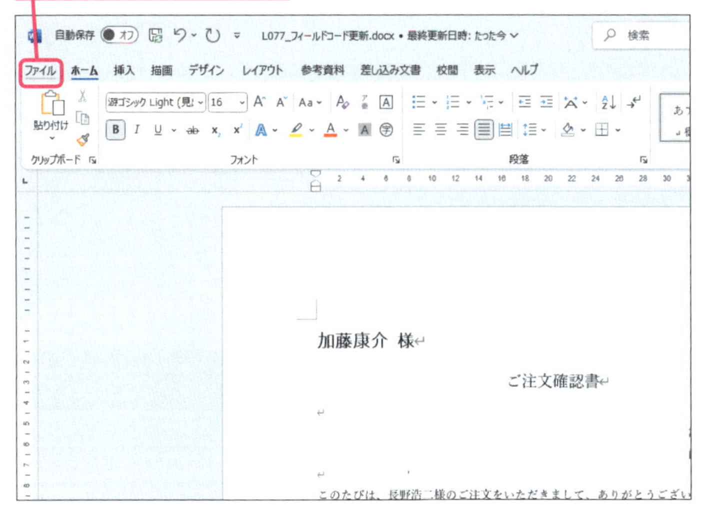

5 ［印刷］をクリック

6 ここをクリック

フィールドが更新された

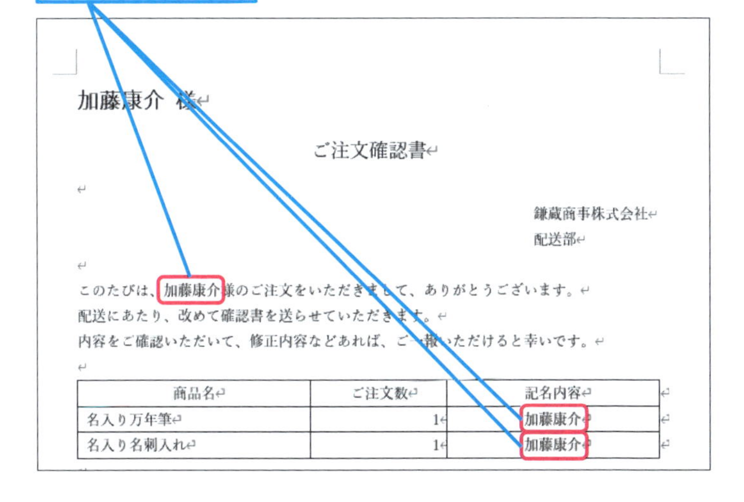

使いこなしのヒント

フィールドコードを個別に更新するには

個々のフィールドコードを更新するには、選択して F9 キーを押すか、マウスの右クリックで右クリックメニューを表示して、［フィールド更新］を実行します。

●キーボードで更新する

1 フィールドコードをクリック

2 F9 キーを押す

このたびは、長野浩二様のご注文をいただきまして、
配送にあたり、改めて確認書を送らせていただきます。

フィールドコードが個別に更新された

このたびは、加藤康介様のご注文をいただきまして、
配送にあたり、改めて確認書を送らせていただきます。

●右クリックメニューで更新する

1 フィールドコードを右クリック

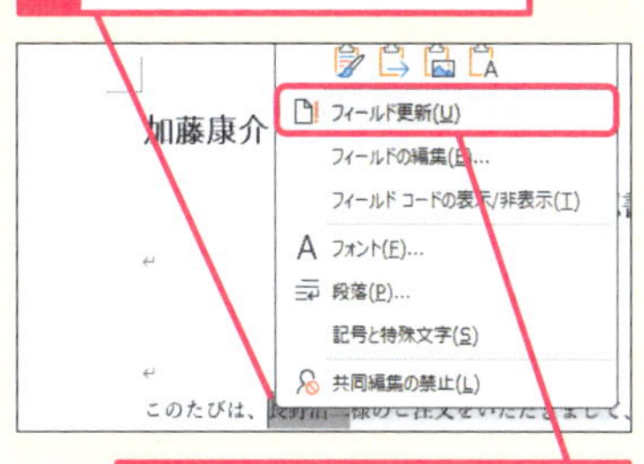

2 ［フィールド更新］をクリック

まとめ フィールドコードを使いこなしてWordの達人になろう

フィールドコードは、Wordの便利さに通じる大切な機能です。ページ番号が自動で更新されたり、表を使って計算できたりするのも、フィールドコードの働きです。フィールドコードの仕組みを理解すると、ページ番号をヘッダーやフッターではなく、編集画面でも表示できるようになります。また、ブックマークと相互参照を組み合わせると、特定の用語が記入されているページ数なども、目次や索引のように自動で計算して表示できます。

レッスン 66

差し込み印刷を設定するには

差し込み印刷の設定

練習用ファイル L66_差し込み設定.docx、L66_差し込み設定.xlsx

差し込み印刷は、宛名や住所など文書の中に部分的に違う内容を入力して、ダイレクトメールやチラシなどを印刷するときに活用すると便利な機能です。差し込み印刷を行うときは、差し込み文書とExcelなどで差し込み用のデータを準備しておきます

キーワード

差し込み印刷	P.526
フィールドコード	P.528
フォルダー	P.528

住所録の内容を指定の位置に挿入する

Before Excelの住所録をWordに読み込みたい

A1 氏名

	A	B	C
1	氏名	郵便番号	住所
2	松田 和臣	256-6828	神奈川県厚木市岡田1-2-9
3	弘田 理	167-9738	東京都港区南青山2-1-4
4	石井 真帆	577-4726	大阪府寝屋川市仁和寺本町3-4-4
5	近藤 智巳	495-7174	愛知県春日井市大手町3-3-15
6	石川 ちはる	048-8900	北海道札幌市中央区南三条西3-1-401
7	大西 昌和	197-0492	東京都品川区荏原3-2-5
8	大塚 祐子	532-7621	大阪府大阪市阿倍野区昭和町2-1-1103
9	白石 卓也	537-3842	大阪府池田市五月丘1-1-7
10	中根 貴和子	210-0133	神奈川県横浜市神奈川区六角橋1-5-5
11	金 友宏	792-1640	愛媛県松山市三番町3-4-19

After 指定の位置に住所録の内容を挿入できた

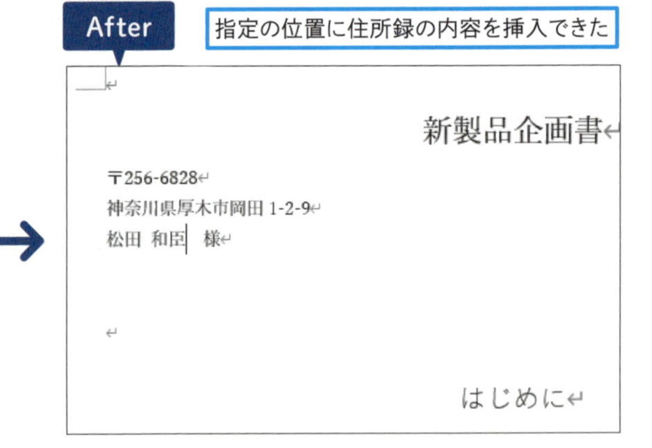

1 差し込み用のデータを用意する

Excelのファイルに氏名、郵便番号、住所などを記入した住所録を用意しておく

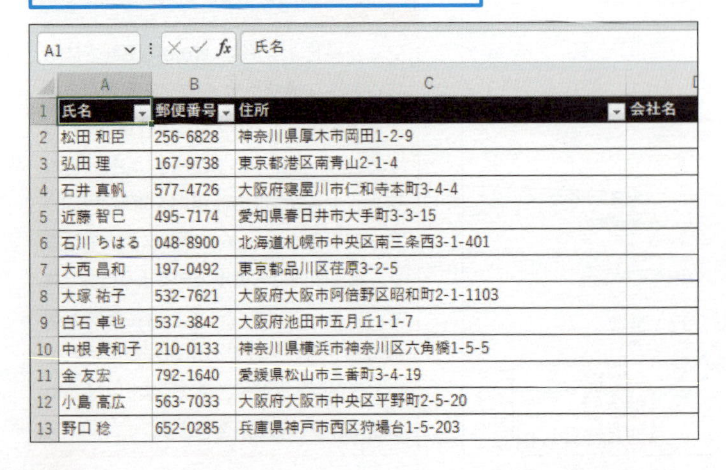

A1 氏名

	A	B	C	D
1	氏名	郵便番号	住所	会社名
2	松田 和臣	256-6828	神奈川県厚木市岡田1-2-9	
3	弘田 理	167-9738	東京都港区南青山2-1-4	
4	石井 真帆	577-4726	大阪府寝屋川市仁和寺本町3-4-4	
5	近藤 智巳	495-7174	愛知県春日井市大手町3-3-15	
6	石川 ちはる	048-8900	北海道札幌市中央区南三条西3-1-401	
7	大西 昌和	197-0492	東京都品川区荏原3-2-5	
8	大塚 祐子	532-7621	大阪府大阪市阿倍野区昭和町2-1-1103	
9	白石 卓也	537-3842	大阪府池田市五月丘1-1-7	
10	中根 貴和子	210-0133	神奈川県横浜市神奈川区六角橋1-5-5	
11	金 友宏	792-1640	愛媛県松山市三番町3-4-19	
12	小島 高広	563-7033	大阪府大阪市中央区平野町2-5-20	
13	野口 稔	652-0285	兵庫県神戸市西区狩場台1-5-203	

使いこなしのヒント

差し込み用のデータはWordでも作成できる

差し込み用のデータは、Wordで［新しいリストの入力］を使うと、Wordでも作成できます。

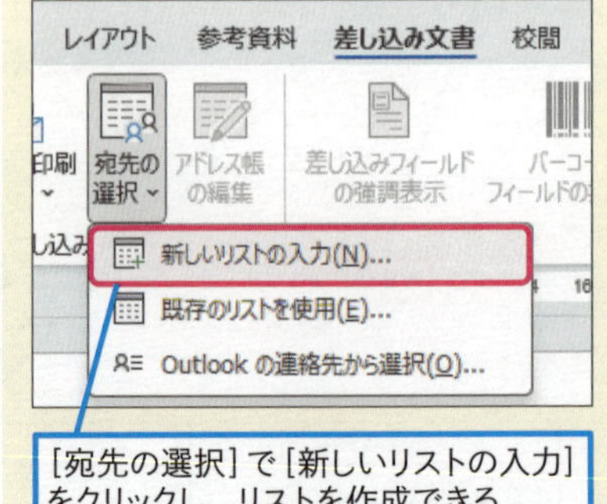

［宛先の選択］で［新しいリストの入力］をクリックし、リストを作成できる

2 データファイルを選択する

練習用ファイルを開いておく

1 ［差し込み文書］をクリック

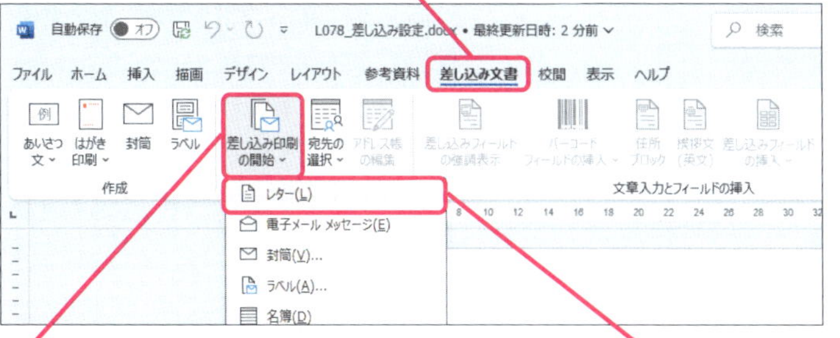

2 ［差し込み印刷の開始］をクリック

3 ［レター］をクリック

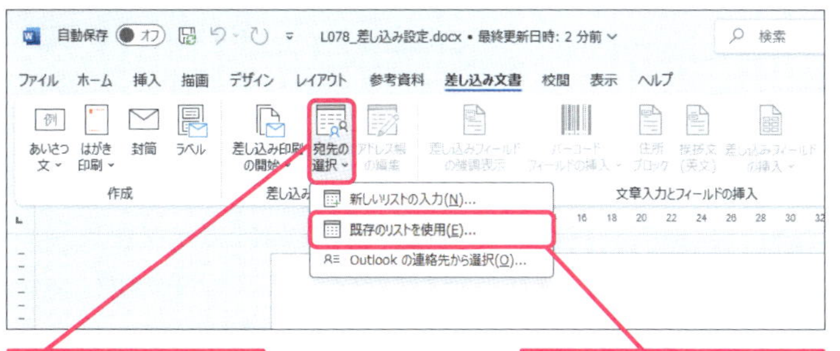

4 ［宛先の選択］をクリック

5 ［既存のリストを使用］をクリック

［データファイルの選択］画面が表示された

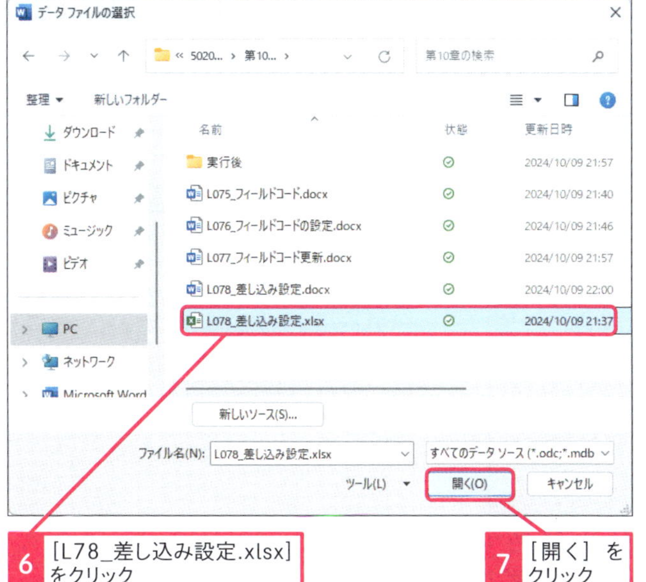

6 ［L78_差し込み設定.xlsx］をクリック

7 ［開く］をクリック

使いこなしのヒント

差し込み印刷に使用できるデータの種類

差し込み印刷で利用できるデータの種類には、レッスンで解説しているExcelやスプレッドシートの他にも、Outlook の連絡先リストや、SQL Serverに保存した既存のリスト内の名前やデータのリストが利用できます。

使いこなしのヒント

差し込み印刷ウィザードを活用しよう

差し込み印刷ウィザードを活用すると、電子メールのメッセージや封筒にラベルなど、目的の文書を選択して、ひな形を選ぶなど、作業ウィンドウに表示される手順をクリックしていくだけで、差し込み文書を作成できます。

使いこなしのヒント

Wordで作成したデータはどこに保存されるの？

Wordで作成した差し込み印刷用のデータは、標準の設定では［ドキュメント］の［My Data Sources］に保存されます。保存先とファイル名は、自由に設定できます。保存されるファイルは［Microsoft Office アドレス帳］という形式になります。

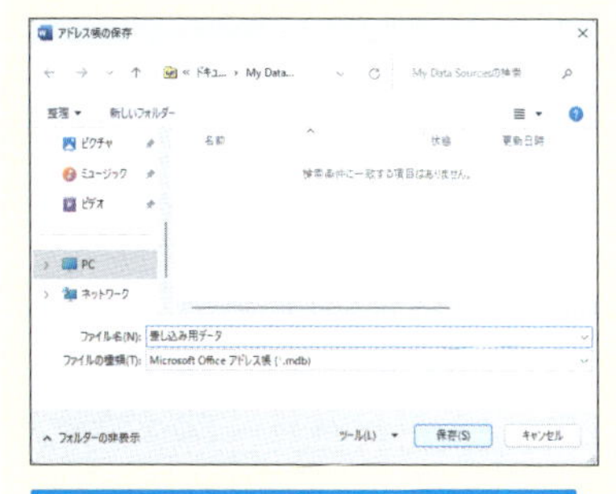

［ドキュメント］に新しいフォルダーが作成されて保存される

次のページに続く

3 差し込むデータを選択する

［テーブルの選択］画面が表示された

1 シート名をクリック

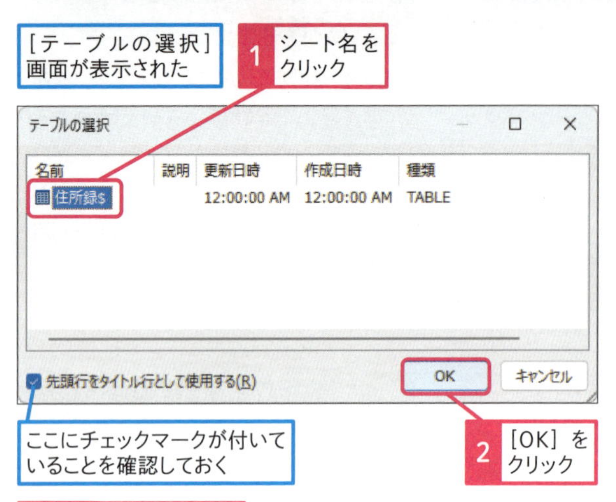

ここにチェックマークが付いていることを確認しておく

2 ［OK］をクリック

3 ［差し込み文書］をクリック

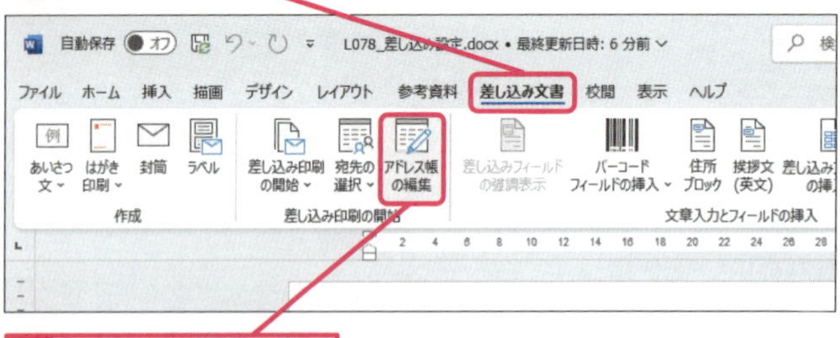

4 ［アドレス帳の編集］をクリック

［差し込み印刷の宛先］画面が表示された

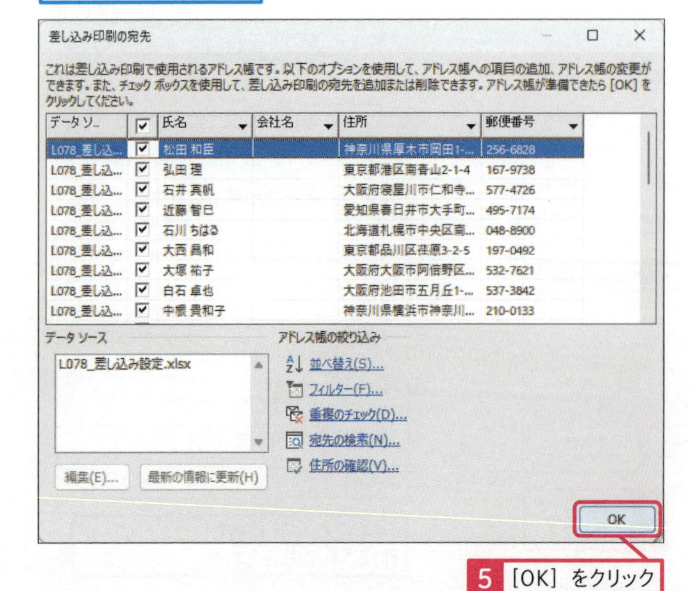

5 ［OK］をクリック

使いこなしのヒント

差し込み用データのファイル形式とは

Wordで作成した差し込み用データは［Microsoft Office アドレス帳］形式で保存され、エクスプローラーからはAccessのデータベース用ファイルとして認識されます。そのため、エクスプローラーからファイルをダブルクリックして開こうとするとAccessが起動します。

使いこなしのヒント

差し込みフィールドを確認するには

挿入された差し込みフィールドは［MERGEFIELD］というフィールドコードです。フィールド名にカーソルを合わせて、Shiftキーを押しながらF9キーを押すと、フィールドコード名と対象となるフィールドを確認できます。

〒256-6828
神奈川県厚木市岡田 1-2-9
{ MERGEFIELD 氏名 } 様

フィールドコードの後ろにフィールドの内容が記入されている

使いこなしのヒント

差し込むデータを選ぶには

［差し込み印刷の宛先］で表示されているチェックマークをクリックすると、差し込むデータを選択できます。

4 フィールドを設定する

1 「〒」と入力

2 「　様」と入力

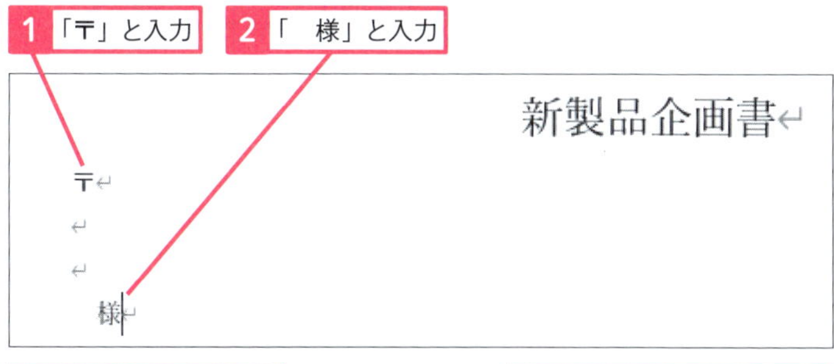

3 ［差し込み文書］をクリック

4 ［差し込みフィールドの挿入］をクリック

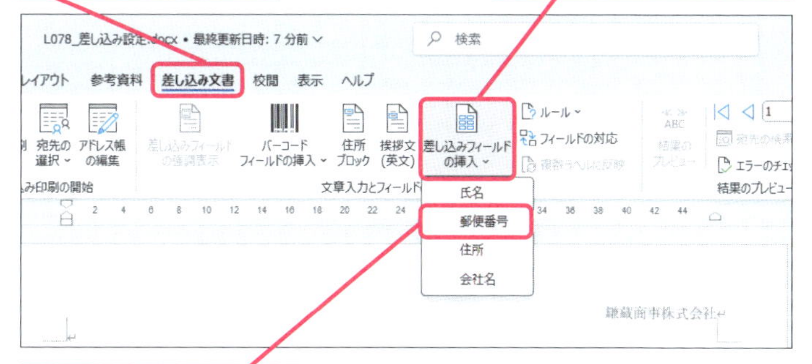

5 ［郵便番号］をクリック

［郵便番号］フィールドが挿入された

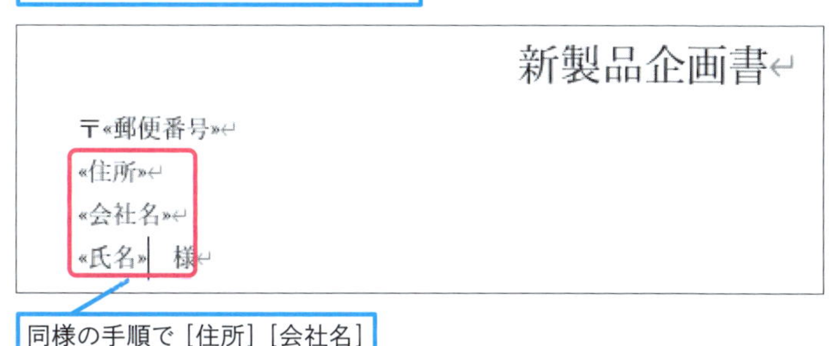

同様の手順で［住所］［会社名］［氏名］フィールドを挿入する

使いこなしのヒント

ルールを使うと複雑な条件でデータを選択できる

［ルール］を使うと差し込むデータを条件付きで指定できます。データの量が多いときに、特定の項目だけを自動的に選択したいときに使うと便利です。

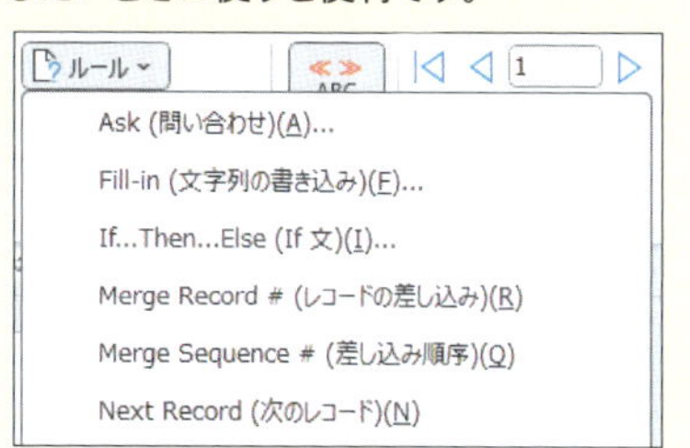

リボンの［ルール］をクリックすると指定可能な条件の一覧が表示される

使いこなしのヒント

バーコードも挿入できる

［バーコードフィールドの挿入］を利用すると、データに登録されている内容からバーコードを生成したり、住所情報から日本の郵便バーコードなどを生成できます。

次のページに続く

5 差し込むデータを選択する

1 [結果のプレビュー] をクリック

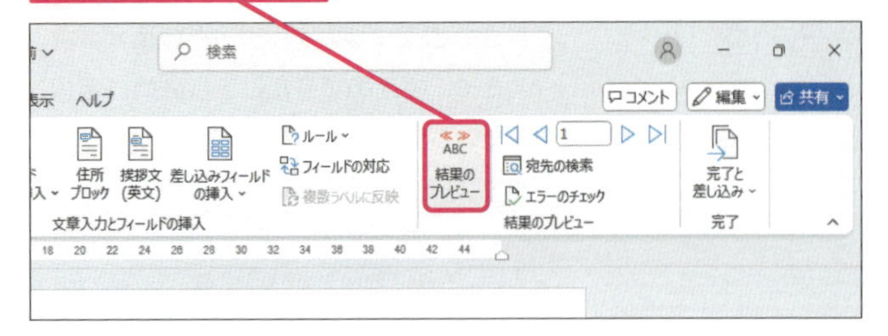

住所録の先頭のデータがフィールドに反映された

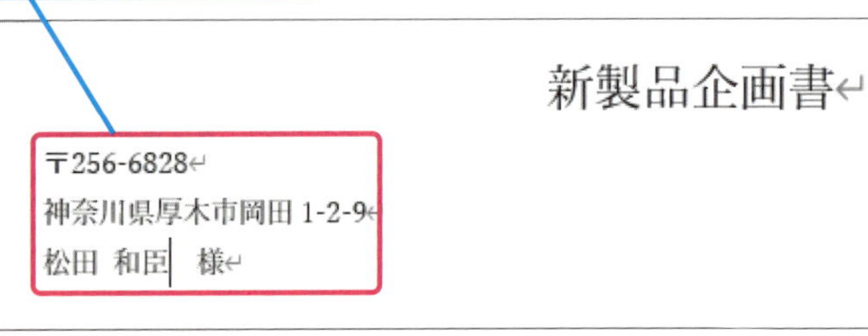

2 [次のレコード] をクリック

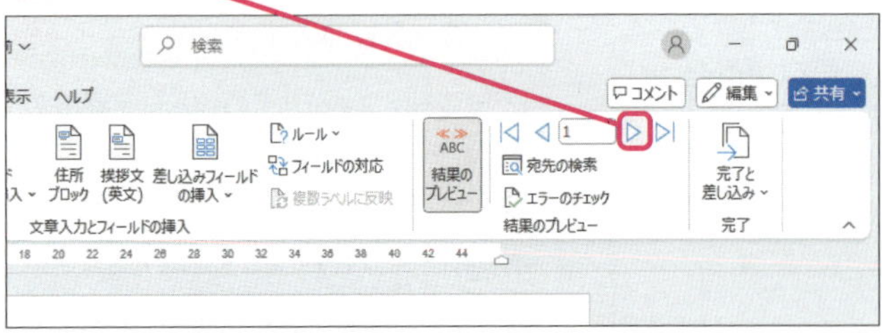

次のデータがフィールドに反映された

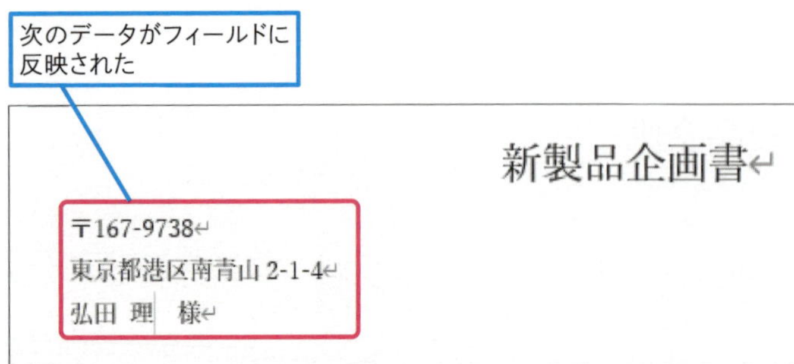

使いこなしのヒント

カンマ区切りテキスト（.csv）のデータも使える

差し込み印刷に利用するデータは、Excel形式ではなくカンマ（,）で区切ったテキスト形式のファイルでも利用できます。表と同じように、一行目に差し込み対象となるフィールド名をカンマで区切って入力し、二行目以降に名前や宛名などのデータを入力していきます。既存のデータベースや住所管理ソフトなどでデータを作成してるときには、カンマ区切り形式のファイルに変換して利用すると便利です。

使いこなしのヒント

差し込み印刷するレコードを指定するには

差し込み印刷を実行するときに、レコード番号を指定すると、データの中から特定の範囲だけを印刷できます。

使いこなしのヒント

アドレス帳を編集するには

Wordで作成したアドレス帳やカンマ区切りファイルは、[アドレス帳の編集] を使って、登録されている内容を編集できます。

6 印刷を実行する

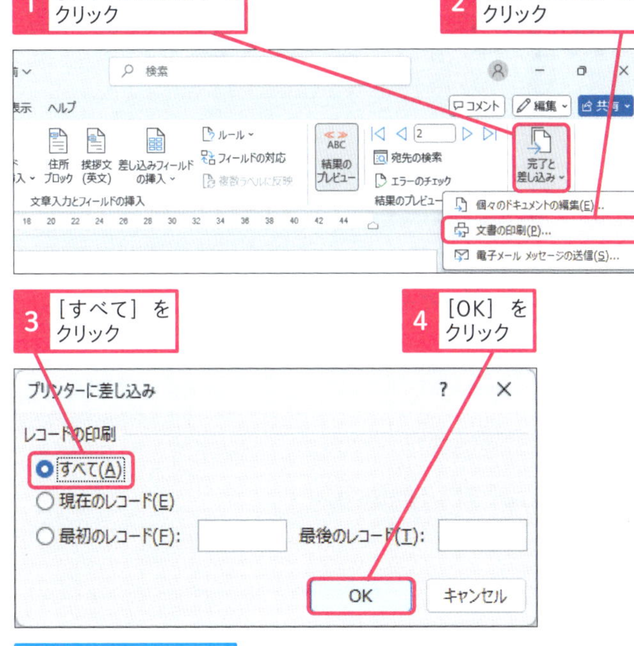

Word・レッスン12を参考に印刷を実行する

7 新規文書として保存する

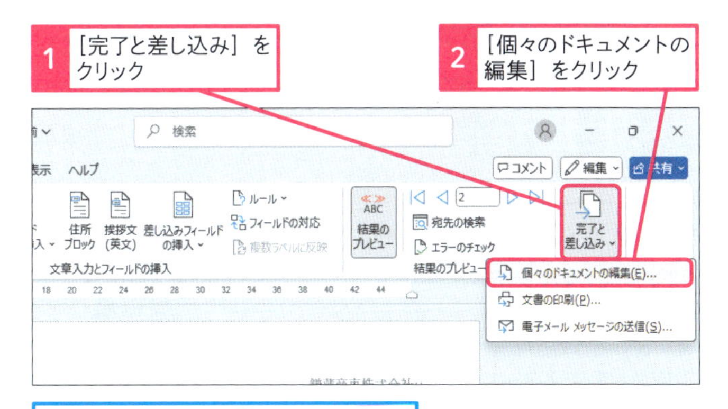

手順6と同様に［OK］をクリックすると差し込み文書が新規ファイルとして作成される

使いこなしのヒント

差し込み印刷の文書をメールで送信するには

差し込み印刷する文書は、メールのメッセージとしても送信できます。

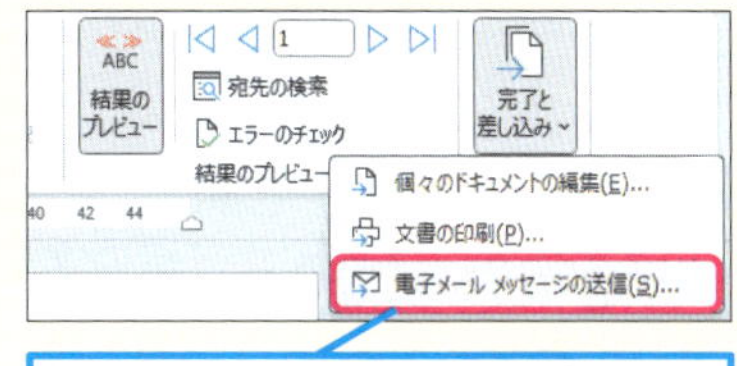

［電子メールメッセージの送信］をクリックするとメール用の画面が表示される

使いこなしのヒント

複数のメールアドレスに送信するには

メールへの差し込みでは、メッセージのオプションとして［宛先］と［件名］を差し込みフィールドから選択できます。差し込み用のデータに、送信先のメールアドレスを入力しておくと、宛先を自動でMicrosoft Outlookを使って送信できます。

まとめ 差し込み印刷を効果的に使おう

同じ内容の文書を複数の相手に送るときに、差し込み印刷を活用して、相手の名前や個別のメッセージを変えて印刷すると、受け取る側の印象も変わります。画一的なチラシや案内文よりも、自分の名前が記載されていて、他の人とは違う情報や案内があると、その文書に対する注目度も高くなります。差し込み印刷を活用し、個々の相手に合わせたパーソナルな文書を効率よく作成して、効果的な情報伝達を実現しましょう。

この章のまとめ

他のアプリやフィールドコードを賢く使おう

Wordの文書作成は、ゼロから文章を入力するだけではなく、Excelなど他のアプリですでに作成した表やグラフにデータなどを活用できます。また、フィールドコードを使いこなすと、数字を計算したりアドレス帳などから名前や宛名を転記する作業も自動化できます。フィールドコードを賢く使って、Wordの文書作成を便利で効率よくしていきましょう。

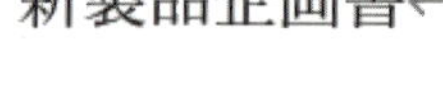

〒256-6828
神奈川県厚木市岡田 1-2-9
松田 和臣　様

フィールドコードを改めて使ってみましたが、やっぱり便利ですね。

ええ、シンプルに設定できて確実です。紹介しきれませんでしたが、用途に合わせてより高度な設定もできるんですよ。

差し込み印刷、すごく便利です！　ますますWordが好きになっちゃいました♪

でしょう！　メールの文面にも使えますので、ぜひ試してみてください！

Word

活用編

第10章

文書を共同編集するには

Wordの文書は、Windowsを搭載したパソコンでWordアプリを使って編集する方法だけではなく、クラウドを活用してスマートフォンから利用したり、複数の利用者で一つの文書を共同で編集したりできます。そんな多様な文書の作り方を学んでいきましょう。

レッスン
67 Introduction この章で学ぶこと
文書をクラウドで活用しよう

アフターコロナを見据えた柔軟な働き方の実現や、デジタルを活用してビジネスを加速していくDX（デジタル変革）にとって、クラウドの利活用は必須となっています。WordによるOneDriveを使った文書の保存や共有は、そうしたDXや働き方改革を推進するために必要な知識のひとつです。

クラウドって何だっけ？

えーと、クラウド、クラウド……。どう使うんでしたっけ？

クラウドが苦手みたいですねえ。皆さん、普段から何気なく使ってるんですよ。

Office 2024だとOneDriveが主なサービスですね。

そうです！　実はWindows 11とOffice 2024はクラウドの機能が強化されてます。詳しく説明していきますよ。

OneDriveを使いこなそう

OneDriveにファイルを保存すると、パソコンの［ドキュメント］フォルダーと自動的に同期されます。どちらのファイルも、インターネットを介して同じ状態に更新されるんです。

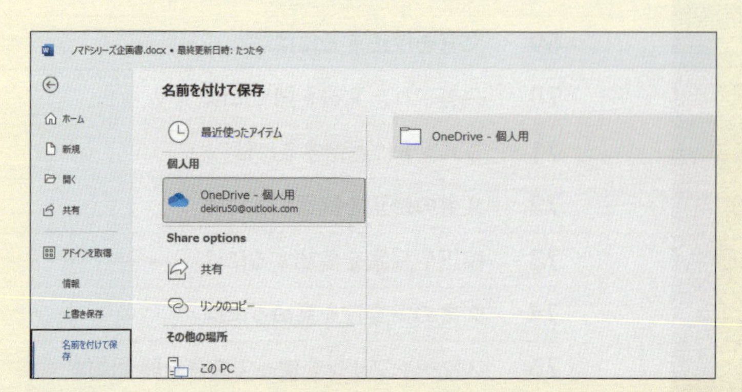

共同編集もスムーズにできる！

そしてクラウドといえば共同編集。他の人と同時に文書を開いて、修正やコメントをもらうことができます！

一度に全員で修正できるんだ。これ、便利ですね！

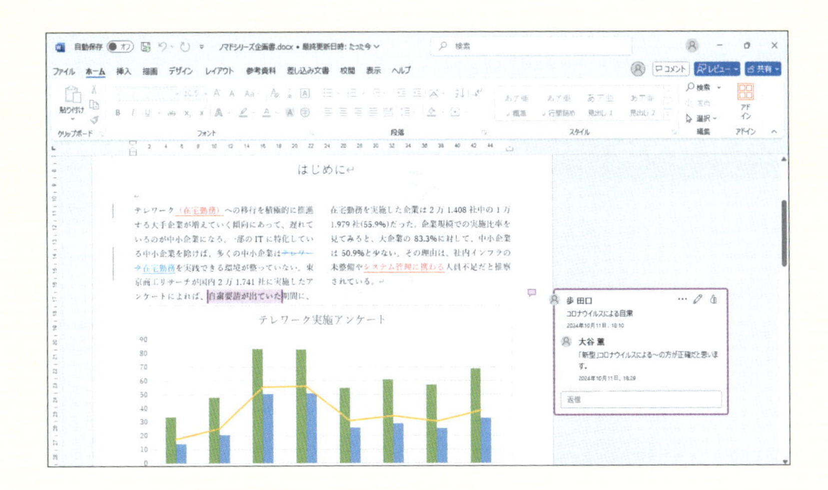

スマートフォンでもWordが開ける！

さらに、パソコンがなくても大丈夫！　スマートフォンでもWordの文書を開くことができます。この章では、スマートフォンで文書を編集する方法も紹介しますよ。

出先とかでちょっと作業したいときに便利ですね。さっそくアプリをインストールします！

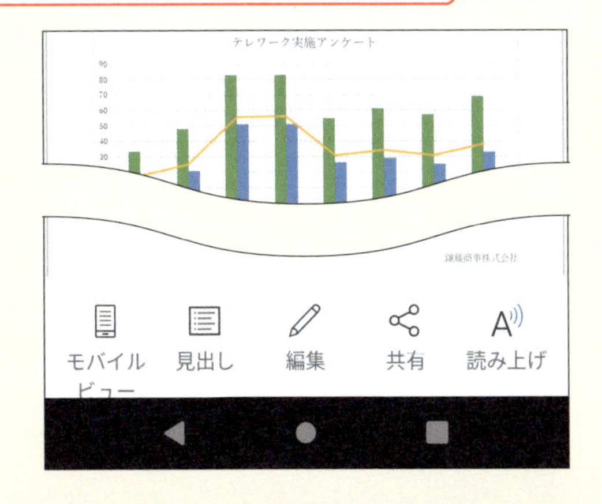

レッスン
68 文書を共有するには

共有

練習用ファイル なし

OneDriveを活用すると、離れた人ともクラウドを介して一つの文書を共有できます。メールに文書ファイルを添付して送る方法とは違い、共有ならばオリジナルの文書ファイルを複数の人たちで閲覧したり編集したりできるので、文書作成の共同作業に適しています。

1 Wordで文書を共有する

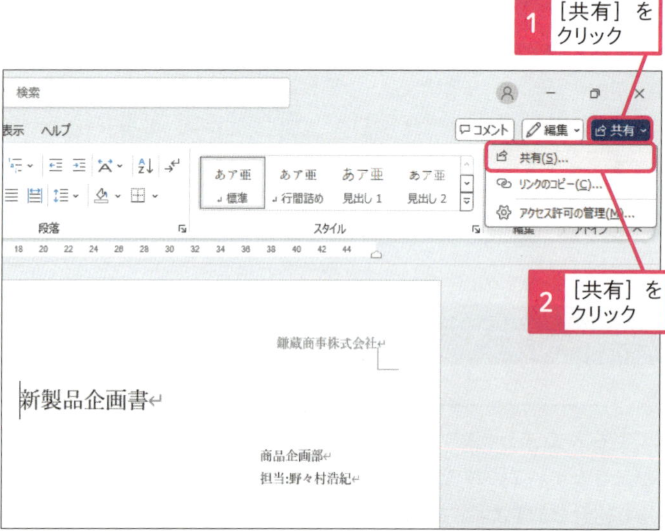

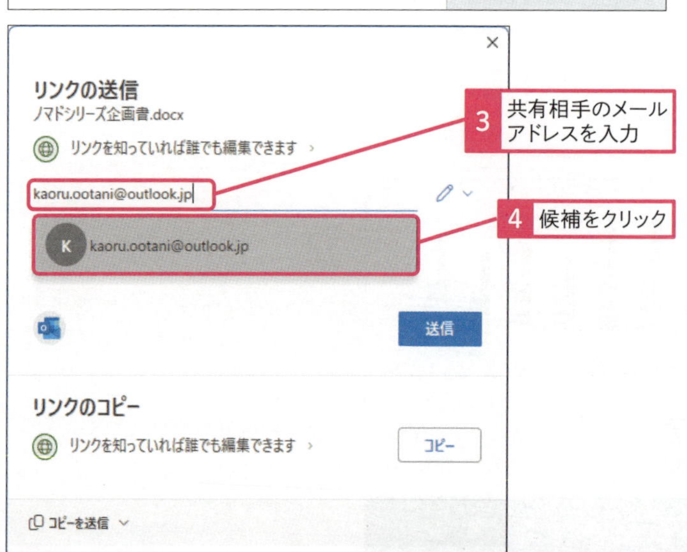

キーワード

使いこなしのヒント
共有の基本はURLの伝達

OneDriveで共有する文書ファイルには、その保存場所を示すURL（インターネットのアドレス）が割り振られています。OneDriveの文書ファイルを共有するためには、そのURLをメールやショートメッセージなどを使って、共有したい相手に伝達します。

使いこなしのヒント
コメント機能と組み合わせて使おう

この章で解説している「校正」関連の機能を組み合わせて、OneDriveで文書ファイルを共有すると、共同編集の作業がさらにはかどります。例えば、コメントを活用してショートメッセージを交換したり、変更履歴を共有して内容の修正を提案したり、複数のユーザーが同時に編集するなど、離れた場所にいても1箇所に集まっているような働き方を実践できます。

[コメント] 機能と組み合わせて使うと、文書の回覧をさらにスムーズに行える

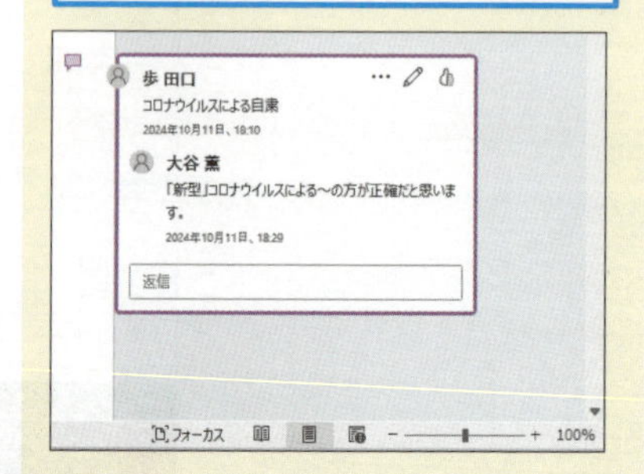

● 共有相手にメッセージを送信する

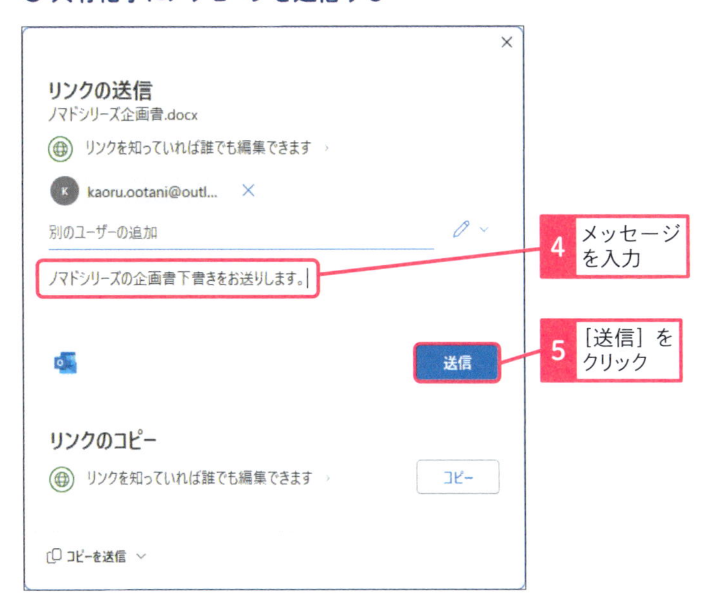

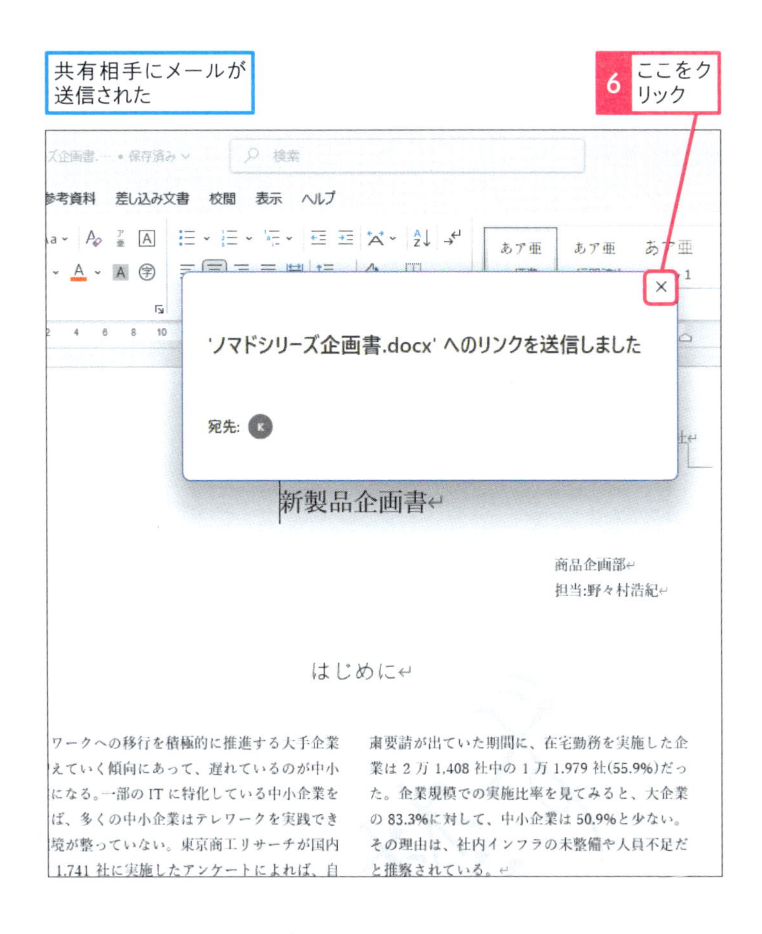

使いこなしのヒント

共有を解除するには

共有を解除するには、登録された共有者を削除します。

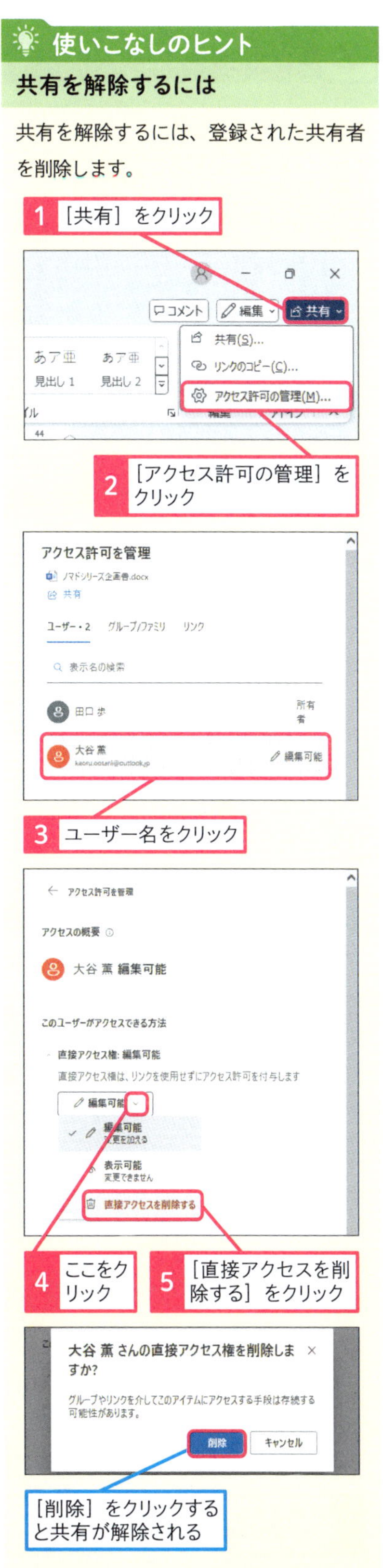

次のページに続く

2 Wordで文書のリンクをコピーする

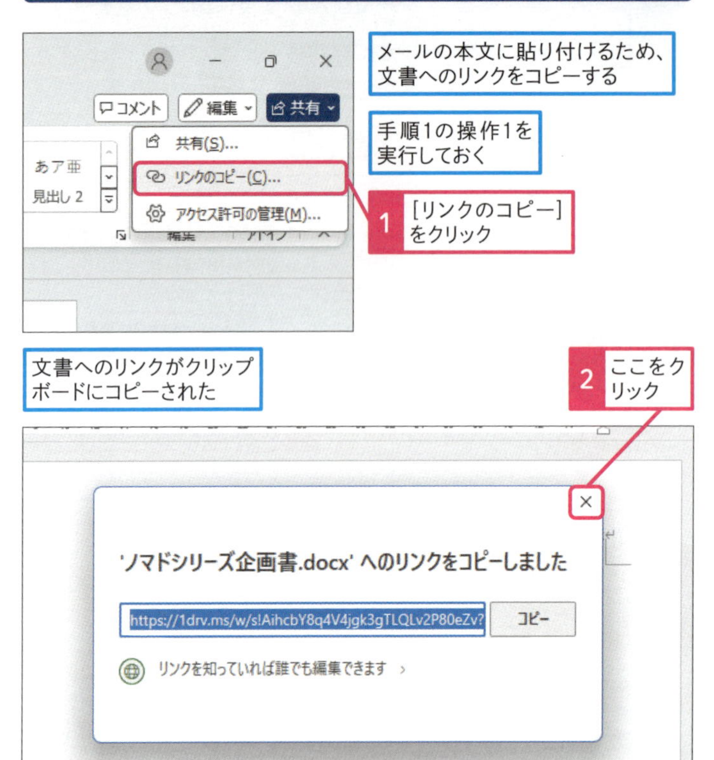

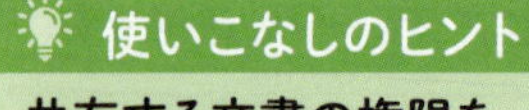

使いこなしのヒント

共有する文書の権限を設定するには

文書の共有設定は、標準で共有リンクを受け取った相手も文書を編集できるようになっています。もしも、閲覧だけを許可するには、以下の手順で、[表示可能]に設定しておきましょう。

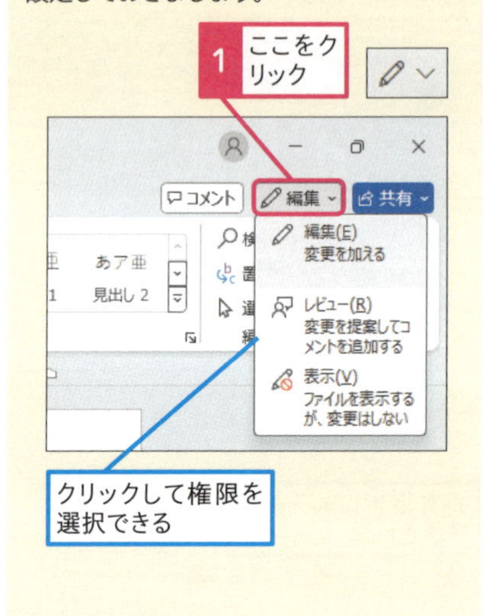

スキルアップ

Webブラウザーを使って文書を共有する

OneDriveをWebブラウザーで開いているときも、文書に共有を設定できます。複数の文書をまとめて共有したいときや、Wordが使えないパソコンで共有リンクを相手に送りたいときなどに利用すると便利です。また、Webブラウザーから共有リンクを指定すると、文書ごとではなく、フォルダー単位でも共有を設定できます。文書が多いときなどは、フォルダーを共有するといいでしょう。

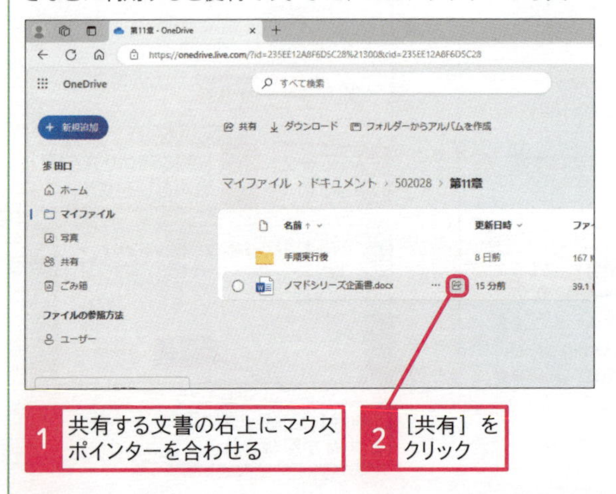

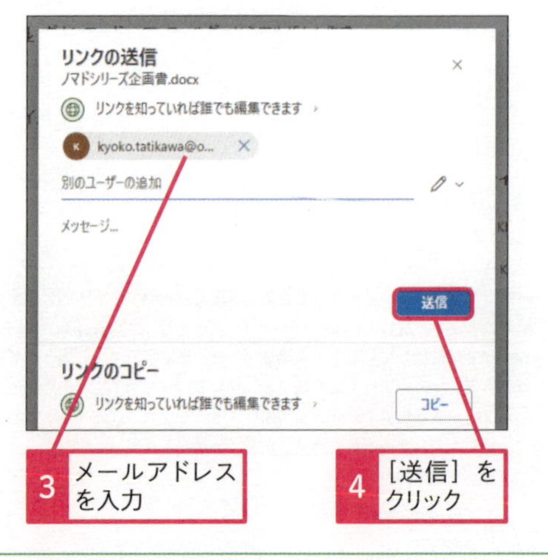

3 エクスプローラーで文書を共有する

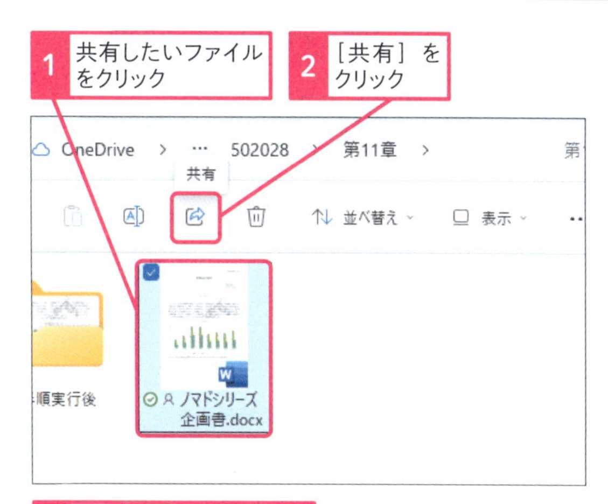

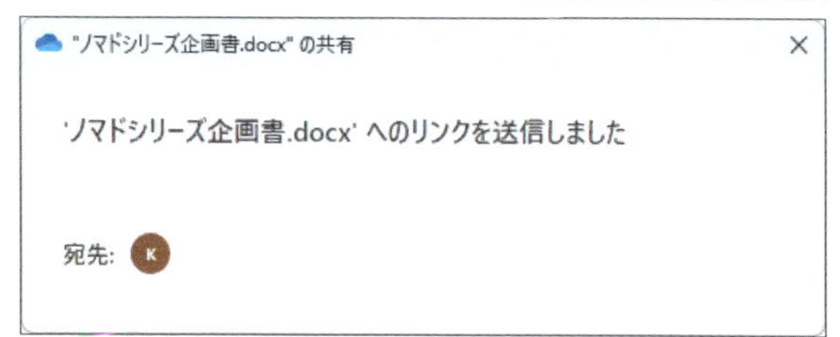

共有を知らせるメールが送信された

使いこなしのヒント

［Microsoft Word］アプリで文書のリンクをコピーするには

OneDriveによる文書の共有は、スマートフォンの［Microsoft Word］アプリでも利用できます。アプリの画面から共有をタップして、リンクのコピーで得られたURLを共有したい相手に送信します。

Wordアプリで文書を表示しておく

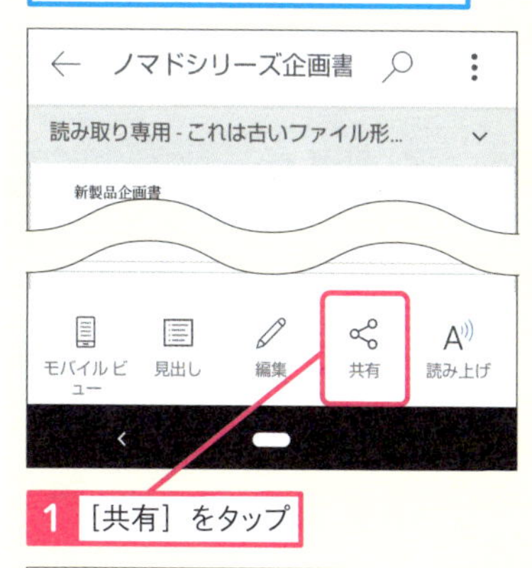

共有先のメールアドレスを入力して［送信］をクリックする

まとめ　共有でいつでもどこでも誰とでも文書作成できる

OneDriveで文書ファイルを共有すると、インターネットに接続されているパソコンやスマートフォンで、どこからでも一つの文書を複数の人たちで編集できます。OneDriveによる共有はとても便利ですが、URLを知っている人であれば、誰でも編集や閲覧できます。そのため、共有するURLは意図しない人に伝わらないように注意しましょう。

レッスン

69 文書を校正するには

変更履歴、コメント

練習用ファイル　L069_文書の校正.docx

複数人で一つの文書を作成するときに、変更履歴とコメントを活用すると便利です。変更履歴は修正した内容をすべて記録します。コメントを使うと、文章の気になる箇所に本文に影響されない文章を追加できます。

キーワード

コメント	P.526
変更履歴	P.529

Word　活用編　第10章　文書を共同編集するには

文書を校正する

Before

文書を校正して変更履歴を記録したい

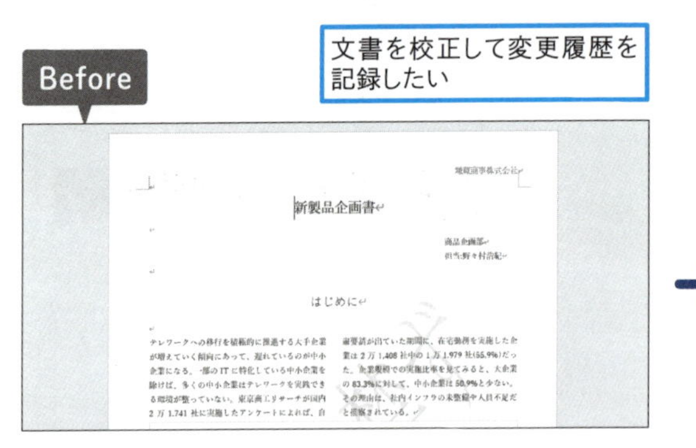

After

文書を校正して、変更履歴が残った

テレワーク実施アンケート

1 文書の変更履歴を記録する

文書に変更を加えると、記録するように設定する

1 ［校閲］タブをクリック

保存済み　検索
差し込み文書　校閲　表示　ヘルプ
新しいコメント　次へ　削除　前へ　コメントの表示　コメント
変更履歴の記録　すべての変更履歴/コメ…　変更履歴とコメントの表示　［変更履歴］ウィンドウ　変更履歴
承諾　変更箇所
比較　比較

鎌蔵商事株式会社
新製品企画書

2 ［変更履歴］をクリック

使いこなしのヒント

どんな変更履歴が記録されるの？

［変更履歴］をオンにすると、それ以降に編集画面で行ったすべての変更内容が記録されます。記録される変更は、文字に対する追加や削除、装飾などから、図形や画像の挿入や削除など多岐にわたります。変更履歴をオンにして作成された文書は、履歴をたどって、変更前の文書に戻せます。

● 文書を変更する

文書に変更を加えると、履歴を残すように設定された

ここでは4行目の「テレワーク」を「在宅勤務」に変更する

3 「テレワーク」をドラッグして選択

4 「在宅勤務」と入力

企業になる。一部のITに特化している中小企業を除けば、多くの中小企業はテレワークを実践できる環境が整っていない。東京商工リサーチが国内　た。企業規模での実施比率を見てみると、大企業の83.3%に対して、中小企業は50.9%と少ない。その理由は、社内インフラの未整備や人員不足だ

元々入力されていた「テレワーク」に取り消し線が付いた

企業になる。一部のITに特化している中小企業を除けば、多くの中小企業はテレワーク在宅勤務を実践できる環境が整っていない。東京商工リサー　(55.9%)だった。企業規模での実施比率を見てみると、大企業の83.3%に対して、中小企業は50.9%と少ない。その理由は、社内インフラの未整備や

変更を加えた行に縦棒が表示された

2 文書にコメントを付ける

ここでは右の段の「自粛要請が出ていた」に「コロナウイルスによる自粛」というコメントを付ける

1 「自粛要請が出ていた」をドラッグして選択

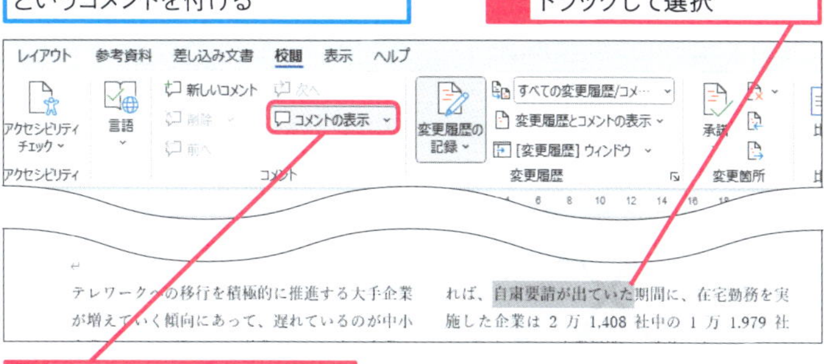

テレワークへの移行を積極的に推進する大手企業が増えていく傾向にあって、遅れているのが中小　れば、自粛要請が出ていた期間に、在宅勤務を実施した企業は2万1,408社中の1万1,979社

2 [新しいコメント] をクリック

編集画面の右側に、コメントを入力する画面が表示された

3 「コロナウイルスによる自粛」と入力

れば、自粛要請が出ていた期間に、在宅勤務を実施した企業は2万1,408社中の1万1,979社(55.9%)だった。企業規模での実施比率を見てみると、大企業の83.3%に対して、中小企業は50.9%と少ない。その理由は、社内インフラの未整備や人員不足だと推察されている。

歩 田口
コロナウイルスによる自粛
ヒント: Ctrl+Enter を押して投稿します。

4 [コメントを投稿する] をクリック

コメントが付けられた

れば、自粛要請が出ていた期間に、在宅勤務を実施した企業は2万1,408社中の1万1,979社(55.9%)だった。企業規模での実施比率を見てみると、大企業の83.3%に対して、中小企業は50.9%と少ない。その理由は、社内インフラの未整備や人員不足だと推察されている。

歩 田口
コロナウイルスによる自粛
2024年10月11日、18:10
返信

使いこなしのヒント

コメントを削除するには

コメントでは［返信］による返答の他に、不要になった内容を削除できます。コメントの内容は本文には反映されませんが、文書には保存されているので、完成した文書を他の人に提出するときには、コメントを削除しておいた方がいいでしょう。

1 ここをクリック

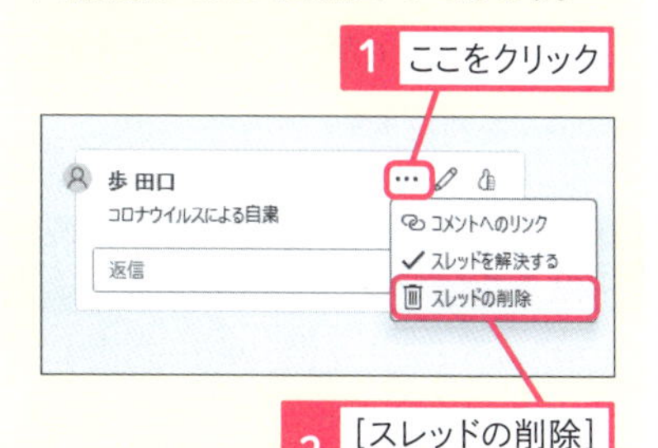

2 ［スレッドの削除］をクリック

まとめ 校正機能を活用して作業を円滑に進める

変更履歴やコメントなどの文書校正に関連した機能は、共同作業に役立ちます。ビジネスで作成される文書の多くは、一人で完成させるのではなく、関係する人たちが共同して原稿や資料を入力します。また、関連する部署で回覧されたり推敲されたりします。こうした業務の流れの中で、誰がどのように修正したのかを後から確認できる変更履歴は、とても便利な機能です。また、直接修正するのではなく、意見を述べたり、修正を指示したりするときに、コメントの挿入は便利です。

レッスン

70 共有された文書を開くには

共有された文書

練習用ファイル なし

OneDriveで共有された文書ファイルのURLを受け取った相手は、そのURLを開くとWeb用Wordなどを使って文書を開けます。共有する相手もWordがインストールされているパソコンを使っていると、Wordでも開けます。

共有された文書を開けるWordの種類

共有された文書を開くには、Wordがインストールされているパソコンの他にも、レッスンのようにWeb用Wordや、スマートフォンにインストールした［Microsoft Word］アプリなどが利用できます。

1 共有された文書を開く

ここでは田口さんが共有した文書を、大谷さんが開く例で操作を解説する

メールソフトやWebメールを開いておく

1 ［開く］をクリック

使いこなしのヒント

共同作業では変更履歴を活用しよう

複数の人たちで一つの文書を編集するときには、変更履歴をオンにしておくと、誰がどのように修正したのか確認できるので便利です。

1 ［校閲］タブをクリック

2 ［変更履歴の記録］をクリック

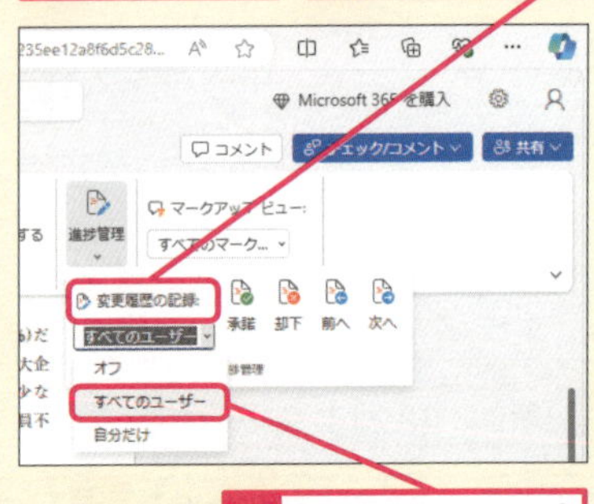

3 ［すべてのユーザー］をクリック

変更履歴が記録される

テレワーク（在宅勤務）への移行を積極的に推進する大手企業が増えていく傾向にあって、遅れているのが中小企業になる。一部のITに特化している中小企業を除けば、多くの中小企業はテレワーク在宅勤務を実践できる環境が整っていない。東京商工リサーチが国内2万1,741社に実施したアン

Word 活用編 第10章 文書を共同編集するには

● 文書に付いたコメントを確認する

Microsoft Edgeが起動し、OneDrive上で共有されている文書が表示された

コメントが付いている

テレワークへの移行を積極的に推進する大手企業が増えていく傾向にあって、遅れているのが中小企業になる。一部のITに特化している中小企業を除けば、多くの中小企業は~~テレワーク~~在宅勤務を実践できる環境が整っていない。東京商工リサーチが国内2万1,741社に実施したアンケートによれば、自粛要請が出ていた期間に、在宅勤務を実施

テレワーク実施ア

2 コメントをクリック

テレワークへの移行を積極的に推進する大手企業が増えていく傾向にあって、遅れているのが中小企業になる。一部のITに特化している中小企業を除けば、多くの中小企業は~~テレワーク~~在宅勤務を実践できる環境が整っていない。東京商工リサーチが国内2万1,741社に実施したアンケートによれば、自粛要請が出ていた期間に、在宅勤務を実施

テレワーク実施ア

コメントの内容が表示された

使いこなしのヒント

Webブラウザーでファイルをダウンロードするには

Web用Wordのダウンロードを利用すると、OneDriveにある文書ファイルをパソコンにダウンロードできます。ただし、ダウンロードしたファイルを編集しても、OneDriveの共有文書には修正内容が反映されません。ダウンロードは、バックアップを保存するなどの目的で利用します。

1 ［ファイル］をクリック

2 ［コピーを作成する］をクリック

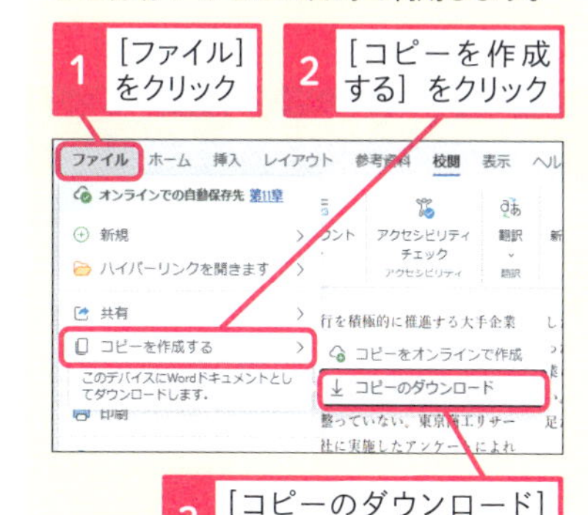

3 ［コピーのダウンロード］をクリック

まとめ 閲覧と編集を使い分けて文書を共有する

OneDriveで共有された文書ファイルは、パソコンにWordがインストールされていなくても、Web用Wordやスマートフォンの［Microsoft Word］アプリで開けます。開いた共有文書ファイルに、編集権限が与えられていれば、文書の内容も修正できます。そのため、共有する文書ファイルは相手に合わせて、閲覧だけにするか編集も可能にするか、決めておくようにしましょう。

レッスン

71 コメントに返信するには

コメントの返信

練習用ファイル　なし

文書に挿入されたコメントには、メールのような返信を追加できます。コメントも変更履歴のように、誰が挿入したのかわかるので、コメントされた内容への対応や質問などに、返信を活用すると便利です。

キーワード

コメント	P.526
スレッド	P.527
変更履歴	P.529

コメントに返信する

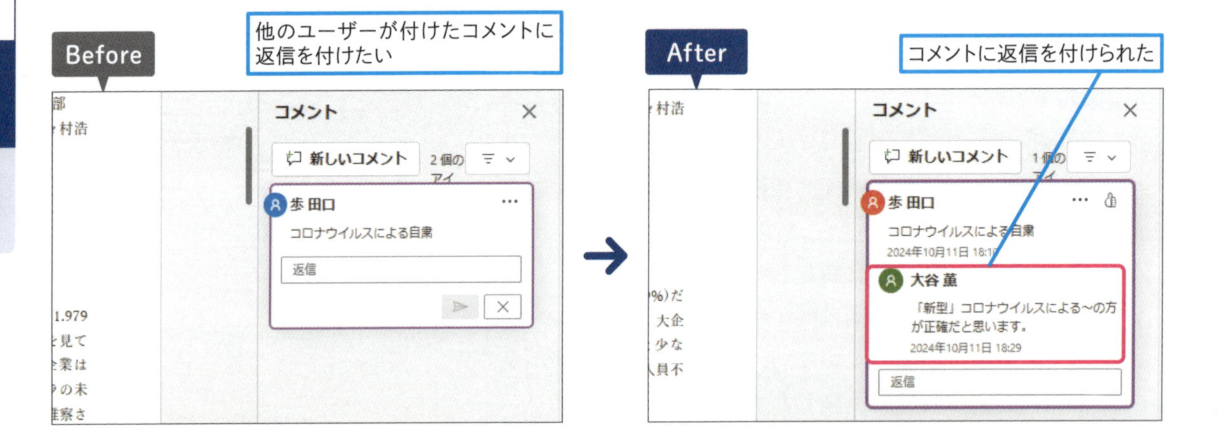

使いこなしのヒント

解決したスレッドを表示するには

コメントをリスト形式で表示すると、解決したコメントを一覧で確認できます。コメントの多い文書で利用すると便利です。リスト形式は、Word 2021からの新機能です。古いバージョンのWordでは字形の表示のみです。

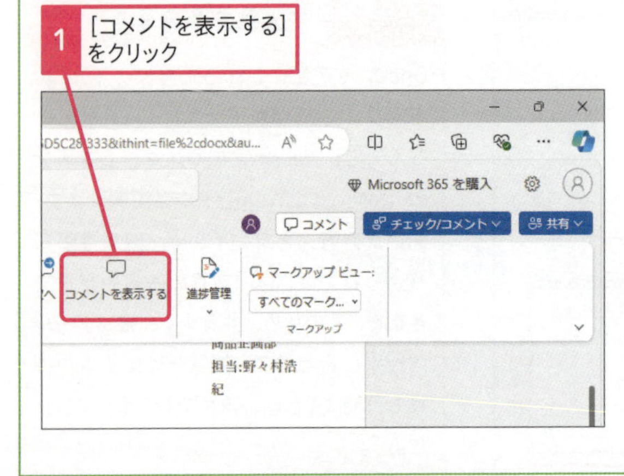

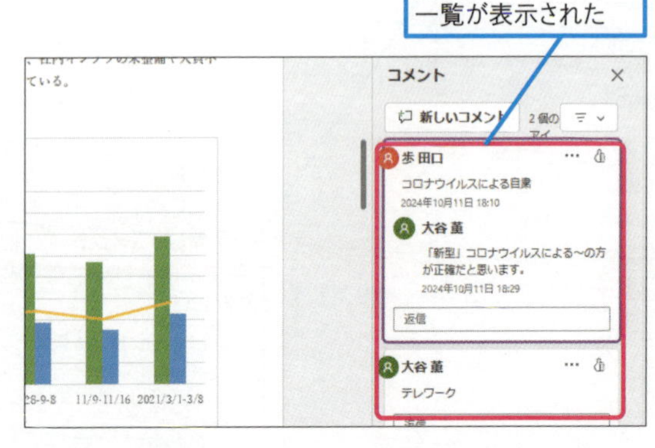

1 コメントを表示する

ここでは、Word・レッスン70で入力されたコメントに、違うユーザーが返信する

1 ［コメントを表示する］をクリック

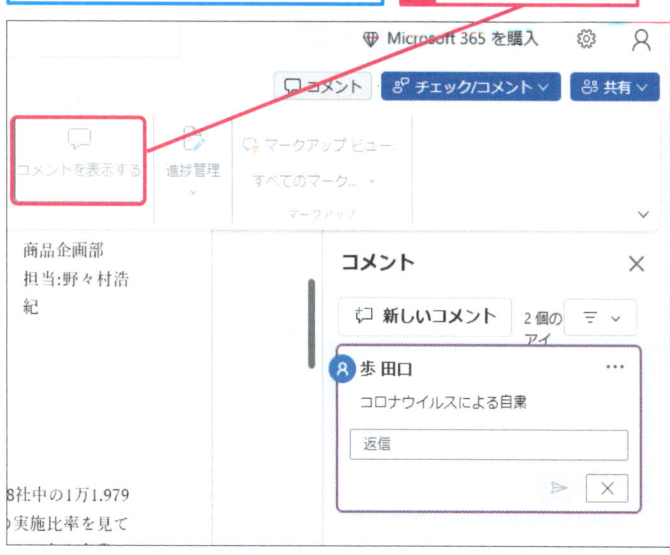

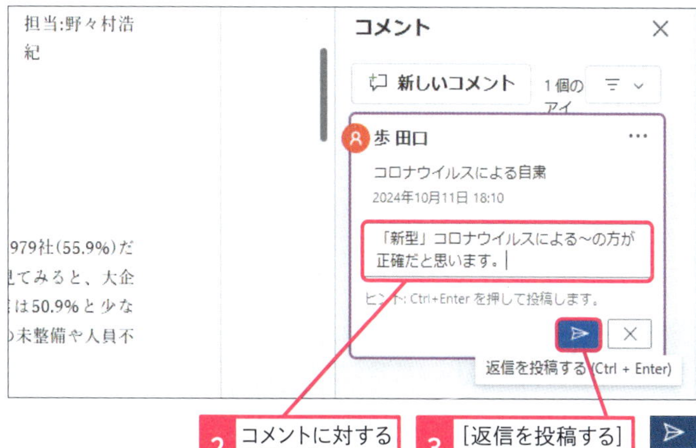

2 コメントに対する返信を入力

3 ［返信を投稿する］をクリック

コメントに返信できた

◆スレッド

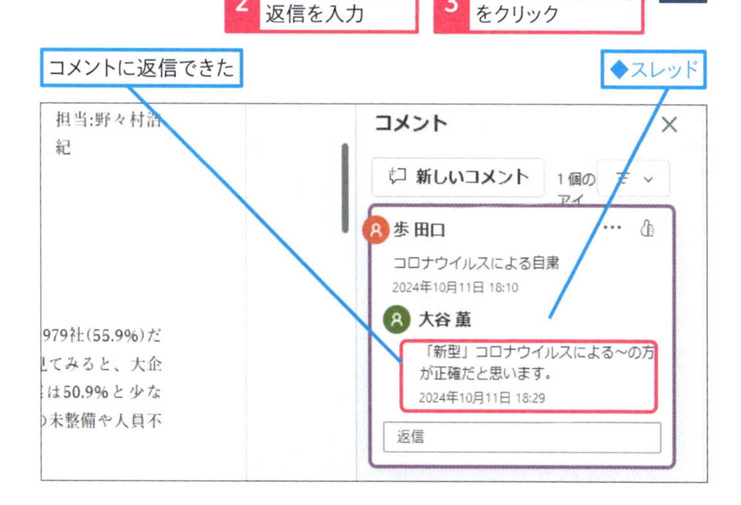

使いこなしのヒント

スレッドの削除と解決の違いを知ろう

挿入されたコメントには、返信で文章を追加できるだけではなく、［その他のスレッドの操作］から、［スレッドの削除］と［スレッドを解決する］が選択できます。［スレッドの削除］は、コメントそのものを削除します。［スレッドを解決する］を選ぶと、コメントはスレッドからは削除されますが、薄く表示されて残ります。

1 ［その他のスレッドの操作］をクリック

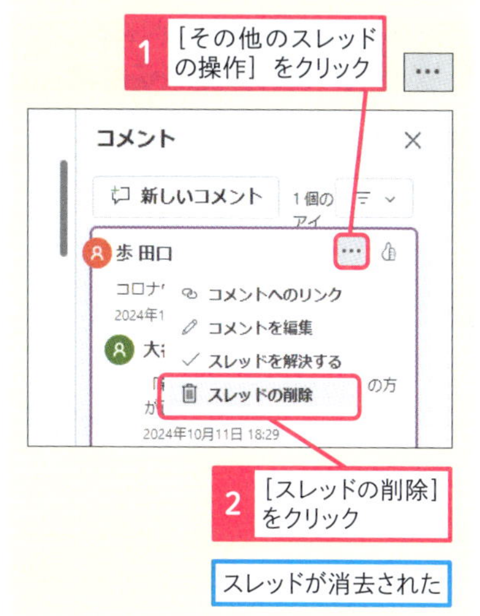

2 ［スレッドの削除］をクリック

スレッドが消去された

まとめ コメントを活用して円滑なコミュニケーションを

コメントの挿入や返信は、Wordの文書を介したショートメッセージのやり取りと同じです。例えば、メールの文面に修正してもらいたい内容を記載してファイルを添付して送るよりも、コメントを挿入した方がより的確に修正箇所と内容を指定できます。また、コメントへの返信も、依頼や要望に対して端的な回答を入力できるので、相手に意図が伝わりやすくなります。コメントを活用した文書作成の共同作業は、コミュニケーションを円滑にして、効率化や正確な修正につながります。

レッスン

72 文書の修正を提案するには

修正の提案

練習用ファイル なし

受け取った共有文書の内容に対して、新しい文字を入力すると、変更履歴を使って修正の提案を追加できます。共同作業で入力された文章は、利用者ごとに色分けされコメントを挿入すると利用者の名前も表示されます。

🔑 キーワード

OneDrive	P.524
コメント	P.526
変更履歴	P.529

共有された文書に提案を入力する

Before

修正内容を提案したい

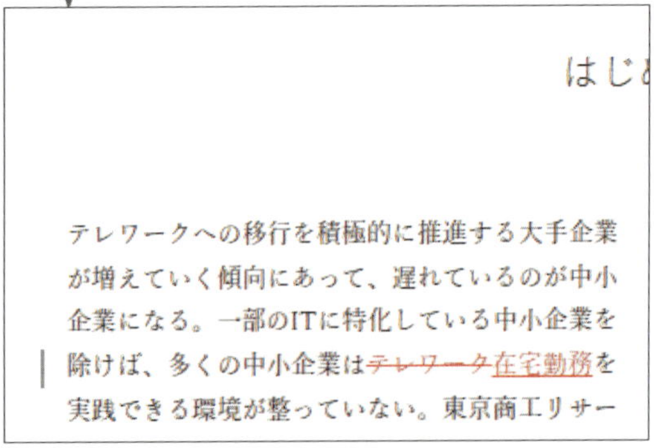

はじ

テレワークへの移行を積極的に推進する大手企業が増えていく傾向にあって、遅れているのが中小企業になる。一部のITに特化している中小企業を除けば、多くの中小企業はテレワーク在宅勤務を実践できる環境が整っていない。東京商工リサー

After

本文に追加する要素を提案できた

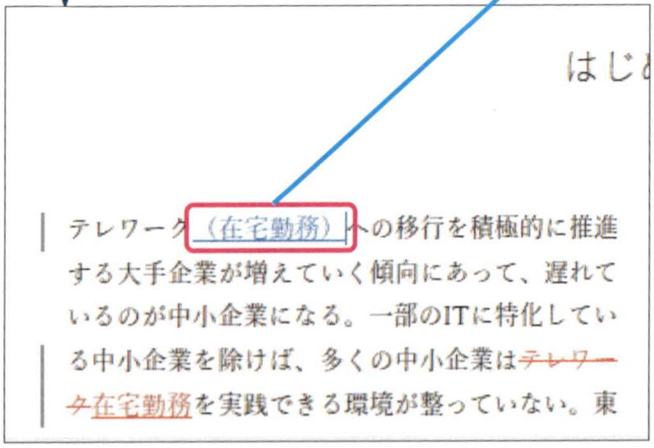

はじ

テレワーク（在宅勤務）への移行を積極的に推進する大手企業が増えていく傾向にあって、遅れているのが中小企業になる。一部のITに特化している中小企業を除けば、多くの中小企業はテレワーク在宅勤務を実践できる環境が整っていない。東

Word

活用編

第10章

文書を共同編集するには

1 提案内容を入力する

1 ここをクリック

2 「（在宅勤務）」と入力

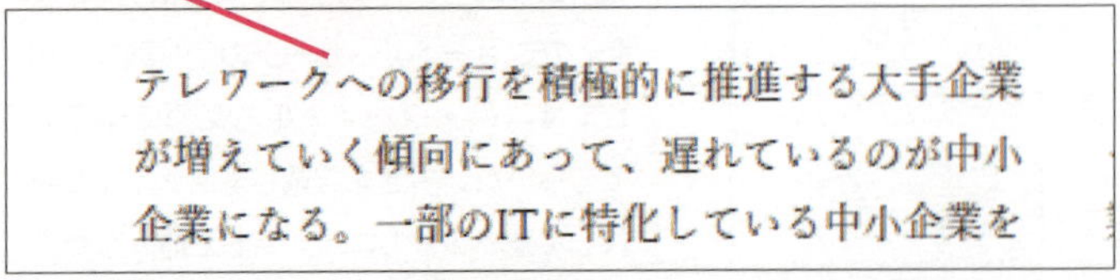

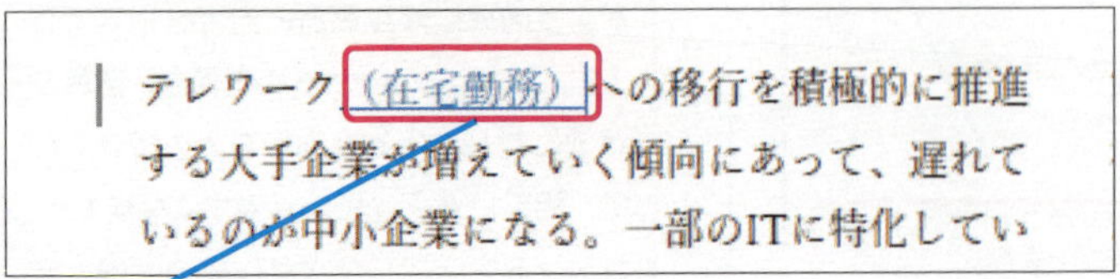

テレワークへの移行を積極的に推進する大手企業が増えていく傾向にあって、遅れているのが中小企業になる。一部のITに特化している中小企業を

テレワーク（在宅勤務）への移行を積極的に推進する大手企業が増えていく傾向にあって、遅れているのが中小企業になる。一部のITに特化してい

修正の提案が入力された

使いこなしのヒント

Wordを起動して編集するには

受け取った共有文書の内容に対して、新しい文字を入力すると、変更履歴を使って修正の提案を追加できます。共同作業で入力された文章は、利用者ごとに色分けされコメントを挿入すると利用者の名前も表示されます。

2 提案を追加する

1 変更箇所をクリック

2 「システム管理に携わる」と入力

社(55.9%)だった。企業規模での実施比率を見てみると、大企業の83.3%に対して、中小企業は50.9%と少ない。その理由は、社内インフラの未整備や人員不足だと推察されている。

みると、大企業の83.3%に対して、中小企業は50.9%と少ない。その理由は、社内インフラの未整備やシステム管理に携わる人員不足だと推察されている。

修正の提案が入力された

3 コメントを追加する

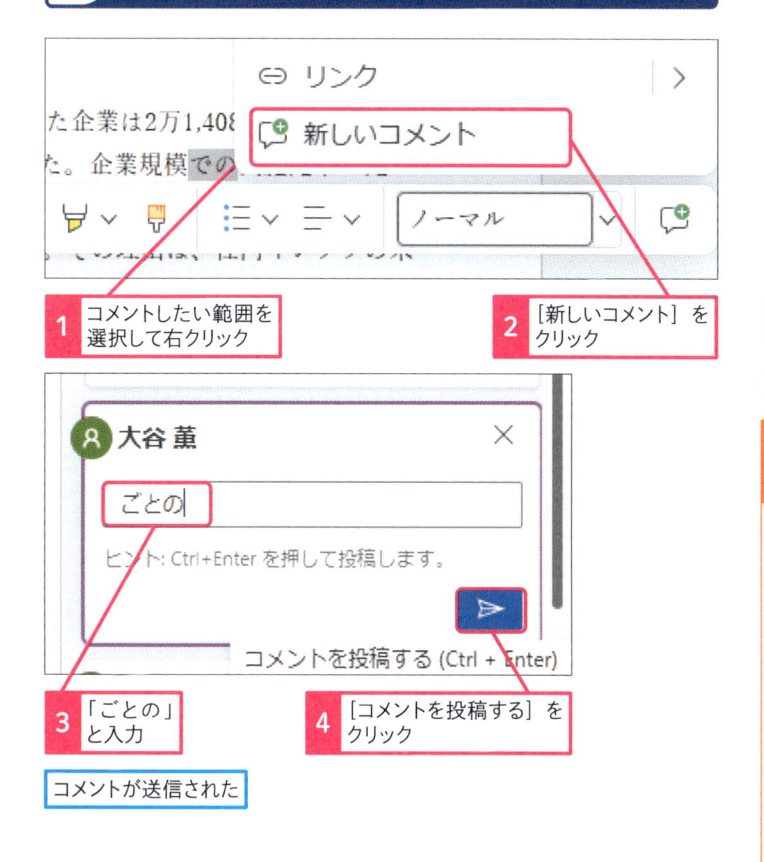

コメントが送信された

使いこなしのヒント

文書が共有されると利用者の名前が表示される

自分が編集している共有文書が開かれると、その相手の名前とカーソルの位置などが、編集画面に表示されます。共同で作業するときに、誰がどこを閲覧しているのか、修正しようとしているのか、相手のカーソル位置から推測できます。

ここをクリックすると相手の名前が表示される

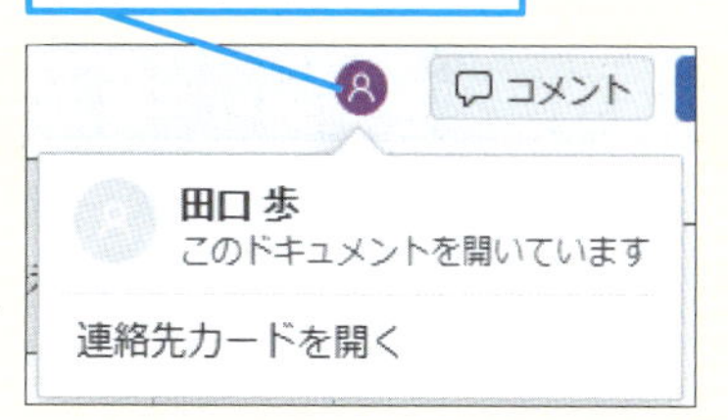

まとめ 新しい働き方に対応するWordの文書共有

テレワークやサテライトオフィスの利用が普及する中で、課題となっていたのが会議室で行われていた共同作業の遠隔化でした。OneDriveを活用したWordの文書共有は、共同作業の遠隔化に貢献します。ZoomやTeamsなどでオンライン会議を行いながら、同時に一つの文書を共同で編集すれば、全員が会議室に集まらなくても、チームワークを発揮した企画書や会議資料の作成を実現できます。

レッスン

73 校正や提案を承認するには

校正の反映

練習用ファイル なし

追加された校正や修正の提案は、まとめて承認したり内容ごとに確定や却下ができます。また、挿入されたコメントも個々に確認したり解決して表示を消したりできます。

キーワード

Web用Word	P.524
コメント	P.526
変更履歴	P.529

校正や提案を確認して確定する

Before

修正や提案が入っている

テレワーク（在宅勤務）への移行を積極的に推進する大手企業が増えていく傾向にあって、遅れているのが中小企業になる。一部のITに特化している中小企業を除けば、多くの中小企業はテレワーク在宅勤務を実践できる環境が整っていない。東京商工リサーチが国内2万1.741社に実施したアンケートによれば、自粛要請が出ていた期間に、

After

内容を確認して修正を確定できた

テレワーク（在宅勤務）への移行を積極的に推進する大手企業が増えていく傾向にあって、遅れているのが中小企業になる。一部のITに特化している中小企業を除けば、多くの中小企業は在宅勤務を実践できる環境が整っていない。東京商工リサーチが国内2万1.741社に実施したアンケートによれば、「新型」コロナウイルスによる自粛要請が

1 変更箇所を確認する

1 ［校閲］タブをクリック

2 ［承諾］をクリック

使いこなしのヒント

承諾を元に戻すには

承認した承諾を元に戻したいときは、［元に戻す］をクリックします。

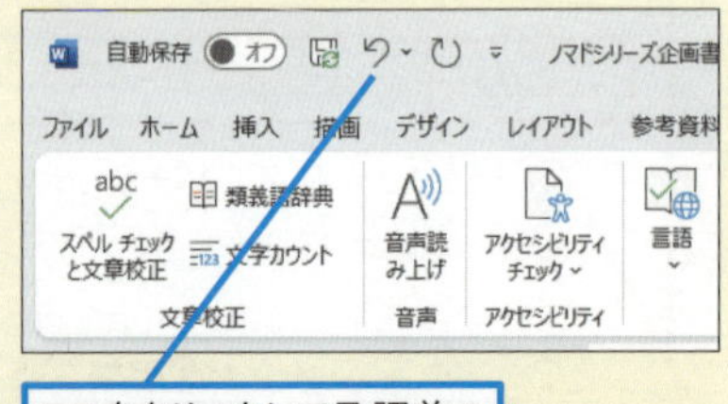

ここをクリックして承認前の状態に戻す

2 修正を承諾する

修正の提案箇所が選択された

1 続けて［承諾］をクリック

テレワーク（在宅勤務）への移行を積極的に推進する大手企業が増えていく傾向にあって、遅れているのが中小企業になる。一部の IT に特化している中小企業を除けば、多くの中小企業はテレワーク在宅勤務を実践できる環境が整っていない。東

修正が承諾された

テレワーク（在宅勤務）への移行を積極的に推進する大手企業が増えていく傾向にあって、遅れているのが中小企業になる。一部の IT に特化している中小企業を除けば、多くの中小企業はテレワーク在宅勤務を実践できる環境が整っていない。東

次の該当箇所が選択された

［承諾］をクリックすると続けて承諾される

3 修正を却下する

修正の提案箇所を選択しておく

と、大企業の 83.3%に対して、中小企業は 50.9%と少ない。その理由は、社内インフラの未整備やシステム管理に携わる人員不足だと推察されている。

1 ［元に戻す］をクリック

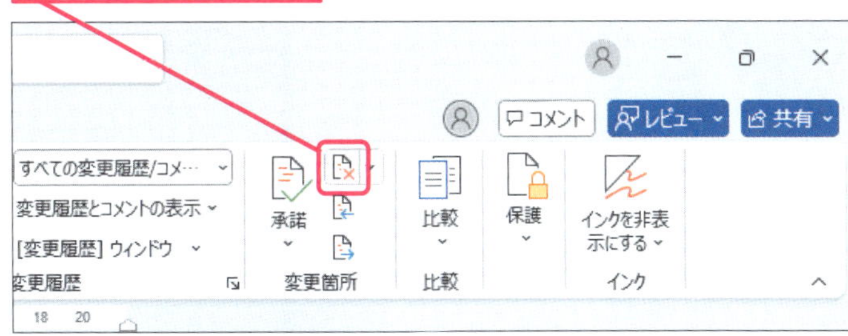

修正した文字が削除される

使いこなしのヒント
すべての変更を元に戻すには

承認や却下したすべての変更を元に戻すには、［元に戻す］から［すべての変更を元に戻す］を実行します。

使いこなしのヒント
Web用Wordで承認や却下を元に戻すには

Web用のWordでは、承認や却下を元に戻す機能が装備されていません。しかし、承認や却下した直後であれば、［ホーム］にある［元に戻す］で変更を取り消せます。

使いこなしのヒント
変更履歴とコメントの表示を切り替えるには

変更履歴とコメントの表示は、［すべての変更履歴］をクリックしてすべての情報を表示するか、シンプルな表示にするか、表示しないか切り替えられます。

次のページに続く

4 修正箇所をまとめて承諾する

［校閲］タブをクリックしておく

1 ［承諾］のここをクリック

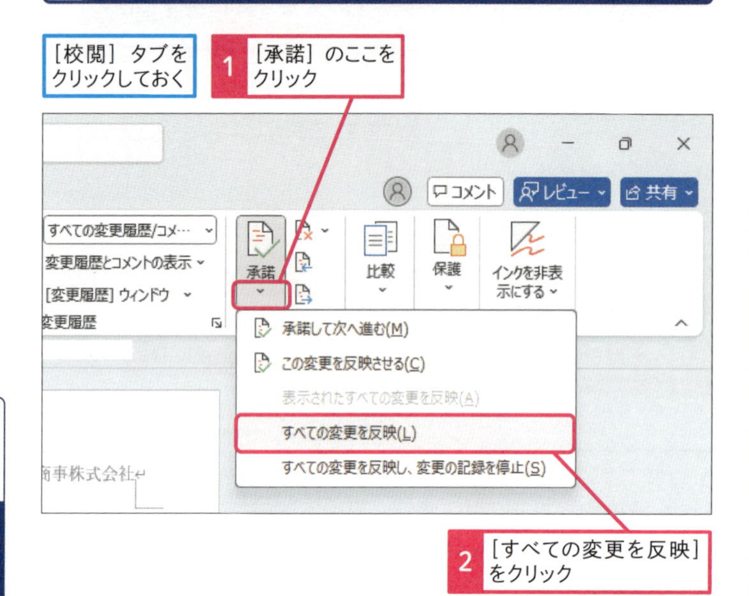

2 ［すべての変更を反映］をクリック

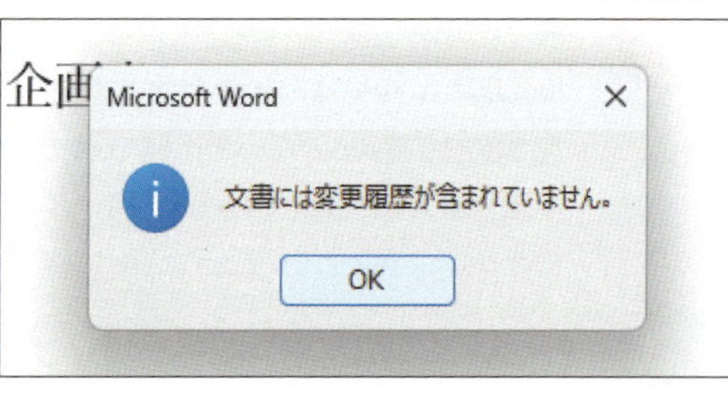

すべての変更が承諾された

使いこなしのヒント

修正が混乱したら［初版］に戻って再検討する

修正の追加や承認に却下などが混乱して、元の文書がわからなくなったときには、［すべての変更履歴］をクリックして［初版］を選ぶと修正前の状態を確認できます。

スキルアップ

変更履歴ウィンドウを活用しよう

［変更履歴］ウィンドウを表示すると、変更されている箇所の一覧が表示されます。この一覧から変更箇所をクリックすると、該当するページに素早く移動できます。

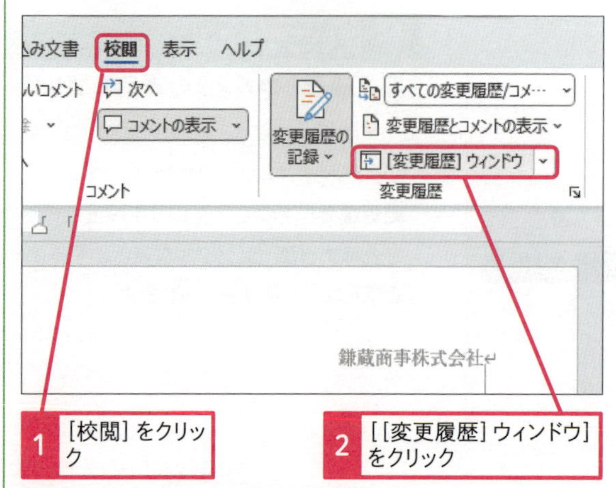

1 ［校閲］をクリック

2 ［［変更履歴］ウィンドウ］をクリック

［変更履歴］ウィンドウが表示された

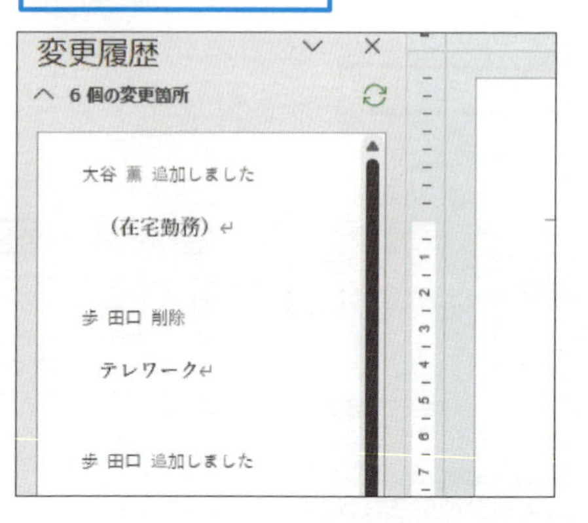

5 コメントを解決する

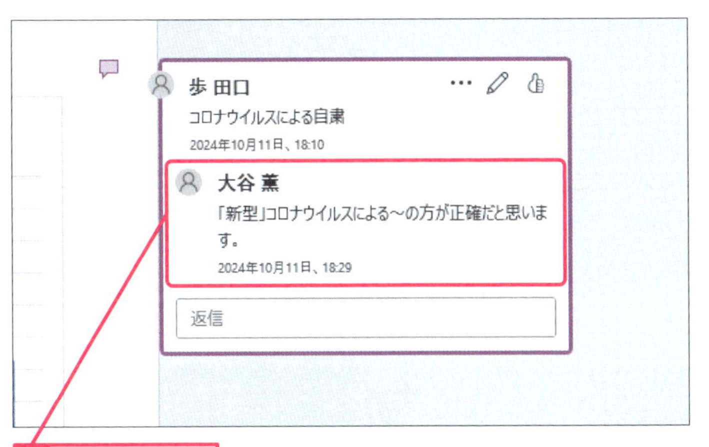

1 コメントの内容を確認

2 ［その他のスレッド操作］をクリック

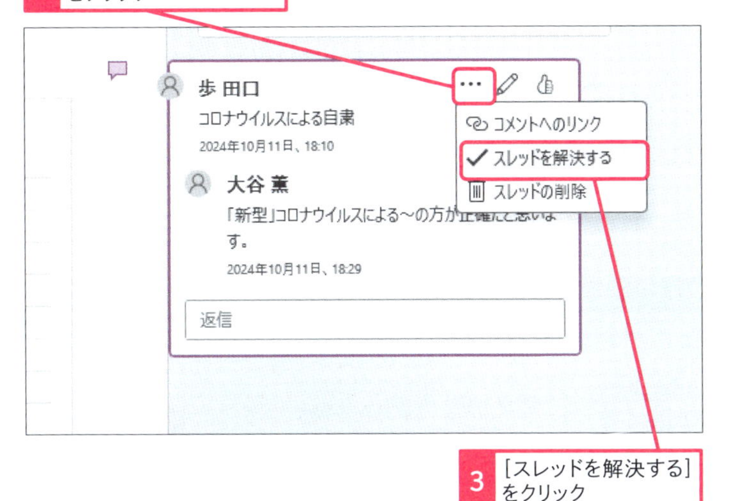

3 ［スレッドを解決する］をクリック

コメントのアイコンが解決済に変わった

文字の修正が必要な場合は手動で修正する

使いこなしのヒント

変更履歴とコメントの表示方法を変えるには

［変更履歴とコメントの表示］では、どの履歴を表示するかを選択できます。また、コメントの表示方法も吹き出しか文中かを切り替えたり、表示するユーザーを選定できます。

使いこなしのヒント

変更履歴ウィンドウを活用する

変更履歴ウィンドウを活用すると、修正履歴を作業ウィンドウで確認できます。表示する作業ウィンドウは、縦長と横長が選べます。変更の履歴を重視するときは縦長を、変更された内容を詳しく見たいときには横長の作業ウィンドウが便利です。

まとめ 変更履歴で改版の管理をする

変更履歴で記録された文書は、修正内容を反映して保存するまで、過去の内容をすべて記録しています。この仕組みを活用し、途中で追加された変更履歴ごとに文書ファイルを保存することで、文書の改版履歴として管理できます。変更履歴には、修正したWordのユーザー名も保存されるので、誰がどのような意図で修正したのかも記録できます。

レッスン

74 文書の安全性を高めるには

文書の保護

練習用ファイル L074_文書の保護.docx

Wordで作成した文書の安全性を高める方法に、パスワードの設定があります。パスワードを設定した文書ファイルは、もしも意図しない第三者の手に渡っても、Wordで開いて閲覧できないので、情報漏えい対策の一助になります。

キーワード

暗号化	P.525
ファイル	P.528
マクロ	P.529

文書にパスワードを設定する

限られた人しか文書が開けないようにしたい

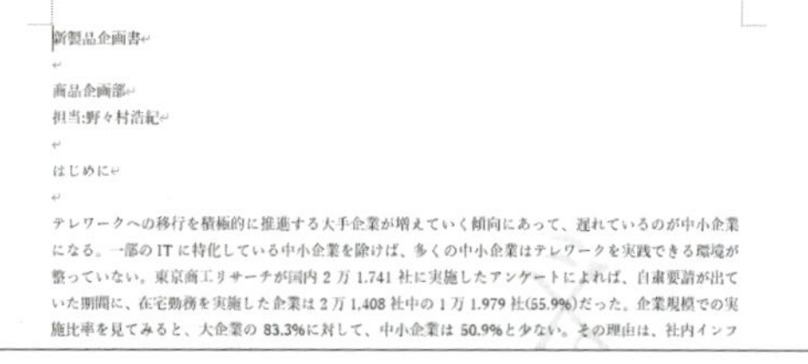

After

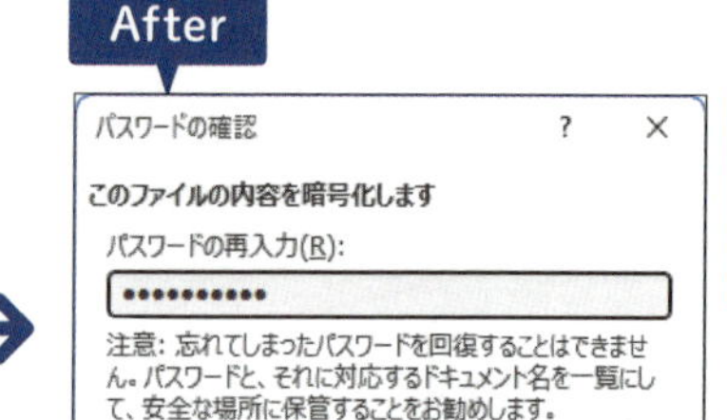

文書を開くときにパスワードが必要な設定に変更された

スキルアップ

パスワードを付ける前に実行したい［ドキュメント検査］

［ドキュメント検査］を実行すると、コメントが残っているか、作成者などの個人名が入っていないか、マクロやアドインなどがないか、といった項目をチェックできます。安全な文書を相手に送付する前には、［ドキュメント検査］で不要なデータは削除しておきましょう。

レッスンの手順を参考に［情報］画面を表示しておく

1 ［問題のチェック］をクリック

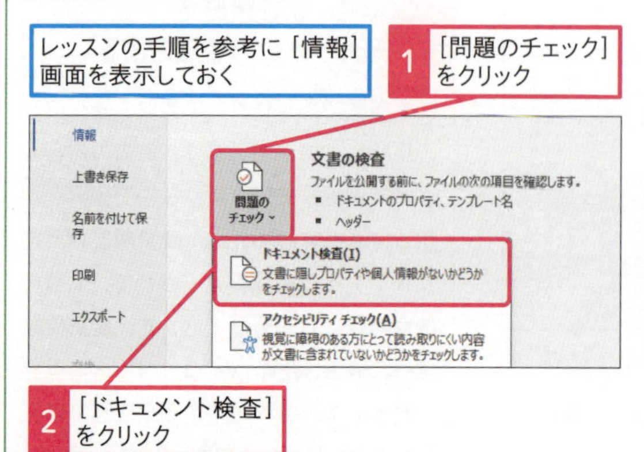

2 ［ドキュメント検査］をクリック

3 ［検査］をクリック

検査結果が表示された

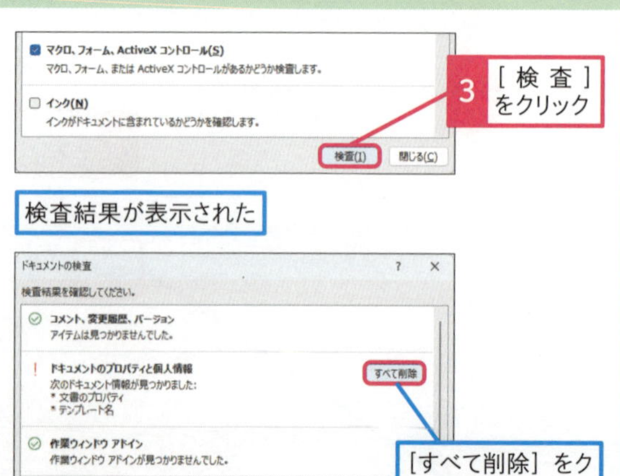

［すべて削除］をクリックすると、データを削除できる

1 ［文書の保護］でパスワードを設定する

ここでは、文書を開くときにパスワードが必要な設定に変更する

1 ［ファイル］タブをクリック

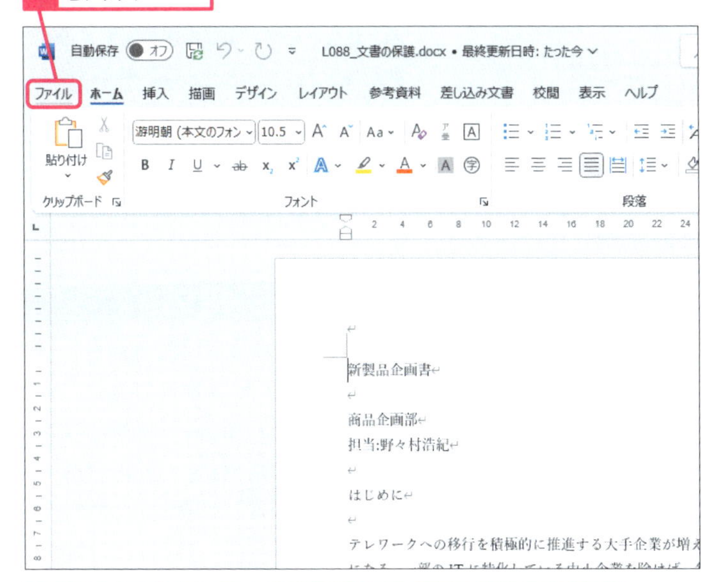

2 ［情報］をクリック

3 ［文書の保護］をクリック

4 ［パスワードを使用して暗号化］をクリック

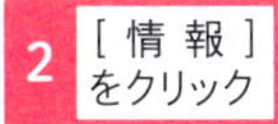

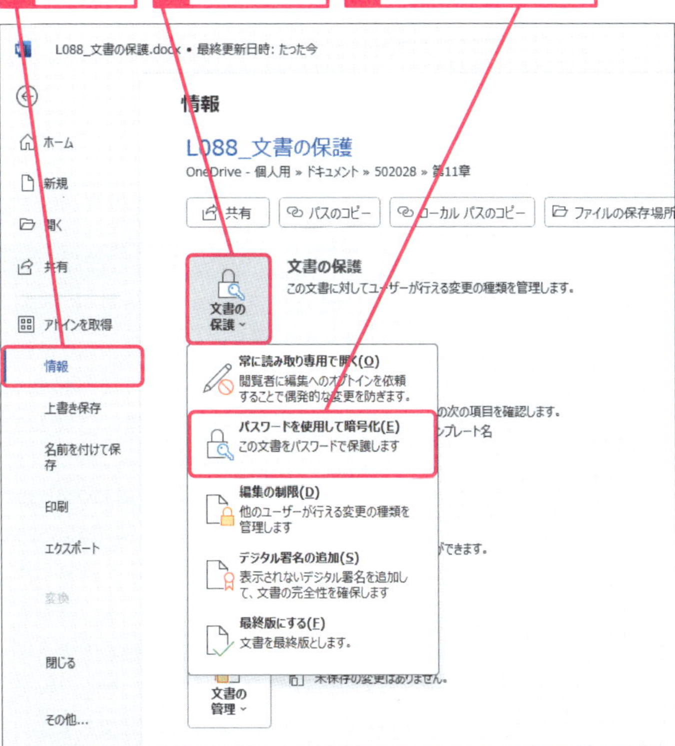

使いこなしのヒント

文書の編集を制限するには

完成した文書を他の人に修正されたくないときには、編集を制限します。制限できる条件はいくつかありますが、変更不可にすると文書は読み取り専用になります。

1 ［校閲］タブをクリック

2 ［保護］をクリック

3 ［編集の制限］をクリック

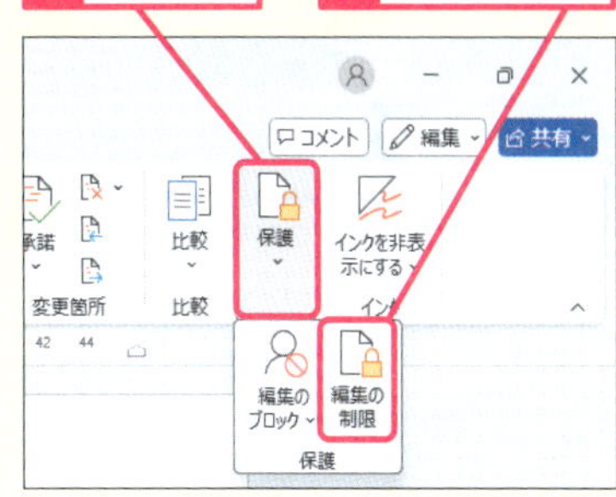

ここでは文書を読み取り専用に設定する

4 ここをクリックしてチェックマークを付ける

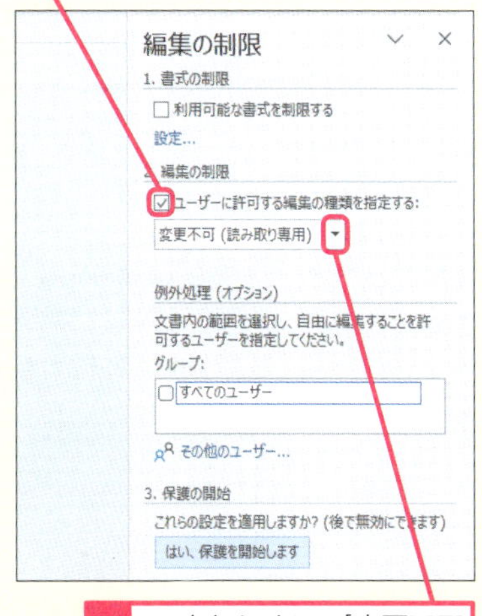

5 ここをクリックして［変更不可（読み取り専用）］を選択

上書き保存してファイルを閉じておく

次のページに続く

● パスワードを設定する

[ドキュメントの暗号化] ダイアログボックスが表示された

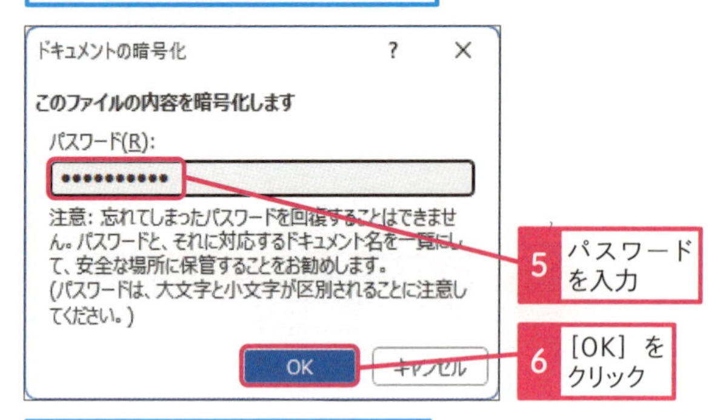

5 パスワードを入力

6 [OK] をクリック

もう一度、同じパスワードを入力する

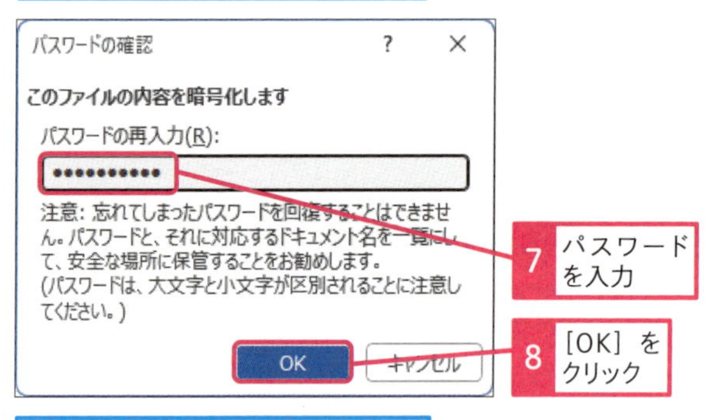

7 パスワードを入力

8 [OK] をクリック

「この文書を開くには、パスワードが必要です。」と表示された

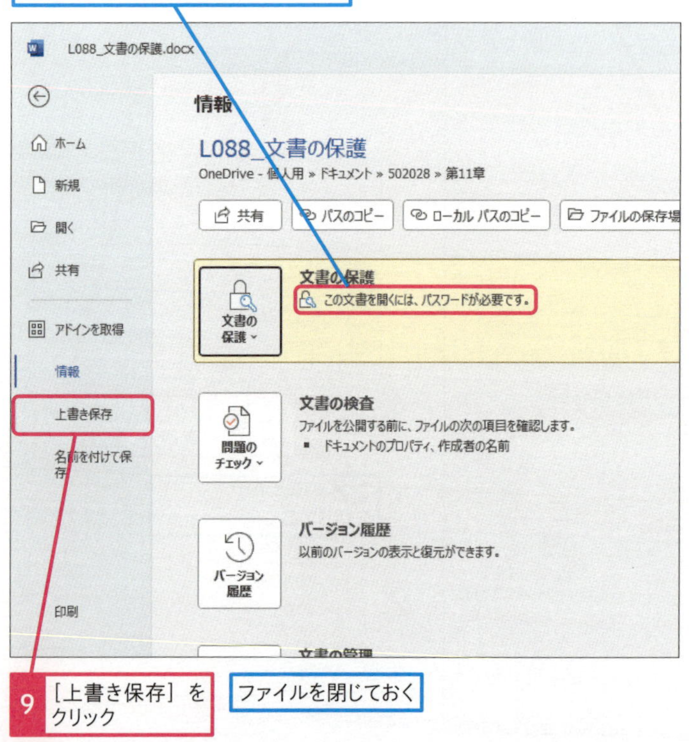

9 [上書き保存] をクリック

ファイルを閉じておく

使いこなしのヒント
パスワードに使える文字の種類は

パスワードには、半角英数の大文字、小文字、数字、記号の組み合わせが利用できます。入力できる文字数は15文字までです。入力するパスワードは、画面に表示されないので、複雑な組み合わせの英数記号を入力するときには、手元に控えを残しておくようにしましょう。

使いこなしのヒント
パスワードに適さない文字とは

「12529」などの連続した数字や、「password」のように思いつきやすい文字や数字の組み合わせは、パスワードには適しません。パスワードを考えるときに注意しましょう。

使いこなしのヒント
Wordのパスワードと暗号化圧縮ファイルの違いとは

ファイルを保護する方法として、Wordのように直接パスワードを設定する操作の他に、暗号化圧縮を使うケースがあります。Wordのパスワードが個々の文書に鍵をかける方法だとすれば、暗号化圧縮ファイルは鍵の付いた金庫にWordなどのファイルを収納して保護します。より確実にWordの文書ファイルを保護したいときには、暗号化圧縮ファイルとは別に、Wordにもパスワードを設定しておきましょう。

2 パスワードを設定した文書を開くには

手順1でパスワードを設定した文書を開こうとすると、［パスワード］ダイアログボックスが表示される

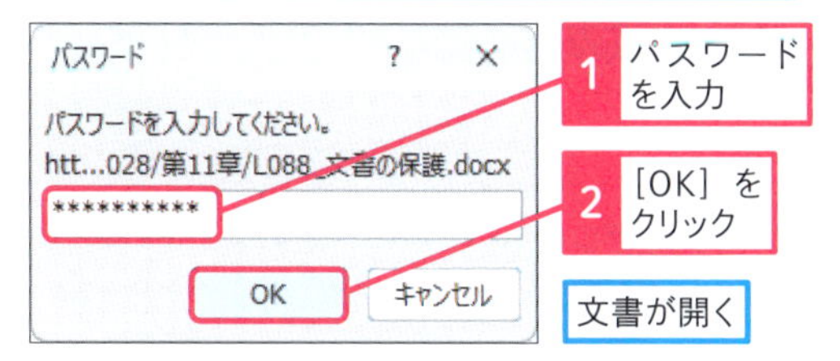

1 パスワードを入力

2 ［OK］をクリック

文書が開く

3 文書のパスワードを解除するには

手順2を参考に、パスワードを設定した文書を開いておく

手順1を参考に、［ファイル］タブをクリックしておく

1 ［情報］をクリック

2 ［文書の保護］をクリック

3 ［パスワードを使用して暗号化］をクリック

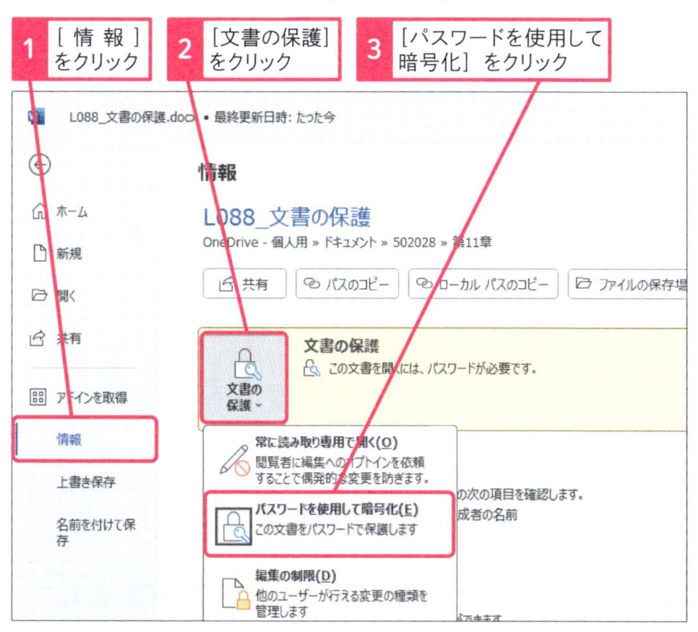

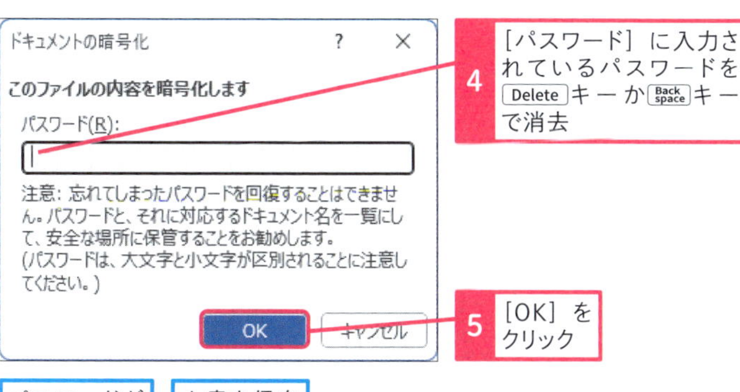

4 ［パスワード］に入力されているパスワードを Delete キーか Back space キーで消去

5 ［OK］をクリック

パスワードが解除される

上書き保存しておく

使いこなしのヒント

パスワードを設定した文書を送るときは

パスワードを設定した文書ファイルを相手に送るときには、パスワードも伝えなければなりません。そのときに、パスワードを付けた文書ファイルを添付したメールの文面には、決してパスワードを記載しないように注意しましょう。必ず、別のメールでパスワードを連絡するようにします。また、文書のやり取りが多い相手とは、事前に一つのパスワードを決めておいて、個々の文書ファイルごとにパスワードを伝えないようにするのも効果的です。

まとめ パスワードは100%の保護ではない

パスワードによるWordの文書ファイルの保護には、情報漏えい対策としての一定の効果はあります。しかし、悪意のあるハッカーにとって、15文字のパスワードは強固な防御にはなりません。また、安全のためにとパスワードを設定し過ぎてしまうと、他の人との文書ファイルのやり取りが面倒になります。そこで、あらかじめ情報を保護する優先度を考えて、社内外を問わずに意図しない第三者に読まれたら困る文書ファイルにのみパスワードを設定し、流出しないように管理しましょう。

レッスン

75 スマートフォンを使って文書を開くには

[Microsoft Word] アプリ

練習用ファイル　L075_アプリで開く.docx

マイクロソフトがスマートフォンやタブレット用に無料で提供している［Microsoft Word］アプリを使うと、パソコン以外のモバイル機器でもWordの文書ファイルを編集できます。このレッスンでは、Androidスマートフォンの画面例を紹介していますが、iPhoneでも［Microsoft Word］アプリは利用できます。

キーワード

[Microsoft Word] アプリ	P.524
Microsoftアカウント	P.524
OneDrive	P.524

スマートフォンで文書を開く

Before

文書をスマートフォンで開きたい

鎌蔵商事株式会社

[描画]

新製品企画書

商品企画部
担当:野々村浩紀

はじめに

テレワークへの移行を積極的に推進する大手企業が増えていく傾向にあって、遅れているのが中小企業になる。一部のITに特化している中小企業を除けば、多くの中小企業はテレワークを実践でき

は2万1,408社中の1万1,979社(55.9%)だった。企業規模での実施比率を見てみると、大企業の83.3%に対して、中小企業は50.9%と少ない。その理由は、社内インフラの未整備や人員不足だと

→

After

スマートフォンで文書を開くことができた

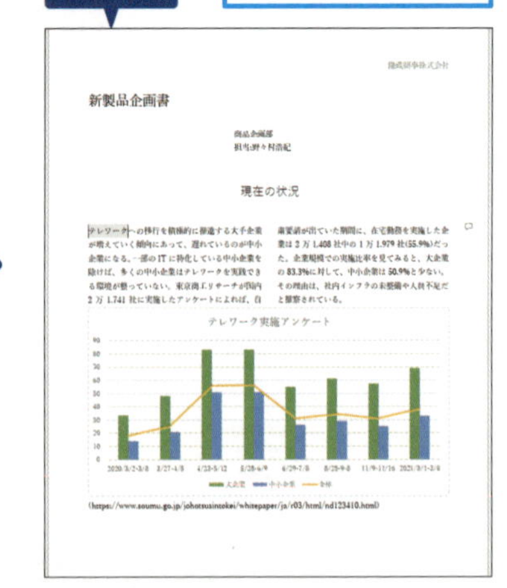

使いこなしのヒント

[Microsoft Word] アプリをインストールしておこう

スマートフォンでWordの文書を開くには、事前に利用している機種に合わせた［Microsoft Word］アプリをインストールしておきましょう。[Microsoft Word] アプリが利用できるiOSやAndroidには、対応するバージョンに制限があります。また、一部の機能はサブスクリプションのMicrosoft 365を契約していないと利用できません。

◆iPhone用の［Microsoft Word］アプリ

◆Androidスマートフォン用の［Microsoft Word］アプリ

● アプリの対応OS

iPhone、iPad…iOS 14.0以降に対応
Androidスマートフォン…Android バージョン 5.0 以降に対応

1 Wordを起動する

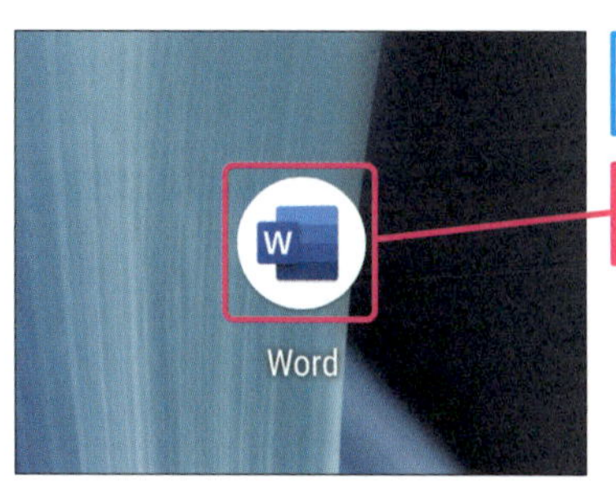

Wordアプリをインストールしておく

1 [Word] をタップ

いつでもどこでも作業がで...

職場、学校、または個人のMicrosoft アカウントを入力してください。または新規登録...

メール アドレス、電話番号、...

2 Microsoftアカウントのメールアドレスを入力

3 ここをタップ

2段階認証を設定している場合は確認コードなどを使ってサインインする

4 [Close] をタップ

Close

セキュリティで保護された 1 TB のクラウド ストレージ

Microsoft 365 Personal プランを入手する

使いこなしのヒント
最新バージョンのアプリを使おう

[Microsoft Word] アプリは、不定期にアップデートされます。iPhoneであればホーム画面の [App Store] をタップして、最新バージョンにアップデートしましょう。アプリのアップデートは無料ですが、容量が大きい場合、Wi-Fi接続でないとアップデートできません。

使いこなしのヒント
Microsoft OneDriveアプリもインストールしておくと便利

OneDriveに保存されているすべてのファイルをスマートフォンで閲覧したいときには、Microsoft OneDriveアプリもインストールしておくと便利です。

◆iPhone用の [Microsoft OneDrive] アプリ

◆Androidスマートフォン用の [Microsoft OneDrive] アプリ

使いこなしのヒント
タブレットでも利用できる

[Microsoft Word] アプリは、スマートフォンだけではなく、10インチ未満のiPadやAndroid OS搭載のタブレットでも利用できます。

次のページに続く

2 ファイルを開く

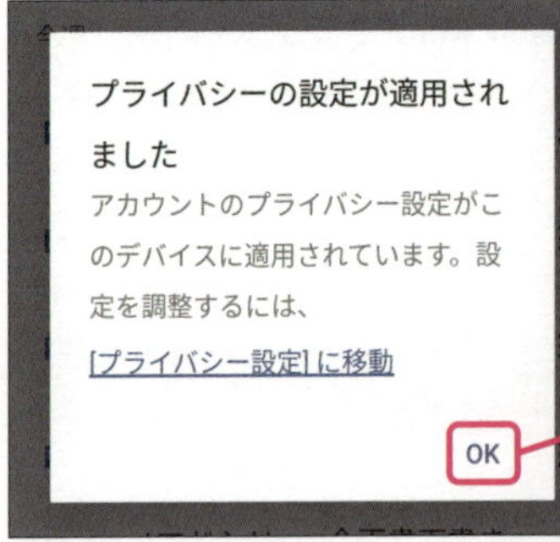

1 [OK] をタップ

最近使ったファイルの一覧が表示された

2 任意のファイルをタップ

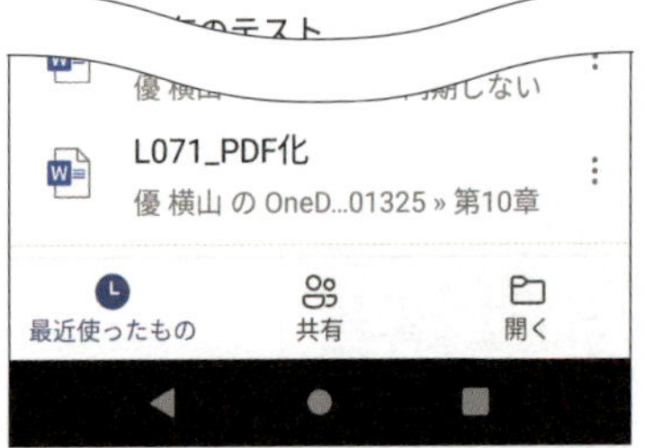

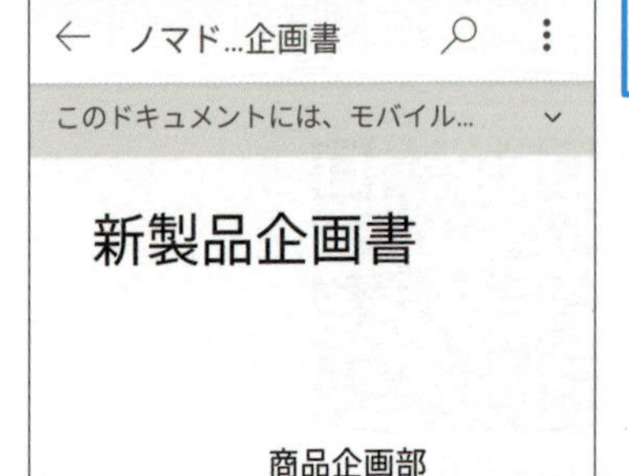

モバイルビューでWordファイルが表示された

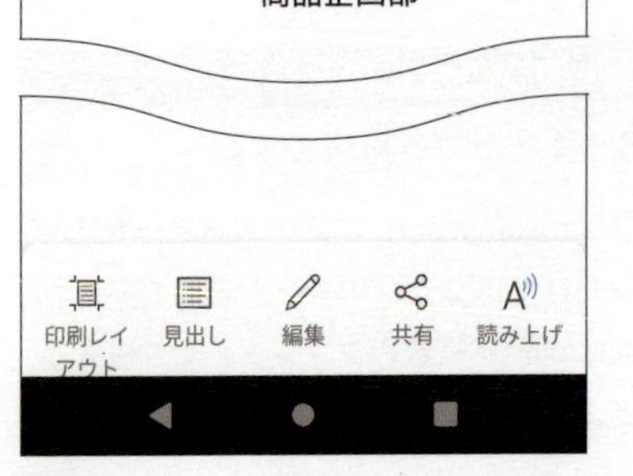

使いこなしのヒント

自動保存をオフにしておこう

[Microsoft Word] アプリは、標準の設定で自動保存がオンになっています。スマートフォンでの操作に慣れないうちは、意図しない操作ミスも自動で保存されてしまうので、最初のうちはオフにしておきましょう。

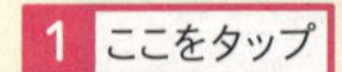

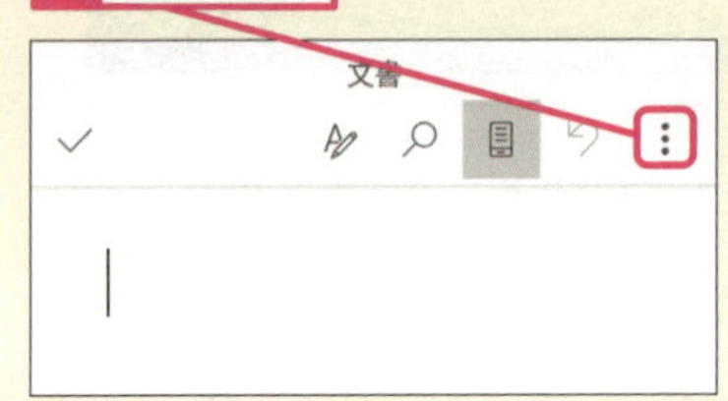

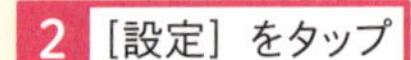

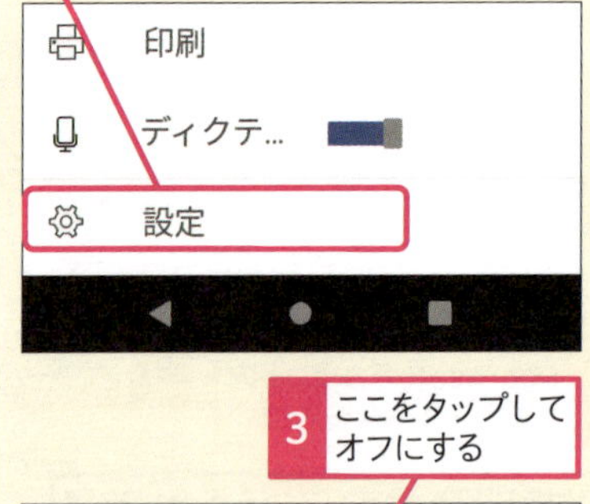

3 ここをタップしてオフにする

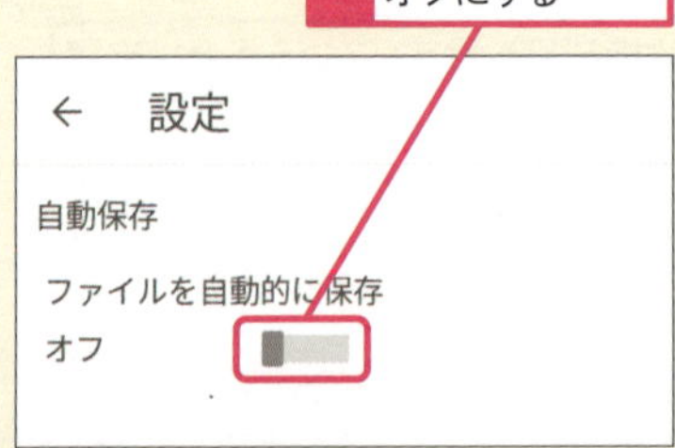

使いこなしのヒント

表示される内容には違いがある

スマートフォンの画面は、パソコンよりも狭いので、表示される文書の内容には細かい部分で違いがあります。画面では文字が1行に収まっていなくても、パソコンでは正しく表示されます。

3 ファイルを編集する

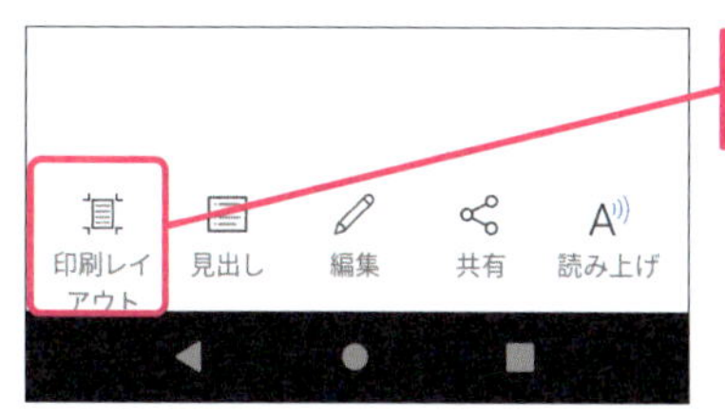

1 ［印刷レイアウト］をタップ

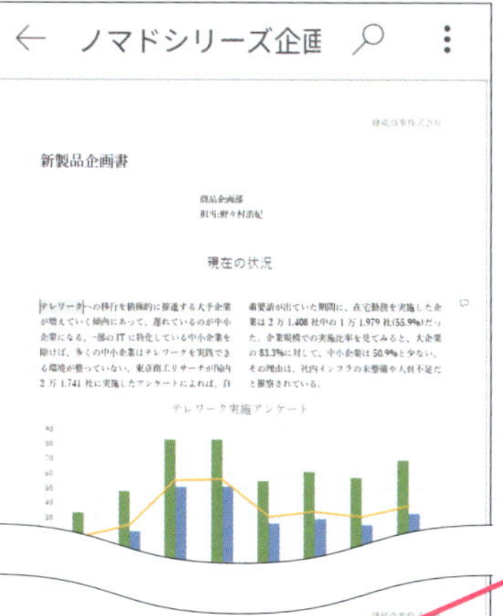

印刷レイアウトで表示された

2 ［編集］をタップ

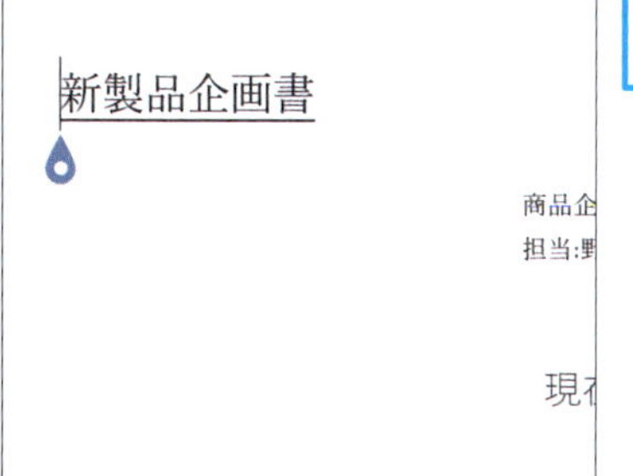

画面が拡大されて文字の先頭にカーソルが移動した

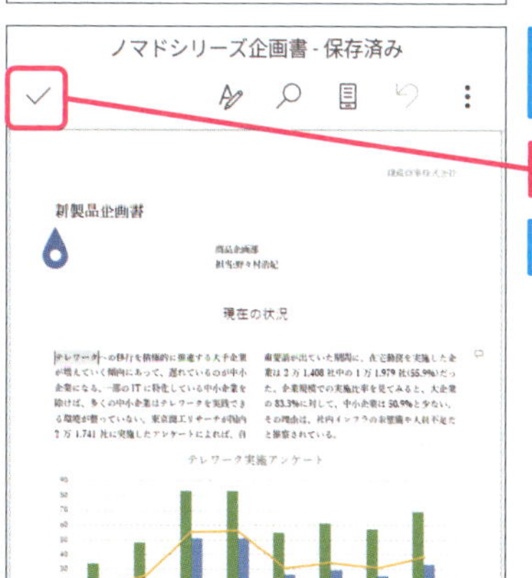

編集を終了すると拡大表示が解除される

3 ここをタップ

変更内容が保存された

使いこなしのヒント

OneDriveに新しい文書を作成して保存できる

［Microsoft Word］アプリを使えば、新しい文書を作って、OneDriveに保存できます。外出先で思い付いたメモやアイデアをスマートフォンなどで作成して、後からパソコンのWordで開いて清書する、といった使い方もできます。新しい文書を作成するには、手順2で［白紙の文書］をタップしましょう。

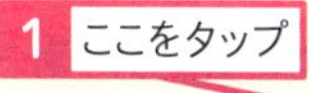

1 ここをタップ

2 ［白紙の文書］をタップ

まとめ スマートフォンで文書作成の機動力をアップ

パソコンの前に座ってキーボードを叩く、という文書作成の常識は、スマートフォンによって大きく変わります。スマートフォンのフリック入力に慣れている人ならば、キーボードを叩くよりも早く文章を入力できるでしょう。

この章のまとめ

OneDriveとWordで新しい働き方を始めよう

OneDriveを活用した文書ファイルの共有による共同作業は、新しい働き方に適したWordの使い方です。インターネットを介して、離れた場所から一つの文書ファイルにアクセスして、複数の人たちが同時に編集できる文書共有は、効率の良い共同作業を実現します。その理想を実現するためには、Wordを利用する人たちが、本章で解説したOneDriveや［Microsoft Word］アプリの基本的な使い方の習得が大切です。

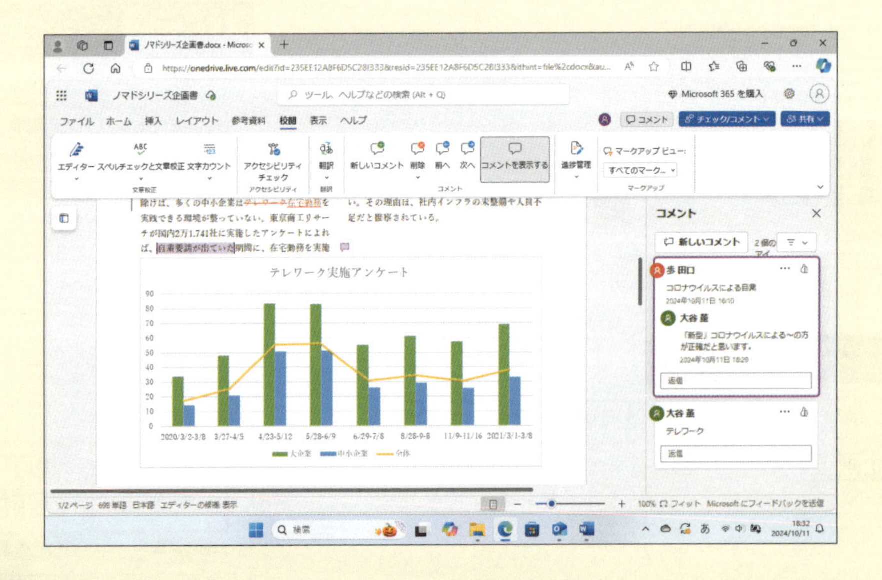

便利な機能が盛りだくさんでした！

音声入力は、実はスマートフォンでやると捗るんですよ。パソコンよりもマイクの性能がいいので、おすすめなんです♪

OneDriveももっと活用できそうです！

ええ、OneDriveはもともとWindowsに入ってますから、使わないともったいないです。どんどん使って、仕事を効率化しましょう！

Excel

基本編

第1章

Excelの超基礎！ 画面やブックの扱い方を知ろう

Excelの基本的な知識を始め、起動、終了の操作方法や、画面構成について紹介します。バージョンアップによって変わった部分もあるので、確認しておきましょう。

レッスン

01

Introduction この章で学ぶこと

Excelとは何か知ろう

Excelは、格子状のマス目にデータを入力して様々な表を作成する「表計算ソフト」です。大量のデータを蓄積、数式で自動計算を行い、集計結果を表やグラフにまとめて、見やすい書類を作成できます。ここで改めて、どのような機能を持っているのか確認しておきましょう。

多彩な機能が備わった表計算ソフト

Excelは、表を作って計算するときに使うもの、でしょ。そんなこともう知っています！

その通りなんだけど、Excelで何ができるのか知っておかないと、無駄な作業や、ミスの発生にもつながる。正確かつ効率的に扱うためにも、Excelで何ができるかを知っておくことは大切なんだ！

Excelなら電卓などよりも高度な計算ができて、100万項目以上の膨大なデータを扱える

	A	B	C	D	E	F	G	H	I	J
1	都道府県別売上集計表									
2										
3		2023/1	2023/2	2023/3	2023/4	2023/5	2023/6	2023/7	2023/8	2023/9
4	北海道	3,835,707	3,945,759	1,907,103	3,922,556	4,822,674	2,571,472	3,332,783	4,796,313	3,173,367
5	青森県	886,882	507,490	1,235,667	981,356	916,012	420,006	1,068,863	520,185	489,369
6	岩手県	1,020,457	1,094,853	842,251	997,984	418,787	922,092	305,884	1,007,525	818,957
7	宮城県	1,737,091	945,403	1,888,800	667,314	1,694,711	1,457,811	1,953,645	230,533	783,887
8	秋田県	788,152	535,753	881,336	881,896	456,561	359,831	359,238	909,421	854,524
9	山形県	888,340	697,537	826,399	317,462					
10	福島県	985,054	1,517,831	399,339	1,746,188					
11	茨城県	2,843,793	1,216,515	1,332,174	2,454,992					
12	栃木県	1,721,854	1,687,876	1,146,517	763,177					
13	群馬県	1,459,327	121,675	1,331,625	799,494					
14	埼玉県	7,167,765	3,055,046	6,844,742	6,018,138					

数式や関数を使って複雑な計算ができる

	A	B	C	D	E	F
1	支店	予算	実績	差額	予算達成率	予算達成
2	仙台支店	3,000,000	3,571,447	571,447	119%	達成
3	東京支店	13,500,000	13,331,054	-168,946	99%	
4	大阪支店	7,500,000	7,279,862	-220,138	97%	
5	福岡支店	3,000,000	4,374,675	1,374,675	146%	達成
6						

でも結局、計算するためのソフト、ってことには変わりないと思うんですが。

もちろん、優秀な計算機能を持っているけど、Excelを数値の計算に使うだけではもったいない！　Excelの機能はとても多彩なんだよ。

集計・分析に役立つ機能がたくさん！

例えば、大量のデータを蓄積した「データベース」を適切に作成しておけば、Excelの機能で一部のデータだけを瞬時に抽出したり、マウスの操作だけで集計表が作成できたりするんだ！

適切な形式でデータベースを作成しておけば、蓄積した中から瞬時に必要なデータを取り出して、分析や集計に活用できる

	A	B	C	D	E	F	G	H
1	日付	取引先名	商品名	数量	単価	金額	部門	担当者
2	2023/10/1	丸一（株）	マウス	35	1,230	43,050	東京	金子
3	2023/10/3	中城（株）	パソコン	40	89,846	3,593,840	東京	森川
4	2023/10/6	しもだ（株）	パソコン	22	99,830	2,196,260	東京	金子
5	2023/10/8	ポート（株）	ディスプレイ	19	24,360	462,840	大阪	岸本
6	2023/10/9	ポート（株）	パソコン	25				
7	2023/10/10	ＣＳＣ（株）	マウス	48				
8	2023/10/11	しもだ（株）	キーボード	66				
9	2023/10/13	丸一（株）	ディスプレイ	57				
10	2023/10/15	（株）直商事	キーボード	19				
11	2023/10/16	丸一（株）	パソコン	42				
12	2023/10/17	ＣＳＣ（株）	キーボード	14				
13	2023/10/20	ベスト（株）	パソコン	30				

◆ピボットテーブル
データベース形式の表を基に簡単に集計表を作成できる

	A	B	C	D	E
1	各商品の月別売上				
2					
3	合計 / 金額	列ラベル			
4	行ラベル	10月	11月	12月	総計
5	HDD	2,457,180	5,645,330	7,583,640	15,686,150
6	キーボード	233,640	726,345	502,915	1,462,900
7	ディスプレイ	5,139,960	9,281,160	3,995,040	18,416,160
8	パソコン	19,317,067	11,243,573	34,542,940	65,103,580
9	マウス	102,090	256,306	303,945	662,341
10	総計	27,249,937	27,152,714	46,928,480	101,331,131
11					

正しい形で作成しておかないと、その後の作業が非効率になってしまうんですね。

グラフの作成もExcelならとても楽！　グラフなら推移や傾向がわかりやすく可視化されるよ。

グラフを使ってデータを簡単に視覚化できる

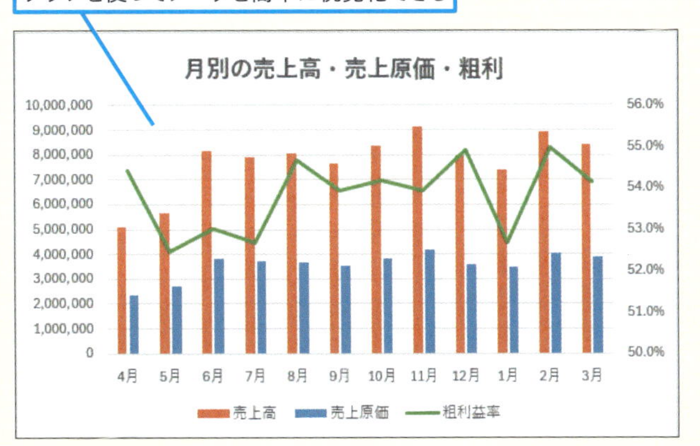

データベースにピボットテーブル……。なんだか難しそう！　これからしっかり学んでいきたいです。

いやいや、そう難しいものではないよ！　何はともあれ、大切なのは基礎。まずはこの章でExcelの基本を学ぼう！

レッスン

02 Excelを起動するには

Excelの起動・終了

練習用ファイル なし

Excelを起動するには、WindowsのスタートメニューからExcelのアイコンをクリックしましょう。Excelのファイルがフォルダーなどに入っている場合は、そのファイルをダブルクリックして起動することもできます。Excelを終了するときには、右上の［閉じる］ボタンをクリックしましょう。

1 Excelを起動するには

1 ［スタート］をクリック

2 ［Excel］をクリック

スタート画面が表示された

3 ［空白のブック］をクリック

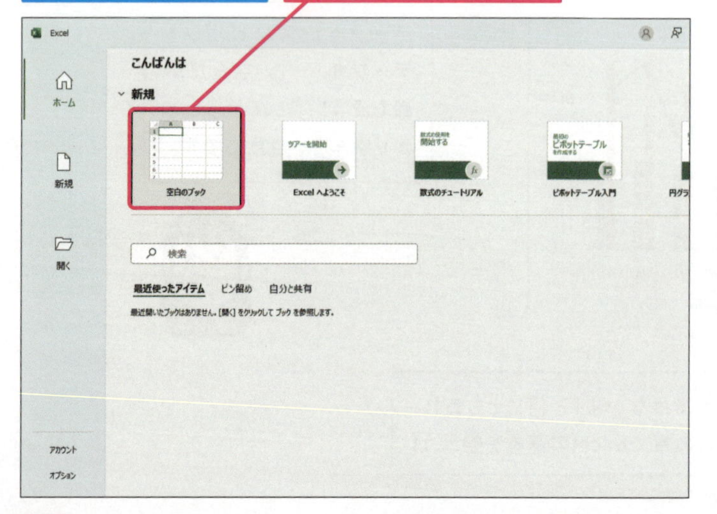

キーワード

Windows 11	P.530
ブック	P.534

使いこなしのヒント

スタートメニューに表示されないときは

パソコンの機種によってはExcelのアイコンがスタートメニューに表示されない場合があります。その場合はスタートメニューの［すべてのアプリ］をクリックして、アプリの一覧から探しましょう。

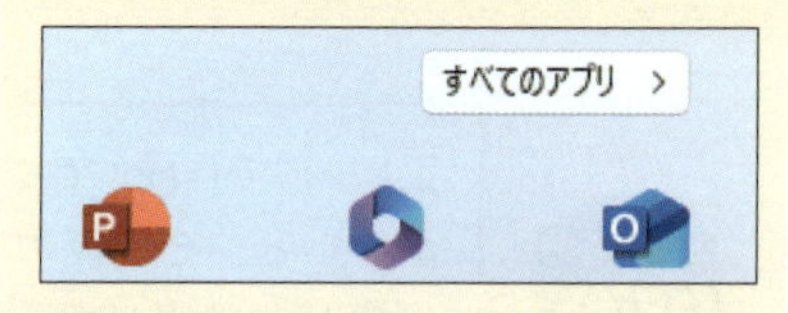

ショートカットキー

［スタート］メニューの表示

⊞ ／ Ctrl + Esc

用語解説

スタート画面

Excelを起動した直後に表示される画面。この画面から、新しくデータを作成したり、既存のデータを開くことができます。

用語解説

Backstageビュー

Backstageビューとは、［ファイル］タブ選択時に表示される画面です。ファイルの新規作成や、既存ファイルを開く操作などができます。

● 空白のブックが表示された

新しい空白のブックが表示された

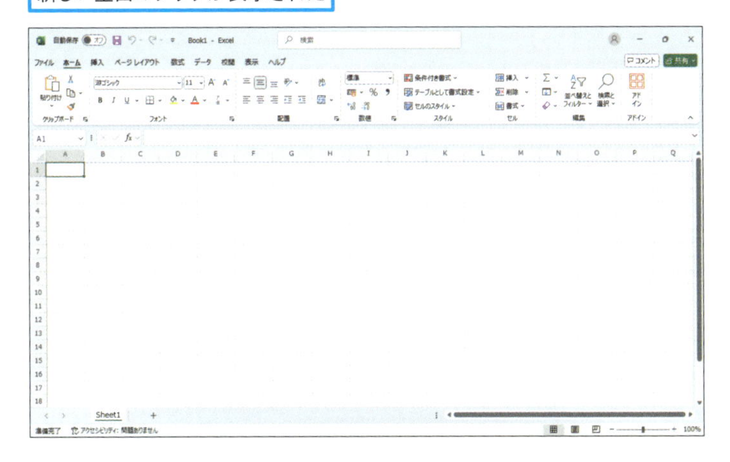

2 Excelを終了するには

ここではファイルを保存せずに終了する

1 ［閉じる］をクリック

Excelが終了する

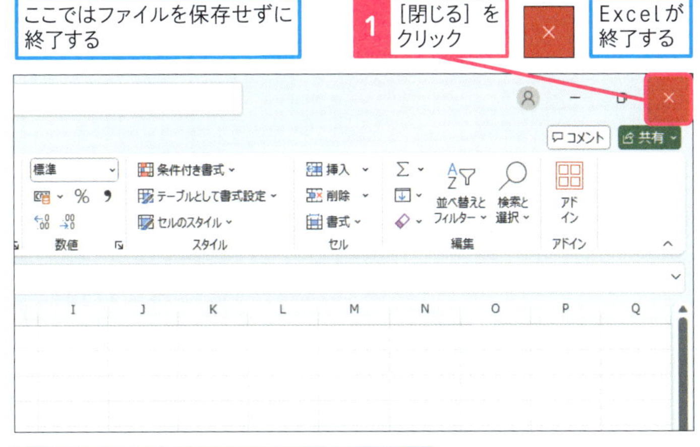

Excelが終了して、デスクトップが表示された

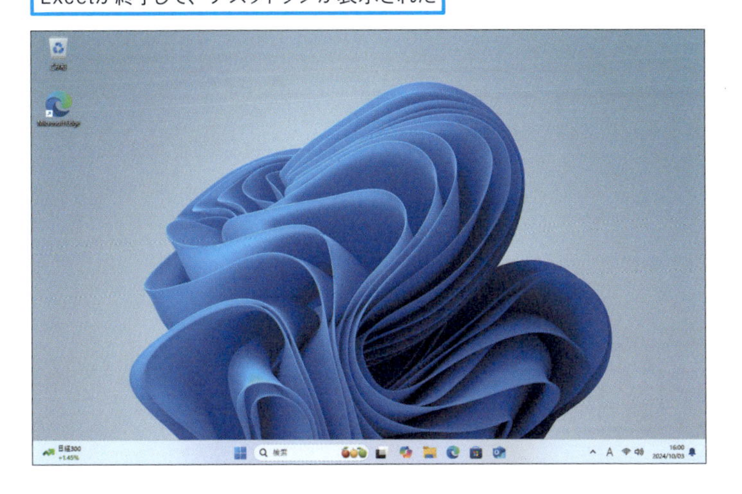

用語解説

ブック

Excelでデータを作成・保存するファイルのことをいいます。通常、ブックとファイルは同じ意味だと考えておけば、問題はありません。

時短ワザ

Excelをタスクバーにピン留めをする

Excelのアイコン上で右クリックして、メニューから「タスクバーにピン留めをする」をクリックすると、Excelをタスクバーに常に表示させることができます。以降は、タスクバーのExcelのアイコンをクリックすると手順1のスタート画面が表示されます。

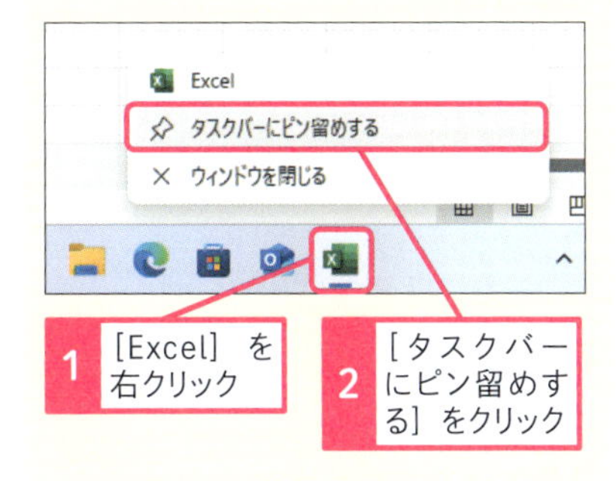

1 ［Excel］を右クリック

2 ［タスクバーにピン留めする］をクリック

ショートカットキー

アプリの終了　Alt ＋ F4

まとめ　Excelの起動と終了を覚えよう

Excelの基本的な操作として、起動と終了の方法を紹介しました。Excelのファイルをダブルクリックしても Excelを起動することはできますが、新規にファイルを作成したり、Excelを起動してからファイルを開きたい場合などは、スタートメニューから起動しましょう。Excelを起動することが多い場合は、「時短ワザ」で紹介したタスクバーにピン留めする方法が便利です。ぜひ試してみてください。

レッスン
03 Excelの画面構成を確認しよう

各部の名称、役割

練習用ファイル　なし

Excelの画面で、どこに何が配置されているかを確認しましょう。各パーツの名前すべてを無理に暗記する必要はありません。見慣れない名前が出てきたら、このページに戻って場所を確認してください。

キーワード	
シート	P.532
セル	P.532

Excel 2024の画面構成

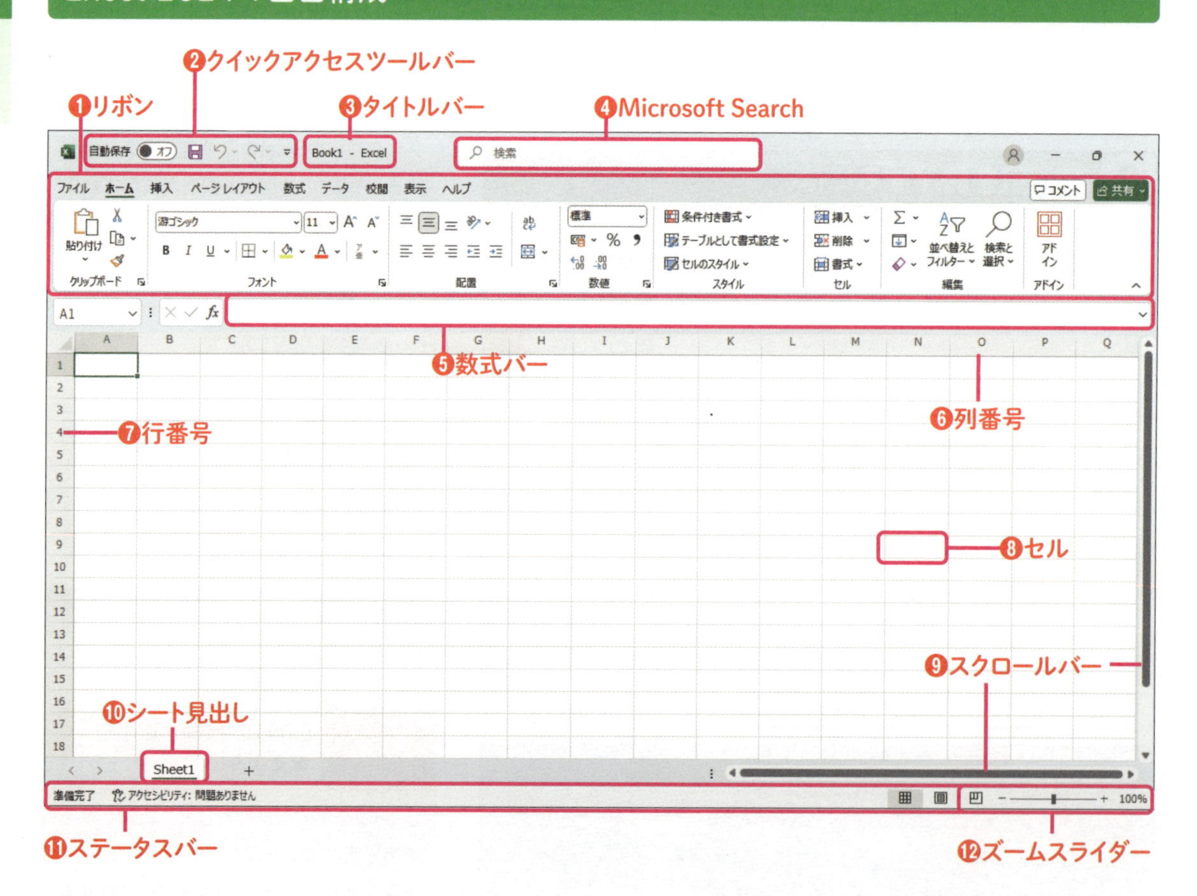

❶リボン

いわゆるメニューです。ここをクリックすることで、Excelの主要な操作を行うことができます。

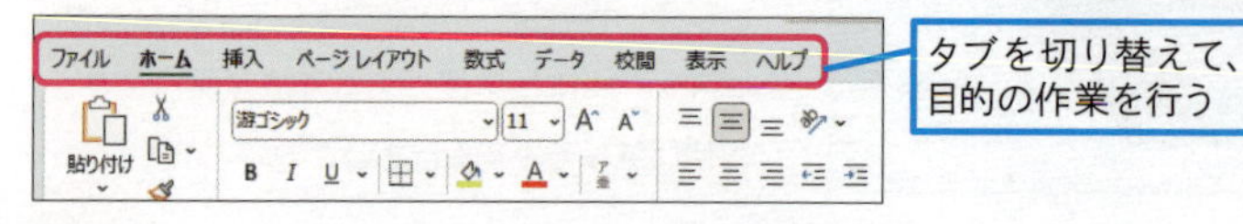

❷クイックアクセスツールバー
よく使う機能を、すぐに実行できるようにボタンとして配置できる場所です。

❸タイトルバー
現在操作をしているブックの名前が表示されます。

❹Microsoft Search
メニューを操作する代わりに、行いたい操作内容を文字で入力して操作メニューを呼び出すことができます。

❺数式バー
現在操作をしているセル（アクティブセル）に入力された内容が表示されます。

❻列番号
各セルの「列」を表す番号です。Aから順番にB、C・・・Z、AA、AB・・・と英文字を使って表します。

❼行番号
各セルの「行」を表す番号です。1から順番に2、3・・・と数字を使って表します。

❽セル
1つ1つのマス目です。このマス目にデータを入力していきます。

❾スクロールバー
上下・左右に動かして、シートの表示範囲をずらすことができます。

❿シート見出し
シートの一覧が表示されます。現在操作しているシートは背景色が白色で表示されます。

⓫ステータスバー
Excelの状態が表示されます。例えば、セルへの入力時に「入力モード」が表示されたり、複数セルを選択したときに「合計」「件数」などが表示されます。

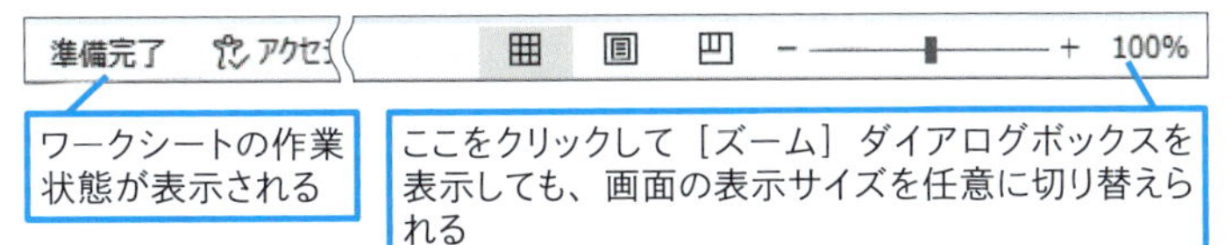

⓬ズームスライダー
表示倍率を変えることができます。

使いこなしのヒント

ステータスバーに注目しよう

ステータスバーに表示される内容は操作をするごとに大きく変わります。有用な情報が表示される場合もありますので、今後、操作に応じて、どのような内容が表示されるか気を付けて見てみてください。

ここに注意

リボンのボタンの並び方は画面の横解像度（画面の横方向に何ドット分表示できるか）に応じて変わります。画面の横幅が狭くなると、アイコンの横に操作名が表示されなくなったり、複数のアイコンが1つのアイコンに統合される場合があります。本書では「1280×800」の解像度で表示された画面を紙面で再現しています。

使いこなしのヒント

状況によって追加で表示されるタブがある

シート上の操作に応じて、追加で表示されるタブがあります。追加で表示されるタブには、そのとき行っている操作に関連するメニューがまとめられています。

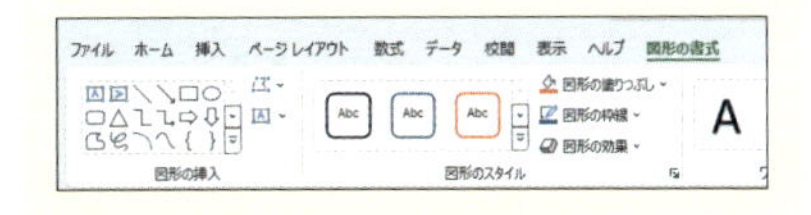

まとめ　まずは［リボン］を覚えよう

今回、紹介したパーツの中で一番頻繁に使用するのが［リボン］です。まずは、画面上部のメニューのことをリボンと呼ぶこと、リボンの表示項目はタブで切り替えられることを覚えておきましょう。他の要素については、本書を読みながら使い方も含めて学んでいきましょう。

レッスン
04 ファイルを開くには

ファイルを開く

練習用ファイル L004_開く.xlsx

作成済みのブックを開くには、エクスプローラーでファイルをダブルクリックするか、Excelを起動してから［ファイルを開く］ダイアログボックスを使ってファイルを開きましょう。なお［開く］画面では、最近使ったファイル一覧も表示されます。

1 Excelからファイルを開く

Excelを起動しておく

1 ［開く］をクリック

2 ［参照］をクリック

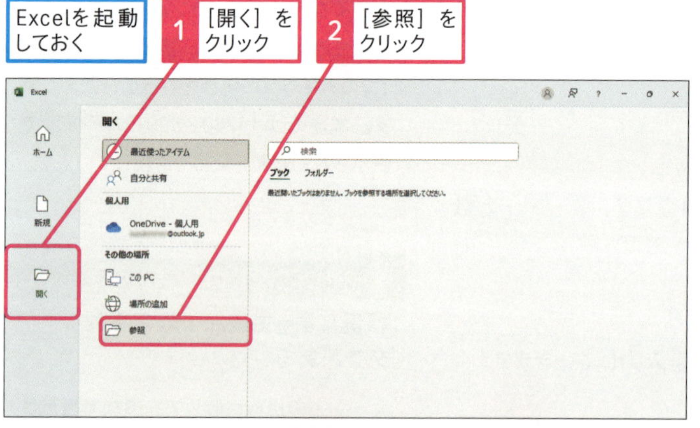

［ファイルを開く］ダイアログボックスが表示された

3 ファイルの保存場所を選択

4 ファイルをクリック

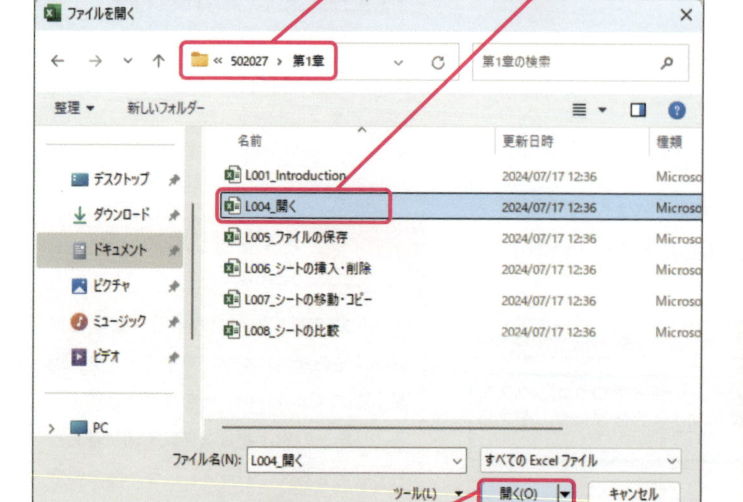

5 ［開く］をクリック

選択したファイルが開く

キーワード

ダイアログボックス	P.529
ブック	P.534
リボン	P.534

ショートカットキー

ファイルを開く  Ctrl＋O

使いこなしのヒント

作業中にファイルを開くには

ファイルを開いているときに、他のファイルを開きたいときはリボンの［ファイル］タブをクリックして[開く]-[参照]をクリックすると、［ファイルを開く］ダイアログボックスが表示されます。

1 ［ファイル］タブをクリック

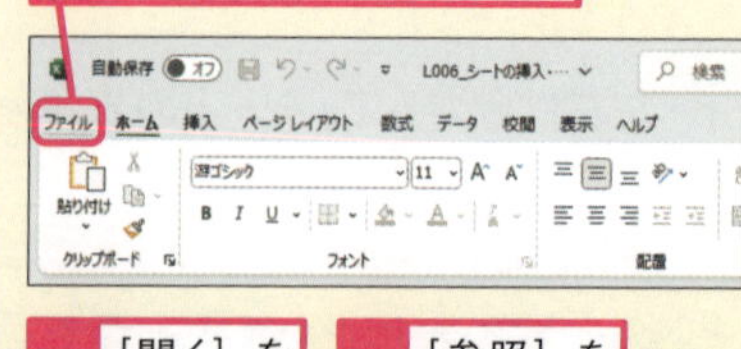

2 ［開く］をクリック

3 ［参照］をクリック

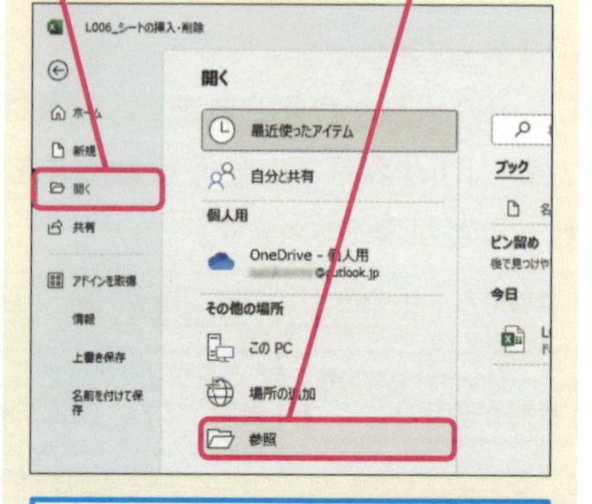

表示された［ファイルを開く］ダイアログボックスで、開くファイルを選択する

2 アイコンからファイルを開く

デスクトップを表示しておく

1 ［エクスプローラー］をクリック

2 ファイルの保存場所を選択

3 ［502027］をダブルクリック

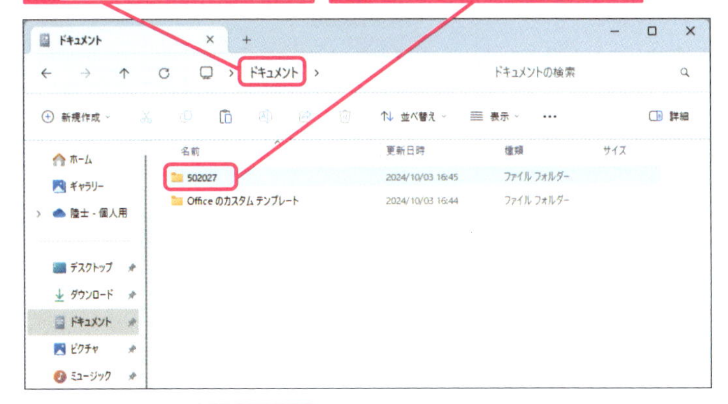

4 ［第1章］をダブルクリック

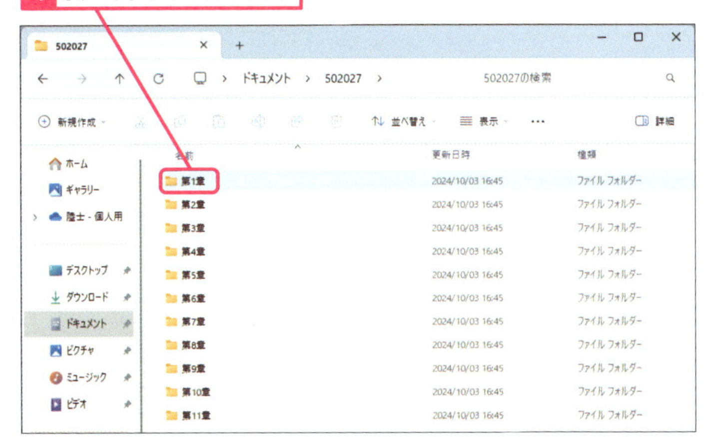

5 ファイルをダブルクリック

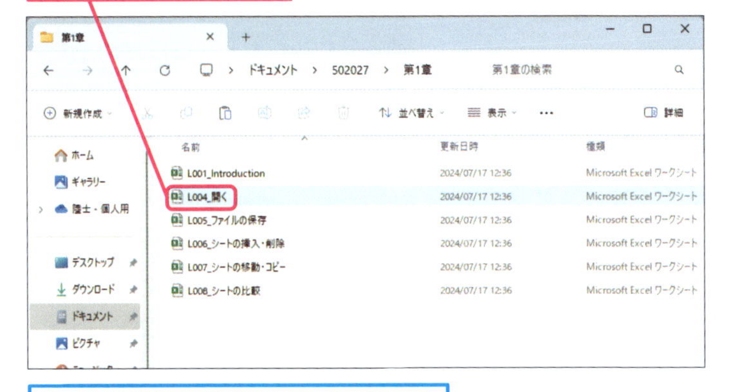

Excelが起動して、選択したファイルが開いた

ショートカットキー

エクスプローラーの起動　⊞+E

使いこなしのヒント

Excelで開くことができるファイル

Excelのアイコンが表示されているファイルは、ダブルクリックするとExcelで開けます。

使いこなしのヒント

本書の練習用ファイルについて

本書ではレッスンの内容に応じた「練習用ファイル」を用意しています。レッスンの最初のページの「練習用ファイル」に表示されているファイルを開き、参照しながら本を読み進めてください。練習用ファイルのダウンロード方法などについては本書の6ページを参照してください。

まとめ　ファイルの開き方を使い分けよう

直近で使ったファイルを開くときには［開く］画面から探すと便利です。一方で、久しぶりに使うファイルを開くときには、エクスプローラーでファイルを保存したフォルダーまで行きダブルクリックで開くほうが便利です。最後にファイルを使った時期に応じて、ファイルの開き方を使い分けましょう。

レッスン

05 ファイルを保存するには

ファイルの保存　練習用ファイル　L005_ファイルの保存.xlsx

Excelでデータを作成したらファイルを保存しましょう。ブックごとに1つのファイルとして保存されます。名前を付けて保存をすれば、前の状態のファイルを残して、別ファイルとして保存することもできます。

1 ファイルを上書き保存する

1 ［ファイル］タブをクリック

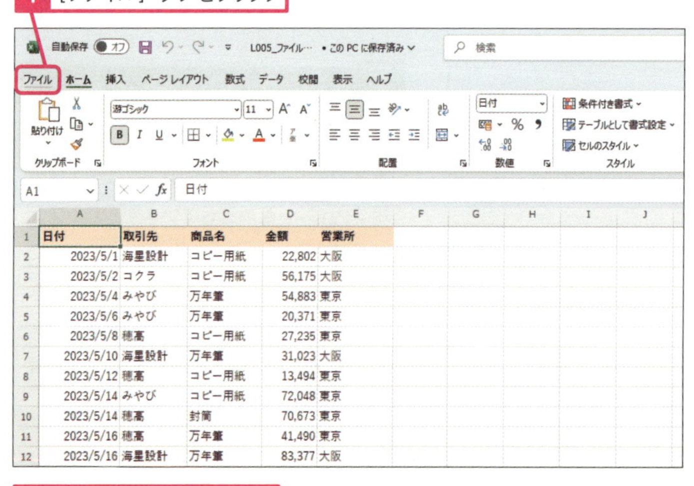

2 ［上書き保存］をクリック

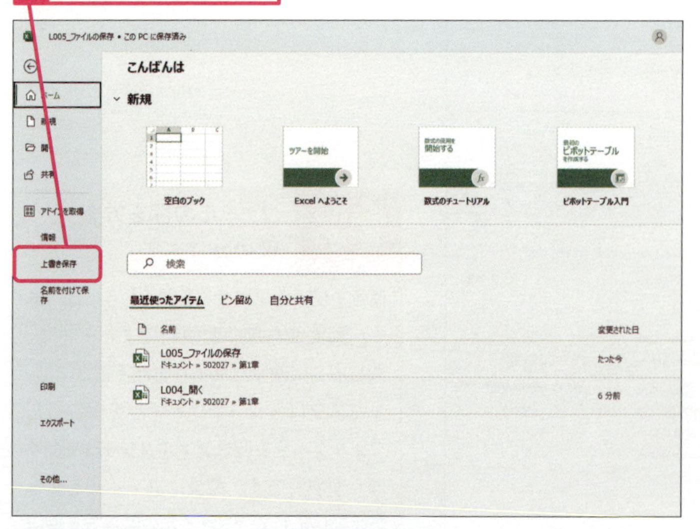

同じ保存場所で、ファイルが上書き保存される

キーワード

OneDrive　P.530

ブック　P.534

ショートカットキー

上書き保存　Ctrl + S

使いこなしのヒント

上書き保存と名前を付けて保存の違いを知ろう

上書き保存をすると、データを元のファイルに保存します。元のファイルは上書きされるので編集前の内容は消えます。一方で、名前を付けて保存をすると、データを別のファイルに保存します。編集前の内容は、元のファイルにそのまま残ります。

時短ワザ

上書き保存する

画面左上のアイコンをクリックすると、上書き保存ができます。

使いこなしのヒント

［OneDriveに保存する］画面が表示されたときは

未保存のファイルを上書き保存しようとすると、既存のファイルがなく上書き保存ができないため、自動的に［名前を付けて保存］の操作画面に移行します。このとき［OneDriveに保存する］画面が表示される場合があります。［その他のオプション］をクリックすると、通常の［名前を付けて保存］の操作画面に移動することができます。

使いこなしのヒント

保存せずにファイルを閉じてしまった場合は

未保存でファイルを閉じてしまった場合でも、Excelが途中経過のファイルを内部で一時的に保存して、それを復元してくれる場合があります。ファイルが復元できる場合には、次にExcelを開いたときに確認画面が表示されるので、戻したいファイルを選択してください。なお、ファイルをOneDriveに保存しているときには、自動保存をするように設定できます。この設定をすると、数秒ごとにファイルが自動的に保存されます。

2 ファイルに名前を付けて保存する

手順1を参考に、Backstageビューを表示しておく

1 ［名前を付けて保存］をクリック

2 ［参照］をクリック

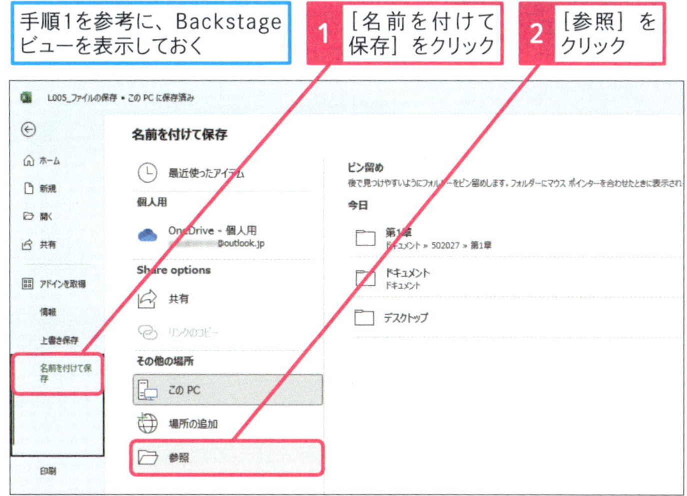

3 ファイルの保存場所を選択

4 ファイル名を入力

5 ［保存］をクリック

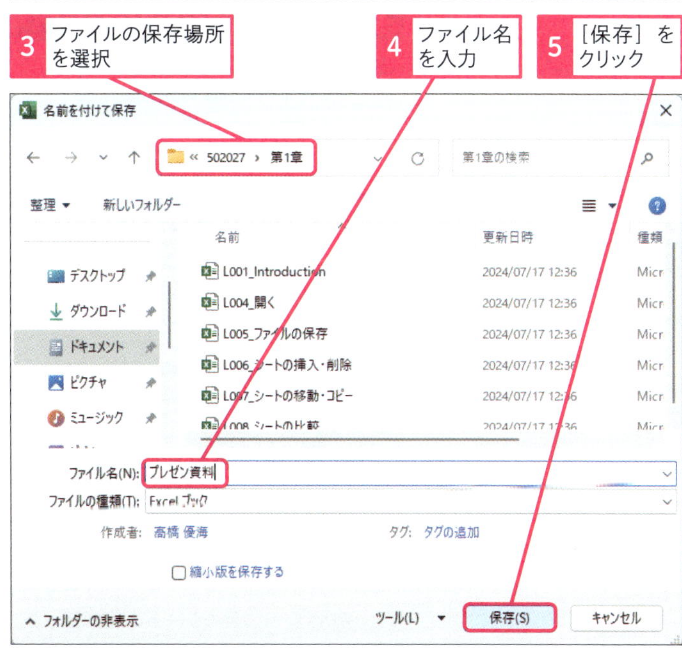

選択した保存場所に、新たにファイルが保存される

ショートカットキー

名前を付けて保存　Alt + F2

使いこなしのヒント

ファイル名に使用できない文字がある

半角の「\」「/」「:」「*」「?」「"」「<」「>」「|」「[」「]」は、ファイル名として使用できません。その他の記号についても、トラブルの原因になりやすいため「-」(ハイフン)「_」(アンダーバー)以外の半角記号や、機種依存文字（丸数字の①など）は使わないことをおすすめします。

使いこなしのヒント

未保存のファイルを閉じると確認画面が表示される

保存して閉じるときには［保存する］、保存せずに閉じるときには［保存しない］、閉じないで元のファイルの編集を続けるときには［キャンセル］をクリックしてください。

まとめ こまめにファイルを保存しよう

Excelには自動保存の機能がありますが、完全ではありません。変更した内容が消えてしまわないように、こまめにファイルを保存しましょう。ファイルを保存するときには、Ctrl+Sを使いましょう。

レッスン

06 シートの挿入・削除・名前を変更するには

シートの挿入・削除

練習用ファイル　L006_シートの挿入・削除.xlsx

Excelでは、1つのブック内で複数のシートを作成することができます。複数の表を作成したい場合には、原則として、1つの表ごとに1つのシートを使って入力すると、わかりやすく整理ができます。

1 新しいシートを作成する

1 ［新しいシート］をクリック

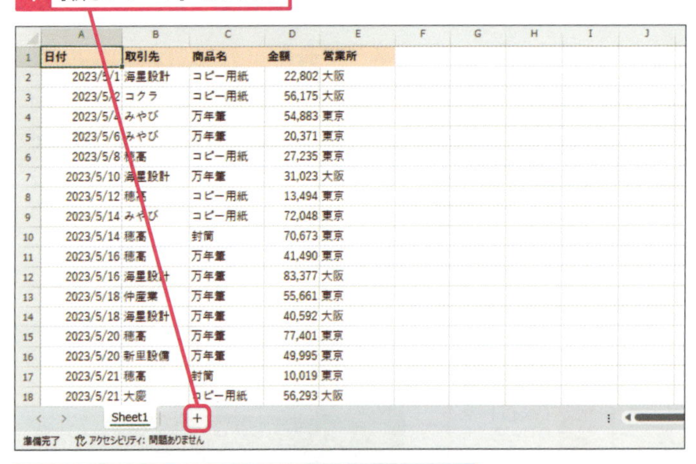

	A	B	C	D	E
1	日付	取引先	商品名	金額	営業所
2	2023/5/1	海星設計	コピー用紙	22,802	大阪
3	2023/5/2	コクラ	コピー用紙	56,175	大阪
4	2023/5/4	みやび	万年筆	54,883	東京
5	2023/5/6	みやび	万年筆	20,371	東京
6	2023/5/8	穂高	コピー用紙	27,235	東京
7	2023/5/10	海星設計	万年筆	31,023	大阪
8	2023/5/12	穂高	コピー用紙	13,494	東京
9	2023/5/14	みやび	コピー用紙	72,048	東京
10	2023/5/14	穂高	封筒	70,673	東京
11	2023/5/16	穂高	万年筆	41,490	東京
12	2023/5/16	海星設計	万年筆	83,377	大阪
13	2023/5/18	仲座業	万年筆	55,661	東京
14	2023/5/18	海星設計	万年筆	40,592	大阪
15	2023/5/20	穂高	万年筆	77,401	東京
16	2023/5/20	新里設備	万年筆	49,995	東京
17	2023/5/21	穂高	封筒	10,019	東京
18	2023/5/21	大慶	コピー用紙	56,293	大阪

［Sheet2］という名前の新しいシートが作成された

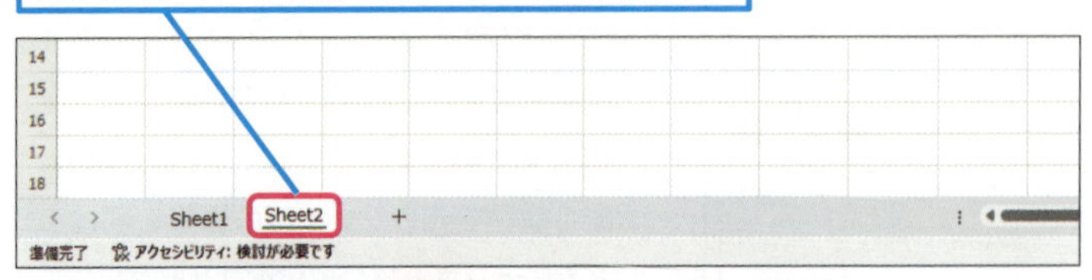

さらにシートを追加する

2 ［新しいシート］をクリック

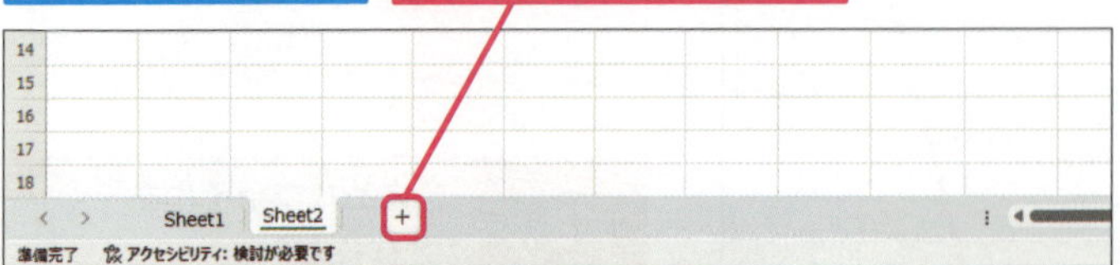

［Sheet3］という名前の新しいシートが作成された

キーワード

アクティブシート	P.530
シート	P.532

用語解説

アクティブシート

操作対象として選択されているシートを「アクティブシート」といいます。アクティブシートは、シート一覧で背景色が白色で表示されます。

ショートカットキー

新しいシートを作成する
Shift + F11

使いこなしのヒント

見出しをクリックすると表示されるシートが切り替わる

シート一覧のシート名の部分をクリックすると、選択したシートの内容が表示されます。以降、そのシートが、アクティブシートとして操作対象になります。

使いこなしのヒント

1つのシートには1つの表だけを入れよう

1つのブックの中に複数の表を作りたくなったときには、原則として新しくシートを挿入して表を作成するようにしましょう。例えば、1つ目のシートの明細データから集計資料を作るときには、2つ目のシートを追加して集計資料を作成しましょう。

2 シートを削除する

ここでは［Sheet3］シートを削除する

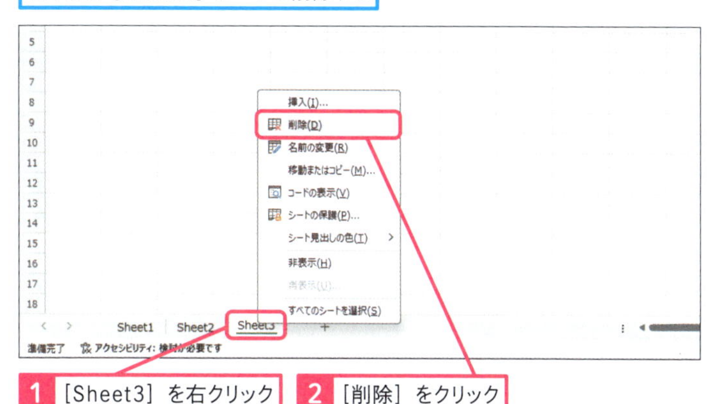

1 ［Sheet3］を右クリック

2 ［削除］をクリック

［Sheet3］シートが削除された

3 シートの名前を変更する

ここでは新しく作成した［Sheet2］シートの名前を、「集計」に変更する

1 ［Sheet2］をダブルクリック

2 「集計」と入力

3 Enter キーを押す

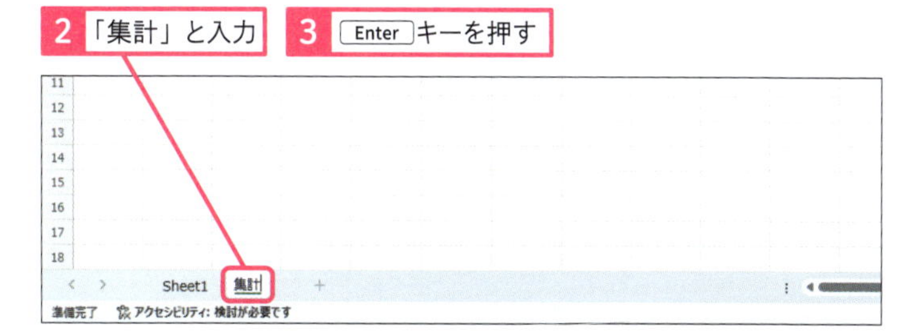

シートの名前が変更される

使いこなしのヒント

1つのシートにデータをまとめたほうが良い場合

原則として、同じ形の表は複数のシートに分けずに1枚のシートにまとめて作ることをおすすめします。例えば、売上明細を作成するときに、1つ目のシートに1月分、2つ目のシートに2月分、というようにシートを分けて作成すると、作業効率を大きく下げる原因となります。まずは、1つのシートに、すべての月の売上明細をまとめた表を作成しましょう。ある月の売上明細だけを見たいときには、フィルターを使うと簡単に抽出できます。

ここに注意

シートを削除すると、元には戻せません。シート自体を戻すこともできませんし、シートに元々入力されていたデータを戻すこともできません。シートを削除しようとして警告が出た場合には、注意して操作するようにしてください。

使いこなしのヒント

記号はシート名に使えない

シート名には半角の「:」「¥」「/」「?」「*」「[」「]」は使えません。なお、シート名は31文字まで付けられますが、長いシート名を付けると見にくくなるため、できるだけ短い名前を付けるようにしましょう。

まとめ シートの機能を上手に使おう

シートを分けると、作成する表をわかりやすく区分できます。原則として1つのシートには1つの表だけを入れ、複数の表を作りたいときはシートを分けましょう。また、シートが不要になったときには、そのままにしておくとわかりにくくなるので削除しましょう。

07 シートを移動・コピーするには

シートの移動・コピー

練習用ファイル L007_シートの移動・コピー.xlsx

シートの並び順は、マウス操作で簡単に変更できます。概要から詳細、新しいデータから古いデータなど、一定のルールに従ってシートを並べましょう。既存のシートに似たデータを作りたいときにはシートのコピーもできます。

1 シートを移動する

ここでは［集計］シートを、末尾に移動する

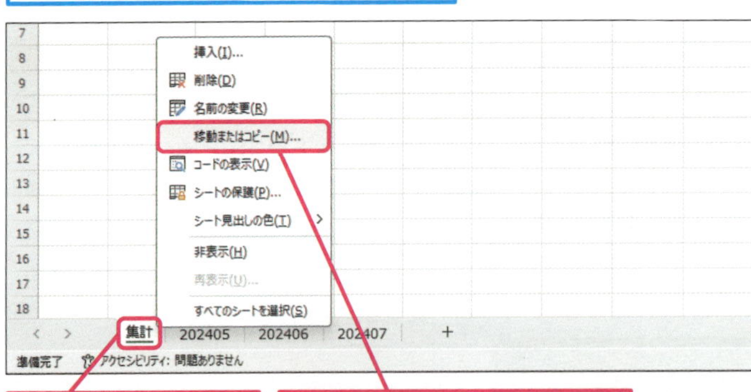

1 ［集計］を右クリック

2 ［移動またはコピー］をクリック

［移動またはコピー］ダイアログボックスが表示された

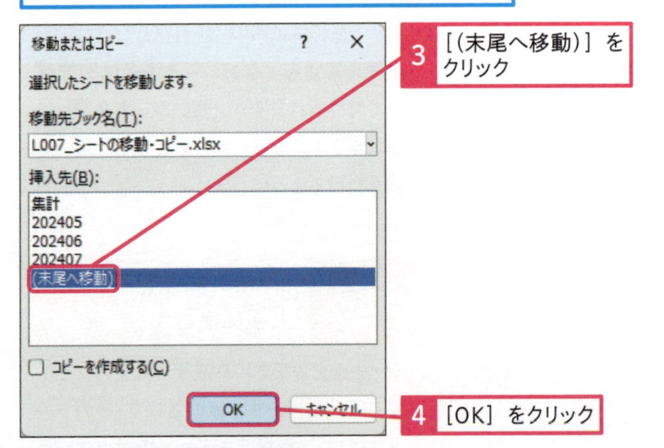

3 ［(末尾へ移動)］をクリック

4 ［OK］をクリック

［集計］シートが末尾に移動した

キーワード

シート	P.532
ダイアログボックス	P.533

ショートカットキー

左のシートに移動する	Ctrl + Page Up
右のシートに移動する	Ctrl + Page Down

使いこなしのヒント

シート表示をスクロールする

全シート名がシート一覧に表示されていないときには、シート一覧の横向きの三角形［＜］［＞］をクリックして、目的のシートを表示させてください。

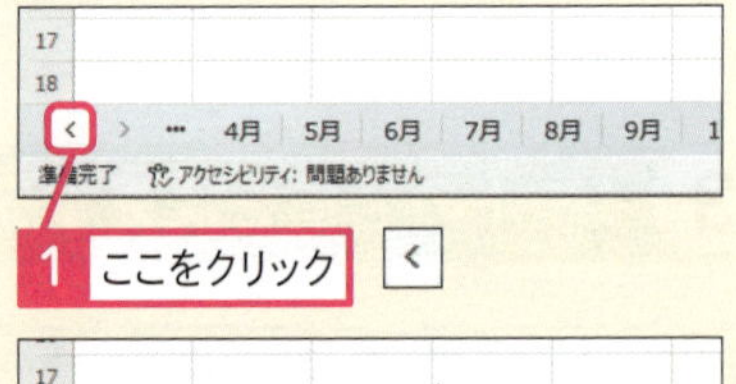

1 ここをクリック

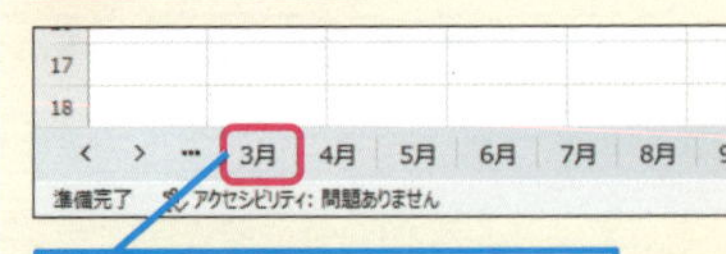

シート表示の続きが表示された

2 シートをコピーする

ここでは［202407］シートを［集計］シートの前にコピーする

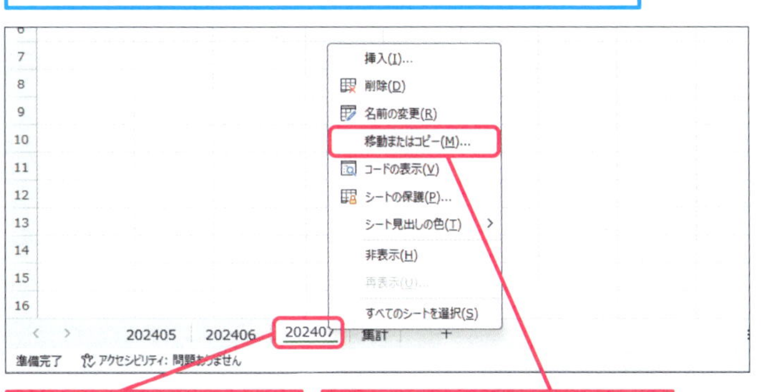

1 ［202407］を右クリック

2 ［移動またはコピー］をクリック

［移動またはコピー］ダイアログボックスが表示された

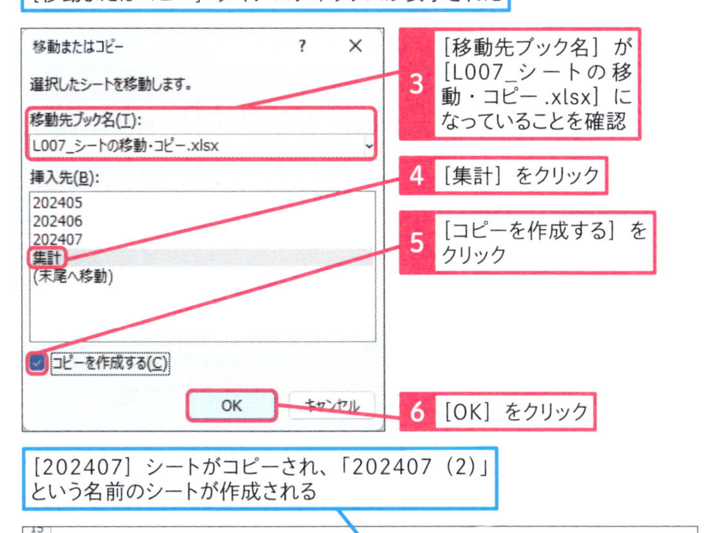

3 ［移動先ブック名］が［L007_シートの移動・コピー.xlsx］になっていることを確認

4 ［集計］をクリック

5 ［コピーを作成する］をクリック

6 ［OK］をクリック

［202407］シートがコピーされ、「202407（2）」という名前のシートが作成される

使いこなしのヒント

複数のシートを選択して移動することもできる

Ctrlキーを押しながらシートを選択すると複数のシートを選択できます。この状態で、本文で紹介したシートの移動やコピーの操作をすると、複数のシートをまとめて移動・コピーできます。移動やコピーが終わったら、意図しない動作を防ぐために、選択されているシート以外のシートを選択して、複数シートの選択を解除しておきましょう。なお、すべてのシートを選択している場合にはアクティブシート以外のシートを選択すると、複数シートの選択を解除できます。

まとめ シートをわかりやすく整理しよう

複数のシートを作成するときには、一定のルールに基づいてシートを並べるようにしましょう。他の人が見たときに、シートが複数あることがわかりやすくなるように、1シート目に目次を作っておいてもよいでしょう。

使いこなしのヒント

ドラッグ操作でシートを移動・コピーする

シート名をドラッグして、シートの並び順を入れ替えることができます。また、Ctrlキーを押しながら、シート名をドラッグすると、シートをコピーできます。ただし、元のシートのすぐ左にはコピーできませんので注意してください。

●シートの移動

1 シート名をドラッグ

●シートのコピー

1 Ctrlキーを押しながらシート名をドラッグ

レッスン

08 同じブックの別のシートを比較するには

シートの比較

練習用ファイル L008_シートの比較.xlsx

同じブック内の複数のシートを同時に見たいときには、［新しいウィンドウを開く］機能を使って、ウィンドウを複数開きましょう。片方のウィンドウでデータを変更すると、もう片方のウィンドウに即座に反映します。

1 同じブックを別のウィンドウで開く

1 ［表示］タブをクリック

2 ［新しいウィンドウを開く］をクリック

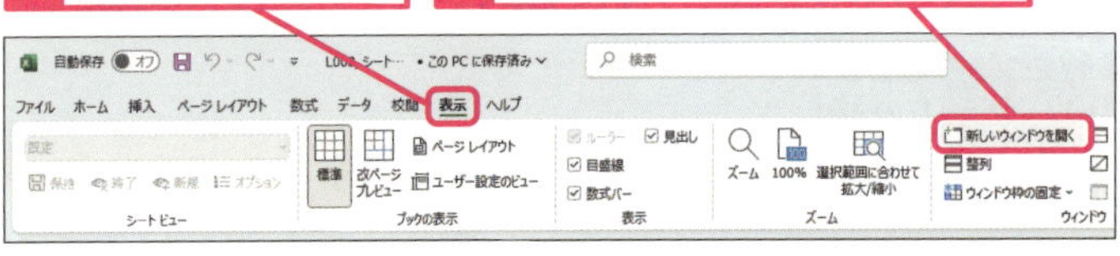

同じブックが別ウィンドウで開かれた

サムネイルに表示されるファイル名の横に枝番が付いた

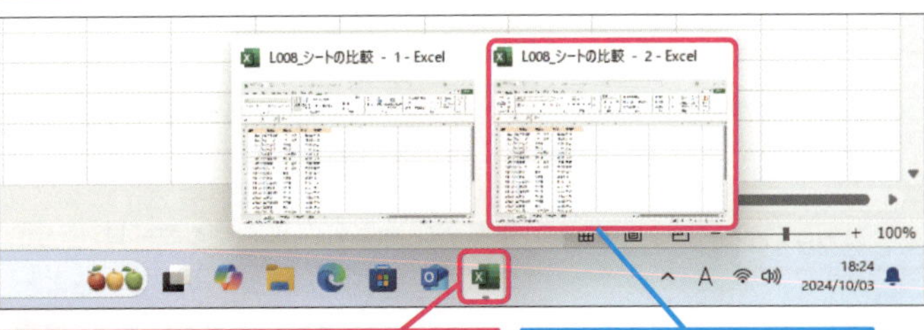

3 タスクバーの［Excel］のボタンにマウスポインターを合わせる

同じブックが別ウィンドウで開いている

2 ウィンドウを横に並べる

手順1を参考に、同じブックを別のウィンドウで開いておく

1つ目のウィンドウを選択しておく

11	2023/5/16	穂高	万年筆	41,490	東京
12	2023/5/16	海星設計	万年筆	83,377	大阪
13	2023/5/18	仲産業	万年筆	55,661	東京
14	2023/5/18	海星設計	万年筆	40,592	大阪
15	2023/5/20	穂高	万年筆	77,401	東京
16	2023/5/20	新里設備	万年筆	49,995	東京
17	2023/5/21	穂高	封筒	10,019	東京
18	2023/5/21	大慶	コピー用紙	56,293	大阪

202405　202406　202407　集計

準備完了　アクセシビリティ: 問題ありません

1 ［集計］をクリック

キーワード

使いこなしのヒント

両方のウィンドウでの修正が反映される

複数のウィンドウを開いているときには、すべてのウィンドウでデータを変更できます。そして、変更内容は、すべてのウィンドウに即時反映されます。

使いこなしのヒント

任意のExcelのウィンドウを表示するには

［表示］タブの［ウィンドウの切り替え］を使うと、表示しているExcelのブックの中から、任意のブックだけを選択して表示することができます。複数のウィンドウの中から任意のブックを素早く表示したい場合に、この機能を使うと便利です。

1 手順1を参考に［表示］タブをクリック

2 ［ウィンドウの切り替え］をクリック

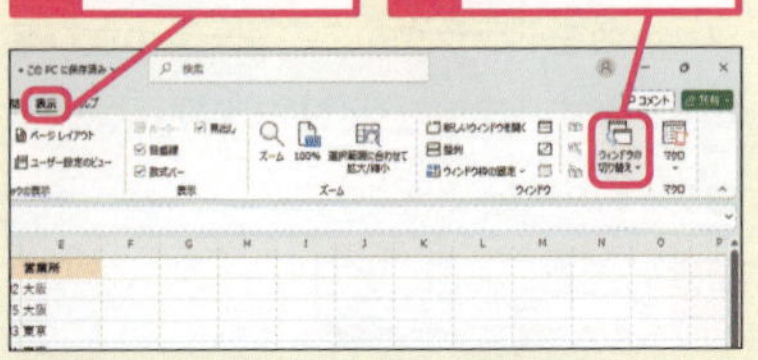

開いているブックを選んで表示を切り替えることができる

●ウィンドウをスナップする

2 ウィンドウの右端のここにマウスポインターを合わせる

配置したい位置を選択する

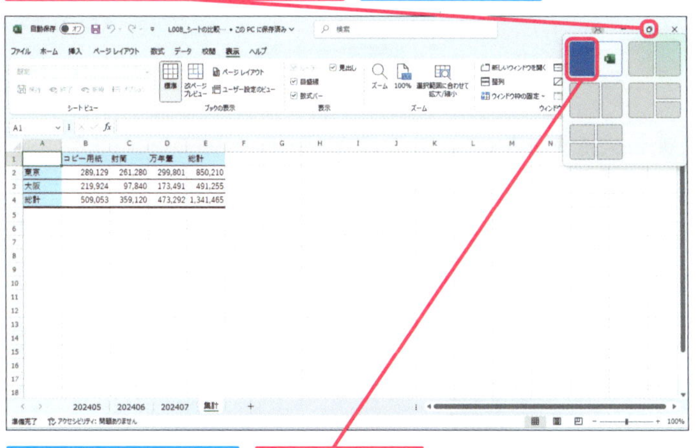

ここでは左端に配置する

3 ここをクリック

ウィンドウが左右に並んで表示された

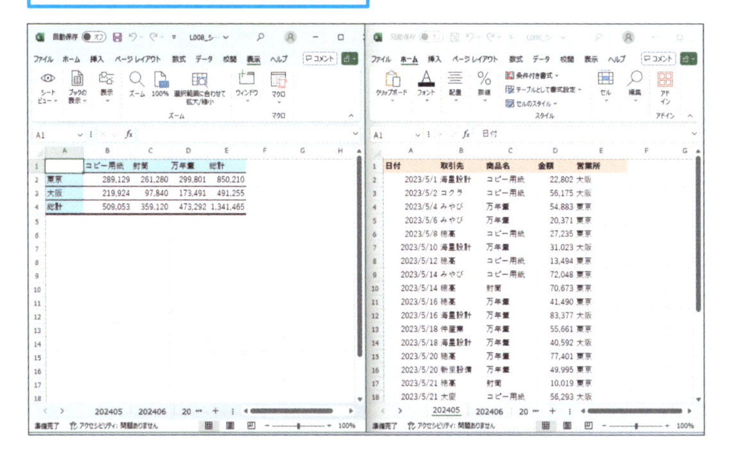

ショートカットキー

左右にスナップ 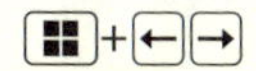

使いこなしのヒント

同じシートを開くこともできる

このレッスンでは同じブックの違うシートを開いて比較しますが、同じシートを開いて比較することもできます。縦や横に長い表の一部を比較したいときなどに使うと便利です。

使いこなしのヒント

ウィンドウを最大化するには

左右に並べて表示したウィンドウのうちどちらかを画面いっぱいに表示したいときは、[閉じる] の左にある最大化ボタンをクリックします。マウス操作の場合は、タイトルバーをクリックして画面の上にドラッグします。

まとめ 同じブック内の複数のシートを並べて表示する

[新しいウィンドウを開く] 機能を使うと、同じブック内の複数のシートを同時に見ることができます。なお、ファイル保存時には開いているウィンドウの数も保存されることに注意してください。

スキルアップ

リボンの操作でウィンドウを整列するには

このレッスンではWindows 11の機能でウィンドウを整列しましたが、Excelのリボンからも同様の操作ができます。[表示] タブの [整列] をクリックして、[作業中のブックウィンドウを整列する] にチェックを入れると、ウィンドウを上下、左右に整列できます。ただし、画面は開いているブックの数で分割されます。Windows 11の機能とは異なり、任意のブックは選べないので注意しましょう。

1 [表示] タブをクリック

2 [整列] をクリック

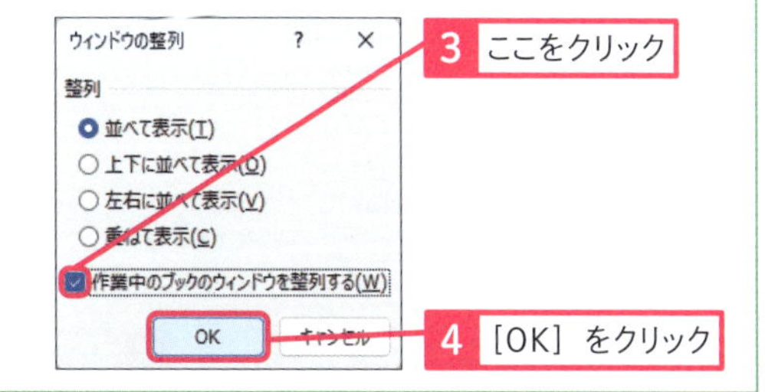

3 ここをクリック

4 [OK] をクリック

レッスン 09

Excelの設定を変更するには

Excelのオプション

練習用ファイル なし

Excelは、個人の好みや環境に応じて設定を変えることができます。本レッスンでは、クイックアクセスツールバーに、指定した機能をボタンとして追加する方法を紹介します。よく使うボタンを追加すれば、わざわざリボンのタブを切り替えて元々のボタンを押さずに、簡単に指定した機能を実行できるようになります。

1 ［Excelのオプション］を表示する

1 ［ファイル］タブをクリック

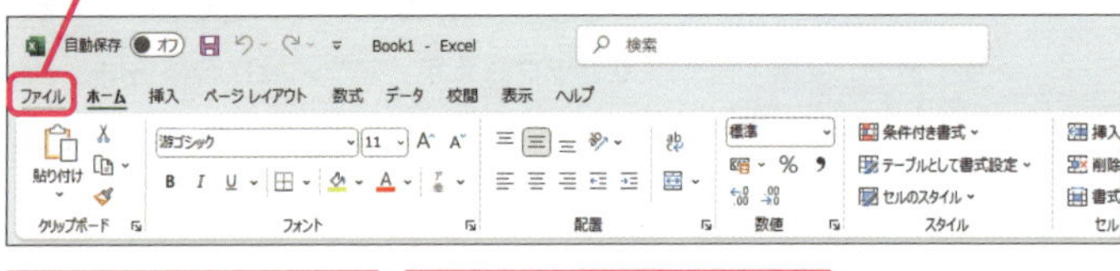

2 ［その他］をクリック

3 ［オプション］をクリック

［Excelのオプション］が表示された

ここでは特に操作をしない

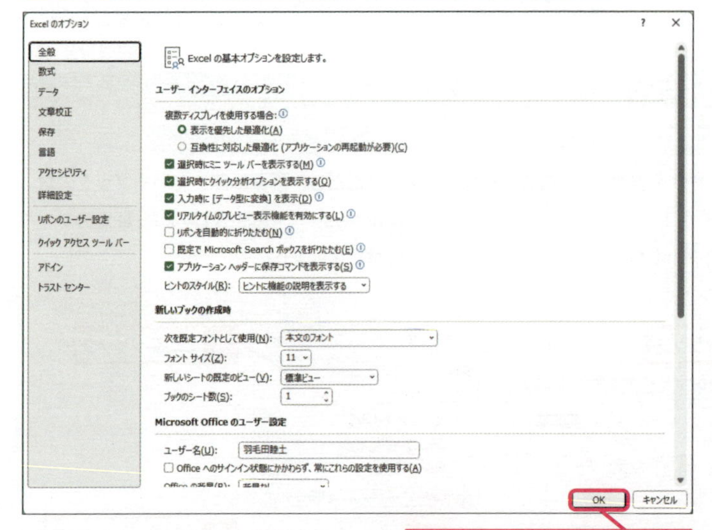

4 ［OK］をクリックして閉じる

キーワード

オートコンプリート P.531
リボン P.534

使いこなしのヒント

［Excelのオプション］とは

［Excelのオプション］では、ファイルを自動保存するかどうか、新規ブック作成直後にシートを何枚作るか、などExcel全体の動きに関わる設定をすることができます。

使いこなしのヒント

リボンを非表示にするには

リボンのタブの部分をダブルクリックすると、リボンの表示・非表示を切り替えられます。リボンを非表示にすると、縦方向にシートを表示する領域を増やせるので、データをたくさん表示したいときにはリボンを非表示にしましょう。

2 クイックアクセスツールバーにボタンを追加する

手順1を参考に［Excelのオプション］ダイアログボックスを表示しておく

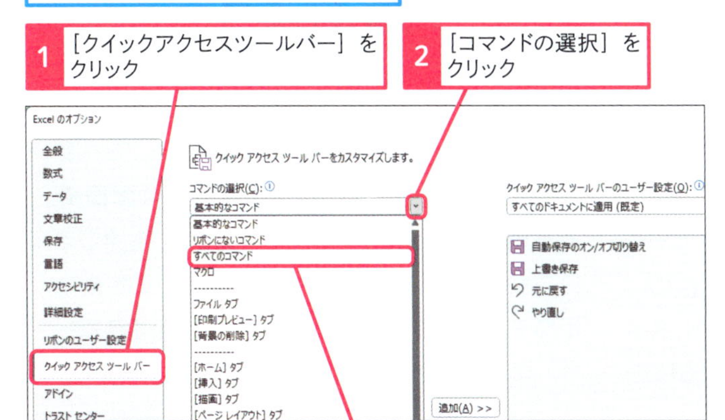

3 ［すべてのコマンドをクリック］をクリック

ここでは［新しいコメント］を追加する

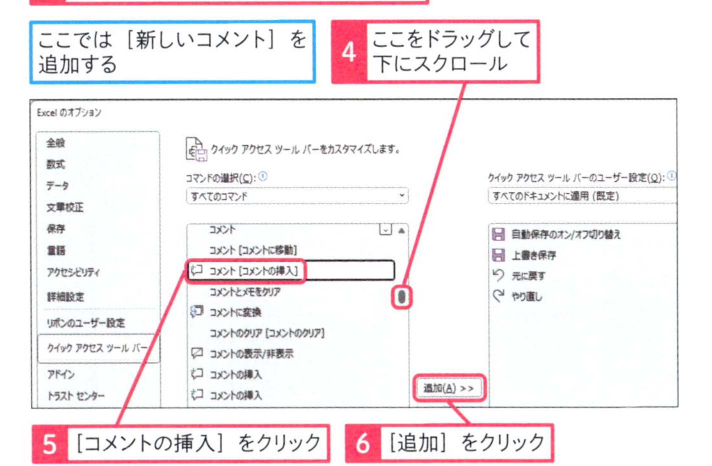

5 ［コメントの挿入］をクリック

6 ［追加］をクリック

選択した機能がクイックアクセスツールバーに追加された

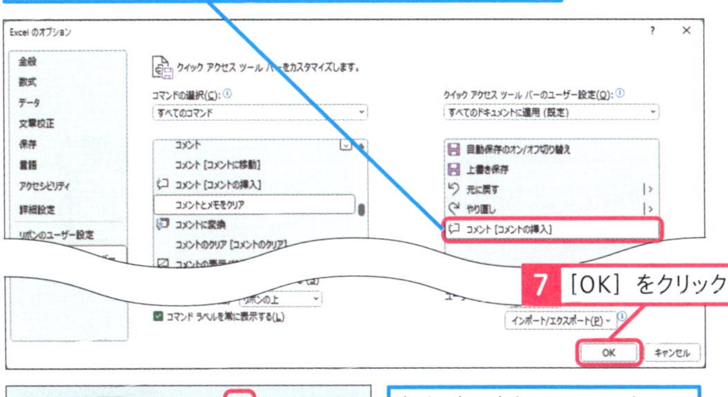

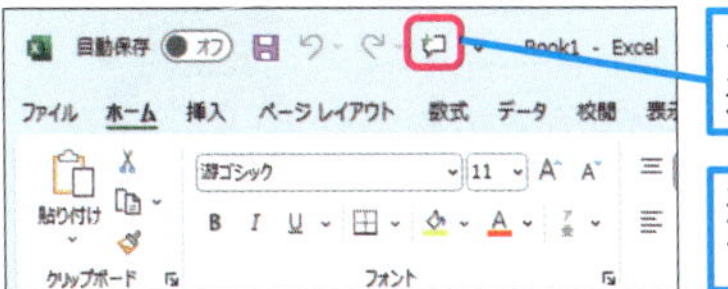

クイックアクセスツールバーに、選択した機能が表示された

選択した機能が表示されたクリックすると、その機能を使用できる

用語解説
クイックアクセスツールバー

リボンの上または下に表示される領域で、メニューの中の好きな項目を登録できます。マウスでクリックするか、キーボードで[Alt]に続けて数字を入力すると、その機能を起動させることができます。なお、[Alt]キーを押すと、各機能をどの数字で起動できるかが表示されます。

使いこなしのヒント
リボンからクイックアクセスツールバーに登録する

リボンに含まれる項目をクイックアクセスツールバーに追加したいときには、その項目の上で右クリックをして、右クリックメニューから［クイックアクセスツールバーに追加］を追加してください。なお、本文で紹介した手順であれば、［数式貼り付け］などリボンに含まれない項目も登録できます。

1 機能名を右クリック

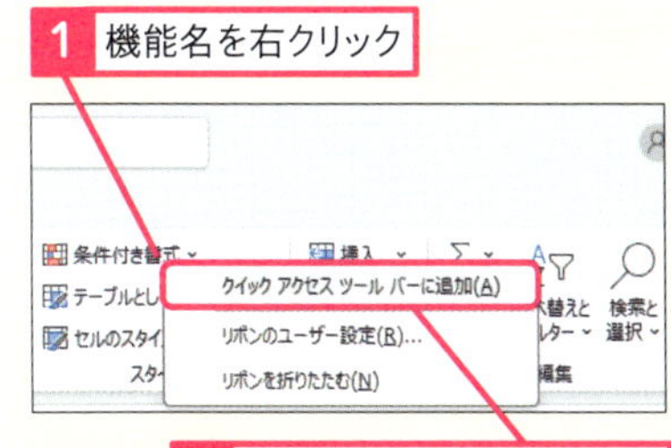

2 ［クイックアクセスツールバーに追加］をクリック

まとめ　リボンの操作を覚えよう

［Excelのオプション］を変更すると、Excelの操作を好みに合わせて変えられます。ほとんどの項目は変更する必要はありませんが、本レッスンで紹介したクイックアクセスツールバーへの登録や、第2章で紹介する［オートコンプリート］の設定変更などは、うまく使えば作業効率が上げられます。積極的に活用してみてください。

この章のまとめ

用語を確認しながら読み進めよう

この章では、Excelの概要と基本的な操作を紹介しました。起動しやすいようにExcelをタスクバーに固定する設定はおすすめですので、ぜひ設定しておきましょう。また、本書の中では、「リボン」「行番号」「列番号」など、画面内の各要素を指す単語が、頻繁に出てきます。もし、読んでいて意味がわからない単語が出てきたときには、Excel・レッスン03「Excelの画面構成を確認しよう」に戻って、その都度確認してみてください。また、巻末の用語集では重要な用語を解説しています。こちらも合わせて参照して、学びを深めましょう。

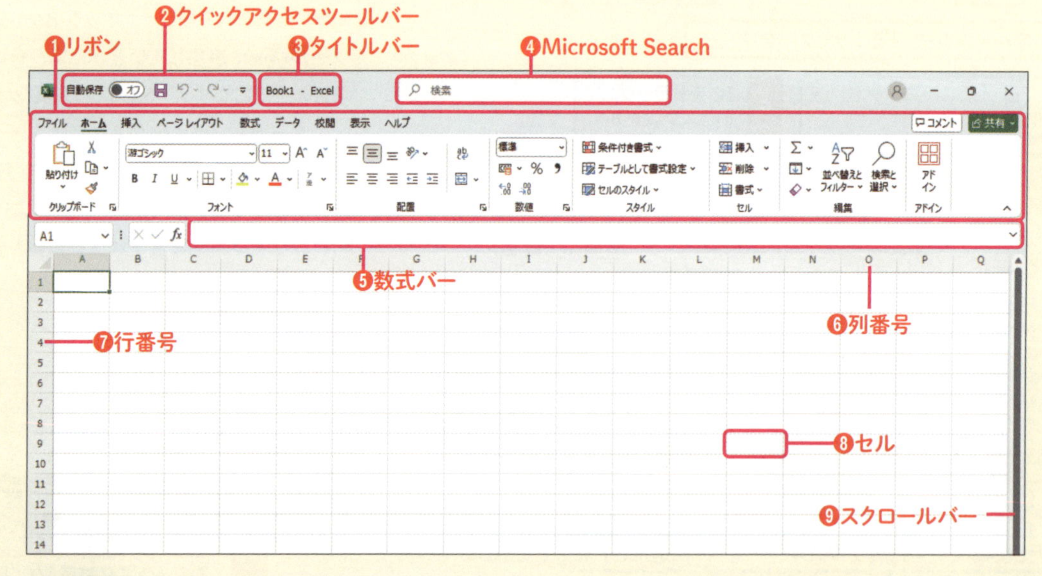

改めて、Excelってすごいソフトですね！

使いやすくて奥が深い上に、バージョンアップされるごとにパワーアップしているんだ。

知らないこともけっこうありました～。覚えられるか心配……。

全部の機能を覚える必要はないから、本を読みながら必要なものを身に付けていこう。

Excel

基本編

第2章

セルの操作とデータ入力の基本をマスターしよう

この章ではExcelの基本的な操作を解説します。データの入力や編集、セルの幅や高さを変更する操作など、一通りできるようにしておきましょう。

レッスン

10 Introduction この章で学ぶこと セルとデータについて理解しよう

Excelではデータを1つ1つのマス目である「セル」に入力していきます。セルにデータを入力する際は、どのセルが選択されているのか、意識することが大切です。セルの選択やデータの入力は、基本中の基本なので、しっかりと確認しておきましょう。

最初のうちは「アクティブセル」を意識しよう

選択したセルにデータが入力できることは知ってるけど、「アクティブセル」って初めて聞いたなあ。

選択中のセルであり、入力の操作対象が「アクティブセル」だよ。データを入力する際には、セルを選択するわけだけど、思うように入力されないときはアクティブセルの場所を確認しよう！

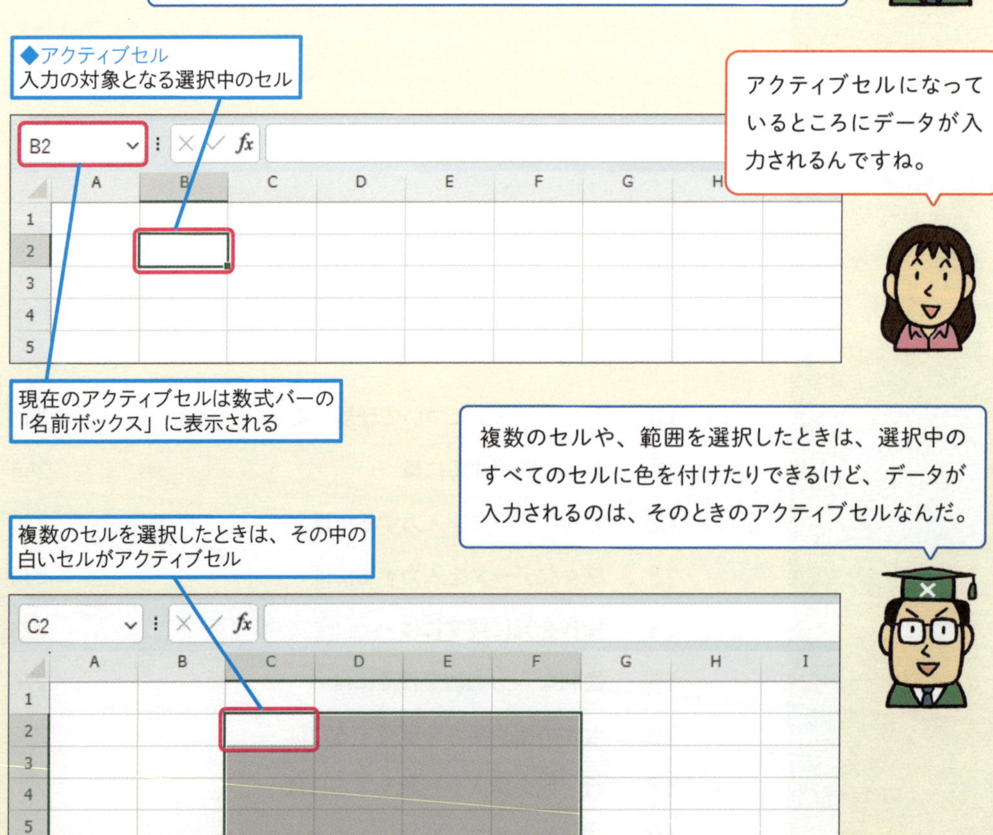

Excelが入力した値を自動で判別する

そして、データの入力で知っておいてほしいのは、データには種類があること。文字列、数値、日付など様々なデータをセルに入力できるけど、Excelはデータが入力された際に、それらを判別するんだ！

自動で認識……。じゃあ、判別された結果は、どこで見ればいいんでしょうか。

セルにデータを入力したときの値の位置でおおよその判断が付くよ！

数値や日付・時刻の値はセルの右側に寄り、文字列はセルの左側に寄る

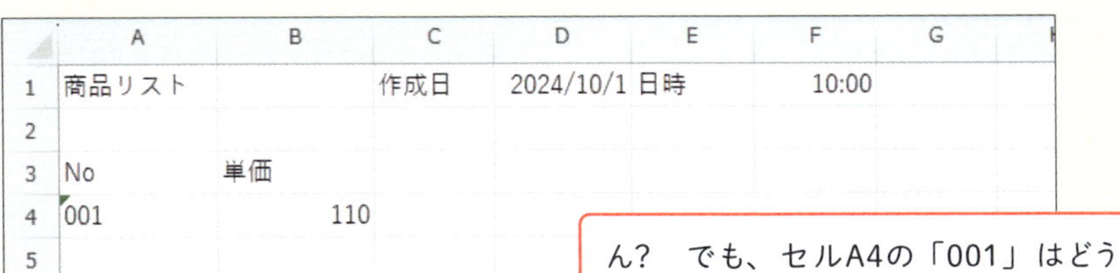

	A	B	C	D	E	F	G
1	商品リスト		作成日	2024/10/1	日時	10:00	
2							
3	No	単価					
4	001	110					
5							
6							

ん？　でも、セルA4の「001」はどう見ても数値ですよね？　なんで文字列と同じで左に寄っているんでしょうか。

数字だけのデータでも、入力の仕方によっては「数値」ではなく「文字列」にすることもできるんだ。この例の場合は先頭に「0」を表示させるために、あえて「文字列」になるようにしているのさ。

ちょっと難しくて、混乱してきました……。

「'001」と入力すると文字列として扱われる

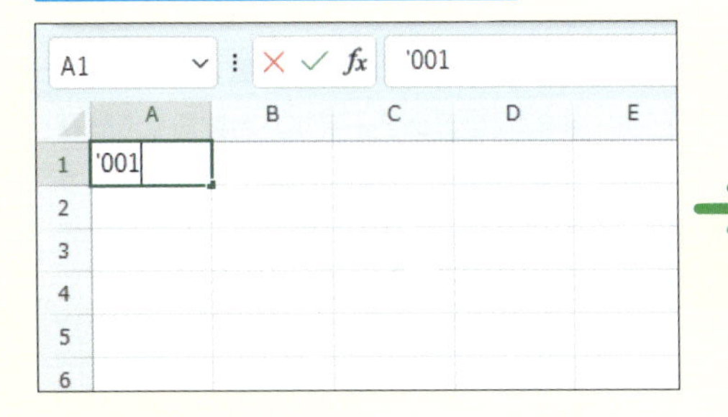

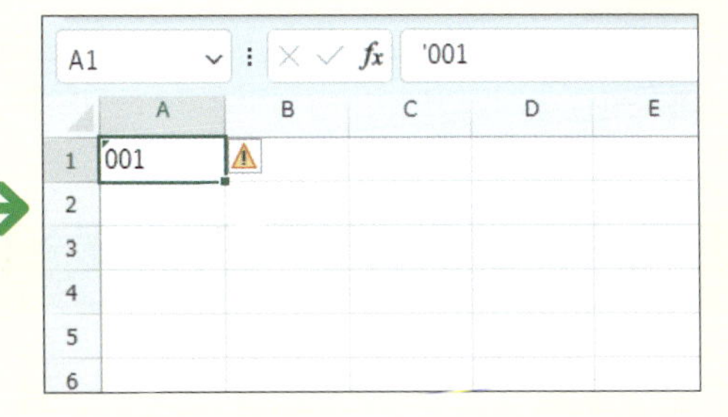

データの扱われ方や見た目については、第3章で詳しく解説するから、ひとまずこの章では、データの種類をExcelが区別しているってことを押さえてほしい！

レッスン
11 セルを選択するには

セルの選択

練習用ファイル なし

Excelで、データを操作するときの基本はセルです。セルにデータを入力したり、その他の操作をするときには、まず操作対象のセルを選択しましょう。1つのセルを選択する方法だけでなく、行・列など複数のセルや飛び飛びのセルをまとめて選択する方法も紹介します。

1 セルやセル範囲を選択する

Excel・レッスン02を参考に空白のブックを表示しておく

1 セルB2をクリック

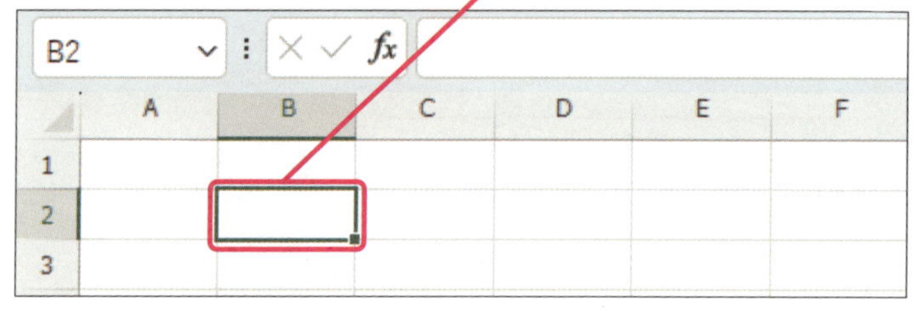

セルB2が選択され、アクティブセルになった

2 セルB2にマウスポインターを合わせる

3 セルD3までドラッグ

セルB2 ～ D3が選択された

2 離れた場所のセルを複数選択する

1 セルA1をクリック

2 Ctrlキーを押しながらセルC2をクリック

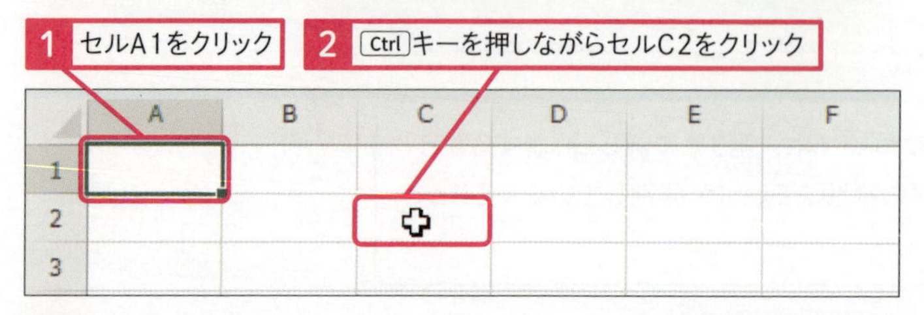

キーワード

セル	P.532
セル範囲	P.532

用語解説

アクティブセル

アクティブセルとは処理対象となるセルのことをいいます。常に1つのセルだけがアクティブセルになります。アクティブセルは緑枠で囲まれ背景色が白色で表示されます。

使いこなしのヒント

複数のセルを選択したときはどのセルがアクティブセルなの?

複数のセルを選択したときでもアクティブセルは常に1つだけです。手順1の「セルやセル範囲を選択する」の場合、選択したセル全体（セルB2 ～ D3）のことを選択済みセル、最初に選択したセル（セルB2）をアクティブセルと区別して呼びます。緑枠で囲まれた選択済みセルのうちでアクティブセルは背景色が白色で表示されます。

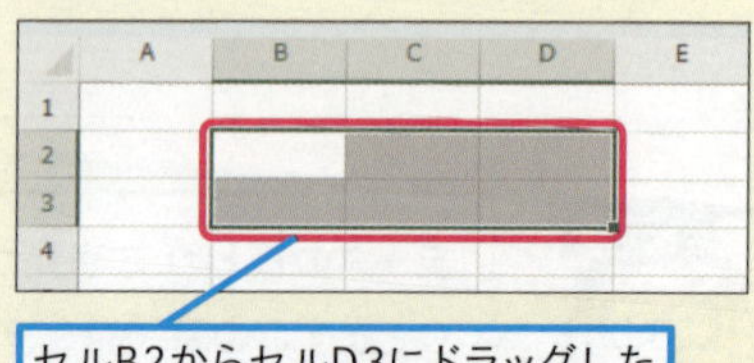

セルB2からセルD3にドラッグした場合、セルB2がアクティブセル

●離れたセルが選択された

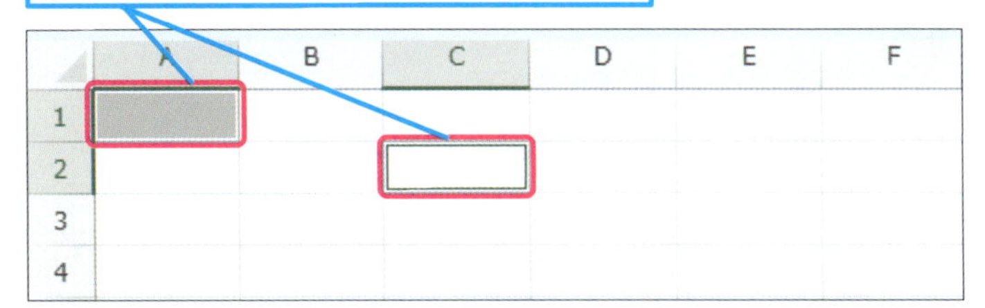

3 行を選択する

1 行番号「2」にマウスポインターを合わせる

マウスポインターの形が変わった

2 そのままクリック

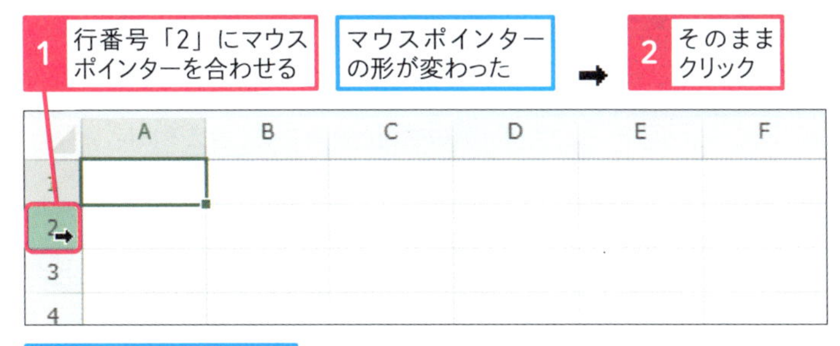

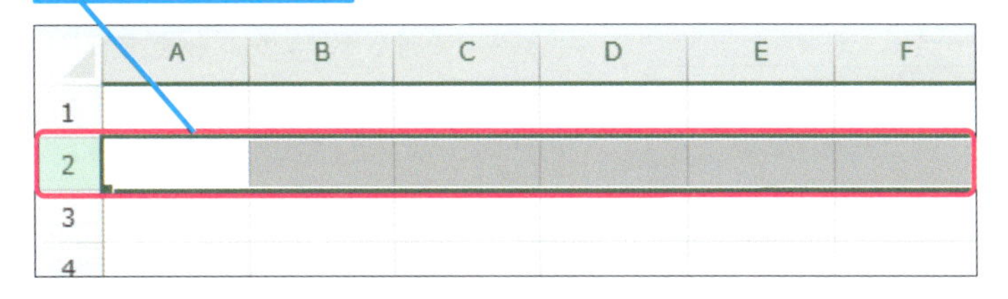

4 列を選択する

1 列番号「B」にマウスポインターを合わせる

マウスポインターの形が変わった

2 そのままクリック

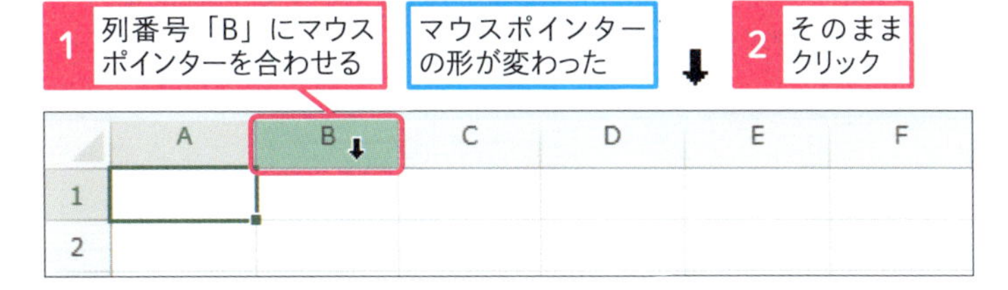

使いこなしのヒント

複数の範囲を選択する

Ctrl キーを押して、複数の範囲を選択することもできます。

1 セルB2 ～ B4を選択

2 Ctrl キーを押しながらセルD2にマウスポインターを合わせる

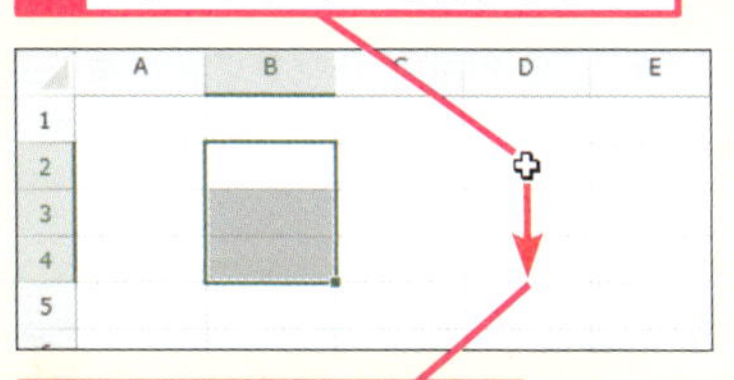

3 Ctrl キーを押したまま、セルD4までドラッグ

セルB2 ～ B4と、セルD2 ～ D4が選択された

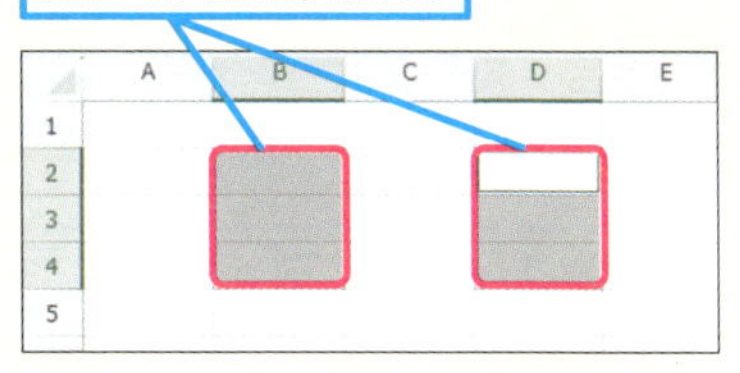

使いこなしのヒント

複数の行や列を選択するには

複数の行番号、複数の列番号にまたがるようにドラッグの操作をすると、複数の行、列全体を選択できます。

まとめ セルを選択する基本操作を理解しよう

セルを選択したときには、選択したいセルをクリック、ドラッグしましょう。行番号や列番号をクリックやドラッグすると行全体、列全体を選択できることと、Ctrl キーで飛び飛びのセルを選択できることも覚えておきましょう。

レッスン
12 セルにデータを入力するには

データの入力　　練習用ファイル　なし

セルに値を入力したり、入力済みの値を修正・削除したりする方法を紹介します。対象のセルを左クリックで選択して操作をしていきましょう。セルをダブルクリックすると入力済みの文字列を一部だけ修正できます。

1 データを入力する

1 データを入力するセルをクリック
2 「商品リスト」と入力
3 Enter キーを押す

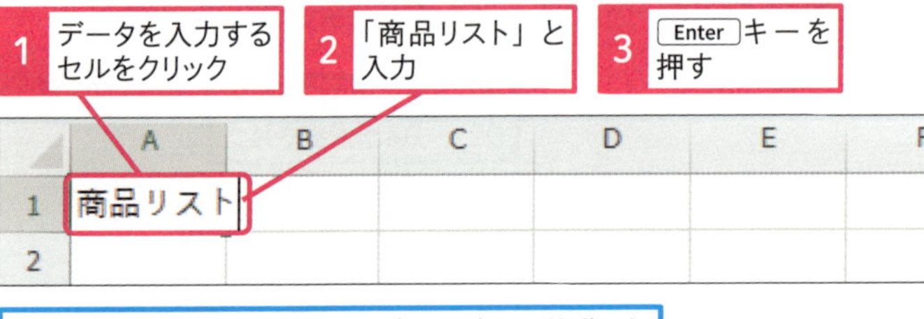

データが入力されて、アクティブセルが下に移動した

	A	B	C	D	E	F
1	商品リスト					
2						
3						

2 入力したデータをすべて修正する

ここでは入力された「商品リスト」を「商品管理表」に修正する

1 修正するデータが入力されたセルをクリック
2 「商品管理表」と入力

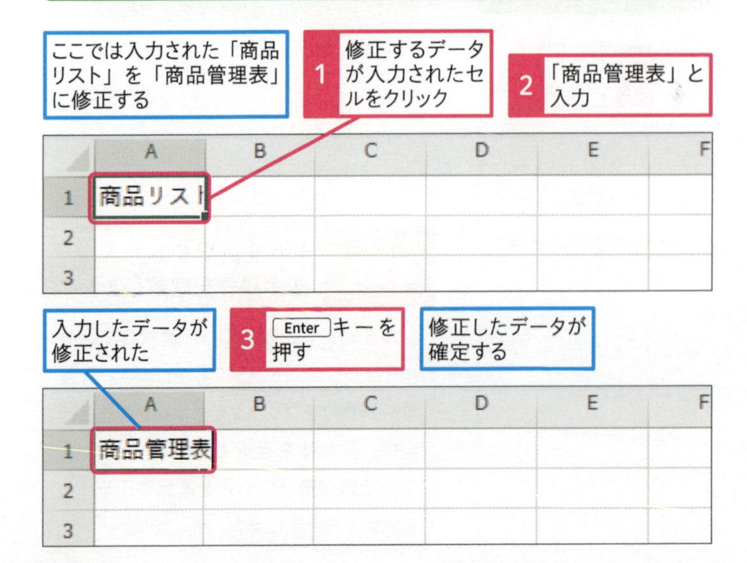

キーワード
日本語入力モード P.533
入力モード P.533

使いこなしのヒント
入力の半角と全角を切り替えるには

一般的な日本語キーボードの場合は、入力の半角と全角を切り替えるには、キーボードの左上にある 半角/全角 キーを押します。

使いこなしのヒント
入力を確定させるには

入力を確定させるには、Enter キーか Tab キーを押しましょう。Enter キーを押すと下のセルに、Tab キーを押すと右のセルに、アクティブセルが移動します。

使いこなしのヒント
マウス操作でデータを消去するには

データを消去するセルを右クリックして、右クリックのメニューから［数式と値のクリア］をクリックするとデータを消去できます。

1 データを削除するセルを右クリック

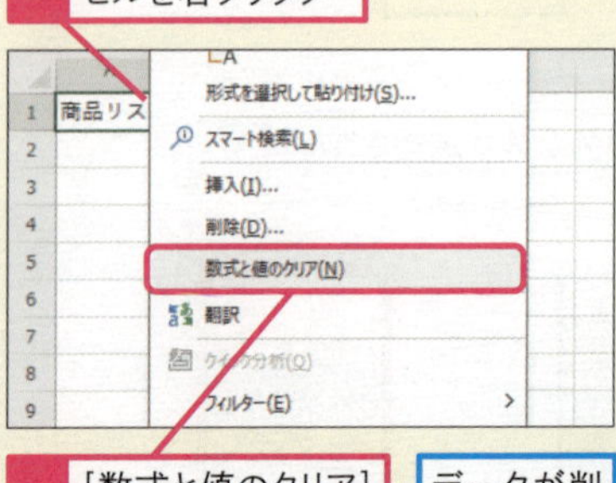

2 ［数式と値のクリア］をクリック

データが削除される

3 入力したデータの一部を修正する

ここでは入力された「商品管理表」を「商品リスト」に修正する

1 修正するデータが入力されたセルをダブルクリック

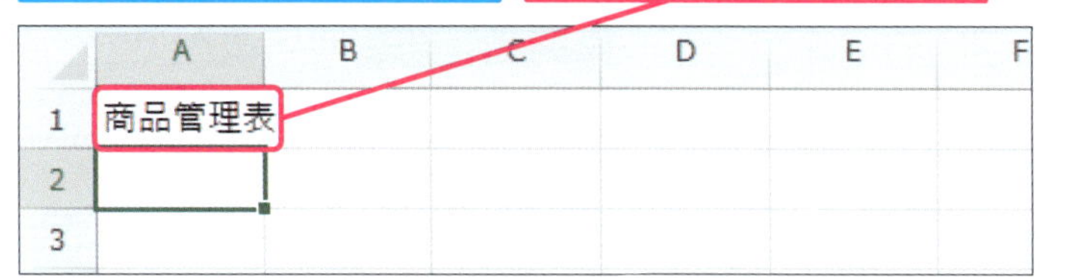

入力したデータが編集できる状態になった

2 ←→キーを押して「管理表」の後ろにカーソルを合わせる

3 Back spaceキーを3回押す

4 「リスト」と入力

5 Enterキーを押す

入力したデータの一部が修正される

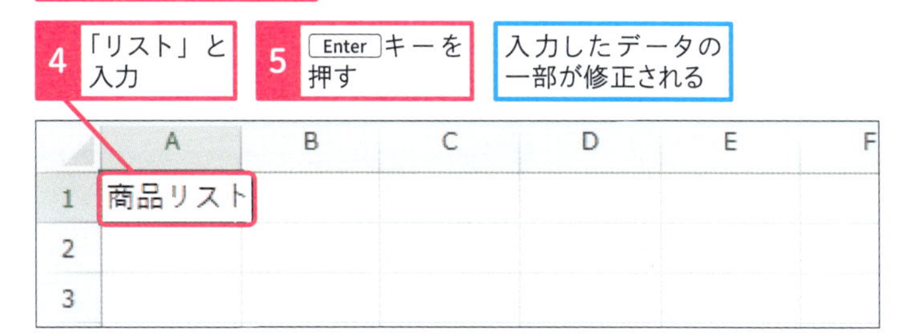

4 データを消去する

入力したデータを削除する

1 データを削除するセルをクリック

2 Deleteキーを押す

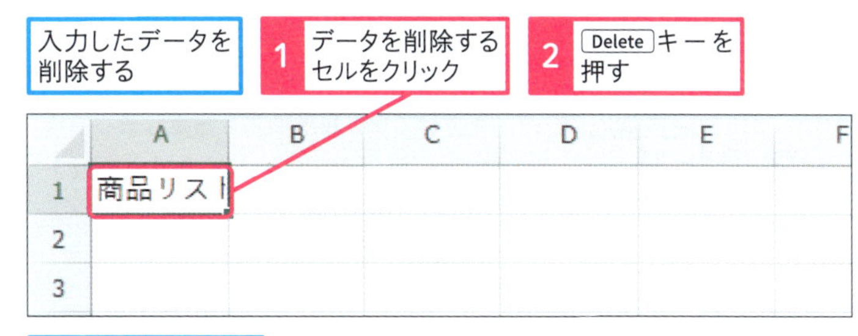

データが削除された

使いこなしのヒント

矢印キーの挙動の違い

セルをダブルクリックして一部修正するときは矢印キーでセル内を移動できます。一方で、セルを一度だけクリックして新規入力・全修正するときに矢印キーを押すと隣のセルに移動します。セルの選択方法に応じて動きが変わるので注意しましょう。

ショートカットキー

編集/入力モードの切り替え　F2

使いこなしのヒント

セルの幅を超えたときは

セルからはみ出て表示されます。修正するときには、修正したいセルの内側をダブルクリックしましょう。

セルの幅を超えた長さのデータを入力すると、セルからはみ出て表示される

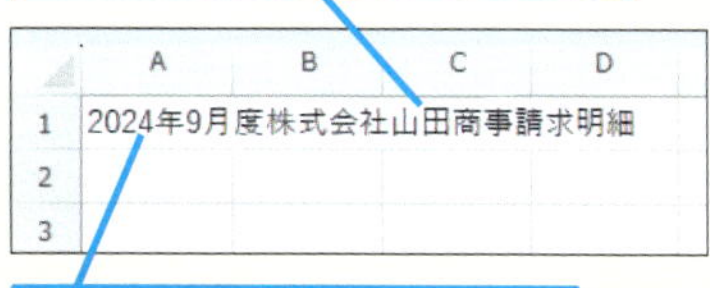

セルをダブルクリックすると、編集が可能な状態になる

まとめ 操作対象がセル全体か文字かを意識しよう

セルを1度クリックするとセル全体が操作対象に、セルをダブルクリックするとセル内部の文字が操作対象になります。特に、セルを1度クリックした後に文字の入力をすると、元々入力されていたデータがすべて消えることに注意しましょう。

レッスン

13 様々なデータを入力するには

数値や日付の入力

練習用ファイル　L013_数値や日付の入力.xlsx

数値・文字列・日付・時刻など、様々なデータを入力する方法を紹介します。0で始まる数字を入力する場合など、普通に入力すると入力内容と表示結果が変わってしまうときには、先頭に「'」を付けて入力しましょう。

1 日付を入力する

1 セルD1をクリック　2「2024/10/1」と入力　3 Tabキーを押す

	A	B	C	D	E
1	商品リスト		作成日	2024/10/1	作成日時
2					
3	No	単価			

日付が入力されて、アクティブセルが右に移動した

	A	B	C	D	E
1	商品リスト		作成日	2024/10/1	作成日時
2					

2 時刻を入力する

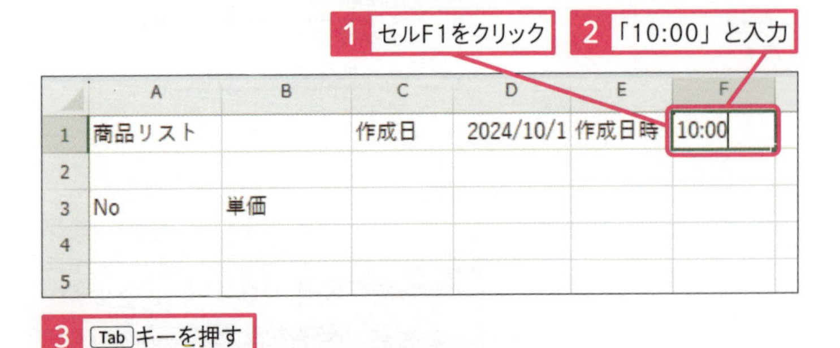

3 Tabキーを押す

時刻が入力されて、アクティブセルが右に移動した

	A	B	C	D	E	F	G
1	商品リスト		作成日	2024/10/1	作成日時	10:00	
2							
3	No	単価					
4							
5							

キーワード

アクティブセル　P.530
表示形式　P.533

使いこなしのヒント

半角と全角を切り替えよう

半角/全角キーを押すと、半角入力（英数字や記号を入力できる状態）と全角入力（日本語などを入力できる状態）を切り替えられます。

使いこなしのヒント

日付は年/月/日形式で入れよう

日付は「2024/2/1」など「年/月/日」の形式で入力をしましょう。一部を省略して「2/1」と入力すると「2月1日」、「2024/2」と入力すると「Feb-24」と表示されて、意図通りに表示されません。もし「2/1」「2024/2」のようなデータを入力したいときには、いったん「2024/2/1」と入力してから表示形式を設定しましょう（Excel・レッスン21参照）。なお、和暦を使って「令和6年2月1日」「R6.2.1」と入力することもできます。

使いこなしのヒント

日付の見た目を変えるには

日付データの見た目を変えたいときには、Excel・レッスン21で紹介する「表示形式」を使いましょう。

3 数値を入力する

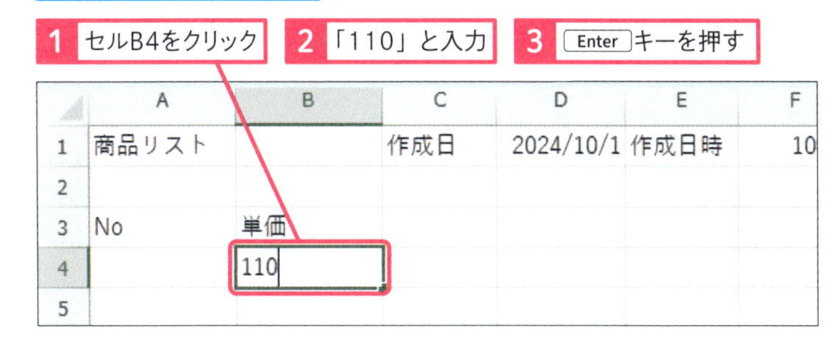

数値が入力された

4 0で始まる数字を入力する

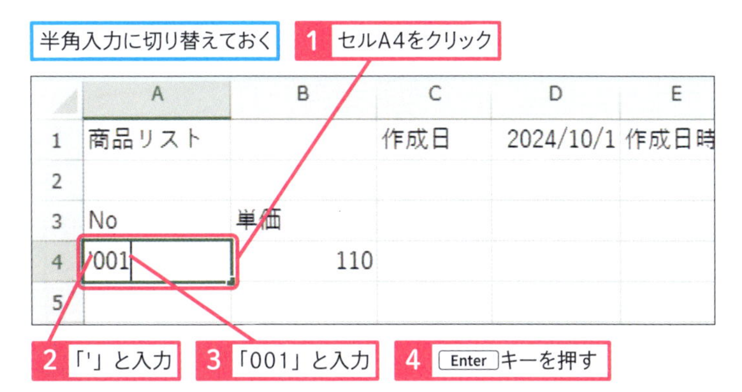

0で始まる数字が入力された

使いこなしのヒント

日付や時刻を入力した後に数値を入力するには

日付や時刻を入力したセルに数値を入力しようとしても、正しく数値が表示されません。Excel・レッスン21で紹介する「表示形式」を再設定してください。

使いこなしのヒント

0で始まる数字を入力したいときは

「001」の他、「1-2-3」「(1)」など、そのまま入力すると違う値に変化してしまいます。その場合、最初に「'」を付けることで入力したままの形で表示することができます。先頭の「'」はアポストロフィと読み、Shift+7キーで入力することができます。これらの値を入力すると、セルの左上に緑色の三角マークが表示されます。これについては75ページで解説します。

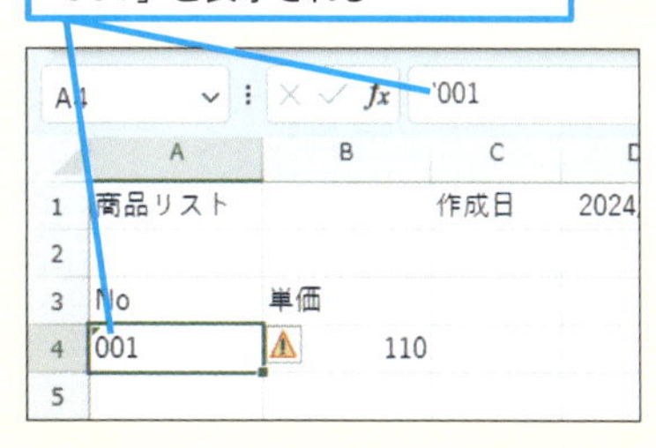

まとめ 入力内容が意図せず変化したときに注意

セルに「001」「(1)」「1-2-3」のようなデータを入力すると違う表示に変化します。このようなときには、先頭に「'」を付けると入力したままのデータを表示できます。一方で「2/1」「2024/2」など日付の一部を入力したいときには、先頭に「'」を付けるのではなくExcel・レッスン21で紹介する表示形式を使いましょう。

レッスン

14 操作を元に戻すには

元に戻す、やり直し

練習用ファイル　L014_元に戻す.xlsx

いったん行った操作を取り消して元に戻したり、元に戻す操作自体を取り消したりして再度やり直すことができます。セルへの文字入力だけでなく、ほとんどすべての操作を取り消して元に戻すことができます。

キーワード

セル　P.532

マクロ　P.534

ショートカットキー

元に戻す　Ctrl + Z

1 操作を元に戻す

1 セルD3をクリック　2 「分類」と入力　3 Enter キーを押す

	A	B	C	D	E	F
1	商品リスト		作成日	2024/10/1	日時	10:0
2						
3	No	商品名	単価	分類		
4	001	消しゴム	110			

「分類」と入力された

	A	B	C	D	E	F
1	商品リスト		作成日	2024/10/1	日時	10:0
2						
3	No	商品名	単価	分類		
4	001	消しゴム	110			
5	002	定規	150			

4 [元に戻す] をクリック

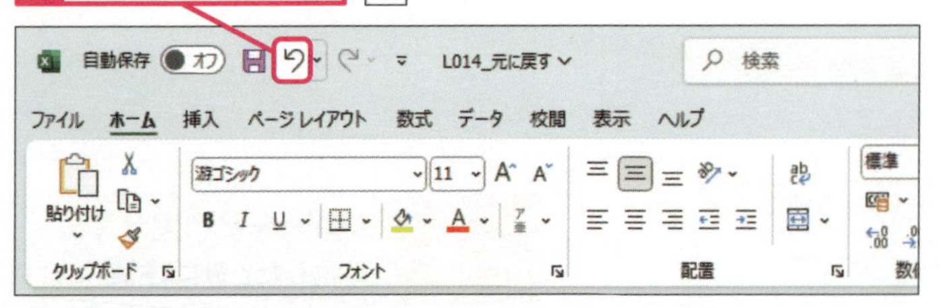

入力される前の状態に戻った

	A	B	C	D	E	F
1	商品リスト		作成日	2024/10/1	日時	10:0
2						
3	No	商品名	単価			
4	001	消しゴム	110			
5	002	定規	150			
6						

使いこなしのヒント

履歴から操作を元に戻すには

[元に戻す] の右側の⌄をクリックすると操作履歴が表示されます。戻したい操作にマウスポインターを合わせてクリックすると、直前の操作から選択した操作までを一気に取り消すことができます。

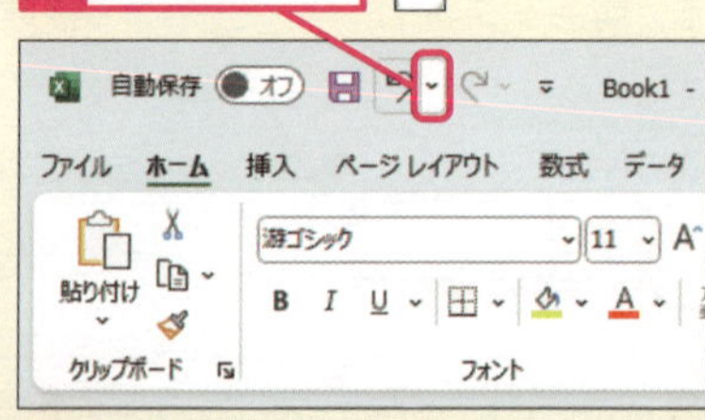

2 戻したい操作までマウスポインターを合わせてクリック

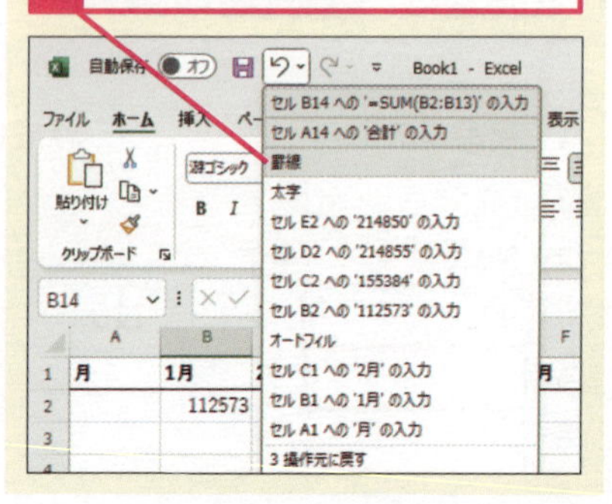

スキルアップ

処理を中断するには

セルへの入力中など処理の途中で、中断したいときには Esc キーを押します。処理によっては、Esc キーを複数回押す必要があるかもしれないことに注意しましょう。セル入力などの操作が終わった後に、処理を取り消したいときは、「元に戻す」の機能を使いましょう。

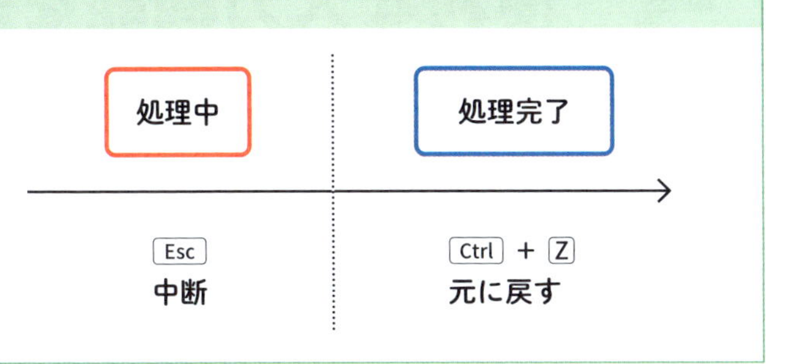

2 取り消した操作をやり直す

1 ［やり直し］をクリック

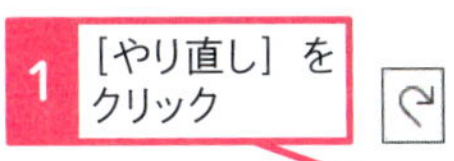

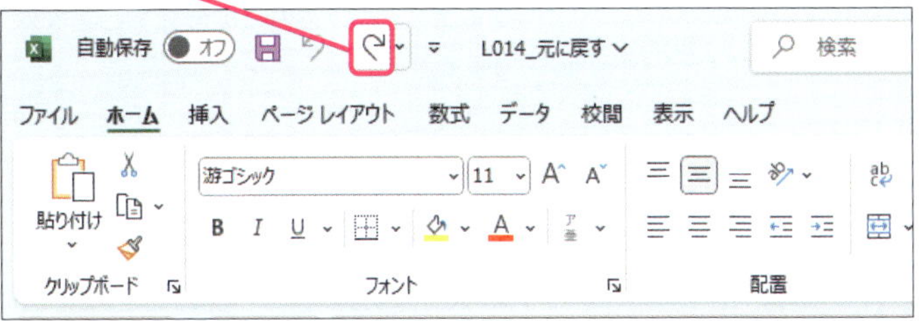

取り消した操作がやり直された

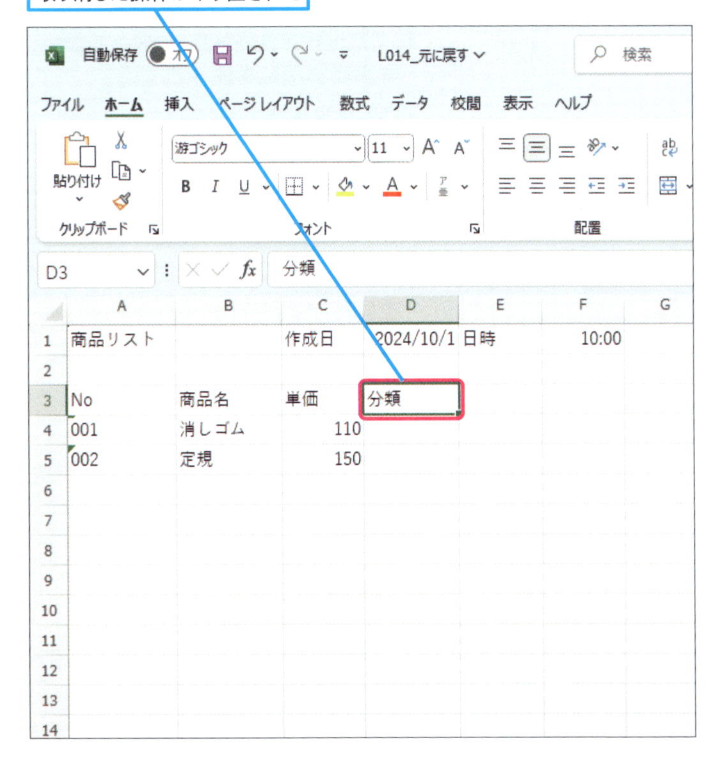

ショートカットキー

やり直し　Ctrl + Y

使いこなしのヒント

元に戻せない操作もある

シートを削除した後や、マクロを実行した後など、特定の操作をすると［元に戻す］の機能が使えなくなる場合があります。また、ブックを閉じた後や、再度開きなおしたときにも元に戻すことはできません。

まとめ　とりあえず試してダメなら元に戻そう

操作した結果がどうなるか予想できない場合でも、とりあえず操作をして結果を確認してみましょう。意図通りにならなくても元に戻せるので、適当に操作をしても大きな支障はありません。元に戻し過ぎてしまったときには、やり直しの機能を使いましょう。

レッスン
15 便利な入力機能を使うには

オートコンプリート、オートコレクト　　練習用ファイル　L015_入力支援.xlsx

Excelでデータを入力するときには、オートコンプリート・オートコレクトなど様々な入力支援機能が働きます。それぞれの機能がどういうものかを把握して上手に使いましょう。邪魔なときには機能を無効化することもできます。

1 入力候補から入力する

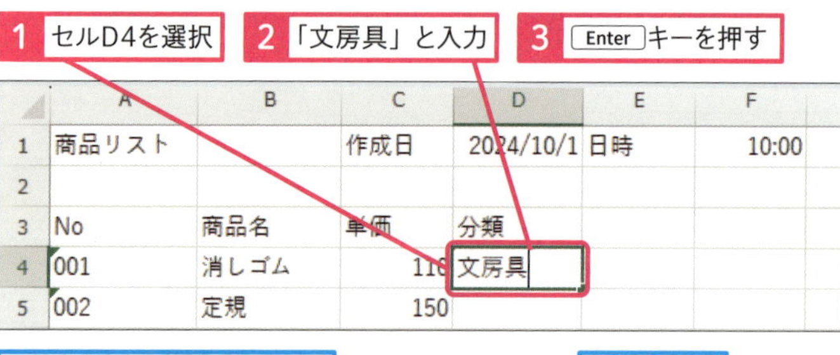

	A	B	C	D	E	F
1	商品リスト		作成日	2024/10/1	日時	10:00
2						
3	No	商品名	単価	分類		
4	001	消しゴム	110	文房具		
5	002	定規	150	ぶ文房具		

Tab キーを押して選択します
1 文房具
2 分類
3 分割

5 Enter キーを押す　「文房具」と入力された　6 Enter キーを押す

	A	B	C	D
3	No	商品名	単価	分類
4	001	消しゴム	110	文房具
5	002	定規	150	文房具

入力候補から入力できた

	A	B	C	D
3	No	商品名	単価	分類
4	001	消しゴム	110	文房具
5	002	定規	150	文房具
6				

キーワード

セル　P.532
日本語入力モード　P.533

用語解説

オートコンプリート

データ入力時に同じ列の似たデータを入力候補として表示する機能です。同じデータの連続入力時には便利ですが、似て非なるデータの入力時には邪魔なときもあります。

使いこなしのヒント

予測変換機能を使って入力するには

日本語の一部を入力すると、入力箇所の下に変換候補の一覧が表示されます。表示された変換候補をクリックすると、その内容を入力できます。

1 「ぶん」と入力

Tab キーを押して選択します
1 文房具
2 分類
3 分割
4 分析
5 文化

予測変換候補が表示される

Excel　基本編　第2章　セルの操作とデータ入力の基本をマスターしよう

2 入力内容を自動的に変換する

1 セルA2を選択

ここでは著作権表示を表す「マルシーマーク」に変換する

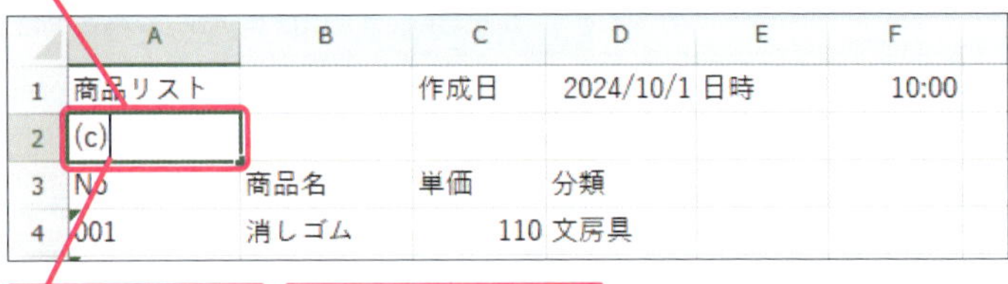

2 「(c)」と入力

3 Enter キーを押す

マルシーマークに変換された

	A	B	C	D	E	F
1	商品リスト		作成日	2024/10/1	日時	10:00
2	©					
3	No	商品名	単価	分類		
4	001	消しゴム	110	文房具		

用語解説

オートコレクト

事前の設定に従い、特定の文字を入力すると別の文字に自動修正される機能です。入力ミスの修正などに便利な一方、入力した文字が意図せず別の文字に置き換わる場合もあります。

まとめ 不要な機能は無効化しよう

オートコンプリート、オートコレクト、入力オートフォーマットなどの機能は作業内容によっては、かえって邪魔になる場合もあります。これらの機能が不要なときにはスキルアップを参考に無効化しましょう。

スキルアップ

自動入力されないように設定するには

オートコンプリートやオートコレクトは便利なときもある反面、予想外の動きをするときも多々あります。基本的には、これらの機能は無効化することをおすすめします。これらの機能を無効化するには、[Excelのオプション]から設定をしましょう。ここでは、URLやメールアドレスを入力したときに、自動的にリンク表示されてしまう機能の解除方法も合わせて紹介します。

Excel・レッスン09を参考に、[Excelのオプション] を表示しておく

1 [詳細設定] をクリック

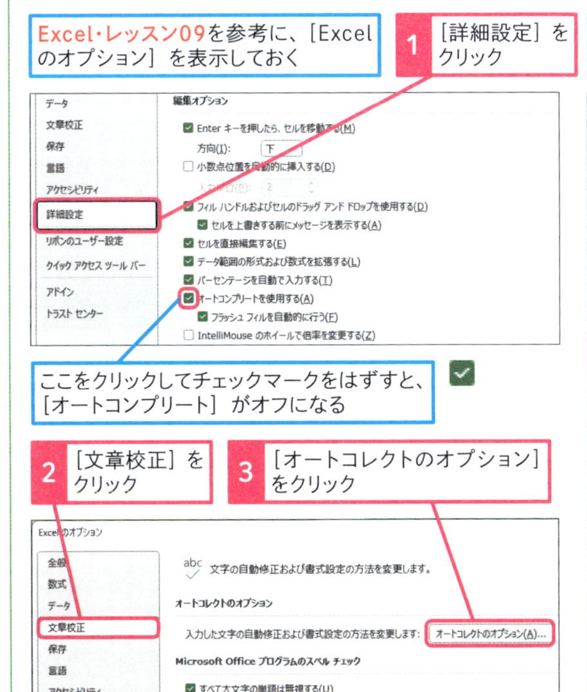

ここをクリックしてチェックマークをはずすと、[オートコレクトオプション] ボタンが非表示になる

オートコレクト

オートコレクト | 入力オートフォーマット | 操作 | 数式オートコレクト

[オートコレクト オプション] ボタンを表示する(H)

2 文字目を小文字にする [THe ... → The ...](O)

文の先頭文字を大文字にする [the ... → The ...](S)

曜日の先頭文字を大文字にする [monday → Monday](N)

4 [入力オートフォーマット] タブをクリック

オートコレクト

オートコレクト | 入力オートフォーマット | 操作 | 数式オートコレクト

入力中に自動で変更する項目

インターネットとネットワークのアドレスをハイパーリンクに変更する

入力中に自動で行う処理

テーブルに新しい行と列を含める

[インターネットとネットワークのアドレスをハイパーリンクに変更する] のここをクリックしてチェックマークをはずすと、URLやメールアドレスを入力してもリンクが設定されない

レッスン
16 セルの幅や高さを変更するには

セルの幅や高さの変更

練習用ファイル L016_セルの幅と高さ.xlsx

セルの幅、高さは列・行ごとに変更できます。セルにたくさんの文字を入力したいときや行間を空けたいときには、セルの幅・高さを調整しましょう。マウスで操作するだけでなく幅・高さを数値で指定することもできます。

1 セルの幅を変更する

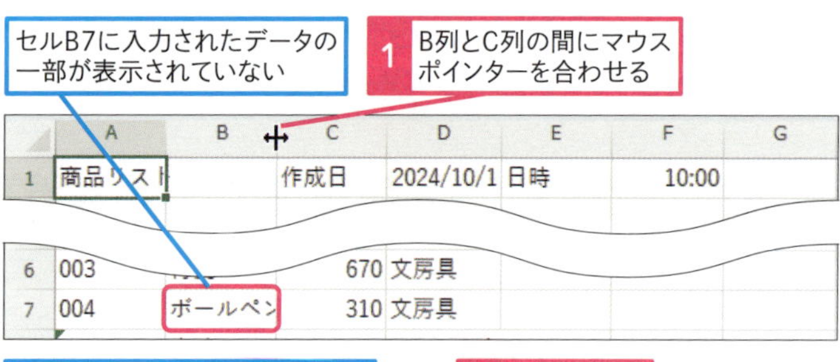

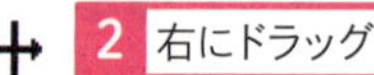

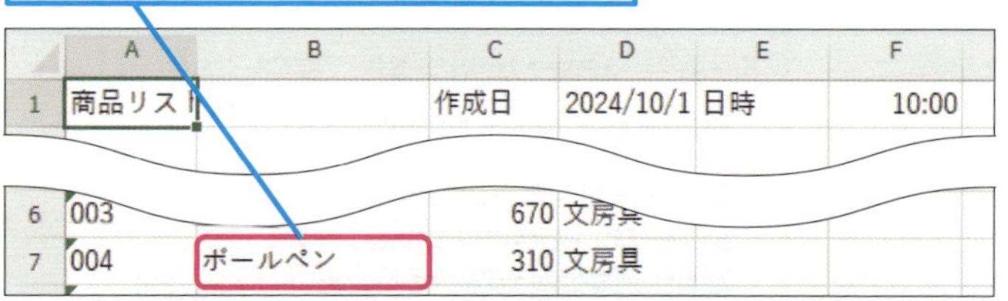

2 セルの高さを変更する

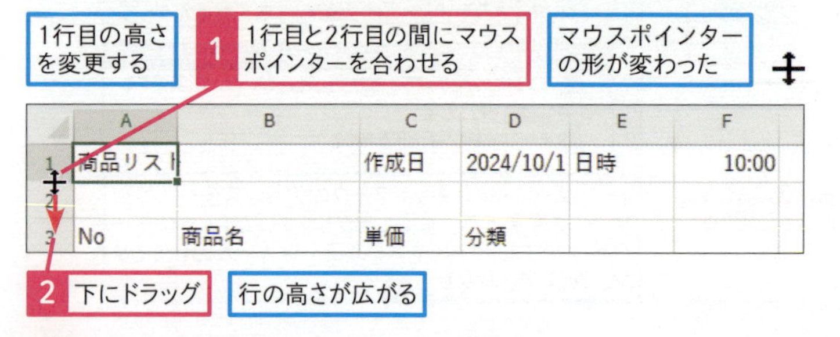

キーワード

行	P.531
書式	P.532

使いこなしのヒント
文字の表示がおかしくなったときは

列幅が狭すぎると、文字がすべて表示されないだけでなく「####」「1E+08」などと表示がされることがあります。このような場合には、列幅を広げてみてください。あるいは、適切な表示形式を設定したり、セル結合（Excel・レッスン22参照）をしたりすることで改善される場合もあります。

時短ワザ
ダブルクリックで変更できる

手順1の操作1で、マウスポインターの形が変わった際にダブルクリックすると、入力されたデータの長さに応じて、自動的に列の幅が変更されます。列に複数のデータが入力されている場合は、その列で最も長いデータに合わせて列の幅が変更されます。

使いこなしのヒント
同じシートに列幅が違う表を入れるには

同じシートに列幅が違う表を入れたいときには、[貼り付けのオプション] の [リンクされた図] 機能を使いましょう。元のデータを変更すると、貼り付けた図も連動して変わるため、1つのシートに複数の表を入れたい場合に便利です。[リンクされた図] については、103ページの「スキルアップ」を参照してください。

3 複数のセルの幅や高さを変更する

ここでは3～9行目の高さを広げる

1 3～9行目を選択

2 選択した最後の行と、次の行の間にマウスポインターを合わせる

マウスポインターの形が変わった

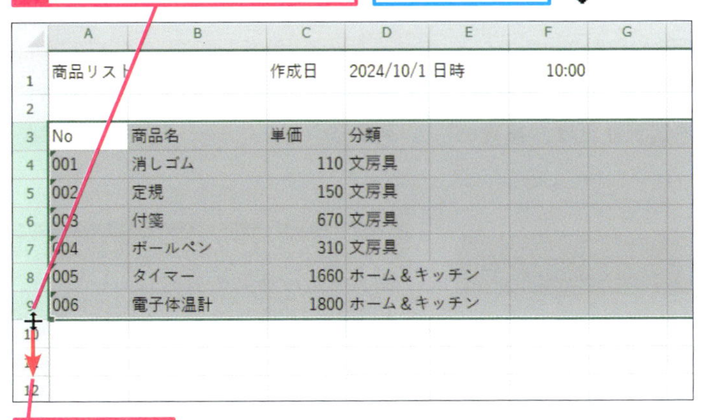

3 下にドラッグ

複数のセルの高さを一度で変更できた

列の幅も、同様の操作で変更できる

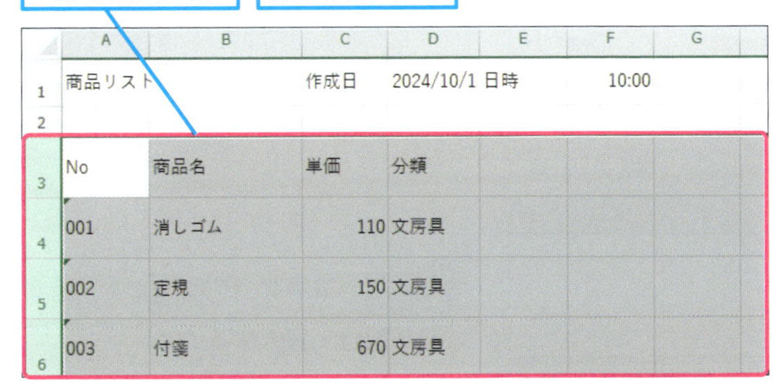

4 列の幅を自動的に調整する

A列～F列の幅を、入力された文字列の幅に合わせて自動的に調整する

1 A列～F列を選択

2 選択した最後の列と、次の列の間にマウスポインターを合わせる

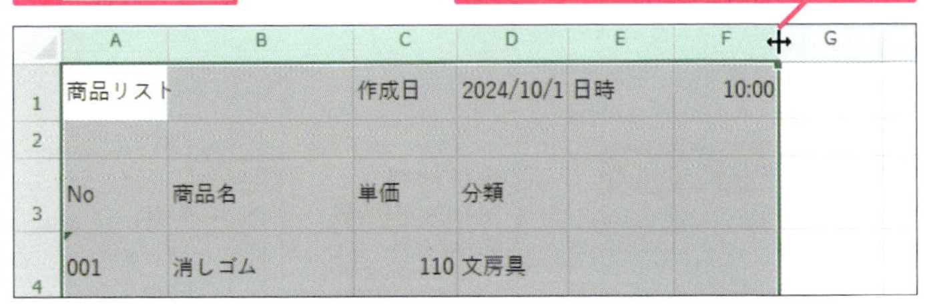

マウスポインターの形が変わった

3 そのままダブルクリック

列の幅が自動的に調整される

使いこなしのヒント

セルの幅や高さを数値で指定するには

セルの幅・高さを数値で指定することもできます。リボンで［ホーム］-［書式］-［列の幅］または［行の高さ］をクリックして、数値を入力しましょう、入力した数値に合わせてセルの幅・高さが調整されます。

幅を変更する列のセルを選択しておく

1 ［ホーム］タブをクリック

2 ［書式］をクリック

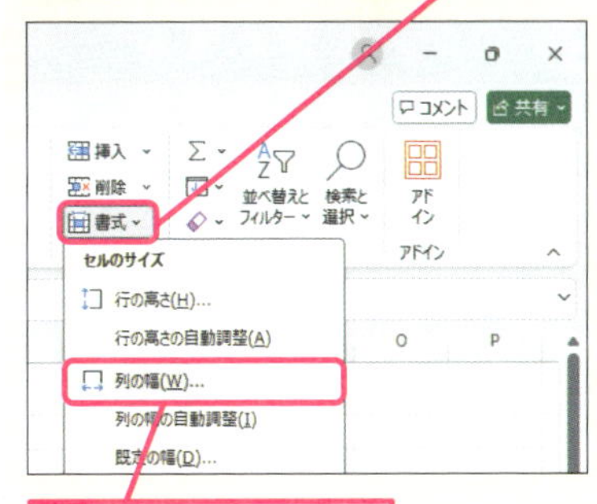

3 ［列の幅］をクリック

4 幅を数値で入力

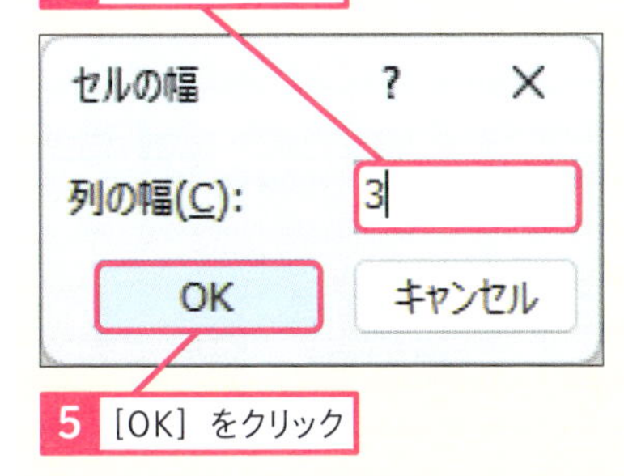

5 ［OK］をクリック

まとめ マウスポインターの形に注目しよう

列の幅、行の高さを変えるときはマウスポインターの形に注目するのがポイントです。列番号・行番号の境目でマウスポインターの形が変わったところからドラッグを始めましょう。

レッスン

17 行・列の挿入や削除をするには

データの挿入、削除

練習用ファイル L017_データの挿入、削除.xlsx

表を作成している途中で、行や列を挿入・削除や移動させたくなったときには、行番号や列番号の上でクリックをして行や列を選択後、リボンから操作をしましょう。複数の行や列を選択すれば、複数の行・列も一気に処理できます。

キーワード

行番号 P.531

列番号 P.534

1 行や列を挿入する

ここでは4行目と5行目の間に、新たに行を挿入する

1 行番号「5」をクリック

2 ［ホーム］タブをクリック

3 ［セルの挿入］をクリック

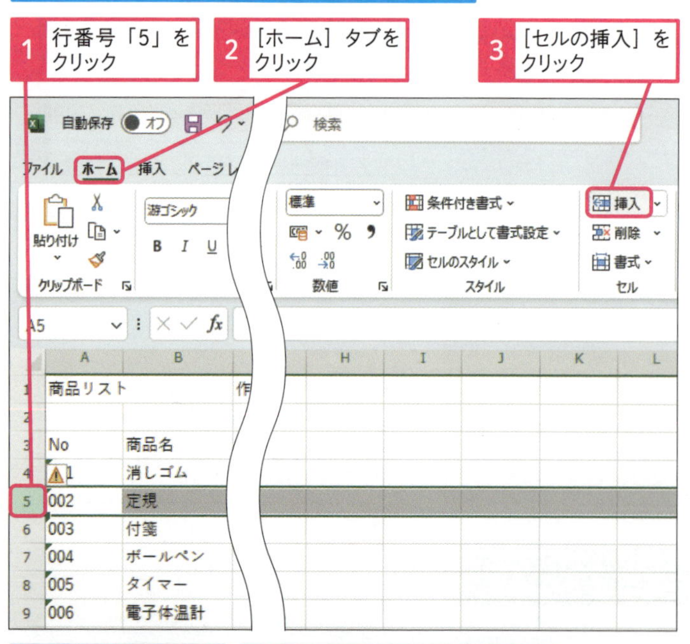

4行目と5行目の間に、新たな行が挿入された

5行目に入力されていたデータが、6行目にずれた

	A	B	C	D	E	F	G
1	商品リスト		作成日	2024/10/1	日時	10:00	
2							
3	No	商品名	単価	分類			
4	001	消しゴム	110	文房具			
5							
6	002	定規	150	文房具			
7	003	付箋	670	文房具			
8	004	ボールペン	310	文房具			
9	005	タイマー	1660	ホーム＆キッチン			
10	006	電子体温計	1800	ホーム＆キッチン			

使いこなしのヒント

挿入した行や列の書式はどうなるの？

行を挿入したときには上の行の書式、列を挿入したときには左の列の書式が適用されます。

使いこなしのヒント

列を削除・挿入するには

削除したい列の列番号を選択して挿入または削除の操作をすると、選択した列を挿入または削除できます。例えば、列番号「D」をクリックしてリボンの［セルの挿入］をクリックすると、D列の左側（C列とD列の間）に列を挿入できます。

［▼］から実行する操作が選べる

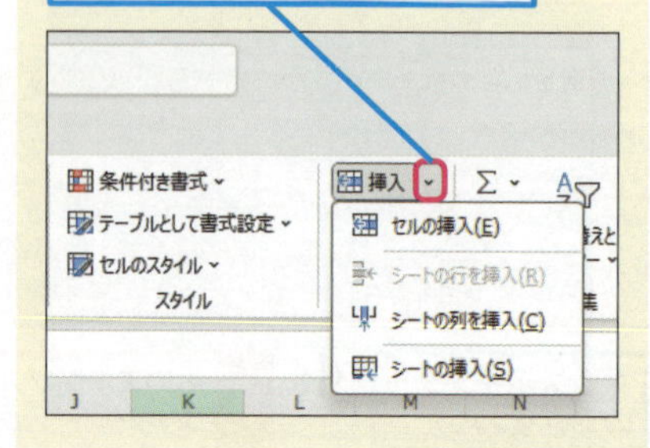

2 行や列を削除する

ここでは手順1で挿入した5行目を削除する

1 行番号「5」をクリック

2 ［ホーム］タブをクリック

3 ［セルの削除］をクリック

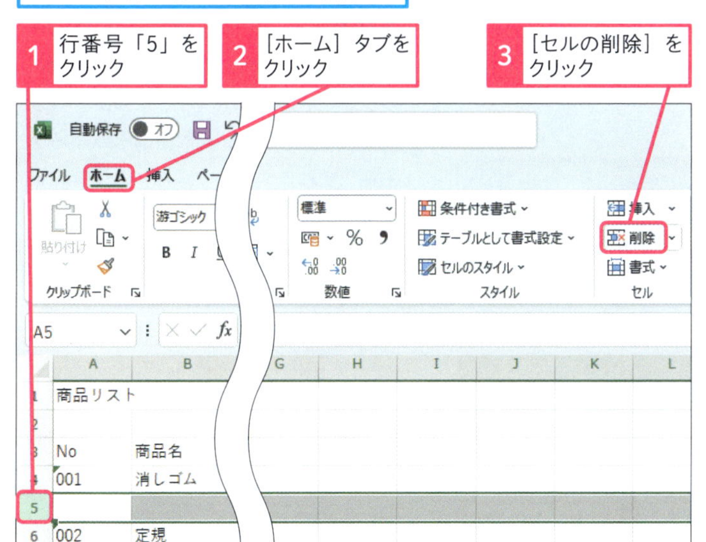

5行目は削除された

6行目に入力されていたデータが、5行目にずれた

	No	商品名	単価	分類
3	No	商品名	単価	分類
4	001	消しゴム	110	文房具
5	002	定規	150	文房具
6	003	付箋	670	文房具
7	004	ボールペン	310	文房具

3 複数の行や列を挿入する

ここでは3行目と4行目の間に、新たに行を2行挿入する

1 4行目と5行目の行番号をドラッグして選択

2 ［ホーム］タブをクリック

3 ［セルの挿入］をクリック

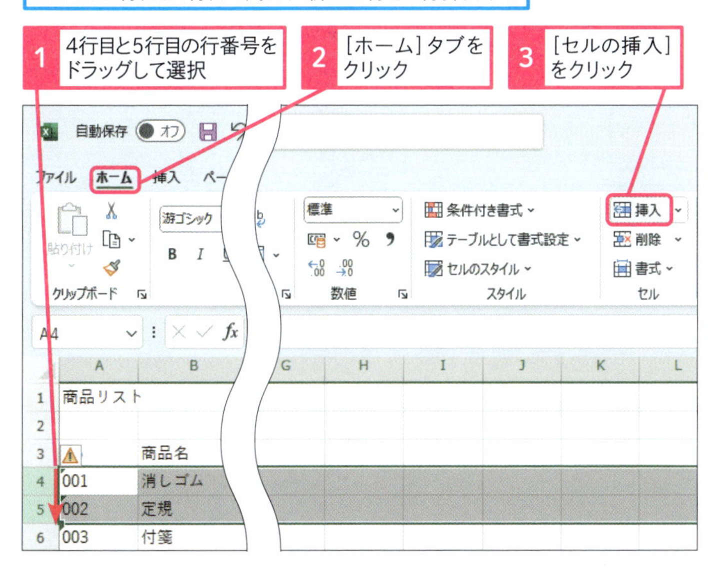

ショートカットキー

行の選択	Shift + space
列の選択	Ctrl + space
行や列の挿入	Ctrl + Shift + +
行や列の削除	Ctrl + −

使いこなしのヒント

ショートカットキーで行や列を挿入・削除する

Shift + space 、 Ctrl + space での行・列の選択と、 Ctrl + Shift + + 、 Ctrl + − でのセルの挿入・削除を組み合わせると、キーボードだけで行や列の挿入や削除の操作ができます。例えば、 Ctrl + space 、 Ctrl + Shift + + を連続で押すと、列を挿入することができます。

1 Ctrl キーを押しながら、 space キーを押す

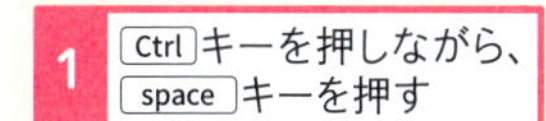

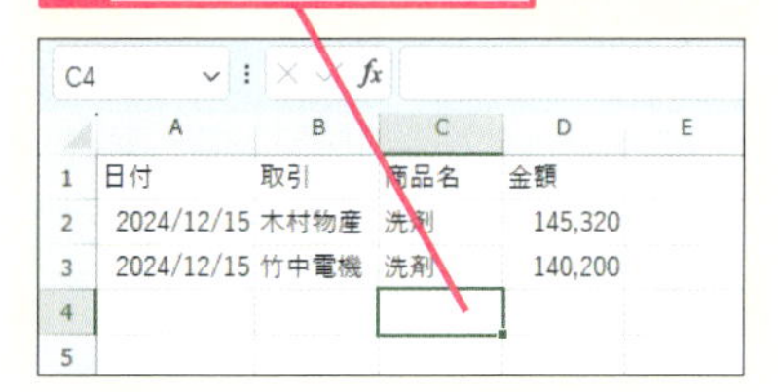

C列が選択された

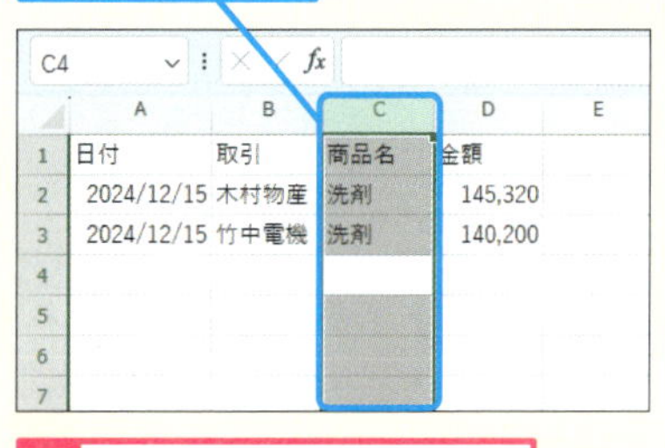

2 Ctrl + Shift + + キーを押す

列が挿入された

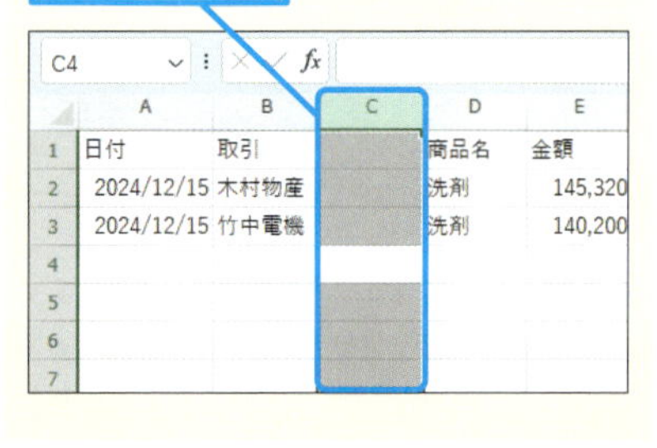

次のページに続く

●複数の行が追加された

3行目と4行目の間に、新たな行が2行挿入された

4行目と5行目に入力されていたデータが、下にずれた

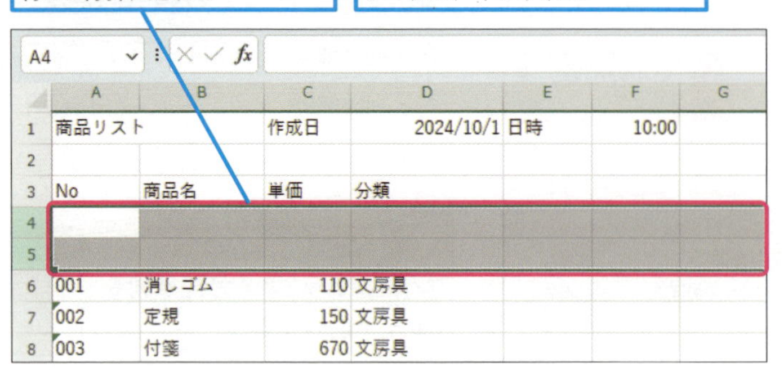

4 複数の行や列を削除する

ここでは手順3で挿入した4～5行目を削除する

1 4行目と5行目の行番号をドラッグして選択

2 ［ホーム］タブをクリック

3 ［セルの削除］をクリック

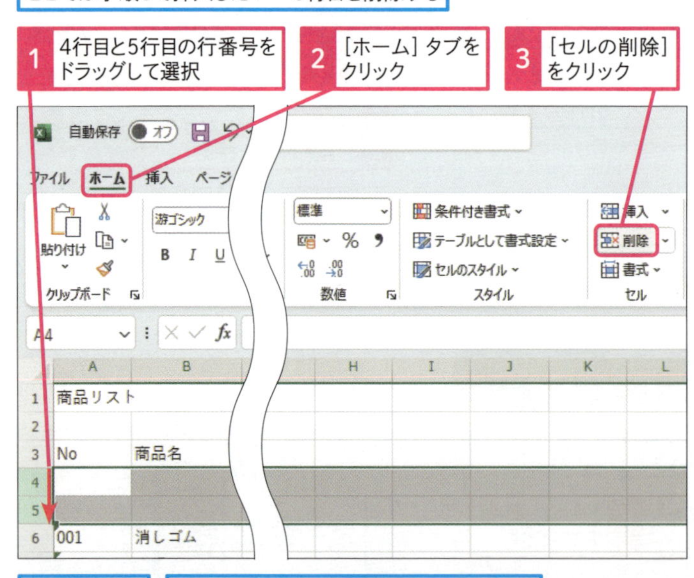

4～5行目が削除された

6行目と7行目に入力されていたデータが、それぞれ4行目と5行目にずれた

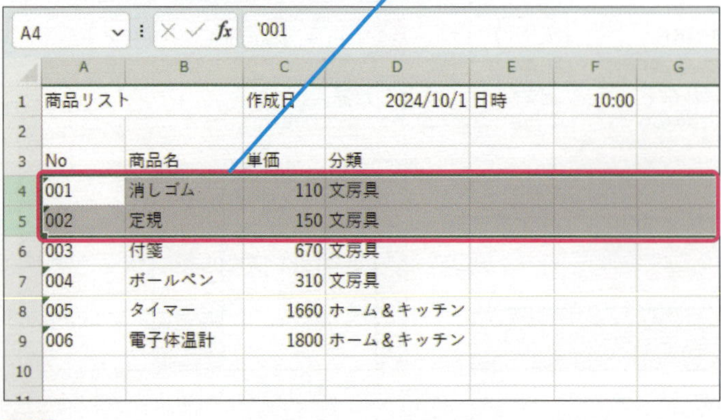

スキルアップ

セルを挿入・削除するには

セルを選択後、セルの挿入または削除の操作をしましょう。例えば、セルB4～C5を選択して［セルの挿入］-［右方向にシフト］をクリックすると、セルB4～C5に空欄が挿入され、元の値はその分だけ右側にずれます。

1 セルB4～C5をドラッグして選択

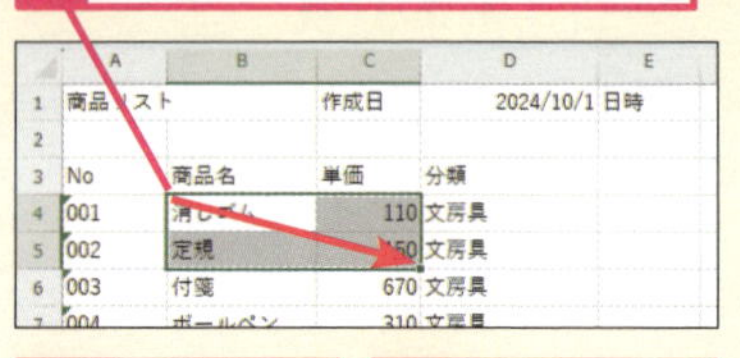

2 ［ホーム］タブをクリック

3 ［セルの挿入］をクリック

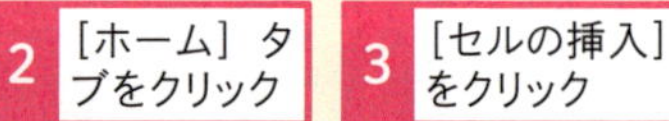

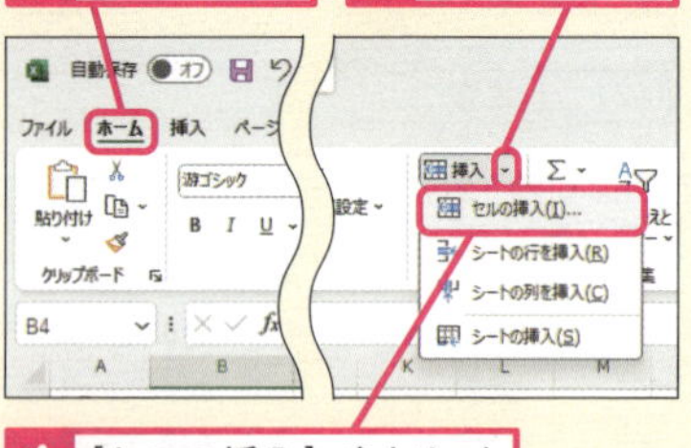

4 ［セルの挿入］をクリック

5 ［右方向にシフト］をクリック

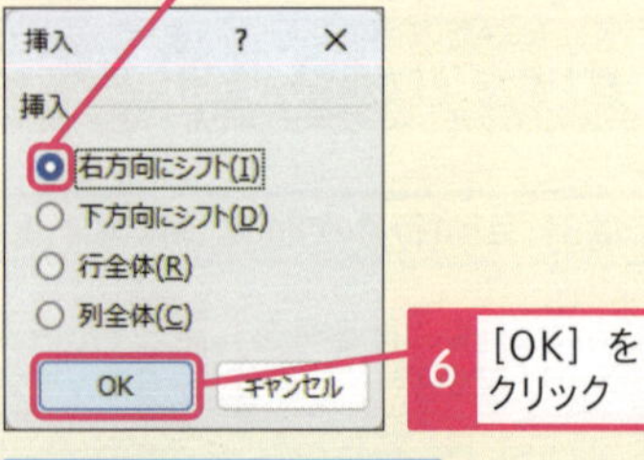

6 ［OK］をクリック

セルB4～C5に空白のセルが挿入された

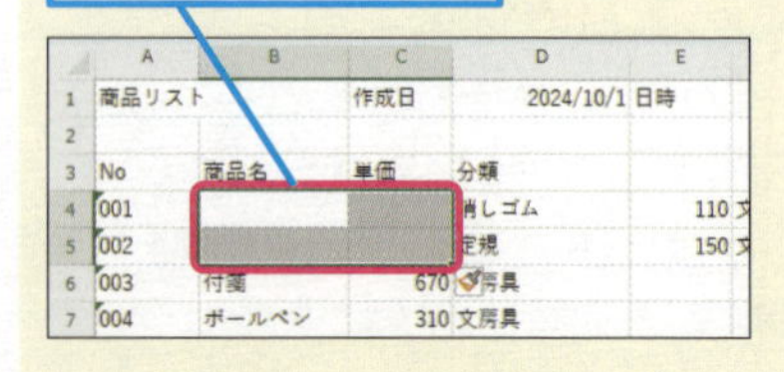

5 コピーした行や列を挿入する

ここでは7行目に入力されたデータをコピーして、下の行に挿入する

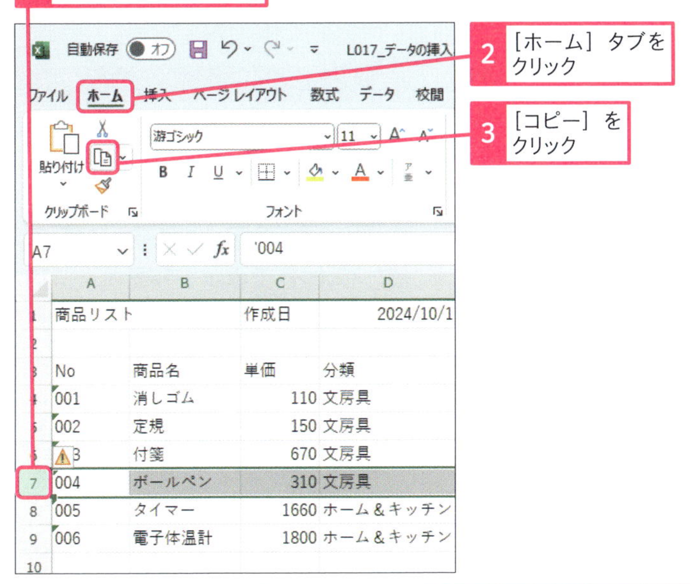

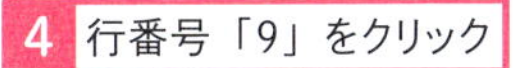

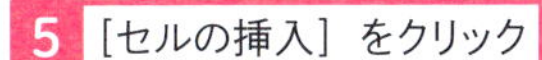

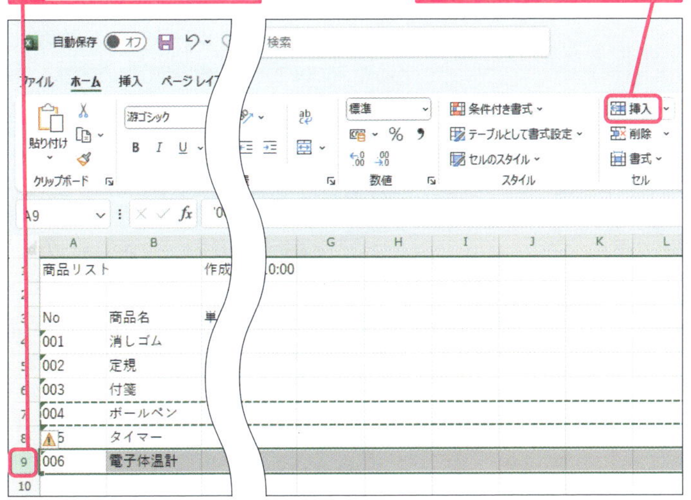

7行目がコピーされて、9行目の上に挿入された

	A	B	C	D
3	No	商品名	単価	分類
4	001	消しゴム	110	文房具
5	002	定規	150	文房具
6	003	付箋	670	文房具
7	004	ボールペン	310	文房具
8	005	タイマー	1660	ホーム&キッチン
9	004	ボールペン	310	文房具
10	006	電子体温計	1800	ホーム&キッチン
11				

使いこなしのヒント
挿入するときに選択する行や列

複数行を挿入したいときには、挿入する下の行から挿入したい行数分を選択しましょう。例えば、3行目の次に2行挿入したいときには4行目から2行分（＝4～5行目）を選択します。
同様に、複数列をまとめて挿入したいときには、挿入する右の列から挿入したい列数分を選択しましょう。例えば、A列の次に2列挿入したいときには、B列から2列分（＝B～C列）を選択します。

使いこなしのヒント
コピーした状態を解除するには

Excelのセルや行、列をコピーすると、コピーした箇所が点線で囲まれます。この状態を解除するには、Esc キーを押しましょう。なお、任意のセルに文字を入力しても、コピーの状態は解除されます。

まとめ 行や列の挿入・削除・移動を使いこなそう

行や列の挿入・削除・移動はかなり頻繁に出てくるので使いこなせるように練習しましょう。なお、セルの挿入・削除を使うと表の一部だけがずれるなどして、データの整合性が崩れる場合があります。セルの挿入・削除はできるだけ使わず、行・列の挿入・削除やExcel・レッスン12の手順4で紹介したデータの消去を使えないかを考えましょう。

レッスン

18 行や列の表示・非表示を変更するには

行や列の表示・非表示

練習用ファイル L018_行や列の表示非表示.xlsx

外部のデータを使って更新するデータなど、セルに入っている情報によっては、常に表示しておかなくてもよいものがあります。そういった情報は、行や列を一時的に非表示にして隠しておき、必要に応じて再表示しましょう。

1 行や列を非表示にするには

ここでは3行目と4行目を非表示にする

1 3行目と4行目の行番号をドラッグして選択

	A	B	C	D	E	F
1	商品リスト		作成日	2024/10/1	日時	10:00
2						
3	No	商品名	単価	分類		
4	001	消しゴム	110	文房具		
5	002	定規	150	文房具		
6	003	付箋	670	文房具		

2 ［ホーム］タブをクリック

3 ［書式］をクリック

4 ［非表示/再表示］をクリック

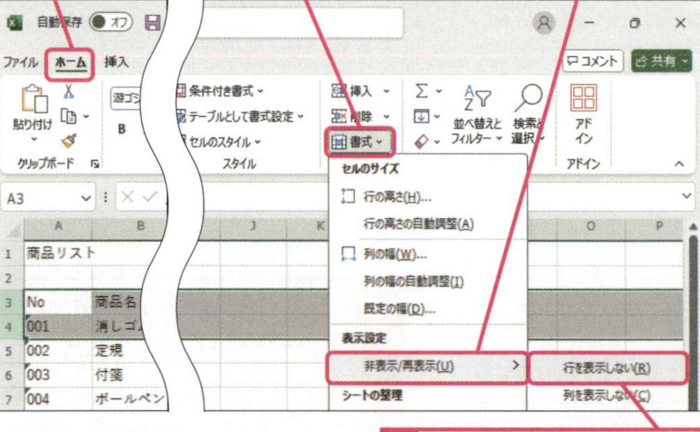

5 ［行を表示しない］をクリック

3行目と4行目が非表示になった

	A	B	C	D	E	F
1	商品リスト		作成日	2024/10/1	日時	10:00
2						
5	002	定規	150	文房具		
6	003	付箋	670	文房具		
7	004	ボールペン	310	文房具		

キーワード

行 P.531
列 P.534

使いこなしのヒント

マウス操作で表示・非表示を切り替えるには

Excel・レッスン16の使いこなしのヒントで紹介した「セルの幅や高さを数値で指定するには」の操作で、列幅や行の高さを0にまで狭めると、その列・行を非表示にできます。
また、マウスポインターを非表示にした行のやや下か非表示にした列のやや右に合わせると、マウスポインターの形が╪に変わります。そこからドラッグして行の高さや列の幅を広げる操作をしてください。

時短ワザ

右クリックしても非表示・再表示できる

行や列を選択後、右クリックメニューから［非表示］をクリックしても、本文と同じように行や列を非表示にできます。再表示については、非表示の行や列だけでなく前後の行や列も選択したうえで、右クリックメニューから［再表示］をクリックしてください。

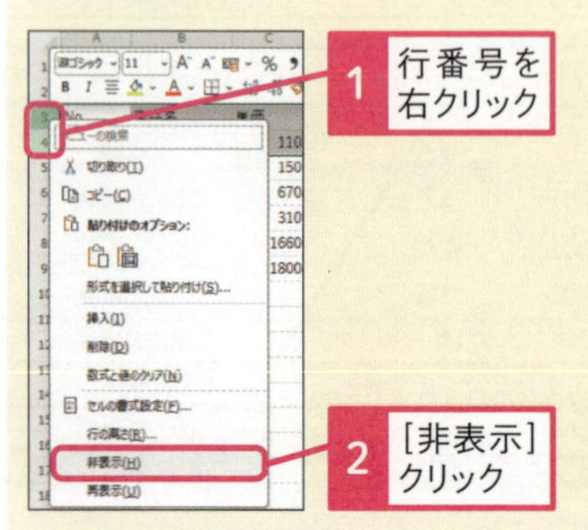

2 行や列を再表示するには

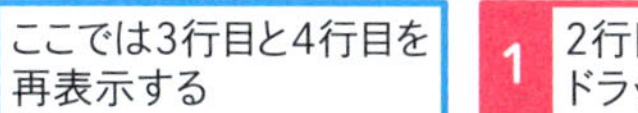

1 2行目と5行目の行番号をドラッグして選択

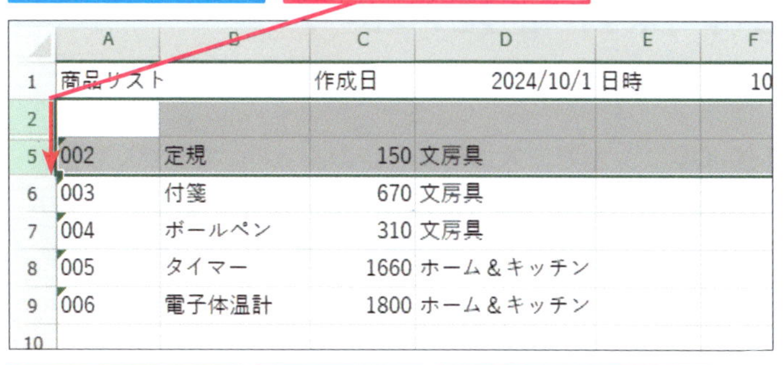

2 ［ホーム］タブをクリック

3 ［書式］をクリック

4 ［非表示/再表示］をクリック

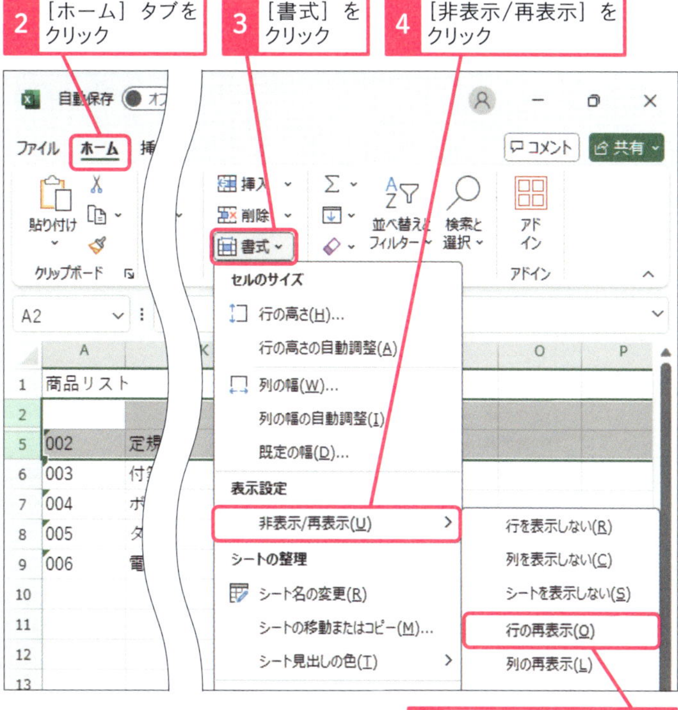

5 ［行の再表示］をクリック

3行目と4行目が再表示された

	A	B	C	D	E	F
1	商品リスト		作成日	2024/10/1	日時	10:00
2						
3	No	商品名	単価	分類		
4	001	消しゴム	110	文房具		
5	002	定規	150	文房具		
6	003	付箋	670	文房具		
7	004	ボールペン	310	文房具		
8	005	タイマー	1660	ホーム＆キッチン		
9	006	電子体温計	1800	ホーム＆キッチン		

使いこなしのヒント

すべての行や列を再表示するには

表の左上の◪を押して全セルを選択した後に、行番号（1、2、3、・・・）の上で右クリックをして、右クリックメニューから［再表示］をクリックすると、すべての行を再表示できます。同じように、全セルを選択後、列番号（A、B、C、・・・）の上で右クリックをして、右クリックメニューから［再表示］をするとすべての列を再表示できます。

使いこなしのヒント

先頭の行や列を再表示するには

先頭の行や列を再表示する場合は、上の「使いこなしのヒント」の方法ですべての行あるいは列を再表示するか、前ページの使いこなしのヒントで紹介した行の高さ・列幅を広げる操作で再表示します。

まとめ 非表示は多用しないようにしよう

行や列は一時的に非表示にして隠すことができます。非表示にした場合も数式や関数で内容を参照することができるので、表示しなくてもよい元データを非表示にしておくといった用途に使えます。一方で、数式や関数が参照しているセルが、どこにあるかわかりにくくなるという欠点もあります。他の機能で代替できないときにだけ使うようにしましょう。

この章のまとめ

入力の基本操作を覚えよう

この章では、Excelにデータを入力する基本操作を学びました。特に重要なポイントは3つあります。1つ目は、オートコレクトなどを必要に応じて無効化して、意図通りに入力できるよう設定すること。2つ目は､日付は｢年/月/日｣形式で、0で始まる数字は先頭に「'」を付けて入力するなど、入力時に一定のルールに従って入力すること。3つ目は、行や列の挿入・削除、セルの幅や高さの変更など、セルに対していろいろな操作ができるということです。この3つのポイントをしっかり覚えておきましょう。

	A	B	C	D	E	F
1	商品リスト		作成日	2024/10/1	日時	10:00
2						
3	No	商品名	単価	分類		
4	001	消しゴム	110	文房具		
5	002	定規	150	文房具		
6						
7	3	付箋	670	文房具		
8	004	ボールペン	310	文房具		
9	005	タイマー	1660	ホーム＆キッチン		
10	006	電子体温計	1800	ホーム＆キッチン		
11						

入力と一口に言っても、いろいろな方法があるんですね。

そうなんだ。Excelは「表」を使って「計算」をするためのアプリだから、実は入力が大事なんだよ。

行や列を選択するときや幅を変えるときは、マウスポインターの形に注目ですね！

そうだね。慣れてくれば意識せずに操作できるようになるから、練習用ファイルを使っていっぱい操作してほしい！

Excel

基本編

第3章

表やデータの見た目を見やすく整えよう

この章では、セルの中での文字の配置場所を変える、文字の大きさ・色やセルの背景色を変える、罫線を引くなどの方法で、表の見栄えを整える方法を紹介します。

レッスン

19

Introduction この章で学ぶこと

表を見やすく整えよう

表にデータを入力したら、見栄えを整えましょう。表のタイトルや見出しを調整したり、列ごとに適切な文字詰めを設定したりすると見やすい表を作ることができます。また、表示形式を設定することで、入力された値の見た目を変えることもできます。

人から見てもわかりやすい表にしよう

この章では表の見た目を整える「書式」の機能を中心に解説していくよ！

野線やセルの塗りつぶしなどを適用して表を見やすくする

	A	B	C	D	E	F	G	H
1	月別売上金額集計表			作成日	2024/8/3			
2								
3	商品区分	商品	4月	5月	6月	合計	構成比	
4	アルコール	ビール	557575	653607	261471	1472653	0.134605	
5		日本酒	477903	518797	785763	1782463	0.162923	
6	清涼飲料水	水	1715175	1765532	1308372	4789079	0.437737	
7		緑茶	691696	720955	1483689	2896340	0.264735	
8	合計		3442349	3658891	3839295	10940535	1	
9								
10								

そのままの表より、色を付けたり文字のサイズを変えたりされていると、メリハリが付いて読みやすいですね。

	A	B	C	D	E	F	G	H
1	**月別売上金額集計表**			作成日	令和6年8月3日			
2								
3	商品区分	商品	4月	5月	6月	合計	構成比	
4	アルコール飲料	ビール	557,575	653,607	261,471	1,472,653	13%	
5		日本酒	477,903	518,797	785,763	1,782,463	16%	
6	清涼飲料水	水	1,715,175	1,765,532	1,308,372	4,789,079	44%	
7		緑茶	691,696	720,955	1,483,689	2,896,340	26%	
8		合計	3,442,349	3,658,891	3,839,295	10,940,535	100%	
9								

表のタイトルを強調することで、何の表かひと目でわかりますね！

ビジネス用の表は、派手にする必要はないから、読みやすさ見やすさを考慮して整えよう！

本来の値とセルの表示の関係を知ろう

第2章のExcel・レッスン10でExcelがデータの種類を区別していることを説明したよね。セルの値自体は変えずに見た目を変えるときに使うのが「表示形式」という機能。ボタンをクリックするだけで見た目を変えられるよ。

桁区切り	%スタイル
557575	0.134605209
477903	0.162922837
1715175	0.437737186
691696	0.264734768

→

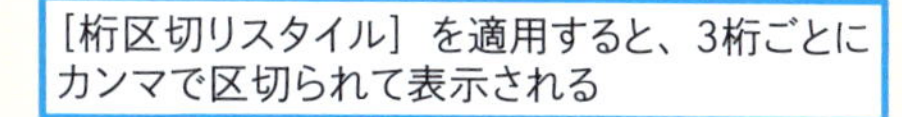

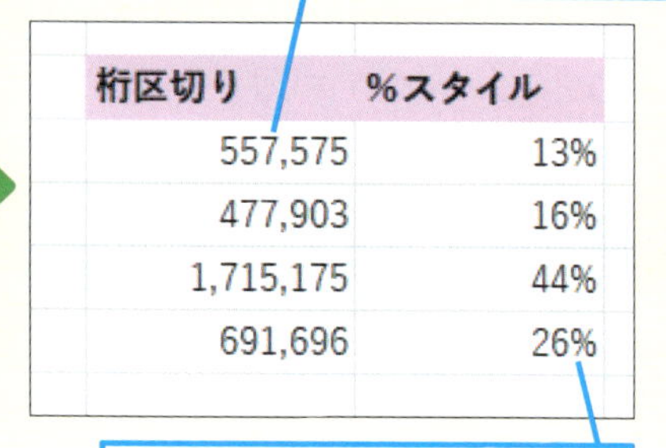

桁区切り	%スタイル
557,575	13%
477,903	16%
1,715,175	44%
691,696	26%

［パーセントスタイル］を適用すると、数値がパーセンテージで表示される

これはセルに直接「,」（カンマ）や「%」を入力しているわけではないんですね！

「表示形式」を使うことで、日付も様々な形式で表示できる

C3　2024/9/1

	A	B	C	D	E
1					
2		日付	日付		
3		2024年9月1日	令和6年9月1日		
4		2024年9月2日	令和6年9月2日		
5		2024年9月3日	令和6年9月3日		
6		2024年9月4日	令和6年9月4日		
7					
8					
9					

和暦とか西暦とかいろいろな表示ができるんですね！

セルに入力されている値と表示の関係は、Excelを使ううえで特に重要なことだから、Excel・レッスン20で詳しく解説するよ！

レッスン
20 セルの値について理解しよう

セルの3層構造

練習用ファイル　L020_セルの3層構造.xlsx

Excelでセルに値を入力すると、本来の値に、表示形式を適用して、セルにどう表示されるかが決まります。本来の値とセルの表示が全然違う場合があることに注意しましょう。また、さらに、本来の値も、数値・文字列などいくつかのデータの種類があります。

セルの3層構造とは?

それぞれのセルでは、本来の値、表示形式、画面に表示される値の3層のデータを持っています。

●セルの3層構造

層	区分	内容
①	本来の値	そのセルに入力されている「実際の値」
②	表示形式	日付形式や桁区切りスタイルなど、書式の情報を記録
③	画面表示	値に書式を適用した結果を表示

セルに値を表示するときには、「①本来の値」を「②表示形式」のフィルターを通して「③画面表示」が決まります。
実際の例を見てみましょう。

●入力されたデータの3層構造

層	区分	セルA1	セルB1	セルC1
①	本来の値	山田	1234	45545
②	表示形式	標準形式	桁区切りスタイル	日付形式（YYYY/MM/DD形式）
③	画面表示	山田	1,234	2024/9/10

「山田」に標準形式を適用した結果「山田」と本来の値が表示されている

「45545」に日付形式を設定した結果「2024/9/10」と表示されている

	A	B	C	D
1	山田	1,234	2024/9/10	
2				

「1234」に桁区切りスタイルを適用した結果「1,234」と表示されている

キーワード

書式　P.532
表示形式　P.533

使いこなしのヒント

セルに値を表示するイメージ

セルに値を表示するときには、「①本来の値」を「②表示形式」のフィルターを通して「③画面表示」が決まります。

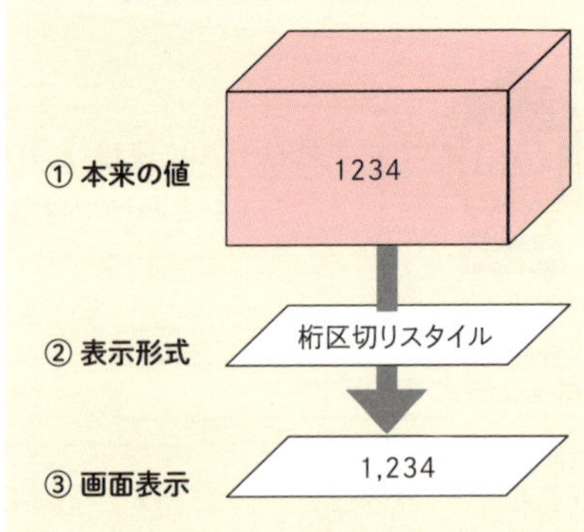

使いこなしのヒント

数式でセルを参照したときには「①本来の値」が使われる

Excelの数式内で他のセルを参照すると「①本来の値」が計算に使われます。このことが原因で、他のセルの数式から参照されたときに、セルの見た目とは違う計算結果になる場合もあるので、注意してください。

●本来の値を表示する

書式設定で表示形式を［標準］にすると本来の値が表示されます。

セルA1～C1の表示形式を［標準］に設定したので、本来の値が表示されている

	A	B	C	D
1	山田	1234	45545	
2				

「①本来の値」は、数値と文字列の2種類がある

「①本来の値」に入力される値は何種類かに分類されます。その中で、特に重要なのが数値と文字列です。

●「①本来の値」に入力される値の種類

区分	内容	例
数値	足し算など数値計算に使うための値	「123」「-12345」
文字列	数値計算に使わない文字として扱う値	「ABC」「山田」

先ほどの例に戻ると、セルA1の「山田」は文字列、セルB1の「1234」、セルC1の「44540」は数値です。

数字だけが並ぶデータに注意

数値か文字列は見た目だけでは区別が付かない場合があります。例えば「123」など数字だけが並ぶデータは、数値の場合も文字列の場合もありえます。数字だけが並ぶデータが文字列か数値かはエラーインジケーターで判断しましょう。文字列扱いされているときには、左上に緑三角マークが出ます。

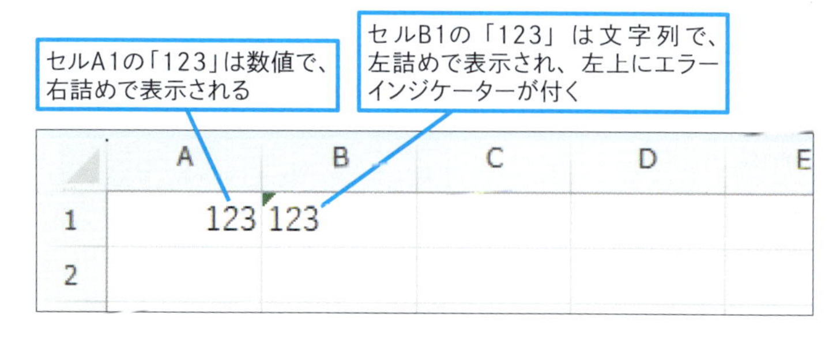

データが数値か文字列かによって、数式の処理結果が大きく変わる場合があるので注意しましょう。

使いこなしのヒント

セルに値を入力したとき

セルに値を入力したときには、セルに入力された内容を見て「①本来の値」と「②表示形式」が自動的に設定されます。例えば「1,234」と入力すると、「①本来の値」は「1234」、「②表示形式」は「桁区切りスタイル」に設定されます。意図しない見た目に変化したときには、先頭に「'」を入れて文字列として入力するか、表示形式を変更してください。

使いこなしのヒント

日付や時刻の「①本来の値」は数値

日付や時刻の「①本来の値」は数値であることに注意しましょう。例えば、「2024/9/10」の「①本来の値」は、数値の「45545」です。この数値はシリアル値といいます。Excelでは日付はシリアル値で管理されているため、日付の計算を簡単に行うことができます。詳細はExcel・レッスン76で解説します。

まとめ

セルの「①本来の値」に注目しよう

「①本来の値」に「②表示形式」を適用した結果が「③画面表示」されます。そして、数式では「①本来の値」を使って計算されることや、「①本来の値」が数値か文字列かで数式の処理結果が変わる場合があることに注意しましょう。

レッスン

21 数字や日付の表示を変更するには

表示形式

練習用ファイル L021_表示形式.xlsx

数値・日付・時刻は、表示形式を使うと、セルに入力したデータを変えずに見た目だけを変えることができます。例えば、数値を桁区切りスタイルやパーセント単位で表示したり、日付の年を省略して月日だけを表示できます。

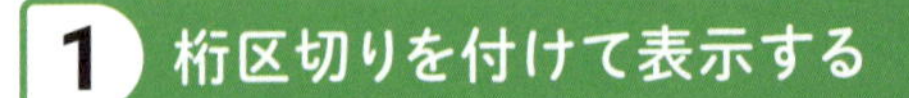

1 桁区切りを付けて表示する

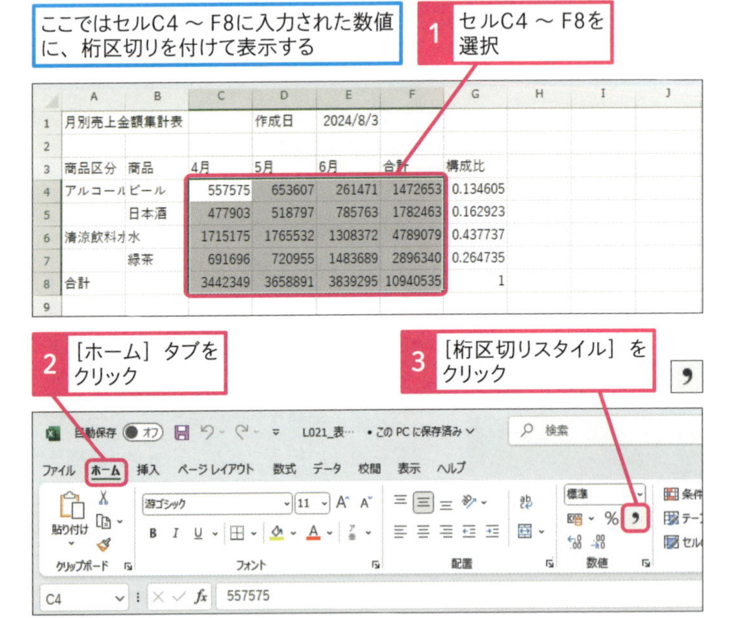

	A	B	C	D	E	F	G
1	月別売上金額集計表			作成日	2024/8/3		
2							
3	商品区分	商品	4月	5月	6月	合計	構成比
4	アルコール	ビール	557575	653607	261471	1472653	0.134605
5		日本酒	477903	518797	785763	1782463	0.162923
6	清涼飲料水	水	1715175	1765532	1308372	4789079	0.437737
7		緑茶	691696	720955	1483689	2896340	0.264735
8	合計		3442349	3658891	3839295	10940535	1

数値が3桁ごとにカンマで区切られて表示された

	A	B	C	D	E	F	G
1	月別売上金額集計表			作成日	2024/8/3		
2							
3	商品区分	商品	4月	5月	6月	合計	構成比
4	アルコール	ビール	557,575	653,607	261,471	1,472,653	0.134605
5		日本酒	477,903	518,797	785,763	1,782,463	0.162923
6	清涼飲料水	水	1,715,175	1,765,532	1,308,372	4,789,079	0.437737
7		緑茶	691,696	720,955	1,483,689	2,896,340	0.264735
8	合計		3,442,349	3,658,891	3,839,295	10,940,535	1
9							
10							
11							
12							
13							

キーワード

書式 P.532
ユーザー定義書式 P.534

用語解説

表示形式

表示形式とは、セルに入力したデータを変えずに見た目だけを変更する機能です。

使いこなしのヒント

通貨表示形式にするには

リボンから［ホーム］-［通貨表示形式］をクリックすると、金額の前に「¥」マークを付けて表示することができます。

表示形式を設定するセルを選択しておく

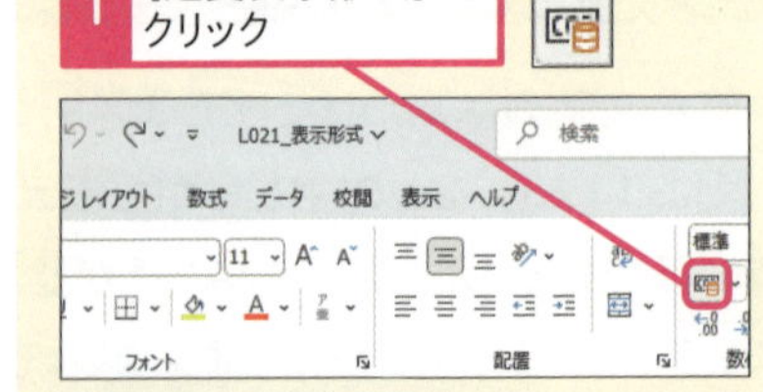

通貨表示になった

4月	5月	6月	合計
¥557,575	¥653,607	¥261,471	¥1,472,653
¥477,903	¥518,797	¥785,763	¥1,782,463
¥1,715,175	¥1,765,532	¥1,308,372	¥4,789,079
¥691,696	¥720,955	¥1,483,689	¥2,896,340
¥3,442,349	¥3,658,891	¥3,839,295	¥10,940,535

2 パーセントで表示する

ここではセルG4 ～ G8に入力された数値を、パーセントで表示する

1 セルG4 ～ G8を選択

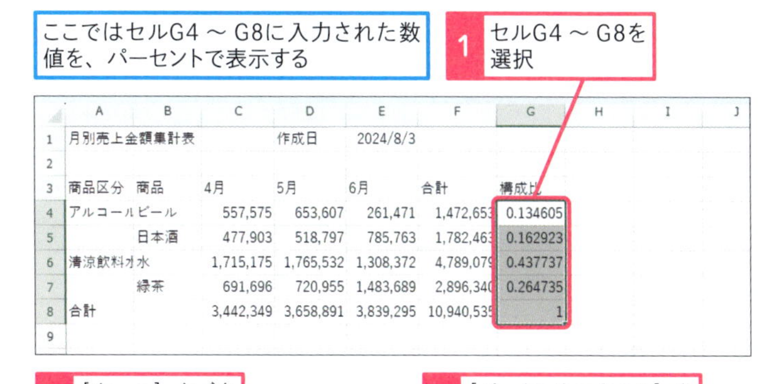

	A	B	C	D	E	F	G
1	月別売上金額集計表			作成日	2024/8/3		
2							
3	商品区分	商品	4月	5月	6月	合計	構成比
4	アルコール	ビール	557,575	653,607	261,471	1,472,653	0.134605
5		日本酒	477,903	518,797	785,763	1,782,463	0.162923
6	清涼飲料	水	1,715,175	1,765,532	1,308,372	4,789,079	0.437737
7		緑茶	691,696	720,955	1,483,689	2,896,340	0.264735
8	合計		3,442,349	3,658,891	3,839,295	10,940,535	1
9							

2 [ホーム] タブをクリック

3 [パーセントスタイル] をクリック

%

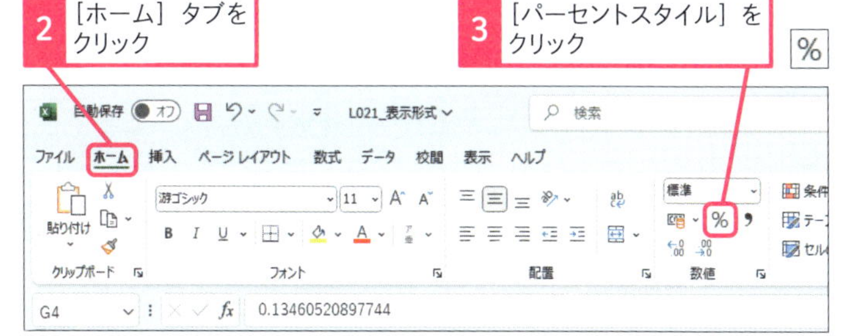

数値がパーセントで表示された

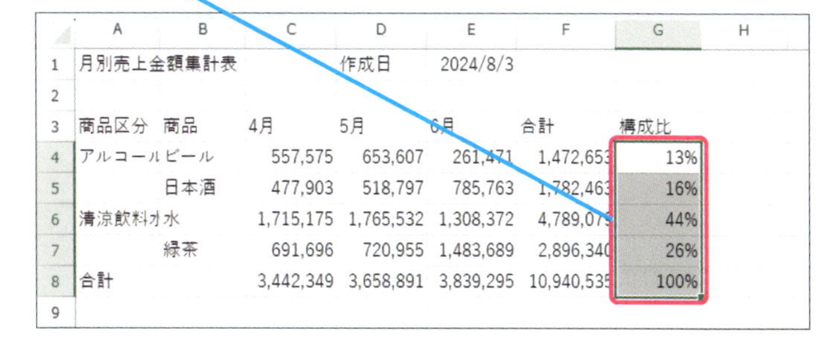

	A	B	C	D	E	F	G
1	月別売上金額集計表			作成日	2024/8/3		
2							
3	商品区分	商品	4月	5月	6月	合計	構成比
4	アルコール	ビール	557,575	653,607	261,471	1,472,653	13%
5		日本酒	477,903	518,797	785,763	1,782,463	16%
6	清涼飲料	水	1,715,175	1,765,532	1,308,372	4,789,079	44%
7		緑茶	691,696	720,955	1,483,689	2,896,340	26%
8	合計		3,442,349	3,658,891	3,839,295	10,940,535	100%
9							

使いこなしのヒント

ダブルクリックで元の値が表示される

表示形式を設定すると表示されるときの見た目は変わりますが、セルに入力された元の値は変わりません。実際、セルをクリックで選択すると数式バーには元の値が表示されます。同様に、セルをダブルクリックするとセル内に元の値が表示されます。例えば、セルC4をダブルクリックするとセル内には「557575」と桁区切りが付かない形で表示されます。

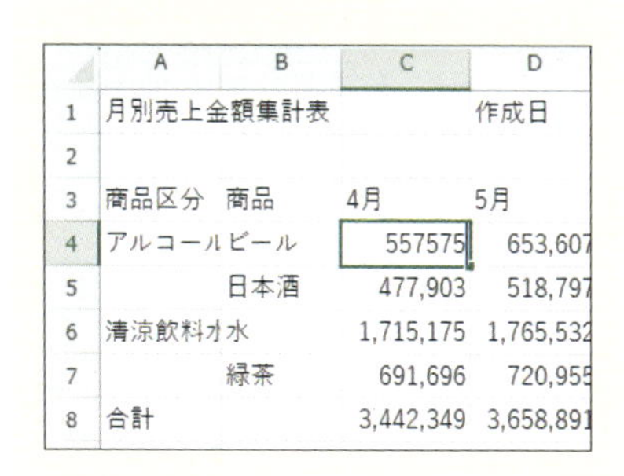

	A	B	C	D
1	月別売上金額集計表			作成日
2				
3	商品区分	商品	4月	5月
4	アルコール	ビール	557575	653,607
5		日本酒	477,903	518,797
6	清涼飲料	水	1,715,175	1,765,532
7		緑茶	691,696	720,955
8	合計		3,442,349	3,658,891

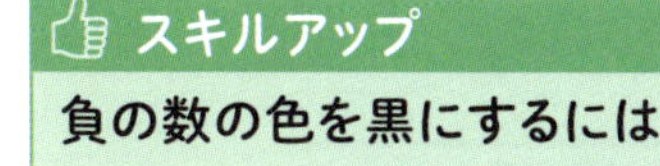

スキルアップ

負の数の色を黒にするには

数値を桁区切りスタイルに設定すると負の数が赤色で表示されます。負の数を正の数と同じ黒色で表示するには、[セルの書式設定] ダイアログボックスで、[表示形式] タブの [数値] から、[負の数の表示形式] を設定してください。

負の数は赤色で表示される

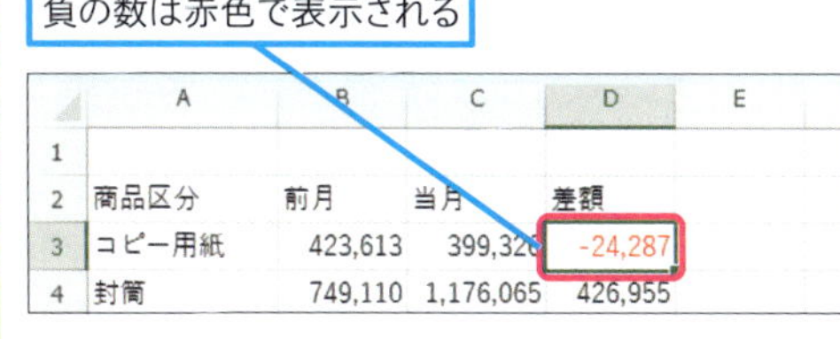

	A	B	C	D
1				
2	商品区分	前月	当月	差額
3	コピー用紙	423,613	399,326	-24,287
4	封筒	749,110	1,176,065	426,955

手順3を参考に [セルの書式設定] ダイアログボックスを表示しておく

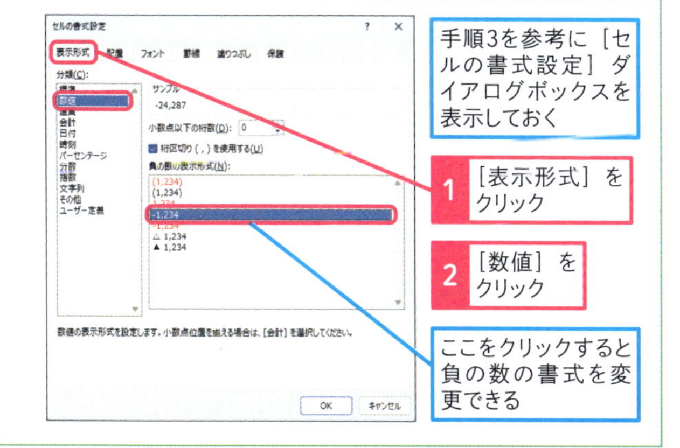

1 [表示形式] をクリック

2 [数値] をクリック

ここをクリックすると負の数の書式を変更できる

次のページに続く

3 日付の表示を「何年何月何日」で表示する

セルE1に入力された年月日の表示を変更する

1 セルE1を選択

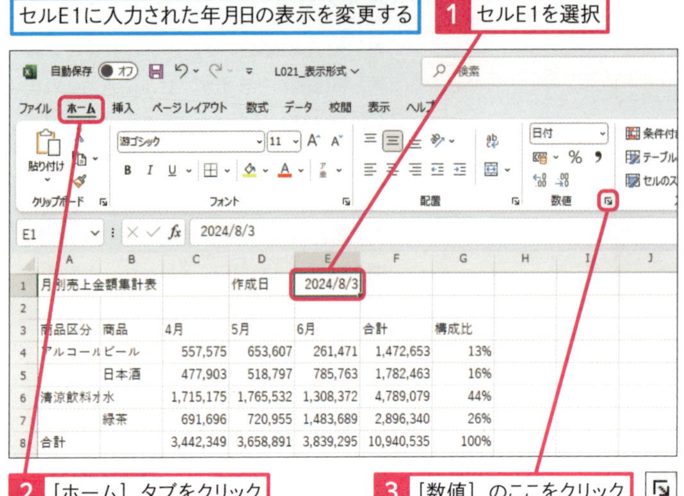

2 ［ホーム］タブをクリック

3 ［数値］のここをクリック

［セルの書式設定］ダイアログボックスが表示された

4 ［表示形式］タブをクリック

5 ［日付］をクリック

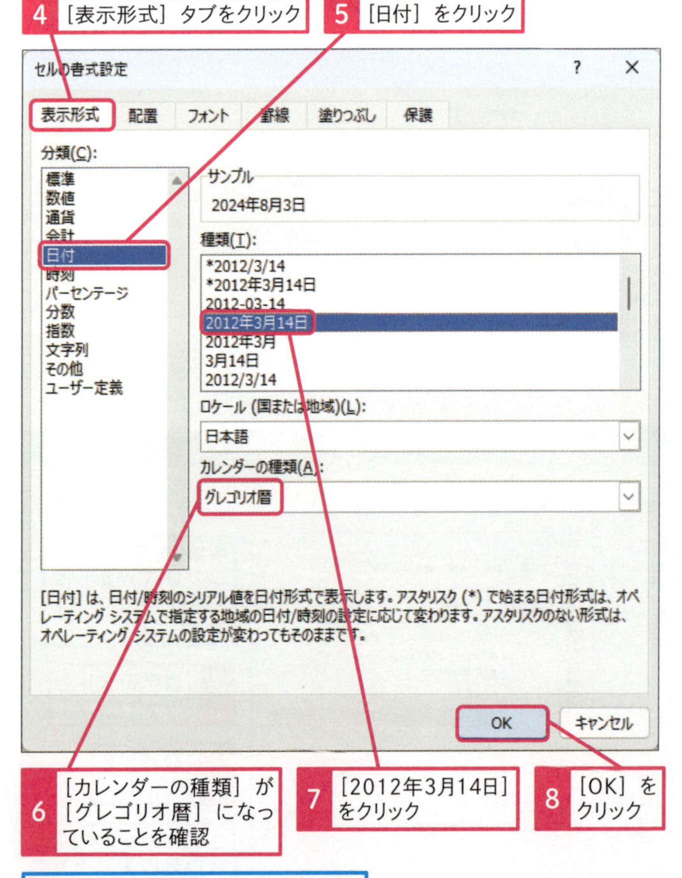

6 ［カレンダーの種類］が［グレゴリオ暦］になっていることを確認

7 ［2012年3月14日］をクリック

8 ［OK］をクリック

日付が「何年何月何日」で表示される

使いこなしのヒント

表示形式を標準に戻す

一度、日付や時刻を入力したセルに数値を入力したいときには、表示形式を「標準」に設定してください。これで、通常通り、数値が入力できるようになります。

使いこなしのヒント

小数点以下を表示するには

小数点以下のデータについては、下記の手順で表示することができます。表示されたデータは、増やした桁数に四捨五入されています。表示のみの変更なので、元のデータは変更されません。

手順2を参考に、数値をパーセントで表示しておく

ここではセルE3 ～ E5の数値の小数点以下を表示する

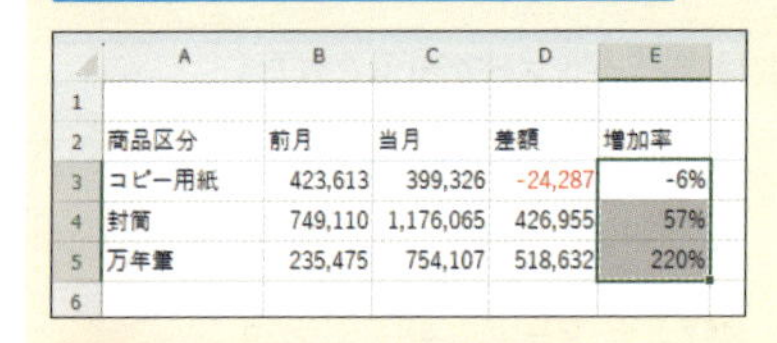

	A	B	C	D	E
1					
2	商品区分	前月	当月	差額	増加率
3	コピー用紙	423,613	399,326	-24,287	-6%
4	封筒	749,110	1,176,065	426,955	57%
5	万年筆	235,475	754,107	518,632	220%
6					

1 ［ホーム］タブをクリック

2 ［小数点以下の表示桁数を増やす］をクリック

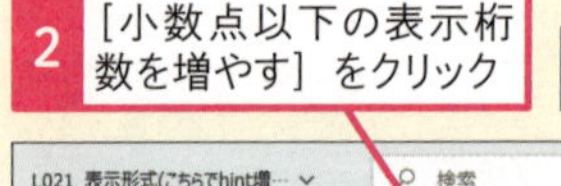

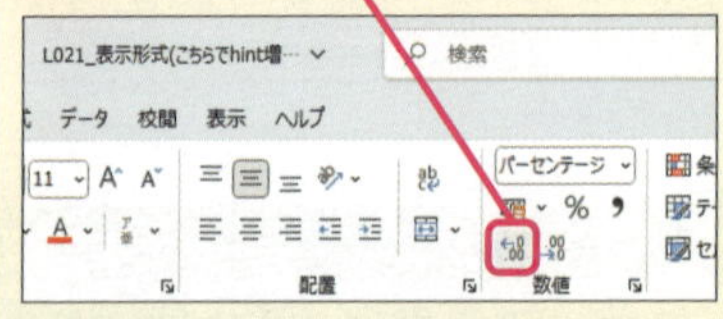

小数点以下が表示された

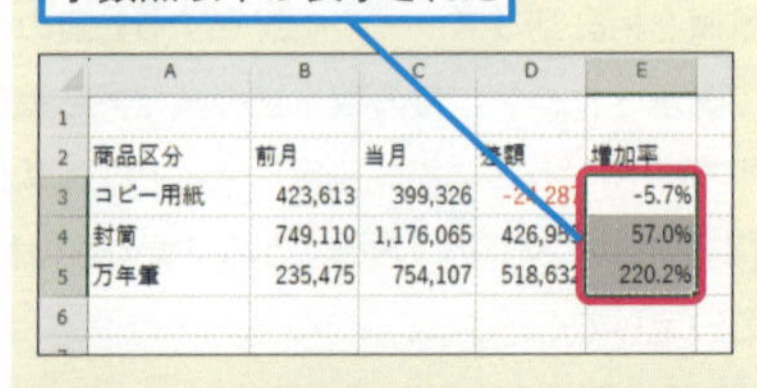

	A	B	C	D	E
1					
2	商品区分	前月	当月	差額	増加率
3	コピー用紙	423,613	399,326	-24,287	-5.7%
4	封筒	749,110	1,176,065	426,955	57.0%
5	万年筆	235,475	754,107	518,632	220.2%
6					

用語解説

グレゴリオ暦

現在、世界で一般的に使われている暦。いわゆる西暦のことをいいます。

4 日付の年を元号で表示する

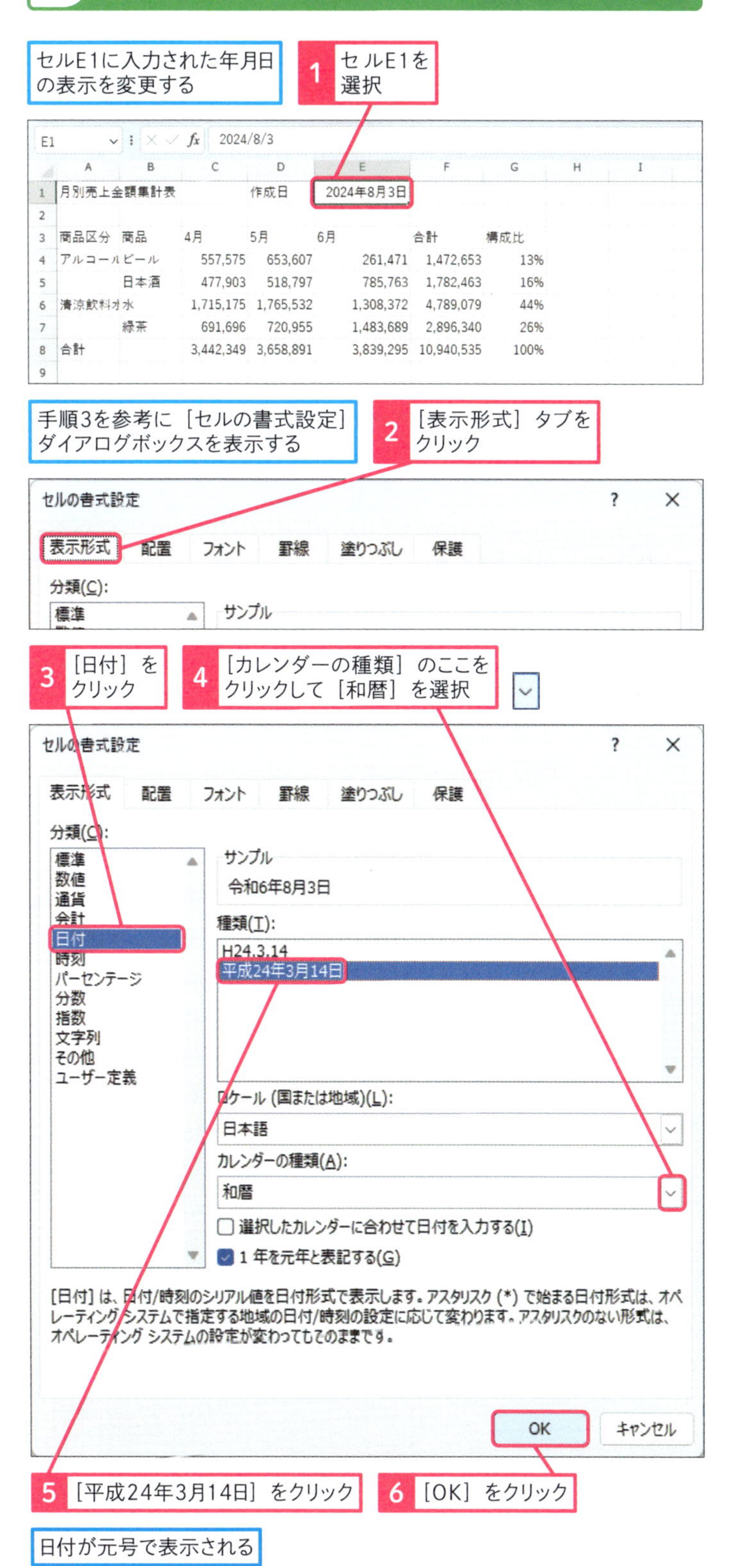

使いこなしのヒント

自分でオリジナルの表示形式を設定するには

「年/月」形式など、日付の種類欄に存在しない形式で日付を表示させたいときには、ユーザー定義書式の機能を使いましょう。［セルの書式設定］ダイアログボックスで、「表示形式」タブの分類の中から［ユーザー定義］をクリックし、［種類］欄に「yyyy/m」と入力しましょう。

手順3を参考に、［セルの書式設定］ダイアログボックスを表示して、［表示形式］タブをクリックしておく

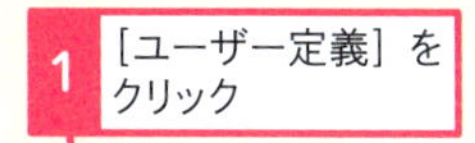

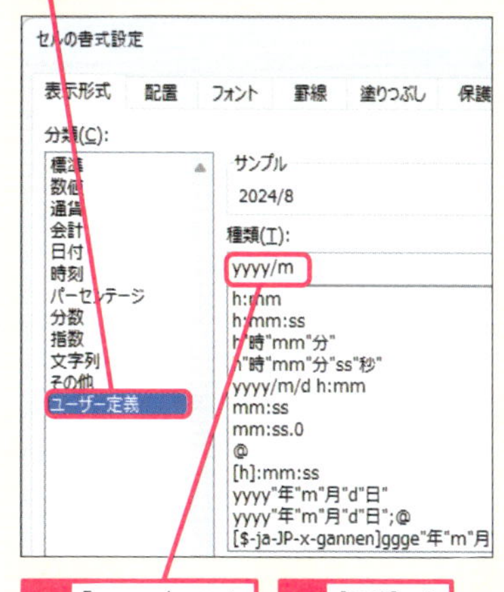

2 「yyyy/m」と入力

3 ［OK］をクリック

「西暦/月」の形で表示された

まとめ 見た目は最後に整えよう

セルに入力されたデータは、表示形式で見た目を変えることができます。セルへの入力時は見た目を気にせず入力し、最後に表示形式で見た目を整えましょう。

レッスン

22 セルを結合するには

セルの結合

練習用ファイル　L022_セルの結合.xlsx

セル結合の機能を使うと、複数のセルにまたがって値を配置できます。表の見出しを複数のセルにまたがって表示したいときなど、帳票や報告書などを作るときに、ある程度自由にレイアウトを組みたいときに使いましょう。

1 セルを結合する

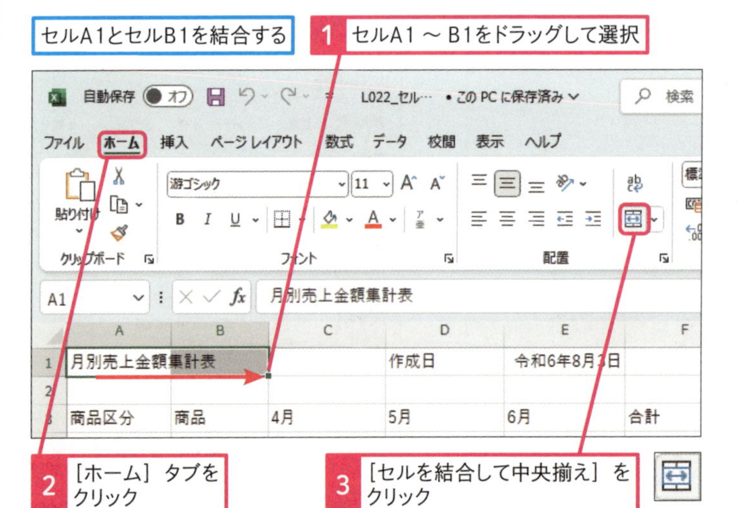

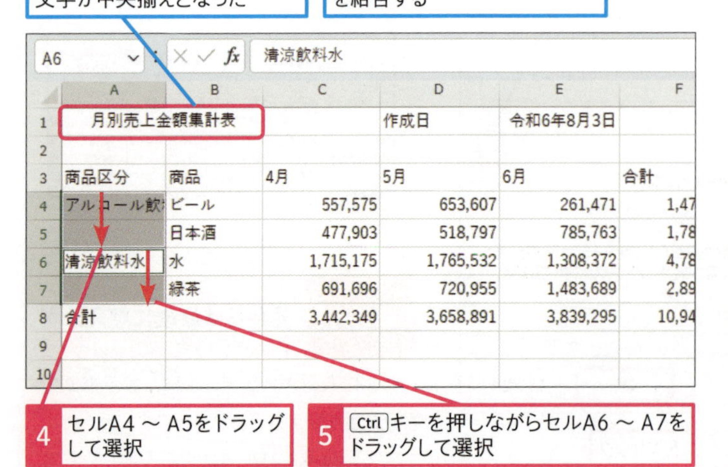

キーワード

セル　P.532
データベース　P.533

使いこなしのヒント

セルの結合は最終成果物の表を作るときだけ使おう

セルを結合すると、一番左上のセル以外は空欄として扱われます。その結果、フィルターで意図通りに絞り込めない、結合されたセルを参照する数式が意図通り動かない、など作業効率を大きく損なう原因になる場合があります。セルの結合は、最終成果物の表を作るときにだけ使うようにしましょう。

使いこなしのヒント

複数行のセルをまとめて横方向に結合するには

複数のセルを選択した状態で、メニューから［ホーム］-セルを結合して中央揃えの右の⌄-［横方向に結合］をクリックすると、選択したセルの中で、1行ごとに横方向だけ結合します。例えば、セルA1 ～ D2を選択して横方向に結合すると、セルA1 ～ D1とセルA2 ～ D2が結合されます。

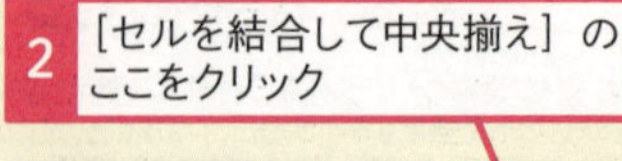

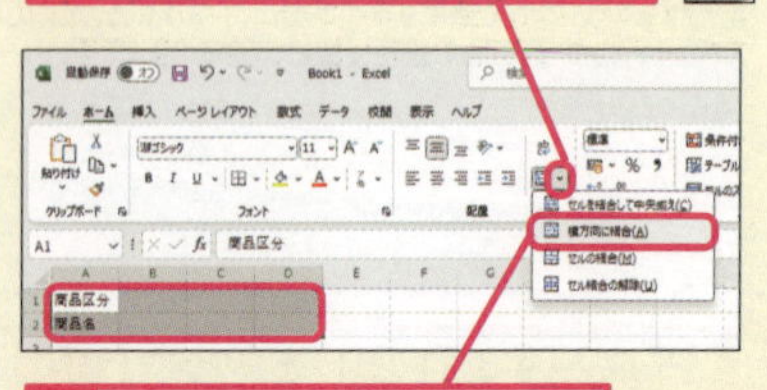

●セルを結合する

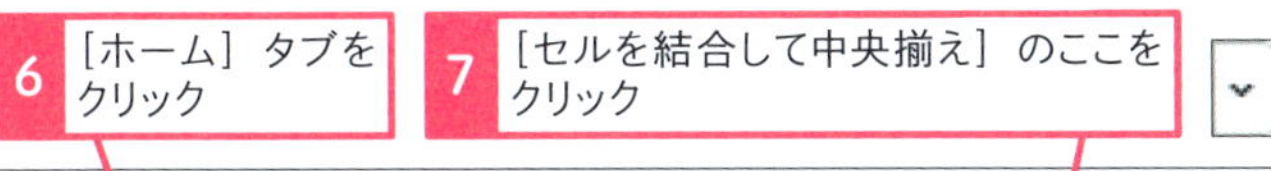

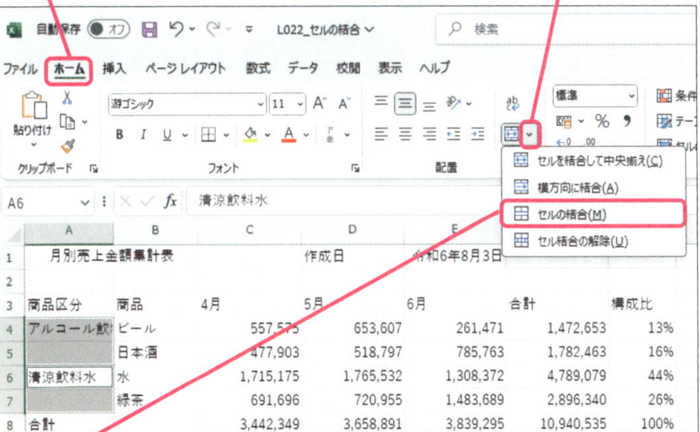

8 ［セルの結合］をクリック

セルA4 ～ A5とセルA6 ～ A7が結合された

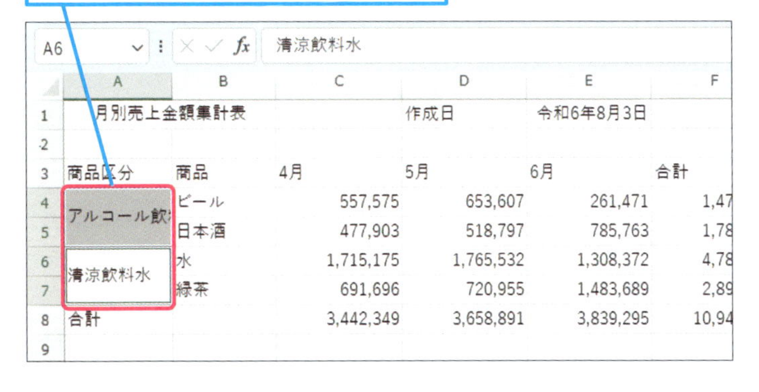

使いこなしのヒント

データベース形式の表ではセル結合は厳禁

データベース形式の表でセル結合を使うと、後のレッスンで紹介する関数やピボットテーブルがうまく動かず、Excelの作業効率を大きく下げる原因となります。データベース形式の表ではセル結合を使わないようにしましょう。

まとめ　セルの結合は使いどころに注意

セル結合は、帳票や報告書を作るときには便利です。一方で、入力したデータを効率よく加工・集計したい場面では、セル結合を使ってしまうと作業効率を大きく下げる原因になります。セル結合は、最終成果物の表を作るときに限定して使いましょう。

スキルアップ

セルの結合を解除するには

結合されているセルを選択した状態で、メニューから［ホーム］-［セルを結合して中央揃え］をクリックすると、セルの結合を解除できます。これにより、セルごとに個別のデータを入力したり、書式設定を適用したりできます。

1 結合したセルを選択　2 ［ホーム］タブをクリック

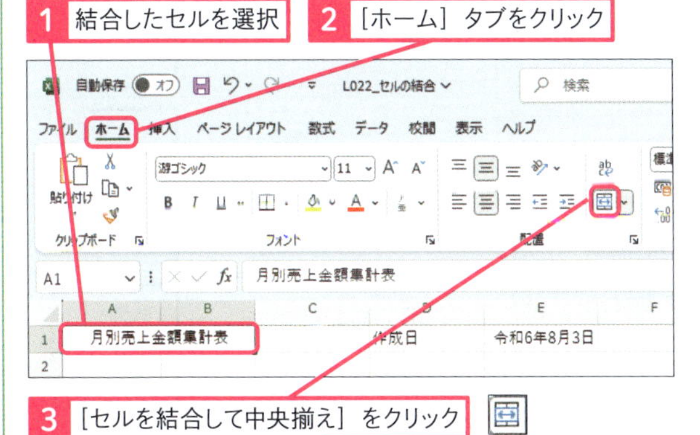

3 ［セルを結合して中央揃え］をクリック

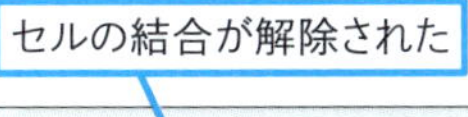

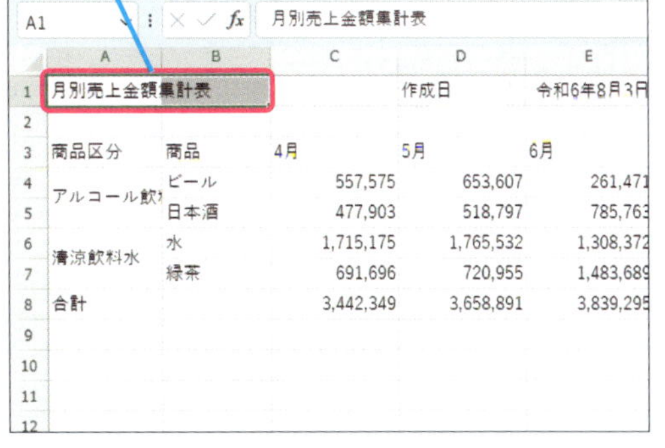

レッスン

23 文字の位置を調整するには

文字の位置

練習用ファイル L023_文字の位置.xlsx

セル内の文字を上下、左右どこに揃えて表示するかを変えたいときには、セル内の文字の配置の設定を変えましょう。また、データが1行に収まらない場合には、セル内で折り返して表示したり、縮小して表示したりすることもできます。

1 文字の表示位置を変更する

ここではセルA1内で、左に揃うように文字の表示位置を変更する

1 セルA1をクリック

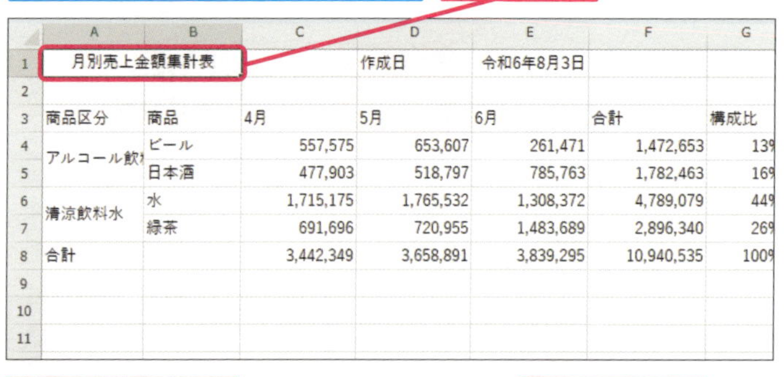

	A	B	C	D	E	F	G
1	月別売上金額集計表			作成日	令和6年8月3日		
2							
3	商品区分	商品	4月	5月	6月	合計	構成比
4	アルコール飲	ビール	557,575	653,607	261,471	1,472,653	13
5		日本酒	477,903	518,797	785,763	1,782,463	16
6	清涼飲料水	水	1,715,175	1,765,532	1,308,372	4,789,079	44
7		緑茶	691,696	720,955	1,483,689	2,896,340	26
8	合計		3,442,349	3,658,891	3,839,295	10,940,535	100
9							
10							
11							

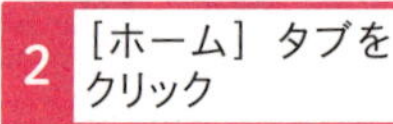

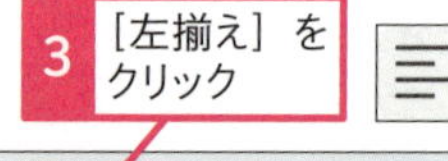

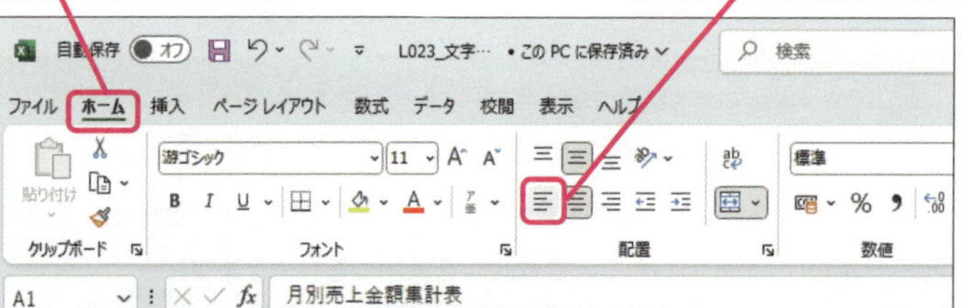

文字の位置が、セル内の左側に移動した

	A	B	C	D	E	F	G
1	月別売上金額集計表			作成日	令和6年8月3日		
2							
3	商品区分	商品	4月	5月	6月	合計	構成比
4	アルコール飲	ビール	557,575	653,607	261,471	1,472,653	13
5		日本酒	477,903	518,797	785,763	1,782,463	16
6	清涼飲料水	水	1,715,175	1,765,532	1,308,372	4,789,079	44
7		緑茶	691,696	720,955	1,483,689	2,896,340	26
8	合計		3,442,349	3,658,891	3,839,295	10,940,535	100
9							
10							
11							
12							

キーワード

書式	P.532
セル	P.532

使いこなしのヒント
左右揃えの設定の初期状態

左右揃えの設定の初期状態は[標準]です。この状態では、セルに数値や日付などを入力したときには[右揃え]、文字列を入力したときには[左揃え]で表示されます。

使いこなしのヒント
上下左右に文字を配置できる

[配置]のアイコンを押すと、セルに入力した文字を上下・左右のどの位置に揃えて表示するかを指定できます。なお、設定済みの[左揃え][中央揃え][右揃え]のアイコンをもう一度クリックすると、左右揃えの設定は[標準]に戻ります。

●文字の配置

アイコン	名称	結果
	上揃え	Excel
	上下中央揃え	Excel
	下揃え	Excel
	左揃え	Excel
	中央揃え	Excel
	右揃え	Excel

2 文字を折り返して表示する

ここではセルA4～A5を結合して、入力されている文字を折り返して表示する

1 セルA4を選択

2 ［ホーム］タブをクリック

3 ［折り返して全体を表示する］をクリック

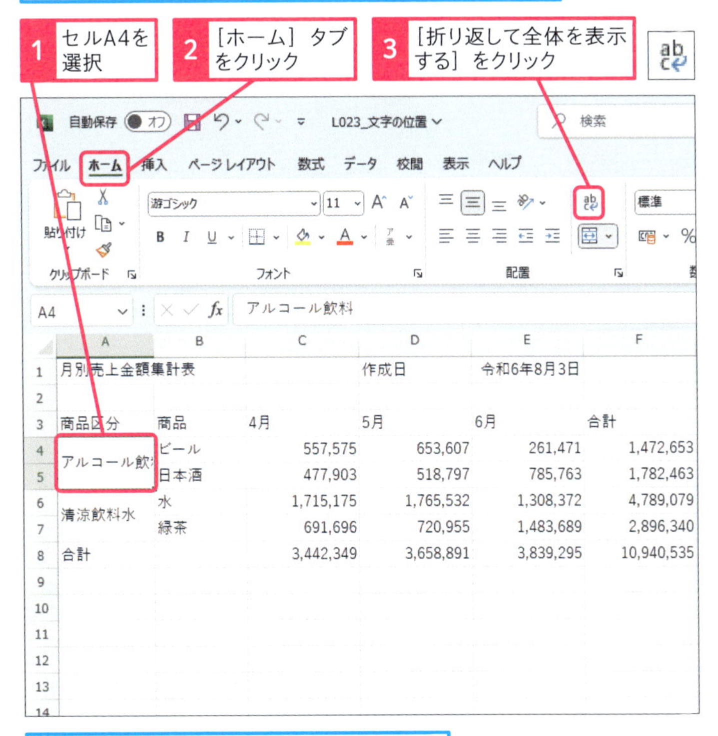

	A	B	C	D	E	F
1	月別売上金額集計表			作成日	令和6年8月3日	
2						
3	商品区分	商品	4月	5月	6月	合計
4	アルコール飲料	ビール	557,575	653,607	261,471	1,472,653
5		日本酒	477,903	518,797	785,763	1,782,463
6	清涼飲料水	水	1,715,175	1,765,532	1,308,372	4,789,079
7		緑茶	691,696	720,955	1,483,689	2,896,340
8	合計		3,442,349	3,658,891	3,839,295	10,940,535

入力されている文字が、折り返して表示された

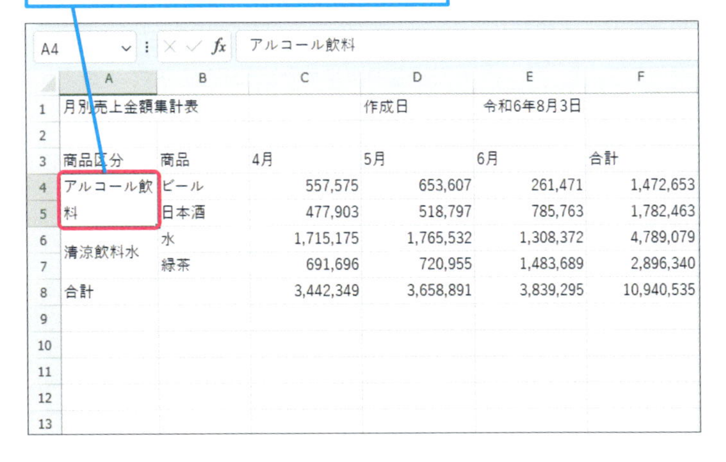

	A	B	C	D	E	F
1	月別売上金額集計表			作成日	令和6年8月3日	
2						
3	商品区分	商品	4月	5月	6月	合計
4	アルコール飲料	ビール	557,575	653,607	261,471	1,472,653
5		日本酒	477,903	518,797	785,763	1,782,463
6	清涼飲料水	水	1,715,175	1,765,532	1,308,372	4,789,079
7		緑茶	691,696	720,955	1,483,689	2,896,340
8	合計		3,442,349	3,658,891	3,839,295	10,940,535

使いこなしのヒント

セル内改行をすると改行を表す特殊な文字が入力される

Alt + Enter キーを使ってセル内で改行を入れると、目には見えませんが、データとしてセルに改行を表す特殊な文字が入力されたものとして扱われます。その結果、フィルターに同じように見える項目が二重に表示される、このセルを参照する数式が意図通り動かない、など作業効率を大きく損なう原因になります。ですから、セル内改行は、最終成果物の表を作るときにだけ使うようにしましょう。なお、[折り返して全体を表示する]機能で折り返すだけなら改行を表す特殊な文字は入りません。どこでも自由に使ってください。

次のページに続く

3 セル内で改行する

ここでは結合されたセルA4～A5に入力された「アルコール飲料」という文字を、「アルコール」と「飲料」に分けて、セル内で改行する

1 セルA4をダブルクリック

	A	B	C	D	E	F	G
1	月別売上金額集計表			作成日	令和6年8月3日		
2							
3	商品区分	商品	4月	5月	6月	合計	構成比
4	アルコール飲	ビール	557,575	653,607	261,471	1,472,653	13%
5	料	日本酒	477,903	518,797	785,763	1,782,463	16%
6	清涼飲料水	水	1,715,175	1,765,532	1,308,372	4,789,079	44%
7		緑茶	691,696	720,955	1,483,689	2,896,340	26%
8	合計		3,442,349	3,658,891	3,839,295	10,940,535	100%
9							
10							

文字が編集できる状態になった

2 「アルコール」と「飲料」の間にカーソルを合わせる

	A	B	C	D	E	F	G
1	月別売上金額集計表			作成日	令和6年8月3日		
2							
3	商品区分	商品	4月	5月	6月	合計	構成比
4	アルコール飲	ビール	557,575	653,607	261,471	1,472,653	13%
5	料	日本酒	477,903	518,797	785,763	1,782,463	16%
6	清涼飲料水	水	1,715,175	1,765,532	1,308,372	4,789,079	44%
7		緑茶	691,696	720,955	1,483,689	2,896,340	26%
8	合計		3,442,349	3,658,891	3,839,295	10,940,535	100%
9							
10							

3 Alt キーを押しながら Enter キーを押す

「アルコール」と「飲料」の間で改行された

4 Enter キーを押す

	A	B	C	D	E	F	G
1	月別売上金額集計表			作成日	令和6年8月3日		
2							
3	商品区分	商品	4月	5月	6月	合計	構成比
4	アルコール	ビール	557,575	653,607	261,471	1,472,653	13%
5	飲料	日本酒	477,903	518,797	785,763	1,782,463	16%
6	清涼飲料水	水	1,715,175	1,765,532	1,308,372	4,789,079	44%
7		緑茶	691,696	720,955	1,483,689	2,896,340	26%
8	合計		3,442,349	3,658,891	3,839,295	10,940,535	100%
9							
10							

「アルコール」と「飲料」に分けて、セル内で改行された

	A	B	C	D	E	F	G
1	月別売上金額集計表			作成日	令和6年8月3日		
2							
3	商品区分	商品	4月	5月	6月	合計	構成比
4	アルコール	ビール	557,575	653,607	261,471	1,472,653	13%
5	飲料	日本酒	477,903	518,797	785,763	1,782,463	16%
6	清涼飲料水	水	1,715,175	1,765,532	1,308,372	4,789,079	44%
7		緑茶	691,696	720,955	1,483,689	2,896,340	26%
8	合計		3,442,349	3,658,891	3,839,295	10,940,535	100%
9							
10							

ショートカットキー

編集/入力モードの切り替え F2

使いこなしのヒント

連続した空白で位置を調整しない

セルの幅を変えたときに表示が乱れてしまうので、セル内で改行しているように見せるために連続した空白を入力するのはやめましょう。連続した空白での調整は、最終成果物かどうかを問わず、どのような場面でも使わないようにしましょう。

以下のように空白を入れることで改行したように見せるのは避けたほうが良い

3	商品区分	商品	4月
4	アルコール　　飲	ビール	55
5	料	日本酒	47
6	清涼飲料水	水	1,71
7		緑茶	69
8	合計		3,44

3	商品区分	商品	4月
4	アルコール	ビール	55
5	飲料	日本酒	47
6	清涼飲料水	水	1,71
7		緑茶	69
8	合計		3,44

4 文字を縮小して表示する

ここでは「アルコール飲料」という文字を、縮小してセルの幅に収める

1 セルA4をクリック

2 ［ホーム］タブをクリック

3 ［配置］のここをクリック

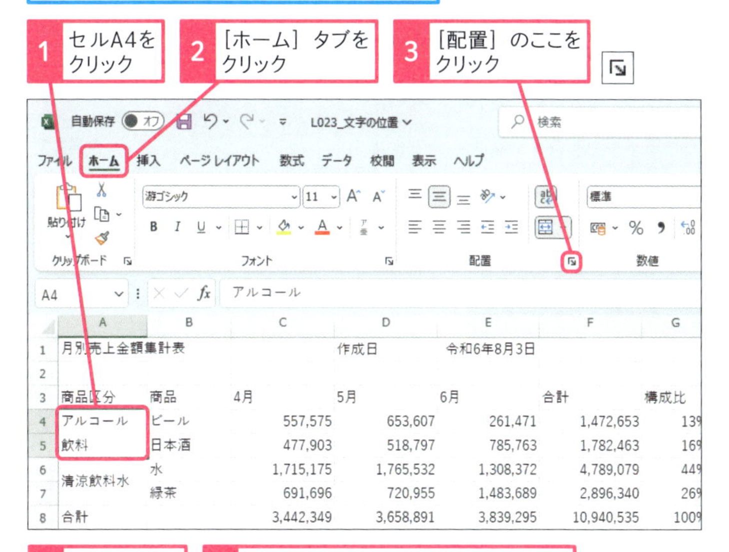

	A	B	C	D	E	F	G
1	月別売上金額集計表			作成日	令和6年8月3日		
2							
3	商品区分	商品	4月	5月	6月	合計	構成比
4	アルコール	ビール	557,575	653,607	261,471	1,472,653	13%
5	飲料	日本酒	477,903	518,797	785,763	1,782,463	16%
6	清涼飲料水	水	1,715,175	1,765,532	1,308,372	4,789,079	44%
7		緑茶	691,696	720,955	1,483,689	2,896,340	26%
8	合計		3,442,349	3,658,891	3,839,295	10,940,535	100%

4 ［配置］タブをクリック

5 ［折り返して全体を表示する］のチェックマークをはずす

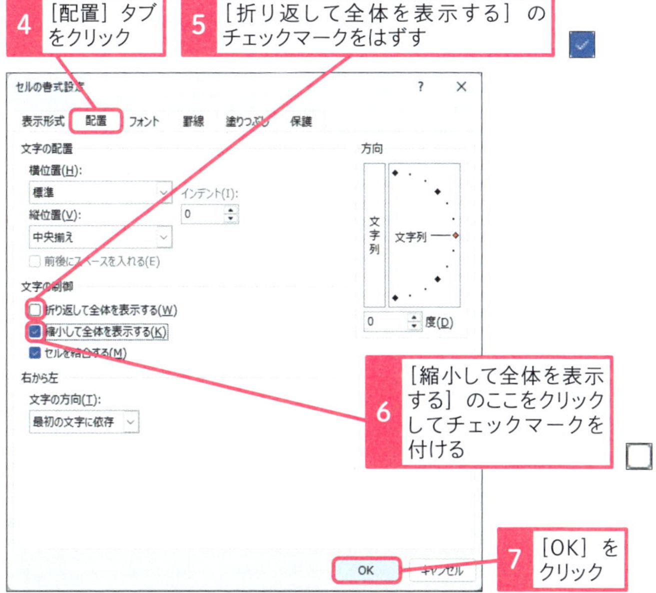

6 ［縮小して全体を表示する］のここをクリックしてチェックマークを付ける

7 ［OK］をクリック

「アルコール飲料」という文字が縮小されて、セルの幅に収まった

	A	B	C	D	E	F	G
1	月別売上金額集計表			作成日	令和6年8月3日		
2							
3	商品区分	商品	4月	5月	6月	合計	構成比
4	アルコール飲料	ビール	557,575	653,607	261,471	1,472,653	13%
5		日本酒	477,903	518,797	785,763	1,782,463	16%
6	清涼飲料水	水	1,715,175	1,765,532	1,308,372	4,789,079	44%
7		緑茶	691,696	720,955	1,483,689	2,896,340	26%
8	合計		3,442,349	3,658,891	3,839,295	10,940,535	100%

使いこなしのヒント

文字のサイズは自動的に決められる

［縮小して全体を表示する］を設定すると、セルの幅に合わせて文字が自動的に縮小されます。文字数が多くなるほど文字の大きさは小さくなるので、小さくて読みづらくなった場合は、セルの幅を広げるなどして調節しましょう。

ショートカットキー

［セルの書式設定］画面を表示　Ctrl + 1

まとめ　表示や改行の位置調整に空白は使わない

文字を右詰めにしたり改行位置を調整したりするときに、空白で調整しようとすると、セル内のデータの変更でずれるだけでなく、表示するパソコンにより、意図通りに表示されなくなる場合もあります。セル内の文字の配置を変えたいときには、空白で調整せず、適切なExcelの機能を使って調整するようにしましょう。

レッスン

24 文字やセルの色を変更するには

フォントや色の変更

練習用ファイル L024_フォントや色の変更.xlsx

重要な部分を強調するために、下線を引いたり、文字の色、セルの背景色やフォントの種類・大きさを変えたりして表を見やすく整えましょう。セル内の一部の文字にだけ下線を引くなどの装飾をすることもできます。

キーワード

使いこなしのヒント

文字の大きさはマウスでも変更できる

リボンの［ホーム］タブの中の［フォントサイズの拡大］（A^）や［フォントサイズの縮小］（A^）をクリックすると、文字の大きさを1段階大きく（あるいは小さく）変更できます。

［フォントサイズの拡大］をクリックすると、文字を1段階大きくできる

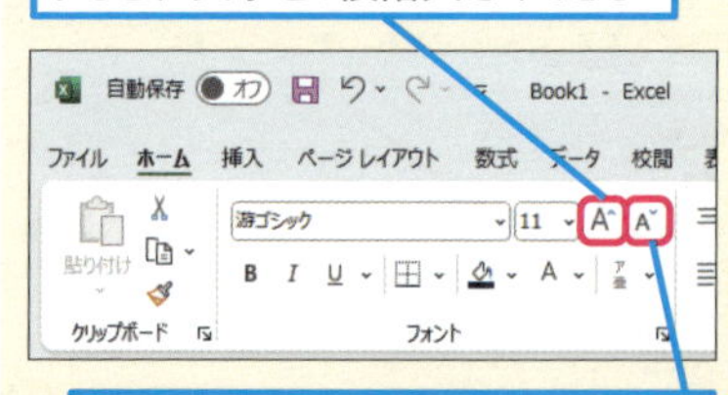

［フォントサイズの縮小］をクリックすると、文字を1段階小さくできる

1 文字の大きさを変更する

ここではセルA1の文字のフォントサイズを、「14」に変更して大きくする

1 セルA1をクリック

	A	B	C	D	E	F	G
1	月別売上金額集計表			作成日	令和6年8月3日		
2							
3	商品区分	商品	4月	5月	6月	合計	構成比
4	アルコール飲料	ビール	557,575	653,607	261,471	1,472,653	13%
5		日本酒	477,903	518,797	785,763	1,782,463	16%
6	清涼飲料水	水	1,715,175	1,765,532	1,308,372	4,789,079	44%
7		緑茶	691,696	720,955	1,483,689	2,896,340	26%
8	合計		3,442,349	3,658,891	3,839,295	10,940,535	100%
9							
10							

2 ［ホーム］タブをクリック

3 ［フォントサイズ］のここをクリック

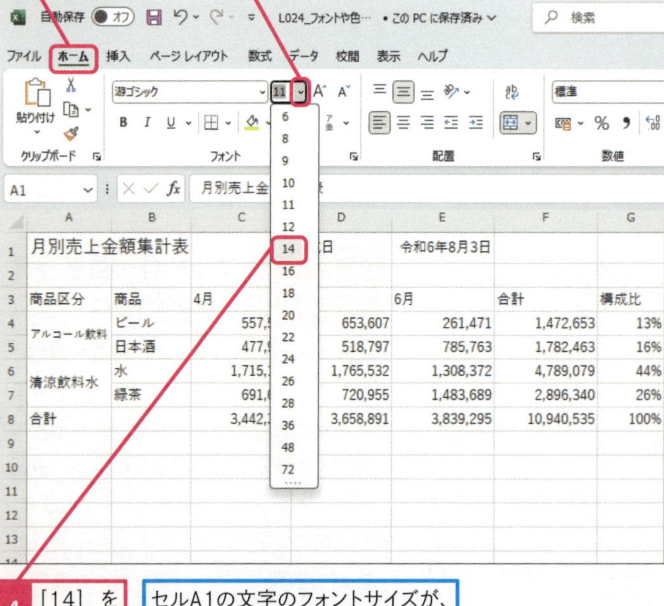

4 ［14］をクリック

セルA1の文字のフォントサイズが、「14」に変更されて大きくなる

用語解説

フォント

パソコンで使う文字の書体のことをフォントといいます。標準のフォントは游ゴシックです。フォント名に「UD」とついているフォントは、ユニバーサルデザインに準拠したフォントで、誰にでも読みやすい形になっています。

2 文字を太字にする

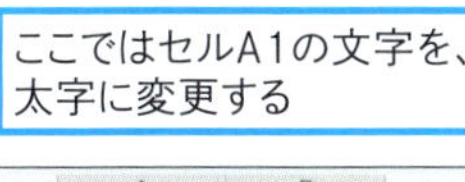

1 セルA1をクリック

	A	B	C	D	E	F	G
1	月別売上金額集計表			作成日	令和6年8月3日		
2							
3	商品区分	商品	4月	5月	6月	合計	構成比
4	アルコール飲料	ビール	557,575	653,607	261,471	1,472,653	13%
5		日本酒	477,903	518,797	785,763	1,782,463	16%
6	清涼飲料水	水	1,715,175	1,765,532	1,308,372	4,789,079	44%
7		緑茶	691,696	720,955	1,483,689	2,896,340	26%
8	合計		3,442,349	3,658,891	3,839,295	10,940,535	100%
9							
10							

2 ［ホーム］タブをクリック

B

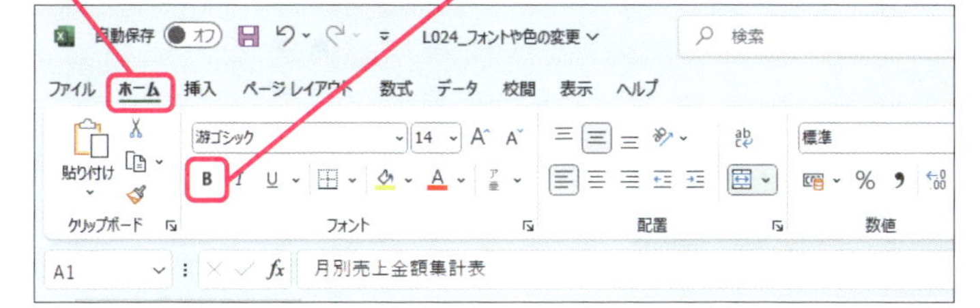

セルA1の文字が太字になった

	A	B	C	D	E	F	G
1	**月別売上金額集計表**			作成日	令和6年8月3日		
2							
3	商品区分	商品	4月	5月	6月	合計	構成比
4	アルコール飲料	ビール	557,575	653,607	261,471	1,472,653	13%
5		日本酒	477,903	518,797	785,763	1,782,463	16%
6	清涼飲料水	水	1,715,175	1,765,532	1,308,372	4,789,079	44%
7		緑茶	691,696	720,955	1,483,689	2,896,340	26%
8	合計		3,442,349	3,658,891	3,839,295	10,940,535	100%
9							
10							

3 文字の種類を変更する

ここではセルA1の文字のフォントを、「BIZ UDPゴシック」に変更する

1 セルA1をクリック

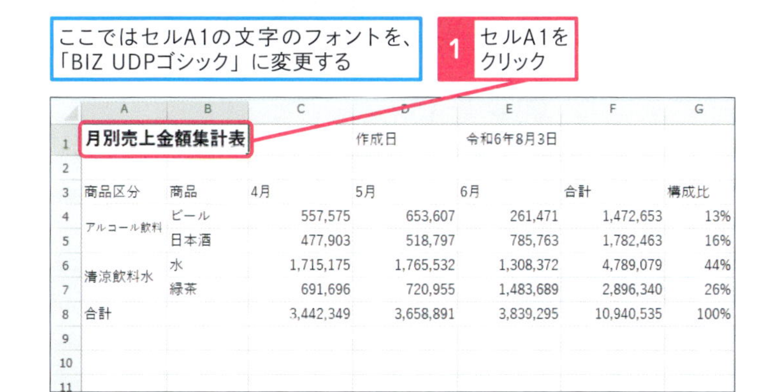

	A	B	C	D	E	F	G
1	**月別売上金額集計表**			作成日	令和6年8月3日		
2							
3	商品区分	商品	4月	5月	6月	合計	構成比
4	アルコール飲料	ビール	557,575	653,607	261,471	1,472,653	13%
5		日本酒	477,903	518,797	785,763	1,782,463	16%
6	清涼飲料水	水	1,715,175	1,765,532	1,308,372	4,789,079	44%
7		緑茶	691,696	720,955	1,483,689	2,896,340	26%
8	合計		3,442,349	3,658,891	3,839,295	10,940,535	100%
9							
10							
11							

スキルアップ

色を付ける代わりに新しい列にデータを入力できないか考えよう

Excelは「色の付いているセルの金額だけを集計する」など、フォントや色に応じた処理をするのは苦手です。作業効率化の観点からは、フォント・色を変える代わりに、文字で情報を入力できないかを考えましょう。例えば、処理済みのデータを色で示す代わりに、新しい列に文字で「済」と入力すればフィルターや数式で処理がしやすくなります。なお第10章で紹介する条件付き書式の機能を使うと「済」と入力されたセルだけ、自動的に色を変えることもできます。

使いこなしのヒント

下線を引いたり、斜体にしたりするには

リボンの「ホーム」タブの中の[U]をクリックすると下線を引けます。また、[I]をクリックすると文字をイタリック（斜体）にできます。

●下線

	A	B	C
1	月別売上金額集計表		
2			

●イタリック

	A	B	C
1	*月別売上金額集計表*		
2			

次のページに続く

● 文字の種類を指定する

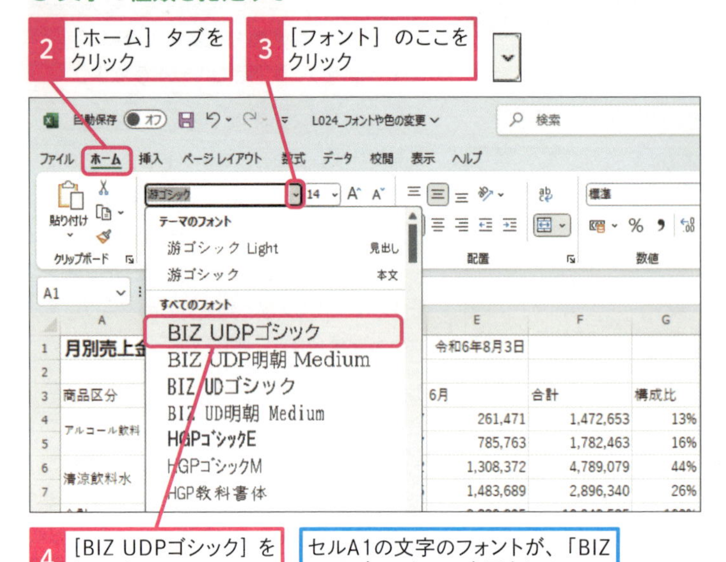

4 セルの色を変える

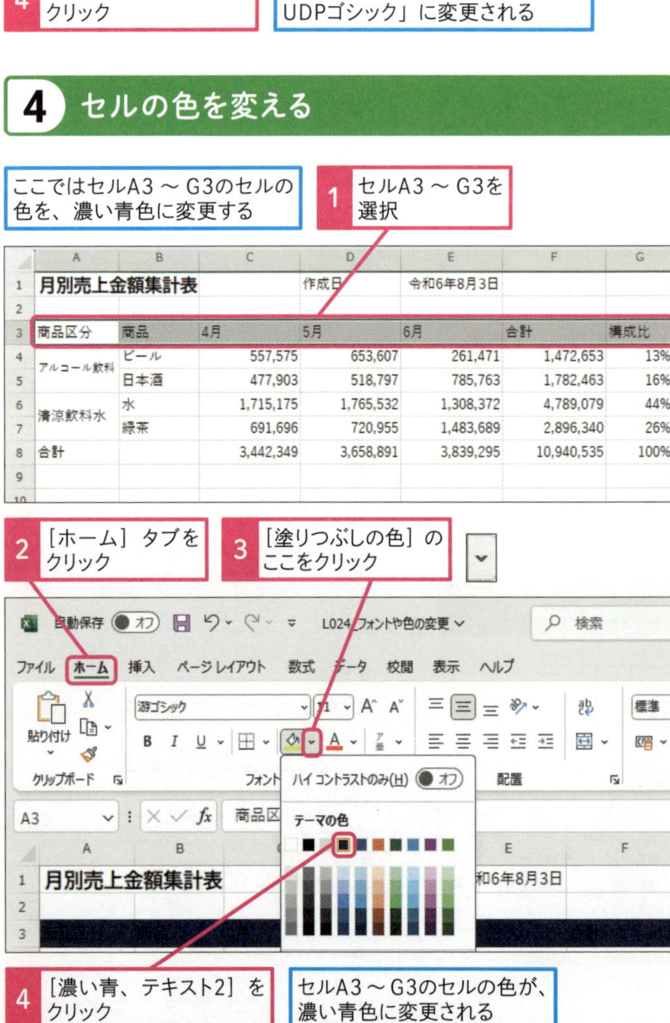

	A	B	C	D	E	F	G
1	月別売上金額集計表			作成日	令和6年8月3日		
2							
3	商品区分	商品	4月	5月	6月	合計	構成比
4	アルコール飲料	ビール	557,575	653,607	261,471	1,472,653	13%
5		日本酒	477,903	518,797	785,763	1,782,463	16%
6	清涼飲料水	水	1,715,175	1,765,532	1,308,372	4,789,079	44%
7		緑茶	691,696	720,955	1,483,689	2,896,340	26%
8	合計		3,442,349	3,658,891	3,839,295	10,940,535	100%
9							

使いこなしのヒント

一覧にない色を使うには

色を選択するパネルにない色を使うには、色を選択するパネルで［その他の色］をクリックしてください。［色の設定］ウィンドウが表示されますので［OK］をクリックしましょう。

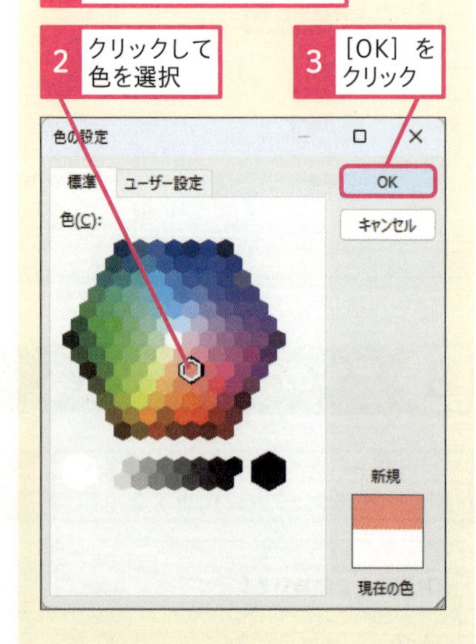

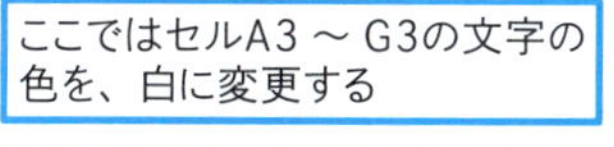

5 文字の色を変える

ここではセルA3 ～ G3の文字の色を、白に変更する

1 セルA3 ～ G3を選択

	A	B	C	D	E	F	G
1	月別売上金額集計表			作成日	令和6年8月3日		
2							
3							
4	アルコール飲料	ビール	557,575	653,607	261,471	1,472,653	13%
5		日本酒	477,903	518,797	785,763	1,782,463	16%
6	清涼飲料水	水	1,715,175	1,765,532	1,308,372	4,789,079	44%
7		緑茶	691,696	720,955	1,483,689	2,896,340	26%
8	合計		3,442,349	3,658,891	3,839,295	10,940,535	100%
9							
10							
11							

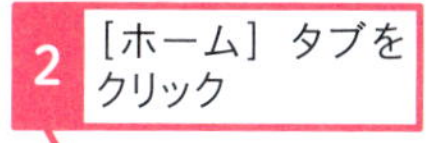

2 ［ホーム］タブをクリック

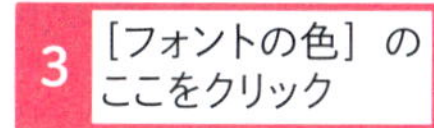

3 ［フォントの色］のここをクリック

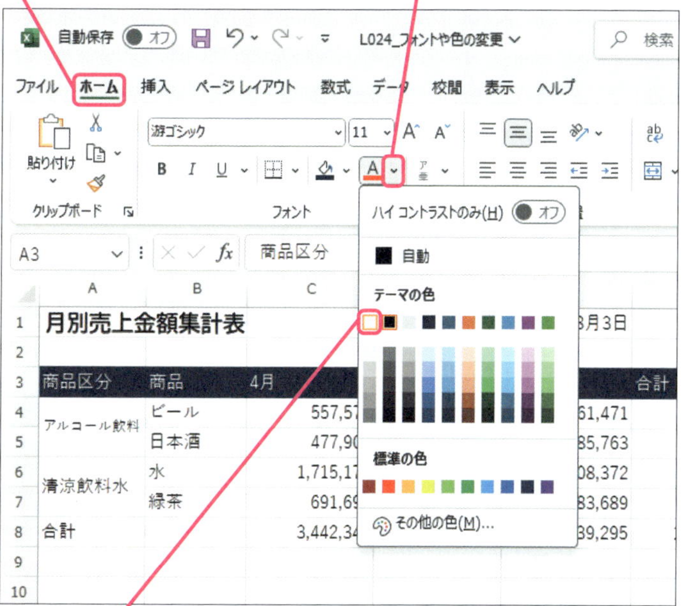

4 ［白、背景1］をクリック

セルA3 ～ G3の文字の色が、白に変更された

	A	B	C	D	E	F	G
1	月別売上金額集計表			作成日	令和6年8月3日		
2							
3	商品区分	商品	4月	5月	6月	合計	構成比
4	アルコール飲料	ビール	557,575	653,607	261,471	1,472,653	13%
5		日本酒	477,903	518,797	785,763	1,782,463	16%
6	清涼飲料水	水	1,715,175	1,765,532	1,308,372	4,789,079	44%
7		緑茶	691,696	720,955	1,483,689	2,896,340	26%
8	合計		3,442,349	3,658,891	3,839,295	10,940,535	100%
9							
10							
11							
12							
13							

使いこなしのヒント

直前に使った色を繰り返し使える

［塗りつぶしの色］アイコンや、［フォントの色］アイコンには、直前に指定した色が表示されています。そのアイコンをクリックすると、前回指定した色を繰り返し使うことができます。

直前に指定した色が表示されている

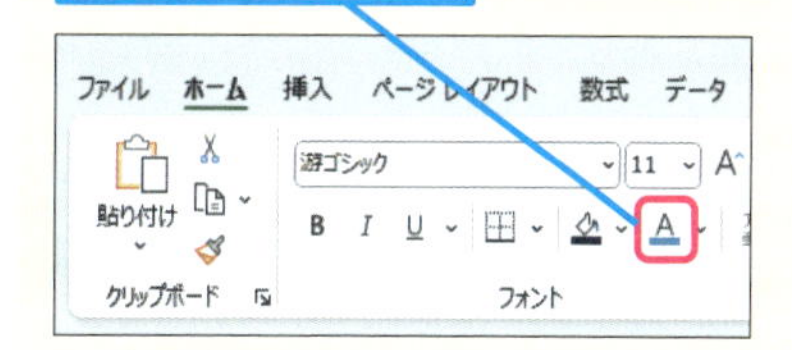

使いこなしのヒント

一部の文字だけ装飾するには

セル全体ではなく、一部の文字だけ、色やフォントを変更したり下線を引いたりすることもできます。セルをダブルクリック後、一部の文字だけ選択をした状態で、このレッスンのように文字の色を変える操作をしましょう。これで、選択した文字だけ色が変わります。

まとめ 見やすい資料を作るために装飾をしよう

フォント・色などを変えすぎると、手間がかかる割にかえって見にくくなる場合もあります。ポイントを絞って装飾するようにしましょう。また、後続処理で使うような情報は、文字で表現することを心掛けましょう。

レッスン

25 罫線を引くには

罫線

練習用ファイル　L025_罫線.xlsx

表が完成したら、セルの境目に罫線を引いて表を見やすく整えましょう。元々画面に表示されているセルの境目の薄い線は印刷時には出力されないので、印刷時に罫線を出力したいときには、罫線を引く必要があります。

1 複数のセルに罫線を引く

ここではセルA3 ～ G8に格子状の罫線を引き、外側だけ太線で囲む

1 セルA3 ～ G8をドラッグして選択

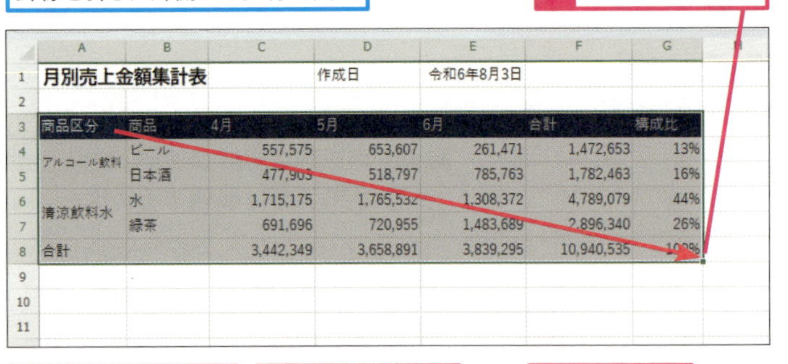

	A	B	C	D	E	F	G
1	月別売上金額集計表			作成日	令和6年8月3日		
2							
3	商品区分	商品	4月	5月	6月	合計	構成比
4	アルコール飲料	ビール	557,575	653,607	261,471	1,472,653	13%
5		日本酒	477,903	518,797	785,763	1,782,463	16%
6	清涼飲料水	水	1,715,175	1,765,532	1,308,372	4,789,079	44%
7		緑茶	691,696	720,955	1,483,689	2,896,340	26%
8	合計		3,442,349	3,658,891	3,839,295	10,940,535	100%

2 ［ホーム］タブをクリック

3 ［罫線］のここをクリック

4 ［格子］をクリック

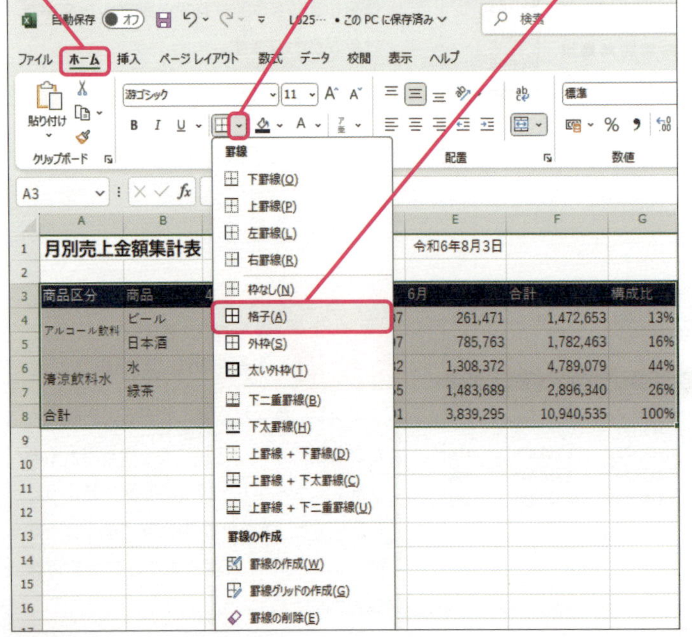

キーワード

罫線	P.531
セル範囲	P.532

使いこなしのヒント

セルの境目の薄い線は印刷されない

元々画面に表示されているセルの境目の薄い線は印刷時には出力されません。印刷時に罫線を出力したいときには、このレッスンの手順で罫線を引きましょう。

使いこなしのヒント

罫線を消すには

手順1の操作4で［枠なし］を選択すると、選択したセルの内部・周囲の罫線がすべて消えます。

［罫線］の一覧を表示しておく

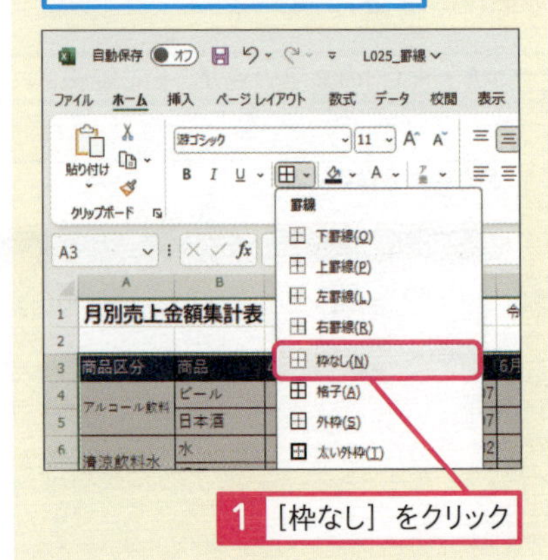

1 ［枠なし］をクリック

● 選択したセル範囲に外枠を引く

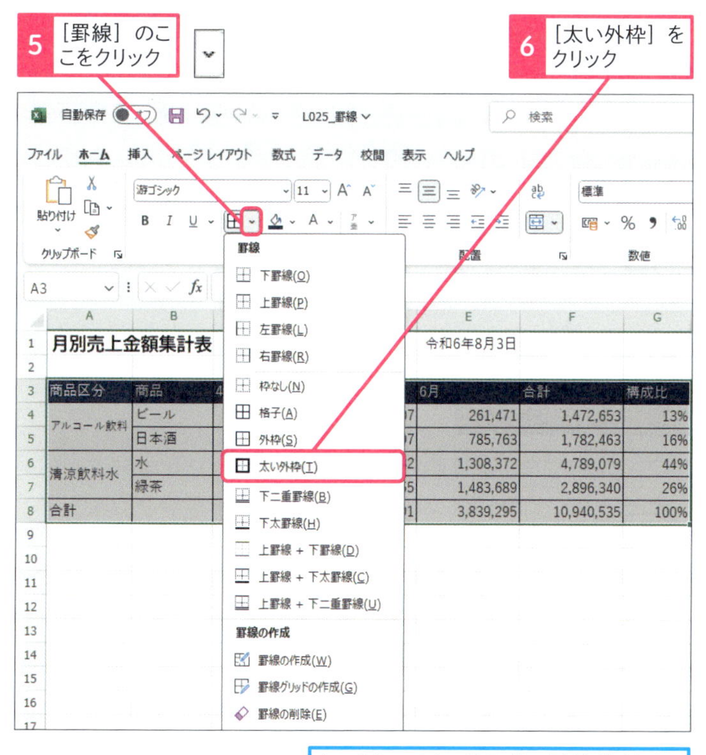

セルA3 ～ G8に格子状の罫線が引かれ、外側だけ太線で囲まれた

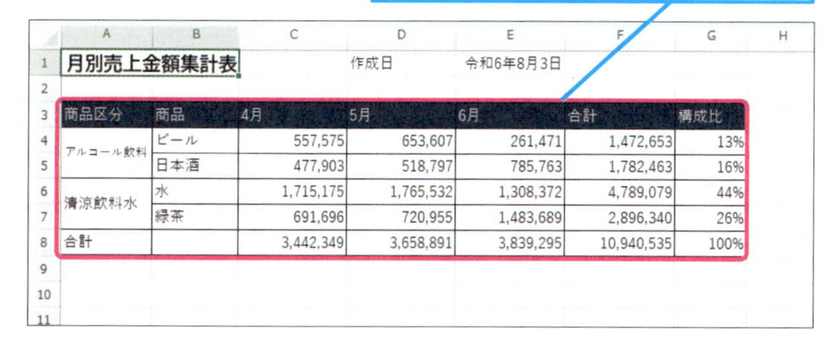

	A	B	C	D	E	F	G
1	月別売上金額集計表		作成日		令和6年8月3日		
2							
3	商品区分	商品	4月	5月	6月	合計	構成比
4	アルコール飲料	ビール	557,575	653,607	261,471	1,472,653	13%
5		日本酒	477,903	518,797	785,763	1,782,463	16%
6	清涼飲料水	水	1,715,175	1,765,532	1,308,372	4,789,079	44%
7		緑茶	691,696	720,955	1,483,689	2,896,340	26%
8	合計		3,442,349	3,658,891	3,839,295	10,940,535	100%

2 セルの下に罫線を引く

ここではセルA7 ～ G7の下に二重罫線を引く

1 セルA7 ～ G7をドラッグして選択

	A	B	C	D	E	F	G
1	月別売上金額集計表		作成日		令和6年8月3日		
2							
3	商品区分	商品	4月	5月	6月	合計	構成比
4	アルコール飲料	ビール	557,575	653,607	261,471	1,472,653	13%
5		日本酒	477,903	518,797	785,763	1,782,463	16%
6	清涼飲料水	水	1,715,175	1,765,532	1,308,372	4,789,079	44%
7		緑茶	691,696	720,955	1,483,689	2,896,340	26%
8	合計		3,442,349	3,658,891	3,839,295	10,940,535	100%

使いこなしのヒント

格子→太線の順で罫線を引こう

本文で紹介したように、表の内側の格子を細い線、表の外側を太い線で囲みたいときには格子→太い外枠の順番に罫線を引きましょう。この手順を逆にして、太い外枠→格子の順番に罫線を引くと、格子の罫線を引いたときに外側の太い線が細い線に置き換わってしまいます。

使いこなしのヒント

罫線を引くのは後回し

表を作り始めた段階で罫線を引いても、表を作成する過程でレイアウトが崩れてしまい、結局、最後にもう一度罫線を引きなおすことになりがちです。このような二度手間を防ぐために、罫線を引くのはできるだけ後回しにしましょう。

使いこなしのヒント

罫線に色を付けるには

罫線に色を付けるには次のページのスキルアップで紹介している［セルの書式設定］の［罫線］タブを使いましょう。［罫線］タブで［色］のプルダウンメニューをクリックして色を選択した後に、右側の［罫線］パネルで、罫線を引くと、指定した色で罫線を引くことができます。

次のページに続く →

● 罫線を選択する

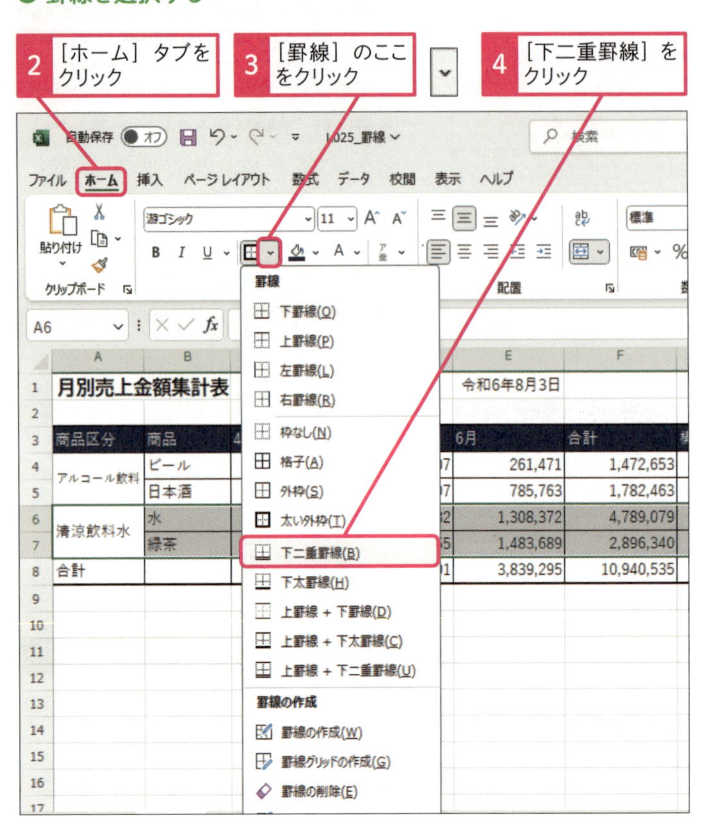

使いこなしのヒント

線のスタイルを変更するには

[罫線] の一覧を表示して [線のスタイル] をクリックすると、太い実線、点線、二重線などに線を変更できます。

スキルアップ

表の内側の罫線だけ消すには

選択したセルの一部の罫線だけを消したいときには「セルの書式設定」の「罫線」タブを使いましょう。例えば、セルA3 ～ G8に格子状に罫線が引かれているときにセルA8 ～ B8を選択して「セルの書式設定」の「罫線」タブで「内部の縦線」を表すアイコンをクリックすると、合計欄（8行目）の縦の罫線だけを消すことができます。

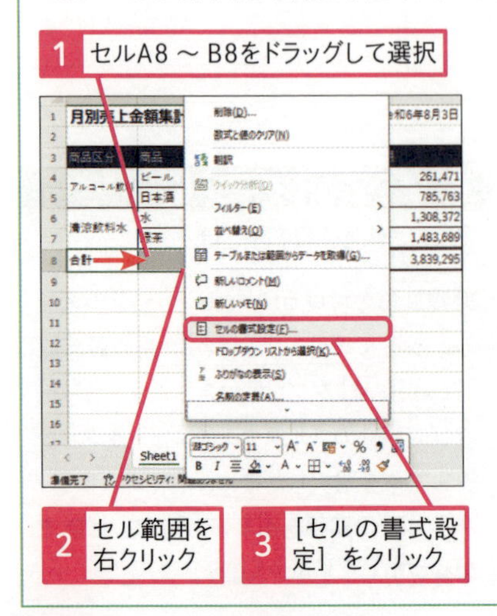

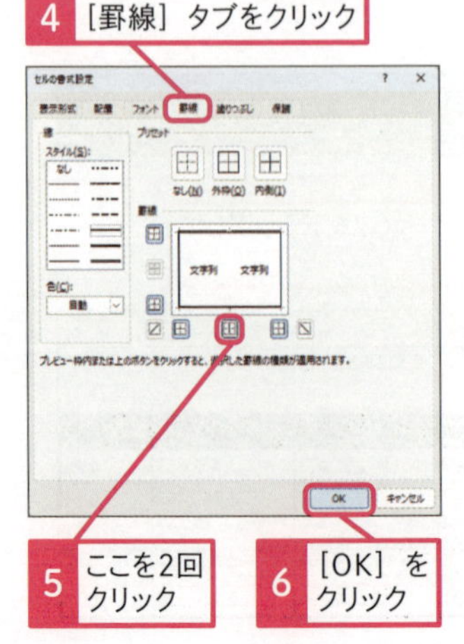

● セルに罫線が引かれた

セルA7 ～ G7の下に二重罫線が引かれた

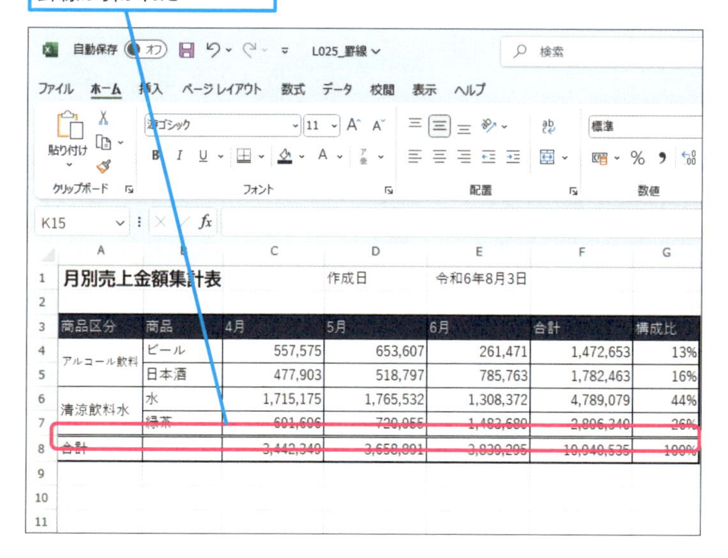

まとめ **表のレイアウトに合わせて、罫線で表を整えよう**

表が完成したら、罫線を引いて表を見やすく整えましょう。情報量が少ないゆったりしたレイアウトのときには罫線は控え目に、情報量が多いレイアウトのときには格子の罫線を使って細かく罫線を入れると、見やすい資料になります。

スキルアップ

斜めの罫線を引くには

［セルの書式設定］の［罫線］タブで、斜めの罫線を表すアイコンをクリックすると斜めの罫線が引けます。なお、セルの結合をしたうえで斜めの罫線を引くと、複数のセルにまたがって斜線を引くことができます。

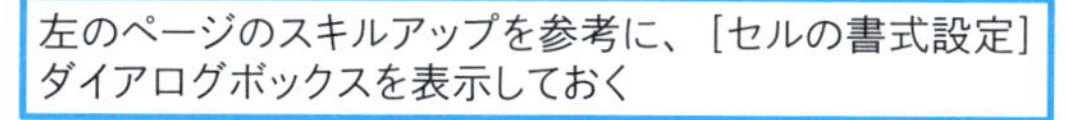

左のページのスキルアップを参考に、［セルの書式設定］ダイアログボックスを表示しておく

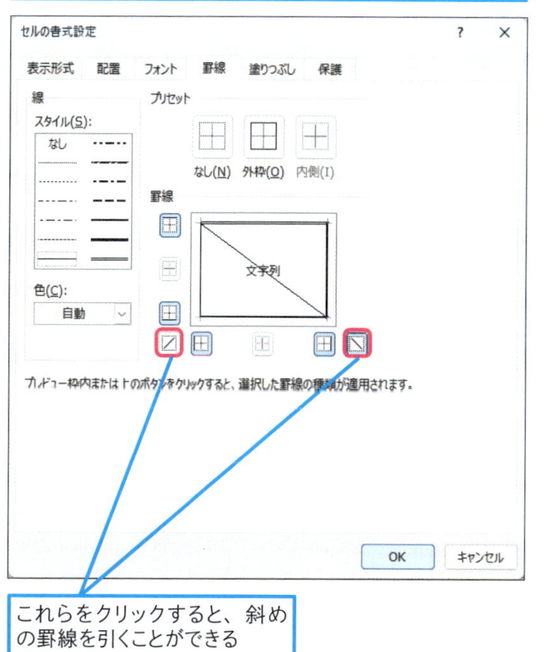

これらをクリックすると、斜めの罫線を引くことができる

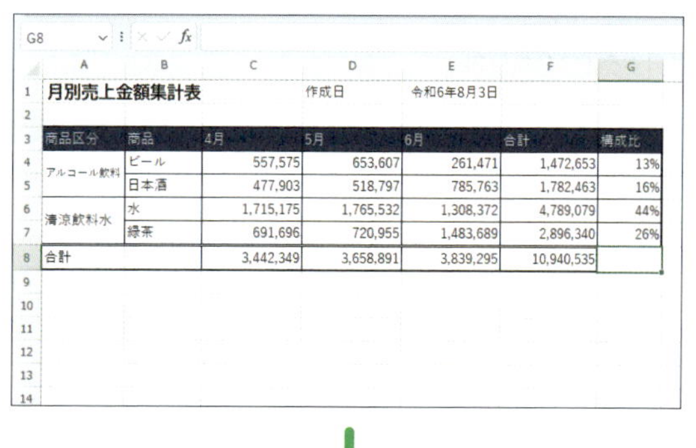

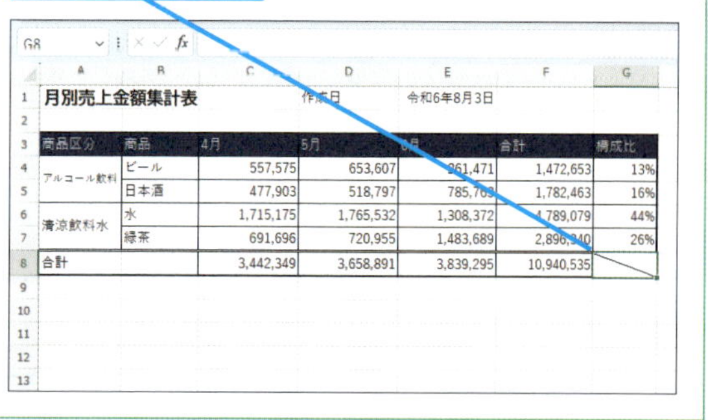

斜めの罫線が引ける

レッスン
26 セルの書式のみをコピーするには

書式のコピー

練習用ファイル L026_書式のコピー.xlsx

書式貼り付けの機能を使うと、セルの値や数式はそのままの状態で、文字やセルの色、罫線などの書式だけを貼り付けることができます。すでに書式設定済の書式と、まったく同じ書式を他のセルに設定するときに便利です。

1 セルの書式をコピーする

ここではセルB4の書式をコピーして、セルB5に貼り付ける

1 セルB4を選択

2 ［ホーム］タブをクリック

3 ［コピー］をクリック

4 セルB5を選択

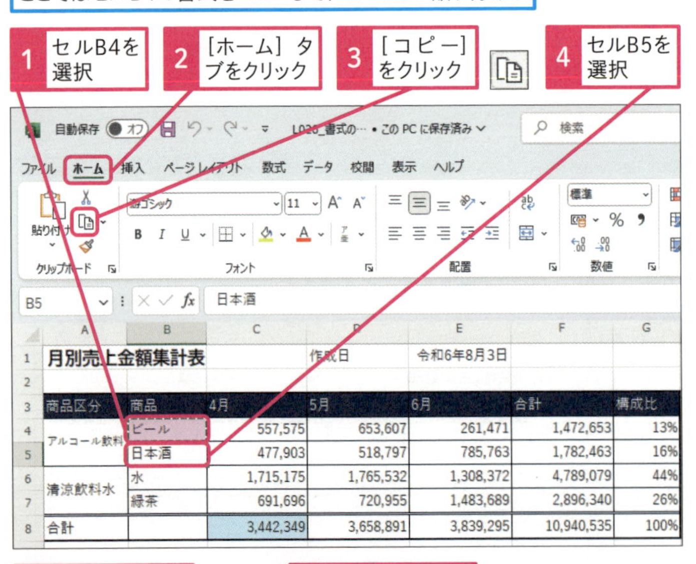

5 ［貼り付け］のここをクリック

6 ［書式設定］をクリック

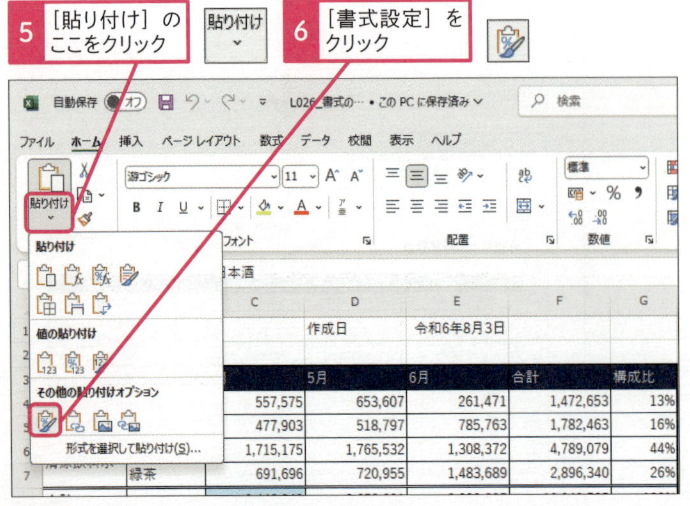

キーワード

罫線	P.531
書式	P.532

使いこなしのヒント

セル上で書式のみを貼り付けるには

ショーカットキーでも書式貼り付けができます。書式をコピーしたいセルを選択して Ctrl ＋ C キーを押した後、貼り付けたいセルを選択して Ctrl ＋ V キーを押すと、いったん書式だけでなくセルの値も含めて貼り付きます。その後、貼り付けたセルの右下に表示される［貼り付けのオプション］をクリック後、［書式設定］をクリックすると、セルの値が消えて書式だけが貼り付きます。

1 セルを選択して Ctrl ＋ C キーを押す

2 Ctrl ＋ V キーを押す

3 ［貼り付けのオプション］をクリック

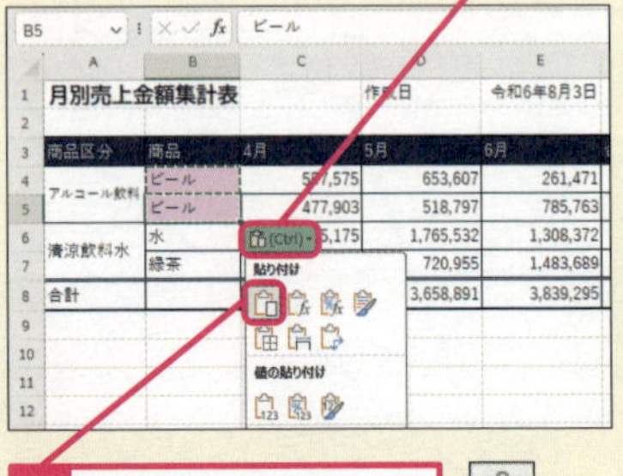

4 ［書式設定］をクリック

書式のみが貼り付けられる

Excel 基本編 第3章 表やデータの見た目を見やすく整えよう

● 書式が貼り付けられた

書式のみが貼り付けられた

	A	B	C	D	E	F	G
1	月別売上金額集計表			作成日	令和6年8月3日		
2							
3	商品区分	商品	4月	5月	6月	合計	構成比
4	アルコール飲料	ビール	557,575	653,607	261,471	1,472,653	13%
5		日本酒	477,903	518,797	785,763	1,782,463	16%
6	清涼飲料水	水	1,715,175	1,765,532	1,308,372	4,789,079	44%
7		緑茶	691,696	720,955	1,483,689	2,896,340	26%
8	合計		3,442,349	3,658,891	3,839,295	10,940,535	100%

2 コピーした書式を連続で貼り付ける

ここではセルC8の書式をコピーして、セルD8～F8に貼り付ける

1 セルC8を選択

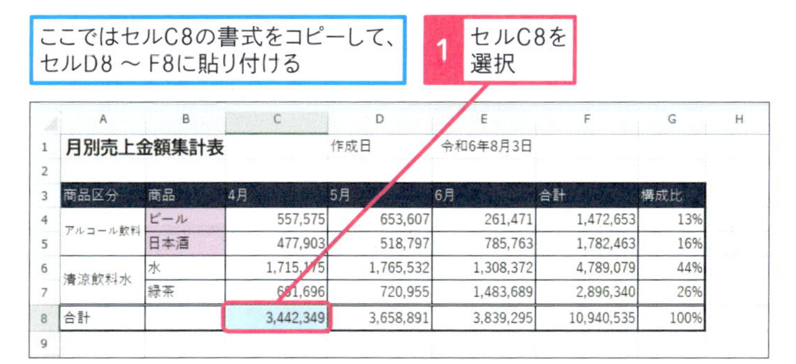

	A	B	C	D	E	F	G
1	月別売上金額集計表			作成日	令和6年8月3日		
2							
3	商品区分	商品	4月	5月	6月	合計	構成比
4	アルコール飲料	ビール	557,575	653,607	261,471	1,472,653	13%
5		日本酒	477,903	518,797	785,763	1,782,463	16%
6	清涼飲料水	水	1,715,175	1,765,532	1,308,372	4,789,079	44%
7		緑茶	691,696	720,955	1,483,689	2,896,340	26%
8	合計		3,442,349	3,658,891	3,839,295	10,940,535	100%

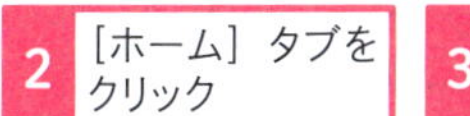

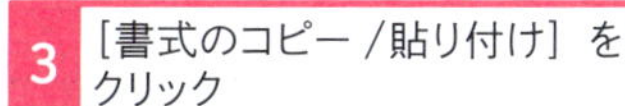

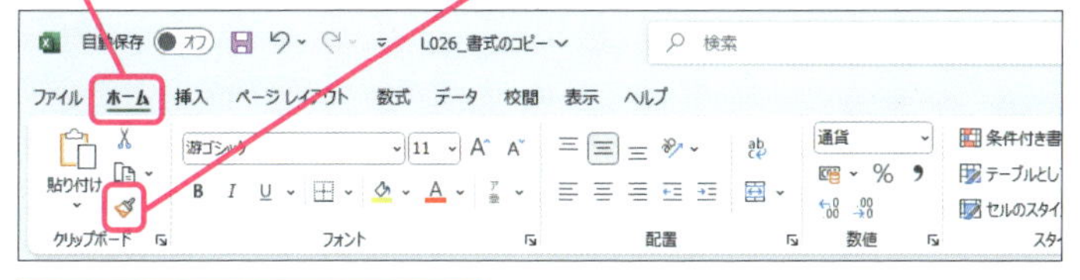

マウスポインターの形が変わった

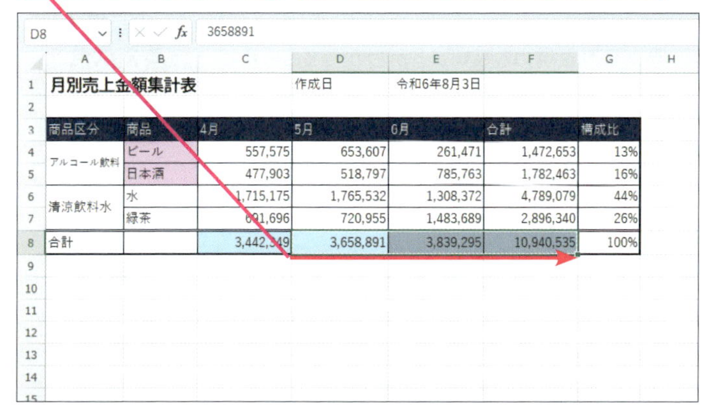

	A	B	C	D	E	F	G
1	月別売上金額集計表			作成日	令和6年8月3日		
2							
3	商品区分	商品	4月	5月	6月	合計	構成比
4	アルコール飲料	ビール	557,575	653,607	261,471	1,472,653	13%
5		日本酒	477,903	518,797	785,763	1,782,463	16%
6	清涼飲料水	水	1,715,175	1,765,532	1,308,372	4,789,079	44%
7		緑茶	691,696	720,955	1,483,689	2,896,340	26%
8	合計		3,442,349	3,658,891	3,839,295	10,940,535	100%

使いこなしのヒント

離れたセルにも連続して書式を貼り付けるには

コピーするセルを選択した後、［書式のコピー／貼り付け］をダブルクリックすると、離れたセルにも書式を連続して貼り付けられます。［書式のコピー／貼り付け］をクリック後、他のセルをクリックしていくと、書式を連続して貼り付けられます。貼り付け終わったら［書式のコピー／貼り付け］をクリックしてください。

コピーするセルを選択しておく

1 ［書式のコピー／貼り付け］をダブルクリック

2 貼り付けるセルをクリック

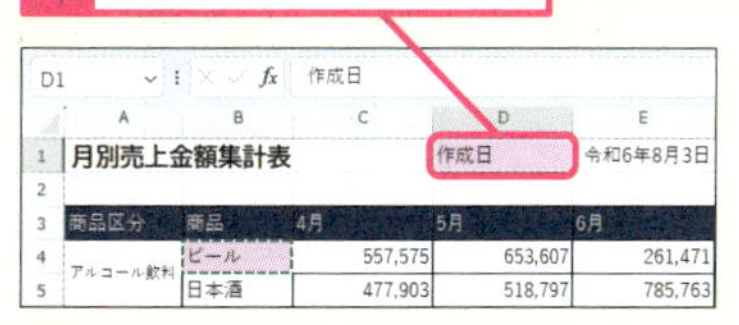

3 続けて貼り付けるセルをクリック

［書式のコピー／貼り付け］をクリックすると、解除される

まとめ まったく同じ書式を適用するときに使おう

毎回、書式を手作業で設定すると、時間が掛かるだけでなく、微妙に色や罫線の種類が変わりがちです。同じレイアウトの表を作る場合など、まったく同じ書式を適用したいときには、書式貼り付けを使うようにしましょう。

この章のまとめ

シンプルな装飾を目指そう

この章では、表の見栄えを整える方法を解説しました。読みやすいフォントを選び、サイズや色も統一するなど、全体のバランスを考えて書式を設定しましょう。なお、ビジネス文書では、シンプルにポイントを絞って装飾をするほうが好まれる傾向にあります。作業効率の観点からも、装飾は必要最小限にして、できるだけセルへの文字入力で情報を表現するようにしましょう。また、表を修正する過程でレイアウトが崩れがちなので、二度手間を避けるために表の見栄えを整えるのは後回しにしましょう。

罫線や表示形式などを設定することで、表が見やすくなる

	A	B	C	D	E	F	G	H
1	月別売上金額集計表			作成日	令和6年8月3日			
2								
3	商品区分	商品	4月	5月	6月	合計	構成比	
4	アルコール飲料	ビール	557,575	653,607	261,471	1,472,653	13%	
5		日本酒	477,903	518,797	785,763	1,782,463	16%	
6	清涼飲料水	水	1,715,175	1,765,532	1,308,372	4,789,079	44%	
7		緑茶	691,696	720,955	1,483,689	2,896,340	26%	
8	合計		3,442,349	3,658,891	3,839,295	10,940,535	100%	
9								
10								
11								

表がすっきり見やすくなりました！

Excelは計算だけではなく、見た目の表現力も高いことがわかってもらえてよかった。

うーん、うまくまとまらないです……。

そんなときは、装飾をぐっと減らしてみよう。あれこれ使わずに、ポイントを絞ることが重要だよ！

Excel

基本編

第4章

データ入力と表の操作を効率化しよう

この章では表を効率よく作成する方法、意図しないデータの入力を防ぐ方法、できあがった表から目的のデータを効率よく探す方法など、表を作成するときに作業効率を上げる方法を紹介します。

レッスン 27

Introduction この章で学ぶこと

「データベース」について知ろう

Excelには便利な機能が多数備わっていますが、作業効率を上げるには「データベース」を作ることが大切です。この章で学ぶ多くの機能は、「データベース」の形式になっていなければ、その威力を十分に発揮できません。ここではまず「データベース」について知りましょう。

データベースとは何か

データって付いているから、何かのデータのことですか？

データベースは、簡単にいうと決まった形式でデータを蓄積したもののこと。Excelでは適切な形式でデータを貯めていくことで、その中から必要な情報をだけを取り出したり、見つけたりすることができるんだよ。

◆データベース

購入・配送明細

No	購入日	購入者	商品名	注文店舗	金額	型番	サイズ
1	2024/1/4	太田 司	テレビ	上板橋店	79,200	LC-40A	200
2	2024/1/14	長野 さやか	冷蔵庫	池袋店	105,800	NR-F162AE	300
3	2024/1/23	関 裕子	電子レンジ	上板橋店	14,680	T-230K	140
4	2024/2/2	榊原 幹彦	冷蔵庫	上板橋店	46,980	MA-AA163T	240
5	2024/2/2	原 さちこ	テレビ	上板橋店	22,800	HHA-26B	140
6	2024/2/12	佐久間 啓介	テレビ	新宿店	79,500	LC-40A	200
7	2024/2/14	笠原 夏希	電子レンジ	池袋店	7,990	T-100W	140
8	2024/2/23	堀田 友佳	電子レンジ	上板橋店	35,200	RE-XE90	140
9	2024/2/23	細川 美保	電子レンジ	上板橋店	56,250	RE-XE2500	160
10	2024/3/4	伊藤 勉	冷蔵庫	池袋店	13,200	IASA-5A	200
11	2024/3/9	松本 まり	テレビ	池袋店	98,300	HHA-43C	200
12	2024/3/11	中尾 早希	冷蔵庫	上板橋店	26,980	NR-F82AE	280
13	2024/3/13	星野 正和	電子レンジ	池袋店	10,980	T-180W	140
14	2024/3/20	長岡 哲男	冷蔵庫	池袋店	36,800	MA-GA132J	220
15	2024/3/26	滝沢 淳	冷蔵庫	上板橋店	23,682	IASA-9B	240

データを金額順に並べ替えられる

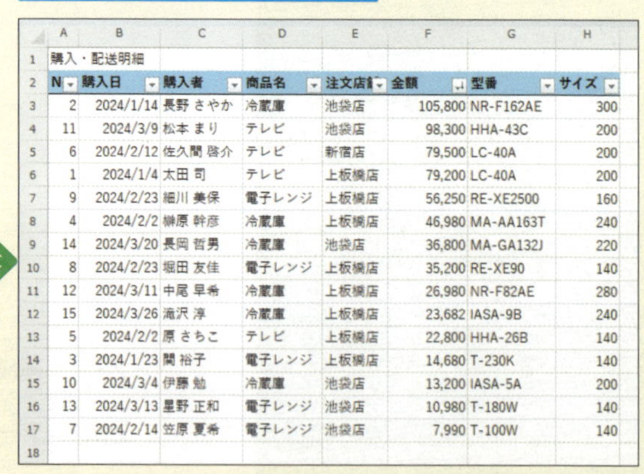

購入・配送明細

No	購入日	購入者	商品名	注文店舗	金額	型番	サイズ
2	2024/1/14	長野 さやか	冷蔵庫	池袋店	105,800	NR-F162AE	300
11	2024/3/9	松本 まり	テレビ	池袋店	98,300	HHA-43C	200
6	2024/2/12	佐久間 啓介	テレビ	新宿店	79,500	LC-40A	200
1	2024/1/4	太田 司	テレビ	上板橋店	79,200	LC-40A	200
9	2024/2/23	細川 美保	電子レンジ	上板橋店	56,250	RE-XE2500	160
4	2024/2/2	榊原 幹彦	冷蔵庫	上板橋店	46,980	MA-AA163T	240
14	2024/3/20	長岡 哲男	冷蔵庫	池袋店	36,800	MA-GA132J	220
8	2024/2/23	堀田 友佳	電子レンジ	上板橋店	35,200	RE-XE90	140
12	2024/3/11	中尾 早希	冷蔵庫	上板橋店	26,980	NR-F82AE	280
15	2024/3/26	滝沢 淳	冷蔵庫	上板橋店	23,682	IASA-9B	240
5	2024/2/2	原 さちこ	テレビ	上板橋店	22,800	HHA-26B	140
3	2024/1/23	関 裕子	電子レンジ	上板橋店	14,680	T-230K	140
10	2024/3/4	伊藤 勉	冷蔵庫	池袋店	13,200	IASA-5A	200
13	2024/3/13	星野 正和	電子レンジ	池袋店	10,980	T-180W	140
7	2024/2/14	笠原 夏希	電子レンジ	池袋店	7,990	T-100W	140

見たい商品のデータを瞬時に抽出できる

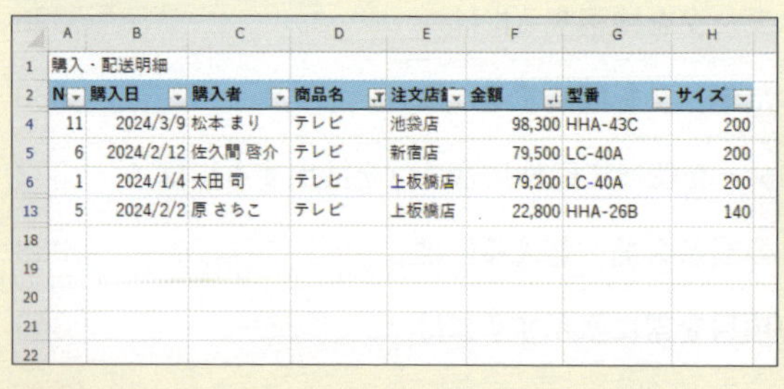

購入・配送明細

No	購入日	購入者	商品名	注文店舗	金額	型番	サイズ
11	2024/3/9	松本 まり	テレビ	池袋店	98,300	HHA-43C	200
6	2024/2/12	佐久間 啓介	テレビ	新宿店	79,500	LC-40A	200
1	2024/1/4	太田 司	テレビ	上板橋店	79,200	LC-40A	200
5	2024/2/2	原 さちこ	テレビ	上板橋店	22,800	HHA-26B	140

データベースって、見当も付かないぐらい膨大なデータを集めたものって思っていたけど、Excelで作る表も1つの「データベース」なんですね。

データベースを作るときのポイント

それで、データベースがこの章の内容にどんな関係があるんです？早く効率的なデータの入力方法が知りたいんですが。

もちろん、第4章では便利な入力方法も解説するよ。ただ、そういったテクニックを使ってデータを入力しても、次のような規則になっていなければ、この章で紹介する「並べ替え」や「フィルター」がうまくいかないんだ。

最初からデータの行を作らず、列見出しを入力する

データの中には空白の行は作らないようにする

	A	B	C	D	E	F	G	H	I
1	購入・配送明細								
2	No	購入日	購入者	商品名	注文店舗	金額	型番	サイズ	
3	1	2024/1/4	太田 司	テレビ	上板橋店	79,200	LC-40A	200	
4	2	2024/1/14	長野 さやか	冷蔵庫	池袋店	105,800	NR-F162AE	300	
5	3	2024/1/23	関 裕子	電子レンジ	上板橋店	14,680	T-230K	140	
6	4	2024/2/2	榊原 幹彦	冷蔵庫	上板橋店	46,980	MA-AA163T	240	
7	5	2024/2/2	原 さちこ	テレビ	上板橋店	22,800	HHA-26B	140	
8	6	2024/2/12	佐久間 啓介	テレビ	新宿店	79,500	LC-40A	200	
9	7	2024/2/14	笠原 夏希	電子レンジ	池袋店	7,990	T-100W	140	
10	8	2024/2/23	堀田 友佳	電子レンジ	上板橋店	35,200	RE-XE90	140	
11	9	2024/2/23	細川 美保	電子レンジ	上板橋店	56,250	RE-XE2500	160	
12	10	2024/3/4	伊藤 勉	冷蔵庫	池袋店	13,200	IASA-5A	200	
13	11	2024/3/9	松本 まり	テレビ	池袋店	98,300	HHA-43C	200	
14	12	2024/3/11	中尾 早希	冷蔵庫	上板橋店	26,980	NR-F82AE	280	
15	13	2024/3/13	星野 正和	電子レンジ	池袋店	10,980	T-180W	140	
16	14	2024/3/20	長岡 哲男	冷蔵庫	池袋店	36,800	MA-GA132J	220	
17	15	2024/3/26	滝沢 淳	冷蔵庫	上板橋店	23,682	IASA-9B	240	
18									

1行に1件のデータを入力する

隣接している行や列にはデータは入力しない

どんな難しいことをいわれるのかと思っていたけど、とてもシンプルなルールで安心しました。

逆にいえば、きちんとした形式になっていないと、作業も難航するってことか～。

データは貯めて終わりじゃないからね。その後も、活用していくためには、最初から正しい形式にしておくことが、効率化の一番の近道なんだ。

レッスン

28 連続したデータを入力するには

オートフィル

練習用ファイル 手順見出し参照

複数のセルに同じデータを入力したいときや連番を入力したいときには、セルの右下にマウスを合わせてドラッグしましょう。この機能をオートフィルと呼びます。毎月末の日付や、1年ごとの日付を入力したいときも同じ方法で入力できます。

1 数字の連番を作成する L028_連続データ_01.xlsx

ここではセルA3に入力された「1」から、セルA4 ～ A7に連続したデータ「2」「3」「4」「5」を作成する

1 セルA3の右下にマウスポインターを合わせる

マウスポインターの形が変わった

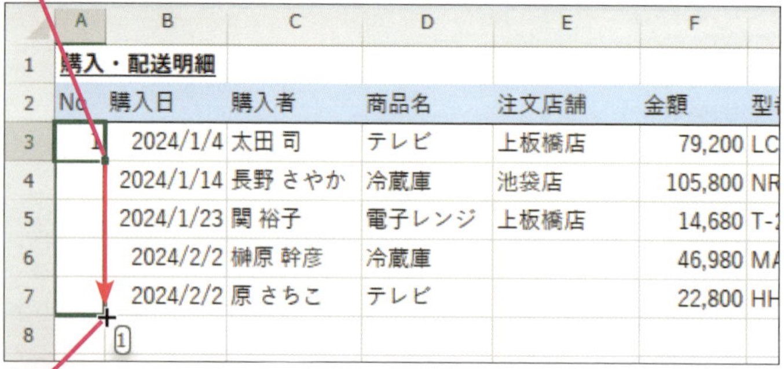

	A	B	C	D	E	F
1	購入・配送明細					
2	No	購入日	購入者	商品名	注文店舗	金額
3	1	2024/1/4	太田 司	テレビ	上板橋店	79,200
4		2024/1/14	長野 さやか	冷蔵庫	池袋店	105,800
5		2024/1/23	関 裕子	電子レンジ	上板橋店	14,680
6		2024/2/2	榊原 幹彦	冷蔵庫		46,980
7		2024/2/2	原 さちこ	テレビ		22,800
8						

2 セルA7までドラッグ

3 ［オートフィルオプション］をクリック

4 「連続データ」をクリック

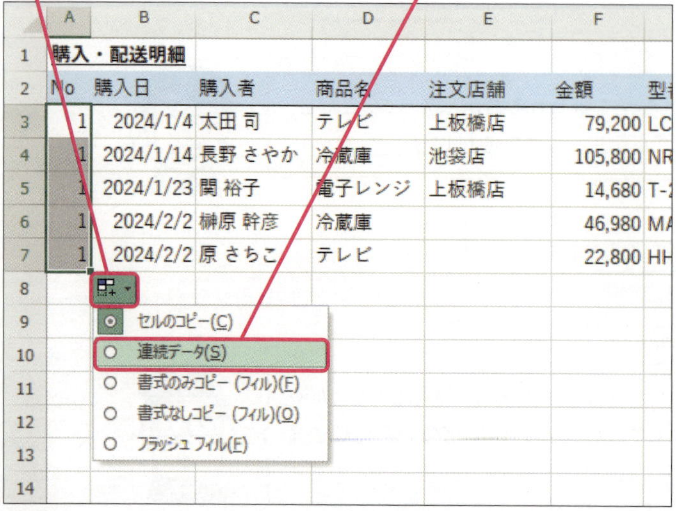

	A	B	C	D	E	F
1	購入・配送明細					
2	No	購入日	購入者	商品名	注文店舗	金額
3	1	2024/1/4	太田 司	テレビ	上板橋店	79,200
4	1	2024/1/14	長野 さやか	冷蔵庫	池袋店	105,800
5	1	2024/1/23	関 裕子	電子レンジ	上板橋店	14,680
6	1	2024/2/2	榊原 幹彦	冷蔵庫		46,980
7	1	2024/2/2	原 さちこ	テレビ		22,800

セルのコピー(C)
連続データ(S)
書式のみコピー (フィル)(F)
書式なしコピー (フィル)(O)
フラッシュ フィル(F)

キーワード

オートフィル P.531
セル範囲 P.532

使いこなしのヒント

曜日の連続データを作成するには

セルに曜日を入力した後に、そのセルのフィルハンドルにマウスポインターを合わせてドラッグすると、曜日の連続データを入力できます。

1 セルB2の右下にマウスポインターを合わせる

2 セルB6までドラッグ

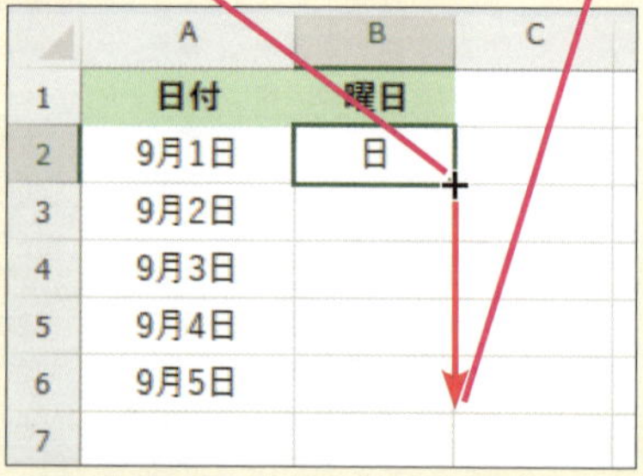

	A	B	C
1	日付	曜日	
2	9月1日	日	
3	9月2日		
4	9月3日		
5	9月4日		
6	9月5日		
7			

曜日の連続データが入力された

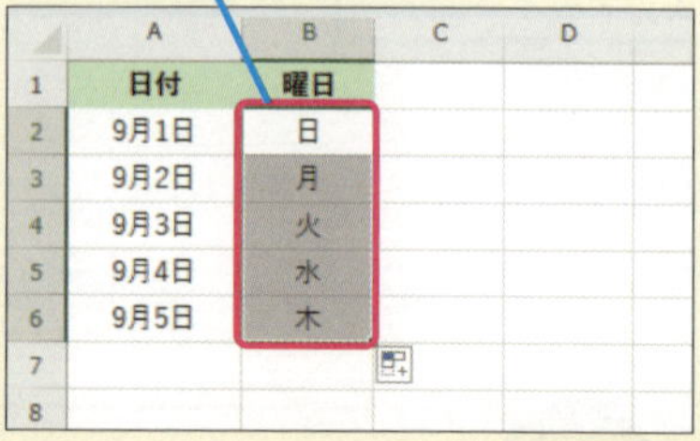

	A	B	C	D
1	日付	曜日		
2	9月1日	日		
3	9月2日	月		
4	9月3日	火		
5	9月4日	水		
6	9月5日	木		

● 連番が入力された

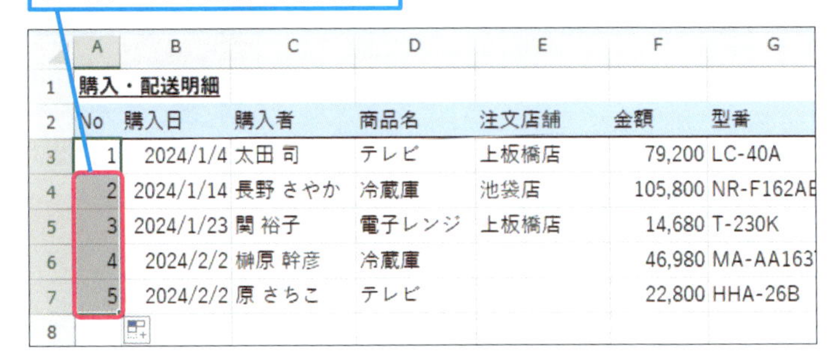

2 月末日付を入力する

L028_連続データ_02.xlsx

ここではセルB2に入力された「2024/1/31」から、セルC2 ～ E2に月末の日付を入力する

1 セルB2の右下にマウスポインターを合わせる

マウスポインターの形が変わった

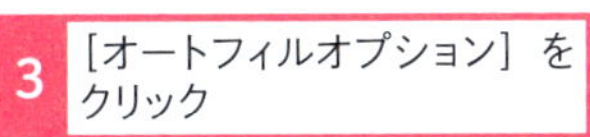

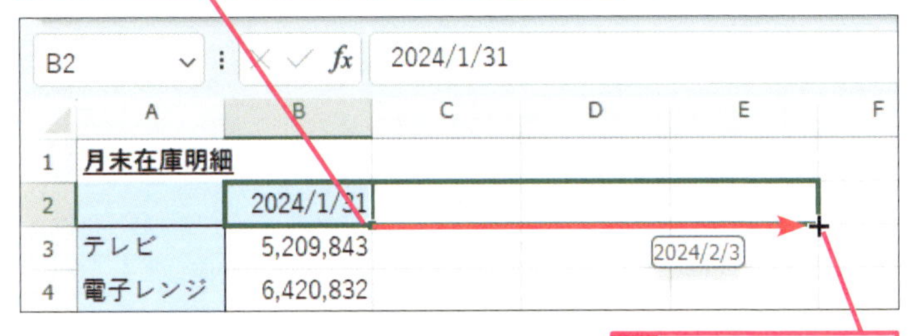

2 セルE2までドラッグ

3 ［オートフィルオプション］をクリック

4 「連続データ（月単位）」をクリック

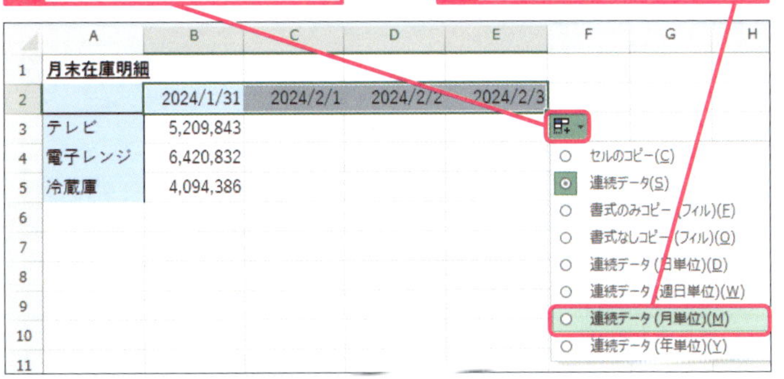

セルC2 ～ E2に月末の日付が入力された

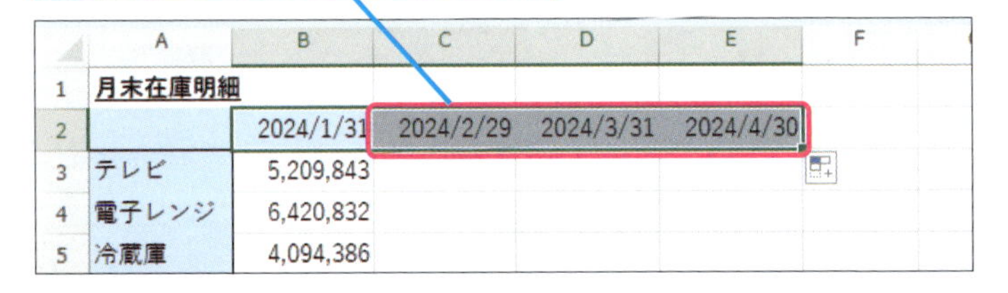

使いこなしのヒント

日や月初、年も選べる

月末日付以外にも、次のように様々な日付データを作成することができます。

● 連続する日付

◆連続データ（日単位）

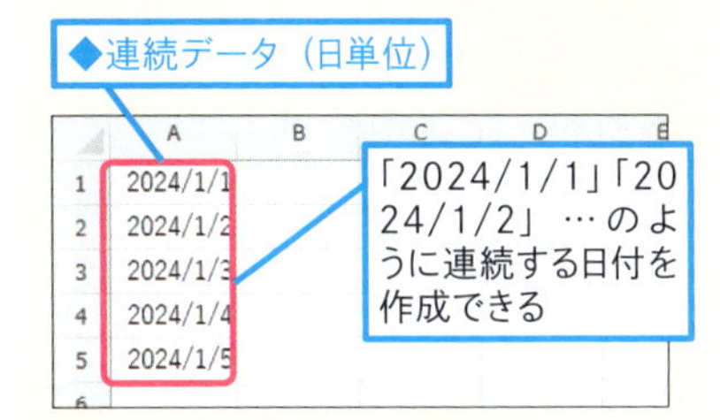

● 連続する月初日付

◆連続データ（月単位）

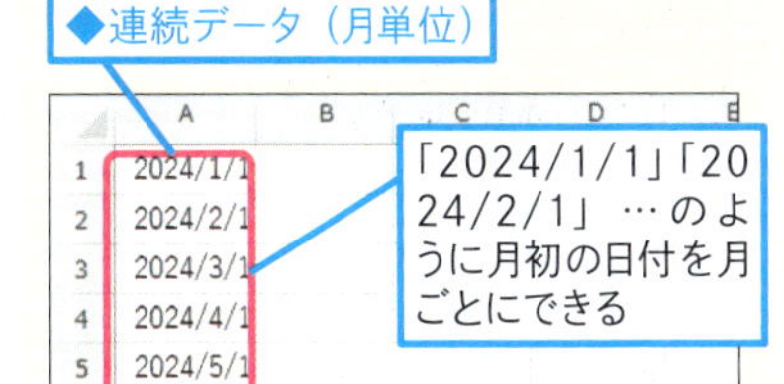

● 1年ごとの日付

◆連続データ（年単位）

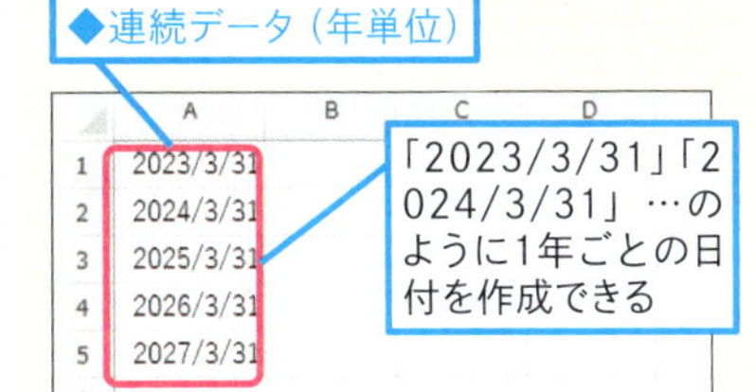

まとめ マウスポインターの形と使うボタンを意識しよう

オートフィルを行う際に、ドラッグ開始時のマウスの位置がずれると、セルのデータを別のセルに移動する操作になってしまう場合があります。マウスポインターの形に注意して操作をしてみてください。また、オートフィルを行った後には、意図通りの値が入力されているか確認するようにしましょう。

レッスン
29 データのコピーや移動をするには

データのコピー、移動

練習用ファイル L029_コピー.xlsx

セルに入力したデータは他のセルにコピーしたり移動したりすることができます。ここでは、[コピー] と [貼り付け] の2つの操作でセルの値をコピーする方法と、[切り取り] と [貼り付け] の2つの操作で、セルの値を移動する方法を紹介します。

キーワード

オートフィル	P.531
数式	P.532

ショートカットキー

コピー	Ctrl+C
貼り付け	Ctrl+V

1 セルの内容をコピーして貼り付ける

ここではセルB7に入力されたデータを、セルB8にコピーする

1 セルB7をクリックして選択

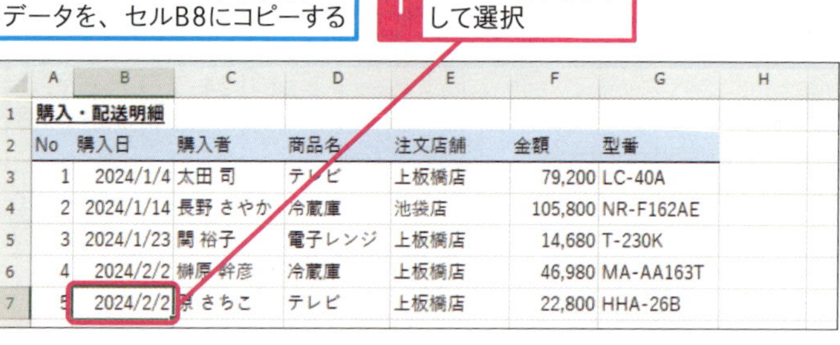

	A	B	C	D	E	F	G
1	購入・配送明細						
2	No	購入日	購入者	商品名	注文店舗	金額	型番
3	1	2024/1/4	太田 司	テレビ	上板橋店	79,200	LC-40A
4	2	2024/1/14	長野 さやか	冷蔵庫	池袋店	105,800	NR-F162AE
5	3	2024/1/23	関 裕子	電子レンジ	上板橋店	14,680	T-230K
6	4	2024/2/2	榊原 幹彦	冷蔵庫	上板橋店	46,980	MA-AA163T
7	5	2024/2/2	原 さちこ	テレビ	上板橋店	22,800	HHA-26B

2 [ホーム] タブをクリック

3 [コピー] をクリック

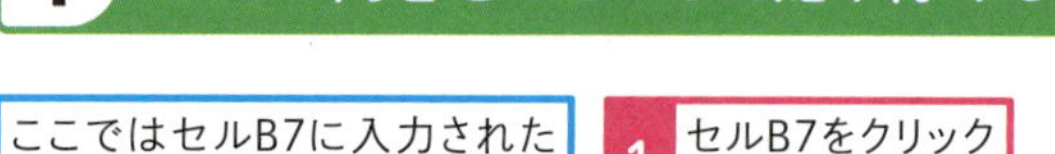

4 セルB8をクリックして選択

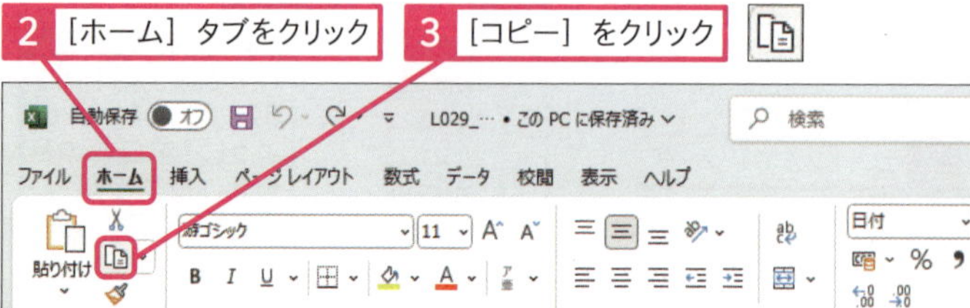

	A	B	C	D	E	F	G
4	2	2024/1/14	長野 さやか	冷蔵庫	池袋店	105,800	NR-F162AE
5	3	2024/1/23	関 裕子	電子レンジ	上板橋店	14,680	T-230K
6	4	2024/2/2	榊原 幹彦	冷蔵庫	上板橋店	46,980	MA-AA163T
7	5	2024/2/2	原 さちこ	テレビ	上板橋店	22,800	HHA-26B
8							
9							

5 [貼り付け] のここをクリック

6 [貼り付け] をクリック

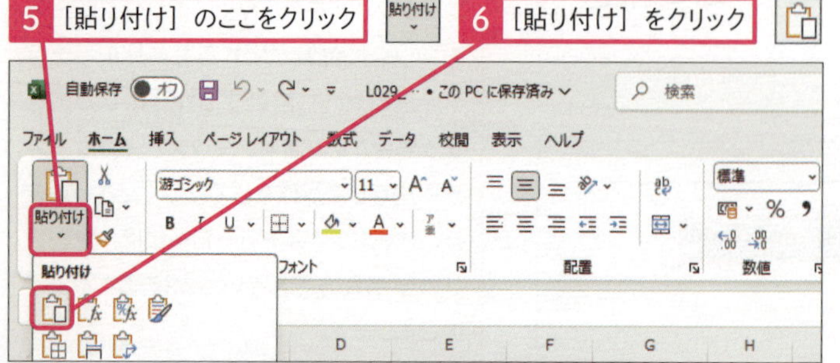

使いこなしのヒント

右クリックメニューでコピーして貼り付ける

セルB7で右クリックをしてメニューから [コピー] をクリックをした後に、セルB8で右クリックをしてメニューから [貼り付け] をクリックすると、本文と同じようにセルの内容をコピーして貼り付けることができます。

セルB7を右クリック。右クリックメニューから [コピー] をクリックする

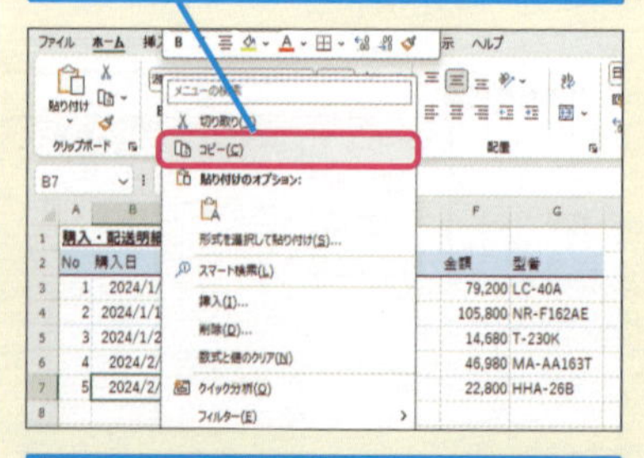

セルB8を右クリックして、右クリックメニューから [貼り付け] をクリックする

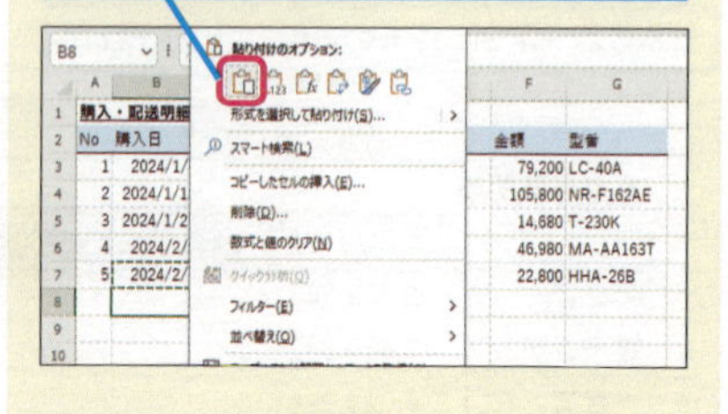

●コピーした内容を確認する

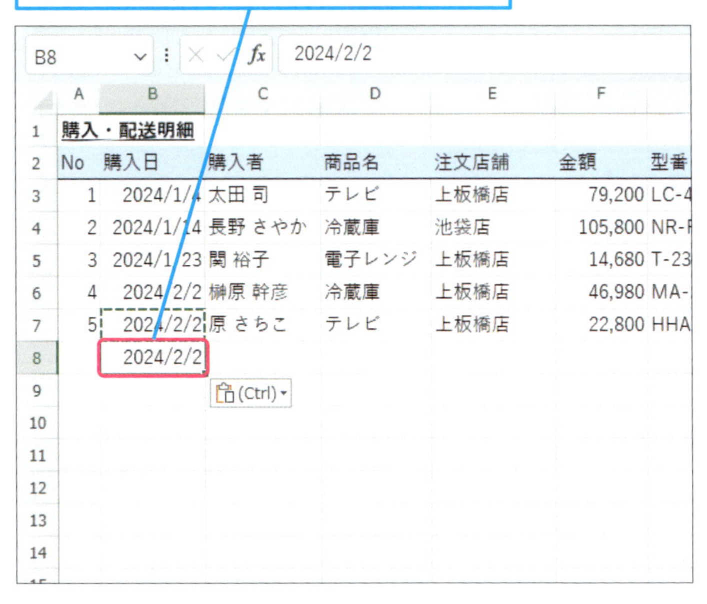

使いこなしのヒント

［貼り付け］ボタンをクリックしてもOK！

リボンの［貼り付け］のアイコン部分をクリックすると、［貼り付けのオプション］を開かずに通常の貼り付けができます。

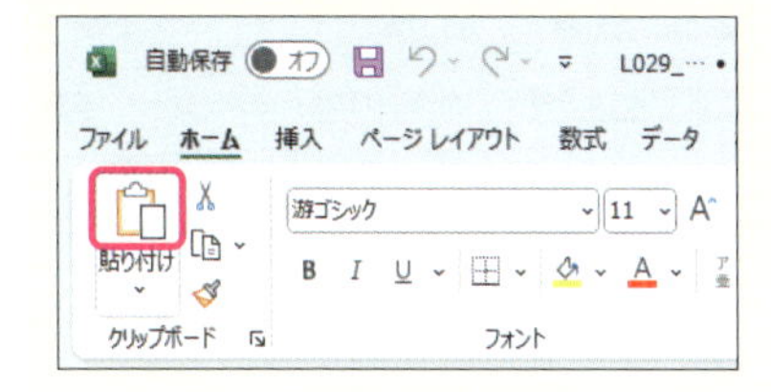

スキルアップ

［貼り付けのオプション］を使いこなそう

通常の［貼り付け］を使うと、セルのすべての情報がそのまま貼り付けられます。セルの一部の情報だけを貼り付けたいときや、特殊な方法で貼り付けをしたいときには、［貼り付けのオプション］を使いましょう。

アイコン	種類	説明
	貼り付け	通常の貼り付け。入力された数式や書式など、セルのすべての情報が貼り付けられる
	数式	セルの数式だけを貼り付ける。セルに値が入力されている場合は、その値が貼り付けられる。なお、セルに書式が設定されていても、書式は貼り付けられない
	値	セルの値だけを貼り付ける。セルに数式が入力されている場合には、その計算結果が貼り付けられる。なお、セルに書式が設定されていても、書式は貼り付けられない
	書式設定	セルの書式だけを貼り付ける。セルに入力されている値や数式は貼り付けられない
	元の列幅を保持	貼り付け先のセルの列幅を、コピーしたセルの列幅に合わせる。列幅以外の書式、値や数式は貼り付けられない
	行/列の入れ替え	コピーしたセル範囲の縦・横を入れ替えて貼り付ける。入力された数式や書式など、セルのすべての情報が貼り付けられる
	図	コピーしたセルを、図として貼り付ける。貼り付けた結果が図になるので、セルの境界とは無関係に自由な場所に配置することができる
	リンクされた図	コピーしたセルを、元のセルとの紐付きを保ちながら図として貼り付ける。貼り付けた結果は、セルの境界とは無関係に自由な場所に配置できる。さらに、元のセルの値を修正すると、貼り付け先の図も連動して変わる

次のページに続く

2 行や列全体をコピーして貼り付ける

ここでは6行目に入力されたデータを9行目にコピーする

1 行番号「6」をクリック

2 ［ホーム］タブをクリック

3 ［コピー］をクリック

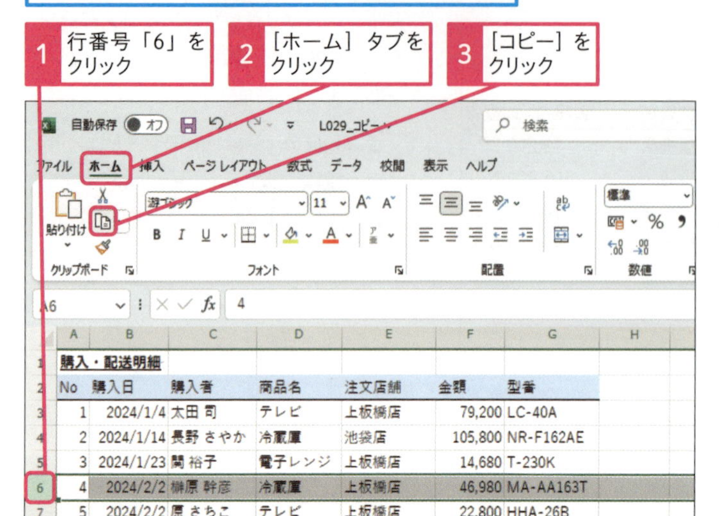

4 行番号「9」をクリック

5 ［貼り付け］のここをクリック

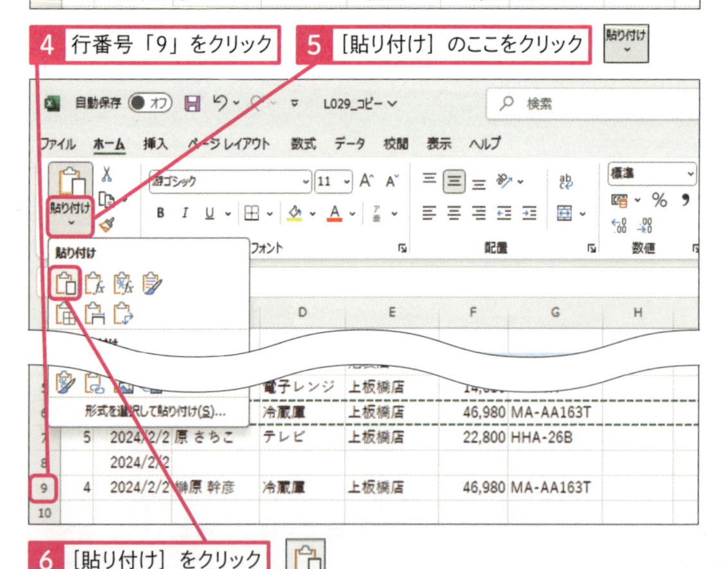

6 ［貼り付け］をクリック

6行目に入力されたデータが9行目にコピーされた

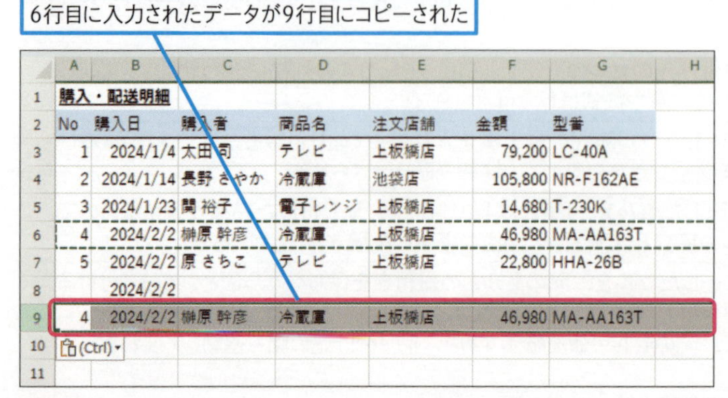

使いこなしのヒント

複数のセルをコピーして貼り付ける

複数のセルを選択して［コピー］をした後に、貼り付けたいセルを選択して［貼り付け］の操作をすると、複数のセルをまとめてコピーできます。なお、貼り付け時は、貼り付けたい範囲すべてを選択してもいいですし、左上のセル1つだけを選択しても問題ありません。

セルD3 ～ E4を選択しておく

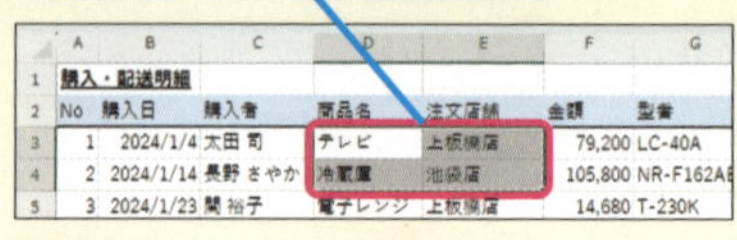

1 ［ホーム］タブをクリック

2 ［コピー］をクリック

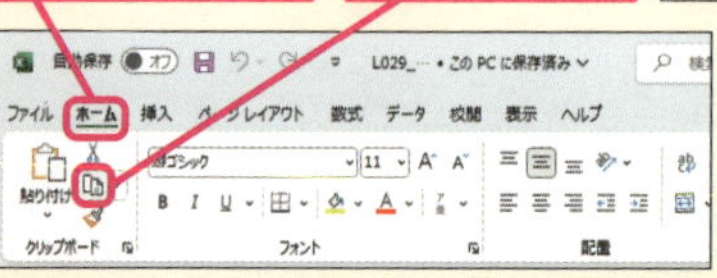

3 セルD10をクリック

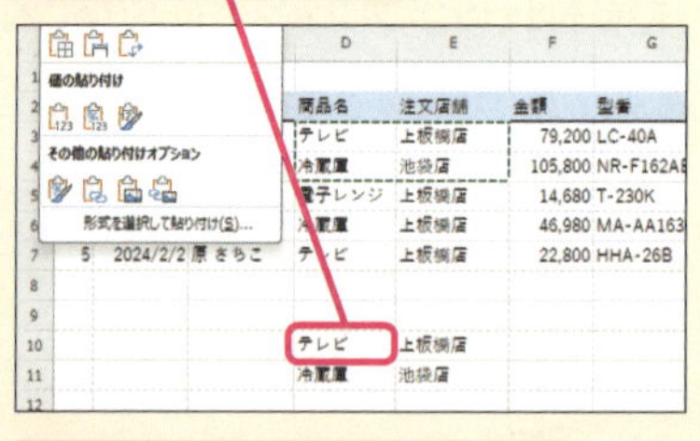

4 ［貼り付け］のここをクリック

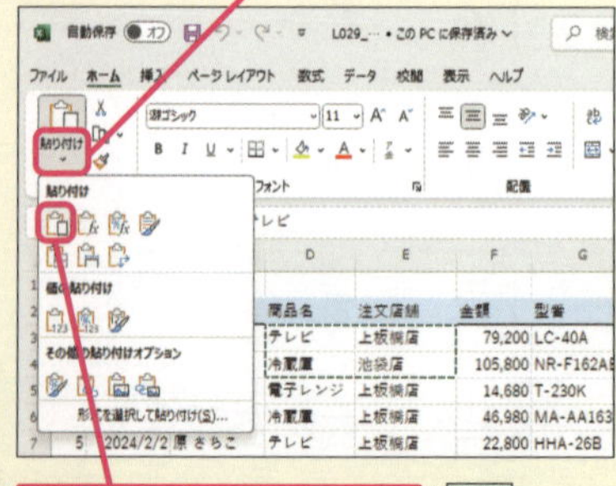

5 ［貼り付け］をクリック

セルD10 ～ E11に、コピーした複数のセルが貼り付けられる

3 セルの内容を切り取って貼り付ける

ここではセルB8に入力されたデータを切り取って、セルB10にコピーする

1 セルB8をクリックして選択

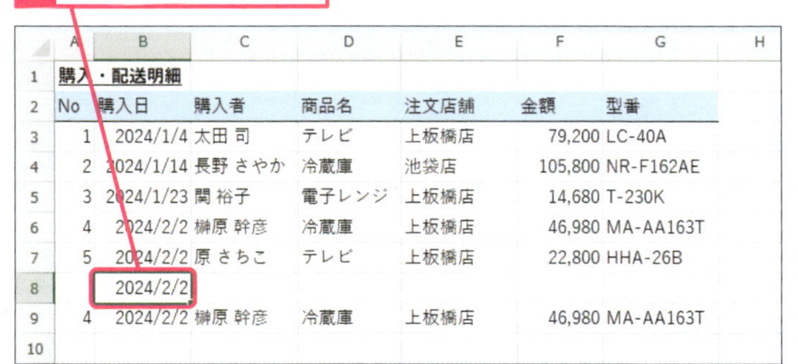

2 ［ホーム］タブをクリック

3 ［切り取り］をクリック

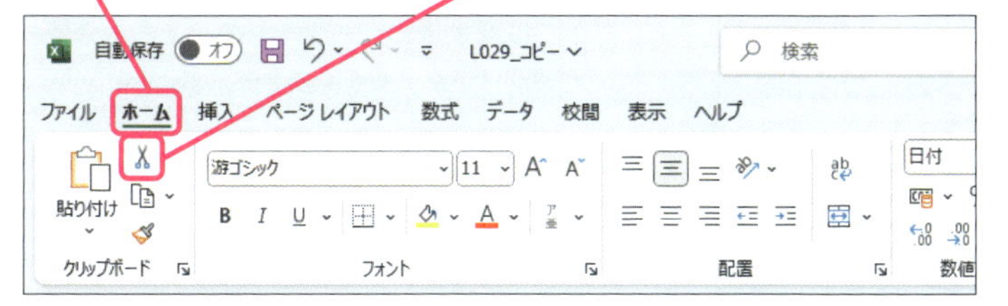

4 セルB10をクリック

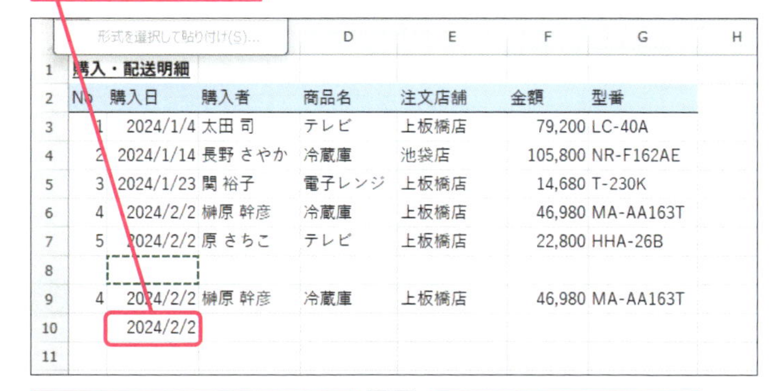

5 ［貼り付け］のここをクリック

6 ［貼り付け］をクリック

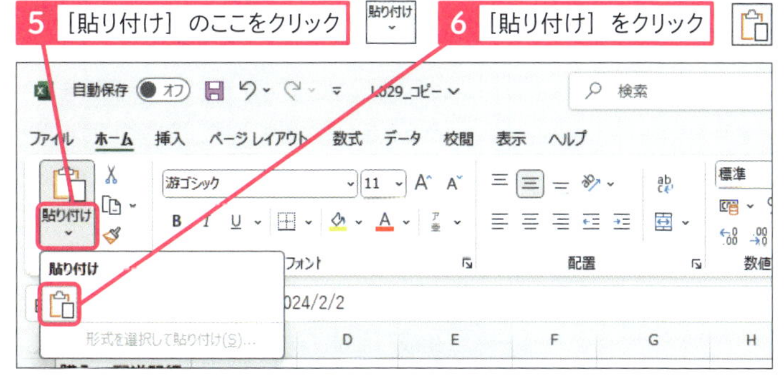

セルB8に入力されたデータが、セルB10に貼り付けられる

セルB8は空白セルになる

ショートカットキー

切り取り　Ctrl+X

使いこなしのヒント

セルの枠をドラッグしてデータを移動する

セルを選択後、選択したセルの（右下隅以外の）枠にマウスポインターを合わせた状態から、違うセルにドラッグをすると、セルの内容を移動できます。これで手順3と同じ結果が得られます。なお、右下隅にマウスポインターを合わせてしまうと、データの移動ではなくオートフィル（100ページ参照）の処理が行われるので注意してください。

1 セルの枠（右下隅以外の場所）にマウスポインターを合わせる

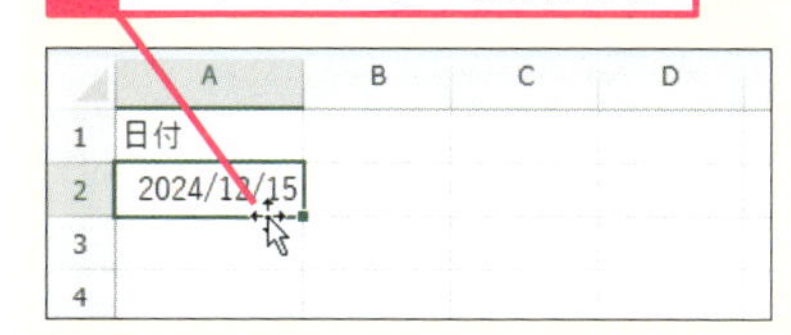

マウスポインターの形が変わった

違うセルまでドラッグすると、データを移動できる

まとめ　コピー・貼り付けのショートカットキーも覚えよう

コピー・貼り付けの操作は頻繁に出てくるので、ショートカットキーを使って操作ができると操作速度がかなり上がります。コピー（Ctrl+C）、貼り付け（Ctrl+V）のショートカットキーはExcel以外でも使えることが多いので使えるように練習してみてください。

レッスン

30 規則に基づきデータを自動入力するには

フラッシュフィル

練習用ファイル L030_フラッシュフィル.xlsx

フラッシュフィルを使うと、あらかじめ変換後のデータをいくつか入力しておくことで、残りのデータについてパターンを認識してデータを自動的に生成してくれます。名前のリストから姓だけを抽出したり、日付の一部分を抽出するなど、手作業では大変な処理をするときに使うと便利です。

1 氏名から姓を抽出する

セルD4～D22に［購入者］列の氏名から姓を抽出する

1 セルD3を選択

2 ［データ］タブをクリック

3 ［フラッシュフィル］をクリック

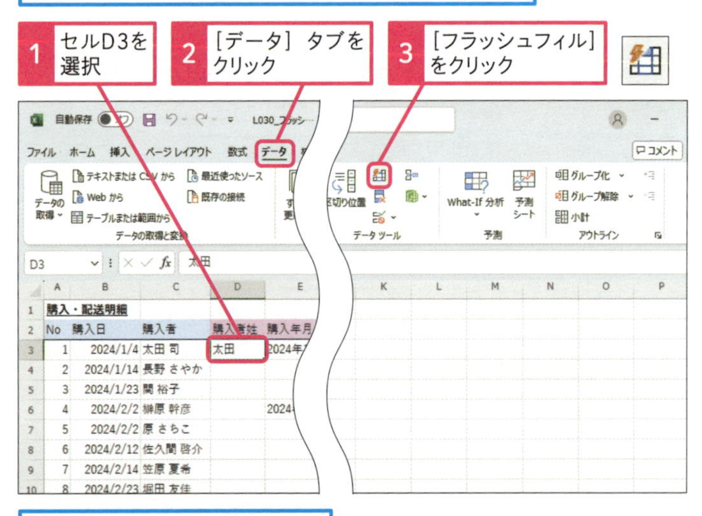

セルD4～D22に姓が表示された

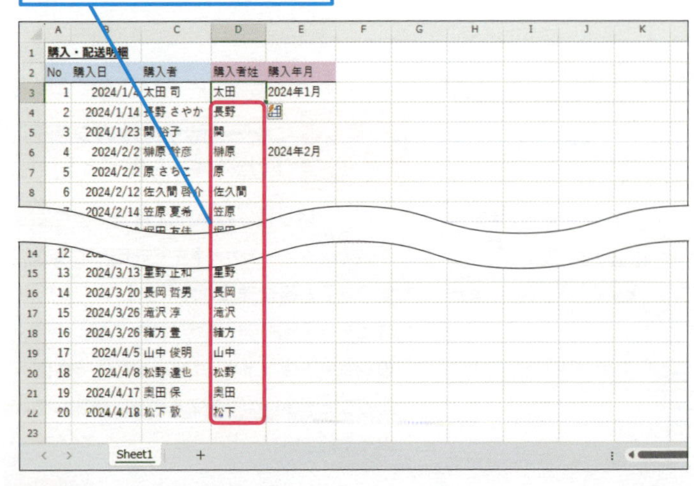

キーワード

関数	P.531
セル	P.532

使いこなしのヒント

変換後のデータを最低1つは入力する

フラッシュフィルを使うためには、最低1つは変換後のデータを入力しておく必要があります。本文の例では、あらかじめセルD3に「太田」と入力しています。フラッシュフィルのボタンをクリックすると、このデータを参考にして、下のセルにデータを生成します。

ここに注意

フラッシュフィルで値を入力する列と、元データが入っている列の間に空白の列を入れないようにしましょう。空いているとフラッシュフィルが使えないので注意してください。

使いこなしのヒント

フラッシュフィルの使いどころ

フラッシュフィルで作成したデータは、原理的に正確性が保証できません。ですから、関数で処理できるところは関数を使うことをおすすめします。基本的には、関数の使い方がわからず、関数を使って処理を書くのが大変な場合に、フラッシュフィルを使うようにしましょう。ただし、その場合にはフラッシュフィルでデータを生成した後、作成したデータが意図通りのものになっているか、必ず目視で確認するようにしましょう。

2 購入日から購入年月を抽出する

セルE4 ～ E22に［購入日］列の日付から年月を抽出する

1 セルE3をクリックして選択

2 ［データ］タブをクリック

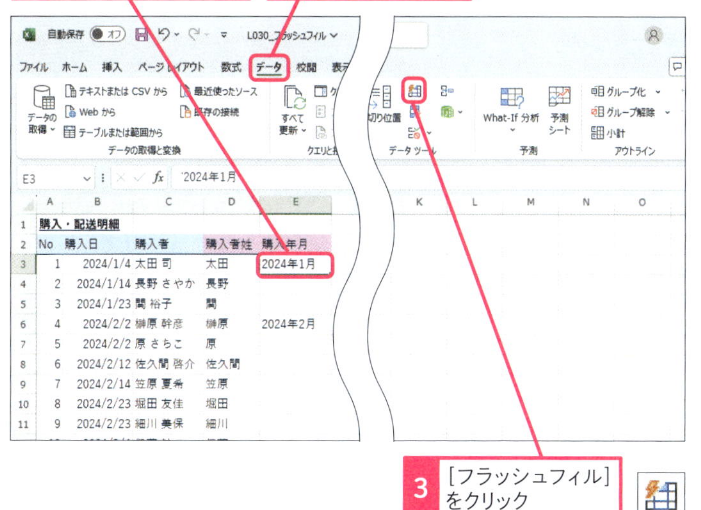

	A	B	C	D	E
1	購入・配送明細				
2	No	購入日	購入者	購入者姓	購入年月
3	1	2024/1/4	太田 司	太田	2024年1月
4	2	2024/1/14	長野 さやか	長野	
5	3	2024/1/23	関 裕子	関	
6	4	2024/2/2	榊原 幹彦	榊原	2024年2月
7	5	2024/2/2	原 さちこ	原	
8	6	2024/2/12	佐久間 啓介	佐久間	
9	7	2024/2/14	笠原 夏希	笠原	
10	8	2024/2/23	堀田 友佳	堀田	
11	9	2024/2/23	細川 美保	細川	

3 ［フラッシュフィル］をクリック

セルE4 ～ E22に購入年月が表示された

	A	B	C	D	E
1	購入・配送明細				
2	No	購入日	購入者	購入者姓	購入年月
3	1	2024/1/4	太田 司	太田	2024年1月
4	2	2024/1/14	長野 さやか	長野	2024年1月
5	3	2024/1/23	関 裕子	関	2024年1月
6	4	2024/2/2	榊原 幹彦	榊原	2024年2月
7	5	2024/2/2	原 さちこ	原	2024年2月
8	6	2024/2/12	佐久間 啓介	佐久間	2024年2月
9	7	2024/2/14	笠原 夏希	笠原	2024年2月
10	8	2024/2/23	堀田 友佳	堀田	2024年2月
11	9	2024/2/23	細川 美保	細川	2024年2月
12	10	2024/3/4	伊藤 勉	伊藤	2024年3月
13	11	2024/3/9	松本 まり	松本	2024年3月
14	12	2024/3/11	中尾 早希	中尾	2024年3月
15	13	2024/3/13	星野 正和	星野	2024年3月
16	14	2024/3/20	長岡 哲男	長岡	2024年3月
17	15	2024/3/26	滝沢 淳	滝沢	2024年3月
18	16	2024/3/26	緒方 豊	緒方	2024年3月
19	17	2024/4/5	山中 俊明	山中	2024年4月
20	18	2024/4/8	松野 達也	松野	2024年4月
21	19	2024/4/17	奥田 保	奥田	2024年4月
22	20	2024/4/18	松下 敦	松下	2024年4月
23					
24					

使いこなしのヒント

変換後のデータを複数入力するとうまく動く場合もある

変換後のデータが1つではうまく動かないときは、2つ入力すると意図通りの結果になる場合があります。本文の例では、月の部分が違うデータを2つ適当に選んで入力したおかげでフラッシュフィルが正しく動作しました。一方で、本文の例で、セルE3だけ入力してセルE6を空欄にした状態でフラッシュフィルを実行すると、次のように購入年月の月が1ずつ増えたものが入力されてしまいます。

セルE3だけを入力した状態でフラッシュフィルを実行すると、意図した通りの結果にならない

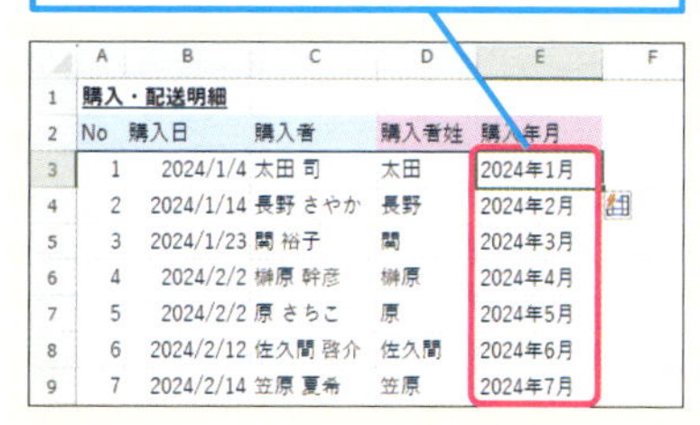

	A	B	C	D	E
1	購入・配送明細				
2	No	購入日	購入者	購入者姓	購入年月
3	1	2024/1/4	太田 司	太田	2024年1月
4	2	2024/1/14	長野 さやか	長野	2024年2月
5	3	2024/1/23	関 裕子	関	2024年3月
6	4	2024/2/2	榊原 幹彦	榊原	2024年4月
7	5	2024/2/2	原 さちこ	原	2024年5月
8	6	2024/2/12	佐久間 啓介	佐久間	2024年6月
9	7	2024/2/14	笠原 夏希	笠原	2024年7月

使いこなしのヒント

フラッシュフィルのプレビュー

同じ列に、いくつかデータを入力していると、データの入力中にフラッシュフィルのプレビューが表示される場合があります。Enterキーを押すと、プレビューの内容で入力を確定できます。

まとめ 状況に応じてフラッシュフィルを上手に活用しよう

フラッシュフィルは便利な機能である一方、作成したデータの正確性は保証されません。フラッシュフィルでデータを生成した後は、目視で検証をするようにしましょう。実務的には、まず、関数で処理できないかを考えてみて、関数を組むことが現実的に難しい場合にフラッシュフィルを使うことを検討してみましょう。

レッスン
31 入力できるデータを制限するには

データの入力規則

練習用ファイル L031_入力するデータを制限.xlsx

入力間違いを防ぐために、セルを選択したときにプルダウンメニューで入力候補を表示したり、入力した値に対して簡易的なチェックをかけることができます。ただし、チェック機能については完璧ではありませんので頼りすぎないように気を付けましょう。

1 入力できるデータを選択できるようにする

ここではセルE3 ～ E40に、「池袋店」「新宿店」「上板橋店」とだけ入力できるように設定する

1 セルE3 ～ E40をドラッグして選択

2 ［データ］タブをクリック

3 ［データの入力規則］のここをクリック

4 ［データの入力規則］をクリック

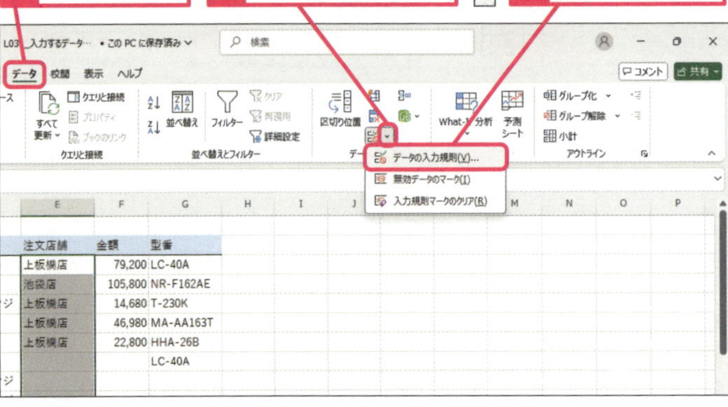

［データの入力規則］ダイアログボックスが表示された

5 ［設定］タブをクリック

6 ［入力の値の種類］のここをクリックして［リスト］を選択

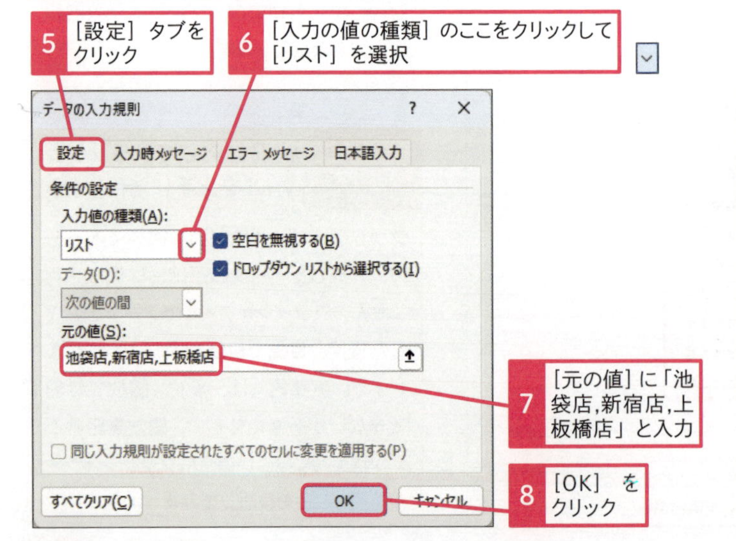

7 ［元の値］に「池袋店,新宿店,上板橋店」と入力

8 ［OK］をクリック

キーワード

使いこなしのヒント
［元の値］をカンマ区切りで入力する

［元の値］には、入力候補に表示したい値をカンマ区切りで入力します。あるいは、入力したい値を別のセルに入れておき、そのセルを参照して［元の値］として設定することもできます。

［元の値］に、セル範囲を設定することもできる

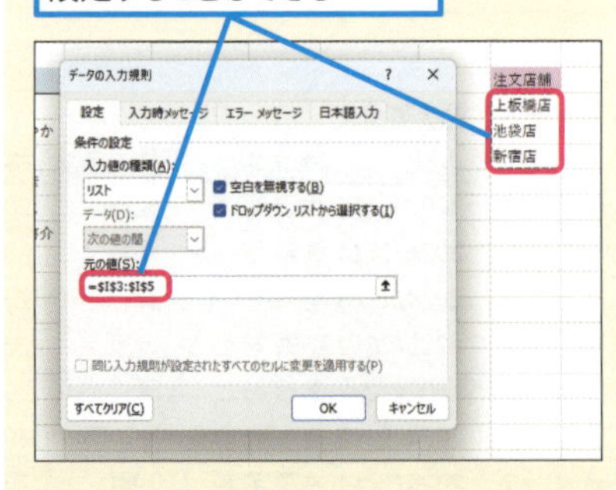

使いこなしのヒント
入力の誤りを絶対に防止することはできない

入力規則を使って入力可能な値を制限している場合でも、他のセルからコピー・貼り付けでデータを貼り付けると制限外のデータを入力できます。このように、入力規則では入力誤りを絶対に防ぐことはできません。必ず、別の手段で入力された値が制限範囲内かを確認するようにしてください。

● プルダウンメニューから選択してデータを入力する

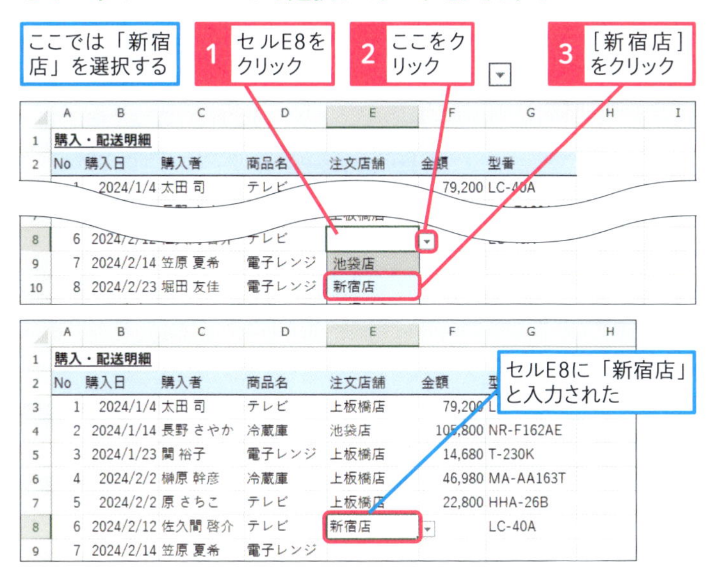

2 入力できる値を制限する

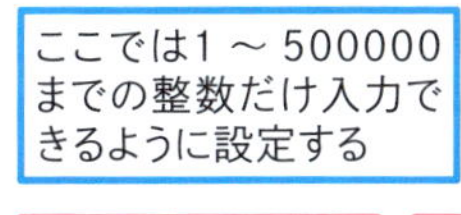

手順1を参考に、セルF3～F40を選択して、[データの入力規則] ダイアログボックスを表示しておく

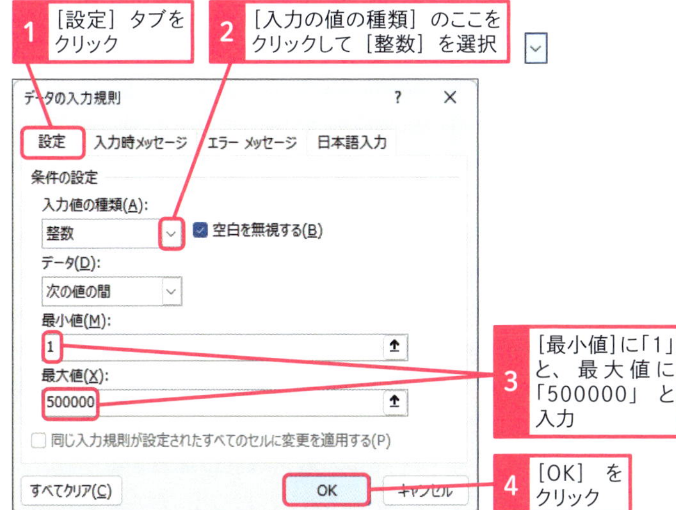

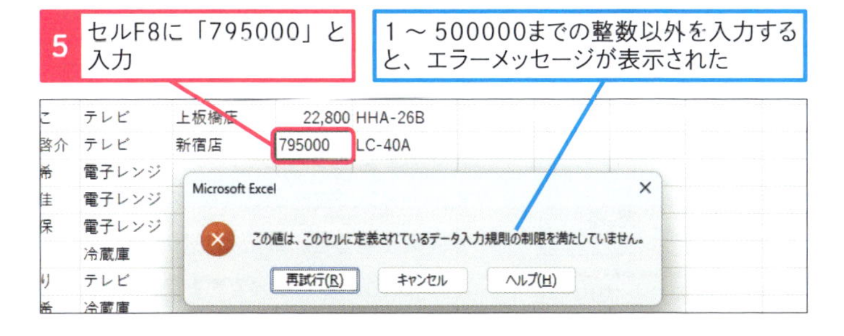

使いこなしのヒント

入力時メッセージを表示する

「入力時メッセージ」タブで、セルを選択したときにメッセージを表示させることができます。例えば、セルへの入力時の注意事項を表示することができます。

[データの入力規則] ダイアログボックスを表示しておく

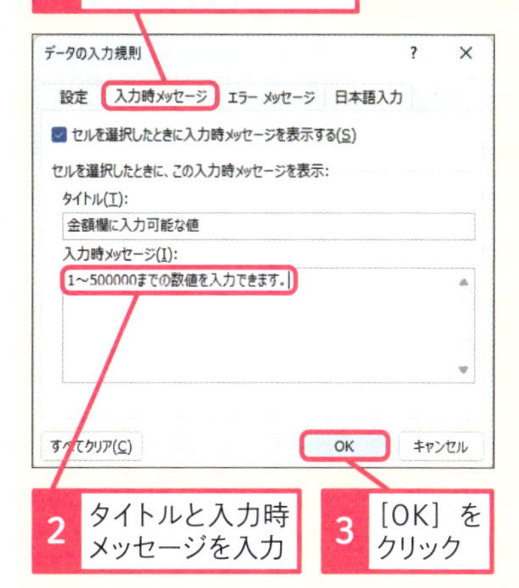

セルをクリックすると、メッセージが表示される

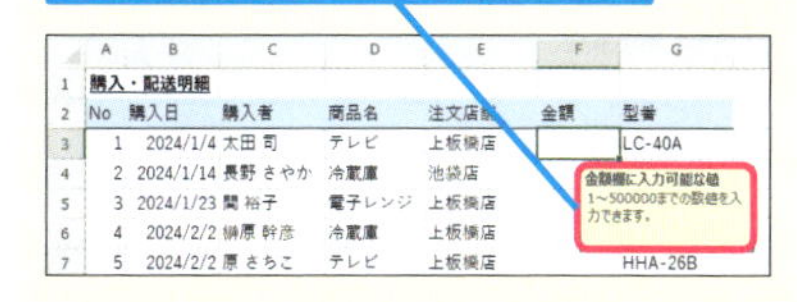

まとめ 他の人が使うシートには入力規則を設定しよう

社内用のテンプレートを作成した場合など、他の人にシートにデータを入力してもらうときには、入力規則を設定しておくと作成者の意図に沿った入力をしてもらえる可能性が上がります。積極的に入力規則を設定するとよいでしょう。

レッスン

32 目的のデータを検索するには

検索

練習用ファイル L032_検索.xlsx

データ量が増えて目視でデータを探すのが大変なときは検索機能を使いましょう。指定したデータが入力されているセルを簡単に探すことができる他、該当する箇所を一覧で表示することもできます。特定の列や範囲だけを対象にした検索もできます。

キーワード

アクティブセル	P.530
ダイアログボックス	P.533

ショートカットキー

［検索と置換］ダイアログボックスの表示 Ctrl + F

1 シート全体を検索する

ここではシート全体から、「テレビ」と入力されたセルを検索する

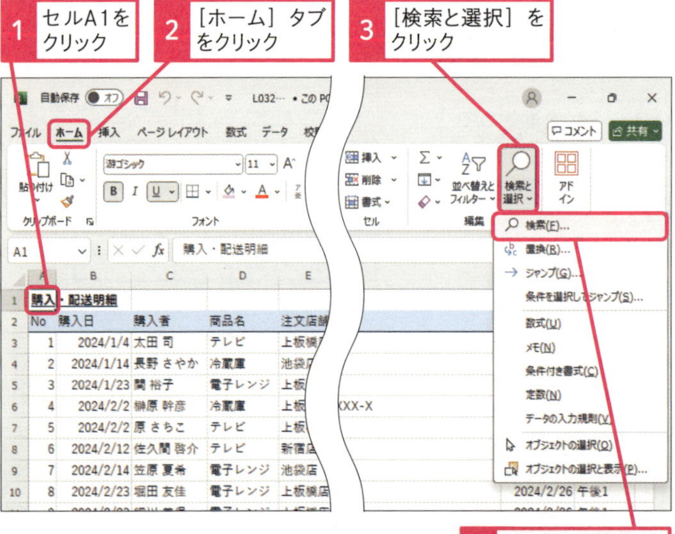

［検索と置換］ダイアログボックスが表示された

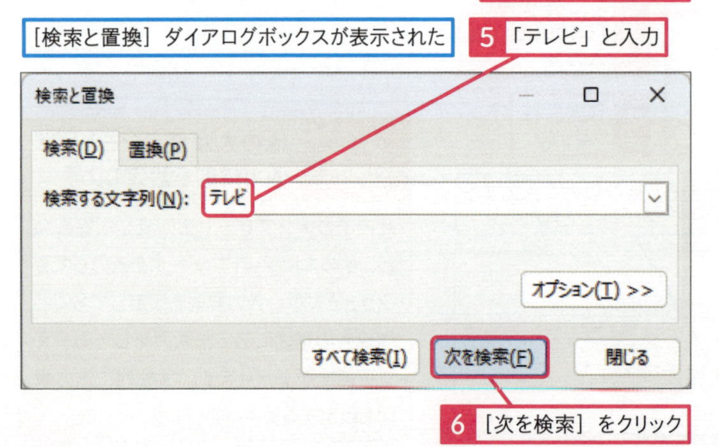

使いこなしのヒント

シート全体を検索するときはセルの選択範囲に注意する

選択しているセルが1つか複数かで、検索時の挙動が変わるので注意しましょう。本文のように1つのセルだけを選択した状態で検索をすると、シート全体あるいはブック全体から入力した値を検索できます。一方で、複数のセルを選択した状態で検索をすると、選択したセルの中だけから指定した値を検索できます。

● 検索を続ける

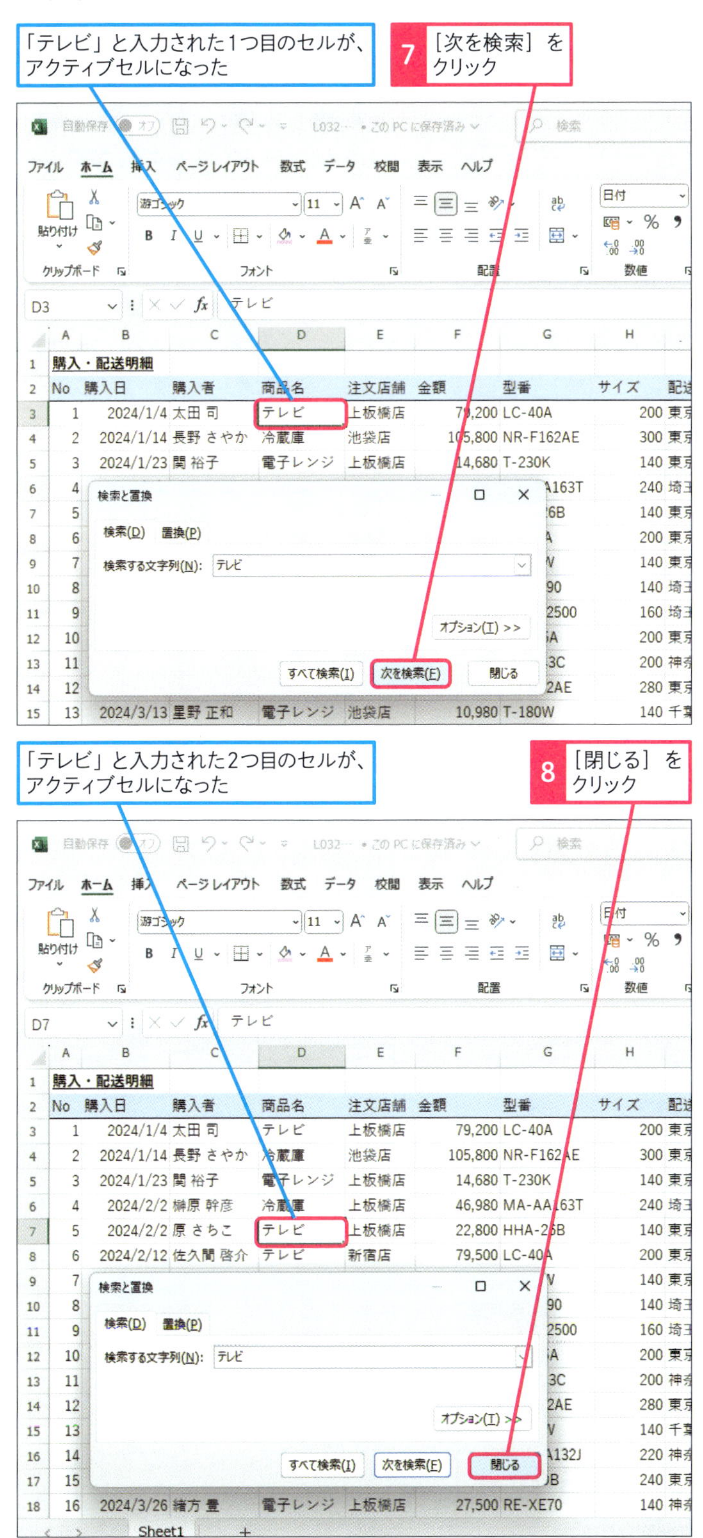

使いこなしのヒント

検索結果を一覧で表示するには

［検索と置換］ダイアログボックスで、［次を検索］をクリックする代わりに［すべて検索］をクリックすると、検索結果を一覧で表示できます。

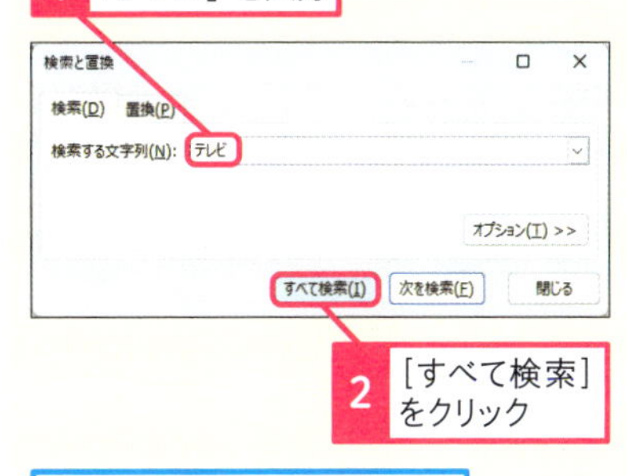

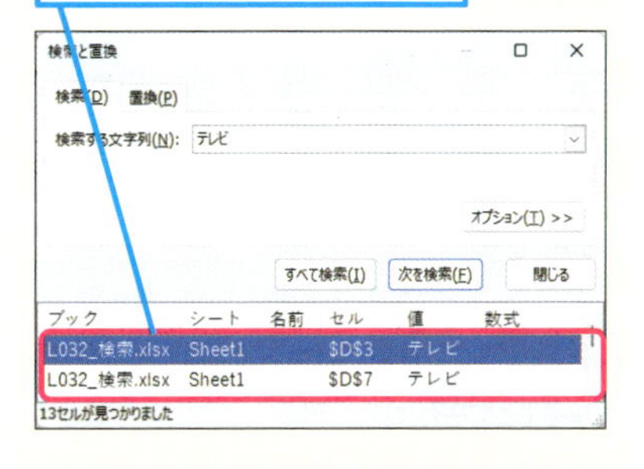

次のページに続く

2 指定したセル範囲を検索する

ここではF列で、「79」と入力されたセルを検索する

1 列番号「F」をクリック

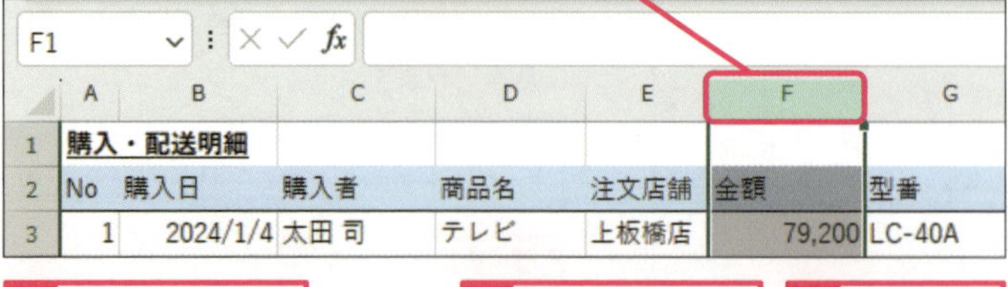

2 ［ホーム］タブをクリック

3 ［検索と選択］をクリック

4 ［検索］をクリック

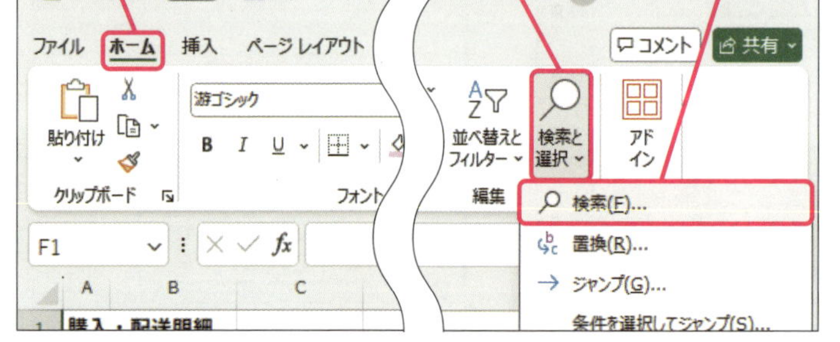

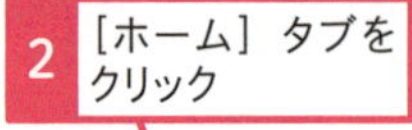

［検索と置換］ダイアログボックスが表示された

5 「79」と入力

6 ［次を検索］をクリック

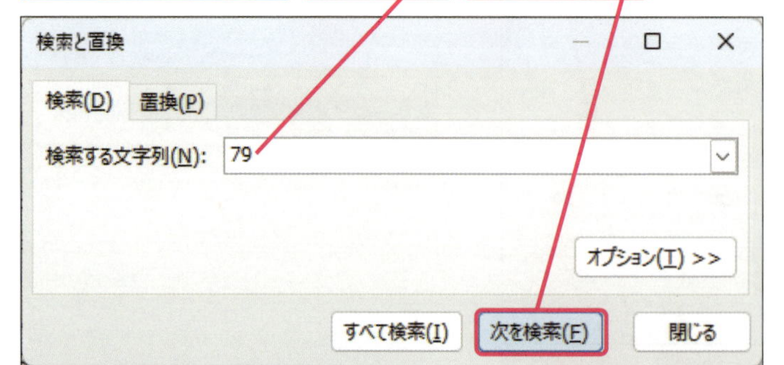

「79」が含まれる1つ目のセルが、アクティブセルになった

7 ［次を検索］をクリック

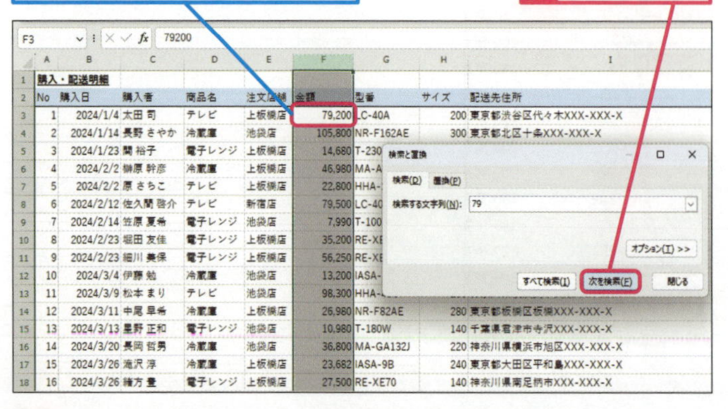

使いこなしのヒント

検索対象を設定しないと検索されないことがある

［検索対象］を［値］にするとセルに表示された内容から、［数式］にすると数式バーに表示された内容から検索をすることができます。例えば、セルに「105,800」、数式バーに「105800」と表示されているデータがある場合を考えてみましょう。このとき、このセルを「105,800」で検索するには［検索対象］を［値］に、このセルを「105800」で検索するには［検索対象］を［数式］にする必要があります。

［検索対象］を［値］に設定してある

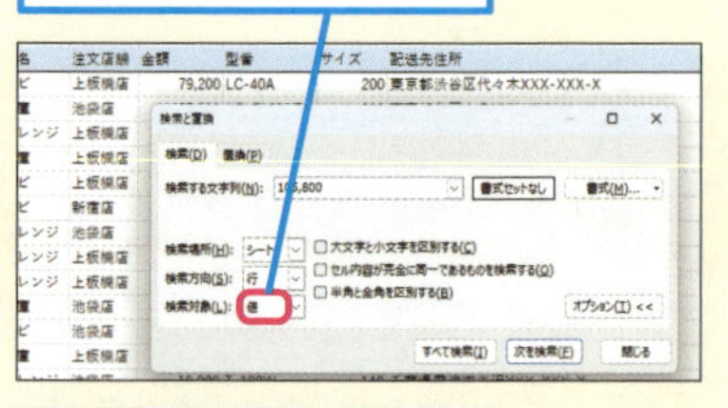

「105,800」でセルF2が検索対象となる

［検索対象］を［数式］に設定してある

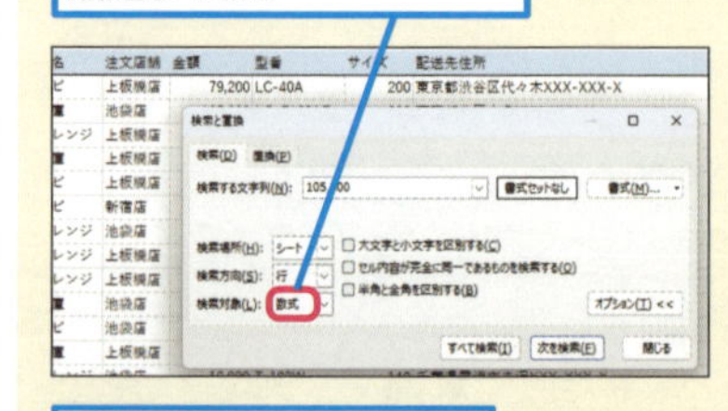

「105,800」だとセルF2は検索対象とならない

スキルアップ

検索条件を詳細に設定するには

[検索と置換] ダイアログボックスで、[オプション] をクリックすると、より詳細な指定をする画面が出てきます。ここでは、重要なものをいくつか説明していきます。

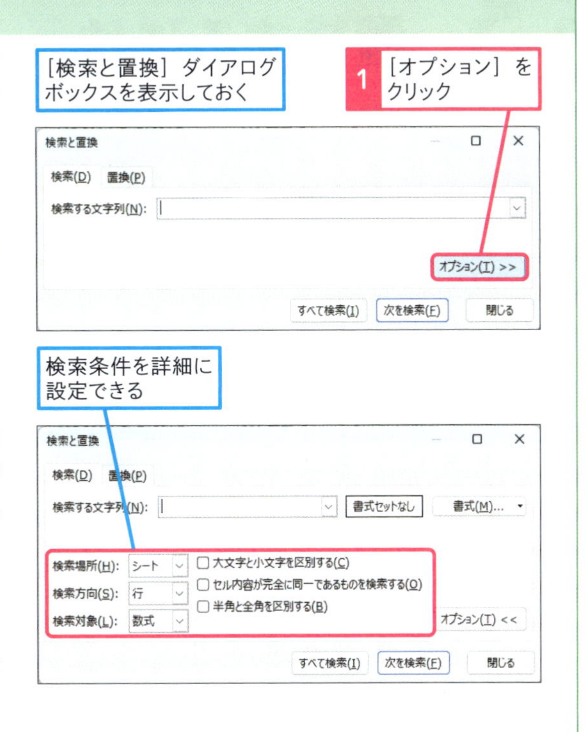

● 検索場所

検索場所を [シート] にすると表示しているシートから、[ブック] にするとブック（＝すべてのシート）から検索をすることができます。

● 検索対象

検索対象を [値] にするとセルに表示された内容から、[数式] にすると数式バーに表示された内容から検索をすることができます。多くの場合、検索対象を [値] にしておくとよいでしょう。

● セルの内容が完全に一致であるものを検索する

チェックマークを入れると完全一致検索、チェックマークをいれないと部分一致検索になります。

● 2つ目のセルが検索された

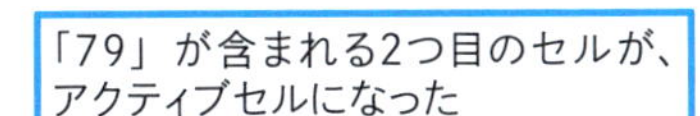

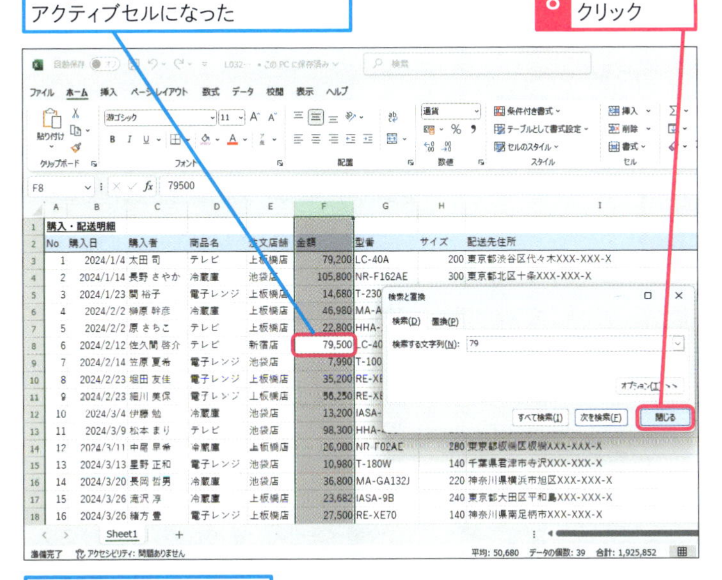

まとめ　うまく検索できないときは「検索対象」を再確認

検索がうまくいかないときには [検索と置換] ダイアログボックスの [オプション] の設定を確認してください。特に、検索対象として [値] [数式] のどちらが設定されているかは重要です。その設定に応じた検索文字列を入力しましょう。

レッスン
33 検索したデータを置換するには

置換

練習用ファイル L033_置換.xlsx

［検索と置換］の機能を使うと、セルに入力されたデータのうち、指定したデータを別のデータに置き換えることができます。複数のセルに入力された内容を一気に修正したいときは、置換の機能を使うと漏れなく修正できます。

キーワード

ショートカットキー

［検索と置換］ダイアログボックスの表示
Ctrl + F

1 データを1つずつ置換する

ここではセルに入力された「テレビ」を「液晶TV」に置換する

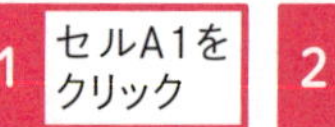

2 ［ホーム］タブをクリック

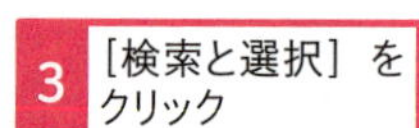

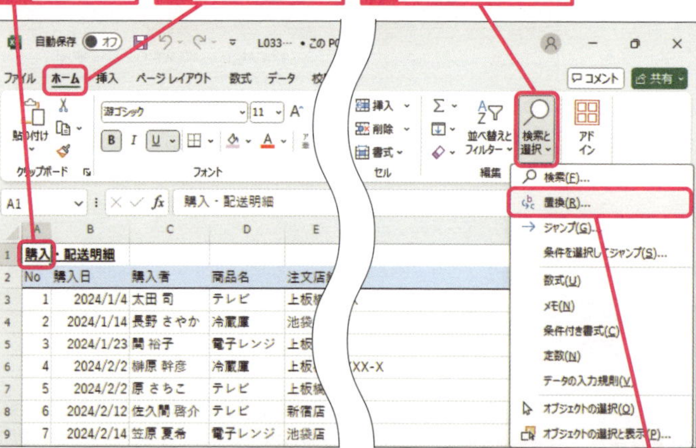

4 ［置換］をクリック

［検索と置換］ダイアログボックスが表示された

5 ［検索する文字列］に「テレビ」と入力

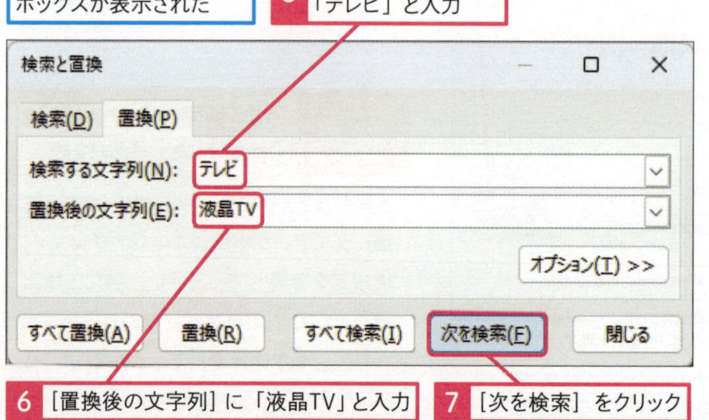

6 ［置換後の文字列］に「液晶TV」と入力

7 ［次を検索］をクリック

使いこなしのヒント

［検索する文字列］には数式バーの内容を入力する

［検索と置換］ダイアログボックスの［検索する文字列］には各セルの数式バーに表示された内容を入力しましょう。前のレッスンの［検索］では、検索対象を［数式］［値］などから選べました（112ページ参照）。一方で、置換では、検索対象は［数式］しか選べません。そのため、［検索する文字列］に数式バーの内容を入力しないと、うまく置換ができません。

● データを置換する

「テレビ」と入力された1つ目のセルが、アクティブセルになった

8 [置換] をクリック

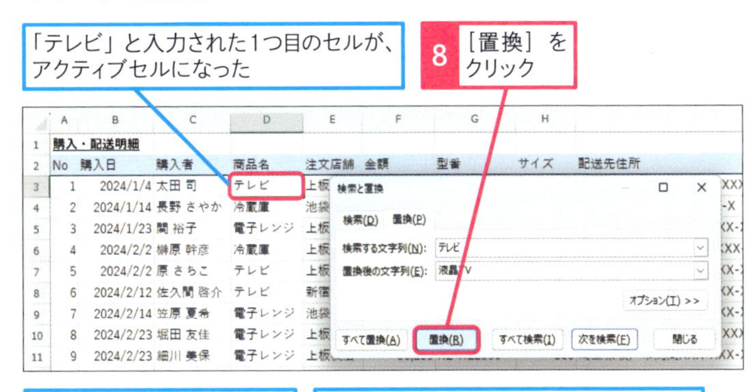

「テレビ」が「液晶TV」に置換された

「テレビ」と入力された2つ目のセルが、アクティブセルになった

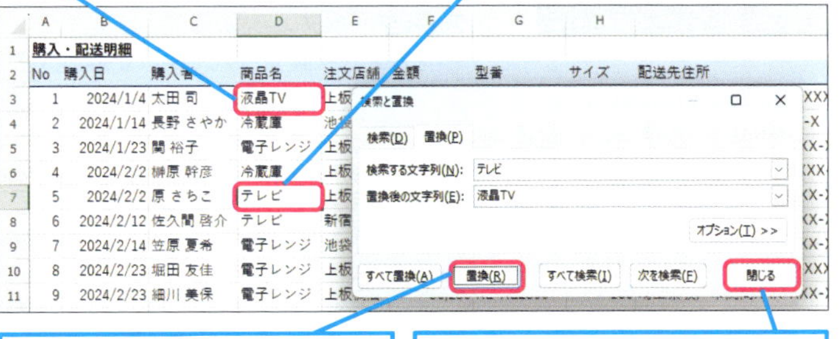

[置換] をクリックすると、2つ目のセルも「液晶TV」に置換できる

[閉じる] をクリックすると、[検索と置換] ダイアログボックスが閉じる

2 一度にデータを置換する

手順1を参考に、[検索と置換] ダイアログボックスを表示しておく

1 [検索する文字列] に「テレビ」と入力

2 [置換後の文字列] に「液晶TV」と入力

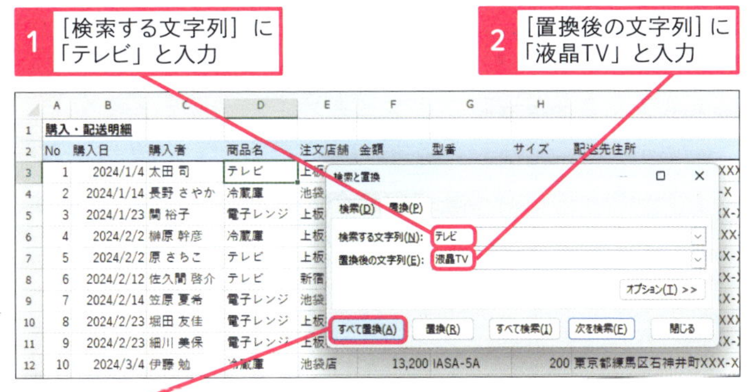

3 [すべて置換] をクリック

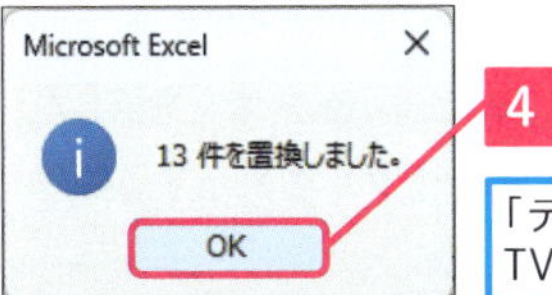

4 [OK] をクリック

「テレビ」がすべて「液晶TV」に置換された

使いこなしのヒント

範囲を指定して文字列を置換するには

シートの中の一部のセルの内容だけを置換したいときには、2つ以上のセルを選択した状態で置換処理を行いましょう。この状態で [すべて置換] をクリックすると、選択したセル限定で、一気に置換をすることができます。

ここではセルE3 ~ E40に入力された「池袋店」を「池袋東口店」に置換する

1 セルE3 ~ E40を選択

手順1を参考に、[検索と置換] ダイアログボックスを表示しておく

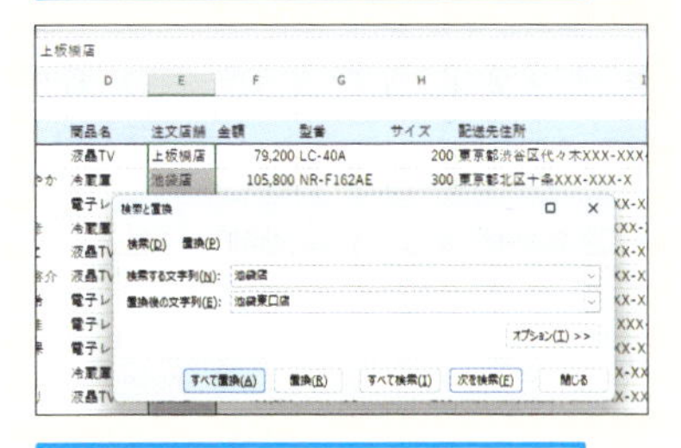

手順2を参考に [検索と置換] ですべて置換する

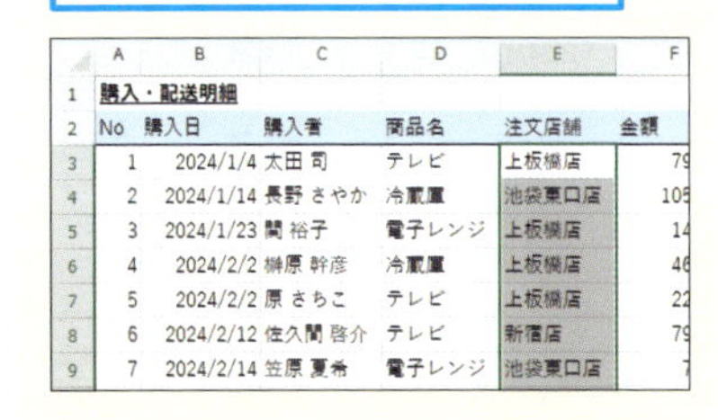

まとめ 置換時にはセルの範囲に気を付けよう

[すべて置換] の処理をするときには、必要なセルだけ置換されるように複数のセルを選択した状態で置換をしましょう。なお、置換時の [検索する文字列] には、数式バーに表示された内容を入力する必要があることに注意してください。

レッスン

34 フィルターを使って条件に合う行を抽出するには

フィルター

練習用ファイル L034_フィルター.xlsx

表の中から目的のデータが入力された行だけを抽出して表示するには［フィルター］の機能を使いましょう。複数のデータを指定したり、「～で始まる」「～から～まで」など複雑な条件を指定したりすることができます。

1 フィルターボタンを表示する

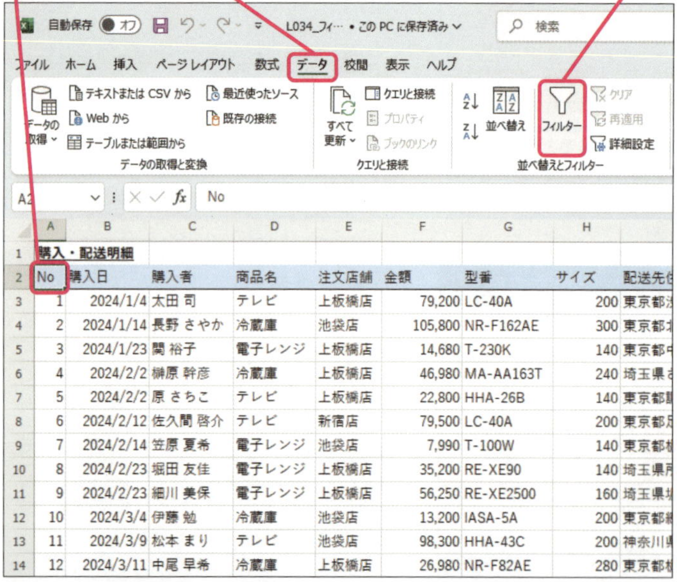

1 セルA2をクリック

2 ［データ］タブをクリック

3 ［フィルター］をクリック

自動保存 オフ L034_フィ… • この PC に保存済み 検索

ファイル ホーム 挿入 ページレイアウト 数式 データ 校閲 表示 ヘルプ

データの取得 テキストまたは CSV から Web から テーブルまたは範囲から 最近使ったソース 既存の接続 データの取得と変換

すべて更新 クエリと接続 プロパティ ブックのリンク クエリと接続

並べ替え フィルター クリア 再適用 詳細設定 並べ替えとフィルター

A2 No

	A	B	C	D	E	F	G	H	
1	購入・配送明細								
2	No	購入日	購入者	商品名	注文店舗	金額	型番	サイズ	配送先
3	1	2024/1/4	太田 司	テレビ	上板橋店	79,200	LC-40A	200	東京都
4	2	2024/1/14	長野 さやか	冷蔵庫	池袋店	105,800	NR-F162AE	300	東京都
5	3	2024/1/23	関 裕子	電子レンジ	上板橋店	14,680	T-230K	140	東京都
6	4	2024/2/2	榊原 幹彦	冷蔵庫	上板橋店	46,980	MA-AA163T	240	埼玉県
7	5	2024/2/2	原 さちこ	テレビ	上板橋店	22,800	HHA-26B	140	東京都
8	6	2024/2/12	佐久間 啓介	テレビ	新宿店	79,500	LC-40A	200	東京都
9	7	2024/2/14	笠原 夏希	電子レンジ	池袋店	7,990	T-100W	140	東京都
10	8	2024/2/23	堀田 友佳	電子レンジ	上板橋店	35,200	RE-XE90	140	埼玉県
11	9	2024/2/23	細川 美保	電子レンジ	上板橋店	56,250	RE-XE2500	160	埼玉県
12	10	2024/3/4	伊藤 勉	冷蔵庫	池袋店	13,200	IASA-5A	200	東京都
13	11	2024/3/9	松本 まり	テレビ	池袋店	98,300	HHA-43C	200	神奈川県
14	12	2024/3/11	中尾 早希	冷蔵庫	上板橋店	26,980	NR-F82AE	280	東京都

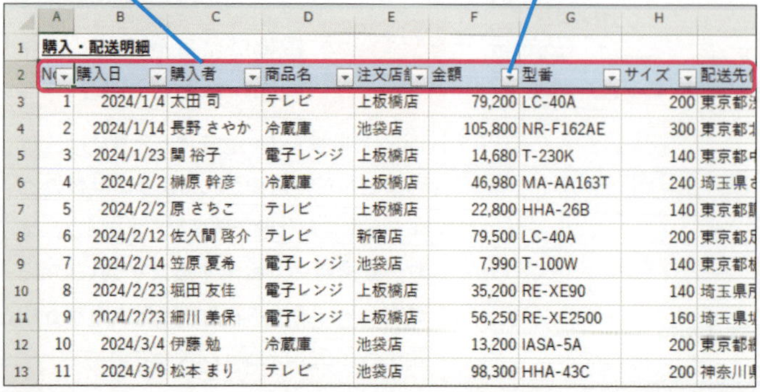

フィルターが設定されて、フィルターボタンが表示された

◆フィルターボタン

	A	B	C	D	E	F	G	H	
1	購入・配送明細								
2	No	購入日	購入者	商品名	注文店舗	金額	型番	サイズ	配送先
3	1	2024/1/4	太田 司	テレビ	上板橋店	79,200	LC-40A	200	東京都
4	2	2024/1/14	長野 さやか	冷蔵庫	池袋店	105,800	NR-F162AE	300	東京都
5	3	2024/1/23	関 裕子	電子レンジ	上板橋店	14,680	T-230K	140	東京都
6	4	2024/2/2	榊原 幹彦	冷蔵庫	上板橋店	46,980	MA-AA163T	240	埼玉県
7	5	2024/2/2	原 さちこ	テレビ	上板橋店	22,800	HHA-26B	140	東京都
8	6	2024/2/12	佐久間 啓介	テレビ	新宿店	79,500	LC-40A	200	東京都
9	7	2024/2/14	笠原 夏希	電子レンジ	池袋店	7,990	T-100W	140	東京都
10	8	2024/2/23	堀田 友佳	電子レンジ	上板橋店	35,200	RE-XE90	140	埼玉県
11	9	2024/2/23	細川 美保	電子レンジ	上板橋店	56,250	RE-XE2500	160	埼玉県
12	10	2024/3/4	伊藤 勉	冷蔵庫	池袋店	13,200	IASA-5A	200	東京都
13	11	2024/3/9	松本 まり	テレビ	池袋店	98,300	HHA-43C	200	神奈川県

キーワード

関数 P.531

フィルター P.534

ショートカットキー

フィルターボタンの表示
（フィルターが設定されていない状態で）
Ctrl + Shift + L

使いこなしのヒント

表に空行・空列がないか注意しよう

フィルターボタンを表示する表に空行や空列があると、空行や空列の手前までしかフィルターの対象になりません。このようなトラブルを防ぐために、まずは、空行や空列がない表を作るように心掛けましょう。もし、表の中に空行や空列を入れざるを得ない場合には、表全体を選択してフィルターボタンを表示する操作をしましょう。これで、表全体をフィルターの対象にすることができます。

使いこなしのヒント

フィルターボタンを表示するときは選択するセルに注意する

複数のセルを選択した状態でフィルターボタンを表示する操作をすると、表全体ではなく選択したセルの一番上の行を見出し行と認識してフィルターが設定されます。表全体にフィルターを設定したいときには、いったんフィルターボタンを消して、もう一度、1つのセルか表全体を選択した状態でフィルターボタンを表示する操作をやり直しましょう。

2 特定の条件を満たす行を抽出する

手順1を参考に、表にフィルターを設定しておく

ここではD列に「テレビ」と入力された行だけを抽出する

1 セルD2のフィルターボタンをクリック

2 [（すべて選択）] のここをクリックしてチェックマークをはずす

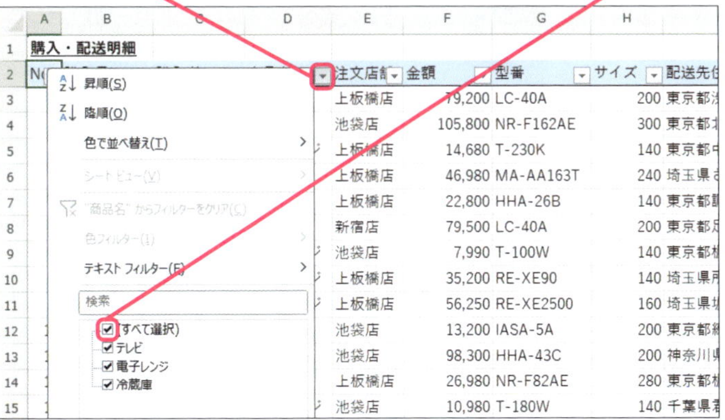

3 [テレビ] のここをクリックしてチェックマークを付ける

4 [OK] をクリック

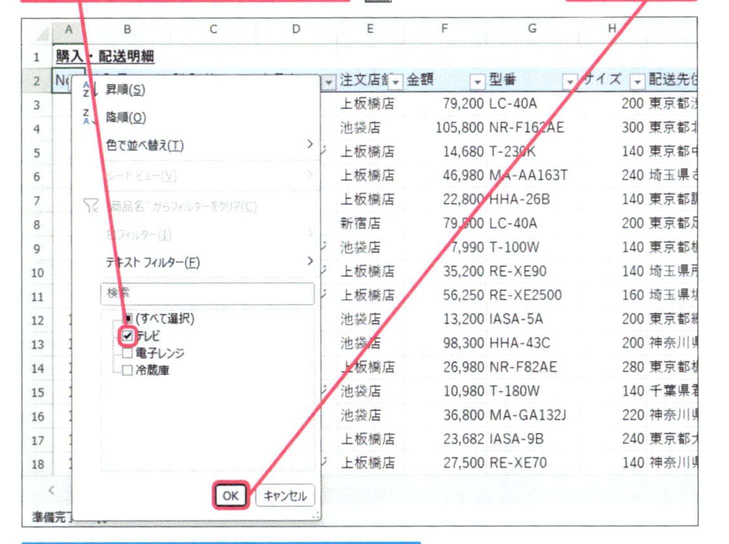

「テレビ」と入力された行だけが抽出された

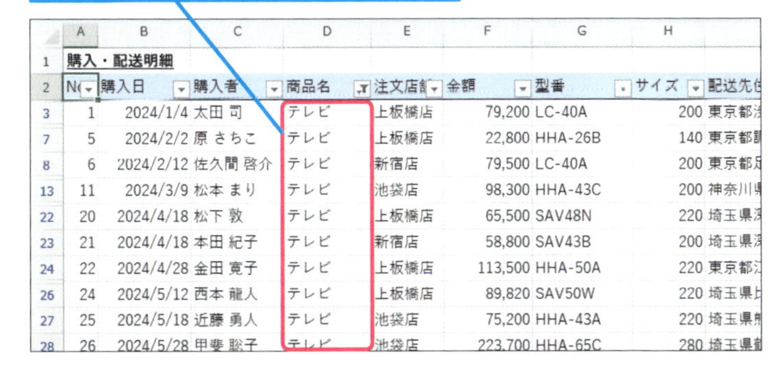

使いこなしのヒント

複数の項目で絞り込むには

複数の項目にチェックマークを付ければ、複数の項目を条件に指定できます。

クリックしてチェックマークを付けた項目の行が抽出される

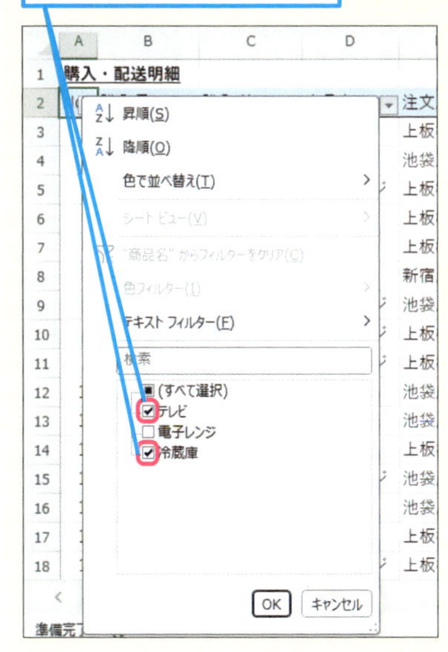

使いこなしのヒント

FILTER関数でもデータを抽出できる

Excel・レッスン85で解説しているFILTER関数でも、指定した条件でデータを抽出できます。フィルターだと手作業で操作をする必要がありますが、FILTER関数なら関数でデータを抽出できるので、作業の自動化に役立ちます。

使いこなしのヒント

フィルターボタンの形で抽出されているかどうかがわかる

フィルターで条件を指定している場合、フィルターボタンがの形に変わります。

次のページに続く

3 抽出条件を解除するには

1 フィルターボタンをクリック

	A	B	C	D	E	F	G	H	
1	購入・配送明細								
2	No	購入日	購入者	商品名	注文店舗	金額	型番	サイズ	配送先
3	1	2024/1/4	太田 司	テレビ	上板橋店	79,200	LC-40A	200	東京都
7	5	2024/2/2	原 さちこ	テレビ	上板橋店	22,800	HHA-26B	140	東京都
8	6	2024/2/12	佐久間 啓介	テレビ	新宿店	79,500	LC-40A	200	東京都
13	11	2024/3/9	松本 まり	テレビ	池袋店	98,300	HHA-43C	200	神奈川県
22	20	2024/4/18	松下 敦	テレビ	上板橋店	65,500	SAV48N	220	埼玉県
23	21	2024/4/18	本田 紀子	テレビ	新宿店	58,800	SAV43B	200	埼玉県
24	22	2024/4/28	金田 寛子	テレビ	上板橋店	113,500	HHA-50A	220	東京都
26	24	2024/5/12	西本 龍人	テレビ	上板橋店	89,820	SAV50W	220	埼玉県

2 ["（項目名）"からフィルターをクリア］をクリック

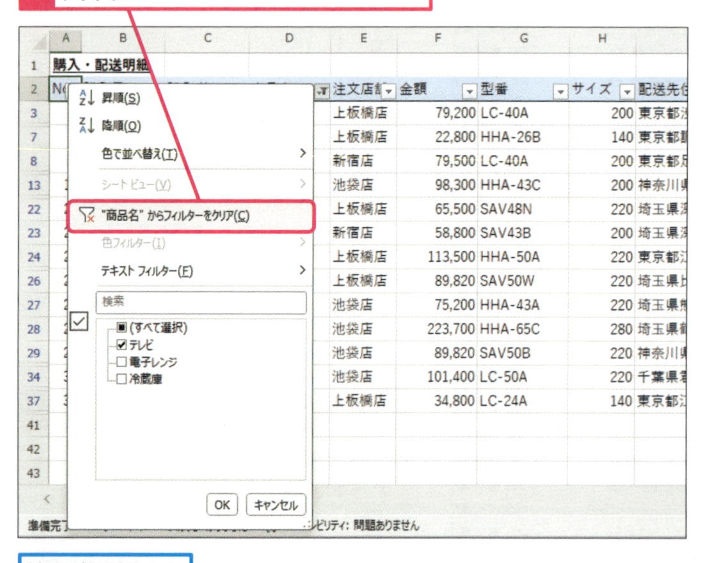

抽出が解除された

	A	B	C	D	E	F	G	H	
1	購入・配送明細								
2	No	購入日	購入者	商品名	注文店舗	金額	型番	サイズ	配送先
3	1	2024/1/4	太田 司	テレビ	上板橋店	79,200	LC-40A	200	東京都
4	2	2024/1/14	長野 さやか	冷蔵庫	池袋店	105,800	NR-F162AE	300	東京都
5	3	2024/1/23	関 裕子	電子レンジ	上板橋店	14,680	T-230K	140	東京都
6	4	2024/2/2	榊原 幹彦	冷蔵庫	上板橋店	46,980	MA-AA163T	240	埼玉県
7	5	2024/2/2	原 さちこ	テレビ	上板橋店	22,800	HHA-26B	140	東京都
8	6	2024/2/12	佐久間 啓介	テレビ	新宿店	79,500	LC-40A	200	東京都
9	7	2024/2/14	笠原 夏希	電子レンジ	池袋店	7,990	T-100W	140	東京都
10	8	2024/2/23	堀田 友佳	電子レンジ	上板橋店	35,200	RE-XE90	140	埼玉県
11	9	2024/2/23	細川 美保	電子レンジ	上板橋店	56,250	RE-XE2500	160	埼玉県
12	10	2024/3/4	伊藤 勉	冷蔵庫	池袋店	13,200	IASA-5A	200	東京都
13	11	2024/3/9	松本 まり	テレビ	池袋店	98,300	HHA-43C	200	神奈川県
14	12	2024/3/11	中尾 早希	冷蔵庫	上板橋店	26,980	NR-F82AE	280	東京都
15	13	2024/3/13	星野 正和	電子レンジ	池袋店	10,980	T-180W	140	千葉県
16	14	2024/3/20	長岡 哲男	冷蔵庫	池袋店	36,800	MA-GA132J	220	神奈川県
17	15	2024/3/26	滝沢 淳	冷蔵庫	上板橋店	23,682	IASA-9B	240	東京都
18	16	2024/3/26	緒方 豊	電子レンジ	上板橋店	27,500	RE-XE70	140	神奈川県

Sheet1
準備完了　アクセシビリティ: 問題ありません

使いこなしのヒント

すべての列の抽出条件を一気に解除する

フィルターで条件を指定している場合に、［データ］タブをクリックして［並べ替えとフィルター］の［クリア］をクリックすると、すべての列のフィルターで設定した抽出条件を一気に解除できます。

1 ［データ］タブをクリック

2 ［クリア］をクリック

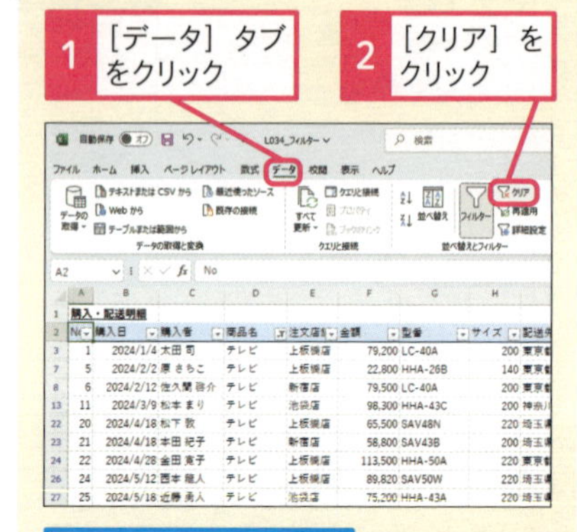

抽出条件が解除された

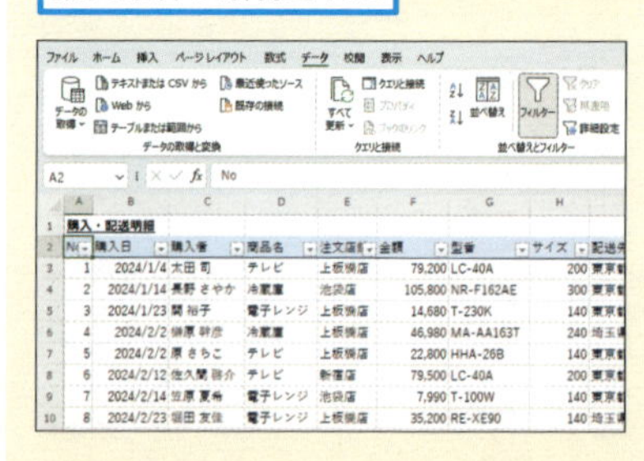

4 複雑な条件で行を抽出する

手順1を参考にフィルターを設定しておく

ここでは、2024年3月1日から2024年3月31日までの日付のデータだけを抽出する

1 セルB2のフィルターボタンをクリック

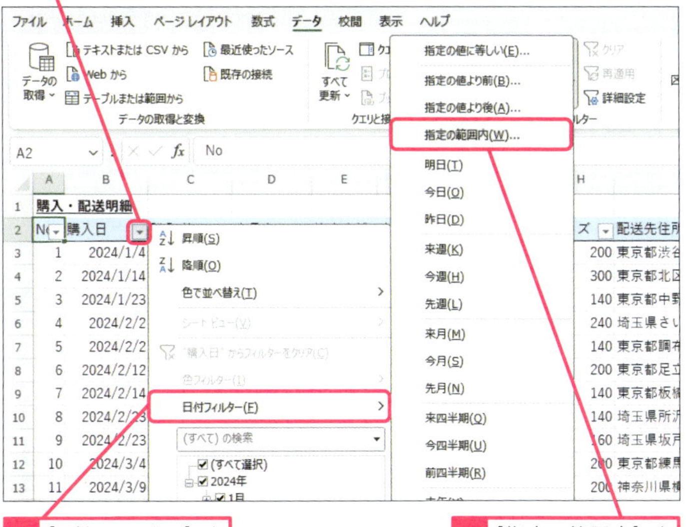

2 ［日付フィルター］をクリック

3 ［指定の範囲内］をクリック

［カスタムオートフィルター］が表示された

4 ［購入日］の［以降］の右側に「2024/3/1」と入力

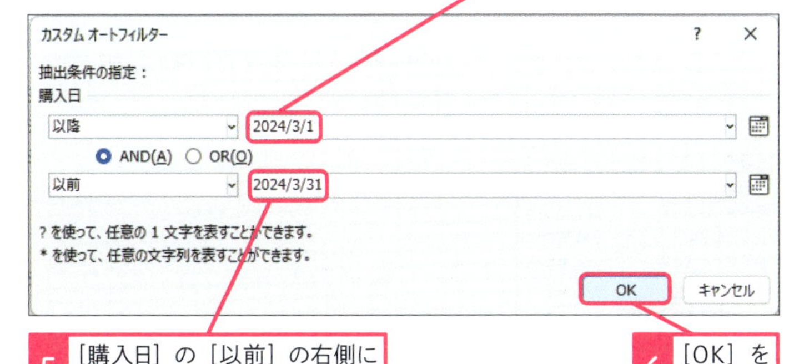

5 ［購入日］の［以前］の右側に「2024/3/31」と入力

6 ［OK］をクリック

2024年3月1日から2024年3月31日までの日付のデータだけが抽出された

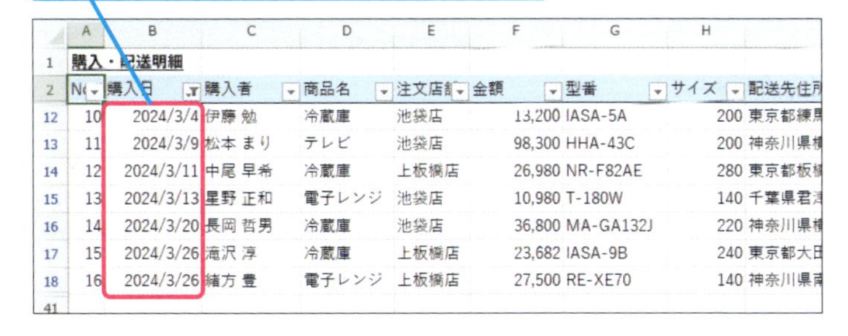

使いこなしのヒント

「数値フィルター」と「テキストフィルター」

複雑な条件を指定するフィルターには［日付フィルター］の他に、［数値フィルター］と［テキストフィルター］があります。この3つのどれが表示されるかは、各列に入力されたデータに応じて決まります。例えば、［購入者］列には文字データが入力されているので、［購入者］列でフィルターボタンを押すと［テキストフィルター］が表示されます。［テキストフィルター］を使うと、［指定の値で始まる］［指定の値で終わる］など、文字データを扱うのに適した様々な条件を指定できます。

セルに文字列が入力されていると、テキストフィルターを選択できる

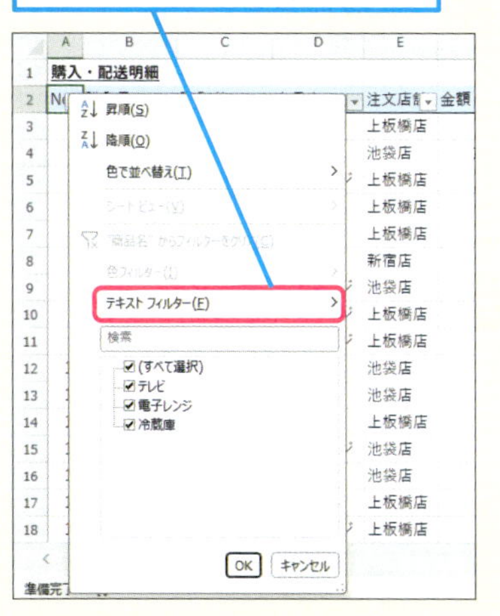

次のページに続く

5 複数の条件で行を抽出する

手順3を参考に、すべての列のフィルターを解除しておく

ここでは商品名が「冷蔵庫」で、金額が50000円以上の取引だけを抽出する

1 セルD2のフィルターボタンをクリック

2 ［(すべて選択)］をクリックしてチェックマークをはずす

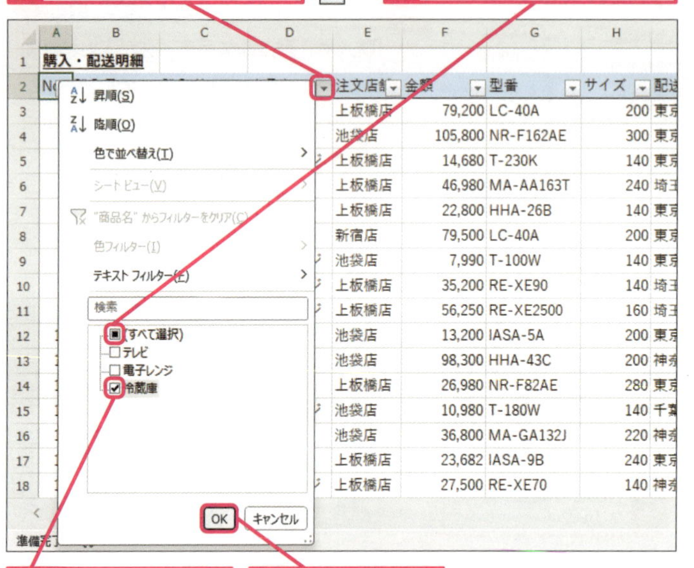

3 ［冷蔵庫］をクリック

4 ［OK］をクリック

5 セルF2のフィルターボタンをクリック

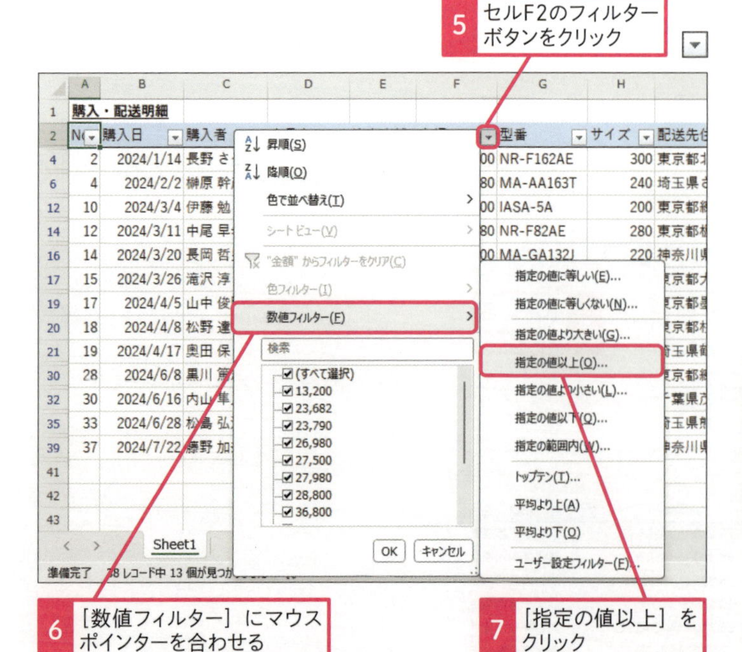

6 ［数値フィルター］にマウスポインターを合わせる

7 ［指定の値以上］をクリック

使いこなしのヒント

フィルターとコピー・貼り付けの関係に注意する

フィルターが掛かった状態の表をコピーして、別のシートに貼り付けをするとフィルターで表示されている行だけを転記できます。表の一部の行だけを転記したいときにとても便利です。
なお、コピーしたセルをフィルターが掛かった表に貼り付けてしまうと、フィルターで表示されていない行にも貼り付けが行われてしまい、トラブルの原因になります。貼り付け先のセルはフィルターを掛けていない状態にしておきましょう。

使いこなしのヒント

指定の値以下も指定できる

数値フィルターを使うと、本文で紹介した「指定の値以上」以外にも、「指定の値以下」「指定の値より大きい」「指定の値より小さい」「指定の値に等しい」「指定の値に等しくない」などを指定することもできます。

使いこなしのヒント

数値フィルターの指定は後から変更もできる

操作7で［指定の値以上］をクリックしたため、操作8では右の欄に［以上］と表示されます。ここで［以上］の部分をクリックすると［以下］など他の条件に変更できます。

● 2つ目の条件を設定する

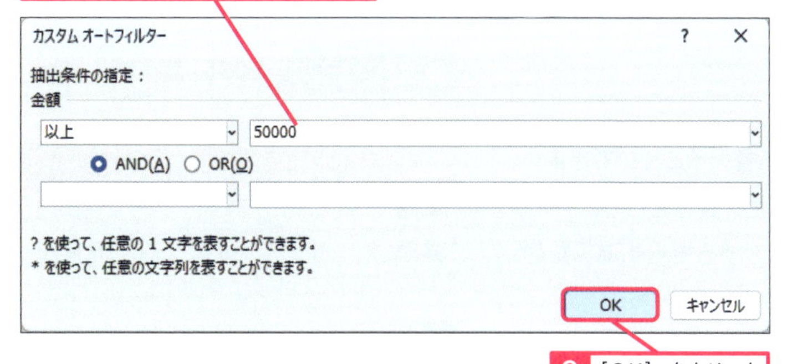

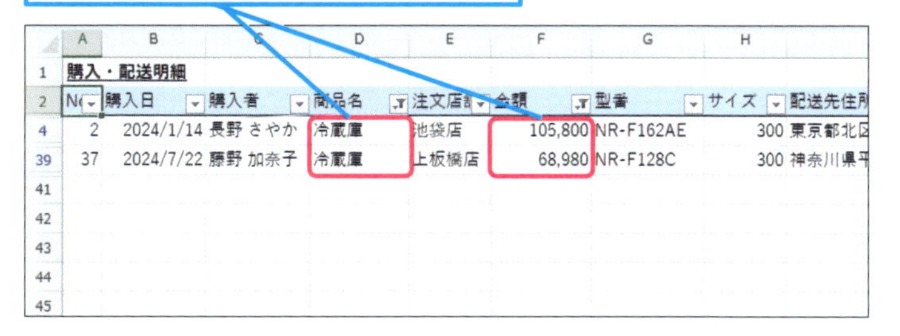

6 フィルターを解除する

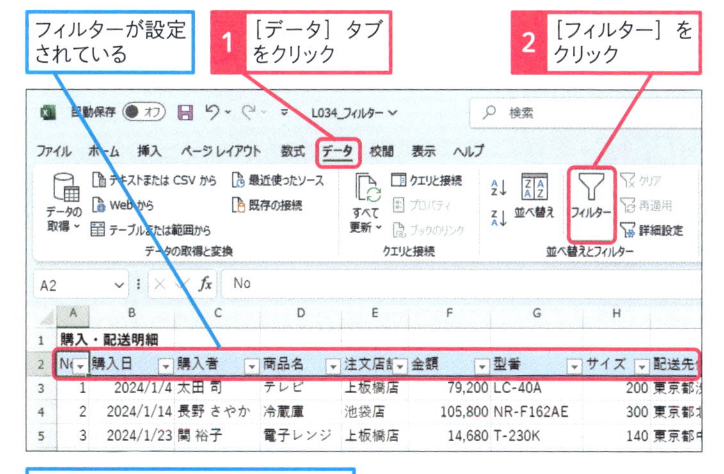

使いこなしのヒント

複数の列に対する条件は「～かつ～」で指定される

2つの列にフィルターの抽出条件を設定した場合、その2つの条件は「～かつ～」で指定したのと同じ意味になります。つまり、その2つの列の両方の抽出条件を満たす行だけが表示されます。なお、複数の列にまたがった「～または～」の条件を指定したいときには、新しく条件判定用の列を作って、その列でフィルターを掛けるなどの工夫が必要です。

ショートカットキー

フィルターボタンの消去
（フィルターが設定されている状態で）
Ctrl + Shift + L

使いこなしのヒント

フィルターの表示と解除は同じショートカットキーを使う

フィルターの表示と解除のショートカットキーは、どちらも Ctrl + Shift + L に割り当てられています。このため、Ctrl + Shift + L を押すとフィルターの表示と解除を切り替えることができます。

まとめ　フィルターはExcelで最も重要な機能の1つ

フィルターはExcelで最も重要な機能の1つです。大量のデータを扱うときには、フィルターを上手に使えると作業効率が大きく上がります。思い通りの条件が指定できるように、練習してみてください。

レッスン

35 データの順番を並べ替えるには

並べ替え

練習用ファイル L035_並べ替え.xlsx

作成したデータを見やすいように順番を並べ替えることができます。並べ替えの機能は一見便利ですが、安易に並べ替えを行うとデータが壊れたり、元の状態に戻すのが大変だったりする場合もあるため、使うときには注意が必要です。

1 データを並べ替える

ここでは金額順に行を並べ替える

1 セルF2をクリックして選択

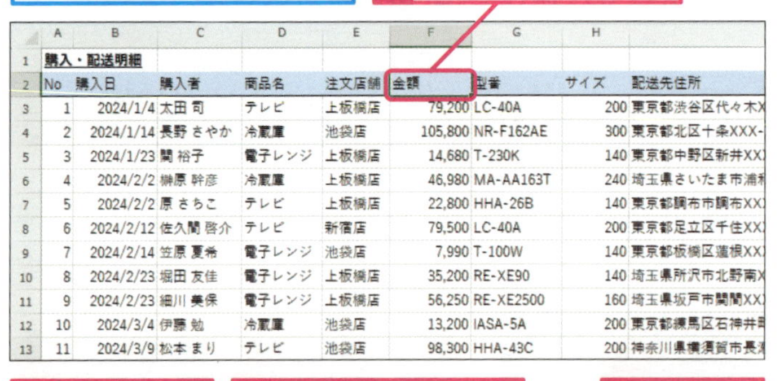

	A	B	C	D	E	F	G	H	
1	購入・配送明細								
2	No	購入日	購入者	商品名	注文店舗	金額	型番	サイズ	配送先住所
3	1	2024/1/4	太田 司	テレビ	上板橋店	79,200	LC-40A	200	東京都渋谷区代々木X
4	2	2024/1/14	長野 さやか	冷蔵庫	池袋店	105,800	NR-F162AE	300	東京都北区十条XXX-
5	3	2024/1/23	関 裕子	電子レンジ	上板橋店	14,680	T-230K	140	東京都中野区新井XX
6	4	2024/2/2	榊原 幹彦	冷蔵庫	上板橋店	46,980	MA-AA163T	240	埼玉県さいたま市浦和
7	5	2024/2/2	原 さちこ	テレビ	上板橋店	22,800	HHA-26B	140	東京都調布市調布XX
8	6	2024/2/12	佐久間 啓介	テレビ	新宿店	79,500	LC-40A	200	東京都足立区千住XX
9	7	2024/2/14	笠原 夏希	電子レンジ	池袋店	7,990	T-100W	140	東京都板橋区蓮根XX
10	8	2024/2/23	堀田 友佳	電子レンジ	上板橋店	35,200	RE-XE90	140	埼玉県所沢市北野南X
11	9	2024/2/23	細川 美保	電子レンジ	上板橋店	56,250	RE-XE2500	160	埼玉県坂戸市關間XX
12	10	2024/3/4	伊藤 勉	冷蔵庫	池袋店	13,200	IASA-5A	200	東京都練馬区石神井
13	11	2024/3/9	松本 まり	テレビ	池袋店	98,300	HHA-43C	200	神奈川県横須賀市長

2 ［ホーム］タブをクリック

3 ［並べ替えとフィルター］をクリック

4 ［昇順］をクリック

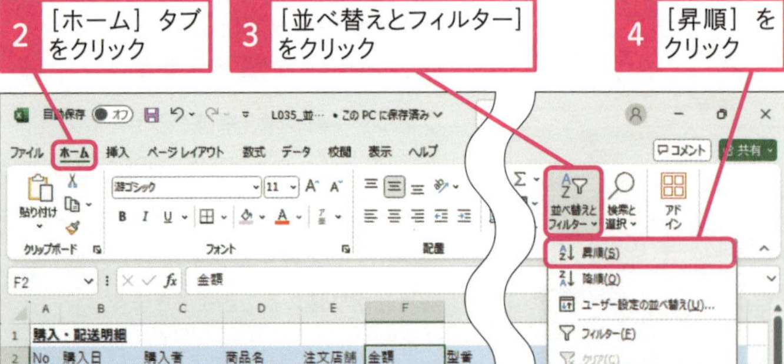

金額順に行が並べ替えられた

	A	B	C	D	E	F	G	H	
1	購入・配送明細								
2	No	購入日	購入者	商品名	注文店舗	金額	型番	サイズ	配送先住所
3	7	2024/2/14	笠原 夏希	電子レンジ	池袋店	7,990	T-100W	140	東京都板橋区蓮根XX
4	23	2024/5/5	石川 由利子	電子レンジ	新宿店	8,270	T-100W	140	東京都世田谷区深沢X
5	31	2024/6/16	山田 政宗	電子レンジ	新宿店	8,270	T-100K	140	神奈川県逗子市新宿X
6	36	2024/7/18	荒井 拓也	電子レンジ	池袋店	8,490	T-100W	140	千葉県大網白里市XX
7	13	2024/3/13	星野 正和	電子レンジ	池袋店	10,980	T-180W	140	千葉県君津市寺沢XX
8	10	2024/3/4	伊藤 勉	冷蔵庫	池袋店	13,200	IASA-5A	200	東京都練馬区石神井
9	3	2024/1/23	関 裕子	電子レンジ	上板橋店	14,680	T-230K	140	東京都中野区新井XX
10	29	2024/6/9	武藤 俊一郎	電子レンジ	池袋店	15,680	T-230K	140	東京都大田区平和島X
11	5	2024/2/2	原 さちこ	テレビ	上板橋店	22,800	HHA-26B	140	東京都調布市調布XX
12	15	2024/3/26	滝沢 淳	冷蔵庫	上板橋店	23,682	IASA-9B	240	東京都大田区平和島X
13	19	2024/4/17	奥田 保	冷蔵庫	池袋店	23,790	IASA-9B	240	埼玉県鶴ヶ島市XXX-
14	12	2024/3/11	中尾 早希	冷蔵庫	上板橋店	26,980	NR-F82AE	280	東京都板橋区板橋XX

キーワード

降順 P.532
昇順 P.532

使いこなしのヒント

空行・空列がある表の並べ替えには注意する

本文の手順1のように、1つのセルを選択して並べ替えをした場合、表の中に空行・空列があると、空行・空列の手前までしか並べ替えが行われません。特に空列がある場合、並べ替えをするとデータの内容がずれてしまう可能性があり非常に危険です。ですから、この方法を使うときには、空行・空列がないかを必ず確認するようにしましょう。特に、個人情報などの重要なデータを扱うときには、次ページで紹介する、表全体を選択して［並べ替え］ダイアログボックスを使って並べ替えをすることを強くおすすめします。

使いこなしのヒント

昇順と降順の違いとは

昇順はだんだん大きくなる順（1、2、3、…）、降順はだんだん小さくなる順（9、8、7、…）を表します。日付の場合には、昇順は、過去から未来の順（2024/1/1、2024/1/2、…）、降順は未来から過去の順（2024/1/31、2024/1/30、…）を表します。昇順・降順という用語は無理に覚える必要はありません。実務的には、とりあえず、片方の並び順を試して、意図と違ったらもう1つの並び順を試してみる、という方法でも十分でしょう。

2 複数の条件でデータを並べ替える

ここでは商品名で並べて、さらに購入日順に並べる

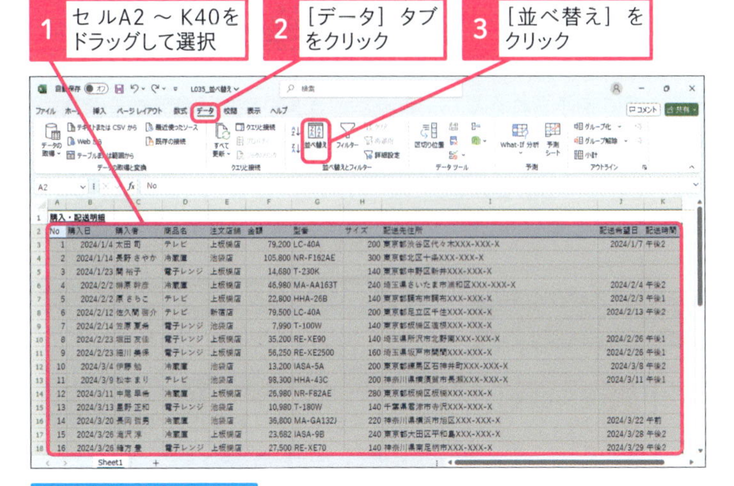

［並べ替え］ダイアログ ボックスが表示された

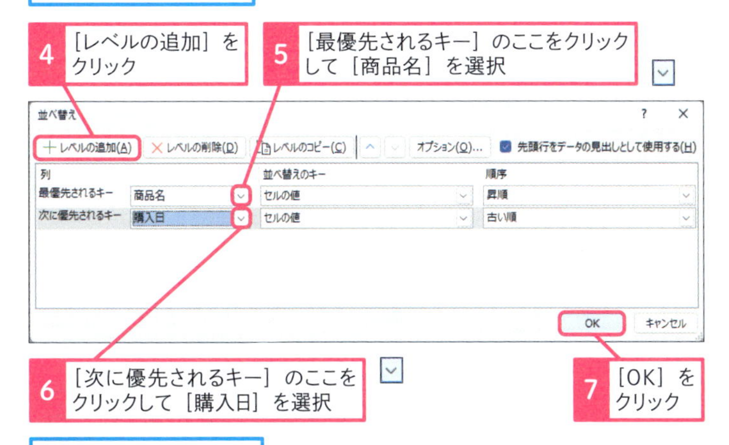

商品名で並べて、さらに 購入日順に並べられた

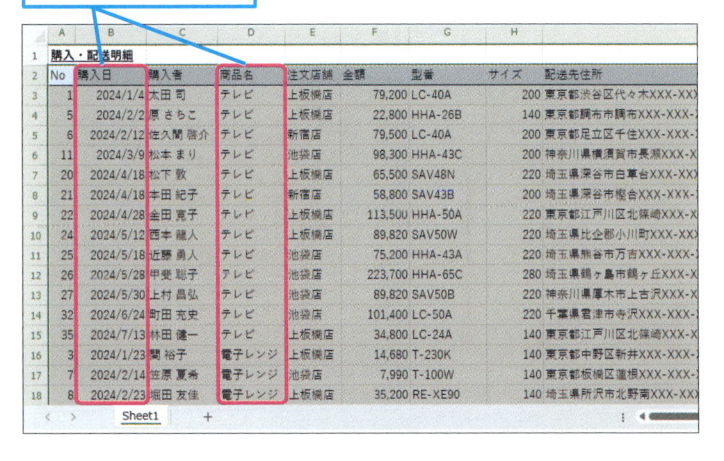

	A	B	C	D	E	F	G	H	
1	購入・配送明細								
2	No	購入日	購入者	商品名	注文店舗	金額	型番	サイズ	配送先住所
3	1	2024/1/4	太田 司	テレビ	上板橋店	79,200	LC-40A	200	東京都渋谷区代々木XXX-XX
4	5	2024/2/2	原 さちこ	テレビ	上板橋店	22,800	HHA-26B	140	東京都調布市調布XXX-XXX-
5	6	2024/2/12	佐久間 啓介	テレビ	新宿店	79,500	LC-40A	200	東京都足立区千住XXX-XXX-
6	11	2024/3/9	松本 まり	テレビ	池袋店	98,300	HHA-43C	200	神奈川県横須賀市長瀬XXX-X
7	20	2024/4/18	松下 敦	テレビ	上板橋店	65,500	SAV48N	220	埼玉県深谷市白草台XXX-XX
8	21	2024/4/18	本田 紀子	テレビ	新宿店	58,800	SAV43B	200	埼玉県深谷市樫合XXX-XXX-
9	22	2024/4/28	金田 寛子	テレビ	上板橋店	113,500	HHA-50A	220	東京都江戸川区北篠崎XXX-X
10	24	2024/5/12	西本 龍人	テレビ	上板橋店	89,820	SAV50W	220	埼玉県比企郡小川町XXX-XX
11	25	2024/5/18	近藤 勇人	テレビ	池袋店	75,200	HHA-43A	220	埼玉県熊谷市万吉XXX-XXX-
12	26	2024/5/28	甲斐 聡子	テレビ	池袋店	223,700	HHA-65C	280	埼玉県鶴ヶ島市鶴ヶ丘XXX-X
13	27	2024/5/30	上村 昌弘	テレビ	池袋店	89,820	SAV50B	220	神奈川県厚木市上古沢XXX-X
14	32	2024/6/24	町田 充史	テレビ	池袋店	101,400	LC-50A	220	千葉県君津市寺沢XXX-XXX-
15	35	2024/7/13	林田 健一	テレビ	上板橋店	34,800	LC-24A	140	東京都江戸川区北篠崎XXX-X
16	3	2024/1/23	関 裕子	電子レンジ	上板橋店	14,680	T-230K	140	東京都中野区新井XXX-XXX-
17	7	2024/2/14	笠原 夏希	電子レンジ	池袋店	7,990	T-100W	140	東京都板橋区蓮根XXX-XXX-
18	8	2024/2/23	堀田 友佳	電子レンジ	上板橋店	35,200	RE-XE90	140	埼玉県所沢市北野南XXX-XX

使いこなしのヒント

表全体を選択する代わりにシート全体を選択してもOK

表が大きくて表全体を選択するのが大変なときには、表全体を選択する代わりにシート全体を選択しましょう。シート左上の三角マークをクリックすると、シート全体を選択することができます。

スキルアップ

先頭行を見出しにする

［先頭行をデータの見出しとして使用する］にチェックを入れると、先頭行は見出しとして扱われて並べ替えの対象になりません。逆に、チェックを入れないと先頭行もデータとして並べ替えの対象になります。このチェックボックスは、データの内容により自動的にチェックが入る場合と入らない場合があるので、並べ替え前にチェックの有無を確認しましょう。

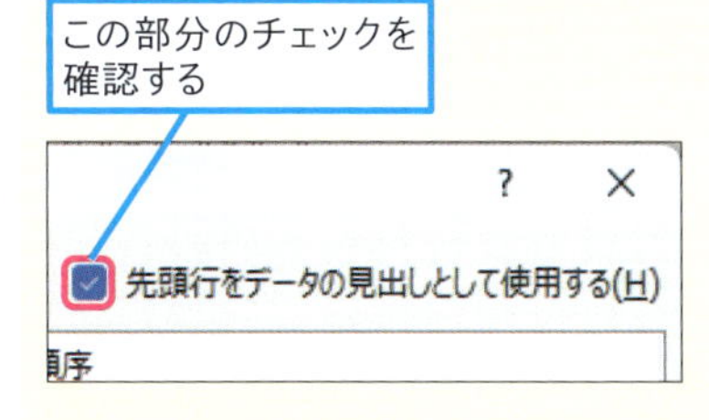

まとめ 並べ替えは表全体を選択しよう

並べ替えはExcelの主要な機能の1つですが、データによっては、内容がずれてしまう可能性があります。表全体に影響があり、元に戻らないこともあるので、使用は必要最小限に留めましょう。また、並べ替えをするときは、必ず、並べ替えたい範囲全体を選択しましょう。

レッスン

36 先頭の項目を常に表示するには

ウィンドウ枠の固定

練習用ファイル　L036_先頭の項目を常に表示.xlsx

大きな表を扱う場合には、表の見出しを固定して常に表示されるようにしましょう。この機能は、総合計金額などサマリー情報を固定表示する用途にも使えます。固定した行や列の中で表示する必要がない部分は非表示にしましょう。

1 ウィンドウ枠を固定する

ここでは、画面をスクロールしても、1行目～2行目とA列が常に表示されるように設定する

1 セルB3をクリック

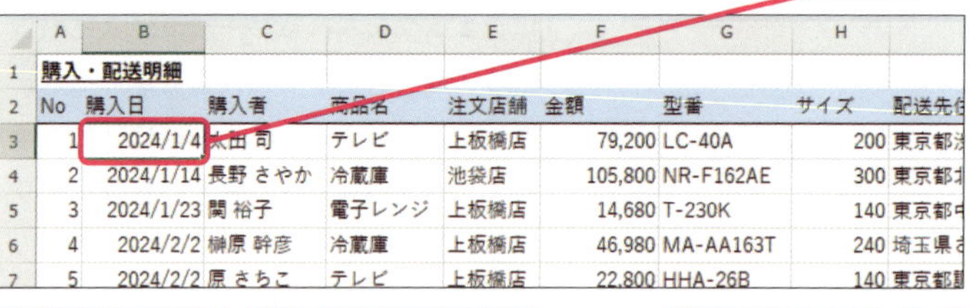

	A	B	C	D	E	F	G	H
1	購入・配送明細							
2	No	購入日	購入者	商品名	注文店舗	金額	型番	サイズ
3	1	2024/1/4	太田 司	テレビ	上板橋店	79,200	LC-40A	200
4	2	2024/1/14	長野 さやか	冷蔵庫	池袋店	105,800	NR-F162AE	300
5	3	2024/1/23	関 裕子	電子レンジ	上板橋店	14,680	T-230K	140
6	4	2024/2/2	榊原 幹彦	冷蔵庫	上板橋店	46,980	MA-AA163T	240
7	5	2024/2/2	原 さちこ	テレビ	上板橋店	22,800	HHA-26B	140

2 ［表示］タブをクリック

3 ［ウィンドウ枠の固定］をクリック

4 ［ウィンドウ枠の固定］をクリック

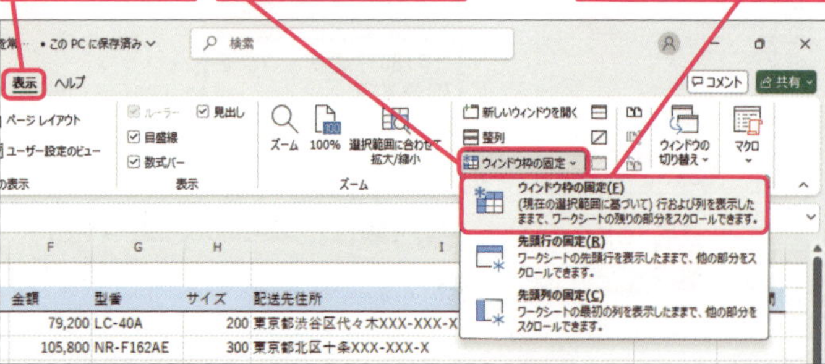

ウィンドウ枠が固定されて、黒い線が表示された

5 ここをドラッグして画面を下にスクロール

1行目～2行目が常に表示されている

キーワード

行　P.531

列　P.534

使いこなしのヒント

列見出しだけを固定するには

A列のどこかのセルを選択してウィンドウ枠を固定すると、列見出し（画面上部の見出し）だけ固定できます。

使いこなしのヒント

ウィンドウ枠を固定するときに選択するセルの意味

選択したセルの左上の頂点を基準にウィンドウ枠が固定されます。例えば、B3セルを選択してウィンドウ枠を固定すると、2行目と3行目の間、A列とB列の間でウィンドウ枠が固定されます。

セルB3でウィンドウ枠が固定されている

2行目と3行目の間と、A列とB列の間でウィンドウ枠が固定される

● A列が常に表示されるかどうか確認する

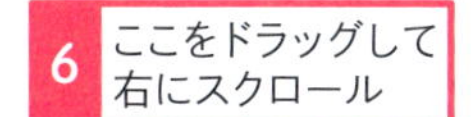

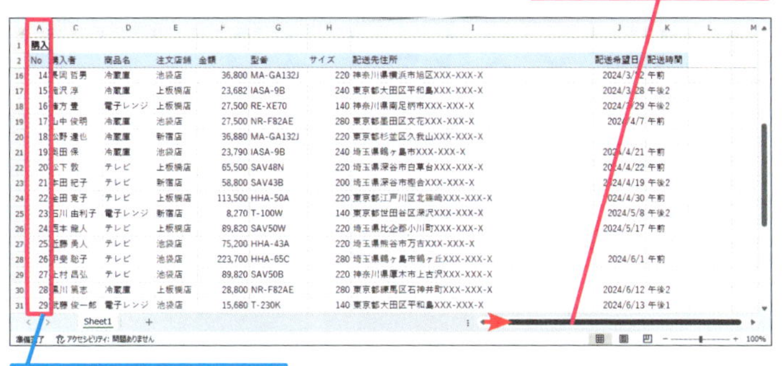

A列が常に表示されている

2 行や列の一部を非表示にする

手順1を参考に、セルB3でウィンドウ枠を固定しておく

1 1行目を選択

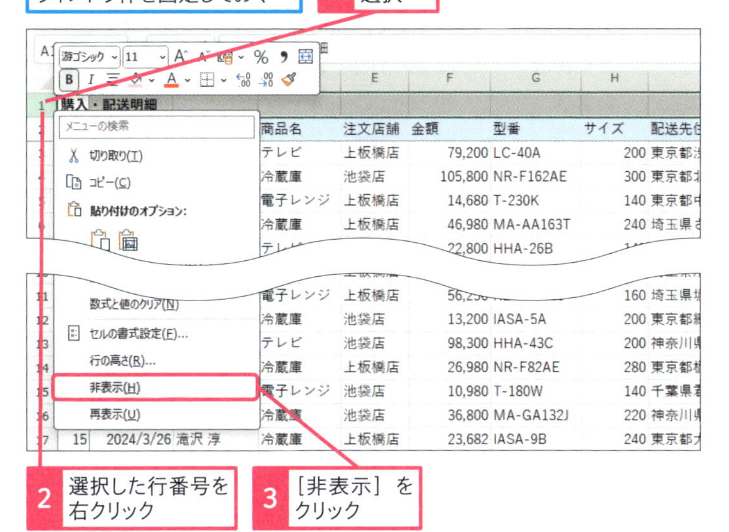

2 選択した行番号を右クリック

3 ［非表示］をクリック

1行目が非表示になった

4 画面を下にスクロール

2行目が常に表示されている

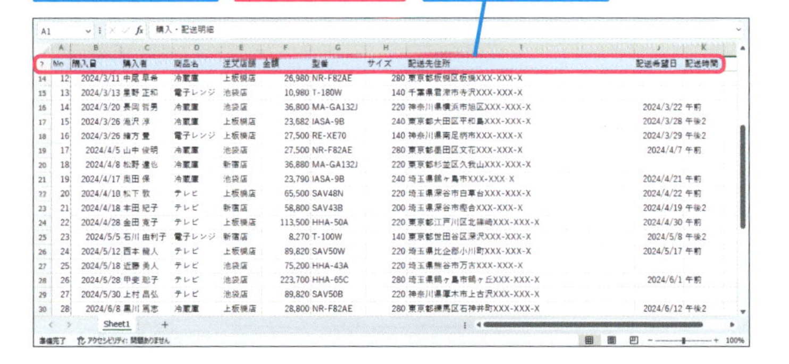

使いこなしのヒント

ウィンドウ枠の固定を解除するには

ウィンドウ枠を固定したときと同じ操作をもう一度行うと、ウィンドウ枠の固定を解除できます。リボンの［表示］タブから［ウィンドウ枠の固定］-［ウィンドウ枠の固定の解除］をクリックしましょう。

1 ［ウィンドウ枠の固定］をクリック

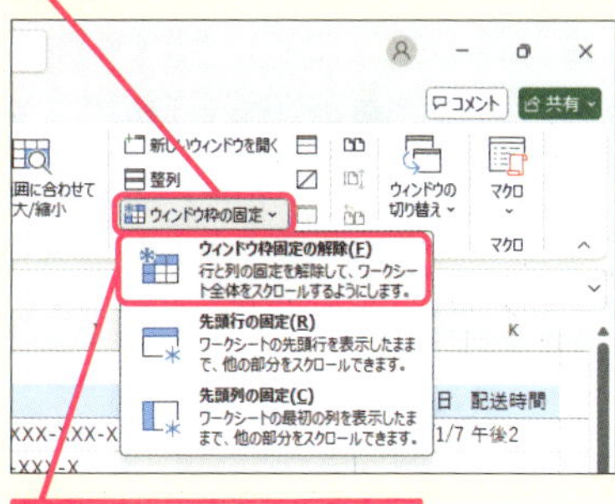

2 ［ウィンドウ枠の固定の解除］をクリック

使いこなしのヒント

途中の行だけを固定する

2行目だけを見出しとして常に表示させたいときには、ウィンドウ枠の固定で1～2行目を固定したうえで、1行目を非表示にしましょう。

まとめ 大きな表を作るときにはウィンドウ枠を固定する

大きな表を作るときには、ウィンドウ枠を固定して見出しや総合計金額などのサマリー情報を常に見える状態にすると操作がしやすくなります。固定時に選択したセルの左上の点を基準にウィンドウ枠が固定されることも覚えておきましょう。

この章のまとめ

効率のよい方法をマスターしよう

この章では表を効率よく作成し、利用するのに便利な機能を紹介しました。この章で特に重要なポイントは3つあります。1つ目は検索時の検索対象の指定です。うまく検索できないときには、検索対象の「値」「数式」を切り替えて検索をしてみましょう。2つ目は並べ替えです。必ず、表全体など並べ替えたい範囲全体を選択しましょう。3つ目はフィルターです。作成した表の中から効率的に目的のデータを抽出するには、フィルターが欠かせません。Excelの中で最も重要な機能の1つですので使いこなせるように練習してみてください。

	A	B	C	D	E	F	G	H	
1	購入・配送明細								
2	No	購入日	購入者	商品名	注文店舗	金額	型番	サイズ	配送先
3	1	2024/1/4	太田 司	テレビ	上板橋店	79,200	LC-40A	200	東京都
7	5	2024/2/2	原 さちこ	テレビ	上板橋店	22,800	HHA-26B	140	東京都
8	6	2024/2/12	佐久間 啓介	テレビ	新宿店	79,500	LC-40A	200	東京都
13	11	2024/3/9	松本 まり	テレビ	池袋店	98,300	HHA-43C	200	神奈川県
22	20	2024/4/18	松下 敦	テレビ	上板橋店	65,500	SAV48N	220	埼玉県
23	21	2024/4/18	本田 紀子	テレビ	新宿店	58,800	SAV43B	200	埼玉県
24	22	2024/4/28	金田 寛子	テレビ	上板橋店	113,500	HHA-50A	220	東京都
26	24	2024/5/12	西本 龍人	テレビ	上板橋店	89,820	SAV50W	220	埼玉県
27	25	2024/5/18	近藤 勇人	テレビ	池袋店	75,200	HHA-43A	220	埼玉県

フィルター機能を使うと見たいデータを素早く抽出できる

数字の連番や日付を一気に入力できるなんて、知りませんでした。「オートフィル」は使う場面が多そう！

「フィルター」もすごく便利！　見たいデータをすぐに取り出せますね。

うん！　ただ、「テレビ」「TV」とか、同じデータなのに表記が違うと、フィルターを使っても正しく抽出できないから、注意してね！

Excel

基本編

第5章

数式や関数を使って正確に計算しよう

この章では、数式とはどういうものか、足し算・引き算などの計算をする方法、他のセルの値を参照する方法、関数を使う方法など、数式の基本的な使い方を紹介します。

レッスン

37 Introduction この章で学ぶこと 数式とそのルールを知ろう

数式は、セルに入力する計算式のことです。Excelの作業をするうえで欠かせない重要な機能となっています。まずは数式の入力方法や、基本的なルールをここで覚えましょう。

数式の基本を押さえよう

いよいよ難しくなってきましたね。何から覚えたらいいのか……。

まずは簡単なルールから覚えよう。数式は、最初に「=」を入力した後に計算式を入力すると、セルに計算結果が表示されるよ。数式は必ず半角で入力してね。

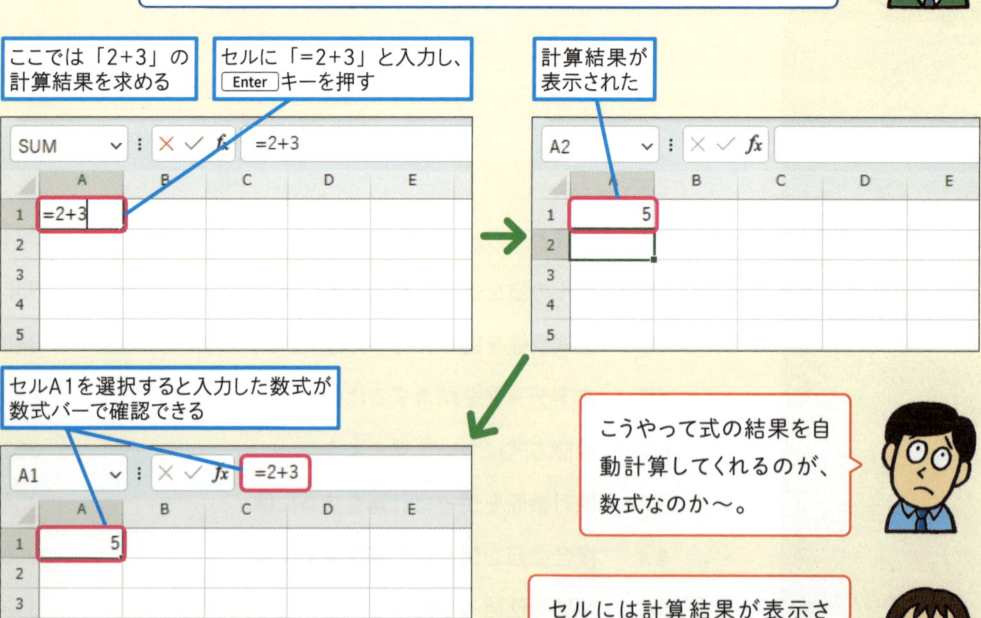

数式バー以外にも、数式を入力したセルをクリックして編集モードにしても、数式が表示されるよ。数式を変えたい場合は、セルや数式バーから編集しよう！

セルの参照や演算子を使おう

それから、数式内にセル番地を指定すると、セル内のデータを使って計算もできるんだ。この場合、数式内で使ったセルの値が変わると、計算結果も連動して変わるよ。

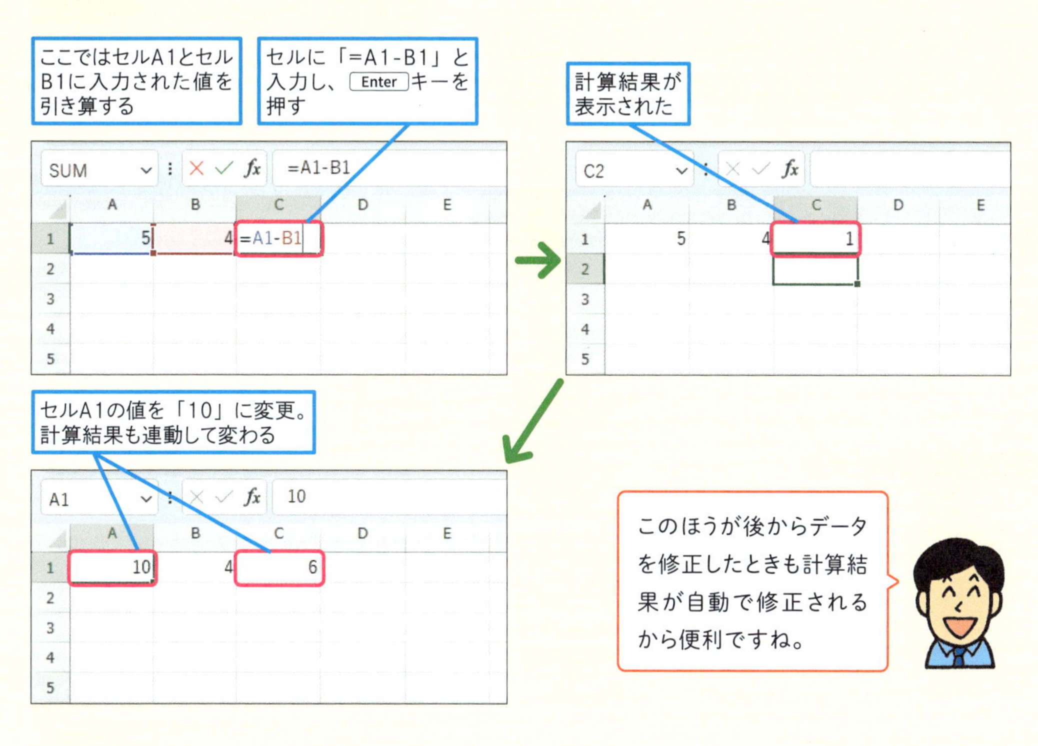

このほうが後からデータを修正したときも計算結果が自動で修正されるから便利ですね。

ところで、さっき入力した式にあった「+」とか「-」は算数で使う記号でしょうか？数式にはこういった記号も使えるんですね～。

●演算子と意味

演算子	意味	計算式の例	計算結果
+	足し算	=14+2	16
-	引き算	=14-2	12
*	掛け算	=14*2	28
/	割り算	=14/2	7

これは「演算子」と呼ばれるもので、この表にあるものがよく使われるよ。掛け算・割り算の記号が日常で使う記号とは違うので気を付けよう。

レッスン

38 セルの値を使って計算するには

数式の入力

練習用ファイル L038_数式の入力.xlsx

数式では「B2」「C2」などのセル番地を入力すると、そのセルに入っている値を使って計算できます。セル番地は、数式入力中に参照したいセルをクリックすると入力できます。数式内で使ったセルの値が変わると計算結果も連動して変わります。

1 他のセルを参照して計算する

ここではセルB3とセルC3に入力された値の積を求める

1 セルD3に「=」と入力

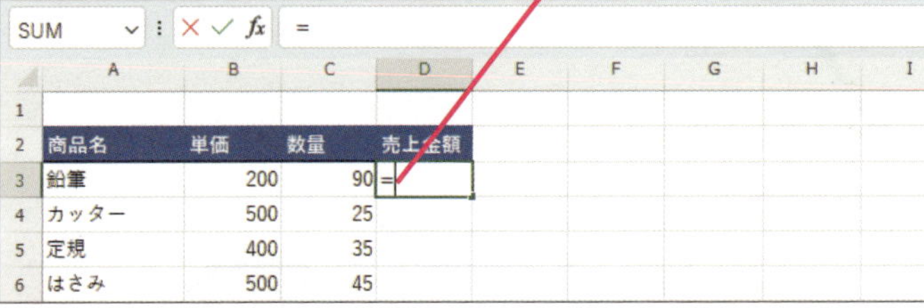

2 セルB3をクリック

数式に「B3」が加わった

3 「*」と入力

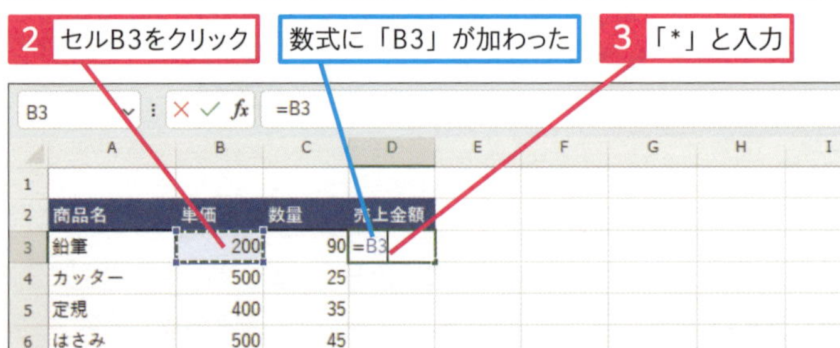

4 セルC3をクリック

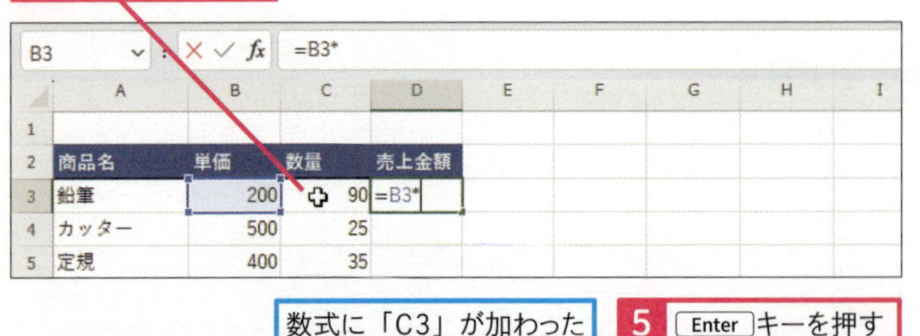

数式に「C3」が加わった

5 Enter キーを押す

=B3*C3

使いこなしのヒント

「=」のみの場合は同じものが表示される

「=A1」「=B2」など、「=」の後にセル番地を入力すると、指定したセルの値をそのまま転記できます。なお、数式で指定したセルが空欄の場合には、例外的に計算結果は「0」になることに注意してください。例えば、セルA1が空欄のときに、セルB1に「=A1」と入力すると、セルB1には「0」と表示されます。

使いこなしのヒント

参照しているセルの値が変わると数式の計算結果も変わる

数式内で参照しているセルの値が変わると、自動的に数式の計算結果も更新されます。例えば、セルB3を「300」に修正すると、連動してセルD3の計算結果も「27000」に変わります。

1 セルB3をクリック

2 「300」と入力

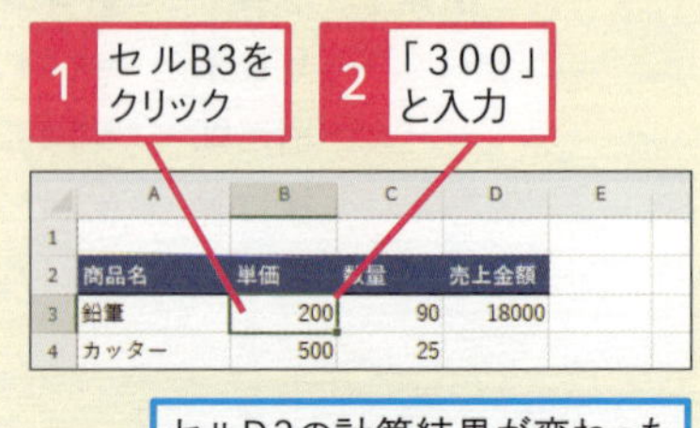

セルD3の計算結果が変わった

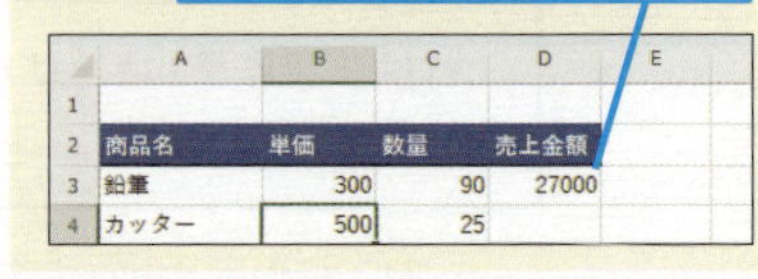

● 値の積が求められた

セルB3とセルC3に入力された値の積が求められた

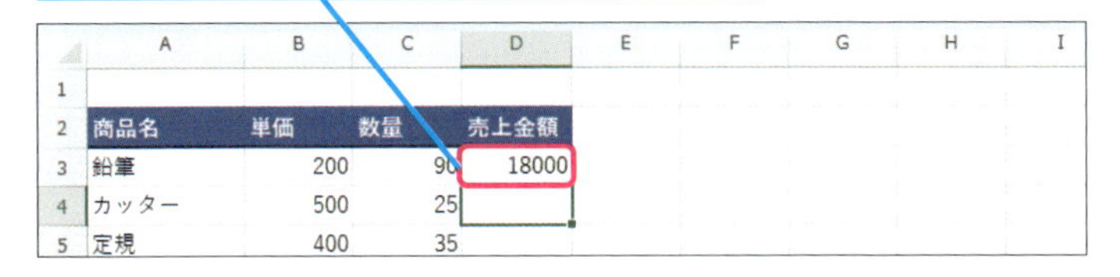

2 矢印キーでセルを選択して計算する

ここではセルB4とセルC4に入力された値の積を求める

1 セルD4に「=」と入力

2 ←キーを2回押す

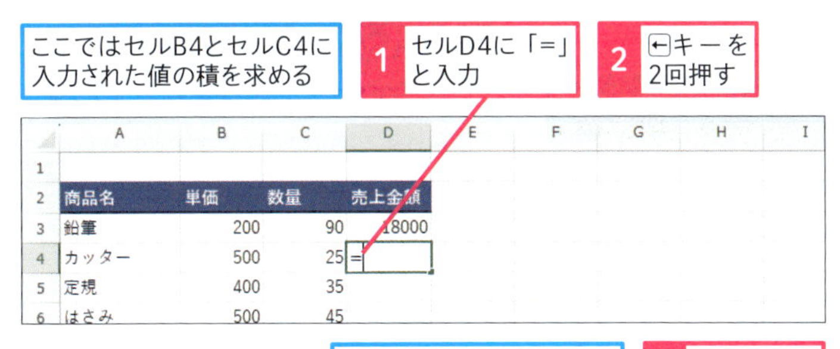

数式に「B4」が加わった

3 「*」と入力

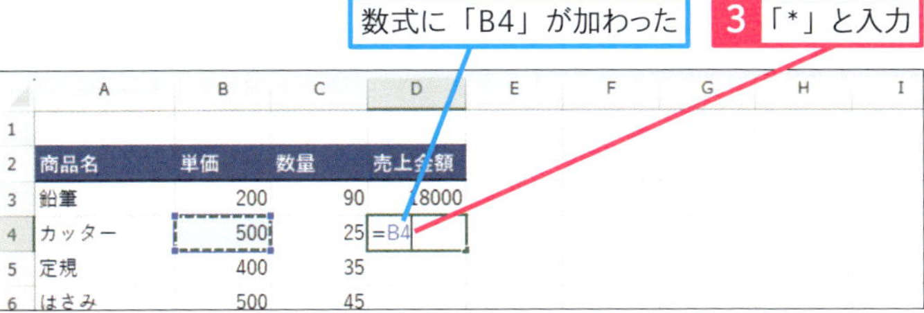

4 ←キーを押す

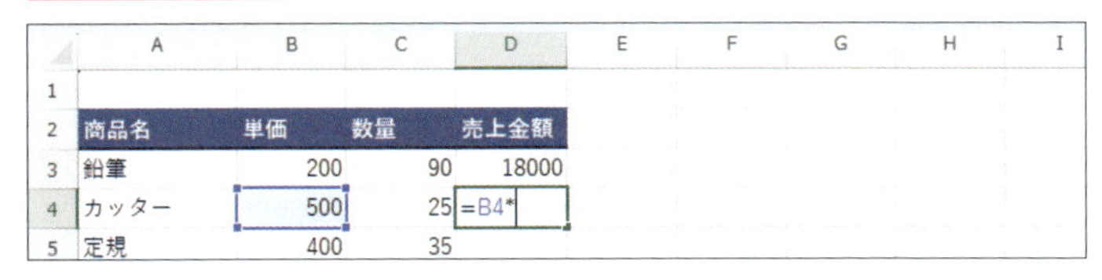

数式に「C4」が加わった

5 Enter キーを押す

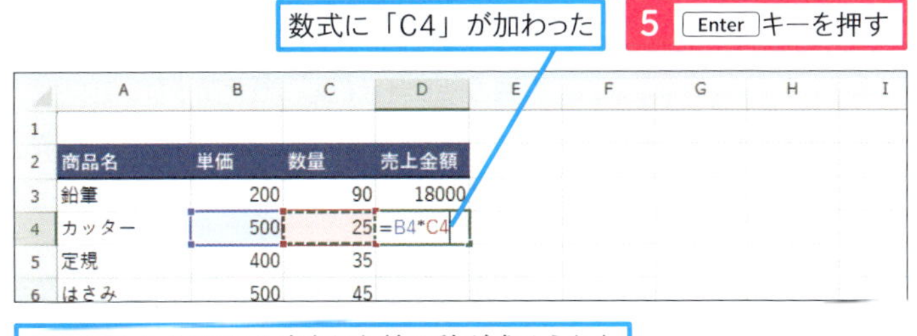

セルB4とセルC4に入力された値の積が求められた

	A	B	C	D
1				
2	商品名	単価	数量	売上金額
3	鉛筆	200	90	18000
4	カッター	500	25	12500
5	定規	400	35	
6	はさみ	500	45	

使いこなしのヒント

入力モードと編集モード

セル入力時には、入力モードと編集モードという2つの状態があります。このうち、数式入力時に、矢印キーでセルを選択できるのは入力モードの場合だけです。入力モードと編集モードは F2 キーで切り替えられます。編集モードになっている場合には F2 キーで入力モードに切り替えてから矢印キーを押してください。どちらのモードになっているかは画面左下のステータスバーに表示されています。

● 入力モード

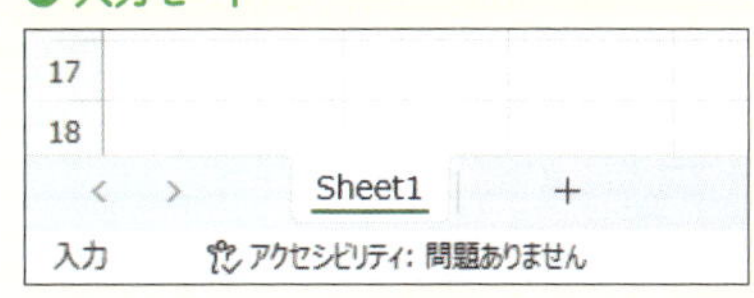

● 編集モード

17
18
Sheet1
編集
アクセシビリティ: 問題ありません

使いこなしのヒント

セルに直接入力してもよい

数式内で参照するセルの番地は手入力もできます。ですから、「=B4*C4」とすべての文字をキーボードで入力して Enter キーを押しても構いません。また「=b4*c4」のように小文字で入力しても問題ありません。Enter キーを押すと、自動的に大文字に変換されます。

まとめ セル番地を入れて他のセルを参照する

数式中に「A1」「B2」など、セル番地を入れると、そのセルの値を使って計算できます。セル番地は、①マウスでセルを選択する、②矢印キーでセルを選択する、③直接セル番地を手入力する、のいずれかの方法で入力しましょう。

レッスン
39 数式や値を貼り付けるには

数式のコピー、値の貼り付け

練習用ファイル L039_数式のコピー、値の貼り付け.xlsx

数式が入っているセルをコピーして貼り付けるときには、「数式」か「計算結果である値」かのどちらを貼り付けるかで結果が変わります。数式を貼り付けるときには、数式内のセル参照がずれて貼り付けられることに注意しましょう。

1 数式をコピーして貼り付ける

セルD4に入力された数式「=B4*C4」をコピーして、セルD5 ～ D8までに貼り付ける

1 セルD4を選択

2 セルD4の右下にマウスポインターを合わせる

マウスポインターの形が変わった

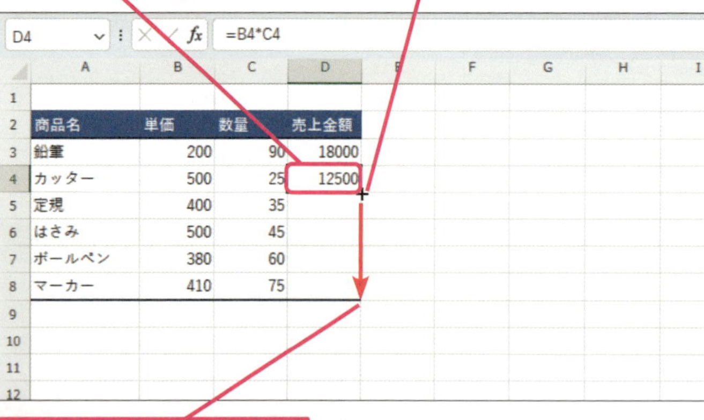

3 セルD8までそのままドラッグ

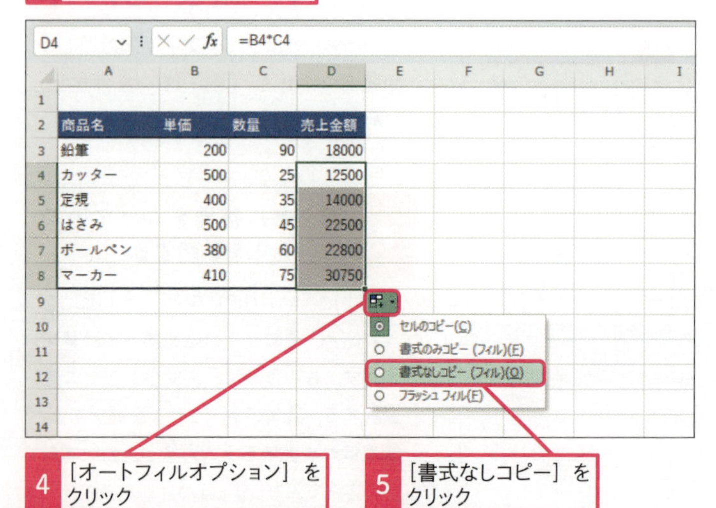

4 ［オートフィルオプション］をクリック

5 ［書式なしコピー］をクリック

キーワード

使いこなしのヒント
数式内のセル参照は自動でずれる

数式が入っているセルをコピーして貼り付けると、数式内のセル参照は「貼り付けたセルの方向」に変化します。本文の例では、セルD4に入力された数式「=B4*C4」を1つ下のセルに貼り付けたので、数式内のセル参照も1つ下にずれて「=B5*C5」という数式に変わりました。同じように、数式を1つ右のセルに貼り付ければ数式内のセル参照は1つ右にずれますし、数式を2つ下のセルに貼り付ければ数式内のセル参照は2つ下にずれます。なお、コピー・貼り付け時にセル参照をずらさないようにする方法もあります（Excel・レッスン42参照）。

ここに注意

Excel・レッスン29で解説した通常の貼り付けでも、数式貼り付けと同じように数式の状態で貼り付けられます。一方で、通常の貼り付けだと、数式貼り付けとは違い、元の書式が消えてコピー元の書式で上書きされることに注意してください。

使いこなしのヒント
セルをクリックして、貼り付けた数式を確認する

貼り付け後の数式は、貼り付けたセルをクリックして確認できます。本文の例では、セルD5をクリックすると、数式バーに「=B5*C5」と表示されます。

● 数式が貼り付けられた

セルを選択して数式バーを見ると、セル参照が自動でずれていることがわかる

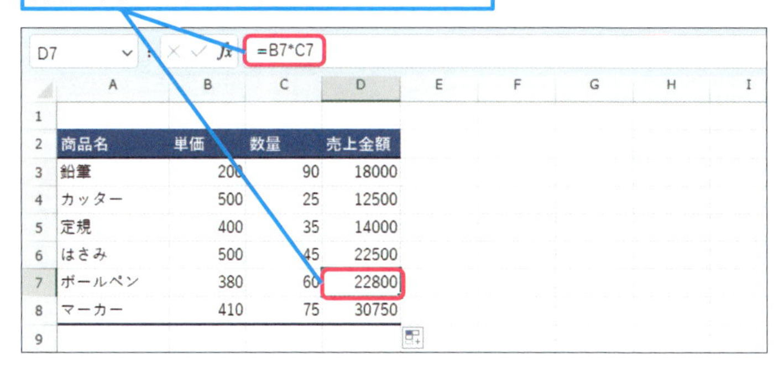

2 計算結果を貼り付ける

ここではセルD3～D8に入力された数式の計算結果を、セルE3～E8に貼り付ける

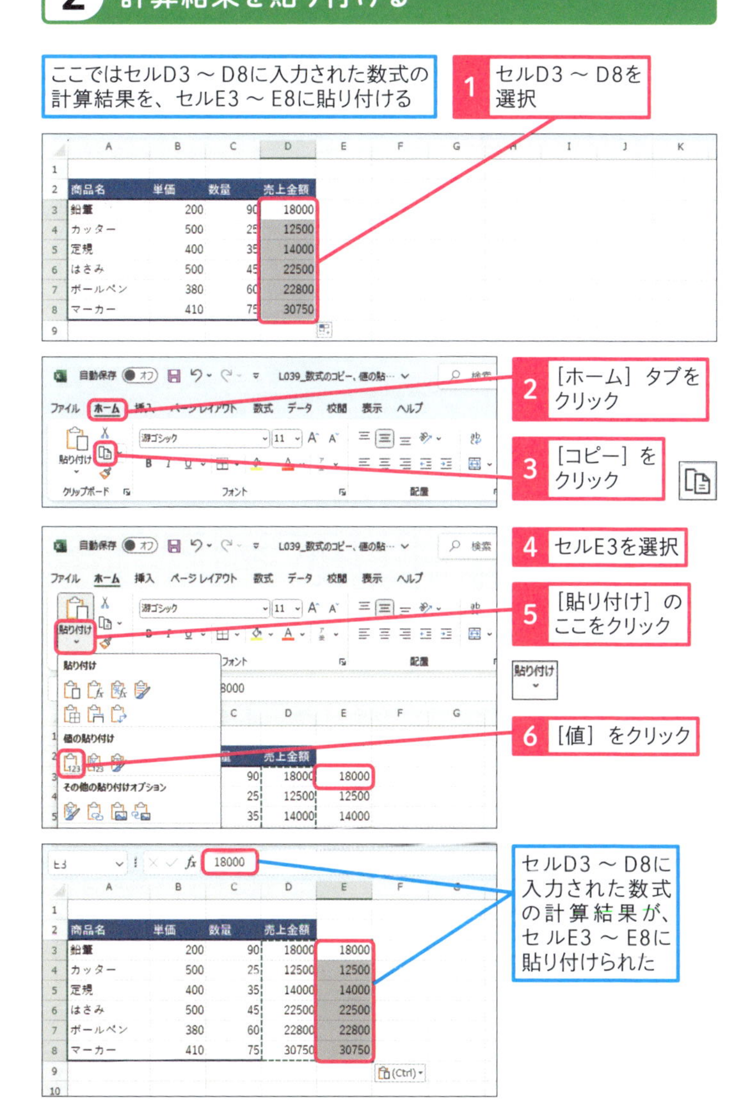

使いこなしのヒント

値貼り付けとは

数式ではなく計算結果を貼り付けたいときには、値貼り付けを使いましょう。通常通りコピーの操作をした後、貼り付けるときに［値］のアイコンをクリックすると値で貼り付けることができます。なお、値貼り付けでも書式は貼り付けられません。

使いこなしのヒント

元のセルに値で貼り付けをして数式を計算結果に置き換える

数式が入力されているセルをコピーして同じセルに値貼り付けをすると、数式を値に置き換えることができます。例えば、本文のセルD3～D8をコピーして、同じセルに貼り付けるとセルD3～D8の数式が値に置き換わります。

まとめ 数式・値のどちらを貼り付けるかを意識しよう

フィルハンドルを使うと数式をコピーして貼り付けられます。書式を貼り付けたくないときにはオートフィルのオプションから書式なしコピーをクリックしましょう。計算結果を貼り付けたいときには値貼り付けを使いましょう。

レッスン

40 文字データを結合するには

文字データの結合

練習用ファイル　L040_文字データの結合.xlsx

Excelの数式では、足し算・掛け算などの数値計算だけではなく文字列データの計算（処理）もできます。このレッスンでは、数式の中に文字列データを入力する方法と、2つのデータを結合する数式の書き方を紹介します。

1 セルの文字同士を結合する

ここではA列とB列に入力されたデータを結合する

1 セルC2に「=」と入力

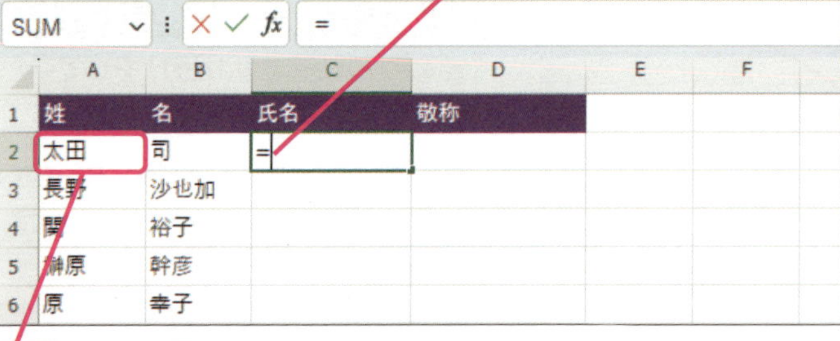

2 セルA2をクリック

3 「&」と入力

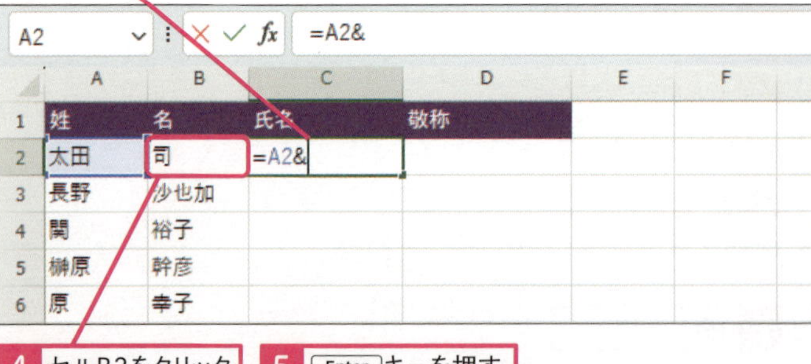

4 セルB2をクリック　5 Enter キーを押す

B2　=A2&B2

	A	B	C	D	E	F
1	姓	名	氏名	敬称		
2	太田	司	=A2&B2			
3	長野	沙也加				
4	関	裕子				
5	榊原	幹彦				
6	原	幸子				
7	佐久間	啓介				

キーワード

数式	P.532
セル	P.532

使いこなしのヒント

数式内に文字列を指定する

数式中で空白文字を入力したいときには「"」と「"」の間に空白を入れて「" "」と入力しましょう。「"様"」のように、空白文字と他の文字を合わせて入力することもできます。

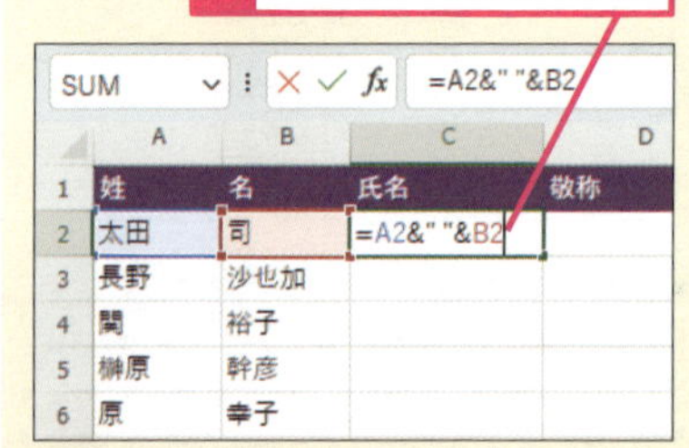

2 Enter キーを押す

空白を入れて［姓］と［名］が結合された

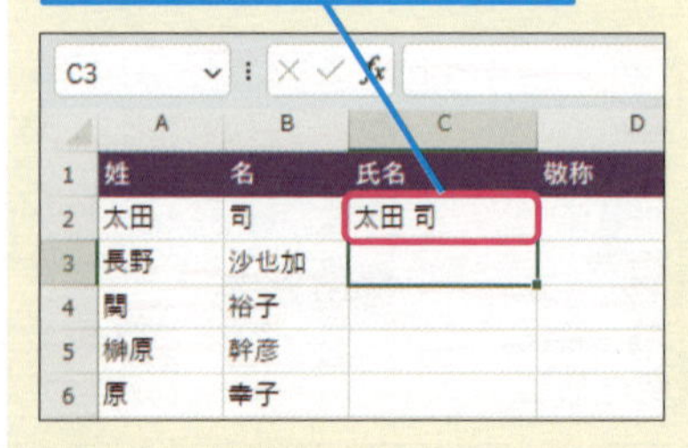

● 文字列が結合された

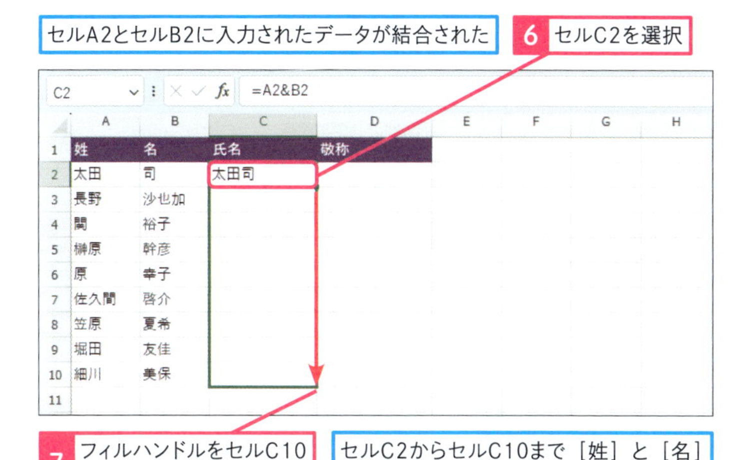

2 セルの内容に文字を追加する

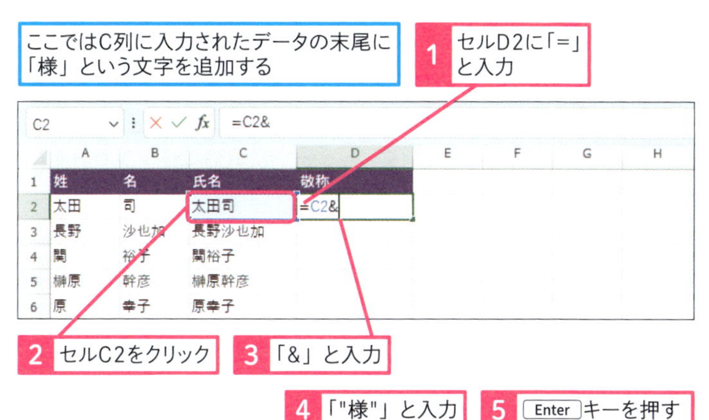

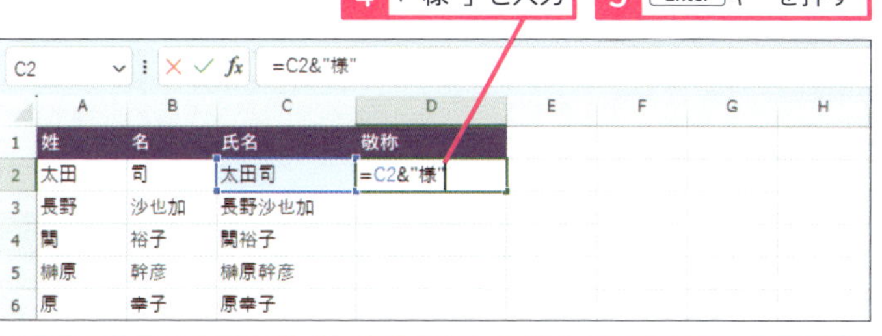

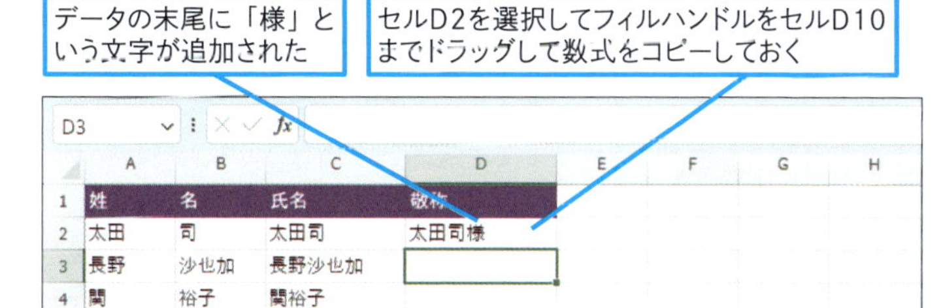

使いこなしのヒント

数式内に文字列を指定する

数式で文字列データを入力したいときには、文字列データを「"」（ダブルクォーテーション、Shift + F2 キー）で囲みます。例えば、「様」という文字列データを入力したいときには「"様"」と入力しましょう。

使いこなしのヒント

0から始まる数字を追加するには

数式中に「015」など0で始まる数字を入力したい場合も、数字の部分を「"」で囲んで入力しましょう。

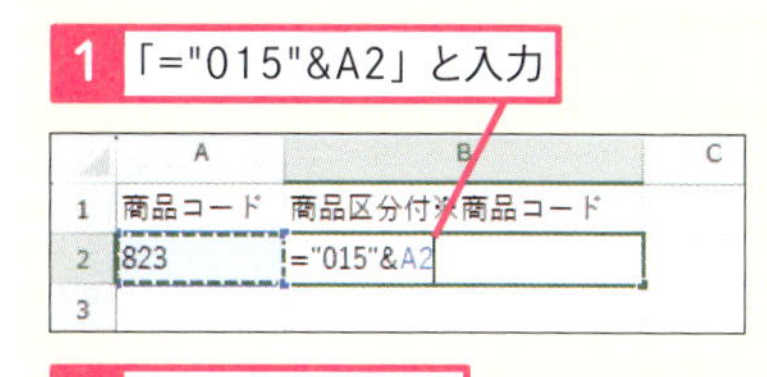

2 Enter キーを押す

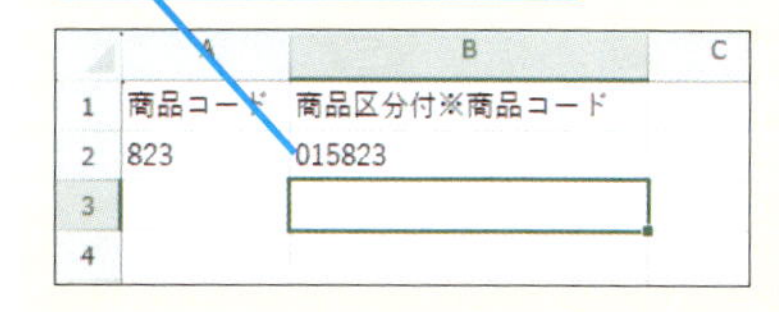

まとめ 文字列は「"」で囲み「&」で結合する

Excelの数式では文字列データを扱うこともできます。数式の中に文字列データを入力するときには「"」で囲みましょう。また、文字列データを結合するには「&」を使いましょう。

レッスン

41 参照方式について覚えよう

参照方式

練習用ファイル L041_参照方式.xlsx

数式で他のセルを参照する方法として、相対参照と絶対参照を解説します。絶対参照を使うと、数式をコピーして貼り付けたときに参照しているセルが動きません。さらに、列または行の片方だけ固定した複合参照にすることもできます。

1 相対参照と絶対参照

数式の中で他のセルを参照するには相対参照と絶対参照の2つの方法があります。「=A1」のようにセル番地だけを入力すると相対参照、「=$A$1」のようにセル番地の前に「$」を付けると絶対参照になります。数式をコピーして貼り付けたときに、相対参照だと参照するセルがずれますが、絶対参照だと変わりません。

● 相対参照のイメージ

西に100m

西に100m

現在地によって目的地（参照先）が変わる

● 絶対参照のイメージ

山田さんの家

山田さんの家

現在地がどこでも、目的地（参照先）は変わらない

キーワード

使いこなしのヒント

相対参照の名前の由来

相対参照は、「数式を入力したセルから見て、1つ左のセル」というように、数式入力地点から見た相対的な位置を指定しているイメージです。ですから、数式をコピーして別のセルに貼り付けると、参照先セルも連動して変わります。これは、目的地を「現在地から西に100m」としているイメージです。現在地が変わると目的地も変わってしまいます。

使いこなしのヒント

絶対参照の名前の由来

絶対参照は「セルA1」「セルB4」というように、セルの位置そのものを指定しているイメージです。ですから、数式をコピーして別のセルに貼り付けても、参照するセルは変わりません。これは、目的地を「丸の内1-2-3」と基準が決まっている住所を指定するイメージです。現在地がどこであっても、目的地の場所は変わりません。

2 参照方法を変更するには

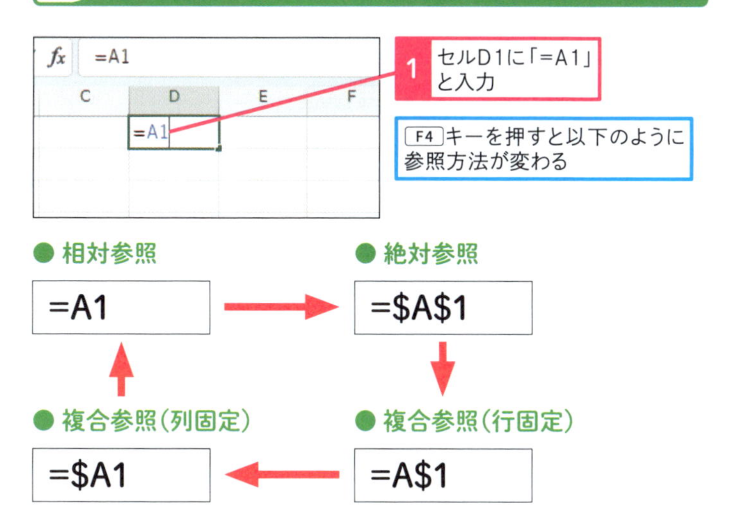

3 絶対参照を入力するには

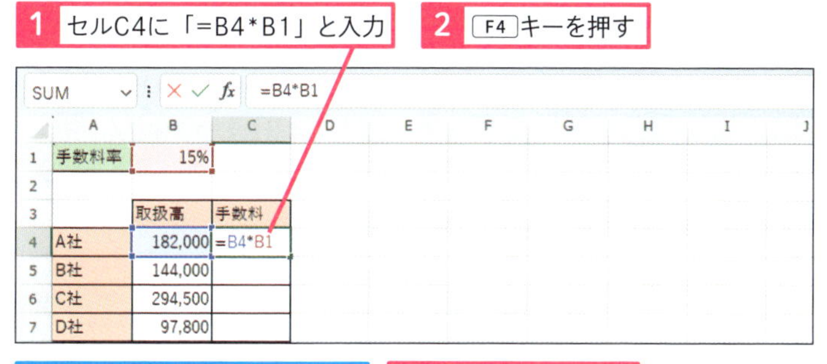

「B1」が絶対参照に指定された

3 Enterキーを押す

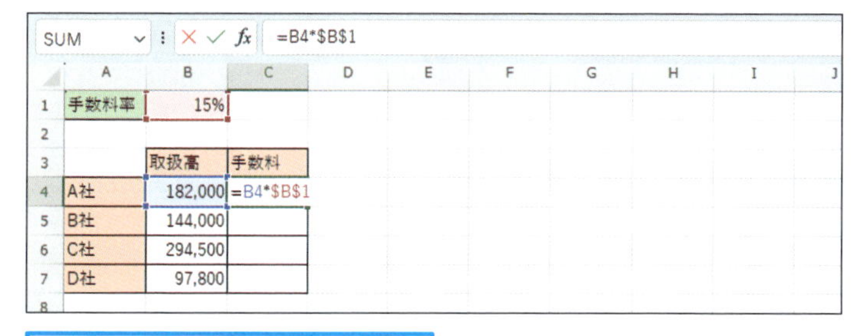

セルの参照を絶対参照で入力できた

	A	B	C
1	手数料率	15%	
2			
3		取扱高	手数料
4	A社	182,000	27,300
5	B社	144,000	
6	C社	294,500	
7	D社	97,800	

使いこなしのヒント

絶対参照の使いどころ

絶対参照を使うべき場面の1つに「数式を入力する表の外側を参照する」場合があります。例えば、このレッスンの練習用ファイルで手数料率が入力されているセルB1は、数式を入力する表（セルA3～C7）の外側にあります。こういうときには、セルB1への参照を絶対参照で入力しておくと、数式をコピーして、別のセルに貼り付けても正しい数式になります。

使いこなしのヒント

複合参照の使いどころ

「$A1」「A$1」など、列または行のみを固定した形式を複合参照と呼びます。複合参照は、マトリックス型の表を作成するときに使います。詳細はExcel・レッスン43を参照してください。

まとめ 絶対参照と相対参照を使い分けよう

数式をコピーして貼り付けたときに、参照するセルを固定したいときには絶対参照、貼り付けたセルの方向にずらしたいときには相対参照を使います。数式を入力する表の外部のセルを参照するときには絶対参照を使うべきか検討しましょう。

レッスン

42 絶対参照を使った計算をするには

絶対参照

練習用ファイル L042_絶対参照.xlsx

数式をコピーして貼り付けるときに、参照するセルをずらしたくないときには絶対参照を使いましょう。例えば、売上構成比を計算するときに、総合計への参照を絶対参照で指定すると、入力した数式をコピーして貼り付けるだけで正しい計算ができるようになります。

キーワード

絶対参照 P.532
表示形式 P.533

1 構成比を計算する

1 セルE3に「=D3/D9」と入力

2 F4 キーを押す

SUM =D3/D9

	A	B	C	D	E
1					
2	商品名	単価	数量	売上金額	構成比
3	鉛筆	200	90	18,000	=D3/D9
4	カッター	500	25	12,500	
5	定規	400	35	14,000	
6	はさみ	500	45	22,500	
7	ボールペン	380	60	22,800	
8	マーカー	410	75	30,750	
9	総合計			120,550	

「D9」が絶対参照の「$D$9」に切り替わった

SUM =D3/$D$9

	A	B	C	D	E
1					
2	商品名	単価	数量	売上金額	構成比
3	鉛筆	200	90	18,000	=D3/$D$9
4	カッター	500	25	12,500	
5	定規	400	35	14,000	
6	はさみ	500	45	22,500	
7	ボールペン	380	60	22,800	
8	マーカー	410	75	30,750	
9	総合計			120,550	

3 Enter キーを押す

使いこなしのヒント

数式内のセル参照は自動でずれる

売上先の全体に対する構成比は「売上先ごとの売上高」÷「総合計」で計算をします。例えば、左の表でセルE3に「=D3/D9」と入力すると、売上構成比（0.14931…）が計算できます。ただし、この数式をセルE4以下に貼り付けてしまうと、セルE4の数式が「=D4/D10」のように参照先がずれて、正しく計算ができません。そこで、分母であるセルD9への参照を絶対参照にして入力する必要があります。

セルE4の数式「=D4/D10」となり、参照先がずれている

E4 =D4/D10

	A	B	C	D	E
1					
2	商品名	単価	数量	売上金額	構成比
3	鉛筆	200	90	18,000	0.149316
4	カッター	500	25	12,500	#DIV/0!
5	定規	400	35	14,000	#DIV/0!
6	はさみ	500	45	22,500	#DIV/0!
7	ボールペン	380	60	22,800	#DIV/0!
8	マーカー	410	75	30,750	#DIV/0!
9	総合計			120,550	#DIV/0!

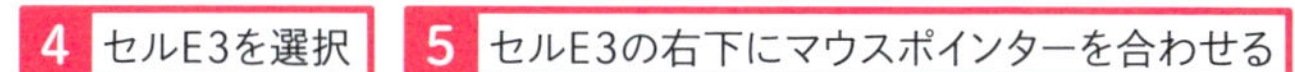
● 構成比が求められた

4 セルE3を選択

5 セルE3の右下にマウスポインターを合わせる

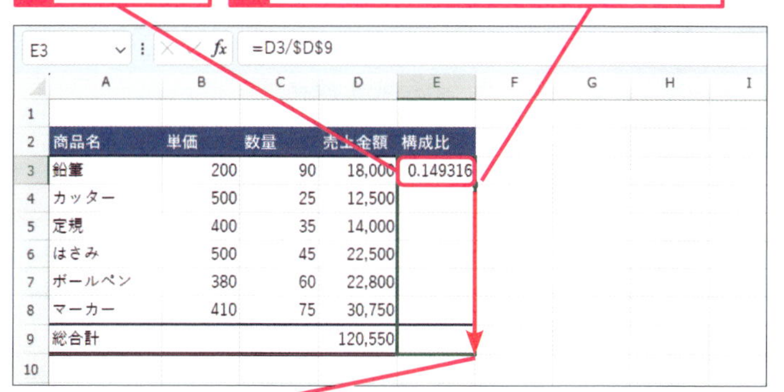

6 フィルハンドルをセルE9までドラッグ

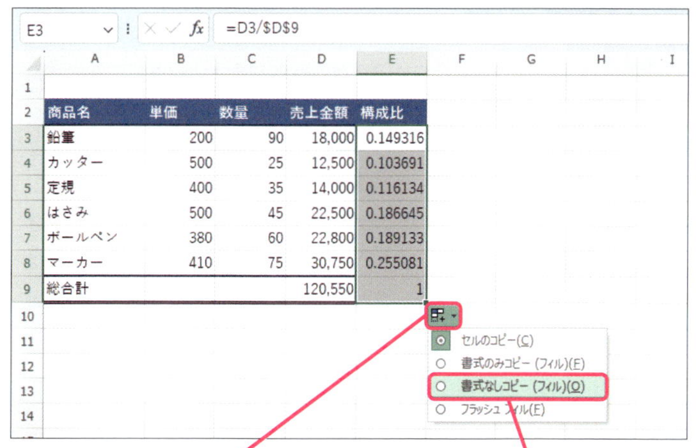

7 [オートフィルオプション] をクリック

8 [書式なしコピー] をクリック

9 [ホーム] タブをクリック

10 [パーセントスタイル] をクリック

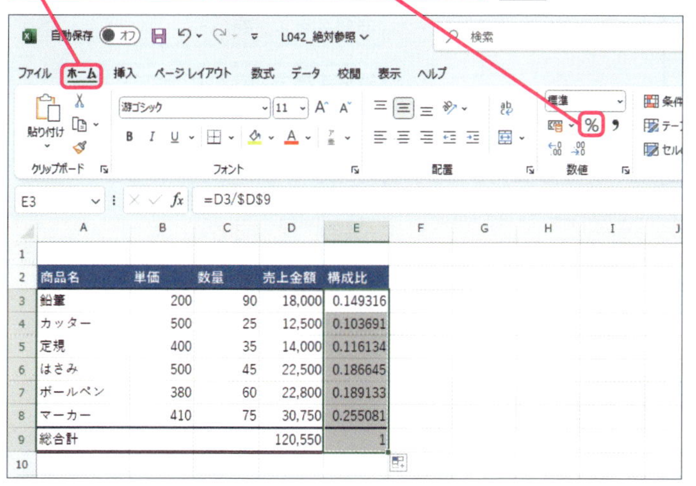

セルE3～E9の値がパーセントで表示される

使いこなしのヒント

パーセンテージの桁数を設定するには

リボンの [ホーム] タブの [パーセントスタイル] をクリックした後に、その近くにある [小数点以下の表示桁数を増やす] や [小数点以下の表示桁数を減らす] をクリックすると、小数第何位まで表示するかを指定できます。

1 [ホーム] タブをクリック

2 [小数点以下の表示桁数を増やす] をクリック

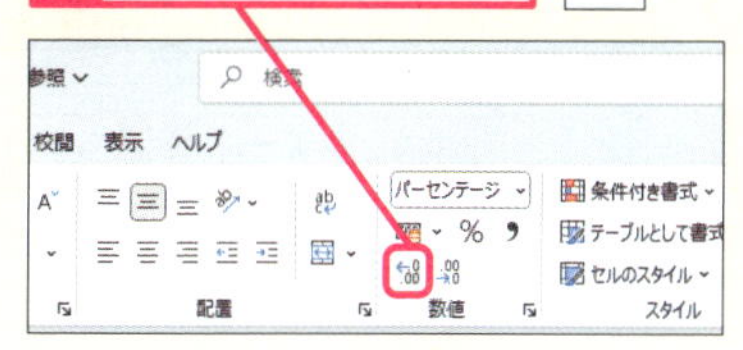

小数点以下の表示桁数が増えた

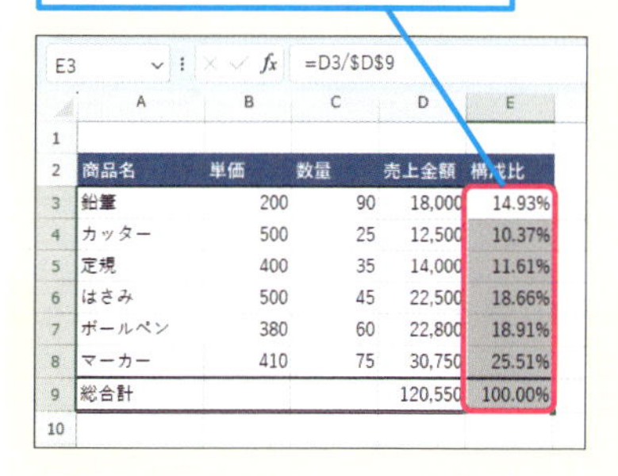

まとめ 絶対参照で数式を貼り付けられるようにしよう

数式のコピー・貼り付けで参照先セルを変えたくないときには絶対参照を使いましょう。コピー・貼り付けできる数式を入力すると、数式を何回も入力しないで済むので素早く表を作成できます。

レッスン

43 複合参照を使った計算をするには

複合参照

練習用ファイル L043_複合参照.xlsx

数式で他のセルを参照するときには、複合参照にすることで列または行のみを固定することができます。マトリックス型の表を作るときには、これらの参照方法を使うと数式を簡単にコピーして貼り付けられるようになります。

1 マトリックス型の計算をする

1 セルC3に「=B3」と入力

2 F4キーを3回押す

=B3

「B3」が「$B3」に変わった

3 「*C2」と入力

4 F4キーを2回押す

=$B3*C2

「C2」が「C$2」に変わった

5 Enterキーを押す

=$B3*C$2

キーワード

セル P.532

複合参照 P.534

使いこなしのヒント

複合参照による参照先セルの変化

「=$B3」のように参照先を指定すると列「B」が固定されます。列番号は常に「B」となるため、数式を縦方向に貼り付けると行番号はずれ、横方向に貼り付けると参照先セルは変わりません。逆に「=C$2]のように指定すると行「2」は常に固定され、縦方向に貼り付けても参照先セルは変わりませんが、横方向に貼り付けると列番号がずれます。

数式を横方向に貼り付けても参照先セルは変わらない

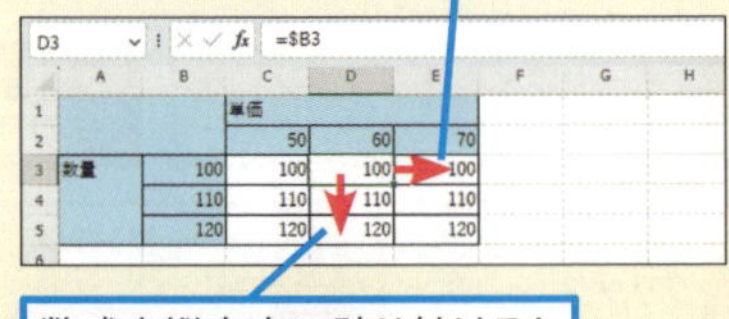

数式を縦方向に貼り付けると参照先セルが変わる

数式を横方向に貼り付けると参照先セルが変わる

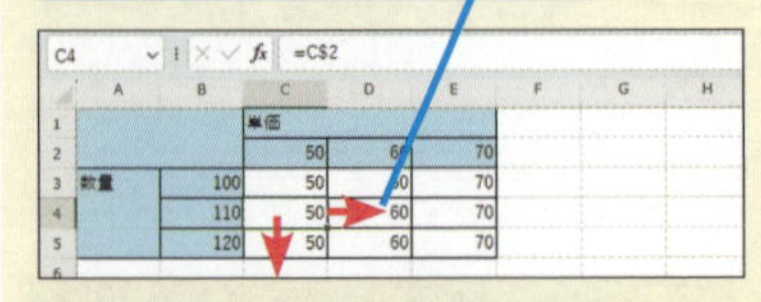

数式を縦方向に貼り付けても参照先セルは変わらない

● 数式をコピーする

6 セルC3をクリック

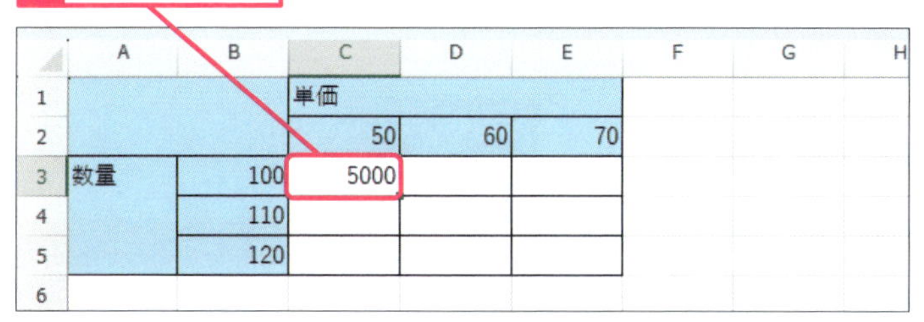

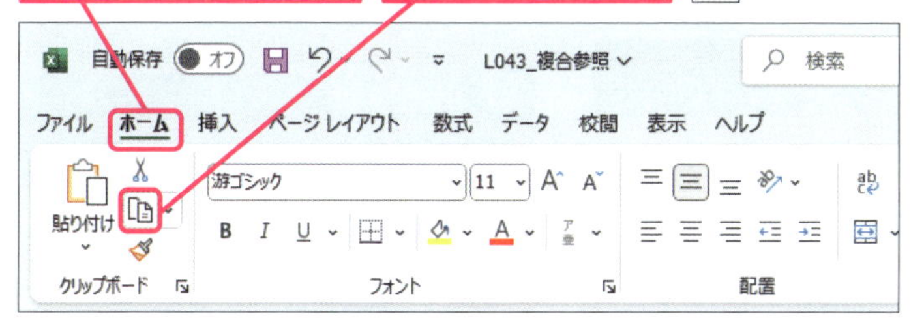

9 セルC3 ～ E5をドラッグして選択

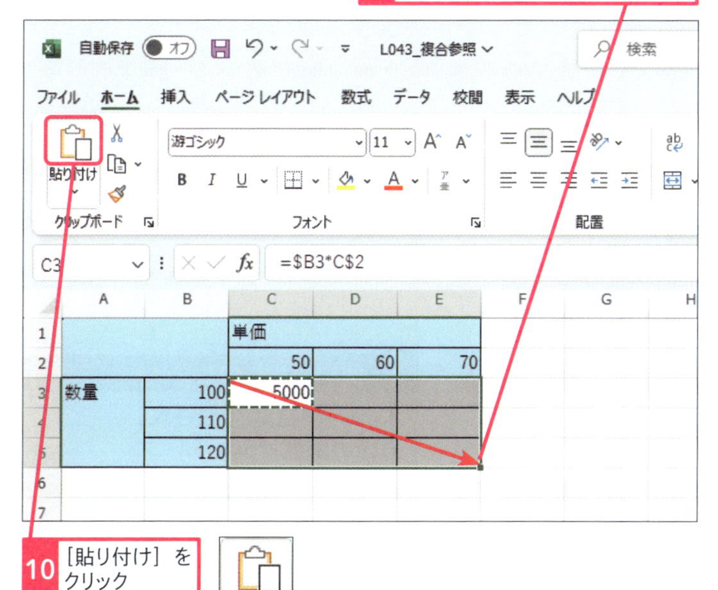

10 ［貼り付け］を クリック

縦軸と横軸の交点に計算結果が表示された

C3 =$B3*C$2

	A	B	C	D	E
1			単価		
2			50	60	70
3	数量	100	5000	6000	7000
4		110	5500	6600	7700
5		120	6000	7200	8400

(Ctrl)

使いこなしのヒント

マトリックス型の表とは?

表の左と上に見出しがあり、その交点に計算結果を表示するような表をマトリックス型の表と呼びます。

使いこなしのヒント

数式をコピーして縦・横の両方に貼り付けるには

オートフィルの機能を使うと、縦方向・横方向どちらかの方向にしかコピー・貼り付けできません。縦・横の両方にコピー・貼り付けをしたいときには、右クリックメニュー・リボンやショートカットキーを使ってコピー・貼り付けの操作をしてください。

使いこなしのヒント

複合参照の使いどころ

表の左と上に見出しがあり、その交点に計算結果を表示するマトリックス型の表を作るときには、複合参照を使って、表の左端や上端を参照します。

まとめ マトリックス型の表は効率よく作成しよう

マトリックス型の表を作るときには、表の左端は「=$B3」、表の上端は「=C$2」というように複合参照で参照しましょう。複合参照を使って数式を入力した後、その数式をコピーして貼り付ければ、表ができあがります。

レッスン

44 関数の仕組みを知ろう

関数の仕組み、入力方法

練習用ファイル なし

関数とは、数式中で使える定型の計算を行う機能で、与えられた値に応じた計算結果が得られます。関数を使うと、複数のセルの合計を取る・四捨五入するなど様々な計算をすることができます。

1 関数とは

関数とは、数式中で使える定型の計算を行う機能で、与えられた値に応じた計算結果が得られます。関数は数式内で使います。ですから、まず、先頭に数式を表す「=」を入力し、その後に関数を入力していきます。関数は、関数名の後に括弧で囲んで「引数」を入力します。引数が2つ以上あるときには、引数を「,」(カンマ)で区切って指定します。

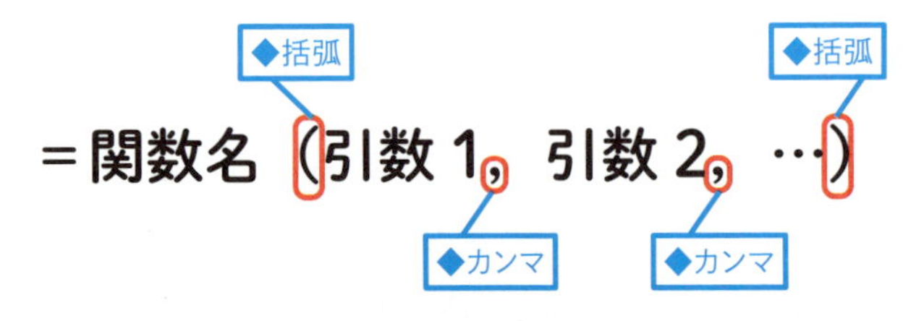

2 関数の具体例を見る

具体例を見てみましょう。次の例では「ROUND」関数が入力されています。括弧の中には、1つ目の引数「12.5」、2つ目の引数「0」がカンマで区切って指定されています。なお、細かい関数の説明は後で行いますので、現時点では、この関数がどういう意味かわからなくても大丈夫です。ここでは、関数の書式だけ注目してください。

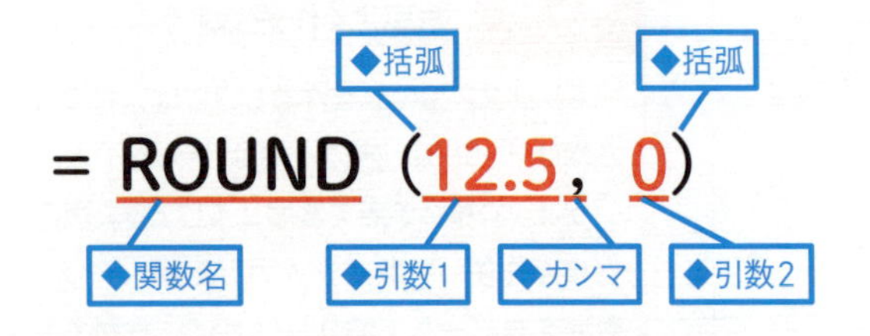

キーワード

関数 P.531
引数 P.533

用語解説

引数(ひきすう)

引数とは、関数の計算に使う値です。関数は、引数に応じて、決められた計算をして、その計算結果を返します。

使いこなしのヒント

よく使う関数は20個程度、必須の関数は5個

Excelには、約500個の関数があります。ただ、このうち頻繁に使う関数は20個程度で、その中でも必須の関数は次の5個です。すべての関数の使い方を覚えようと思わず、頻繁に使う関数の使い方を集中的に覚えるようにしましょう。

関数名	機能
SUM	合計
SUMIFS	条件付き合計の集計
COUNTIFS	条件付き件数の集計
VLOOKUP	検索
IF	条件分岐

3 関数を入力するには

関数を入力するには、①[オートSUM]を使う、②[関数の挿入]ダイアログボックスを使う、③数式内で直接入力する、の3つの方法があります。①が一番簡単で②、③の順に難しくなります。最初のうちは①、②の方法を使い、慣れてきたら③の方法にチャレンジしてみてください。

● ①オートSUMを利用する

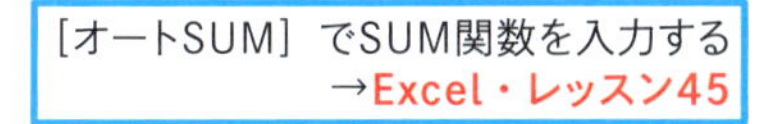

ROUND　=SUM(B3:D3)

	A	B	C	D	E
1					
2	商品名	6月	7月	8月	合計
3	鉛筆	18,000	16,000	15,600	=SUM(B3:D3)
4	カッター	12,500	10,000	10,500	SUM(数値1, [数値2], ...)
5	定規	14,000	16,000	13,200	
6	はさみ	22,500	27,500	27,500	

● ②関数の挿入を利用する

[関数の挿入] ダイアログボックスで関数を入力する
→Excel・レッスン47

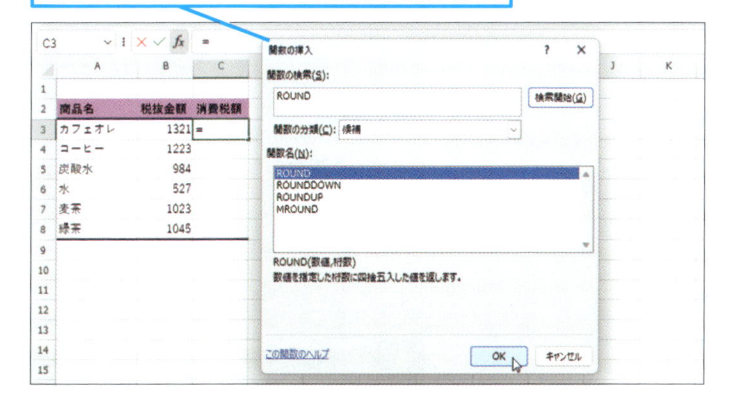

● ③直接入力する

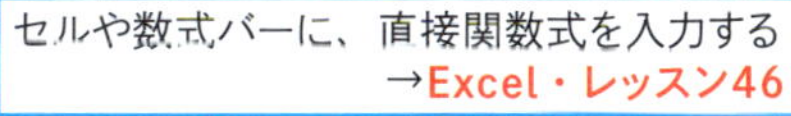

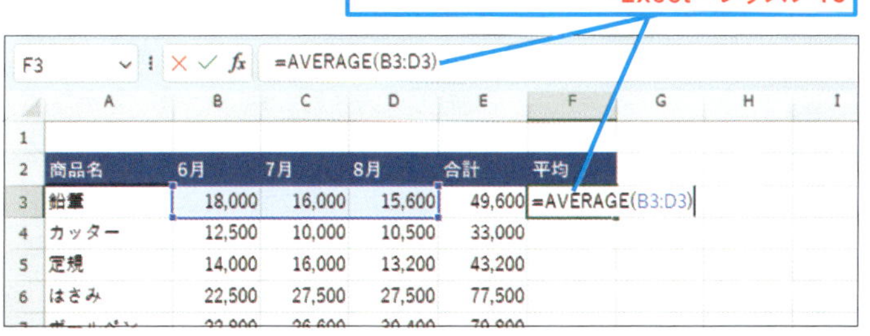

使いこなしのヒント

関数は手入力もできる

本文では3つの入力方法を紹介しました。このうち、①［オートSUM］はSUM関数など一部の関数にしか使えない、②［関数の挿入］ダイアログボックスは、関数の中に関数を入れるといった複雑な関数が入力できない、という欠点があります。そのため、関数の入力に慣れてきたら、③数式内で直接入力する方法を使うことをおすすめします。直接入力時には、関数名の自動候補表示や引数の入力ガイドを活用できるので、関数の書式を暗記していなくても入力できます。

まとめ　関数が入った数式は括弧とカンマに注目

関数の意味を理解するために最も重要なのは、関数名と引数を把握することです。括弧とカンマを手掛かりにして、関数名が何で、どういう引数が指定されているかを意識するようにしましょう。

レッスン

45 関数で足し算をするには

SUM関数、オートSUM　練習用ファイル　L045_オートSUM.xlsx

SUM関数を使うと、指定したすべての数値やセルの合計を計算できます。「+」で足し算をする場合と違い、連続する複数のセルをまとめて指定できます。連続したセルの合計を取りたいときに使いましょう。

キーワード

数式　P.532

セル範囲　P.532

数学・三角

数値の合計を計算する

=SUM(数値)

SUM関数は、指定したすべての数値、セル、セル範囲の値を合計する関数です。セル範囲は「A1:B10」のように左上と右下のセルを「:」(コロン)でつないで指定します。複数の数値、セル、セル範囲を指定したいときには「=SUM(10,20)」「=SUM(B4,B7)」「=SUM(A1:B10,10,C5)」のようにカンマ「,」で区切って指定します。

引数

数値　合計したい数値やセル、セル範囲を1つ以上指定します。

例1：

= SUM(B2：B4)

セル範囲 B2 から B4 の値を合計する

例2：

= SUM(B4, B7)

セル B4 とセル B7 の値を合計する

引数に指定した範囲の値を合計できる

E3　=SUM(B3:D3)

	A	B	C	D	E	F	G
1							
2	商品名	6月	7月	8月	合計		
3	鉛筆	18,000	16,000	15,600	49,600		
4	カッター	12,500	10,000	10,500	33,000		
5	定規	14,000	16,000	13,200	43,200		
6	はさみ	22,500	27,500	27,500	77,500		
7	ボールペン	22,800	26,600	30,400	79,800		

ショートカットキー

オートSUM　Shift + Alt + =

用語解説

セル範囲

連続する複数のセルのことをセル範囲といいます。

使いこなしのヒント

[オートSUM]とメニューで操作が異なる

オートSUMを使うときにはクリックする場所で挙動が変わります。[オートSUM](Σ)の部分をクリックすると即座にSUM関数が入力されます。一方で、その下のオートSUM▾をクリックすると計算方法を選択するサブメニューが表示されます。そのサブメニューから「合計」を選ぶとSUM関数が入力されます。

1 オートSUMで計算する

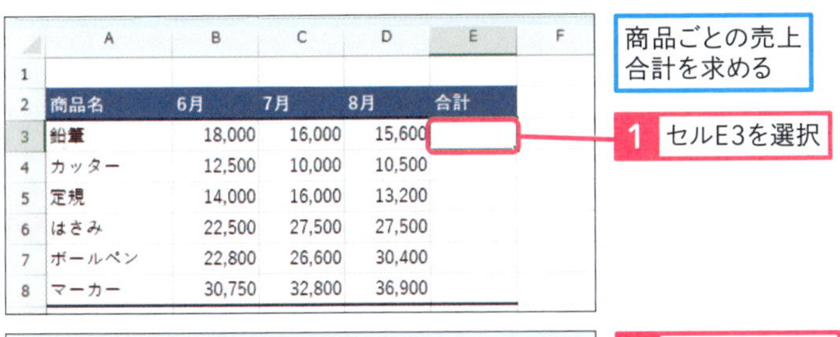

	A	B	C	D	E	F
1						
2	商品名	6月	7月	8月	合計	
3	鉛筆	18,000	16,000	15,600		
4	カッター	12,500	10,000	10,500		
5	定規	14,000	16,000	13,200		
6	はさみ	22,500	27,500	27,500		
7	ボールペン	22,800	26,600	30,400		
8	マーカー	30,750	32,800	36,900		

商品ごとの売上合計を求める

1 セルE3を選択

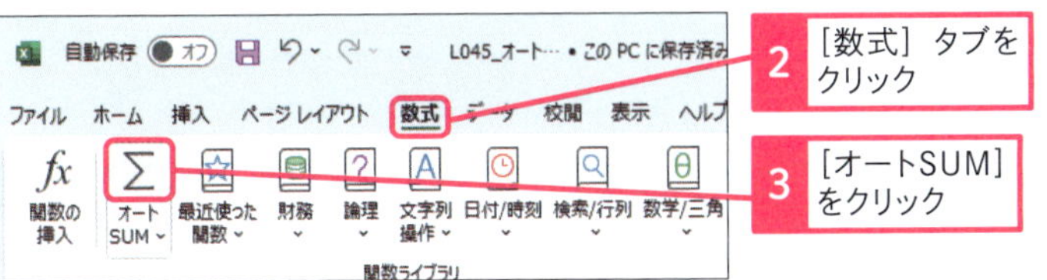

2 ［数式］タブをクリック

3 ［オートSUM］をクリック

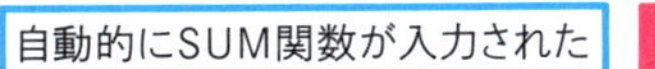

自動的にSUM関数が入力された

4  Enter キーを押す

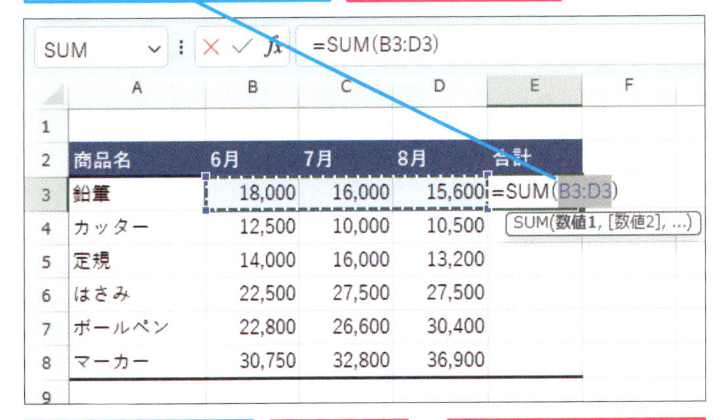

	A	B	C	D	E	F
1						
2	商品名	6月	7月	8月	合計	
3	鉛筆	18,000	16,000	15,600	=SUM(B3:D3)	
4	カッター	12,500	10,000	10,500		
5	定規	14,000	16,000	13,200		
6	はさみ	22,500	27,500	27,500		
7	ボールペン	22,800	26,600	30,400		
8	マーカー	30,750	32,800	36,900		
9						

セルB3～D3の合計が表示された

5 セルE3を選択

6 セルE3の右下にマウスポインターを合わせる

E3 =SUM(B3:D3)

	A	B	C	D	E	F	G
1							
2	商品名	6月	7月	8月	合計		
3	鉛筆	18,000	16,000	15,600	49,600		
4	カッター	12,500	10,000	10,500			
5	定規	14,000	16,000	13,200			
6	はさみ	22,500	27,500	27,500			
7	ボールペン	22,800	26,600	30,400			
8	マーカー	30,750	32,800	36,900			
9							

7 フィルハンドルをセルE8までドラッグ

Excel・レッスン39を参考に［オートフィルオプション］で［書式なしコピー］をクリックしておく

商品ごとの売上合計が求められる

時短ワザ

縦横計を計算する

次のような表があるときに、セルB3～E9を選択して、［オートSUM］をクリックすると、セルB9～D9、セルE3～E9にSUM関数が入力され、縦計・横計を一度に計算できます。

1 セルB3～E9を選択

	A	B	C	D	E
1					
2	商品名	6月	7月	8月	合計
3	鉛筆	18,000	16,000	15,600	
4	カッター	12,500	10,000	10,500	
5	定規	14,000	16,000	13,200	
6	はさみ	22,500	27,500	27,500	
7	ボールペン	22,800	26,600	30,400	
8	マーカー	30,750	32,800	36,900	
9	合計				
10					

2 ［オートSUM］をクリック

縦横計が一度に計算された

	A	B	C	D	E
1					
2	商品名	6月	7月	8月	合計
3	鉛筆	18,000	16,000	15,600	49,600
4	カッター	12,500	10,000	10,500	33,000
5	定規	14,000	16,000	13,200	43,200
6	はさみ	22,500	27,500	27,500	77,500
7	ボールペン	22,800	26,600	30,400	79,800
8	マーカー	30,750	32,800	36,900	100,450
9	合計	120,550	128,900	134,100	383,550
10					

まとめ うまくいかないときは数値を含めて選択する

SUM関数を入力したいセルを選択してオートSUMを使うと、SUM関数を入力できます。ただし、縦横計を計算するときなど、数値が入力されたセルを含めて選択してからオートSUMを使わないとダメなときもあるので注意しましょう。

レッスン

46 平均を求めるには

AVERAGE関数

練習用ファイル L046_AVERAGE関数.xlsx

AVERAGE関数は、指定した数値、セル、セル範囲の平均を計算する関数です。3か月間の売上金額の平均、1年間の給与支給額の平均など、セルに入力されている数値の平均を計算したいときに使いましょう。

キーワード

オートフィル P.531

関数 P.531

統計

数値の平均を計算する

=AVERAGE(数値)

AVERAGE関数は、指定した数値、セル、セル範囲の値の平均（=合計÷件数）を計算する関数です。なお、「0」が入力されたセルは、平均を計算するときの分母の件数に含まれますが、文字列のデータが入力されたセルや空欄のセルは、平均を計算するときの分母の件数に含まれないことに注意してください。

引数

数値	平均を求めたい数値やセル、セル範囲を1つ以上指定します。

1 売上の平均を求める

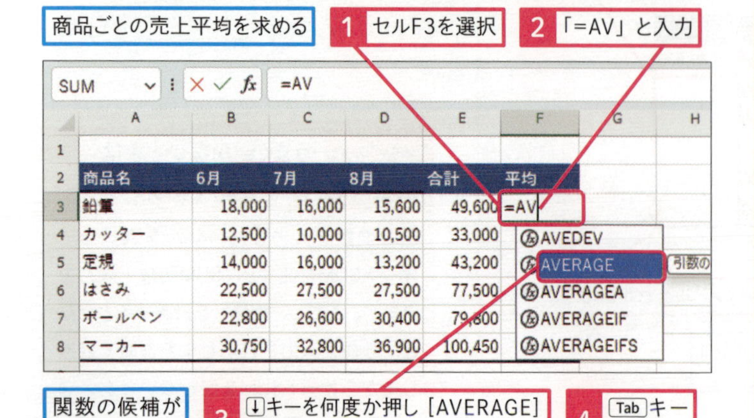

使いこなしのヒント

［オートSUM］ボタンからもAVERAGE関数を挿入できる

AVERAGE関数を入力したいセルを選択して、リボンから［数式］-［オートSUM］の横の［▼］-［平均］をクリックすると、自動的にAVERAGE関数が挿入されます。

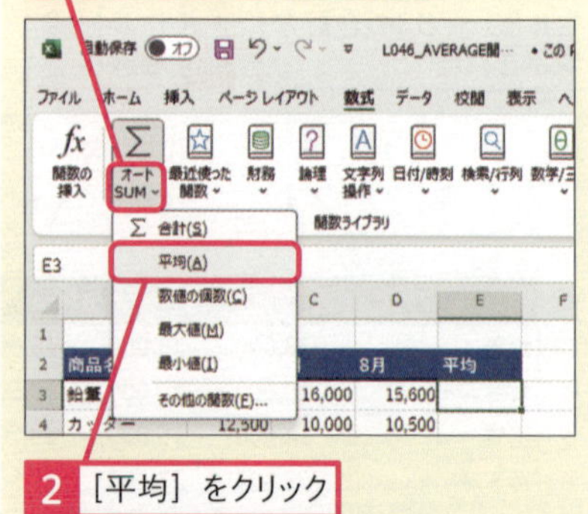

● 関数が入力された

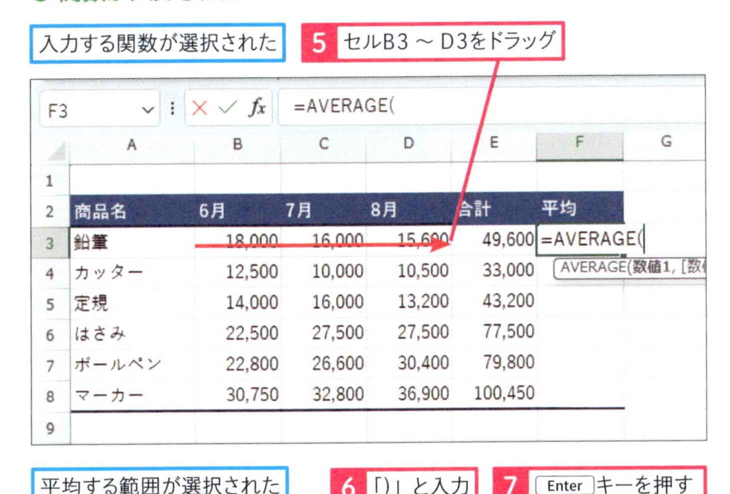

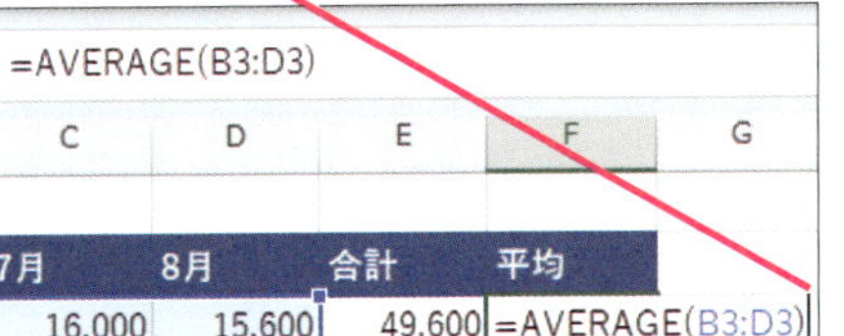

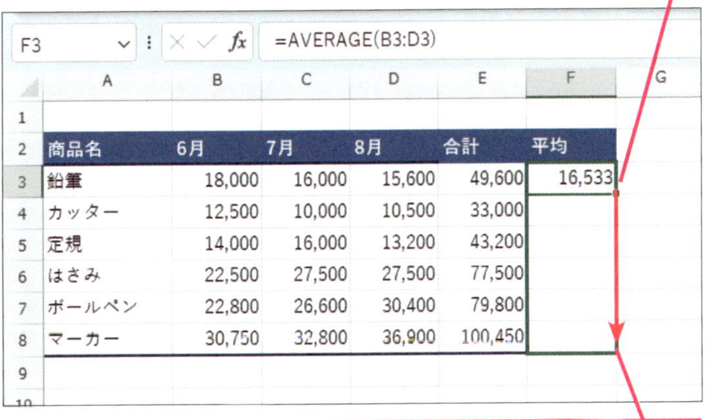

Excel・レッスン39を参考に［オートフィルオプション］で［書式なしコピー］をクリックしておく

数式がコピーされ商品ごとの売上平均が求められる

使いこなしのヒント

関数名の入力補完機能を使おう

関数を直接入力する場合でも、関数名を完璧に覚える必要はありません。本文で紹介したように、関数名の一部を入力すると、該当する関数の一覧が表示されます。後は、↑↓キーで選択した後にTabキーを押すと関数を入力できます。

使いこなしのヒント

入力時の関数のヒントに注目

関数を入力している途中で、入力しているセルの下を見ると、関数のどの引数を入力しているかがわかります。例えば、「=SUM(」まで入力すると、画面下に「SUM(数値1,[数値2], ...)と表示されます。数値1の部分が濃く表示されていることから、現在「数値1」に当たる部分を入力中であることがわかります。

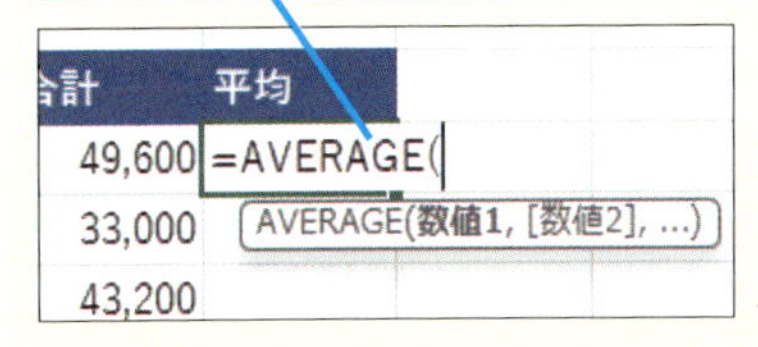

まとめ AVERAGE関数では文字列・空欄セルに注意

AVERAGE関数でセル範囲を指定すると、セル範囲に入力された値の平均が計算できます。ただし、セル範囲の中に文字列が入力されたセルや空欄のセルがある場合には、意図と違う計算結果になる場合があるので注意しましょう。

レッスン

47 四捨五入をするには

ROUND関数

練習用ファイル L047_ROUND関数.xlsx

計算結果を四捨五入するときはROUND関数を使いましょう。例えば、本体代金から消費税額を計算する場合や、定価に値引率を掛けて値引額を計算する場合など、計算結果に端数が出る場合にはROUND関数で端数処理をしましょう。

キーワード

ダイアログボックス P.533
表示形式 P.533

数学・三角

数値を指定した桁数に四捨五入する

=ROUND(数値, 桁数)

ROUND関数は、指定した数値を四捨五入して、指定した桁数に丸める関数です。桁数は、2つ目の引数で指定します。例えば、四捨五入した結果、整数にしたいときには「0」、小数1位まで表示したいときには「1」、10の位まで表示したいときには「-1」を指定します。

引数

数値	四捨五入する数値を指定します。
桁数	四捨五入した結果をどの桁数まで表示するかを指定します。

1 消費税を四捨五入する

ここではセルB3に入力された金額の10%の値を求め、四捨五入して整数にする

1 セルC3をクリック
2 ［関数の挿入］をクリック

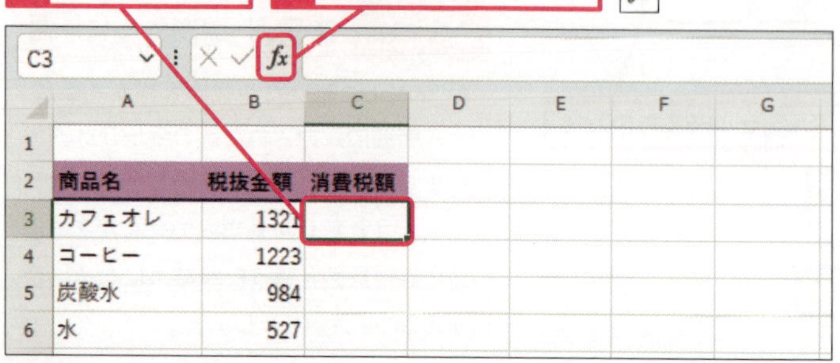

使いこなしのヒント

桁数の設定で計算結果が変わる

ROUND関数の2つ目の引数には、四捨五入してどの桁数まで表示するかを数字で指定します。例えば、元の数値が「123.456」のとき、桁数の指定に応じて計算結果は次の表のように変わります。

●桁数の指定と計算結果

桁数の指定	四捨五入した後の表示	計算結果
2	小数第2位まで	123.46
1	小数第1位まで	123.5
0	整数	123
-1	10の位まで	120
-2	100の位まで	100

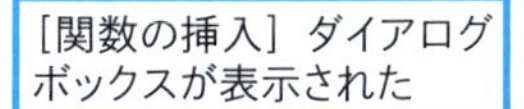

［関数の挿入］ダイアログボックスが表示された

四捨五入した結果をどの桁まで表示するかを指定する

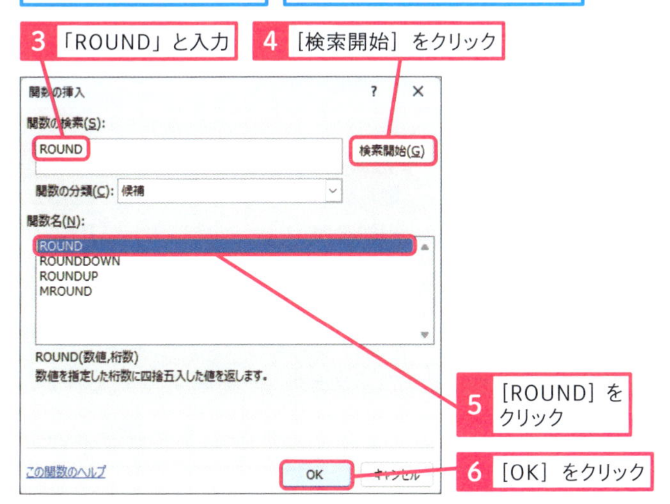

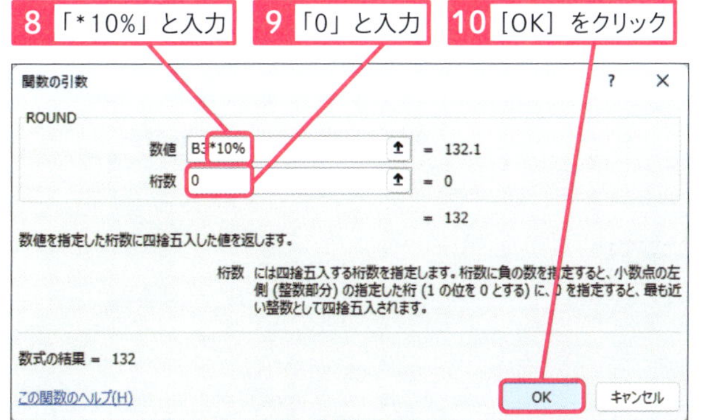

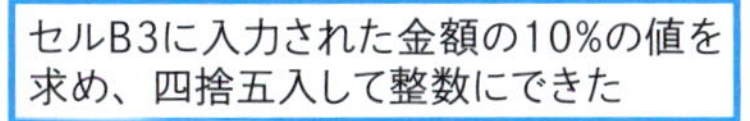

Excel・レッスン39を参考に数式をコピーしておく

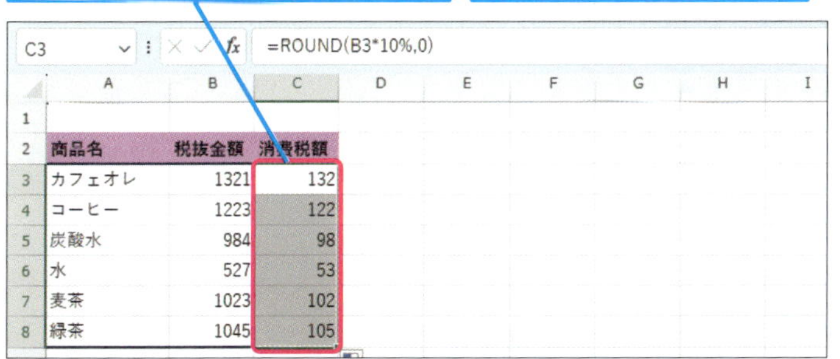

	A	B	C
1			
2	商品名	税抜金額	消費税額
3	カフェオレ	1321	132
4	コーヒー	1223	122
5	炭酸水	984	98
6	水	527	53
7	麦茶	1023	102
8	緑茶	1045	105

使いこなしのヒント

ROUND関数と表示形式を使い分けよう

ROUND関数は、本文中の例のように四捨五入した結果の数値が必要なときに使いましょう。一方で、端数処理結果を画面上に表示したいだけなら関数を使う必要はありません。このときには、表示形式の分類で「数値」を選ぶと、小数の指定した桁数で四捨五入で表示できます（Excel・レッスン21参照）。

使いこなしのヒント

切り捨て、切り上げをしたいとき

切り捨て処理、切り上げ処理をしたいときには、それぞれROUNDDOWN関数、ROUNDUP関数を使いましょう（Excel・レッスン74参照）。

まとめ 端数処理後の表示桁数を指定する

端数を四捨五入をしたいときには、ROUND関数を使いましょう。ROUND関数の2つめの引数は、端数処理をした結果、どの桁まで表示するかを指定していると考えると意味が覚えやすくなります。

レッスン

48 他のシートのデータを集計するには

他のシートの参照

練習用ファイル　L048_他のシートの参照.xlsx

他のシートのセルを選択する場合にも、ほとんど同じ操作で、数式を入力できます。次の［月］シートに入力された材料費の2024年1月～2024年3月の合計金額を計算して［集計］シートに転記してみましょう。

キーワード

絶対参照　P.532
相対参照　P.533

使いこなしのヒント

他のシートへの参照は「!」で表す

数式の中で、他のシートへの参照は、数式内で「月!B3:D3」など「(シート名)！(セル)」という形式で表されます。また、シート名によっては、シート名の前後に「'」が付け加えられる場合もあります。シート名が長いと数式が読みにくくなるので、シート名はできるだけ短くしましょう。

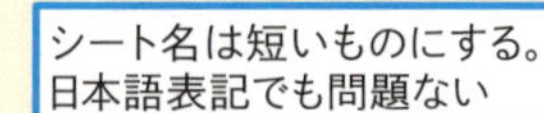

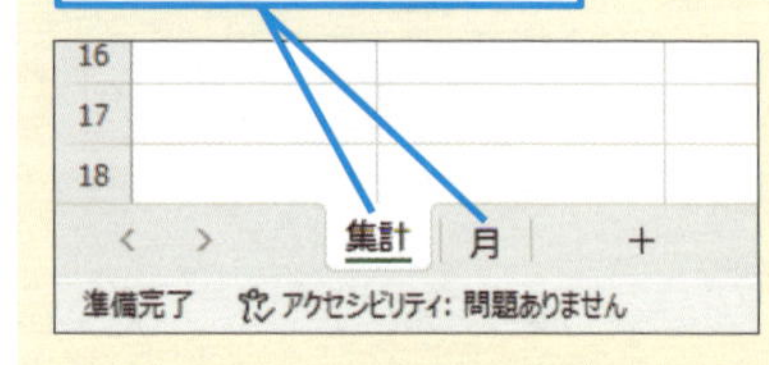

1 他のシートのセルを参照する

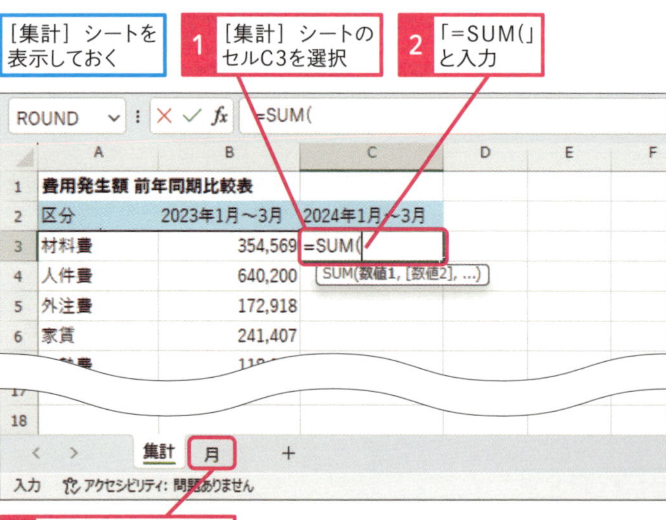

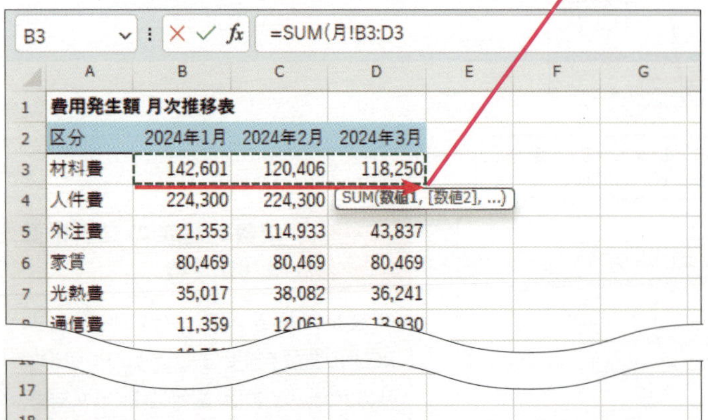

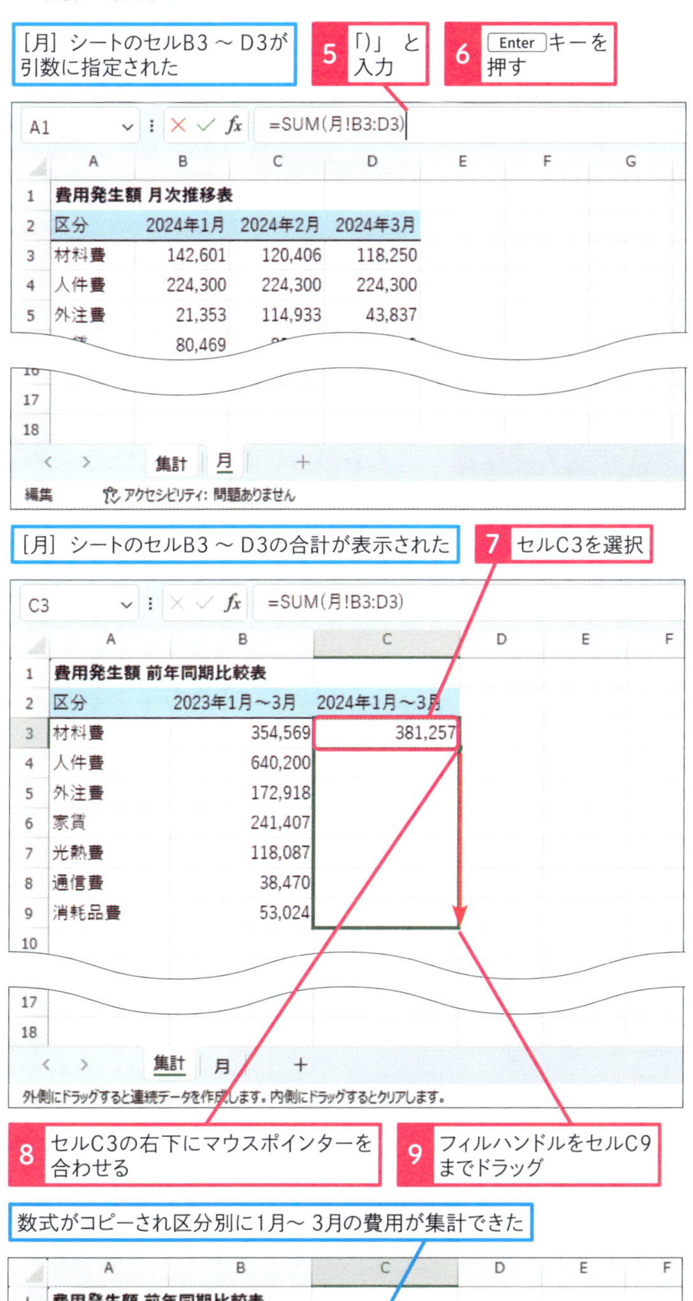

数式がコピーされ区分別に1月～ 3月の費用が集計できた

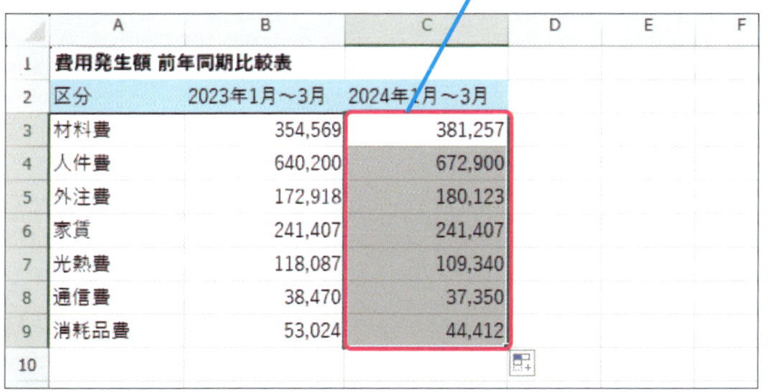

使いこなしのヒント

他のシートへの参照と相対参照・絶対参照

他のシートへの参照についても、相対参照であれば数式のコピー・貼り付けに伴い参照しているセルがずれます。例えば、セルC4を見ると、参照先がずれることがわかります。

セルC3に入力された数式を、セルC4 ～ C7にオートフィルでコピーしておく

1 [集計] シートのセルC4をクリック

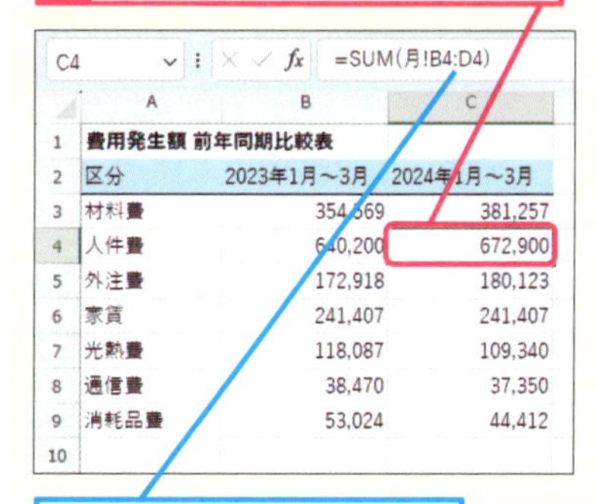

参照先のセルが「B4:D4」で1つずれている

まとめ 数式で他のシートのセルも参照できる

数式内で、他のシートのセルを参照して計算をすることができます。数式入力中に、マウスでシート一覧からシートを選択後、参照したいセルをクリックして、セル参照を入力しましょう。数式中にシート名が表示されるので、シート名はできるだけ短く・シンプルにしましょう。

レッスン

49 累計を計算するには

累計の計算

練習用ファイル　L049_累計の計算.xlsx

SUM関数を使って、各行の金額を上から次々に足していって累計金額を計算する方法を紹介します。この方法を使うと、在庫移動データを累計して在庫数を計算したり、入場者データを累計して累計入場者数を計算したりすることができます。

1 相対参照のSUM関数を入力する

1 セルD3に「=SUM(D2,C3)」と入力　2 Enterキーを押す

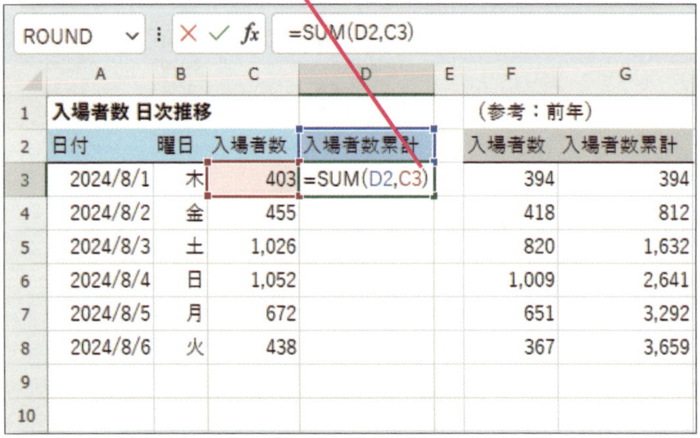

ROUND　=SUM(D2,C3)

	A	B	C	D	E	F	G
1	入場者数 日次推移					（参考：前年）	
2	日付	曜日	入場者数	入場者数累計		入場者数	入場者数累計
3	2024/8/1	木	403	=SUM(D2,C3)		394	394
4	2024/8/2	金	455			418	812
5	2024/8/3	土	1,026			820	1,632
6	2024/8/4	日	1,052			1,009	2,641
7	2024/8/5	月	672			651	3,292
8	2024/8/6	火	438			367	3,659
9							
10							

セルD2とセルC3を合計した結果が表示された

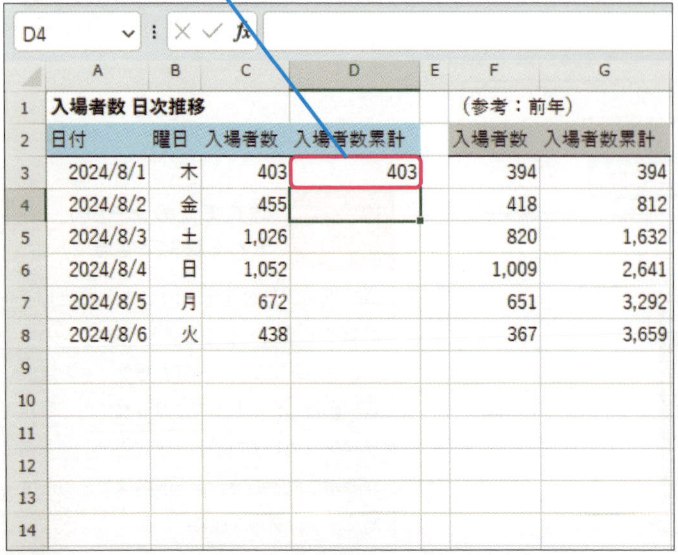

D4

	A	B	C	D	E	F	G
1	入場者数 日次推移					（参考：前年）	
2	日付	曜日	入場者数	入場者数累計		入場者数	入場者数累計
3	2024/8/1	木	403	403		394	394
4	2024/8/2	金	455			418	812
5	2024/8/3	土	1,026			820	1,632
6	2024/8/4	日	1,052			1,009	2,641
7	2024/8/5	月	672			651	3,292
8	2024/8/6	火	438			367	3,659
9							
10							
11							
12							
13							
14							

キーワード

#VALUE!　P.530

相対参照　P.533

使いこなしのヒント

相対参照で「1つ上」「1つ左」のセルを参照する

本文で紹介した数式「=SUM(D2,C3)」では、参照しているセル「D2」「C3」を相対参照で指定しているのがポイントです。相対参照なので、セルD3から見て、1つ上のセルD2と1つ左のセルC3の合計を取る計算をしていることになります。この数式をコピーして下に貼り付けていくと、1つ上のセル（前日の累計人数）に、1つ左のセル（その日の入場者数）を足して、当日の累計人数が計算できます。

● 数式をコピーする

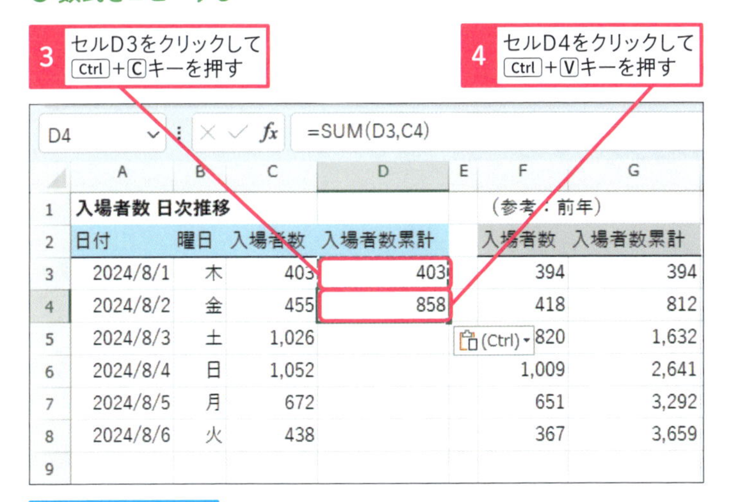

数式がコピーされた

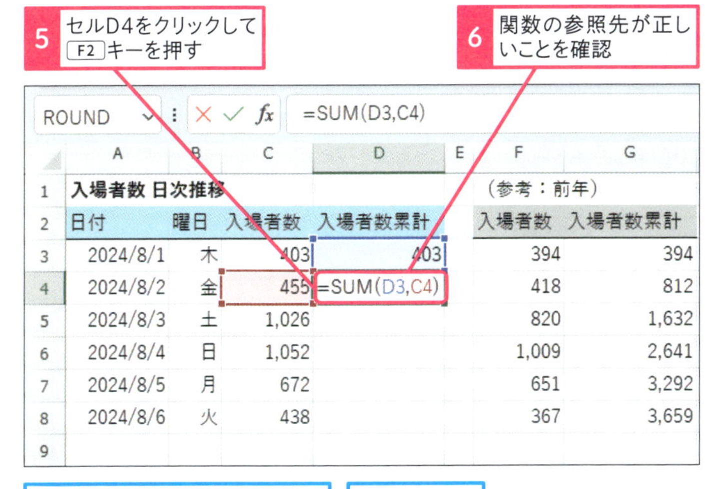

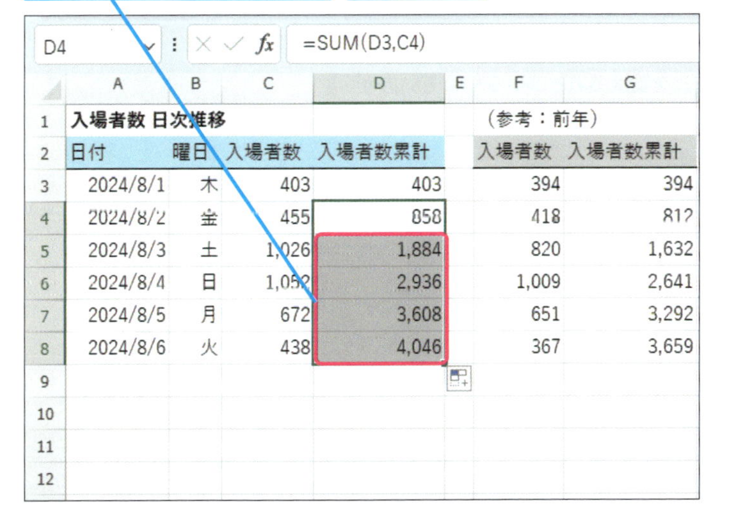

使いこなしのヒント

足し算で集計するとエラーが出る

セルD3にSUM関数の代わりに「=D2+C3」と入力すると「#VALUE!」エラーが発生します。足し算では、参照しているセルに文字列データが入力されているセルがあると「#VALUE!」エラーが発生します。一方で、本文のように「=SUM(D2,C3)」と入力すると、文字列データは無視されます。セルD2は文字列データなので無視され、計算結果はセルC3の値である「403」になります。

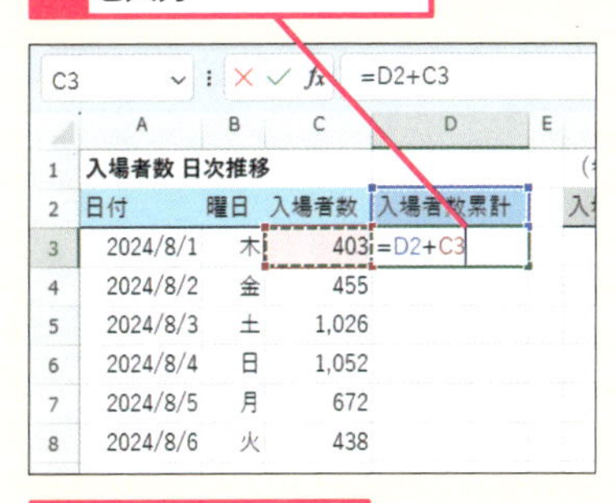

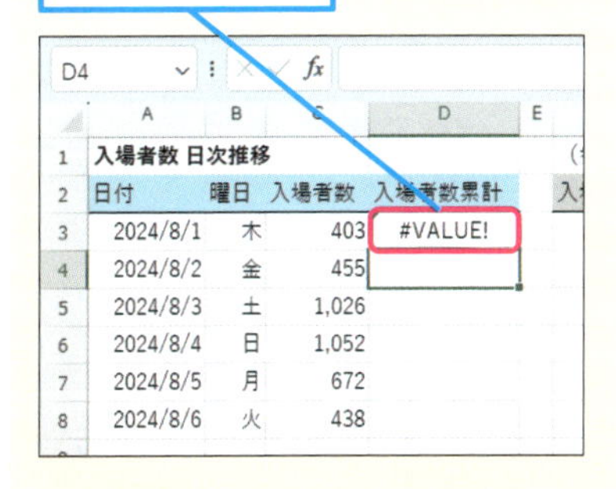

まとめ 相対参照の使い方を理解しよう

相対参照で「1つ上」「1つ左」のセルの値を参照して累計の計算をしました。このように、相対参照を使って「1つ上」「同じ行」のセルの値を参照して処理をするパターンは、いろいろなところで使われます。ぜひ、このパターンを使いこなせるように練習してみてください。

この章のまとめ

数式や関数で計算しよう

この章では数式や関数の基本を解説しました。この章で特に重要なポイント5つを再確認しましょう。1つ目は、数式は半角モードで入力し「=」で始めること。2つ目は、A1・C2などのセル番地を使って他のセルの値を参照できること。3つ目は、数式内に文字列データを入れるときは「"」で囲んで入力すること。4つ目は、関数は関数名に続けて、括弧の中に引数を指定すること。最後は、数式を貼り付けると参照先がずれることです。第8章以降では数式や関数についてさらに深く解説していきます。

C3 　=SUM(月!B3:D3)

	A	B	C	D	E
1	費用発生額 前年同期比較表				
2	区分	2023年1月～3月	2024年1月～3月		
3	材料費	354,569	381,257		
4	人件費	640,200	672,900		
5	外注費	172,918	180,123		
6	家賃	241,407	241,407		
7	光熱費	118,087	109,340		
8	通信費	38,470	37,350		
9	消耗品費	53,024	44,412		
10					
11					

離れた位置や別シートにあるセルの値を使って計算できる

関数って参照先や参照方式を変えることでいろんな使い方ができるんですね。

SUM関数って単純な足し算しかできないと思ってた！

ね！　便利でしょ。特に絶対参照は最初のうちは混乱することもあるから、使いながらしっかり覚えよう。

Excel

基本編

第6章

用途に応じて的確に表を印刷しよう

この章では、Excelの印刷について基本から説明します。用紙設定その他の印刷準備をし、印刷イメージのチェック後、作成した表を印刷する方法を紹介します。合わせて、PDFファイルの作成方法も紹介します。

レッスン

50 Introduction この章で学ぶこと 印刷時の注意点を押さえよう

表を作成したら印刷準備をして印刷しましょう。Excelでは画面表示と印刷イメージがしばしばずれるので、出力前に事前に印刷プレビューで印刷イメージを確認しましょう。また、PDFファイルを作成する方法も紹介します。

印刷プレビューで印刷後のイメージを確認しよう

印刷って正直面倒くさいです。

せっかく作った資料も、最後の印刷でミスしたら台なしだよ！ Excelの印刷は、画面の表示と違うことがあるから、正しく出力されるよう設定が必要なんだ。

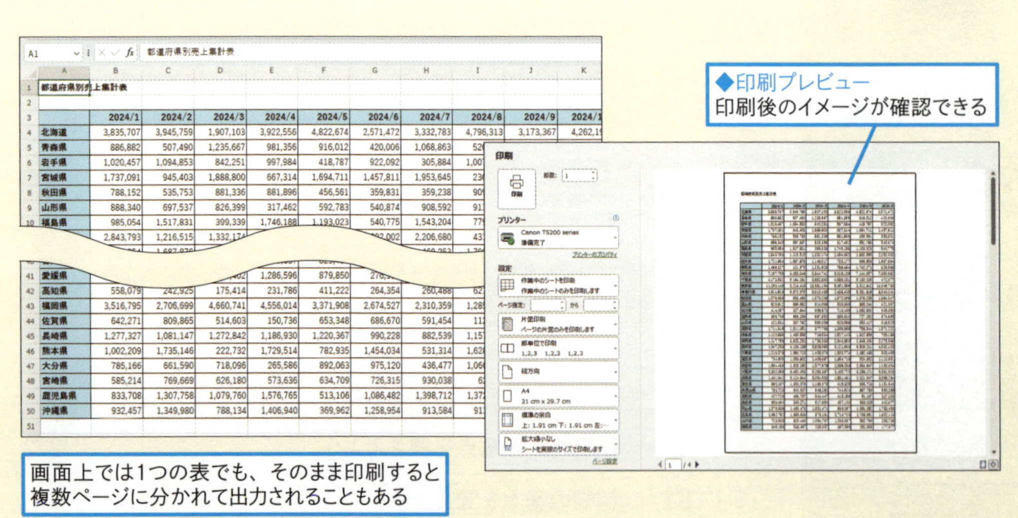

中途半端な位置で別のページに印刷されるようにもなっちゃってますね。

こういったことにならないように、適切に設定して、正しい形になっているか、印刷プレビューを確認する必要があるんだ！

印刷範囲やプラスアルファの設定で見やすくしよう

印刷で特に重要になるのが、印刷範囲や改ページの設定。これを設定することで、最後のページに1ページだけ列がはみ出て印刷される、なんてことを回避できるよ！

[改ページプレビュー] で印刷される範囲や改ページの位置を確認・変更できる

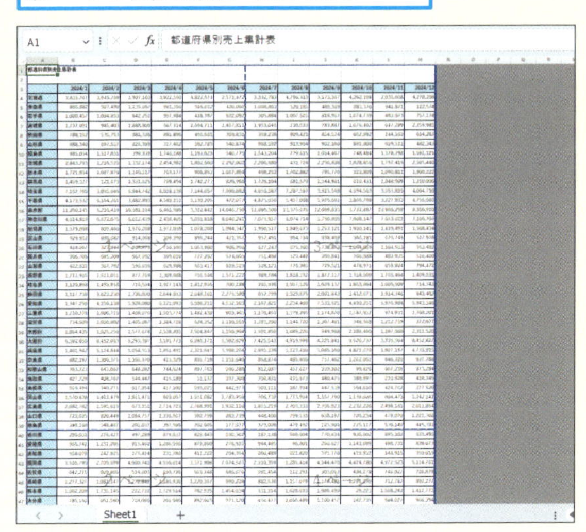

1ページ目や2ページ目に印刷される範囲も「1ページ」「2ページ」と表示されていてわかりやすいですね。

区切りのいい位置で改ページすれば、資料も見やすくなりそう！

それからプラスアルファのテクニックも、この章で解説するよ！　何ページもある表に共通の見出しを設定したり、ページ番号を入れて出力できたりするんだ。

L054_ヘッダーとフッター

売上集計表

	2024/1	2024/2	2024/3	2024/4	2024/5	2024/6	2024/7	2024/8	2024/9	2024/10	2024/11	2024/12
北海道	3,835,707	3,945,759	1,907,103	3,922,556	4,822,674	2,571,472	3,332,783	4,796,313	3,173,357	4,262,198	2,035,668	4,278,208
青森県	886,882	507,490	1,235,667	961,356	916,012	420,006	1,068,863	520,185	489,369	883,370	941,871	122,574
岩手県	1,020,457	1,094,853	842,251	997,984	418,787	922,092	305,884	1,007,525	818,957	1,074,739	483,673	757,174
宮城県	1,737,091	945,403	1,888,800	667,314	1,694,711	1,457,811	1,953,645	230,533	783,887	1,076,402	647,289	2,259,985
秋田県	788,152	535,753	881,336	881,896	456,561	359,831	359,238	909,421	854,524	662,992	144,103	[illegible]
山形県	888,340	697,537	826,399	317,462	592,783	540,874	908,592	913,964	962,160	891,800	619,511	[illegible]
福島県	985,054	1,517,831	399,339	1,746,188	1,193,023	540,775	1,543,204	779,615	1,654,457	748,484	1,378,298	[illegible]
茨城県	2,843,793	1,216,515	1,332,174	2,454,992	1,802,666	2,292,002	2,206,680	431,724	2,236,838	1,828,856	1,797,419	2,565,440
栃木県	1,721,854	1,687,876	1,146,517	763,177	966,853	1,667,894	469,253	1,702,882	795,770	313,809	[illegible]	1,900,222
群馬県	1,459,327	121,675	1,331,625	799,494	1,742,273	826,986	1,720,104	681,579	1,544,901	610,431	[illegible]	1,210,096
埼玉県	7,167,765	3,055,046	6,844,742	6,018,138	7,144,657	7,090,682	4,056,587	7,287,597	3,915,569	4,594,563	[illegible]	4,004,710
千葉県	4,173,532	6,164,261	3,882,893	4,589,151	5,130,205	472,077	4,875,650	5,457,008	5,976,601	3,866,798	[illegible]	4,755,666
東京都	11,250,146	5,216,419	10,581,184	8,461,596	[illegible]	14,046,750	11,096,300	13,375,675	12,699,833	5,732,887	13,960,258	9,360,910
神奈川県	4,614,819	6,672,075	6,012,439	2,438,405	5,031,818	8,040,241	7,075,957	6,074,714	5,750,865	[illegible]	[illegible]	[illegible]
新潟県	1,579,898	663,466	1,970,208	1,972,059	1,078,208	1,984,347	1,990,517	1,849,073	1,253,121	[illegible]	1,419,491	1,568,434
富山県	929,912	686,682	914,068	309,399	895,244	421,357	957,491	964,734	838,469	[illegible]	678,749	517,978
石川県	414,067	327,844	968,873	710,106	1,063,900	906,950	627,243	675,360	735,873	1,064,659	1,104,553	553,492
福井県	366,706	695,209	667,592	399,010	727,262	574,665	751,498	523,449	[illegible]	766,688	483,935	516,400
山梨県	422,631	307,792	596,036	629,988	653,417	619,526	528,121	776,386	[illegible]	478,971	659,824	794,472
長野県	1,711,916	1,611,061	877,769	1,309,688	756,544	1,571,222	989,784	1,818,332	[illegible]	1,318,609	1,766,464	1,409,631
岐阜県	1,170,886	1,493,958	716,534	1,927,143	1,812,956	700,188	265,398	1,557,526	[illegible]	1,853,984	1,606,909	714,743
静岡県	1,117,759	3,623,230	1,736,030	2,644,653	2,648,101	2,275,589	657,799	1,529,875	2,081,843	2,412,673	1,914,346	843,402
愛知県	1,347,259	4,150,138	5,928,080	6,121,093	6,506,211	4,532,103	2,167,821	[illegible]	7,533,521	4,410,251	5,976,984	5,943,346
三重県	1,210,378	1,690,715	1,408,076	1,503,774	1,482,438	903,465	1,170,456	[illegible]	1,174,870	1,587,652	974,931	1,768,201
滋賀県	734,609	1,050,802	1,405,087	1,384,718	624,352	1,110,551	1,393,200	[illegible]	1,307,491	348,569	1,212,759	372,077
京都府	1,864,435	1,625,250	1,577,678	2,538,203	2,564,847	1,150,904	1,591,859	1,089,226	949,968	2,189,466	1,187,660	2,311,520
大阪府	6,302,056	6,452,063	5,293,387	3,195,773	6,286,171	5,592,629	[illegible]	4,919,999	4,221,841	3,520,737	3,335,364	8,452,827
兵庫県	1,401,942	5,124,844	5,054,553	1,851,491	2,321,647	3,598,264	[illegible]	5,123,410	5,086,160	4,821,670	1,807,197	4,733,915
奈良県	882,197	1,300,375	1,165,370	415,329	835,719	1,151,640	[illegible]	485,866	757,462	1,262,061	846,320	937,788

1 / 2ページ

用紙の上部や下部の余白にファイル名やページ番号、印刷日時などを出力できる

レッスン
51 印刷の基本を覚えよう

印刷の基本　練習用ファイル　L051_印刷の基本.xlsx

作成した表を印刷する前に用紙の向き・サイズ・余白などを設定しましょう。また、印刷前には印刷プレビューでイメージを確認して、意図通りに印刷されるかどうかを確認しましょう。

1 ［印刷］画面を表示する

1 ［ファイル］タブをクリック

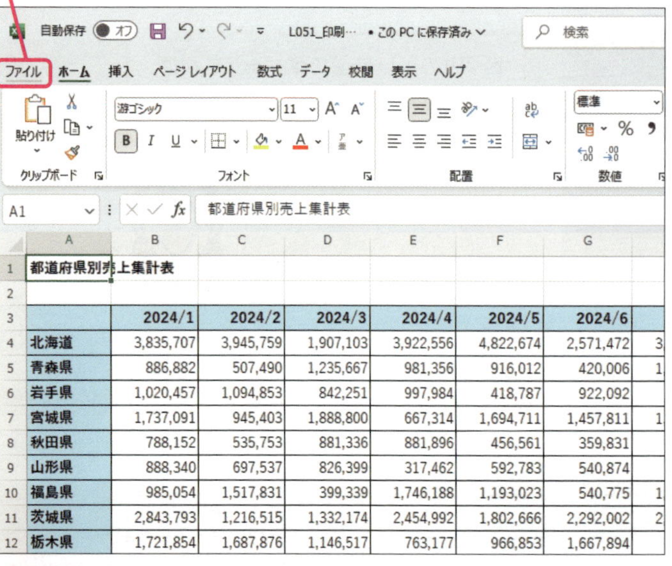

2 ［印刷］をクリック

印刷プレビューが表示された

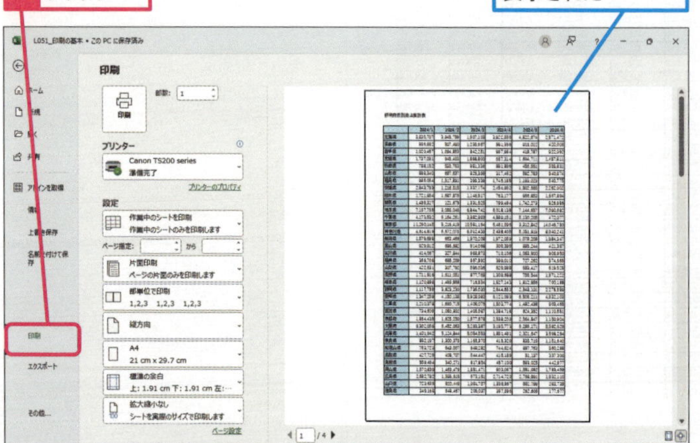

キーワード

印刷プレビュー　P.530
罫線　P.531

使いこなしのヒント

文字がはみ出ていないか確認しよう

印刷プレビューでは、文字がセルからはみ出ていないか確認しましょう。文字がセルからはみ出ていると、①文字の末尾が印刷されない、②文字の末尾が別のページに印刷される、③文字の末尾の近くの罫線が消えるといった現象が起きます。これを解消するには、列の幅を広げる（Excel・レッスン16）、縮小して全体を表示する（Excel・レッスン23）といった方法があります。

ショートカットキー

［印刷］画面を表示　Ctrl+P

使いこなしのヒント

図形がずれていないか確認しよう

印刷プレビューでは、図形などのオブジェクト（第7章参照）とセルに入力された文字の位置がずれていないかどうかも確認しましょう。ずれている場合には手作業で位置合わせをする必要があります。

2 プリンターを選択する

手順1を参考に、［印刷］画面を表示しておく

1 ［プリンター］のここをクリック

2 プリンター名をクリック

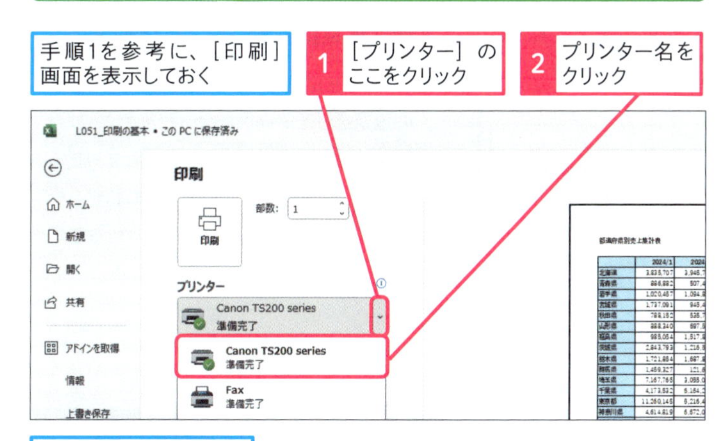

プリンターが選択された

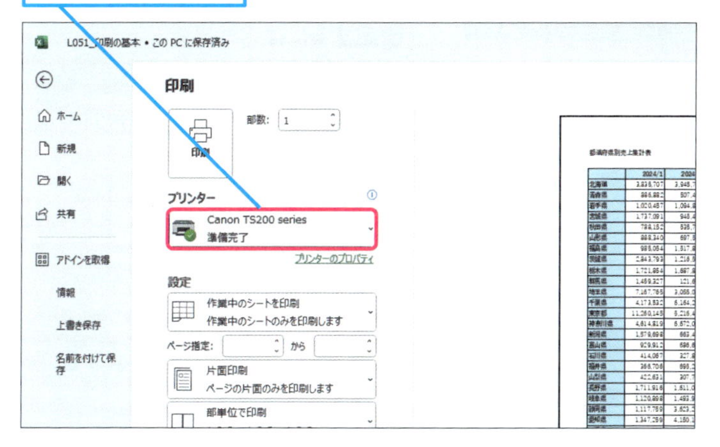

3 印刷の向きを設定する

手順1を参考に、［印刷］画面を表示しておく

ここでは横方向に変更する

1 ［縦方向］をクリック

2 ［横方向］をクリック

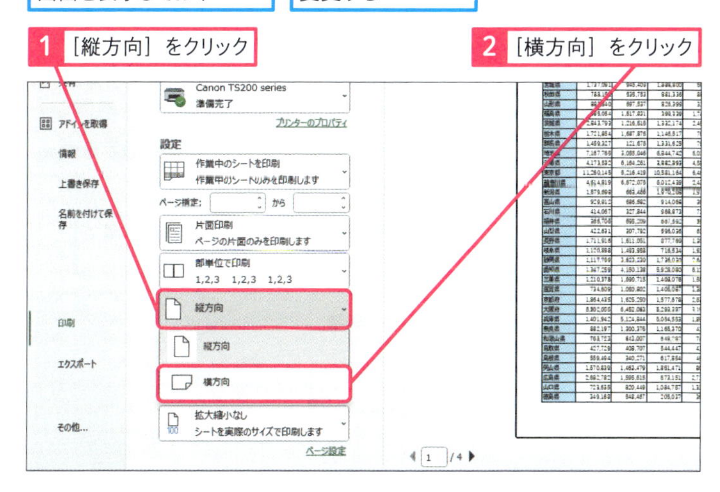

使いこなしのヒント

印刷プレビューを拡大表示するには

印刷プレビューの見た目が小さいときには、プレビュー画面右下の［ページに合わせる］アイコンをクリックしましょう。通常のシートで拡大倍率100%の際と同じ大きさでプレビューを表示できます。もう一度、［ページに合わせる］アイコンをクリックすると、元の大きさに戻ります。

1 ［ページに合わせる］をクリック

印刷プレビューが拡大表示された

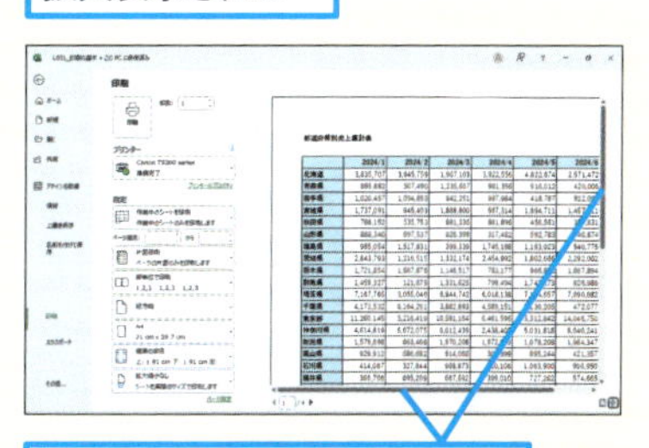

ここを左右上下にドラッグすると見たい場所に移動できる

もう一度［ページに合わせる］をクリックすると、元の表示に戻る

使いこなしのヒント

プレビュー画面が使いにくいと感じたら

プレビュー画面で印刷イメージを確認する代わりに、PDFファイルを作成して印刷イメージを確認する方法もあります。PDFファイルの作成方法はExcel・レッスン57で紹介します。

次のページに続く

● 用紙の向きを確認する

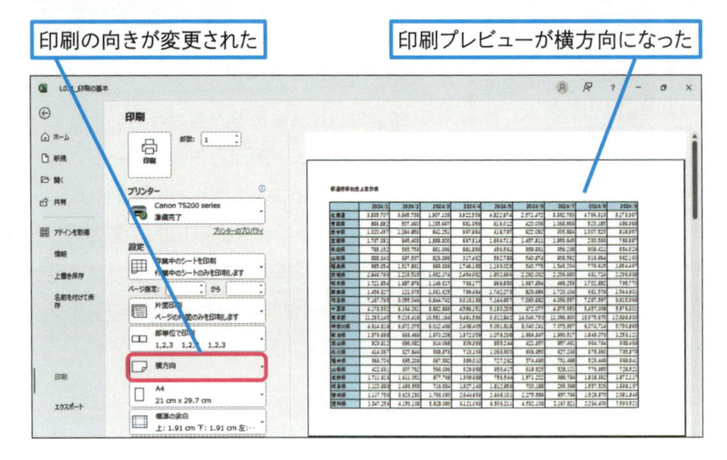

4 用紙の種類を設定する

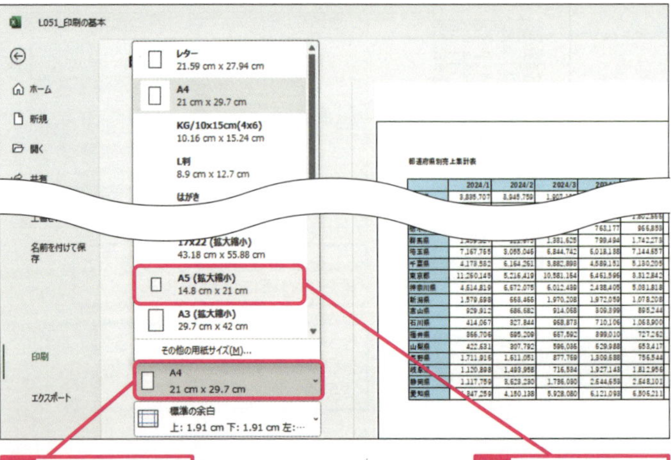

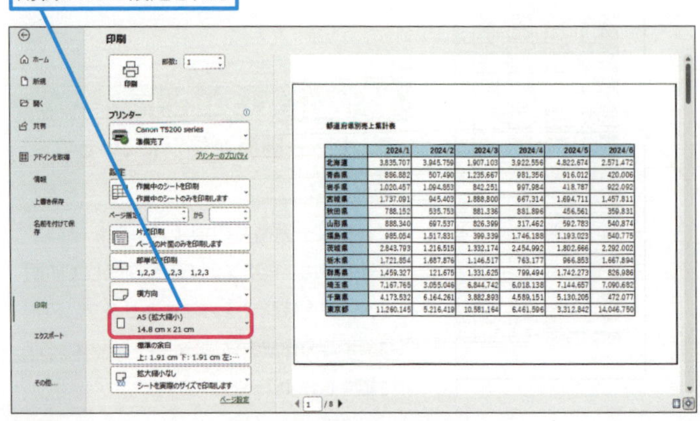

使いこなしのヒント

プリンタードライバーでも同じ設定にする

Excelで設定した印刷の向きや用紙の種類の設定通りに印刷されないときには、プリンタードライバーの設定を確認してみてください。プリンタードライバーの設定を合わせると、うまく印刷できるようになる場合があります。

使いこなしのヒント

[ページレイアウト] タブから設定するには

印刷の向き、用紙の種類と余白は、以下のようにリボンの [ページレイアウト] タブからも設定できます。

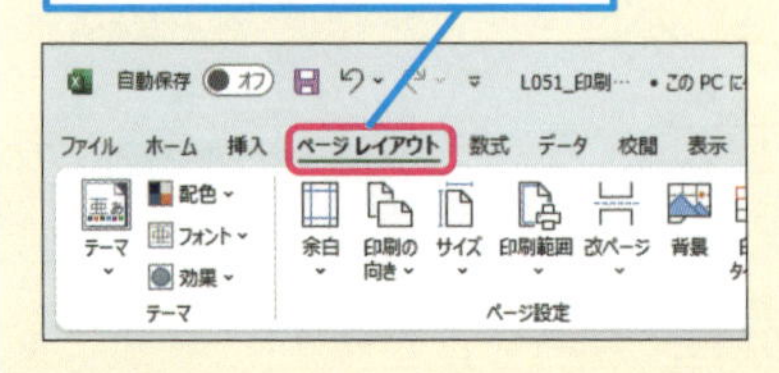

スキルアップ

印刷部数を変更するには

印刷部数を変更したいときには、[印刷] 画面の上部にある [部数] の数字を変更しましょう。直接数字を入力するか、右のボタンをクリックして、部数の数字を増減させましょう。

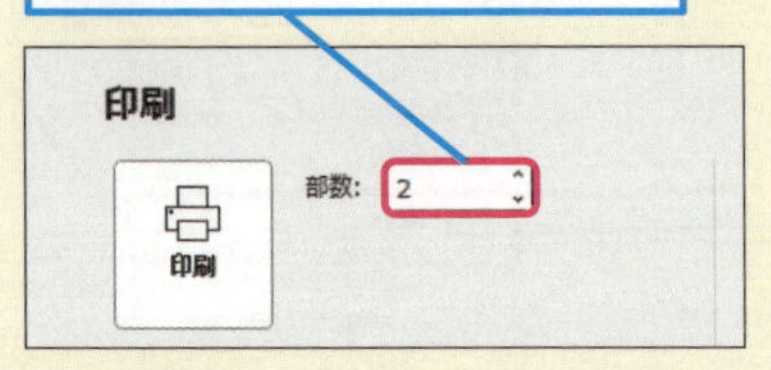

5 余白を設定する

手順1を参考に、［印刷］画面を表示しておく

ここでは余白を広げる

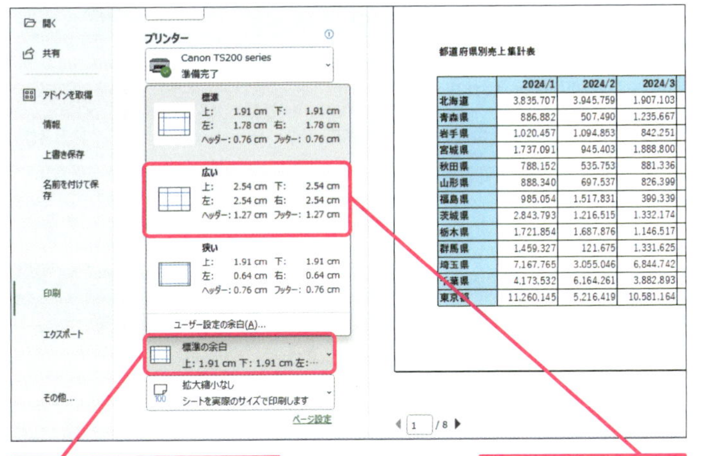

広い余白に設定された

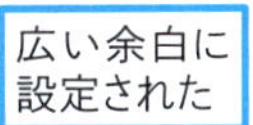

印刷プレビューも余白が広がった状態に変更された

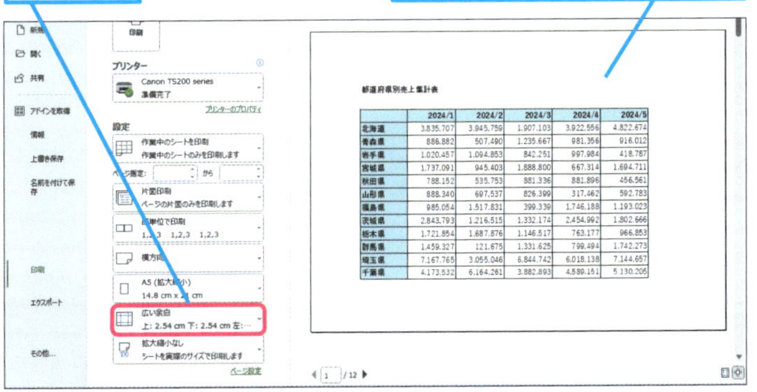

6 印刷する

1 印刷プレビューを確認

2 ［印刷］をクリック

印刷が実行される

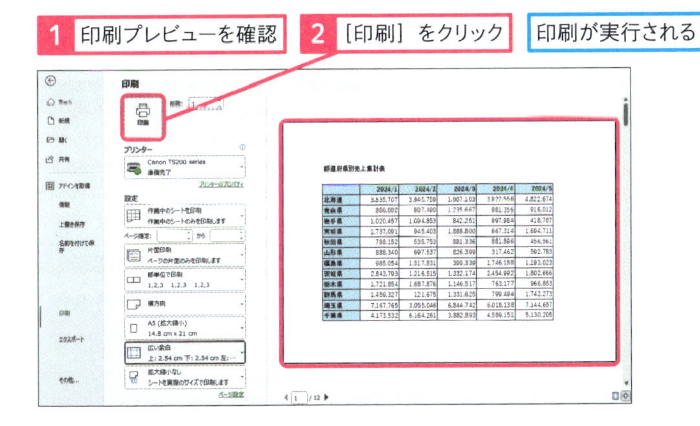

スキルアップ
余白を細かく設定するには

余白を細かく設定するには、［印刷］画面で、余白設定のプルダウンをクリックした後、出てきたメニューの一番下にある［ユーザー設定の余白］をクリックしましょう。［ページ設定］ウィンドウの［余白］タブが表示されるので、余白を調整してください。設定が終わったら［OK］をクリックして、変更を確定させましょう。

手順5の1枚目の画面を表示しておく

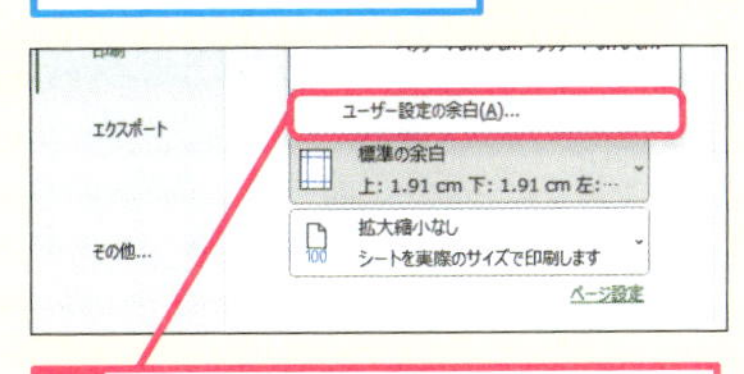

余白を細かく設定できる

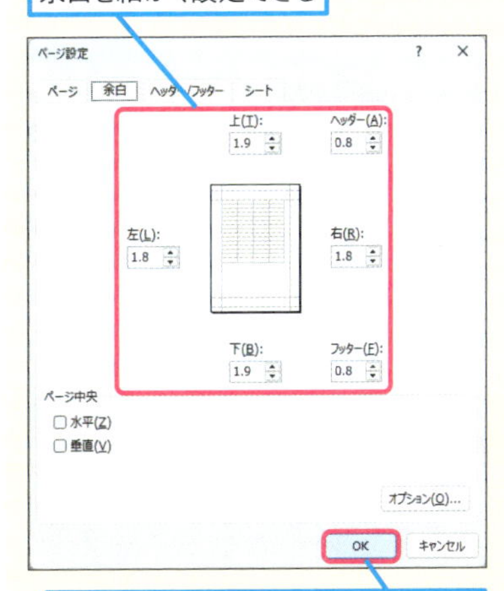

設定したら［OK］をクリックしておく

まとめ 印刷前に印刷プレビューを確認しよう

表を印刷する場合は、印刷前に、印刷プレビューを見てレイアウトが崩れていないかチェックをしましょう。特に、セルから文字がはみ出していないか、オブジェクトと文字がずれていないかに気を付けてください。

レッスン

52 表に合わせて印刷するには

印刷設定

練習用ファイル 手順見出し参照

大きい表を印刷するときに便利な、全体を1ページに収めるように縮小率を自動調整する機能を解説します。縦に長い表を印刷するときには、横方向だけ1ページに収めて縦方向は何枚かに分けて印刷する設定もできます。

キーワード

印刷プレビュー P.530

行 P.531

使いこなしのヒント

用紙の向きとも組み合わせて調整しよう

横幅のある表を横1ページに収めたいときには、［シートを1ページに印刷］を指定するだけでなく、印刷の向きを横方向にして余白を小さくすると、より原寸に近い大きさで印刷できます。

1 1ページに収めて印刷する

L052_印刷設定_01.xlsx

Excel・レッスン51を参考に、印刷の向きを［横方向］に設定しておく

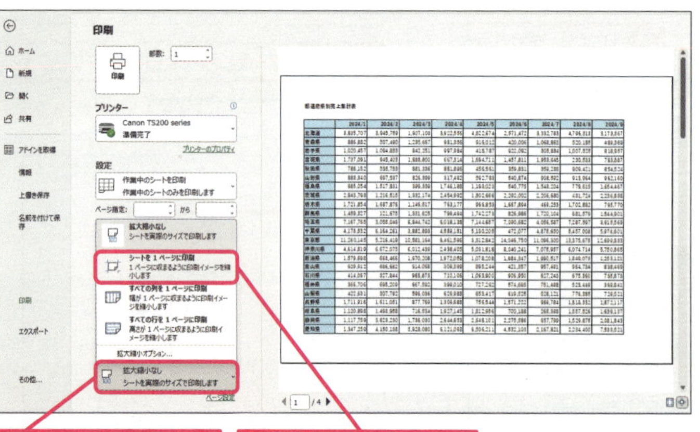

1 ［拡大縮小なし］をクリック

2 ［シートを1ページに印刷］をクリック

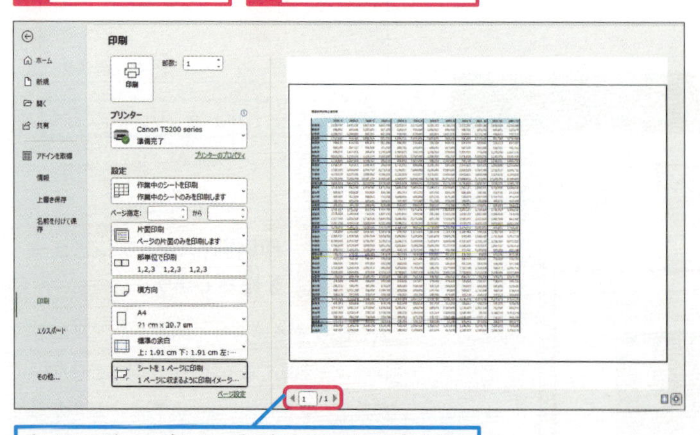

すべてのデータが1ページに収まるように設定された

使いこなしのヒント

すべての行を1ページに収めても同じ結果になる

本文で紹介した印刷方法の他、［すべての行を1ページに印刷］という方法も選ぶことができます。この練習用ファイルの場合は、［シートを1ページに印刷］と同じ結果になります。

スキルアップ

倍率を手動で設定するには

倍率を手動で設定するには、[ファイル]‐[印刷]をクリックした後、[拡大縮小なし]をクリックし、出てきたメニューの中から[拡大縮小オプション]をクリックしましょう。[ページ設定]ウィンドウの[ページ]タブが表示されるので、[拡大/縮小]で倍率を調整してください。設定が終わったら[OK]をクリックして、変更を確定させましょう。

手順2の画面を表示しておく

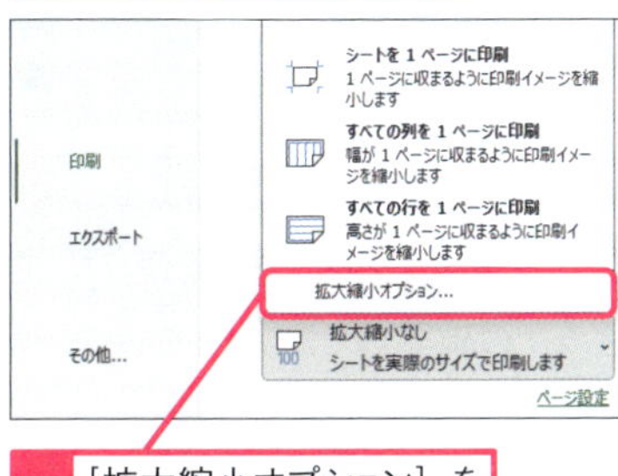

1 [拡大縮小オプション]をクリック

ここでは50%に設定する

[OK]をクリックすると倍率が50%に設定される

2 縦長の表を印刷する　L052_印刷設定_02.xlsx

Excel・レッスン51を参考に、印刷の向きを[縦方向]に設定しておく

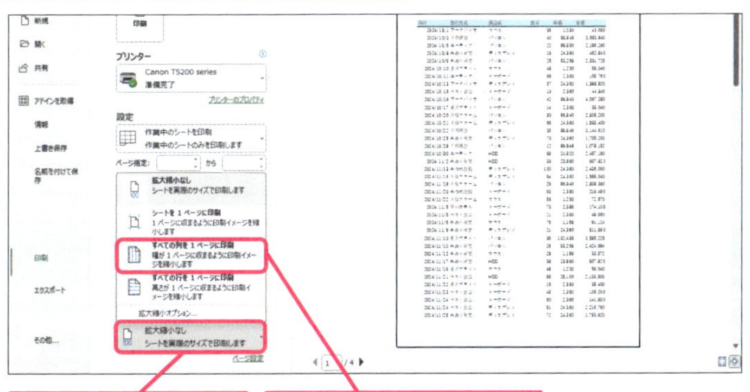

1 [拡大縮小なし]をクリック

2 [すべての列を1ページに印刷]をクリック

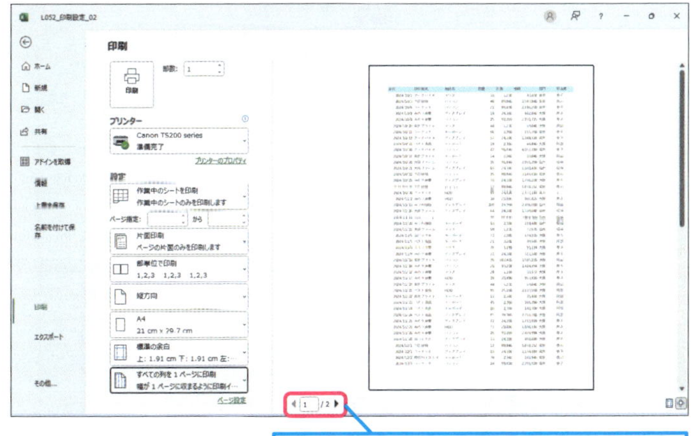

1ページには収まり切らないので、2ページで収まるように設定されている

使いこなしのヒント

設定を戻すときは縮小倍率も手動で戻す

本文で紹介した[シートを1ページに印刷]、[すべての列を1ページに印刷]、[すべての行を1ページに印刷]の操作をすると、縮小倍率が自動で設定されます。なお、設定を元に戻しても、自動では倍率が100%に戻りません。倍率を100%に戻したいときには、手動で倍率を設定しなおしてください。

まとめ　表が収まるように自動調整する

作成した表が1ページに収まらないときには、縦、横または全体を1ページに収めるように縮小倍率を自動調整する機能を使うと便利です。これらはリボンの[ページレイアウト]タブからも設定できます。

レッスン

53 改ページの位置を調整するには

改ページプレビュー

練習用ファイル L053_改ページプレビュー.xlsx

キリのいい位置で改ページをするように手動で調整したいときには、改ページプレビューの画面を使いましょう。改ページプレビューを使うと、印刷時にレイアウトが崩れないかどうかの確認もできます。

1 改ページプレビューを表示する

1 ［表示］タブをクリック

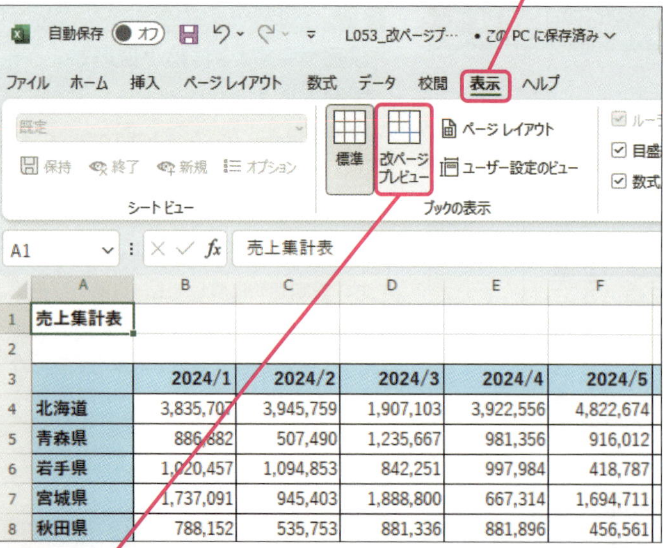

2 ［改ページプレビュー］をクリック

改ページプレビューが表示された

青い点線の位置で、改ページされる

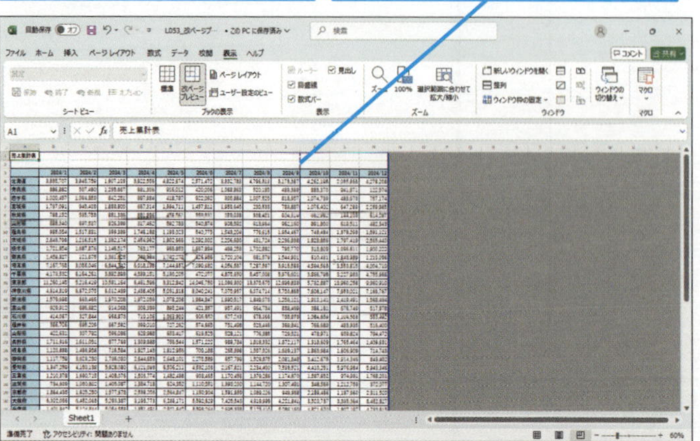

キーワード

印刷プレビュー P.530

改ページプレビュー P.531

用語解説

改ページプレビュー

改ページプレビューとは、改ページがどこで行われるかを確認しながら、シートの内容を編集できる機能です。改ページプレビューの画面では、改ページの位置は青の点線、印刷範囲は青の実線で表示されます。

使いこなしのヒント

表示を元に戻すには

［改ページプレビュー］から、通常の表示に戻すには、［表示］タブをクリックして、［標準］をクリックしてください。

1 ［標準］をクリック

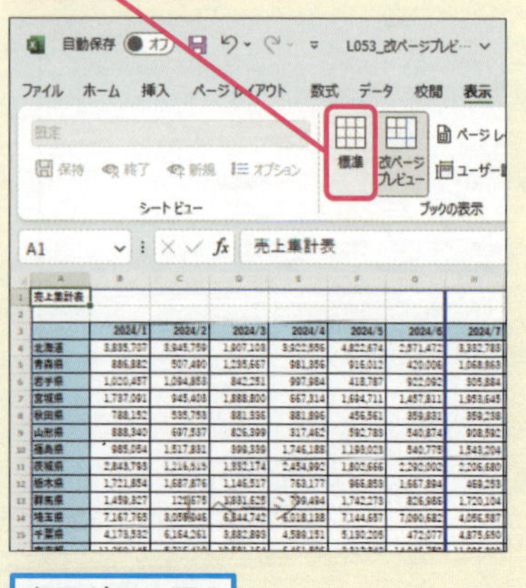

表示が元に戻る

2 改ページの位置を変更する

手順1を参考に、改ページプレビューを表示しておく

ここではA列からG列まででいったん改ページを入れる

1 青い点線にマウスポインターを合わせる

2 ここまでドラッグ

改ページの位置が変更された

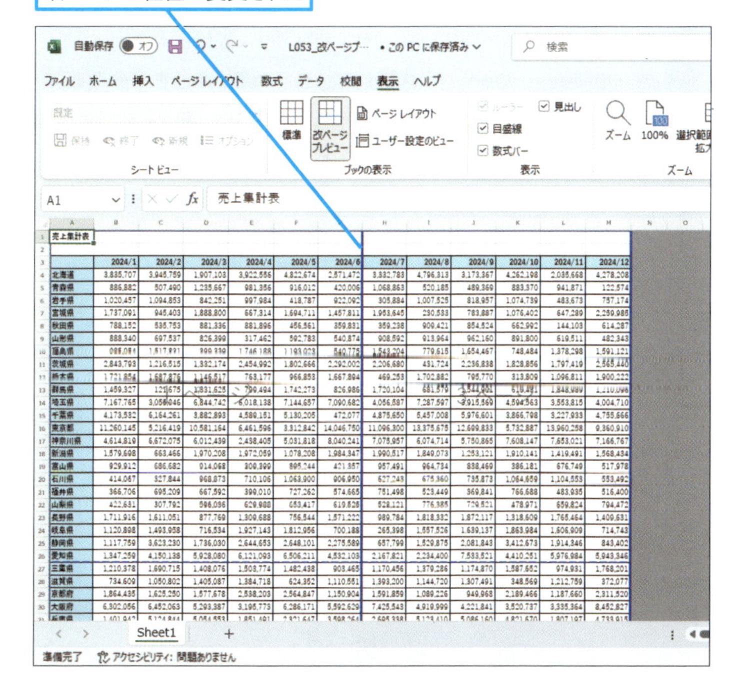

使いこなしのヒント

ページレイアウトプレビューとは

［ページレイアウトプレビュー］を使うと、印刷時の出力イメージを見ることができます。改ページの位置がわかるだけでなく、Excel・レッスン54で紹介するヘッダー・フッターや余白も合わせて確認できます。

使いこなしのヒント

改ページや印刷範囲がおかしくないか確認しよう

改ページの位置（青の点線）や印刷範囲（青の実線）が意図しない場所に入っている場合には、文字がセルからはみでていないか確認しましょう。画面上では文字がセルに収まっているのに、印刷すると文字がセルからはみでてしまう場合があるためです。

まとめ 改ページプレビューで細かい調整ができる

改ページを細かく調整したいときや、Excel・レッスン56で紹介する印刷範囲を調整するときは、改ページプレビューを使いましょう。なお、改ページの位置を広げると、自動的に縮小倍率が上がってしまい表の文字や数字が小さくなる場合もあるので注意しましょう。

レッスン

54 ヘッダーやフッターを印刷するには

ヘッダー、フッター

練習用ファイル L054_ヘッダーとフッター.xlsx

印刷時に、用紙の上部や下部の余白にファイル名やページ番号、印刷日時などを出力するには、ヘッダーやフッターを設定しましょう。詳細設定画面で設定をすると、すべてのページに共通する図や文字を出力することもできます。

1 ヘッダーの設定をする

1 [ページレイアウト] タブをクリック

2 [ページ設定] のここをクリック

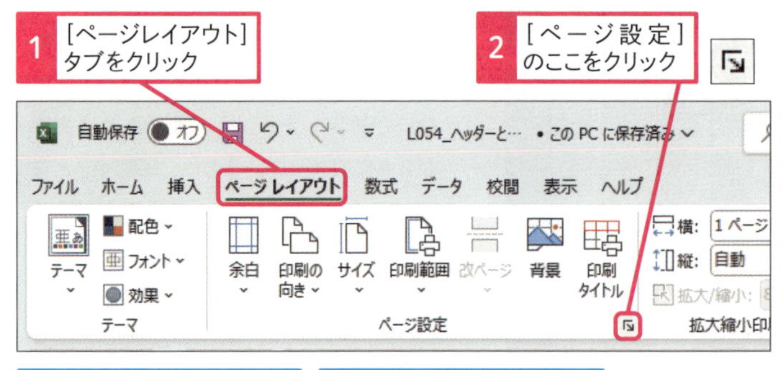

[ページ設定] ダイアログボックスが表示された

ヘッダーにはファイル名を表示する

3 [ヘッダー/フッター] タブをクリック

4 [ヘッダー] のここをクリック

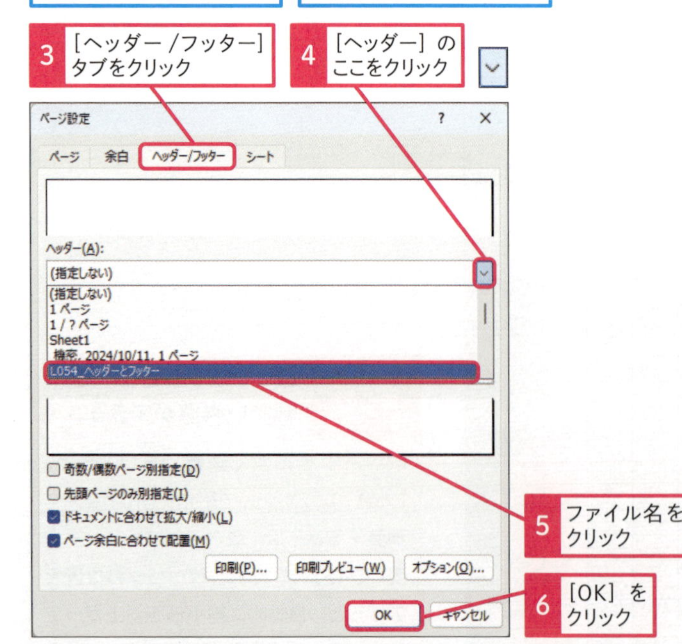

5 ファイル名をクリック

6 [OK] をクリック

ヘッダーにファイル名が印刷されるよう設定された

キーワード

フッター	P.534
ヘッダー	P.534

用語解説

ヘッダー

ヘッダーとは用紙の上部の余白に出力されるデータのことをいいます。ヘッダーは、セルに入力するデータとは別に設定をします。その設定は、同じファイル (ブック) 内のすべてのシートに適用されます。

使いこなしのヒント

余白を十分にとる

ヘッダーは上の余白、フッターは下の余白に出力されます。余白が十分にないとヘッダーやフッターが本体の表の上に出力されてしまうので、余白を十分取るようにしましょう。[ページ設定] の [余白] タブの「上」欄で上の余白、「下」欄で下の余白の大きさを設定できます。詳しくは161ページの「スキルアップ」を参照してください。

用語解説

フッター

フッターとは用紙の下部の余白に出力されるデータのことをいいます。出力位置が違う以外は、機能的にはヘッダーとまったく同じです。

2 フッターの設定をする

手順1を参考に［ページ設定］ダイアログボックスを表示しておく

フッターには何ページ目かと、全体のページ数を表示する

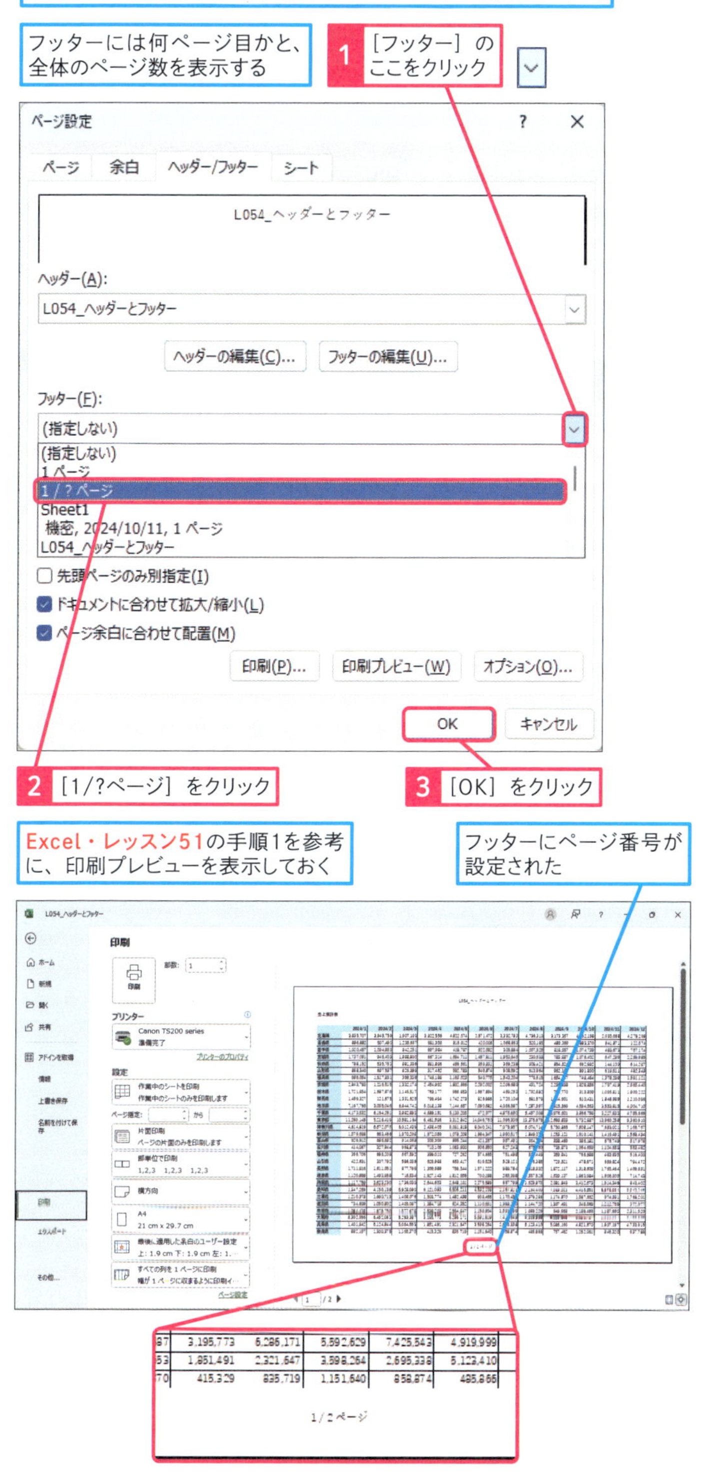

スキルアップ

ヘッダーやフッターを細かく設定するには

［ページ設定］ウィンドウの［ヘッダー／フッター］タブで、［ヘッダーの編集］または［フッターの編集］ボタンをクリックすると、詳細設定のウィンドウが表示されます。このウィンドウでは、ヘッダーやフッターの左・真ん中・右のそれぞれの出力内容を個別に設定できます。ここで設定を行うと、ファイル名、シート名、ページ数、印刷日時を出力できます。また、すべてのページに共通して出力する図や文字も設定できます。

［ページ設定］ダイアログボックスを表示しておく

1 ［ヘッダーの編集］をクリック

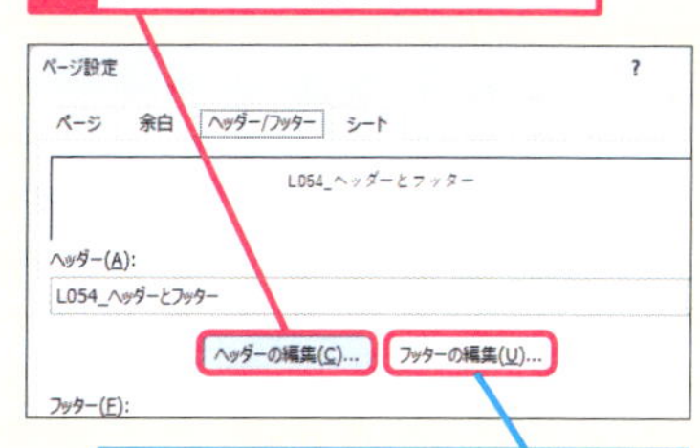

フッターを細かく設定するときは、［フッターの編集］をクリックする

ヘッダーの細かい設定ができる

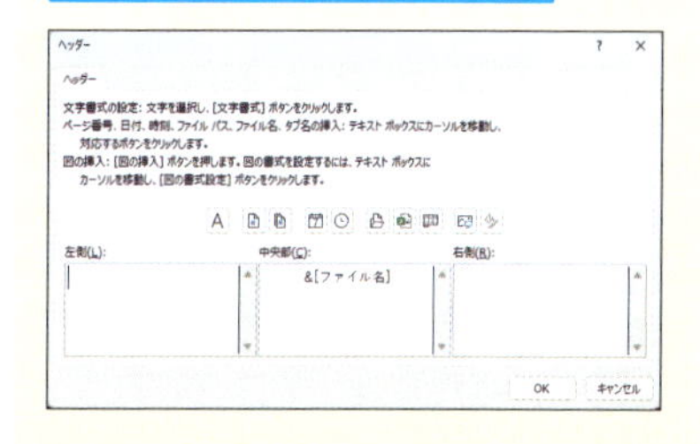

まとめ 日時やページ数などを入れて印刷できる

印刷日時やページ数などの情報を印刷したいときにはヘッダー・フッターを使いましょう。ヘッダー・フッターで指定した内容は通常の操作画面では表示されません。印刷時にだけ必要な情報をヘッダー・フッターに指定してください。

レッスン

55 見出しを付けて印刷するには

印刷タイトル

練習用ファイル L055_印刷タイトル.xlsx

大きい表を複数ページにまたがって印刷するときには、印刷タイトルの設定をして、それぞれのページに表の見出しやタイトルを印刷しましょう。ウィンドウ枠の固定をしているシートを印刷するときに、この機能を使うと、ディスプレイ上の表示と印刷結果が近くなって便利です。

1 タイトル行を設定する

ここでは、セルA1に入力された表のタイトルと見出しをタイトル行として設定する

1 [ページレイアウト] タブをクリック

2 [印刷タイトル] をクリック

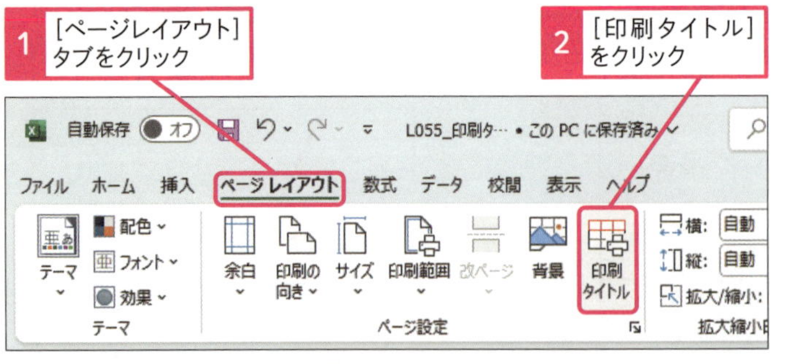

[ページ設定] ダイアログボックスが表示された

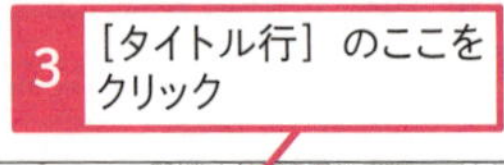

3 [タイトル行] のここをクリック

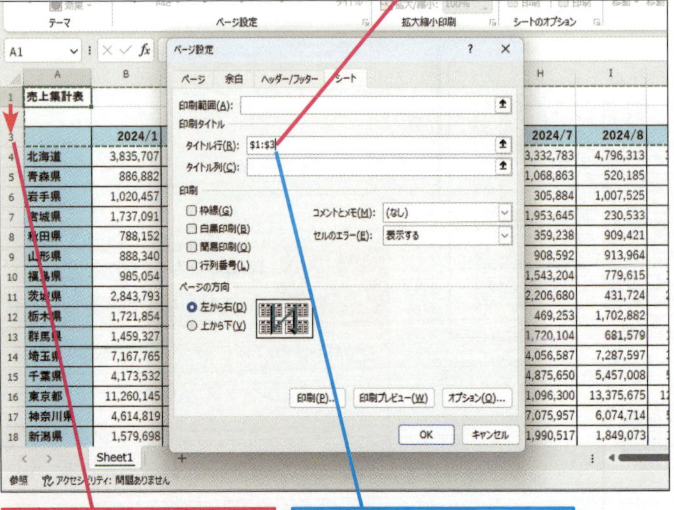

4 行番号「1」をクリックして「3」までドラッグ

[タイトル行] に「$1:$3」と入力される

キーワード

印刷プレビュー P.530

シート P.532

使いこなしのヒント

印刷タイトルは印刷画面から変更できない

印刷に関連する設定のほとんどは、[ファイル] タブをクリックして、[印刷] をクリックし、[ページ設定] の画面から変更できます。ところが、このレッスンで紹介する印刷タイトルの設定と、Excel・レッスン56で紹介する印刷範囲の設定は、読み込み専用の状態になってしまい、設定を修正することができません。この2つの設定を変更したいときには、[ページレイアウト] タブからの操作で修正をするようにしてください。

2 タイトル列を設定する

見出しとして、A列の都道府県名がすべてのページに表示されるように設定する

1 ［タイトル列］のここをクリック

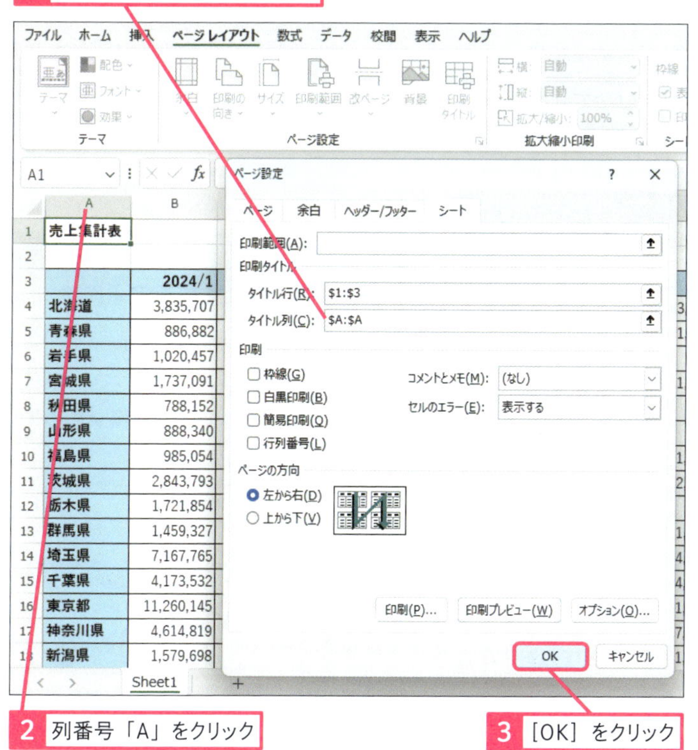

2 列番号「A」をクリック

3 ［OK］をクリック

● 印刷プレビューを確認する

Excel・レッスン51の手順1を参考に、印刷プレビューを表示しておく

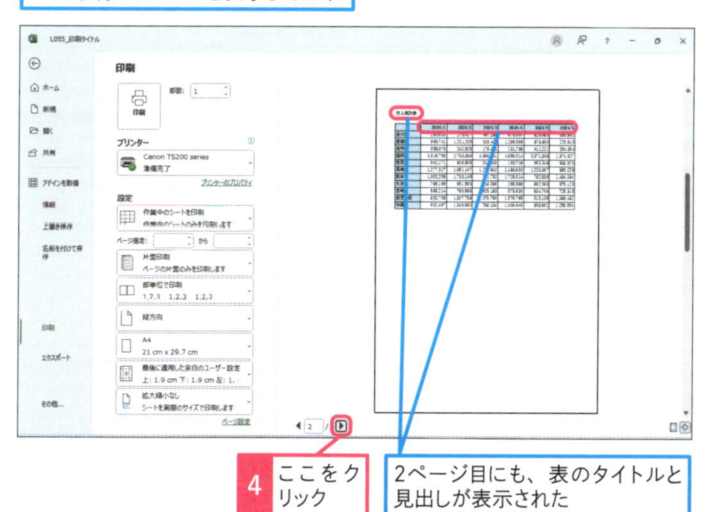

4 ここをクリック

2ページ目にも、表のタイトルと見出しが表示された

使いこなしのヒント

横方向に改ページが入るときは印刷結果に注意

表の幅が広く、横方向に改ページが入るシートで［印刷タイトル］の設定をする場合には、タイトルの末尾が切れずに表示されているか確認しましょう。例えば、タイトルがA列からはみでているような表を［印刷タイトル］で1～3行目とA列を指定して印刷すると、タイトルが切れて表示されます。このような場合は、A列の幅を調整するなどして、タイトルがA列に収まるようにしましょう。

まとめ 印刷タイトルの設定もしよう

印刷タイトルを設定して出力するときの操作は、ウィンドウ枠を固定して画面に表示するときの操作と同じです。ウィンドウ枠の固定をしているシートを印刷するときは印刷タイトルの設定をして、各ページにタイトルが印刷されるようにしましょう。

レッスン
56 印刷範囲を指定するには

印刷範囲　練習用ファイル　L056_印刷範囲.xlsx

シート全体ではなくシートの一部分だけを印刷したいときには、印刷範囲を設定しましょう。印刷範囲は、通常の画面や、[ページ設定] ウィンドウの他、改ページプレビューの画面でも確認と変更ができます。

1 印刷範囲を選択する

セルA1 ～ D9だけを印刷する

セルF1に入力されたメモは印刷しない

1 セルA1にマウスポインターを合わせる

2 セルD9までドラッグ

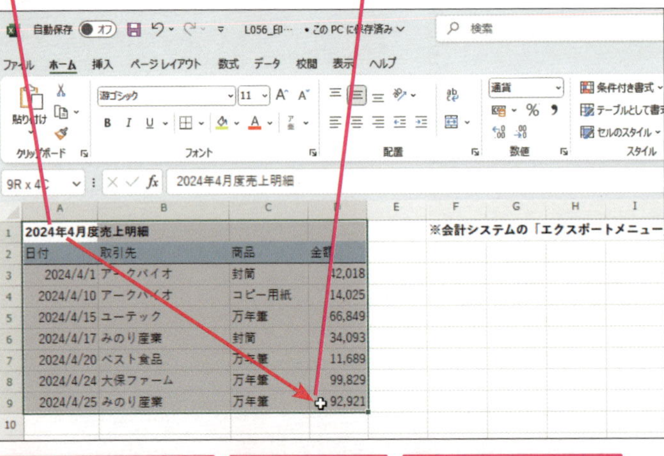

3 [ページレイアウト] タブをクリック

4 [印刷範囲] をクリック

5 [印刷範囲の設定] をクリック

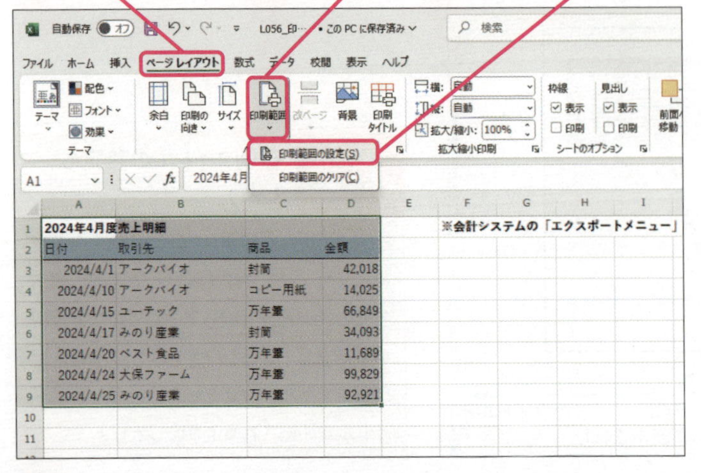

キーワード

使いこなしのヒント

印刷範囲の設定を解除するには

印刷範囲の設定を解除するには、[ページレイアウト] タブをクリックして、[印刷範囲] をクリックしてから [印刷範囲のクリア] をクリックしてください。

1 [ページレイアウト] タブをクリック

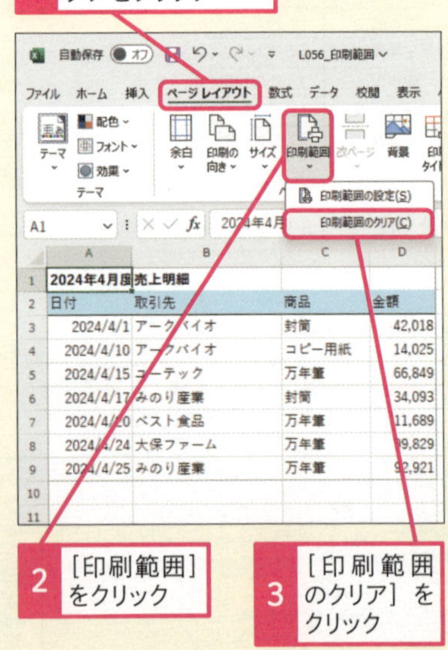

2 [印刷範囲] をクリック

3 [印刷範囲のクリア] をクリック

スキルアップ

［シート］画面から印刷範囲を設定できる

リボンの［ページレイアウト］→シートのオプションの右横の矢印をクリックすると、［ページ設定］ウィンドウが表示されます。このウィンドウで、［印刷範囲］フィールドを選択後、セルを指定して［OK］をクリックしても、印刷範囲を指定できます。

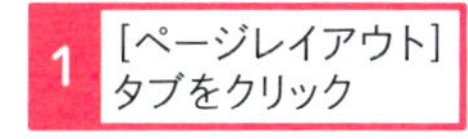

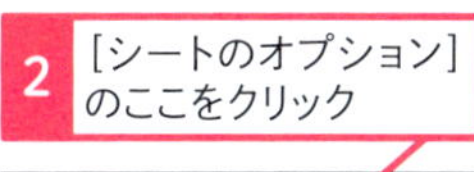

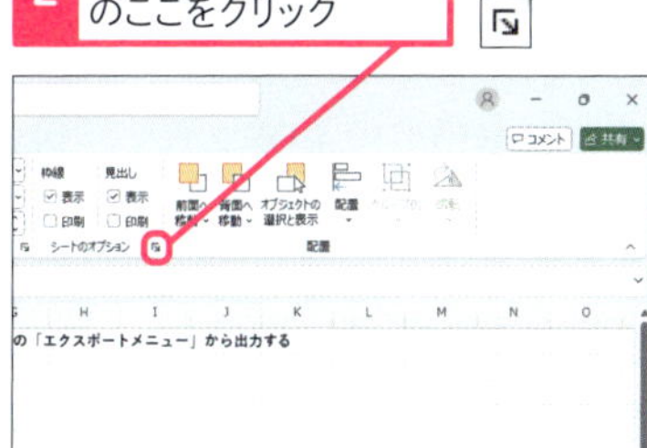

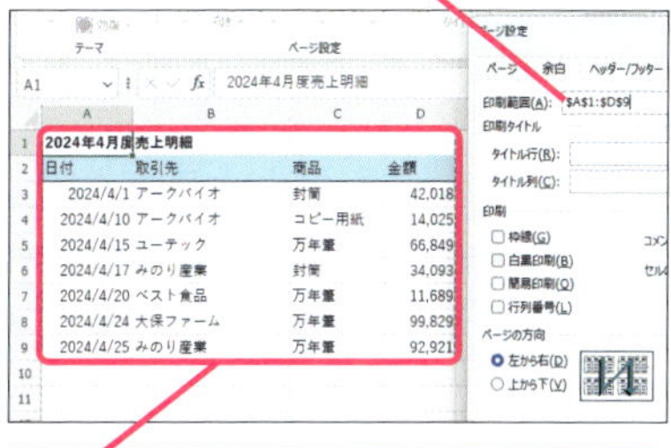

● 印刷範囲が指定された

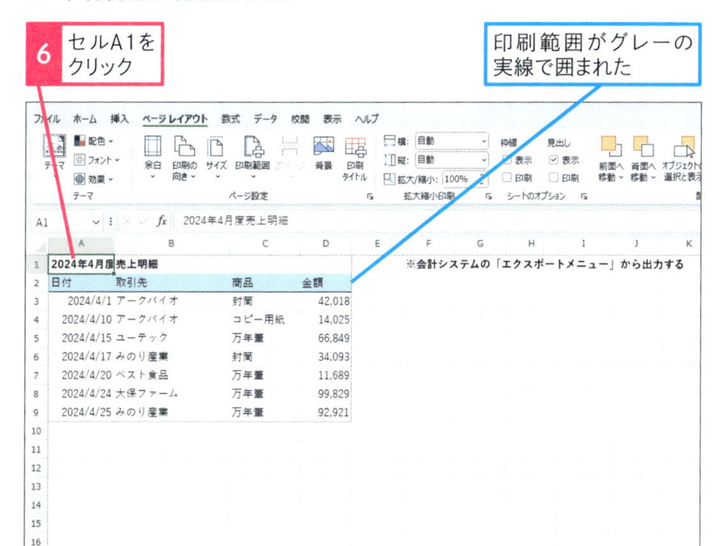

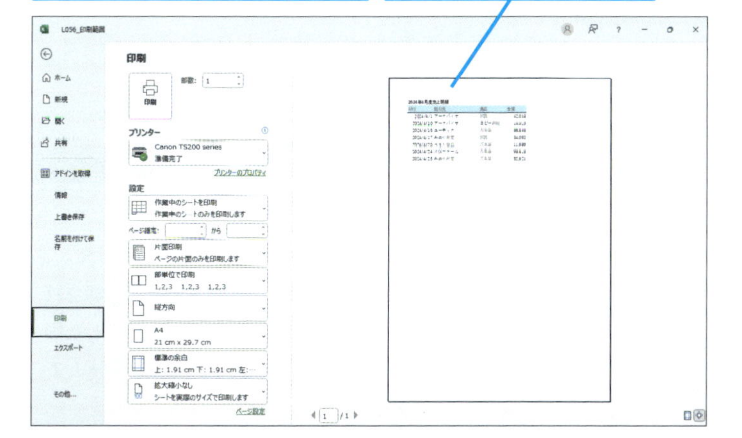

使いこなしのヒント

改ページプレビューで印刷範囲を確認・変更するには

改ページプレビューでは印刷範囲は青の実線で表示されます。この青の実線をドラッグすると印刷範囲を変更できます。操作方法はExcel・レッスン53を参照してください。

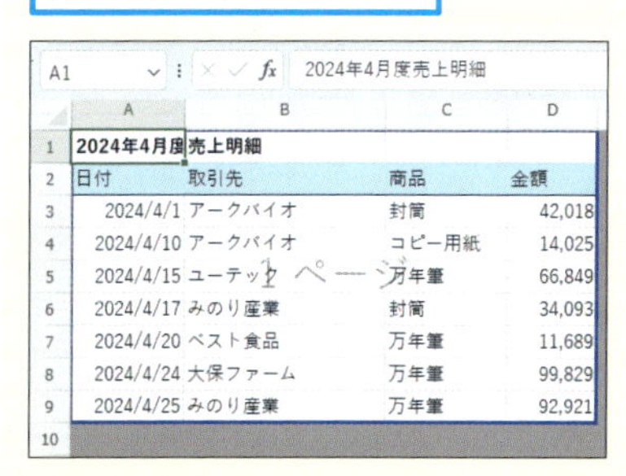

まとめ 印刷したい範囲だけ印刷できる

シートの中に印刷したくないデータが含まれている場合は、まずは別のシートに入力できないかを考えましょう。やむを得ず、同一シート内に印刷したくないデータが入っているときには印刷範囲を設定しましょう。

レッスン 57

PDFファイルに出力するには

PDF出力

練習用ファイル　L057_PDF出力.xlsx

PDFファイルを作成したいときは、［エクスポート］の機能を使ってPDFファイルを出力しましょう。印刷プレビューの代わりにPDFファイルを作成して、印刷前に印刷イメージを確認することもできます。

1 ［エクスポート］画面を表示する

1 ［ファイル］タブをクリック

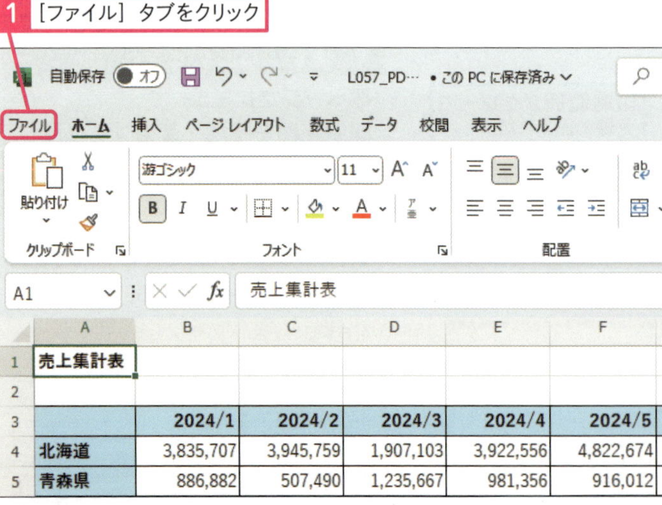

2 ［エクスポート］をクリック

3 ［PDF/XPSの作成］をクリック

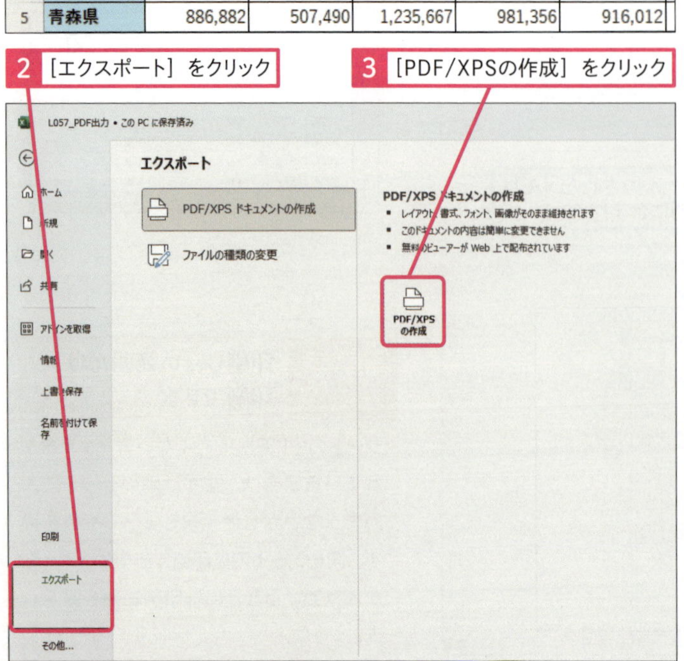

キーワード

PDF　P.530
エクスポート　P.530

使いこなしのヒント

印刷プレビューの代わりに使える

印刷前に印刷プレビューで確認する代わりに、いったんPDFファイルに出力してPDFファイルで印刷イメージを確認することもできます。印刷プレビューに比べてPDFファイルを開くほうが操作性も良く便利です。PDFファイルで確認が終わったら、レイアウトがずれる可能性を下げるため、Excelファイルを印刷するのではなく、PDFファイルを紙に印刷しましょう。

用語解説

PDFファイル

PDFファイルとは、Adobe社が開発し、ISOで標準化されたデータ形式で記録されたファイルのことをいいます。作成した図表を、紙に印刷する代わりにデータとして保存できます。

● PDFファイルの保存場所を選択する

ここではデスクトップに保存する

4 保存場所を選択

5 ファイル名を入力

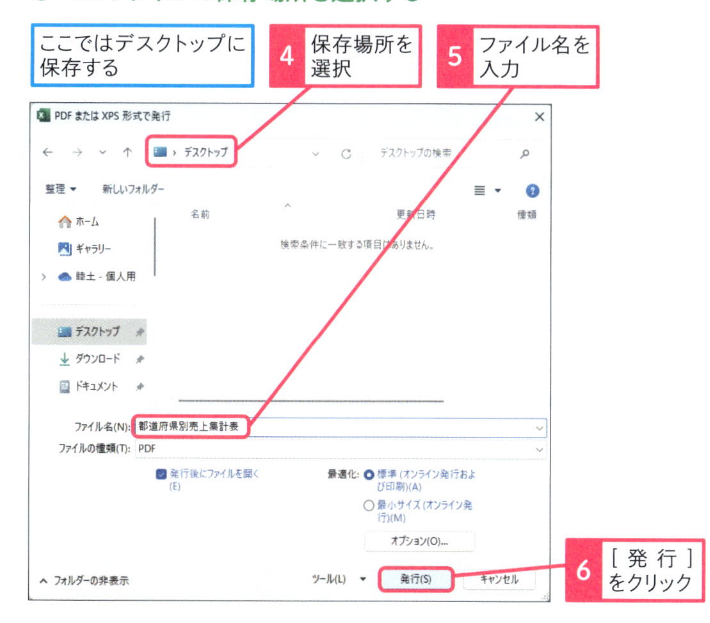

6 ［発行］をクリック

2 PDFファイルを開く

手順1で保存したPDFファイルの保存場所を表示しておく

1 ファイルをダブルクリック

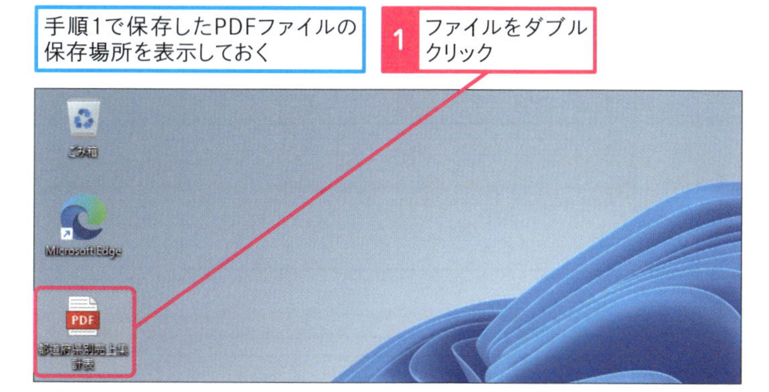

Microsoft Edgeが起動して、PDFファイルが表示された

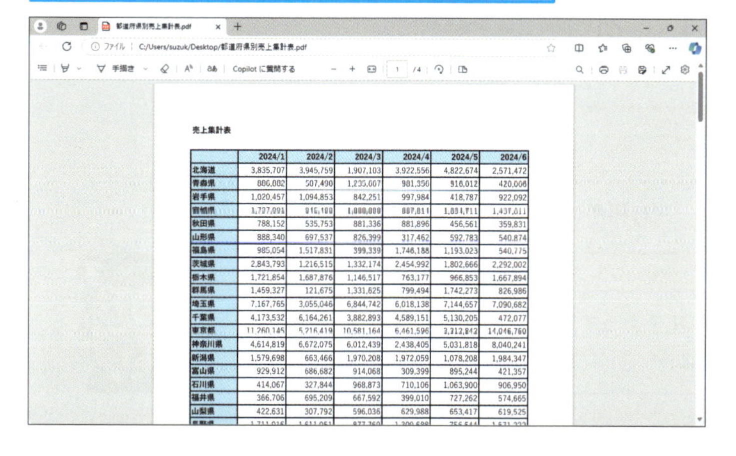

売上集計表

	2024/1	2024/2	2024/3	2024/4	2024/5	2024/6
北海道	3,835,707	3,945,759	1,907,103	3,922,556	4,822,674	2,571,472
青森県	886,002	507,490	1,235,007	981,356	918,012	420,008
岩手県	1,020,457	1,094,853	842,251	997,984	418,787	922,092
宮城県	1,727,091	916,180	[illegible]	887,811	1,034,711	1,437,011
秋田県	788,152	535,753	881,336	881,896	456,561	359,831
山形県	888,340	697,537	826,399	317,462	592,783	540,874
福島県	985,054	1,517,831	399,339	1,746,188	1,193,023	540,775
茨城県	2,843,793	1,216,515	1,332,174	2,454,992	1,802,666	2,292,002
栃木県	1,721,854	1,687,876	1,146,517	763,177	966,853	1,667,894
群馬県	1,459,327	121,675	1,331,625	799,494	1,742,273	826,986
埼玉県	7,167,765	3,055,046	6,844,742	6,018,138	7,144,657	7,090,682
千葉県	4,173,532	6,164,261	3,882,893	4,589,151	5,130,205	472,077
東京都	11,260,145	5,216,419	10,581,164	6,461,596	3,312,842	14,046,760
神奈川県	4,614,819	6,672,075	6,012,439	2,438,405	5,031,818	8,040,241
新潟県	1,579,698	663,466	1,970,208	1,972,059	1,078,208	1,984,347
富山県	929,912	686,682	914,068	309,399	895,244	421,357
石川県	414,067	327,844	968,873	710,106	1,063,900	906,950
福井県	366,706	695,209	667,592	399,010	727,262	574,665
山梨県	422,631	307,792	596,036	629,988	653,417	619,525

スキルアップ
Adobe Acrobat Readerを使おう

Windows 11の初期状態では、PDFファイルをダブルクリックすると、Microsoft Edgeが起動してPDFファイルを表示します。その代わりにAcrobat Readerをインストールして使うこともできます。Acrobat Readerインストール時に、「McAfee Security Scan Plus」というセキュリティソフトも合わせてインストールするかどうかを選択できます。PDFファイルを開くのに「McAfee Security Scan Plus」は不要ですので、「McAfee Security Scan Plus」をインストールする旨のチェックをはずしたままにしておきましょう。

以下のURLのWebページを開いておく

▼Adobe Acrobat Readerのダウンロードページ
https://www.adobe.com/jp/acrobat/pdf-reader.html

まとめ　PDFファイルを印刷プレビューに使おう

［エクスポート］の機能を使うと、印刷と同じレイアウトのPDFファイルを作成できます。PDFファイルを作成したいときだけでなく、紙出力前の印刷プレビューの代わりにも活用しましょう。

この章のまとめ

意図通りに印刷しよう

この章では、表を印刷する方法を紹介しました。この章での一番のポイントは、画面表示と印刷イメージがしばしばずれることを意識して作業を行うことです。印刷前には、改ページプレビュー、印刷プレビュー、PDF出力など、あなたの環境に合った方法で印刷イメージが適切か確認しましょう。また、意図せずセルから文字がはみでることが多い場合には、表を作成するときに、列幅を自動調整の列幅よりも若干広い目に取る（Excel・レッスン16）、縮小表示の設定をする（Excel・レッスン23）などの方法を使いましょう。

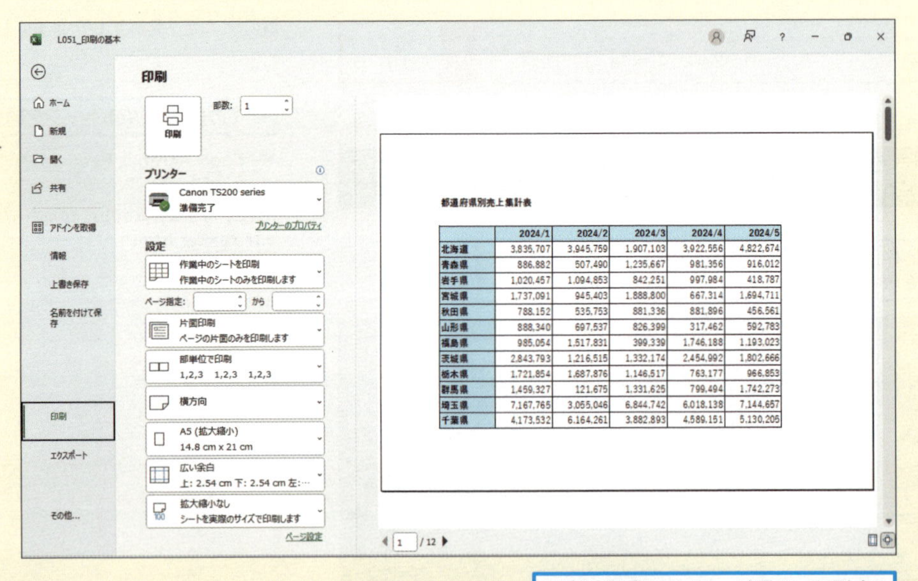

都道府県別売上集計表

	2024/1	2024/2	2024/3	2024/4	2024/5
北海道	3,835,707	3,945,759	1,907,103	3,922,556	4,822,674
青森県	886,882	507,490	1,235,667	981,356	916,012
岩手県	1,020,457	1,094,853	842,251	997,984	418,787
宮城県	1,737,091	945,403	1,888,800	667,314	1,694,711
秋田県	788,152	535,753	881,336	881,896	456,561
山形県	888,340	697,537	826,399	317,462	592,783
福島県	985,054	1,517,831	399,339	1,746,188	1,193,023
茨城県	2,843,793	1,216,515	1,332,174	2,454,992	1,802,666
栃木県	1,721,854	1,687,876	1,146,517	763,177	966,853
群馬県	1,459,327	121,675	1,331,625	799,494	1,742,273
埼玉県	7,167,765	3,055,046	6,844,742	6,018,138	7,144,657
千葉県	4,173,532	6,164,261	3,882,893	4,589,151	5,130,205

丁寧に設定してイメージ通りに印刷する

そのまま印刷すると、ミスが起こりやすいってことに気付けてよかったです。

ページ番号を入れることで、共有相手に配慮した資料にもなりますね。

そうだね。紙であってもPDFであっても、共有相手のことを考慮して見やすく出力することが大切だよ！

Excel

基本編

第7章

グラフと図形でデータを視覚化しよう

この章では、データを視覚化して情報を効果的に伝えるための方法を紹介します。グラフの基本的な作成方法や、位置や大きさ・色などの調整方法、複合グラフの作成方法などを解説するとともに、表に図形を挿入する方法も紹介します。

レッスン 58

Introduction この章で学ぶこと

数値データを視覚的に表現しよう

グラフの作成はExcelの主な機能の1つです。様々な種類のグラフを、マウスの操作だけで簡単に作ることができます。データの内容に合わせて、適したグラフを選びましょう。この章では図形についても紹介します。

グラフでデータを視覚化しよう

いよいよ、基本編の最後の章ですね！

グラフはExcelが得意とする機能。グラフの基本操作から、グラフの色を変えたり、種類を変えたりといった必須の操作まで解説するよ。

表のデータを基にグラフを素早く作成する

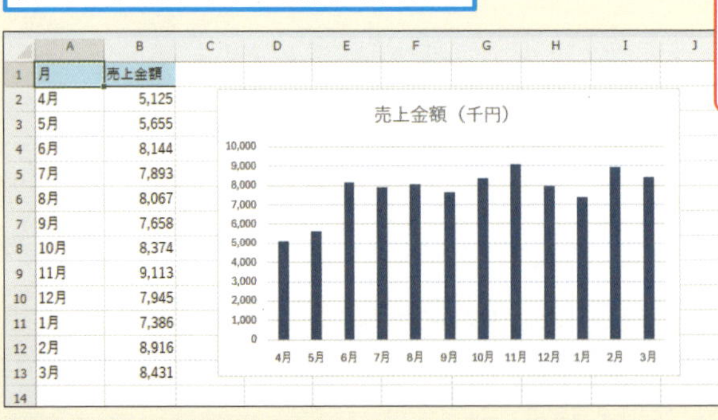

月	売上金額
4月	5,125
5月	5,655
6月	8,144
7月	7,893
8月	8,067
9月	7,658
10月	8,374
11月	9,113
12月	7,945
1月	7,386
2月	8,916
3月	8,431

いつも上司にグラフが見づらいって言われます。

作成直後のままだと、グラフから何を伝えたいのか、意図が伝わりにくいんだ。系列の色を変えたり、データラベルを表示したりすると、わかりやすくなるよ。

強調したい月のデータの色を変える

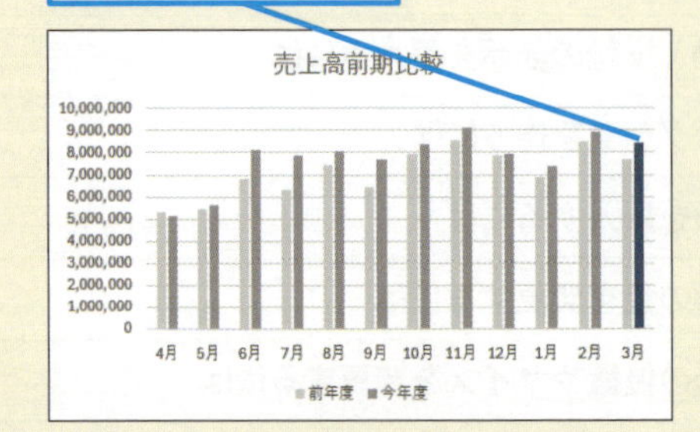

データラベルを表示して数値を確認できるようにする

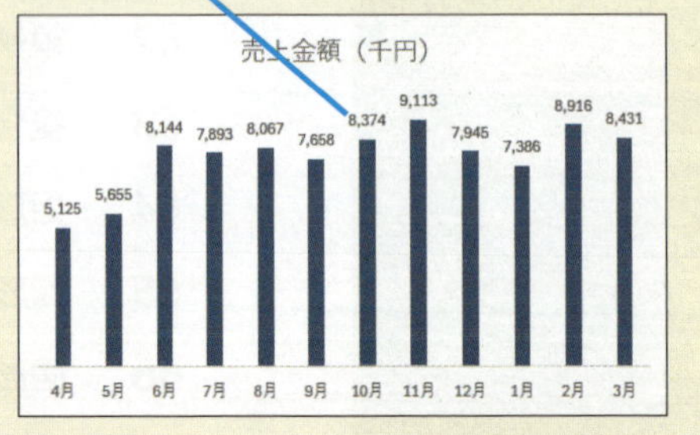

複数のデータを1つにまとめた複合グラフも作ろう

最近は複数のデータを一度に分析するケースも多くなってきているよ。そんなときは、グラフを組み合わせて一度に表示する「複合グラフ」が便利なんだ！

そうそう、これです！　2つのグラフのバランスを整える方法、知りたかったんです！

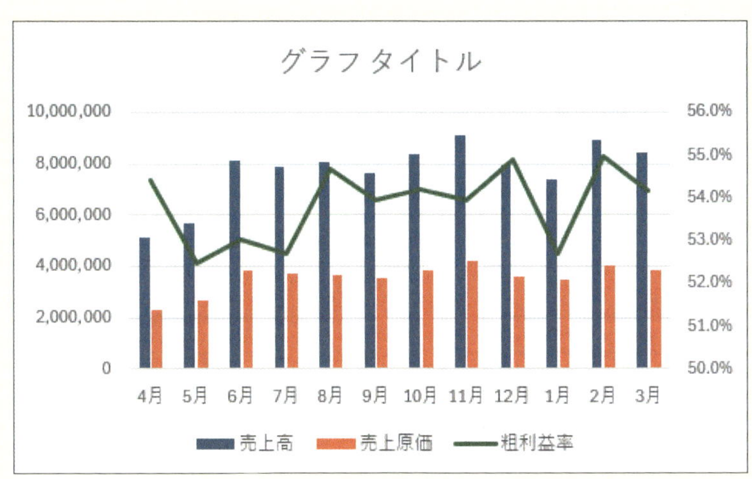

さらに、Excelに図形を入れる方法も紹介するよ。Excelで図形を扱う場面はそれほど多くないけど、図形にグラフで伝えたいことを記載すれば、端的に伝わるよ。

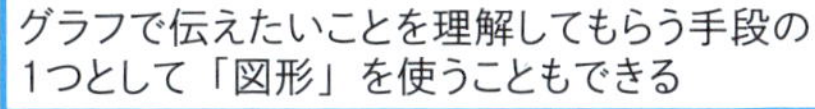

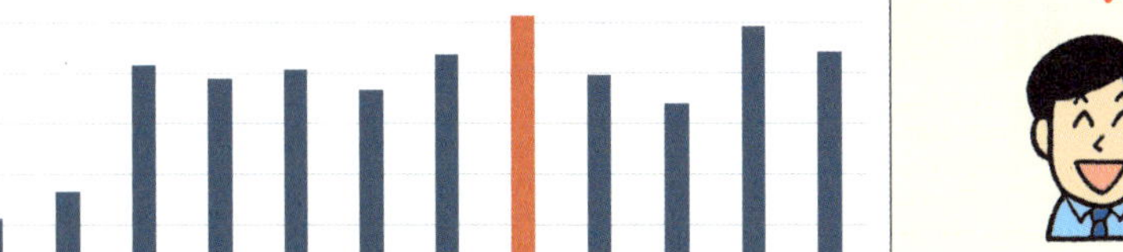

確かにこのほうが、伝えたいことがダイレクトにわかりますね！

レッスン

59 グラフを作るには

おすすめグラフ

練習用ファイル　手順見出し参照

作成した表は、グラフを使って見やすく表示しましょう。表を選択して、[おすすめグラフ] の機能を使うと、グラフを簡単に挿入することができます。[おすすめグラフ] の機能を使うと棒グラフ、折れ線グラフ、円グラフなどが作れます。

キーワード

グラフ	P.531
グラフエリア	P.531
グラフタイトル	P.531

1 グラフの要素を確認する

グラフは、下記のように様々な要素で構成されています。グラフの見た目を変更するときには、各要素ごとに変更していくことになるので、このような要素がある、ということを意識しておきましょう。

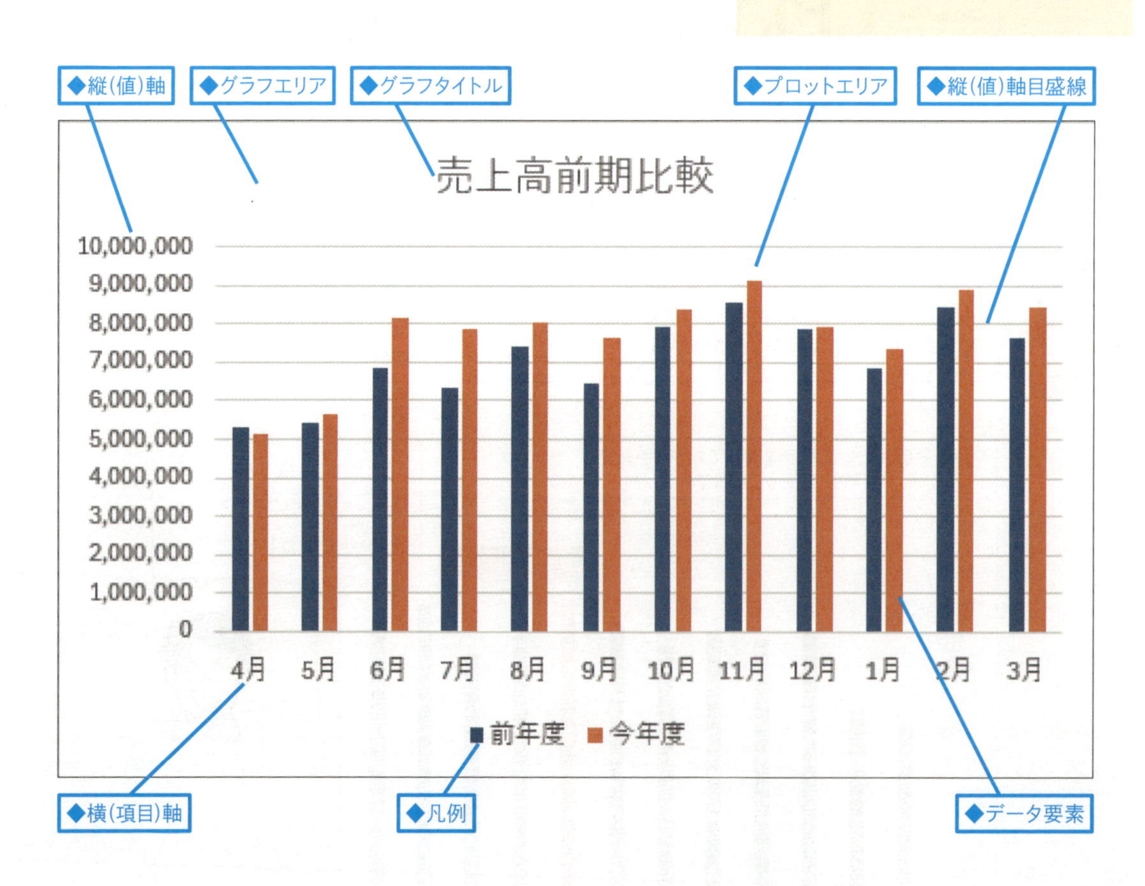

Excel 基本編 第7章 グラフと図形でデータを視覚化しよう

2 棒グラフを作る　L059_おすすめグラフ_01.xlsx

ここでは月別の売上金額を棒グラフにする

1 セルA1～B13をドラッグして選択

2 ［挿入］タブをクリック

3 ［おすすめグラフ］をクリック

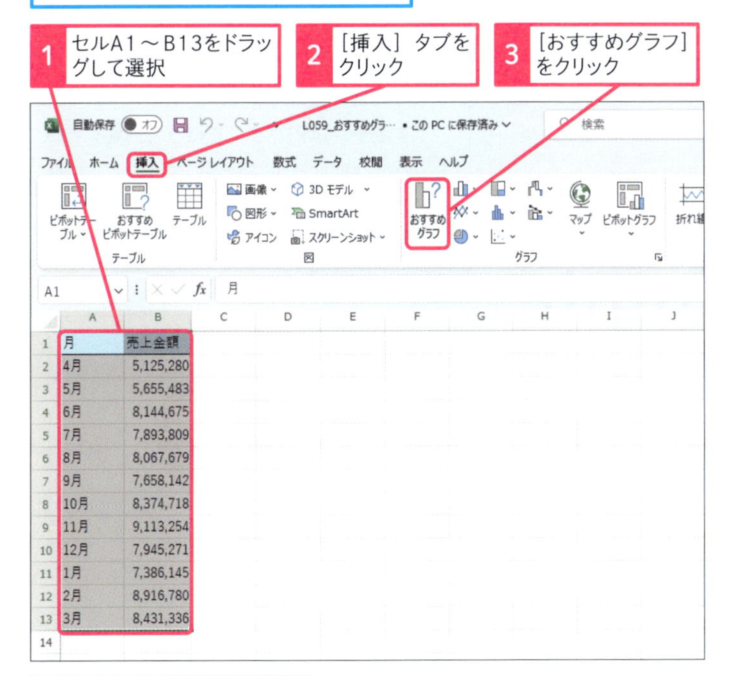

［グラフの挿入］ダイアログボックスが表示された

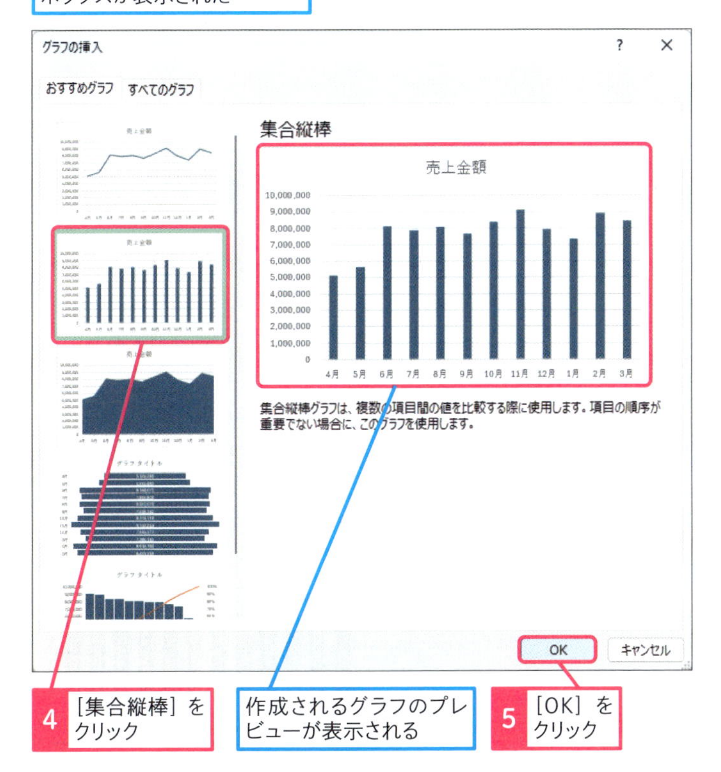

4 ［集合縦棒］をクリック

作成されるグラフのプレビューが表示される

5 ［OK］をクリック

使いこなしのヒント

グラフの種類を変えるには

本文の手順と同じようにグラフ化したい範囲を選択して［挿入］-［おすすめグラフ］をクリックします。その後、［グラフの挿入］ダイアログボックスで［すべてのグラフ］タブをクリックすると、より多くの種類からグラフを変えることができます。

1 ［すべてのグラフ］タブをクリック

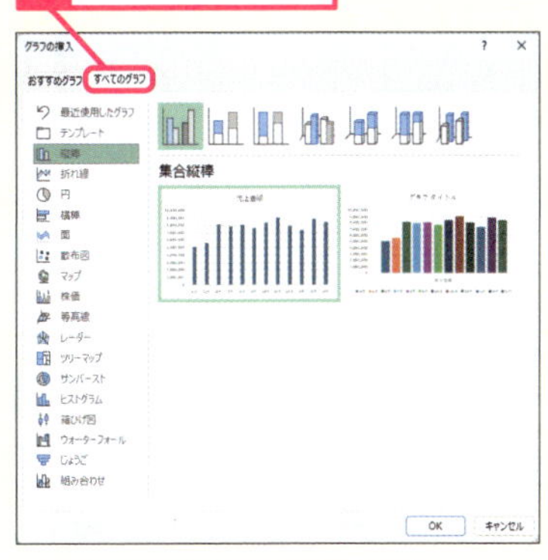

より多くの種類からグラフを選択できる

使いこなしのヒント

データに応じてグラフの候補が表示される

［グラフの挿入］ダイアログボックスでは、データに応じて、それに適したグラフの候補が表示されます。候補の中から好みのグラフを選択するか、［すべてのグラフ］タブをクリックして、自分でグラフの種類を選びましょう。

次のページに続く

● グラフを確認する

月別の売上金額が棒グラフになった

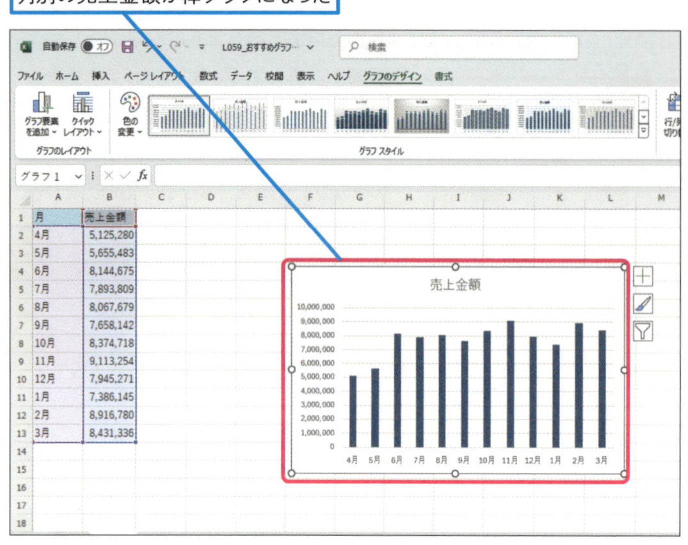

3 データを比較するグラフを作る L059_おすすめグラフ_02.xlsx

ここでは前年度と今年度の月別の売上金額を比較する棒グラフを作る

1 セルA1～C13をドラッグして選択

2 ［挿入］タブをクリック

3 ［おすすめグラフ］をクリック

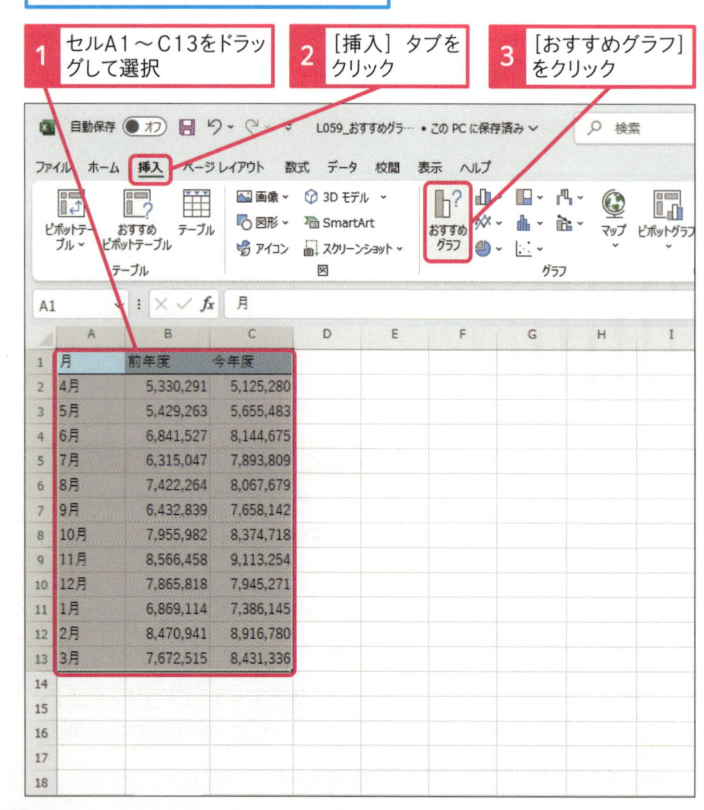

使いこなしのヒント

折れ線グラフ・円グラフの使いどころ

棒グラフの他に折れ線グラフ、円グラフなどもよく使われます。時系列データなどの場合は折れ線グラフ、全体の内訳を表す場合には円グラフを使うと、見やすいグラフになる場合が多いです。もし、棒グラフでは、適切に表現できないと感じたときには、これらのグラフも使ってみてください。

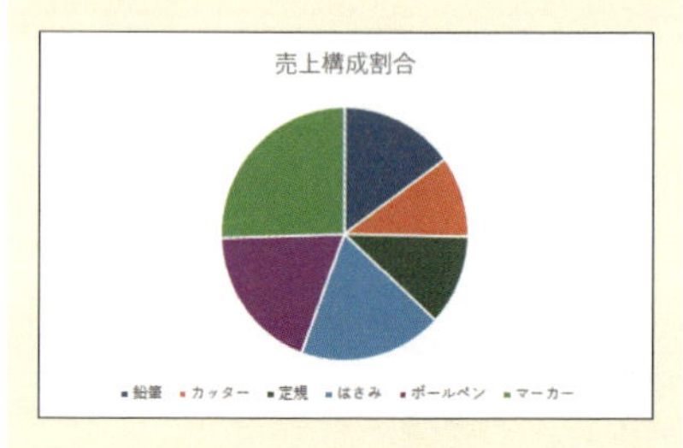

使いこなしのヒント

列を分けると別系列のデータとしてグラフ化される

グラフで2つ以上のデータを比較するときには、比較したいデータを横に並べた表を準備しましょう。今回は前年度・今年度の2つのデータを比較しましたが、前々年度、前年度、今年度など3つ以上のデータを比較したグラフを作成することもできます。

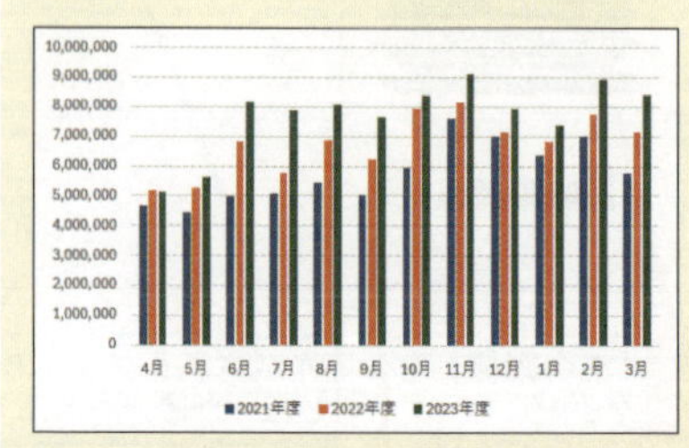

● グラフの種類を選択する

［グラフの挿入］ダイアログボックスが表示された

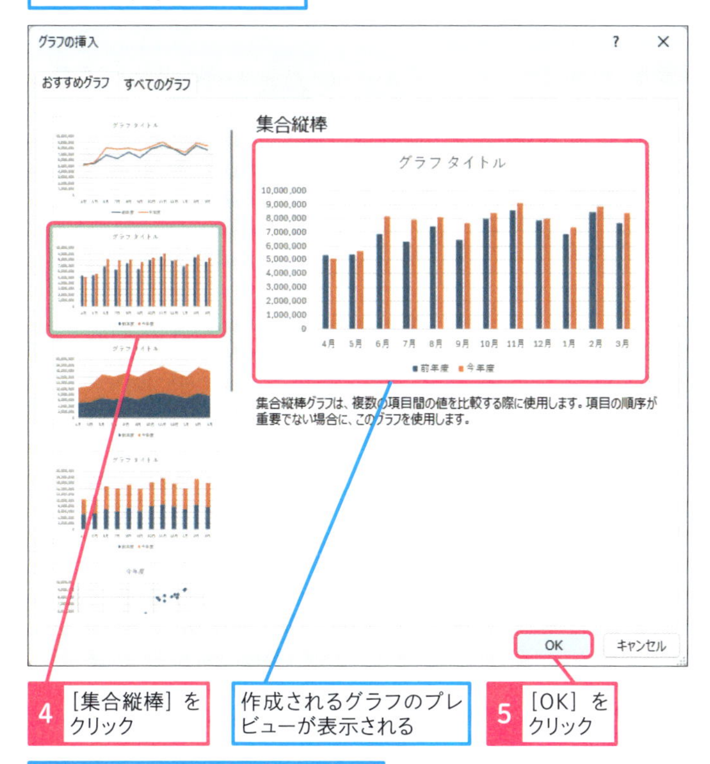

4 ［集合縦棒］をクリック

作成されるグラフのプレビューが表示される

5 ［OK］をクリック

前年度と今年度の月別の売上金額を比較する棒グラフが作成された

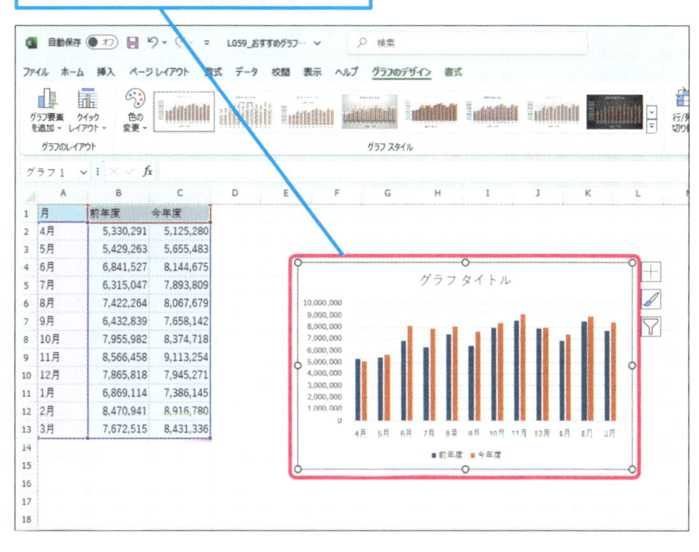

月	前年度	今年度
4月	5,330,291	5,125,280
5月	5,429,263	5,655,483
6月	6,841,527	8,144,675
7月	6,315,047	7,893,809
8月	7,422,264	8,067,679
9月	6,432,839	7,658,142
10月	7,955,982	8,374,718
11月	8,566,458	9,113,254
12月	7,865,818	7,945,271
1月	6,869,114	7,386,145
2月	8,470,941	8,916,780
3月	7,672,515	8,431,336

使いこなしのヒント

グラフ挿入後にグラフの種類を変えるには

いったんグラフを挿入した後に、グラフの種類を変えるには、グラフ上部の余白部分をクリックしてグラフ全体を選択した後に、リボンから［グラフのデザイン］タブをクリックし、［グラフの種類の変更］をクリックしてください。

1 グラフの上部余白をクリック

2 ［グラフのデザイン］タブをクリック

3 ［グラフの種類の変更］をクリック

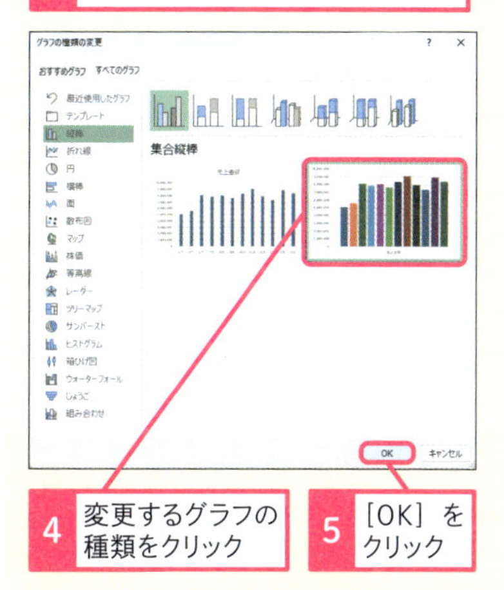

4 変更するグラフの種類をクリック

5 ［OK］をクリック

まとめ Excelの機能だけでグラフが作れる

このレッスンでは、おすすめグラフの機能を使ってグラフを挿入しました。Excelの機能を使うだけで簡単にグラフが作成できますが、細部の調整はしていません。次のレッスン以降で、グラフの色を調整したり、グラフの大きさ・位置を変更したりするなど、グラフの細部の調整を行う方法を解説していきます。

レッスン

60 グラフの位置や大きさを変えるには

グラフの移動、大きさの変更

練習用ファイル　L060_グラフの調整.xlsx

シートに挿入したグラフはマウスで位置や大きさを変更することができます。グラフは、セルの中には入らず、自由に調整できます。また、グラフタイトルには、好きな文字を入力して大きさや色も変えることができます。

1 グラフを移動する

ここではグラフを左上に移動する

1 グラフエリアの余白にマウスポインターを合わせる

マウスポインターの形がかわった

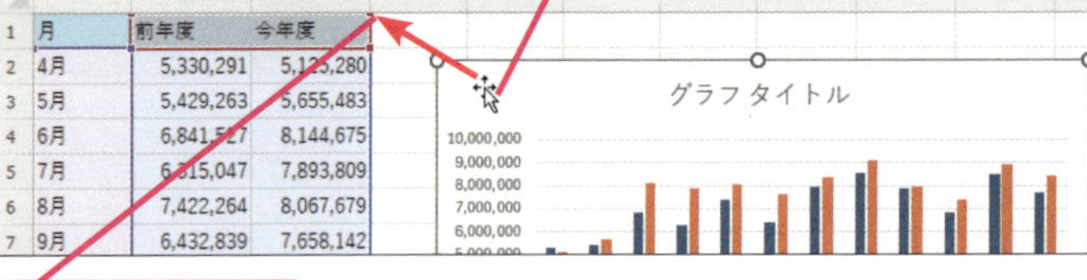

2 ここまでドラッグ

グラフが左上に移動した

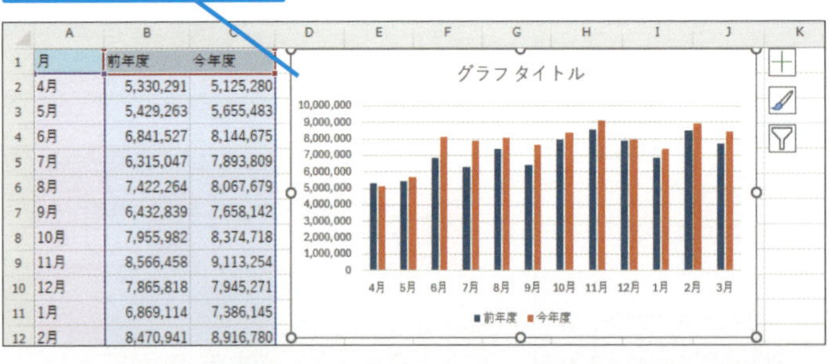

2 グラフの大きさを変更する

ここではグラフを拡大する

1 グラフエリアの余白をクリック

2 ハンドルにマウスポインターを合わせる

11月	8,566,458	9,113,254
12月	7,865,818	7,945,271
1月	6,869,114	7,386,145
2月	8,470,941	8,916,780
3月	7,672,515	8,431,336

マウスポインターの形が変わった

3 右下にドラッグ

キーワード

使いこなしのヒント

グラフ全体を選択するには?

グラフの移動・大きさの変更など、グラフ全体に関わる操作をするときには、グラフエリア上部の余白部分をクリックして、グラフ全体を選択しましょう。グラフの各要素の上でクリックをすると、その要素だけが選択された状態になり、後の操作がうまくいかない場合があるので、注意してください。

1 ［グラフエリア］と表示されるところをクリック

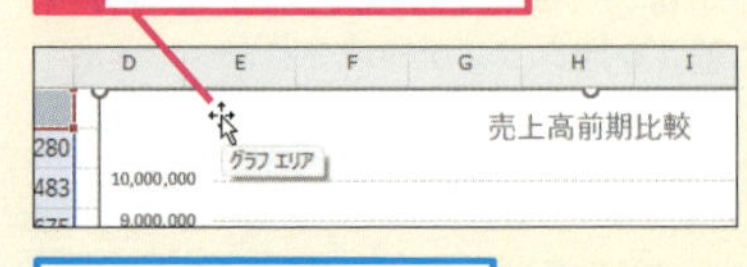

グラフ全体が選択される

使いこなしのヒント

タイトルの文字の大きさや色を設定するには

グラフタイトルを1回クリックすると、グラフタイトル全体が選択された状態になります。この状態で、リボンの［ホーム］タブを使うと、文字の大きさや色を設定できます。同じように、グラフタイトルをゆっくり2回クリックして文字を入力する状態にした後に、一部の文字だけを選択して、リボンの［ホーム］タブを使うと、選択した文字だけ大きさや色を変更できます。

● グラフの大きさを確認する

グラフが拡大された

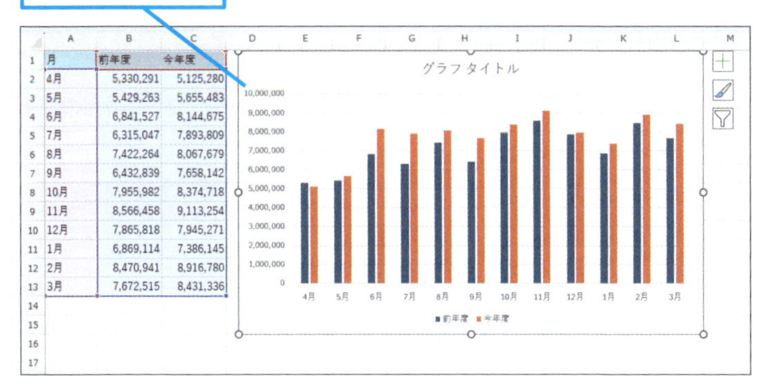

	月	前年度	今年度
2	4月	5,330,291	5,125,280
3	5月	5,429,263	5,655,483
4	6月	6,841,527	8,144,675
5	7月	6,315,047	7,893,809
6	8月	7,422,264	8,067,679
7	9月	6,432,839	7,658,142
8	10月	7,955,982	8,374,718
9	11月	8,566,458	9,113,254
10	12月	7,865,818	7,945,271
11	1月	6,869,114	7,386,145
12	2月	8,470,941	8,916,780
13	3月	7,672,515	8,431,336

3 グラフタイトルを変更する

ここではグラフタイトルを「売上高前期比較」に変更する

1 グラフタイトルをゆっくり2回クリック

グラフタイトルが編集可能な状態になった

2 元のグラフタイトルを消去して、「売上高前期比較」と入力

グラフタイトルが「売上高前期比較」に変更された

3 グラフエリアのグラフタイトル以外の場所をクリック

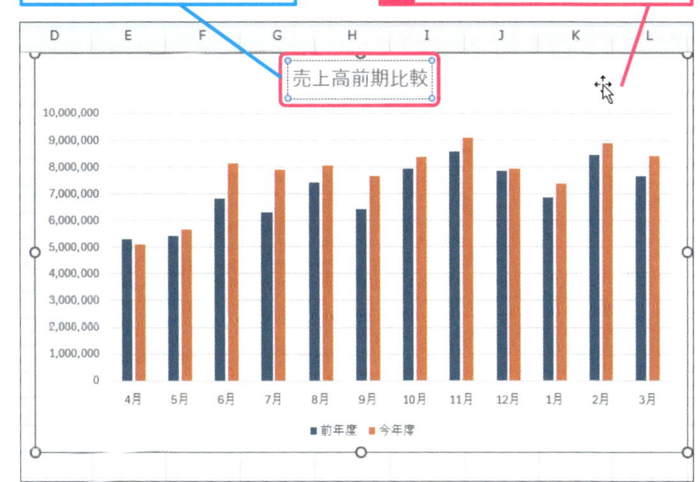

グラフタイトルの選択が解除される

使いこなしのヒント

縦軸、横軸も自動で調整される

グラフを拡大すると、見やすくなるように縦軸・横軸の目盛りが自動的に調整されます。

スキルアップ

グラフだけ別のシートに移動するには

グラフだけを別のシートに移動するには、グラフ全体を選択後に右クリックをして、右クリックメニューから［切り取り］をクリックしてください。その後、移動先のシートで［貼り付け］をすると、グラフだけを別のシートに移動できます。

1 グラフエリアの余白を右クリック

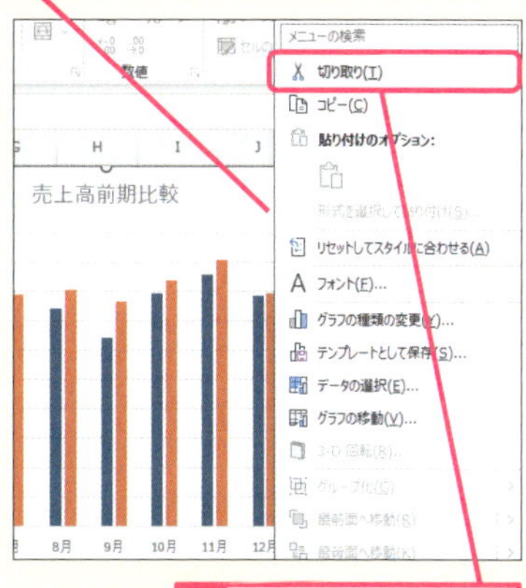

2 ［切り取り］をクリック

グラフがクリップボードにコピーされて、別のシートに貼り付けられるようになる

まとめ　極端な調整は避けよう

このレッスンで見てきたように、グラフの位置や大きさは自由に変更することができます。ただし、グラフの大きさを小さくしすぎると、軸の表示などがおかしくなる場合があります。文字が見えなくなるような極端な調整は避けましょう。

レッスン
61 グラフの色を変更するには

グラフの色の変更

練習用ファイル L061_グラフの色の変更.xlsx

Excelでグラフを作成すると、自動的に色の組み合わせが決められます。このグラフの色は全体、系列、個別のそれぞれをマウスで変更できます。強調したい項目の色を変更することで、効果的なグラフが作れます。

1 グラフ全体の色を変更する

ここではグラフ全体の色を変更する

1 グラフエリアの余白をクリック

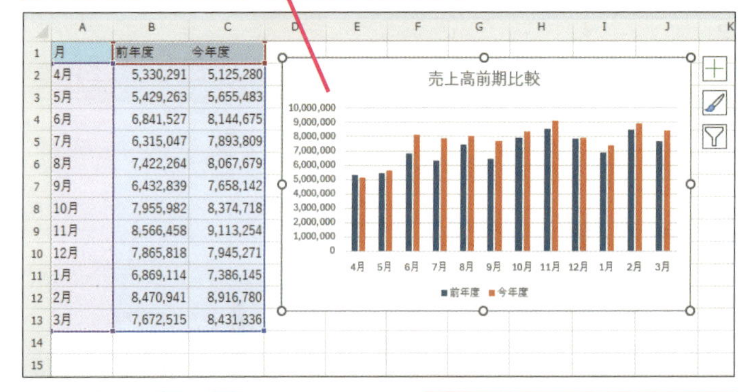

月	前年度	今年度
4月	5,330,291	5,125,280
5月	5,429,263	5,655,483
6月	6,841,527	8,144,675
7月	6,315,047	7,893,809
8月	7,422,264	8,067,679
9月	6,432,839	7,658,142
10月	7,955,982	8,374,718
11月	8,566,458	9,113,254
12月	7,865,818	7,945,271
1月	6,869,114	7,386,145
2月	8,470,941	8,916,780
3月	7,672,515	8,431,336

ここではグラフ全体の色を変更する

2 ［グラフのデザイン］タブをクリック

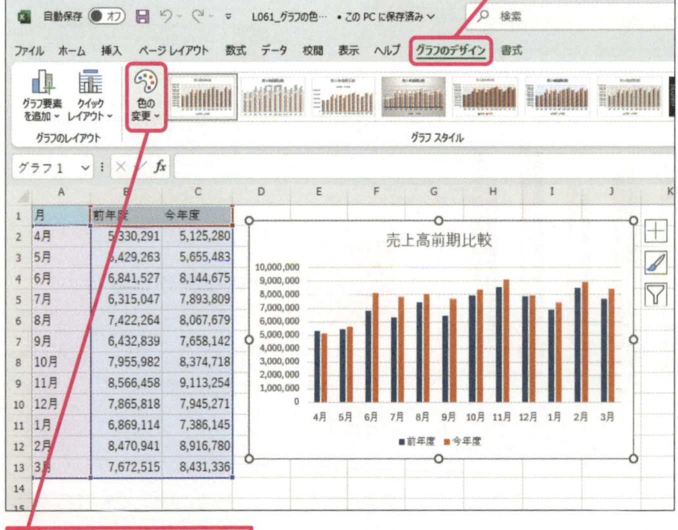

3 ［色の変更］をクリック

キーワード

使いこなしのヒント
グラフを選択すると［グラフのデザイン］タブが表示される

リボンの［グラフのデザイン］と［書式］タブは、グラフを選択したときにだけ表示されます。このように、Excelでは、選択している場所に応じて、リボンに表示されるタブが変わる場合があるので注意しましょう。

［ヘルプ］の右側に追加で表示される

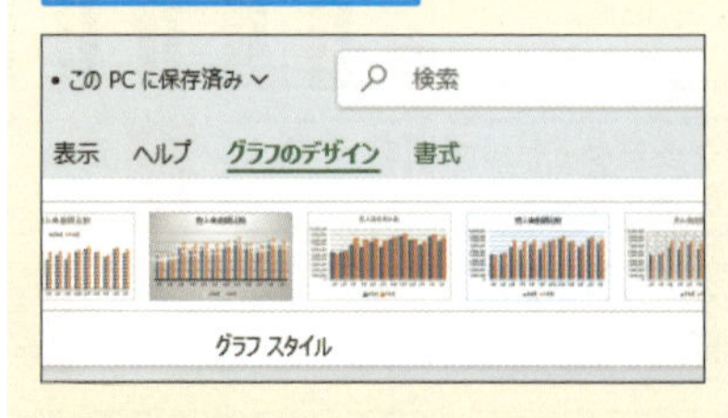

使いこなしのヒント
グラフエリアの余白をクリックしてグラフ全体を選択する

グラフとして着色されている部分や、縦軸、横軸の数値など、何か要素が配置されている箇所をクリックすると、その要素だけが選択されます。今回のように、グラフ全体に関わる操作をするときには、グラフエリアの余白をクリックして、グラフ全体を選択するようにしましょう。

● グラフの色を選択する

4 ここをドラッグして下にスクロール

5 ［モノクロパレット11］をクリック

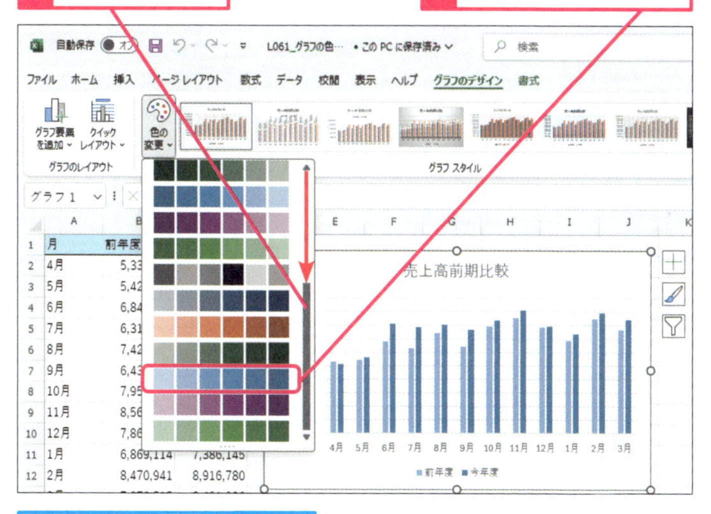

系列が青色と水色に変更された

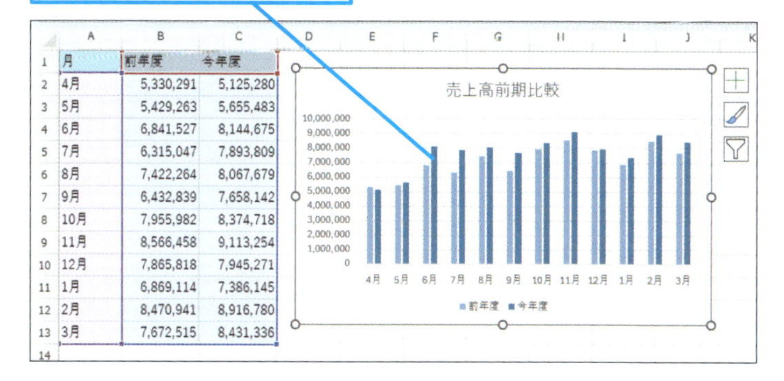

2 系列ごとにグラフの色を変更する

ここでは前年度の系列が目立たないように色を変更する

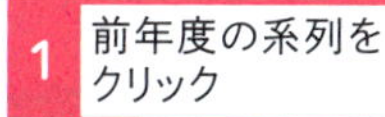

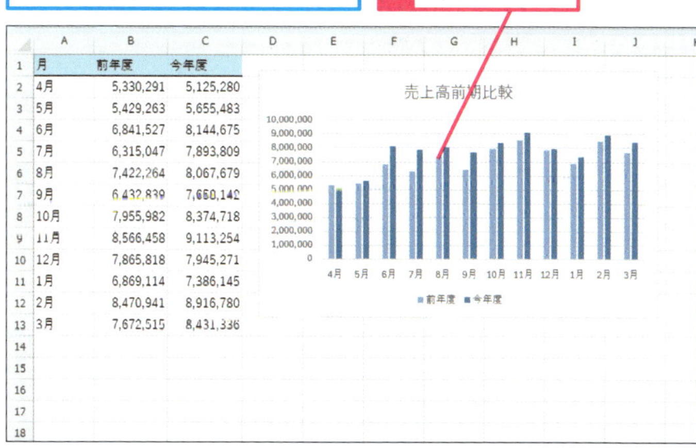

使いこなしのヒント

色味を統一しよう

グラフを作成するときには、できるだけ色味を統一しておくと、見やすいグラフができあがります。［色の変更］の機能を使うときは［モノクロ］の中からパターンを選択すると、色味を簡単に統一できます。

用語解説

系列

系列とは、グラフに表示されるデータで、1つのグループとしてまとめて扱われる単位のことをいいます。通常、グラフの元になる表の1つの列が、1つの系列になります。

使いこなしのヒント

モノクロ印刷をするときにはモノクロの配色を選択しよう

様々な色を使ったグラフは、モノクロのプリンターなどで印刷をすると、見た目の印象が変わる場合があります。モノクロで印刷をするときには、印刷したときのイメージがわかりやすいように［色の変更］で、モノクロの配色を選択しておきましょう。

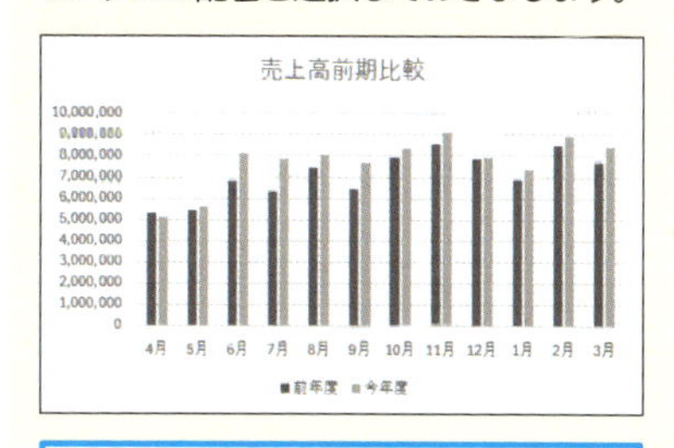

モノクロのプリンターで出力する場合はモノクロのパターンを選ぶ

次のページに続く

● 変更する色を選択する

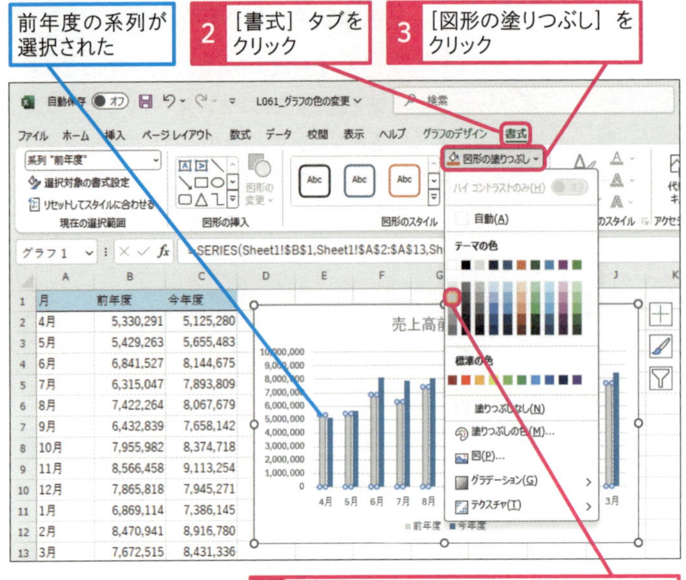

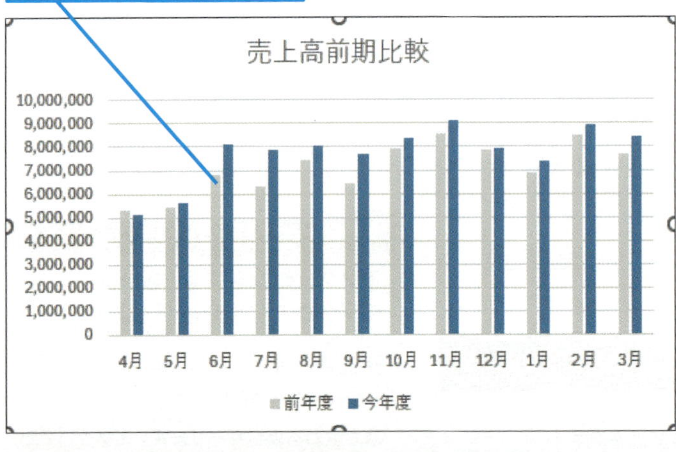

使いこなしのヒント

系列ごとに色を変更できる

グラフの色は系列ごとに指定できます。その機能を使うと、全体を［色の変更］でグレースケールにしつつ、強調したい系列だけ色を変えられます。例えば、複数の年度のデータを表示するときに、過年度はグレー、今年度は青に設定すると、今年度のデータを強調できます。

使いこなしのヒント

円グラフや折れ線グラフでも同じように変更できる

円グラフや折れ線グラフも、系列や個別のデータ要素をクリックして選択し、色を変更できます。［色の変更］で全体的な色味を設定した後、必要に応じて系列ごと、あるいは個別に色を設定しましょう。

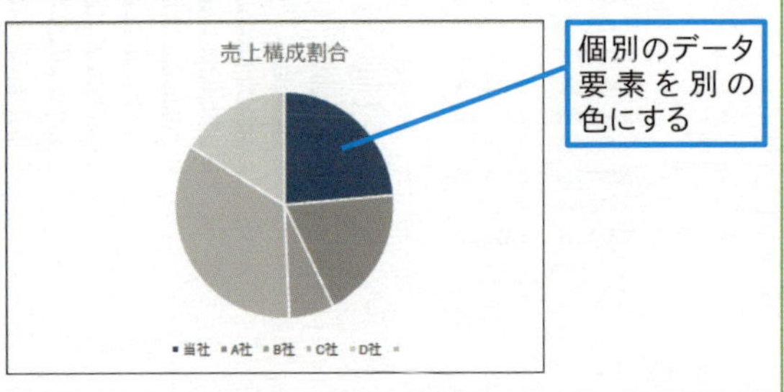

3 個別にデータ要素の色を変更する

手順2を参考に、今年度のグラフの色を［白、背景1、黒＋基本色 35%］に変更しておく

ここでは今年度3月のデータ要素が目立つように色を変更する

1 今年度3月のグラフをゆっくり2回クリック

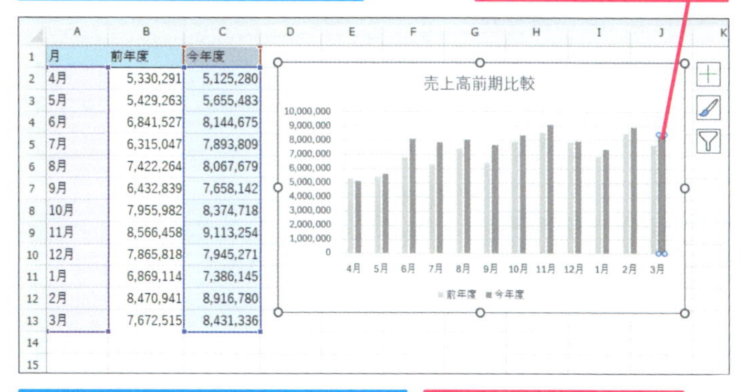

今年度の3月のデータ要素が選択された

2 ［書式］タブをクリック

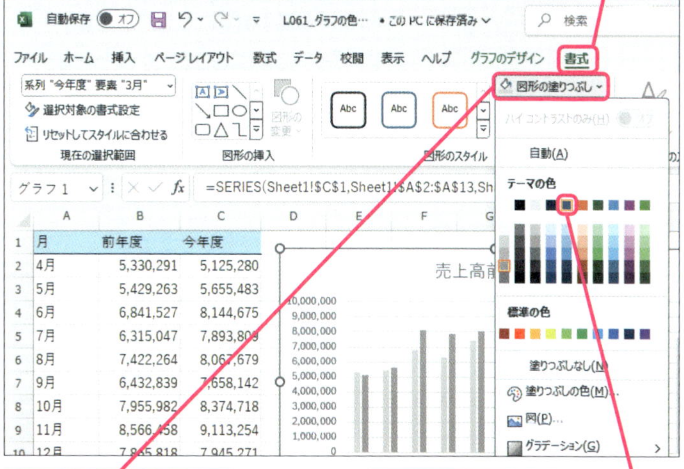

3 ［図形の塗りつぶし］をクリック

4 ［濃い青緑、アクセント1］をクリック

今年度3月のデータ要素だけ、色が変更された

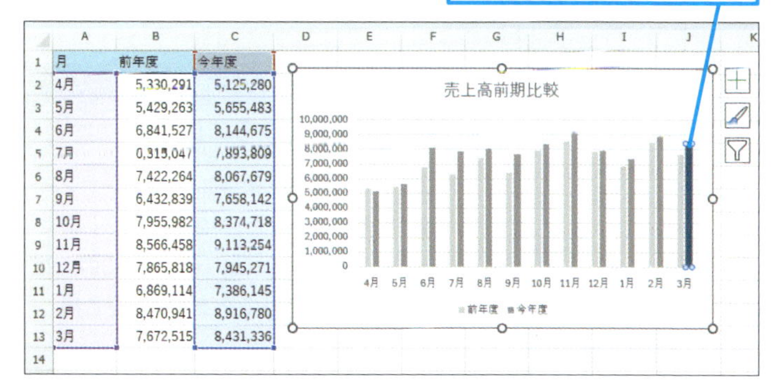

使いこなしのヒント

どの要素を選択しているかを意識しよう

グラフの操作をするときには、どの要素を選択しているかがとても重要です。今回の例では、1回クリックするとデータ系列全体が選択され、2回ゆっくりクリックするとデータ系列のうちの1つの要素だけが選択されます。そして、色を変える操作をすると、選択している要素だけ色が変わります。このように、選択している要素が違うと、その後に同じ操作をしても結果が変わる場合が多いので注意しましょう。

1回クリックするとデータ系列全体が選択される

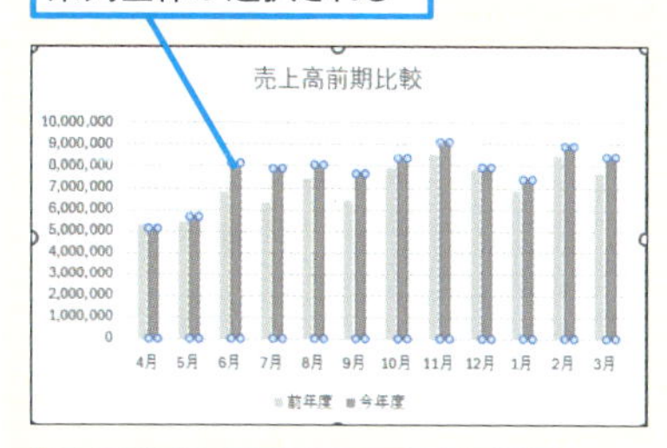

ゆっくり2回クリックするとデータ系列の1つが選択される

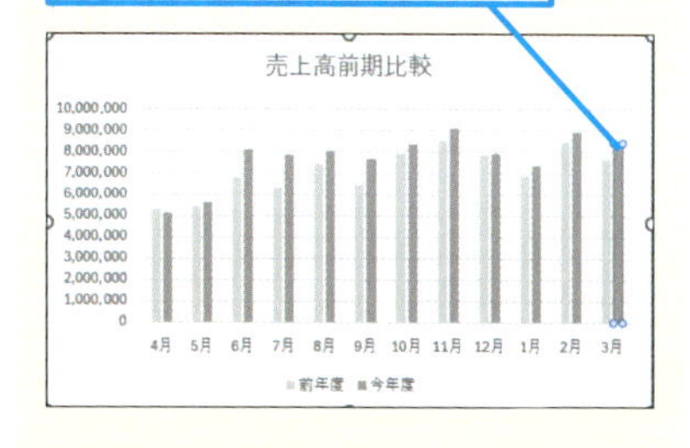

まとめ 意図に合わせてグラフの色を設定しよう

グラフの色は全体から決めていくときれいに設定できます。まず、［色の変更］の機能で全体的な色味を決めた後に、特に強調したい部分があれば、系列ごとあるいは個別に設定をするようにしましょう。

レッスン

62 縦軸と横軸の表示を整えるには

グラフ要素

練習用ファイル 手順見出し参照

グラフは初期の状態だと、データの内容によっては見づらい場合があります。目盛りや目盛り線などのグラフの各要素の表示・非表示を切り替えたり、軸の刻み幅を変えたりしてグラフの見た目を整えましょう。

1 グラフ要素の表示を切り替える

L062_グラフ要素_01.xlsx

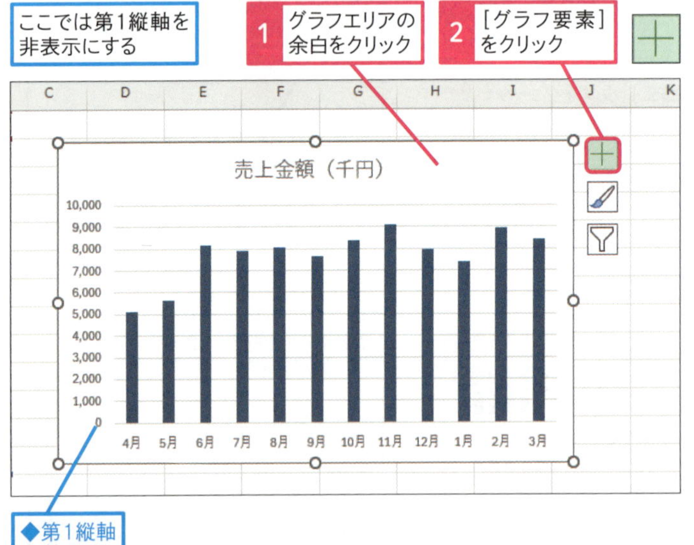

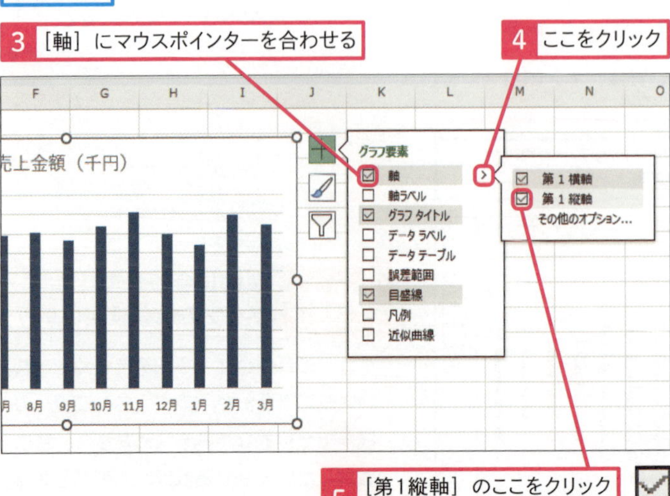

キーワード

使いこなしのヒント

グラフの要素の表示・非表示を調整する

グラフの要素の表示・非表示を調整するには、グラフエリアの余白をクリックした後に、グラフエリアの右上に表示される［グラフ要素］（⊞）をクリックして、グラフ要素を表示し、項目の横のチェックボックスをクリックして表示・非表示を設定してください。さらに、各要素の右のアイコン（>）をクリックすると詳細を設定できます。

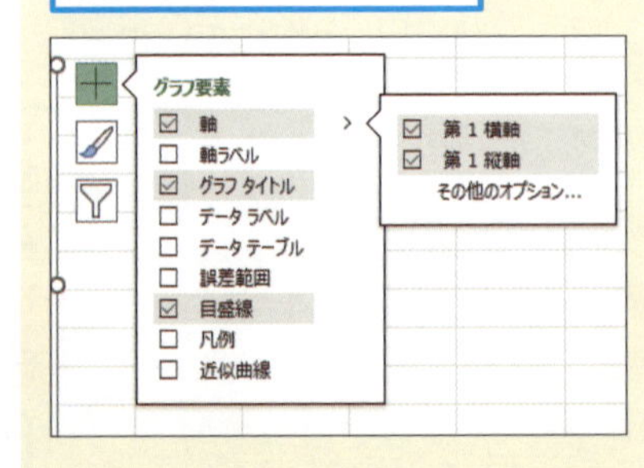

使いこなしのヒント

軸を複数表示するには

［第2軸］の機能を使うと、1つのグラフには、縦軸の目盛りを2つ設定することができます。詳細は、Excel・レッスン63の「手順2 グラフを手動で変更する」を参照してください。

● 目盛り線を非表示にする

［第1縦軸］が非表示になった

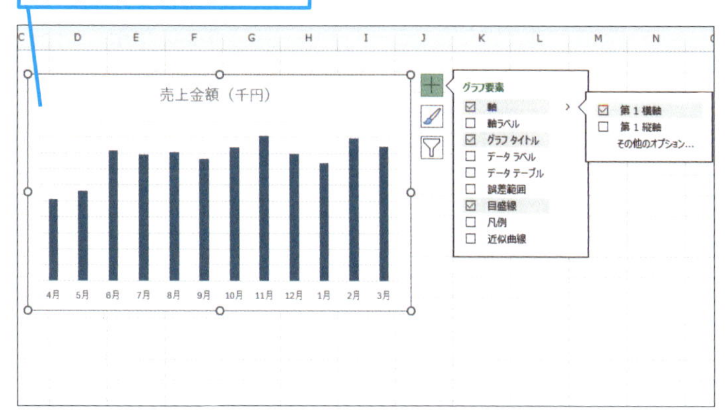

続けて目盛り線を非表示にする

◆目盛り線

6 ［目盛り線］をクリックしてチェックマークをはずす

目盛り線が非表示になった

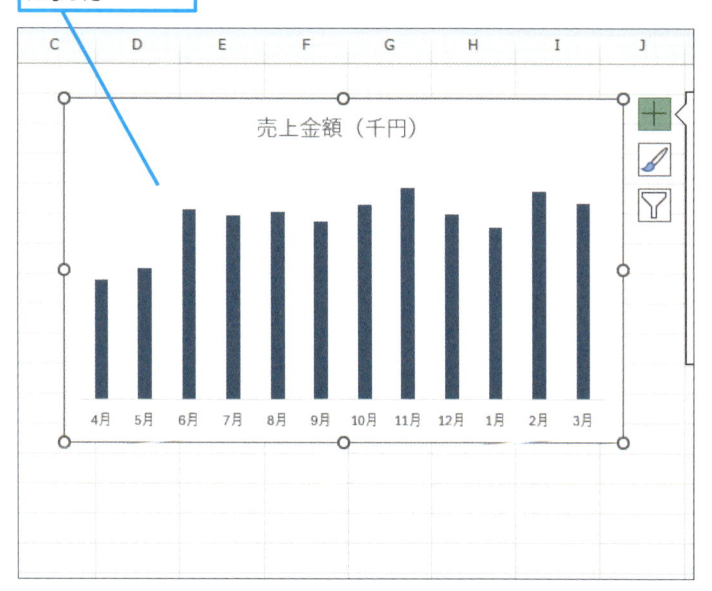

使いこなしのヒント

目盛りではなく数値で値を表示する

グラフをスッキリ見せたいときには縦軸の表示と目盛り線を削除しましょう。値を読み取れるようにしたいときには、データラベルを使って各項目ごとの値を表示しましょう。詳しい手順は次ページで紹介します。

使いこなしのヒント

軸のチェックマークをはずすと月の表示も消える

本文では［軸］をクリックしてから［第一縦軸］の項目を表示し、チェックマークをはずす手順を紹介しました。単に、［軸］のチェックボックスをクリックしてチェックマークをはずすと、縦軸の金額だけでなく横軸の月の表示も消えてしまうので注意してください。

手順1を参考に［グラフ要素］を表示しておく

1 ［軸］をクリック

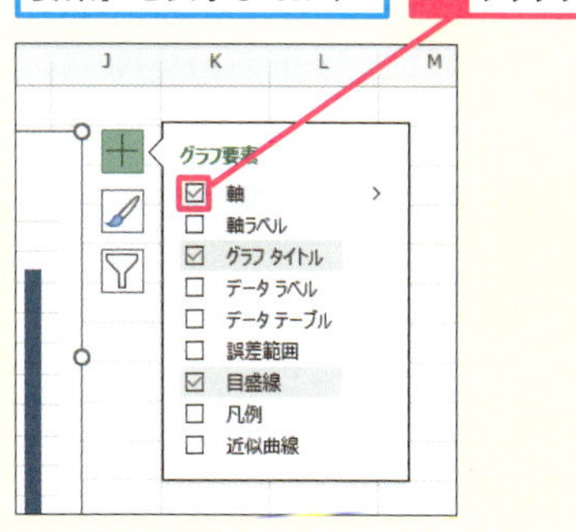

縦軸、横軸が非表示になった

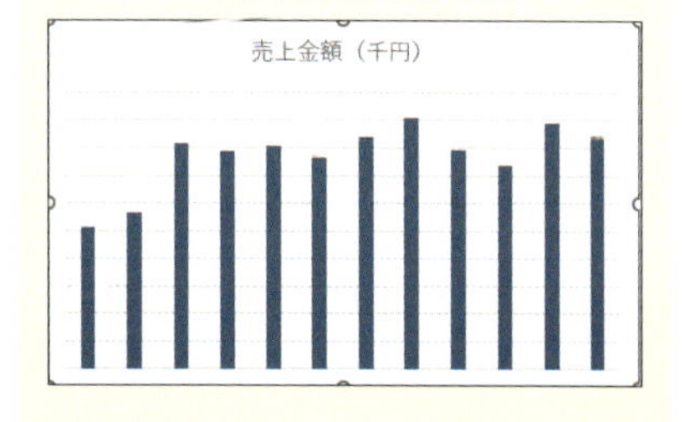

次のページに続く

● データラベルを表示する

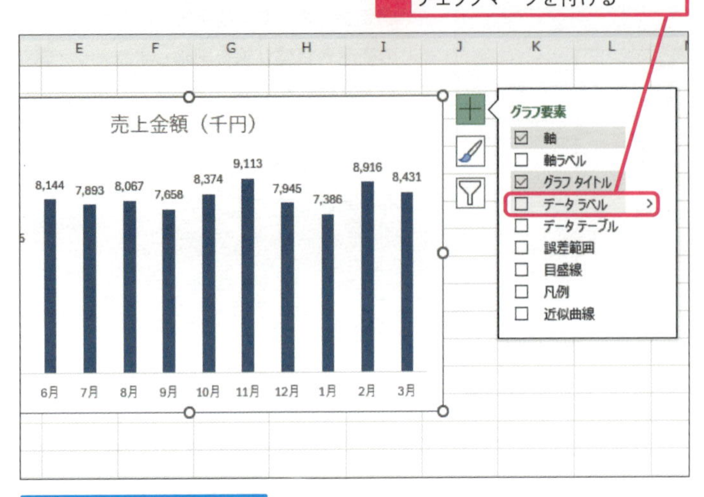

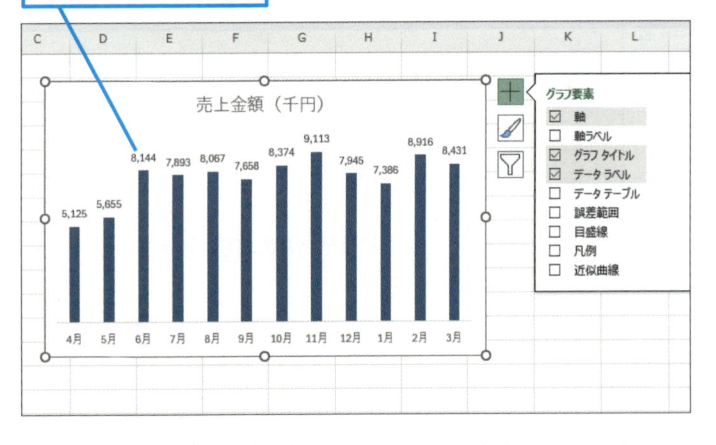

用語解説

データラベル

データラベルとは、グラフの項目ごとに表示する値のことをいいます。初期状態では、個々のグラフの値が表示されます。設定により、系列名などを表示することもできます。

使いこなしのヒント

データラベルの書式を変えるには

データラベルをクリックした後、リボンの［ホーム］タブから文字の色、大きさ、フォントの種類などを変更できます。また、データラベルで右クリックをして、右クリックのメニューから［データラベル図形の変更］や［データラベルの書式設定］をクリックすると、データラベルの周りに図形を表示させるなど、さらに詳細な設定をすることもできます。

スキルアップ

特定の月だけデータラベルを表示するには

データラベルを特定の月だけ表示することもできます。例えば、11月の棒グラフをゆっくり2回クリックして、11月のデータだけを選択した状態で、本文の操作を行うと、11月のデータの上にだけデータラベルを表示できます。

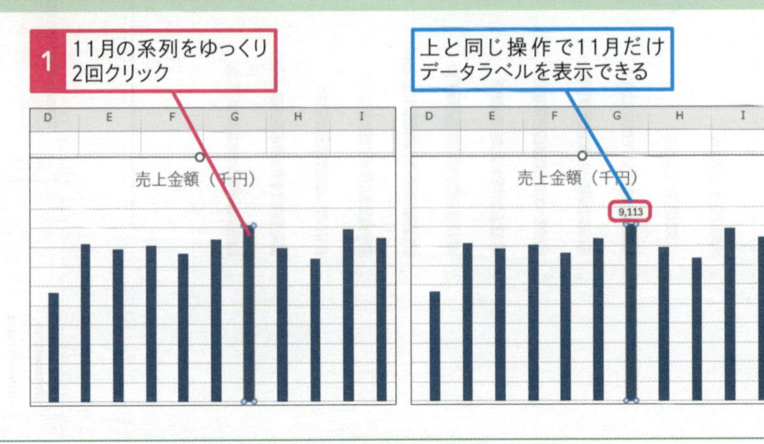

2 縦軸の最大値と最小値を変更する L062_グラフ要素_02.xlsx

縦軸の最大値が90000、最小値が65000に設定されている

ここでは縦軸の最大値を90000、最小値を0に変更する

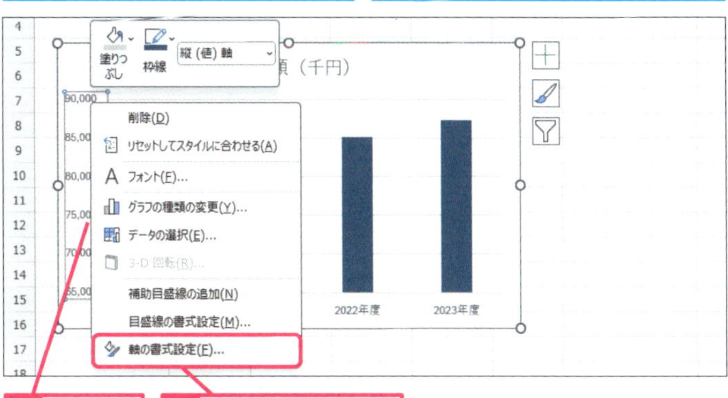

1 縦軸を右クリック

2 ［軸の書式設定］をクリック

［軸の書式設定］作業ウィンドウが表示された

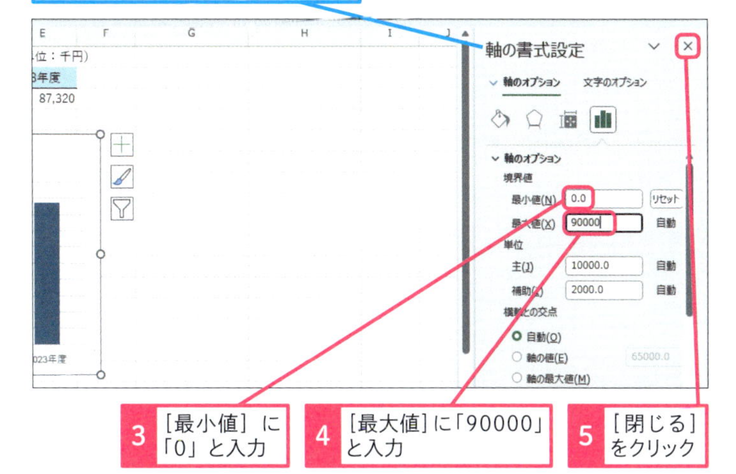

3 ［最小値］に「0」と入力

4 ［最大値］に「90000」と入力

5 ［閉じる］をクリック

縦軸の最大値が90000、最小値が0に変更された

使いこなしのヒント

書式設定ウィンドウのタブを切り替える

軸の書式設定など、書式設定作業ウィンドウでは上の項目やアイコンで、設定項目を切り替えることができます。また、各設定項目の左の下向きのアイコンをクリックすると、項目の表示、非表示を切り替えることができます。

これらの項目やアイコンをクリックすると設定項目を切り替えられる

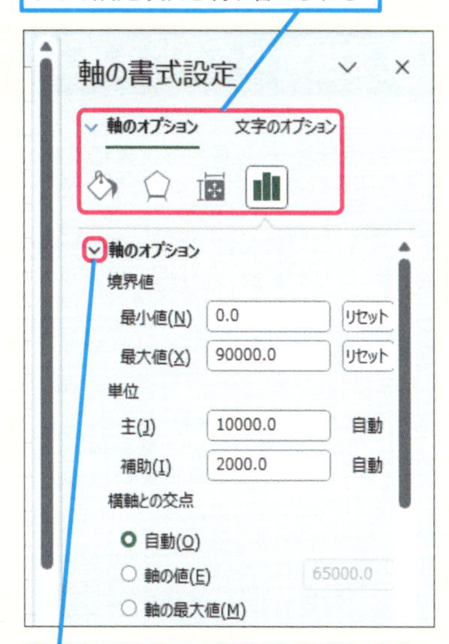

ここをクリックすると、項目の表示と非表示を切り替えられる

まとめ グラフの各要素の詳細を設定しよう

グラフの各要素は、グラフエリアをクリック後、［グラフ要素］（＋）をクリックして［グラフ要素］を表示するか、右クリックして［軸の書式設定］作業ウィンドウを表示するなどして、直感的に調整することができます。初期状態で表示されている目盛りや目盛り線などが不要に感じたら、削除してみましょう。

レッスン

63 複合グラフを作るには

複合グラフ

練習用ファイル 手順見出し参照

金額と比率など、異なる種類のデータを1つのグラフに表示したいときには、複数の種類のグラフを組み合わせて、複合グラフを作りましょう。グラフごとに、軸に表示する数値の範囲を設定して見やすく調整できます。

1 2種類のグラフを挿入する L063_複合グラフ_01.xlsx

ここでは月別の売上高と売上原価を棒グラフにして、粗利益率を折れ線グラフにして組み合わせる

1 セルA1 ～ D13をドラッグして選択

2 ［挿入］タブをクリック

3 ［おすすめグラフ］をクリック

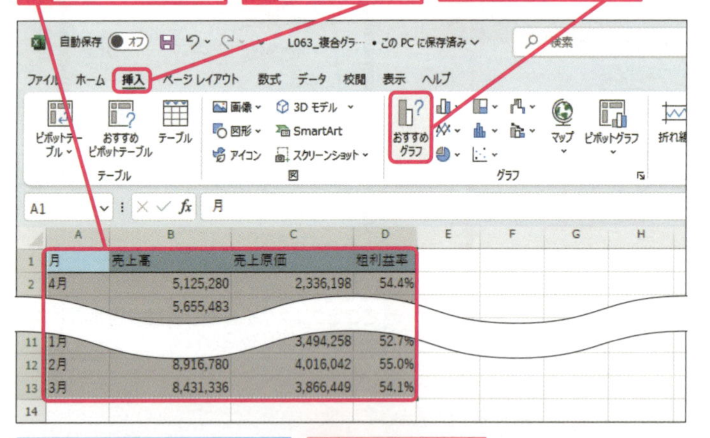

［グラフの挿入］ダイアログボックスが表示された

4 ［集合縦棒］をクリック

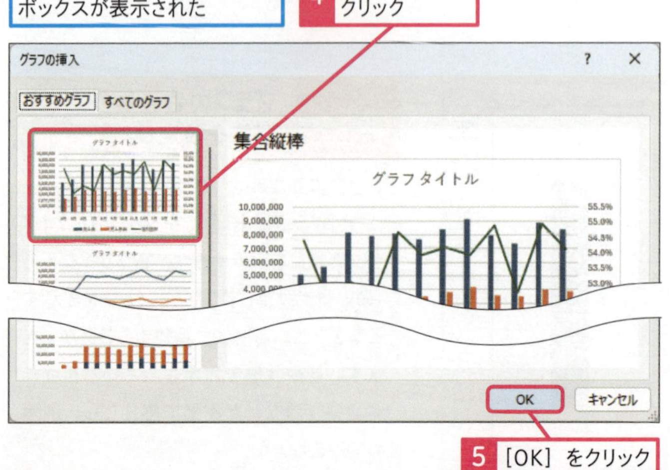

5 ［OK］をクリック

キーワード

使いこなしのヒント

複合グラフに使用するグラフの種類について

複合グラフには、棒グラフや折れ線グラフなどを組み合わせて使うことができます。Excelの機能としては、円グラフなど他のグラフも組み合わせられますが、グラフ同士の関連性が読み取りにくくなるため、あまり使われません。

使いこなしのヒント

複合グラフに向いているデータとは

関連性があるが、質的に差異がある複数のデータを1つのグラフで表示したいときには複合グラフを使いましょう。例えば、金額と比率を同時に表示したい場合や、縦軸の目盛りを変えた複数の金額を表示したい場合などに適しています。

● [おすすめグラフ] でグラフが作成された

月別の売上高と売上原価を棒グラフにして、粗利益率を折れ線グラフにして組み合わせることができた

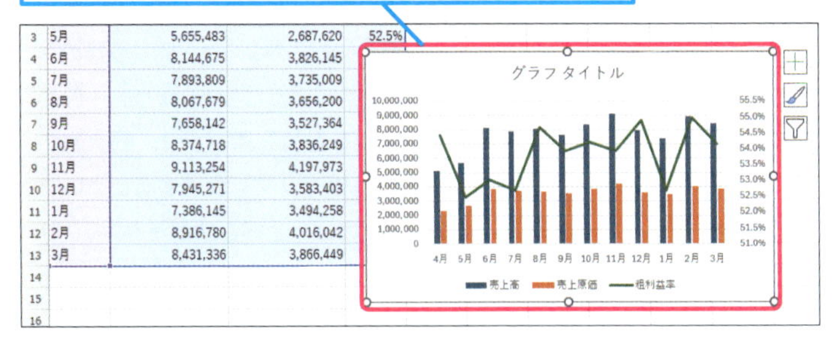

2 グラフを手動で変更する L063_複合グラフ_02.xlsx

1 セルA1 ～ C8をドラッグして選択

2 [挿入] タブをクリック

3 [おすすめグラフ] をクリック

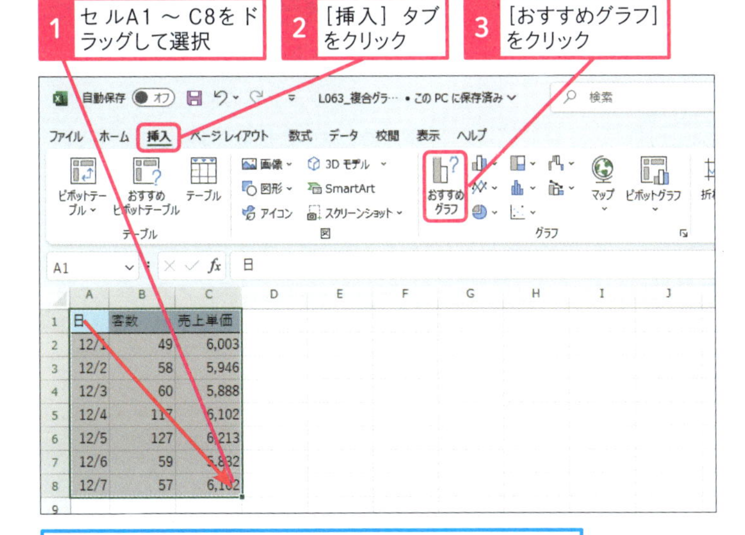

客数と売上単価を共通の目盛りで表示すると、それぞれの推移がわかりづらいので、表示を変更したい

4 [すべてのグラフ] をクリック

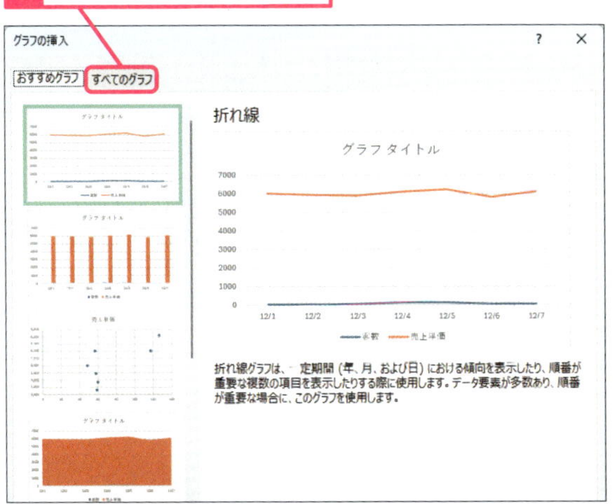

使いこなしのヒント

挿入済みのグラフの種類を変える

挿入した後のグラフの種類を変更する場合は、グラフを選択後、リボンから [グラフのデザイン] タブをクリックして [グラフの種類の変更] をクリックします。すると [グラフの種類の変更] 画面が表示されるので、次ページの操作5以降と同じ手順で操作できます。

グラフを選択しておく

1 [グラフのデザイン] タブをクリック

2 [グラフの種類の変更] をクリック

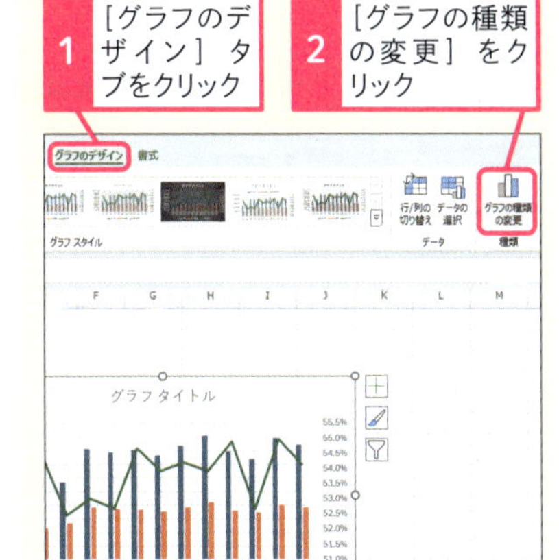

[グラフの種類の変更] 画面が表示された

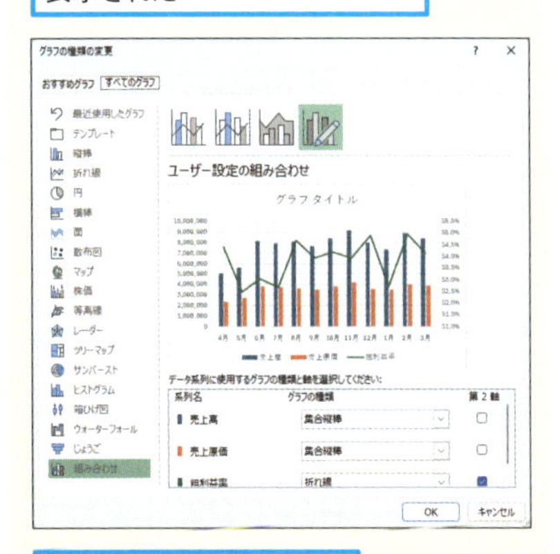

次ページの操作5以降と同じ手順で操作できる

次のページに続く

● グラフの種類を選択する

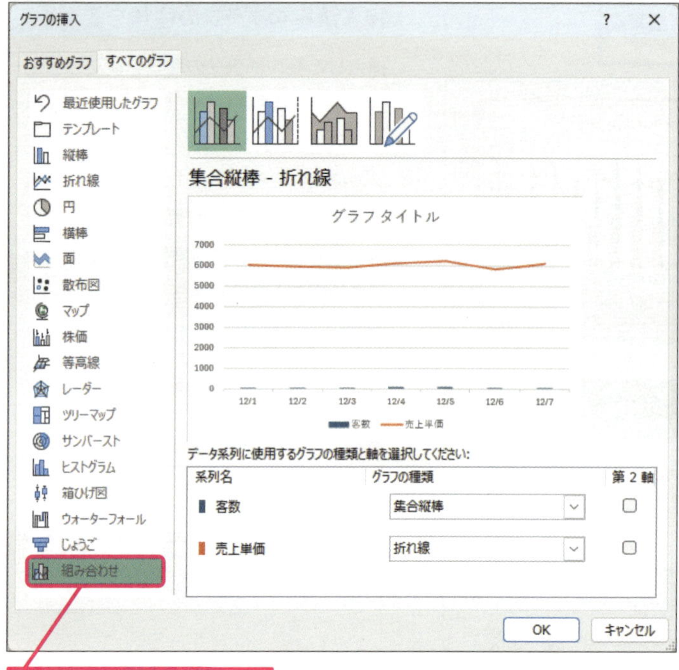

5 ［組み合わせ］をクリック

6 ［売上単価］の［第2軸］をクリックしてチェックマークを付ける

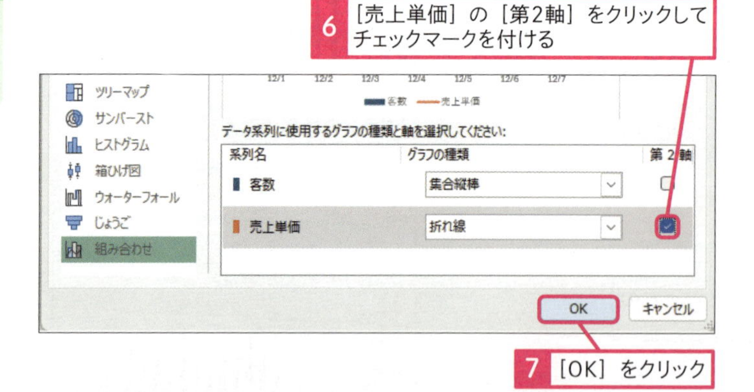

7 ［OK］をクリック

第2軸を設定した複合グラフに変更された

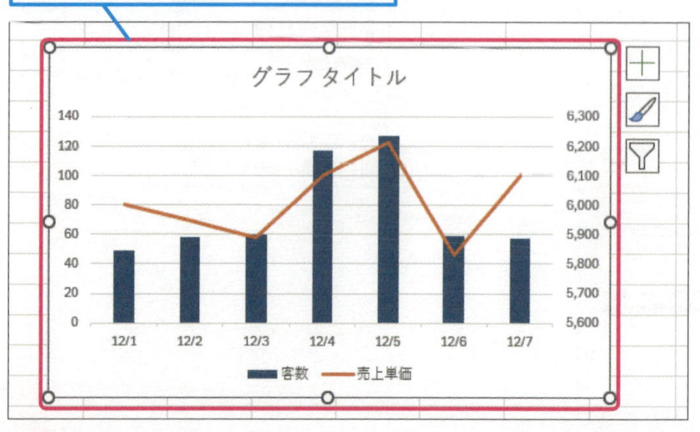

使いこなしのヒント

グラフの要素を整理しておく

複合グラフを作るときには、グラフに表示する内容が似たものならば、同じ種類のグラフで表現するようにしましょう。一般的には、主要な数値を棒グラフ、副次的な数値を折れ線グラフで表現するとよいでしょう。例えば、金額と比率を1つのグラフに表す場合には、金額を棒グラフで、比率を折れ線グラフで組み合わせましょう。

使いこなしのヒント

グラフの種類を個別に設定できる

［おすすめグラフ］の機能を使うと、客数と売上単価など本来は別のグラフで表示したいものが、同じグラフで表示するように提案されてしまう場合があります。そのときには、本文で紹介する手順で、それぞれの系列ごとにグラフの種類と第2軸に表示するかどうかを手動で設定しましょう。

用語解説

第2軸

1つのグラフには、縦軸の目盛りを2つ設定することができます。この縦軸に設定する2つ目の目盛りのことを［第2軸］と呼びます。［第2軸］の目盛りは右側に表示されます。

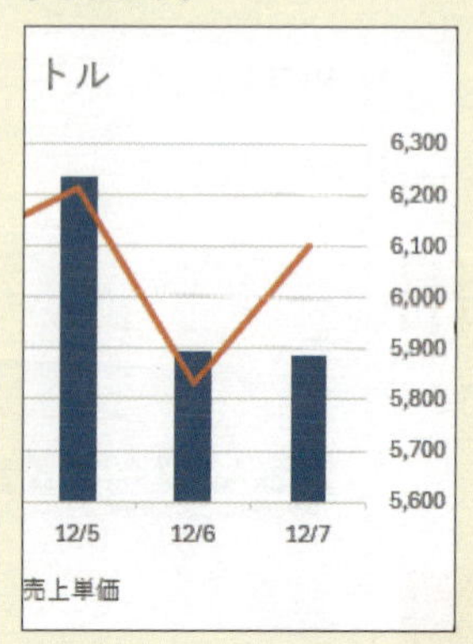

3 第2軸の間隔を変更する L063_複合グラフ_01.xlsx

手順1を参考に、複合グラフを作成しておく

1 第2軸を右クリック

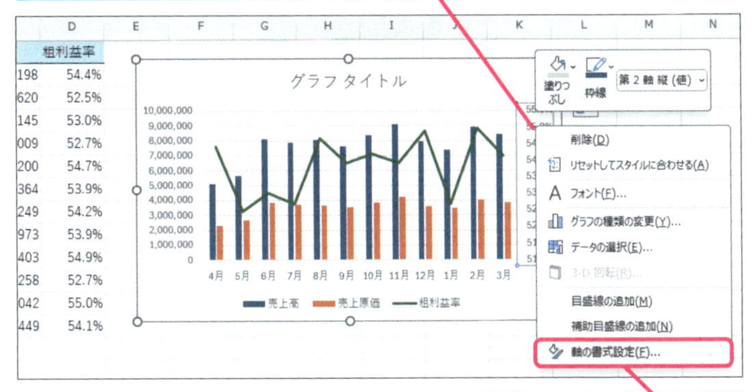

2 ［軸の書式設定］をクリック

［軸の書式設定］作業ウィンドウが表示された

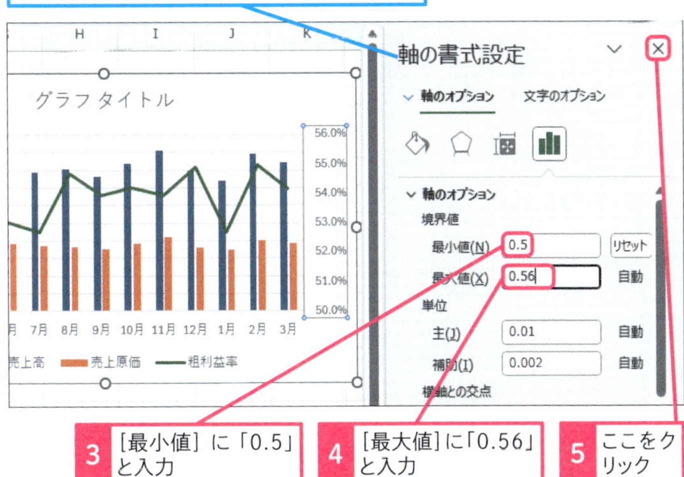

3 ［最小値］に「0.5」と入力

4 ［最大値］に「0.56」と入力

5 ここをクリック

第2軸の間隔が変更された

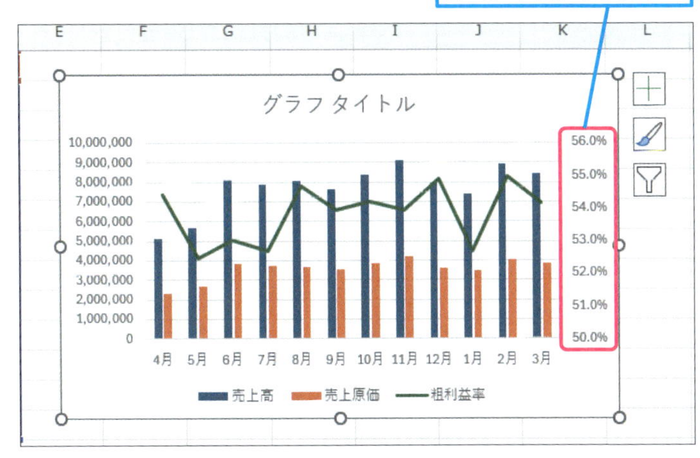

使いこなしのヒント

パーセンテージを入力してもいい

［境界値］の［最小値］に「50%」、［最大値］に「56%」、［単位］の［主］に「0.5%」と入力しても構いません。その場合、入力された値は自動的に「0.5」「0.56」「0.005」に修正されます。

使いこなしのヒント

最小値と最大値の設定方法について

グラフの軸の境界値はデータに応じて自動的に設定されます。このレッスンではグラフの形が見やすくなるように調整しましたが、最小値と最大値にキリのいい数字を設定することもできます。

まとめ 2つのグラフを組み合わせて複合グラフを作ろう

複合グラフを作るとき、多くの場合は［挿入］タブの［おすすめグラフ］で簡単に作れます。思い通りのグラフが作れなかったときには、それぞれの系列ごとに、グラフの種類を変更したり、第2軸に表示する値を手動で設定したりしましょう。

レッスン

64 図形を挿入するには

図形の挿入

練習用ファイル　L064_図形の挿入.xlsx

Excelでは、セルに値や数式を入力するだけでなく、四角形などの図形やアイコンなども挿入できます。作成する資料に、図解やイメージ図を入れたいときに使いましょう。挿入した図形やアイコンは、セルに重なるようにして配置されます。

1 図形を挿入する

ここでは長方形を挿入する

1 ［挿入］タブをクリック

2 ［図形］をクリック

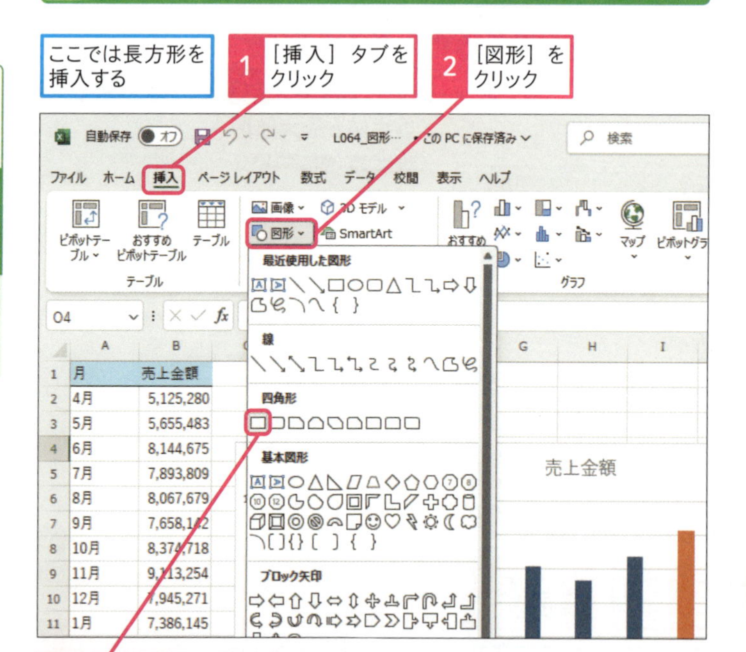

3 ［正方形/長方形］をクリック

4 四角形の左上の頂点になる場所にマウスポインターを合わせる

マウスポインターの形が変わった

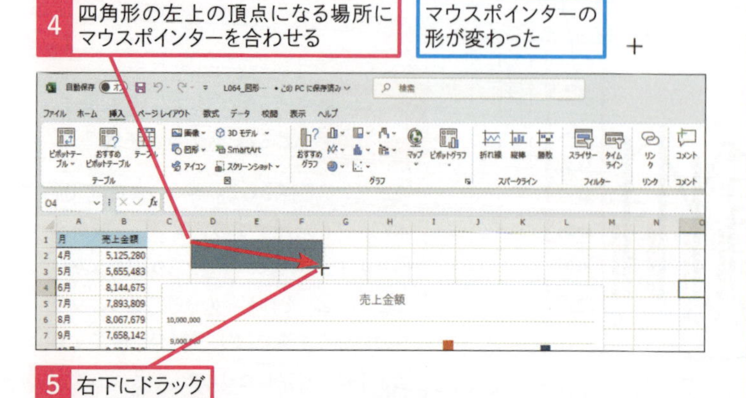

5 右下にドラッグ

キーワード

アイコン	P.530
オブジェクト	P.531
セル	P.532

用語解説

オブジェクト

図形・アイコンなどをまとめてオブジェクトと呼びます。

使いこなしのヒント

画像を挿入するには

リボンの［挿入］タブ-［画像］から画像を挿入することができます。例えば、［セルの上に配置］-［このデバイス］をクリックすると、パソコンに保存されている画像を、シートに自由に配置できるようになります。

使いこなしのヒント

正方形、正円など整った形の図形を挿入する

Shift キーを押しながら図形を挿入すると、正方形・正円など整った形の図形が挿入できます。

1 Shift キーを押しながら右下にドラッグ

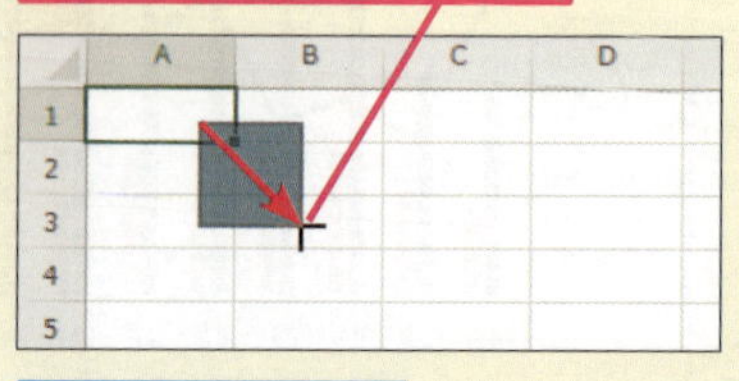

正方形が挿入される

● 図形が作成された

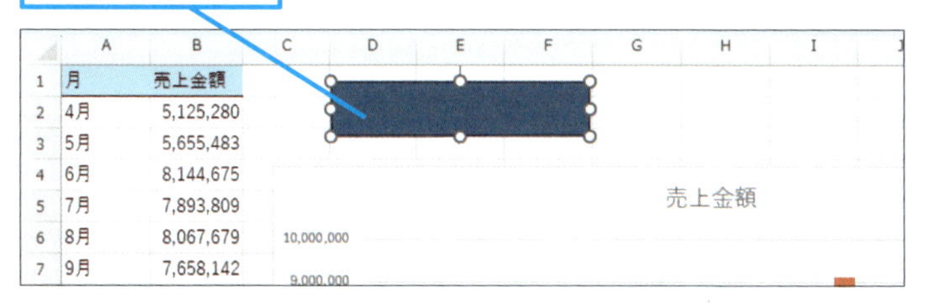

2 図形に文字を入力する

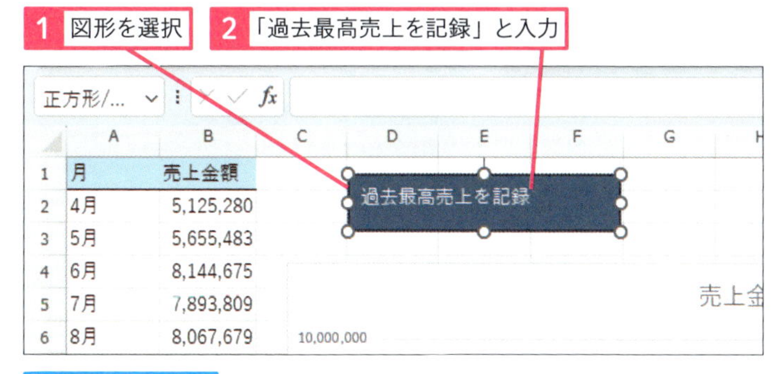

使いこなしのヒント

改行は通常通り入力できる

図形内での文字入力中は、Enterキーで改行ができます。セル内改行のときの操作（Excel・レッスン23参照）とは違うことに注意しましょう。

まとめ ［挿入］タブから図形やアイコンを挿入しよう

［挿入］タブから［図形］や［アイコン］をクリックすると、Excelで使用できる図やアイコンの一覧が表示されます。どういう図形やアイコンが準備されているかを見て、使えるものを選びましょう。

スキルアップ

アイコンを挿入するには

リボンの［挿入］タブ-［アイコン］からアイコンを挿入できます。挿入したいアイコンをクリックして［挿入］しましょう。なお、Microsoft 365を契約している場合には、より多くの種類のアイコンが使えるようになります。

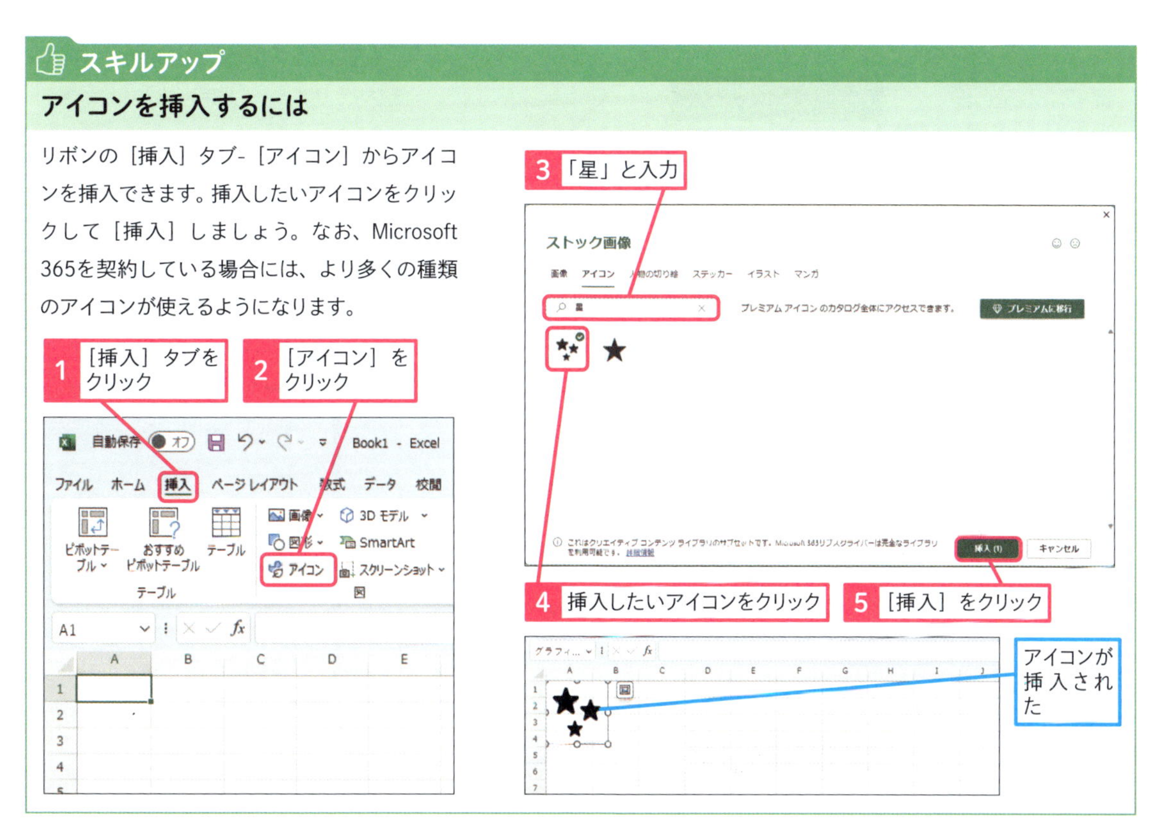

レッスン

65 図形の色を変更するには

図形の書式

練習用ファイル　L065_図形の書式.xlsx

図形の色を変更するときは［図形の書式］タブにある［図形のスタイル］を使って、文字色と背景色を一度に設定しましょう。さらに、細かく設定したい場合には、［図形の書式設定］作業ウィンドウで、個別に設定を変更しましょう。

1 図形の色や枠の色をまとめて変更する

ここでは図形の色と枠線の色をまとめて変更する

1 図形をクリック

2 ［図形の書式］タブをクリック

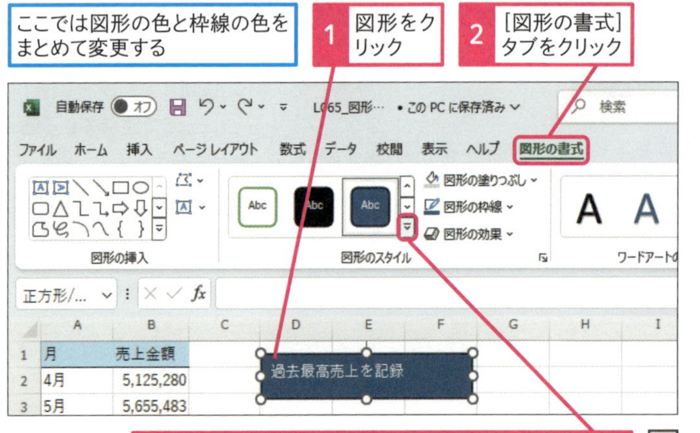

3 ［図形のスタイル］の［クイックスタイル］をクリック

4 ［塗りつぶし-黒、濃色1］をクリック

図形の色がまとめて変更された

	A	B	C	D	E	F	G	H	I
1	月	売上金額							
2	4月	5,125,280		過去最高売上を記録					
3	5月	5,655,483							
4	6月	8,144,675							

キーワード

オブジェクト　P.531
シート　P.532
書式　P.532

スキルアップ

図形や文字の詳細な設定をするには

図形を右クリックして、右クリックメニューから［図形の書式設定］をクリックすると、［図形の書式設定］作業ウィンドウが表示され、図形や文字の書式を、より詳細に設定できます。さらに、［図形の書式設定］作業ウィンドウ上部の、［図形のオプション］か［文字のオプション］という項目をクリック後、その下のアイコンをクリックすると、設定可能な項目が表示されます。

1 図形を右クリックして［図形の書式設定］をクリック

［図形の書式設定］作業ウィンドウが表示された

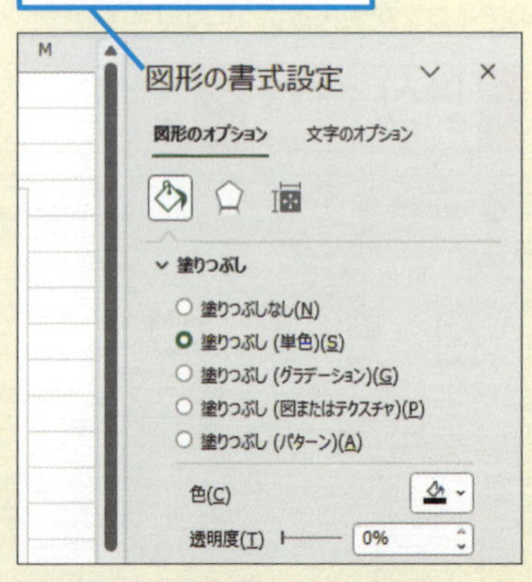

塗りつぶしや透明度、枠線の色など、詳細な設定ができる

2 図形の色や枠の色を個別に変更する

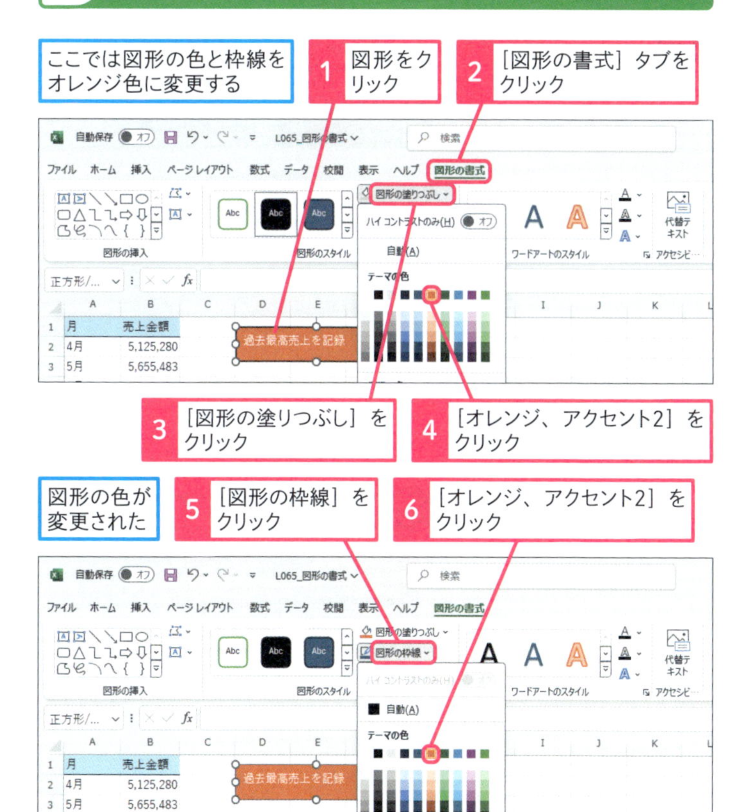

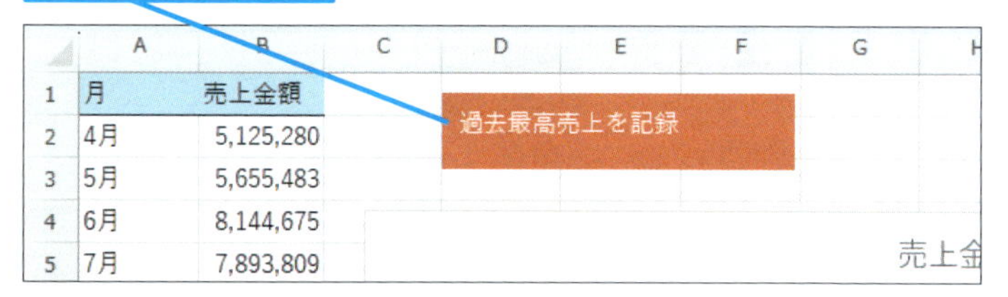

使いこなしのヒント

背景、枠を透明にする

次のレッスンで紹介する方法で、図形の背景色・枠を透明にすると、図形が表示されず、文字だけを表示できます。

使いこなしのヒント

テキストボックス内でコピー・貼り付けしたときの色に注意

通常のセルと同じように、テキストボックス内でも一部の文字を選択してコピー・貼り付けができます。ただし、通常の貼り付けをしたときの文字の色は、次のレッスンで紹介する［図形のスタイル］で指定した文字色になります。本文の手順で文字の色を変えても、その設定は反映されないので注意してください。

まとめ 図形の文字色は［図形のスタイル］で設定する

図形内の文字をコピーして貼り付けしたとき、貼り付けた文字の色は、個別に設定した文字色ではなく［図形のスタイル］で設定した文字色になります。そのため、図形の色を設定するときには、できるだけ［図形のスタイル］で設定するようにしましょう。

使いこなしのヒント

図形内の文字の書式を変更する

［ホーム］タブ-［フォントの色］をクリック後、色を選択してクリックすると、文字の色を変更できます。また、［ホーム］タブ-［太字］をクリックすると、フォントを太字に変えられます。

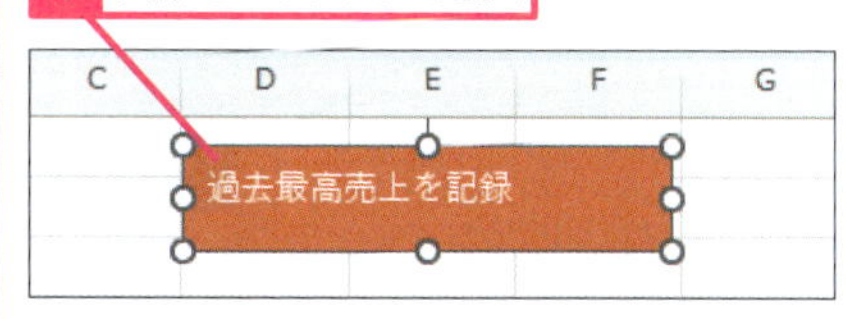

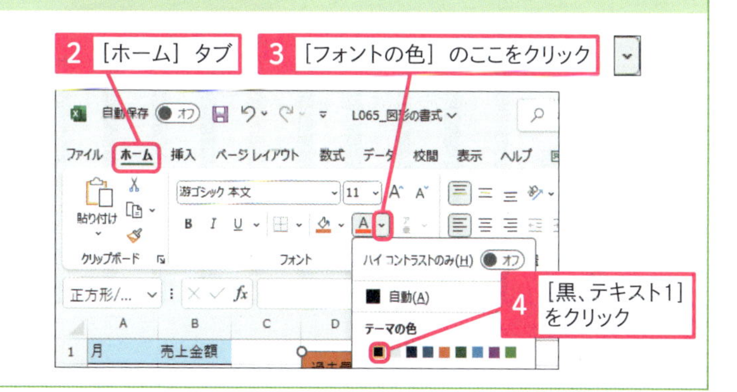

レッスン

66 図形の位置やサイズを変更するには

図形の位置やサイズの変更

練習用ファイル　L066_図形の位置やサイズの変更.xlsx

いったん挿入した図形やアイコンを移動させたいときには、図形やアイコンをクリックして選択した後にドラッグしましょう。また、図形の大きさを変えたいときには、図形やアイコンを選択後、図形の隅のハンドルを操作しましょう。

1 図形を移動する

ここでは図形をグラフ内に移動する

1 図形にマウスポインターを合わせる

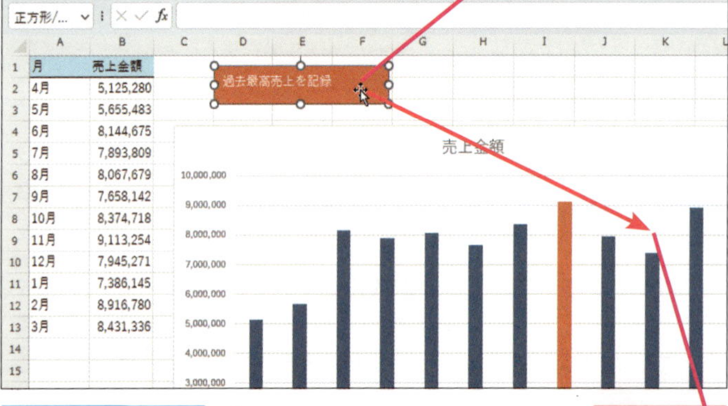

月	売上金額
4月	5,125,280
5月	5,655,483
6月	8,144,675
7月	7,893,809
8月	8,067,679
9月	7,658,142
10月	8,374,718
11月	9,113,254
12月	7,945,271
1月	7,386,145
2月	8,916,780
3月	8,431,336

マウスポインターの形が変わった

2 ここまでドラッグ

ドラッグしたところに図形が移動した

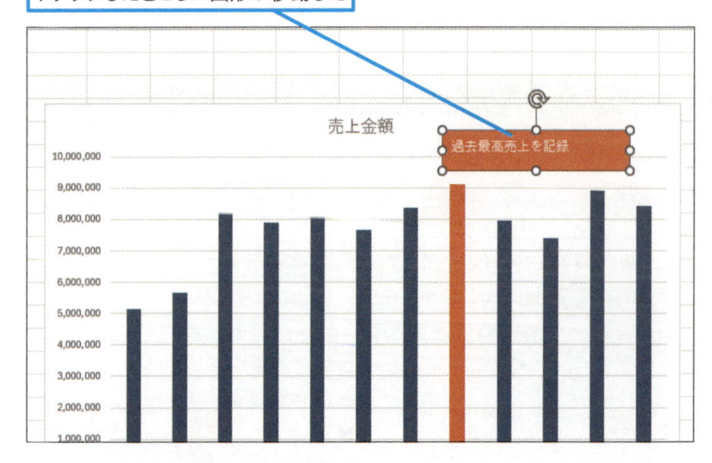

キーワード

アイコン	P.530
オブジェクト	P.531
グラフ	P.531

使いこなしのヒント

矢印キーで図形を移動する

図形を選択した後に矢印キーを押すと、その方向に図形が移動します。図形の位置を微妙に移動させたいときに使うと便利です。

使いこなしのヒント

垂直・水平に移動できる

図形を移動させるときに Shift キーを押しながら図形をドラッグすると、図形を垂直または水平に移動できます。

1 Shift キーを押しながらドラッグ

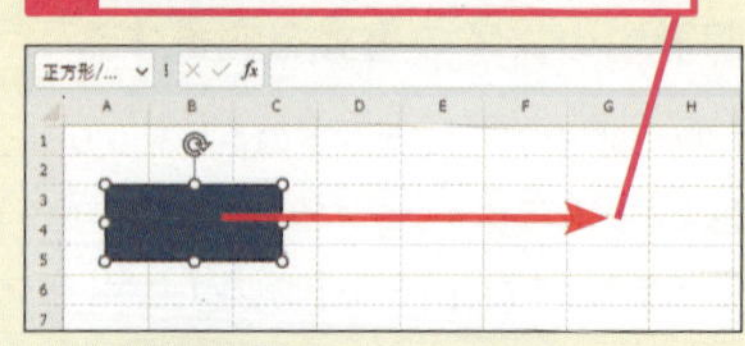

図形が水平方向に移動した

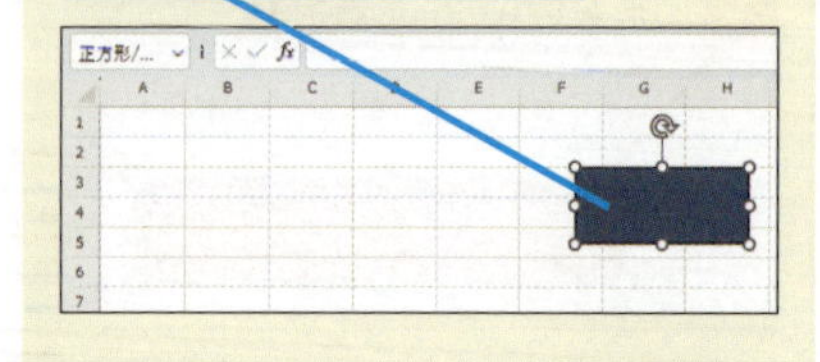

2 図形のサイズを変更する

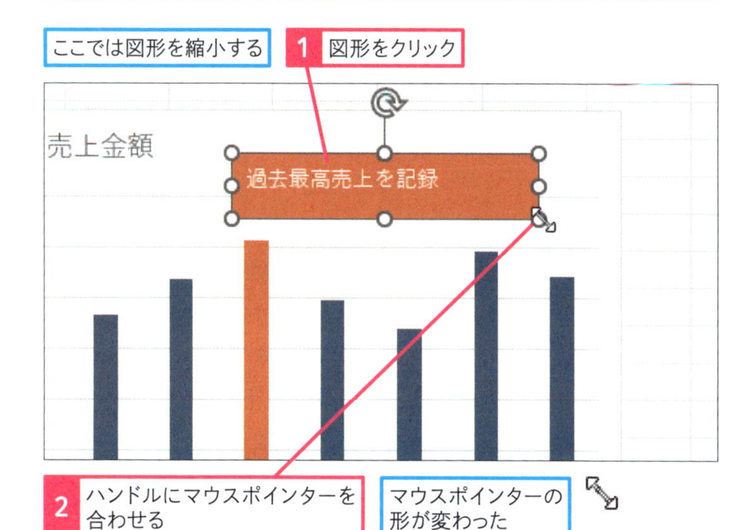

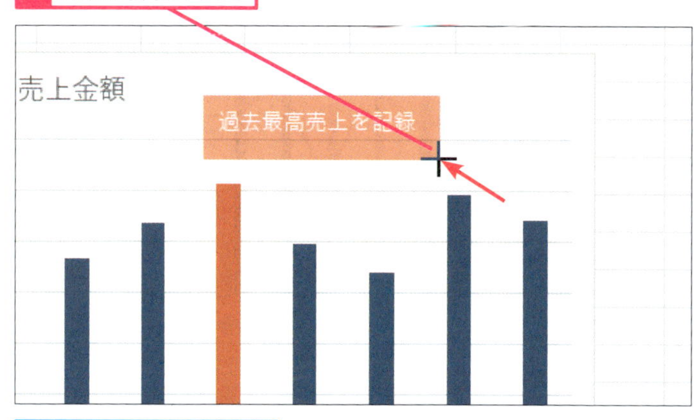

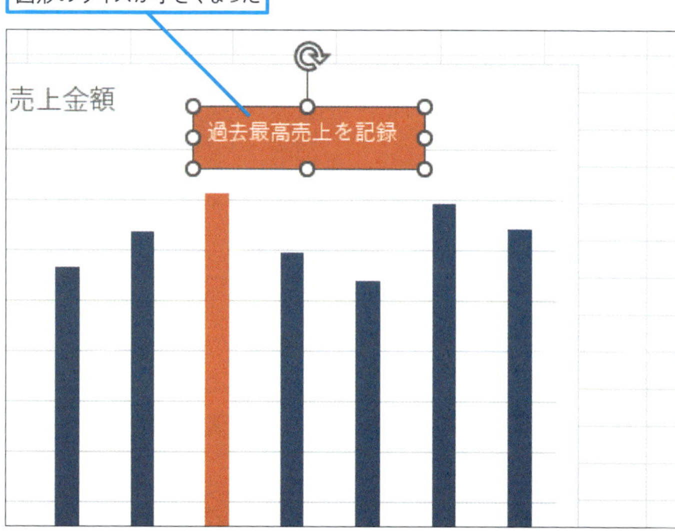

用語解説

ハンドル

オブジェクトの隅と辺8か所などに表示される白丸のことをハンドルと呼びます。マウスでドラッグすると拡大縮小などの操作ができます。

使いこなしのヒント

上下、左右にだけ伸ばす

辺の真ん中のハンドルをドラッグすると、上下方向または左右方向にだけ拡大・縮小できます。

使いこなしのヒント

縦横比を保ったまま図形を拡大・縮小するには

Shift キーを押しながら図形のハンドルをドラッグすると、縦横比を保ったまま拡大・縮小できます。

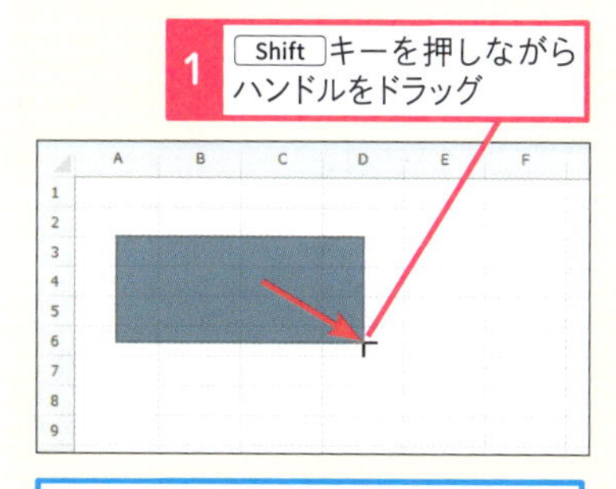

まとめ Shift、Ctrl、Alt キーを併用する

マウスで、図形の移動や図形サイズの変更の操作をするときに、Shift キーなどを併用すると挙動を変えることができます。うまく使うと、位置揃えなどの手間を大幅に減らせるので、活用しましょう。

この章のまとめ

データを視覚的に見やすくしよう

この章では、グラフと図形について解説をしました。どちらも、データを視覚的に見やすくするために役立ちます。本書では基本的なグラフと、その作成方法を紹介しましたが、株価の推移を表すのに使われるローソク足のグラフや、品質管理で使われる散布図など、専門的なグラフも作ることができます。また、図形についてもビジネス資料などに見られる簡易的なフローチャートなどに使用できます。Excelのグラフは自由度が高く、見せ方をいくらでも変更することができます。その反面、データの誇張や誤読につながるので極端な調整は避けましょう。

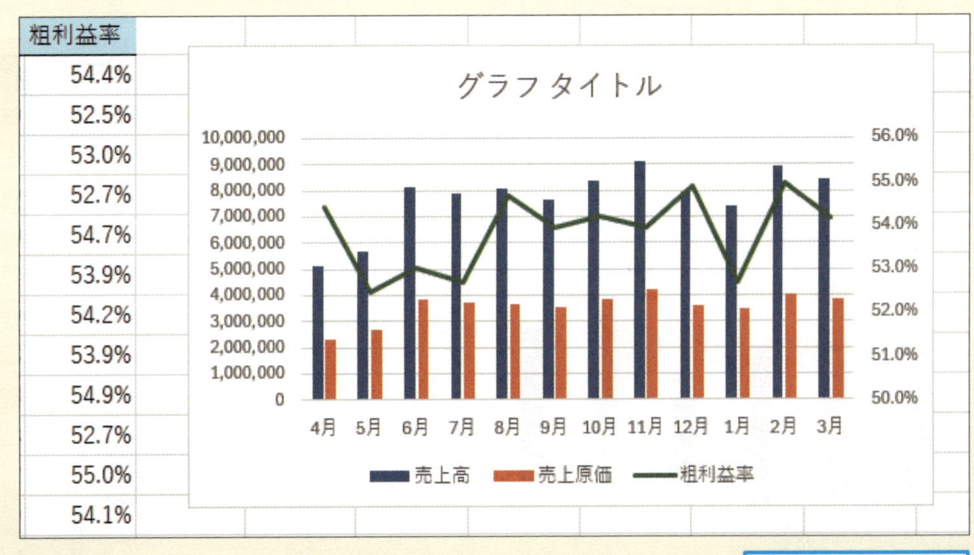

複雑なデータをわかりやすく見せる

グラフと図形、楽しかったです！

グラフはExcelが得意とする機能。この章で紹介した棒グラフ、折れ線グラフ以外にもあらゆるグラフを作れるよ。

せっかくの機能、使いこなせてないです……。

まずはシンプルなグラフを仕上げよう。機能よりも、何を見せたいかが重要なんだ！

Excel

活用編

第8章

データ集計に必須！ビジネスで役立つ厳選関数

この章では、「SUMIFS関数」と「VLOOKUP関数」を中心に、使用頻度が高く重要な関数を紹介します。どの関数も、効率よく表を作成するためには欠かせない関数です。

レッスン

67 Introduction この章で学ぶこと 関数を使うメリットを知ろう

Excel関数は約500個あり、どれもとても便利ですが、そのすべてを覚える必要はありません。関数の中でも、よく使われるものを覚えれば、それだけでもExcelの作業効率を上げるために役立ちます。まずは関数のメリットと、この章で学ぶ関数について押さえましょう。

よく使われる関数から覚えよう

やっぱり関数ってなんか苦手意識があるんだよな～。

同感。やっぱり、覚えないとダメなんですかね……？

ひたすら手入力やコピペを繰り返していると、ミスも起こるし、とんでもなく時間が掛かるでしょ？　そこに費やしている膨大な時間が数式1つで変わるんだから、むしろ覚えないと損だよ！

● 商品別の売上集計表を作成する場合

	A	B	C	D	E	F	G	H	I
1									
2	月	商品名	金額		商品名	合計金額			
3	6	鉛筆	18,000		鉛筆	49,600			
4	6	カッター	12,500		カッター	33,000			
5	6	定規	14,000		定規	43,200			
6	6	はさみ	22,500		はさみ	77,500			
7	6	ボールペン	22,800		ボールペン	79,800			
8	6	マーカー	30,750		マーカー	100,450			
9	7	鉛筆	16,000						
10	7	カッター	10,000						
11	7	定規	16,000						
12	7	はさみ	27,500						
13	7	ボールペン	26,600						
14	7	マーカー	32,800						
15	8	鉛筆	15,600						
16	8	カッター	10,500						
17	8	定規	13,200						
18	8	はさみ	27,500						

Sheet1

表から商品を探して、電卓などで計算した結果を手入力していると、ミスが起こりやすく、データの件数が多いと時間も掛かる

でも……こう、計算への自信のなさもあって、どうしても避けて通りたい気持ちが……。

計算は関数がやってくれるから、むしろ計算が苦手、という人にこそ使ってほしい機能だよ！　それに、実務でよく使う関数はけっこう限られているから、全部覚える必要はないんだ。

様々な表でよく使われる関数

この章では、表作成に役立つ関数の中で、よく使われるものを厳選して解説していくよ。中でも特に重要なのがSUMIFS関数とVLOOKUP関数。難しそうに見えるかもしれないけど、意味を理解すれば楽勝です！

SUMIFS関数を使えば、月別・取引先別に売上金額を集計できる

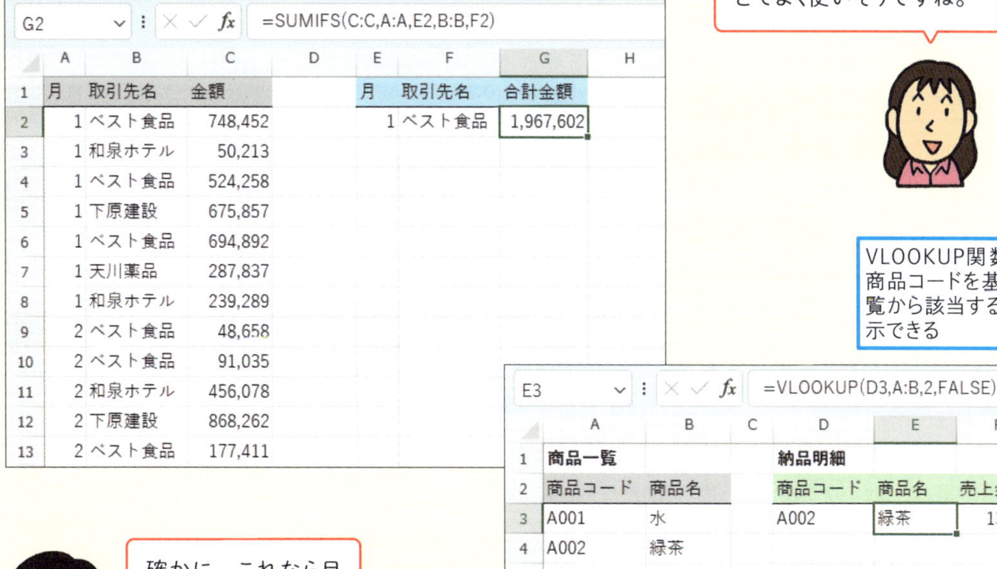

G2 =SUMIFS(C:C,A:A,E2,B:B,F2)

	A	B	C	D	E	F	G	H
1	月	取引先名	金額		月	取引先名	合計金額	
2	1	ベスト食品	748,452		1	ベスト食品	1,967,602	
3	1	和泉ホテル	50,213					
4	1	ベスト食品	524,258					
5	1	下原建設	675,857					
6	1	ベスト食品	694,892					
7	1	天川薬品	287,837					
8	1	和泉ホテル	239,289					
9	2	ベスト食品	48,658					
10	2	ベスト食品	91,035					
11	2	和泉ホテル	456,078					
12	2	下原建設	868,262					
13	2	ベスト食品	177,411					

この関数は売上集計表などでよく使いそうですね。

VLOOKUP関数を使えば、商品コードを基に、商品一覧から該当する商品名を表示できる

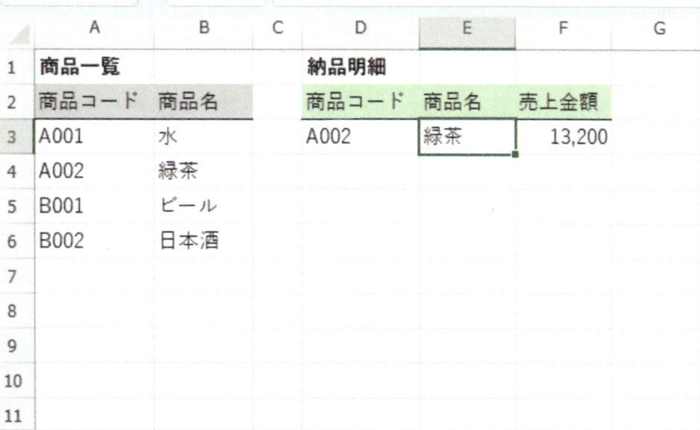

E3 =VLOOKUP(D3,A:B,2,FALSE)

	A	B	C	D	E	F	G
1	商品一覧			納品明細			
2	商品コード	商品名		商品コード	商品名	売上金額	
3	A001	水		A002	緑茶	13,200	
4	A002	緑茶					
5	B001	ビール					
6	B002	日本酒					
7							
8							
9							
10							
11							

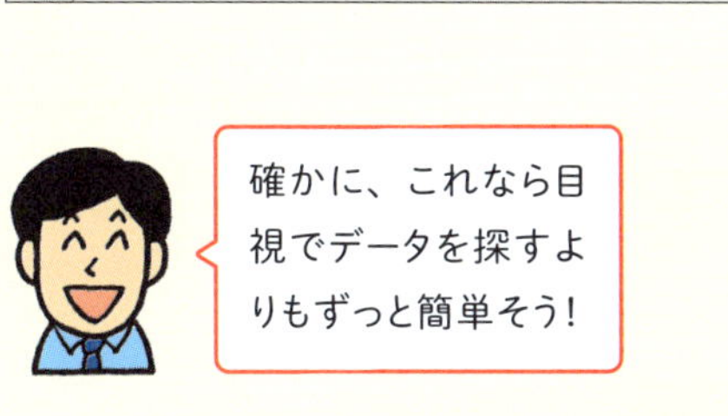

確かに、これなら目視でデータを探すよりもずっと簡単そう！

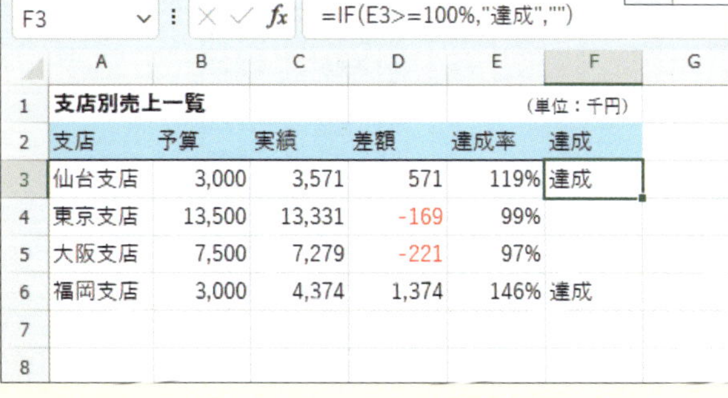

F3 =IF(E3>=100%,"達成","")

	A	B	C	D	E	F	G
1	支店別売上一覧				（単位：千円）		
2	支店	予算	実績	差額	達成率	達成	
3	仙台支店	3,000	3,571	571	119%	達成	
4	東京支店	13,500	13,331	-169	99%		
5	大阪支店	7,500	7,279	-221	97%		
6	福岡支店	3,000	4,374	1,374	146%	達成	
7							
8							

IF関数を使えば、指定した条件に応じてセルの表示内容を変えられる

この他にもROUNDUP関数やCOUNTIFS関数など、便利な関数を紹介しているから、1つ1つしっかり使いこなせるようになろう！

レッスン

68 条件に合うデータのみを合計するには

SUMIFS関数

取引先別の売上金額合計、部門別の給与合計など、指定した条件に一致する行の数値を合計するにはSUMIFS関数を使いましょう。Excelで最も重要な関数の1つで、Excelの作業効率を上げるには欠かせない関数です。

キーワード

関数	P.531
絶対参照	P.532
複合参照	P.534

検索・行列

指定した条件に一致するデータの合計を計算する

=SUMIFS（合計対象範囲, 条件範囲1, 条件1, 条件範囲2, 条件2, …）

（SUMIFSのふりがな：サムイフエス）

SUMIFS関数は、いわゆる条件付きで合計を計算する関数です。合計対象範囲で指定したセル範囲のうち、条件範囲で指定したセル範囲が、指定した条件を満たしているセルだけを合計します。合計対象範囲とすべての条件範囲には同じ形のセル範囲を指定します。SUMIFS関数は、取引先別の売上高一覧表など、ある切り口に着目した金額の内訳表を作成する場合に使われます。

引数

合計対象範囲	合計を計算するセル範囲を指定します。
条件範囲	条件の判定に使うセル範囲を指定します。
条件	条件を指定します。

SUMIFS関数を使うことで取引先ごとに金額を合計できる

月	取引先名	金額
1	ユーテック	545,561
1	高木商事	794,931
1	ユーテック	141,878
1	ひかり薬品	544,472
2	ユーテック	432,823
2	高木商事	900,067
2	ひかり薬品	508,395

取引先名	合計金額
ユーテック	1,120,262

使いこなしのヒント

「合計対象範囲」と「条件範囲」の形を揃える

「合計対象範囲」と「条件範囲1」に指定するセル範囲は、形を揃えるようにしましょう。例えば、「合計対象範囲」で「C:C」と列全体を指定したら「条件範囲1」も「B:B」と列全体を指定してください。

合計対象と条件の範囲を揃える

	A	B	C
1	月	取引先名	金額
2	1	ベスト食品	748,452
3	1	和泉ホテル	50,213
4	1	ベスト食品	524,258
5	1	下原建設	675,857
6	1	ベスト食品	694,892
7	1	天川薬品	287,837
8	1	和泉ホテル	239,289
9	2	ベスト食品	48,658
10	2	ベスト食品	91,035
11	2	和泉ホテル	456,078
12	2	下原建設	868,262
13	2	ベスト食品	177,411
14	2	天川薬品	401,200
15	2	ベスト食品	437,030
16			
17			

練習用ファイル ▸ L068_SUMIFS関数.xlsx

使用例 取引先名が「ベスト食品」の金額合計を計算する

セルF2の式

=SUMIFS(C:C, B:B, E2)

条件範囲1　合計対象範囲　条件1

F2 =SUMIFS(C:C,B:B,E2)

	A	B	C	D	E	F	G	H
1	月	取引先名	金額		取引先名	合計金額		
2	1	ベスト食品	748,452		ベスト食品	2,721,736		
3	1	和泉ホテル	50,213					
4	1	ベスト食品	524,258					
5	1	下原建設	675,857					
6	1	ベスト食品	694,892					
7	1	天川薬品	287,837					
8	1	和泉ホテル	239,289					
9	2	ベスト食品	48,658					
10	2	ベスト食品	91,035					
11	2	和泉ホテル	456,078					
12	2	下原建設	868,262					
13	2	ベスト食品	177,411					
14	2	天川薬品	401,200					
15	2	ベスト食品	437,030					
16								

取引先名が「ベスト食品」の金額が合計される

ポイント

合計対象範囲	金額（C:C）列の値を合計する
条件範囲 1	条件は取引先名（B:B）列が
条件 1	ベスト食品（セル E2）と等しい場合

使いこなしのヒント

取引先別に売上金額を集計する

セルE3以下にすべての取引先名を入力した後に、セルF2の数式をコピーしてセルF3以下に貼り付けると、取引先別に売上金額を計算できます。

取引先別に売上を合計できる

=SUMIFS(C:C,B:B,E3)

D	E	F	G
	取引先名	合計金額	
	ベスト食品	2,721,736	
	和泉ホテル	745,580	
	下原建設	1,544,119	

使いこなしのヒント

条件が1つであればSUMIF関数でも集計できる

SUMIF関数は、条件を1つ指定して条件付き合計を計算する関数です。条件が1つだけのときは、SUMIF関数でもSUMIFS関数と同じように集計ができます。ただし、SUMIF関数とSUMIFS関数では引数の順番が違うため、条件が1つであってもSUMIFS関数を使うことをおすすめします。

取引先名が「ユーテック」の金額を合計する

サムイフエス
=SUMIFS(B:B, E2, C:C)

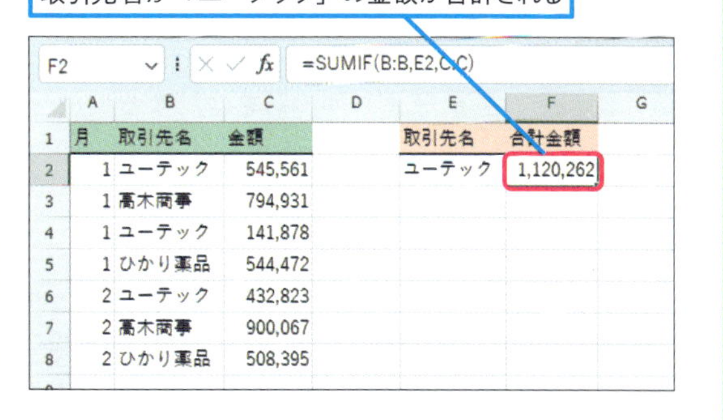

次のページに続く ➡

練習用ファイル ▸ L068_複数条件SUMIFS.xlsx

使用例 取引先名が「ベスト食品」、月が「1」の金額合計を計算する　セルG2の式

=SUMIFS(C:C, A:A, E2, B:B, F2)

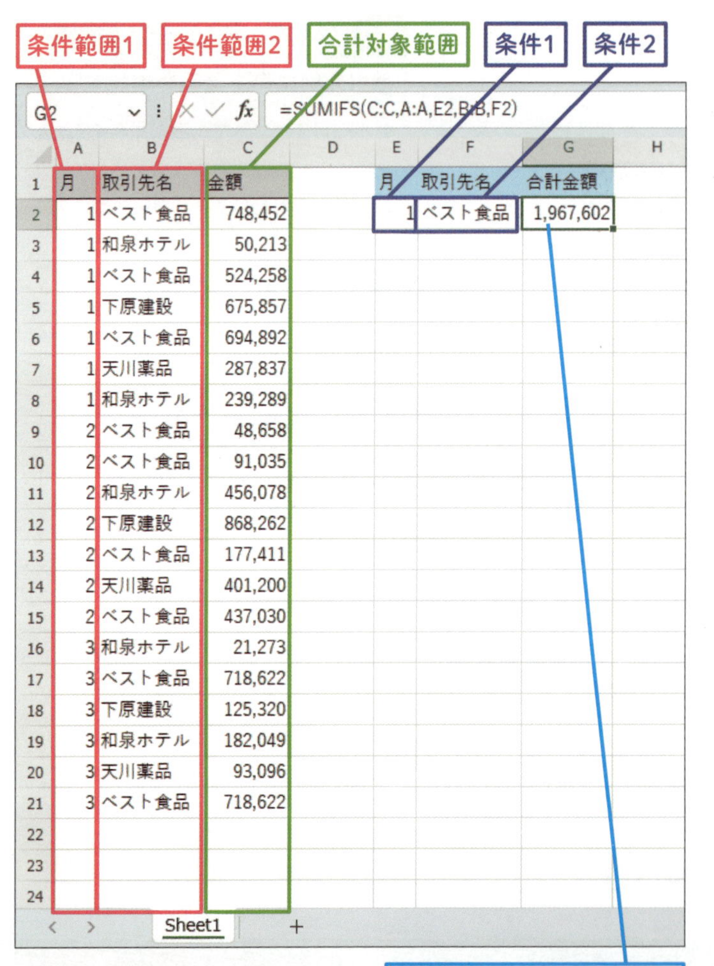

月	取引先名	金額
1	ベスト食品	748,452
1	和泉ホテル	50,213
1	ベスト食品	524,258
1	下原建設	675,857
1	ベスト食品	694,892
1	天川薬品	287,837
1	和泉ホテル	239,289
2	ベスト食品	48,658
2	ベスト食品	91,035
2	和泉ホテル	456,078
2	下原建設	868,262
2	ベスト食品	177,411
2	天川薬品	401,200
2	ベスト食品	437,030
3	和泉ホテル	21,273
3	ベスト食品	718,622
3	下原建設	125,320
3	和泉ホテル	182,049
3	天川薬品	93,096
3	ベスト食品	718,622

月	取引先名	合計金額
1	ベスト食品	1,967,602

ポイント

合計対象範囲	金額（C:C）列の値を合計する
条件範囲 1	条件は月（A:A）列が
条件 1	1（セル E2）と等しい場合
条件範囲 2	かつ取引先名（B:B）列が
条件 2	ベスト食品（セル F2）と等しい場合

使いこなしのヒント

条件範囲のセルと条件のセルはまったく同じ値を入力する

条件範囲で指定したセルに入力されている値と、条件で指定する値は、表記を揃える必要があります。本文の例では、A列（条件範囲1）に「1」「2」と入力されています。ですから、それに対応するセルE2（条件1）にも「1月」「2月」ではなく「1」「2」と入力する必要があります。

セルE2の表記と合わせる

まとめ 項目別に集計するときにSUMIFS関数を使おう

SUMIFS関数は「○○別に○○を集計する」場面で使います。例えば、「取引先別に売上金額を集計する」「部門別に給与を集計する」といった場面では、SUMIFS関数が使えないか考えてみましょう。

スキルアップ

SUMIFS関数でマトリックス型の表を作るには

A～C列の元データを、セルF2には「ユーテック」の1月分の売上、セルG2には「ユーテック」の2月分の売上、というようにマトリックス型に集計をすることを考えます。このような、SUMIFS関数でマトリックス型の集計をするには、絶対参照・複合参照を使いましょう（詳細はExcel・レッスン41～43参照）。参照するセルの場所に応じて「$」の付け方を変えるのがポイントです。

・元データへの参照は、参照するセルがずれないように「$A:$A」のように絶対参照を付ける
・集計表の上端への参照は、上下方向に数式を貼り付けても参照するセルがずれないように「F$1」のように間に$を入れる
・集計表の左端への参照は、左右方向に数式を貼り付けても参照するセルがずれないように「$E2」のように先頭に$を付ける

絶対参照や複合参照を入力するときには F4 キーを使うと便利です。セルを選択後、F4 キーを押すごとに「=$A$1」→「=A$1」→「=$A1」と「$」が付く場所が変わります。A列を選択後 F4 キーを1回押すと「$A:$A」、セルF1を選択後 F4 キーを2回押すと「F$1」、セルE2を選択後 F4 キーを3回押すと「$E2」と入力できます。

セルF2の数式が完成したら、コピーしてセルF2～G4に貼り付けると、マトリックス型の集計表ができあがります。

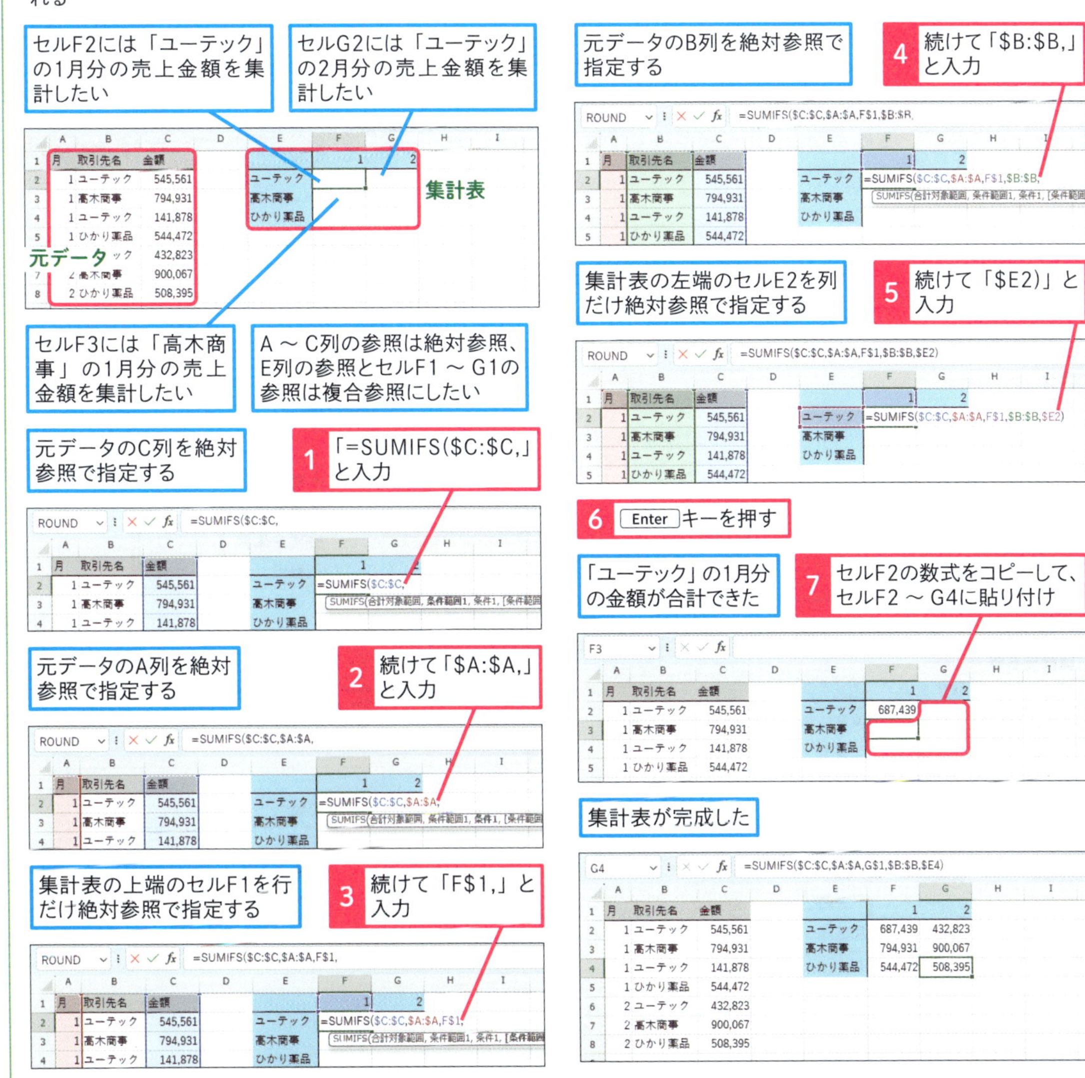

レッスン

69 条件に合うデータの件数を合計するには

COUNTIFS関数

取引先別の売上金額件数、部門別の人員数など、指定した条件に一致する行の件数を数えるにはCOUNTIFS関数を使いましょう。使い方はSUMIFS関数とほとんど同じなので、SUMIFS関数と合わせて使い方を覚えるようにしましょう。

キーワード

関数	P.531
数式	P.532
セル範囲	P.532

統計

指定した条件に一致するデータの件数を計算する

=COUNTIFS(条件範囲1,条件1,条件範囲2,条件2,…)

（COUNTIFS：カウントイフス）

COUNTIFS関数は、条件を満たした件数を計算する関数です。条件範囲で指定したセル範囲のうち、指定した条件を満たしている件数を計算する関数です。すべての条件範囲には同じ形のセル範囲を指定します。COUNTIFS関数は、部署別の従業員数など、ある切り口に着目した件数や人数の内訳表を作成する場合に使われます。

引数

- **条件範囲**　条件の判定に使うセル範囲を指定します。
- **条件**　条件を指定します。

COUNTIFS関数を使うことで条件に合うデータの個数を求められる

	A	B	C	D	E	F
1	従業員名簿					
2	部署	雇用形態	氏名		部署	人数
3	経営企画部	正社員	遠藤咲希		営業部	5
4	営業部	正社員	北島賢			
5	営業部	アルバイト	森田洋一			
6	広報部	正社員	西山伸哉			
7	営業部	正社員	小泉直史			
8	広報部	正社員	戸田修平			
9	営業部	アルバイト	平井晶子			
10	営業部	正社員	宮城謙			
11						
12						
13						
14						

使いこなしのヒント

部署別に件数を集計するには

セルE4以下にすべての部署を入力してからセルF3の数式をコピーしてセルF4以下に貼り付ければ、部署別に人数を集計することができます。

1 セルF3を選択

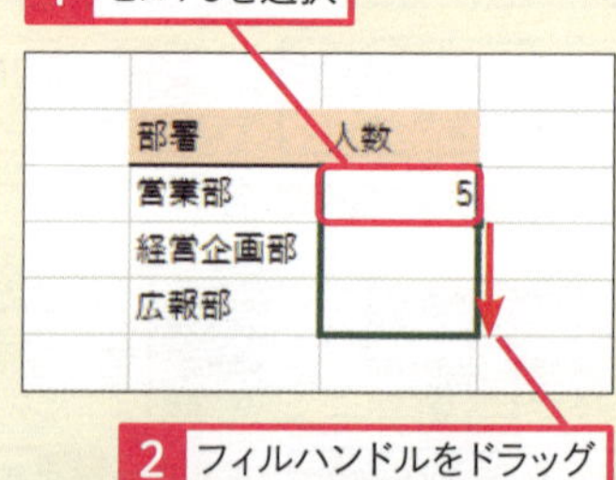

2 フィルハンドルをドラッグ

数式がコピーされ部署別に人数が集計された

部署	人数
営業部	5
経営企画部	1
広報部	2

練習用ファイル ▸ L069_COUNTIFS関数.xlsx

使用例 部署が営業部の人数を計算する

セルF3の式

=COUNTIFS(A:A, E3)

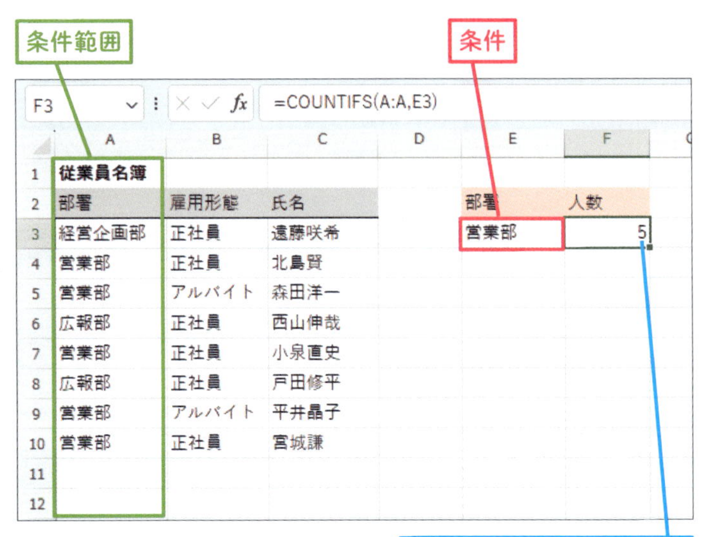

ポイント

条件範囲	部署（A:A）列が
条件	営業部（セル E3）と等しい場合の件数を数える

まとめ 件数はCOUNTIFS関数で集計しよう

SUMIFS関数とCOUNTIFS関数は、合計を集計するか件数を集計するかが違うだけで、使い方はほとんど同じです。SUMIFS関数が使えるようになれば、COUNTIFS関数も自然に使えるようになります。合計だけでなく件数も集計したいときにはCOUNTIFS関数を使うようにしましょう。

使いこなしのヒント

複数の条件を指定するには

COUNTIFS関数の引数は、SUMIFS関数の1つ目の引数の「合計対象範囲」がないだけで他はまったく同じです。ですから、SUMIFS関数で複数の条件を指定したように（Excel・レッスン68参照）、COUNTIFS関数でも複数の条件を指定できます。COUNTIFS関数で複数の条件を指定したいときには、3つ目、4つ目の引数に「条件範囲2」と「条件2」を指定しましょう。

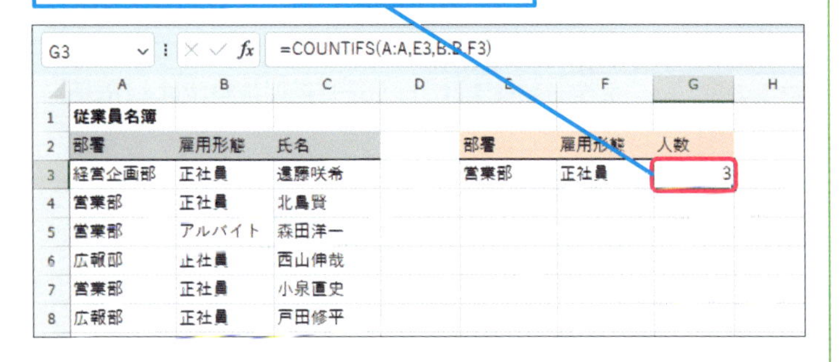

部署が「営業部」、雇用形態が「正社員」の人数を計算する

=COUNTIFS(A:A, E3, B:B, F3)（カウントイフス）

レッスン
70 一覧表から条件に合うデータを探すには

VLOOKUP関数

指定した商品コードを、商品一覧から探して該当する商品名を表示したいというときにはVLOOKUP関数を使いましょう。レッスンではA列とB列の商品一覧から、セルD3に入力した商品コードに一致する商品名を抽出して、セルE3に表示しています。

キーワード

関数	P.531
引数	P.533
論理値	P.534

検索・行列

指定した値に対応するデータを表示する

=VLOOKUP(検索値, 範囲, 列番号, 検索の型)

VLOOKUP関数は、指定した値を対照表から探して、対応するデータを取得する関数です。検索値に入力した値を、範囲で指定したセル範囲の一番左の列から探して、一致した行があれば、その行の列番号で指定した列のデータを取得します。検索の型には、通常は完全一致検索をするFALSEを指定します。近似値検索をしたいときだけTRUEを指定しましょう。

用語解説

論理値

TRUE、FALSEの2つを論理値といいます。論理値は、二者択一の値を表現するのに使われます。

引数

検索値	検索する値を指定します。
範囲	検索する値と目的の値が入力されている対照表を指定します。
列番号	範囲のうち、値を取得したい列を左から数えた番号で指定します。
検索の型	完全一致検索は「FALSE」、近似値検索は「TRUE」を指定します。

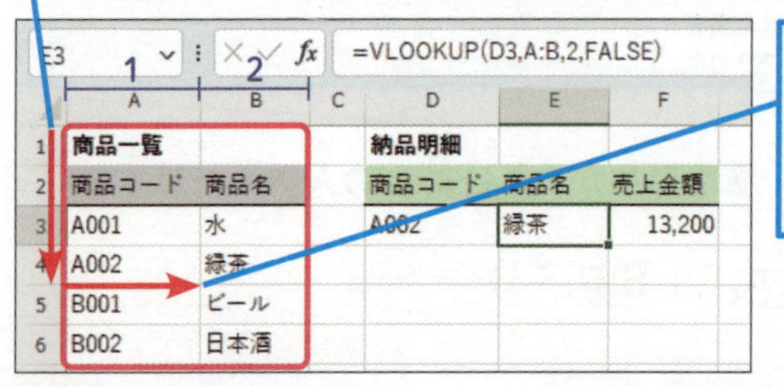

使いこなしのヒント

4つ目の引数の入力方法

「検索の型」はTRUEかFALSEかで指定をします。通常はFALSEを指定してください。「=VLOOKUP(A2,E:F,2,」まで入力するとTRUEかFALSEかの選択肢が表示されるので、↓Tabキーを押して「FALSE」を入力してください。なお、「検索の型」の入力を省略するとTRUEを指定したことになり誤動作の原因になります。必ず「FALSE」を指定してください。

練習用ファイル ▸ L070_VLOOKUP.xlsx

使用例 商品コード「A002」を商品一覧から探して対応する商品名を表示する　セルE3の式

=VLOOKUP(D3, A:B, 2, FALSE)

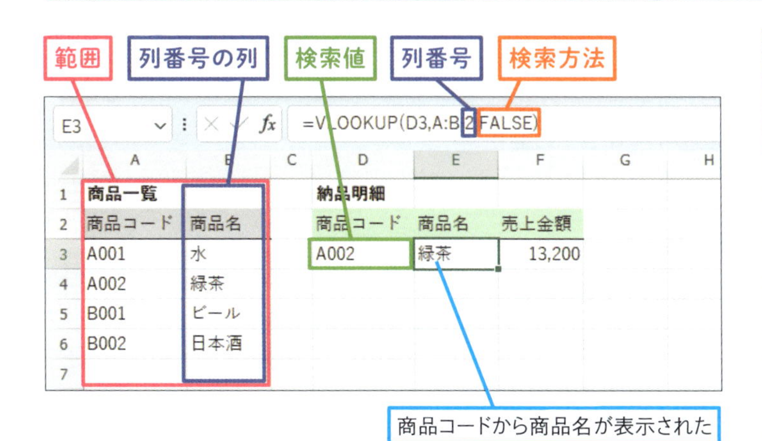

ポイント

検索値	「A002」（セル D3）を
範囲	商品一覧表（A 列～ B 列）の一番左から探して
列番号	対応する商品名（2 列目）を表示する
検索方法	完全一致検索（FALSE）

1 セルD3のデータを「A001」に変更　**2** Enter キーを押す

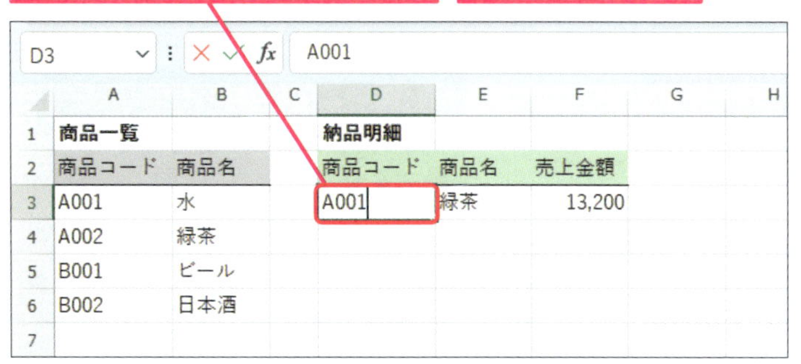

商品コード「A001」の商品である「水」が表示された

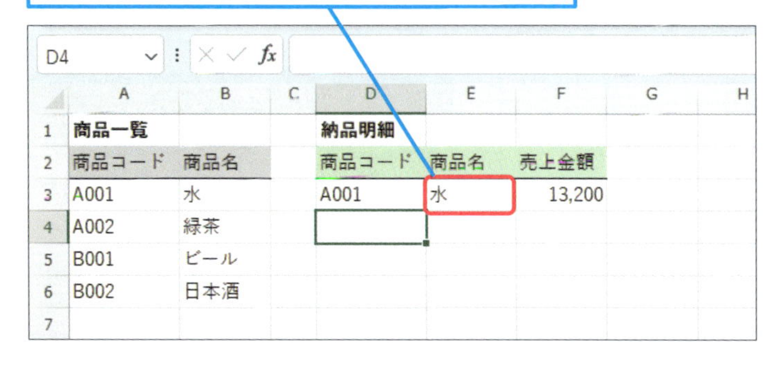

使いこなしのヒント

「列番号」は「範囲」の一番左から数える

「列番号」は「範囲」で指定したセル範囲の何列目にあたるかを指定します。つまり、「範囲」の一番左の列を「1」として、その右の列が「2」、次の列が「3」というイメージです。

使いこなしのヒント

VLOOKUP関数の引数の覚え方

VLOOKUP関数は引数を覚えるのが大変だと感じたら、VLOOKUP関数が何をする関数かをイメージしてみましょう。VLOOKUP関数は「①目的の値」を「②あらかじめ準備された表」から探して「③対応する情報を表示する」に対応する列の値を表示する関数です。この①、②、③がVLOOKUP関数の最初の3つの引数に対応しています。

まとめ　一覧表を整備して関数で転記しよう

商品一覧などの一覧表からデータを転記するような作業は、VLOOKUP関数で自動化できます。VLOOKUP関数を使える場面を増やして、手作業を減らせるように、一覧表を適切に整備するようにしましょう。

レッスン
71 VLOOKUP関数のエラーに対処するには

VLOOKUP関数のエラー対処

練習用ファイル 手順見出し参照

VLOOKUP関数を使うときには、引数の指定の仕方やデータの内容次第で「#REF!」「#N/A」など様々なエラーが発生しがちです。このレッスンでは、「範囲」が原因で起こる典型的なエラーの発生原因とその対策を紹介します。

1 「#REF!」エラーに対処する

L071_VLOOKUPエラー_01.xlsx

「範囲」で指定した範囲を超える列を「列番号」に指定すると「#REF!」エラーが表示されます。次の例では、「範囲」がA～B列の2列分しかないのに、「列番号」に「3」を指定したため「#REF!」エラーが表示されました。このようなエラーを防ぐために「範囲」は、表全体を指定しておきましょう。

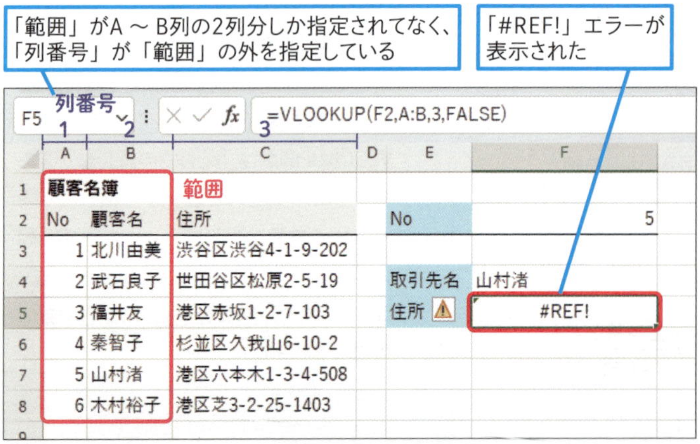

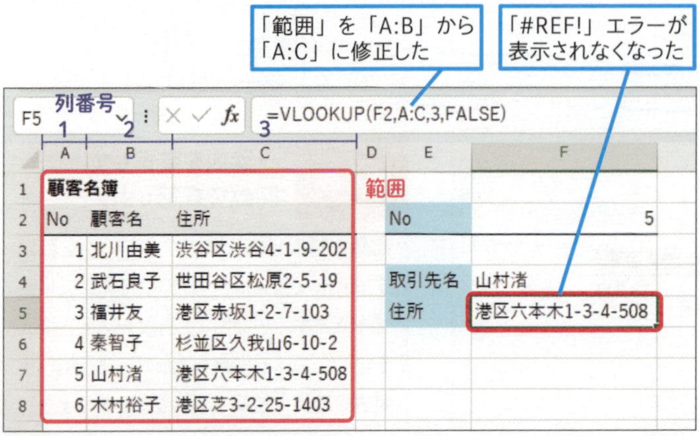

「範囲」がA～B列の2列分しか指定されてなく、「列番号」が「範囲」の外を指定している

「#REF!」エラーが表示された

F5 =VLOOKUP(F2,A:B,3,FALSE)

列番号 1 2 3 範囲

	A	B	C	D	E	F
1	顧客名簿					
2	No	顧客名	住所		No	5
3	1	北川由美	渋谷区渋谷4-1-9-202			
4	2	武石良子	世田谷区松原2-5-19		取引先名	山村渚
5	3	福井友	港区赤坂1-2-7-103		住所	#REF!
6	4	秦智子	杉並区久我山6-10-2			
7	5	山村渚	港区六本木1-3-4-508			
8	6	木村裕子	港区芝3-2-25-1403			

「範囲」を「A:B」から「A:C」に修正した

「#REF!」エラーが表示されなくなった

F5 =VLOOKUP(F2,A:C,3,FALSE)

列番号 1 2 3 範囲

	A	B	C	D	E	F
1	顧客名簿					
2	No	顧客名	住所		No	5
3	1	北川由美	渋谷区渋谷4-1-9-202			
4	2	武石良子	世田谷区松原2-5-19		取引先名	山村渚
5	3	福井友	港区赤坂1-2-7-103		住所	港区六本木1-3-4-508
6	4	秦智子	杉並区久我山6-10-2			
7	5	山村渚	港区六本木1-3-4-508			
8	6	木村裕子	港区芝3-2-25-1403			

キーワード

関数 P.531
引数 P.533
列 P.534

用語解説

#REF!

参照しているセルの指定に誤りがあるときに発生するエラーです。

用語解説

#N/A

VLOOKUP関数で「検索値」が「範囲」の一番左の列に存在していないときに発生するエラーです。

使いこなしのヒント

「#REF!」エラーが出たら数式を見直そう

「#REF!」エラーが出るときには、必ず数式に誤りがあります。数式を見直して修正をするようにしましょう。

使いこなしのヒント

エラーの内容を確認するには

エラーが表示されたセルの側には⚠のアイコンも表示されます。このアイコンをクリックすると、エラーの説明が表示されます。

2 「#N/A」エラーに対処する

L071_VLOOKUPエラー_02.xlsx

「検索値」で入力した値が「範囲」の一番左の列に入っていないと検索ができず「#N/A」エラーが発生します。検索したい値が「範囲」の一番左に入るように「範囲」の一番左の列を調整しましょう。なお、「範囲」を変えると「列番号」も変わることに注意してください。

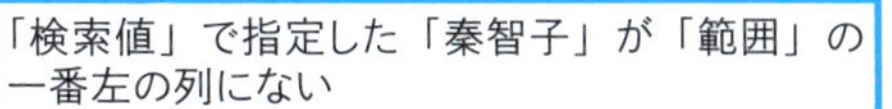

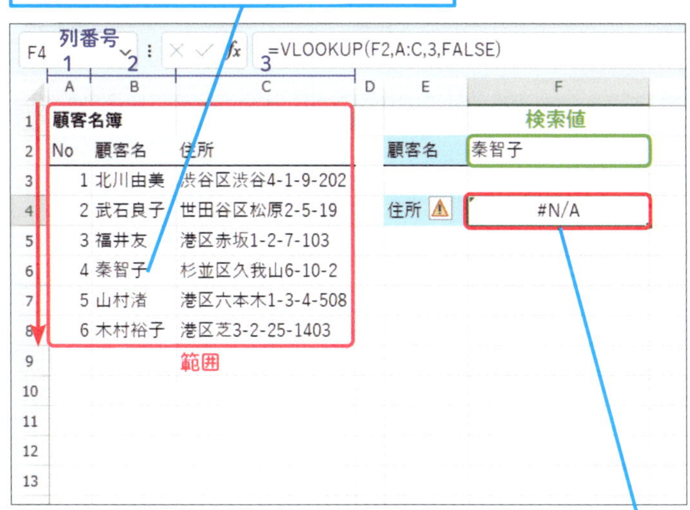

「#N/A」エラーが表示された

「範囲」を「A:C」から「B:C」に修正した

「列番号」を「2」に修正した

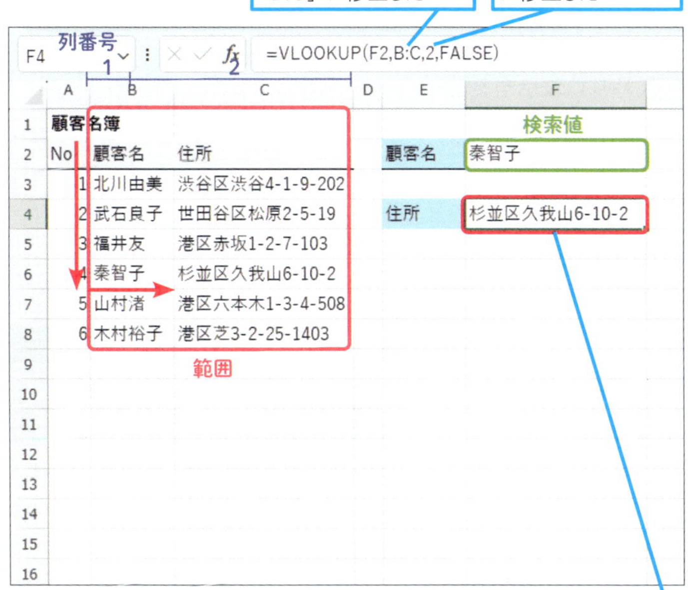

「#N/A」エラーが表示されなくなった

使いこなしのヒント

「範囲」は表全体を指定する

原則として「範囲」は表全体を指定するようにしましょう。ただし、「検索値」で入力した値が「範囲」の一番左の列に入っていないときには、「範囲」で指定する範囲を調整しましょう。

使いこなしのヒント

数式が正しくても「#N/A」エラーが出る場合もある

本文の例で、セルF2に存在しない顧客名「山田葵」を入力すると、数式が正しいにもかかわらず「#N/A」エラーが表示されます。

1 「山田葵」と入力

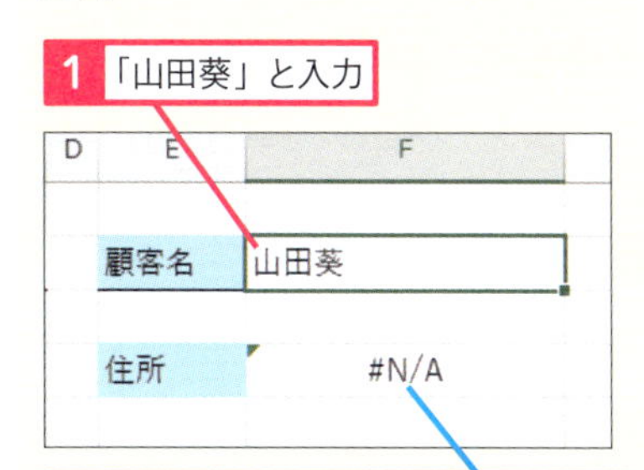

顧客名が存在しないためエラーが出る

まとめ 表全体を範囲に指定しよう

VLOOKUP関数を使うときには「範囲」で表全体を指定すると「#REF!」エラーが防げます。ただし、「検索値」で入力した値を表の一番左の列以外から探したいときには、探したい列が「範囲」の一番左の列になるように調整しましょう。

レッスン 72
IFERROR関数でエラーを表示しないようにするには

IFERROR関数

Excel 活用編 第8章 データ集計に必須！ ビジネスで役立つ厳選関数

VLOOKUP関数の「検索値」に空欄のセルを指定していると「#N/A」エラーが発生します。請求書などのひな型にあらかじめVLOOKUP関数を入力しておく場合にはIFERROR関数を使って「#N/A」エラーが表示されないようにしましょう。

キーワード

関数	P.531
セル	P.532
引数	P.533

論理

計算結果がエラーのとき指定した値を表示する

イフエラー
=IFERROR(値, エラーの場合の値)

IFERROR関数は、計算結果がエラーのときに、指定した値を表示する関数です。値には、エラーが発生する可能性のある関数や数式を入力します。もし、値の計算結果がエラーでなければ、そのままの値を表示します。一方で、値の計算結果がエラーだった場合には、エラーの場合の値に指定した値を表示します。

引数

値	エラーが発生するかもしれない関数や数式を指定します。
エラーの場合の値	エラーが発生したときに、代わりに表示する値を指定します。

D列のセルが空欄だとエラーが表示されるが、IFERROR関数を使うとエラーが表示されないようにできる

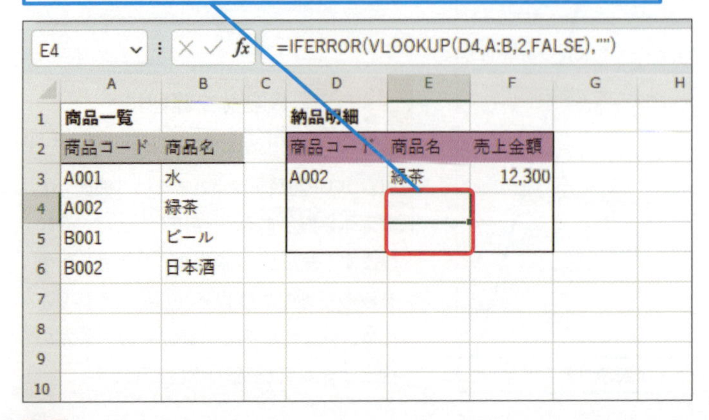

使いこなしのヒント

VLOOKUP関数を入力してからIFERROR関数を入力する

VLOOKUP関数とIFERROR関数を入れるときには、まず、VLOOKUP関数の部分を入れて数式を確定してしまいましょう。その後に、改めてIFERROR関数の部分を入れると、入力ミスが防ぎやすいです。

練習用ファイル ▸ L069_COUNTIFS関数.xlsx

使用例 対応する商品名が存在しない場合に空欄を表示する

セルE3の式

=IFERROR(VLOOKUP(D3,A:B,2,FALSE),"")

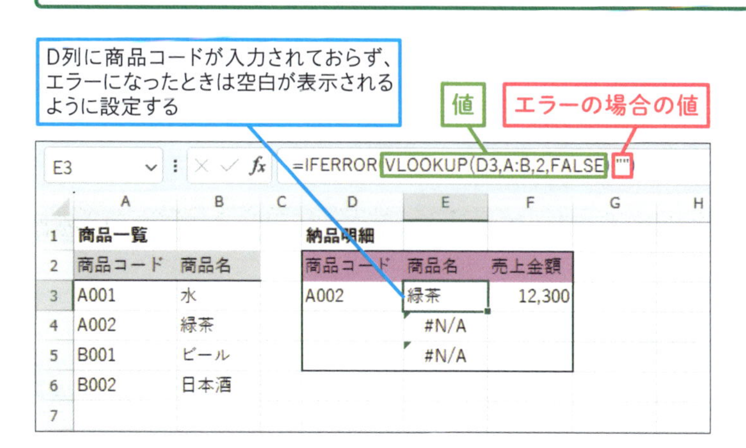

	A	B	C	D	E	F
1	商品一覧			納品明細		
2	商品コード	商品名		商品コード	商品名	売上金額
3	A001	水		A002	緑茶	12,300
4	A002	緑茶			#N/A	
5	B001	ビール			#N/A	
6	B002	日本酒				

ポイント

値	VLOOKUP(D3,A:B,2,FALSE) の結果を表示する
エラーの場合の値	エラーが発生したときは空欄を表示する

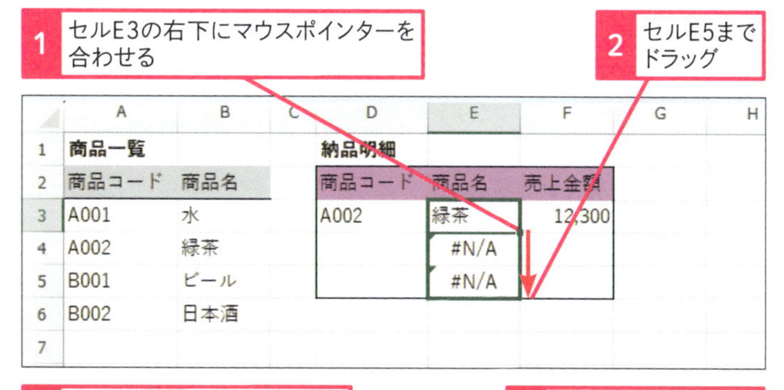

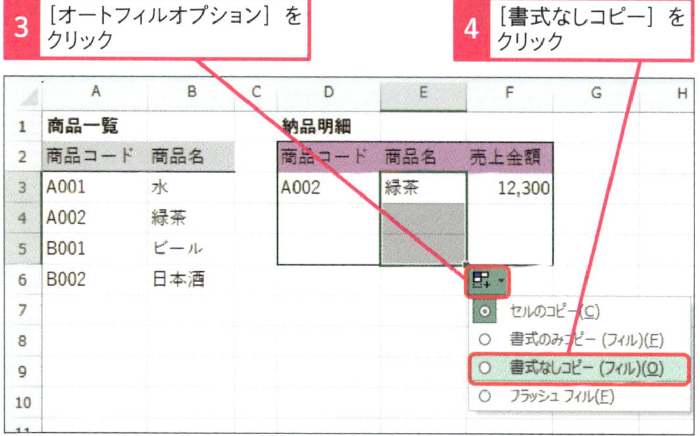

使いこなしのヒント

「""」は空欄を表す

数式内で「""」のようにダブルクォーテーションを2つ連続入力すると、空欄を表すことができます。数式内では文字列を入力するときには、文字列データを「"」で囲んで入力します。「""」と続けて入力すると、ダブルクォーテーションの間に文字がないので空欄の意味になります。なお、ダブルクォーテーションはShift+2キーで入力できます。

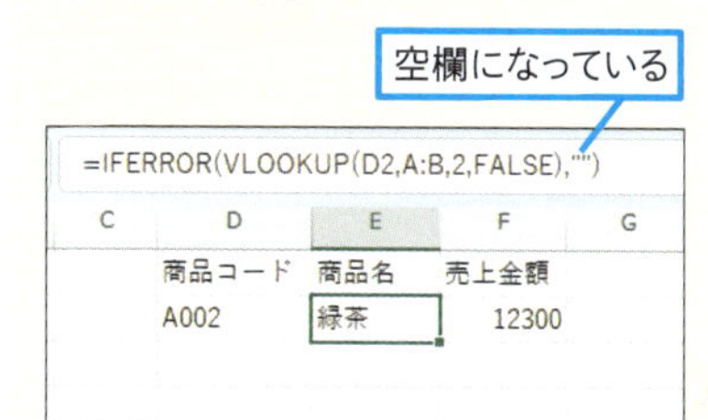

まとめ IFERROR関数は後から入力する

VLOOKUP関数の#N/Aエラーを消すためにはIFERROR関数を使いましょう。入力するときには、入力ミスを防ぐため、最初にVLOOKUP関数部分を入力して一度確定させた後に、IFERROR関数部分を追加入力するようにしましょう。

レッスン

73 条件によってセルに表示する内容を変更するには

IF関数

指定した条件に応じてセルの表示内容を変えたいときにはIF関数を使いましょう。IF関数を使うと、条件を満たしたときの表示内容と、条件を満たさなかったときの表示内容を指定することができます。

キーワード

関数 P.531
論理値 P.534

論理

条件に応じて表示する内容を変える

=IF（論理式,真の場合,偽の場合）

（イフ）

IF関数は、論理式に指定した条件が成り立つかどうかに応じて、表示する内容を変える関数です。論理式には、条件を判定したい数式や値を入力します。その条件が成り立っている場合には、真の場合に入力した数式や値を表示します。逆に、その条件が成り立たない場合には、偽の場合に入力した数式や値を表示します。

引数

- **論理式**　条件を指定します。
- **真の場合**　条件が成り立った場合に表示する値を指定します。
- **偽の場合**　条件が成り立たなかった場合に表示する値を指定します。

用語解説

論理式

論理式とは、条件に基づいて真（TRUE）または偽（FALSE）の結果を返す式のことをいいます。多くの場合、論理式として「=」「>」「>=」「<」「<=」「<>」の6つの記号を使った数式を入力します。なお、「<>」は「<」と「>」の2つの文字を続けて入力しています。

使いこなしのヒント

6種類の記号を使って条件を表現する

IF関数で使う条件は基本的に、次の6種類の記号で表現します。

●数式で使う比較演算子

比較演算子	意味	使用例	意味
=	等しい	E2=5	セルE2の値が5と等しい
>	より大きい	E2>5	セルE2の値が5より大きい
>=	以上	E2>=5	セルE2の値が5以上
<	より小さい	E2<5	セルE2の値は5より小さい
<=	以下	E2<=5	セルE2の値が5以下
<>	等しくない	E2<>5	セルE2の値は5と等しくない

練習用ファイル ▸ L073_IF関数.xlsx

使用例 達成率が100%以上であれば「達成」と表示する　セルF3の式

=IF(E3>=100%," 達成 ","")

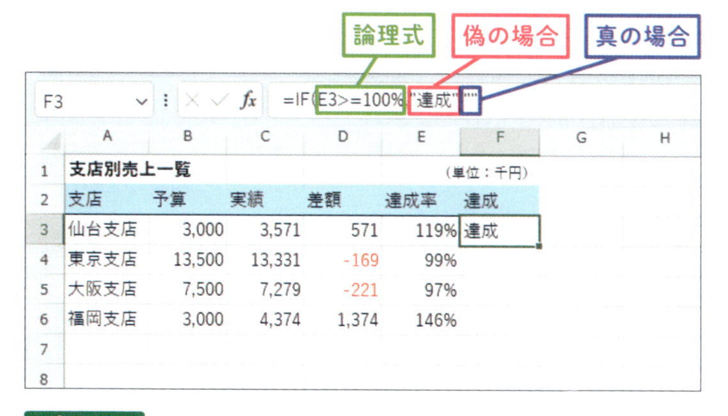

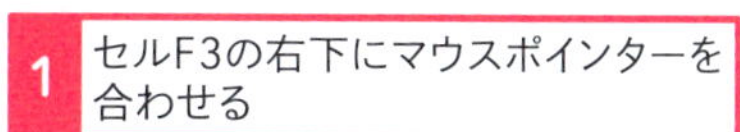

論理式	予算達成率（セル E3）が 100%以上
真の場合	「達成」と表示する
偽の場合	空欄を表示する

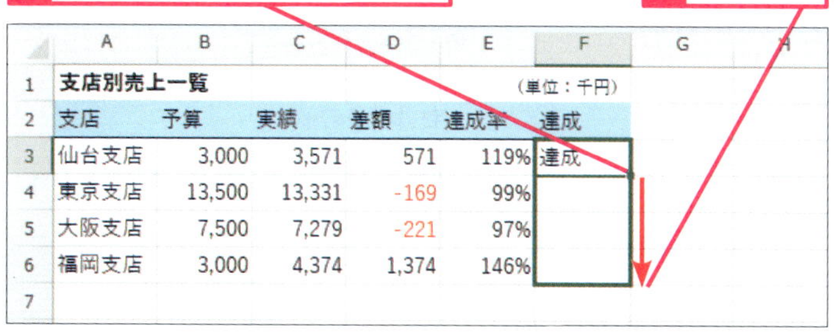

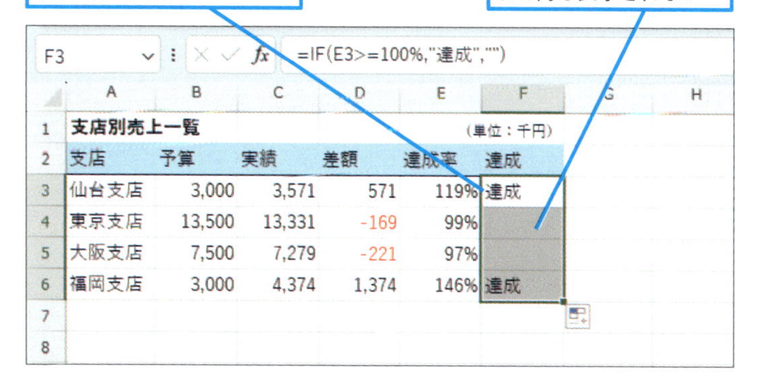

使いこなしのヒント

「より大きい」「より小さい」と「以上」「以下」の違い

より大きい・より小さいや、超・未満という表現は、等しい場合を含みません。以上・以下は等しい場合を含みます。

まとめ　条件分岐をしたいときはIF関数を使う

IF関数を使うと、条件に応じて表示内容を変えることができます。条件は、通常6種類の記号を使って表現します。IF関数を使うときには、自分の表現したい条件を、この6種類の記号で表現しましょう。

レッスン

74 端数の切り上げや切り捨てを計算するには

ROUNDUP関数、ROUNDDOWN関数

Excel・レッスン47では端数を四捨五入するROUND関数を紹介しました。このレッスンでは端数を切り上げるROUNDUP関数、端数を切り捨てるROUNDDOWN関数を紹介します。使い方はROUND関数とまったく同じです。

キーワード

関数	P.531
数式	P.532
引数	P.533

数学・三角

数値を指定した桁数に切り上げる

=ROUNDUP(数値,桁数)

ROUNDUP関数は、指定した数値を切り上げて、指定した桁数に丸める関数です。桁数は、2つ目の引数で指定します。例えば、切り上げた結果、整数にしたいときには「0」、小数1位まで表示したいときには「1」、10の位まで表示したいときには「-1」を指定します。

引数

- 数値　切り上げる数値を指定します。
- 桁数　切り上げた結果をどの桁まで表示するかを指定します。

値引額に小数が含まれるので端数となっているが、ROUNDUP関数で端数を切り上げられる

D3　=B3*C3

	A	B	C	D	E	F
1	値引額算定シート					
2	商品	定価	値引率	値引額		
3	パソコン	124,980	2%	2499.6		
4	マウス	980	1%	9.8		
5	キーボード	4980	1%	49.8		
6						
7						
8						
9						
10						
11						

使いこなしのヒント

端数を切り捨てるには

端数を切り捨てるには、ROUNDDOWN関数を使いましょう。
セルD3に「=ROUNDDOWN(B3*C3,0)」と入力すると、値引額の端数を整数に切り捨てることができます。

セルD3の式

=ROUNDDOWN(B3*C3,0)

練習用ファイル ▸ L074_ROUNDUP関数.xlsx

使用例 定価×割引率の結果を整数に切り上げる　セルD3の式

=ROUNDUP(B3*C3,0)

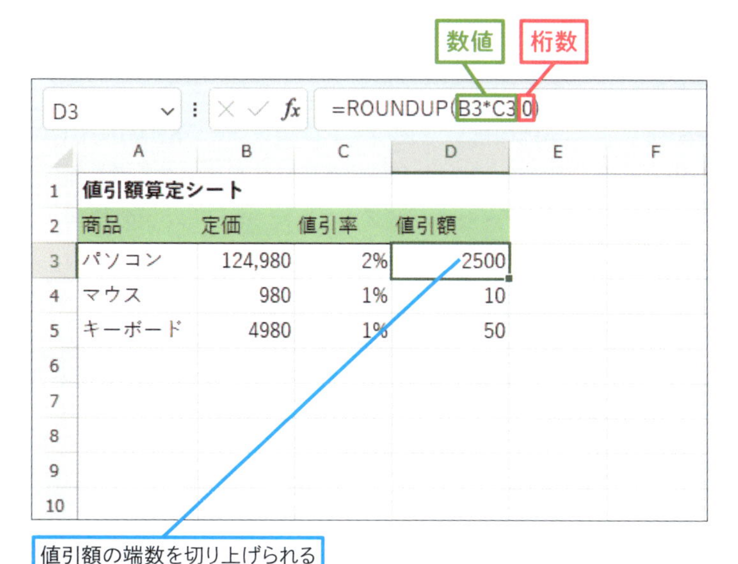

ポイント

数値	売上金額×値引き率（B3*C3）の端数を切り上げて
桁数	整数（小数0桁）を表示する

まとめ　切り上げ、切り捨て、四捨五入を使い分ける

端数を切り上げたいときにはROUNDUP関数、切り捨てたいときにはROUNDDOWN関数、四捨五入したいときにはROUND関数を使いましょう。この3つの関数の引数の意味はまったく同じです。2つ目の引数に、どの桁に端数処理をするかを指定しましょう。

使いこなしのヒント

桁数の指定

ROUNDUP関数、ROUNDDOWN関数、ROUND関数の2つ目の引数には、どの桁で端数を処理するかを数字で指定します。例えば、元の値に「123.456」が入力されているとき、桁数の指定に応じて計算結果は次の表のように変わります。

●桁数と結果

②桁数の指定	端数を処理した後の表示	元の値	ROUNDDOWN関数の結果	ROUND関数の結果	ROUNDUP関数の結果
2	小数第2位	123.456	123.45	123.46	123.46
1	小数第1位	123.456	123.4	123.5	123.5
0	整数	123.456	123	123	124
-1	10の位	123.456	120	120	130
-2	100の位	123.456	100	100	200

この章のまとめ

重要な関数の使い方を覚えよう

この章では、関数の中で使用頻度が高く重要な関数を紹介しました。どの関数も、応用範囲が非常に広く、様々な使い方ができます。数式を入力するときには、まず、この章で解説した関数が使えないかを考えてみましょう。この章で紹介した関数の中で、特に重要なのがSUMIFS関数とVLOOKUP関数です。本章と次章で解説する他の関数を使って下準備をして、SUMIFS関数とVLOOKUP関数で最終成果物となる表を作成する、というイメージを持つと、Excelの作業効率が上がります。ぜひ、意識して作業してみてください。

関数を使うことでミスなく時短しながら集計できる

F2 =SUMIFS(C:C,B:B,E2)

	A	B	C	D	E	F	G	H
1	月	取引先名	金額		取引先名	合計金額		
2	1	ベスト食品	748,452		ベスト食品	2,721,736		
3	1	和泉ホテル	50,213		和泉ホテル	745,580		
4	1	ベスト食品	524,258		天川薬品	689,037		
5	1	下原建設	675,857					
6	1	ベスト食品	694,892					
7	1	天川薬品	287,837					
8	1	和泉ホテル	239,289					
9	2	ベスト食品	48,658					

すぐに役立ちそうな関数ばかりでしたねー。

データを活かすのは関数次第。この章で紹介した関数は、いろいろなところで役立つので、ぜひ使ってみて！

エラーの対処方法がすごく役に立ちそうです！

そうだね。エラーが出ても怖がらずに、原因を探してクリアしましょう！

Excel

活用編

第9章

ミスを撲滅！関数でデータの抽出・整形を効率化

この章では、日付の処理や文字列の抽出など、データを使いやすい形に整えるための関数を紹介します。前の章で扱った関数と組み合わせて使いましょう。

レッスン **75** Introduction この章で学ぶこと

ミスを防ぎながら時短しよう

この章では、月末の日付を計算する、商品コードの先頭を抽出するといった日付や文字列データを使いやすい形に整える関数を紹介します。関数を使うことで、手作業でデータを修正するよりも、早く正確に処理ができます。合わせて、Excel 2024で導入された新しい関数も紹介します。

データの抽出や整形にも関数が役立つ！

引き続き、この章も関数ですね。

この章では表の整形や加工に役立つ関数を中心に解説するよ。どれも仕事に直結する便利な関数だからどんどん活用してほしい！

● TEXT関数

日付の値から曜日を表示できる

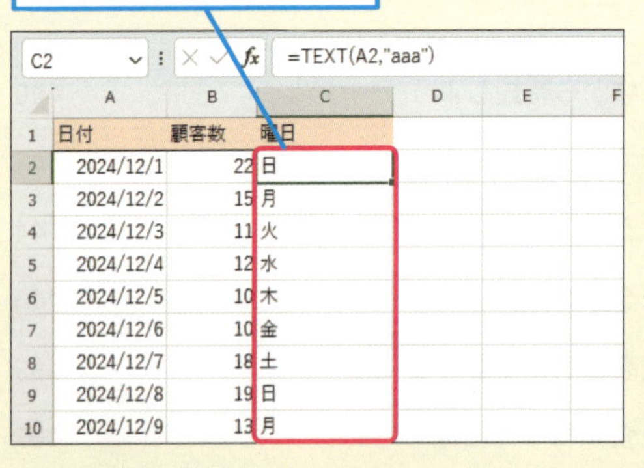

C2 =TEXT(A2,"aaa")

	A	B	C
1	日付	顧客数	曜日
2	2024/12/1	22	日
3	2024/12/2	15	月
4	2024/12/3	11	火
5	2024/12/4	12	水
6	2024/12/5	10	木
7	2024/12/6	10	金
8	2024/12/7	18	土
9	2024/12/8	19	日
10	2024/12/9	13	月

● FILTER関数

条件に一致する行をすべて抽出できる

D2 =FILTER(A:B,A:A="マックス")

	A	B	C	D	E
1	取引先名	売上金額		取引先名	売上金額
2	マックス	231,320		マックス	231,320
3	あいわ物産	212,466		マックス	954,425
4	マックス	954,425			
5	安藤興産	182,497			
6	あいわ物産	195,892			
7	茜印刷	277,306			
8	安藤興産	705,780			
9	ライフタイム	32,572			
10					

● UNIQUE関数

データから重複を取り除いたデータを作成できる

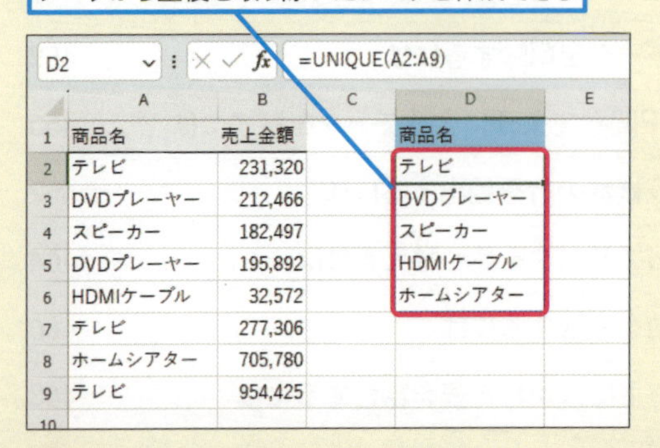

D2 =UNIQUE(A2:A9)

	A	B	C	D
1	商品名	売上金額		商品名
2	テレビ	231,320		テレビ
3	DVDプレーヤー	212,466		DVDプレーヤー
4	スピーカー	182,497		スピーカー
5	DVDプレーヤー	195,892		HDMIケーブル
6	HDMIケーブル	32,572		ホームシアター
7	テレビ	277,306		
8	ホームシアター	705,780		
9	テレビ	954,425		

関数っていうと「計算」に使う印象があったけど、データの一部を抽出したり、形を整えたりするものもいろいろあるんですね～。

そうなんだ。関数を使えばミスを防げるし、何をしたのか数式を見ればわかりやすい、というメリットもあるよ。

Excel 2024の最新関数を使おう

あの一、ちょっと自慢できそうな関数とかありますか？

そうくると思っていたよ！　Excel 2024で導入された、最新の関数も紹介するよ！

● TEXTSPLIT関数

特定の区切り文字でセルの値を分割できる

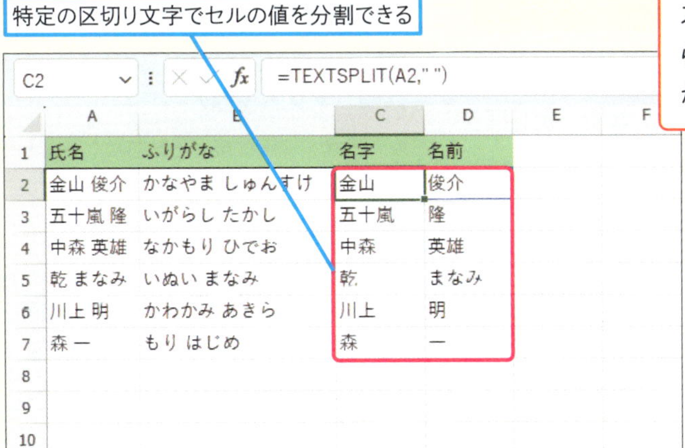

C2　=TEXTSPLIT(A2," ")

	A	B	C	D	E	F
1	氏名	ふりがな	名字	名前		
2	金山 俊介	かなやま しゅんすけ	金山	俊介		
3	五十嵐 隆	いがらし たかし	五十嵐	隆		
4	中森 英雄	なかもり ひでお	中森	英雄		
5	乾 まなみ	いぬい まなみ	乾	まなみ		
6	川上 明	かわかみ あきら	川上	明		
7	森 一	もり はじめ	森	一		
8						
9						
10						

スペースとか、ハイフンとかで区切られているデータっていっぱいあるから、この関数すごく便利そう！

これを使えば、複数の表を簡単に1つにまとめられますね！

● VSTACK関数

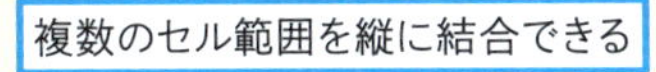

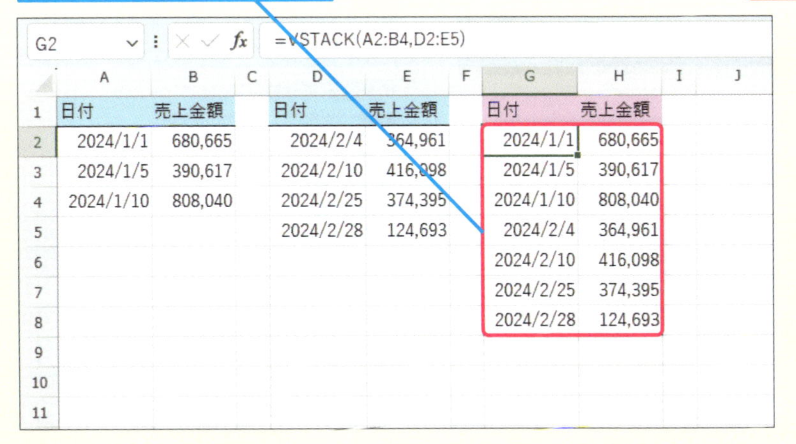

G2　=VSTACK(A2:B4,D2:E5)

	A	B	C	D	E	F	G	H	I	J
1	日付	売上金額		日付	売上金額		日付	売上金額		
2	2024/1/1	680,665		2024/2/4	364,961		2024/1/1	680,665		
3	2024/1/5	390,617		2024/2/10	416,098		2024/1/5	390,617		
4	2024/1/10	808,040		2024/2/25	374,395		2024/1/10	808,040		
5				2024/2/28	124,693		2024/2/4	364,961		
6							2024/2/10	416,098		
7							2024/2/25	374,395		
8							2024/2/28	124,693		
9										
10										
11										

新しい関数は機能もおもしろい！　使ってみるとそのすごさを実感できるよ！

レッスン76 日付を処理するには

日付の処理

練習用ファイル L076_日付の処理.xlsx

Excelの日付は、シリアル値と呼ばれる1900年1月1日からの日数を表す数値で表現されています。この仕組みを使うと、翌日・前日の日付や、2つの日の間の日数を簡単に計算できるようになります。

1 シリアル値とは

シリアル値とはExcelが日付を表現する仕組みで、日付を1900年1月1日からの日数を表す数値で表したものをいいます。例えば、「1900/1/1」が「1」、「1900/1/2」が「2」、…、「2023/12/31」が「45291」、「2024/1/1」が「45292」という感じです。なお、シリアル値「0」には「1900/1/0」という架空の日付が割り当てられています。

●シリアル値と日付

シリアル値の「0」には架空の日付が対応する

0	1	2	…	45291	45292
(1900/1/0)	1900/1/1	1900/1/2	…	2023/12/31	2024/1/1

2 日付をシリアル値で表示する

セルB1に日付が入力されている

1 ［ホーム］タブをクリック

2 ［数値の書式］をクリック

3 ［標準］をクリック

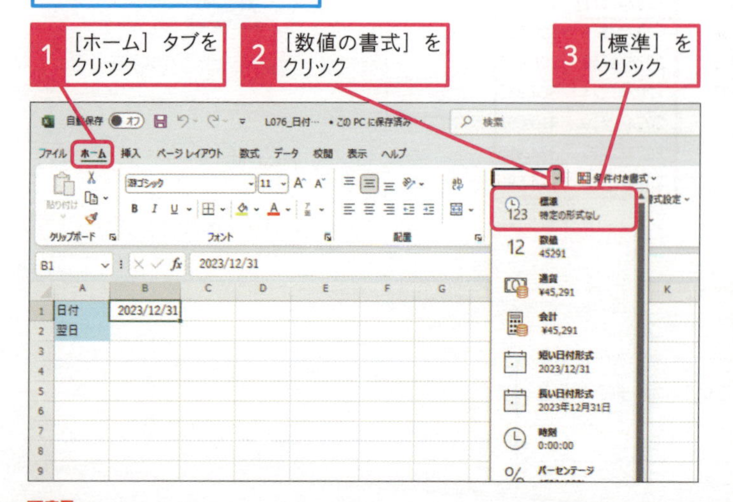

キーワード

書式	P.532
シリアル値	P.532
表示形式	P.533

使いこなしのヒント

日付データの実態は数値（シリアル値）

表示形式を標準に戻すと数値になることから、日付データの本来の値は数値（シリアル値）であることがわかります。セルに表示するときには、表示形式で日付に見えるようにして、日付データとして画面に表示しています。日付の表示形式を変更する方法はExcel・レッスン21を参照してください。

使いこなしのヒント

セルの書式設定は右クリックでも変更できる

セルを右クリックして右クリックメニューから［書式設定］を選択しても、表示形式を設定できます。

1 セルB1を右クリック

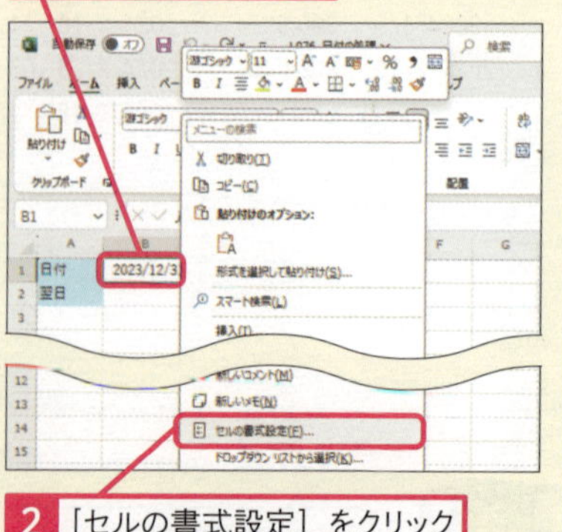

2 ［セルの書式設定］をクリック

［セルの書式設定］ダイアログボックスが表示される

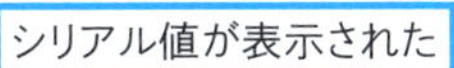

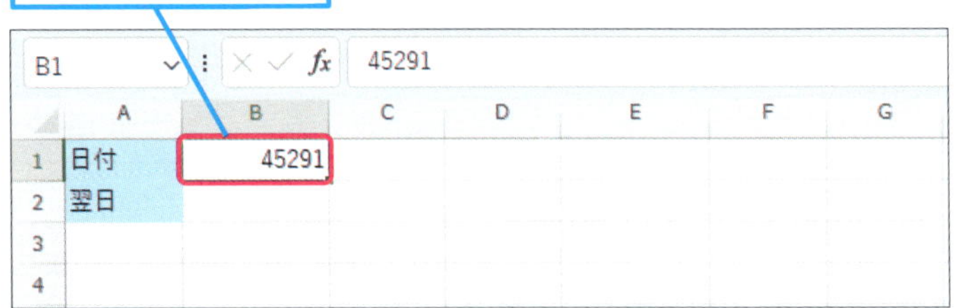

3 翌日の日付を計算するには

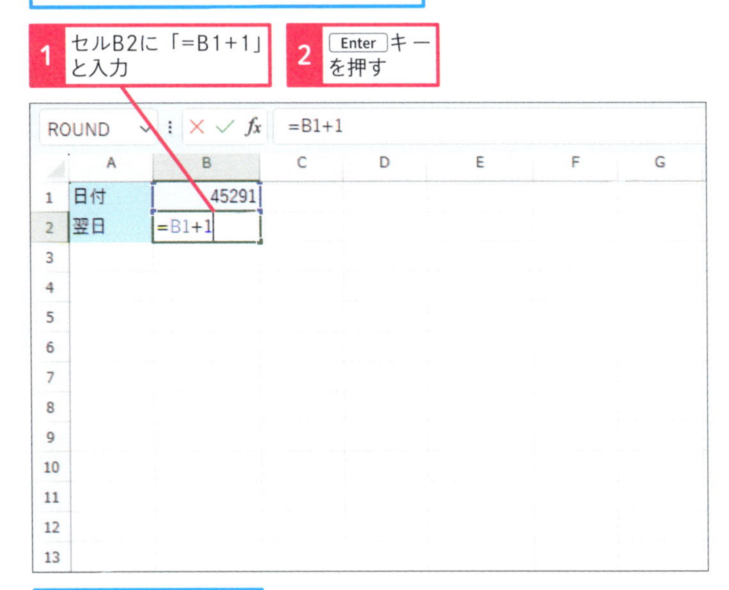

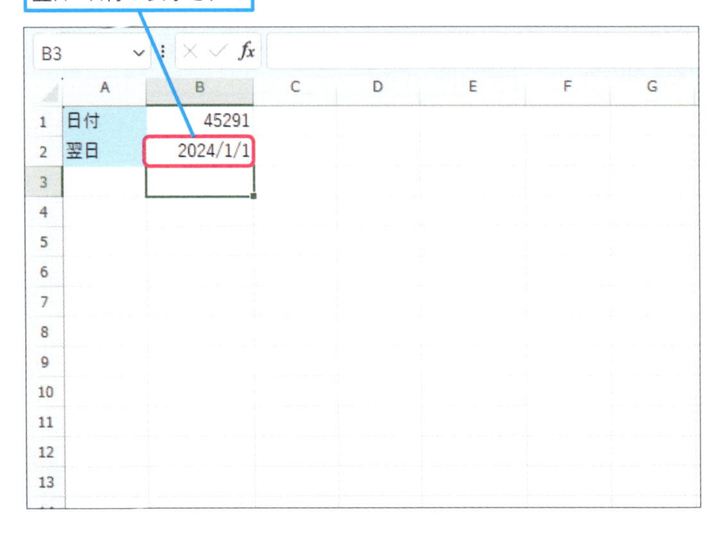

使いこなしのヒント

日付を計算する仕組み

日付はシリアル値で表されているので、日付が入力されているセルの値に1を足すと翌日、1を引くと前日の日付を表示できます。足す数・引く数を変えれば、n日後、n日前の日付を計算できます。例えば、40を足せば40日後の日付が計算できます。

まとめ シリアル値を理解しよう

Excelでは、日付データは1900/1/1からの日数を表す数値である、シリアル値で表されます。この性質を使うと、日付に1を足せば翌日、日付から1を引けば前日になるなど、日数を足し引きする計算が簡単にできます。このシリアル値は、続くレッスンで紹介する関数などでも使用されていますので、覚えておきましょう。

レッスン

77 月を抽出するには

MONTH関数

日付データから、年・月・日の部分を取り出したいときには、YEAR関数、MONTH関数、DAY関数を使います。例えば、MONTH関数を使うと「2024/10/3」というデータから「10」というデータを取り出すことができます。

キーワード

関数	P.531
シリアル値	P.532
列	P.534

日付・時刻

日付から月を取得する

=MONTH(シリアル値)

（マンス）

MONTH関数は、日付データから月を計算する関数です。計算結果は1 ～ 12の数値になります。

引数

シリアル値　日付データを指定します。

スキルアップ

年や日を抽出するには

日付データから、年や日のデータを取得するには、YEAR関数、DAY関数を使います。使い方はMONTH関数と同じく引数に日付データを指定します。「=YEAR（B1)」と入力するとセルB1の年を、「=DAY（B1)」と入力するとセルB1の日付を抽出できます。

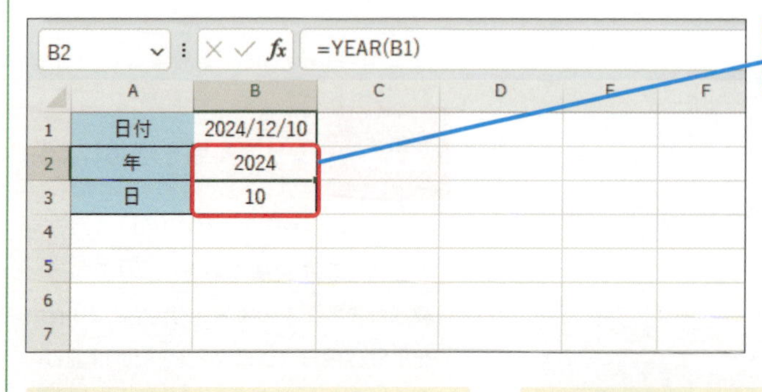

YEAR関数で年、DAY関数で日付を抽出できる

年を取得する

=YEAR(シリアル値)

（イヤー）

日付を取得する

=DAY(シリアル値)

（デイ）

練習用ファイル ▸ L077_MONTH関数.xlsx

使用例 指定した日付から月を取得する

セルD2の式

```
=MONTH(A2)
```

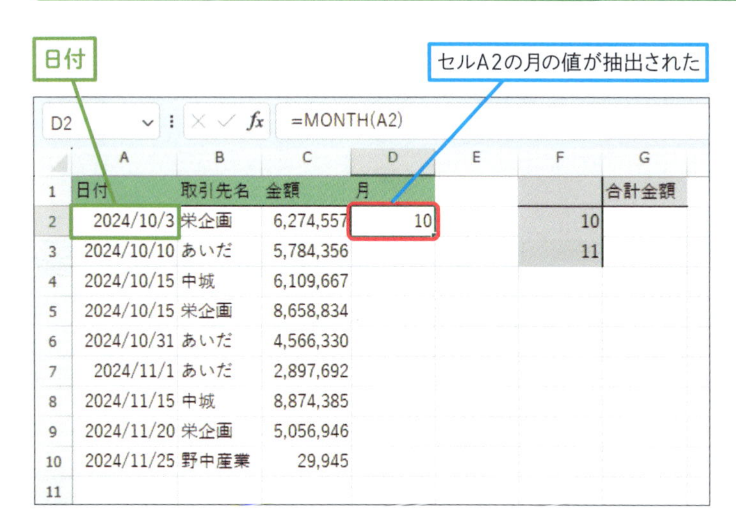

	A	B	C	D	E	F	G
1	日付	取引先名	金額	月			合計金額
2	2024/10/3	栄企画	6,274,557	10		10	
3	2024/10/10	あいだ	5,784,356			11	
4	2024/10/15	中城	6,109,667				
5	2024/10/15	栄企画	8,658,834				
6	2024/10/31	あいだ	4,566,330				
7	2024/11/1	あいだ	2,897,692				
8	2024/11/15	中城	8,874,385				
9	2024/11/20	栄企画	5,056,946				
10	2024/11/25	野中産業	29,945				
11							

ポイント

日付	2024/10/3（セル A2）の月の値を取得する

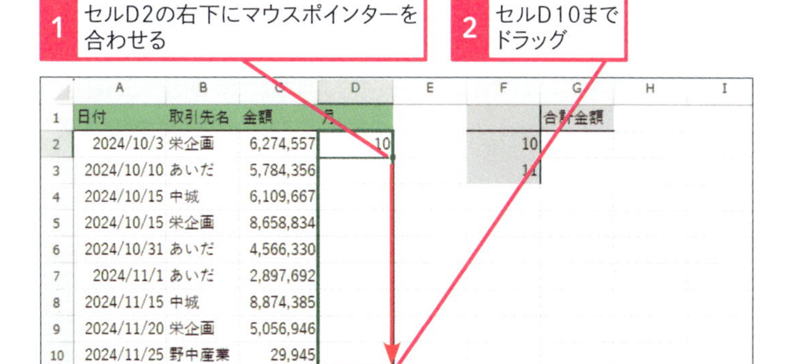

	A	B	C	D	E	F	G	H	I
1	日付	取引先名	金額	月			合計金額		
2	2024/10/3	栄企画	6,274,557	10		10			
3	2024/10/10	あいだ	5,784,356			11			
4	2024/10/15	中城	6,109,667						
5	2024/10/15	栄企画	8,658,834						
6	2024/10/31	あいだ	4,566,330						
7	2024/11/1	あいだ	2,897,692						
8	2024/11/15	中城	8,874,385						
9	2024/11/20	栄企画	5,056,946						
10	2024/11/25	野中産業	29,945						

各行の月の値が抽出された

	A	B	C	D	E	F	G	H	I
1	日付	取引先名	金額	月			合計金額		
2	2024/10/3	栄企画	6,274,557	10		10			
3	2024/10/10	あいだ	5,784,356	10		11			
4	2024/10/15	中城	6,109,667	10					
5	2024/10/15	栄企画	8,658,834	10					
6	2024/10/31	あいだ	4,566,330	10					
7	2024/11/1	あいだ	2,897,692	11					
8	2024/11/15	中城	8,874,385	11					
9	2024/11/20	栄企画	5,056,946	11					
10	2024/11/25	野中産業	29,945	11					
11									

使いこなしのヒント

月別に集計するには

MONTH関数で作成した月のデータを使うと、SUMIFS関数で月別の集計ができます。例えば、セルF2に「10」と入力して、セルG2に「=SUMIFS(C:C,D:D,F2)」と入力すると、セルG2には10月の合計金額が表示されます。さらに、セルF3に「11」と入力し、セルG2の数式をコピーしてセルG3に貼り付ければ、セルG3には11月の合計金額が表示されます。

1 セルG2に「=SUMIFS(C:C,D:D,F2)」と入力

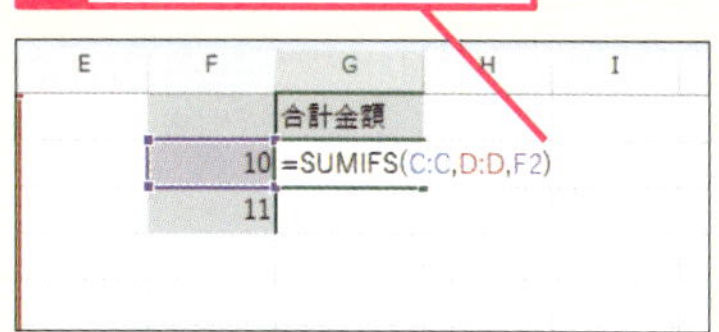

10月の合計金額が表示された

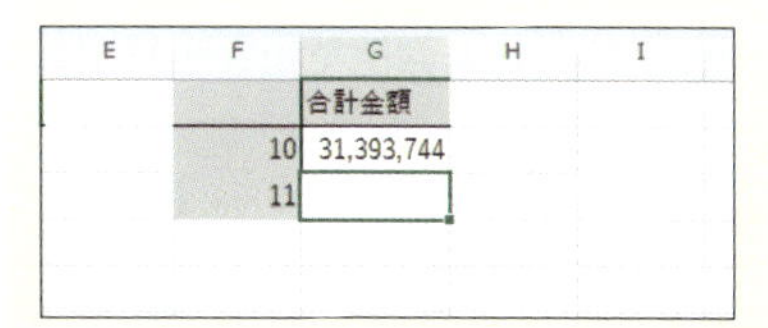

まとめ 取り出した日付は関数に使える

日付データから年・月・日の部分を取り出したいときには、YEAR関数、MONTH関数、DAY関数を使います。取り出したデータはSUMIFS関数で月別にデータを集計したいときなどに使うことができます。上のヒントを参考に、MONTH関数を使って月が入力された列を作りましょう。

レッスン

78 前月や翌月を求めるには

DATE関数

年・月・日のデータから日付データを作るには、DATE関数を使いましょう。DATE関数を使うと翌月1日、前月15日の日付など、前月や翌月の指定した日のデータを計算できます。

キーワード

関数	P.531
セル	P.532
引数	P.533

日付・時刻

年、月、日から日付データを作る

=DATE(年, 月, 日)

DATE関数は、指定した年・月・日の日付データを作る関数です。月、日に、実在しない数値を指定した場合には、自動的に補正されます。例えば、月に「13」と指定した場合には、12月の翌月（=翌年1月)、日に「0」と指定した場合には、1日の前日（=前月末）になります。

引数

年	年を数値で指定します。
月	月を数値で指定します。
日	日を数値で指定します。

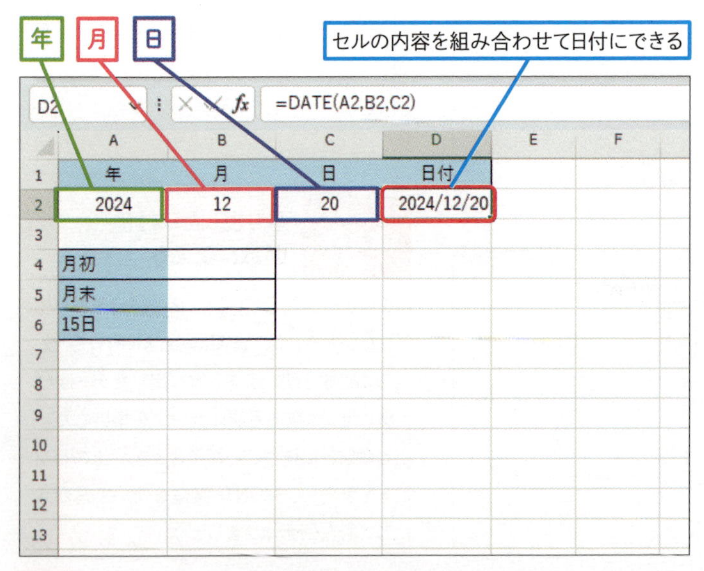

使いこなしのヒント

ありえない数値は自動的に補正される

DATE関数の引数に、存在しない年月日を指定すると自動的に補正されます。例えば、次の図では、セルD2で、あり得ない日付「2024年13月1日」の日付データを取得しようとしています。この場合、DATE関数は「13月」を「12月の翌月」と考えて、「2024年13月1日」→「2025年1月1日」の日付データが得られます。

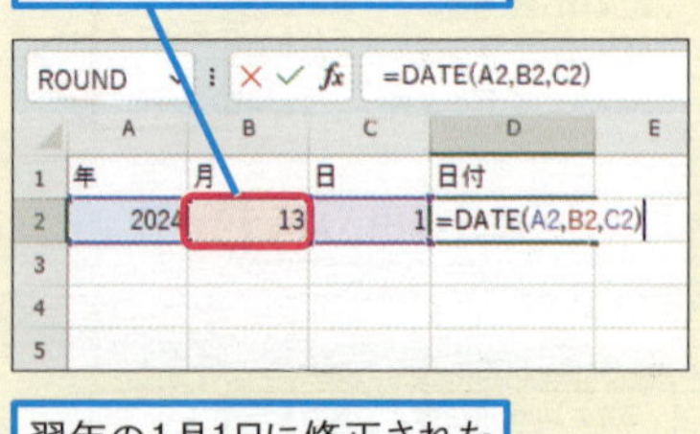

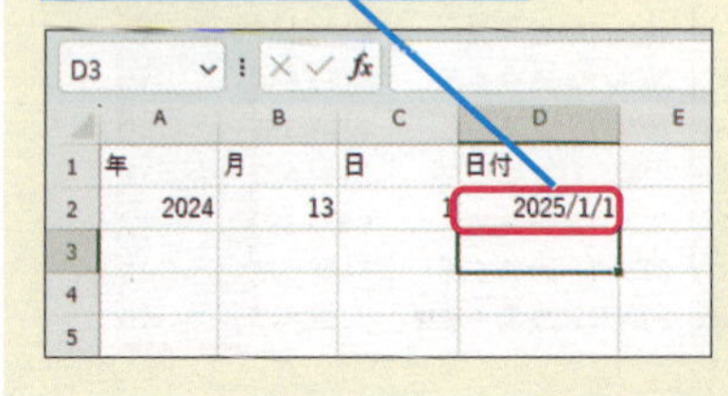

練習用ファイル ▸ L078_DATE関数.xlsx

使用例1 指定した年月日の日付データを作る

セルD2の式

=DATE(A2, B2, C2)

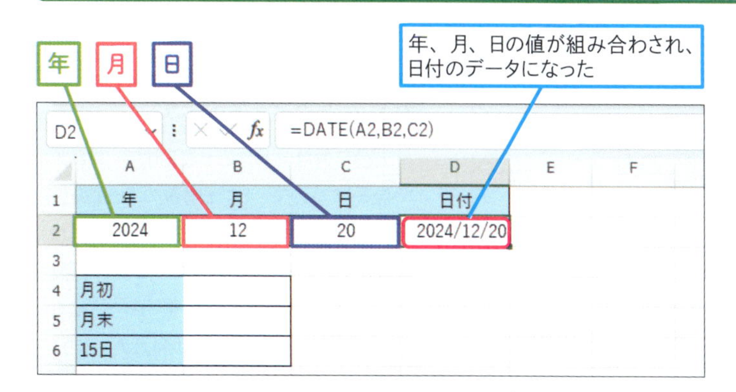

ポイント

年	2024（セル A2）年
月	12（セル B2）月
日	20（セル C2）日の日付データを作る

練習用ファイル ▸ L078_DATE関数.xlsx

使用例2 月初の日付データを作る

セルB4の式

=DATE(A2, B2, 1)

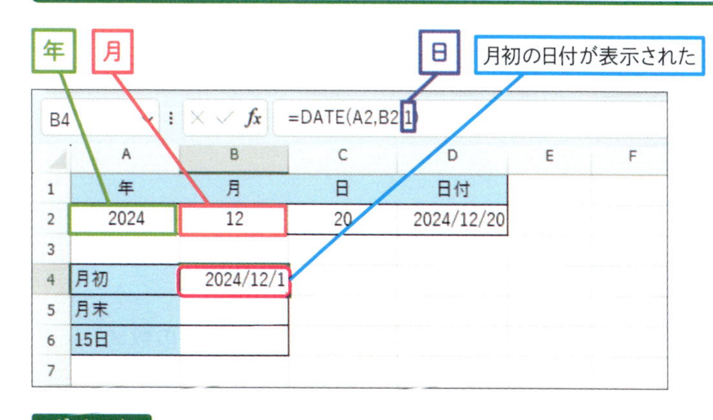

ポイント

年	2024（セル A2）年
月	12（セル B2）月
日	1 日の日付データを作る

使いこなしのヒント

月初の日付データを計算するには

使用例2では、「=DATE(A2,B2,1)」のように、3つ目の引数に「1」を指定することで、指定した年・月の「1日」の日付を求めています。

次のページに続く ➡

練習用ファイル ▸ L078_DATE関数.xlsx

使用例3 月末の日付データを作る

セルB5の式

=DATE(A2, B2+1, 0)

年　月　日

B5　=DATE(A2,B2+1,0)

	A	B	C	D	E	F
1	年	月	日	日付		
2	2024	12	20	2024/12/20		
3						
4	月初	2024/12/1				
5	月末	2024/12/31				
6	15日					
7						

月末の日付が表示された

ポイント

年	2024（セル A2）年
月	12（セル B2 + 1）月
日	0 日、つまり「1 日」の 1 日前である前月末日の日付データを作る

使いこなしのヒント

月末の求め方を覚えよう

月末の日付は、月に応じて28日～ 31日まで変動するので、DATE関数の3つ目の引数に直接数字を指定することができません。そこで、使用例3では、2つ目の引数を「B2+1」、3つ目の引数を「0」にすることで、「翌月の0日」→「翌月の1日の1日前」→「当月の末日」のような流れで当月の末日の日付を計算しています。

スキルアップ

前月・翌月の月末を計算するには

使用例3では「=DATE(A2,B2+1,0)」で、その月の月末の日付を計算しました。このDATE関数の2つ目の引数「B2+1」を「B2」に変えて「=DATE(B1,B2,0)」とすると、前月末の日付が計算できます。また、「B2+2」に変えて「=DATE(A2,B2+2,0)」とすると、翌月末の日付が計算できます。

前月末と翌月末の日付が計算できる

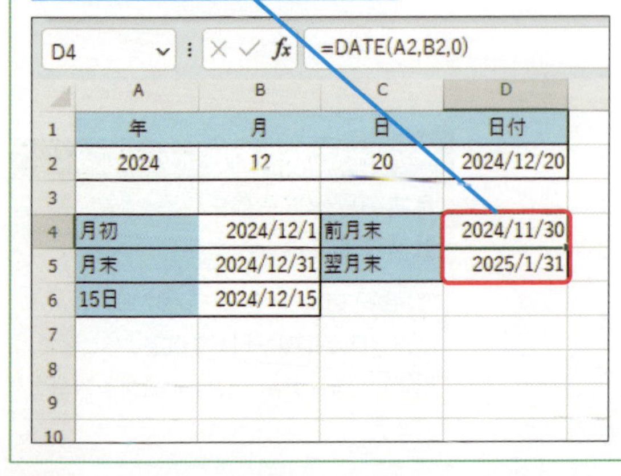

前月末の日付データを作る（セルD4の数式）

=DATE(A2, B2, 0)

翌月末の日付データを作る（セルD5の数式）

=DATE(A2, B2+2, 0)

練習用ファイル ▸ L078_DATE関数.xlsx

使用例4 指定した年月の15日の日付データを作る

セルB6の式

=DATE(A2, B2, 15)

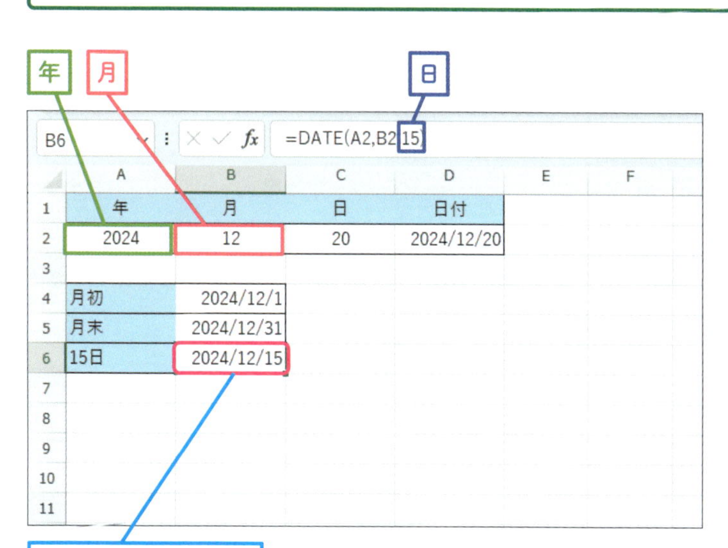

15日の日付が表示された

ポイント

年	2024（セル A2）年
月	12（セル B2）月
日	15 日の日付データを作る

使いこなしのヒント

15日以外の日付のデータを計算するには

使用例4では「=DATE(A2,B2,15)」で、その月の15日の日付を計算しました。このDATE関数の3つ目の引数「15」を任意の日付に変えれば、指定した日の日付を計算できます。ただし、4月31日などの存在しない日付を指定すると、230ページのヒントで説明した自動補正の影響で、意図通りの日付データになりませんので注意してください。

まとめ 指定した年月日の日付データを作る

DATE関数を使うと、ある月の1日、15日、月末など、年月日を指定して日付データを作ることができます。日付に0日を指定すると前月末の日付の意味になることも、よく使いますので覚えておきましょう。

スキルアップ

YEAR関数とMONTH関数を組み合わせて使うには

元のデータが「2024/12/1」といった日付データの場合は、YEAR関数とMONTH関数で年と月を抽出するとDATE関数を使って15日などの日付を求めることができます。例えば、下の図では、セルB1の年と月を、それぞれ、セルB2とセルB3で求めています。あとは、使用例4と同じようにセルB4に「=DATE(B2,B3,15)」と入力すると15日の日付を求めることができます。

使用例4と同じ数式で15日の日付を求めることができる

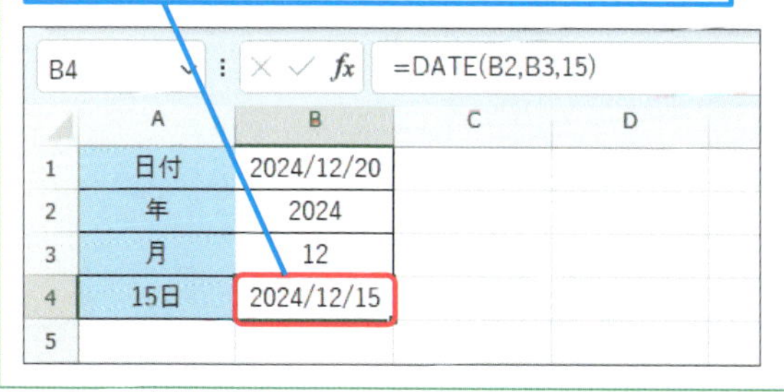

セルB1の年を計算する（セルB2の数式）

=YEAR(B1)（イヤー）

セルB1の月を計算する（セルB3の数式）

=MONTH(B1)（マンス）

レッスン

79 日付の書式を曜日に変更するには

TEXT関数

Excel・レッスン76で紹介したように、日付データの実態はシリアル値という数値です。SUMIFS関数の集計に使う、他のシステムで取り込むデータを作るなど、表示形式を適用した日付データを文字列として使いたいときには、TEXT関数を使いましょう。

キーワード

文字列操作

値に表示形式を適用して文字列データを作る

=TEXT(値, 表示形式)

TEXT関数は、いわゆる書式付き出力を行う関数です。指定した数値や日付に、指定した表示形式を適用して文字列データを作成します。表示形式に指定で使う書式文字は、ユーザ定義書式で使う書式文字と同じです。

引数

値	数値や日付などの値を指定します。
表示形式	書式文字を使って、適用したい表示形式を指定します。

● 書式文字の例

書式文字	意味	例
aaa	曜日（短）	木
aaaa	曜日（長）	木曜日
yyyy	西暦年（4桁）	2024
m	月	1
mm	月（2桁）	01
d	日	4
dd	日（2桁）	04
ge	和暦年（英字）	R6
ggge	和暦年（漢字）	令和6

使いこなしのヒント

表示形式（ユーザー定義書式）との違い

ユーザー定義書式の表示形式で曜日を表示すると、見た目が変わるだけでデータの実態はシリアル値のままです。一方で、TEXT関数を使って曜日を表示させると、その実態も見た目と同じ文字列データになります。

練習用ファイル ▸ L079_TEXT関数.xlsx

使用例 日付データから曜日の文字列データを作る

セルC2の式

=TEXT(A2, "aaa")

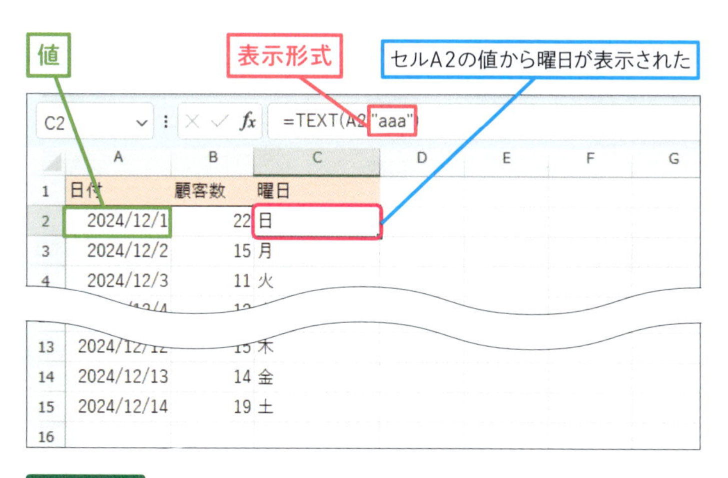

ポイント

値	2024/12/1（セル A2）に
表示形式	ユーザー定義書式の曜日表示（「aaa」）を適用してその結果を文字列データにする

まとめ　文字列データにしたいときはTEXT関数を使う

表示形式を適用して、見た目を変えた結果を文字列データとして使いたいときには、TEXT関数を使いましょう。例えば、SUMIFS関数で集計をしたいときの他、他のシステムで取り込むデータを作るときにも便利です。

スキルアップ

曜日別に集計するには

B列の顧客数を曜日別に集計するために、TEXT関数でC列に曜日のデータを作ります。あとは、セルF2にSUMIFS関数を入力すると、日付に関係なく曜日別に顧客数を集計することができます。

E列に文字列で曜日を入れているので、SUMIFS関数で集計するためには、C列にも文字列で曜日を入れる必要があります。そのため、表示形式ではなく、TEXT関数を使って曜日を表示しています。

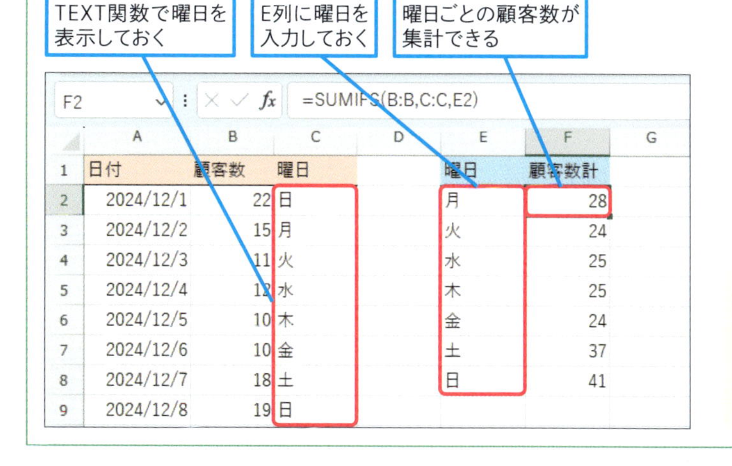

指定した曜日の顧客数を集計する（セルF2の数式）

=SUMIFS（サムイフエス）(B:B, C:C, E2)

レッスン

80 半角文字を全角にするには

JIS関数

データに半角文字と全角文字が混在しているときには、どちらかの文字種に統一するとデータを突き合わせしやすくなります。半角文字を全角文字に変換するにはJIS関数、全角文字を半角文字に変換するにはASC関数を使いましょう。

キーワード

関数	P.531
セル	P.532
引数	P.533

文字列操作

指定した文字列を全角に変換する

=JIS(文字列)

JIS関数は、指定したセルや文字列に含まれる半角文字を全角文字に変換する関数です。半角の英字、数字、記号、スペース、カタカナが全角に変換されます。

引数

文字列　全角文字に変換したい文字列が入力されているセルを指定します。

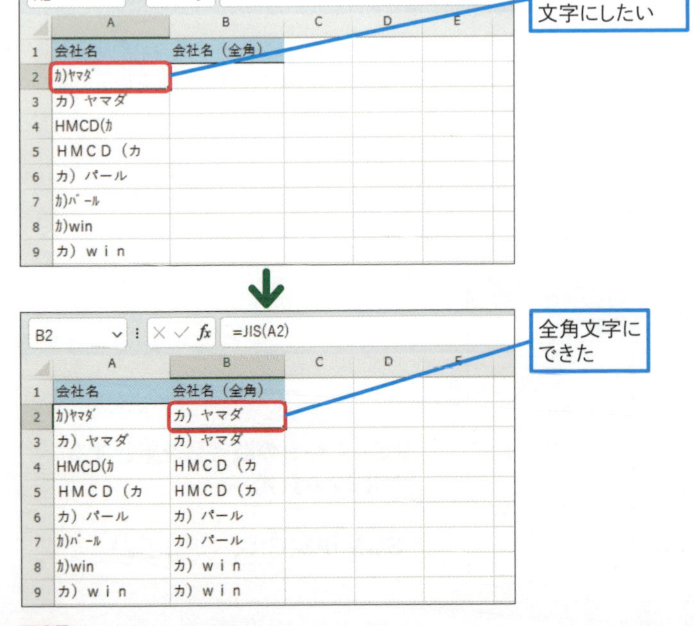

使いこなしのヒント

全角の文字は変化しない

JIS関数を使うと、半角の数字、英字、記号、スペース、カタカナが全角に変換されます。全角の文字が含まれている場合には変化せず、そのまま出力されます。

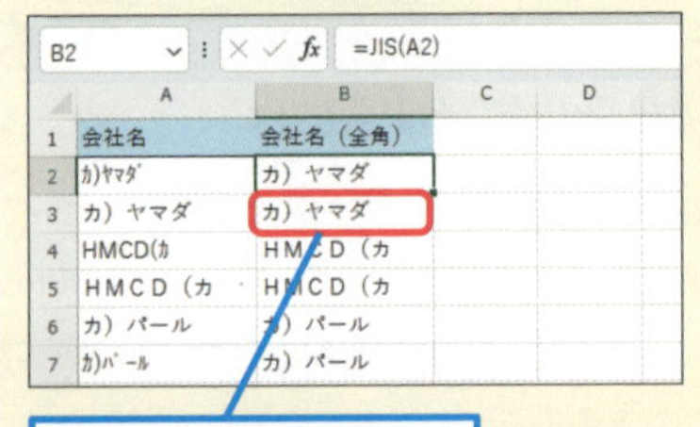

練習用ファイル ▸ L080_JIS関数.xlsx

使用例 会社名を全角に変換する　セルB2の式

=JIS(A2)

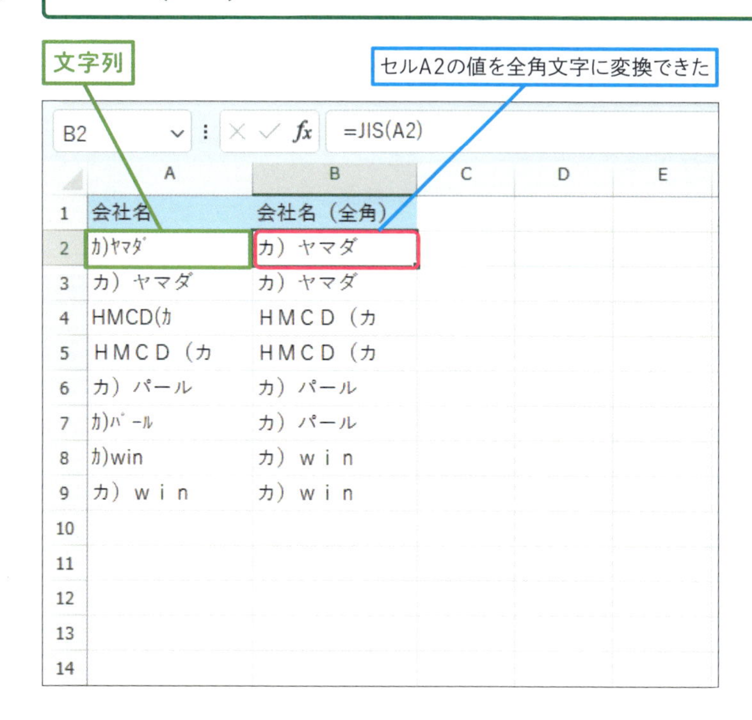

	A	B
1	会社名	会社名（全角）
2	ｶ)ﾔﾏﾀﾞ	カ）ヤマダ
3	カ）ヤマダ	カ）ヤマダ
4	HMCD(ｶ	ＨＭＣＤ（カ
5	ＨＭＣＤ（カ	ＨＭＣＤ（カ
6	カ）パール	カ）パール
7	ｶ)ﾊﾟｰﾙ	カ）パール
8	ｶ)win	カ）ｗｉｎ
9	カ）ｗｉｎ	カ）ｗｉｎ

ポイント

文字列	「ｶ)ﾔﾏﾀﾞ」（セルA2）を全角文字に変換する

まとめ 全角・半角の変換は関数を使おう

全角・半角を変換したいときには、JIS関数かASC関数を使いましょう。変換対象でない文字は、そのまま出力されます。元データの内容は気にせず、最終結果を全角にしたいときはJIS関数、半角にしたいときはASC関数を使いましょう。

スキルアップ

全角文字を半角文字にするには

ASC関数を使うと、JIS関数とは逆に全角の数字、英字、記号、スペース、カタカナが半角に変換されます。他の文字が含まれている場合には変化せず、そのまま出力されます。例えば、次の表で、セルB2に「=ASC(A2)」と入力し、セルB3に貼り付けると、全角文字が半角文字に変換されます。

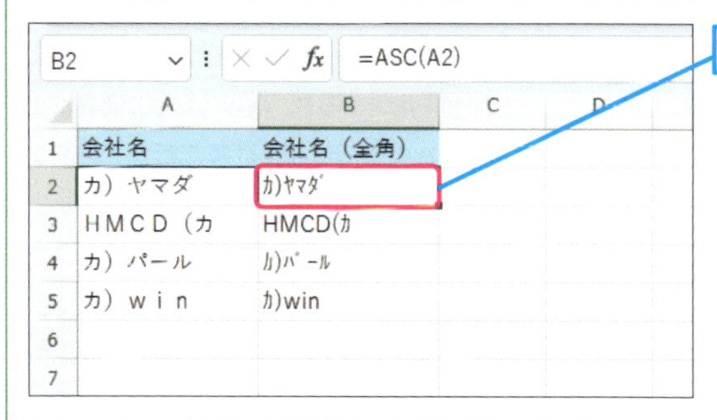

	A	B
1	会社名	会社名（全角）
2	カ）ヤマダ	ｶ)ﾔﾏﾀﾞ
3	ＨＭＣＤ（カ	HMCD(ｶ
4	カ）パール	ｶ)ﾊﾟｰﾙ
5	カ）ｗｉｎ	ｶ)win

会社名を半角に変換する（セルB2の数式）

=ASC(A2)（アスキー）

レッスン

81 複数セルの計算を一気に行うには

スピル①

練習用ファイル L081_スピル_01.xlsx

数式を入力したセルだけでなく、隣接するセルにも結果が表示される機能を「スピル」といいます。この機能を使うと、数式のコピー・貼り付けをせずに、複数セルの計算を一気に行うことができます。

1 税込単価を一気に計算する

セルD2～D4に税込単価を表示する

1 セルD2に「=C2:C4*110%」と入力

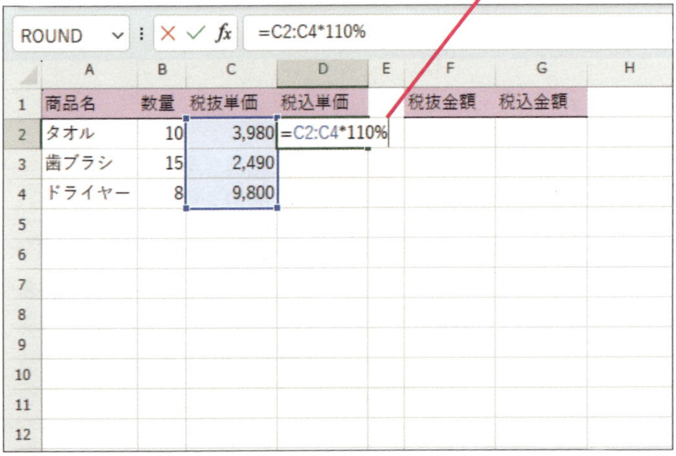

ROUND =C2:C4*110%

	A	B	C	D	E	F	G	H
1	商品名	数量	税抜単価	税込単価		税抜金額	税込金額	
2	タオル	10	3,980	=C2:C4*110%				
3	歯ブラシ	15	2,490					
4	ドライヤー	8	9,800					
5								
6								
7								
8								
9								
10								
11								
12								

2 Enter キーを押す

セルD2～D4に税込単価が表示された

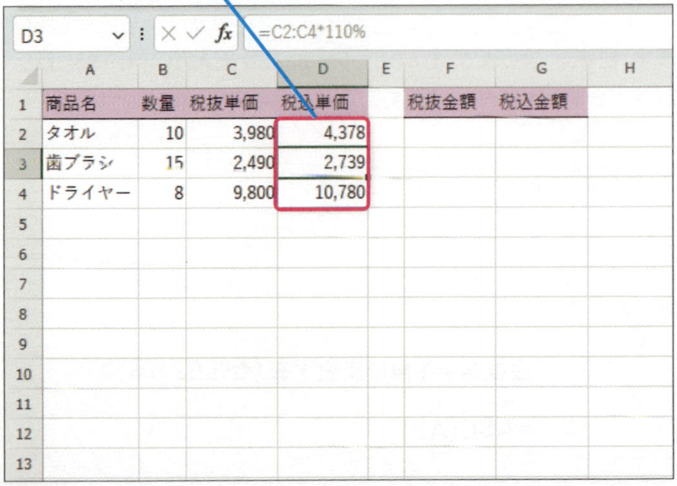

D3 =C2:C4*110%

	A	B	C	D	E	F	G	H
1	商品名	数量	税抜単価	税込単価		税抜金額	税込金額	
2	タオル	10	3,980	4,378				
3	歯ブラシ	15	2,490	2,739				
4	ドライヤー	8	9,800	10,780				
5								
6								
7								
8								
9								
10								
11								
12								
13								

キーワード

数式 P.532

スピル P.532

セル範囲 P.532

用語解説

スピル

数式の計算結果が、数式を入力したセルだけではなく、さらに下側や右側のセルにも表示される場合があります。このような挙動をスピルと呼びます。

ここに注意

スピルの機能は、Excel 2021で新規導入されました。そのため、Excel 2019以前のバージョンでは使えないことに注意してください。

使いこなしのヒント

セル範囲のそれぞれの値を使って計算する

掛け算などの四則演算をするときにセル範囲を指定すると、指定したセル範囲のそれぞれの値に対して計算を行い、計算結果が複数セルに表示されます。例えば、セルD2に「=C2:C4*110%」という数式を入れると、セルD2に「=C2*110%」、セルD3に「=C3*110%」、セルD4に「=D4*110%」の計算結果が表示されます。

2 税抜合計金額を一気に計算する

セルF2 ～ F4に税抜の合計金額を表示する

1 セルF2に「=B2:B4*C2:C4」と入力

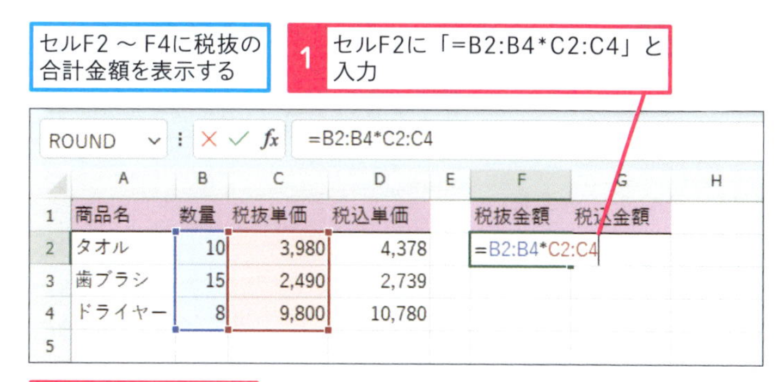

2 Enter キーを押す

セルF2 ～ F4に税抜の合計金額が表示された

F3 ｜ =B2:B4*C2:C4

	A	B	C	D	E	F	G	H
1	商品名	数量	税抜単価	税込単価		税抜金額	税込金額	
2	タオル	10	3,980	4,378		39,800		
3	歯ブラシ	15	2,490	2,739		37,350		
4	ドライヤー	8	9,800	10,780		78,400		
5								

3 税込合計金額を一気に表示する

セルG2 ～ G4に税込の合計金額を表示する

1 セルG2に「=B2:B4*D2#」と入力

ROUND ｜ =B2:B4*D2#

	A	B	C	D	E	F	G	H
1	商品名	数量	税抜単価	税込単価		税抜金額	税込金額	
2	タオル	10	3,980	4,378		39,800	=B2:B4*D2#	
3	歯ブラシ	15	2,490	2,739		37,350		
4	ドライヤー	8	9,800	10,780		78,400		
5								

2 Enter キーを押す

セルG2 ～ G4に税込の合計金額が表示された

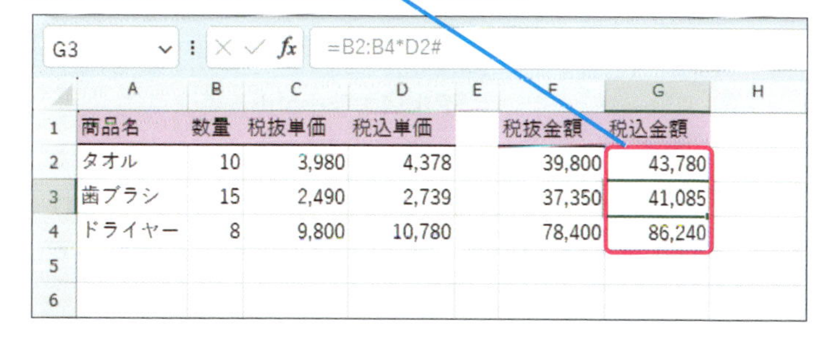

使いこなしのヒント
セル範囲の対応する値を計算する

掛け算などの四則演算の両側にセル範囲を指定すると、セル範囲の対応する値同士で計算をします。例えば、セルF2に「=B2:B4*C2:C4」という数式を入れると、セルF2に「=B2*C2」、セルF3に「=B3*C3」、セルF4に「=B4*C4」の計算結果が表示されます。

使いこなしのヒント
セルの後に「#」を付けてスピルした範囲全体を参照する

「D2#」のように、セルの後に「#」を付けると、セルD2に入力した数式でスピルした範囲全体を参照できます。セルD2の数式でセルD2 ～ D4にスピルしているため、「D2#」でセルD2 ～ D4を参照することになります。なお、数式入力中にマウスでセルD2 ～ D4を選択すると、自動で「D2#」と表示されます。

まとめ スピルで一気に計算結果を表示しよう

Excelのスピル機能を使用すると、セル範囲のそれぞれの値に特定の値を掛けたり、複数のセル範囲の対応する値同士で計算をして、複数のセルに一気に計算結果を表示できます。スピルした範囲全体を参照したいときには、セルの後に「#」を付けましょう。

レッスン

82 関数で複数セルの計算を一気に行うには

スピル②

練習用ファイル L082_スピル_02.xlsx

スピルの機能を使うと、数式のコピー・貼り付けをせずに一気に計算ができるため、絶対参照・複合参照を使う頻度を減らせます。また、四則演算だけでなく、様々な関数でも一気に複数セルの計算ができます。

1 売上割合を絶対参照を使わず一気に計算する

セルD3～D8に売上割合を表示する

1 セルD3に「=C3:C8/C8」と入力

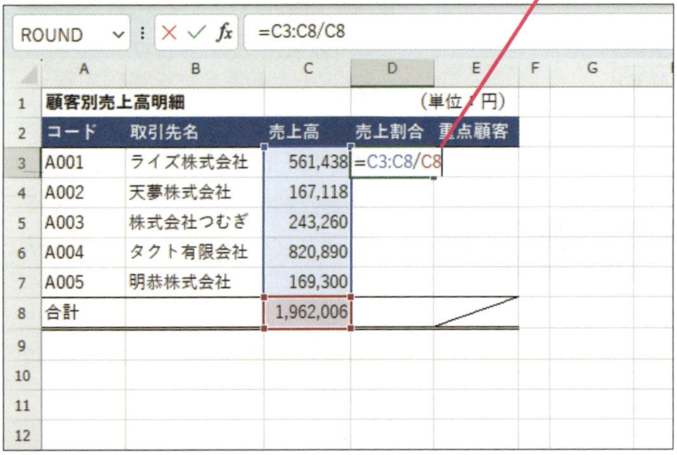

ROUND =C3:C8/C8

	A	B	C	D	E
1	顧客別売上高明細			(単位：円)	
2	コード	取引先名	売上高	売上割合	重点顧客
3	A001	ライズ株式会社	561,438	=C3:C8/C8	
4	A002	天夢株式会社	167,118		
5	A003	株式会社つむぎ	243,260		
6	A004	タクト有限会社	820,890		
7	A005	明恭株式会社	169,300		
8	合計		1,962,006		

2 Enter キーを押す

セルD3～D8に売上割合が表示された

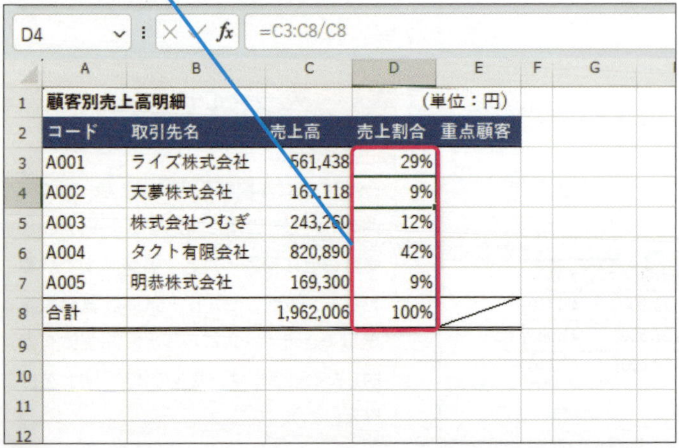

D4 =C3:C8/C8

	A	B	C	D	E
1	顧客別売上高明細			(単位：円)	
2	コード	取引先名	売上高	売上割合	重点顧客
3	A001	ライズ株式会社	561,438	29%	
4	A002	天夢株式会社	167,118	9%	
5	A003	株式会社つむぎ	243,260	12%	
6	A004	タクト有限会社	820,890	42%	
7	A005	明恭株式会社	169,300	9%	
8	合計		1,962,006	100%	

キーワード

スピル P.532
絶対参照 P.532
複合参照 P.534

使いこなしのヒント

絶対参照・複合参照を使わずスピルで計算をする

スピルの機能を使って、数式のコピー・貼り付けをせずに必要な情報を計算できるようにすると、絶対参照や複合参照を使わないで済むようになります。

使いこなしのヒント

SPILL!エラーが出る場合は

値が入力済のセルにスピルの表示が重なるときには「#SPILL!」エラーが発生します。スピルする予定のセルにはデータを入力しないようにしましょう。

2 20%以上の売上割合にマークを一気に付ける

売上割合が20%以上の重点顧客にマークを付ける

1 セルE3に「=IF(D3:D7>20%,"*","")」と入力

ROUND　=IF(D3:D7>20%,"*","")

	A	B	C	D	E
1	顧客別売上高明細			(単位：円)	
2	コード	取引先名	売上高	売上割合	重点顧客
3	A001	ライズ株式会社	561,438	29%	=IF(D3:D7>20%,"*","")
4	A002	天夢株式会社	167,118	9%	
5	A003	株式会社つむぎ	243,260	12%	
6	A004	タクト有限会社	820,890	42%	
7	A005	明恭株式会社	169,300	9%	
8	合計		1,962,006	100%	

売上割合が20%以上の重点顧客にマークが付いた

E4　=IF(D3:D7>20%,"*","")

	A	B	C	D	E
1	顧客別売上高明細			(単位：円)	
2	コード	取引先名	売上高	売上割合	重点顧客
3	A001	ライズ株式会社	561,438	29%	*
4	A002	天夢株式会社	167,118	9%	
5	A003	株式会社つむぎ	243,260	12%	
6	A004	タクト有限会社	820,890	42%	*
7	A005	明恭株式会社	169,300	9%	
8	合計		1,962,006	100%	

使いこなしのヒント

ほとんどの関数はスピルできる

多くの関数で、通常ならば1つのセルを入力する引数にセル範囲を指定すると、指定したセル範囲のそれぞれの値に対して計算を行い、計算結果が複数セルに表示されます。例えば、セルE3に「=IF(D3:D7>20%,"*","")」と入力すると、セルE3には「=IF(D3>20%,"*","")」、セルE4には「=IF(D4>20%,"*","")」というように、それぞれの計算結果がセルD7まで入力されます。

まとめ　関数の計算結果も複数のセルに一気に表示しよう

四則演算と同じように、様々な関数でも、1つのセルを指定する代わりにセル範囲を指定することで、計算結果をスピルして複数のセルに一気に表示できます。「#SPILL!」エラーが出るのを防ぐため、スピルする範囲に、事前に値を入力しないようにしましょう。

使いこなしのヒント

スピルで表示された結果は値として貼り付けられる

スピルで数式を入力したセル以外に表示された結果の値を、コピーして他のセルに貼り付けたいときには、[値] 貼り付けをしましょう。通常の貼り付けや数式貼り付けの操作をしてしまうと、貼り付け結果は空欄になってしまうことに注意してください。

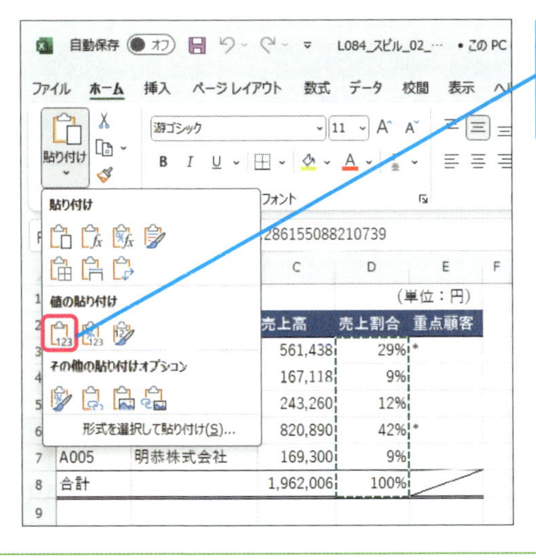

[貼り付けのオプション] の [値] でデータとして貼り付けられる

レッスン

83 重複したデータを削除するには

UNIQUE関数

UNIQUE関数を使うと、指定したデータから重複を取り除いたデータを作成できます。計算結果は、数式を入力したセルだけでなく、その下や右の複数のセルにも表示される場合もあります。

キーワード

数式	P.532
セル	P.532

検索・行列

重複を取り除いたデータを作成する

=UNIQUE（ユニーク）(配列, 列の比較, 回数指定)

UNIQUE関数は、指定したデータから重複を取り除いたデータを作成する関数です。例えば、取引データの中に出現した取引先を抽出して、重複のない取引先の一覧表を作成できます。

ここに注意

UNIQUE関数は、Excel 2021で新規導入されました。そのため、Excel 2019以前のバージョンでは使えないことに注意してください。

引数

配列	抽出元のセル範囲や配列を指定します。
列の比較	行同士で比較する場合はFALSE（省略可）、列同士で比較する場合はTRUEを指定します。
回数指定	1回以上出現する値を抽出する場合はFALSE（省略可）、1回だけ出現する値だけを抽出する場合はTRUEを指定します。

使いこなしのヒント

1回だけ出現するデータを表示するには

UNIQUE関数の、3つ目の引数「回数指定」にTRUEを指定すると、2回以上出現する値を除外して、1回だけ出現する値だけを抽出できます。なお、TRUEの代わりに1と入力することもできます。

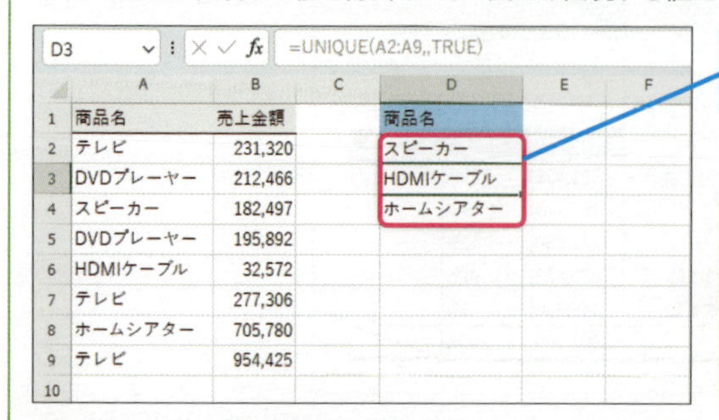

D3 =UNIQUE(A2:A9,,TRUE)

	A	B	C	D	E	F
1	商品名	売上金額		商品名		
2	テレビ	231,320		スピーカー		
3	DVDプレーヤー	212,466		HDMIケーブル		
4	スピーカー	182,497		ホームシアター		
5	DVDプレーヤー	195,892				
6	HDMIケーブル	32,572				
7	テレビ	277,306				
8	ホームシアター	705,780				
9	テレビ	954,425				
10						

セルA2～A9のデータの中で、1回だけ出現するデータが表示された

商品名の中で1回だけ出てくるデータを抽出する（セルD2の数式）

=UNIQUE（ユニーク）(A2:A9,,TRUE)

練習用ファイル ▸ L083_UNIQUE関数.xlsx

使用例 商品名から重複を取り除いたデータを作成する

セルD2の式

=UNIQUE(A2:A9)

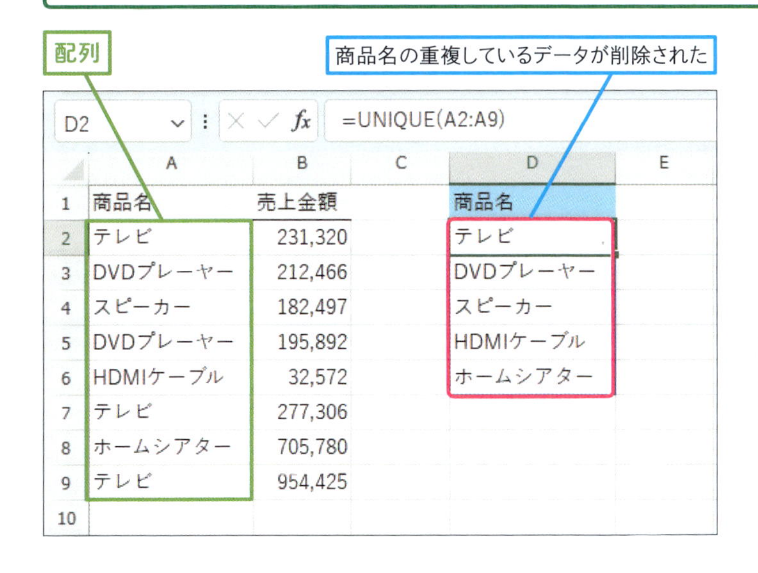

ポイント

配列	セル A2:A9 の内容を
列の比較	元データが縦に並んでいる前提で
回数指定	1 回以上出現するデータを作成する

まとめ 重複のない一覧を作成しよう

UNIQUE関数を使うと、重複したデータを削除した結果の一覧を作れます。計算結果が数式を入力したセル以外にも表示されることに注意して使いましょう。なおUNIQUE関数はExcel 2021から導入されたので、古いバージョンのExcelでは使えません。Excel 2019以前のバージョンで使う可能性があるときは使用は控えましょう。

スキルアップ

複数の列の組み合わせで重複データを削除する

UNIQUE関数の1つ目の引数に複数の列を指定すると、複数の列の組み合わせで重複データを削除できます。つまり、各行のデータがすべて一致する場合にだけ重複していると判断されます。例えば、セルD2に「=UNIQUE(A2:B9)」と入力すると、各行のA列、B列の両方が一致しているものを重複データと考えて、重複データを削除します。

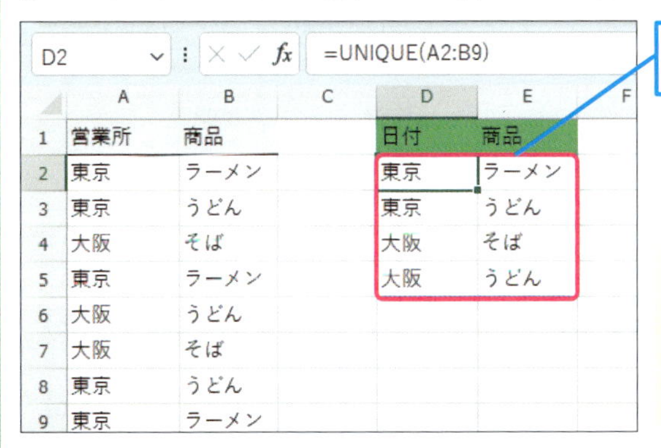

営業所と商品の組み合わせで重複を取り除いたデータを作成する（セルD2の数式）

=UNIQUE(A2:B9)（ユニーク）

レッスン

84 XLOOKUP関数で条件に合うデータを探すには

XLOOKUP関数

XLOOKUP関数は、VLOOKUP関数をより使いやすくした関数です。XLOOKUP関数を使うとIFERROR関数を使わずに#N/Aエラーを消すことができます。作成したブックをExcel 2019以前のアプリで開く可能性がないときに使いましょう。

キーワード

検索・行列

指定した値に対応するデータを表示する

=XLOOKUP(検索値, 検索範囲, 戻り範囲, 見つからない場合, 一致モード, 検索モード)

XLOOKUP関数は、指定した値を検索範囲から探して、戻り範囲に指定した値から対応するデータを取得する関数です。用途はVLOOKUP関数とほとんど同じですが、VLOOKUP関数よりも直観的・簡単に使うことができ、検索するときの挙動を細かく指定できます。

引数

- **検索値** 検索する値を指定します。
- **検索範囲** 検索値を探すセル範囲を指定します。
- **戻り範囲** 検索値が検索範囲に見つかった場合に表示する値をセル範囲で指定します。
- **見つからない場合** 検索値が検索範囲になかった場合に表示する値を指定します（省略可）。
- **一致モード** 一致したと判断する条件を0、-1、1の中から指定します（省略可）。

指定値	説明
0（または省略時）	完全一致
-1	完全一致または次に小さい項目
1	完全一致または次に大きい項目

- **検索モード** 検索する方向を1、-1、2、-2の中から指定します（省略可）。

使いこなしのヒント

VLOOKUP関数との違いって？

VLOOKUP関数では、2つ目の引数で表全体のセル範囲、3つ目の引数で取得する列番号を指定します。一方で、XLOOKUP関数では、2つ目の引数で検索するセル範囲、3つ目の引数で表示する値のセル範囲を指定します。XLOOKUP関数では、表示したい列の右側に検索したい列があっても、問題はありません。

使いこなしのヒント

検索モードに指定する値って？

XLOOKUP関数の6つ目の引数に指定する検索モードの詳細は以下の通りです。

指定値	説明
1（または省略時）	先頭から末尾へ検索
-1	末尾から先頭へ検索
2	バイナリ検索（昇順で並べ替え）
-2	バイナリ検索（降順で並べ替え）

練習用ファイル ▸ L084_XLOOKUP関数.xlsx

使用例 「B001」をコード列から探して対応する商品名を表示する セルF2の式

=XLOOKUP(E2, A:A, C:C)

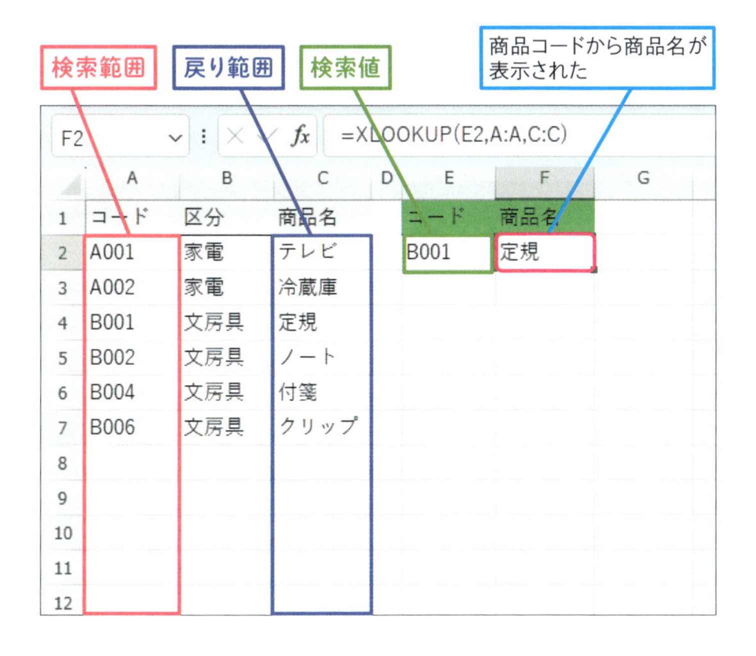

ポイント

検索値	「B001」（セル E2）を
検索範囲	商品コード列（A 列）から探して
戻り範囲	対応する商品名（C 列）の値を表示する

⚠ ここに注意

XLOOKUP関数は、Excel 2021で新規導入されました。そのため、Excel 2019以前のバージョンでは使えないことに注意してください。

まとめ 作業環境がExcel 2021以降のときに使おう

XLOOKUP関数は作業環境がExcel 2021以降に限られる場合に使ってみてください。一方で、古いバージョンのExcelで開く可能性があるときには、VLOOKUP関数を使いましょう。

使いこなしのヒント

複数列を一気に表示する

通常、XLOOKUP関数を使うときには、検索範囲と戻り範囲で指定するセル範囲の形は一致させます。本文の例では、両方とも1つの列を指定しています。ここで、戻り範囲に複数列を指定すると、条件に一致する行全体をスピルして一気に表示することができます。例えば、下記の表で、セルF2に「=XLOOKUP(E2,A:A,B:C)」と入力すると、セルF2に「文房具」、セルG2に「定規」と表示されます。

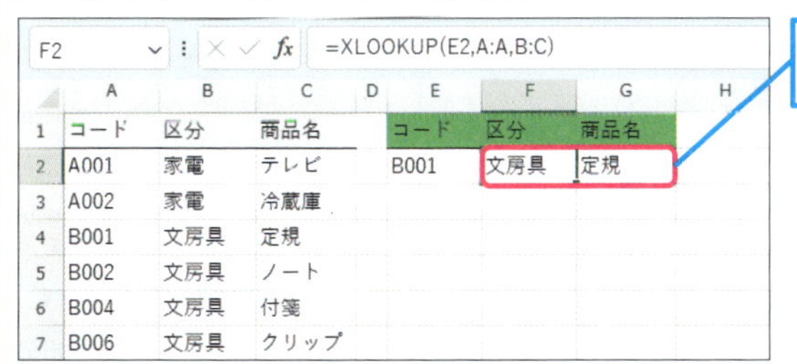

コードに一致する行が表示される

指定したコードに対応する区分と商品名を表示する（セルF2の数式）

エックスルックアップ
=XLOOKUP(E2, A:A, B:C)

レッスン

85 条件に合う複数の行を抽出するには

FILTER関数

FILTER関数を使うと条件に一致するすべての行を抽出できます。VLOOKUP関数とは異なり、条件に一致する行が複数あるときには、そのすべての行を抽出できます。

キーワード

スピル P.532
フィルター P.534

検索・行列

条件に一致するデータを抽出する

=FILTER(配列, 含む, 空の場合)

FILTER関数は、指定したデータの中から条件に一致するデータを抽出する関数です。2つ目の引数の「含む」には、抽出条件を指定します。抽出条件は、基本的にはIF関数の論理式の書き方と同じですが、左辺にセル範囲を使って「A:A=10」のように指定します。

引数

配列	抽出したいデータ全体を指定します。
含む	抽出条件を指定します。書き方は、基本的にはIF関数での「論理式」の書き方と同じですが、「A:A="A002"」「A:A<>"A002"」など、左辺にセル範囲を指定する点は異なります。
空の場合	該当行がないときの表示を指定します（省略可）。省略時は「# CALC!」が表示されます。

使いこなしのヒント

フィルターボタンでも抽出できる

FILTER関数での抽出結果は、基本的には、リボンのフィルターボタンを使って抽出した結果と同じです。その場で結果を見たいときにはフィルターを、作業を自動化したいときにはFILTER関数を使うようにしましょう。

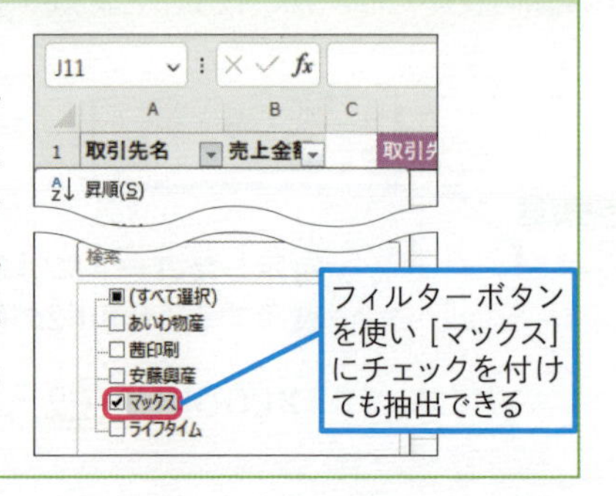

使いこなしのヒント

VLOOKUP関数との違い

FILTER関数とVLOOKUP関数で、大きく違う点は2つあります。1点目は、条件に一致する行が複数あるときには、そのすべての行を抽出できることです。取引先名が「マックス」であるデータが2件あるので、2件分データが抽出できています。2点目は「配列」で指定したすべての列が計算結果として得られることです。今回の例では「配列」に「A:B」と指定しているので、FILTER関数で「取引先名」と「売上金額」の2つの列のデータが抽出されました。

ここに注意

行を抽出するときには「配列」と「含む」に指定するセル範囲の高さを揃えましょう。

練習用ファイル ▸ L085_FILTER関数.xlsx

使用例 取引先名が「マックス」の行だけを抽出する

セルD2の式

=FILTER(A:B, A:A="マックス")

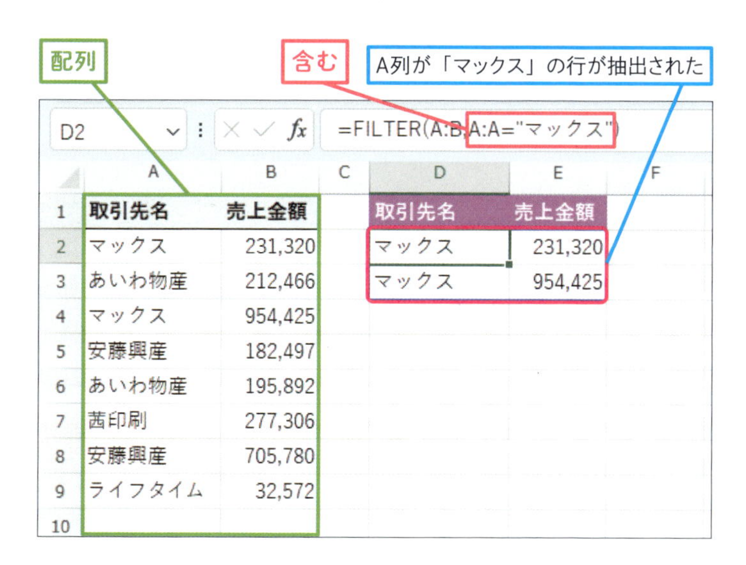

ポイント

配列	A列～B列のうち
含む	A列が「マックス」と等しい行を抽出する
空の場合	該当行がないときは「#CALC!」を抽出する

まとめ 複数行を抽出したいときはFILTER関数を使う

FILTER関数を使うと、条件を満たす複数の行を抽出できます。計算結果がスピルすることに注意して使いましょう。FILTER関数もExcel 2021から導入されたので、Excel 2019以前のバージョンでは使えないことに注意しましょう。

スキルアップ

「該当なし」と表示するには

指定した条件に該当するデータがない場合、「空の場合」を省略していると「#CALC!」エラーが表示されます。もし、エラーが出るのを防ぎたいときには「空の場合」に表示させたい内容を指定しましょう。例えば、セルD2に「=FILTER(A:B,A:A="あいう","該当なし")」と入力すると、条件を満たす行がないので、セルD2には「該当なし」と表示されます。

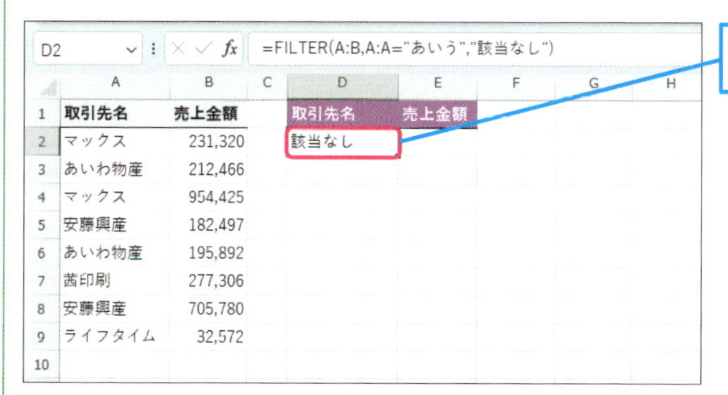

レッスン
86 関数を使ってデータを並べ替えるには

SORT関数

SORT関数を使うと、データを並べ替えられます。通常の並べ替えの機能と違い、元データを変更しないで並べ替えられます。なお、並び順を指定したいときにはSORTBY関数を使いましょう。

キーワード

スピル	P.532
表示形式	P.533

検索・行列

データを指定した列または行を基準に並べ替える

=SORT(配列, 並べ替えインデックス, 並べ替え順序, 並べ替え基準)

SORT関数は、指定したセル範囲を、指定した列や行で並べ替える関数です。列・行のどちらで並べ替えるかは［並べ替え基準］で指定します。それに応じて、セル範囲の何列目・何行目の値の順番で並べ替えるかを［並べ替えインデックス］で、昇順か降順は［並べ替え順序］で指定します。

ここに注意

SORT関数は、Excel 2021で新規導入されました。そのため、Excel 2019以前のバージョンでは使えないことに注意してください。

引数

配列	並べ替えるセル範囲を指定します。
並べ替えインデックス	配列のうち何列目または何行目を基準に並べ替えるかを列番号、行番号で指定します。省略時は「1」となります。
並べ替え順序	昇順で並べ替える場合は「1」（省略可）、降順で並べ替える場合は「-1」を指定します。
並べ替え基準	行で並べ替える場合は「FALSE」（省略可）、列で並べ替える場合は「TRUE」を指定します。

使いこなしのヒント

［並べ替え］機能でも表を操作できる

SORT関数での抽出結果は、基本的には、リボンの並べ替えボタンを使って抽出した結果と同じです。その場で結果を見たいときには並べ替えを、作業を自動化したいときにはSORT関数を使うようにしましょう。ただし、並べ替えの機能を使ってしまうと、元々の並び順がわからなくなってしまう場合があるため、できるだけ使わないようにすることをおすすめします。

	A	B	C
1	コード	商品名	売上高
2	A1002	マンゴー	808,581
3	A1001	メロン	579,093
4	A1015	りんご	543,987
5	B1006	ゼリー	537,104
6	B1009	ケーキ	412,356
7	A1004	オレンジ	239,586
8	A1010	なし	198,757
9	B1013	クッキー	132,467
10	C1013	カレー	33,793

セルC1を選択し、［降順］ボタンをクリックすると売上高順に並び替えられる

練習用ファイル ▸ L086_SORT関数.xlsx

使用例 データを売上高の降順に並べ替える

セルE2の式

=SORT(A2:C10, 3, -1)

配列　並び替えインデックス　並び替え順序

E2 | =SORT(A2:C10,3,-1)

	A	B	C	D	E	F	G	H
1	コード	商品名	売上高		コード	商品名	売上高	
2	A1001	メロン	579,093		A1002	マンゴー	808,581	
3	A1002	マンゴー	808,581		A1001	メロン	579,093	
4	A1004	オレンジ	239,586		A1015	りんご	543,987	
5	A1010	なし	198,757		B1006	ゼリー	537,104	
6	A1015	りんご	543,987		B1009	ケーキ	412,356	
7	B1006	ゼリー	537,104		A1004	オレンジ	239,586	
8	B1009	ケーキ	412,356		A1010	なし	198,757	
9	B1013	クッキー	132,467		B1013	クッキー	132,467	
10	C1013	カレー	33,793		C1013	カレー	33,793	
11								

E2 ～ G10セルに、A2 ～ C10セルのデータを売上高の大きい順に並べ替えた結果が表示された

ポイント

配列	セル範囲 A2:C10 のうち
並び替えインデックス	3 つ目のデータを使って
並び替え順序	降順（-1）で
並び替え基準	行で並び替え（FALSE）をする

使いこなしのヒント

表示形式は手作業で設定する

スピルする関数を入力した場合に、値が表示されるセルに適切な表示形式が設定されない場合があります。今回の例で、G列の表示形式がカンマ区切り形式にならなかった場合には、手作業で表示形式を設定してください。

まとめ 並べ替えよりもできるだけSORT関数を使おう

SORT関数による並べ替えは、並べ替えの機能を使う場合と違い元データが変更されません。表の並べ替えをするときに積極的に使いましょう。なお、SORT関数で日付や数値が含まれる表をSORT関数で並べ替えた場合には、表示形式が適切に設定されているか確認しましょう。

スキルアップ

SORTBY関数で並べ替えの条件を別途指定する

並べ替えの条件を、列番号ではなくセル範囲や配列で指定したいときには、SORTBY関数を使いましょう。セルE2に「=SORTBY(A2:C10,C2:C10,-1)」と入力すると、本文と同じように並べ替えができます。なお、SORTBY関数の2つ目の引数は、1つ目の引数で指定したセル範囲の外のセル範囲でも指定できます。

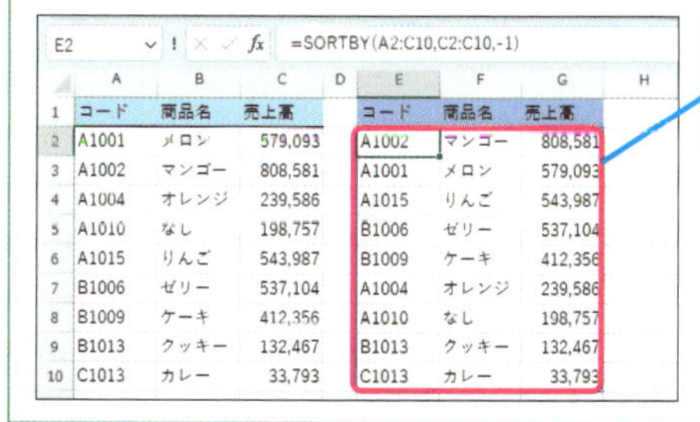

E2 ～ G10セルに、A2 ～ C10セルのデータを売上高の大きい順に並べ替えた結果が表示された

データを売上高の降順に並べ替える

=SORTBY（ソートバイ）(A2:C10, C2:C10, -1)

レッスン
87 名字と名前を分離するには

TEXTSPLIT関数

Excel 2024から導入されたTEXTSPLIT関数を使うと、指定した文字で分割した分割結果の値を取得できます。氏名を姓と名に分割したり、ハイフン区切りの製品コードをハイフンごとに分割するなど、従来は手間が掛かった処理が簡単にできるようになります。

キーワード

関数	P.531
行	P.531
引数	P.533

文字列操作

区切り文字で分割した値を取得する

（テキストスプリット）
=TEXTSPLIT(文字列, 列区切り文字, 行区切り文字, 空欄を無視, 照合方法, 既定値)

TEXTSPLIT関数は、指定した文字列を、指定した列区切り文字と行区切り文字で分割した値を取得する関数です。区切った結果空欄があった場合に、空欄のまま表示するか、空欄を詰めて表示するかは［空欄を無視］で指定します。また、大文字・小文字を区別するかどうかを［照合方法］で指定します。

引数

- **文字列**　分割したい文字列やセルを指定します。
- **列区切り文字**　この文字を列の区切りとして使って、文字列を分割します。
- **行区切り文字**　この文字を行の区切りとして使って、文字列を分割します。
- **空欄を無視**　空欄をそのままセルに表示する場合は「FALSE」(省略可)、空欄は詰めて表示する場合は「TRUE」を指定します。
- **照合方法**　列・行の区切り文字を探すときに大文字と小文字を区別する場合は「0」(省略可)、大文字と小文字を区別しない場合は「1」を指定します。
- **既定値**　値が存在しないセルに表示する文字を指定します（省略可）。省略した場合は「#N/A」が表示されます。

ここに注意

TEXTSPLIT関数は、Excel 2024で新規導入されました。そのため、Excel 2021以前のバージョンでは使えないことに注意してください。

使いこなしのヒント

姓・名のどちらかだけを取り出す

姓だけを取り出したいときにはTEXTBEFORE関数、名だけを取り出したいときにはTEXTAFTER関数を使いましょう。セルC2に「=TEXTBEFORE(B2," ")」と入力後、その数式をコピーしてセルC3～C7に貼り付けると姓だけを抽出できます。同様に、セルD2に「=TEXTAFTER(B2," ")」と入力後、その数式をコピーしてセルD3～D7に貼り付けると、名だけを抽出できます。

C2　=TEXTBEFORE(A2," ")

	A	B	C	D	E
1	氏名	ふりがな	名字	名前	
2	金山 俊介	かなやま　しゅんすけ	金山	俊介	
3	五十嵐 隆	いがらし　たかし	五十嵐	隆	
4	中森 英雄	なかもり　ひでお	中森	英雄	
5	乾 まなみ	いぬい　まなみ	乾	まなみ	
6	川上 明	かわかみ　あきら	川上	明	
7	森 一	もり　はじめ	森	一	
8					

練習用ファイル ▸ L087_TEXTSPLIT関数.xlsx

使用例 氏名を空白スペースで分割する

セルC2の式

=TEXTSPLIT(B2, " ")

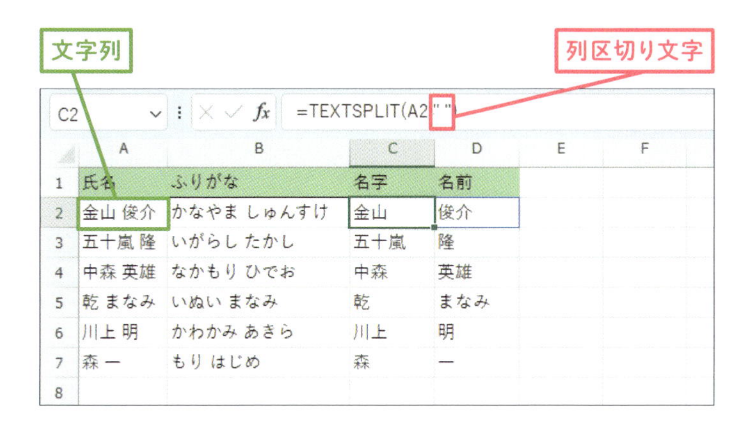

ポイント

文字列	「金山俊介」（セル A2）を、
列区切り文字	空白を列の区切り文字として使って分割する
行区切り文字	行の区切り文字は未設定
空欄を無視	空欄をそのままセルに表示（FALSE）して
照合方法	大文字と小文字を区別（0）する
既定値	値が存在しないセルには「#N/A」を表示する

まとめ 区切り文字で区切られたデータを分割しよう

TEXTSPLIT関数を使うと、指定した区切り文字に基づいてデータを分割することができます。例えば、氏名がカンマで区切られ、姓と名が空白で区切られているような複雑なデータでも、この関数で処理することが可能です。指定した文字の前または後の部分だけを抽出したいときには、TEXTBEFORE関数やTEXTAFTER関数を使いましょう。

スキルアップ

行・列両方に分割する

セルA1に個々の姓と名の間に空白、複数人の氏名がカンマ「,」で区切られているようなデータが入力されているとします。このとき、セルA4に「=TEXTSPLIT(A1," ",",")」と入力すると、カンマで縦に区切り、その区切った結果をさらに空白で横に区切ることができます。その結果、それぞれの氏名を姓と名に分割しつつ、縦に並べて表示できます。

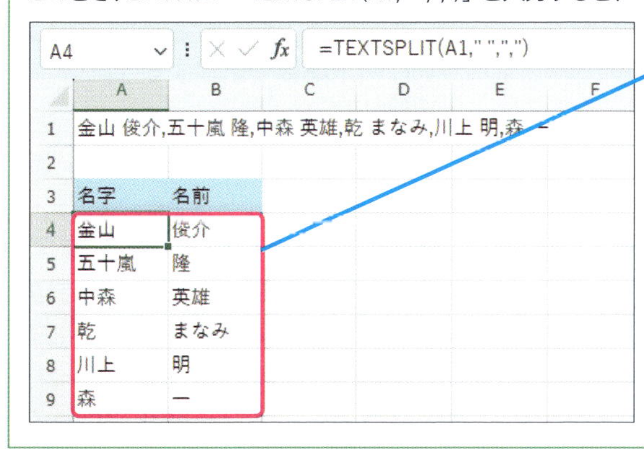

カンマで区切られた複数の氏名を分割できる

カンマで区切られた複数の氏名を姓と名に分割する

=TEXTSPLIT(A1, " ", ",")

レッスン

88 複数のシートに分かれた表を結合するには

VSTACK関数

Excel 2024から導入されたVSTACK関数を使うと、複数のセル範囲を縦方向に結合できます。例えば、同じレイアウトの表を月ごとに分けて作成した場合、VSTACK関数で1つの表にまとめればSUMIFS関数やピボットテーブルで効率よく集計できるようになります。

キーワード

関数	P.531
セル範囲	P.532
ピボットテーブル	P.533

検索・行列

複数の表を縦に結合する

=VSTACK(配列1, 配列2, …)

(ブイスタック)

VSTACK関数は、指定したセル範囲や配列を縦方向に結合する関数です。結合したいセル範囲や配列が3つ以上ある場合も、カンマで区切って指定できます。

ここに注意

VSTACK関数は、Excel 2024で新規導入されました。そのため、Excel 2021以前のバージョンでは使えないことに注意してください。

引数

配列	結合したいセル範囲や配列を指定します。

練習用ファイル ▸ L088_VSTACK関数.xlsx

使用例1 1月と2月のデータを縦に結合する　　セルG2の式

=VSTACK(A2:B4, D2:E5)

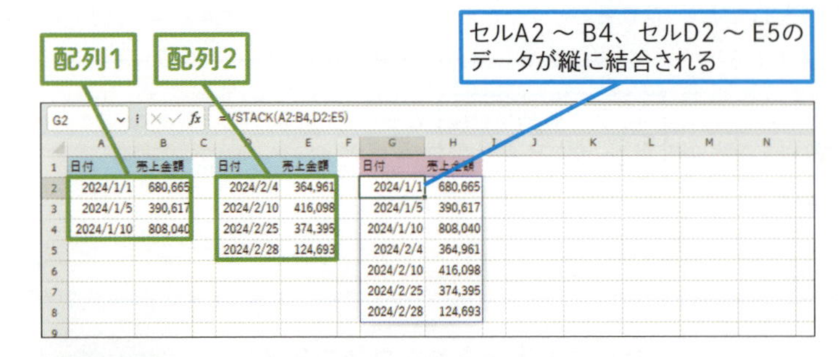

ポイント

配列 1	A2:B4 と
配列 2	D2:E5 を縦に結合する

使いこなしのヒント

VSTACK関数で処理する行数の上限

VSTACK関数で、結合したセルの行数が1,048,576行を超えると#NUM!エラーが出るので注意してください。例えば、「=VSTACK(A:A,B:B)」のように引数で列全体を指定すると、「A:A」が1,048,576行、「B:B」が1,048,576行で、合計すると2,097,152行と上限を超えるためエラーになります。

練習用ファイル ▸ L088_VSTACK_串刺し集計.xlsx

使用例2 1月から3月の表を縦に結合する

セルA2の式

=VSTACK('1月:3月'!A2:B4)

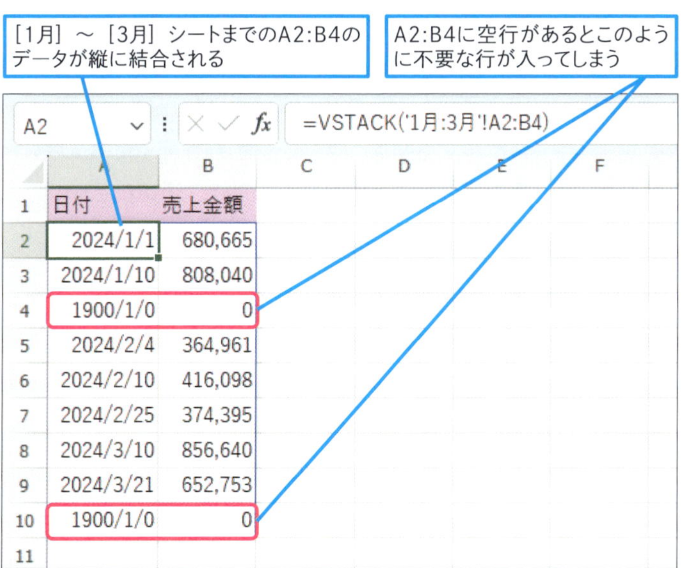

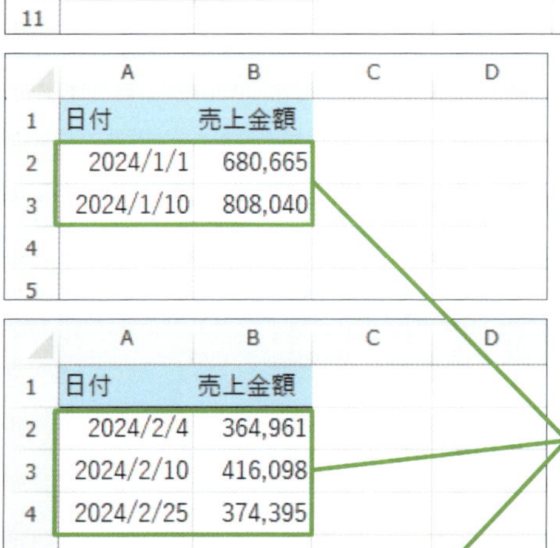

ポイント

配列	[1月]～[3月]シートまでのA2:B4を縦に結合する

使いこなしのヒント

不要な行はFILTER関数で削除する

串刺し集計をすると、不要な空行が生じてしまいがちです。空行を消したいときには、FILTER関数を使いましょう。

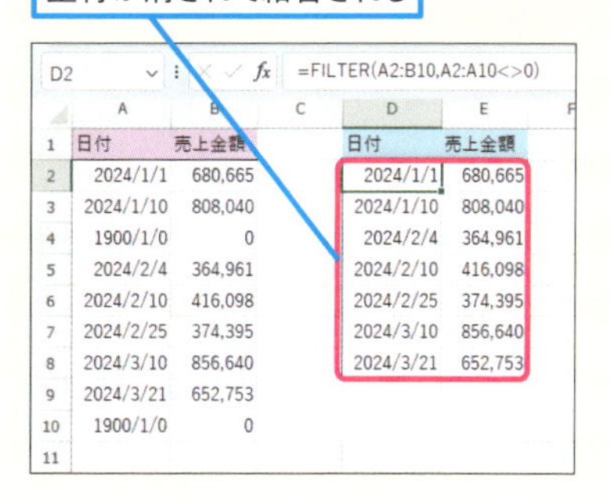

売上金額が0でない行を抽出する（セルD2の式）

=FILTER(A2:B10, A2:A10<>0)

まとめ 複数のシートに分かれた表を1つにまとめよう

複数の表を縦に結合したいときにはVSTACK関数を使いましょう。串刺しで複数シートを指定できるので、大量のシートに表が分散しているときも簡単に表を結合できます。行数制限があるため、列全体を選択するとエラーになってしまうので注意してください。

この章のまとめ

手作業の代わりに関数を使おう

この章では日付の処理を行うDATE関数、任意の文字列を抽出するLEFT関数など、入力されたデータを使いやすい形に変える関数を中心に紹介しました。これらの関数とVLOOKUP関数、SUMIFS関数などを組み合わせて、主要な指標をすぐに算出できる表が作れます。また、UNIQUE関数、FILTER関数やExcel 2024で導入されたTEXTSPLIT、VSTACK関数などのスピルする関数・数式を使うと、Excelでの処理の幅が大きく広がりますので、活用してみてください。

C2 =TEXTSPLIT(A2," ")

	A	B	C	D	E	F
1	氏名	ふりがな	名字	名前		
2	金山 俊介	かなやま しゅんすけ	金山	俊介		
3	五十嵐 隆	いがらし たかし	五十嵐	隆		
4	中森 英雄	なかもり ひでお	中森	英雄		
5	乾 まなみ	いぬい まなみ	乾	まなみ		
6	川上 明	かわかみ あきら	川上	明		
7	森 一	もり はじめ	森	一		
8						
9						

新しい関数も積極的に使ってみよう

関数がこんなに便利なんて知りませんでした。

本書で紹介した関数を使えば、作業の手間を大きく減らせるよ。関数をあれこれ覚えるよりも、1つずつ使いこなすことが大事なんだ！

関数が自動的に表示されるスピル機能、楽しいですね♪

新しくて便利な機能をどんどん使っていこう！

Excel

活用編

第10章

条件に応じて可視化！表を効果的に見せる書式の活用

この章では、条件付き書式の機能で指定した条件に応じてセルの書式を変える方法を解説します。データの中で注目すべき点を色分けしたり、アイコン・ミニグラフなどで視覚的にわかりやすく表示したりしたいときに使いましょう。

レッスン

89 Introduction この章で学ぶこと データが並ぶ表を見やすくしよう

Excelではセルを塗りつぶしたり、罫線や表示形式を設定したりして、表を見やすく整えることができます。そんな機能と一緒に活用するとさらに便利なのが、ユーザー定義書式や条件付き書式の機能です。どんなことができるのか知っておきましょう。

効率よく表の見栄えを整えるには

第3章でも表の整え方を学びましたが、この章で学ぶ機能はどんなときに便利なんですか？

この章で解説する「ユーザー定義書式」や「条件付き書式」は、たくさんのデータが並ぶ表を整えるのに便利なんだ！　手作業でやるよりも、効率的に表を見やすくできるよ。

	A	B	C	D	E
1	経費前月比較				
2	内訳項目	前月	当月	増減額	
3	人件費	2,043,338	2,492,872	449,534	
4	家賃	362,430	362,430	0	
5	消耗品費	605,633	593,814	-11,819	
6	交際費	172,441	245,136	72,695	

→

ユーザー定義書式を使うと、数値を千円単位で四捨五入して表示できる

	A	B	C	D	E
1	経費前月比較		(単位：千円)		
2	内訳項目	前月	当月	増減額	
3	人件費	2,043	2,493	450	
4	家賃	362	362	0	
5	消耗品費	606	594	-12	
6	交際費	172	245	73	

	A	B	C	D	E	F
1	取引先	前月売上	当月売上	増加額	増加率	
2	天川薬品	730,780	928,091	197,311	21.3%	
3	月影テクノロジー	33,137	20,545	-12,592	-61.3%	
4	桜雲社	516,603	749,075	232,472	31.0%	
5	ひかり薬品	29,721	39,826	10,105	25.4%	
6	ゆめかわクリエイト	617,353	608,435	-8,918	-1.5%	
7	タカノ企画	170,870	227,258	56,388	24.8%	
8	高木商事	37,523	30,768	-6,755	-22.0%	
9	ひまわり運送	1,268,159	1,198,234	-69,925	-5.8%	
10	ふるさ音楽学院	22,839	20,098	-2,741	-13.6%	
11						

→

条件付き書式を使うと、データの中の売上が上位のセルを強調表示できる

	A	B	C	D	E	F
1	取引先	前月売上	当月売上	増加額	増加率	
2	天川薬品	730,780	928,091	197,311	21.3%	
3	月影テクノロジー	33,137	20,545	-12,592	-61.3%	
4	桜雲社	516,603	749,075	232,472	31.0%	
5	ひかり薬品	29,721	39,826	10,105	25.4%	
6	ゆめかわクリエイト	617,353	608,435	-8,918	-1.5%	
7	タカノ企画	170,870	227,258	56,388	24.8%	
8	高木商事	37,523	30,768	-6,755	-22.0%	
9	ひまわり運送	1,268,159	1,198,234	-69,925	-5.8%	
10	ふるさ音楽学院	22,839	20,098	-2,741	-13.6%	
11						

セルを1つずつ塗りつぶしたりするよりも、ミスも少なさそうですね。

傾向や数値の大小をセル内で可視化できる

特に覚えてほしいのが条件付き書式の機能。指定した条件に応じて、セルを塗りつぶしたり、グラフを表示したりできるよ！

条件付き書式の「データバー」を使うと、セル内にグラフを入れられる

営業所別 売上高集計表						
	2023年度		2024年度		増減	
営業所	売上金額	構成比	売上金額	構成比	売上金額	構成比
札幌	1,772,400	5.2%	711,200	2.1%	-1,061,200	-3.1%
仙台	5,691,600	16.7%	3,231,600	9.4%	-2,460,000	-7.3%
東京	8,738,000	25.6%	14,509,600	42.2%	5,771,600	16.6%
名古屋	4,344,800	12.7%	1,832,800	5.3%	-2,512,000	-7.4%
大阪	7,425,200	21.7%	9,399,000	27.3%	1,973,800	5.6%
広島	2,044,000	6.0%	1,944,200	5.7%	-99,800	-0.3%
福岡	4,130,400	12.1%	2,775,000	8.1%	-1,355,400	-4.0%
合計	34,146,400	100.0%	34,403,400	100.0%	257,000	0.0%

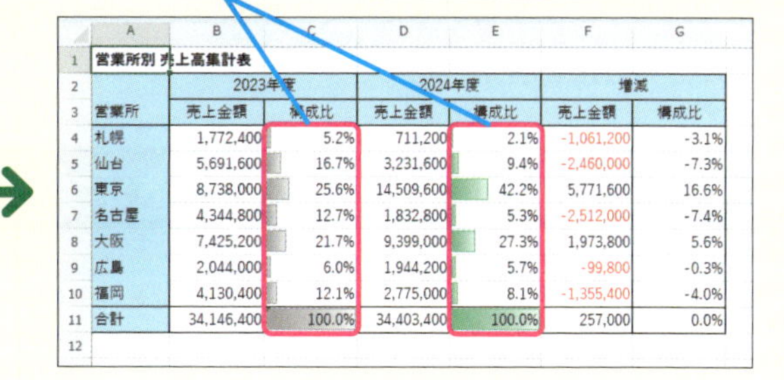

営業所別 売上高集計表						
	2023年度		2024年度		増減	
営業所	売上金額	構成比	売上金額	構成比	売上金額	構成比
札幌	1,772,400	5.2%	711,200	2.1%	-1,061,200	-3.1%
仙台	5,691,600	16.7%	3,231,600	9.4%	-2,460,000	-7.3%
東京	8,738,000	25.6%	14,509,600	42.2%	5,771,600	16.6%
名古屋	4,344,800	12.7%	1,832,800	5.3%	-2,512,000	-7.4%
大阪	7,425,200	21.7%	9,399,000	27.3%	1,973,800	5.6%
広島	2,044,000	6.0%	1,944,200	5.7%	-99,800	-0.3%
福岡	4,130,400	12.1%	2,775,000	8.1%	-1,355,400	-4.0%
合計	34,146,400	100.0%	34,403,400	100.0%	257,000	0.0%

数字だけが並んでいるよりも、一気にわかりやすい表になりますね！

カラースケールやアイコンセットで数値の大小をわかりやすく視覚化できる

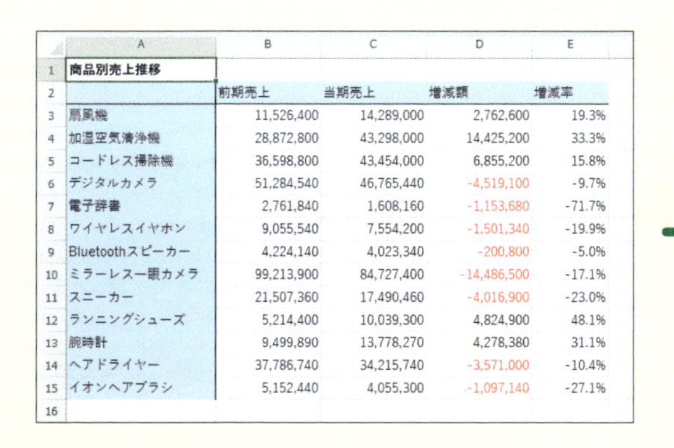

商品別売上推移				
	前期売上	当期売上	増減額	増減率
扇風機	11,526,400	14,289,000	2,762,600	19.3%
加湿空気清浄機	28,872,800	43,298,000	14,425,200	33.3%
コードレス掃除機	36,598,800	43,454,000	6,855,200	15.8%
デジタルカメラ	51,284,540	46,765,440	-4,519,100	-9.7%
電子辞書	2,761,840	1,608,160	-1,153,680	-71.7%
ワイヤレスイヤホン	9,055,540	7,554,200	-1,501,340	-19.9%
Bluetoothスピーカー	4,224,140	4,023,340	-200,800	-5.0%
ミラーレス一眼カメラ	99,213,900	84,727,400	-14,486,500	-17.1%
スニーカー	21,507,360	17,490,460	-4,016,900	-23.0%
ランニングシューズ	5,214,400	10,039,300	4,824,900	48.1%
腕時計	9,499,890	13,778,270	4,278,380	31.1%
ヘアドライヤー	37,786,740	34,215,740	-3,571,000	-10.4%
イオンヘアブラシ	5,152,440	4,055,300	-1,097,140	-27.1%

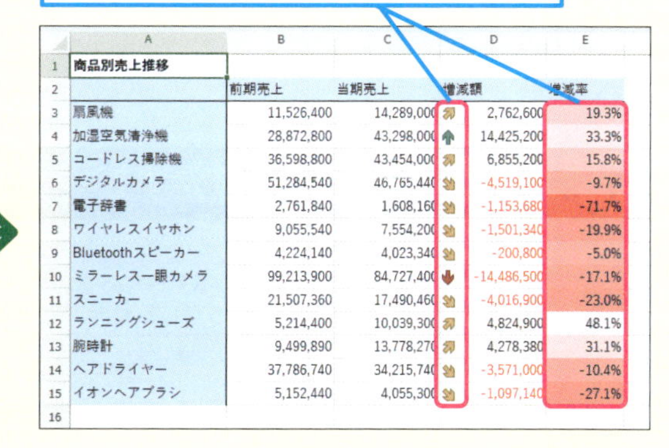

商品別売上推移				
	前期売上	当期売上	増減額	増減率
扇風機	11,526,400	14,289,000	2,762,600	19.3%
加湿空気清浄機	28,872,800	43,298,000	14,425,200	33.3%
コードレス掃除機	36,598,800	43,454,000	6,855,200	15.8%
デジタルカメラ	51,284,540	46,765,440	-4,519,100	-9.7%
電子辞書	2,761,840	1,608,160	-1,153,680	-71.7%
ワイヤレスイヤホン	9,055,540	7,554,200	-1,501,340	-19.9%
Bluetoothスピーカー	4,224,140	4,023,340	-200,800	-5.0%
ミラーレス一眼カメラ	99,213,900	84,727,400	-14,486,500	-17.1%
スニーカー	21,507,360	17,490,460	-4,016,900	-23.0%
ランニングシューズ	5,214,400	10,039,300	4,824,900	48.1%
腕時計	9,499,890	13,778,270	4,278,380	31.1%
ヘアドライヤー	37,786,740	34,215,740	-3,571,000	-10.4%
イオンヘアブラシ	5,152,440	4,055,300	-1,097,140	-27.1%

傾向が一目でわかるように色や印を付けると気の利いた資料にもなりそう！

うん！　それにデータを変更した場合も自動で表示を変更してくれるから、とっても便利なんだ！

レッスン

90 ユーザー定義書式を活用するには

ユーザー定義書式

練習用ファイル L090_ユーザー定義書式.xlsx

ユーザー定義書式を使うと、[セルの書式設定] の [表示形式] タブで選択できない詳細な表示形式を設定できます。このレッスンでは、ユーザー定義書式を使って、数値を千円単位で四捨五入して表示する方法を紹介します。

キーワード

書式	P.532
表示形式	P.533
ユーザー定義書式	P.534

数値を千円単位で四捨五入して表示する

Before

セルB3 ～ D6に入力された数値を、千円単位で四捨五入したい

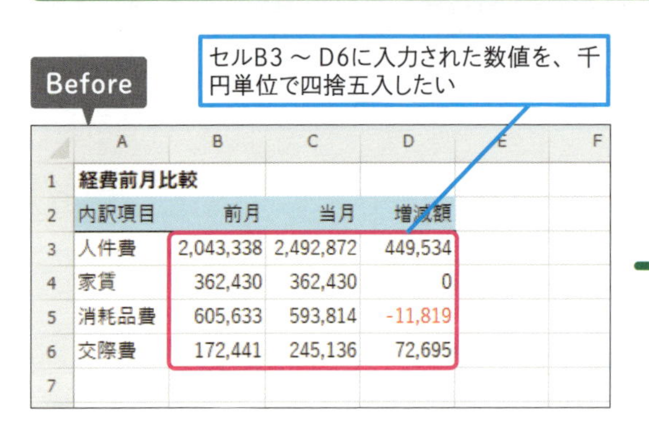

After

ユーザー定義書式を使って、数値を千円単位で四捨五入できた

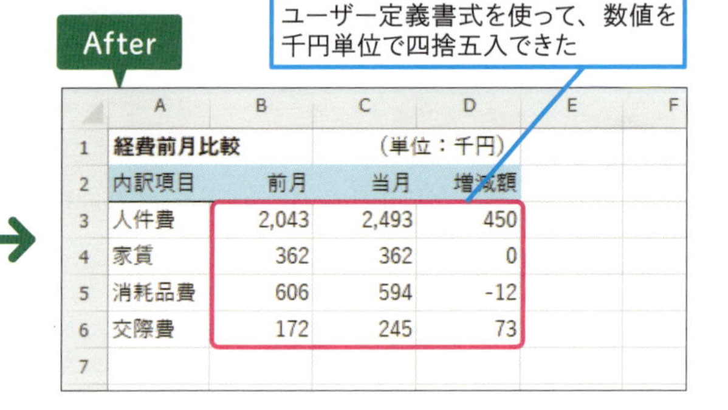

1 ユーザー定義書式を設定する

ここでは数値を千円単位で四捨五入して表示する

1 セルB3 ～ D6をドラッグして選択

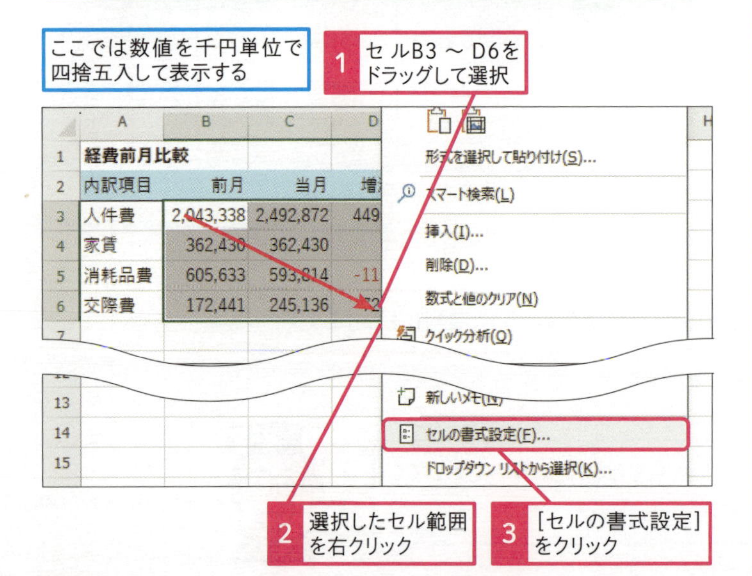

2 選択したセル範囲を右クリック

3 [セルの書式設定] をクリック

使いこなしのヒント

表示形式の［種類］はどうやって指定するの？

ユーザー定義書式には、あらかじめ決められた書式記号を使って、表示形式を指定します。例えば、今回指定した「#,##0,」という書式は、最初の5文字「#,##0」がカンマ区切り表示、末尾の「,」が千円単位表示を表しています。

● 表示形式を設定する

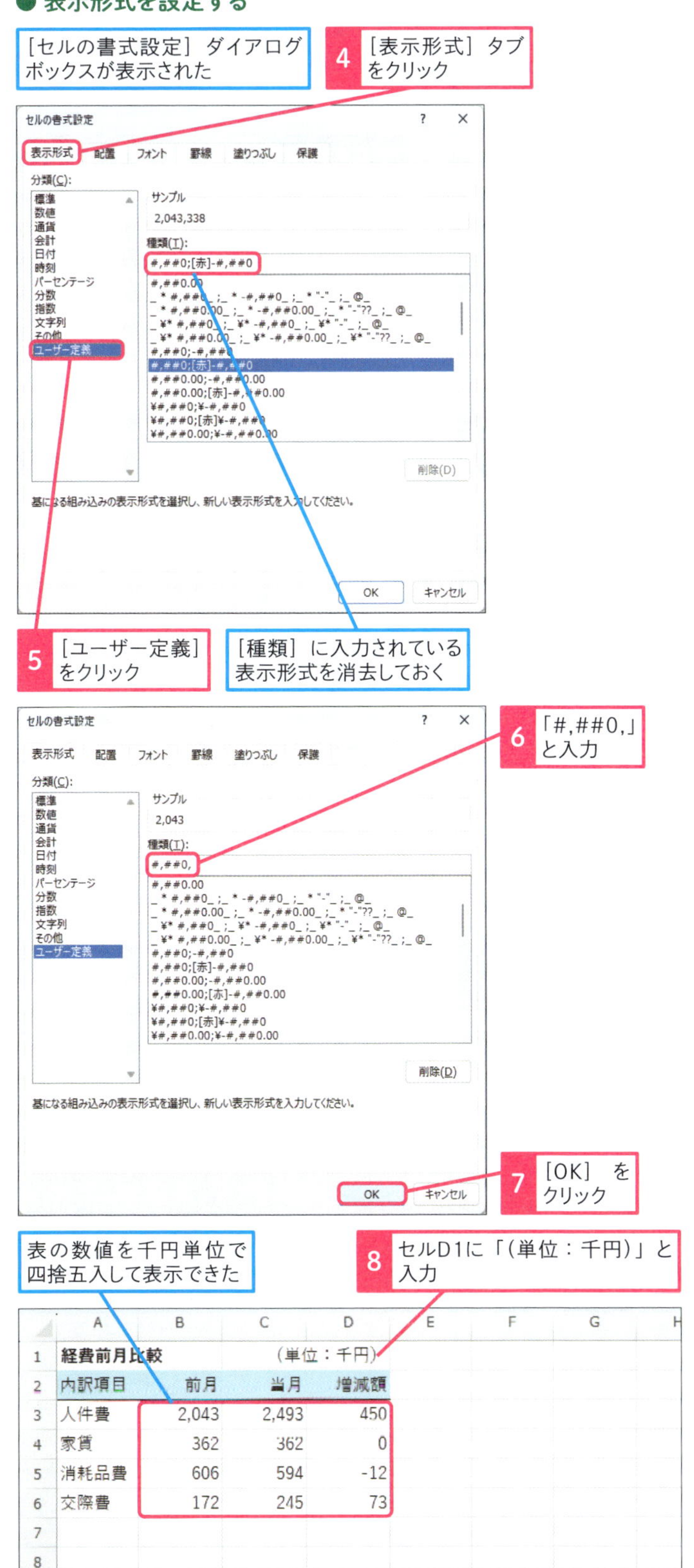

	A	B	C	D
1	経費前月比較		(単位：千円)	
2	内訳項目	前月	当月	増減額
3	人件費	2,043	2,493	450
4	家賃	362	362	0
5	消耗品費	606	594	-12
6	交際費	172	245	73

使いこなしのヒント

見た目が変わるだけで元のデータは変わっていない

表示形式を使って千円単位で表示する設定をしても、あくまで、見た目が変わっているだけで、元のデータは変わりません。ですから、数式でそれらのセルを参照して計算をしたときには、元の値が使われます。例えば、次の図ではセルA3の計算結果は、セルA1の「1500」とセルA2の「1500」を足した「3000」になります。そして「3000」に、千円単位表示の表示形式を適用した結果「3」と表示されることになります。

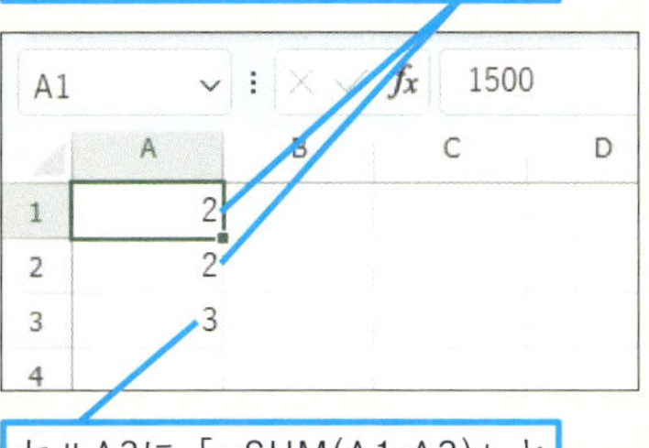

まとめ 千円単位の表示はユーザー定義が便利

ユーザー定義書式を使うと、ROUND関数などを使わなくても千円単位で表示できます。後続の計算で端数処理後の数値を使う必要がなく、元の数値を使いたいときには、ユーザー定義書式を使って千円単位で表示しましょう。

レッスン
91 特定の文字が入力されたセルを強調表示する

条件付き書式

練習用ファイル L091_条件付き書式.xlsx

特定の文字が入力されたセルだけを強調表示したいときには、条件付き書式を使いましょう。通常の書式設定と同じように、背景、文字色や罫線などの設定ができます。条件には、指定した文字で始まる、指定した文字を含む場合など複雑な条件も指定できます。

キーワード

セル	P.532
セル範囲	P.532
ダイアログボックス	P.533

特定の文字を含むセルを強調表示する

Before

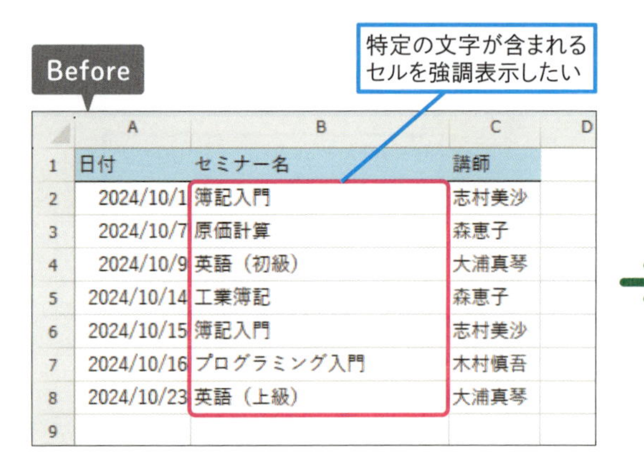

	A	B	C
1	日付	セミナー名	講師
2	2024/10/1	簿記入門	志村美沙
3	2024/10/7	原価計算	森恵子
4	2024/10/9	英語（初級）	大浦真琴
5	2024/10/14	工業簿記	森恵子
6	2024/10/15	簿記入門	志村美沙
7	2024/10/16	プログラミング入門	木村慎吾
8	2024/10/23	英語（上級）	大浦真琴

After

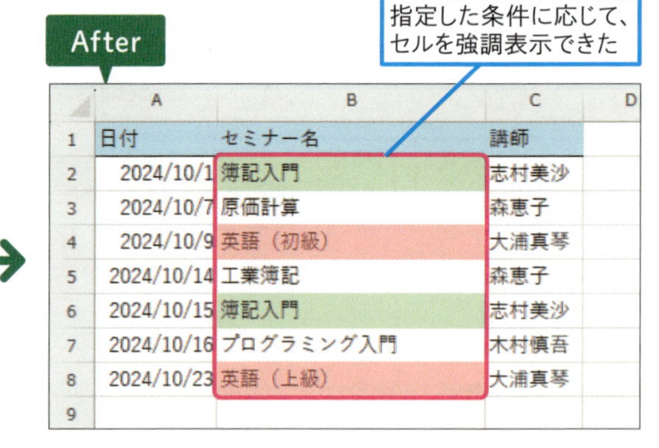

	A	B	C
1	日付	セミナー名	講師
2	2024/10/1	簿記入門	志村美沙
3	2024/10/7	原価計算	森恵子
4	2024/10/9	英語（初級）	大浦真琴
5	2024/10/14	工業簿記	森恵子
6	2024/10/15	簿記入門	志村美沙
7	2024/10/16	プログラミング入門	木村慎吾
8	2024/10/23	英語（上級）	大浦真琴

1 指定した文字を含むセルを強調表示する

1 セルB2 ～ B8を選択

2 ［ホーム］タブをクリック

3 ［条件付き書式］をクリック

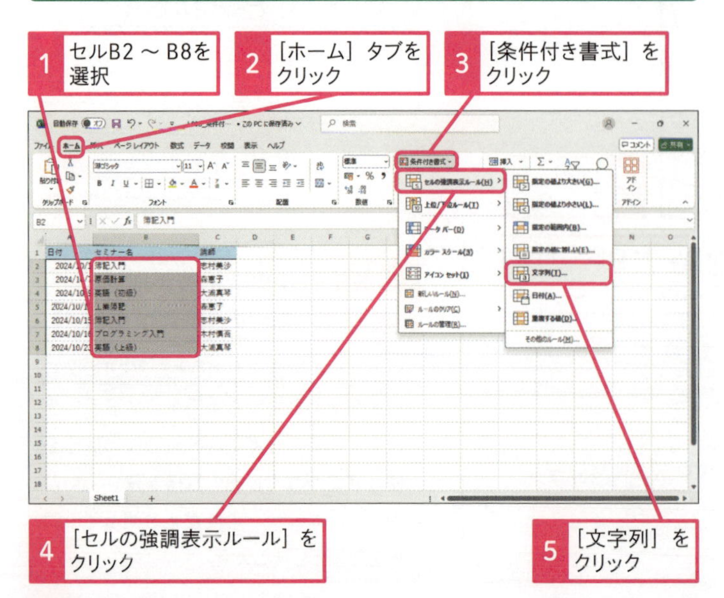

4 ［セルの強調表示ルール］をクリック

5 ［文字列］をクリック

用語解説
条件付き書式

条件付き書式とは、指定した条件に応じてセルの書式を変える機能です。例えば、条件に応じて、フォントの色・背景色や罫線などを変更したり、アイコンを表示したりすることができます。

● 強調する文字を指定する

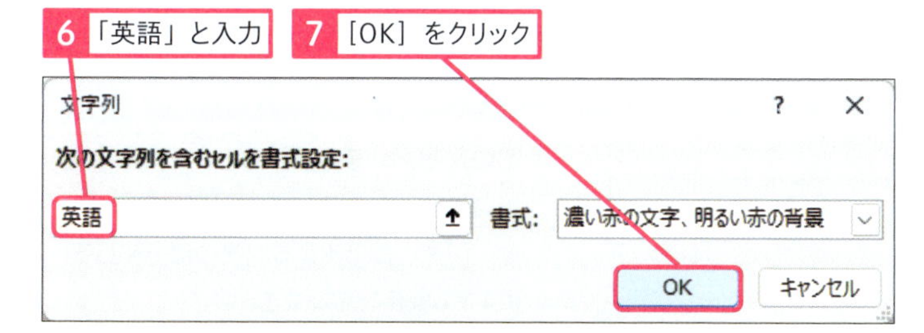

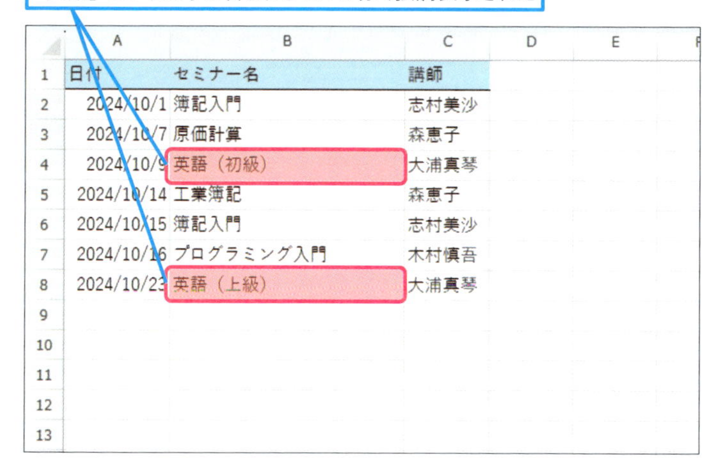

2 特定の文字から始まるセルを強調表示する

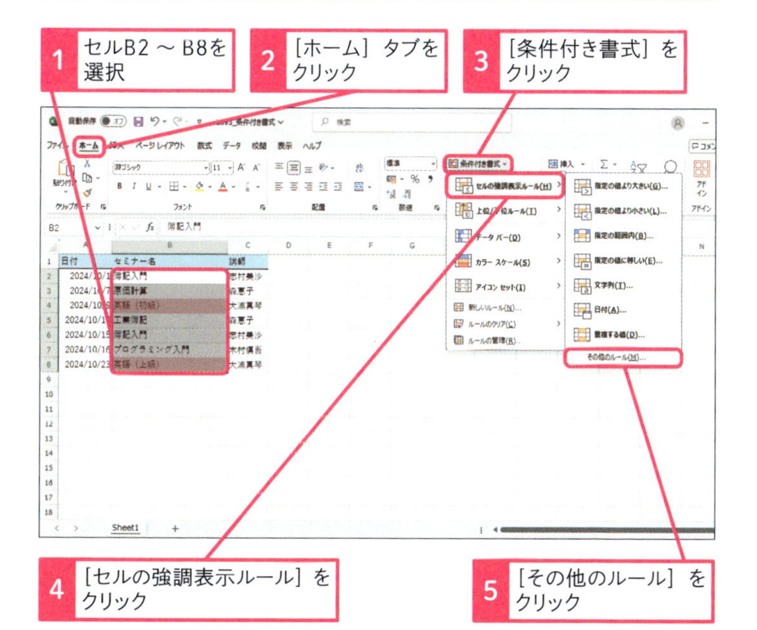

使いこなしのヒント

ダイアログボックスを使って入力する

[文字列] ダイアログボックスで「上向き矢印のアイコン」をクリックした後に、セルをクリックすると「=$B$7」のように選択したセルが表示されます。この状態で右の「下向き矢印のアイコン」をクリックすると元のウィンドウに戻ります。後は、本文の操作と同じように、[文字列] ダイアログボックスで [OK] をクリックすると、選択したセルの値を含むセルが強調表示されます。

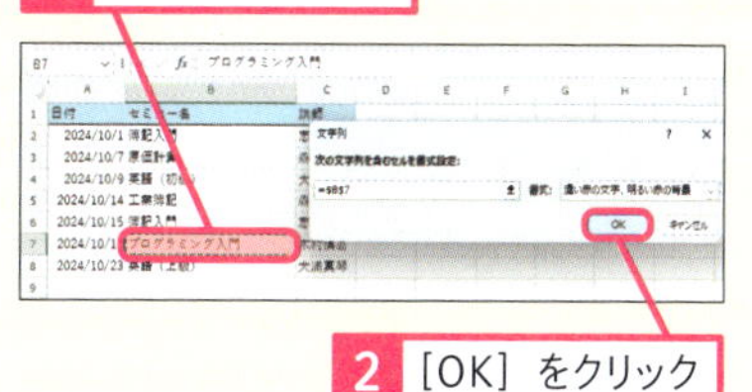

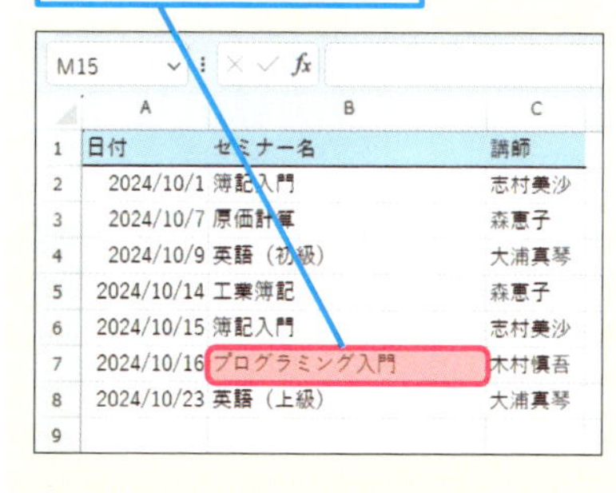

次のページに続く

● 条件を指定する

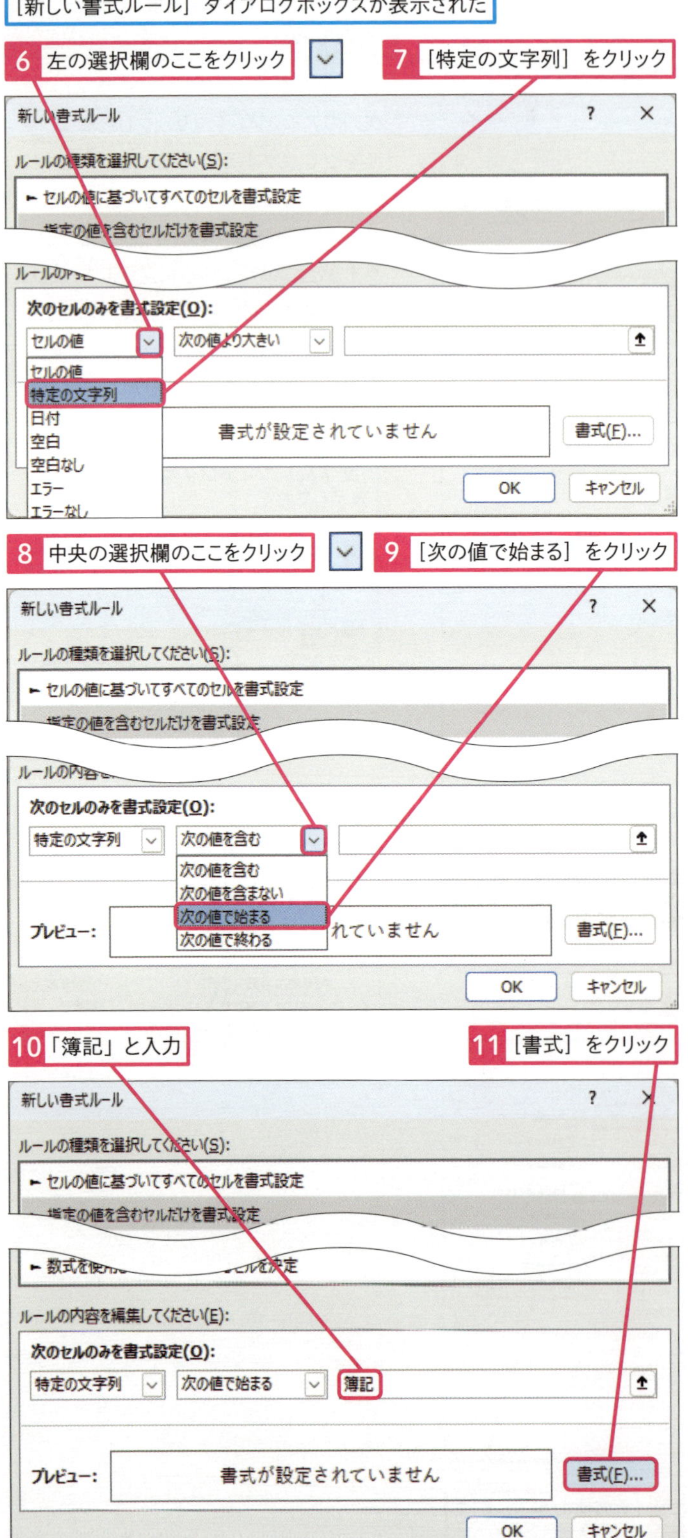

使いこなしのヒント

文字列に関連する その他の検索方法

［ホーム］-［条件付き書式］-［セルの強調表示ルール］-［その他のルール］で、「特定の文字列」を選択すると、その右の選択欄では［次の値を含む］［次の値を含まない］［次の値で始まる］［次の値で終わる］の4つの条件を指定できます。

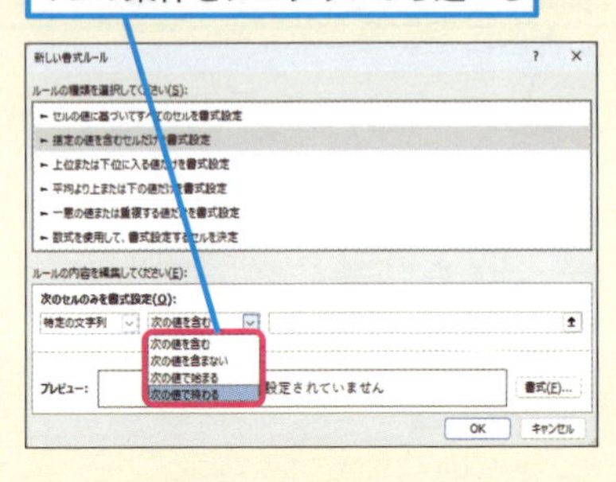

使いこなしのヒント

指定した文字列に完全一致するセルを検索する

指定した文字列に完全一致するセルを検索したいときには、リボンから［ホーム］-［条件付き書式］-［セルの強調表示ルール］-［指定の値に等しい］をクリックして、検索したい値を入力してください。

● 塗りつぶす色を選択する

[セルの書式設定] ダイアログボックスが表示された

12 [塗りつぶし] をクリック　13 薄緑色をクリック　14 [OK] をクリック

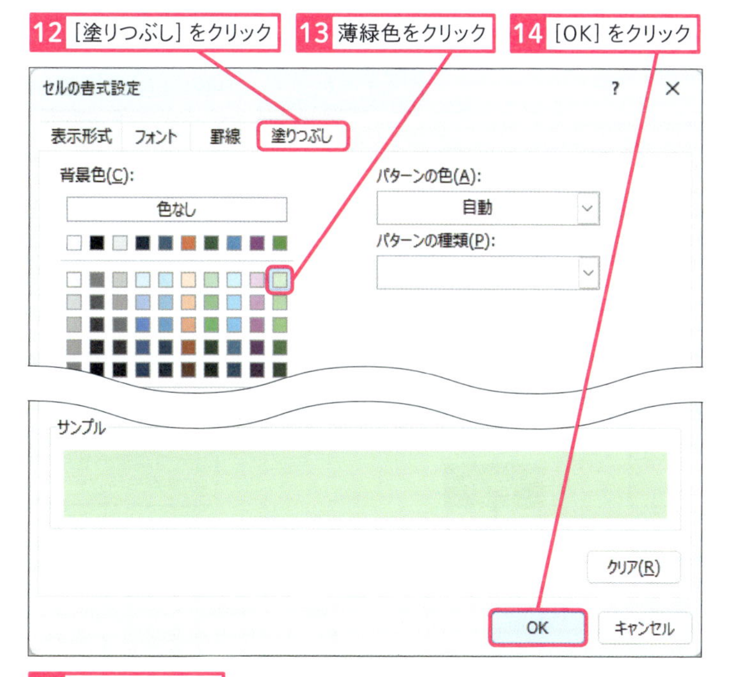

15 [OK] をクリック

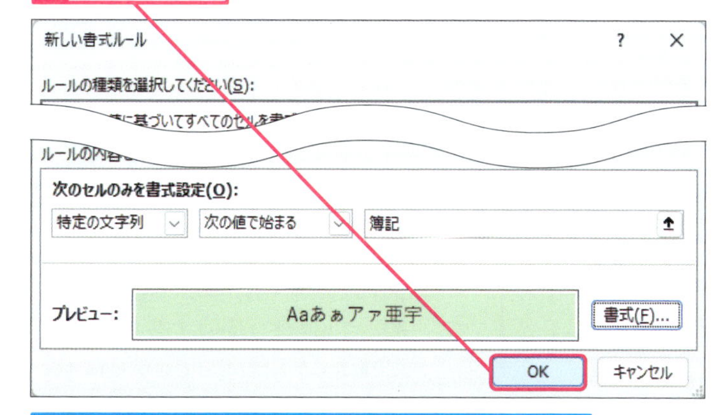

「簿記」という文字から始まるセルが薄い緑で強調表示された

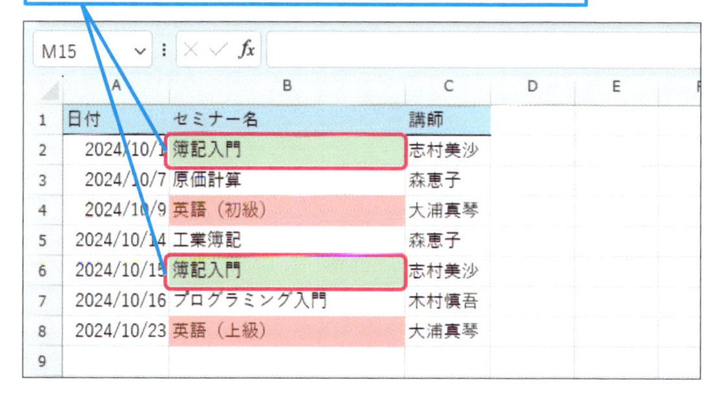

	A	B	C	D	E
1	日付	セミナー名	講師		
2	2024/10/1	簿記入門	志村美沙		
3	2024/10/7	原価計算	森恵子		
4	2024/10/9	英語（初級）	大浦真琴		
5	2024/10/14	工業簿記	森恵子		
6	2024/10/15	簿記入門	志村美沙		
7	2024/10/16	プログラミング入門	木村慎吾		
8	2024/10/23	英語（上級）	大浦真琴		
9					

使いこなしのヒント

フォント名・サイズは指定できない

条件付き書式では、フォント名やフォントサイズを変更することはできません。[セルの書式設定]ダイアログボックスの[フォント] タブでは、太字などのスタイル、下線、文字色、取り消し線の設定しかできないことに注意してください。

1 [フォント] タブをクリック

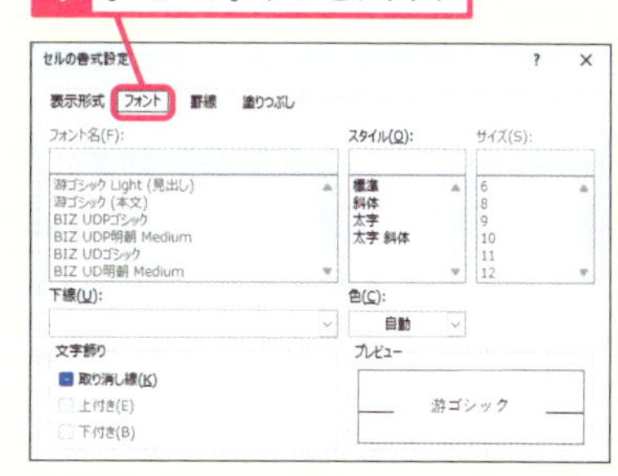

フォントのスタイルや色、下線などを設定できる

まとめ　入力された文字列に応じて書式を変更する

特定の文字列が入力されたときにだけ書式を変えるには、条件付き書式の機能を使います。[次の値を含む] [次の値を含まない] [次の値で始まる] [次の値で終わる] のどの条件を指定するかに応じて、選択するメニューが変わることに注意してください。

レッスン
92 売上が上位の項目を強調表示する

上位10項目

練習用ファイル L092_上位10項目.xlsx

条件付き書式を使うと、入力された数値に応じて、セルの背景色や文字色などの書式を変えることができます。この機能を使うと、指定された金額以上のセルや指定したセル範囲の中の上位3件のセルだけ、背景色や文字色を変えて強調して表示できます。

キーワード

条件付き書式	P.532
書式	P.532
リボン	P.534

売上増加額の上位3件を強調表示する

Before

売上増加額が上位3件のセルだけ色を変えたい

	A	B	C	D	E
1	取引先	前月売上	当月売上	増加額	増加率
2	天川薬品	730,780	928,091	197,311	21.3%
3	月影テクノロジー	33,137	20,545	-12,592	-61.3%
4	桜雪社	516,603	749,075	232,472	31.0%
5	ひかり薬品	29,721	39,826	10,105	25.4%
6	ゆめかわクリエイト	617,353	608,435	-8,918	-1.5%
7	タカノ企画	170,870	227,258	56,388	24.8%
8	高木商事	37,523	30,768	-6,755	-22.0%
9	ひまわり運送	1,268,159	1,198,234	-69,925	-5.8%
10	ふるさ音楽学院	22,839	20,098	-2,741	-13.6%
11					

After

上位3項目のセルを強調表示できた

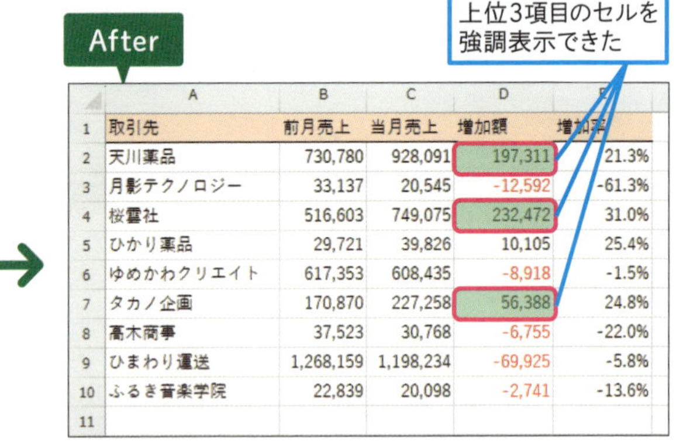

	A	B	C	D	E
1	取引先	前月売上	当月売上	増加額	増加率
2	天川薬品	730,780	928,091	197,311	21.3%
3	月影テクノロジー	33,137	20,545	-12,592	-61.3%
4	桜雪社	516,603	749,075	232,472	31.0%
5	ひかり薬品	29,721	39,826	10,105	25.4%
6	ゆめかわクリエイト	617,353	608,435	-8,918	-1.5%
7	タカノ企画	170,870	227,258	56,388	24.8%
8	高木商事	37,523	30,768	-6,755	-22.0%
9	ひまわり運送	1,268,159	1,198,234	-69,925	-5.8%
10	ふるさ音楽学院	22,839	20,098	-2,741	-13.6%
11					

1 上位のセルを強調表示する

1 セルD2～D10を選択

2 ［ホーム］タブをクリック

3 ［条件付き書式］をクリック

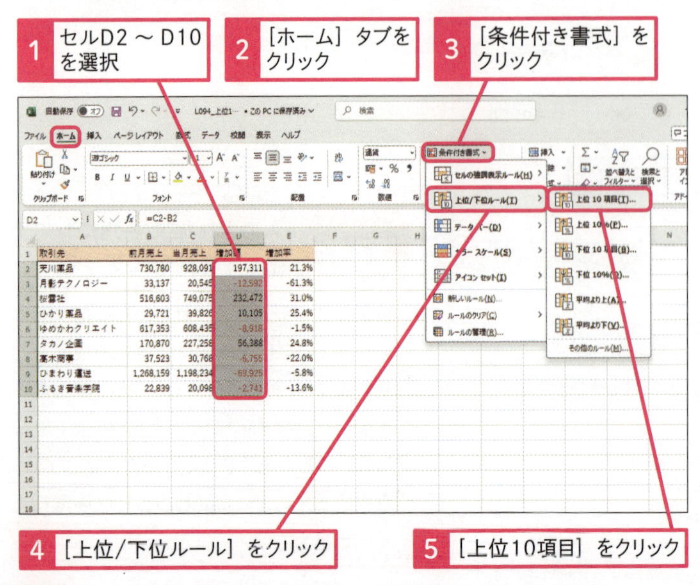

4 ［上位/下位ルール］をクリック

5 ［上位10項目］をクリック

使いこなしのヒント

平均より上・下も表示できる

リボンの［ホーム］タブ-［条件付き書式］-［上位/下位ルール］の中では、本文で紹介した「上位n件」という条件の他、次の条件で書式を変えられます。メニューでは、「下位10項目」「上位10%」と書かれていますが、実際に何項目抽出するか、上位何%を表示するかは自由に決められます。

- 上位n%
- 下位n件
- 下位n%
- 平均より上
- 平均より下

● 強調する条件を指定する

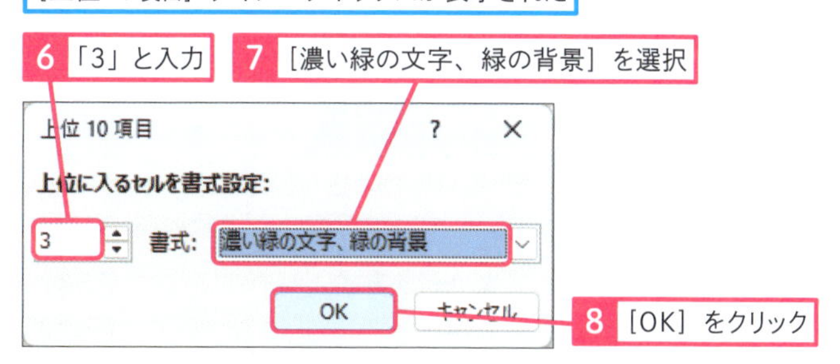

セルD2 ～ D10に入力されたデータの上位3項目が強調された

	A	B	C	D	E	F
1	取引先	前月売上	当月売上	増加額	増加率	
2	天川薬品	730,780	928,091	197,311	21.3%	
3	月影テクノロジー	33,137	20,545	-12,592	-61.3%	
4	桜霊社	516,603	749,075	232,472	31.0%	
5	ひかり薬品	29,721	39,826	10,105	25.4%	
6	ゆめかわクリエイト	617,353	608,435	-8,918	-1.5%	
7	タカノ企画	170,870	227,258	56,388	24.8%	
8	高木商事	37,523	30,768	-6,755	-22.0%	
9	ひまわり運送	1,268,159	1,198,234	-69,925	-5.8%	
10	ふるさ音楽学院	22,839	20,098	-2,741	-13.6%	
11						

使いこなしのヒント

指定の値より小さい、指定の範囲内などの条件も指定できる

数値が入力されたセルについては、リボンの［ホーム］タブ-［条件付き書式］-［セルの強調表示ルール］の中では、［指定の値より大きい］という条件の他、［指定の値より小さい］［指定の範囲内］［指定の値と等しい］という条件を指定して、書式を変えられます。

まとめ　数値に応じてセルの書式を自動で変更する

様々な条件を指定して、セルに入力された数値に応じてセルの書式を変えられます。色を付ける条件を機械的に判定できる場合には、条件付き書式を積極的に活用しましょう。

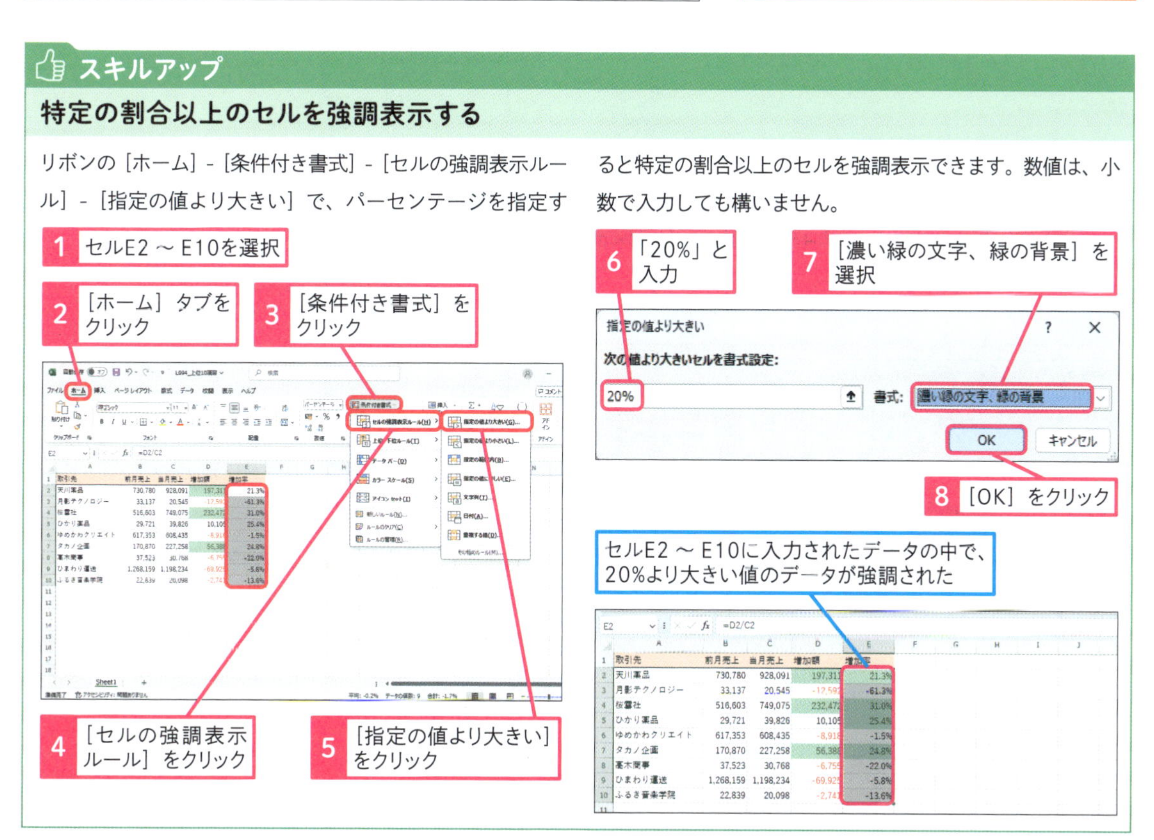

スキルアップ

特定の割合以上のセルを強調表示する

リボンの［ホーム］-［条件付き書式］-［セルの強調表示ルール］-［指定の値より大きい］で、パーセンテージを指定すると特定の割合以上のセルを強調表示できます。数値は、小数で入力しても構いません。

レッスン
93 指定した日付の範囲を強調表示する

指定の範囲内

練習用ファイル L093_指定の範囲内.xlsx

条件付き書式の機能で、指定した日付が入力されたセルの背景色や文字色を自動的に変えて強調して表示できます。手作業で書式を変える必要はなく、自動的に書式が変わるので、今日が期限の処理をわかりやすく表示したいときに使うと便利です。

キーワード

条件付き書式	P.532
セル	P.532
リボン	P.534

出荷予定日が一定期間内のものを強調表示する

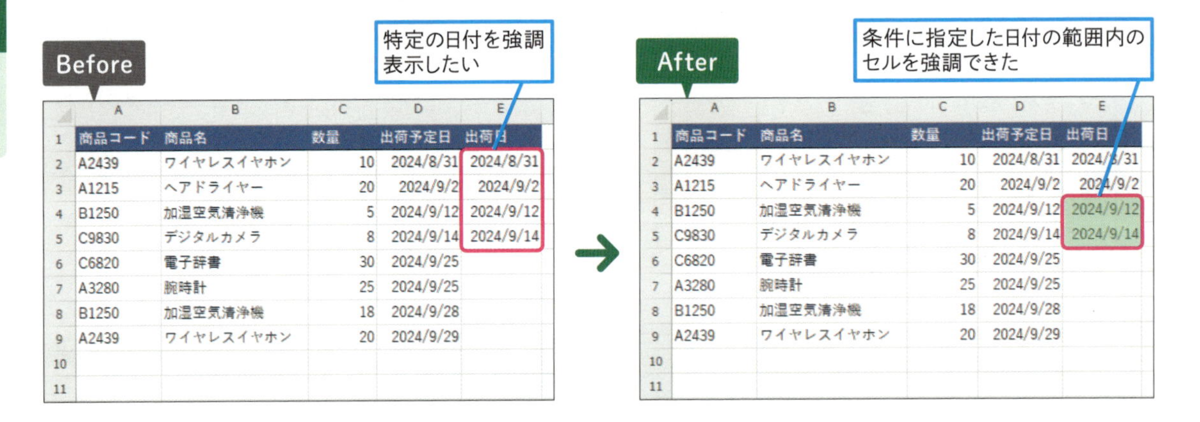

商品コード	商品名	数量	出荷予定日	出荷日
A2439	ワイヤレスイヤホン	10	2024/8/31	2024/8/31
A1215	ヘアドライヤー	20	2024/9/2	2024/9/2
B1250	加湿空気清浄機	5	2024/9/12	2024/9/12
C9830	デジタルカメラ	8	2024/9/14	2024/9/14
C6820	電子辞書	30	2024/9/25	
A3280	腕時計	25	2024/9/25	
B1250	加湿空気清浄機	18	2024/9/28	
A2439	ワイヤレスイヤホン	20	2024/9/29	

1 特定の日付範囲を強調表示する

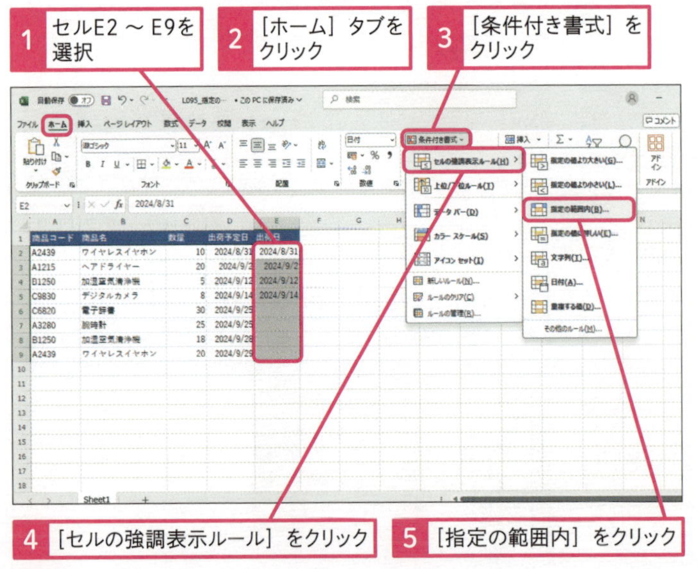

使いこなしのヒント

数値の条件付き書式と同じように条件を指定できる

日付はExcelでは数値として扱われます。そのため、日付が入力されたセルについても、数値が入力されたセルとまったく同じ方法で条件を指定できます。リボンの[ホーム] タブ- [条件付き書式] - [セルの強調表示ルール] の中では、本文で紹介した [指定の範囲内] という条件の他、[指定の値より小さい] [指定の値より大きい] [指定の値と等しい] という条件を指定できます。また、[日付] を使うと昨日、明日など相対的に日付を指定できます (次のページのスキルアップ参照)。

Excel 活用編 第10章 条件に応じて可視化! 表を効果的に見せる書式の活用

● 強調する範囲を指定する

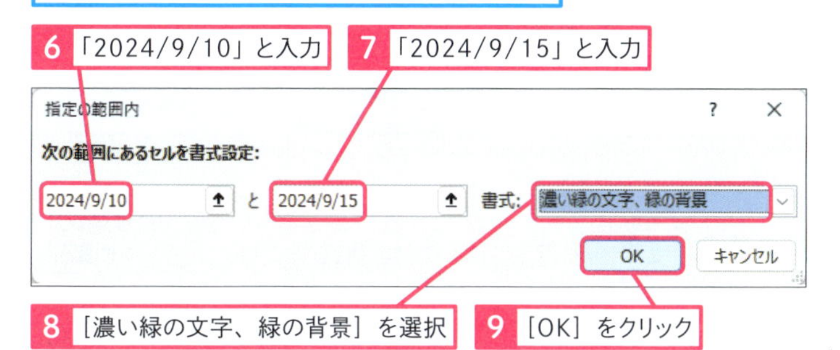

2024/9/10から2024/9/15までの範囲内のセルが強調された

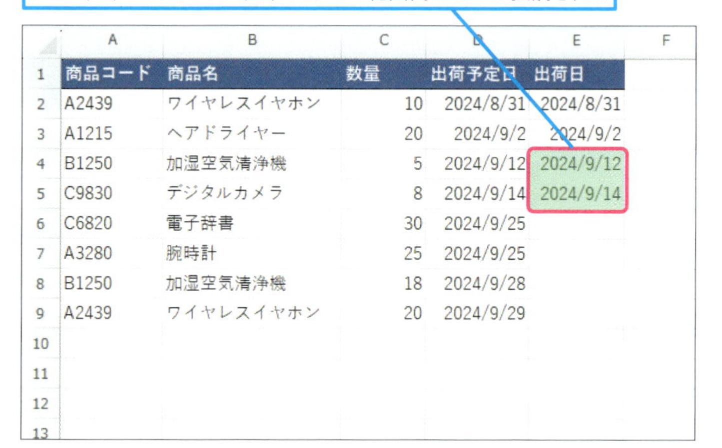

	A	B	C	D	E
1	商品コード	商品名	数量	出荷予定日	出荷日
2	A2439	ワイヤレスイヤホン	10	2024/8/31	2024/8/31
3	A1215	ヘアドライヤー	20	2024/9/2	2024/9/2
4	B1250	加湿空気清浄機	5	2024/9/12	2024/9/12
5	C9830	デジタルカメラ	8	2024/9/14	2024/9/14
6	C6820	電子辞書	30	2024/9/25	
7	A3280	腕時計	25	2024/9/25	
8	B1250	加湿空気清浄機	18	2024/9/28	
9	A2439	ワイヤレスイヤホン	20	2024/9/29	

使いこなしのヒント

具体的な日付を指定したルールはシリアル値で表示される

本文の手順を実行後に、セルE2～E9を選択して、リボンの［ホーム］タブ-［条件付き書式］-［ルールの管理］をクリックすると、ルールの欄には「セルの値が45545から45550の範囲内」と表示されます。45545は「2024/9/10」、45550は「2024/9/15」のシリアル値です。このように、日付はシリアル値で表示されることに注意してください。

まとめ　日付に応じてセルの書式を自動で変更する

条件付き書式の機能を使って指定した日付が入力されたセルを強調表示したいときには、[セルの強調表示ルール] - [数値] から条件を指定しましょう。[セルの強調表示ルール] - [日付] を使うと、今日の日付を基準にした条件しか指定できないことに注意してください。

スキルアップ

今日の日付が入力されたセルを強調表示する

リボンの[ホーム]-[条件付き書式]-[セルの強調表示ルール]-[日付]で、今日、昨日、明日、今月、先月、来月などの日付が入力されているセルを強調表示できます。

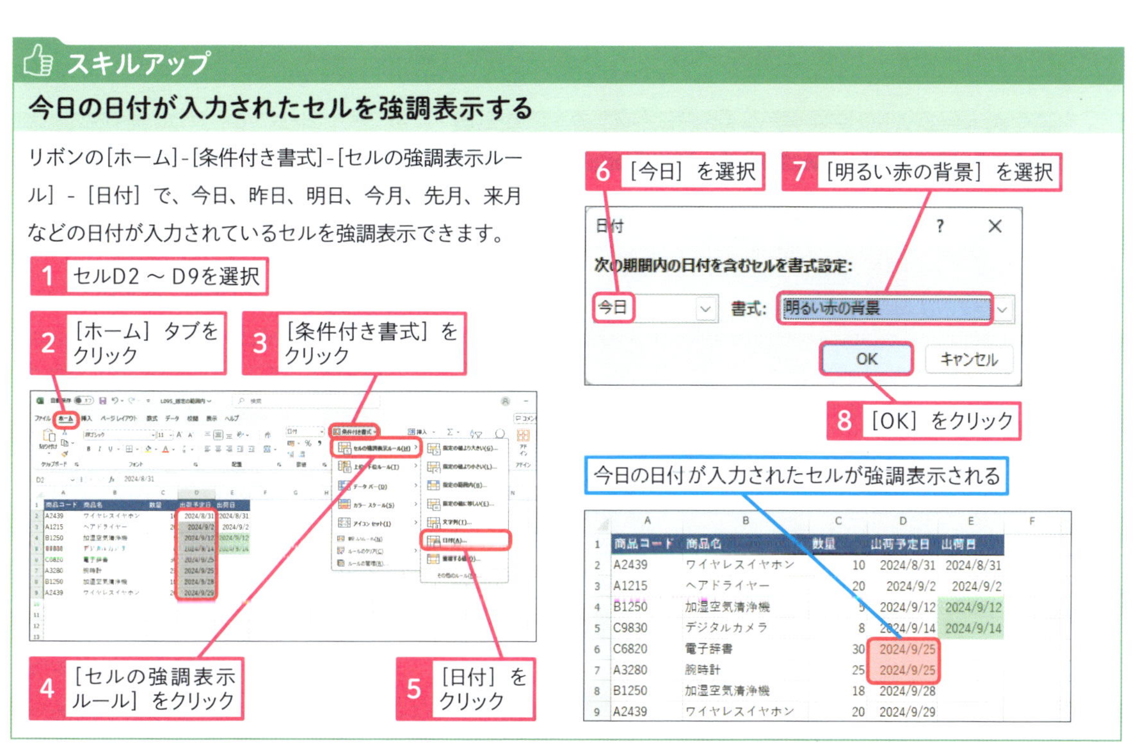

	A	B	C	D	E
1	商品コード	商品名	数量	出荷予定日	出荷日
2	A2439	ワイヤレスイヤホン	10	2024/8/31	2024/8/31
3	A1215	ヘアドライヤー	20	2024/9/2	2024/9/2
4	B1250	加湿空気清浄機	5	2024/9/12	2024/9/12
5	C9830	デジタルカメラ	8	2024/9/14	2024/9/14
6	C6820	電子辞書	30	2024/9/25	
7	A3280	腕時計	25	2024/9/25	
8	B1250	加湿空気清浄機	18	2024/9/28	
9	A2439	ワイヤレスイヤホン	20	2024/9/29	

レッスン

94 数値の大小に応じて背景色を塗り分ける

カラースケール

練習用ファイル　L094_カラースケール.xlsx

数字がたくさん入った表を作るときには、傾向が一目でわかるように色や印を付けると見やすくなります。そこで、条件付き書式のカラーバーの機能を使って、数値の大小に応じて背景色を塗り分けましょう。また、数値の大小に応じてアイコンを付けたいときには、アイコンセットの機能を使いましょう。

キーワード

条件付き書式	P.532
セル	P.532
リボン	P.534

カラースケールやアイコンセットで数値の大小を視覚化する

Before

数値の大小をよりわかりやすく視覚化したい

	A	B	C	D	E
1	商品別売上推移				
2		前期売上	当期売上	増減額	増減率
3	扇風機	11,526,400	14,289,000	2,762,600	19.3%
4	加湿空気清浄機	28,872,800	43,298,000	14,425,200	33.3%
5	コードレス掃除機	36,598,800	43,454,000	6,855,200	15.8%
6	デジタルカメラ	51,284,540	46,765,440	-4,519,100	-9.7%
7	電子辞書	2,761,840	1,608,160	-1,153,680	-71.7%
8	ワイヤレスイヤホン	9,055,540	7,554,200	-1,501,340	-19.9%
9	Bluetoothスピーカー	4,224,140	4,023,340	-200,800	-5.0%
10	ミラーレス一眼カメラ	99,213,900	84,727,400	-14,486,500	-17.1%
11	スニーカー	21,507,360	17,490,460	-4,016,900	-23.0%
12	ランニングシューズ	5,214,400	10,039,300	4,824,900	48.1%
13	腕時計	9,499,890	13,778,270	4,278,380	31.1%
14	ヘアドライヤー	37,786,740	34,215,740	-3,571,000	-10.4%
15	イオンヘアブラシ	5,152,440	4,055,300	-1,097,140	-27.1%

After

カラースケールやアイコンセットで数値の大小がわかりやすくなった

	A	B	C	D	E
1	商品別売上推移				
2		前期売上	当期売上	増減額	増減率
3	扇風機	11,526,400	14,289,000	2,762,600	19.3%
4	加湿空気清浄機	28,872,800	43,298,000	14,425,200	33.3%
5	コードレス掃除機	36,598,800	43,454,000	6,855,200	15.8%
6	デジタルカメラ	51,284,540	46,765,440	-4,519,100	-9.7%
7	電子辞書	2,761,840	1,608,160	-1,153,680	-71.7%
8	ワイヤレスイヤホン	9,055,540	7,554,200	-1,501,340	-19.9%
9	Bluetoothスピーカー	4,224,140	4,023,340	-200,800	-5.0%
10	ミラーレス一眼カメラ	99,213,900	84,727,400	-14,486,500	-17.1%
11	スニーカー	21,507,360	17,490,460	-4,016,900	-23.0%
12	ランニングシューズ	5,214,400	10,039,300	4,824,900	48.1%
13	腕時計	9,499,890	13,778,270	4,278,380	31.1%
14	ヘアドライヤー	37,786,740	34,215,740	-3,571,000	-10.4%
15	イオンヘアブラシ	5,152,440	4,055,300	-1,097,140	-27.1%

1 増減率に応じて背景色を塗り分ける

1 E3～E15を選択

2 ［ホーム］タブをクリック

3 ［条件付き書式］をクリック

4 ［カラースケール］をクリック

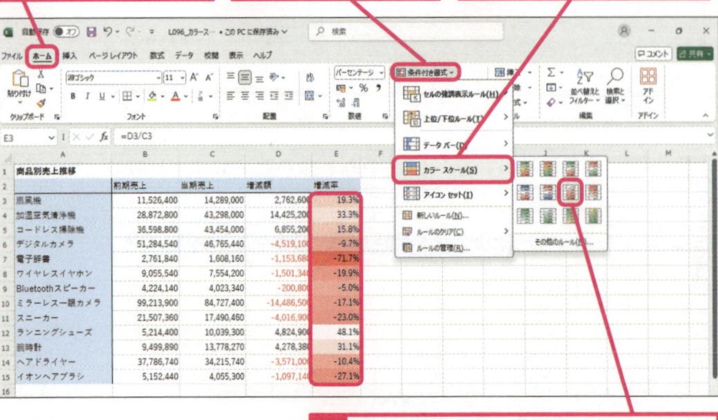

5 ［白、赤のカラースケール］をクリック

使いこなしのヒント

色やしきい値を設定する

リボンの［ホーム］タブ-［条件付き書式］-［カラースケール］-［その他のルール］で、セルB3～C15を選択後、次のように指定すると、前期売上・当期売上を5千万円以上は薄緑、1千万円以下は白、その間はグラデーションで表示できます。

項目	設定
左側の種類	数値
左側の値	10000000
右側の種類	数値
右側の値	50000000
左側の色	白、背景1
右側の色	緑、アクセント6、白+基本色80%

● 数値の大小に応じて塗りつぶされた

背景色が、増減率が上位の項目は白、下位の項目は赤になった

	A	B	C	D	E
1	商品別売上推移				
2		前期売上	当期売上	増減額	増減率
3	扇風機	11,526,400	14,289,000	2,762,600	19.3%
4	加湿空気清浄機	28,872,800	43,298,000	14,425,200	33.3%
5	コードレス掃除機	36,598,800	43,454,000	6,855,200	15.8%
6	デジタルカメラ	51,284,540	46,765,440	-4,519,100	-9.7%
7	電子辞書	2,761,840	1,608,160	-1,153,680	-71.7%
8	ワイヤレスイヤホン	9,055,540	7,554,200	-1,501,340	-19.9%
9	Bluetoothスピーカー	4,224,140	4,023,340	-200,800	-5.0%
10	ミラーレス一眼カメラ	99,213,900	84,727,400	-14,486,500	-17.1%
11	スニーカー	21,507,360	17,490,460	-4,016,900	-23.0%
12	ランニングシューズ	5,214,400	10,039,300	4,824,900	48.1%
13	腕時計	9,499,890	13,778,270	4,278,380	31.1%
14	ヘアドライヤー	37,786,740	34,215,740	-3,571,000	-10.4%
15	イオンヘアブラシ	5,152,440	4,055,300	-1,097,140	-27.1%
16					

2 増減額の大小をアイコンで表示する

1 D3 ～ D15を選択

2 ［ホーム］タブをクリック

3 ［条件付き書式］をクリック

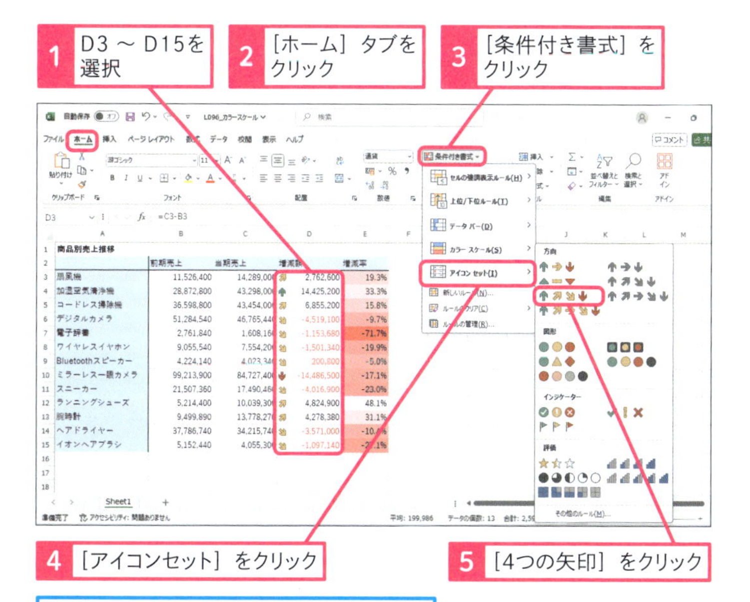

4 ［アイコンセット］をクリック

5 ［4つの矢印］をクリック

増減額の大小に応じて、矢印が表示された

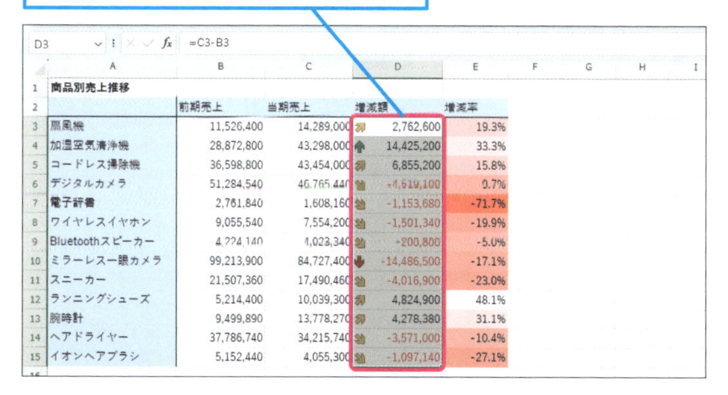

	A	B	C	D	E
1	商品別売上推移				
2		前期売上	当期売上	増減額	増減率
3	扇風機	11,526,400	14,289,000	2,762,600	19.3%
4	加湿空気清浄機	28,872,800	43,298,000	14,425,200	33.3%
5	コードレス掃除機	36,598,800	43,454,000	6,855,200	15.8%
6	デジタルカメラ	51,284,540	46,765,440	-4,519,100	-9.7%
7	電子辞書	2,761,840	1,608,160	-1,153,680	-71.7%
8	ワイヤレスイヤホン	9,055,540	7,554,200	-1,501,340	-19.9%
9	Bluetoothスピーカー	4,224,140	4,023,340	-200,800	-5.0%
10	ミラーレス一眼カメラ	99,213,900	84,727,400	-14,486,500	-17.1%
11	スニーカー	21,507,360	17,490,460	-4,016,900	-23.0%
12	ランニングシューズ	5,214,400	10,039,300	4,824,900	48.1%
13	腕時計	9,499,890	13,778,270	4,278,380	31.1%
14	ヘアドライヤー	37,786,740	34,215,740	-3,571,000	-10.4%
15	イオンヘアブラシ	5,152,440	4,055,300	-1,097,140	-27.1%

使いこなしのヒント

アイコンセットのアイコンやしきい値を設定する

リボンの［ホーム］タブ-［条件付き書式］-［アイコンセット］-［その他のルール］を使うと、アイコンセットの種類やしきい値を設定できます。例えば、セルD3～D15を選択後、次のように指定すると、増減額が4千万円以上のセルが上向きの緑矢印、-4千万円以上4千万円未満のセルは右向きの黄色矢印、-4千万円未満のセルが下向きの赤矢印で表示されます。

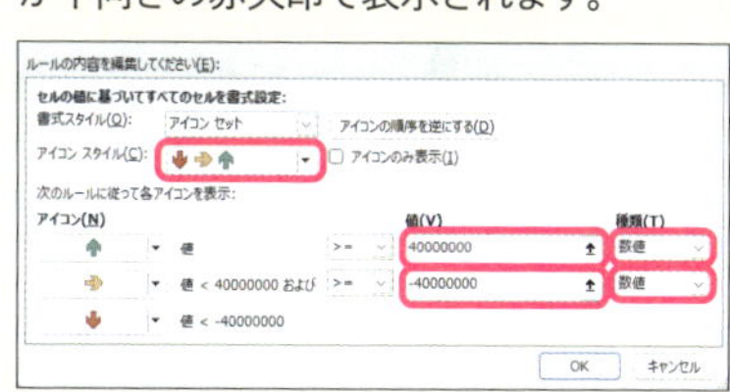

項目	設定
アイコンスタイル	3つの矢印（色分け）
上段の種類	数値
上段の値	40000000
下段の種類	数値
下段の値	-40000000

	A	B	C	D	E
1	商品別売上推移				
2		前期売上	当期売上	増減額	増減率
3	扇風機	11,526,400	14,289,000	2,762,600	19.3%
4	加湿空気清浄機	28,872,800	43,298,000	14,425,200	33.3%
5	コードレス掃除機	36,598,800	43,454,000	6,855,200	15.8%
6	デジタルカメラ	51,284,540	46,765,440	-4,519,100	-9.7%
7	電子辞書	2,761,840	1,608,160	-1,153,680	-71.7%
8	ワイヤレスイヤホン	9,055,540	7,554,200	-1,501,340	-19.9%
9	Bluetoothスピーカー	4,224,140	4,023,340	-200,800	-5.0%
10	ミラーレス一眼カメラ	99,213,900	84,727,400	-14,486,500	-17.1%
11	スニーカー	21,507,360	17,490,460	-4,016,900	-23.0%
12	ランニングシューズ	5,214,400	10,039,300	4,824,900	48.1%
13	腕時計	9,499,890	13,778,270	4,278,380	31.1%
14	ヘアドライヤー	37,786,740	34,215,740	-3,571,000	-10.4%
15	イオンヘアブラシ	5,152,440	4,055,300	-1,097,140	-27.1%
16					

まとめ 金額や比率の大小関係をわかりやすく表示しよう

条件付き書式のカラースケールやアイコンスタイルの機能を使うと、金額や比率の大小に応じて、背景色を塗り分けたり、アイコンを付けることができます。色・アイコンやしきい値を個別に設定したいときには、それぞれの中の［その他のルール］から設定をしましょう。

レッスン
95 セルにミニグラフを表示する

データバー

練習用ファイル L095_データバー .xlsx

割合を表示するときに、第7章で紹介したグラフ機能を使う代わりに、条件付き書式のデータバーを使うとセル内にグラフを入れられます。表の形のままでグラフを挿入できるので、多くの数値が並んでいる表を見やすく整えるのに便利です。

データバーで数値の大小を視覚化する

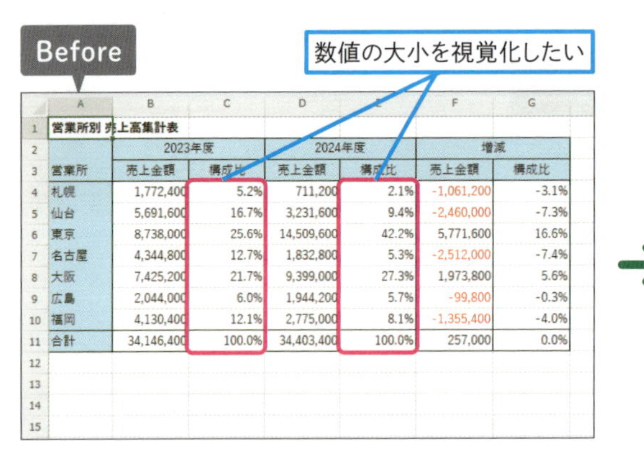

営業所別 売上高集計表						
	2023年度		2024年度		増減	
営業所	売上金額	構成比	売上金額	構成比	売上金額	構成比
札幌	1,772,400	5.2%	711,200	2.1%	-1,061,200	-3.1%
仙台	5,691,600	16.7%	3,231,600	9.4%	-2,460,000	-7.3%
東京	8,738,000	25.6%	14,509,600	42.2%	5,771,600	16.6%
名古屋	4,344,800	12.7%	1,832,800	5.3%	-2,512,000	-7.4%
大阪	7,425,200	21.7%	9,399,000	27.3%	1,973,800	5.6%
広島	2,044,000	6.0%	1,944,200	5.7%	-99,800	-0.3%
福岡	4,130,400	12.1%	2,775,000	8.1%	-1,355,400	-4.0%
合計	34,146,400	100.0%	34,403,400	100.0%	257,000	0.0%

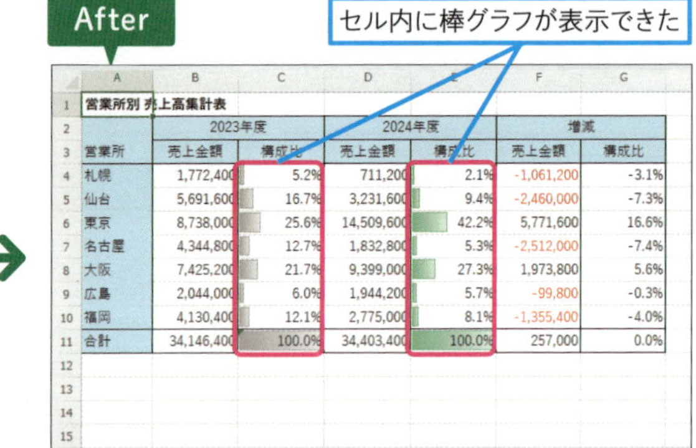

営業所別 売上高集計表						
	2023年度		2024年度		増減	
営業所	売上金額	構成比	売上金額	構成比	売上金額	構成比
札幌	1,772,400	5.2%	711,200	2.1%	-1,061,200	-3.1%
仙台	5,691,600	16.7%	3,231,600	9.4%	-2,460,000	-7.3%
東京	8,738,000	25.6%	14,509,600	42.2%	5,771,600	16.6%
名古屋	4,344,800	12.7%	1,832,800	5.3%	-2,512,000	-7.4%
大阪	7,425,200	21.7%	9,399,000	27.3%	1,973,800	5.6%
広島	2,044,000	6.0%	1,944,200	5.7%	-99,800	-0.3%
福岡	4,130,400	12.1%	2,775,000	8.1%	-1,355,400	-4.0%
合計	34,146,400	100.0%	34,403,400	100.0%	257,000	0.0%

1 構成比のデータにデータバーを表示する

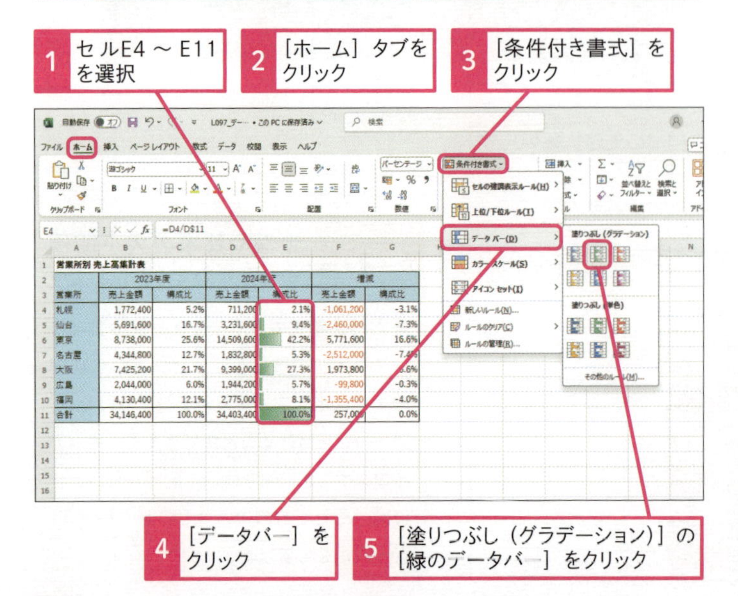

使いこなしのヒント

データバーの色は6色から選べる

リボンの［ホーム］タブ-［条件付き書式］-［データバー］で、あらかじめ準備されている色は6色あり、それぞれグラデーションか単色化を選べます。

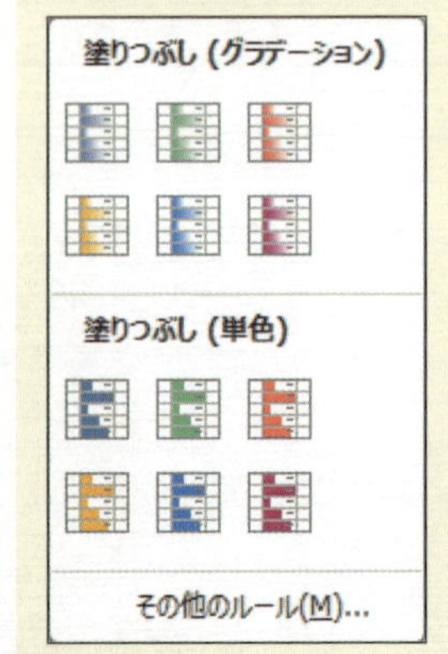

● セル内にグラフが表示された

セルE4～E11にデータバーが表示された

	A	B	C	D	E	F	G
1	営業所別 売上高集計表						
2		2023年度		2024年度		増減	
3	営業所	売上金額	構成比	売上金額	構成比	売上金額	構成比
4	札幌	1,772,400	5.2%	711,200	2.1%	-1,061,200	-3.1%
5	仙台	5,691,600	16.7%	3,231,600	9.4%	-2,460,000	-7.3%
6	東京	8,738,000	25.6%	14,509,600	42.2%	5,771,600	16.6%
7	名古屋	4,344,800	12.7%	1,832,800	5.3%	-2,512,000	-7.4%
8	大阪	7,425,200	21.7%	9,399,000	27.3%	1,973,800	5.6%
9	広島	2,044,000	6.0%	1,944,200	5.7%	-99,800	-0.3%
10	福岡	4,130,400	12.1%	2,775,000	8.1%	-1,355,400	-4.0%
11	合計	34,146,400	100.0%	34,403,400	100.0%	257,000	0.0%
12							

2 個別に色を指定してデータバーを表示する

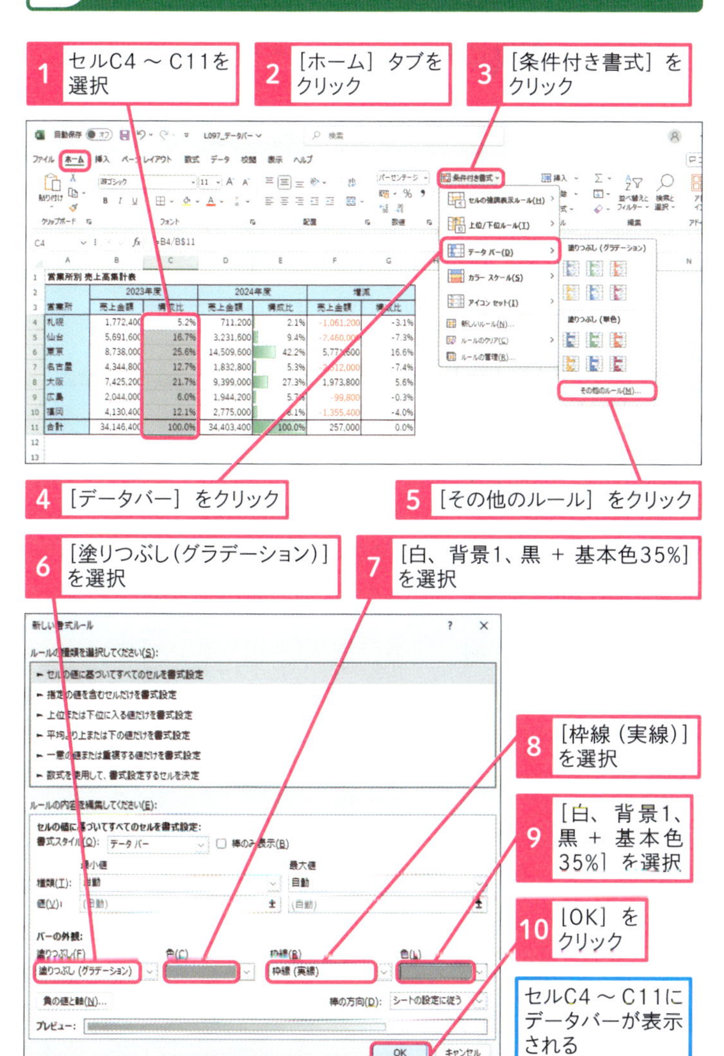

使いこなしのヒント

負の値の書式を設定する

負の値が入力されているセルでデータバーを表示させると、標準ではデータバーは赤色で表示されます。負の値のデータバーの色を変更するには、リボンの［ホーム］タブ-［条件付き書式］-［データバー］-［その他のルール］をクリックし、［新しい書式ルール］ダイアログボックスで［負の値と軸］をクリックをしてください。

負の値のデータバーの色を変更できる

	A	B	C	D	E	F	G
1	営業所別 売上高集計表						
2		2023年度		2024年度		増減	
3	営業所	売上金額	構成比	売上金額	構成比	売上金額	構成比
4	札幌	1,772,400	5.2%	711,200	2.1%	-1,061,20	-3.1%
5	仙台	5,691,600	16.7%	3,231,600	9.4%	-2,460,00	-7.3%
6	東京	8,738,000	25.6%	14,509,600	42.2%	5,771,60	16.6%
7	名古屋	4,344,800	12.7%	1,832,800	5.3%	-2,512,00	-7.4%
8	大阪	7,425,200	21.7%	9,399,000	27.3%	1,973,80	5.6%
9	広島	2,044,000	6.0%	1,944,200	5.7%	-99,80	-0.3%
10	福岡	4,130,400	12.1%	2,775,000	8.1%	-1,355,40	-4.0%
11	合計	34,146,400	100.0%	34,403,400	100.0%	257,00	0.0%
12							

まとめ　データバーで数値を見やすく表示する

データバーを使うと、表の中に簡易的にグラフを入れることができます。あらかじめ準備されているデータバーの色は6色ありますが、他の色を設定したいときには、個別に色を指定するようにしましょう。

レッスン
96 条件付き書式を編集・削除するには

ルールの管理

練習用ファイル L096_ルールの管理.xlsx

条件付き書式のルールのクリアの操作をすると、設定されたすべての条件付き書式を削除できます。条件付き書式を編集したり、複数の条件付き書式の一部の条件付き書式だけを削除したいときには、ルールの管理から個別に設定しましょう。

キーワード

条件付き書式	P.532
ダイアログボックス	P.533
リボン	P.534

条件付き書式で設定したルールを管理する

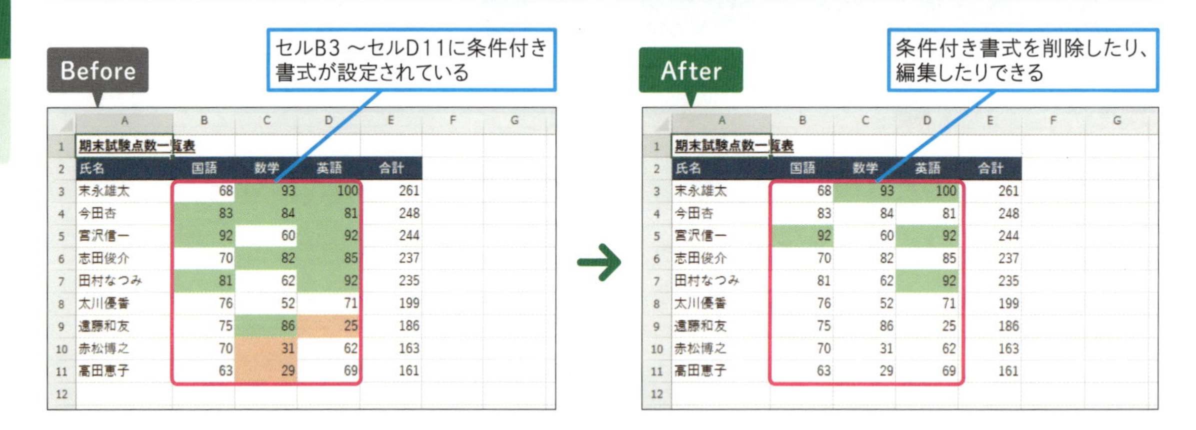

1 選択した範囲の条件付き書式を削除する

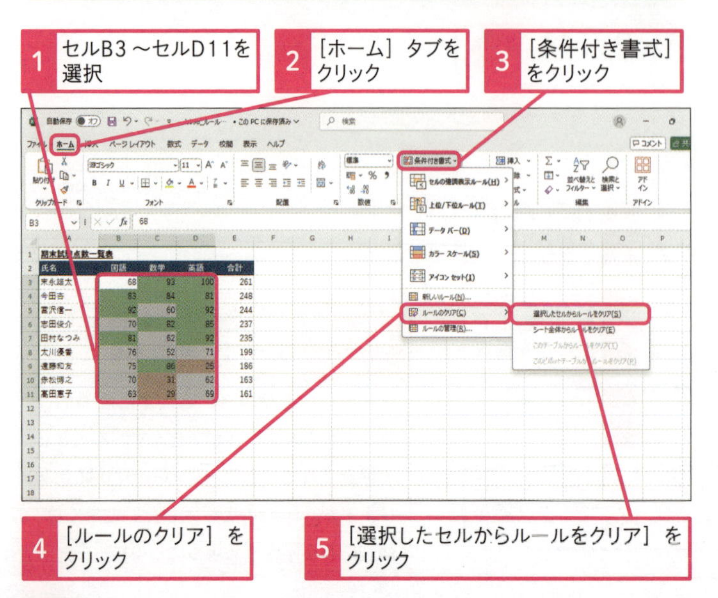

使いこなしのヒント

シート内のすべての条件付き書式を削除する

リボンの［ホーム］タブ-［条件付き書式］-［ルールのクリア］-［シート全体からルールをクリア］で、シート内のすべての条件付き書式を削除できます。

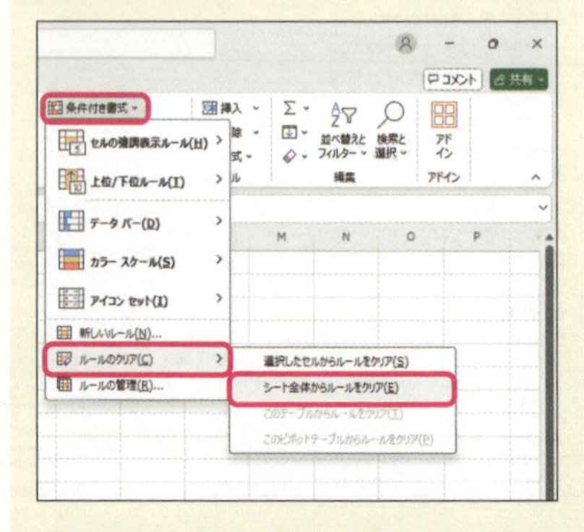

Excel 活用編 第10章 条件に応じて可視化！ 表を効果的に見せる書式の活用

● 条件付き書式が削除された

セルB3 ～セルD11の条件付き書式がすべて削除された

	A	B	C	D	E	F	G
1	期末試験点数一覧表						
2	氏名	国語	数学	英語	合計		
3	末永雄太	68	93	100	261		
4	今田杏	83	84	81	248		
5	宮沢信一	92	60	92	244		
6	志田俊介	70	82	85	237		
7	田村なつみ	81	62	92	235		
8	太川優香	76	52	71	199		
9	遠藤和友	75	86	25	186		
10	赤松博之	70	31	62	163		
11	高田恵子	63	29	69	161		
12							

2 一部の条件付き書式だけを削除する

［元に戻す］をクリックして手順1の操作を取り消しておく

1 セルB3 ～セルD11を選択

2 ［ホーム］タブをクリック

3 ［条件付き書式］をクリック

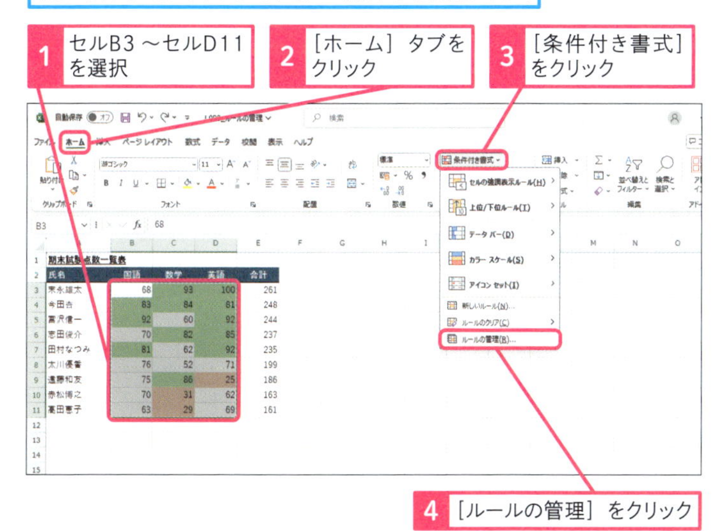

4 ［ルールの管理］をクリック

［条件付き書式ルールの管理］ダイアログボックスが表示された

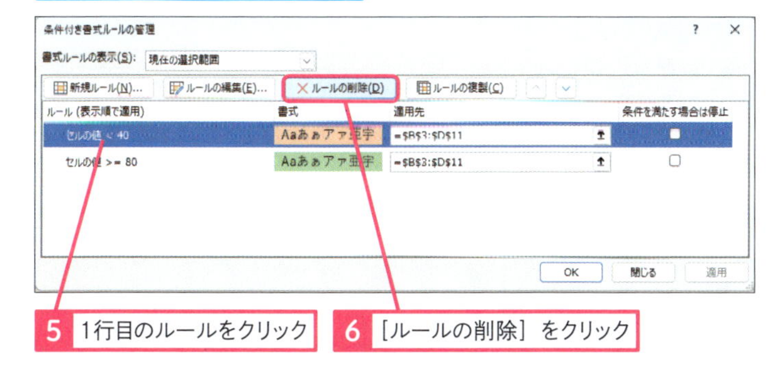

5 1行目のルールをクリック

6 ［ルールの削除］をクリック

使いこなしのヒント

ワークシート内のすべての条件付き書式を表示する

リボンの［ホーム］タブ-［条件付き書式］-［ルールの管理］をクリックすると、初期状態では、選択中のセルに設定された条件付き書式しか表示されません。ワークシート内のすべての条件付き書式を表示するには、条件付き書式ルールの管理ウィンドウで、書式ルールの表示から［このワークシート］を選択してください。

［書式ルールの表示］で［このワークシート］を選択する

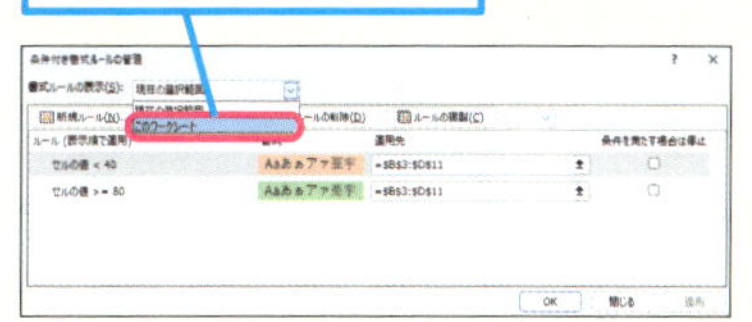

ここに注意

条件付き書式は何個でも設定できますが、設定する数が増えると動作が遅くなる場合があります。セルのコピー・貼り付けなどの操作で、意図せず条件付き書式が増えてしまう場合もあるため、注意してください。

次のページに続く➡

● ルールが削除された

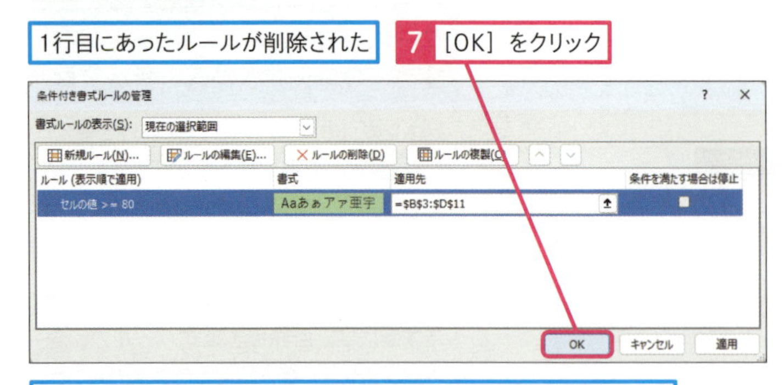

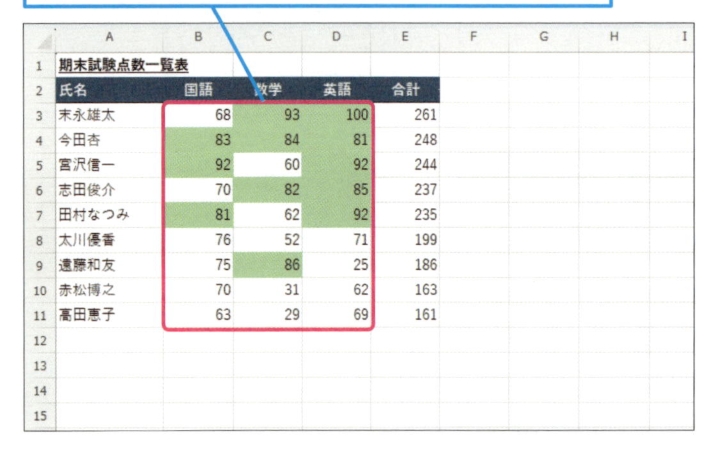

	A	B	C	D	E
1	期末試験点数一覧表				
2	氏名	国語	数学	英語	合計
3	末永雄太	68	93	100	261
4	今田杏	83	84	81	248
5	宮沢信一	92	60	92	244
6	志田俊介	70	82	85	237
7	田村なつみ	81	62	92	235
8	太川優香	76	52	71	199
9	遠藤和友	75	86	25	186
10	赤松博之	70	31	62	163
11	高田恵子	63	29	69	161

3 条件付き書式を編集する

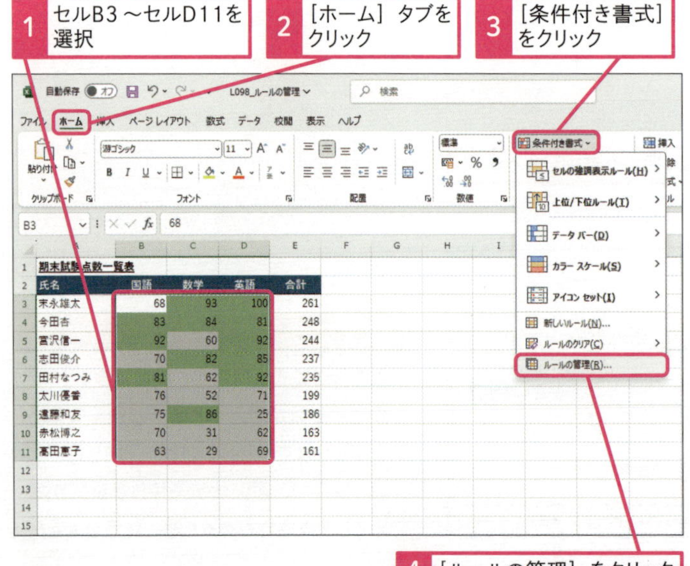

使いこなしのヒント

条件付き書式ルールの管理でできること

条件付き書式のルールを適用するセルを修正したいときには、［条件付き書式ルールの管理］ウィンドウの［適用先］を修正しましょう。また、［条件を満たす場合は停止］にチェックを入れると、条件を満たした場合に、それより下の条件付き書式が適用されなくなります。

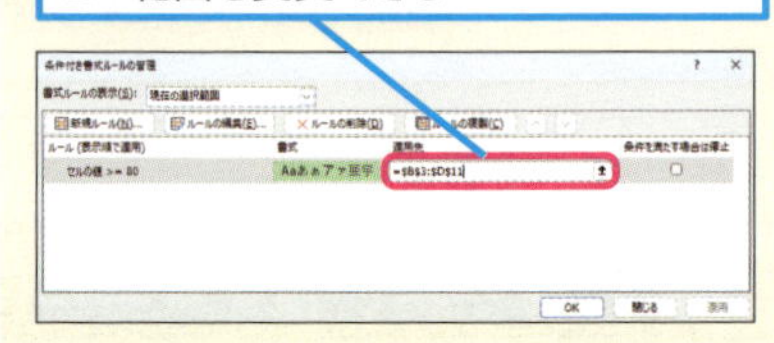

● 条件を編集する

［条件付き書式ルールの管理］ダイアログボックスが表示された

5 1行目のルールをクリック

6 ［ルールの編集］をクリック

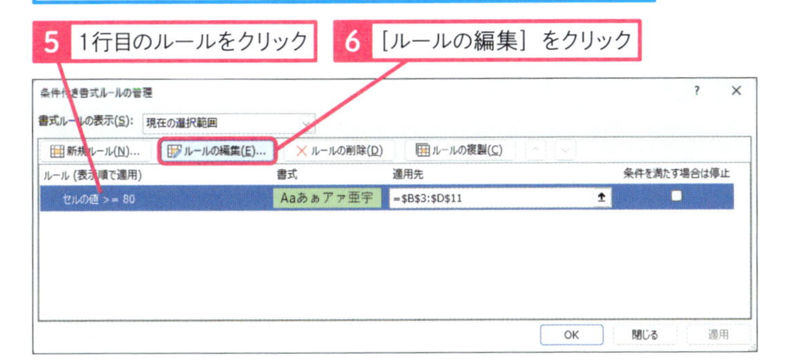

［書式ルールの編集］ダイアログボックスが表示された

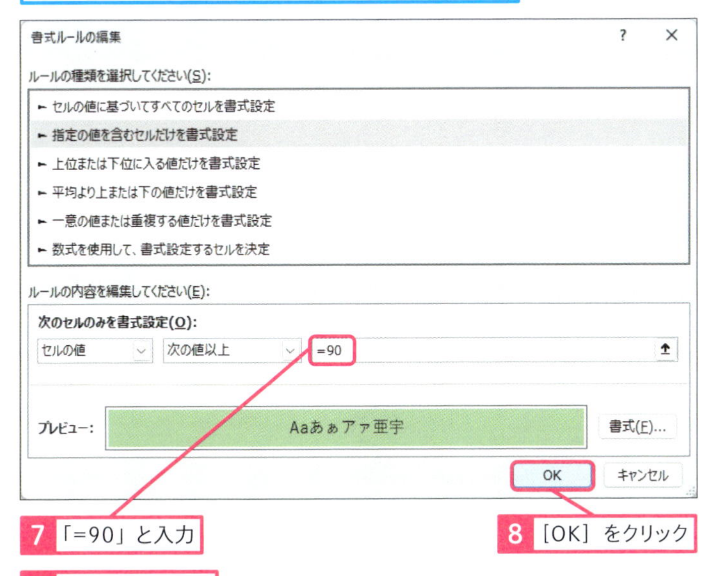

7 「=90」と入力

8 ［OK］をクリック

9 ［OK］をクリック

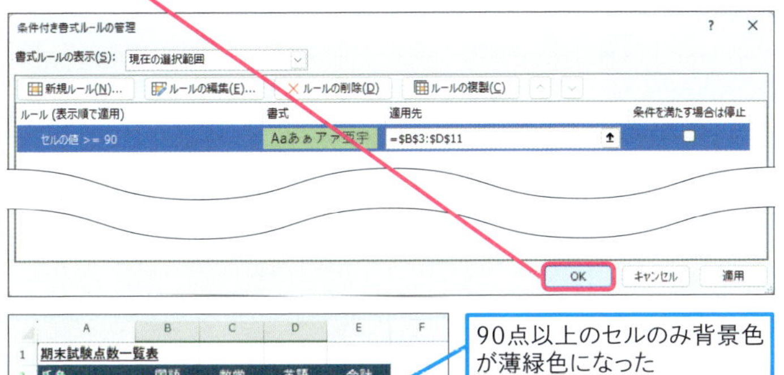

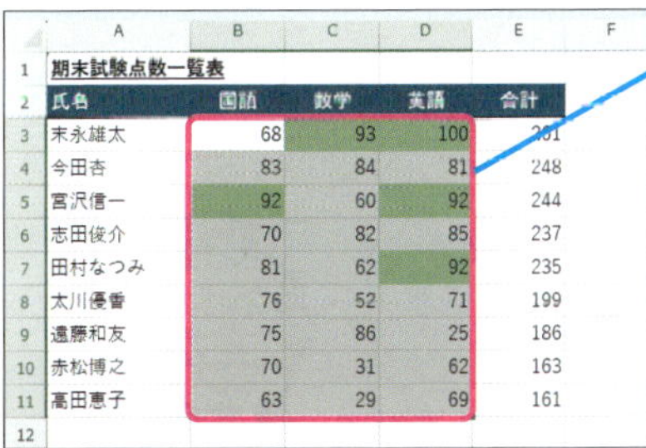

	A	B	C	D	E
1	期末試験点数一覧表				
2	氏名	国語	数学	英語	合計
3	末永雄太	68	93	100	261
4	今田杏	83	84	81	248
5	宮沢信一	92	60	92	244
6	志田俊介	70	82	85	237
7	田村なつみ	81	62	92	235
8	太川優香	76	52	71	199
9	遠藤和友	75	86	25	186
10	赤松博之	70	31	62	163
11	高田恵子	63	29	69	161
12					

90点以上のセルのみ背景色が薄緑色になった

使いこなしのヒント

ルールは複製できる

［条件付き書式ルールの管理］画面で、［ルールの複製］ボタンを押すと、条件付き書式のルールを複製できます。似たようなルールを複数作りたいときに使いましょう。

［ルールの複製］をクリックすると条件付き書式を複製できる

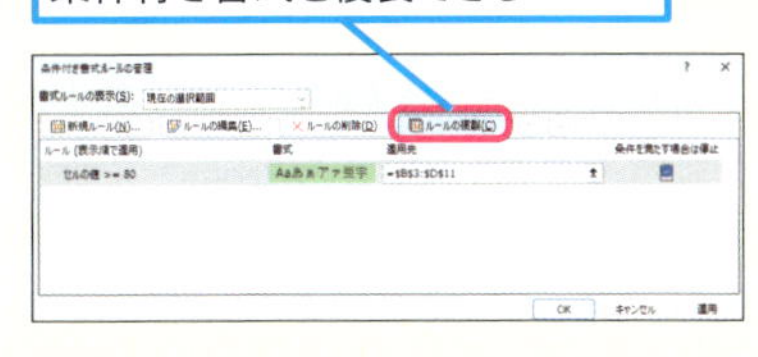

まとめ 不要な条件付き書式は削除しよう

不要になった条件付き書式は、ルールのクリアやルールの管理画面から削除しましょう。なお、条件付き書式を設定した後に、Excelで通常の編集作業をしていると、意図せず、条件付き書式が増えてしまっているときがあります。動作が妙に遅くなるなどの違和感を感じたら、条件付き書式のルールの管理画面を見て、意図しない条件付き書式の設定がないか確認してみてください。

この章のまとめ

自動で書式を設定しよう

この章では、条件付き書式の機能を紹介しました。条件付き書式には、大きく分けて、指定した条件に一致したセルの書式を変える機能と、複数のセルの大小関係を、セルの書式やアイコンやミニグラフなどで視覚的にわかりやすく表示する機能があります。これらの書式を手作業で1つのセルごとに書式を設定するのは大変ですが、条件付き書式の機能を使うと効率的に書式を整えることができます。Excelの作業効率を上げるために、活用してみてください。

条件付き書式を活用することで、数値が並ぶ表を効率的に見やすく整えられる

	A	B	C	D	E	F	G	H	I
1	商品別売上推移								
2		前期売上	当期売上	増減額	増減率				
3	扇風機	11,526,400	14,289,000	2,762,600	19.3%				
4	加湿空気清浄機	28,872,800	43,298,000	14,425,200	33.3%				
5	コードレス掃除機	36,598,800	43,454,000	6,855,200	15.8%				
6	デジタルカメラ	51,284,540	46,765,440	-4,519,100	-9.7%				
7	電子辞書	2,761,840	1,608,160	-1,153,680	-71.7%				
8	ワイヤレスイヤホン	9,055,540	7,554,200	-1,501,340	-19.9%				
9	Bluetoothスピーカー	4,224,140	4,023,340	-200,800	-5.0%				
10	ミラーレス一眼カメラ	99,213,900	84,727,400	-14,486,500	-17.1%				
11	スニーカー	21,507,360	17,490,460	-4,016,900	-23.0%				
12	ランニングシューズ	5,214,400	10,039,300	4,824,900	48.1%				
13	腕時計	9,499,890	13,778,270	4,278,380	31.1%				
14	ヘアドライヤー	37,786,740	34,215,740	-3,571,000	-10.4%				
15	イオンヘアブラシ	5,152,440	4,055,300	-1,097,140	-27.1%				
16									

条件付き書式ってすごい！　いろんな場面で使ってみたくなりました。

ルールの管理画面から一覧で管理できるところも便利ですね！

どんどん活用してほしいけど、いろんな書式が設定された表は逆に見にくくなってしまうから、華美になりすぎないよう注意しよう。

Excel

活用編

第11章

生成AIで時短！表やグラフを瞬時に生成する

この章では、WindowsやExcelのCopilotを使ってExcel作業を効率化する方法を紹介します。Excelについて質問したり、Excelの数式を入力する作業の手伝いをしてもらったりしましょう。

レッスン
97
Introduction この章で学ぶこと

AIアシスタントを役立てよう

この章ではWindows標準のCopilotや、ExcelのアプリでCopilotを使って、Excelの作業に役立てる方法を解説します。契約しているアカウントの種類によって注意点もあるため、ここで知っておきましょう。

わからないことを手軽に相談できる

この機能知ってます。ChatGPTみたいに、知りたいこととか、わからないことを質問すると答えてくれるんですよね。

これがあれば百人力!? 早速使ってみよー!

数式を作ってもらったり、機能の使い方を聞いたりして、Excelの作業に役立てることもできる

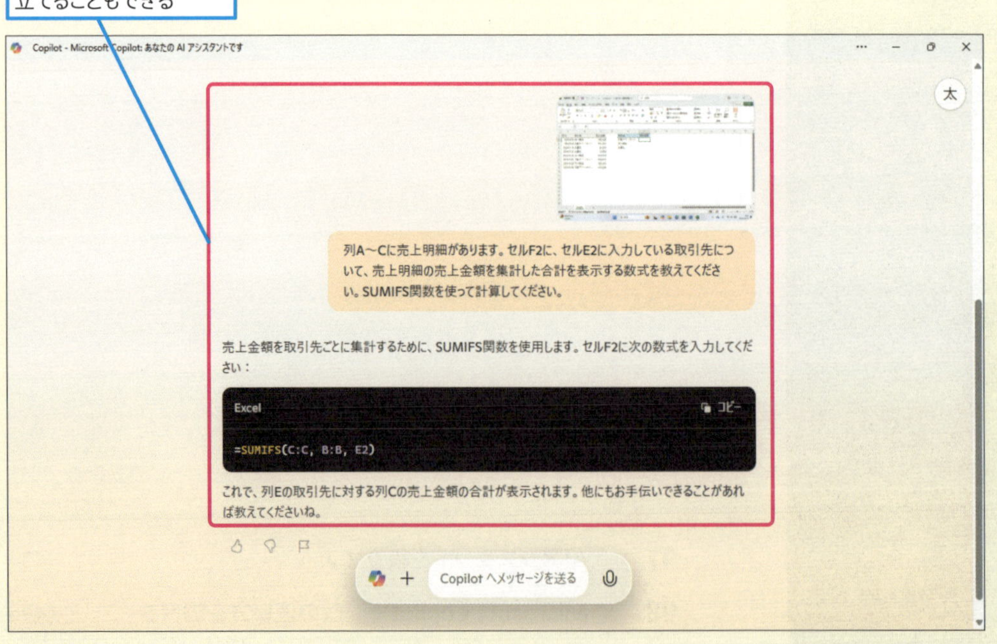

ちょっと待って。とても便利なんだけど、入力した内容やアップロードしたファイルは、AIの学習やサービス改善のために使われることがあるから、業務で使う場合は、機密情報の入力は避けてね！

Excelで作った表を操作することもできる

さらに、CopilotはExcelで使うこともできるよ！　ただし、下の「スキルアップ」にある契約が必要だから、注意してね。

日付	商品名	サイズ	カラー	数量	金額
2024/9/1	コート	L	ネイビー	8	639,840
2024/9/1	スーツ	AB-7	ネイビー	6	419,880
2024/9/1	ジャケット	L	ベージュ	16	396,800
2024/9/1	ジーンズ	33	ブルー	12	179,760
2024/9/1	コート	M	ネイビー	3	239,940
2024/9/1	スーツ	A-6	ネイビー	3	209,940
2024/9/1	ジャケット	L	チャコール	6	148,800
2024/9/1	セーター	XL	グレー	18	504,000
2024/9/1	ジャケット	M	ネイビー	18	446,400
2024/9/1	セーター	XL	ベージュ	18	504,000
2024/9/1	コート	M	グレー	6	479,880
2024/9/1	セーター	M	ブラック	3	84,000
2024/9/1	スーツ	A-8	ネイビー	6	419,880
2024/9/1	ジーンズ	31	ホワイト	6	89,880
2024/9/1	セーター	L	ベージュ	21	588,000
2024/9/1	ジーンズ	30	ブルー	24	359,520
2024/9/1	ジャケット	M	グレー	18	446,400
2024/9/1	コート	L	ネイビー	3	239,940
2024/9/1	セーター	M	ブルー	9	252,000
2024/9/1	ジャケット	XL	ブラック	10	248,000
2024/9/1	スーツ	AB-6	グレー	3	209,940

表のデータを基に、Copilotが瞬時にグラフや集計表を作成してくれる

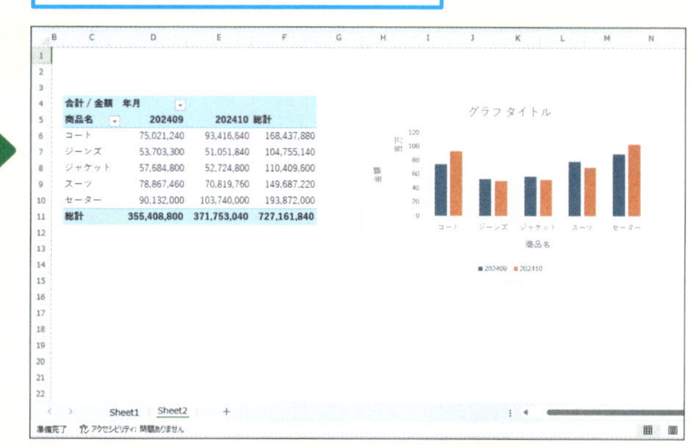

合計 / 金額	年月		
商品名	202409	202410	総計
コート	75,021,240	93,416,640	168,437,880
ジーンズ	53,703,300	51,051,840	104,755,140
ジャケット	57,684,800	52,724,800	110,409,600
スーツ	78,867,460	70,819,760	149,687,220
セーター	90,132,000	103,740,000	193,872,000
総計	355,408,800	371,753,040	727,161,840

自動でピボットテーブルやピボットグラフを作ってくれるなんてすごい！

これなら一から作るよりも簡単ですね！

スキルアップ

Copilotを使うために必要な契約

Copilotには、以下のような種類があります。Excelの中からCopilotを使うためには、一定のMicrosoft 365の契約をしたうえで、さらに対応するCopilotの契約をする必要があります。特に、Excel 2024を含むパッケージ版のExcelでは、Excelの中でCopilotを使えないことに注意してください。また、現状では、法人向けのMicrosoft 365 Copilotは、年間契約しかできないことにも注意してください。

製品名	価格	Excelで使えるか	必要なMicrosoft 365の契約	データ保護
Microsoft Copilot	無料	×	－	保護されない
Microsoft Copilot Pro	有料（月契約）	○	Microsoft 365 Personal、Microsoft 365 Familyなど	保護されない
Microsoft 365 Copilot	有料（年契約）	○	Microsoft 365 Apps for business、Microsoft 365 Business Basic、Microsoft 365 E3など	保護される

レッスン 98

Microsoft Copilotで関数の使い方を調べる

Copilot

練習用ファイル L98_Copilot.xlsx

Copilotは、ChatGPTでも使われているOpenAIの技術を使ったAIモデルで、WindowsやExcelから使うことができます。まずは、Microsoft Copilotを使ってみましょう。

1 Excel関数の数式を教えてもらう

質問例

列A～Cに売上明細があります。セルF2に、セルE2に入力している取引先について、売上明細の売上金額を集計した合計を表示する数式を教えてください。SUMIFS関数を使って計算してください。

練習用ファイルを開いておく

1 ［Copilot］をクリック

2 上記のプロンプトを入力

3 ［メッセージの送信］をクリック

4 練習用ファイルを表示

5 ［⊞］+［Print Screen］キーを押す

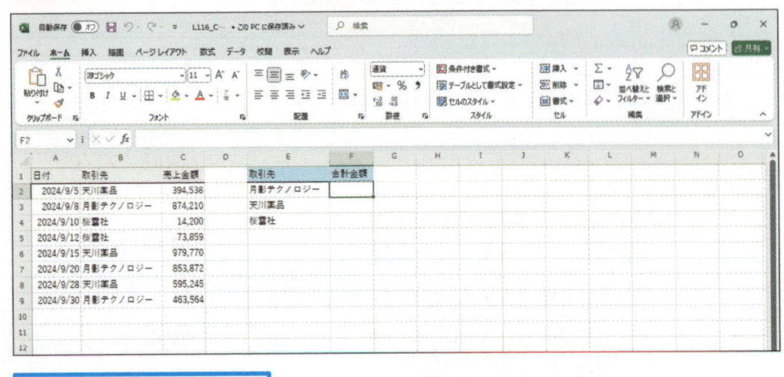

	A	B	C	D	E	F
1	日付	取引先	売上金額		取引先	合計金額
2	2024/9/5	天川薬品	394,538		月影テクノロジー	
3	2024/9/8	月影テクノロジー	874,210		天川薬品	
4	2024/9/10	桜雲社	14,200		桜雲社	
5	2024/9/12	桜雲社	73,859			
6	2024/9/15	天川薬品	979,770			
7	2024/9/20	月影テクノロジー	853,872			
8	2024/9/28	天川薬品	595,245			
9	2024/9/30	月影テクノロジー	463,564			

スクリーンショットされた

キーワード

Copilot P.530

使いこなしのヒント

機密情報の扱いには注意しよう

Copilotに対して入力した内容はAIの学習やサービスの改善に使われる場合があります。基本的には、個人情報や組織の機密情報をそのまま入力するのは避けるようにしましょう。

使いこなしのヒント

Microsoftアカウントでサインインする

Microsoft Copilotを使うときに、Microsoftアカウントでサインインをしておくと、過去の会話が保存されます。サインインをするには、画面右上の［サインイン］をクリックしてください。

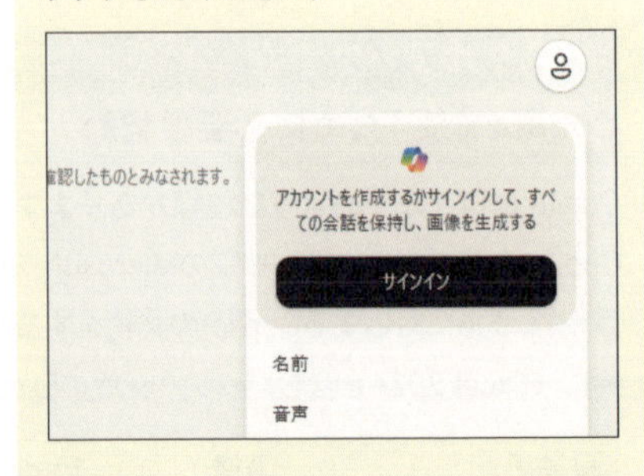

用語解説

プロンプト

プロンプトとは、AIやコンピュータプログラムに対して指示や質問をするための入力のことをいいます。

● スクリーンショットをアップロードする

6 ［画像のアップロード］をクリック

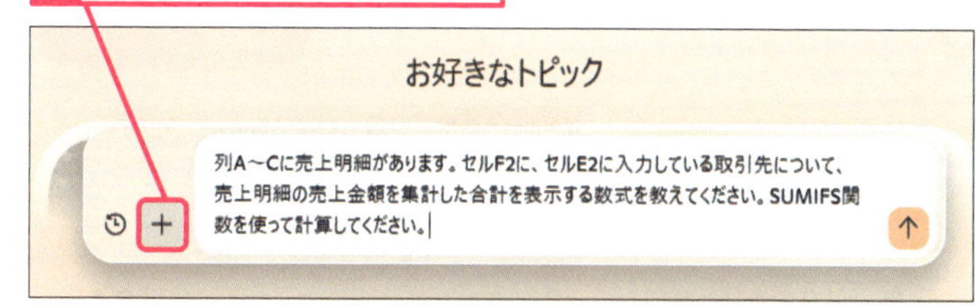

7 スクリーンショットの保存場所を選択

8 画像を選択

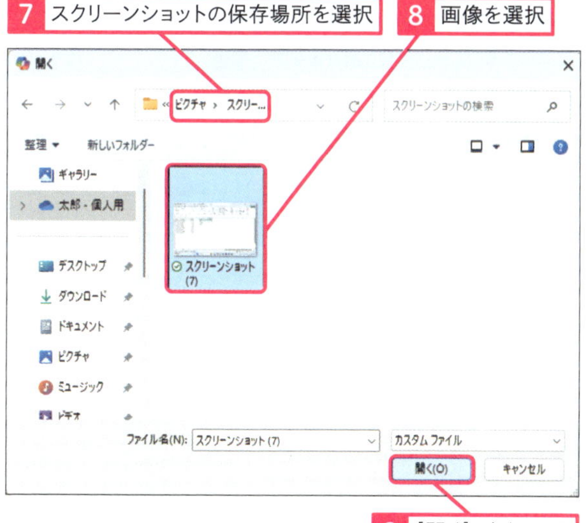

9 ［開く］をクリック

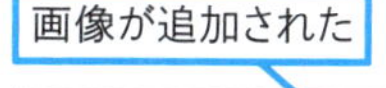
画像が追加された

10 ［メッセージの送信］をクリック

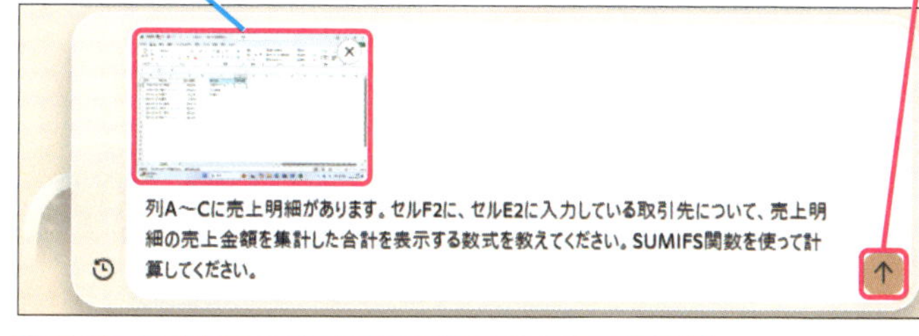

回答が表示された

［コピー］をクリックして数式をコピーし、セルF2に入力する

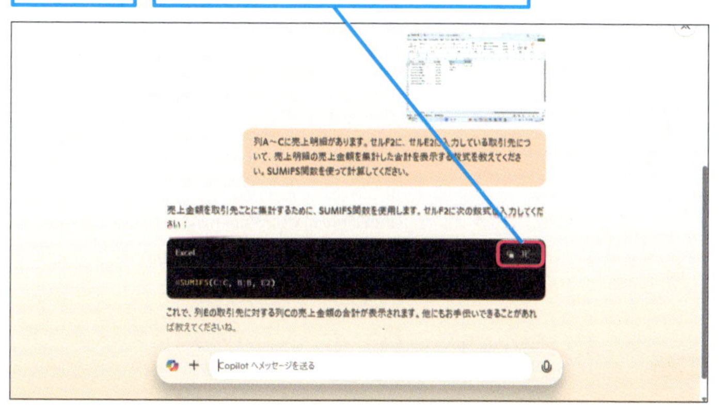

使いこなしのヒント

画像の内容も質問できる

Copilotを使うときには、質問文と合わせて画像データを添付できます。Excelの質問をするときに、Excelの画面のスクリーンショットを添付すると精度がよくなる場合があります。必要に応じて添付するようにしましょう。

［画像のアップロード］から画像をアップロードすることもできる

使いこなしのヒント

新しいチャットを開始するには

プロンプトを入力する欄の左にあるCopilotマークの［ホームへ］ボタンをクリックし、［新しいチャットを開始］をクリックすると、今までの会話内容が消えて、新たにチャットが開始できる状態になります。

1 ［新しいチャットを開始］をクリック

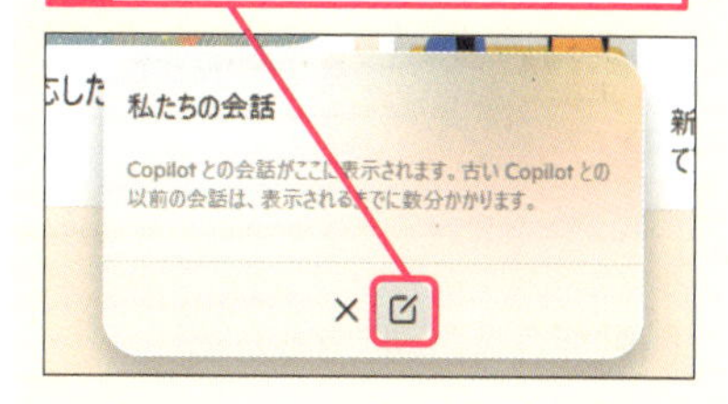

ここに注意

Copilotが返す回答は間違っていることもあります。必ず、回答が正確かどうかを検証したうえで、使ってください。

まとめ 機密情報の入力には注意しよう

Microsoft Copilotは無料で使え、数式の使い方やExcelの機能について回答してくれます。わからないことがあったら積極的に活用するとよいでしょう。ただし、入力した内容はAIの学習やサービスの改善に使われる場合があるため、機密情報は入力しないようにしましょう。

レッスン

99 ExcelでCopilotを使ってみよう

Microsoft 365のCopilot

練習用ファイル L99_Microsoft365のCopilot.xlsx

Excelを含むOffice製品でも、Copilotに作業を手伝ってもらうことができます。Copilotを使うためには、Microsoft 365の契約をしたうえでCopilotを使うライセンスを契約する必要があります。

キーワード

1 自動保存を有効にする

1 ［自動保存］をクリック

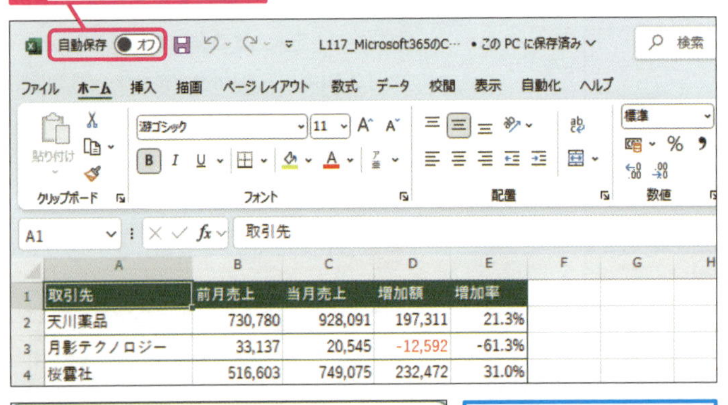

ファイルの保存先を確認する画面が表示された

2 保存先をクリック

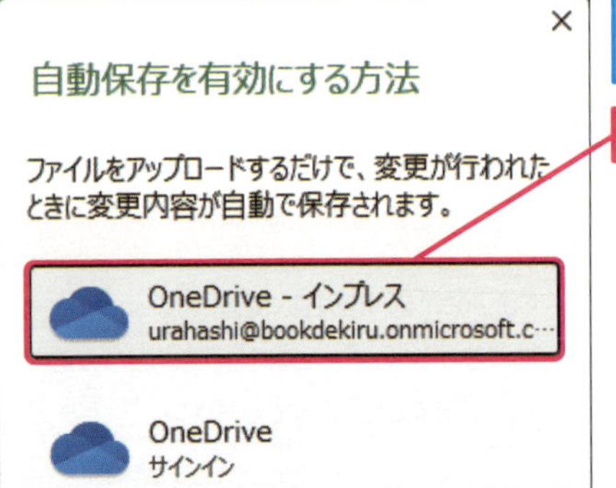

自動保存が有効化された

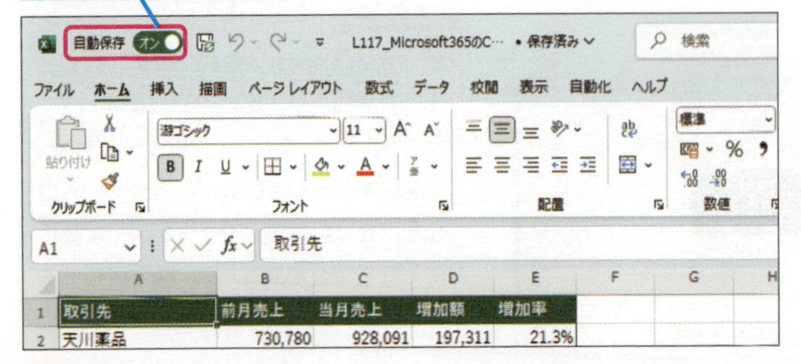

使いこなしのヒント

Copilotを使うには自動保存が必要

Excelの中からCopilotを使うためには、ExcelファイルをあらかじめOneDriveに保存して自動保存の対象にする必要があることに注意してください。

使いこなしのヒント

Copilotに対して入力した内容は保護されるか

Microsoft CopilotやMicrosoft Copilot Proに対して入力した内容は、データ保護の対象にならずAIの学習に使われる場合があります。特に、Microsoft 365 PersonalやFamilyで、有償のMicrosoft Copilot Proを契約しても、データ保護の対象にならないことに注意してください。機密情報を扱う場合には、Microsoft 365のApps for business、Business Basic、E3などの法人向けのMicrosoft 365の契約をしたうえでCopilotを使うことをおすすめします。

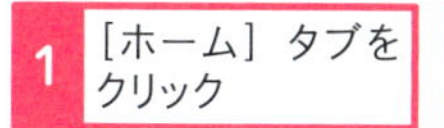

2 目立たせたいデータを指示して強調表示する

1 [ホーム] タブをクリック

2 [Copilot] をクリック

Copilotが起動した

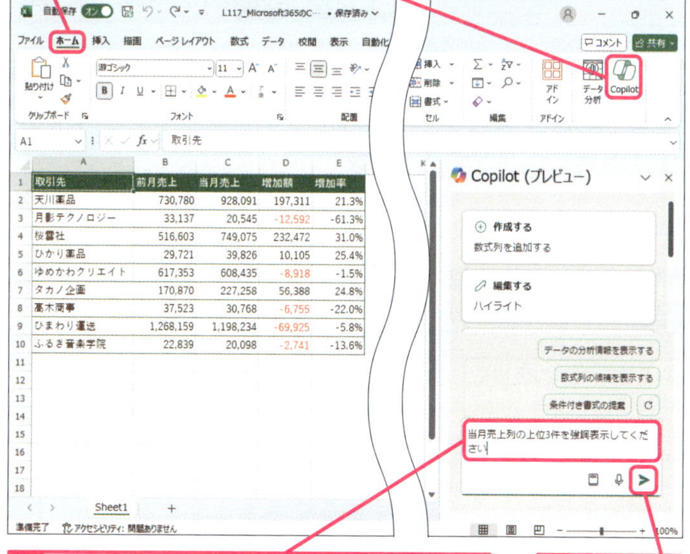

3 「当月売上列の上位3件を強調表示してください」と入力

4 [送信] をクリック

回答が表示された

5 [適用] をクリック

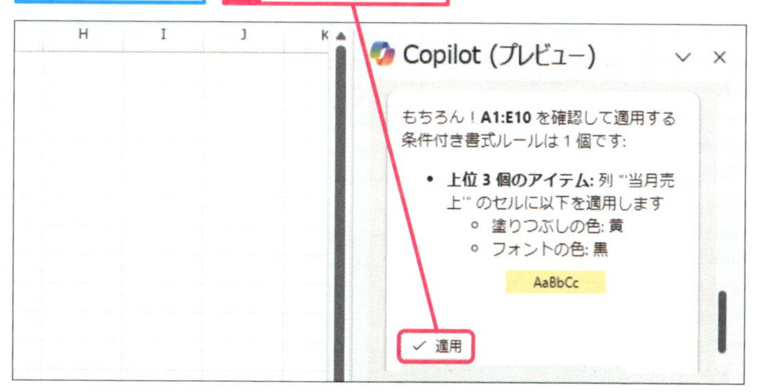

[当月売上] 列の上位3件が強調表示された

	A	B	C	D	E
1	取引先	前月売上	当月売上	増加額	増加率
2	天川薬品	730,780	928,091	197,311	21.3%
3	月影テクノロジー	33,137	20,545	-12,592	-61.3%
4	桜雲社	516,603	749,075	232,472	31.0%
5	ひかり薬品	29,721	39,826	10,105	25.4%
6	ゆめかわクリエイト	617,353	608,435	-8,918	-1.5%
7	タカノ企画	170,870	227,258	56,388	24.8%
8	高木商事	37,523	30,768	-6,755	-22.0%
9	ひまわり運送	1,268,159	1,198,234	-69,925	-5.8%
10	ふるさと音楽学院	22,839	20,098	-2,741	-13.6%

使いこなしのヒント
Copilotのパネルの大きさを変えたり分離したりする

Copilotのパネルは、左右に広げることができます。また、タイトルバーをドラッグすると、パネルをExcelのウィンドウから分離して、独立させることもできます。分離したCopilotのウィンドウを、Excelのウィンドウの右端あたりにドラッグすると、CopilotのパネルをExcelと一体に戻すこともできます。

使いこなしのヒント
思い通りに動かなかったときは元に戻せる

Copilotの挙動が思い通りでなかった場合、Copilot内に「元に戻す」というボタンがあるときには、それを押すと元に戻ります。あるいは、通常の操作と同じようにクイックアクセスツールバーの元に戻すボタンで元に戻したり、手作業で挿入された列を削除することもできます。

[元に戻す] をクリックする

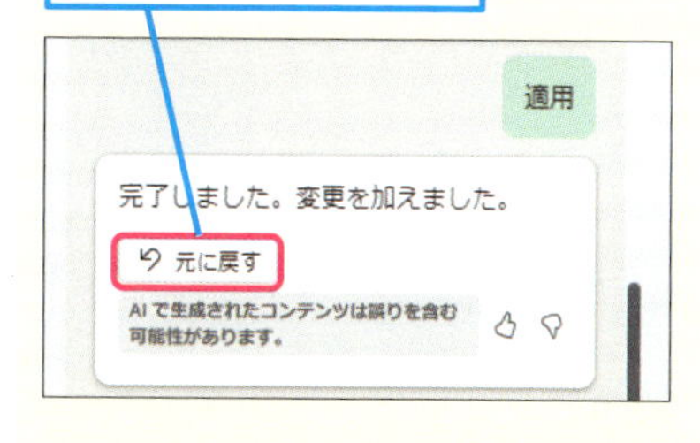

まとめ 法人向けのMicrosoft 365 Copilotを契約しよう

Excel内でCopilotを使う場合に、個人向けのMicrosoft Copilot Proを使うとCopilotに入力したデータが学習に使われる可能性があります。業務に関連する情報などの機密情報を入力する可能性があるときには、法人向けのMicrosoft 365 Copilotを使うことをおすすめします。

レッスン

100 Copilotで表に列を追加する

列の追加

練習用ファイル L100_列の追加.xlsx

Copilotに列を追加するよう指示すると、具体的な数式を考えて列を追加してくれます。表内の他の列を参照するような数式を入れられるだけでなく、他の表の値をXLOOKUP関数で参照するような数式も入れられます。

1 追加したい列を指示して列を挿入する

Copilotのパネルを表示しておく

1 「増加額列と増加割合列をテーブルの最後に追加してください」と入力

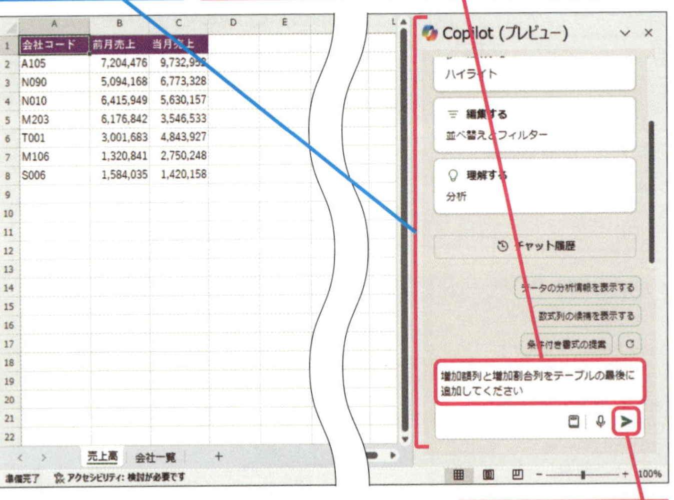

2 ［送信］をクリック

回答が表示された

3 ［列を挿入］をクリック

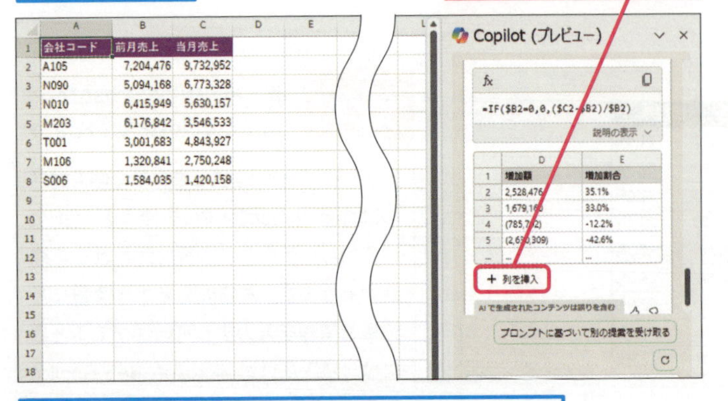

D列に［増加額］列、E列に［増加割合］列が挿入される

キーワード

使いこなしのヒント

指示はできるだけ詳細に書こう

人に対してお願いをするときと同じように、細かく指示を与えれば与えるほど思い通りに動いてくれます。意図した結果にならない場合には、より細かく指示を与えるようにしましょう。

使いこなしのヒント

同じプロンプトを入力しても結果が変わる場合がある

Copilotに同じ指示をしても、結果が変わる可能性があるので注意してください。提案してくれる数式が変わる場合もありますし、極端な場合、ある指示を出したときに1回目は「この操作を行うことはできません」と表示されたのに、もう一度同じ指示を出すと実行してくれる場合もあります。

2 別シートのデータを使った列を挿入する

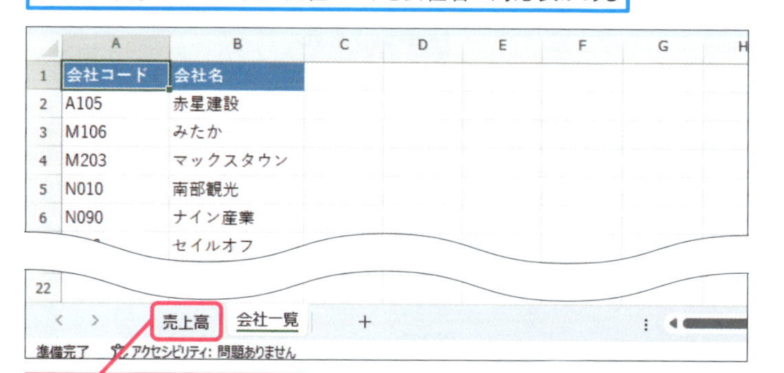

2 「B列に会社名という列を作って、[会社一覧] シートの会社コードに対応する会社名を挿入してください」と入力

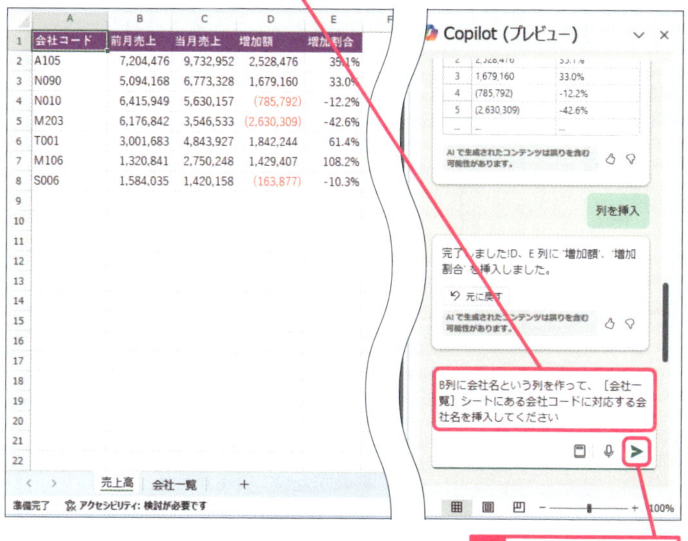

3 [送信] をクリック

回答が表示された

4 [列の挿入] をクリック

B列に新たに [会社名] 列が挿入される

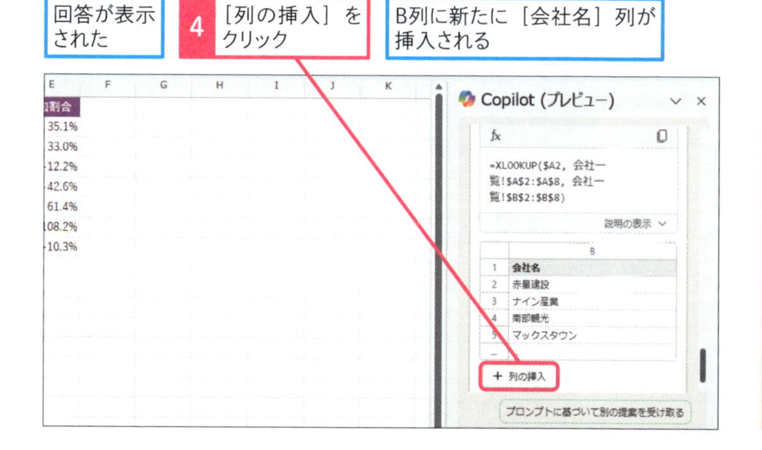

使いこなしのヒント

挿入する列、見出しを具体的に指定する

可能なら、新たに作成する列を、どの列に挿入して、どういう見出しにするかを具体的に指定しましょう。今回の例では「B列」に「会社名」という見出しで挿入するように指定しています。

使いこなしのヒント

他のテーブルの情報を使った数式を入力できる

Copilotでは、他のテーブルに入力された情報を使った数式も入力できます。例えば、今回の例では、売上高テーブルのB列に会社一覧テーブルを参照するような数式を入力できました。

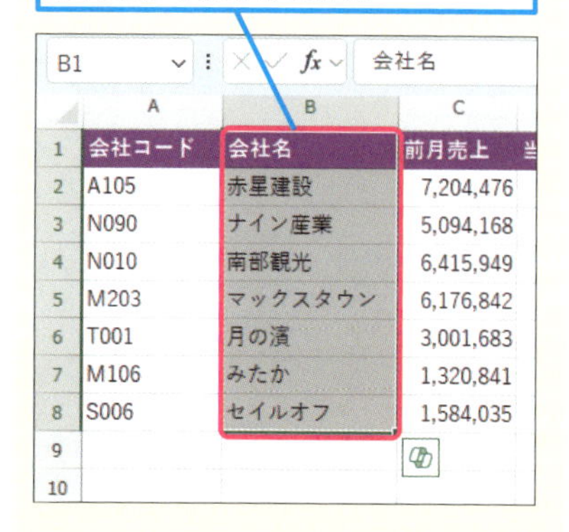

まとめ 意図通りにならないときは具体的に指示を出そう

Copilotへの指示は、最初は大雑把に指示をしても構いません。ただ、意図通りに動かなかったときには、いったん取り消して、「列の見出しをどうするか」「どこに列を挿入するか」「どう計算をするか」などをより具体的に指示を出すようにしましょう。

レッスン

101 表のデータを集計してグラフを作る

グラフの追加

練習用ファイル L101_グラフの追加.xlsx

Copilotを使うと表のデータをピボットテーブルで集計をして、それをグラフで表示できます。意図通りのグラフを作りたいときには、集計の切り口、グラフの種類、縦軸・横軸をどうするかなど、できるだけ具体的に指示を出しましょう。

キーワード

Copilot	P.530
グラフ	P.531
ピボットテーブル	P.533

使いこなしのヒント

Copilotでグラフを作る

筆者が試した範囲では、Copilotでグラフを作るように指示を出すと、ピボットテーブルで集計をして、その結果がピボットグラフでグラフ化されました。グラフの具体的な案がある場合には、イメージ通りのグラフが作れるように、以下のような点を中心に、できるだけ細かく指示をしましょう。

- 集計の切り口をどうするか（例：月別・商品別）
- どういうグラフを作るか（例：縦棒グラフ、横棒グラフ、折れ線グラフ）
- グラフの縦軸、横軸をどうするか（例：縦軸が金額、横軸が商品と月）
- グラフの横軸に複数の項目を並べる場合には、どういう順番にするか（例：商品、月の順番）

1 月別・商品別に金額を集計してグラフを作る

Copilotのパネルを表示しておく

1 「日付に基づき、年月列を追加してください。年と月を合わせて「yyyymm」形式で1つのセルに入れてください」と入力

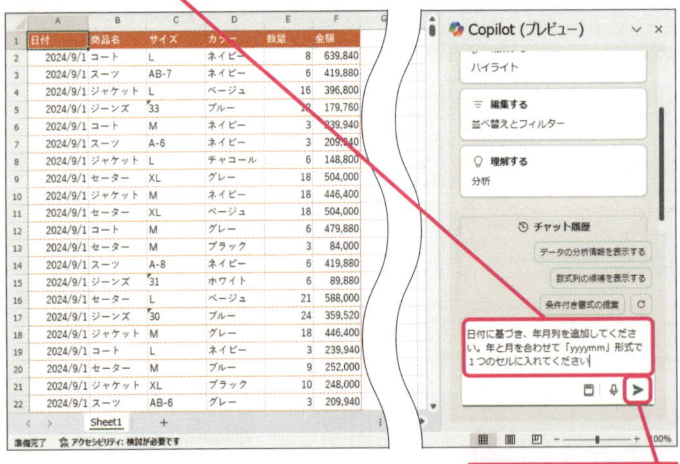

2 ［送信］をクリック

3 ［列の挿入］をクリック

［年月］列が挿入される

Excel 活用編 第11章 生成AIで時短！ 表やグラフを瞬時に生成する

● グラフを挿入する

4 「月別商品別に金額を集計して、商品、月の順にまとめた縦棒グラフを表示してください」と入力

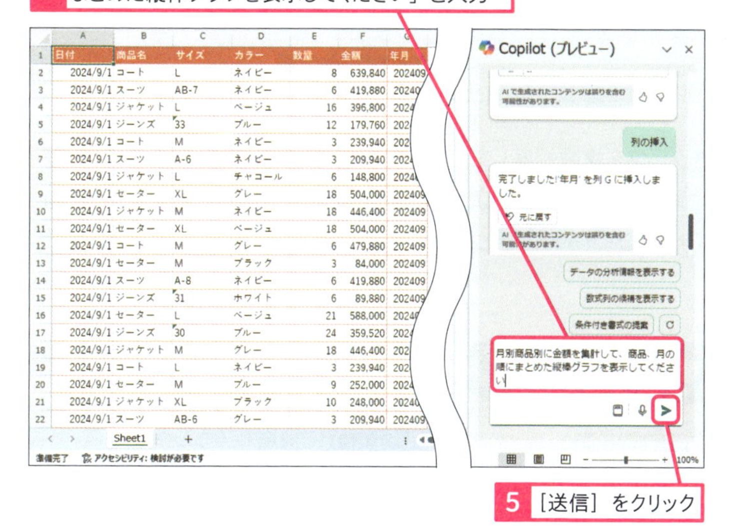

5 ［送信］をクリック

6 ［新しいシートに追加］をクリック

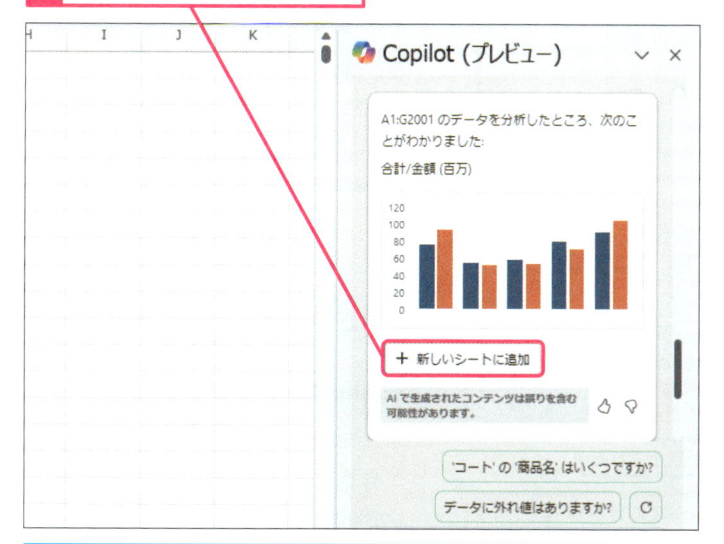

シートが追加されピボットテーブルとピボットグラフが挿入された

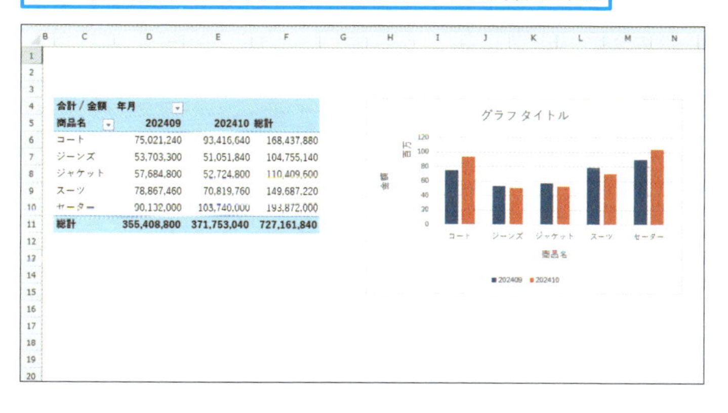

合計 / 金額	年月		
商品名	202409	202410	総計
コート	75,021,240	93,416,640	168,437,880
ジーンズ	53,703,300	51,051,840	104,755,140
ジャケット	57,684,800	52,724,800	110,409,600
スーツ	78,867,460	70,819,760	149,687,220
セーター	90,132,000	103,740,000	193,872,000
総計	355,408,800	371,753,040	727,161,840

使いこなしのヒント

修正の指示をするときはすべての指示を出し直す

Copilotで作成したグラフの微修正をCopilotに指示したい場合、筆者が試した範囲では、以前の指示の内容からの差分を入力するのではなく、すべての指示を再度入力するほうがよいようです。例えば、「月別商品別に金額を集計してグラフを表示してください」と指示をしたら横棒グラフが出てきた場合を考えてみましょう。このグラフを、縦棒グラフに直したいときには、「今のグラフを縦棒グラフに直してください」と指示を出すのではなく、「月別商品別に金額を集計して縦棒グラフを表示してください」のように、すべての指示を入力し直すようにしましょう。

使いこなしのヒント

月ごとに集計したいときには年月列を準備する

筆者が試した範囲では、Copilotで日付データをグルーピングして月ごとに集計することはできませんでした。現状では、月ごとに集計をしたいときには、事前に年月列を挿入しておくほうが無難なようです。なお、年月列を「2024年9月」のような形式にした場合、横軸の月の並び順が過去から未来の順に並ばないことがありました。年月列を作るときには「202201」など、「YYYYMM」形式の数値にしておくとトラブルが起こりにくいようです。

まとめ　グラフを瞬時に作成できる

Copilotを使うと、ピボットテーブルを作成してピボットグラフを作る作業を代行してもらえます。作成したグラフの微修正をCopilotに依頼したいときには、修正点だけを伝えてもうまく動かないことが多いので、できるだけすべての指示を出し直すようにしましょう。

レッスン

102 グラフを提案してもらい一覧で表示する

データの分析

練習用ファイル L102_データの分析.xlsx

Copilotを使うと、現在のデータから作るべきグラフを複数提案してもらい、それらのグラフを一覧で表示させることができます。どのような切り口で分析して、グラフを作ればいいか悩んだときは、糸口をつかむために使ってみてもよいでしょう。

1 どのような分析ができるか提案してもらう

Copilotのパネルを表示しておく

1 「このデータを分析してわかることを教えてください。」と入力

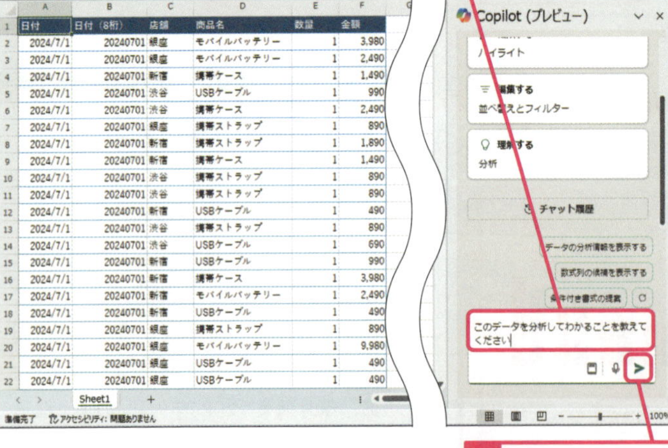

	日付	日付（8桁）	店舗	商品名	数量	金額
2	2024/7/1	20240701	銀座	モバイルバッテリー	1	3,980
3	2024/7/1	20240701	銀座	モバイルバッテリー	1	2,490
4	2024/7/1	20240701	新宿	携帯ケース	1	1,490
5	2024/7/1	20240701	渋谷	USBケーブル	1	990
6	2024/7/1	20240701	渋谷	携帯ケース	1	2,490
7	2024/7/1	20240701	銀座	携帯ストラップ	1	890
8	2024/7/1	20240701	新宿	携帯ストラップ	1	1,890
9	2024/7/1	20240701	新宿	携帯ケース	1	1,490
10	2024/7/1	20240701	渋谷	携帯ストラップ	1	890
11	2024/7/1	20240701	渋谷	携帯ストラップ	1	890
12	2024/7/1	20240701	新宿	USBケーブル	1	490
13	2024/7/1	20240701	渋谷	携帯ストラップ	1	890
14	2024/7/1	20240701	渋谷	USBケーブル	1	690
15	2024/7/1	20240701	新宿	USBケーブル	1	990
16	2024/7/1	20240701	新宿	携帯ケース	1	3,980
17	2024/7/1	20240701	新宿	モバイルバッテリー	1	2,490
18	2024/7/1	20240701	新宿	USBケーブル	1	490
19	2024/7/1	20240701	銀座	携帯ストラップ	1	890
20	2024/7/1	20240701	銀座	モバイルバッテリー	1	9,980
21	2024/7/1	20240701	銀座	USBケーブル	1	490
22	2024/7/1	20240701	銀座	USBケーブル	1	490

2 ［送信］をクリック

Copilot (プレビュー)

とがわかりました:
'商品名' 別の '金額'
合計/金額 (千)

0 500 1,000 1,500 2,000 2,500 3,000 3,500 4,000

＋ 新しいシートに追加

AI で生成されたコンテンツは誤りを含む可能性があります。

別の分析情報を表示できますか?

すべての分析情報をグリッドに追加する

質問するか、A1:F6001 に対して行う操作を入力してください

回答が表示された

3 ［すべての分析情報をグリッドに追加する］をクリック

ボタンが表示されていない場合は、「すべての分析情報をグリッドに追加する」と入力する

キーワード

Copilot	P.530
グラフ	P.531
テーブル	P.533

使いこなしのヒント

どのような分析ができるかCopilotに提案してもらう

Copilotを使うと、どのような分析ができるかを提案してもらうことができます。手元のデータを、どう分析すればいいか、切り口を考えるための参考に活用しましょう。実際に、どのグラフを使うかを決めたら、そのグラフをコピー・貼り付けしたうえで、必要に応じて手作業で微調整をしましょう。

使いこなしのヒント

どういう列を付け足すかもCopilotに提案してもらおう

本文で紹介したもの以外でも、Copilotから提案をしてもらえます。例えば、Copilotに「この表にどういう列を付け足すといいですか？」と質問をすると、曜日列を付け加える提案がされました。

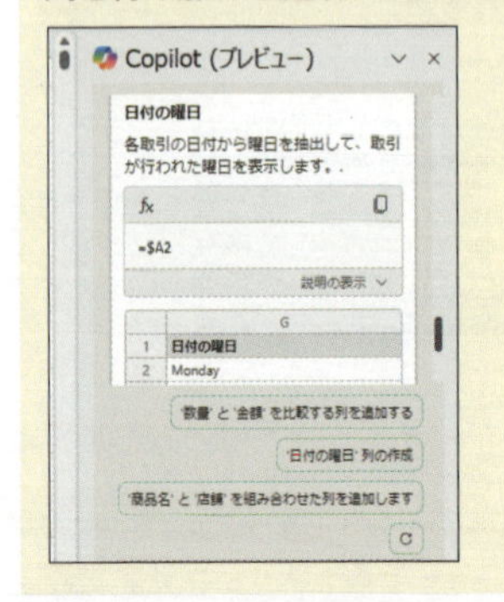

Excel 活用編 第11章 生成AIで時短！ 表やグラフを瞬時に生成する

● シートが追加された

別シートに複数のグラフとその元データのピボットテーブルが追加された

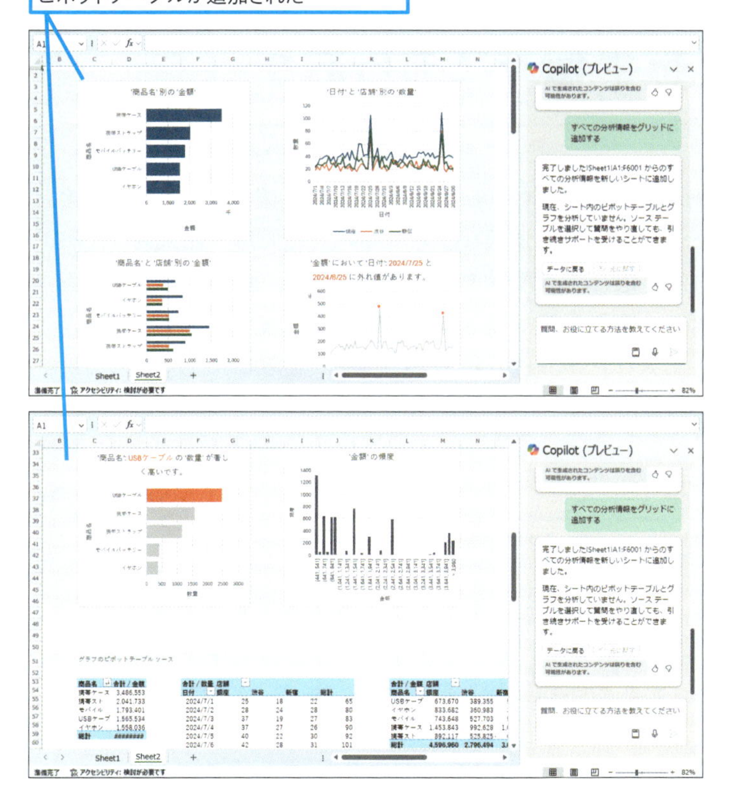

まとめ Copilotに提案してもらおう

Copilotを使うと、表のデータに対して、どういう処理をすればいいか提案をしてもらうこともできます。どういうふうに集計してグラフを作ればいいかの他、どういう列を挿入すべきかといったことも提案してくれます。どういう処理をすべきか悩んだときにはCopilotの意見を聞いてみましょう。

使いこなしのヒント

指定したデータだけを表示するようにフィルターを掛ける

本文で行った分析では、「2024/7/25」と「2024/8/25」だけ、売上金額が極端に大きいことがわかりました。どういう売上明細が含まれているかを見るために、Copilotに「20240725と20240825の2つのデータだけを表示するようにフィルターを掛けてください。」と指示を出すと、該当する明細だけフィルターを掛けて表示してくれます。なお、前レッスンのヒントでも書いた通り、Copilotは日付の扱いは苦手なようで、筆者の手元では「2024/7/25と2024/8/25のデータだけを表示するようにフィルターを掛けてください」と日付列のデータを使って指示を出しても、うまく動きませんでした。指示を出すときには、日付列を使わず、8桁の数値列を準備するほうが無難なようです。

プロンプトを入力して送信する

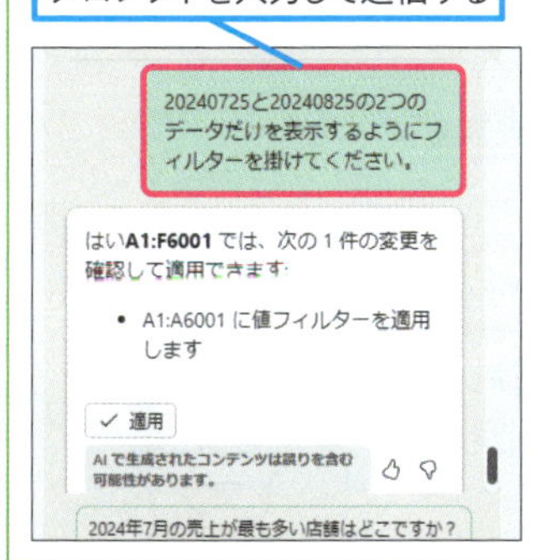

2024/7/25と2024/8/25のデータでフィルターされた

	日付	日付（8桁）	店舗	商品名	数量	金額
2200	2024/7/25	20240725	渋谷	USBケーブル	1	441
2201	2024/7/25	20240725	新宿	USBケーブル	1	621
2202	2024/7/25	20240725	新宿	携帯ケース	1	1,341
2203	2024/7/25	20240725	銀座	イヤホン	1	13,482
2204	2024/7/25	20240725	新宿	モバイルバッテリ	1	3,582
2205	2024/7/25	20240725	銀座	USBケーブル	1	441
2206	2024/7/25	20240725	新宿	USBケーブル	1	891
2207	2024/7/25	20240725	新宿	携帯ケース	1	1,341
2208	2024/7/25	20240725	渋谷	USBケーブル	1	621
2209	2024/7/25	20240725	銀座	USBケーブル	1	441

この章のまとめ

AIに作業を手伝ってもらおう

この章では、WindowsやExcelでCopilotを使って、Excelに関する質問をしたり、Excelの数式の入力・グラフ作成をしてもらう方法を紹介しました。Copilotは無料でも使えますが、無料版や個人向けの有償版では、Copilotに対して入力した内容がAIの学習やサービスの改善に使われる場合があります。個人情報や組織の機密情報などを入力するときには、法人向けの有償契約をして使いましょう。また、Copilotの回答は誤っている場合もあります。必ず、回答が正確かどうかを検証して使うようにしてください。

データの集計や分析の際に役立てられるが、生成結果が正しいとは限らないことを踏まえて活用しよう

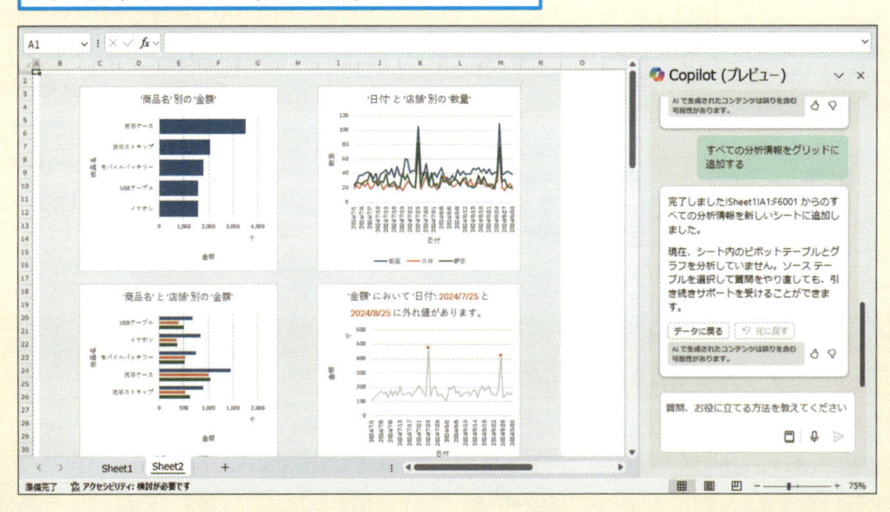

全部うのみにしないで、あくまでいちアイデアとして役立てる必要があるんですね。最後にこんなすごい機能が知れてよかった！

ね！　これまで学んだことが知識として土台にあるからこそ、この機能を役立てられそう！

2人とも、よくここまで頑張ったね。最初に比べてExcelをかなり使いこなせるようになったんじゃないかな？　ここでの学びをどんどん業務に活用してね！

Word & Excel

共通編

第1章

アプリを連携して使おう

文書作りの機能が充実しているWordと、表計算やグラフが得意なExcelは、それぞれのアプリを使いこなすだけでも十分に実用的です。しかし、この2つのアプリを連携させて使えるようになると、さらに創り出せるドキュメントの質が向上します。2つのアプリの得意分野を引き出す使いこなしと、OneDriveというクラウドを組み合わせたファイルの共有は、安全な情報の保管や柔軟な働き方にも役立ちます。

Word & Excel 共通編 第1章 アプリを連携して使おう

レッスン 01

Introduction この章で学ぶこと

ExcelとWordは最強のタッグ!

Excelには、セルに関係なく自由に文章をレイアウトできるテキストボックスがあります。Wordには、簡易なグラフを作成する機能があります。しかし、WordとExcelの両方が使えるならば、それぞれの得意な機能をいいとこ取りする方が、より見栄えのする文章とグラフを効率よく作成できるようになります。

WordとExcelは相性バツグン!

この章は…あ、Word博士!

やあお二人とも、お久しぶり。Wordも勉強してますか?

この章ではWordとExcelを連携させる方法のほか、共通して使える便利な機能を紹介しますよ。

仕事で役立ちそうですね。すごく楽しみです!

「いいとこ取り」で効率アップ!

×

Wordで表を作ったり、Excelで文書を作ったりもできますが、やはり「餅は餅屋」。Wordで文書作成、Excelで表計算をしたほうが効率的です。

WordとExcelはOffice 2024では必ず含まれる、基本的な組み合わせ。連携させることで使い勝手はさらにアップするんだ。

ExcelのデータをWordと連動させる

代表的な使い方として、Excelで作ったグラフを、Wordの文書に貼り付けて使うことができるよ。Excelのデータを操作すると、Word上のグラフも更新されるんだよ。

え、すごく便利じゃないですか……!!
しかも簡単にできそうです!

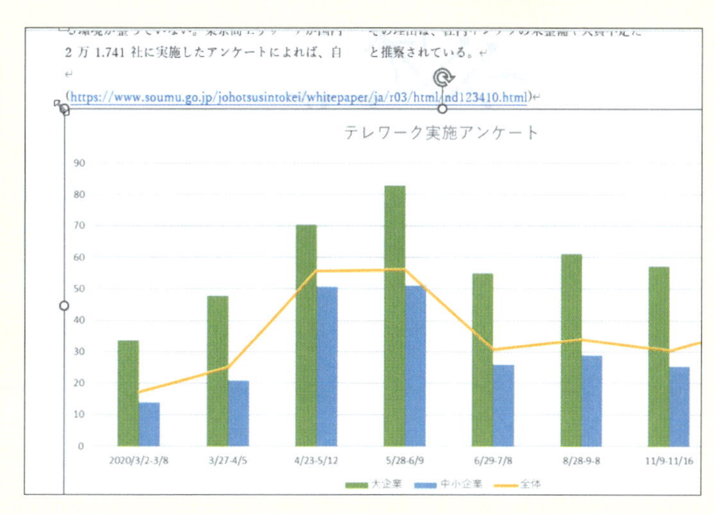

OneDriveを活用しよう

そしてこれは、WordとExcelの両方で活用できる方法。OneDriveを利用して、ファイルを他の人と共有したり、いつもと違う環境で開いたりできるんです。

パソコンの容量不足にも役立つんですね。試してみたいです!

レッスン

02 Excelのグラフを貼り付けるには

グラフの挿入

練習用ファイル L002_グラフの挿入.docx、テレワークアンケート集.xlsx

Wordにもグラフを作成する機能は備わっていますが、すでにExcelで作成したグラフがあるならば、コピーと貼り付けを使って編集画面に挿入できます。Excelから貼り付けたグラフは、元のデータを修正しても、変更内容を反映できます。

キーワード

ショートカットメニュー	P.526
貼り付け	P.528

文書にグラフを貼り付ける

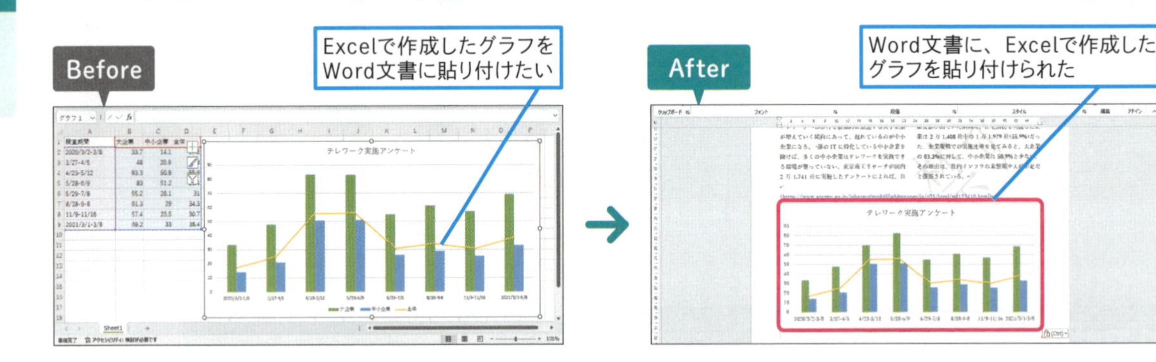

使いこなしのヒント

ExcelのグラフをWord文書に貼り付けるにはいくつかの方法がある

ExcelのグラフをWordの編集画面に貼り付けるときに、複数の貼り付け方法が用意されます。貼り付けた直後に表示される［貼り付けのオプション］では、5種類の貼り付け方法が表示されます。

●貼り付け方法の違い

貼り付け方法	アイコン	書式
貼り付け先のテーマを使用しブックを埋め込む		Wordで設定されているテーマなどの装飾を利用してグラフを貼り付けます
元の書式を保持しブックを埋め込む		Excelで設定されているテーマなどの装飾を利用してグラフを貼り付けます
貼り付け先テーマを使用しデータをリンク		Wordで設定されている装飾を利用してグラフを貼り付けるだけではなく、元のExcelのブックとデータやグラフの内容を連動させます
元の書式を保持しデータをリンク		Excelで設定されている装飾を利用してグラフを貼り付けるだけではなく、元のExcelのブックとデータやグラフの内容を連動させます
図		グラフを図に変換して貼り付けます。貼り付けた後は、内容を変更できなくなります

1 ExcelのグラフをWord文書に貼り付ける

「L002_グラフの挿入.docx」と「テレワークアンケート集計.xlsx」をそれぞれ開き、Excelの画面を前面に表示しておく

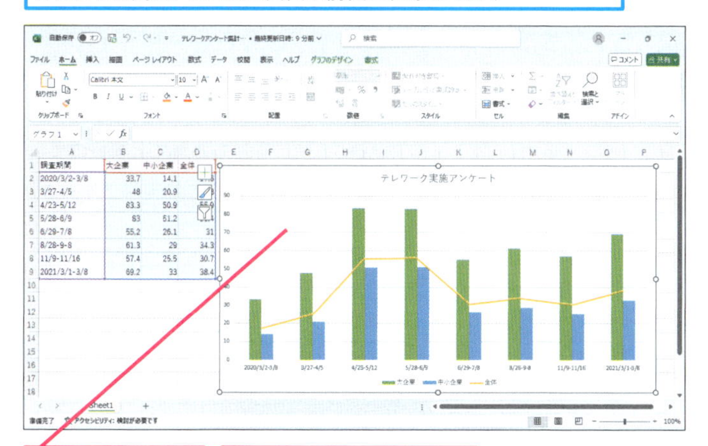

1 グラフエリアをクリック

2 Ctrlキーを押しながら、Cキーを押す

ウィンドウを切り替える

3 タスクバーの［Word］のボタンにマウスポインターを合わせる

Wordの縮小画面が表示された

4 そのままクリック

Wordに切り替わった

5 グラフを貼り付ける場所をクリックしてカーソルを移動

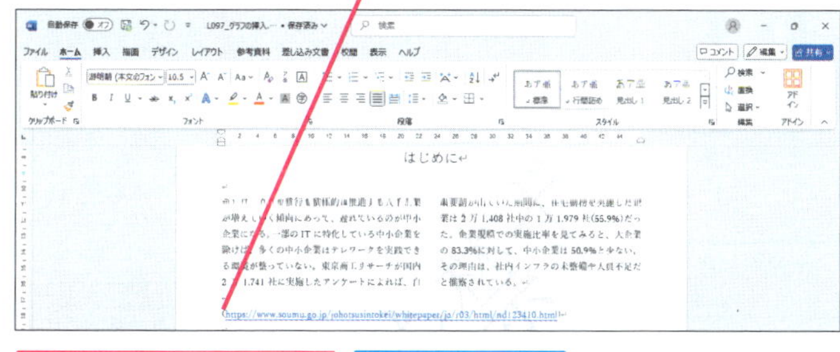

6 Ctrlキーを押しながら、Vキーを押す

Excelのグラフが貼り付けられる

ショートカットキー

コピー	Ctrl+C
貼り付け	Ctrl+V
ウィンドウの切り替え	Alt+Tab

時短ワザ
ウィンドウを効率よく切り替えよう

複数のアプリを使うときには、Alt+Tabキーを使うとアプリのウィンドウを手早く切り替えられます。また、画面の解像度が高いパソコンならば、複数のアプリを並べて表示しておくと、作業が捗ります。

1 Altキーを押しながらTabキーを押す

Tabキーを押すたびに、青い枠が移動する

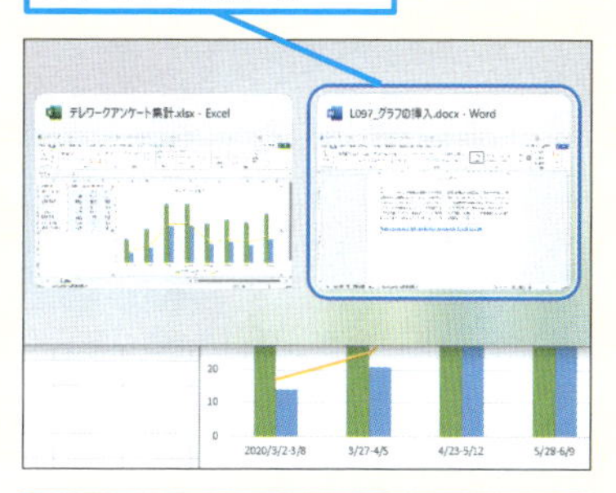

目的のアプリが青い枠で囲われているときにAltキーを離すと、そのアプリを表示できる

使いこなしのヒント
PowerPointのスライドもコピーできる

Excelのグラフと同様に、PowerPointで作ったスライドも、Wordに貼り付けられます。

使いこなしのヒント
ショートカットメニューでもコピーと貼り付けができる

マウスの右クリックで表示されるショートカットメニューからも、グラフのコピーや貼り付けができます。

次のページに続く

2 元のExcelデータの修正を反映する

手順1を参考に、Excelのグラフを Wordに貼り付けておく

Excelを前面に表示しておく

ここでは4/23-5/12の大企業の数値を変更する

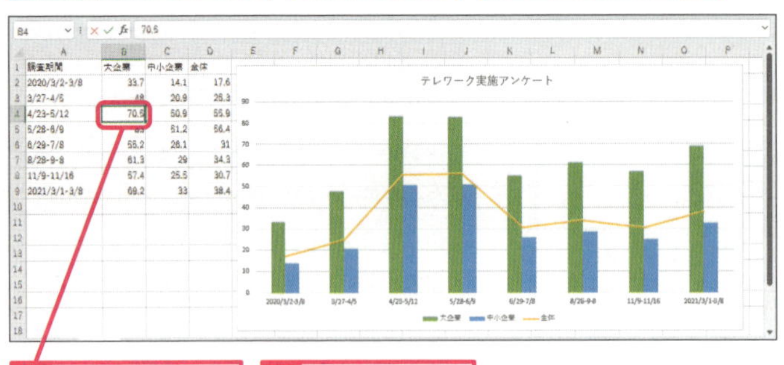

1 セルB4をクリック

2 「70.5」と入力

グラフにも変更が反映された

3 Ctrlキーを押しながら、Sキーを押す

Excelのブックが上書き保存される

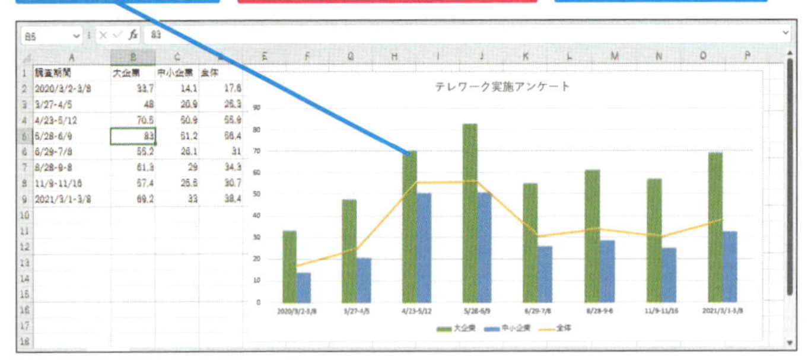

Wordを前面に表示しておく

Wordに貼り付けたグラフにも変更が反映されている

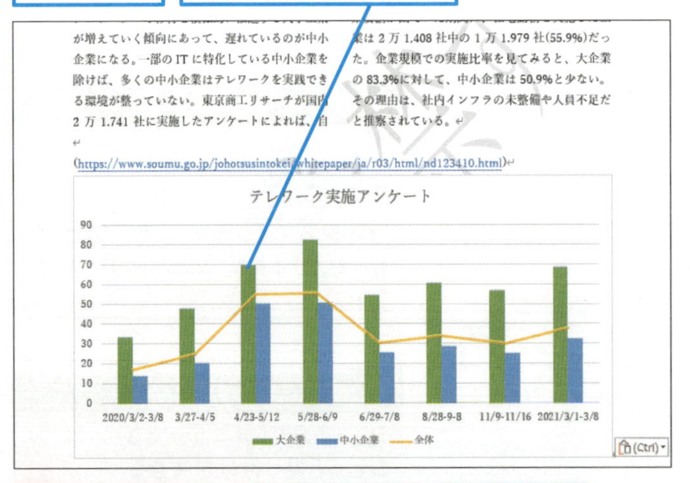

4 Ctrlキーを押しながら、Sキーを押す

Word文書も、グラフを変更した状態で保存される

使いこなしのヒント

WordとExcelで上書き保存をしよう

手順2のように、データをリンクして貼り付けられたグラフは、Excelのデータを修正すると、同時にWordのグラフも更新されます。ただし、修正した内容は、ExcelやWordを閉じると失われてしまうので、必ずWordとExcelそれぞれのファイルを上書き保存して更新します。

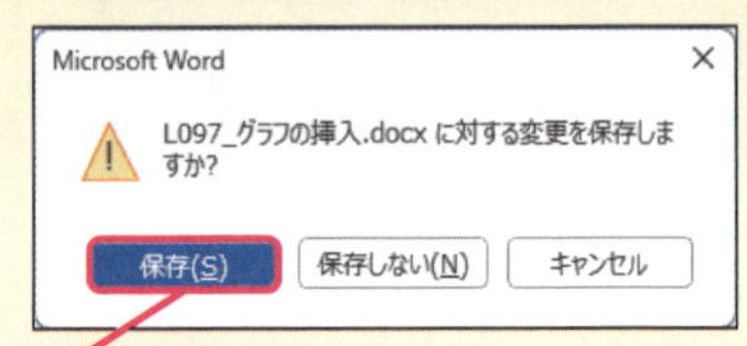

1 ［保存］をクリック

使いこなしのヒント

一度ファイルを閉じた後にExcelのデータに変更を加えたときは

一度ファイルを閉じた後にExcelのデータに変更を加えたときは、再びWordを開いて修正された内容を反映させましょう。

使いこなしのヒント

Wordでグラフの値を編集するには

ショートカットメニューから［データの編集］を実行すると、グラフの値をExcelで編集するかWordの表テーブルで編集するか選択できます。

1 グラフを右クリック

2 ［データの編集］をクリック

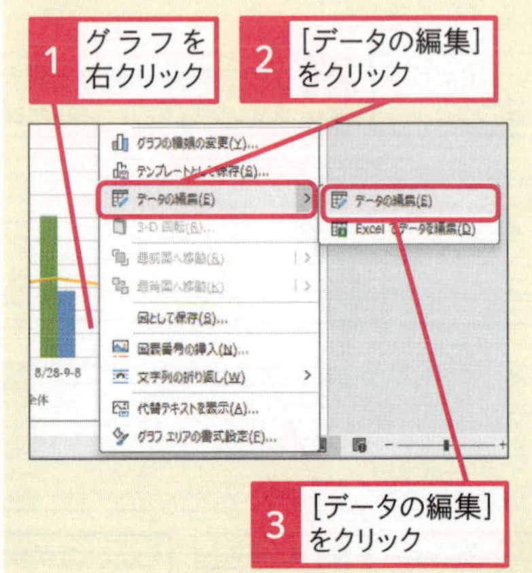

3 ［データの編集］をクリック

3 貼り付け方法を選択して貼り付ける

ここでは画像として貼り付ける

手順1を参考に、Excelのグラフをコピーして、グラフを貼り付ける場所をクリックしてカーソルを移動しておく

1 ［ホーム］タブをクリック

2 ［貼り付け］のここをクリック

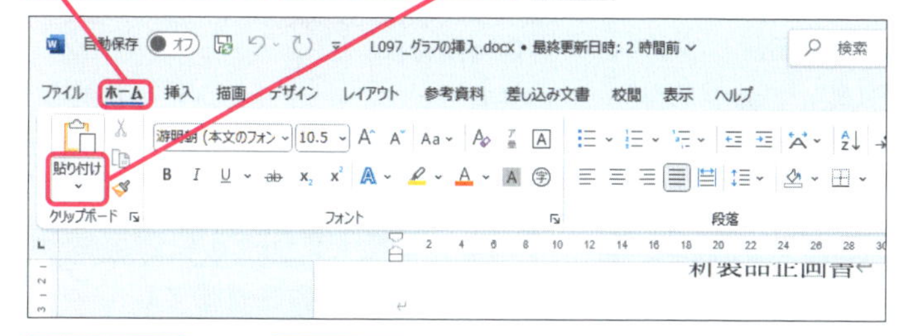

3 ［図］をクリック

同様の手順で、ほかの貼り付け方法を選択することもできる

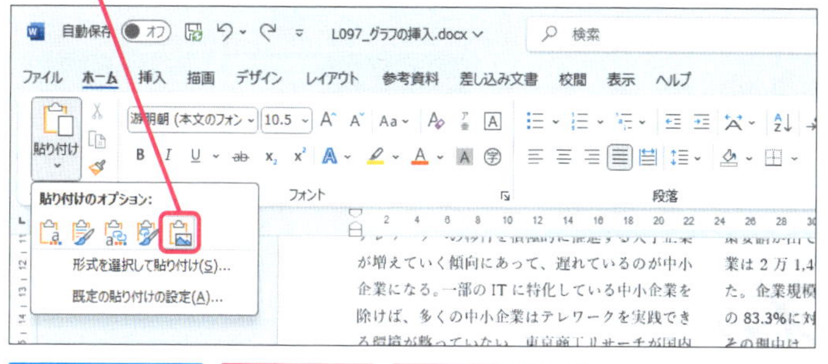

グラフが画像で貼り付けられた

4 グラフをクリック

5 ここを右下にドラッグ

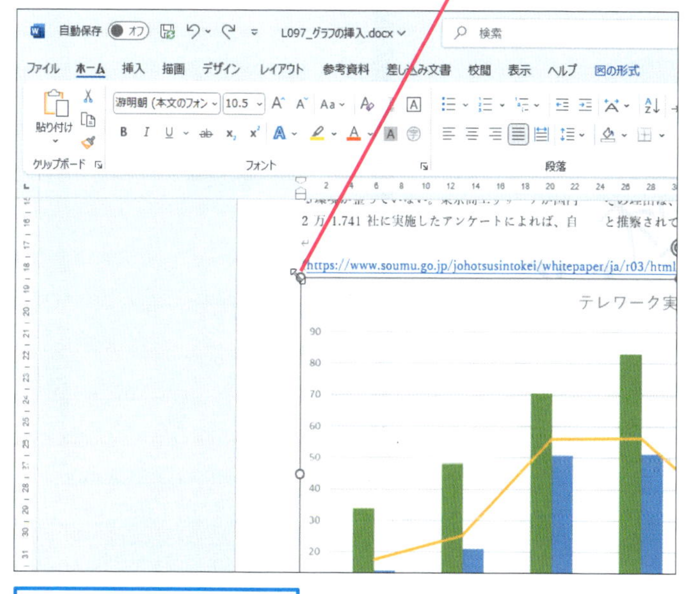

ちょうどいい大きさになるまでドラッグして調整する

使いこなしのヒント

［貼り付けのオプション］で貼り付け方法を変更できる

Excelのグラフを貼り付けた直後に表示される［貼り付けのオプション］は、グラフの書式とリンクを決めるオプションです。5種類ありますが、目的は大きく3つに分かれます。1つは、ExcelのグラフとWordのグラフを連携させるか、2つ目は、Excelとは連携しないでグラフとして利用するか、3つ目はグラフを図に変換して修正しない、という3種類です。これらの選択は、後から変更できません。通常の貼り付けでは、自動的にExcelのデータと連携して、書式などはWordのテーマを利用する設定になります。

1 ［貼り付けのオプション］をクリック

クリックすると貼り付け方法を選択し直せる

まとめ Excelのグラフや表を活用した文書作成の秘訣

Wordにもグラフを作成する機能はあります。しかし、数字の計算や修正にグラフ作成においては、Excelが優れています。一方で、グラフを含めたレポートや報告書を作ろうとすると、Excelだけで文章やタイトルまでレイアウトするのは手間がかかります。そこで、WordとExcelの連携が効果を発揮します。Windowsのアプリには、それぞれ処理するデータに合わせた適性があります。それら適材適所のアプリを効果的に活用して、データをWordに貼り付けて編集すると、効率よく情報が集約された文書を作成できます。

文書をOneDriveに保存するには

OneDriveへの保存

練習用ファイル L003_OneDrive保存.docx

OneDriveは、Microsoftがクラウドで提供しているファイル共有サービスです。Wordの文書をOneDriveに保存すると、パソコンだけではなくスマートフォンやタブレットなどでも、文書ファイルを利用できます。

OneDriveでファイルを共有するには

OneDriveは、Windows 11のスタートアップで起動するサービスです。標準的なWindows 11のセットアップでは、登録したMicrosoftアカウントに連動したOneDriveが利用できるようになります。また、Wordを利用していなくても、OneDriveの［ドキュメント］フォルダーが、自動的にパソコンに同期されます。

1 OneDriveに共有する文書を保存する

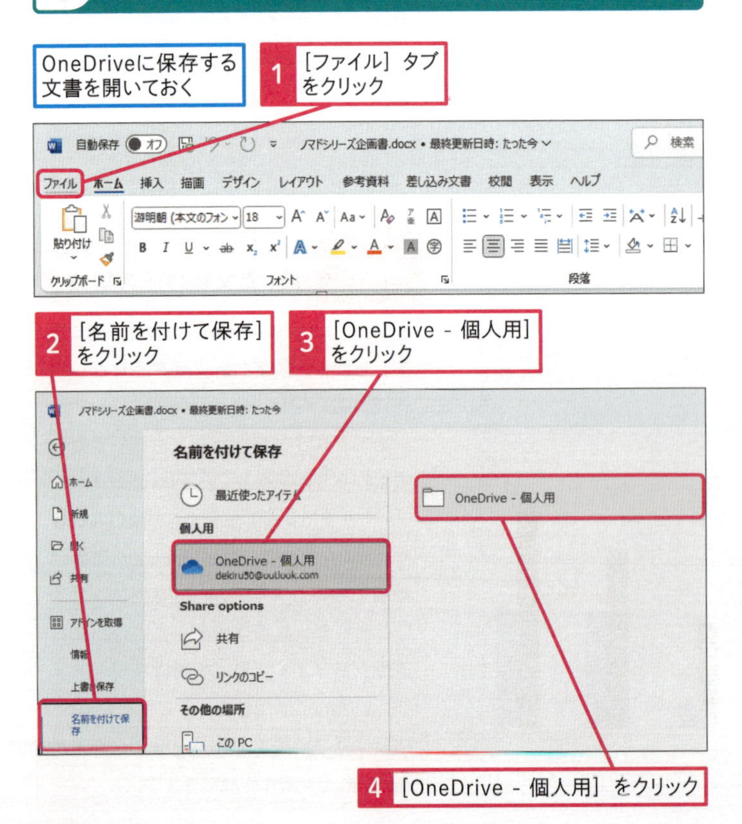

使いこなしのヒント

OneDriveの動作を確認する

Windowsのタスクバーにある OneDriveのアイコンをクリックすると、同期の状態などを確認できます。

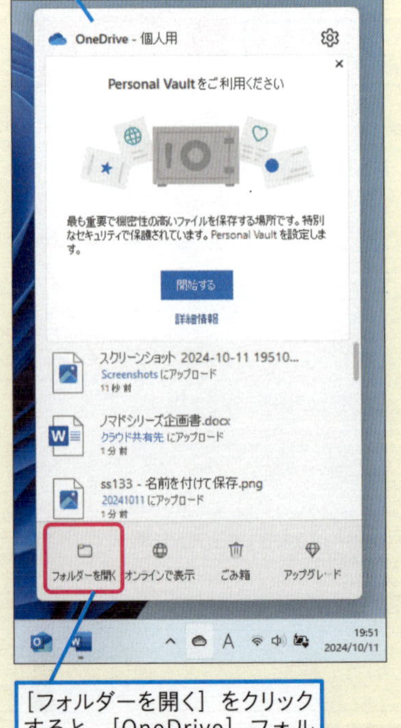

● 共有するためのフォルダーを作成する

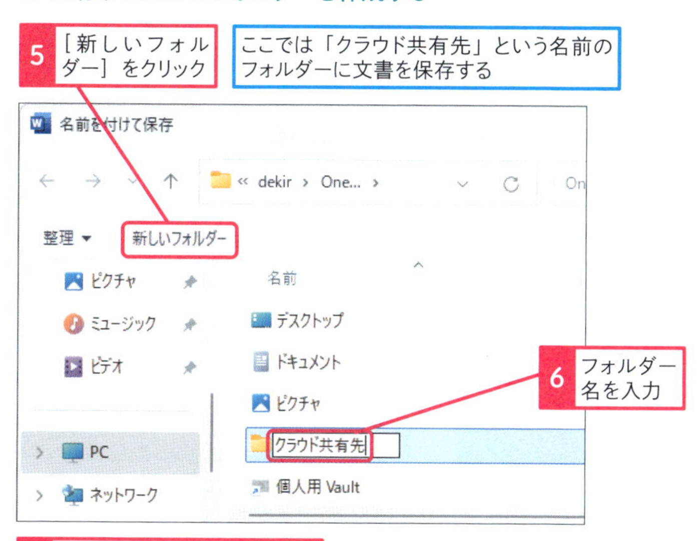

7 ［クラウド共有先］フォルダーをダブルクリック

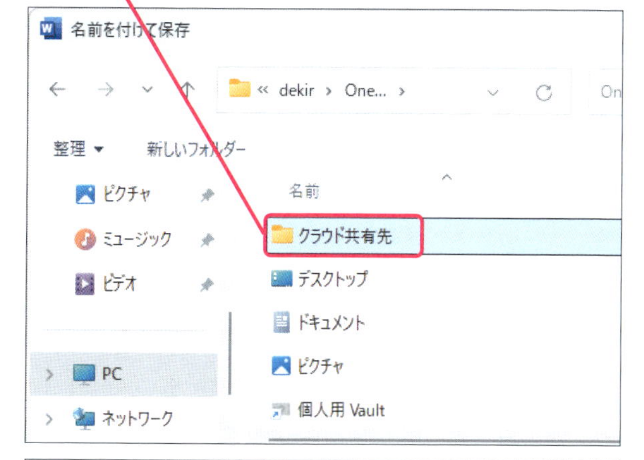

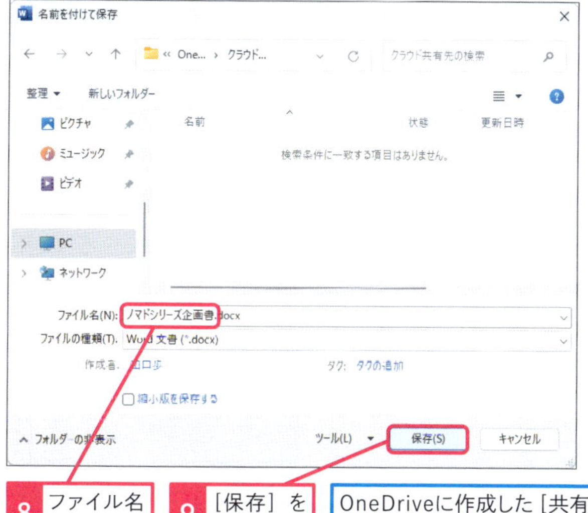

8 ファイル名を入力

9 ［保存］をクリック

OneDriveに作成した［共有］フォルダーに、文書が保存される

使いこなしのヒント

OneDriveが機能しないときには

OneDriveは、Windowsのスタートアップの際にアカウントを登録します。もし、スタートアップでOneDriveがオフになっていると、ファイルが同期しなくなります。

使いこなしのヒント

OneDriveで利用できる容量とは

個人で利用する「Microsoft 365」では、5GBの容量を無料で利用できます。もし、5GB以上の保存容量を使いたいときは、月額260円の「Microsoft 365 Basic」を契約すると、100GBまで利用できます。さらに、「Microsoft 365 Personal」を契約すると、1TB（1,000GB）まで利用できます。

● OneDriveのプラン

容量	価格
5GB	無料
100GB	260円/月 2,440円／年
1TB	1,490円/月* 14,900円/年

* Microsoft 365 Personalで利用できるサービスを含む

まとめ OneDriveは文書の安全な保管場所

クラウドで文書ファイルを保存したり共有したりできるOneDriveは、文書の安全な保管場所としても活用できます。パソコンに保存したファイルは、記憶装置が故障したり、パソコンが動かなくなってしまったりすると、文書ファイルを開くことができなくなります。しかし、OneDriveに保存されたファイルは、他のパソコンやスマートフォンなどから利用できるので、大切な文書ファイルのバックアップ先として重宝します。

レッスン

04 OneDriveに保存した文書を開くには

OneDriveから開く

練習用ファイル　なし

OneDriveに保存した文書は、Wordの[開く]から通常の文書ファイルと同じように開けます。OneDriveのファイルがパソコンと同期されていると、インターネットに接続されていなくても、パソコンに保存されているOneDriveの同期ファイルが開きます。

1 OneDriveに保存した文書を開く

Word・レッスン03を参考に、Wordを起動しておく

1 ［開く］をクリック

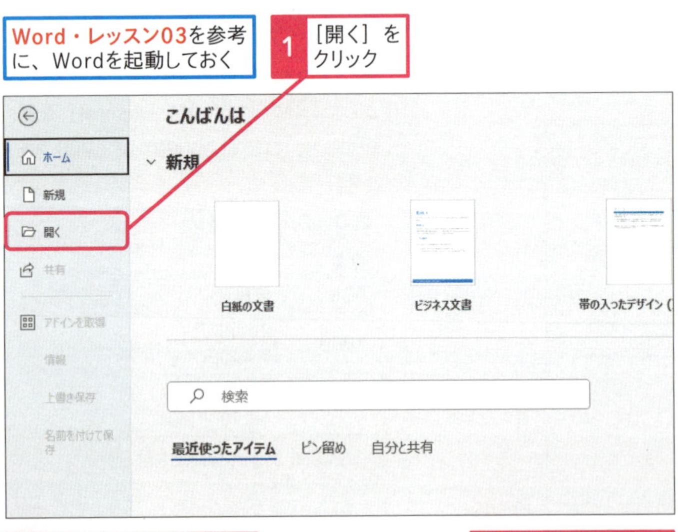

2 ［OneDrive - 個人用］をクリック

3 ［クラウド共有先］をクリック

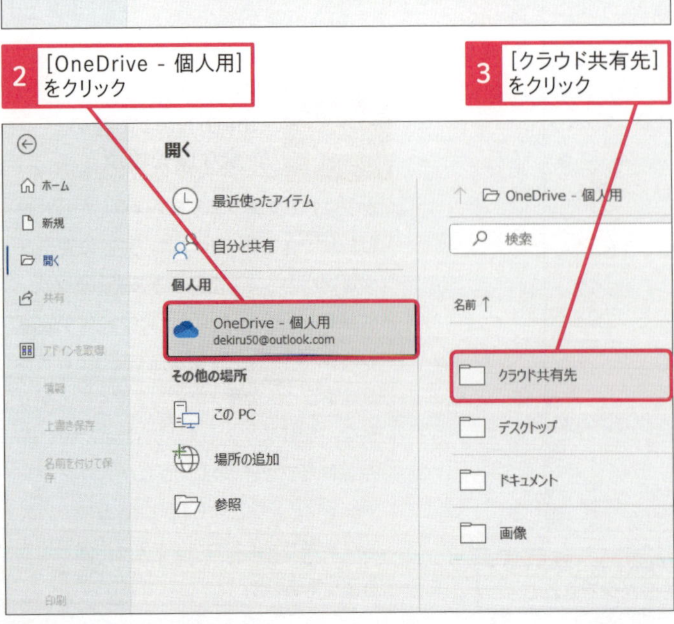

キーワード

スキルアップ

OneDriveに保存したファイルの状態を確認するには

OneDriveに保存されているファイルは、エクスプローラーからも参照できます。エクスプローラーを［詳細］表示にしておくと、［状態］に、クラウドとパソコンの同期の状況がアイコンで表示されます。白いチェックマークが付く緑色の単色の円（✓）は、文書ファイルがパソコンにも保存されていて、インターネットに接続されていなくても、編集できる状態を意味しています。緑のアイコン（✓）は、オンライン専用の文書ファイルに付きますが、Wordで開くとパソコンにダウンロードされます。もし、再びオンライン専用に戻すときには、ファイルを右クリックして［空き領域を増やす］を選択します。青い雲のアイコン（☁）は、ファイルがオンラインでのみ使用できる状態を示します。このファイルを開いても、パソコンにはダウンロードされません。

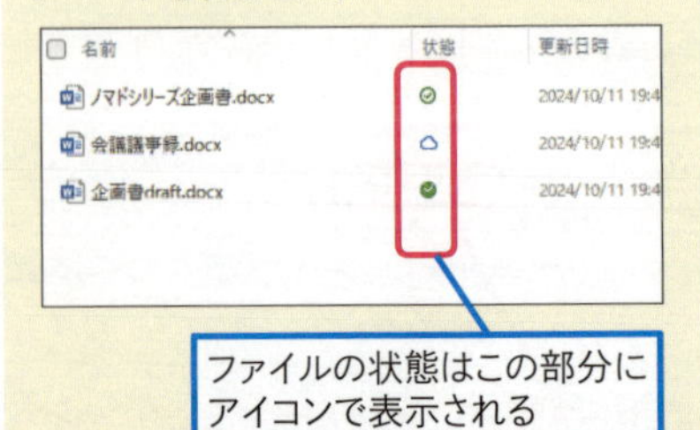

使いこなしのヒント

フォルダーウィンドウからOneDriveのファイルを開くには

エクスプローラーに表示されているOneDriveのアイコンは、クラウドと同期されているフォルダーを示しています。このエクスプローラーのOneDriveからも、Word&Excel・レッスン03で保存した共有フォルダーの文書ファイルを開けます。

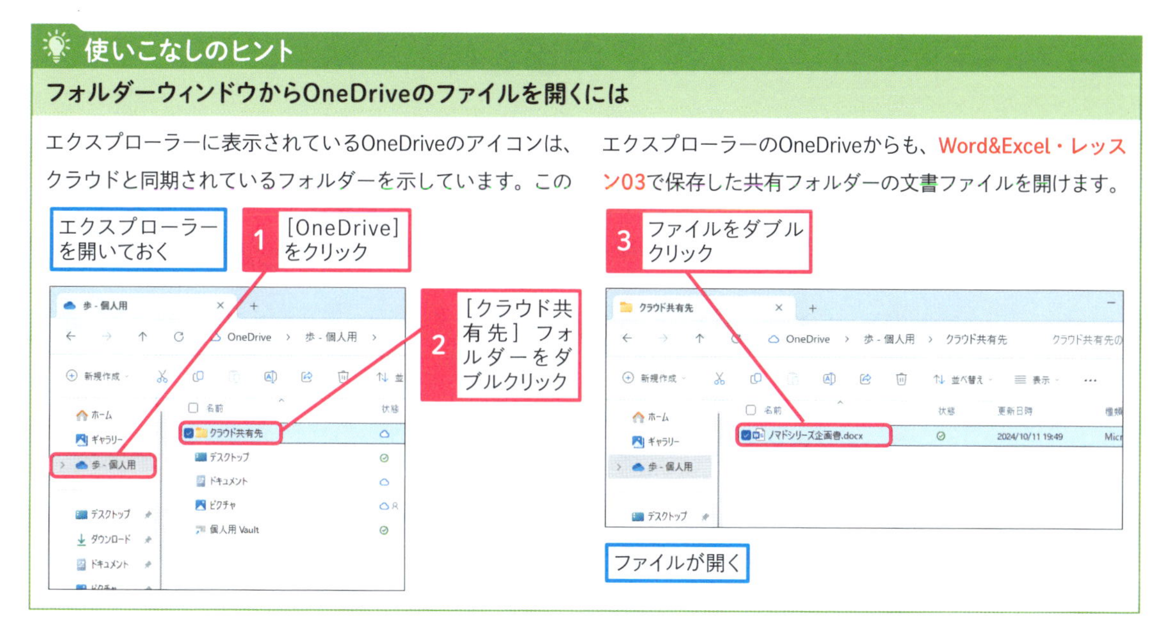

文書を選択する

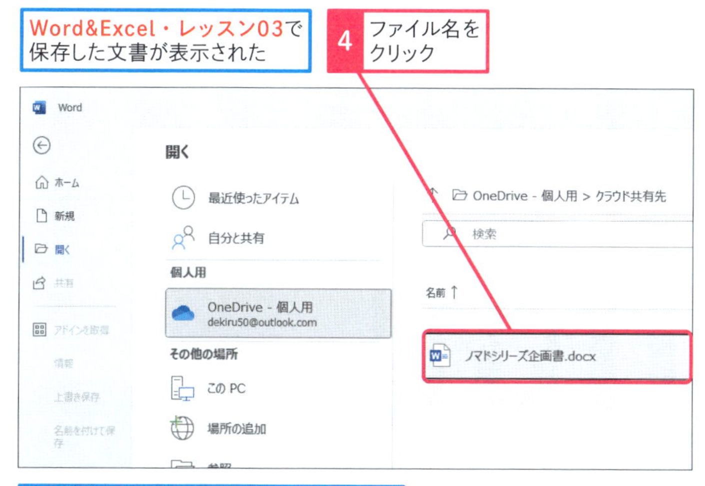

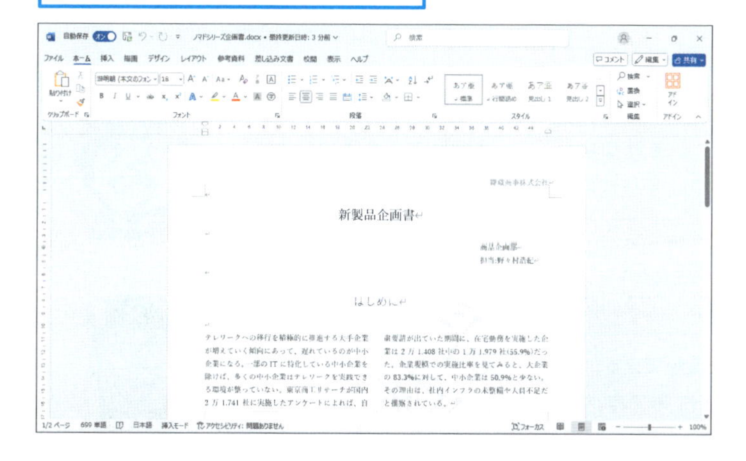

使いこなしのヒント

OneDriveの［クラウド共有先］フォルダーの文書ファイルを開く

このレッスンでは、Word&Excel・レッスン03で保存した文書ファイルを開きます。もし、保存されていないときには、レッスンの画面にあるような文書ファイルは表示されません。

まとめ Wordから開くときにもOneDriveの文書か確認できる

Wordで開こうとする文書ファイルが、OneDriveにあるかパソコンにあるかを確かめるには、［開く］で表示されているファイル名の下に表示されている文書ファイルの保存場所に注目します。OneDriveに保存されている文書には、［OneDrive－個人用］と表示されています。OneDriveは、Windowsのセットアップ時にマイクロソフトアカウントを登録すると、自動的に用意されますが、後から設定を変えたいときには、OneDriveの設定を開いて、アカウントや同期の方法などを変更できます。

この章のまとめ

アプリ連携とクラウド活用でもっと使いこなそう

デジタルデバイスを活用した柔軟な働き方や業務の改革にとって、この章で紹介しているアプリの連携やクラウド活用によるファイルの共有、また特定のアプリに依存しない情報の閲覧は、変革への第一歩です。1つのアプリで1つのデータを処理していた昔ながらのパソコン利用から、複数のアプリやクラウドを活用したデータの連携へと、デジタル変革の波は進化しています。ExcelとWodとOneDriveを組み合わせた情報の連携や共有は、そのデジタル変革を実践できるテクニックです。

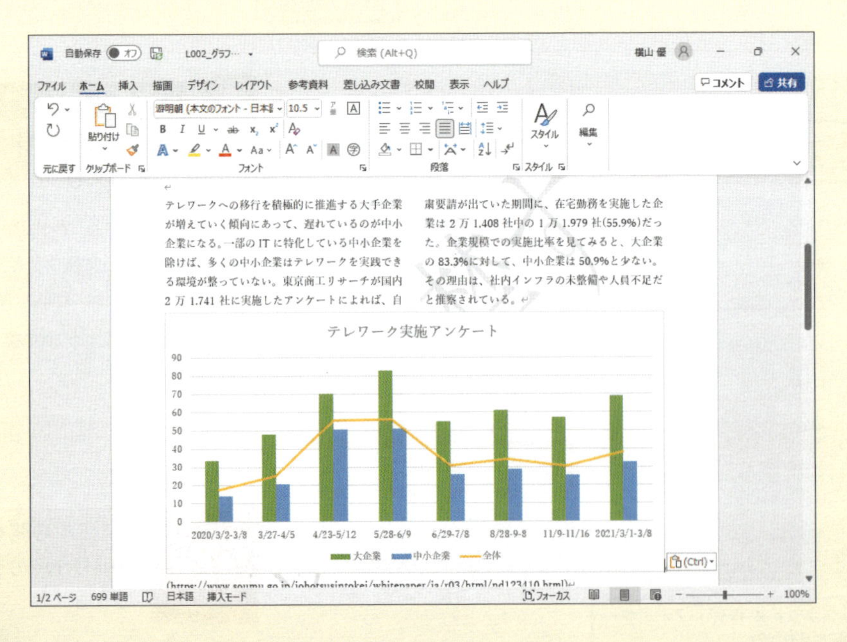

付録 1

ショートカットキー一覧

WordやExcelの操作でよく使うショートカットキーを一覧の表にしました。マウスを使うよりも素早く操作できるので、ぜひマスターしましょう。

● Office共通のショートカットキー

[印刷] 画面の表示	Ctrl + P
ウィンドウを閉じる	Ctrl + W
ファイルを開く	Ctrl + F12 ／ Ctrl + O
上書き保存	Ctrl + S
名前を付けて保存	F12
新規作成	Ctrl + N
1画面スクロール	Page Down (下) ／ Page Up (上) ／
下線の設定／解除	Ctrl + U
行頭へ移動	Home
[検索] の表示	Ctrl + F
文末にカーソルを移動	Ctrl + End
斜体の設定／解除	Ctrl + I
[検索と置換] ダイアログボックスの表示	Ctrl + G ／ F5
すべて選択	Ctrl + A
選択範囲を1画面拡張	Shift + Page Down (下) ／ Shift + Page Up (上)
選択範囲を切り取り	Ctrl + X
選択範囲をコピー	Ctrl + C
先頭へ移動	Ctrl + Home
[置換] タブの表示	Ctrl + H
直前操作の繰り返し	F4 ／ Ctrl + Y
直前操作の取り消し	Ctrl + Z
貼り付け	Ctrl + V
太字の設定／解除	Ctrl + B
カーソルの左側にある文字を削除	Back space
入力の取り消し	Esc
文字を全角英数に変換	F9
文字を全角カタカナに変換	F7
文字を半角英数に変換	F10
文字を半角に変換	F8
文字をひらがなに変換	F6

● リボンのショートカットキー

[アシスト]フィールドまたは [検索] フィールドに移動	Alt + Q
Backstageビューの表示	Alt + F
[ホーム] タブを開く	Alt + H
[挿入] タブを開く	Alt + N
[デザイン] タブを開く	Alt + G
[レイアウト] タブを開く	Alt + P
[参考資料] タブを開く	Alt + S
[差し込み文書] タブを開く	Alt + M
[校閲] タブを開く	Alt + R
[表示] タブを開く	Alt + W
リボンの展開/折りたたみ	Ctrl + F1

Wordのショートカットキー

アウトライン表示	Ctrl + Alt + O
印刷レイアウト表示	Ctrl + Alt + P
下書き表示	Ctrl + Alt + N
一括オートフォーマットの実行	Ctrl + Alt + K
一重下線	Ctrl + U
大文字／小文字の反転	Shift + F3
書式のコピー	Ctrl + Alt + C
書式の貼り付け	Ctrl + Alt + V
中央揃え	Ctrl + E
二重下線	Ctrl + Shift + D
左インデントの解除	Ctrl + Shift + M
左インデントの設定	Ctrl + M
左揃え	Ctrl + L
フォントサイズの1ポイント拡大	Ctrl +]
フォントサイズの1ポイント縮小	Ctrl + [
[フォント] ダイアログボックスの表示	Ctrl + D ／ Ctrl + Shift + P ／ Ctrl + Shift + F
右揃え	Ctrl + R
両端揃え	Ctrl + J
行内の次のセルへ移動	Tab
行内の前のセルへ	Shift + Tab
行内の先頭のセルへ	Alt + Home
行内の最後のセルへ	Alt + End
列内の先頭のセルへ	Alt + page up
列内の最後のセルへ	Alt + page down
前の行へ	↑
次の行へ	↓
上へ移動	Alt + Shift + ↑
下へ移動	Alt + Shift + ↓
画面の上部に移動	Ctrl + Alt + Page Up
画面の下部に移動	Ctrl + Alt + Page Down
印刷プレビューの表示	Ctrl + Alt + I
左側の単語を選択	Ctrl + Shift + ←
右側の単語を選択	Ctrl + Shift + →
段落の先頭までを選択	Ctrl + Shift + ↑
段落の末尾までを選択	Ctrl + Shift + ↓
文章の先頭までを選択	Ctrl + Shift + Home
文章の末尾までを選択	Ctrl + Shift + End
ウィンドウの下部までを選択	Ctrl + Alt + Shift + Page Down
選択範囲を減らす	Shift + F8
左の1単語を削除	Ctrl + Back space
右の1単語を削除	Ctrl + Delete
SmartArtの挿入	Alt + N、M
段落に1行の間隔を適用	Ctrl + 1
段落に2行の間隔を適用	Ctrl + 2
段落に1.5秒の間隔を適用	Ctrl + 5
[標準] スタイルを適用	Ctrl + Shift + N
[見出し1] スタイルを適用	Ctrl + Alt + 1
[見出し2] スタイルを適用	Ctrl + Alt + 2
[見出し3] スタイルを適用	Ctrl + Alt + 3
[スタイルの適用] 作業ウィンドウの表示	Ctrl + Shift + S
[スタイル] 作業ウィンドウの表示	Ctrl + Alt + Shift + S
[書式の詳細] 作業ウィンドウの表示	Shift + F1
ハイパーリンクの挿入	Ctrl + K
コメントの挿入	Ctrl + Alt + M
変更履歴のオン/オフ	Ctrl + Shift + E

Excelのショートカットキー

●よく使われるショートカットキー

ブックを閉じる	Ctrl + W
ブックを開く	Ctrl + O
[ホーム]タブに移動する	Alt + H
ブックを保存する	Ctrl + S
選択範囲をコピーする	Ctrl + C
選択範囲を貼り付ける	Ctrl + V
最近の操作を元に戻す	Ctrl + Z
セルの内容を削除する	Delete
切り取り選択する	Ctrl + X
太字の設定を適用する	Ctrl + B
[セルの書式設定]画面の表示	Ctrl + 1
コンテキストメニューを開く	Shift + F10
選択した行を非表示にする	Ctrl + 9
選択した列を非表示にする	Ctrl + 0
SUM関数を挿入	Alt + Shift + =

●セル内を移動するためのショートカットキー

ワークシート内の前のセルに移動する	Shift + Tab
ワークシート内を1セルずつ移動する	↑ ↓ ← →
ワークシート内の現在のデータ領域の先頭行、末尾行、左端列、または右端列に移動する	Ctrl + ↑ ↓ ← →
ワークシートの最後のセルに移動する	Ctrl + End
ワークシートの先頭に移動する	Ctrl + Home
ワークシート内で1画面下にスクロールする	Page Down
ブック内で次のシートに移動する	Ctrl + Page Down
ワークシート内で1画面右にスクロールする	Alt + Page Down
ワークシート内で1画面上にスクロールする	Page Up
ワークシート内で1画面左にスクロールする	Alt + Page Up
ブック内で前のシートに移動する	Ctrl + Page Up
ワークシート内の右のセルに移動する	Tab

●選択および操作を実行するためのショートカットキー

ワークシート全体を選択する	Ctrl + A または Ctrl + Shift + space
ブック内の現在のシートと次のシートを選択する	Ctrl + Shift + Page Down
ブック内の現在のシートと前のシートを選択する	Ctrl + Shift + Page Up
選択範囲を1セルずつ上下左右に拡張する	Shift + ↑ ↓ ← →
拡張選択モードのオン／オフを切り替える	F8
同じセル内で改行する	Alt + Enter
ワークシートの選択範囲を列全体に拡張する	Ctrl + space
ワークシートの選択範囲を行全体に拡張する	Shift + space

付録2 ローマ字変換表

ローマ字入力で文字を入力するときに使うキーと、読みがなの対応規則表です。入力の際に参照してください。

あ行

あ	い	う	え	お
a	i	u	e	o
	yi	wu		
		whu		

ぁ	ぃ	ぅ	ぇ	ぉ
la	li	lu	le	lo
xa	xi	xu	xe	xo
	lyi		lye	
	xyi		xye	
	いぇ			
	ye			
うぁ	うぃ		うぇ	うぉ
wha	whi		whe	who

か行

か	き	く	け	こ
ka	ki	ku	ke	ko
ca		cu		co
		qu		
が	ぎ	ぐ	げ	ご
ga	gi	gu	ge	go

きゃ	きぃ	きゅ	きぇ	きょ
kya	kyi	kyu	kye	kyo
くゃ		くゅ		くょ
qya		qyu		qyo
くぁ	くぃ	くぅ	くぇ	くぉ
qwa	qwi	qwu	qwe	qwo
qa	qi		qe	qo
	qyi		qye	
ぎゃ	ぎぃ	ぎゅ	ぎぇ	ぎょ
gya	gyi	gyu	gye	gyo
ぐぁ	ぐぃ	ぐぅ	ぐぇ	ぐぉ
gwa	gwi	gwu	gwe	gwo

さ行

さ	し	す	せ	そ
sa	si	su	se	so
	ci		ce	
	shi			
ざ	じ	ず	ぜ	ぞ
za	zi	zu	ze	zo
	ji			

しゃ	しぃ	しゅ	しぇ	しょ
sya	syi	syu	sye	syo
sha		shu	she	sho
すぁ	すぃ	すぅ	すぇ	すぉ
swa	swi	swu	swe	swo
じゃ	じぃ	じゅ	じぇ	じょ
zya	zyi	zyu	zye	zyo
ja		ju	je	jo
jya	jyi	jyu	jye	jyo

た行

た	ち	つ	て	と
ta	ti	tu	te	to
	chi	tsu		
		っ		
		ltu		
		xtu		

ちゃ	ちぃ	ちゅ	ちぇ	ちょ
tya	tyi	tyu	tye	tyo
cha		chu	che	cho
cya	cyi	cyu	cye	cyo
つぁ	つぃ		つぇ	つぉ
tsa	tsi		tse	tso
てゃ	てぃ	てゅ	てぇ	てょ
tha	thi	thu	the	tho

だ	ぢ	づ	で	ど
da	di	du	de	do

とぁ	とぃ	とぅ	とぇ	とぉ
twa	twi	twu	twe	two
ぢゃ	ぢぃ	ぢゅ	ぢぇ	ぢょ
dya	dyi	dyu	dye	dyo
でゃ	でぃ	でゅ	でぇ	でょ
dha	dhi	dhu	dhe	dho
どぁ	どぃ	どぅ	どぇ	どぉ
dwa	dwi	dwu	dwe	dwo

な行

な	に	ぬ	ね	の
na	ni	nu	ne	no

にゃ	にぃ	にゅ	にぇ	にょ
nya	nyi	nyu	nye	nyo

は行

は	ひ	ふ	へ	ほ
ha	hi	hu	he	ho
		fu		

ひゃ	ひぃ	ひゅ	ひぇ	ひょ
hya	hyi	hyu	hye	hyo
ふゃ		ふゅ		ふょ
fya		fyu		fyo
ふぁ	ふぃ	ふぅ	ふぇ	ふぉ
fwa	fwi	fwu	fwe	fwo
fa	fi		fe	fo
	fyi		fye	

ば	び	ぶ	べ	ぼ
ba	bi	bu	be	bo

びゃ	びぃ	びゅ	びぇ	びょ
bya	byi	byu	bye	byo
ヴぁ	ヴぃ	ヴ	ヴぇ	ヴぉ
va	vi	vu	ve	vo
ヴゃ	ヴぃ	ヴゅ	ヴぇ	ヴょ
vya	vyi	vyu	vye	vyo

ぱ	ぴ	ぷ	ぺ	ぽ
pa	pi	pu	pe	po

ぴゃ	ぴぃ	ぴゅ	ぴぇ	ぴょ
pya	pyi	pyu	pye	pyo

ま行

ま	み	む	め	も
ma	mi	mu	me	mo

みゃ	みぃ	みゅ	みぇ	みょ
mya	myi	myu	mye	myo

や行

や		ゆ		よ
ya		yu		yo

ゃ		ゅ		ょ
lya		lyu		lyo
xya		xyu		xyo

ら行

ら	り	る	れ	ろ
ra	ri	ru	re	ro

りゃ	りぃ	りゅ	りぇ	りょ
rya	ryi	ryu	rye	ryo

わ行

わ	うぃ		うぇ	を
wa	wi		we	wo

ん	ん	ん		
nn	n'	xn		

っ：n 以外の子音の連続でも変換できる。　例：itta → いった
ん：子音の前のみ n でも変換できる。　例：panda → ぱんだ
ー：キーボードの [ー] キーで入力できる。　※「ヴ」のひらがなはありません。

用語集 Word編

Bing（ビング）

マイクロソフトが提供している検索サービス。［画像］や［動画］などのカテゴリーからも目的の情報を検索できる。Windows 11では［スタート］メニューの検索ボックスにBing.comの情報が表示される。
→検索

Copilot（コパイロット）

マイクロソフトが提供している生成AI（人工知能）。Windows 11のアイコンやWebブラウザーなどから利用できる。有償版のCopilotには、Microsoft Copilot ProとMicrosoft 365 Copilotという2つの料金プランがあり、Microsoft 365 のWord、Excel、PowerPoint、OneNote、OutlookでCopilotを使える。
→アイコン

Microsoft 365（マイクロソフト 365）

WordやExcelなどのOfficeアプリが利用できるマイクロソフトのクラウドサービス。無償版と有償版がある。無償版はWebブラウザーで利用できるが、機能に制限がある。有償版は、Windows 11のアプリとしてインストールして月や年単位で使用料を支払うサブスクリプション型サービスになる。
→クラウド

Microsoft IME
（マイクロソフト アイエムイー）

Windowsに標準で搭載されているマイクロソフト製の日本語入力システム。IMEは、「Input Method Editor」の頭文字で、意味は「入力方式エディター」。

［Microsoft Word］アプリ
（マイクロソフト ワード アプリ）

スマートフォンやタブレットで利用できる簡易版のWordアプリ。互換性があるので、パソコンで作った文書ファイルをOneDrive経由で編集できる。
→OneDrive、ファイル

Microsoftアカウント
（マイクロソフトアカウント）

OneDriveやOutlook.comなど、マイクロソフトがインターネットで提供しているサービスを使うためのユーザーID。以前はWindows Live IDと呼ばれていた。
→OneDrive

OneDrive（ワンドライブ）

マイクロソフトが無料で提供しているオンラインストレージサービスのこと。Wordの文書や画像データなどをインターネット経由で保存して、ほかのユーザーと共有できる。Microsoftアカウントを新規登録すると、標準で5GBの保存容量が用意される。
→Microsoftアカウント、共有、保存

PDF（ピーディーエフ）

アドビシステムズが開発した文書ファイルの1つ。Word 2013以降では文書をPDF形式のファイルとして保存できるほか、PDF形式のファイルをWordの文書に変換できる。ただし、複雑なレイアウトの場合、正しく読み込めない場合やレイアウトが崩れる場合がある。
→ファイル、保存

Web用Word（ウェブヨウワード）

Microsoft EdgeなどのWebブラウザーでWordの文書を編集できるツール。Microsoftアカウントを取得して、OneDriveのホームページにアクセスすると利用できる。
→Microsoftアカウント、OneDrive

［Wordのオプション］（ワードノオプション）

Wordの機能や操作に関する詳細な設定を確認したり変更する設定画面。自動保存の間隔やルーラーのmm表示にリボンのカスタマイズなどができる。
→保存、リボン、ルーラー

アイコン

「絵文字」の意味。ファイルやフォルダー、ショートカットなどを絵文字で表したもの。アイコンをダブルクリックすると、ファイルやフォルダーが開く。Word 2024では、人物やパソコンなどの絵文字もアイコンとして挿入できる。
→ファイル、フォルダー

暗号化
文書をパスワードで保護するときに使われる技術。暗号化を実行したデータは暗号化を解除するキーがないと開けない。Wordでは文書の保存時にパスワードを入力して暗号化を実行する。
→保存

印刷プレビュー
印刷結果のイメージが画面に表示された状態。Wordで印刷プレビューを表示するには、[ファイル] タブをクリックしてから [印刷] をクリックする。

インデント
字下げして文字の配置を変更する機能。インデントが設定されていると、ルーラーにインデントマーカーが表示される。インデントマーカーには、段落全体の字下げを設定する [左インデント]、段落の終わりの位置を上げて幅を狭くする [右インデント]、段落の1行目の字下げを設定する [1行目のインデント]、箇条書きの項目などのように段落の2行目を1行目よりも字下げする [ぶら下げインデント] がある。
→段落、ルーラー

上書き保存
保存済みのファイルを、現在編集しているファイルで置き換える保存方法のこと。上書き保存を実行すると、古い文書ファイルの内容は消えてしまう。[名前を付けて保存] の機能を使えば、元のファイルを残しておける。
→名前を付けて保存、ファイル、保存

オートコレクト
Wordに登録されている文字が入力されたとき、自動で文字を追加したり、文字や書式を自動で置き換えたりする機能の総称。オートコレクトの機能が有効のときに「前略」と入力すると「草々」という結語が自動で入力されて、文字の配置が変わる。

カーソル
画面上で文字や画像などの入力位置を示すマークのこと。入力した文字は、カーソルの前に表示される。

改行
Enterキーを押して行を改めること。Wordでは、改行された位置に改行の段落記号が表示される。
→段落

かな入力
文字キーの右側に刻印されているひらがなのキーを押して、文字を入力する方法。

行頭文字
箇条書きなどの文章を入力したときに、項目の左端に表示する記号などの文字のこと。Wordでは、「●」や「◆」などの記号だけではなく、「1.」「2.」「3.」や「①」「②」「③」などの段落番号なども行頭文字に利用できる。
→段落番号

共有
ファイルやフォルダーを複数のユーザーで閲覧・編集できるようにする機能。OneDriveを利用すれば、インターネット経由でWordの文書を共有できる。
→OneDrive、ファイル、フォルダー

クイックアクセスツールバー
Wordの左上にある小さなアイコンが表示されている領域。目的のタブが表示されていない状態でもクイックアクセスツールバーのボタンをクリックして、すぐに目的の機能を実行できる。また、リボンに表示されていない機能のアイコンを追加できる。
→アイコン、リボン

クラウド
インターネットを使って提供されるサービスの総称や形態。マイクロソフトでは、OneDriveやWeb用Word、Outlook.comなどのサービスを提供している。
→OneDrive、Web用Word

グリッド線
編集画面に表示する縦横のガイド線。グリッド線を表示すると、図形を正確な位置に配置できる。
→図形

用語集

罫線
文書に引く線のこと。Wordでは、ドラッグで描ける罫線や［表］ボタンで挿入できる表の罫線、文字や段落を囲む罫線、ページの外周に引くページ罫線がある。
→段落、［表］ボタン

検索
キーワードや条件を指定して、キーワードや条件と同じデータや関連するデータを探すこと。Wordでは、ダイアログボックスや作業ウィンドウなどを利用して検索ができる。
→ダイアログボックス

コピー
文字や図形などを複製する機能。編集画面に表示されている文字や図形をコピーすると、その内容がクリップボードに記憶される。その後、任意の位置にカーソルを移動して貼り付けを実行すると、カーソルのある位置に同じ内容を表示できる。
→カーソル、図形、貼り付け

コメント
編集画面の欄外に入力できるショートメッセージ。文章とは別に入力されるので、内容の修正依頼や確認など、文書ファイルを介して他の人とやり取りするときに使うと便利。
→ファイル

差し込み印刷
宛名や住所などのデータを外部のファイルから参照して、文書の指定した位置に自動で挿入する印刷方法。同じ文書を複数の人宛てに印刷するときなどに利用すると便利。
→ファイル

終了
Wordの編集作業を終えて、画面を閉じる作業のこと。文書を1つだけ開いているときにWordの画面右上にある［閉じる］ボタンをクリックすると、Wordが終了する。

ショートカットキー
特定の機能や操作を実行できるキーのこと。例えば、Ctrlキーを押しながらCキーを押すと、コピーを実行できる。ショートカットキーを使えば、メニュー項目やボタンなどをクリックする手間が省ける。
→コピー

ショートカットメニュー
本書では、右クリックメニューと表記している。マウスを右クリックしたときに表示されるメニューのこと。［コピー］や［貼り付け］など、よく使う機能が用意されているので、リボンまでマウスを移動する手間が省ける。
→コピー、貼り付け、リボン

書式のコピー
文字に設定されている書式をほかの文字にコピーする機能。書式のコピーを活用すれば、フォントの種類やフォントサイズを簡単にほかの文字に適用できる。文字のほかに、図形でも書式のコピーを利用できる。
→コピー、図形、フォント

図形
Wordにあらかじめ用意されている図のこと。［挿入］タブの［図形］ボタンをクリックすると表示される一覧で図形を選び、文書上をクリックするかドラッグして挿入する。テキストボックスやワードアートも図形の一種。
→テキストボックス

スタイル
よく使う書式をひとまとめにしたもの。スタイルを使うと、複数の書式や装飾を一度の操作で設定できる。また、オリジナルの書式を保存して、後から再利用することもできる。
→保存

スレッド
1つのテーマに関するメッセージなどのやり取りをスレッドと呼ぶ。Word 2024では、挿入したコメントと返信などのやり取りをスレッドとして、内容を解決したり削除できる。
→コメント

セル
表の中の1コマ。Wordでは、罫線で区切られた表の中にあるマス目の1つ1つのこと。
→罫線

全角
文字の種類で、日本語の文書で基準となる1文字分の幅の文字のこと。Wordで「1文字分」というときは、全角1文字を指す。半角の文字は、全角の半分の幅となる。
→半角

ダイアログボックス
複数の設定項目をまとめて実行するためのウィンドウのこと。画面を通して利用者とWordが対話（dialog）する利用方法から、ダイアログボックスと呼ばれる。

タスクバー
デスクトップの下部に表示されている領域のこと。タスクバーには、起動中のソフトウェアがボタンで表示される。タスクバーに表示されたボタンを使って、編集中の文書を選んだり、ほかのソフトウェアに切り替えたりすることができる。

タブ
Tab キーを押して入力する、特殊な空白のこと。Tab キーを押すと、初期設定では全角4文字分の空白が挿入される。［タブとリーダー］ダイアログボックスを利用すれば、タブを利用した空白に「……」などのリーダー線を表示できる。
→全角、ダイアログボックス

段組み
新聞のように、段落を複数の段に区切る組み方。
→段落

段落
文章の単位の1つで、Wordでは、行頭から改行の段落記号が入力されている部分を指す。
→改行

段落番号
箇条書きの項目に連番を自動的に挿入する機能。段落番号を設定すると、「1.」「2.」「3.」などの連番が表示される。番号の表示が不要になったときには、Back space キーで削除できる。

置換
文書の中にある特定の文字を検索し、指定した文字に置き換えること。
→検索

テキストボックス
文書の自由な位置に配置できる、文字を入力するための図形。横書きと縦書き用のテキストボックスがある。
→図形

テンプレート
文書のひな形のこと。あらかじめ書式や例文などが設定されており、必要な部分を書き換えるだけで文書が完成する。Wordの起動直後に表示されるスタート画面か、［ファイル］タブの［新規］をクリックすると表示される［新規］の画面でテンプレートを開ける。

特殊文字
Wordの文書に入力できる特殊な記号や絵文字、ギリシャ文字、ラテン文字などの総称。「☎」や「☜」などの文字を文書に入力できるが、ほかのパソコンでは正しく表示されない場合がある。

ナビゲーションメニュー
編集画面の左側に表示されるウィンドウ。ナビゲーションウィンドウには、文書の見出しやページに図などの検索結果を表示できる。
→検索

名前を付けて保存
文書に名前を付けて、ファイルとして保存する機能。新しい名前を付けて保存すると、古いファイルはそのまま残り、新しい文書ファイルが作られる。
→ファイル、保存

入力モード
日本語入力システムを利用するときの入力文字種の設定。入力モードによって文字キーを押したときに入力される文字の種類が決まる。Wordで選べる入力モードには、[ひらがな][全角カタカナ][全角英数][半角カタカナ][半角英数]がある。半角/全角キーを押すと、[ひらがな]と[半角英数]の入力モードを切り替えられる。
→全角、半角

はがき宛名面印刷ウィザード
はがきの宛名印刷に必要な編集レイアウトや宛名データの入力を補佐してくれる機能。必要な作業手順を選択すれば、はがきの宛名面を簡単に作成できる。

貼り付け
文字や図形、画像などをコピーして別の場所に表示する機能。クリップボードに一時的に記憶されたデータを貼り付けできる。
→コピー、図形

半角
英数字、カタカナ、記号などからなる、漢字（全角文字）の半分の幅の文字のこと。
→全角

ファイル
ハードディスクなどに保存できるまとまった1つのデータの集まり。Wordで作成して保存した文書の1つ1つが、ファイルとして保存される。
→保存

ファンクションキー
キーボードの上段に並んでいるF1～F12までの刻印があるキー。利用するソフトウェアによって、キーの役割や機能が変化する。なお、パソコンの機種によってはFnキーを併用する。

フィールドコード
文書内で情報を自動表示するために、フィールドに記述されている数式(コード)。初期設定では、フィールドにはフィールドコードの実行結果が表示されるが、フィールドを右クリックして[フィールドコードの表示/非表示]を選択すれば、フィールドコードの内容を表示できる。

フォルダー
ファイルをまとめて入れておく場所。文書を保存する[ドキュメント]や写真を保存する[ピクチャ]もフォルダーの1つ。
→ファイル、保存

フォント
パソコンやソフトウェアで表示や印刷に使える書体のこと。Wordでは、Windowsに付属しているフォントとOfficeに付属しているフォントを利用できる。同じ文字でもフォントを変えることで文字の印象を変更できる。Word 2024で新しい文書を作成したときは、[游明朝]というフォントが文字に設定される。

ブックマーク
ブックマークは本の栞のような機能。文書内の任意の位置にブックマークを登録すると、[相互参照]の[ブックマークの一覧]から移動できる。

フッター
用紙の下余白に、本文以外の内容を表示する領域のこと。ページ数や作成者名、日付などを挿入できる。フッターに入力した内容はすべてのページに表示される。
→余白

プロンプト
生成AIのCopilotに、作成してほしい文章などの指示や質問を入力したテキストのこと。プロンプトには、目的、理由、出力、情報、などを明示しておくと、精度の高い結果が期待できる。
→Copilot

ヘッダー
用紙の上余白に本文以外の内容を表示する領域。ヘッダーに入力した内容は、すべてのページに適用される。
→余白

変更履歴
文書に対して行った文字や画像の挿入、削除、書式変更などの内容を記録する機能。変更内容を1つずつ承諾または却下できるため、主に文書の編集や校正作業に使用する。

ホーム
編集でよく使われるコマンドが集められたリボンのタブ。編集画面が開いた直後は、ホームのタブが表示されている。Copilot in Wordが利用できるWordでは、ホームにアイコンが表示される。
→Copilot、アイコン

保存
編集しているデータをファイルとして記録する操作のこと。文書に名前を付けて保存しておけば、後からファイルを開いて編集や印刷ができる。
→ファイル

マクロ
Wordの操作を記録して繰り返し実行できる簡易なプログラム機能。

ミニツールバー
編集画面の文字や図形を選択した直後に表示される小さなリボンのような表示。ミニツールバーにはよく使うコマンドが並んでいるので、リボンまでマウスを動かさなくても手早く編集できる。
→図形、リボン

文字の効果
フォントに対して、[アウトライン][影][反射][光彩]などの効果を設定できる。指定できる効果はワードアートとほぼ同じだが、文字の効果を使うと編集画面の1文字ずつに装飾を指定できる。
→フォント

余白
文書の上下左右にある空白の領域。余白を狭くすれば、1ページの文書内に入力できる文字数が多くなる。ヘッダーやフッターを利用すれば、余白に文字や画像を挿入できる。
→フッター、ヘッダー

リボン
Wordの機能が割り当てられたボタンが並んでいる領域。リボンは、タブをクリックして切り替えられる。画面の横幅によってボタンの形や表示方法が変わる。

ルーラー
編集画面の上や左に表示される、定規のような目盛りのこと。ルーラーを見れば文字数やインデント、タブの位置などを確認できる。上のルーラーを[水平ルーラー]、左のルーラーを[垂直ルーラー]という。
→インデント、タブ

レイアウト
文字列の方向やインデントなどの文書のレイアウトに関連するコマンドがまとめられているリボンのタブ。用紙の余白やサイズなどもレイアウトから変更できる。
→インデント、余白、リボン

ローマ字入力
ローマ字で日本語を入力する方法。Kキーと Aキーで「か」、Aキーで「あ」など、ローマ字の「読み」に該当する英字キーを押して、文字を入力する。

用語集

用語集 Excel編

Copilot（コパイロット）
Microsoftが提供しているAIサービスのこと。ChatGPTのように対話形式で知りたいことやわからないことを聞ける。Windows 11のパソコンや、Webブラウザー、Excelなどから使える。
→Windows 11

#VALUE!
数値を参照すべき式で文字列を参照した場合や、FIND関数で検索したい文字列が見つからなかった場合など、数式に問題があるときに発生するエラー。
→数式

CSVファイル（シーエスブイファイル）
カンマで区切られた文字データ（Comma Separated Valueの略）が記録されたファイル。単なる文字が入力されたデータなので、通常のExcelファイルとは違いメモ帳で開くことができる。

Microsoft Edge（マイクロソフトエッジ）
Windows 11に標準で搭載されているWebブラウザー。標準設定では、PDFファイルを表示するためにも使われる。
→PDF、Windows 11

Microsoft Office（マイクロソフトオフィス）
Microsoftが開発したビジネス用ソフトウェアの製品群。Excel、Wordなどが含まれる。

OneDrive（ワンドライブ）
Microsoftが運営するクラウドツール。Excelのブックなどをクラウド上に保存でき、他のパソコンからそのファイルを使える。
→ブック

PDF（ピーディーエフ）
Adobeが開発し、ISOで標準化されたデータ形式。作成した図表を、紙に印刷する代わりにデータとして保存できる。

Windows 11（ウィンドウズイレブン）
Microsoftが提供する、コンピューターが動くための基礎的な機能を提供するソフトウェア。Windows 10の後継で、本書の執筆時点ではWindowsの最新バージョンである。

アイコン
物や概念、イメージをシンプルな絵柄で記号的に表したオブジェクトのこと。作成する資料に、図解やイメージ図を入れたいときに使う。
→オブジェクト

アクティブシート
操作対象として選択されているシートのこと。シート一覧で背景色が白色で表示される。
→シート

アクティブセル
処理対象となるセルのこと。常に1つのセルだけがアクティブセルになる。アクティブセルは緑枠で囲まれ背景色が白色で表示される。
→セル

印刷プレビュー
印刷したときのイメージを確認できる画面。印刷の操作をしたとき、印刷する前に表示される。

エクスポート
作成したデータを通常の形式とは別の形式で出力すること。リボンの［ファイル］-［エクスポート］からExcelシートをPDFファイルに出力できる。
→PDF、リボン

エラーインジケーター
セルの左上に表示される緑色の三角マーク。数式にエラーがあるときや、数字か文字列か判別できないデータが文字列として入力されているときなどに表示される。
→数式、セル

オートコレクト
特定の文字を入力すると別の文字に自動修正する機能。入力ミスの修正などに便利な一方、入力した文字が意図せず別の文字に置き換わる場合もある。

オートコンプリート
セルに値を入力するときの入力補助機能。同じ列に入力したデータのうち似ているデータを入力候補として表示する。
→セル

オートフィル
複数のセルに同じデータや連番を入力する機能。セルの右下のフィルハンドルをドラッグして使う。
→セル

オブジェクト
図形や画像、グラフなどの総称。セルの位置とは無関係に自由に配置でき、拡大・縮小もできる。
→グラフ、セル

改ページプレビュー
印刷範囲や改ページの位置を確認できる表示モード。リボンの［表示］から、あるいは、画面右下の表示モード切替ボタンを使って切り替える。
→リボン

拡張子
ファイル名末尾の「.」以降の文字のこと。ファイルをどのソフトウェアで開くかの識別（関連付け）に使う。

関数
数式中で使える定型の計算を行う機能。与えられた値（引数）に応じた計算結果が得られる。
→数式、引数

行
横方向のセルの並びのこと。1行あたり16,384個のセルが横に並んでいる。
→セル

行番号
各セルの「行」を表す番号。上の行から順番に1、2、3、・・・と数字を使って表す。
→行、セル

クイックアクセスツールバー
リボンの上または下に表示される領域。メニューの好きな項目を登録でき、マウスでクリックするかキーボードでAltに続けて数字を入力すると、登録した機能を起動できる。
→リボン

グラフ
表のデータを視覚的にわかりやすく表現した図。Excelでは棒グラフ、折れ線グラフ、円グラフ、散布図などを作ることができる。

グラフエリア
グラフ全体が占める領域。グラフ本体の他、グラフタイトルや凡例、軸などが書かれている領域も含まれる。
→グラフ、グラフタイトル、軸、凡例

グラフタイトル
グラフを挿入したときに表示される見出し。内容や書式を自由に変更できる。
→グラフ

グレースケール
白から黒までの灰色の明暗だけでデータを表示する手法のこと。モノクロ印刷の場合はグラフをグレースケールに設定しておくと、画面の見た目と印刷したときの見た目のずれが少なくなる。
→グラフ

罫線
セルの境目に引く線のこと。実線、点線、二重線などの線種や色を指定することができる。元々画面に表示されているセルの境目の薄い線は印刷時には出力されないことに注意。
→セル

用語集

系列
グラフに表示されるデータで、1つのグループとしてまとめて扱われる単位。通常、グラフの基になる表の1つの列が、1つの系列になる。
→グラフ、列

降順
「9、8、7、・・・」のように、だんだん小さくなる順番のこと。日付の場合には「2024/1/31、2024/1/30、・・・」のように未来から過去で並ぶ。

シート
画面中央に表示される縦横にセルを敷き詰めたもの。1つのシートには縦1,048,576×横16,384のセルがある。
→セル

軸
グラフの縦軸、横軸のこと。縦軸、横軸を表示するかどうかを個別に指定できる。
→グラフ

条件付き書式
セルの値に連動して書式を変化させたり、データバー（セル内に表示する小さな横棒グラフ）を入れたりすることができる機能。
→セル

昇順
「1、2、3、・・・」のように、だんだん大きくなる順番のこと。日付の場合には「2024/1/1、2024/1/2、・・・」のように過去から未来で並ぶ。

書式
文字の色などセルや図形に対して設定する装飾のこと。セルに対する書式設定では、文字の色、背景色、表示形式、罫線などを変更できる。
→セル、罫線

シリアル値
Excelが日付を表現する仕組みで、日付を1900年1月1日からの日数を表す数値で表したもの。シリアル値「0」には「1900/1/0」という架空の日付が割り当てられる。

数式
Excelで自動計算をする仕組み。他のセルを参照して計算をすることもできる。
→セル

数式バー
画面上にある領域。現在操作をしているセル（アクティブセル）に入力された内容が表示される。
→アクティブセル、セル

スピル
特定の数式・関数を使ったときに、数式を入力したセルだけでなく、その右側・下側のセルにも値が表示される挙動のこと。どのセルまで値が表示されるかは、数式・関数の内容に応じて変わる。
→数式、セル

整数
「-10」「0」「25」など小数部分のない数のこと。

絶対参照
「$A$1」のようにセル番地の前に「$」を付ける参照方法。数式をコピーして貼り付けても参照するセルが変わらない。セルの位置そのものを指定しているイメージから絶対参照と呼ばれる。
→数式、セル

セル
シートの中にある1つ1つのマス目。このマス目にデータを入力する。1つのシートには縦1,048,576×横16,384のセルがある。
→シート

セル範囲
連続する複数のセルのこと。数式では「A1:C5」のように「:」でつないで指定する。
→数式、セル

相対参照

「A1」のようにセル番地をそのまま書く参照方法。数式をコピーして貼り付けると、参照するセルが貼り付けた方向にずれる。「数式を入力したセルから見て、1つ左のセル」のように、数式入力地点から見た相対的な位置を指定しているイメージから相対参照と呼ばれる。
→数式、セル

ダイアログボックス

何かの操作をしたときに、新しく開き、行いたい操作についての詳細な情報を入力する場面で使われる。[ファイルを開く] や [セルの書式設定] などの種類がある。

データベース

データを使いやすい形に整理したもの。本書では、1行に1つのデータを入れた形式のデータを指す。

データラベル

グラフの項目ごとに表示する値のこと。初期状態では、個々のグラフの値が表示される。設定により、系列名や分類名を表示することもできる。
→系列、グラフ

データ要素

グラフに表示された個別のデータのこと。色などの属性は、グラフ全体、系列ごと、データ要素ごとの、いずれかの単位で設定ができる。
→系列、グラフ

テーブル

1行に1件のデータが入力されたデータベース形式の表のこと。また、Excelで作った表を効率よく処理するための「テーブル」機能のこと。テーブル機能を使って、表をテーブルに変換すると、フィルターが自動で設定され、一番上の行に入力した数式が自動的に最下部まで転記される。テーブル内のセルを参照するときには、構造化参照と呼ばれる特別な参照方法を使うことができる。
→数式、セル、データベース、テーブル、フィルター

日本語入力モード

「半角/全角キー」を押すと切り替えられる日本語など全角文字を入力できる状態のこと。

入力モード

セルに入力するときの状態の1つ。セルに新しくデータを入力するときには入力モードになる。矢印キーを押すと、数式入力中は参照するセルを選択でき、それ以外の場合には入力が確定し矢印の方向のセルに移動する。F2キーで編集モードに移行する。
→数式、セル

ハンドル

オブジェクトの隅と辺8か所などに表示される四角形のこと。マウスでドラッグすると拡大縮小などの操作ができる。選択ハンドルともいう。
→オブジェクト

凡例

どの系列がどのグラフに対応するかを示す情報。グラフエリアの下、右など、表示場所を指定できる。
→グラフ、グラフエリア

引数

「ひきすう」と読む。関数を使うときに関数に渡す値のこと。関数は、引数に応じて、決められた計算をしてその計算結果を返す。

ピボットテーブル

簡単なマウス操作でデータベース形式のデータを指定した切り口で集計する機能。集計の切り口を簡単に変更できる。
→データベース

表示形式

セルに入力したデータを変えずに見た目を変更する機能。カンマ区切り形式、パーセント表示、日付(YYYY/MM/DD)形式などがある。ユーザー定義書式を設定するとさらに細かく指定できる。
→セル

フィールド

列の別名。ピボットテーブル集計をするときには、元データである表の列のことをフィールドと呼ぶ。
→データベース、ピボットテーブル、フィールド、列

フィルター

表の中から目的のデータが入力された行だけを抽出して表示する機能。複数のデータを指定したり、「～で始まる」「～から～まで」など複雑な条件を指定したりできる。
→行

複合参照

「A$1」「$A1」のように、絶対参照と相対参照を組み合わせた参照方法。マトリックス型の表に数式を入れるときに使う。
→絶対参照、相対参照、数式

ブック

Excelでデータを作成・保存するファイルのこと。1つのブックには複数のシートを入れられる。
→シート

フッター

用紙の下部の余白に出力されるデータ。この設定は、同じファイル（ブック）内のすべてのシートに適用される。
→シート、ブック

プロットエリア

グラフエリアの中で、グラフそのものが描かれる領域のこと。
→グラフ

ヘッダー

用紙の上部の余白に出力されるデータのこと。この設定は、同じファイル（ブック）内のすべてのシートに適用される。
→シート、ブック

編集モード

セルに入力するときの状態の1つ。データが入力済みのセルを編集するときには編集モードになる。矢印キーを押すと、編集中のセル内で、隣の文字や先頭・最後の文字に移動する。F2キーで編集モードに移行する。
→セル

マクロ

あらかじめ設定された一連の操作手順を、必要に応じて呼び出すことができる機能のこと。操作手順は、VBAと呼ばれるプログラミング言語で記述する。

ユーザー定義書式

詳細な表示形式を設定できる機能。あらかじめ決められた書式記号を使って、標準で準備されていない表示形式を設定できる。

リボン

画面上部にある、いわゆるメニュー。ここをクリックしてExcelの主要な操作を行う。

列

縦方向のセルの並びのこと。1列あたり1,048,576個のセルが縦に並んでいる。
→セル

列番号

各セルの「列」を表す番号。左の列から順番にA、B、C・・・Z、AA、AB・・・と英文字を使って表す。
→セル、列

論理値

TRUEとFALSEの2つをいう。TRUEを真、FALSEを偽ともいう。元々の真偽の意味で使われる場合もある一方で、VLOOKUP関数の4つ目の引数のように、真偽の意味から離れて、単に二者択一の値を表すスイッチのような役割で使われるときもある。

索引 Word編

索引

サ

タ

マ

ヤ

ラ

ワ

索引 Excel編

サ

タ

ナ

索引

ハ

マ

ヤ

ラ

■著者

田中　亘（たなか　わたる）

「できるWord 6.0」(1994年発刊)を執筆して以来、できるシリーズのWord書籍を執筆。ソフトウェア以外にも、PC関連の周辺機器やスマートフォンにも精通し、解説や評論を行っている。

羽毛田睦土（はけたまこと）

公認会計士・税理士。羽毛田睦土公認会計士・税理士事務所所長。合同会社アクト・コンサルティング代表社員。東京大学理学部数学科を卒業後、デロイトトーマツコンサルティング 株式会社（現アビームコンサルティング株式会社）、監査法人トーマツ（現有限責任監査法人トーマツ）勤務を経て独立。BASIC、C++、Perlなどのプログラミング言語を操り、データベーススペシャリスト・ネットワークスペシャリスト資格を保有する異色の税理士である。会計業務・Excel両方の知識を生かし、Excelセミナーも随時開催中。

STAFF

シリーズロゴデザイン	山岡デザイン事務所<yamaoka@mail.yama.co.jp>
カバー・本文デザイン	伊藤忠インタラクティブ株式会社
カバーイラスト	こつじゆい
本文イラスト	ケン・サイトー
DTP制作	町田有美・田中麻衣子
デザイン制作室	今津幸弘<imazu@impress.co.jp>
	鈴木　薫<suzu-kao@impress.co.jp>
制作担当デスク	柏倉真理子<kasiwa-m@impress.co.jp>
デスク	荻上　徹<ogiue@impress.co.jp>
編集長	藤原泰之<fujiwara@impress.co.jp>
オリジナルコンセプト	山下憲治

■商品に関する問い合わせ先

このたびは弊社商品をご購入いただきありがとうございます。本書の内容などに関するお問い合わせは、下記のURLまたは二次元バーコードにある問い合わせフォームからお送りください。

https://book.impress.co.jp/info/

上記フォームがご利用いただけない場合のメールでの問い合わせ先

info@impress.co.jp

※お問い合わせの際は、書名、ISBN、お名前、お電話番号、メールアドレス に加えて、「該当するページ」と「具体的なご質問内容」「お使いの動作環境」を必ずご明記ください。なお、本書の範囲を超えるご質問にはお答えできないのでご了承ください。

- ●電話やFAXでのご質問には対応しておりません。また、封書でのお問い合わせは回答までに日数をいただく場合があります。あらかじめご了承ください。
- ●インプレスブックスの本書情報ページ https://book.impress.co.jp/books/1124101086 では、本書のサポート情報や正誤表・訂正情報などを提供しています。あわせてご確認ください。
- ●本書の奥付に記載されている初版発行日から1年が経過した場合、もしくは本書で紹介している製品やサービスについて提供会社によるサポートが終了した場合はご質問にお答えできない場合があります。

■落丁・乱丁本などの問い合わせ先

FAX　03-6837-5023

service@impress.co.jp

※古書店で購入された商品はお取り替えできません。

できるWord & Excel 2024 Copilot対応
Office 2024&Microsoft 365版

2024年12月11日　初版発行

著　者　田中　亘・羽毛田 睦土＆できるシリーズ編集部

発行人　高橋隆志

編集人　藤井貴志

発行所　株式会社インプレス
〒101-0051　東京都千代田区神田神保町一丁目105番地
ホームページ　https://book.impress.co.jp/

印刷所　株式会社広済堂ネクスト

ISBN978-4-295-02055-4 C3055

Printed in Japan